T0211241

Wolfgang A. F. Ruppert · Peter W. Michor

Mathematik in Österreich und die NS-Zeit

176 Kurzbiographien

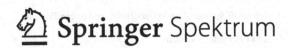 Springer Spektrum

Wolfgang A. F. Ruppert (Verstorben)
Institut für Mathematik
University of Natural Resources and
Applied Life Sciences
Wien, Österreich

Peter W. Michor ⓘ
Fakultät für Mathematik
Universität Wien
Wien, Österreich

ISSN 2191-074X　　　　　　ISSN 2191-0758　(electronic)
Mathematik im Kontext
ISBN 978-3-662-67099-6　　ISBN 978-3-662-67100-9　(eBook)
https://doi.org/10.1007/978-3-662-67100-9

Die Deutsche Nationalbibliothek verzeichnet diese Publikation in der Deutschen Nationalbibliografie; detaillierte bibliografische Daten sind im Internet über http://dnb.d-nb.de abrufbar.

Planung/Lektorat: Nikoo Azarm
Springer Spektrum ist ein Imprint der eingetragenen Gesellschaft Springer-Verlag GmbH, DE und ist ein Teil von Springer Nature.
Die Anschrift der Gesellschaft ist: Heidelberger Platz 3, 14197 Berlin, Germany

Vorwort

Den Anstoß für das vorliegende Buch gab die Einladung des Astronomen Franz Kerschbaum an den zweiten Autor PWM, am 16. Oktober 2018 einen Vortrag mit dem Titel *Mathematik in Österreich zur NS-Zeit* im Otto-Mauer-Zentrum[1] zu halten. Die sich aus der Vorbereitung dieses Vortrages aufdrängenden Fragestellungen und anschließenden Recherchen ergaben ein vielfältige Panorama österreichischer Mathematikerinnen und Mathematiker: Dieses Panorama ist der Inhalt des vorliegenden Buchs.

Zeitlich beginnt die Betrachtung mit dem Ende des ersten Weltkriegs, sie endet mit der beginnenden wirtschaftlichen Konsolidierung der Republik Österreich gegen Ende der 50er Jahre (meist ergänzt um die weiteren Lebenswege der betrachteten Mathematiker vor und nach dieser Zeit). Geographisch geht der Blick über die heutigen Staatsgrenzen hinaus, erfasst auch ebenso Wirkungsstätten in Deutschland und in Exilländern, die „im Reichsrathe vertretenen Königreiche und Länder" sowie die zur anderen Reichshälfte der Doppelmonarchie gehörenden deutschsprachigen Gebiete. In personeller Hinsicht wurden so gut wie alle uns bekannten Mathematikerinnen und Mathematiker mit einbezogen, die im österreichischen Raum oder aus diesem kommend, studiert, geforscht, gelehrt haben — ohne daraus nationale Besitzansprüche abzuleiten. (Mathematik ist ein internationales Unternehmen.) Dazu gehören auch, vielleicht für manche überraschend, die kriegsgefangenen französischen Mathematiker, gelegentlich tschechische Mathematiker aus Brünn oder Prag, Gäste aus Polen oder Ungarn, schließlich auch Mathematiker aus der slowenischen Schule der altösterreichischen Lehrbuchautoren. Im Brennpunkt der Betrachtung stehen die *Menschen*, die Mathematik treiben, das Nebeneinander von individuellen, aber untereinander und mit Ständestaat- und NS-Institutionen verflochtenen Biographien. Mathematik wird nicht als abstraktes Lehrgebäude sondern als sozialer Organismus betrachtet, zu dem auch die Autoren dazugehören.

Teil I des Buches, bestehend aus den Kapiteln 1–3, soll dazu einen Leitfaden und die nötige Hintergrundinformation geben: zum allgemeinen geistigen und politischen Klima, zu den wichtigsten Standorten und Institutionen, nicht zuletzt auch zu dem, was vorher, während der Vorgängerdiktatur oder noch etwas weiter zurück, sowie vor allem auch auf das, was

---

[1] Veranstaltungsort des Katholischen Akademikerverbands

nach dem Kriegsende geschah. Dieser Teil ist als Vorbereitung zum biographischen zweiten Teil gedacht, er soll auf uns wichtig erscheinende Aspekte in den individuellen Lebensgeschichten aufmerksam machen und zum Nachdenken, vielleicht auch zum Widerspruch anregen. Grundsätzlich sind wir mehr an den Lebensläufen im Einzelnen interessiert als an statistisch erfassten oder erfassbaren Fakten und allgemeinen Antworten. Viel wichtiger finden wir Informationen darüber, was genau NS-Anhängern vorzuwerfen ist, wie sie in NS-Nähe gelangten, und wie wissenschaftliches Berufsethos mit NS-Ideologie interagierte. Auch das Gefüge der Macht- und Ressourceninteressen im NS-Staat beschäftigt uns hier hauptsächlich aus der Sicht der mathematischen Individuen.

Der Hauptinhalt des Buches besteht aus den im Teil II versammelten Kurzbiographien, verteilt auf die Kapitel 4, 5 und 6. Aufgenommen wurden neben Kurzbiographien von Mathematikern mit direktem Österreich-Bezug ausnahmsweise auch die von ⟩ Bieberbach, ⟩ Doetsch, ⟩ Hamel und ⟩ Lippisch, um auf diese leichter Bezug nehmen zu können. Den Zielen dieses Buches entsprechend mussten wir darauf verzichten, die mathematischen Leistungen der ausgewählten Persönlichkeiten angemessen ausführlich zu besprechen. Besonders wenn bereits umfangreiche Biographien vorliegen (z.B. von Kurt ⟩ Gödel), haben wir die „Mathematik unserer Mathematiker" eher kursorisch behandelt und statt dessen andere Schwerpunkte gesetzt. Solche sind das familiäre und institutionelle Umfeld, persönliche Beziehungen und Netzwerke, politische oder religiöse Weltanschauungen, politisches und fachpolitisches Auftreten. Die Betrachtung befasst sich mit kleinen mathematischen Größen genauso wie mit großen, mit Professoren genauso wie mit Dozenten oder solchen, die es werden wollten. Wir hoffen, auch zu den Biographien bekannter Mathematiker noch manches bisher Unbekanntes beigetragen zu haben. Die Auswahl der den Biographien zugeordneten Publikationslisten strebt keine Vollständigkeit an, sondern soll nur die mathematischen Interessen und Hauptarbeitsgebiete umreißen und, wenn von Interesse, auch außer-mathematische Wortmeldungen anführen. Zur Mathematik im Schuldienst haben wir uns mit einigen wenigen herausragenden oder uns typisch erscheinenden Beispielen begnügt. Studenten treten hauptsächlich als „Jungform" später bedeutender Mathematiker auf, also als Teilbiographien von Mathematikern, deren Wirkungszeit in unseren Zeitrahmen hineinreicht.

Eine in ihren Schicksalen klar von den anderen abgegrenzte Gruppe bilden die Emigranten, die wir zweckmäßigerweise in Emigranten der ersten, bei uns in Kapitel 5, und solche der zweiten Generation, bei uns in Kapitel 6, aufteilen. Zur ersten Generation gehören alle Mathematikerinnen und Mathematiker, die zum Zeitpunkt der Emigration über eine zumindest fast abgeschlossene Ausbildung verfügten. Zur zweiten Generation zählen alle, die ihre Ausbildung erst in der Emigration erhielten; in der Regel waren das zum Zeitpunkt der Emigration Kinder oder Jugendliche. Über diese dreifache Einteilung hinaus haben wir keine allgemeinen Kategorisierungen vorgenommen — Unterscheidungen in "Pull" und "Push" Faktoren, in Wanderlustige, Hinausgeekelte, gewaltsam Vertriebene und gerade noch Entkommene ergeben sich ohnehin zwanglos aus den jeweiligen Biographien. Öfters sind Emigranten der ersten Generation nicht aus Österreich emigriert, sondern zunächst aus Karrieregründen nach Deutschland und nach 1933 von dort weiter.

Die Kurzbiographien sind notwendigerweise unterschiedlich ausführlich ausgefallen, teils wegen der Quellenlage, teils auch wegen der unterschiedlichen Bedeutung der vorgestellten Personen für unser Thema oder deren Beispielfunktion.[2]

Abschließend ist es uns an dieser Stelle ein Bedürfnis, allen herzlich zu danken, die am Zustandekommen dieses Buches beteiligt waren, darunter besonders:

Christa Binder, Detlef Gronau, und Franz Kerschbaum, die uns in selbstloser Weise ihre eigenen gesammelten Materialien zur Verfügung gestellt haben.

Die Archivare der Universität Wien, insbesondere Barbara Bieringer, Kristof Fürlinger und Sabine Bitlinger, der TU Wien Paulus Ebner und Juliane Mikoletzky, sowie Peter Wiltsche von der Universität für Bodenkultur, weiters das Österreichische Staatsarchiv, das Dokumentationsarchiv des Österreichischen Widerstands und das Archiv der Wiener Volksbildung haben uns in effizienter Weise Archivgut zugänglich gemacht und auf solches hingewiesen.

Für persönliche Auskünfte, kenntnisreiche Hinweise und hilfreiche Diskussionen danken wir neben den oben genannten

Mitchell Ash, Wilfried Grossmann, Friedrich Haslinger, Wolfgang Herfort, Karl Heinrich Hofmann, Andreas Kusternig, Karin Reich, Wolfgang Reiter, Norbert Rozsenich, Werner DePauli-Schimanovich†, Peter Schmidt, Karl Sigmund, Klaus Volkert und Barbara Wolff.

Nicht zuletzt danken wir Stefanie Adam, Catryona Byrne, Annika Denkert und Stella Schmoll vom Springer Verlag für ihre freundliche, geduldige und sachkundige verlegerische Betreuung.

Wien,   *Wolfgang A. F. Ruppert*
im August 2022   *Peter W. Michor*

Der Erst- und Hauptautor Wolfgang Alexander Friedrich Ruppert kam bei einem Unfall am 4. Jänner 2023 ums Leben. Seinem Andenken sei dieses Buch gewidmet.

Wien, im Feber 2023   *Peter W. Michor*

---

[2] Manchmal haben vielleicht auch unbeabsichtigt die Forschungsinteressen der Autoren eine Rolle gespielt.

Inhaltsverzeichnis

Teil II Biographien

5   Emigranten der ersten Generation

6 Emigranten der zweiten Generation

Zur Einführung

Bemerkungen zum Thema dieses Buches

Wie im Vorwort angekündigt, konzentriert sich das vorliegende Buch auf Kurzbiographien und auf die Schicksale der Mathematikerinnen und Mathematiker, die im weitesten Sinn die „Österreichische Mathematik" der ersten Hälfte des 20. Jahrhunderts geprägt haben und von denen in etwa die Hälfte den Weg in die Emigration gehen mussten oder der NS-Verfolgung und -Vernichtung zum Opfer fielen. Dabei hatten wir keineswegs eine „Verlustbilanz für die österreichische Wissenschaft" im Sinn. Wissenschaftler sind kein Besitz des Staates und keine Handelsware. Die sich aus der Vertreibung ergebenden Tragödien sind in erster Linie Tragödien der betroffenen Individuen. Ohnehin sind die Verhältnisse nicht klar übersehbar, Zyniker sprechen sogar von einem unbeabsichtigten „Geschenk Hitlers" an die Zielländer der Emigration und von den durch Flucht und Emigration eröffneten „Chancen" für die NS-Verfolgten. Dass Emigranten erfolgreich sein konnten ist deren ureigenes Verdienst und die Aufnahme von Emigranten für diese kein „Geschenk" sondern eine oft schwere Entscheidung — und immer verbunden mit Entbehrungen und harter Arbeit. Bei Flüchtlingen nach Shanghai[3] von einem Geschenk zu sprechen erscheint uns ohnehin abwegig.

Das Thema dieses Buches, Mathematik in *Österreich* zur NS-Zeit, verdient eine gesonderte und eigenständige Betrachtung. Die historische Entwicklung in Österreich verlief in manchen Aspekten deutlich anders als im „Altreich".[4] Die Grenzen des stark verkleinerten Landes waren anfangs unklar und erst durch Volksabstimmungen in Kärnten und im Burgenland entschieden worden; wie im Deutschen Reich herrschte Hungersnot, finanzielle Knappheit und Hyperinflation, bewaffnete Auseinandersetzung und Terror.

Die verzweifelte Republik[5] überlebte als Demokratie nur bis zum Staatsstreich von 1933. Die danach anschließende Diktatur des Ständestaats[6] hatte zwar ebenfalls weitgehend den italienischen Faschismus zum Vorbild und vertrat grundsätzlich antisemitische Positionen,[7] ideologisch orientierte sie sich aber an Othmar Spann,[8] der sich seinerseits auf die

---

[3] Dort wurden, auch während der japanischen Besetzung, weder Visa noch Kautionen von den Flüchtlingen verlangt. (Allenfalls waren Transitvisa, im Ernstfall Bestechungsgelder, notwendig. Die von dem in Wien wirkenden chinesischen Diplomaten Ho Feng-shan 何鳳山 (= Hé Fèngshān) (*1901-09-10 Hunan; †1997-09-28 San Francisco, USA; verließ Wien 1940-05) ausgestellten Visa für Shanghai waren nur notwendig, um bereits inhaftierte Verfolgte von der Polizei frei zu bekommen.) Die Anreise über die Transsibirische Eisenbahn war kürzer als die Schiffsreise und deutlich billiger. Begüterte jüdische Flüchtlinge konnten per Schiff von Genua aus Shanghai erreichen, sie konnten im „International Settlement" oder in der „Französischen Konzession" (diese boten etwas bessere hygienische Bedingungen und mehr Ordnung) Unterkunft finden, die anderen sammelten sich zumeist im Stadtteil Hongkew 虹口 (= Hóngkǒu), in dem die Japaner 1943 ein Ghetto einrichteten, dessen Grenze nur mit Passierschein überschritten werden konnte. Insgesamt gelangten etwa 20.000 Flüchtlinge nach Shanghai, davon 6.000 aus Österreich.

[4] In einer Reihe von Studien zu Wissenschaft und Politik im NS-Staat werden die Verhältnisse in der „Ostmark" ausgeklammert, zB in Grüttners "German Universities Under the Swastika" ("Universities that were absorbed into the German Reich in the wake of the Nazi policy of expansion or were under German occupation are not included", insbesondere die Universitäten von "Graz, Innsbruck, Prague, Strasbourg and Vienna") oder in Renate Tobies Beiträgen in [362], [363].

[5] So der Titel des Buches [264] von Walter Rauscher.

[6] Wir verwenden diesen Begriff als geographisch und zeitlich eindeutig definierende Bezeichnung, bei der jeder weiß, was gemeint ist — ohne irgendwelche philosophische Betrachtungen und historische Wertungen (oder parteipolitische Empfindlichkeiten) hineinzupacken. Grundsätzlich erscheint es uns als gerechtfertigt, die Ideologie des Ständestaats als österreichische Spielart des Faschismus zu verstehen, so wie „Austromarxismus" als österreichische Spielart des Marxismus.

[7] Zynisch als „besserer", als „Antisemitismus der Tat" (im Gegensatz zum „Radau-Antisemitismus" der Nationalsozialisten) bezeichnet; allerdings nahm die antisemitische Rethorik im Ständestaat zunehmend ab, da die antisemitische NS-Propaganda an Aggressivität einfach nicht zu überbieten war. Der „Antisemitismus der Tat" ging ziemlich nahtlos in den „Antisemitismus der Untaten" über.

[8] Othmar Spann (*1878-10-01 Wien-Altmannsdorf; †1950-07-08 Neustift b. Schlaining im Burgenland) studierte ab 1898 Philosophie in Wien sowie Staatswissenschaften in Zürich, Bern und Tübingen, wo er 1903 in Staatswissenschaften promovierte. Nach einer dreijährigen Beschäftigung mit statistischen Studien zu sozialwissenschaftlichen Themen an der „Zentrale für private Fürsorge" in Frankfurt am Main habilitierte er sich 1907 an der DTH Brünn für das Fach Volkswirtschaftslehre. Ab 1908-09 war er k.k. Vizesekretär der Statistischen Zentralkommission, 1909 ao, 1911 o Professor für Volkswirtschaftslehre und Statistik an der DTH Brünn. Spann war in dieser Zeit mit Wilhelm ˃ Winkler befreundet und fungierte 1918 als dessen Trauzeuge (die Beziehung kühlte aber nach dem „Anschluss" merklich ab). 1919 wurde Spann Nachfolger von Eugen v. Philippovich als Ordinarius für Nationalökonomie und Gesellschaftslehre an der Universität Wien. In seinen Vorlesungen vom SS 1920 über Abbruch und Neubau der Gesellschaft (veröffentlicht als

päpstliche Enzyklika *quadragesimo anno* berief. Die gegenüber den Naturwissenschaften und deren Philosophie feindliche, im günstigsten Fall gleichgültig eingestellte Politik der Ständestaatdiktatur hatte schon lange vor dem Anschluss verheerende Auswirkungen auf die Mathematik, sowohl auf Lehre und Forschung als auch auf die Schicksale der einzelnen Mathematiker. Nicht wenige der Emigranten verließen schon längere Zeit vor dem „Anschluss" Österreich.

Das 1938 hereinbrechende deutsche NS-Regime war bereits um einiges weiter entwickelt und gegenüber dem In- und Ausland „konsolidierter" als das der Anfangszeit. Die perfiden Unterdrückungsmechanismen, die Propaganda und die Kriegsmaschinerie des Regimes waren 1938 bereits voll im Gange und funktionierten unheilvoll reibungsarm nach Wunsch der Machthaber. Für ernsthaften Gesinnungs-Widerstand auf demokratischer, gewaltfreier Basis war es überall im NS-Machtbereich längst zu spät.

Die DMV-internen Positionskämpfe und der Kampf gegen das „Führerprinzip" waren zum Zeitpunkt des „Anschlusses" bereits zu Ende oder mindestens im Abebben. Der Versuch einer Ideologisierung der Mathematik im Sinne der postulierten Existenz einer „arischen" oder „Deutschen Mathematik" wurde mit dem weitgehenden Einflussverlust, ja der Isolation ihres führenden Protagonisten Ludwig ˃Bieberbach ab 1938 und vor allem nach Kriegsbeginn nur mehr halbherzig weiterverfolgt.

Ein wichtiger Aspekt bei der Betrachtung „österreichischer" Mathematikerbiographien scheint uns auch der Unterschied im wissenschaftspolitischen Einfluss zu sein. Die Deutsche Mathematiker-Vereinigung DMV und ihr mathematisch-didaktisches Gegenstück, der Reichsverband mathematischer Gesellschaften und Vereine, konnten, wenn auch mit Abstrichen, im „Altreich" eine gewisse Eigenständigkeit wahren und bei Personalentscheidungen gelegentlich mathematisch inferiore, aber „politisch zuverlässige" Bewerber abblocken. Die Wiener Mathematische Gesellschaft war dagegen ersatzlos verschwunden und als Organisation in der DMV aufgegangen. Die in der nunmehrigen „Ostmark" tätigen Mathematiker hatten auf wissenschaftspolitische Entscheidungen, etwa bei Berufungen, so gut wie keinen Einfluss mehr.

Alles deutet darauf hin, dass die zunehmenden Verschärfungen und Gewaltexzesse in der Verfolgung von „Nicht-Ariern" nicht von vornherein so geplant waren, sondern als eine sich hemmungslos selbst aufschaukelnde, ihre Propagandisten in selbstverschuldete Blindheit stürzende Verfolgungswut anzusehen sind. Es ist hier auch daran zu erinnern, dass das ursprüngliche „Gesetz zur Wiederherstellung des Berufsbeamtentums" von 1933-04-07 Ausnahmen von Entlassungen (hauptsächlich bei Weltkriegsteilnehmern (sog. „Frontkämpferprivileg") und Beamten, die vor 1914-08-01 in den öffentlichen Dienst eingetreten

---

„Der wahre Staat", 1921) propagierte er einen ständisch gegliederten Staat mit pyramidenartig organisierter Machtstruktur. Spann verstand sich selber als „Lehrer und Redner einer konservativen Revolution", die sich entschieden gegen Marxismus und Liberalismus sowie gegen die parlamentarische Demokratie richtete. Damit gewann er großen politischen Einfluss in konservativen und konservativ-legitimistischen Kreisen: Die Heimwehr machte Spanns Ideen zu ihrer ideologischen Grundlage. Ende der 1920er Jahre trat Spann der NSDAP bei und unterstützte diese materiell. Nach dem „Anschluss" wurde er, wohl wegen seines trotzdem offensichtlichen Eintretens für den Ständestaat, zwangspensioniert und für einige Zeit in Haft genommen. 1945 wurde er offiziell beurlaubt und 1949 mit vollen Bezügen pensioniert.

waren) vorgesehen hatte.[9] Mit den Nürnberger Rassengesetzen von 1935-09-15 war es für „Nichtarier" mit den Ausnahmen jedenfalls vorbei. Bis zu den Olympischen Spielen 1936 und noch kurz danach wurde immerhin versucht, zumindest für das Ausland den Anschein einer gewissen Zurückhaltung zu erwecken. Die Nürnberger Gesetze von 1935 wurden selbst unter Juden vielfach so ähnlich angesehen wie die Rassentrennungsbestimmungen in den USA oder in Südafrika, als ein Modus vivendi zwischen NS-Macht und „Nicht-Ariern" mit für sie harten Bedingungen, aber vorerst ohne unmittelbar erkennbare Lebensgefahr.

Für Juden und öffentlich bekannte NS-Gegner hätte nach dem „Anschluss" und spätestens nach den Pogromen der „Kristallnacht" die massive Bedrohung von Leib und Leben durch das gewalttätige NS-Regime klar sein müssen. Als einzige Rettungsmöglichkeiten blieben rechtzeitige Emigration oder Untertauchen, letzteres bedeutete in einer generell eher feindlichen Umwelt eine sehr fragile Existenz. Im Deutschen Reich wurde hingegen nach 1933 der Druck auf jüdische und andere einem Feindbild zugeordnete Mitbürger nur langsam erhöht, was vielen die rechtzeitige Flucht ermöglichte, aber auch viele zu lange zögern ließ. Eine gelungene Emigration führte leider keineswegs immer zur Rettung: Die von Österreich aus naheliegende Emigration in die Tschechoslowakei führte in eine Sackgasse und konnte allenfalls als erste Fluchtetappe dienen. Nach dem Tode Atatürks fiel auch die Türkei als (einigermaßen) bereitwilliges Aufnahmeland aus. „Sichere" Zielstaaten wie Großbritannien, Kanada, Australien, die Schweiz und die USA erließen restriktive Einreisebeschränkungen, verlangten (auch für prominente Mathematiker oft schwer beizubringende) Bürgschaften („affidavits") und hohe Kautionen und waren vielfach schon wegen der zu überwindenden Entfernungen und der hohen Reisekosten unerreichbar. Die ideologisch motivierte Emigration in die Sowjetunion endete oft fatal im stalinistischen Terror oder ebenso fatal in der Auslieferung an NS-Deutschland.

An den hier gesammelten Einzelbiographien können alle diese Schwierigkeiten gut abgelesen werden. Es ist uns aber bewusst, dass viele mathematische Talente unerkannt in den NS-Vernichtungslagern umkamen, ohne als solche von uns wahrgenommen werden zu können.

Bei vielen wohlbekannten Mathematikerinnen/Mathematikern waren für unser Thema wesentliche Ergänzungen für die Zeit ihres Wirkens während der NS-Zeit erforderlich, die vielleicht für manche Studierende der Nachkriegsgeneration etwas überraschend sein werden. Für die weniger bekannten in der Mathematik Tätigen soll dieser Text auch als biographisches Erinnerungsdokument dienen. Der hier vorgelegte Text ist keine wissenschaftstheoretisch wertende Darstellung der Entwicklung der Mathematik unter dem und trotz dem NS-Regime. Bedeutende und weniger bedeutende in der Mathematik Tätige wurden gleichermaßen in das biographische Panorama aufgenommen, mit Fokus auf persönliche Schicksale, nicht so sehr auf mathematische Verdienste (die innerhalb der Grenzen dieses Buches ohnehin nur unvollkommen präsentiert werden könnten).

Geographisch und historisch waren auch in der NS-Zeit die Strukturen der Donaumonarchie und die Nähe zu Italien und zum Balkan immer noch von großer Bedeutung. Zwei

---

[9] Formal handelte es sich um „kann"-Bestimmungen. Das Frontkämpferprivileg geht auf die Intervention Hindenburgs zurück.

der hier besprochenen „österreichischen Mathematiker", nämlich der gebürtige Grazer und Italien-Verehrer Wilhelm > Blaschke und der Südtiroler Wolfgang > Gröbner spielten eine besondere Rolle bei dem (allerdings ziemlich folgenlos gebliebenen) Versuch, die von Mussolini 1936 reklamierte Achse Rom–Berlin auch auf die wissenschaftliche Zusammenarbeit zu erweitern.

Tour d'Horizon: **Standardliteratur und Standard-Datenbanken**

Von den verwendeten biographischen Standardwerken zur Mathematik im Deutschen Sprachraum seien hier besonders hervorgehoben: die beiden Bände der Dissertation von Einhorn [67] für Biographien im Raum Wien, die Bücher und Arbeiten von Siegmund-Schulze [304, 306, 309, 311, 312, 307, 313] und Freddy Litten [193, 194], Segals mit vielen biographischen Details ausgestattetes Buch[10] [298], der Sammelband *Ein Jahrhundert Mathematik* [288], Schappachers Versuch, die „Deutsche Mathematik" zu charakterisieren [286], die *Neue Deutsche Biographie* [222], Friedrich Stadler [330, 329], Christa Binder [29], Goller und Oberkofler [115, 116], und Detlef Gronau [123] für Graz; Mikoletzky [215, 216], Mikoletzky und Ebner [217, 218].

Für die mathematische Tätigkeit der in diesem Buch vorkommenden Personen stützen wir uns neben eigenen Recherchen und Monografien über Einzelpersönlichkeiten auf die bekannten Referatsorgane und Datenbanken:

(1) Das *Jahrbuch über die Fortschritte der Mathematik* (JFM),[11] heute mit dem *Zentralblatt für Mathematik und ihre Grenzgebiete* (Zbl) in einer online erreichbaren Datenbank namens ZbMATH vereinigt,[12] die von der *European Mathematical Society* (EMS), dem Fachinformationszentrum Karlsruhe und der Heidelberger Akademie der Wissenschaften herausgegeben wird.

---

[10] Zu beachten sind dazu Remmerts kritischen Anmerkungen in [271]

[11] Das erste umfassende internationale Referatorgan für Mathematik. Es enthält Berichte über fast alle mathematischen Publikationen im Zeitraum 1868–1942. Gegründet von Carl Ohrtmann (1839–1885) und Felix Müller (1843–1928), erschien es bis auf einige Ausnahmen jährlich. Die Referate wuchsen von 880 im Jahr 1868 auf ca 7000 im Jahr 1930 an. Jeder Band erschien erst dann, wenn alle in einem Jahr erschienen Arbeiten vollständig dokumentiert waren. Wegen der bald einsetzenden überwältigenden Literaturflut führte das zu einem bald unhaltbaren Verlust an Aktualität. (Vgl. R Siegmund-Schultze, Mathematische Berichterstattung in Hitlerdeutschland. Der Niedergang des „Jahrbuchs über die Fortschritte der Mathematik". Vandenhoeck & Ruprecht, Göttingen 1993.)

[12] Das 1931 als schnellere und besser international ausgerichtete Alternative zum JFM gegründete Zbl geht auf eine Initiative von Otto > Neugebauer, Richard Courant, Harald Bohr und dem Verleger Ferdinand Springer zurück. Zur Schnelligkeit trugen vor allem gestraffte Organisation, vermehrte Autorreferate und unreferierte Nennungen von Publikationen bei. Im ZbMATH sind die Referate des JFM mit denen des Zbl vereinigt, ohne die in beiden Organen erwähnten Publikationen aufeinander zu beziehen, sodass ZbMATH Doppel- und Mehrfachnennungen, manchmal weit voneinander entfernt, aufweist. Die einwandfreie Identifizierung der Autorschaft ist ohnehin nicht immer möglich (Autoren mit mehreren verschiedenen Autornamen oder Namensgleichheit bei verschiedenen Autoren). Seit 2021 ist ZbMATH im Sinne von open access frei zugänglich.

(2) Die Datenbank *MathSciNet*, die aus der Referatezeitschrift *Mathematical Reviews*[13] entstanden ist; diese Datenbank gibt hauptsächlich über Publikationen Auskunft, die nach dem zweiten Weltkrieg entstanden sind.

(3) Das *Mathematical Genealogy Project* (MGP): Eine oft unvollständige und manchmal fehlerhafte, aber laufend unter Publikumsbeteiligung ergänzte und korrigierte offene Datenbank von Dissertationen und wissenschaftlichen Stammbäumen.[14]

Öffentliche Archive und öffentliche Datenbanken

- Das Österreichische Staatsarchiv und das Deutsche Bundesarchiv.
- Das Archiv von Yad Vashem, die Archive der Holocaust Museen, das Archiv der Gedächtnisstätte Theresienstadt (Cz), das Dokumentationsarchiv des Österreichischen Widerstands.
- Das Einstein-Archiv an der Univrsität Jerusalem.
- Die Archive der beteiligten Universitäten und Hochschulen, soweit zugänglich.
- Die Matrikenbücher der IKG und die Kirchenmatriken.

Sehr hilfreich waren wie immer auch:

- Der online-Dienst http://anno.onb.ac.at der Österreichischen Nationalbibliothek.
- Die Archive der Gemeinde Wien: das Adressverzeichnis Lehmann, das Meldezettelarchiv (WAIS), weiters die Verstorbenenarchive, vor allem der Friedhöfe Wiens und Innsbrucks.
- In einigen Fällen wurden, mit der gebotenen Vorsicht, gängige genealogische Datenbanken (z.B. http://www.geni.com, https://www.myheritage.at/, http://whitepages.com), zuweilen auch Passagierlisten, Einwanderungs- und Einwohnerlisten der USA zur Gewinnung von Daten herangezogen oder zu Überprüfungen vorhandener Daten verwendet.

Zur Organisation dieses Buches

Fußnoten befinden sich am Fuß der jeweiligen Seite (allenfalls mit Fortsetzung auf der nächsten).

---

[13] 1940 von Otto ˃ Neugebauer, nach seiner Emigration in die USA, gegründet.

[14] Begonnen von Harry Coonce 1997, https://www.genealogy.math.ndsu.nodak.edu. Das Projekt läuft im Rahmen der AMS, siehe Jackson, A., *A Labor of Love: The Mathematics Genealogy Project*, Notices of the AMS **54**/8 (2007), 1002–1003.

Im Glossar sind Einrichtungen, Begriffe und Abkürzungen aus dem NS-Jargon und aus sonstigen politischen Kontexten erklärt.

Im Literaturverzeichnis sind in der Regel bibliographische Angaben gesammelt, die mehr als einmal verwendet wurden. Weitere Literaturhinweise finden sich in Fußnoten, am Ende der Kurzbiographien, sowie in den Quellenverweisen und den Hinweisen zu weiterführender Literatur.

Fett gedruckte Seitennummern im Personenverzeichnis beziehen sich auf den Beginn einer Kurzbiographie oder jedenfalls auf Seiten mit wesentlichen Lebensdaten (im Text oder in einer Fußnote).

In Zitaten wird die ursprüngliche Schreibweise (alte Rechtschreibung) beibehalten; Zusätze der Autoren sind durch eckige Klammern gekennzeichnet.

Bei den Lebensdaten bedeutet ein nachgestelltes „b", dass es sich um das Datum der Bestattung handelt.

Abkürzungen

AHS	Allgemeinbildende Höhere Schule	NSDDB	Nationalsozialistischer Deutscher Dozentenbund
al.	alias		
AMS	American Mathematical Society	NSFK	Nationalsozialistisches Fliegerkorps
ao	außerordentlich (Professor, Assistent)	NSKK	Nationalsozialistisches Kraftfahrerkorps
apl	außerplanmäßig (= ad personam)	NSV	Nationalsozialistische Volkswohlfahrt
AW	Akademie der Wissenschaften	o	ordentlich (Professor, Assistent)
b	(nach Datum:) Bestattungsdatum	ÖAW	Österreichische Akademie der
BA/MA	Bachelor/Master of Arts		Wissenschaften (vorher Wiener AW,
BDM	Bund deutscher Mädel		kais. AW)
BHS	Berufsbildende Höhere Schule	ÖCV	Österreichischer Cartellverband
BOKU	Hochschule (Universität) für		(farbentragend)
	Bodenkultur (Wien)	ÖKV	Österreichischer Kartellverband (nicht
CH	Schweiz		farbentragend)
CS,	CSP Christlich-Soziale,	ÖMG	Österreichische Mathematische
	Christlich-Soziale Partei		Gesellschaft
CV	Cartellverband	ÖNB	Österreichische Nationalbibliothek
CV	Curriculum Vitae (Verwechslungen	OÖ	Oberösterreich
	nicht möglich)	ÖStA	Österreichisches Staatsarchiv
CZ	Tschechien	ÖVP	Österreichische Volkspartei
DFS	Deutsche Forschungsanstalt für	PA	Personalakt
	Segelflug	PD	Privatdozent
DIAS	Dublin Institute for Advanced Studies	pl	planmäßig (Professor, Assistent)
DMV	Deutsche Mathematiker Vereinigung	RAD	Reichsarbeitsdienst
DÖW	Dokumentationsarchiv des	r	(nach Datum:) errechn. Geb.dat.
	Österreichischen Widerstands	RAF	Royal Air Force (britische Luftwaffe)
FPÖ	Freiheitliche Partei Österreichs	REM	Reichserziehungsministerium,
	(Nachfolgepartei des VdU)		Reichserziehungsminister
GDVP	Großdeutsche Volkspartei (deutschnat.	SA	Sturmabteilung
	Partei der 1. Republik)	SDAP	Sozialdemokratische Arbeiterpartei
Gestapo	Geheime Staatspolizei	SPÖ	Sozialistische Partei Österreichs
HJ	Hitler-Jugend	SS	Schutzstaffel (der NSDAP)
HR	Hofrat	SS	Sommersemester (kaum zu
IAS	Institute for Advanced Study		verwechseln)
	(Princeton)	TH	Technische Hochschule
ICM	International Congress of	TU	Technische Universität
	Mathematicians	TUWA	Archiv der TU Wien
IKG	Israelitische Kultusgemeinde	UB	Universitätsbibliothek
IMN	Internationale Mathematische	uk	unabkömmlich
	Nachrichten	UMI	Unione Matematica Italiana
IMU	International Mathematical Union	VdU	Verband der Unabhängigen
JFM	Jahrbuch Fortschritte der Mathematik	UWA	Archiv der Universität Wien
KPdSU(b)	KP d. Sowjetunion (Bolschewiken)	VF	Vaterländische Front
MGP	Mathematical Genealogy Project	VB	Verbotsgesetz von 1945-05-08
NÖ	Niederösterreich	WS	Wintersemester
NS	Nationalsozialistisch(e)	Zbl	Zentralblatt
NSDAP	Nationalsozialistische Deutsche Arbeiterpartei	zbMATH	(Datenbank aus Zbl+JFM)

Teil I
Das Umfeld

Kapitel 1
Allgemeines zur Mathematik während der NS-Zeit

1.1 Österreich zwischen den Kriegen

Gründung der Republik 1918. Als Kriegsende und Zerfall der Monarchie abzusehen waren, traten die Reichtagsabgeordneten der deutschsprachigen Gebiete der österreichischen Reichshälfte („Cisleithanien") 1918-10-21 als provisorische Nationalversammlung zusammen und bestellten die erste Regierung Deutsch-Österreichs mit Karl Renner als Staatskanzler. Der Waffenstillstand wurde 1918-11-03 in der Villa Giusti bei Padua von Vertretern des k.u.k. Armeeoberkommandos (AOK) unterzeichnet. Als nächstes verzichtete Kaiser Karl in seiner Erklärung von 1918-11-11 auf „jeden Anteil an den Staatsgeschäften";[1] einen Tag später wurde die „Republik Deutsch-Österreich" ausgerufen, ab 1920-07-16, nach Inkrafttreten des Friedensvertrags von St-Germain, führte diese den Namen „Republik Österreich".

Die Parteien. Die österreichische Parteienlandschaft unterschied sich in wesentlichen Punkten von der in Deutschland; wir geben eine gedrängte Übersicht.

(1) Die kommunistische Partei KPÖ wurde zwar bereits 1918-11-03, zwei Monate vor der KPD in Deutschland (1918-12-30), gegründet, blieb aber bis zum „Anschluss" so gut wie

---

[1] Im Unterschied zum Deutschen Kaiser Wilhelm II dankte Karl *nicht* ab. Im Wortlaut schreibt er: „Nach wie vor von unwandelbarer Liebe für alle Meine Völker erfüllt, will Ich ihrer freien Entfaltung Meine Person nicht als Hindernis entgegenstellen. Im voraus erkenne Ich die Entscheidung an, die Deutschösterreich über seine künftige Staatsform trifft. Das Volk hat durch seine Vertreter die Regierung übernommen. Ich verzichte auf jeden Anteil an den Staatsgeschäften. Gleichzeitig enthebe Ich Meine österreichische Regierung ihres Amtes" (Wiener Zeitung 1918-11-11)". Im März 1919 widerrief Karl seine Verzichtserklärung und verließ Österreich. Das führte 1919-04-03 zu einem Gesetz, das alle Mitglieder des Hauses Habsburg des Landes verwies, die nicht ausdrücklich auf alle Herrschaftsansprüche verzichten und sich zur Republik bekennen wollten. Das Vermögen des Hauses Habsburg-Lothringen wurde als Staatseigentum eingezogen (allerdings 1935 von der Schuschnigg-Regierung de lege zurückerstattet, wozu es aber de facto nicht kam).

© Der/die Autor(en), exklusiv lizenziert an
Springer-Verlag GmbH, DE, ein Teil von Springer Nature 2023
W. A. F. Ruppert und P. W. Michor, *Mathematik in Österreich und die NS-Zeit*, Mathematik im Kontext,
https://doi.org/10.1007/978-3-662-67100-9_1

einflusslos und war in dieser Zeit nie im Parlament vertreten. Anfängliche Bemühungen zur Bildung einer Räteregierung nach russischem Vorbild wie in Bayern oder Ungarn scheiterten. Nach den Ereignissen vom Februar 1934 und besonders nach dem „Anschluss" war die KPÖ Auffangbecken für enttäuschte Sozialdemokraten und Spanienheimkehrer. In der NS-Zeit bildete sie straff organisierte und vielfach als einzige ernsthaft kämpfende Widerstandsgruppen, die aber der Gestapo und ihren Spitzeln nicht standhalten konnten und hohe Opferzahlen zu verzeichnen hatten. Unter Mathematikern hatte die KP in Österreich nur sehr wenige Anhänger (zB Wilhelm ˃Frank).).

(2) Die sozialdemokratische Arbeiterpartei SDAP hatte zunächst die relative Mehrheit in der Konstituierenden Nationalversammlung,[2] verlor diese aber bei den ersten Wahlen 1920 zum Nationalrat und verließ die Koalitionsregierung mit den Christlichsozialen, die darauf von einer Minderheitsregierung unter dem Christlichsozialen Mayr abgelöst wurde. Die SDAP war an keiner der folgenden Regierungen der Ersten Republik beteiligt, regierte aber, bis zu ihrer Auflösung 1934, unangefochten in Wien und baute das „Rote Wien" als Muster eines sozialistischen Gemeinwesens auf demokratischer Grundlage auf — Hassobjekt für alle klerikal-bürgerlichen, bäuerlichen und deutschnationalen Parteien und Gegenmodell für Räteregierungen sowjetischer Bauart. Bei der Gemeinderatswahl von 1919 und bei den Landtags- und Gemeinderatswahlen[3] 1923, 1927 und 1932 errang die SDAP jeweils die absolute Mehrheit.[4] Die Wiener Politik der Sozialdemokratie konzentrierte sich auf Kinder- und Jugendfürsorge, Schulreformen und Erwachsenenbildung, kommunalen Wohnbau („Gemeindebauten"), Sozial- und Gesundheitspolitik.

Führender Ideologe der SDAP war Otto Bauer, dessen Schriften eine programmatische Linie vorzeichneten, die unter dem Namen Austromarxismus in die Geschichte einging. Bauer war vor allem Theoretiker eines demokratischen Zugangs zum Sozialismus, Gewalt lehnte er ab. Bauers klassenkämpferiche Ideen ließen neben der SDAP bis 1934 keinen oder nur wenig Platz für die KP. Bis zum Einzug Hitlers in die Reichskanzlei war die SDAP für den Anschluss an Deutschland eingetreten, da sie sich in einem größeren Gemeinwesen auch größere Chancen erhoffte.[5]

(3) Die Christlichsoziale Partei (CSP) war nach außen hin betont katholisch-klerikal, intern aber auch durchaus antisemitisch ausgerichtet; sie hatte außerdem klare legitimistische Sympathien. Als Hauptfeinde sah sie Sozialismus und den damals oft (mit antisemitischem Unterton) Bolschewismus genannten Kommunismus an. Ignaz Seipel, führender Kopf der

---

[2] Die sie zu wesentlichen Gesetzesinitiativen nützte. So wurde auf Vorschlag des Sozialdemokraten Ferdinand Hanusch 1919 die Einführung des 8-Stunden-Tages und die 48-Stundenwoche, weiters 1920-02-26 das Arbeiterkammergesetz beschlossen, das eine gesetzliche Interessensvertretung von Arbeitern und Angestellten vorsah (nach dem Vorbild der bisher schon bestehenden Ärzte-, Apotheker-, Architekten- und Handelskammern).

[3] Wien ist seit 1920-11-10 ein eigenes Bundesland, nur unterbrochen von den Jahren 1934–38 (regierungsunmittelbare Stadt) und der NS-Zeit (Reichsgau Wien).

[4] 1932 gelangten erstmals Vertreter der NSDAP in den Wiener Gemeinderat.

[5] Auch Renners kapitaler politischer und moralischer Fehler, seine 1938-03-13 abgegebene Befürwortung des „Anschlusses" *unter dem Vorzeichen der NS-Herrschaft* (trotz der 1933 erfolgten Streichung des Anschlusswunsches aus dem Parteiprogramm), ist wohl auf solche Ideen zurückzuführen.

Christlichsozialen, bemerkte 1926 zum Standpunkt seiner Partei und ihres Koalitionspartners:

> *Die Christlichsoziale Partei und die Großdeutsche Partei sind zwar antisemitische Parteien, aber ihr Antisemitismus gilt mehr jenen Juden, die nicht als solche erkannt sein wollen, als denjenigen Juden, die offen für ihr Judentum einstehen. ... [6]*

> *Aber die christlichsoziale Partei hat nicht nur Männer, sondern auch ein Programm, und in diesem Parteiprogramm figuriert an einer der ersten Stellen der Antisemitismus. Dr Ignaz Seipel hat mit der ihm eigenen Offenheit erklärt, daß die Juden nicht überrascht sein dürfen, daß im Programm der christlichsozialen Partei der Antisemitismlus betont werde, weil sie immer eine antisemitische Partei war. ... [7]*

Der katholische Einfluss auf die CSP zeigte sich vor allem in dem hohen Anteil an Klerikern und „alten Herren" katholischer Studentenverbindungen unter den CS-Politikern. Nicht wenige Gesetze (zB das Verbot der Freimaurerbewegungen) tragen die Handschrift des „politischen Katholizismus".[8]

(4) Die Großdeutsche Volkspartei (GDVP), manchmal auch Alldeutsche Partei genannt, entstand 1920-08-08 in Salzburg durch den Zusammenschluss von deutschnationalen und deutschliberalen bürgerlichen Splitterparteien, die den Anschluss Österreichs an das Deutsche Reich anstrebten. Ihr Pendant für die bäuerliche Bevölkerung war der Landbund (LB). Zusammen mit der NSDAP und kleineren großdeutschen Bewegungen bildeten diese beiden Parteien ein etwas unscharf als „Drittes Lager" bezeichnetes Konglomerat. Die Abgrenzung der Parteien des Dritten Lagers untereinander und von der CSP ist vielfach nicht klar definiert.

(5) Die Deutsche Nationalsozialistische Arbeiterpartei (DNSAP) vertrat bereits in der Ersten Republik politische Leitsätze wie die NSDAP in Deutschland: eine radikal deutschvölkische Einstellung, Antikapitalismus, Antikommunismus und Antisozialismus, Antisemitismus, Anschluss. Sie geht letztlich auf die Deutsche Arbeiterpartei (DAP) der Monarchie zurück, die sowohl im österreichischen Kernland wie auch unter den deutschen Minderheiten in Böhmen, Mähren und Schlesien agitierte. Ab dem Jahr 1920 kooperierte

---

[6] Neuigkeits-Welt-Blatt, 1926-07-02 p2.

[7] Wiener Sonn- und Montags-Zeitung 1927-03-28 p 1. Im Jahr 1933 emigrierten aber dennoch jüdische Intellektuelle und Künstler nach Österreich, zum Beispiel der Dirigent Bruno Walter (emigrierte 1939 weiter in die USA) und der Tenor Joseph Schmidt (1934 nach Wien, †1940-11-16 Schweiz). Der Physiker Léo Szilárd (*1898-02-11 Budapest; †1964-05-30 La Jolla, Kalif.) emigrierte 1933 nach London mit einem kurzen Zwischenaufenthalt in Wien (er ging in Vorahnung des 2. Weltkriegs 1938-09 in die USA).

[8] Mit dem „Mariazeller Manifest" von 1952-05-04 verabschiedete sich die römisch-katholische Kirche in Österreich erstmals offiziell aus der Parteipolitik. Die lange Tradition von Priestern als Landeshauptleuten, wie zB Alois Winkler (*1838-06-07 Waidring, Nordtirol; †1925-07-11 Salzburg), Domherr und langjähriger Landeshauptmann und Landtagsabgeordneter des Landes Salzburg, Karl Grienberger (*1824-07-05 Perg; †1909-05-27 Eferding), Priester, Politiker und 1884 kurzzeitig Landeshauptmann, oder als Bundeskanzler — wie Prälat Ignaz Seipel, sowie Wahlempfehlungen von der Kanzel wurde damit beendet.

die DNSAP mit der deutschen DAP. Nach mehreren Spaltungen entstand schließlich 1926 die österreichische NSDAP.

Heimwehren, Schutzbund und bewaffnete Auseinandersetzungen. Unmittelbar nach dem Ende des Ersten Weltkriegs hatten sich in den Bundesländern freiwillige, zunächst überparteiliche Selbstschutzverbände als Ortswehren, Bürgergarden, Kameradschafts- und Frontkämpferverbände gebildet (zum Beispiel für den „Kärntner Abwehrkampf"). Diese wurden zuerst in Tirol, dann auch in der Steiermark und in anderen Bundesländern organisatorisch als paramilitärische Kampfgruppen zusammengeschlossen und von Großindustriellen[9] und später auch vom faschistischen Italien unterstützt, die in solchen Formationen nützliche Aufmarschtruppen gegen Demonstrationen der Arbeiterschaft sahen. Diese Verbände waren gut bewaffnet und trugen als Uniform Trachten in Landesfarben und mit Birkhahnfedern geschmückte Feldmützen oder Hüte (daher die Bezeichnung „Hahnenschwanzler") mit denen sie in der Öffentlichkeit paradierten, zuweilen auch gewalttätig gegen politische „Feinde" vorgingen. Die Heimwehren waren untereinander nur lose verbunden, zwar CSP-nahe, aber von ihr unabhängig.

1923-05 gründete Julius Deutsch als Gegengewicht zu den der CSP ideologisch nahestehenden bewaffneten Heimwehren den Republikanischen Schutzbund, der sich aus Teilen der früheren deutschösterreichischen Volkswehr zusammensetzte, einem während der Regierungen Renner I-III unter der Leitung von Deutsch aufgebauten Volksheer zum Schutz der Republik. Der Republikanische Schutzbund wurde bei größeren Veranstaltungen für Ordnungsfunktionen und als Saalschutz eingesetzt. So wie die Heimwehren verfügte auch der Republikanische Schutzbund über Waffen. Der Schutzbund war direkt der SDAP unterstellt, die Heimwehren verfolgten ihre eigene Politik, beziehungsweise versuchten umgekehrt selber auf die CSP und auf die Bundesregierung Einfluss zu nehmen.

1927 wurden bei einer Demonstration unbewaffneter Schutzbundmitglieder ein Invalide und ein Kind von Angehörigen der Heimwehr erschossen, die Täter freigesprochen, was 1927-07-15 zu Demonstrationen in Wien und zum Brand des Justizpalastes führte.[10] Polizeipräsident Schober ließ in die Menschenmenge schießen, es gab 89 Tote. Bundeskanzler Prälat Ignaz Seipel verteidigte im Parlament dieses Vorgehen der Polizei als, in heute gängiger Sprache, „alternativlos".

Bei bewaffneten innenpolitischen Auseinandersetzungen, besonders beim Justizpalastbrand von 1927, wurden Heimwehrverbände als Hilfspolizei gegen die Sozialdemokraten aufgeboten. Von Bundeskanzler Ignaz Seipel unterstützt, gewannen sie schließlich in der Innenpolitik immer mehr Einfluss. Neben dem Bundesführer R. Steidle spielten dabei E.R. Starhemberg, W. Pfrimer und Major E. Fey die Hauptrollen. Auch ins Ausland, vor allem in das faschistische Italien, reichten ihre Verbindungen. Die Heimwehren waren grundsätzlich antidemokratisch eingestellt und traten namentlich im Korneuburger Eid von

---

[9] Am Bekanntesten war der „Patronenkönig" (und zeitweise Ehemann von „Extase"-Darstellerin Hedy Lamarr) Fritz Mandl (*1900-02-09 Wien; †1977-09-08 Wien).

[10] Beim Brand des Justizpalastes wurde auch das Original der Verzichtserklärung Kaiser Karls vernichtet. Der Wortlaut wurde später an Hand einer stenographischen Mitschrift von Josef Czech rekonstruiert. s. ÖStA, AVAFHKA, Inneres, MR-Präs, Zl.: 11070 ex 1918 ÖStA, AVAFHKA, Registratur des Allgemeines Verwaltungsarchivs: Zl.: 2.249 ex 1936.

1930-05-18 für eine autoritäre ständische Verfassung im Sinne des Spannschen Universalismus ein. Starhemberg und seine Anhänger sprachen vom Ziel der Errichtung eines „österreichischen Faschismus" oder kurz „Austrofaschismus",[11] während die dominierende Dollfuß-Fraktion der CSP diese Bezeichnung peinlichst mied. Der spätere Kanzler des Ständestaats Schuschnigg misstraute der Heimwehr und gründete 1930 einen konkurrierenden Wehrverband, die „Ostmärkischen Sturmscharen" (OSS), Starhemberg und seine Heimwehrverbände verloren infolgedessen ab 1933 stark an Einfluss. Die OSS verfügten auch über Nebenorganisationen für weibliche Mitglieder.

Regierungen 1918 bis 1933. Die Erste Republik wurde bis 1933 unter wechselnden Koalitionen regiert, mit Ausnahme der ein halbes Jahr dauernden Regierung Mayr[12] und der Eintagsregierung Breisky.[13] Während dieses Zeitraums fanden fünf Parlamentswahlen, nämlich 1919 die Wahl der Konstituierenden Nationalversammlung sowie 1920, 1923, 1927 und 1930 Nationalratswahlen, statt. Auffällig sind die drei Regierungen unter dem parteilosen, aber eher deutschnational eingestellten Polizeipräsidenten Schober[14] und der hohe Anteil an parteilosen Ministern (gewöhnlich Beamte). Bis 1926 konnten Schober bzw. die CS-Bundeskanzler Seipel und Ramek mit einer Koalition von CS und GDVP regieren, danach musste noch der Landbund, in die Regierung Dollfuß I (vor der Machtergreifung durch Dollfuß) die unter dem Namen „Heimatblock" zusammengefassten Heimwehren, in die Koalition aufgenommen werden.

Finanzprobleme. Nach Kriegsende stieg die Inflation in schwindelnde Höhen und wuchs sich zur Hyperinflation aus; diese wurde erst 1925 mit Hilfe einer Anleihe beim Völkerbund und durch die Einführung der Schillingwährung beendet. Die nächste Finanzkrise brach im Gefolge der Weltwirtschaftskrise aus, die mit dem New Yorker Börsenkrach von 1929-10 begann. 1930-01-20 gelang es Schober, die Einstellung der Reparationen bei den Siegermächten zu erreichen, was aber für eine wirkliche Sanierung der Staatsfinanzen nicht ausreichte. Zur Weltwirtschaftskrise gesellten sich zwei große Finanzskandale mit katastrophalen Folgen für den Finanzplatz Österreich und das Ansehen der Bundesregierung: 1931-05 die Insolvenz der Bodencreditanstalt und 1936 die Pleite der „Phönix" Versicherung, die 1936 das Budgetdefizit von 250 auf 330 Millionen Schilling hinaufkatapultierte.[15]

---

[11] Rede Starhembergs in Reichspost 1934-02-28 p2; unter wörtlicher Verwendung des Terminus „Austrofaschismus". Die Neue Freie Presse 1934-02-28 p4 verwendet die italienische Schreibweise „Austrofascismus".

[12] Michael Mayr (*1864-04-10 Adlwang; †1922-05-21 Waldneukirchen) führte eine Proporzregierung von 1920-07-07 bis 11-20, nachdem die Regierung Renner III wegen Vertrauensverlusts der Koalitionspartner demissioniert war. Nach den Wahlen zum Nationalrat folgte die CSP-Regierung Mayr II bis 1921-06-21.

[13] Walter Breisky (*1871-07-08 Bern, CH; †1944-09-25 Klosterneuburg) war Christlichsozialer; seine Regierung unterbrach für einen Tag die Regierung Schober I.

[14] Johann Schober (*1874-11-14 Perg, OÖ; †1932-08-19 Baden bei Wien) war Polizeipräsident von Wien, zwischendurch Bundeskanzler, gleichzeitig Außenminister, gelegentlich Innenminister. In der Monarchie war Schober maßgeblich an der Aufklärung des „Spionagefalls Redl" beteiligt gewesen. Nach seinem Rücktritt als Bundeskanzler war Schober wieder Polizeipräsident und Direktor der Bundespolizei; er wurde 1923-09-10 Präsident der in Wien gegründeten Interpol.

[15] Für die vom Untergang der „Phönix" schwer getroffenen Mathematiker vgl. die Einträge ˃ Berger, ˃ Fanta, ˃ Helly, ˃ Tauber, ˃ Vajda und ˃ Wald.

Der Staatsstreich von 1933. Als der Nationalrat 1933-03-04 nach dem Rücktritt aller drei Präsidenten ohne Vorsitz war, verhinderte Bundeskanzler Engelbert Dollfuß die für 1933-03-15 vorgesehene Fortsetzung der letzten Sitzung mit Polizeigewalt, sprach öffentlich von *Selbstausschaltung des Parlaments*, regierte von da an ohne Parlament mit Notverordnungen und erklärte dieses Vorgehen als verfassungsmäßig gedeckte Machtergreifung — ein „Narrativ", das bis zum Ende der 60er Jahre im Zeitgeschichtsunterricht der österreichischen Schulen beherrschend blieb. Bundespräsident Miklas reagierte nicht, Dollfuß konnte bis zum Untergang der Ersten Republik diktatorisch weiterregieren.[16]

Ständestaat 1933–38. Unter dem Vorwand des Kriegswirtschaftlichen Ermächtigungsgesetzes von 1917 erließ Dollfuß nun eigenmächtig Gesetze durch Verordnungen der Bundesregierung. 1934-02-12 eskalierten die Auseinandersetzungen zwischen den regierenden Christlichsozialen, deren Partei in der von Dollfuß neu gegründeten politischen Einheitsorganisation *Vaterländische Front* aufgegangen war, und den oppositionellen, vom Parlament ausgesperrten Sozialdemokraten zu einem blutigen Konflikt; der wenige Tage dauernde Bürgerkrieg erreichte seinen Höhepunkt mit dem Artilleriebeschuss von Arbeiterheimen und Gemeindebauten in Wien und den Kämpfen in den Industriezentren Oberösterreichs und der Steiermark.[17] 1933-05-10 wurden die Wahlen aller Ebenen ausgesetzt, 1933-05-26 die Kommunistische Partei, 1933-06-19 die NSDAP, und 1933-06-20, auf Wunsch der katholischen Kirche, der Freidenkerbund aufgelöst. Sozialdemokraten und GDVP blieben vorerst bestehen, aber nur bis zu den Ereignissen von 1934-02, die zum Verbot aller Parteien führte und die verbliebenen noch geduldeten politischen Organisationen in die *Vaterländische Front* integrierte, auch die CSP selber. Die KP und die weiterhin politisch aktiven Sozialdemokraten gingen in den Untergrund, letztere sammelten sich unter dem Namen „Revolutionäre Sozialisten".

Der sozialdemokratische Wiener Bürgermeister Karl Seitz wurde abgesetzt und durch den „Vaterländischen" Richard Schmitz ersetzt. 1934-04 erfolgte die Auflösung des 1928 auf Initiative von Moritz Schlick vom Freidenkerbund gegründeten „Vereins Ernst Mach" und die Entfernung von Hans ‹ Hahn aus der Leitung der Wiener Urania.[18] 1934–05-01

---

[16] Von einem eigentlichen Verfassungsbruch kann aber, genau genommen, nicht die Rede sein: Es gehört zum Wesen eines Staatsstreichs, die Verfassung außer Kraft zu setzen. Faktisch wurde der Verfassungsgerichtshof ausgeschaltet, indem die regierungsnahen unter seinen Mitgliedern zurücktraten und so die Beschlussfähigkeit verhinderten.

[17] Die Zahl der Opfer dieses Bürgerkriegs ist noch immer umstritten. In seinem Buch *Der Februaraufstand 1934. Fakten und Mythen*, Böhlau, Wien 2019, gibt Kurt Bauer eine Gesamtzahl von insgesamt etwa 360 Toten (Datenbank http://www.kurt-bauer-geschichte.at/forschung_februaropfer.htm, Zugriff 2023-02-20) an. Seine Zahlen stützen sich hauptsächlich auf Polizeiberichte, Friedhofsakten und allgemeine Pressemitteilungen über Verstorbenenzahlen. Zugunsten des Artilleriebeschusses von Volksheimen und Gemeindebauten bringt Bauer das Motiv der Vermeidung eines noch größeren Blutvergießens vor. Das Motiv der „Vermeidung eines noch größeren Blutvergießens" wurde jedenfalls nicht für Kampfhandlungen gegen die 1938 eindringenden Truppen Hitlerdeutschlands vorgebracht. Siehe auch die kritische Rezension dieses Buches unter (https://www.hsozkult.de/review/id/reb-27953, Zugriff 2023-02-20).

[18] Arbeiter-Zeitung 1934-04-15 p4

proklamierte Dollfuß in der *Maiverfassung*[19] den Bundesstaat Österreich auf ständischer Grundlage — den *Ständestaat*.[20]

---

[19] Die Präambel lautet: *Im Namen Gottes, des Allmächtigen, von dem alles Recht ausgeht, erhält das österreichische Volk für seinen christlichen, deutschen Bundesstaat auf ständischer Grundlage diese Verfassung.* Das Recht ging also erklärtermaßen nicht vom Volk aus. Die Gesetzgebung hatte vier vorberatende Organe, genannt Staatsrat, Bundeskulturrat, Bundeswirtschaftsrat und Länderrat, diese sollten als sachkundige Gremien Gesetzentwürfe begutachten und vorbereiten. Die Mitglieder des Staatsrats wurden vom Bundespräsidenten auf zehn Jahre ernannt, die Mitglieder der anderen Räte wurden von den einzelnen Ständen entsandt. Der Bundestag bestand aus Mitgliedern der vier vorbereitenden Räte, konnte jedoch den Gesetzentwürfen bloß zustimmen oder sie ablehnen, er fungierte lediglich als Akklamationsinstrument der Regierung.

[20] Ein Vorläufer und teilweises Vorbild für den Ständestaat war die *Reggenza Italiana del Carnaro*: Generale Gabriele d'Annunzio, Principe di Montenevoso (1924 geadelt durch König Vittorio Emanuele III), Duce di Gallese, OMS CMG MVM, (*1863-03-12 Pescara; †1 March 1938-03-01 Gardone Riviera), Sohn des Landbesitzers und Bürgermeisters Francesco Rapagnetta, adoptiert D'Annunzio, Mutter Luisa de Benedictis. 1883 d'Annunzio ∞ Maria Hardouin duchessa di Gallese. Aus dieser Ehe gingen 3 Kinder hervor. Die Ehe wurde nie geschieden, trotz d'Annunzios vieler langer und öffentlicher Affären, u.a. mit Eleonore Duse. Nach ihm ist die *Università degli Studi „Gabriele d'Annunzio"* in Chieti-Pescara benannt. Er war Dichter, Schriftsteller, Journalist, und Soldat. Seine Gedichtbände und Romane waren in Italien sehr populär, und haben den französischen Symbolismus und die englische dekadente Literatur stark beeinflusst. Er war auch mit den Künstlern des späteren Futurismus befreundet und hat sie beeinflußt. Während des 1. Weltkriegs führte er eine Fliegerstaffel nach Wien und warf dort Flugblätter ab: Eine Version war eine deutsche und italienische Aufforderung, den Krieg zu beenden, die andere Version war ein italienisches Gedicht von ihm ähnlichen Inhalts. Er war auch beteiligt bei der Etablierung der italienischen Arditi-Brigaden, welche die weltweit ersten *Special Forces* waren. 1919-09-10 besetzte er mit 2500 irregulären Arditi-Freischärlern Fiume (auch Rijeka) und rief dort die *Reggenza Italiana del Carnaro* (Italienische Regentschaft am Quarnero) aus. Er etablierte dort ein 15 monatiges Regime mit ihm als *Vate* (Poet und Prophet). In Fiume führte d'Annunzio auch durchchoreographierte Aufmärsche ein, erfand die Schwarzhemden und Ansprachen vom Balkon.

Er arbeitete mit dem Anarcho-Syndikalisten Alceste de Ambris eine Verfassung (*Carta di Carnaro*) aus, welche in ihren 65 Artikeln anarchistische, proto-faschistische und demokratische Elemente enthielt: vollständige Gleichberechtigung von Mann und Frau, für Frauen aktives und passives Wahlrecht, Toleranz zwischen Religionen und Atheisten, eine strikte Trennung zwischen Staat und Kirche, Ausgleich bei Justizirrtum mit Haftung der Amtsträger, Volksbegehren und Volksabstimmung, Mindestlohn, soziale Absicherung, Krankenversicherung und Altersversorgung, Eigentum sollte auch soziale Wirkung entfalten, Leitungsfunktionen nur auf Zeit ohne Ämterhäufung. Neun Korporationen (industrielle und landwirtschaftliche Arbeiter, Seeleute, Abeitgeber, Techniker, leitende Privat-Angestellte, Lehrer und Studenten, Rechtanwälte und Ärzte, Beamte und kooperative Arbeiter) und eine symbolische zehnte (Poeten, Künstler, Helden, Supermänner) statt Parteien wählten eine Kammer eines Zweikammerparlaments. Für die zweite Kammer sollten je 1000 Bürger einen Abgeordneten wählen. Die Carta wurde 1920–08-30 veröffentlicht und 1920-09-08 in Kraft gesetzt mit einem gleichzeitigen Generalstreik in Italien. D'Annunzio plante und erhoffte einen Marsch auf Rom und Ausrufung einer Republik in Italien. Diese Carta diente Mussolini später zum Teil als Vorbild für die faschistische Verfassung. Auch die österreichische Ständestaat-Verfassung enthält Elemente der Carta.

In Operettenmanier erklärte D'Annunzio sogar Krieg gegen Italien, als nach dem Vertrag von Rapallo die Pariser Vorortverträge durchgesetzt werden sollten und Fiume zu einem Freistaat erklärt werden sollte. Italienische Truppen beendeten 1920-12 die Reggenza Italiana del Carnaro in Fiume. Fiume wurde Freistadt, 1922-03-03 von italienische Faschisten übernommen, und 1924-01 entgültig von Italien annektiert.

D'Annunzio hielt Anfangs nichts von Mussolini, hielt aber später still und begrüßte die Expansionspläne. Mussolini setzte d'Annunzio in seiner Villa (später *Il Vittoriale degli italiani* genannt) in Gardano am Gardasee unter Hausarrest, bezahlte ihm jedoch eine beträchtliche staatliche Appanage bis zu seinem Tod. Heute ist diese Villa Museum.

Die Ermordung von Dollfuß. 1934-07 putschten Anhänger der seit 1933 verbotenen NS-DAP, Kanzler Dollfuß wurde 1934-07-25 in Ausübung seines Amts erschossen. Der Putsch scheiterte, neuer Bundeskanzler wurde Kurt Schuschnigg. Die Propaganda der Ständestaat-Regierung versuchte, Österreich als den *besseren deutschen, nämlich christlichen, Staat* darzustellen, durchaus antisemitisch, aber weniger gewalttätig und effizienter in der Lösung der „Judenfrage". Einige NS-Verfolgte, insgesamt etwa 2.500, hauptsächlich jüdische Schriftsteller, Bühnenkünstler und Filmschaffende, Musiker,[21] und Verleger, die auf ein deutschsprachiges Umfeld angewiesen waren, suchten zwischen 1933 bis 1938 Zuflucht in Österreich, mussten aber wegen der gegenüber Flüchtlingen ablehnenden Haltung der CSP-geführten Regierungen und der Ständestaat-Diktatur größtenteils bald danach wieder weiterfliehen.[22]

Die Selbstaufgabe des Ständestaats: Der „Anschluss". Anfänglich hatte das Dollfuß-Schuschnigg-Regime die Unterstützung der italienischen faschistischen Regierung; noch 1934-07 ließ Mussolini am Brenner Truppen aufmarschieren, um die Bereitschaft Italiens zum Eingreifen zugunsten des österreichischen Ständestaats gegen Hitlerdeutschland zu demonstrieren. Die diplomatische Isolierung Italiens wegen des 1935 begonnenen Überfalls auf Abessinien änderte das: Mussolini schloss 1936-10-25 mit Deutschland einen Freundschaftsvertrag und sprach bald danach in einer Rede von einer künftigen Achse Rom-Berlin, um die sich alle anderen Länder drehen würden.

Schuschnigg konnte von da an nicht mehr mit der Unterstützung durch Mussolini rechnen, Italien fiel als Schutzmacht aus. Eine Annäherung an die europäischen Feinde von gestern, England oder Frankreich, wurde gar nicht erst in Betracht gezogen und wäre wohl auch ohne längerdauernde vorherige diplomatische Bemühungen nicht aussichtsreich gewesen. Militärisch fühlte sich Schuschnigg zu schwach, um sich gegen deutsche Anschlussfor-

---

Es scheint, dass d'Annunzio in Carnaro die ästhetischen Grundlagen der faschistischen Aufmärsche entwickelt hat, ohne welche Mussolini vielleicht gescheitert wäre: Schwarzhemden, durchchoreographierte Massenaufmärsche (nächtens mit Fackeln) und Ansprachen vom Balkon. Mussolinis Aufmärsche dienten anfangs als Vorbild für Hitlers Massenveranstaltungen. Nach dem Scheitern von Mussolinis Äthiopien-Abenteuer verlor Hitler seine anfängliche Verehrung für Mussolini. Ohne die ästhetischen Vorbilder der durchchoreographierten Massenaufmärsche wäre vielleicht auch Hitler und die NSDAP in Deutschland gescheitert: Nur mit Bierhallenreden wäre bei weitem nicht so eine Breitenwirkung zu erziehlen gewesen.

D'Annunzios Einfluss hat durch den italienischen Futurismus und die damit verbundene Bejahung der Technik lange Nachwirkungen: Die meisten berühmten und einflussreichen Autodesigner waren in Italien zu Hause, ebenso wie führende Industriedesigner. Man könnte vielleicht sogar über den Einfluss d'Annunzios auf die englische Literatur der Dekadenz eine Brücke schlagen bis zu Joni Ives und der Ästhetik der Apple-Produkte.

Siehe: [Kersten Knipp: Die Kommune der Faschisten. Gabriele D'Annunzio, die Republik von Fiume und die Extreme des 20. Jahrhunderts. Darmstadt 2018]. [Renzo de Felice: La Carta del Carnaro. Bologna 1974]. [Michael A. Ledeen: The First Duce. Baltimore 1977]. [Raoul Puppo und Pablo Todero (Hrsg.): Fiume, D'Annunzio e la crisi dello Stato liberale in Italia, Università Triest 2010].

[21] Als prominentester Schriftsteller ist Carl Zuckmayer (*1896-12-27 Nackenheim, Rheinhessen; †1977-01-18 Visp, CH) zu nennen, der 1933 nach Henndorf am Wallersee (Sbg) ins österreichische Exil ging; von den Musikern der Dirigent Bruno Walter [Schlesinger] (*1876-09-15 Berlin; †1962-02-17 Beverly Hills, USA), der 1933 Berlin verließ und an der Wiener Staatsoper und in Salzburg erfolgreich neue Wirkungsstätten fand (den „Anschluss" erlebte er auf einer Konzertreise und entging so der Internierung).

[22] Vgl. zB Oedl U (2992), *Das Exilland Österreich zwischen 1933 und 1938*; Universität Salzburg.

derungen behaupten zu können, er suchte daher eine Verständigung mit NS-Deutschland. Im „Juliabkommen" von 1936-07-11 verpflichtete er sich zu einer allgemeinen Amnestie inhaftierter NS-Anhänger, zur Wiederzulassung von NS-Zeitungen, ferner zur Aufnahme von Edmund Glaise-Horstenau und Guido Schmidt als „NS-Vertrauensmänner" in seine Regierung. Im Gegenzug sicherte die Deutsche Reichsregierung die Aufhebung der 1000-Mark-Sperre (seit Juni 1933 waren von deutschen Staatsangehörigen vor der Einreise nach Österreich 1000 Reichsmark zu entrichten gewesen) und die Nichteinmischung in innere Angelegenheiten Österreichs zu. Schuschnigg geriet weiter unter Hitlers Druck: Im Berchtesgadener Abkommen 1938-02-12 musste er das bisher in Österreich auch nach dem Juli-Abkommen geltende Verbot der NSDAP aufheben und deklarierte NS-Politiker an der Regierung beteiligen. 1938-02-16 wurde der NS-Politiker Arthur Seyß-Inquart in die Bundesregierung Schuschnigg IV als Innen- und Sicherheitsminister aufgenommen. Der Generalstabschef Alfred Jansa, der zum Aufbau einer militärischen Verteidigung Österreichs gegen NS-Deutschland ins Heeresministerium berufen worden war (aber mangels ausreichender Budgetmittel und ernsthafter politischer Unterstützung nicht viel ausrichten konnte), musste entlassen werden. Der von Dollfuß 1934-07-11 als Staatssekretär für Landesverteidigung in sein Kabinett berufene Generalmajor der Infanterie Wilhelm Zehner beging 1938-03 Selbstmord (oder wurde von NS-Anhängern ermordet). Schließlich setzte Schuschnigg 1938-03-09 als letztes Mittel für 1938-03-13 eine Volksbefragung „für ein freies und deutsches, unabhängiges und soziales, für ein christliches und einiges Österreich" an. Von Demokratie war in dem Befragungstext kein Wort zu lesen; in der Hoffnung auf ein für ihn besseres Ergebnis wurden nur Stimmzettel mit der Option „Ja" gedruckt (allfällige „Nein"-Stimmzettel mussten von den Befragten selber angefertigt werden), auch war nicht etwa eine geheime Wahl vorgesehen.[23]

Zur Abstimmung kam es aber nicht mehr: In der Nacht 1938-03-11/12 marschierten deutsche Truppen ein und die Schuschnigg-Regierung kapitulierte. Sie trat zurück und übergab ihre Agenden an Seyß-Inquart. Bundespräsident Miklas gelobte die Regierung von Seyß-Inquart an, weigerte sich aber, das von dieser proklamierte, mit Hitler in Linz paktierte Anschlussgesetz zu unterzeichnen und trat zurück. Für Deutschland erließ Hitler ein Gesetz,[24] das den Anschluss Österreichs auch für das Deutsche Reich als vollzogen erklärte.[25]

Antisemitismus, der „Deutsche Klub" und die antisemitischen Geheimbünde „Deutsche Gemeinschaft" und „Bärenhöhle". Der Terror gegen jüdische Einwohner Österreichs begann schon lange vor dem „Anschluss". Antisemitische Vereinigungen waren insbesondere im akademischen Bereich sehr aktiv. Im Gegensatz zum „Altreich", wo von Seiten des Regimes „Nichtarier" (Juden, Judenstämmige und Judenfreunde) im biologisch-rassistischen Sinn den „Ariern" oder „Deutschblütigen" als Feinde gegenübergestellt wurden, wurden in der Ständestaat-Diktatur und schon vorher in nationalen Kreisen aller Art

---

[23] Noch in jüngster Vergangenheit wurde von Schuschnigg-Anhängern (und Sympathisanten) die Geschichte von einem 1938 „allein gelassenen" Österreich vorgebracht, ohne den mangelnden Wehrwillen der Ständestaat-Diktatur gegenüber Hitlers Truppen zu erwähnen. Schuschnigg erklärte in seiner Abschiedsrede, vermeiden zu wollen, dass „Deutsche auf Deutsche schießen".

[24] Reichsgesetzbl. I, Nr 21, p 237f von 1938-03-13, in Kraft ab 1938-03-14.

[25] Von NS-Anhängern wurde statt „Anschluss" auch gerne die Bezeichnung „Umbruch" gebraucht.

im Sinne des religiösen Antisemitismus die Juden den Christen als Feindbild entgegengestellt, im Sinne deutschnationaler Gesinnung auch Slawen oder Italiener den (angeblich) „bodenständigen Deutschösterreichern". Der religiöse Antisemitismus und der nationalistische Hass gegen andere Bevölkerungsgruppen sind keineswegs weniger schlimm als der biologisch motivierte Rassismus und der Überlegenheitswahn gegenüber anderssprachigen Minderheiten.

Der „Deutsche Klub"[26] wurde 1908-02-21 von dem Wirtschaftspolitiker Richard Riedl gegründet, als „neuer Versuch zum deutschnationalen Zusammenschluss,"[27] der die „Alten Herren der Burschenschaften und der schlagenden Verbindungen umfassen und einen Sammelpunkt aller übrigen deutschnationalen Männer Wiens bilden" sollte.[28] Der „Deutsche Klub" war dezidiert nicht als Teil einer politischen Partei oder als politischer Verein konzipiert, er distanzierte sich von den Christlichsozialen genauso wie von den Liberalen und den Sozialdemokraten, befürwortete aber den „Anschluss", und so landeten bei ihm viele „Anschluss"-Anhänger, darunter der parteilose Michael Hainisch (1920-12-09 bis 1928-12-10 Bundespräsident),[29] der Dramaturg am Deutschen Volkstheater, Richard Fellner, sowie die Professoren Wettstein (Botanik) und ˃ Wirtinger (Mathematik) der Universität Wien;[30] außerdem die Geometer Franz ˃ Knoll der TH Wien und Karl ˃ Mayr der TH Graz. Die weitaus überwiegende Mehrheit der Klubmitglieder lebten in Wien, es gab aber auch in den Bundesländern und auf dem Gebiet der späteren Tschechoslowakei Mitglieder. Der Klub verfügte zunächst über Räumlichkeiten in der Wiener Innenstadt, Johannesgasse 2 (Vorträge fanden manchmal in einem Saal des dort ansässigen Restaurants oder in einem Saal des Nachbarhauses Johannesgasse 4 statt); ab 1923 übernahm er im Leopoldinischen Trakt der Hofburg acht Räume in Miete. Die Mitglieder des Klubs waren größtenteils antisemitisch, bis zum Ersten Weltkrieg vielleicht noch mehr antislawisch, eingestellt.[31] Ab den 30er Jahren dominierten im Klub zunehmend radikale NS-Anhänger und NS-Sympathisanten; drei der Mitglieder des Deutschen Klubs waren in den Putschversuch vom Juli 1934 verwickelt, der Klub wurde im September darauf für etwa drei Monate gesperrt,[32] aber auf Intervention von Glaise-Horstenau[33] wieder zugelassen.

---

[26] Wir entnehmen die folgenden Informationen der verdienstreichen Dokumentation von Erker et al. [70], soweit nicht anderweitig belegt.

[27] So seine Ankündigung dieser Gründung in der *Wartburg*, wiedergegeben im *Grazer Tagblatt* 1908-01-12, p2.

[28] Frauen waren ausgeschlossen.

[29] Seine Frau Marianne hatte aber angeblich jüdische Verwandte.

[30] ˃ Wirtingers Name scheint im Gesamtverzeichnis der Mitglieder des Deutschen Klubs von 1939 auf; vor 1939 ist Wirtinger nicht als Mitglied des Deutschen Klubs nachweisbar, siehe Huber [150, p. 32] und [151]

[31] Berichte über antislawische Agitation finden sich zum Beispiel in *Neues Wr Tagbl.* 1909-10-06 p8, *Dt. Volksblatt* 1909-10-06 p22, *Neue Freie Presse* 1909-02-10 p14 (Vortrag von Hainisch über die angebliche „Tschechisierung" Wiens), *Volksfreund* 1910-12-10 p4 (Vortrag von Hofrat Neuwirth zur überwiegenden Rolle deutscher Künstler in Böhmen).

[32] Freie Stimmen 1935-02-05 p3

[33] Edmund Glaise-Horstenau (*1882-02-27 Braunau a. Inn; †1946-07-20 Selbstmord im Lager Langwasser b. Nürnberg) war Mitglied des Deutschen Klubs. Sohn eines Offiziers, absolvierte er die Kriegsschule und einige Jahre Dienst als Truppenoffizier, ab 1910 im Generalstab, 1913/14 im Kriegsarchiv; 1915-1918 war

Nach dem „Anschluss" schlossen sich die meisten Mitglieder des Klubs, an der Spitze der langjährige Obmann Bardolff,[34] der NSDAP an. Der Klub wurde wie fast alle — auch NS-freundliche — Vereine 1939 aufgelöst.[35]

Es scheint jedoch, dass der „Deutsche Klub" nicht selber als Klub konspirativ tätig war, sondern nur ein allgemeines und in der Öffentlichkeit sichtbares Kommunikationszentrum für seine Mitglieder bildete und öffentliche Vorträge zu Themen des „Deutschtums" organisierte; gezielte Intrigen gegen missliebige Kollegen, Habilitationswerber und Kandidaten für eine Professur dürften auf das Konto von (verhältnismäßig kleinen) „Geheimgruppen" gehen, deren Mitglieder gleichzeitig meist Mitglieder des Deutschen Klubs waren.[36]

Die „Bärenhöhle"[37] wurde 1918 von dem Paläobiologen Othenio Abel[38] gegründet, der dieser Vereinigung in der paläobiologischen Sammlung seines Instituts (daher der Name)

---

er Leiter des Presserefrats im Armee-Oberkommando. Studierte nach dem Ende des Ersten Weltkriegs Geschichte an der Universität Wien und war 1925–1938 Direktor des Kriegsarchivs, ab 1934 Privatdozent an der Universität. 1934/35 Mitglied des Staatsrats (nach dem Staatsstreich anstelle des Parlaments die gesetzgebende Körperschaft); nach dem Juliabkommen von 1936 Minister ohne Portefeuille im Kabinett Schuschnigg, als Vertreter der „nationalen Opposition". In der Eintagsregierung nach dem Einmarsch der deutschen Truppen Vizekanzler im Kabinett Seyß-Inquart und Mitunterzeichner des Gesetzes über den „Anschluss" Österreichs an das Deutsche Reich. Nach Errichtung des Staats Kroatien 1941-04 bevollmächtigter deutscher General in Agram; 1944 abgesetzt, bei Kriegsende geriet er in amerikanische Gefangenschaft. Im Nürnberger Prozess Zeuge der Verteidigung für Seyß-Inquart.

[34] Generalleutnant Dr Carl Bardolff (*1865-09-03 Graz; †1953-05-17 Graz) wurde nach dem „Anschluss" SA-Oberführer und Reichstagsabgeordneter (Neues Wr. Tagbl. 1938-11-24 p13). Er hielt noch 1939-05-12 am Kärntnerring einen Vortrag über seine Reise ins „Altreich".

[35] Formal wurde er erst auf den Kärntnerring 10 übersiedelt und 1939-01 feierlich wiedereröffnet. Der Historiker Wilhelm Bauer (*1877-05-31 Wien; †1953-11-21 Linz; Prof Uni Wien) hielt zur Wiedereröffnung eine Festrede über die gesamtdeutschen Aufgaben des Deutschen Klubs in Vergangenheit und Zukunft, im November darauf richtete Gauleiter Josef Bürckel (*1895-03-30 Lingenfeld; †1944-09-28 Neustadt an der Weinstraße) aus Anlass von dessen Auflösung ein Dankschreiben an den Deutschen Klub. (Völk. Beobachter 1939-01-14 p4, 1939-10-21 p7) Die Auflösung des Klubs war zweifellos hauptsächlich das Anliegen von Bürckel selbst.

[36] Stimmer [341] p 842 sieht im Deutschen Klub eine parapolitische Organisation. Das entspricht nicht ganz der üblichen Definition in der Friedens- und Konfliktforschung. Dort versteht man unter „Parapolitik" eine Verbindung von demokratisch legitimierten Regierungen mit privaten, nicht selten kriminellen Netzwerken oder autoritären Regierungen (und fragwürdigen Methoden), die sich vor der Öffentlichkeit systematisch verborgen halten (vgl etwa Cribb, E (2009, Introduction: Parapolitics, Shadow Governance and Criminal Sovereignty. In: Eric Wilson (Hg.): Government of the Shadows. Parapolitics and Criminal Sovereignty. New York: Pluto Press, p 1-9.). Das wesentliche Element der *Unsichtbarkeit* für die Öffentlichkeit ist beim Deutschen Klub nicht gegeben, sehr wohl aber für die im folgenden besprochenen Gruppen „Bärenhöhle" und „Deutsche Gemeinschaft", deren direkte Verbindung zu Regierungskreisen bis 1938 nicht belegbar ist.

[37] Taschwer [351].

[38] Othenio Lothar Franz Anton Louis Abel (*1875-06-20 Wien; †1946-07-04 Pichlhof am Mondsee) gilt heute als einer der Begründer der Paläobiologie, die er durch Einbeziehung der Evolutionsbiologie in die vorher rein geologisch betriebene Paläologie wesentlich weiterentwickelte. Seine wissenschaftliche Brillanz hinderte ihn 1934 als Rektor nicht an offen gezeigter Sympathie für gewalttätige NS-Studenten. Als diese auch katholische Studenten angriffen, wurde er vom Ständestaat in den vorzeitigen Ruhestand versetzt und emigrierte nach Göttingen. Seit 1935 Mitglied der renommierten Naturforscher-Akademie Leopoldina, seit 1938 der NSDAP (Nr 6.196.288). Vgl hierzu die gegenüber der Arbeit [351] zur „Bären-

einen Treffpunkt bot. Erklärtes Ziel der „Bärenhöhle" war die systematische Blockierung der akademischen Karrieren von Juden und „Linken". Eine Mitgliederliste der „Bärenhöhle" ist im Nachlass von Abels Schwiegersohn erhalten geblieben; diese Liste enthält neben Abel noch 17 weitere Mitglieder, außer Abel waren alle Mitglieder Vertreter geisteswissenschaftlicher Fächer. In den naturwissenschaftlichen Fächern außer Biologie und Geologie sind nur wenige Fälle von erfolgreichen Intrigen der „Bärenhöhle" bekannt geworden, einer davon war die Verhinderung der Habilitation des bedeutenden jüdischen theoretischen Physikers Otto Halpern im Jahre 1926, die von der Habilitationskommssion befürwortet, aber schließlich vom Fakultätskollegium der philosophischen Fakultät mit Hilfe der Stimmen von (fachfremden) Mitgliedern des Deutschen Klubs abgelehnt wurde.[39] Der einzige andere bekannte Fall einer von der „Bärenhöhle" verhinderten Habilitation in einem naturwissenschaftlichen Fach war einige Jahre früher der des ebenfalls sehr bekannten Karl Horovitz, der sich vor allem in der Physik der Halbleiter (und ihrer Chemie), Quantentheorie und allgemeiner Nuklearphysik einen Namen machte.[40] Horovitz wurde wahrscheinlich in erster Linie wegen seiner „linken" Überzeugungen als bekennender Sozialdemokrat bekämpft; er baute nach seiner Übersiedlung in die USA an der vorher wissenschaftlich wenig profilierten Purdue Universität ein eindrucksvolles und international anerkanntes Zentrum für Nuklearphysik auf. Für seine Karriere bildete die Ablehnung seiner Habilitation letztlich kein Hindernis, vielmehr führte sie ihn auf den für ihn viel aussichtsreicheren Weg der Emigration.[41]

Eine weitere solche Geheimgruppe war der von dem Rechtsanwalt und Burschenschafter Herbert Dölter[42] der 1919-06-06 gegründete und bis 1930 bestehende Verein „Deutsche Gemeinschaft", der sich selbst intern als „Die Burg" bezeichnete. Offizielles Vereinsziel war

---

höhle" korrigierte Abel-Biographie von Klaus Taschwer [352]. Die irrtümliche Angabe von 1.196.288 für Abels Mitgliedsnummer wurde von Taschwer inzwischen berichtigt.

[39] Otto Halpern (*1899-04-25 Wien; †1982-10-28 London) erkannte bald die Aussichtslosigkeit seiner Versuche und ging 1928 mit einem Rockefeller-Stipendium nach Leipzig zu Werner Heisenberg. 1930 übersiedelte er von dort auf eine Stelle nach New York und entzog sich so der ab 1933 einsetzenden NS-Verfolgung; später machte er in den USA Karriere. Ein Nachruf auf Otto Halpern von Paul Urban ist 1983 in den Acta Physica Austriaca erschienen. Der Journalist und Historiker Klaus Taschwer hat über die Affäre und Otto Halpern einen ausführlichen Artikel verfasst, der online unter (https://www.derstandard.at/story/1350259804295/der-verlorene-schluessel-des-otto-halpern, Zugriff 2023-02-20) aufgerufen werden kann.

[40] Karl Horovitz (*1892-07-20 Wien; †1958-04-14 West Lafayette, Indiana) ging mit einem Rockefeller-Stipendium in die USA, heiratete dort Elisabeth „Betty" Lark (*1894-10-03 Wien; †1995-02-27 Marin, Calif.), Grafikerin, Malerin, Illustratorin und Tochter des 1933 verstorbenen Wiener Rechtsanwalts Jakob Friedländer. Nach seiner Heirat nannte er sich Lark-Horovitz, seine Kinder hießen Karl Gordon Lark (*1930-12-13 Lafayette; †2020-04-10) und Caroline Lark (später ⚭ Todd).

[41] Die Physikerin Marietta Blau, die eine Methode zur Sichtbarmachung von Teilchenstrahlen und -kollisionen mittels photographischer Emulsionen entwickelte, soll laut Taschwer [352] ihre 1936 erzielten bahnbrechenden Ergebnisse nicht für eine Habilitation an der Universität Wien eingereicht haben, da sie sich als Frau und Jüdin gegenüber den Obstruktionen der Abelschen Gruppe für chancenlos hielt. Wie oben bereits angemerkt, war Abel aber schon 1934 als Rektor vom Schuschnigg-Regime abgesetzt und entlassen worden und war nach Göttingen übersiedelt. Es ist nicht anzunehmen, dass die „Bärenhöhle" nach Abels Abgang noch besonders aktiv war. Antisemitische und gegen Frauen gerichtete Vorurteile gab es auch ohne „Bärenhöhle".

[42] Dr Herbert Dölter (*1882-09-02 Graz; †1929-05-29 Graz)

die Hebung der wirtschaftlichen Kraft des deutschen Volkes in Deutschösterreich, dessen Erziehung zu intensiverer Arbeitsleistung, größerer Sparsamkeit und Bildung, das wirkliche Ziel war aber die konspirative Einschleusung eigener Mitglieder und Sympathisanten, „Geraden" genannt, in politische, wirtschaftliche und akademische Schlüsselpositionen und umgekehrt die Fernhaltung von jedem Einfluss der als Feinde markierten „Ungeraden": Liberale, Freimaurer, Juden (manchmal auch Slawen), Sozialisten und andere Linke, sowie Sympathisanten dieser Gruppen.[43] In der Literatur zu diesem Thema geht man heute davon aus, dass in der „Deutschen Gemeinschaft" ein katholisch-nationaler und ein explizit nationalsozialistischer Flügel miteinander zusammenarbeiteten und dass der Verein mit Organisationen ähnlicher Zielsetzungen, insbesondere mit Heimwehren und CV-Verbänden, gut vernetzt war. Der Charakter eines Geheimbundes wurde durch Rituale nach Art der Freimaurer oder des Ku-Klux-Klan noch besonders betont. Mathematiker von Rang sind in der „Deutschen Gemeinschaft" nicht aufgetreten.[44]

Für die Zeit bis zum „Anschluss" konnten bis jetzt keine hintertriebenen Habilitationen in Mathematik festgestellt werden, die dem Wirken antisemitischer oder allgemein national ausgerichteter Geheimbünde zuzuschreiben wären. Bei Berufungen waren die Machtkämpfe zwischen persönlichen, fachlichen und hochschulpolitischen Interessen nicht zu übersehen, inwieweit hierfür straffe Organisation oder eher diffuse Präferenzen und Augenblicks-Koalitionen eingesetzt wurden, sei hier noch dahingestellt.

1.2 Mathematik nach dem ersten Weltkrieg

Verbitterung nach den ICM-Entscheidungen von 1920 und 1924. Es ist allgemein bekannt, dass die Stimmung an den Universitäten und Hochschulen der ersten Republik weitgehend von antisemitischen, deutschnationalen und katholisch-legitimistischen Einstellungen und einer tiefen Niedergeschlagenheit nach dem verlorenen Krieg geprägt war.

Der den deutschen Angriff auf Belgien rechtfertigende Aufruf „An die Kulturwelt" vom Herbst 1914 wurde von 93 führenden Wissenschaftlern (darunter als einziger Mathematiker Felix Klein), Literaten und Künstlern unterzeichnet. Dieser Aufruf wurde im Ausland mit Empörung aufgenommen[45] und zerstörte das Bild Deutschlands als Kulturnation nachhaltig. Die deutsche Kriegspropaganda führte nach 1918, hauptsächlich auf Betreiben Frankreichs, zur Ausgrenzung der Wissenschaftler der Mittelmächte[46]. Unter anderem waren die

---

[43] Für die „Ungeraden" wurden spezielle „Gelbe Listen" angelegt.

[44] Eine übersichtliche Darstellung der „Deutschen Gemeinschaft" und ihrer Tätigkeit an der Universität Wien findet sich in Kapitel 3 von [70], p89–116.

[45] Der französische Ministerpräsident Georges Clemenceau bezeichnete im Dezember 1918 die Erklärung der 93 als das schlimmste deutsche Kriegsverbrechen, schlimmer als die Verwüstungen Frankreichs und die Verschleppung von Zivilisten.

[46] Die britische und die US-amerikanische Seite waren vom Sinn dieses Embargos nicht überzeugt; Italien war nach dem Scheitern seiner Wünsche bei der Friedenskonferenz entschlossen, sich diesem Embargo entgegenzustellen. Vgl dazu die umfassende Darstellung in Lehto [184]. Zur Dichotomie zwischen

Mathematiker aus Deutschland, Österreich, Ungarn und Bulgarien vom *International Congress of Mathematicians* (ICM) in Strasbourg[47] 1920 und Toronto 1924 ausgeschlossen. Das führte zu Verbitterung.

Auf Vorschlag von Salvatore Pincherle,[48] damals Präsident der *Internationalen Mathematischen Union* (IMU), wurden zu dem folgenden ICM in Bologna 1928 auch deutsche Mathematiker wieder explizit eingeladen. In einem Rundschreiben rief nun Ludwig ⊳ Bieberbach die deutschen Mathematiker dazu auf, in einer Trotzreaktion diesmal erst recht dem ICM fernzubleiben. Dieser Boykottaufruf wurde von Hilbert in einem Protestbrief scharf zurückgewiesen.

Dagegen unterstützten deutschnational gesinnte Mathematiker den Boykott, so der Holländer L.E.J. Brouwer, der Grazer Roland ⊳ Weitzenböck und die drei in Berlin wirkenden Mathematiker ⊳ Bieberbach, v.⊳ Mises und Erhard Schmidt. Nach längeren Auseinandersetzungen führte Hilbert, schwerkrank aber unter allgemeinem Beifall, die deutsche Delegation in den Eröffnungssaal des Kongresses. Zu den in Bologna zu Vorträgen eingeladenen Mathematikern gehörten die Österreicher Wilhelm ⊳ Blaschke, Hans ⊳ Hahn, Gottfried ⊳ Köthe und Karl ⊳ Menger, außerdem der bis 1925 in Wien wirkende Kurt ⊳ Reidemeister sowie der Prager Ludwig ⊳ Berwald.

Der vorgeschlagene Boykott war so gut wie ausschließlich deutschnational, aber nicht antisemitisch motiviert.

Finanzielle und personelle Situation an den Hochschulen. Die staatlichen Dotationen für die Hochschulen, die schon zu Zeiten der Monarchie nicht üppig bemessen waren, verloren in der Nachkriegsinflation zunehmend an Wert und konnten nicht einmal die elementarsten Bedürfnisse der Hochschulen abdecken. Nach den Genfer Protokollen von 1922-10-04 und der Einführung der Schillingwährung 1924/25 wurde die finanzielle Lage etwas stabiler, doch war der Wert der Dotationen inzwischen auf einen Bruchteil des Vorkriegsstandes abgesunken. In den folgenden Jahren herrschten Hartwährungspolitik und Sparstift, während und nach der Weltwirtschaftskrise verschärfte sich die Situation noch wesentlich. Im Bereich der Universitäten und Hochschulen war die Sparpolitik auch oft nur Vorwand für die Ablehnung von Nachbesetzungen und Berufungsvorschlägen.[49]

„nationaler" und „internationaler" Mathematik (und Kleins Haltung für und gegen) verweisen wir auf die Monographie von Hunger Parshall und Rice [153].

[47] Grundsätzlich konnte Frankreich als Gastgeber 1920 die Liste der Einladungen allein bestimmen. Auf dieser Liste befanden sich nur Vertreter von im Krieg mit der Entente verbündeten oder wenigstens befreundeten Staaten. Daher war auch Finnland von der Teilnahme ausgeschlossen. (Finnland entsandte aus Solidarität auch 1924 keine Vertreter zum ICM.)

[48] Salvatore Pincherle (*1853-03-11 Triest; †1936-07-10 Bologna) wurde dafür heftig angegriffen und trat von der Präsidentschaft der IMU zurück; als Veranstalter des ICM trat die Stadt Bologna auf. Die IMU löste sich 1931 auf und wurde mit geänderten Statuten 1951 neu gegründet. Zur Geschichte der IMU vgl Lehto [184].

[49] Nach dem Bundesgesetz von 1934-08-07 war das Bundesministerium für Unterricht ermächtigt, die Versetzung von Hochschullehrern in den zeitlichen Ruhestand zu verfügen. Opfer dieser Regelung waren neben NS-Anhängern wie Othenio Abel (Paläobiologe, Uni Wien, Gründer der „Bärenhöhle" und NS-Sympathisant, ab 1938 Pg), Viktor Christian (Altsemitistik, Uni Wien, Pg seit 1933, 1934 in den zeitlichen Ruhestand versetzt, 1936-03 reaktiviert), Karl Gottfried Hugelmann (Rechts- und Staatswissenschaft, aus

David Hilbert

David Hilbert (*1862-01-23 Königsberg; †1943-02-14 Göttingen) studierte in Königsberg und promovierte dort 1885 *Über invariante Eigenschaften spezieller binärer Formen, insbesondere der Kugelfunctionen* bei Lindemann, habilitierte sich 1886, wurde 1893 o Professor. 1895 auf Betreiben von Felix Klein nach Göttingen berufen, emeritierte er 1930 und verbrachte seinen Lebensabend in Göttingen. Zeichnung: P. M.

Einige Stichworte zu Hilberts Beiträgen zur Mathematik:

– Die konzeptuelle Lösung der Frage, ob die Algebra der polynomialen Invarianten unter einer Gruppendarstellung (bei ihm nur für die $GL(n)$) endlich erzeugt ist, führte zu Hilberts Basissatz (1890) und Hilberts Nullstellensatz (1893); beide sind grundlegende Werkzeuge für die algebraische Geometrie.
– Der *Zahlbericht* von 1897, eine wegweisende Zusammenfassung des damaligen Standes der algebraischen Zahlentheorie.
– *Die Grundlagen der Geometrie* 1899, eine streng auf Axiomen, aufgefasst als implizite Definitionen, aufgebaute Geometrie.
– Die berühmten 21 Probleme (später auf 23 erweitert) vom ICM 1900 in Paris.
– Hilberts Programm von 1921: die rein formallogische Begründung der Mathematik auf der Basis von endlich vielen Axiomen (eine „finitäre Grundlegung"). Das war der eigentliche Ausgangspunkt für Gödels Entdeckung des Unvollständigkeitssatzes. Hilberts Programm ist nach Gödels Ergebnissen zwar nicht vollständig durchführbar, es motivierte aber Gentzen, der zeitweise Hilberts Assistent war (vgl p 63), in den 1930er Jahren zu dem Konzept von „Relativen Hilbertprogrammen" und zur modernen Beweistheorie. Über die Frage, welche Axiome/Schlussweisen als zulässig zu gelten haben, kam es zum Zerwürfnis mit L.J. Brouwer und zur Gegnerschaft zu dessen Intuitionismus.
– In der Variationsrechnung rehabilitierte Hilbert die Anwendung des von Riemann nach Dirichlet benannten Prinzips; später entstanden daraus weitreichende Konzepte wie der Hilbertraum und schließlich die moderne Funktionalanalysis.
– Hilberts Vorlesungen zur mathematischen Physik mündeten in den von Courant herausgegebenen *Methoden der mathematischen Physik* (2 Bde, 1926 u 1931).
– Hilbert–Cohn-Vossen, Anschauliche Geometrie (1932).
– Zur mathematischen Logik sind hervorzuheben *Grundlagen der Mathematik*, von Hilbert und Bernays (1934), sowie die *Grundzüge der Theoretischen Logik* von Hilbert und Ackermann (1938). – Hilbert hat bereits 1915 die Einsteinschen Feldgleichungen aus der Variation des Integrals der Skalarkrümmung abgeleitet, jedoch jeglichen Prioritätenstreit vermieden.

MGP nennt 76 Dissertanten, darunter Bernhard > Baule, Otto Blumenthal, Richard Courant, Paul > Funk, Robert > König, Hermann Weyl und Georg > Hamel. Hilberts Gesammelte Abhandlungen geben eine Liste von 69 betreuten Dissertationen an, in gedrängter Form enthalten sie 54 Publikationen.

der CSP ausgetreten, Anhänger des „Anschlusses"), Friedrich Machatschek (Geographie, „im Zusammenhang mit politischen Unruhen" freiwillig emeritiert; trat für nationalgesinnte Studenten ein), Arnold Pöschl (Kirchenrecht, Graz, wegen NS-Gesinnung, Pg seit 1932), Friedrich Metz (Geograph, Innsbruck,

In der allgemeinen Finanznot wandte sich der Blick auf das benachbarte Deutschland, wo bei ähnlich trister finanzieller Lage bereits 1920 die *Notgemeinschaft der Deutschen Wissenschaft* (NDW)[50] zur Forschungsfinanzierung gegründet worden war.[51] Die Wiener Akademie der Wissenschaften und die Notgemeinschaft bildeten 1929 die *österreichisch-deutsche Wissenschaftshilfe* (ODW) über die Mittel aus Deutschland unauffällig in die österreichische Forschungslandschaft geleitet werden konnten, ohne allzu offensichtlich gegen das Anschlussverbot in den Friedensverträgen zu verstoßen. Etwa 40-50% der von der ODW für Forschungsprojekte bereitgestellten Mittel kamen aus Deutschland, die geförderten und oft überhaupt erst ermöglichten Projekte hatten in der Regel engen Bezug zu deutschen Forschungen.[52] Die Verbindung der ODW-Gründung zum Anschlussgedanken ist jedenfalls nicht zu übersehen.

Die Unterstützung wissenschaftlicher Publikationen durch private Mäzene ist nur unvollständig dokumentiert. Herausragendes Beispiel ist aber die „Rettung der Sitzungsberichte" und anderer periodischer wissenschaftlicher Schriften der Wiener Akademie der Wissenschaften durch die *Jerome und Margarethe Stonborough-Stiftung* (vgl. den Abschnitt über die Akademie der Wissenschaften).

Die budgetären Sparmaßnahmen[53] führten generell zum Personalabbau, zur Herabstufung von Ordinariaten in Extraordinariate und zur Abwertung von Assistentenstellen in Stellen für Hilfskräfte, deren Entlohnung Stipendiumcharakter hatte. 1932-10 wurden Budgetpläne

---

Pg seit 1933) und auch der Philosoph Heinrich Gomperz, der sich weigerte, der Vaterländischen Front (VF) beizutreten.

[50] 1929 in Deutsche Forschungsgemeinschaft (DFG) umbenannt. Die Bezeichnung Notgemeinschaft wurde aber in verschiedenen Publikationen und Anträgen noch lange weiterverwendet.

[51] Zu den Stipendiaten des NDW gehörten zB die Wiener Mathematiker Gustav > Bergmann und Egon > Ullrich sowie der gebürtige Wiener Theodor > Vahlen.

[52] Die bekanntesten dieser Projekte betrafen den *Atlas der deutschen Volkskunde* und verschiedene Beiträge zur Dialektforschung, es kamen aber auch naturwissenschaftliche Projekte zum Zug wie zum Beispiel solche des Verhaltensforschers Konrad Lorenz. Zu den ODW-Stipendiaten, die ihre Nominierung wohl ihrer illegalen NS-Mitgliedschaft verdankten, gehörten Dr Leopold Tavs (*1898-07-30, †1985), bekannt für den nach ihm benannten Putsch-Plan, und der Salzburger NSV-Gauwalter von 1939–41, Franz Aufschnaiter. Es ist noch ungeklärt, ob auch Mathematiker direkt oder indirekt an solchen ODW-geförderten Projekten beteiligt waren. Über die politischen Aspekte dieser Hilfsgemeinschaft vgl Fahlbusch [74] und Fengler [79]. Eine andere Verbindung zu deutschen Forschungseinrichtungen bildete der Wiener Sonnblick-Verein, an dessen Förderung ab 1926 die Kaiser-Wilhelm-Gesellschaft beteiligt war. Der Sonnblick-Verein war 1892 zur Bereitstellung einer finanziellen Basis für das renommierte Sonnblick-Observatorium gegründet worden. (Ebenfalls 1926 übernahm der Sonnblickverein die meteorologischen Stationen auf dem Kärntner Obir.) 1939 wurde der Sonnblickverein teilweise vom Reichswetterdienst übernommen, 1945 diese Beteiligung aufgegeben.

[53] In [172, p. 373], findet sich das folgende Zitat (nach UAI, Nachlass Harold Steinacker, Ktn. l.) zu den Sparmaßnahmen: *Aus der Sicht des Innsbrucker NS-Rektors Harold Steinacker stellte sich dies in einem für die Gauleitung erarbeiteten Memorandum rückblickend im August 1941 so dar: „Einen besonderen Charakter trugen die Jahre des Verfalles in der Ära Dollfuß-Schuschnigg, als Schuschnigg und dann [Hans] Pernter Unterrichtsminister waren. Die Universitäten, namentlich Innsbruck und Graz, die als Nazi-Hochburgen galten, wurden systematisch vernachlässigt, nationale Professoren entlassen oder vorzeitig pensioniert, bei Neubesetzungen klerikale Kandidaten oktroyiert [...]"* Zu Rektor Steinacker vgl. Abschnitt 2.8 p 103.

des damaligen Unterrichtsministers Rintelen bekannt, denen zufolge gleich drei Fakultäten, in Innsbruck, Graz (philosophische Fakultät) und Wien, sofort oder sukzessive, aufgelassen und die Technische Hochschule Graz mit der Montanistischen Hochschule Leoben fusioniert werden sollten. Sieben über 65-jährige Professoren, darunter der Mathematiker > Tauber, sollten in Pension geschickt und ihre Lehrverpflichtungen auf Kollegen und Assistenten aufgeteilt werden. Für Assistenten und Wissenschaftliche Hilfskräfte wurden Stellen abgebaut und die Gehälter um etwa 20% gekürzt.[54] Die Auflassung der Fakultäten fand dann aber doch nicht statt, die organisatorische Zusammenlegung der Montanistik Leoben mit der TH Graz blieb nur von 1934 bis 1937-04-03 bestehen. Nach dem Staatsstreich von 1933 intensivierte die Regierung die Vertreibung von Hochschullehrern, sei es um missliebige Hochschullehrer loszuwerden oder eben aus Gründen der Budgeteinsparung. Neben den Instrumenten der vorzeitigen Pensionierung und der vorläufigen Entlassung in den Ruhestand bis auf Widerruf wurde dafür das Rechts-Instrument der Beurlaubung gegen „Wartegeld" eingeführt.[55]

Die Zahl der für die akademische Lehre Qualifizierten ohne Aussicht auf eine adäquate Stellung nahm zu. Nicht zu vergessen ist hier auch der Anteil der unbesoldeten oder geringfügig besoldeten Habilitierten, tit. ao und tit. o Professoren, die hauptberuflich in der Versicherungswirtschaft arbeiteten (> Tauber, > Berger, > Helly,[56] > Fanta), als Lehrer an einer Mittelschule arbeiteten (Philipp > Freud, > Bereis) oder auf Grund eines eigenen Vermögens oder einer Teilhaberschaft an einem Betrieb (Walther > Mayer) finanziell unabhängig waren. Von den Kollegiengeldern, die den Vortragenden zustanden, konnte man jedenfalls nicht leben.[57] Das verbreitete Erklärungsmuster, die Gruppe der nicht oder nur geringfügig Besoldeten sei besonders anfällig für die NS-Ideologie gewesen, ist angesichts der ohnehin weitgehend unentgeltlich (aber begeistert) ausgeübten Lehrtätigkeit der Privatdozenten und Titularprofessoren[58] und des akademischen Volontariats (unbezahlte

---

[54] Solche Berichte finden sich in der christlich-sozialen *Reichspost* 1932-10-18 p2 und in der *Sonn- und Montagzeitung* 1932-10-24 p5f. Die Berichte wurden von den meisten Bundesländerzeitungen übernommen.

[55] Eine vorzeitige Pensionierung oder Beurlaubung gegen Wartegeld musste nicht begründet werden. Vgl. [336] p205ff und den entsprechenden Beitrag in [68]. Im Deutschen Reich lässt sich der Begriff des Wartegelds mindestens bis in die Preußische Gesetzgebung zurückverfolgen.

[56] Alle drei waren bei der *Phönix* Versicherung angestellt; Helly hatte keine akademische Anstellung, ebenso die auch bei der *Phönix* tätigen bedeutenden Mathematiker ungarischer Herkunft, > Vajda und > Wald. Ohne Übertreibung kann gesagt werden, dass sich die *Phönix* damals ein sehr schlagkräftiges Team für ein eigenes, außeruniversitäres Forschungsinstitut geschaffen hatte. In den Worten von Karl Sigmund [315]: *Die hier genannten Versicherungsmathematiker hätten jedem mathematischen Institut zur Zierde gereicht.*

[57] So wie heute ist dabei aber auch die Möglichkeit einer nicht-monetären Entlohnung zu berücksichtigen. So konnte etwa der Zugang zu universitären Einrichtungen und Informationen, oder der Prestigegewinn durch universitäre Lehrtätigkeit (manchmal auch schon durch einen universitären Titel) persönlich oder für den Hauptberuf von hohem Nutzen sein.

[58] Privatdozenten und Honorarprofessoren hatten Anspruch auf das volle Kollegiengeld (beamtete nur auf das halbe); wobei es (nur selten erreichbare) Obergrenzen gab, ab denen diese Einkünfte an den Staat abzuführen waren. Studierende arbeiteten auf freiwilliger Basis, wurden aber zuweilen mit Stipendien unterstützt.

Bibliotheksmitarbeit oder Assistenz bei Lehrveranstaltungen) nicht sehr stichhaltig.[59] Sehr wohl stichhaltig ist aber das Motiv der Verbesserung der Karrierechancen durch den Beitritt zur Partei. Nach dem „Anschluss" wurde bekanntlich der Eintritt in die NSDAP durch eine vorgeschaltete „Parteianwartschaft" eine Zeit lang aufgeschoben (mit verschieden Ausnahmen) um „Konjunkturritter" abzuschrecken. Allerdings ist auch anzumerken, dass die vom Regime eingeführten „Dozenten neuen Typs" vom Staat fest angestellt wurden – der Preis dafür war das Wohlverhalten gegenüber dem NS-Staat.

1.3 NS-Ideologie und Mathematik

1.3.1 Die NS-Haltung zur Mathematik

Wie durch eine Reihe immer wieder zitierter Aussagen belegt ist, verachtete Hitler generell die Intellektuellen als geistig durch Theorie behindert und zu energischen Taten unfähig. Wissen und Bildung im Humboldtschen Sinn sah er als toten — allenfalls manchmal notwendigen — Ballast an.[60] Hitlers Ideologie hatte, anders als die marxistische Ideologie, die sich selbst als Wissenschaft ansah, nicht Rationalität und den Blick der Aufklärung im Sinn, sondern das Irrationale einer mystizistischen Romantik, wie sie schon in der Kriegspropaganda des ersten Weltkriegs zu finden war, unterfüttert mit heroisch aufgeladenen Schlagwörtern wie „völkisch", „Volksgemeinschaft", „Blut und Boden". Während Hitler in bezug auf Musik und Bildende Kunst sehr dezidierte, wenn auch meist sehr anfechtbare, Meinungen hatte und diese verfocht, war er an Mathematik prinzipiell uninteressiert und äußerte zu ihr keine spezifischen Meinungen, einzig die letztlich personenbezogene Stoßrichtung gegen Feindbilder wie Juden, Andersdenkende und Intellektuelle war ihm wichtig.[61] Verkürzt gesagt: Hitler gab keine spezifisch auf mathematische Forschung bezogenen Anweisungen. Von Hitlers Palladinen zeigte nur Himmler von Anfang an überhaupt ein gewisses Interesse an Wissenschaft, wenn auch stark gemischt mit einem Hang zu skurrilen Pseudowissenschaften und ohne wirkliches Verständnis.[62]

So entstand ein ideologisches Vakuum, das ehrgeizige Mathematiker mit *eigenen* Ideen (zur *eigenen* Profilierung und für *eigene* Interessen) zu füllen suchten. Anhänger der

---

[59] Vgl Peter Goller in [172, p365f]

[60] Siehe z.B. Hitlers „Mein Kampf", 2. Band, München 1927, p 452.

[61] In der Literatur werden immer wieder die gleichen wenigen Zitate erwähnt, allesamt nicht auf den Gegenstand selbst gerichtet. Über Hitlers eigene Schulerfahrungen vgl. zB die entsprechenden Passagen in Fests Biographie [80], Kapitel 1. (Rauschnings *Gespräche mit Hitler*, aus denen zuweilen Belegstellen angeführt werden, gelten heute als nicht authentisch.)

[62] Das ist ablesbar an seinen Aktivitäten im Rahmen des „Ahnenerbes". Diese reichten von Expeditionen nach Tibet (Heinrich Harrer, Ernst Schäfer ua.) bis zur Astrologie und zu Hörbigers Welteislehre. Auf das „Ahnenerbe" ideologisch zurückgehende (und unkommentiert ausgestellte) Relikte in Ur- und Frühgeschichte waren noch bis in die 1990er Jahre im Wiener Naturhistorischen Museum („Rassensaal") und im Salzburger Haus der Natur zu besichtigen.

NS-Ideologie unter den Mathematikern versuchten eine positive Bewertung ihres Fachs zu erreichen und die Mathematik ideologisch in das NS-Weltbild einzuordnen. Nicht ohne Verkrampfungen suchte man nach „bodenständig-völkischen" Elementen im Schaffen deutscher oder „nordischer" Mathematiker und nach Gegensätzen zwischen „arischem" und „nicht-arischem" mathematischen Denken.

1.3.2 Bieberbach und die „Deutsche Mathematik"

Der erste prominente Mathematiker, der hier für sich ein Machtpotenzial sah, war Ludwig ˃ Bieberbach. Dieser hatte sich ab etwa 1926 zum Intuitionismus Brouwerscher Prägung bekehren lassen. Er versuchte nun den Meinungsstreit über die Grundlagen der Mathematik als „Rassenkampf" darzustellen, mit dem Intuitionismus auf der „arischen" Seite, dem Hilbertschen Formalismus und dem Fregeschen Logizismus auf der anderen. Nicht-intuitionistische Positionen verteufelte Bieberbach als „nicht-arisch", rabbinisch-spitzfindig, und vor allem dem „nordischen", konkret-anschaulichen mathematischen Denken wesensfremd — rassistische politische Ideologie als Argument für wissenschaftliche Streitfragen.[63]

Hilbert war aber nicht angreifbar.

Sein Ansehen stand wegen seiner überragenden Beiträge zur Mathematik schon lange außerhalb jeglicher Diskussion. Seine Ideen zur mathematischen Axiomatik hatten sich weitgehend durchgesetzt. Als Ausweg verfiel ˃ Bieberbach auf den Gedanken, in Form der Typenlehre von Jaensch die Psychologie in die Diskussion einzubeziehen, eine Lehre, mit der er nun eine Bewegung unter dem Titel „Deutsche Mathematik" begründete.

˃ Bieberbach stellte seine „Deutsche Mathematik" erstmals 1933-07-13 der Öffentlichkeit in einem Vortrag vor, den er vor der Physikalisch-Mathematischen Klasse der Berliner Akademie der Wissenschaften hielt. Dessen Inhalt wurde sofort von den Zeitungen aufgegriffen und heftig diskutiert. Unter anderen schrieben darüber die NS-freundlichen *Wiener Neuesten Nachrichten* (1933-08-04):

> *Der Stil der deutschen Mathematik. In der letzten Gesamtsitzung der Preußischen Akademie der Wissenschaften schilderte Prof. Ludwig Bieberbach die Entwicklung des anschaulichen Denkens in der modernen Mathematik von Gauß bis auf unsere Tage. Durch den Kleinschen Gedanken der Isormorphie verschiedener mathematischer Gebiete erhält, wie Bieberbach zeigte, die Anschauung eine systematische Stellung. Die Verwandtschaft der so erzogenen Anschauung mit der naiven Anschauung von Raum und Zahl beläßt ihr dabei ihre eigentümliche,*

---

[63] Die Konfrontation zwischen dem von Hilbert vertretenen Formalismus und Göttingen auf der einen Seite und dem von Brouwer, sowie von Bieberbach und einigen anderen Berliner Mathematikern vertretenen Intuitionismus kann auch als Teil der Rivalität zwischen Göttingen und Berlin angesehen werden. Der Intuitionismus fand jedenfalls in Berlin mehr Widerhall als in Göttingen. Wir verweisen hier auf die Ausführungen in [82, p 55].

die schöpferische Phantasie befruchtende Wirkung. Die moderne Axiomatik und die verschiedenen Kalküle haben diesen Platz der Anschauung noch weiter gesichert, so daß die deutsche Mathematik, die in der Krise der Anschauung in den Siebzigerjahren ihren Stil verloren hatte, nun im Begriffe steht, wieder einen festen Stil zu gewinnen. Abschließend wies Bieberbach darauf hin, daß die schon von Klein 1893 betonte rassenmäßige Verankerung des anschaulichen Denkens in der historischen Entwicklung ihre Bestätigung findet.

Zu diesem Bericht gab es bissige, wenngleich naiv-sachfremde Kommentare, zB im *Österreichischen Abendblatt 1933-08-04* (alte Rechtschreibung beibehalten):

Die Leser der „Wiener Neuesten" werden diese Offenbarung mit großer Befriedigung zur Kenntnis genommen haben. Schon lange herrschte in ihren Kreisen die Überzeugung, daß die moderne Axiomatik und die verschiedenen Kalküle der deutschen Mathematik jenen Stil wieder gesichert habe, die sie durch die Krise der Anschauung in den Siebzigerjahren verloren hat. Es geht sogar das Gerücht, daß sich alle Leser der „Wiener Neuesten" mit einer Dankadresse an Professor Ludwig Bieberbach zu wenden gedenken, um ihm die rassenmäßige Verankerung ihres anschaulichen Denkens zu bestätigen. Jedenfalls ist bei ihnen der Kleinsche Gedanke der Isormorphie das Um und Auf, mit dem sie morgens aufstehen und abends — mitten in der Lektüre der „Wiener Neuesten" — einschlafen.

Sollte einer von ihnen jedoch auf den tollen Einfall kommen, im Lexikon nachzusehen, was Isormorphie bedeutet, so wird er eine kleine Enttäuschung erleben, da das Lexikon dieses Wunderding überhaupt nicht verzeichnet. Anfragen bei der Redaktion der „Wiener Neuesten Nachrichten" dürften zwecklos sein, da man sich dort wahrscheinlich nach langer Beratung auf einen Druckfehler — statt Isidor- m o r p h i e — einigen dürfte. Der Gedanke der Isomorphie jedoch hat mit der rassenmäßigen Verankerung des anschaulichen Denkens ungefähr so viel zu tun, wie die Theorie der Infinitesimalrechnung mit dem Ratenhandel im Kleidergewerbe.

Man wird aus dieser Zeit nicht so leicht einen Artikel über mathematische Inhalte (gar über Isomorphismen) in einer österreichischen Tageszeitung finden. Noch drei Jahre später schrieb die *Gerechtigkeit*,[64] 1936-05-07 p2 (der Text wird hier unverändert (auch was die Absatzeinteilung betrifft) wiedergegeben, Zusätze der Autoren wie immer in eckigen Klammern),

Glossen. Wieviel ist zwei mal zwei?

Seitdem wir rechnen können, seit der ersten Volksschulklasse, glaubten wir immer: $2 \times 2 = 4$. Nach der Arithmetik ist [das] so. Nach der alten, guten, allgemein gültigen Arithmetik, die ein Teil der alten, guten, allgemein gültigen Mathematik ist.

---

[64] Eine für die Gleichberechtigung der Juden eintretende Wiener Zeitung. Eine ähnliche Polemik findet sich wieder ein Jahr später in *Gerechtigkeit* 1937-09-16 p2 und in *Der Morgen* 1937-07-12 p9.

Aber wir vergessen: inzwischen ist doch „die Nation aufgebrochen", und es gibt, keine allgemeine Wissenschaft mehr, sondern „arische", „deutsche" Wissenschaften.

Wie es keine Menschen mehr gibt (im Dritten Reich!), sondern nur Arier und Nichtarier.

Also: nicht mehr Mathematik schlechthin, sondern „deutsche Mathematik". Tatsächlich: es erscheint, sogar eine Zeitschrift in Berlin, die „Deutsche Mathematik" heißt. Ihr Redakteur ist Prof. Dr. Th. Vahlen. „Deutsche Mathematik" — was kann das bedeuten? Sehr einfach: Einstein wird zum Beispiel erledigt. Was ist schon seine Theorie? Eine „jüdisch-liberalistische Illusionstechnik"!

Auch haben „Nationalsozialisten nie Morde an Andersgesinnten durchgeführt"!

Die ausländischen „Greuelpropagandisten" sind anderer Meinung? Sie führen eine Statistik? Sie nennen Zahlen, Ziffern?

Alles Lüge! Diese Zahlen gelten vielleicht nach der allgemeinen, aber sie gelten nicht nach der „deutschen" Mathematik.

Und jetzt verstehen wir auch Herrn Schacht, der noch immer behauptet, daß der Wert einer Mark — eine Mark ist.

Nach der „deutschen", nicht nach der allgemeinen Mathematik!

Und wenn das Dritte Reich Schulden hat, z.B. an Polen, aus dem Korridor-Transitverkehr, so ist es nach der „deutschen" Mathematik berechtigt, nicht zu zahlen.

Und $0 \times 0 = 0$?

Vielleicht nach der allgemeinen, im Dritten Reich überwundenen Mathematik.

Nach der „deutschen" des Herrn Schacht, ist $0 \times 0 = $ einige Milliarden. Dieses nette Gesellschaftsspiel der „deutschen" Mathematik kann man beliebig lange fort setzen.

Der „verderbliche, zersetzende" Geist der Semiten hat seinerzeit den arischen Völkern den Irrglauben aufoktroyiert, daß $2 \times 2 = 4$.

Die „deutsche" Mathematik ist anderer Meinung. Wieviel ist aber nach dieser 2×2?

Die Entscheidung in allen lebenswichtigen Fragen der Nation hat der Führer. Man muß also ihn fragen.

In der Berliner Wochenschrift *Deutsche Zukunft*[65] erschien ein Bericht zur „Deutschen Mathematik",[66] der Harald Bohr in Kopenhagen zu einem Kommentar veranlasste, der mit den Worten endete:

---

[65] 1933 gegründet von Fritz Klein (*1895-09-01 Weißkirch, Siebenbürgen; †1936-05-03 Liegnitz, Niederschlesien), Paul Fechter ((*1880-09-14 Elbing; †1958-01-09 Berlin) und Peter Bamm (eig. Curt Emmrich; *1897-10-20 Hochneukirch (heute Jüchen, Rhein-Kreis Neuss); †1975-03-30 Zollikon/Kanton Zürich, CH), nachdem deren Vorgänger, die *Deutsche Allgemeine Zeitung*, vom NS-Regime inhaliert worden war. Das war allerdings 1940 auch das Schicksal der *Deutschen Zukunft*.

[66] *Neue Mathematik. Ein Vortrag von Prof. Bieberbach.* in Deutsche Zukunft 1934-04-08. Für Druckfassungen des Vortrags s. Unterrichtsblätter für Mathematik und Naturwissenschaften. Organ des Vereins zur Förderung des mathematischen und naturwissenschaftlichen Unterrichts **40** (1934), 236–243; Forschungen und Fortschritte. Nachrichtenblatt der Deutschen Wissenschaft und Technik **10** (1934), 235–237.

Wir alle, die wir uns der deutschen mathematischen Wissenschaft in tiefer Dankbarkeit verpflichtet fühlen, waren daran gewöhnt, als deren Repräsentanten andere, größere und sauberere Gestalten vor Augen zu haben. [67]

Dieser harsche Kommentar veranlasste ᐅ Bieberbach, Schriftführer der Deutschen Mathematiker Vereinigung (DMV) und *de facto* federführender Herausgeber von deren Jahresberichten, zu der nicht weniger harschen Erwiderung *Offener Brief an Harald Bohr,* [68] die mit folgendem Absatz endete:

Ihr Zeitungsartikel läßt neben der Unkenntnis des von Ihnen behandelten Gegenstandes vor allem die Gerissenheit erkennen, mit der Sie Brunnenvergiftung treiben. Sie sind ein Schädling aller internationalen Zusammenarbeit. Diese kann nur auf dem Boden der inneren Stärke und des Selbstbewußtseins der Völker gedeihen, getragen von der gegenseitigen Achtung aller. Sie verdorrt auf dem Boden der Schwäche, der Erniedrigung und der Verächtlichmachung der anderen. Diese betreiben Sie auf Kosten der Wahrheit.

Seine Mitherausgeber Hasse [69] und Knopp [70] bekamen Bieberbachs „offenen Brief" nur in den Korrekturfahnen zu sehen — Anlaß für eine heftige Auseinandersetzung im Vorstand der DMV.

In der folgenden Mitgliederversammlung 1934-09-13 in Bad Pyrmont erhielt ᐅ Bieberbach, wenn auch mit Einschränkungen, Unterstützung für seine Position: Bohrs Kritik wurde als

---

[67] Bohr, H.: „Ny Matematik" i Tyskland. Berlinske Aften 1. 5. 1934; aus dem Dänischen übersetzt von M. Raußen. Zitiert nach [82, p. 58]

[68] Bieberbach, L.: Die Kunst des Zitierens. Ein offener Brief an Herrn Harald Bohr in København. Jahresber. DMV **44** (1934), 2. Abtlg., 1–3.

[69] Helmut Hasse (*1898-08-25 Kassel; †1979-12-26 Ahrensburg b. Hamburg) Nach dem Notabitur im ersten Weltkrieg freiwillig bei der Marine, studierte er ab 1918 in Göttingen und ab 1920 in Marburg. Er promovierte 1921 bei Kurt Hensel (*1861-12-29 Königsberg; †1941-06-01 Marburg), Enkel der Komponistin Fanny Hensel. Weitere Karrierestationen: 1922 Habilitation und Privatdozentur in Kiel, 1925 o Professor in Halle, 1930 als Nachfolger von Hensel in Marburg, 1933 Mitunterzeichner des *Bekenntnisses der Professoren an den deutschen Universitäten und Hochschulen zu Adolf Hitler und dem nationalsozialistischen Staat,* 1934 Nachfolger des emigrierten Hermann Weyl in Göttingen. 1937 beantragte er die Mitgliedschaft zur NSDAP, die ihm 1939 rückwirkend erteilt, dann aber wegen einer jüdischen Vorfahrin stillgelegt wurde. Im Krieg führte er in Berlin für die Kriegsmarine Forschungsaufgaben zur Ballistik und zur Hochdruckphysik durch. Im Zuge seines Entnazifizierungsverfahrens wurde er nach Kriegsende von den britischen Besatzungsbehörden seines Lehrstuhls enthoben und 1947 von der universitären Lehre ausgeschlossen. In der Berufung von 1948, unter der nunmehr zuständigen deutschen Spruchkammer, wurde er als *entlastet* eingestuft und das Verfahren eingestellt. Hasse war zu dieser Zeit an der Deutschen Akademie der Wissenschaften in Berlin (Ost), dann 1949 Professor an der Humboldt-Universität. 1950 erhielt Hasse einen Ruf nach Hamburg, wo er 1966 emeritiert wurde. Hasse ist vor allem für seine Beiträge zur Klassenkörpertheorie allgemein bekannt. In der NS-Zeit verfolgte er aktiv eine fachwissenschaftliche Politik, die darauf abzielte, mathematisch unbedeutende, aber NS-Protektion genießende Bewerber von wichtigen akademischen Positionen fernzuhalten. (Für biographische Details s. [285])

[70] Konrad Knopp (*1882-07-22 Berlin; †1957-04-20 Annecy b. Genf) ist vor allem für seine Monographie über unendliche Reihen bekannt; seine Lehrbücher zur Funktionentheorie und die Weiterführung des Analysis-Lehrbuchs von v. Mangoldt sind heute noch erfolgreich. (Zur Biographie s. Knobloch [222], Eintrag Knopp.)

antideutsch zurückgewiesen, andererseits Bieberbachs eigenmächtige Publikation getadelt. ˃ Bieberbachs Nominierung von Tornier (der hinwiederum Bieberbach nominierte) als Führer der DMV wurde abgelehnt. ˃ Blaschke wurde in der Nachfolge Perrons[71] als neuer Vorsitzender gewählt, und moderate Satzungsänderungen (die Dreiviertel-Mehrheiten erforderten) wurden beschlossen, die es Blaschke ermöglichen sollten, Bieberbach aus dem Vorstand auszuschließen. Bieberbach verzögerte die Registrierung der neuen Satzung beim Vereinsgericht in Leipzig, und der Streit eskalierte. ˃ Blaschke, Hasse und Knopp versuchten, Schaden für die internationale Reputation der DMV zu vermeiden. Von beiden Seiten ergingen Rundbriefe an alle Mitglieder der DMV; Bieberbach mobilisierte Theodor ˃ Vahlen aus dem Reichserziehungsministerium. Schließlich traten Bieberbach und ˃ Blaschke beide zurück, als Kompromisskandidat wurde Georg ˃ Hamel 1935 zum Vorsitzenden gewählt, der für die Annahme dieser Wahl den Rücktritt Bieberbachs zur Bedingung gemacht hatte.[72]

Viele auswärtige DMV-Mitglieder verließen die DMV im Protest. Nachfolger Hamels als Vorsitzender der DMV wurde für die Zeit 1937–1945 der Freiburger Professor Wilhelm Süss, der die DMV und die Mathematik in Deutschland pragmatisch und mit Geschick durch die NS-Zeit lavierte. Sein bleibendes Verdienst ist die Errichtung eines *Reichsinstituts für Mathematik*, das 1944 im Lorenzenhof in Oberwolfach im Schwarzwald eingerichtet wurde, und aus dem nach dem Krieg das renommierte Forschungsinstitut Oberwolfach wurde.

Bieberbach hatte versucht, in der DMV das Führerprinzip als Organisationsform einzuführen und war damit bei der historischen Jahrestagung in Bad Pyrmont gescheitert. Anders verlief die Entwicklung in zwei weiteren mathematischen Vereinigungen, in der *Gesellschaft für Angewandte Mathematik und Mechanik* (GAMM) und im *Mathematischen Reichsverband* (MR). Der Vorstand der GAMM bestand aus dem bekannten Aerodynamiker Ludwig Prantl als Vorsitzenden, Hans Jacob Reißner als zweiten Vorsitzenden und Richard v. Mises als Geschäftsführer, dieser Vorstand war bis 1933 alle drei Jahre wiedergewählt worden. 1933 wurde Mises und Reißner als „Nichtariern" der Rücktritt nahegelegt; Mises ging noch 1933 nach Istanbul, Reißner 1938 in die USA.[73] Die 1922 gegründete

---

[71] Oskar Perron (*1880-05-07 Frankenthal/Pfalz; †1975-02-22 München) promovierte 1902 bei Lindemann und habilitierte 1906 in München. 1910–14 ao Prof Tübingen, danach o Prof in Heidelberg. 1915–18 Miliärdienst. Ab 1922 o Prof als Nachfolger von Pringsheim an der Uni München, wo er zusammen mit Caratheodory und Tietze das „Münchener Dreigestirn der Mathematik" bildete. Perron ist vor allem für seine Beiträge zur Theorie der Kettenbrüche, zu Diophantischen Approximationen, Differenzengleichungen und Differentialgleichungen, nicht zuletzt auch zur Theorie der positiven Matrizen bekannt. 1934 war er Vorsitzender der DMV.

[72] Siehe [288, p. 67], sowie auch [207]für eine ausführliche Schilderung dieser Auseinandersetzung.

[73] Hans Jacob Reißner (*1874-01-18 Berlin; † 1967-10-02 Colton (Oregon), USA) war Ingenieur und theoretischer Physiker mit breitgespannten Interessen. 1935 wurde er von seiner Professur an der TH Berlin wegen seiner jüdischen Herkunft zwangspensioniert. Er war danach als Berater bei der „Argus" Fabrik für Fluzeugmotoren in Berlin-Reinickendorf tätig, bis zu deren Arisierung 1938. Danach emigrierte er mit seiner Familie in die USA und erhielt im selben Jahr eine Professur für Ingenieurwissenschaften am „Armour Institute of Technology" in Illinois. (1944 US-Staatsbürgerschaft). (Ausführliche Informationen über Reißner in [222] 21 (2003), S. 396-397, (https://www.deutsche-biographie.de/pnd116431873.html, Zugriff 2023-03-01).

GAMM war kein eingetragener Verein und unterstand daher nicht dem Vereinsrecht; gegen die Eingliederung in den „Verein deutscher Ingenieure e.V." (VDI), die letztendlich auf die Eingliederung in eine NS-Organisation hinausgelaufen wäre, wehrte sie sich standhaft und erfolgreich. [74]

Der MR, der von Anfang an unter der Leitung von Georg Hamel gestanden hatte, geriet 1933 endgültig in NS-Fahrwasser; Hamel ließ sich zu deren Führer bestellen (Näheres im Eintrag ˃ Hamel.)

1.3.3 „Deutsche Mathematik" — Mathematik „rassenkundlich"

Wir geben im folgenden die im NS-Staat gängigsten Positionen zur „Deutschen Mathematik" wieder.

(1) ˃ Bieberbach selber, und mit ihm fast alle Adepten der „Deutschen Mathematik", berufen sich auf das folgende Zitat[75] von Felix Klein:

> *Finally, it must be said that the degree of exactness of the intuition of space may be different in different individuals, perhaps even in different races. It would seem as if a strong naive space-intuition were an attribute pre-eminently of the Teutonic race, while the critical, purely logical sense is more fully developed in the latin and hebrew races. A full investigation of this subject, somewhat on the lines suggested by Francis Galton in his researches on heredity, might be interesting.*

˃ Bieberbach bezog sich in seiner Definition der „Deutschen Mathematik" auf die folgenden vier Formen von Wahrnehmungstypen in der Typenlehre von Jaensch:[76]

> J1: *Bezieht seine Anregungen allein aus der Wahrnehmung der Außenwelt. Beispiele*: *Euler, Klein (Romantiker)*
>
> J2: *Lebt aus den eigenen Vorstellungen (Ideen, Idealen) heraus. Beispiele*: *Kepler, Gauß (Klassiker)*
>
> J3: *Ist der ideale Mischcharakter, der sich aus beiden Wahrnehmungstypen heraus formt, er verschmilzt das Positive der Außenorientierung von J*1 *mit dem Idealismus von J*2. *Beispiele*: *Galilei, Weierstraß (kritische Systematiker)*

---

[74] Mehrtens [205]; Schappacher-Kneser [288]; Gericke [109].

[75] Gesammelte Abhandlungen 2. Band, p228: Aus der sechsten von zwölf Vorlesungen (*Evanston lectures*), gehalten 1893–09-02 an der Northwestern University in Evanston.

[76] Erich Rudolf Ferdinand Jaensch (*1883-02-26 Breslau; †1940-01-12 Marburg, NS-naher Psychologe und Philosoph, o Professor an der Universität Marburg. Zu seiner antisemitischen Typenlehre schrieb er in *Der Gegentypus: psychologisch-anthropologische Grundlagen deutscher Kulturphilosophie, ausgehend von dem was wir überwinden wollen.* Barth, Leipzig 1938. Ursprünglich war nur von zwei Typen die Rede: dem S-Typus (=Strahltyp), oder Gegentypus, und dem J-Typus, dem intuitionistisch-„arischen" Typ. vgl. Jaensch, E. R. (1938). Der Gegentypus. Psychologisch-anthropologische Grundlagen deutscher Kulturphilosophie ausgehend von dem was wir überwinden wollen. Leipzig: Ambrosius Barth.

S1: Ist ein Charakter, der sich an keiner Vorstellung, sei sie innen oder außen, wirklich orientiert. („Strahltyp") Er ist ziel- und haltlos.

Die Typen J1 – J3 werden von Jaensch und, ihm folgend, von Bieberbach dem genuin deutschen Mathematiker zugeordnet, der Typ S dem jüdischen Zugang zur Mathematik, vielfach charakterisiert durch Abstraktion und Formalismus.[77]

(2) Theodor ˃Vahlen schloss sich Bieberbach an und gründete mit ihm 1936 die Zwei-Monats-Schrift „Deutsche Mathematik". Die redaktionelle Leitung dieser Zeitschrift lag bei Vahlen und so stand es auf dem Titelblatt jeden Bandes. Die inhaltliche Verantwortung lag aber bei Bieberbach, wie regelmäßig auf der letzten Seite vermerkt wurde. Auf den Inhalt der Zeitschrift und auf die Beiträge von dem in diesem Buch vorgestellten Mathematikern kommen wir im nächsten Abschnitt dieses Kapitels noch zu sprechen.

(3) Erhard Tornier[78] warf der „jüdischen Mathematik" Jonglieren mit Definitionen vor.[79]

(4) Der Philosoph und Mathematiker Max Steck[80] griff unter Berufung auf ˃Gödels Unvollständigkeitsaxiom den Hilbertschen Formalismus an, warf ihm die Einschränkung auf den Kalkül unter Aufgabe von Sinn und Bedeutung vor und forderte dagegen die konkrete Realisierung formaler Systeme durch ein Modell. In einer Polemik verstieg er sich dazu, von „entarteter Mathematik" zu sprechen, analog zur „Entarteten Kunst".[81]

(5) Helmut Hasse stellte 1939 in seinem Beitrag zum Sammelband anlässlich des 50. „Führer"-Geburtstags als „Deutsche Mathematik" die Hauptgebiete Zahlentheorie (Göttingen), Funktionentheorie (Münster) und Geometrie (Hamburg) vor, diese „vielfach miteinander verkettet", vor.[82] Max Draeger, in *Mathematik und Rasse* von 1942, rühmt die Zahlentheorie als wesentlichen Bestandteil der „Deutschen Mathematik" und tadelt die Überbetonung der Anwendungen als Amerikanismus.

(6) Oswald Teichmüller,[83] damals einer der herausragenden Mathematiker in Deutschland, aber gleichzeitig radikaler NS-Anhänger, gilt als hauptverantwortlicher Anführer der stu-

---

[77] Bieberbach L (1940) Die völkische Verwurzelung der Wissenschaft. (Typen mathematischen Schaffens.). S.-B. Heidelberger Akad. Wiss., math.-naturw. Kl. 1940, 5:1-31.

[78] Erhard Tornier (*5. Dezember 1894-12-05 Obernigk; †1982) Wahrscheinlichkeitstheoretiker, verwendete einen an v. ˃Mises anknüpfenden Wahrscheinlichkeitsbegriff, beschäftigte sich aber hauptsächlich mit Wahrscheinlichkeiten auf endlichen Mengen. Tornier führte in späteren Jahren einen reichlich exzentrischen Lebenswandel und hatte offensichtlich psychische Probleme. 1934 wurde Tornier von Bieberbach vergeblich als Führer der DMV vorgeschlagen. (Eine Biographie gibt Hochkirchen [144].)

[79] E. Tornier: Mathematiker oder Jongleur mit Definitionen? Deutsche Mathematik 1 (1936), 8-11.

[80] Max Steck (*1907-12-01 Basel; †1971-09-12 Prien/Chiemsee) .

[81] Kurt ˃Reidemeister sagte von ihm, er habe „den verzweifelten Mut besessen, die klare Widerlegung eines von ihm aufgestellten Theorems als in jüdischer Logik begründet zurückzuweisen". (Das Grundrecht der Wissenschaft; in: Die Wandlung I (1945/46), p 1079-1085.) Wir verdanken den Hinweis auf dieses Zitat dem Buch Danneberg, L, und F. Vollhardt, *Wie international ist die Literaturwissenschaft?: Methoden- und Theoriediskussion in den Literaturwissenschaften: Kulturelle Besonderheiten und interkultureller Austausch am Beispiel des Interpretationsproblems* (1950-1990) Springer 2016. (p 107 Fußnote)

[82] Hier zitiert nach Menzler-Trott [212] p 100f.

[83] Teichmüller (*1913-06-18 Nordhausen/Thüringen; †1943-09-11 gefallen an der Ostfront, westlich von Kharkov) leistete vor allem zur geometrischen Funktionentheorie wichtige Beiträge. Die Teichmüller-Theorie und viele mathematische Konstruktionen tragen heute den Namen Teichmüllers — nicht zuletzt

dentischen Proteste gegen Landau[84] und Courant.[85] Gegen Landau richteten sich Proteste unter der Parole: Deutsche/arische Studenten sollen nicht von andersrassigen/jüdischen Professoren unterrichtet werden. Courants Freunde, Schüler und Mitarbeiter, unter ihnen der gebürtige Österreicher › Neugebauer, wurden verächtlich als „Courant-Clique" bezeichnet, als „pro-jüdisches" organisatorisches Netzwerk. Etwas abweichend von › Bieberbach und › Vahlen leugnete Teichmüller keineswegs generell den Wert der wissenschaftlichen Leistungen jüdischer Mathematiker, sondern zielte ins Pädagogisch-Didaktische: Arische Studierende vertrügen keinen ihrem Wesen fremden Unterricht durch Andersrassige.[86] Teichmüller und seinen Gesinnungsgenossen gelang schließlich mit Unterstützung des NS-Regimes die Vertreibung der „Courant-Clique" von der Universität Göttingen, die angestrebte Gleichschaltung misslang aber, 1934 wurde nicht ein von Teichmüllers Anhängern favorisierter Kandidat zum Professor ernannt, sondern Helmut Hasse.

(7) Wilhelm Süss,[87] ab 1943 Vertreter der Mathematik im Reichsforschungsrat, sah die beste Förderung der „Deutschen Mathematik" (mit dem Hintergedanken einer Förderung der *deutschen Mathematik*) in der Schaffung eines zentralen deutschen Reichsinstituts für mathematische Forschung. Zumindest während des Krieges sollten in ihm die mathematischen Anstrengungen für die Rüstungsforschung gebündelt und konzentriert werden. Angesichts bereits bestehender Institutionen ähnlicher Art, wie Alwin Walthers Institut für praktische Mathematik, war das für den Geometer Süss, der über keine Expertise in Angewandter Mathematik verfügte, kein sehr aussichtsreiches Vorhaben. Süss war aber zu guter Letzt doch erfolgreich und das Reichsinstitut wurde schließlich 1944 in dem kleinen Dorf Oberwolfach im Schwarzwald gegründet. Es überstand den Krieg, konnte seine NS-Vergangenheit hinter sich lassen, und mit Unterstützung durch Politik und großzügige Stiftungen, unter dem Namen *Mathematisches Forschungsinstitut Oberwolfach* (MFO) zu einer international führenden Begegnungsstätte deutscher und ausländischer Mathematiker ausgebaut werden. Süss blieb bis zu seinem Tod Leiter von Oberwolfach.[88]

(8) Gustav › Doetsch war in der Weimarer Republik öffentlich als Anhänger der pazifistischen Bewegung aufgetreten. Um unter der NS-Herrschaft Karriere machen zu können,

---

dank des lettisch-jüdischen (politisch sozialistisch denkenden) Mathematikers Lipman Bers (*1914-05-22 Riga; † 1993-10-23 New York). Teichmüller verfasste 22 mathematische Beiträge für die Zeitschrift *Deutsche Mathematik*.

[84] Edmund Landau (*1877-02-14 Berlin; †1938-02-19 Berlin) ist vor allem mit seinen bedeutenden Beiträgen zur analytischen Zahlentheorie hervorgetreten. Erfinder der Landau-Symbole (1905) und Autor des Jahrzehnte lang wichtigsten Buchs über Primzahlverteilung.

[85] Richard Courant (*1888-01-08 Lublinitz, Oberschlesien; †1972-01-27 New York) war eine führende Persönlichkeit in der Angewandten Mathematik in Deutschland, Gründer des Courant-Instituts in New York; gleichzeitig ein herausragender Organisator.

[86] Was immer das hätte sein sollen. Eine ausführliche Darstellung des Boykotts gegen Landau und Courant sowie Teichmüllers schriftliche Begründung für seine Haltung geben Schappacher und Scholz in [287].

[87] Wilhelm Süss (*1895-03-07 Frankfurt a.M.; 1958-05-21 Freiburg), 1933 Mitglied der SA, ab 1937 NSDAP-Mitglied, war von 1937 bis 1945 Vorsitzender der DMV (Deutsche Mathematiker Vereinigung), ab 1934 Professor in Freiburg, 1940-1945 Rektor der Universität Freiburg (dort war Martin Heidegger von 1933-04-21 bis 1934-04-27 Rektor).

[88] Für eine rückhaltlos positive Einschätzung des Wirkens von Süss während der NS-Zeit siehe die Laudatio von Heinz Bauer [17].

machte er eine Kehrtwende, bezog genau gegensätzliche Positionen und biederte sich dem Regime an. Obwohl selber nie Mitglied der NSDAP — das wurde ihm offenbar verwehrt — vertrat er deren Politik und profilierte sich als „Rüstungsmathematiker", wobei ihm seine Expertise in der Theorie der Laplace-Transformation sehr zustatten kam. Es gelang ihm, um sich eine Gruppe von Mathematikern zu scharen, die mit der Herausgabe kriegswichtiger mathematischer Tabellen und Formelwerke beschäftigt waren und so dem Fronteinsatz entgingen. In dieser Gruppe arbeiteten die österreichischen Mathematiker Wolfgang ˃ Gröbner, Nikolaus und Margarita ˃ Hofreiter und Ludwig ˃ Laub.

(9) Josef ˃ Krames verstand unter „Deutscher Mathematik" wohl hauptsächlich die von ihm vertretene Darstellende/Konstruktive Geometrie, ebenfalls eine angewandte Richtung der Mathematik.

(10) Anton ˃ Huber fasste die Angewandte Mathematik als zentrale Disziplin der „Deutschen Mathematik" auf.

1.3.4 „Deutsche Mathematik" — die Zeitschrift

Diese Zeitschrift war zunächst als mathematisches Magazin und NS-Gegenstück zu den Jahresberichten der DMV konzipiert und richtete sich besonders an studierende Leser und junge Mathematiker. Sie war das offizielle Organ der Fachabteilung Mathematik im NS-Studentenbund, in jeder örtlichen Dienststelle der mathematischen Fachabteilung musste sie aufliegen.[89] Gleich das erste Heft der Zeitschrift wurde mit einem Aufruf von Fritz Kubach[90] unter dem Titel *Studenten in Front!*[91] eröffnet, der zur Mitarbeit und und zum Verfassen eigener Beiträge aufforderte.[92] Die anfangs auf diese Aufforderung eingegangenen studentischen Beiträge bestanden aus Berichten über mathematische Hochschullager für Studenten und Dozenten, daneben auch Mitschriften von Diskussionsforen. Von Seiten der Professoren und Dozenten kamen dazu Berichte über die mathematische Lehre und die Forschungsarbeit an Hochschulen und Universitäten, Kurzbiographien von damals tätigen Mathematikern (auch aus Österreich gebürtigen, zB ˃ Vahlen und ˃ Wendelin

---

[89] Nach [212], p 75, belief sich die Anfangsauflage auf etwa 6500 Exemplare pro Vierteljahr. Offiziell wurde die Zeitschrift im Auftrag der DFG herausgegeben; die DFG gewährte dazu Druckkostenzuschüsse. (Findbuch des Bundesarchivs, BArch Berlin, R73/15934 sowie R73/15936) Die Herausgeber Vahlen und Bieberbach erhielten unter dem DFG-Präsidenten und Nobelpreisträger Johannes Stark jährlich eine Apanage von je 2000 RM. ([214] p 402

[90] Friedrich Kubach (*1912-05-21 Heidelberg, †1945 vermisst) bestand sein Abitur 1931-03-09; Stud. ab SS 1931 U Heidelberg; promov. 1936-02-08, Diss.: Johannes Kepler als Mathematiker (mit Auszeichnung); Sternwarte Heidelberg-Königstuhl: wiss. Ass. 35-36; Leiter des Amtes f. Wiss. und Facherziehung in der Reichsstudentenführung seit 1936/37; Redakteur der *Zeitschrift für die gesamte Naturwissenschaft* (ein Organ des Himmlerschen „Ahnenerbes") seit 1937; Pg & SA seit 1933, ab 1936 SS-Positionen, Kriegsdienst ab 1941-05, zuletzt Leutnant; vermisst seit 1945-01. (s. UA Heidelberg, PA Kubach; Grüttner [128] 2004)

[91] In Anlehnung an den akademischen Waffenruf und Liedtitel *Bursche heraus!* von 1844.

[92] Deutsche Mathematik 1 (1936), 5–7.

[Band **3** (1938) p336f]). Daneben gab es auch seriöse mathematische Artikel und historische Schilderungen, nicht zuletzt auch einige Diskussionsbeiträge zu bildungspolitischen
Themen.[93] Der letzte Band erschien als Nummer 7 für den Zeitraum 1942-44. Die verschiedenen Beiträge waren in Rubriken wie „Arbeit" (hauptsächlich Hochschulangelegenheiten,
pädagogisierende politische Kommentare und studentische Arbeitsberichte), „Belehrung"
(auch für Studienanfänger verständliche mathematische Arbeiten und Übersichtsartikel, nur
manchmal mit ideologischem Einschlag) und „Forschung" (aktuelle Forschungsergebnisse), gegliedert, zu denen gelegentlich noch „Mitteilungen" „Buchbesprechungen", „Kritik",
„Das Schrifttum der lebenden Deutschen Mathematiker" (u. ä.) kommen konnten.[94]

Mit Kriegsbeginn nahm der Anteil der ideologischen Beiträge deutlich ab; der letzte Beitrag zu Mathematik und Rasse erschien von Max Draeger in **6** (1941) Heft 6, 566–575.[95]
Die Bieberbachsche „NS-Weltanschauung der Mathematik" als „völkische" Philosophie
und ideologisches Konstrukt hatte immer stärker an Interesse verloren und war für den
praktizierenden Mathematiker ("the working mathematician") ohnehin nicht von Bedeutung. Dagegen gab es in wahrscheinlichkeitstheoretischen und statistischen Anwendungen
Anknüpfungspunkte zu ideologischen Positionen — nicht im Sinne einer ideologisierten
Mathematik, sondern im Sinne einer NS-ideologisierten Biologie, auf die mathematische
Methoden angewendet wurden.

Die Zeitschrift enthielt zwischen 1938 und 1941 in fast jedem Heft eine Arbeit zur Mathematik der „Erbgesundheit" und zur Unterstützung der NS-Propaganda für Eugenik und
Euthanasie gemäß dem Gesetz zur Verhütung erbkranken Nachwuchses vom 14. Juli 1933
und dessen späteren Verschärfungen. Allein von Otfried Mittmann erschienen zehn solche
Arbeiten, darunter:

Die Erfolgsaussichten von Auslesemaßnahmen im Kampf gegen die Erbkrankheiten.

   Deutsche Math. **2** (1937), 32-55;

Über die Schnelligkeit der Ausmerze von Erbkrankheiten durch Sterilisation.

   Deutsche Math. **2** (1937), 709–721.

Theoretische Erbprognose und Gattenwahl.

   Deutsche Math. **5** (1940), 328–337;

und sechs weitere Arbeiten mit ähnlichen Titeln. Der Bieberbach-Schüler Edmund Scholz
veröffentlichte alle zehn seiner Publikationen in der „Deutschen Mathematik", darunter
fünf zur Statistik von Erbgängen und deren Auswertung.

---

[93] zB von ˃ Horninger (Band **1** (1938), 475–488) und ˃ Hamel zur Wichtigkeit der Darstellenden Geometrie

[94] Von den in Kapitel 4 angeführten Mathematikern veröffentlichten ˃ Aigner 6, ˃ Bieberbach 3, ˃ Foradori
2, ˃ Hohenberg 2, ˃ Horninger 2, ˃ Lauffer 2, ˃ Vahlen 6 und ˃ Varga 1 Artikel. Die NSDAP-Mitglieder
Teichmüller (22 Arbeiten über quasikonforme Abbildungen) und Gentzen (der gegenw. Stand der mathematischen Logik) veröffentlichten durchaus mathematisch bedeutsame Arbeiten. Zbl/JFM berichtete nur
über rein wissenschaftliche Arbeiten; die Referate enden mit Band 6, danach wurden nur die Titel der
Arbeiten aufgenommen.

[95] Max Draeger (*1895-10-08 Berlin; †1974-01-01 Potsdam) hat außer seiner Dissertation und einer
fehlerhaften Arbeit von 1959 zum Fermatproblem (inzwischen gelöst als Satz von Wiley) keine eigentlich
mathematische Arbeit verfasst. 1935 Mitglied der NS-Volkswohlfahrt, 1946 Mitglied der SED.

An die nichtmathematische NS-Umwelt gerichtet, sollten solche Arbeiten die Mathematik ideologisch würzen und dem Regime von dieser Seite her schmackhaft machen. In weiterem Sinn stand hier neben „Erbmathematik" und „Rassenbiologie" auch mathematische Sippenforschung in Verbindung mit Bevölkerungsstatistik im Blickfeld.

Im Bereich der Buchpublikationen sind hier neben Mittmann[96] Harald Geppert[97] und Siegfried Koller als Autoren zu erwähnen.[98]

Unterlagen aus dem Briefwechsel von Anton ˃Huber weisen auf ähnliche Bestrebungen zu einer ideologischen Aufwertung der Mathematik in Wien hin.[99] In der Situation des in vollem Gange angelaufenen Kriegs waren auch diese Bemühungen wenig erfolgreich.

1.4 NS-Politik und angewandte Mathematik

Nach Kriegsbeginn wandelte sich die von Desinteresse, Misstrauen und Verachtung gekennzeichnete Einstellung der NS-Verantwortlichen zur Mathematik bald zur Einsicht in die Kriegswichtigkeit des Faches, vor allem für die Rüstungsforschung und für Dechiffrieraufgaben. Noch weitaus überwiegender war die Sicht auf die Mathematik als unentbehrlicher Teil der Ingenieurausbildung — und Ingenieure wurden für die Kriegsmaschinerie aus NS-Sicht dringend gebraucht. Für das NS-Regime war die mathematische Lehre generell erheblich wichtiger als die mathematische Forschung.

Vielfach hat man versucht, daraus eine besondere NS-Unterstützung für die angewandte Mathematik und einen massiven Druck zum Wechsel in „angewandte" Fragestellungen und zu einer generellen Bedeutungsverschiebung zur angewandten Mathematik abzuleiten. Das war aber, jedenfalls im Bereich Österreichs, nur sehr bedingt der Fall — angewandte Mathematik wurde generell nicht aus ideologischen Gründen (wie etwa die Urzeitforschung) gefördert, sondern für die Bedürfnisse von Rüstung und Dechiffrierung. Was heute das

---

[96] Mittmann, O (1940), Erbbiologische Fragen in mathematischer Behandlung. Berlin Walter de Gruyter (nicht in Zbl/JFM erwähnt).

[97] Harald Geppert (*1902-03-22 Breslau; †1945-05-04 Berlin, wie Goebbels samt Familie durch Selbstmord, was seine Schwester Maria-Pia Geppert, eine ausgewiesene Statistikerin, in schwere Depressionen stürzte.) Seine Mutter war Italienerin und so konnte er sehr gut Italienisch. Möglicherweise hat er sich während seines durch ein Rockefeller-Stipendium finanzierten Aufenthalts in Rom bei Levi-Civita für den Faschismus begeistert. Von 1940 bis Kriegsende fungierte er als Hauptschriftleiter des Zbl, das mit dem JFM zusammengelegt wurde.

[98] Am bekanntesten ist die *Erbmathematik* von Geppert und Koller, 1938. Nach Erich Kählers Einschätzung handelt es sich dabei (nach Abstrich ideologisch gefärbter Passagen) um einen durchaus ernsthaften Beitrag zur Genetik, der von manchen auch heute noch als relevant angesehen wird. (Vgl. dazu Kählers biographischen Beitrag über Geppert in [222].) Der entscheidende Punkt liegt für uns beim Übergang von der allgemein-biologischen Betrachtungsweise, wie sie ohne weiteres auch heute noch in der Tier- und Pflanzenzucht sowie in der mikrobiologischen Produktion angewandt wird, zur unreflektierten Anwendung auf Menschen und die Vorstellung von biologisch definierten Eliten.

[99] vgl. Robert Frühstückl, „Mitten in den Problemen der Wirklichkeit" Überlegungen zu einer Ideologie der angewandten Mathematik, in [78, p. 103-108] und in seiner Dissertation [103].

Schlagwort „Auftragsforschung für die Wirtschaft" in der Wissenschaftspolitik ausmacht, das war während des Krieges das Etikett „kriegswichtig". Der einzige österreichische Mathematiker, der während des Krieges (und nicht schon vorher) zur angewandten Mathematik fand, ist wahrscheinlich Nikolaus Hofreiter gewesen, der nach 1945 nicht mehr in der Forschung tätig war und in der Lehre den Studierenden Seminare über „praktische Mathematik", lineare Optimierung u.ä. anbot. Für die aus dem Hochschuldienst entlassenen Mathematiker kam die angewendete und die Angewandte Mathematik indirekt ins Blickfeld, einfach durch die Notwendigkeit, einen außeruniversitären Broterwerb zu finden.

Die in der angewandten Forschung tätigen Mathematiker waren dort schon vorher aktiv, und von den zwischen 1938 und 1945 im österreichischen Umfeld erschienenen Arbeiten behandelten viele noch immer die „Renner" der Zwischenkriegszeit: Zahlentheorie, Analysis, Algebra und Geometrie. Allerdings war die in der Zwischenkriegszeit blühende Topologie wegen des Weggangs von Karl ⊳ Menger und den meisten seiner Schüler kaum mehr vertreten.[100] Im Zusammenhang mit dem Versicherungswesen war Wahrscheinlichkeitstheorie in der Forschung durch ⊳ Tauber, bis 1938, und durch ⊳ Berger vertreten. Moderne Mathematische Statistik, wie sie mit den Namen Fisher[101], Pearson[102] und Neyman[103] verknüpft ist, war, wenn überhaupt, am ehesten mit genetischen oder allgemein biologischen Anwendungen verbunden, fand aber noch so gut wie keine Anerkennung als akademische *mathematische* Theorie.[104] Im deutschen Sprachraum wurde diese erst nach dem Krieg durch Leopold ⊳ Schmetterers Buch über Statistik bekannt gemacht.

Während des Krieges und schon während seiner Vorbereitung stagnierte in Österreich die mathematische Forschung, selbst auf Gebieten, die für die Rüstung von Bedeutung

---

[100] Die Skandale um die „Phönix"-Versicherung hatten zum Erliegen der außeruniversitären Unterstützung von Mathematikern durch die Versicherungswirtschaft geführt.

[101] Ronald Aylmer Fisher (*1890-02-17 London (UK); †1962-07-29 Adelaide, Aus) kam zur Statistik über sein Interesse an Astronomie und Genetik. Er gründete 1911-05 die *Cambridge University Eugenics Society* und war deren erster Präsident. Er vertrat eine *positive Eugenik*, im Sinne der Forderung, dass den „höheren Klassen" besondere Anreize zur Fortpflanzung gegeben werden sollten, ohne aber andere Klassen einzuschränken. 1933 wurde Fisher Professor für Eugenik am *University College London*, ab 1943 Inhaber des Balfour-Lehrstuhls für Genetik in Cambridge.

[102] Es gibt zwei bekannte Statistiker dieses Names, Vater und Sohn. Karl Pearson (*1857-03-27 London; †1936-04-27 Coldharbour, Surrey) studierte Mathematik in Cambridge, setzte sich aber auch intensiv mit Geschichte, Germanistik, Philosophie und Theologie auseinander. Auf ihn geht die Korrelationsrechnung zurück. Pearson war Antisemit, vertrat eine rassistische Version der Eugenik und wandte sich folgerichtig gegen die Einwanderung von Juden in Großbritannien. (Pearsons Rassismus hatte seine Wurzeln im damals weitverbreiteten kolonialen Denken aus der Tradition von Rudyard Kipling.) Nach Galtons Tod war er der erste Inhaber des nach diesem benannten Lehrstuhls. Pearsons Buch *The Grammar of Science* hatte großen Einfluß auf Einstein. Sein Sohn Egon Pearson (*1895-08-11 Hampstead; †1980-06-12 Midhurst, GB) ist besonders durch den von ihm gemeinsam mit Jerzy Neyman (s. nächste Fußnote) entwickelten Neyman-Pearson-Test zu einem Pionier der mathematischen Statistik geworden.

[103] Jerzy Neyman (eig. Jerzy Spława-Neyman; *1894-04-16 Bendery (= Bender, heute Moldawien); †1981-08-05 Oakland, Cal.), studierte zunächst im ukrainischen Charkow, dann ab 1921 in Polen, wo er 1924 bei Wacław Sierpinski promovierte und sich 1928 habilitierte. Da er in Polen keine feste akademische Stelle finden konnte, ging er über Großbritannien in die USA, wo er in Kalifornien ein statistisches Labor gründete (vgl. Constance Reid, *Neyman – from life*, New York 1982.).

[104] Vgl. hierzu: Statisticians in World War II. The Economist, Dec 20th 2014.

hätten sein können — ungeachtet der gegenteiligen Behauptungen der NS-Propaganda. So zitiert etwa 1945-05-31 das *Neue Österreich* eine Rede des neu eingesetzten Rektors (und Mathematikers) Adalbert ˃ Duschek bei der Wiedereröffnung der TH Wien:

> *Die so oft gehörte Behauptung, die Technik habe durch den Krieg ungeheure Fortschritte gemacht, ist falsch. Diese Forschung diente rein militärischen Zwecken und wurde außerdem streng geheimgehalten. Nur wenige politisch einwandfrei erscheinende Professoren erhielten Forschungsaufträge. An unserer Hochschule zum Beispiel hatte einer der kürzlich verstorbenen Professoren der Mathematik einen solchen Forschungsauftrag. Niemand weiß etwas über ihn oder seine Ergebnisse.* [105]

Offensichtlich hatte ˃ Duschek in seiner Rede unter dem Stichwort „Technik" nicht Technik in einem allgemeinen Sinn gemeint (man wird nicht bestreiten können, dass etwa Medizintechnik, Luft- und Raumfahrt durchaus vom Krieg profitierten), sondern die an der TH Wien (und ähnlichen Standorten) gelehrte Technik, mit dem Hintergrund eines tatsächlichen Nutzens für die Allgemeinheit in Österreich.[106] Bekanntlich wurde in den letztem Kriegstagen ein erheblicher Teil der Unterlagen zu Ergebnissen der Rüstungsforschung verbrannt — oder zB im Toplitzsee (Stmk) versenkt.

1.5 Mathematik und Antisemitismus

Es liegt nahe, zu versuchen, die erschreckend hohe Bereitschaft zur Akzeptanz des NS-Regimes und seiner gewalttätigen Verfolgung Andersdenkender aus der Verbreitung deutschnationaler Gesinnung und antisemitischer Reflexe heraus zu verstehen. Demnach hätten sich Nationalisten und Antisemiten um die NSDAP als ihren natürlichen Kondensationspunkt geschart.

Bei Betrachtung mathematischer Lebensläufe fällt aber auf, dass auch rabiate NS-Anhänger durchaus nicht immer ihre Karriere als Judengegner und fanatische Antisemiten begonnen hatten. Zweifellos hat das propagandistische Trommelfeuer der NS-Zeit ohnehin vorhandene antisemitische Regungen aus der Luegerzeit verstärkt, bei später Geborenen vielleicht auch vielfach erst hervorgerufen. Im bürokratischen Alltag des Lehr- und Forschungsbetriebs und bei Versuchen, die Autonomie der Wissenschaft Mathematik zu erhalten, übernahmen viele Mathematiker bei Eingaben und Anträgen die NS-Argumentationsmuster

---

[105] In den letzten Kriegstagen kamen in der Tat zwei Mathematiker der TH Wien ums Leben: Tonio ˃ Rella (nicht der NSDAP nahe, starb durch Artilleriebeschuss) und der Pg Lothar ˃ Schrutka (bei der Bergung nach einem Bombentreffer). Der Innsbrucker Mathematiker und Pg ˃ Foradori war vor seinem Tod an der Front ziemlich ausschließlich mit Kriegsdienst und NS-Organisation beschäftigt; das gleiche gilt für den Mathematik-Lehrer an der BOKU, ˃ Olbrich.

[106] Für weitergehende Betrachtungen zum Thema „Angewandte Mathematik" vgl. Barrow und Siegmund-Schultze [14].

oder suchten sich diesen anzugleichen, was unweigerlich oft zu einer nicht bloß äußerlich antisemitischen Haltung führte.

> Bieberbach schrieb 1928 zusammen mit dem Juden Issai Schur ein Buch über die Minkow-skische Reduktionstheorie der positiven quadratischen Formen. Gemeinsam mit von Mises verfasste er das 10. Kapitel der zweiten Auflage der *Differential- und Integralgleichungen der Mechanik und Physik* von 1925.

> Vahlen dissertierte bei dem jüdischen Mathematiker Lazarus Immanuel Fuchs, was er nach seinem Eintritt in die NSDAP verheimlichte und ungeniert die Lüge verbreitete, er habe bei Frobenius und Hermann Amandus Schwarz dissertiert.

Nach dem Einzug des NS-Regimes in Deutschland 1933 wandelte sich in Österreich die Rolle des Antisemitismus in der innenpolitischen Agitation. Der anfängliche Anspruch des Ständestaats, den „besseren Antisemitismus", nämlich den der „Tat", zu vertreten, wurde zunehmend nicht mehr forciert, da er gegen die übermächtige NS-deutsche Version chancenlos geblieben wäre: jede Gegenpropaganda dieser Art hätte nur den NS-Anhängern in die Hände gespielt.

Die Volkszählung von 1934 ergab für Österreich 191.481 Menschen jüdischen Glaubens (2,8 % der Gesamtbevölkerung), davon wohnten 176.034 (91 %) in Wien und nur 15.447 in den anderen Bundesländern.[107]

Unter den beamteten Mathematikern im Österreich der Zwischenkriegszeit gab es von vornherein nur wenige Juden, davon fünf in Wien: Gustav Kohn,[108] Hans > Hahn, Eduard > Helly, Karl > Menger („Mischling 1. Grades"), Alfred > Tauber; in Prag waren es ebenfalls fünf: Ludwig > Berwald, Paul > Funk, Heinrich Löwig, Karel > Loewner und Georg > Pick.

1.6 Widerstand, Akzeptanz und Mitläufertum

Widerstand von „links". Grundsätzlich bestand der österreichische Widerstand[109] zu etwa drei Vierteln aus Kommunisten, während der weitaus überwiegende Teil der Universitäts-lehrer weltanschaulich dem national-konservativen[110] oder dem christlich-konservativen Lager oder überhaupt der NSDAP nahestand. Nach dem Tod Hans > Hahns und dem Weg-gang > Mengers waren so gut wie keine der Sozialdemokratie nahestehenden Professoren

---

[107] S. Maderegger, Die Juden im österreichischen Ständestaat 1934 - 1938, Wien 1973, p. 1; J. Moser, Demographie der jüdischen Bevölkerung Österreichs 1938 - 1945, Wien 1999, p. 7. (hier zitiert nach [346] p. 54.

[108] Der Geometer Gustav Kohn (*1859-05-22 Reichenau (Rychnov Cz); †1921-12-15 Wien) promovierte 1881-10 bei Emil Weyr, habilitierte sich 1884-08-27, war ab 1894-12-19 unbesoldeter, ab 1899 besoldeter ao Professor, erhielt 1912-05-21 „Titel und Character eines o Professor". Sein Nachfolger war 1928 Karl > Menger.

[109] Neugebauer [224]; Der österreichische Widerstand 1938–1945. Schriftenreihe des DÖW; online unter (https://www.doew.at/cms/download/2ob0q/wn_widerstand-2.pdf, Zugriff 2023-02-20). Wir folgen der dort angewendeten Definition des Widerstandes und widerständigen Handelns.

[110] Deutsch-national oder legitimistisch österreichisch deutsch-national

oder Dozenten der Mathematik auf dem Gebiet des heutigen Österreich verblieben.[111] Als die Sozialdemokratische Arbeiterpartei (SDAP) 1934 verboten wurde, gingen große Teile ihrer Mitglieder, vor allem die radikaler eingestellte Parteijugend, unter dem Namen „Revolutionäre Sozialisten" (RS) in den Untergrund, sie wurden von der nach Brünn exilierten Parteileitung der SDAP unter Otto Bauer ideologisch unterstützt. Um weniger Angriffspunkte für zu erwartende, noch um einiges schärfere Verfolgungen zu bieten, gab das Zentralkomitee der RS nach dem „Anschluss" die Parole einer dreimonatigen Einstellung aller Aktivitäten aus. Die RS, aber auch viele außerhalb der RS stehende Sozialdemokraten, sahen den „Anschluss" strategisch als Eröffnung völlig neuer Chancen für die Sozialdemokratie nach dem unvermeidlichen Ende des NS-Regimes, innerhalb eines dann vergrößerten Staatswesens. Sie verhielten sich still, mit dem Ziel zu „überleben, bis der NS-Spuk vorbei ist". Mit der Parteiführung und ihren hier skizzierten politischen Maximen unzufriedene und zum „antifaschistischen Kampf" entschlossene Sozialdemokraten schlossen sich in Scharen den Kommunisten an oder gingen mit diesen Bündnisse ein.[112]

Als organisierte Kämpfer wirkten im akademischen Bereich vor allem Studenten und junge Akademiker. Nur kurze Zeit, bis zu ihrer Zerschlagung 1938-11, war der Widerstand im Rahmen der „Roten Studenten" aktiv, überliefert in Tidl [358] für Chemiker, Physiker und Mathematiker. Von den Mathematikern sind uns nur Leopold > Schmetterer von der Universität Wien und Wilhelm > Frank von der TH Wien näher bekannt geworden, die bereits vor ihrem Studium Mitglieder des „Antifaschistischen Mittelschülerbunds" gewesen waren und sowohl gegen den Ständestaat als auch gegen das NS-Regime agitierten. Die Agitation bestand in Geldsammlungen für die „Rote Hilfe" zur Unterstützung verfolgter Gesinnungsgenossen und deren Angehörigen, die Erstellung und Vervielfältigung von regimekritischen Texten sowie deren ungezielte oder gezielte Verbreitung durch Streuzettel und Flugblätter; im Krieg kamen dazu noch über Feldpost verteilte Aufrufe zu Widerstand und Kriegsverweigerung an der Front, Beschaffung und Weiterverbreitung von Nachrichten über den tatsächlichen Kriegsverlauf und allgemeine Informationsbeschaffung über NS-Organisationen. > Schmetterer war jedenfalls an Streuzettel- und Flugblattaktionen beteiligt; er soll sogar auf der Kärntnerstraße, im Herzen von Wien versucht haben, NS-kritische Flugblätter zu verteilen[113] — ein lebensgefährliches Unternehmen. > Frank flog bereits 1937 mit solchen Aktionen auf und blieb bis zur Generalamnestie des Ständestaatsregimes 1938-02 in Haft und entwich danach erfolgreich in die Schweiz.

Außerhalb der „Roten Studenten", aber mit den gleichen Zielen, operierte die Kommunistin und Mathematikstudentin Regine > Kästenbauer.

---

[111] > Duschek war vor 1945 nicht (oder jedenfalls nicht signifikant) als Sozialdemokrat in Erscheinung getreten.

[112] Einzelne wandten sich auch Trotzkisten und anderen linken Splittergruppen zu. Nach dem Krieg vereinigten sich die Revolutionären Sozialisten mit der wiedererstandenen Sozialdemokratie zur SPÖ.

[113] Zu den wenigen Dingen, die > Hlawka später über seine Erfahrungen in der NS-Zeit erzählt hat, gehört, dass er öfters Schmetterer zur Zurückhaltung in seinen Äußerungen und Aktionen gegen das NS-Regime ans Herz zu legen hatte. (Christa Binder). Der in den Erzählungen auftauchende Zusammenhang mit der Kärntnerstraße ist wohl vor allem auf Schmetterers Schilderung des Endes seiner Mitarbeit bei den „Roten Studenten" zurückzuführen.

Die Mathematikstudenten (und wissenschaftlichen Hilfskräfte) > Schmetterer und > Prachar leisteten (vorsichtigen) passiven Widerstand, indem sie Rechenprojekte für die Luftrüstung sabotierten oder wenigstens in solchen Projekten bremsend wirkten.[114]

Durch eine bald nach dem „Anschluss" einsetzende Verhaftungs- und Exekutionswelle, unterstützt von eingeschleusten Spitzeln, gelang es dem NS-Regime, die Aktivitäten der „Roten Studenten" zu unterbinden. Spätestens ab 1939 war klar, dass wirksamer Widerstand nur über bewaffnete Aktion und wohlgeplante Sabotage geleistet werden konnte. Die noch nicht verhafteten „Roten Studenten" versteckten sich und ihre Gesinnung sorgfältig und traten erst wieder ab 1944 durch Gründung von bewaffneten Widerstandsgruppen in Erscheinung. Eine solche Widerstandsgruppe aus Mitgliedern der „Roten Studenten" sammelte sich unter dem Decknamen „Tomsk" am I. Chemischen Institut der Universität Wien. „Tomsk" hatte über einen desertierten zwangsweise dienstverpflichteten Polizisten namens Maximilian Slama und andere Widerstandsangehörige Verbindung mit dem unter dem Kürzel „O5" operierenden gesamt-österreichischen Widerstand.

Bewaffneter Kampf um ein Elektronenmikroskop.[115] 1945-04-05, vier Tage nach dem Ostersonntag und wenige Tage vor dem Ende der Schlacht um Wien, am I. Chemischen Institut.[116] kam es am Chemischen Institut zu einem Schusswechsel, der zwei Assistenten das Leben kostete, die — vergeblich — versuchten, die Zerstörung eines Elektronenmikroskops unter Berufung auf den „Führerbefehl der verbrannten Erde" von 1945-03-19,[117] zu verhindern. Die tödlichen Schüsse wurden von Jörn Lange abgegeben, ao Professor am Chemischen Institut und Pg. Die beiden erschossenen Assistenten waren Kurt Horeischy, Mitbegründer der Gruppe „Tomsk"[118] und Hans Vollmar, der sich erst im Zuge dieses

---

[114] Nach eigenen Aussagen. > Schmetterer erklärte gegenüber den Autoren mehrmals, dass die von ihm berechneten Tragflügel garantiert unbrauchbar waren. Die Frage nach dem tatsächlichen Wert solcher Rechentätigkeiten ist bisher nicht geklärt worden. (Manche Praktiker ziehen bis heute überhaupt rein experimentelle (sog. „Ingenieur-") Methoden der mathematischen Analyse vor.) Vor allem wird immer wieder die Verlässlichkeit und Sinnhaftigkeit von unter Druck und Zwang durchgeführten Berechnungen bestritten. Noch heute wehren sich Mittelschüler und Studierende gegen die als zwangsweise empfundene Beschäftigung mit Mathematik. Über indirekten Widerstand in Form von Sabotage und/oder schleppender Befehlsausführung in der Rüstungsforschung berichten auch die Chemiker Hans Tuppy und Kurt Komarek in Freiberger [98] p 19–23.

[115] Dieser Vorfall ist Inhalt der Dissertation von Stefanie Carla de la Barra, in Buchform erschienen als *Das Verbrechen ohne Rechtfertigung* [13]. Weitere biographische Informationen über die handelnden Personen gibt in ihrer Diplomarbeit Tamara Freiberger, [98] (2014). Allgemeines zur Situation Chemischer Institute im NS-Staat findet sich in Deichmann [51] (vgl. auch Remmert [271]).

[116] Wien-Alsergrund, Währingerstraße 42; der Eingang der Institute für Mathematik und Physik befand sich gleich um die Ecke, auf Strudlhofgasse 4. Die Eingangsbereiche waren aber voneinander getrennt.

[117] Amtlich: ARLZ-Maßnahmen (Auflösungs-Räumungs-Lähmungs-Zerstörungsmaßnahmen), angeordnet zur vollständigen Vernichtung — später auf temporäre Unbrauchbarmachung, „Lähmung", abgeschwächt — aller militärisch relevanten Anlagen und Ressourcen, die dem vorrückenden Feind von Nutzen hätte sein können.

[118] Dr Kurt Horeischy (*1913-03-25 Wien; †1945-04-05 Wien), Univ.-Ass. und ab 1941 Leiter des Mikrochemischen Laboratoriums am 1. Institut f. Chemie der Universität Wien. Horeischy, Sohn des Hauptschullehrers Jakob Horeischy (*1887; †1954-03-12b Wien) und dessen Frau Josefine (*1893; 1961-10-11b Wien), maturierte 1931 am Bundesrealgymnasium Wien Hietzing, studierte 1932–1937 Physik und Chemie an der Universität Wien und promovierte 1938-04-12 in Chemie. Bald danach zur Wehrmacht

Vorfalls aus Einsicht in die Sinnlosigkeit des „Führerbefehls" Horeischy angeschlossen hatte.[119]

Der „Führerbefehl" erging als erstes an Reichsminister Albert Speer, der diesen an alle betroffenen Kommandostrukturen im Deutschen Reich weiterleitete. An der Universität Wien landete der Zerstörungsbefehl bei dem damaligen Prorektor Viktor Christian.[120] Dieser bestellte 1945-04-01, am Ostersonntag, Professor Dr Friedrich Wessely[121] vom II. Chemischen Institut ins Rektorat und erteilte ihm dort die Weisung, „es seien auf ein im Radio gesendetes Stichwort, *Achtung, Achtung, Wien, rechts der Donau*, die kriegswichtigen Apparate in den Laboratorien zu zerstören", diese Weisung war an alle Institutsvorstände weiterzugeben.[122] Die Wahl von Wessely als Befehlsüberbringer ging (nach dessen eigener Aussage) auf den Rat des Mathematik-Ordinarius Anton ˃ Huber zurück, der gute Beziehungen sowohl zu Mitgliedern der Chemischen Institute[123] als auch zu Prorektor Christian hatte.

Der gerade interimistisch mit der Leitung des 1. Chemischen Instituts betraute Professor Jörn Lange[124] traf 1945-04-05 auch tatsächlich Vorbereitungen zur Durchführung der Weisung. Zielobjekte waren drei Geräte des Mikrochemischen Labors, darunter ein besonders leistungsfähiges, von der DFG finanziertes und von der Firma Siemens und Halske erzeugtes Elektronenmikroskop. Lange wollte dem Befehl nachkommen, Horeischy und andere „Tomsk"-Mitglieder hatten davon erfahren und suchten ihn mit vorgehaltener Pistole daran zu hindern. Es kam zu einem Schusswechsel — Horeischy und sein Assistentenkollege Hans

---

eingezogen und im Polenfeldzug eingesetzt, wurde er wegen allergisch bedingten Lungenasthmas aus der Wehrmacht wieder entlassen. Horeischy war Mitglied der *Roten Studenten*, hielt sich aber bis zum Herbst 1944 konsequent im Verborgenen. 1944-10 bildete er mit Otto Hoffmann-Ostenhof den Kern der bewaffneten Widerstandsgruppe „Tomsk", die im Keller des Chemiegebäudes in der Währingerstraße ihre Zusammenkünfte hatte.

[119] Dr Hans Vollmar (*1915-06-08 Baden-Baden; †1945-04-05 Wien) kam aus dem „Altreich", war Pg sowie Assistent und Freund von Jörn Lange. Vollmar war verheiratet und hatte zwei Kinder.

[120] Der Altorientalist Viktor Christian (*1885-03-30 Wien; †1963-05-28 Walchsee), Pg 1933 und 1938, sowie SS-Sturmführer war von 1943–45 Prorektor, seine Ernennung zum Rektor von 1945-04-10 kam nicht mehr zum Tragen. Christian führte schon vorher die Amtsgeschäfte des Rektors, da Rektor Pernkopf ab 1945-03 krank gemeldet war.

[121] Friedrich Wessely (*1897-08-03 Kirchberg am Wagram, NÖ; †1967-12-15 Wien) Professor für organische Chemie, ab 1927 Leiter der Abteilung für organische Chemie am II. Chemischen Institut, 1948 Nachfolger von Ernst Späth. Wessely arbeitete im 2. Weltkrieg mit den Leuna-Werken zusammen und erforschte die Chemie der Phenole des Braunkohlen- und Schwefelteers; dabei entwickelte er die nach ihm benannte Wessely-Reaktion zur Synthese sonst nicht darstellbarer organischer Verbindungen.

[122] Zeugenaussage von Wessely am zweiten Verhandlungstag 1945-09-12 des im Herbst danach angesetzten Mordprozesses.

[123] Nach seiner Entlassung aus dem Universitätsdienst hielt sich Huber u.a. durch mathematische Beratung des Ordinarius Ebert finanziell über Wasser. (Einhorn [67] p 291f)

[124] Jörn Lange (*1903-11-08 Salzwedel; †1946-01-22 Wien (Selbstmord)) war ein anerkannter Forscher auf dem Gebiet der physikalischen Chemie (und nicht etwa nur durch NS-Protektion in seine Stellung als ao Prof. gelangt). Er wurde im Mai 1942 zum apl ao Professor für Chemie ernannt, glz. mit Anton v. Wlacek (Kl. Volkszeitung u. Salzbg. Volksbl. 1942-05-13, Personalakt univie).

Vollmar wurden dabei von Lange erschossen.[125] Lange wurde wenige Tage später, nach der Einnahme von Wien, von der sowjetischen Besatzungsmacht verhaftet und schließlich 1945-09-15 vom Wiener Volksgericht zum Tod durch Erhängen verurteilt. Lange entging der Exekution durch Verschlucken einer Blausäurekapsel.

Der Mathematik-Ordinarius Anton ⟩Huber befand sich zur Tatzeit ebenfalls im Chemietrakt, ohne jedoch tatsächlich Augenzeuge geworden zu sein; die Zeitungen berichteten von der Hauptverhandlung (1945-09-11–15) des späteren Mordprozesses: [126]

> *Einer der weiteren Zeugen, der Ordinarius für Mathematik Dr. Anton Huber war unmittelbar nach der Tat im Chemischen Institut. Als er das Gebäude betrat, lief ein ihm unbekanntes Fräulein [die Braut Ingeborg Dreher des ermordeten Dr. Horeischy und Augenzeugin des Vorfalls] „mit aufgelösten Haaren", (wie sich der Zeuge ausdrückte) an ihm vorbei und rief irgend etwas von „schießen".*
>
> *Ihr folgte gleich darauf Dr. Lange [im Prozess später wegen Mordes verurteilt], der eine Pistole in der Hand hatte. Professor Huber war der Ansicht, daß es sich hier um irgendeine Liebesaffäre handle, hielt den sehr aufgeregten Angeklagten an und nahm ihm die Pistole ab. Lange ließ sie sich ohne Widerstand wegnehmen. Der Zeuge hatte dann eine Unterredung, sodaß er über den Vorfall nicht weiter nachdachte. Später kam Professor Lange zu ihm, um seine Pistole zurückzufordern, und da Lange einen sehr ruhigen und besonnenen Eindruck machte, folgte er sie ihm aus. Er hatte nicht den Eindruck, daß der Angeklagte die Dreher bedrohte, sondern er wollte sie nach seiner Ansicht nur „verjagen".*

In Wirklichkeit spielte sich der Kampf im zweiten Stock, in Langes Dienstzimmer ab; Lange streckte mit zwei Schüssen die beiden Assistenten nieder, zwei weitere Schüsse gab ein Mitglied der Widerstandsgruppe, ein desertierter Polizist, auf Lange ab. Die von Huber geschilderte Situation passt nicht zu den anderen Zeugenaussagen im Mordprozess.

Der Prozess fand ein enormes Echo in der Öffentlichkeit und wurde in den damaligen österreichischen Tageszeitungen und in der internationalen Presse, bis in die USA und Neuseeland, ausführlich verfolgt.

---

[125] Der Institutsvorstand Ludwig Ebert (*1894-06-19 Würzburg; †1954 Wien) war bereits 1945-03 mit seinem Forschungsstab und den wichtigsten Geräten zur Sicherheit nach Strobl am Wolfgangsee übersiedelt. Auch das Elektronenmikroskop der TH Wien (vom gleichen Typ wie das der Universität) wurde nach Strobl verlegt, es überstand den Krieg unversehrt und konnte bald nach Kriegsende wieder nach Wien zurückgebracht und in Betrieb genommen werden. Ein drittes Gerät aus dieser Produktion befand sich in Graz bei dem Chemiker und NS-Statthalter der Steiermark, Armin Dadieu (Froeschl et al. [102] p 219f, Freiberger [98] p 44ff). Karl Kratzl, Professor am II. Chemischen Institut (und Vater des Kabarettisten Karl Ferdinand Kratzl) äußerte in seinen Erinnerungen die Einschätzung, das Wiener Elektronenmikroskop sei ohnehin „gelähmt" gewesen; Ebert habe die wichtigsten Teile bereits nach Strobl mitgenommen. So gesehen war, im Nachhinein betrachtet, die Aktion von Horeischy und Vollmar nicht besonders sinnvoll und jedenfalls die Verhinderung des entstandenen Sachschadens das Opfer von Menschenleben nicht wert. Die Verteidiger des Geräts waren sich offenbar nicht über die ohnehin erfolgte „Lähmung" des Geräts und vor allem über das Ausmaß der mörderischen Entschlossenheit des Täters Jörn Lange im Klaren.

[126] Österreichische Zeitung, Zeitung der Roten Armee für die Bevölkerung Österreichs. 1945-09-13 p2.

Katholischer Widerstand. Der Mathematiker Hans ˃Hornich gab nach dem Krieg an, der Widerstandsgruppe „*Geheimgruppe Dr Lerch*" angehört zu haben. Diese Gruppe bestand aus ÖCV-Mitgliedern,[127] die sich 1938-03-15, kurz nach dem „Anschluss", unter der Führung von Dr Gottfried Lerch[128] und auf Vorschlag von Eduard Mayller[129] zusammengefunden hatten. Zu den wichtigsten Zielen der Gruppe gehörte Hilfe für NS-Verfolgte (vornehmlich CV-Mitglieder) und deren berufliche Unterbringung nach von den NS-Behörden verfügten Entlassungen. Die Gruppe verfügte über Informanten und persönliche Verbindungen zu einflussreichen NS-Amtsträgern an verschiedenen Dienststellen. In Einzelfällen sollen über solche Kontakte Inhaftierungen oder Einweisungen in ein KZ verhindert worden sein, auch über die Abdrängung von NS-Protegés bei Habilitationen wurde berichtet.[130] Ganz allgemein befasste sich die Gruppe mit der Sammlung und Weitergabe von Informationen, insbesondere mit der Abhörung ausländischer Sender (Eigendarstellung). Charakteristisch für österreichische Widerstandsgruppen aus dem „bürgerlichen" Lager (und außerhalb studentischer oder militärischer Kreise) ist neben diesen Kontakten der geringe Stellenwert von Agitation und Propaganda (zB Flugblätter, Streuzettel, Feldpost-Massenbriefe mit subversiven Texten wie bei den Roten Studenten) und Sabotagemaßnahmen. Zur Gruppe Lerch gehörten zahlreiche CV-Mitglieder, so u. a. (Verbindungsname in Klammern) Ferdinand Habl (Pannonia), Julius Kallus (Danubia), August Maria Knoll (Nibelungia), Otto Kranzlmayr (Austria Wien) und Josef Kresse (Austria Wien). Noch im Jahr des „Anschlusses" flog die Gruppe auf, die Gestapo verhaftete Lerch 1938-11-04, entließ ihn aber wieder 1939-05-08; die Überstellung ins KZ Dachau konnte verhindert werden. Lerch arbeitete zunächst in einer Schuhfabrik, dann von 1939-10 bis 1940-04 beim Oberfinanzpräsidium Wien[131], wo er schließlich endgültig als politisch untragbar wieder entlassen und zur Wehrmacht eingezogen wurde.[132]

Für den Widerstand waren Netzwerke und Kontakte zum Regime überlebensnotwendig. Solche Kontakte ergaben sich vielfach über bestehende Verbindungen in zwangloser Weise aus persönlichen Freundschaften, die auch nach politischen Seitenwechseln weiter bestanden. So zeigten Studien über die katholischen Korporationen in Innsbruck, dass nach dem Verbot katholischer Studentenverbindungen etwa 40% der Innsbrucker CV-Ortsgruppen

---

[127] Der Österreichische Cartellverband (ÖCV) spaltete sich 1933-07-10 vom urprünglich länderübergreifenden Cartellverband (CV) ab, nachdem sich die deutschen Korporationen des CV dem NS-Regime angeschlossen/unterworfen hatten; letztere wurden bald danach aufgelöst und gingen in den NS-geführten „Kameradschaften" auf.

[128] Gottfried Lerch, *1906-11-07 Görz; †2001-04-15 Stockerau

[129] Eduard Mayller (*1904-07-05 Olmütz; †1944-10-14 Vogesen (gefallen)) war vor 1938 ÖCV-Beauftragter für das Bildungswesen.

[130] Bei „linken" Gruppierungen waren dagegen solche Kontakte/Einflussnahmen ausgeschlossen oder jedenfalls *sehr* selten.

[131] Das NS-Äquivalent der Finanzlandesdirektion Wien

[132] Informationen aus den Dokumenten über die Gruppe Dr Lerch, die beim DÖW unter den Aktenzahlen 5319 (89 Blatt) und 5434 (3 Blatt) einsehbar sind. Vgl. auch Hartmann, G.: Für Gott und Vaterland. Geschichte und Wirken des CV in Österreich. Kevelaer 2006, p 228, 453, 736 und 752, außerdem auch [132]); Fritz, H, Krause P (Hsg.): Farbe tragen, Farbe bekennen 1938–45. Katholische Korporierte in Widerstand und Verfolgung. 2. Aufl., Wien 2013, p. 176, 410.

der NSDAP beitraten und von diesen wiederum 7% der SS.[133] Auch wenn man diese Prozentzahlen nicht als repräsentativ ansehen möchte, zeigen sie doch ein hohes Potenzial für „private" freundschaftliche Verbindungen zwischen CV-Mitgliedern und NS-Dienststellen. Zuweilen zerbrachen aber auch solche Freundschaften bei NS-Aktionen. Zum Beispiel berichtete der Linzer Bischof Dr Manfred Scheuer 2018-04-07 in einem Vortrag beim CV Austria, dass der spätere Präsident des Nationalrats, Mitglied der Carolina Graz, Alfred Maleta[134] von seinem Cartellbruder, dem nachmaligen Gaupresseleiter Dr Anton Fellner,[135] Senior der Norica, verhaftet wurde.[136]

Widerstand innerhalb akademischer Institutionen. Nur wenige (nichtjüdische) habilitierte Mathematiker leisteten ernsthaften Widerstand gegen die Verfolgung von Kollegen.

Der nach Deutschland ausgewanderte, aber in Innsbruck geborene und in Graz aufgewachsene Otto ⌐ Neugebauer versuchte mit einer von ihm verfassten Resolution gemeinsam mit 28 Unterstützern die Entlassung Courants aufzuhalten. Neugebauer ging 1934-01 nach Kopenhagen, später an die Brown-Universität in den USA.

Der Braunschweiger Mathematiker Kurt ⌐ Reidemeister, der 1922–25 in Wien gewirkt hatte, wurde wegen regimekritischer Äußerungen als Professor in Königsberg abgesetzt und erst auf Intervention von ⌐ Blaschke und Hasse als Professor nach Marburg versetzt. Reidemeister wurde allgemein als „linksgerichtet" eingestuft.

Der aus Kiel in Graz eingewanderte Bernhard ⌐ Baule hatte schon vor dem „Anschluss" gegen die NS-Ideologie polemisiert und war im Grazer Gemeinderat gegen NS-Positionen aufgetreten. Baule hatte als bekennender Katholik und führender KV-Funktionär ein besonderes Naheverhältnis zur Ständestaat-Regierung und zur Vaterländischen Front. Trotzdem verlief für ihn die Auseinandersetzung mit dem NS-Regime glimpflich, er musste nicht einmal zur Wehrmacht einrücken. ⌐ Inzinger wurde zwar ebenfalls als Anhänger des Ständestaats eingeschätzt, es sind aber keine Widerstandsaktionen von seiner Seite bekanntgeworden.

Rassisch verfolgte, wenn auch vergleichsweise „milde" behandelte Mathematiker wie Adalbert ⌐ Duschek („nichtarische" Ehefrau), Ludwig ⌐ Hofmann („Mischling") und Theodor ⌐ Pöschl („nichtarische" Ehefrau[137]) standen von vornherein auf der Seite der NS-Gegner.

Es gab auch Mathematiker, die zwar keinen ausdrücklichen Widerstand leisteten, sich aber so weit wie möglich vom Regime fernhielten, den Beitritt zu NS-Organisationen verweigerten, und diese jedenfalls nicht unterstützten: ⌐ Hlawka (die meiste Zeit noch Student), ⌐ Vietoris, ⌐ Bukovics.

---

[133] Korporationsstudenten und Nationalsozialismus in Österreich. Eine quantifizierende Untersuchung am Beispiel der Universität Innsbruck 1918–1938, in: Michael Gehler/Dietrich Heither/Alexandra Kurth/Gerhard Schäfer (Hrsg.): Blut und Paukboden. Eine Geschichte der Burschenschaften, Frankfurt/Main 1997, p 143ff.

[134] *1906-01-15 Mödling, NÖ; †1990-01-16 Salzburg; Maleta war 1938–41 im KZ Dachau und im KZ Flossenbürg inhaftiert, danach im Kriegsdienst.

[135] *1908-03-19 Laakirchen, OÖ; †1967-01-10 Linz

[136] Online unter (https://www.dioezese-linz.at/institution/9008/wort/database/2357.html, Zugriff 2023-02-20).

[137] Sein älterer Bruder Arnold und andere Mitglieder seiner Familie waren aber NSDAP-Mitglieder.

Angepasste und Mitläufer. Auch unter Mathematikern gab es solche, die sich um ihrer Karriere willen anpassten *ohne* eine höhere Position in der NS-Maschinerie anzustreben (einfache Pgen oder Mitglieder der SA) oder sich für die NS-Propaganda (als Verbaltäter) zur Verfügung zu stellen. Für nicht wenige galt, was Andreas Breitenstein in der Neuen Züricher Zeitung 2019-10-29 über Ivo Andrić schrieb: „Man sollte nicht zu hart urteilen – es blieb beim Gehorchen, Ducken, Wegschauen". Wie allgemein bei Mitläufern politischer Bewegungen, ist die Grenze zwischen Karrierestreben und politischer Überzeugung nicht immer leicht zu ziehen. In manchen (wenigen) Fällen wurde öffentlicher Druck, mit der Drohung der Entlassung, angewendet, um den Betroffenen in die Partei oder eine ihr angeschlossene Gliederung zu drängen. In diese Kategorie fallen prima facie ⊳ Nöbeling, ⊳ Bereis (Drucksituation von der Sonderkommission anerkannt), vielleicht [unter deutlich milderem Druck] auch ⊳ Hofreiter; bei ⊳ Gröbner hat die Parteiferne wohl erst nach der Kapitulation Hitlerdeutschlands eingesetzt. Weniger klar sind die Fälle ⊳ Holzer (erklärte nach 1945 schon lange vor Kriegsende Kommunist geworden zu sein) und ⊳ Hornich (wahrscheinlich Parteimitgliedschaft zur Tarnung).

NS-Parteigänger. Die folgenden Mathematiker gehörten zu den am stärksten „Belasteten" und verloren, wenn sie das Kriegsende überlebten, dementsprechend sofort (oder wenigstens bald) ihre akademischen Positionen:

(1) Roland ⊳ Weitzenböck. Sein öffentliches Eintreten für NS-Deutschland bedeutete in den Niederlanden einfach Landesverrat und Kollaboration mit dem Feind. Formal war er nicht Mitglied der NSDAP, sondern nur — für etwa ein Jahr — von deren niederländischen Entsprechung (nicht: Auslands-Ortsgruppe) NSB. Er wurde dauerhaft entlassen.

(2) ⊳ Huber, überzeugter NS-Anhänger und schon seit 1935 Mitglied der Schweizer NSDAP-Auslandsorganisation, war gerade noch 13 Monate lang Leiter einer NS-Parteizelle (= zweitniedrigste Organisationseinheit der NSDAP), errang im Folgenden aber keine sonderliche wissenschaftspolitische Bedeutung im Dritten Reich. Nach dem Krieg verlor er jedenfalls für immer Professur und Pensionsanspruch. Huber wurde vielfach als engstirniger und mathematisch wenig inspirierender Parteibonze wahrgenommen und dürfte äußerst unbeliebt gewesen sein. Auch er wurde dauerhaft entlassen.

(3) ⊳ Schatz wurde sofort nach Kriegsende entlassen und erlangte erst 1959 wieder seine Stellung als Ordinarius.

(4) ⊳ Mayrhofer verlor im Entnazifizierungsverfahren 1945 seine akademische Position, diese Entlassung wurde 1947 formal aufgehoben und in Pensionierung umgewandelt. Seine Venia legendi wurde ihm 1954 wieder zuerkannt, 1957 sein Ordinariat an der Universität Wien. Seine Wiederberufung ist wohl auf hohe Sympathiewerte bei Kollegen und Studierenden zurückzuführen, denen er ohne parteipolitische Vorurteile freundlich gesinnt gegenübertrat (⊳ Schmetterer: „Mayrhofer war clever, hat aber nie jemandem etwas getan.").

(5) ⊳ Brauner (*1897), ⊳ Foradori (*1905) und ⊳ Schrutka (*1881) waren illegale Parteimitglieder und NS-Dozentenbundführer, sie übten in dieser Funktion Einfluss auf die Personalpolitik an ihren Hochschulen aus. Brauner war mathematisch wenig aktiv, politisch zwar eifrig, aber letztlich nur von untergeordnete Bedeutung. Foradori führte den Titel „Gauamtsleiter" und hatte großes Ansehen in der Innsbrucker NSDAP, er fiel nach freiwilliger Meldung zur Wehrmacht als „Held" an der Front. Der älteste der drei, ⟩ Schrutka, mischte in seiner Position an der TH Wien personalpolitisch wirksam aktiv mit, er starb bei einer missglückten Bergungsaktion nach einem Bombenangriff.

(6) ⟩ Blaschke war anfangs eher nicht radikal national eingestellt, sondern gefühlsmäßiger Kosmopolit, ein großer Bewunderer Italiens und jedenfalls begeisterter Reisender. Schon vor Hitlers Einzug in die Reichskanzlei hatte er aber Gefallen an Mussolini und am *faschistischen* Italien gefunden. Nach 1933 näherte er sich rasch NS-Kreisen, wurde NS-Parteigenosse und NS-Werber. Nach dem Krieg wehrte er sich vehement, und wegen seines mathematischen Renommees erfolgreich, gegen die Entlassung aus seinem Amt.

(7) ⟩ Krames war überzeugter Nationalsozialist und wohl bis zu seinem Tode von der Richtigkeit seines Verhaltens während der NS-Zeit überzeugt. Die Entnazifizierungsbemühungen nach Kriegsende sah er als aufgezwungene „formaljuridische" Maßnahmen der „Siegerjustiz" an, dementsprechend beteiligte er sich an der „Notgemeinschaft" NS-belasteter Universitätslehrer. Nach der Generalamnestie 1957 wieder Ordinarius, 1961/62 zum Rektor der TH Wien gewählt.

(8) ⟩ Olbrich, „Sportrektor" und während der Ständestaat-Diktatur ungenierter Unterstützer der NS-Studentenschaft; er pflanzte 1935 eine Hakenkreuzfahne auf dem Gipfel des Kilimandscharo auf. Olbrich fiel in den letzten Kriegstagen im letzten Aufgebot des NS-Regimes, dem „Volkssturm".

(9) ⟩ Vahlen war fanatischer NS-Anhänger und NSDAP-Mitglied seit Beginn der NS-Bewegung, Gauleiter von Pommern, und bis etwa 1943 als Leiter der Hochschulsektion im Reichserziehungsministerium (REM) unter der Protektion von REM Rust nicht ohne Einfluss in der Wissenschaftspolitik, danach aber politisch auf einem Abstellgleis. Er starb 1945 in tschechischer Polizeihaft.

1.7 NS-Maßnahmen nach dem „Anschluss"

Das erste Ziel nach dem Einzug in die Reichskanzlei und dem Ermächtigungsgesetz von 1933-03-24 war die Entfernung alles „Undeutschen" aus dem öffentlichen Dienst und aus den Hochschulen: von Juden und Judenfreunden, , „Zigeunern", Roten aller Schattierungen, „System"-Anhängern der Weimarer Republik (nach 1938 des Ständestaats) und prononcierten Hitlergegnern. Das dafür 1933-04-07 erlassene „Gesetz zur Wiederherstellung des Berufsbeamtentums" sah dafür noch Ausnahmen (zB das von Hindenburg monierte „Frontkämpferprivileg") vor, mit den Nürnberger Rassengesetzen von 1935-09-15 traten weitere Einschränkungen für Eheschließungen dazu und Ausnahmen wurden nur in ganz seltenen Fällen zugelassen.

Von diesen Gesetzen waren nach dem „Anschluss" auch die österreichischen oder jedenfalls in Österreich wirkenden Mathematiker betroffen. Zu den nach dem „Anschluss" Ausgegrenzten gehörten die fünf im Territorium des heutigen Österreichs tätigen Mathematiker Bernhard ⟩ Baule, Adalbert ⟩ Duschek, Ludwig ⟩ Eckhart, Ernst ⟩ Fanta, Anton

E. ˃ Mayer, Ludwig ˃ Hofmann, sowie die NS-Opfer Alfred ˃ Tauber, Ludwig ˃ Berwald und Georg ˃ Pick, zu denen man vielleicht noch Theodor ˃ Radaković als indirektes Opfer zählen muss. Die Entlassungen waren offensichtlich schon längere Zeit vorher vorbereitet gewesen. Vor allem der akademische Lehrkörper stand unter eingehender Beobachtung durch illegale NS-Mitglieder, besonders durch NS-begeisterte Studenten. Die akribisch in Listen gesammelten Informationen standen nach dem „Anschluss" sofort bereit.[138] Die Beobachter recherchierten vielfach bis in die Generationen der Großeltern und weiter; vermerkt wurden „Nichtarier" in der Familie und im Freundeskreis, Anhängerschaft zum Ständestaat (über die bloße Mitgliedschaft in der Vaterländischen Front hinaus, die für Staatsangestellte obligatorisch war), Teilnahme an Fronleichnamsprozessionen, „linke" Äußerungen. Die sofortigen Beurlaubungen/Dienstenthebungen erfolgten meist bereits am 22. März oder früher, Zwangspensionierungen oder Entlassungen ohne Gehalts- und Pensionsanspruch gewöhnlich im Mai. In einigen wenigen Fällen wurden die Sofort-Maßnahmen nachträglich zurückgenommen oder abgemildert, das betraf aber fast nie „Volljuden" im NS-Sinn. 1938-11-14 ordnete Reichserziehungsminister Rust „das sofortige Ausscheiden aller jüdischen Schüler aus deutschen Erziehungsanstalten" an. Jüdische Studierende, die knapp vor dem Studienabschluss standen, konnten allenfalls eine „Nichtarierpromotion" noch erreichen, hatten aber nirgends im Bereich der NS-Herrschaft eine Chance auf eine Anstellung. Jüdische Mittelschüler durften nicht gemeinsam mit „Ariern" — ab 1939-06 überhaupt nicht mehr — unterrichtet werden.[139]

Ein weiterer Schritt war die Auflösung der bisherigen oligarchischen Organisationsform der Hochschulen, die Ablösung des Prinzips der „Ordinarienuniversität" durch das „Führerprinzip". Den nunmehr eingesetzten (nicht gewählten) akademischen Leitungsfunktionären wurde nur sehr wenig Spielraum gelassen, die Rektoren, wiewohl nach Kriterien der NS-politischen „Zuverlässigkeit" ausgewählt, standen unter der Aufsicht von vom REM entsandten Universitätskuratoren. Völlig neu war der massive Einfluss des NS-Dozentenbundes und der NS-Studentenschaft, auch bei Berufungsverfahren im Bereich der Mathematik. Zyniker sehen hier hier NS-zeitliche Vorläufererscheinungen zur späteren Zerschlagung der Institution Ordinarienuniversität in der 1968er Bewegung.

Die 1903 von Boltzmann, Escherich und Emil Müller initiierte und 1904-01-01[140] vereinsrechtlich gegründete *Mathematische Gesellschaft in Wien* musste ihre Tätigkeit einstellen und konnte erst wieder 1946-08-10 im Rahmen einer Initiative von Rudolf ˃ Inzinger reaktiviert werden.[141] Alle studentischen Organisationen wurden in den NS Deutschen Stu-

---

[138] Eine solche Liste, datiert 1938-08-25, hat sich im Archiv der TU Wien erhalten und wird von Einhorn [67] auf p 338 erwähnt. Vgl. dazu auch die Zusammenstellung bei Tidl [358].

[139] Vgl. die Angaben zum Chajes-Gymnasium auf Seite 55 sowie die biographischen Einträge zu Philipp ˃ Freud und Emil ˃ Nohel.

[140] Zur Geschichte der Mathematischen Gesellschaft in Wien vgl Christa Binder IMN **193** (2003), 1–20. Zum Vereinswesen nach dem Anschluss: Rothkappl, G., *Die Zerschlagung österreichischer Vereine, Organisationen, Verbände, Stiftungen und Fonds. Die Tätigkeit des Stillhaltekommissars in den Jahren 1938-1939*, Diss., Wien 1996.

[141] Die Gesellschaft nahm bereits vor ihrer amtlichen Bewilligung ihre Tätigkeit auf und veranstaltete von 1945-05 bis 1945-12 insgesamt 11 mathematische Vorträge. (IMN **1** (1945), p 7.) Im folgenden Winter fielen allerdings die Vorträge wegen großer Kälte und fehlender Heizung aus.

dentenbund (NSDStb) eingegliedert oder aufgelöst. Das betraf auch die völkischen und die katholischen Burschenschaften, farbentragend oder nicht.

Studienbehinderungen. Der sechsmonatige Arbeitsdienst (nach Kriegsbeginn auch für junge Frauen), zwangsweise Dienstverpflichtungen für spezielle Aufgaben und Einberufung zur Wehrmacht zögerten den Studienbeginn auch in Friedenszeiten um zweieinhalb Jahre oder mehr hinaus (so lange dauerte allerdings der Friede nicht) oder verhinderten ihn überhaupt. Studierende wurden darüber hinaus in der Ferienzeit zur Teilnahme an Hochschullagern verpflichtet, für angehende Dozenten gab es Dozentenlager. Solche Hochschullager waren nach deutschem Vorbild bereits im Ständestaat eingeführt worden. Während des Semesters sorgten wöchentlich ein bis zwei „Kameradschaftsabende" oder als Turn- und Sportveranstaltungen maskierte paramilitärische Übungen für Lernbehinderungen. Nach Kriegsbeginn blieben die Universitäten und Hochschulen bis zum Jahresende 1939 geschlossen. Die folgenschwerste Studienbehinderung war dann die Einberufung aller wehrtauglichen Studenten zur Wehrmacht. Gleichzeitig wurde die Ausbildungszeit verkürzt. Die Studierendenzahlen sanken beträchtlich: An der Universität Wien waren es im WS 1932/33 noch 12.900 gewesen, im WS 1937/38 sanken sie von 9.180 im Vorjahr auf 5.331; im WS 1944/45 waren es nur mehr 3.446.[142] Während die absoluten Hörerzahlen sanken, stiegen die prozentuellen Anteile an wehruntauglichen, kriegsversehrten und weiblichen Studierenden. Im Studienjahr 1940/41 wurden Trimester eingeführt, aber mit dem Wintersemester 1941/42 wegen katastrophaler Auswirkungen und Protesten an Universitäten und Hochschulen wieder aufgegeben. Für besonders kriegswichtige Fächer wurden zuweilen begrenzte Fronturlaube zur Weiterführung des Studiums gewährt; manchmal wurden auch Soldaten zum Studium (meistens der Medizin) abkommandiert.

Ab 1944 gab es bis Kriegsende keine Neuimmatrikulationen mehr.

1.8 NS-Bildungspolitik und Mathematik

In der NS-Erziehung standen als wünschenswert die Eigenschaften gesund-athletisch, tatkräftig, charakterlich im Sinne der NS-Ideologie unbeirrbar, entschlossen und willensstark an erster Stelle; Wissen und Bildung wurden als toter — nur manchmal notwendiger — Ballast angesehen[143]. Eine ähnliche Aussage ist von REM Rust überliefert.[144]

---

[142] Posch et al [257, p 72–75]. Vgl. auch die amerikanischen Erhebungen in Stifter [339]; Huber [147] gibt noch etwas andere Zahlen.

[143] Siehe z.B. Hitlers „Mein Kampf", 2. Band, München 1927, p 452. Mit fortschreitendem Krieg betonte nun auf einmal auch Goebbels die „Kriegswichtigkeit" der Wissenschaft, etwa in seiner Rede vor der Heidelberger Universität 1943-07-09 ([114] p17): „Diese geistige Pionierarbeit, auch wenn sie manchmal etwas abseitig erscheint, verdient alles andere als die Verächtlichkeit, die kurzsichtige Toren ihr hier und da entgegenbringen mögen. Sie ist weder überflüssig noch entbehrlich. Sie macht unsere deutschen Universitäten und wissenschaftlichen Institute zu weltberühmten Bildungs- und Erziehungsstätten des menschlichen Geistes".

[144] Entnommen aus Heinz Bauers Laudatio [17], p 10.

Nach den Aufzeichnungen von Frau Süss sagte Rust ... [in einem privaten Gespräch mit ihrem Mann]: „Das Laboratorium, der Schreibtisch ist der Platz für die Herren der Universität." Süss erwiderte: „Als ich Sie das erste Mal sah, als Privatdozent in Greifswald, hieß es anders. Sie sagten: ‚Marschieren, marschieren, meine Herren!'" Rust erwiderte: „Ich mußte damals so sprechen, um Sie zu retten." Jedenfalls war auch für Rust offensichtlich, daß die bis zu jenem Zeitpunkt vorherrschende Intelligenzfeindlichkeit die deutschen Universitäten vollends zu zerstören drohte. Nach der Schilderung von Frau Süss ließ sich Rust im Hause Süss, getrieben vom Hass gegenüber Goebbels, sogar zu dem Ausruf hinreisen: „Wir werden noch sehen, wer die Welt beherrschen kann, der Geist oder das Mundwerk."

Als Musterbeispiel für einen Mathematiker, der der Athletik-Doktrin folgte, ist hier Wilhelm ⸃ Olbrich zu nennen, Mathematik-Ordinarius an der Hochschule für Bodenkultur und illegales Parteimitglied. Olbrich hielt seinen Körper durch tägliche Sportübungen und vegetarische Diät gesund und leistungsfähig; in seinem gesunden Körper wohnte aber *kein* gesunder Geist im Sinne des bekannten Zitats aus den Schriften Juvenals.

Die NS-Bildungspolitik[145] verstand Mathematik als Alltagswissen/rechnerische Fertigkeit ohne tiefere ideologische Bedeutung, allenfalls dazu geeignet, über Rechenexempel NS-Propaganda zu verbreiten und Kinder mit ihr aufwachsen zu lassen. An den Hochschulen und Universitäten wurde Mathematik von der NS-Ideologie ziemlich ignoriert und vor allem finanziell und personell unterdotiert. Universitäten sollten in erster Linie NS-Erziehungsanstalten für die Jugend sein. Die Studienzeit wurde auf sieben Semester verkürzt und durch abzuleistende Dienste (zB Arbeitsdienst, Erntehilfe, Hochschullager, politische Seminare, später Fronteinsatz oder Zivilschutz, Dienstverpflichtung zu Berechnungsaufgaben) noch weiter beschnitten.

Als wesentlicher Anstoß für ein Umdenken erwies sich die Wichtigkeit der Mathematik für die Ausbildung von Ingenieuren und das mathematische Know-how für technische und industrielle Anwendungen. Nach Kriegsbeginn wurde es immer schwieriger, die mathematische Ausbildung der Ingenieure auf dem erforderlichen Niveau zu halten und die gewünschte Anzahl von Abschlüssen in den Ingenieurwissenschaften zu erreichen.[146] Es herrschte ein eklatanter Mangel an gut ausgebildeten Technikern und Ingenieuren, und

---

[145] Zu diesem Thema sind in letzter Zeit neben verschiedenen Zeitschriftenartikeln und Buchbeiträgen auch eine beachtliche Menge von Haus- und Diplomarbeiten erschienen. Zu den drei einflussreichsten Didaktikern der Mathematik im Deutschen Reich vor, während und nach der NS-Zeit, nämlich Walter Lietzmann, Bruno Kerst und Kuno Fladt, verweisen wir auf die 2021 erschienene Arbeit von Heske, H, Mathematikunterricht im Nationalsozialismus. Math. Semesterber. **68** (2021), 119-142. Die theoretischen Ausführungen des didaktischen Schrifttums und die erhaltenen mathematischen Schulbücher lassen allerdings nur bedingt Schlüsse darauf zu, was in der Schule damals wirklich vor sich ging. Viel konnte jedenfalls nicht gelernt werden — im Guten wie im Schlechten. Den Einfluss der Wehrmacht behandelt Franz-Werner Kersting in *Militär und Jugend im NS-Staat: Rüstungs- und Schulpolitik der Wehrmacht*, Springer 2013.

[146] *Die Zeit* von 1944-07-16: „Der Führer hat kürzlich in seiner Rede vor den Männern der deutschen Rüstung erklärt, dass dieser Krieg ein Krieg der Techniker ist und er nicht allein durch den Mut des Soldaten und die Widerstandskraft der Heimat, sondern auch durch den Geist der Techniker, Ingenieure und der gesamten Wissenschaft entschieden werde. Ihr Feld ist nicht allein der Kampfplatz Front, ihr Feld

erst recht an Wissenschaftlern, die neue „kriegswichtige" Projekte vorantreiben konnten. Entgegen den Vorstellungen der NS-Eiferer musste vielfach darauf verzichtet werden, NS-politische Korrektheit einzufordern. Der Mangel an qualifiziertem akademischen Lehrpersonal führte oft zu unerträglichen Mehrbelastungen: gleichzeitige Lehrtätigkeit an mehreren, oft voneinander weit entfernten Hochschulen, parallel laufende Dienstverpflichtungen für die Rüstungsforschung, nicht zuletzt Fronteinsatz während der Ferien oder wochenweise zwischen den Lehrveranstaltungen.

Intensiver als bisher wurde mathematisches Talent von den miteinander konkurrierenden Forschungs- und Entwicklungssystemen angefordert: Auf der einen Seite stand die industrielle Massenproduktion lebensnotwendiger und nicht lebensnotwendiger, aber für die Kriegführung erforderlicher Güter nach bewährten Methoden, auf der anderen die staatlich geförderte und geforderte Bereitstellung effizienter neuer Technologien und Innovationen, nicht notwendig auf Großproduktionen gerichtet, die mit aufwendiger Grundlagenforschung in Groß-Instituten — Vorläufer oder erste Anwender von dem, was wir heute „big science" nennen — entwickelt wurden. Beispiele für solche Forschungen im Riesenmaßstab und mit großem Ressourcenverbrauch sind die Konstruktion von weitreichenden Raketen, von der Propaganda als „Wunderwaffen" V_1 und V_2 gepriesen, sowie von Jagdflugzeugen bisher unvorstellbarer Geschwindigkeit und Steigleistung, vor allem die raketengetriebenen Messerschmitt Me-163 verschiedener Versuchsstufen und die Düsenjäger ˃ Lippisch P-12 und Folgemodelle, die auf radikalen aerodynamischen Entwürfen beruhen.[147] Hier war die höhere Theorie der Strömungsdynamik und damit höhere Mathematik und hochkomplexe organisierte Rechnung gefordert.[148]

1.9 Überleben und Sterben

Drei prominente jüdische Mathematiker aus unserer Liste der Nicht-Emigrierten fielen der Shoah zum Opfer, und alle drei im Jahr 1942: Ludwig ˃ Berwald († 1942-04-20), Alfred ˃ Tauber († 1942-07-26) und Georg ˃ Pick († 1942-07-26). Posthum kam der Knotentheo-

---

ist auch die stille Forscherstube und das Laboratorium, wo nicht allein der Krieg ausgefochten, sondern auch der Frieden gesichert wird. Studieren ist deshalb für die Gegenwart Kriegsdienst und für die Zukunft Friedenssicherung!" (S. auch [114] p. 15ff.)

[147] Über Effizienz, Ressourceneinsatz und koordinierte Organisation in der Rüstungsforschung vgl. Flachowsky et al. [84] und das Digitalisat von Hachtmanns Artikel *Die Wissenschaftslandschaft zwischen 1930 und 1949*. (online unter: https://doi.org/10.14765/zzf.dok.1.1155

[148] Epple, M., und V. Remmert (2000). „Eine ungeahnte Synthese zwischen reiner und angewandter Mathematik. Kriegsrelevante mathematische Forschung in Deutschland während des II. Weltkrieges." In: Geschichte der Kaiser-Wilhelm-Gesellschaft im Nationalsozialismus (Bestandsaufnahme und Perspektiven der Forschung 1). (Ed. Doris Kaufmann). Verlag Wallstein, Göttingen. pp. 258–295; Trischler, H (1992) Luft- und Raumfahrtforschung in Deutschland 1900-1970: Politische Geschichte einer Wissenschaft. Campus Verlag, Berlin; Trischler, H., und K-U Schrogl (Hrsg, 2007), Ein Jahrhundert im Flug. Luft- und Raumfahrtforschung in Deutschland 1907-2007. Frankfurt/Main; Campus Verlag; (besonders pp 104–122); sowie Mehrtens [208].

retiker Walter ˃ Fröhlich, Shoah-Opfer von 1942-11-29, durch die Würdigung zu Ehren, die ihm Karl ˃ Menger in seinem nach 1945 erschienenen Buch widmete. Hierzu müsste man aber auch eine Reihe von bedeutenden jüdischen Mathematiklehrerinnen und -lehrern zählen, deren Schicksal nur durch Erinnerungen von Emigranten bezeugt ist. Drei solche sind durch das ehrende Andenken prominenter ehemaliger Schüler bekannt geworden:

- *Josef Sabath,*[149] und *Emil ˃ Nohel* — nach den Erinnerungen von Nobelpreisträger Walter Kohn und von Hans ˃ Blatt:[150]

- *Philipp ˃ Freud* — nach den Erinnerungen von Karl Popper und Edmund ˃ Hlawka.

Im Rückblick aus der Erinnerung argumentierten manche NS-Verfolgte, dass paradoxerweise viele Juden gerade den antisemitischen Repressionen im Ständestaat und davor ihr Leben verdankten. Nach dem „Anschluss" 1938 habe die massive Verschärfung der Judenverfolgung in Österreich viel schneller, weil ungenierter, eingesetzt als 1933 in Deutschland, sodass viele Juden noch rechtzeitig die Notwendigkeit der Flucht einsahen. Walter ˃ Rudin schrieb in seinem Buch *The Way I Remember It* (1996) [auf Seite 36]:

> *In one respect we were better off than the German Jews. There the screws were tightened gradually, and for the first couple of years there was hope that it would all blow over, that a different government would be formed, that things would get back to normal. As a result, many German Jews procrastinated until it was too late. In Austria it became absolutely clear within a couple of days that the only option was to get out.*

Diese Einschätzung ist als „Narrativ" einzuschätzen, das auf individuellem leidvollen Erleben basiert und nicht alle Aspekte in die Betrachtung einbezieht. Andere Opfer der NS-Verfolgung kamen geradezu zur gegenteiligen Ansicht: Viele österreichische Juden wiegten sich in Sicherheit, in Erinnerung an den Schutz, den Kaiser Franz Josef den Juden gewährt hatte, und in grotesker Überschätzung patriotisch-antipreußischer Tendenzen sowie der Rivalität Mussolinis mit Hitler. In den meisten Fällen lag der Grund für eine immer wieder verschobene Flucht nicht in mangelnder Entschlusskraft oder fehlender Einsicht in die wachsende Bedrohung, sondern in schon damals sehr restriktiven Aufnahmebestimmungen der Länder, in die man hätte ausreisen können und im mangelnden finanziellen Rückhalt, besonders auch bei Akademikern. Eine große Rolle spielten auch Alter, Gesundheitszustand und die Sorge um Verwandte , die man nicht mitnehmen konnte. Die Hilfe von außen, an denen neben jüdischen Hilfsorganisationen vor allem Vereinigungen zur Rettung von Angehörigen bestimmter Gruppen von Verfolgten (Kinder, Ärzte, Künstler/Musiker/Literaten, Naturwissenschaftler u.a.) oder philantropischer NGOs betei-

---

[149] Dr Josef Isaac Sabath (*1895-01-05 Alt-Jtzkany (Ickany)/Bukowina; †1943-03-25 Theresienstadt, Cz (mos.,in den 1920er Jahren ausgetreten ([335] p 507)) wurde 1942-09-24 mit dem Transport 42, Zug Da 519, Gef.Nr 601 von Wien nach Theresienstadt deportiert (Yad Vashem Item ID 4785489, auch im DÖW), die Enteignung seines Vermögens 1943-06-25 im Völkische Beobachter (p6) öffentlich kundgemacht. Sabath dissertierte 1922 an der Universität Wien in Physik über ein Thema der Strahlenoptik. Er wirkte danach gleichzeitig am Gymnasium in der Wasagasse und an den Schwarzwaldschen Reformanstalten in Wien-innere Stadt, Wallnerstr. 9; nach dem „Anschluss" am Chajes-Gymnasium.

[150] Vgl. p. 651.

ligt waren, formierte sich erst nach den Exzessen des Novemberpogroms von 1938, die keine Zweifel mehr an der mörderischen Natur des NS-Regimes ließen.

Es ist hier weiters zu ergänzen, dass in Teilen des konservativen, auch des konservativen jüdischen Bürgertums die deutsch-nationalistischen, antidemokratischen und antimarxistischen Ressentiments[151] durchaus Beifall fanden und weitgehend geteilt wurden. Man sah sich (noch) nicht in der Hauptstoßrichtung der NS-Propaganda — ein Irrtum mit tragischen Folgen.[152] Es darf auch nicht vergessen werden, dass die legale Ausreise aus dem Deutschen Reich unverhältnismäßig teuer war, wohlhabenden Ausreisewilligen auf Grund der Reichsfluchtsteuer und den vielfach verlangten Kautionen meist ihr ganzes Vermögen kostete und weniger Vermögenden legal überhaupt nur mit massiver finanzieller Unterstützung durch Verwandte, Freunde, Hilfsorganisationen möglich war.

Tatsächlich flüchteten weniger als 2.000 von insgesamt etwa 200.000 Mitgliedern der jüdischen Gemeinschaft bereits vor 1938 aus Wien, obwohl sich das kommende Unheil schon lange vorher angekündigt hatte. In den ersten acht Wochen nach dem „Anschluss" erreichte der NS-Terror seinen ersten Höhepunkt und die 1938-05-18 vom NS-Regime für die Zwecke eines Massenexodus mit jüdischer Kooperation neu eingerichtete IKG organisierte in großem Umfang die Ausreise von so vielen Mitgliedern wie möglich. Innerhalb weniger Tage nach Neugründung der IKG bewarben sich 25.000 Juden um die Emigration. Noch waren die NS-Behörden bereit, Juden ausreisen zu lassen – nicht ohne sie vorher zu berauben und im In- und Ausland „Reichsfluchtsteuern" zu erpressen. Es gelang immerhin, über zwei Drittel der in Wien lebenden Juden zu retten, etwa 136.000 IKG-Mitglieder konnten Wien verlassen, bevor 1941/42 die Massendeportationen in Konzentrationslager begannen.[153]

„Volljüdische" Mathematiker überlebten, wenn sie

- rechtzeitig (dh. bis spätestens zum endgültigen Ausreiseverbot 1941-10-23) das Land verlassen oder freigekauft werden konnten,

- als Kinder noch vor 1940 außer Landes gebracht worden waren (insbesondere in den „Kindertransporten"),

---

[151] Der bekannte Nationalökonom jüdischer Herkunft Ludwig von Mises schrieb noch 1927 in *Liberalismus* (Verlag von Gustav Fischer, Jena 1927, p 41ff) online https://cdn.mises.org/Liberalismus_2.pdf, Zugriff 2023-02-20): „Es kann nicht geleugnet werden, daß der Faszismus und alle ähnlichen Diktaturbestrebungen voll von den besten Absichten sind und daß ihr Eingreifen für den Augenblick die europäische Gesittung gerettet hat. Das Verdienst, das sich der Faszismus damit erworben hat, wird in der Geschichte ewig fortleben" Mises lehnte aber die „faszistische" Fixierung auf Gewalt ab. Grundsätzlich hielt die liberale Schule der Nationalökonomie autokratische Regierungen für besser geeignet, neoliberale Wirtschaftspolitik durchzusetzen.

[152] Besonders krasse Fälle von „Juden für Hitler" waren für Hitler als Soldaten kämpfende Juden — vgl hierzu Bryan Mark Rigg: *Hitler's Jewish Soldiers. The Untold Story of Nazi Racial Laws and Men of Jewish Descent in the German Military*. University Press of Kansas, Lawrence, Kansas. 2002.

[153] Für eine ausführliche Darstellung der Rolle der IKG unter der NS-Herrschaft verweisen wir auf *Offenberger, I F (2018), The Jews of Nazi Vienna, 1938–1945: Rescue and Destruction*. Palgrave Macmillan, Springer Nature. Dieser Publikation sind auch die hier angegebenen Zahlen entnommen.

- einen „arischen" Ehepartner hatten,[154]
- in seltenen Fällen im KZ — mit zähem Überlebenswillen, unter glücklichen Umständen oder mit Hilfe von Mitgefangenen,
- als „U-Boot", indem sie sich der Deportation durch Flucht entzogen und sich erfolgreich verstecken konnten (noch seltener).

Wir verzeichnen nur zwei Ausnahmen von dieser Regel: Hans ˃ Offenberger, der nach fünf Tagen aus dem KZ Dachau entlassen wurde und ausreisen konnte, da er bereits ein Visum für Großbritannien hatte; Rudolf ˃ Ehrlich, der im letzten Augenblick aus dem Zug ins Vernichtungslager aussteigen konnte — sein italienischer Vater hatte ihn durch seine Vaterschaftserklärung zum Ausländer gemacht. Grundsätzlich durften Juden und ihre Familien in der ersten Zeit der NS-Herrschaft, bis zum Verbot der Ausreise und dem Entzug der deutschen Staatsbürgerschaft 1941, nach Entrichtung der „Reichsfluchtsteuer" noch ausreisen.[155]

Wir haben im biographischen Teil die Emigranten eingeteilt in solche der ersten Generation (Kapitel 5) — alle Emigranten, die schon vorher als Mathematiker ausgebildet, meist auch etabliert waren, und in solche der zweiten Generation (Kapitel 6) — alle Emigranten, die zum Zeitpunkt ihrer Emigration Kinder oder Jugendliche ohne akademische Ausbildung waren.

„Mischlinge" oder „jüdisch Versippte" verschiedener Grade verloren ihren Status als Beamte und konnten nicht studieren, entgingen aber der Shoah, solange sie sich nicht der jüdischen Religion/Kultur angeschlossen hatten (˃ Fischer, ˃ Duschek). Paradoxerweise konnte der Status eines Mischlings für Männer im wehrpflichtigen Alter durchaus auch einmal von Vorteil sein: Mischlinge waren ja vom Wehrdienst ausgeschlossen.[156]

„Arische" Mathematiker waren unter der NS-Herrschaft jedenfalls gefährdet, wenn sie bei widerständigen Äußerungen oder Tätigkeiten (zB Abhören von „Feindsendern", Sabotageakten, Unterstützung von Juden oder Zwangsarbeitern) ertappt oder wegen solcher denunziert wurden.[157] Auch politisches Engagement für den Ständestaat in den Jahren vor

---

[154] Dieser „Schutz" wurde nach dem Tod des „arischen" Partners sofort hinfällig, außerdem wurde er knapp vor Kriegsende aufgehoben (Paul ˃ Funk). Im übrigen hielten sich Gestapo und SS schon vorher keineswegs immer an diese Regelung.

[155] Erlebnisberichte zum Thema „jüdisches Überleben" in Hitlerdeutschland finden sich zB für Wien exemplarisch in Hecht [135] und in Knobloch [169].

[156] In [63, p 15], berichten Ebner, Mikoletzky und Wieser von dem Fall des TH-Studenten Hans Walter Burstyn, Sohn des in Militärkreisen bekannten Panzer-Konstrukteurs im Ersten Weltkrieg, Gunther Burstyn (siehe auch [6]). Burstyn senior war Jude, seine Frau „deutschblütig", Burstyn junior somit „Mischling ersten Grades". 1938 wurde Burstyn wegen der „Verdienste" seines Vaters, als „Mischling zweiten Grades" eingestuft. Nachdem der Vater zum „Ehrenarier" erklärt worden war, wurde der Sohn „Vollarier", darauf prompt 1940-11-11 zum Frontdienst eingezogen, und fiel 1941-12-19 bei Makarowo in Weißrussland. Der Vater wurde 1944 Ehrendoktor der TH Wien und erschoss sich 1945.

[157] Der an der Deutschen Universität Prag tätige Weyl-Schüler Ernst Max Mohr wurde von einer Freundin seiner Frau denunziert und vom Volksgerichtshof samt seiner Ehefrau Johanna Mohr mit Urteilsdatum 1944-10-24 zum Tode verurteilt. Nur das beherzte Einschreiten seiner Kollegen Johann Nikuradse (Breslau) und Hans Rohrbach (Prag) bewirkte im letzten Augenblick den Aufschub der Exekution bis Kriegsende, vorgeblich wegen „Unabkömmlichkeit für kriegswichtige Forschungen".

1938 konnte zu Gestapohaft und tödlicher Internierung in einem KZ führen (mit Glück und Beziehungen gerade noch entkommen: ˃ Baule).[158] Politischer oder konspirativer Widerstand gegen das Regime war allgemein im Universitätsbereich und besonders unter Mathematikern selten, führte aber, falls er entdeckt oder auch nur vermutet wurde, zu sofortiger Verhaftung, rücksichtslosen Verhören, oft zu Folterung und Tod. Im Fall des Geometers ˃ Eckhart (TH Wien) war die Verzweiflung über seine aufgrund von Spitzellisten erfolgte, ihm aber unverständliche Entlassung und seine aussichtslos erscheinende Lage auslösendes Moment für einen Selbstmord.

Wer sich angepasst oder jedenfalls unauffällig verhielt, war hauptsächlich vom Tod an der Front bedroht, Überlebensmöglichkeiten durch Vermeidung eines Fronteinsatzes gab es in den folgenden Fällen (mit Mehrfachnennungen):

- In der Rüstungsforschung waren dies: Bernhard ˃ Baule, Rudolf ˃ Bereis, Wolfgang ˃ Gröbner, Nikolaus ˃ Hofreiter, Josef ˃ Krames, Josef ˃ Laub, Gustav ˃ Lochs, Theodor ˃ Pöschl, Karl ˃ Prachar, Arnulf ˃ Reuschel, Karl Rinner, Leopold ˃ Schmetterer.

- in Chiffrierabteilungen: Alexander ˃ Aigner, Gottfried ˃ Köthe.

- Bei Untauglichkeit für den Fronteinsatz und/oder Unabkömmlichkeit („uk-Stellung"): Wilhelm ˃ Blaschke (gehbehindert, uk, Professor in Hamburg), Edmund ˃ Hlawka (uk und stark untergewichtig), Josef ˃ Krames (uk-gestellt), Johann ˃ Radon (schwer kurzsichtig), Karl ˃ Strubecker (uk, Professor in Straßburg), Leopold ˃ Vietoris (nach schwerer Verwundung).

- Wenn sie zu alt für den Fronteinsatz waren: Adalbert ˃ Duschek, Ernst Sigismund ˃ Fischer, Anton ˃ Huber, Josef ˃ Krames, Karl ˃ Mayrhofer, Hans ˃ Hornich, Lothar ˃ Koschmieder, Wilhelm ˃ Wirtinger, Roland ˃ Weitzenböck — oder wenn sie für den Fronteinsatz nicht „würdig" waren, als „Mischlinge": Ludwig ˃ Hofmann, oder „jüdisch Versippte": Adalbert ˃ Duschek.

- Als prominentes Parteimitglied, oder wenn sie Gönner in der Partei oder unter ihren Vorgesetzten in der Wehrmacht hatten: Karl ˃ Brauner, Wilhelm ˃ Blaschke, Wolfgang ˃ Gröbner, Nikolaus ˃ Hofreiter, Heinz ˃ Horninger, Anton ˃ Huber, Georg ˃ Kantz, Lothar ˃ Koschmieder, Josef ˃ Krames, Karl ˃ Mayrhofer, Heinrich ˃ Schatz, Theodor ˃ Vahlen. Noch ungeklärt ist, inwieweit für Mathematiker das Wirken von Werner Osenberg eine Rolle spielte, der als Leiter des Amts für Planung des Reichsforschungsrates (siehe Glossar) den Auftrag hatte, eine Liste von etwa 5000 Wissenschaftlern und Technikern zu erstellen,[159] die für die Mitarbeit in der Rüstungsforschung systematisch vom Frontdienst befreit werden sollten.

- An der Front haben überlebt: Erich ˃ Bukovics (als Kriegsversehrter), Heinrich ˃ Schatz (als Wetterbeobachter in Grönland), und als Kriegsgefangene: Rudolf ˃ Inzinger und Walter ˃ Wunderlich.

---

[158] Wie oben erwähnt war dagegen die obligatorische Mitgliedschaft in der Vaterländischen Front nicht als NS-feindlich inkriminiert.

[159] Diese Listen bildeten nach Kriegsende eine wichtige Grundlage für die Operation Paperclip (vgl dazu den Eintrag im Glossar p 731).

Durch unmittelbare Kriegshandlungen kamen ›Foradori (an der Front gefallen), Tonio
›Rella (eine verirrte Granate am Nachhauseweg von der Kirche), Friedrich ›Schoblik
(an der Front in Polen vermisst), Lothar › Schrutka (Bergungsunfall nach Verschüttung als
Folge eines Bombenangriffs), Gustav › Beer (ebenfalls bei einem Bombenangriff auf Wien)
und Wilhelm › Olbrich (nach erneuter freiwilliger Meldung zum Volkssturm in der Gegend
von Pressburg (Bratislava) gefallen) ums Leben.

Nur wenige im Holocaust ermordete oder im Krieg gefallene, nicht dem akademischen
Lehrkörper angehörende Mathematiker (Studenten, Mittelschullehrer, privatwirtschaftlich
tätige Versicherungsmathematiker u. ä.) konnten bisher ermittelt werden.

Karl Theodor › Vahlen starb in einem Prager Gefängnis nach Kriegsende (oder knapp davor)
in Haft.

1.10 Frauen in der Mathematik der NS-Zeit

Erwartungsgemäß ist der Frauenanteil in dem von uns betrachteten Personenkreis nicht
sehr hoch. Die wenigen Einträge von an Hochschulen tätigen Mathematikerinnen beziehen
sich in erster Linie auf emigrierte, vertriebene oder geflüchtete Mathematikerinnen: Elisabeth › Bloch, Irene › Fischer, Herta Therese › Freitag, Hilda › Geiringer, Laura › Klanfer,
Helene Josefine › Reschovsky, Elise › Stein und Olga › Taussky-Todd, die Mathematikerinnen › Altschul (Karriere in der Krankenpflege), Maria › Feßler (verhinderte Politikerin), › Kästenbauer (Berufsrevolutionärin), Auguste Dick-Kraus (Historikerin der Mathematik), und › Piesch (Fernmeldetechnik und Schaltalgebra), hatten keine Anstellung im
mathematisch-akademischen Bereich. Weiter unten in diesem Abschnitt werden wir noch
kurz die Arithmetikerinnen Elfriede Riemelmoser, Anna Klingst, Brigitte Radon, Martha
› Petschacher und Maria-Viktoria › Hasse erwähnen. Die große Mehrzahl berufstätiger Akademikerinnen bestand aus promovierten Ärztinnen und Lehrerinnen an Mittelschulen;[160]
1930 gab es in ganz Österreich immerhin gezählte 7 Versicherungsmathematikerinnen, 4
davon mit einem Abschluss in Versicherungstechnik und 3 mit einem Doktorat (alle bei
Versicherungsanstalten angestellt). Weibliche Studierende oder gar Frauen in gehobenen
akademischen Positionen entsprachen nicht dem Frauenideal, das im Ständestaat[161] und
während des NS-Regimes propagiert wurde.

Eine vom Regime nicht erwartete Auswirkung des Krieges war aber das Anwachsen des
Frauenanteils in der Mathematik, trotz dem in der NS-Propaganda verbreiteten Idealbild
der „deutschen Frau" als Hausfrau und Mutter. An den philosophischen Fakultäten der Universitäten kam es generell zur stärkeren Heranziehung von Frauen im Lehrbetrieb, meist

---

[160] Für die Jahre bis 1930 gibt es dazu Berichte und detaillierte Statistiken in [159] (besonders auf pp
242–321), auf die wir uns hier beziehen.

[161] Für Volksschullehrerinnen bestand 1930 für weibliche Lehrpersonen in sechs von neun Bundesländern
generell ein Heiratsverbot oder eine Heiratserlaubnis erst ab 15 Dienstjahren. Nur in Wien, NÖ und im
Burgenland genossen die Lehrerinnen volle „Heiratsfreiheit".

als wissenschaftliche Hilfskräfte oder Assistentinnen in Vertretung von zum Kriegsdienst eingezogenen Kollegen. Das Personalverzeichnis der Universität Wien führt für das WS 1942/43 am Mathematischen Institut nur Frauen als wissenschaftliche Hilfskräfte an, nämlich die Damen Rosa Wimmer und Edith Reichelt.[162] In der Datenbank zbMATH ist Edith Reichelt (*1921-08-02 Wien, Tochter von Regierungsrat a.D. Felix Reichelt) mit genau einer Arbeit vertreten, ihrer Dissertation von 1942 bei >Hofreiter über die lückenlose Ausfüllung des $\mathbb{R}^n$ mit zueinander kongruenten Würfeln,[163] .[164] Statt Rosa Wimmer steht im Personalverzeichnis ein Semester vorher noch Rosa Hanig, die Namen „Hanig" und „Wimmer" scheinen in den späteren Verzeichnissen ab dem SS 1943 nicht mehr im Personalstand der Uni Wien auf. Zu Hanig findet sich in [175] eine Kurzbiographie von wenigen Zeilen (und ohne Geburts oder Sterbedatum), für die als Quelle „UA Wien, nawi-Modul Brigitte Bischof" angegeben ist. Rosa Wimmer-Hanig promovierte 1948 mit der Dissertation „Diophantische Approximationen in imaginär quadratischen Zahlkörpern" (Begutachter Hlawka und Hofreiter).[165]

Am Mathematischen Institut der Reichsuniversität Graz konnte Alois Kernbauer eine Mathematik-Supplentin namens Elfriede Riemelmoser in den Akten ausfindig machen ([162] p. 219).[166]

An der TH Wien hatte Lothar >Schrutka eine Assistentin, Frau Dr Anna Klingst.[167] Klingst promovierte 1942 mit der bereits 1941 fertiggestellten Dissertation *Eine Verallgemeinerung der Euler-Maclaurinschen Reihe und der Bernoullischen Zahlen.*[168] Etwa zehn Jahre später unterstützte sie Karl >Mayrhofer bei der Abfassung von dessen Buch *Inhalt und Maß.* Eigenständige mathematische Beiträge leistete sie nach dem Krieg bei den *Linzer Stickstoffwerken* (1946 Nachfolger der *Stickstoffwerke Ostmark AG* von 1939) in Abtei-

---

[162] 1941/42 waren die Stellen für wissenschaftliche Hilfskräfte am Mathematischen Institut noch unbesetzt.

[163] 2. Gutachter: >Mayrhofer. Prüfer waren Hofreiter und >Mayrhofer in Mathematik, Kirsch in Physik u. Meteorologie, v. Ficker in Philosophie [Rigorosenakt Nr. 15.709 v. 1942-11-16]. Hofreiter konnte diese Dissertation (im Nachruf >Hlawkas Nr. 11) betreuen, da er ab 1941-01-15 nicht mehr und vor 1942-04-10 noch nicht wieder im Dienst der Wehrmacht stand.

[164] Nicht in der Archivrecherche der Universität Wien und nicht in MGP.

[165] S. die Liste der im WS 1948/49 approbierten Dissertationen an der Universität Wien in der *Wiener Universitätszeitung* 1949-01-15, p 3, sowie den Jahresbericht 1948 des Rektors.

[166] In Fächern wie Biologie fand Kernbauer dagegen ganze Institutsbelegschaften ausschließlich mit weiblichen Mittelbauangehörigen besetzt.

[167] Vgl. das Vorwort zu Schrutkas Buch über Interpolation von 1941, bei dem Klingst am Korrekturenlesen beteiligt war.

[168] S.-B. Akad. Wiss. Wien, math.-naturw. Kl., IIa **150** (1941), 221-256. (Im Vorwort zu dieser Arbeit bedankt sich die Autorin bei Lothar Schrutka für die Anregung zu diesem Thema.) Klingst war damit die erste Mathematik-Dissertantin an der TH Wien.

lungen, die sich innerbetrieblich mit Unternehmensforschung befassten.[169] Hauptthemen waren Lagerhaltungsprobleme und die numerische Inversion großer Matrizen.[170]

Man wird davon ausgehen können, dass der Frauenanteil im Lehramt an Mittelschulen noch um einiges höher als bei den Doktoratsstudien lag.[171] Die Anzahlen der Anmeldungen zur Lehramtsprüfung an der Universität Wien sind in Tabelle 1.1 zusammengestellt, die Daten wurden der Dissertation von Hofer [145] entnommen.[172]

	Anmeldungen insgesamt	Mathematik Hauptfach	Mathematik in %	Mathematik Frauen	Mathematik Frauen in %
1934	342	63	18,4%	21	33,3%
1935	368	71	19,3%	34	47,9%
1936	390	66	16,9%	24	36,4%
1937	365	62	17,0%	16	25,8%
1938	325	40	12,3%	13	32,5%
1939	303	14	4,6%	3	21,4%
1940	272	11	4,0%	1	9,1%
1941	184	6	3,3%	1	16,7%
1942	70	1	1,4%	0	0,0%
1943	75	5	6,7%	4	80,0%
1944	103	10	9,7%	10	100,0%
1945	153	30	19,6%	14	46,7%

Tab. 1.1. *Anmeldungen zur Lehramtsprüfung an der Universität Wien*

1.10.1 Die Arithmetikerinnen

Unbeachtet und von der Forschung noch vernachlässigt geblieben sind die Schicksale der vielen, (damals) meist jungen Frauen, die neben den mit fortschreitendem Krieg immer spärlicher verfügbaren männlichen Hilfskräften für numerische Berechnungen zur Lösung schwieriger Differentialgleichungen dienstverpflichtet oder anderweitig rekrutiert wurden

[169] Der Linzer Industriekomplex wurde 1973 in *Chemie Linz AG* umbenannt, später in Einzelgesellschaften aufgeteilt und veräußert. Bis heute handelt es sich hier um einen der größten (ca 85 ha) und gefährlichsten Altstandorte chemischer Kontaminierung (inklusive einer noch der Untersuchung harrenden Deponie hochgiftiger Altlasten auf einer Fläche von 0.7 ha) in Österreich.

[170] Zbl nennt insgesamt 9 mathematische Publikationen von Anna Klingst, darunter ein Buch über Lagerhaltungsprobleme für den Gebrauch von nicht mathematisch vorgebildeten Anwendern. Anna Klingst nahm 1956 mit zwei Vorträgen am IV. ÖMG-Kongress in Wien teil. (IMN **11** (1957-04) p94.)

[171] Im WS 1943/44 stellten im Deutschen Reich die Frauen 25.000, d.s. 46.7% der Studierenden an Universitäten und Hochschulen. (Huerkamp, C (1996), Bildungsbürgerinnen. Frauen im Studium und in akademischen Berufen 1900-1945, Göttingen 1996, p 89f.)

[172] Tabellen zu den mathematischen Dissertationsthemen insbesondere von Frauen finden sich in Tobies, R., und U. Görgen, *Mathematische Dissertationen an deutschen Hochschuleinrichtungen, WS 1907/08 bis WS 1944/45.* Jber DMV 103, 115–148. Allerdings werden in den dort gegebenen Aufstellungen just die Daten über österreichische Mathematiker/innen ausgeblendet.

(siehe den folgenden Abschnitt). Leider liegen über diese Kriegsbeteiligung von Frauen nur wenige Daten vor.[173] Wir geben hier einen kurzen Überblick über die derzeit verfügbaren oder von uns recherchierten Informationen zu diesem Thema.

Nach Braunschweig entsandte Rechnerinnen. Nach einer persönlichen Absprache zwischen > Gröbner und > Huber verbrachten einige Wiener Studentinnen ihren Arbeitsdienst oder ihr mathematisches Praktikum im Luftfahrtforschungszentrum Braunschweig mit numerischen Rechnungen für die Luftrüstung.[174] Teilnahmezahlen oder Listen von Teilnehmerinnen sind nicht überliefert. Ähnliche Aktionen gab es wahrscheinlich auch in Zusammenarbeit mit dem 1943 eingerichteten Wiener Luftfahrtzentrum unter der Leitung von > Lippisch.

Rechnerinnen in Breslau. Brigitte Radon (Bukovic) erinnerte sich noch um das Jahr 2004, dass während ihres Studiums in Breslau acht Semesterwochenstunden für die Abarbeitung von Rechenbögen der Deutschen Versuchsanstalt für Luftfahrt aufzuwenden waren. Die Berechnungen fanden unter Aufsicht des apl. Professors Georg Tautz und unter Verwendung elektrischer Tischrechner statt.[175]

Rechnerinnen an der DU Prag. An der Deutschen Universität in Prag gab es eine von Hans Rohrbach[176] organisierte „Rechengruppe" unter der Leitung von Fräulein Edith Garkisch,

---

[173] Für die TH Dresden siehe: Willers, F. A., *Aus der Arbeit des Rechenbüros am Institut für angewandte Mathematik der Technischen Hochschule Dresden*, Die Technik **9** (1954), 48.

[174] Von Huber flapsig als „unser Mädchenhandel" bezeichnet. (Frühstückl [103].)

[175] Georg Lukas Tautz (*1901-03-06 Reinerz, Schlesien; †1983-10-18) war Assistent von > Radon und während dessen Aufenthalts in Breslau häufiger Gast der Familie. Radon war neben A. Kneser zweiter Betreuer von Tautz bei dessen Dissertation im Jahr 1930. Ebenfalls 1930 absolvierte Tautz das Staatsexamen für das Lehramt und ein auf ein Vierteljahr reduziertes Probejahr. Tautz war zwischen 1930-05-01 und 1937-05-31 erst Hilfsassistent, dann wiss. Assistent am mathematischen Institut der Uni Breslau; habilitierte sich 1937-06-01 und wurde 1943 zum apl Professor ernannt. Er trat 1934 der SA bei, 1937 der NSDAP. Dreimal wurde er zur Front einberufen, jedes Mal aber wieder freigelassen und an das mathematische Institut zurückgerufen, um im Rahmen von Rüstungsaufträgen der Luftfahrt-Versuchsanstalt Berlin-Adlershof an aerodynamischen Untersuchungen von Ultraschallströmungen teilzunehmen. Die umfangreichen Berechnungen von Brigitte Radon gehörten wahrscheinlich auch zu diesen Untersuchungen. Vor Kriegsende, ab 1945-01-23, zur Zeit der Evakuierung Breslaus, war er wieder Soldat, wurde 1945-03-11 verwundet und geriet in russische Gefangenschaft. Aus dieser 1945-08-31 entlassen, ging er an die Universität Jena, wo er ab November als wissenschaftlicher Hilfsarbeiter (so war damals (und schon vorher) die Bezeichnung) arbeitete. Die 1947-01-31 drohende Entlassung wegen seiner NS-Vergangenheit konnte mit Hilfe positiver Gutachten von > Radon, Hoheisel (*1894-07-14 Breslau; †1968-10-11 Köln), Friedrich Karl Schmidt (1901-09-22 Düsseldorf; †1977-01-25 Heidelberg) und Maria Feigl abgewendet werden. Später setzte er seine Karriere als wissenschaftlicher Assistent und mit Lehraufträgen fort. 1949 wurde er apl Professor an der Universität Freiburg im Breisgau.

[176] Hans Rohrbach (*1903-02-27 Berlin; †1993-12-19 Bischofsheim an der Rhön), Sohn des Publizisten Paul Rohrbach und dessen Frau Clara geb. Müller, studierte nach dem Abitur 1921 Mathematik, Physik und Philosophie in Berlin und promovierte 1932 bei Issai Schur in Zahlentheorie, habilitierte sich 1937; ab 1941 ao, 1942 o Prof an der DU Prag; war Mitglied von NSDAP (1937), Wehrmacht (1939–45) und SA, galt im NS-Regime aber wegen seiner Freundschaft mit Juden als politisch unzuverlässig. Beteiligte sich an der Rettung von Ernst Mohr. 1946–69 war er ao Professor an der Univ. Mainz, ab 1957 o Prof; 1952–77, gemeinsam mit Helmut Hasse, Herausgeber des Crelle Journals. Rohrbach ∞ Rose, geb Gadebusch.

technische Assistentin. Garkisch wurde von Rohrbach als Rechnerin ausgebildet. Sie war 1945 gerade 17 Jahre alt.[177]

1944-10-03 meldete Hans Rohrbach dem Kurator der deutschen wissenschaftlichen Hochschulen Prag:[178]

Bis Ende 1943 wurden im Institut als solchem keinerlei Forschungsaufträge durchgeführt. Die beiden beamteten Professoren waren direkt für Kriegsarbeiten eingesetzt und führten daneben ihre Unterrichtstätigkeit aus. Der Assistent war bei der Wehrmacht, weitere Wissenschaftler waren nicht vorhanden. Es war jedoch seit Beginn meines Hierseins immer mein Bestreben gewesen, auch das Institut selbst in die kriegswichtige Forschung einzuschalten. Hierzu mußte ich mehr Raum und mehr Mitarbeiter gewinnen. Meinen Anträgen auf Vergrößerung des Instituts wurde vom Herrn Kurator in befriedigender Weise stattgegeben, die Arbeiten für die Herrichtung begannen vor einem Jahr. Ich hatte inzwischen Herrn Dr Gentzen als Dozenten für das Institut gewonnen und Fraulein Garkisch als Rechnerin ausgebildet. In der Hoffnung auf baldige Beendung der Instandsetzungsarbeiten für die neuen Räume habe ich Anfang 1944 damit begonnen, die ersten Aufträge für kriegswichtige Forschungsarbeiten zur Durchführung am Mathematischen Institut entgegenzunehmen. An Rechnern wurden außer Fräulein Garkisch fallweise Studenten beschäftigt, die Leitung der Forschungsarbeiten übernahm Dr Gentzen, da ich selbst durch meine Tatigkeit an Berlin gebunden bin und nur in beschränktem Umfange in Prag sein kann. Gleichzeitig beantragte ich durch das Planungsamt des Reichsforschungsrates die Rückholung von Mathematikern aus der Wehrmacht. Die ersten davon trafen im Juli des Jahres ein und konnten für weitere Forschungsaufträge eingesetzt werden. Anfang August wurden die neuen Räume zunächst behelfsmäßig bezogen.

...

Zur Zeit sind die folgenden Wissenschaftler am Institut tätig: Dozent Dr Gentzen, Dr Franz Krammer, Studienrat Walter Tietze, Dr Paul Armsen. Außerdem folgende Hilfskräfte: Die Studenten Helmut Wolf, Wolfgang Fleischmann, Maria Burian, die technische Assistentin Edith Garkisch. Weitere Mitarbeiter und Hilfskräfte sind angefordert. Die Arbeit des Instituts entwickelt sich, den Anforderungen des totalen Krieges entsprechend, planmäßig.

Gentzens Rechnerinnen. Der bekannte mathematische Logiker Gerhard Gentzen[179] war in Prag ebenfalls Leiter einer Rechengruppe, die mit Peenemünde in Verbindung stand.

---

[177] Siehe Bečvářova [25, p 34]; Edith Garkisch findet sich auch auf einer Gehaltsliste des Mathematischen Instituts der DU Prag von 1945 (s. Bundesarchiv, BArch R 31/717, auf dieser Gehaltsliste steht auch Wolfgang ⊁ Gröbner). Edith Garkisch (*1928-05-16 Krumau (= Český Krumlov, Cz); †2018-02-21 Böblingen, Baden-Württemberg) trug nach ihrer Heirat den Namen Irro (1 Sohn: Dr Werner Irro (*1955) [∞ Susann], 1 Tochter: Brigitte Irro-Widmer).

[178] Menzler-Trott [211], p

[179] Gerhard Karl Erich Gentzen (*1909-11-24 Greifswald; †1945-08-04 Prag) studierte bei Paul Bernays und Hermann Weyl, war 1935 – 1939 Assistent bei dem damals bereits emeritierten Hilbert, dann bis 1943 regulärer Assistent in Göttingen, habilitierte sich 1940 und war ab 1943 auf Einladung von Hans

Hans Rohrbach teilte dazu 1990-02-05 mit, dass „die Aufgaben, die Gentzen für Peene-münde zu erledigen hatte, statistischer Art [waren]. Er hatte dazu eine große Schar von Oberschülerinnen, die dabei helfen sollten."[180] Gentzen selber berichtet in einem Brief von 1944-12-02 an Verwandte[181]

> *Ich regiere jetzt ein ganzes ‚Rechenbüro' von 8 jungen Mädchen, meist Studentin-nen, die ihr Studium nicht fortsetzen durften und nun bei uns angestellt worden sind. Da könnt ihr Euch denken, dass ich kaum mehr eine ruhige Minute habe. ‚Nebenbei' muss ich noch meine Vorlesungen halten.*

Rechnerinnen unter Maria Hasse in Rostock. Am Institut für Angewandte Mathematik der Universität Rostock leitete ab 1943 die Diplom-Mathematikerin Maria-Viktoria Has-se[182] ein Rechenbüro, in dem sechs Abiturientinnen mit mechanischen Instrumenten (Re-chenmaschinen, harmonischer Analysator) und mit graphischen Methoden im Auftrag der Ernst-Heinkel-Flugzeugwerke aerodynamische Differentialgleichungen (näherungsweise) lösten. An der Universität Rostock wirkten einige der in Teil II besprochenen Mathemati-ker (˃ Holzer, ˃ Schreier, ˃ Weyrich; ˃ Kürti — Schreier starb allerdings schon 1929, Kürti musste vor den Nazis flüchten.).

Eine Rechnerin bei Vietoris in Innsbruck. Man wird davon ausgehen können, dass wäh-rend des Krieges an allen mathematischen Instituten Studierende und wissenschaftliche Mitarbeiter zur Tabellenberechnung dienstverpflichtet wurden; das waren zu einem großen Teil Frauen. Nicht immer war diese Tätigkeit ausschließlich außerhalb ihres Studiums an-gesiedelt. So erstellte am mathematischen Institut in Innsbruck Martha ˃ Petschacher Tafeln hypergeometrischer Funktionen, „ein nicht dringliches, aber kriegswichtiges" Projekt unter

---

Rohrbach Dozent an der DU Prag, wo er im Zuge des Prager Aufstands (1945-05-05/06/07) in den letzten Kriegstagen inhaftiert und in das für deutsche Häftlinge eingerichtete Lager Štěchovice (etwa 25km südlich von Prag) überstellt wurde. Gentzen war Zeit seines Lebens von schwacher Gesundheit; während seiner Haft in Štěchovice musste er verhungern, da er verletzt und zu schwach war, um an den für die Häftlinge vorgesehenen Instandsetzungsarbeiten von Prager Straßen teilzunehmen, die gelegentlich die Chance auf zusätzliche Essensrationen boten. Ein Mithäftling namens Horner war Augenzeuge seines Todes. Etwa eine Woche vorher starb in diesem Lager Theodor Vahlen. Gentzen war 1933 Mitglied der SA, 1936 Mitglied des NS-Lehrerbundes, 1937 Pg (NSDAP-Mitgliedsnummer 4.237.555). Eine ausführliche Biographie Gentzens bietet Menzler-Trott [211].

[180] [212, pp 236–242] „Die Arithmetikerinnen wurden 1945-04 zu ihren Familien zurückgeschickt". Vihan [370] p 3

[181] Menzler [211, p 259].

[182] Maria-Viktoria Hasse (*1921-05-30 Warnemünde; †2014-01-10 Dresden; ev. AB). Nach dem Abitur 1939 an der Oberschule für Mädchen in Warnemünde und dem anschließenden Arbeitsdienst schrieb sie sich zum ersten Trimester 1940 an der Universität Rostock ein und studierte Mathematik, Chemie und Physik, wechselte aber bald nach Tübingen zu Konrad Knopp (*1882-07-22 Berlin; †1957-04-20 Annecy). Nach ihrem Abschluss als diplomierte Mathematikerin 1943 arbeitete sie am Institut für angewandte Mathematik der Universität Rostock, ab 1943 als Assistentin; so verblieb sie, ohne Unterbrechungen, über das Kriegsende hinweg, bis 1964. Sie machte nach dem Weltkrieg Karriere, promovierte 1949 *Über eine singuläre Integralgleichung 1. Art mit logarithmischer Unstetigkeit*, habilitierte sich 1954 *Über eine Hillsche Differentialgleichung*, und wurde 1964 Professorin in Dresden, 1981 emeritiert. Ihre Lehr- und Forschungsgebiete gehörten zur Kategorien- und zur Graphentheorie. (Entnommen dem *Catalogus Professorum Rostochiensium*: http://purl.uni-rostock.de/cpr/00002355, Zugriff 2023-03-01)

Sprossenrad-Rechenmaschine System Odhner Baujahr 1930

Lieferung: Brunsviga Rechenmaschinenfabrik Braunschweig
Gerätenummer: 121199/Inv. No.: III x02
Foto: Universität Innsbruck, Physikal. Sammlung

Solche mechanischen Rechenmaschinen waren an der Universität Innsbruck bis 1945 (und noch einige Jahre danach) für wissenschaftliche Berechnungen in Gebrauch.

Im KZ entstanden: Herzstarks mechanischer Taschenrechner.
An dieser Stelle ist an den Wiener Ingenieur Kurt (Curt) Herzstark (*1902-01-26 Wien; †1988-10-27 Nendeln, CH) zu erinnern: Als Halbjude verhaftet und nach Buchenwald deportiert, wurde ihm gestattet, im KZ mechanische Taschenrechner im Miniformat zu entwickeln. Nach dem Krieg wurden Herzstarks Geräte von der in Liechtenstein ansässigen Firma Contina AG unter dem Namen „CURTA" erzeugt und vertrieben. Ein solches Gerät wurde noch in den 1960er Jahren für die Dotationsabrechnungen am Mathematischen Institut der Hochschule für Bodenkultur verwendet. (Mit der Geschichte des Geräts nicht vertraute Anwender charakterisierten es als Kreuzung einer tibetanischen Gebetsmühle mit einer Pfeffermühle.) Es handelt sich um eine Vier-Spezies-Rechenmaschine, die auf dem Prinzip der Staffelwalze basiert. Die kleinere Type des Maschinchens hat eine Höhe von 85mm und einen Durchmesser von 53mm, bei der größeren sind es 90mm und 65mm. (Näheres in Bruderer H (2013), Der Taschenrechner aus dem KZ. Wirtschaft Regional 2013-10-26, p 7f)

Foto: Archiv der BOKU

der Leitung von Leopold ˃ Vietoris. Dieses Projekt hatte nach dem Krieg wenigstens ein nützliches Ergebnis, nämlich die Dissertation von Frau ˃ Petschacher (1946).

Eine Rechnerin beim Kriegsgegner England. Es ist hier zu vermerken, dass auch unter den rechtzeitig aus dem Ständestaat entflohenen und nach England emigrierten Akademikerinnen mindestens eine, nämlich die Menger-Schülerin Laura ˃ Klanfer als Arithmetikerin tätig war. Bei dieser Tätigkeit lernte sie die später sehr bekannten Physiker Hans Motz, ebenfalls ein österreicher jüdischer Flüchtling, und Alexander Thom kennen, mit denen sie gemeinsame Arbeiten schrieb. (Mehr darüber auf p 572.)

1.10.2 Frau Piesch und ihre Beiträge zur Schaltalgebra

Zum Thema Frauen in der Technik und in Verbindung mit Mathematik möchten wir hier noch auf die Österreicherin Johanna Camilla „Hansi" ⸥ Piesch hinweisen, die 1938-10 von ihrem Posten bei der österreichischen Post abgezogen, zwangspensioniert und nach Berlin transferiert wurde, wo sie zwei bedeutende Arbeiten zur Schaltalgebra einreichte, die im Archiv für Elektrotechnik **33** (1939), 672–686 und 733–746 erschienen. Mit Heinrich ⸥ Sequenz (vgl. dazu den Eintrag Paul ⸥ Funk auf p 216) publizierte sie die historische Zusammenfassung *Österreichische Wegbereiter der Theorie elektronischer Schaltungen*, Elektrotechnik und Maschinenbau **75** (1958), 241–245. Wir verweisen auf den Eintrag ⸥ Piesch (p 367) in Kapitel 4.

1.11 Mathematik für den Krieg: Rüstungsforschung

Für zwei Bereiche der mathematischen Forschung,[183] hatte das NS-Regime besonderes Interesse: (1) die Ballistik, ein traditionelles, theoretisch gut entwickeltes Anwendungsgebiet, und (2) ganz allgemein die Aerodynamik schnell, sehr schnell und ganz schnell bewegter Flugkörper. Ein Projekt zur numerischen Unterstützung von meteorologischen Langzeitvorhersagen wurde 1939 wegen des Krieges abgeblasen, die Wiederaufnahme war Ende 1944 geplant, wurde aber nicht realisiert.[184] Allgemein gesprochen ging es bei dieser Unterstützung einerseits um Lösungsformeln für geschlossen lösbare spezielle Typen gewöhnlicher oder (häufiger) partieller Differentialgleichungen unter Einsatz umfangreicher Tabellen, andererseits um die Entwicklung und Anwendung von Differenzenverfahren zur numerischen Approximation der Lösungen. Dabei wurden die zu lösenden Differentialgleichungen durch Differenzengleichungen angenähert, die zu hochdimensionalen linearen Gleichungssystemen führten.[185] Ein weiterer, weniger intensiv verfolgter, aber unter Wiener Geometern populärer Forschungsstrang richtete sich auf spezielle mathematische Instrumente, mit denen auf graphischem Wege Strömungslinien für umströmte Profile gefunden werden konnten.

Die für diese mathematischen Aufgaben anfallenden numerischen Berechnungen wurden von den leitenden Wissenschaftlern in Teiloperationen zerlegt, die in Form von Rechenbögen auch von nicht mathematisch vorgebildeten Personen mittels Tischrechengeräten oder von Hand abgearbeitet werden konnten. Zur Kontrolle wurden die Rechenbögen gewöhnlich an zwei oder mehr Bearbeiterteams vergeben, die parallel arbeiteten und voneinander nichts wussten. Die von solchen Hilfskräften gebildeten Teams sind als konzeptionelle

---

[183] Für die Rüstungsforschung im Bereich der „Ostmark" vgl. Karner [160].

[184] Das Projekt stand unter der Leitung von Hans Robert Scultetus (*1904-03-20 Halle/Saale; †1976-03-17 Buchholz/Nordheide); Simon [321, p 30f]. Scultetus versuchte langfristige Wetterprognosen mit Hilfe von Hörbigers „Welteislehre" zu erstellen. Trotz aller offensichtlichen Nutzlosigkeit hätte dieses Projekt das Kriegsende nicht wesentlich früher herbeigeführt.

[185] Vgl. hierzu den Bericht von Collatz in [82] p286–294.

Vorläufer der heutigen EDV-Geräte und -Anlagen anzusehen. In der angelsächsischen Literatur werden sie auch als "Human-powered Computers" bezeichnet.[186] Derartige Teams standen auch in den USA und in Großbritannien in Verwendung, hauptsächlich in der Luftfahrtindustrie und im Manhatten-Projekt. Ein weiter zurückliegender Vorgänger solcher „organisierter Arithmetik" ist das von Josef Maximilian Petzval 1840 aus Soldaten rekrutierte Team, das verzerrungsarme und achromatische zusammengesetzte Linsen für die Optikfirma Voigtländer berechnete.

Es ist anzunehmen, dass ein großer Teil der unter „Bürokräfte" in den Besoldungslisten der Luftwaffe geführten oder in einer der acht dem Luftfahrtministerium unterstellten Forschungsanstalten eingestellten Luftwaffenhelferinnen ganz oder teilweise mit solchen numerischen Rechenaufgaben beschäftigt und dafür dienstverpflichtet waren.

Kurz erwähnt werden sollten hier auch die geometrischen Arbeiten von > Krames zur Photogrammetrie und Luftbildauswertung sowie > Wunderlichs Arbeiten zur Zielverfolgung (und seine eher der Chemie zuzuordnende Beschäftigung mit Unterwassersprengungen).

Zusammenarbeit mit Lippisch. Auf der Konferenz von Casablanca 1943-01 wurde von den Alliierten eine erhebliche Intensivierung des Bombenkriegs gegen zivile und militärische Ziele im Deutschen Reich beschlossen. Von da an wurden tagsüber (von der US-Luftwaffe) und während der Nacht (von der britischen RAF) laufend Luftangriffe gegen deutsche Industriebetriebe, Verkehrsverbindungen und Wohngebiete („moral bombing") geflogen, mit hohen zivilen Opferzahlen und verheerenden Folgen für Nachschub, Versorgung, Materialverfügbarkeit und Rüstungsproduktion. Es war bald klar, dass dass die Luftabwehr, die sich bis dahin hauptsächlich auf Artillerie („FLAK") gestützt hatte, durch defensive Luftwaffensysteme ergänzt werden musste. Luftwaffe und Wehrmacht forderten daher von der Luftfahrtindustrie die Entwicklung neuer Jagdflugzeuge zum wirksamen Schutz vor Luftangriffen. Die neuen Jagdflugzeuge sollten über eine überlegene Kampfkraft verfügen, außerdem schnell, einfach und ohne schwer beschaffbare Materialien zu bauen sein.

Die Wahl fiel auf einen Typ von schwanzlosen Flugzeugen für den Überschallbereich, der von Alexander > Lippisch, ab 1943 Chef der *Luftfahrtforschung Wien* (LFW), im Rahmen seiner Jägerprojekte P 12/P 13 entworfen wurde. > Lippischs Jäger P12 erfüllte die vorgegebenen Anforderungen und hatte noch zwei weitere Vorteile: Der geplante Antrieb, ein Staustrahltriebwerk, ähnlich dem der Flugbombe Fi 103,[187] war billig und unkompliziert. Außerdem sollte der Treibstoff aus einem leicht beschaffbaren Gemisch von Kohlegranulat und Schweröl bestehen. Nach mehreren Zwischenstufen entstand so auf Lippischs Zeichenbrettern das Projekt P 13a, ein schwanzloses Flugzeug, das hauptsächlich aus Triebwerk und Flügel bestand und daher vom Konstrukteur als „Triebflügel" bezeichnet wurde. Bereits 1928 hatte Rudolf > Bereis im Rahmen seiner Dissertaton bei Emil Müller an der TH Wien ein auf Gelenkwerken basierendes Gerät zur graphischen Ermittlung von Strömungslinien bei Anströmung eines Profils entworfen, ein für Aerodynamiker ähnlich hilfreiches Instrument wie der traditionelle Rechenschieber für Multiplikation und Divisi-

---

[186] Für noch weiter zurückliegende Vorläufer vgl. Kapitel 4.4 *Human computers in eighteenth- and nineteenth-century Britain* in [276].

[187] Ein Vorläufer der Cruise Missiles von heute

on. Josef > Krames, Nachfolger von Emil Müller an der TH Wien, besann sich nun auf die Dissertation von > Bereis und schlug ein Forschungsprojekt zur Weiterentwicklung dieses graphischen Instruments vor. Der daraufhin erteilte Forschungsauftrag der Luftfahrtforschung Wien erlaubte es Krames, unter diesem Titel drei Mitarbeiter , nämlich > Reuschel, Rinner[188] und > Bereis von der Front freizubekommen.

> Hofreiter und > Gröbner wurden für die Durchführung von Forschungsaufgaben für die Luftfahrt nach Braunschweig dienstverpflichtet; > Mayrhofer und > Schrutka erhielten ähnliche Aufgaben zur Durchführung in Wien. > Wunderlich befasste sich unter anderem mit der Geometrie der Zielverfolgung unter vorgegebenem Winkel der Anvisierung („Hundekurven").

Für besonders rechenintensive und kriegswichtige Projekte wurde in einem Erlass Heinrich Himmlers von 1944-05-25 der Aufbau eines mit KZ-Häftlingen betriebenen Rechenzentrums anbefohlen. Unter der Leitung des Diplom-Mathematikers Karl-Heinz Boseck[189] wurde ein solches im KZ Sachsenhausen (ca 80km von Berlin entfernt) eingerichtet. Bisher ist keine Beteiligung österreichischer Mathematiker an einer solchen „KZ-Mathematik" bekannt geworden.[190]

1.12 Mathematik und NS-Verbrechen

Eindeutig schwere NS-Verbrechen im Bereich von Wissenschaft und Technik sind weithin bekannt für die Medizin (Euthanasie und Tötung „unwerten Lebens", medizinische Experimente mit KZ-Insassen und Kriegsgefangenen, qualvolle „Therapien" für „asoziale" Kinder und Jugendliche in der Heilpädagogik), für die Kraftwagentechnik (Ferdinand Porsche und der Einsatz von Zwangsarbeitern und KZ-Häftlingen unter unmenschlichen Bedingungen im militärischen Fahrzeugbau), und für die Raketenforschung (Wernher von Braun und die Zwangsarbeiter in Mittelbau-Dora). Man wird leider davon auszugehen haben, dass, wenngleich weniger spektakulär, Wissenschaftler auch in anderen Bereichen Zwangsarbeiter angefordert haben, ohne sich um deren Lage besonders zu kümmern.

In unmittelbarer Nähe des Mathematischen Instituts der Universität Wien ereigneten sich zwei gegen Kollegen gerichtete Gewaltverbrechen von Professoren:

---

[188] Rinner war eigentlich Geodät in Graz.

[189] Zu Karl-Heinz Boseck (*1915-12-11 Berlin; † nach Kriegsende verschollen) vgl. Segal [298] p 324.

[190] Zur „KZ-Mathematik" vgl. Segal [298], Chapter 6, namentlich p 321–333.

(1) Tätliche Angriffe der drei angesehenen Physiker Georg Stetter,[191] Gerhard Kirsch[192] und Franz Aigner,[193] auf den jüdischen Physiker Felix Ehrenhaft.[194] Als genialer, aber theorieferner Experimentator hatte Ehrenhaft vor 1938 die „Deutsche Physik" von Lenard und Stark bejaht, die dem Experiment den Vorrang vor der „blutleeren jüdischen Theorie" gab.[195] Ehrenhaft war der Doktorvater des Angreifers Georg Stetter gewesen.

(2) Der Chemiker Jörn Lange erschoss 1945-04-05 zwei Angehörige seines Instituts, die ein Elektronenmikroskop nicht zerstören lassen wollten).[196]

Im engeren Umfeld der Mathematik in Österreich gibt es (jedenfalls derzeit) keine Hinweise auf Verbrechen dieser Art und Schwere. Eine mögliche Verbindung wäre allerdings die berüchtigte Reichsuniversität Straßburg, an der Karl ˃ Strubecker wirkte, eine andere die verschiedenen mit Berechnungen für die NS-Kriegsmaschinerie beschäftigten Institute. Auf Befehl Himmlers von 1944-05-25 wurde im Rahmen des „Ahnenerbes" eine Abteilung „M" (Mathematik) im KZ Sachsenhausen eingerichtet, die ihre Tätigkeit 1944-12, kurz vor Kriegsende, aufnahm. Diese Abteilung entstand in Zusammenarbeit mit dem Institut für Praktische Mathematik (IPM) an der TH Darmstadt unter Alwin Walther.[197] Walthers Institut für Praktische Mathematik war ab 1939 mit Berechnungen für das Raketenforschungszentrum in Peenemünde beauftragt, an der die Abteilung „M" teilnehmen sollte. Gleichzeitig war Walther Leiter der Abteilung Praktische Mathematik am *Krakauer Institut für Deutsche Ostarbeit*, das 1940-04-20 auf Initiative des Generalgouverneurs Hans Frank in Gebäuden der 1939 aufgelösten Universität Krakau eingerichtet worden war. Eine andere Kooperation bestand mit dem Astrophysiker Kurt Walter und der Abteilung As-

---

[191] Georg Stetter (*1895-12-23 Wien, †1988-07-14 Wien) und seine Mitarbeiter beschäftigten sich in den 1920er Jahren mit durch Bestrahlung bewirkte Atomzertrümmerung, nachgewiesen durch Szintillation.

[192] Gerhard Kirsch (*1890-06-21 Wien; †1956-09-15 Wien) verfasste 1926 gemeinsam mit dem Göteburger Physiker Hans Pettersson erste Berichte über Atomzertrümmerung und Elementumwandlung.

[193] Franz Johann Aigner (*1882-05-13 St. Pölten, NÖ; †1945-07-19 Wien (Suizid)), Inhaber des Haitinger-Preises von 1924 der Wiener AW. Übersiedelte 1938 als o Prof für Hochfrequenztechnik, 1939 Direktor Inst f. Schwachstromtechnik, an die TH Wien. Nach Kriegsende vom Dienst entlassen, starb er durch Selbstmord.

[194] Felix Ehrenhaft (*1879-04-24 Wien; †1952-03-04 Wien), ab 1920 o Professor und Institutsvorstand am III. Physikalischen Institut der Universität Wien. Ehrenhaft emigrierte 1938, kehrte aber 1947 als Gastprofessor nach Österreich zurück. Ehrenhaft verfasste bedeutende Arbeiten über die Brownsche Bewegung und über die Bestimmung der Elementarladung (Liebenpreisträger der Wiener AW). Die von ihm postulierte Existenz magnetischer Monopole und von elektrischen Ladungen kleiner als die Elementarladung stößt allerdings bis heute auf Ablehnung durch die meisten Fachkollegen. Zu Ehrenhafts Biographie während der NS-Zeit vgl. zB Braunbeck, J (2003), *Der andere Physiker: das Leben von Felix Ehrenhaft*. Leykam Buchverlagsgesellschaft, Wien. Die hier erwähnten Attacken werden in Braunbecks Buch auf p 70ff und in [218] auf p 15 von Ehrenhaft selbst geschildert. Der erste Angriff ereignete sich 1938-03-13, kurz nach dem Einmarsch der Hitlertruppen, endete mit Freiheitsberaubung und Aussperrung aus seinem Arbeitszimmer, der zweite, zwei Tage später, war einfach ein Raubüberfall in Ehrenhafts Wohnung, gekoppelt mit der Verschleppung Ehrenhafts in einen Keller des NÖ Landhauses, wo er schwer misshandelt wurde.

[195] Vgl. Braunbecks Buch p 68f.

[196] Reiter [268] p 427ff; vgl. auch den Bericht zum Doppelmord in der Währingerstraße, weiter unten auf p 46.

[197] Alwin Oswald Walther (*1898-05-06 Reick; †1967-01-04 Darmstadt) studierte 1919–22 an der TH Dresden , war 1922–28 Assistent von Richard Courant in Göttingen, ab 1928 o Prof an der TH Darmstadt.

tronomisches Rechenwesen im KZ Krakau-Plaszow. Zusammen mit seinen Partnern aus der Rüstungsindustrie, den staatlichen Forschungs- und Versuchsanstalten, ausgewählten wissenschaftlichen Instituten an Universitäten und eben Konzentrationslagern bildete Walthers IPM ein Großforschungsunternehmen, das heute wohl unter den Titel "big science" eingeordnet werden würde.

2010 wurde die seit 1997 in Darmstadt vergebene Alwin-Walther-Medaille abgeschafft und durch den Robert Piloty-Preis ersetzt.[198] Direkte Verbindungen zwischen Walthers Institut und Mathematikern/Mathematik-Standorten in Österreich sind vorerst nicht bekannt geworden. Hingegen erzählte Nikolaus >Hofreiter, er habe am Beginn seiner Dienstverpflichtung für die Luftwaffe einige Zeit mit Rechnungen in Peenemünde zugebracht, was ihm „gar nicht gefallen" habe. Genauere Angaben machte er allerdings nicht.[199] Das Versuchsgelände von Peenemünde wurde nicht ausschließlich für die Entwicklung von Raketen genutzt, auch Versuche mit „gewöhnlichen" Flugzeugen und Düsentriebwerken wurden dort durchgeführt.

Die Arbeit als „menschlicher Computer" war zweifellos nicht an sich lebensbedrohend oder erniedrigend, die Gewalttätigkeit kam nicht von der Rechentätigkeit selbst, sondern vielmehr von den allgemeinen Lebensbedingungen im KZ und dessen Mechanismen der Unterdrückung. Wenn man überhaupt brauchbare Ergebnisse erzielen wollte, konnte man allerdings nicht allzu brutal mit den Häftlingen umgehen.

Als für die Mathematik spezifische Beihilfe zu verbrecherischen Taten und Texten muss man alle Beiträge zur mathematischen Vererbungslehre ansehen, in denen mathematische Modelle für die Ausmerzung von aus NS-Sicht „minderwertigen menschlichen Erbanlagen", durch Zwangssterilisation (oder Mord), entwickelt und diskutiert werden. Hier sind vor allem die Publikationen von Otfried Mittmann, Siegfried Koller und Harald Geppert zu nennen,[200] die aber alle außerhalb des von uns betrachteten „Österreich"-Gruppe fallen. Es darf an dieser Stelle nicht verschwiegen werden, dass in einigen Staaten der USA Gesetze in Kraft waren, die Zwangssterilisierungen von geistig Behinderten, Epileptikern und andere „erblich belasteten" Personen einforderten. Die tatsächliche Anwendung solcher Gesetze ist aber nur für Kalifornien verbürgt (angetrieben von der *Human Betterment Foundation* (HBF), die 1928 mit dem Ziel der wissenschaftlichen Beweisführung für den ökonomischen Nutzen von Zwangssterilisierungen gestiftet und erst 1942 von der Tochter des Stifters aufgelöst wurde).

Über indirekte Beihilfe zu Mord und Totschlag oder (direkte) Denunziationen gibt es nur vereinzelt (mündliche) Belege, für definitive Beurteilungen ist im mathematischen Bereich vorerst noch zu wenig konkrete Information vorhanden/zugänglich (vgl jedoch die gegen Anton >Huber und gegen Wilhelm >Blaschke erhobenen Vorwürfe, die zumindest auf wissenschaftlich unethisches Verhalten hindeuten).

---

[198] Vgl. Hanel, M.: *Normalität unter Ausnahmebedingungen. Die TH Darmstadt im Nationalsozialismus*, Darmstadt 2014, und die einschlägigen WEB-Seiten.
[199] Seine Tätigkeit in Peenemünde erwähnt er jedenfalls in seinem „Rückblick" in IMN **123** (1979), 78–84.
[200] Siehe w.o., p. 38.

Unter die vielzitierte „Selbstgleichschaltung" einzuordnen ist der vor allem im Umfeld der Anwendungen zuweilen auftretende (durchaus freiwillige) Eifer zur fachlichen Effizienzsteigerung, aus rein technokratischem „Interesse an der Sache", ohne Berücksichtigung der Implikationen für potenzielle Opfer. Klare Grenzen zu verschiedenen Graden des NS-Mitläufertums sind hier aber nicht leicht zu ziehen.

1.13 Netzwerke und politisch motivierte Personalentscheidungen

Man kann davon ausgehen, dass auch einige Mathematiker ihre Positionen weniger einem guten wissenschaftlichen Ruf als vielmehr der Mitgliedschaft in einer NS-Seilschaft oder jedenfalls guten Beziehungen zu untereinander vernetzten NS-Grössen verdankten, manchmal auch schon noch vor dem „Anschluss" getroffenen Vereinbarungen im Ständestaat-Regime.

Nikolaus ⸗ Hofreiter war nach der Machtübernahme von Dollfuß der *Vaterländischen Front* beigetreten, was im Ständestaat allen Beamten zwingend vorgeschrieben war.[201] Dieses wurde trotzdem von der Berufungskommission für die Einrichtung einer zusätzlichen ao Professur als Bonus vermerkt. Die ao Professur kam aber vor dem „Anschluss" nicht zustande. Nach dem „Anschluss" beantragte Hofreiter seine Aufnahme in die NSDAP, wurde Parteimitgliedsanwärter — und 1939 zum ao Professor ernannt.

Zu einem kleinen Netzwerk innerhalb der NS-Hierarchie gehörten die beiden Astronomen Wilhelm Führer[202] und Bruno Thüring,[203] die seit ihrer Zeit als Assistenten an der Münchner Sternwarte eng miteinander befreundet waren, sowie Anton ⸗ Huber. Im September 1940 wurde Thüring zum Professor für Astronomie, gleichzeitig zum Direktor der Sternwarte an der Universität Wien ernannt.[204] Der bisherige Leiter der Sternwarte, Kasimir Graff,[205] bereits 1938 vom NS-Regime beurlaubt, wurde entpflichtet.

---

[201] Und auch von NS-Seite nicht weiter als „weltanschauliches Defizit" vermerkt wurde.

[202] Wilhelm Führer (*1904-04-26 Rüstringen/Willemshaven; †1974-07-12) hatte die Pg-Nr 341.707 und die SS-Nr 208.688, SS-Obersturmführer und SS-Obersturmführer d.R. in der Waffen-SS (SS-Mitgliederliste http://www.dws-xip.pl/reich/biografie/numery/numer208.html, Zugriff 2023-02-20). Führer war 1933–36 Assistent an der Sternwarte, von 1934-04 bis 1936 Dozentenbundführer an der Universität München, 1936–39 Regierungsrat im Bayerischen Staatsministerium für Unterricht und Kultus, anschließend im REM. Nach Kriegsende interniert, 1950 als Mitläufer eingestuft.

[203] Bruno Jakob Thüring (*1905-09-07 Warmensteinach/Fichtelgebirge; †1989-05-06 Karlsruhe) war seit 1930 Pg, seit 1933 auch SA-Mitglied. 1939-08 bis 1941-01 und 1943-03 bis Kriegsende war Thüring zur Luftwaffe eingezogen. Thüring wurde 1945 wegen seiner NS-Belastung und nach dem Beamtenüberleitungsgesetz (StGBl 134/1945) entlassen, da er im März 1938 nicht österreichischer Staatsbürger war. Thüring verfasste Polemiken gegen Albert Einstein ([356]).

[204] Zu Thürings Umtrieben an der Sternwarte siehe besonders Kerschbaum et al.[164].

[205] Kasimir Romouald Graff (*1878-02-07 Próchnowo, Provinz Posen; †1950-02-15 Wien-Breitenfurt) war ein renommierter astronomischer Beobachter; er ist vor allem für den Beyer-Graff-Sternatlas (alle Sterne bis zur 9. Größe) bekannt.

Führer war von 1938–43 Ministerialrat und Leiter der Hochschulabteilung im Reichserziehungministerium. Die im Archiv der Universitätssternwarte Wien erhaltene Korrespondenz Führer–Thüring zeigt klar die Verbindungen auf, die zur Bestellung von Thüring zum Direktor der Sternwarte und Professor für theoretische Astronomie der Universität Wien führten. Thüring versuchte während seiner Zeit als Dozentenbundführer in München den mathematisch wenig profilierten Anton ⟩ Huber auf einen Besetzungsvorschlag für die Nachfolge des Münchner Ordinarius Carathéodory zu hieven, was sich aber schnell als aussichtslos erwies.[206] ⟩ Huber gab seine Stelle an der Universität Freiburg sofort nach dem „Anschluss" auf, da er in der neuen politischen Lage und nach Freiwerden von Stellen mit einem Ordinariat in Wien oder Graz rechnen konnte. Offenbar konnte er sich auf Thüring und Führer verlassen, denn schon 1939-08-24 war er als o Professor und Direktor am mathematischen Institut der Universität Wien installiert.[207]

Eine politisch motivierte Ernennung war wohl auch die von Pg Josef ⟩ Krames 1939 als Ordinarius an der TH Wien, Krames war bereits seit 1932-10-01 o Professor an der TH Graz gewesen[208] und 1939 Rektor der TH Graz.

Heinrich ⟩ Schatz wurde 1941 in Innsbruck zum Ordinarius ernannt, wobei zweifellos seine Mitgliedschaft in der NS-Zelle „Professor Adolf Sperlich" der Universität Innsbruck, der er seit 1937 angehörte, eine wichtige Rolle spielte.

Wahrscheinlich nicht in erster Linie dem NS-Einfluss zu verdanken hatte Karl ⟩ Mayrhofer seine Professur. Er wurde 1935 von dem 1933 bis 1936 als Unterrichtsminister amtierenden späteren Bundeskanzler Kurt Schuschnigg zum Extraordinarius bestellt, 1936 zum o Professor. ⟩ Mayrhofer hatte jedenfalls die Unterstützung ⟩ Furtwänglers und seines Vorgängers ⟩ Wirtinger und war von der Berufungskommission akzeptiert worden.[209]

Sogar nach dem Krieg, im Jahr 1946, hatten die seinerzeitigen NS-Mitglieder ⟩ Koschmieder (TH Graz, entlassen) und ⟩ Wendelin (Uni Graz, 1948 entlassen) die Möglichkeit, für einen mathematisch wenig profilierten ehemaligen Parteigenossen namens ⟩ Kantz (dessen Parteimitgliedschaft sich allerdings erst viel später herausstellte) eine Professur in Graz zu erwirken und die wesentlich besser qualifizierten Mitbewerber Bartel van der Waerden und Franz Rellich aus dem Feld zu schlagen.[210]

Zwischen Lothar ⟩ Schrutka-Rechtenstamm und Theodor ⟩ *Vahlen* gab es jedenfalls eine Verbindung.[211] In einem kurzen Brief, datiert 1928-04-03, wendet sich ⟩ Vahlen an Lo-

---

[206] Für ausführliche Berichte über die sechs Jahre dauernden Berufungsverhandlungen für Carathéodorys Nachfolge vgl. Litten [193] und Georgiadou [108, Abschnitt 5.38]. Dort finden sich auch weitere Literaturangaben.

[207] Vgl [164, 256] und den Eintrag ⟩ Huber in Kapitel 4, p. 277.

[208] Ernannt von dem Christlich-Sozialen Anton Rintelen, der im NS-Putschversuch 1934-07 von den Putschisten als Kanzler vorgesehen war.

[209] Positive Stellungnahmen kamen sicher auch von Mayrhofers Mentor Wilhelm ⟩ Blaschke in Hamburg, der zwar Pg war, aber für rein politisch motivierte Befürwortungen eher nicht bekannt geworden ist. Vgl Kapitel 4, Eintrag ⟩ Mayrhofer, p. 337.

[210] Nähers im Abschnitt 2.6; Gronau [123]; Eintrag ⟩ *Kantz* in Kapitel 4. ⟩ Rellich war der Schwager von van der Waerden (und erklärter NS-Gegner).

[211] In [67] (p 421)

thar ⟩ Schrutka, und berichtet von den Ereignissen der Fahnenaffaire/Franzosenmontag (Vahlen hatte am Tag der Republik aus Protest gegen aus Frankreich eingeladene „linke" französische Vortragende die Fahne der Weimarer Republik vom Dach der Universität eingeholt/einholen lassen), aus seiner persönlichen Sicht.[212] ⟩ Schrutka war Mitglied der Kommission, die nach dem Tod von Emil Müller und der Übernahme von dessen Lehrkanzel durch Erwin ⟩ Kruppa einen Besetzungsvorschlag für die Lehrkanzel Mathematik II zu erstellen hatte; dort gab er ⟩ Vahlens Selbstdarstellung als Opfer „linker Umtriebe" wieder, die schließlich zu seiner Entlassung in Greifswald geführt hätten. Die Kommission schloss sich ⟩ Vahlens Sicht an und setzte ihn auf die Besetzungsliste; 1930 wurde ⟩ Vahlen zum o Professor an der TH Wien bestellt.[213]

Die verschiedenen Netzwerke, NS-Seilschaften auf der einen Seite, katholische CV/KV-Verbindungen (nach 1945 auch SP-nahe Vereinigungen) auf der anderen, waren nicht säuberlich getrennt, es gab durchaus personelle Überschneidungen. Bis heute wird immer wieder als erstes besonders hervorstechendes Beispiel Taras Borodajkewycz (*1902-10-01 Wien-Josefstadt; †1984-01-03 Wien) genannt, der nach dem Ersten Weltkrieg Mitglied der Studentenverbindung KV Norica Wien war und den Christlich-Sozialen nahestand, sich im Ständestaat habilitierte, dann aber zum überzeugten NS-Anhänger und Parteimitglied mutierte, 1955 auf Grund seiner guten Beziehungen zu den CV-Mitgliedern und ÖVP-Ministern Drimmel und Klaus an der Hochschule für Welthandel zum Professor ernannt wurde — und dort unbehelligt NS-Gedankengift verbreitete, sich selbst auch weiterhin als Nationalsozialist bezeichnete. Es kam schließlich 1965-03-31 zu Demonstrationen und tätlichen Auseinandersetzungen zwischen Demonstranten für und gegen Borodajkewycz, in deren Verlauf ein ehemaliger KZ-Häftling von einem NS-Anhänger erschlagen wurde.[214]

---

[212] Der Brief befindet sich im Archiv der TU Wien unter TUWA, PA Schrutka.

[213] Siehe den Eintrag ⟩ Vahlen in Kapitel 4

[214] Zur Borodajkewycz-Affäre vgl Fischer H (hrsg) (1966), *Einer im Vordergrund. Taras Borodajkewycz. Eine Dokumentation.* Europa-Verlag Wien. Siehe auch Falter M (2017), *Zwischen Kooperation und Konkurrenz. Die „Ehemaligen" und die Österreichische Volkspartei.* Zeitgeschichte **2017**, 160–172; zu Verbindungen der SPÖ mit „Ehemaligen" Karl G (2011), *Die SPÖ und ihr Umgang mit den ehemaligen Nationalsozialisten. Von den Anfängen der Zweiten Republik bis zur Ära Kreisky.* Diplomarbeit 2011, sowie Neugebauer W, Schwarz W (2005) [223].

Kapitel 2
Standorte und Institutionen

2.1 Universität Wien

An der Universität Wien gab es im Rahmen des von Lueger ausgerufenen *Kampfes um die Hochschulen* bereits zur vorletzten Jahrhundertwende antisemitische Umtriebe, und auch später immer wieder gewalttätige Angriffe antisemitischer Studenten, zum Teil wohl unter stillschweigender Duldung durch amtierende Rektoren. Mehrmals wurde der Studienbetrieb unterbrochen, wenn der NSDAP-Hintergrund allzu offensichtlich wurde.[1] Nach dem ersten Weltkrieg engagierten sich vor allem die Mitglieder der geheimen antisemitischen Professorenklubs *Bärenhöhle* und *Deutsche Gemeinschaft*, die mit allen Mitteln Habilitationen und Berufungen 'linker' oder jüdischer Wissenschaftlerzu hintertreiben suchten. Wir haben bereits im vorigen Kapitel über diese beiden Geheimbünde berichtet.[2] Diese Geheimbünde umfassten hauptsächlich Geisteswissenschaftler, Juristen und Biologen, es waren aber auch Wissenschaftler anderer Fächer der philosophischen Fakultät, in einigen Fällen Physiker, von solchen Intrigen betroffen. Mathematiker waren in diesen Geheimklubs nicht vertreten, hintertriebene Habilitationen sind am Institut für Mathematik jedenfalls für die Zeit bis 1934 nicht belegbar. Die einzige Berufung in dieser Zeit betraf den Sozialdemokraten und Juden Hans ⟩Hahn, die einwandfrei im allgemeinen Konsens der Fakultät erfolgte.

Der spätere Bundeskanzler Josef Klaus unterzeichnete als Leitungsmitglied der Deutschen Studentenschaft an der Wiener Universität im Juni 1932 ein Flugblatt gegen einen renommierten jüdischen Pharmakologen. Dieser solle bedenken, „dass die deutschen Studenten als ihre Führer nur deutsche Lehrer anerkennen!". Die Deutsche Studentenschaft stehe auf

---

[1] Besonders unrühmlich sind die Krawalle mit den Ausschreitungen gegen den Anatomieprofessor Julius Tandler in die Universitätsgeschichte eingegangen.

[2] Allgemeine Studien zum Thema Antisemitismus an der Universität Wien bieten [100] (2016) und [263] (2013). Zu Universität und Politik vgl. Ash et al. [8], zu Physik und NS-Politik vgl. [27].

W. A. F. Ruppert und P. W. Michor, *Mathematik in Österreich und die NS-Zeit*, Mathematik im Kontext,
https://doi.org/10.1007/978-3-662-67100-9_2

dem Standpunkt, „dass Professoren jüdischer Volkszugehörigkeit akademische Würdestellen nicht bekleiden dürfen".[3]

Das Mathematische Institut der Universität Wien, bis etwa 1924 „Mathematisches Seminar" genannt, hatte sich in den Jahren nach 1900 sukzessive durch Berufung hervorragender Mathematiker, die ihrerseits wieder junge mathematische Talente als Schüler an sich zogen, zu einem mathematischen Zentrum ersten Ranges entwickelt. Die Entwicklung führte vor allem in den Jahren nach dem Ersten Weltkrieg zu einer besonderen Blüte, die erst mit dem Jahr 1934 zu Ende ging. Es wirkten hier an vier Lehrkanzeln die bedeutenden Mathematiker

- Wilhelm ˃ Wirtinger (berufen 1903, emeritiert 1935),

- Philipp ˃ Furtwängler (berufen 1912, emeritiert 1938),

- Hans ˃ Hahn (berufen 1921, †1934), und

- Kurt ˃ Reidemeister (bis 1925) und dessen Nachfolger Karl ˃ Menger (ao Prof. ab 1928, emigrierte 1936)

sowie die von diesen herangebildeten, weitgehend als geringfügig entlohnte oder ganz unbezahlte Privatgelehrte tätigen „Jungstars" Kurt ˃ Gödel (Privatdozent 1933, 1940-01 endgültig nach Princeton übersiedelt), Walther ˃ Mayer (Privatdozent ab 1929, tit ao Professor 1931, begleitete 1933 Einstein nach Princeton), Witold ˃ Hurewicz (aus Polen zugewandert, promovierte 1926 bei Hahn und Menger, ging danach mit einem Rockefeller-Stipendium nach Amsterdam), Otto ˃ Schreier (promovierte 1923 bei ˃ Furtwängler, danach Assistent in Hamburg), Olga ˃ Taussky (aus Olmütz, ging 1931 nach Göttingen), Hilda ˃ Geiringer und ihr späterer Ehemann Richard v.˃ Mises (nach 1919 nach Deutschland ausgewandert), Abraham ˃ Wald (aus Klausenburg/Siebenbürgen, emigrierte 1938 in die USA).[4] Zwei der „Jungstars" studierten nur kurzzeitig in Wien: Emil ˃ Artin ein Semester, Gabor ˃ Szegő zwei Semester.

Dieser Aufstieg ist umso bemerkenswerter, als er in einer Zeit großer wirtschaftlicher Probleme und harter, oft gewalttätiger, politischer Auseinandersetzungen stattfand. Es scheint, dass die Begeisterung für Mathematik und die Nachwuchsförderung durch Spitzenwissenschaftler die „von außen" herangetragenen Hemmnisse überwinden konnten.

Nicht zu vergessen ist auch der ein wenig im Verborgenen, eher in Distanz zum mathematischen Institut wirkende und mit der Vertretung des Fachs Versicherungsmathematik an der Universität und an der TH Wien betraute Alfred ˃ Tauber, auf den die von Littlewood so benannten *Taubersätze* zurückgehen. (Tauber wurde 1933 pensioniert, lehrte aber bis zum „Anschluss" weiter.) Der sich um Moritz Schlick und den seine Berufung unterstützenden Hans ˃ Hahn bildende *Wiener Kreis* bot einen hilfreichen und anregenden philosophischen Hintergrund für Mathematiker, Physiker, Logiker und Wirtschaftstheoretiker. Die Zusammenkünfte des von ˃ Menger ins Leben gerufenen *Menger-Kolloquiums* und

---

[3] Online-Standard: Antisemitische Adressen in Wien, 2012-07-23.

[4] Wegen seines frühen Todes weitgehend vergessen: Wilhelm Groß (*1886-03-24 Molln (O.Ö.); †1918-10-22 Wien), Sohn eines Volksschullehrers, promovierte 1910, Postdocstudium in Göttingen, habilitierte sich 1913 an der Univ. Wien, 1918 tit. ao. Prof., Richard-Lieben-Preis der kais. AW für seine Schriften zur Variationsrechnung.

Lehrkanzel Emil Weyr und Nachfolger

1875-1894	Emil Weyr			1875 o	† im Amt
1894-1911	Franz Mertens			1894 o	emeritiert
1912-1938	Philipp Furtwängler			1912 o	emeritiert
1939-1945	Anton > Huber		1938 Suppl.	1939 o	enthoben
1946-1956	Johann > Radon			1946 o	† im Amt
1957-1970	Karl > Mayrhofer	1954 PrivDoz		1957 o	† im Amt
1970-2005	Johann Cigler			1970 o	emer.

Lehrkanzel Leo Königsberger und Nachfolger

1877-1884	Leo Königsberger			1877 o	→Heidelberg
1884-1920	Gustav von Escherich			1884 o	krankh. emer.
1921-1934	Hans > Hahn			1921 o	† im Amt
—	nicht nachbesetzt				

Lehrkanzel Gegenbauer und Nachfolger

1893-1903	Leopold Gegenbauer			v. Innsbr.	† im Amt
1903-1935	Wilhelm > Wirtinger			1903 o	emeritiert
1935-1945	Karl > Mayrhofer	1935 tit ao		1936 o	enthoben
1948-1981	Edmund > Hlawka			1948 o	→TUW

Lehrkanzel (ao Prof.) Gustav Kohn und Nachfolger

1894-1921	Gustav Kohn	1894 unbs t. ao	1899 apl.ao	1911 tit. o	emeritiert
1922-1925	Kurt > Reidemeister	1922 ao			→Königsberg
1928-1936	Karl > Menger	1928 tit. ao	1929 ao		→USA
—	nicht nachbesetzt				
1939-1946	Nikolaus > Hofreiter	1939 ao			enthoben
1949-1974	Nikolaus Hofreiter	1949 ao	1949 tit o	1954 o	emeritiert

Lehrkanzel Schmetterer und Nachfolger

1961-1971	Leopold > Schmetterer	1955 tit ao		1961 o	→Jurid. Fak.
1971-1991	Hans > Reiter			1971 o	emeritiert

Lehrkanzel Versicherungsmathematik

1894-1926	Ernst Blaschke	1894 PD	1899 tit ao	1926 tit o	pens., danach †
1902-1933	Alfred > Tauber	1902 tit ao	1908 ao	1918 tit o	pens., aber bis WS 37/38 tätig
1928-1942	Alfred > Berger	1933 tit ao	1938 apl. ao		† im Amt

Daten nach [67] und den Biographien der betroffenen Personen.
(> Strubeckers ao Professur von 1941 [cf. p 434] kam nicht zum Tragen.)

Tab. 2.1. *Mathematik-Lehrkanzeln an der Universität Wien* 1890–1971.

die regelmäßigen Diskussionsrunden des Wienes sorgten für intensiven, oft auch heftigen Gedankenaustausch.

1934 begann der Niedergang, parallel zur Zerstörung des mathematischen Lebens in Göttingen unter der NS-Herrschaft. Er erstreckte sich über vier Stationen:

- 1934 der Tod von Hans ⟩ Hahn — sein Ordinariat wurde nicht nachbesetzt,

- 1935-09 emeritierte ⟩ Wirtinger — Berufungskommission und Ministerium waren nicht imstande, einen geeigneten Nachfolger zu finden. Wirtingers Ordinariat wurde erst 1936-07-29 unter Unterrichtsminister Hans Pernter (VF) mit Karl ⟩ Mayrhofer (ab 1935 tit ao) nachbesetzt;

- 1936-06-22 wurde Schlick ermordet, im Herbst darauf wanderte Karl ⟩ Menger in die USA aus.

- 1938 musste ⟩ Furtwängler aus gesundheitlichen Gründen emeritieren. Sein Ordinariat war nun (vollends) der Willkür des NS-Regimes ausgeliefert.

Am Vorabend des „Anschlusses" war das Ergebnis dieser unheilvollen Entwicklung ein Trümmerhaufen: von den stolzen vier mit Größen ersten Ranges besetzten Lehrkanzeln war nur eine verblieben, diese war mit ⟩ Mayrhofer besetzt.

Ehrentafel Fakultät für Mathematik, Universität Wien; erstmals enthüllt 1977 (Foto: W.R.)

2.2 Universität Wien: Berufungsverhandlungen

2.2.1 Das verlorene Ordinariat

Nach dem Tod von Hans ˃ Hahn beantragten die beiden Mathematiker ˃ Wirtinger und ˃ Furtwängler, gemeinsam mit den Physikern H. Thirring[5] und Schweidler[6] sowie dem Astronomen Prey[7] 1934-11-20 in der Fakultät die Einsetzung einer Kommission mit der Aufgabe „Beratung der durch die Auflassung der Lehrkanzel für Mathematik nach Professor ˃ Hahn geschaffene Sachlage". Die Kommission wurde eingesetzt, das Ergebnis der Beratungen war ein Brief mit Datum 1935-01-22, in dem das Ministerium um die Weiterführung der Lehrkanzel gebeten wurde. 1935-05-12 wurde der Antrag nochmals in durchaus zukunftsweisender Weise begründet:

> *Die klassischen Methoden der höheren Analysis haben einerseits durch ihre Durchdringung mit den Ideen der Mengenlehre eine von Grund auf veränderte Darstellung erfahren, welche in der Theorie der reellen Functionen eigene Denkmethoden ausgebildet hat. Ihr Feld ist durch die Entdeckung der Integralrechnung, durch die neuen Fragestellungen, mit welchen sie durch die Relativitätstheorie befruchtet wurde, aber auch andere, damit zusammenhängende Ideen, wie die Functionen der unendlich vielen Variablen, des Functionalkalküls, sowie einer erneuten Inbetrachtnahme des LIE' schen Ideenkreises ungemein erweitert und die Probleme und Methoden der klassischen Functionentheorie in steter Wechselwirkung mit den genannten Ideen ungemein vertieft worden. Dazu haben die Untersuchungen über die Grundlagen der Mathematik und ihren logischen Aufbau eine breite Entwicklung genommen namentlich durch die seither eingetretene Ausbildung der axiomatischen Methode.*
>
> *Hieraus ist ersichtlich, daß nicht bloß Stoff, sondern auch die Grundbegriffe und Methoden des Denkens eine derartigen Mannigfaltigkeit aufweisen, daß es dem einzelnen Forscher bei bestem Willen unmöglich ist, alles in gleichem Maße zu beherrschen, geschweige denn zur Darstellung zu bringen und sich in diese einzuleben. Andererseits ist es unbedingt notwendig, daß wenigstens an einer*

---

[5] Hans Thirring (*1888-03-23 Wien; †1976-03-22 Wien), theoretischer Physiker, Vater des theoretischen Physikers Walter Thirring, studierte 1910 an der Universität Wien Mathematik und Physik (und Leibesübungen), gleichzeitig mit Erwin Schrödinger. Assistent am Institut für Theoretische Physik der Universität Wien, wo er 1911 bei Friedrich Hasenöhrl promovierte, und sich 1915 habilitierte. Ab 1921 ao, ab 1927 o Professor, war er bis 1938 Vorstand des Institutes. 1938 wurde er vom NS-Regime zwangsbeurlaubt; vorgeworfen wurde ihm Beschäftigung mit Relativitätstheorie, Freundschaft mit Albert Einstein und Sigmund Freud, allgemein pazifistische und damit „wehrkraftzersetzende" Haltung. Bis 1945 war er Berater für verschiedene Firmen wie die Elin AG (so wie Adalbert ˃ Duschek) und Siemens. 1945 wurde er als Professor reaktiviert. 1957 war H. Thirring Mitbegründer der ersten Pugwash-Friedenskonferenz, 1957–1963 Bundesrat für die SPÖ. Er war befreundet mit Edmund ˃ Hlawka und Leopold ˃ Schmetterer.

[6] Egon Schweidler (*1873-02-10 Wien; †1948-02-10 Seeham, Sbg); 1939–1945 Vizepräsident der Wiener AW.

[7] Adalbert Johann Prey (*1873-10-16 Wien; †1949-12-22)

Stelle des Staates die Möglichkeit geboten ist, in diese verschiedenen Methoden
und Begriffe eingeführt zu werden, soll nicht eine Erstarrung und Entfremdung
vom Gange der lebendigen Wissenschaft an den Hochschulen und in unvermeid-
licher Folge eine Senkung des Bildungswertes der Mathematik im ganz niedrigen
Unterricht eintreten. [8]

Das Ministerium für Unterricht, unter der Leitung des späteren Bundeskanzler Schuschnigg, konnte und/oder wollte dem Antrag nicht zustimmen, die Lehrkanzel blieb unbesetzt.
Ein wichtiges budgetpolitisches Motiv für die Auflassung der Lehrkanzel waren die strengen Sparmaßnahmen im Gefolge des Lausanner Sanierungsabkommens von 1932-07 (die
zweite Völkerbundanleihe) und der danach eingerichteten Kontrolle des österreichischen
Staatshaushalts durch einen Vertreter des Völkerbundes. Strenge Sparmaßnahmen waren
eigentlich auch zur Zeit der Berufung > Hahns 1921 angesagt, im Zusammenhang mit der
kriegsbedingten und nach dem Weltkrieg weitergaloppierenden Inflation, die 1922 zur ersten Völkerbundanleihe Österreichs, ebenfalls unter strenger Kontrolle des Völkerbunds,
führten. Unter dem Gesichtspunkt der Notwendigkeit von Einsparungen hätte Hahn gar
nicht erst berufen werden können. Sparmaßnahmen nach der Völkerbundanleihe dienten
im Ständestaat häufig als Vorwand für Entlassungen oder Streichungen von Stellen im
Hochschulbereich. Zwischen 1932 und 1937 wurden im Hochschulbereich etwa ein Viertel aller Professuren gestrichen. Ein ideologisches Motiv für die Auflassung der Lehrkanzel
lag wohl in der Person > Hahns: Sozialdemokrat, Jude, Anhänger moderner Mathematik
und der angeblich „zersetzenden" Philosophie Schlicks. Der von > Hahn beschrittene Weg
in die Moderne, wie er in der obigen Begründung der Fakultät beschrieben ist, sollte erst
gar keine Chance erhalten.

2.2.2 Eine versäumte Chance: Wirtingers Nachfolge

Wilhelm > Wirtinger emeritierte 1935-09. Die Berufungskommission für seine Nachfolge bestand aus Franke[9] (analytische Chemie), > Furtwängler, Prey (Astronom), Schlick
(Philosoph), Schweidler und H. Thirring (Physik), Späth[10] (Chemie), Ehrenhaft (Physik),
Meister[11] (Pädagogik), Eibl (Historiker) und, als kooptiertes Mitglied, > Wirtinger. Wirtinger fragte bei Johann > Radon und Gustav > Herglotz an, ob sie einem Ruf nach Wien zu
folgen bereit wären, beide lehnten umgehend ab. Die Mehrheit der Kommission stimmte
schließlich für den Dreiervorschlag:

1. Carathéodory, 2. > Vietoris, 3. > Mayrhofer.

---

[8] Archiv der Universität Wien, Phil. Dekanat Zl 108 aus 1934/35; hier zitiert nach [145] p. 111f

[9] Adolf Franke (*1874-03-19 Wien; †1964-01-01 Wien) war 1933/34 Dekan der Philos. Fakultät.

[10] Ernst Späth (*1886-06-14 Bärn, Mähren; †1946-09-30 Zürich) war nach 1945 bis zu seinem Tod
Präsident der ÖAW

[11] Richard Meister (*1881-02-05 Znaim, Mähren; †1964-06-11 Wien) Zu Meisters Rolle in der Universi-
tätspolitik und im Unterrichtswesen vgl auch die Fußnote auf p 83.

Für > Menger wurde im Anschluss an diesen Vorschlag der Titel eines „Titularprofessors" (tit. o.) beantragt. Ein von Moritz Schlick eingebrachtes Minderheitsvotum lautete dagegen:

1. Carathéodory, 2. > Artin, 3. > Menger,

mit der Begründung, dass Wirtinger mit Recht darauf bestanden habe, dass in erster Linie ein Vertreter der Analysis nach Wien zu berufen sei, aber im Maioritätsvotum keiner der an zweiter und dritter Stelle Genannten als ausgesprochene Analytiker bezeichnet werden könne, und diese überdies das Kriterium, Größen allerersten Ranges zu sein, nicht erfüllten.[12] Für seinen eigenen Vorschlag machte er dagegen geltend, dass

> [...] an der zweiten und dritten Stelle der Liste Namen genannt werden, die durch ihren Weltruf dafür Gewähr bieten, daß die Mathematik an der Universität Wien auf der Höhe bliebe.

Sein Eintreten für > Menger begründete er nicht ohne Schärfe:

> Von keinem der Kommissionsmitglieder wurde die ganz außerordentliche Bedeutung > Mengers auch nur im geringsten in Zweifel gezogen, es wurde im Gegenteil von allen zugegeben, daß er seiner Qualifikation nach unter allen Umständen mitvorgeschlagen werden müsse; als einziger Grund dagegen wurde der nicht-meritorische angegeben, daß zu befürchten sei, das von Menger jetzt bekleidete Extraordinariat möchte aufgelassen werden, wenn man seinen Inhaber zum Ordinarius ernenne! Dieser Grund aber ist absolut hinfällig, denn die Befürchtung entbehrt jeder tatsächlichen Unterlage; es verlautet im Gegenteil, daß weitere Verkleinerungen der Fakultät nicht mehr beabsichtigt seien. Außerdem würde das Argument zu dem absurden Prinzip führen, daß aus rein taktischen Gründen bei der Besetzung einer ordentlichen Professur ein weniger verdienter Privatdozent einem verdienten Extraordinarius vorgezogen würde.

1981 schrieb dazu eine Studentin Schlicks und Augenzeugin seiner Ermordung in ihren Erinnerungen:

> Einmal erlebte ich ihn [Schlick] sehr aufgebracht über Vorgänge, die sich anscheinend in der Fakultät abgespielt hatten, vermutlich im Zusammenhang mit der Neubesetzung der nach dem Tode des Mathematikers Hans > Hahn verwaisten Lehrkanzel.[13] In Schlicks Augen war Karl Menger zugunsten von Mayrhofer sehr ungerecht behandelt worden. Schlick beging keine Indiskretion, denn die Hörer von Menger waren bereits über die Intrige informiert und sehr empört. Man kolportierte, daß Schlick sich für Menger als „Mathematiker von großer Bedeutung" eingesetzt hätte, daß seinem Vorschlag jedoch das lächerliche Argument entgegengesetzt worden wäre, ein bedeutender Mann könne seine Bedeutung verlieren, während ein heute noch Unbedeutender später noch an Bedeutung

---

[12] Offenbar war Schlick von Vietoris nicht besonders beeindruckt.

[13] Hier ist offenbar die Nachfolge Wirtingers gemeint, die Neubesetzung von Hahns Lehrkanzel war ja vom Ministerium abgelehnt worden.

gewinnen könne. Dieser Ausspruch wurde ˃ *Furtwängler nachgesagt, was uns Studenten sehr enttäuschte, da wir diesen Lehrer immer hoch geachtet hatten.* [14]

Im Fakultätskollegium ergab die Abstimmung über das Minoritätsvotum für ˃ Artin 15 Ja, 38 Nein, 6 Enthaltungen und für ˃ Menger 13 Ja, 38 Nein, 5 Enthaltungen (offenbar waren nicht alle Fakultätsmitglieder bei beiden Abstimmungen anwesend). Das Ministerium lehnte aus „grundsätzlichen Erwägungen" Berufungsverhandlungen mit Carathéodory ab und teilte die Absage von ˃ Vietoris mit. Die neuerlich zusammengetretene Kommission stimmte mehrheitlich für die Liste:

1. ˃ Mayrhofer ex aequo J. ˃ Lense,   2. ˃ Mayr (Graz).

Wieder formulierte Schlick ein Minderheitsvotum, bezeichnete die vorliegende Besetzungsliste als „Verlegenheitsprodukt", betonte nochmals die Bedeutung ˃ Mengers und ˃ Artins und schlug statt Carathéodory Van der Waerden vor: [15]

Er ist zwar Holländer, hat aber eine österreichische Frau. Trotz seiner Jugend (er ist ungefähr 32 Jahre alt) genießt er den Ruf eines ganz außerordentlichen Mathematikers. Auf den verschiedensten Gebieten hat er sich mit dem größten Erfolg betätigt. Von seinen großen Arbeiten sei erwähnt sein Standardwerk über moderne Algebra, ferner seine strenge Begründung der „Abzählbaren Geometrie", durch die er eines der Probleme löste, die von Hilbert als die 21 grossen Probleme der Mathematik aufgestellt wurden. [. . .] Er ist Mitarbeiter des Physikers und Nobelpreisträgers Heisenberg, und schon daraus geht seine Bedeutung für die Analysis hervor, wie durch seine Arbeiten über Lie'sche Gruppen, über Differentialkovarianten in allgemeinen Riemannschen Räumen etc. bewiesen wird.

---

[14] Traude Cless-Bernert, *Der Mord an Moritz Schlick.* Augenzeugenbericht und Versuch eines Portraits aus der Sicht einer damaligen Studentin. Zeitgeschichte **9** (1981) 229–235. Traude Cless-Bernert, geb Gertrud Tauschinski (*1915-06-27 Wien; †1998-02-20 Wartmannstetten, NÖ) studierte ab 1934 Physik an der Universität Wien und promovierte 1939. Als Assistentin von Berta Karlik war sie am Nachweis des Elements Astat als Produkt des natürlichen Zerfallsprozesses von Uran beteiligt und veröffentlichte mit Karlik einige Arbeiten. (zB Zeitschrift f. Physik. **123** (1943), 51–72 und Naturwissenschaften **31,25–26**, (1943), 289–299).
Viele Jahre später hat Nikolaus ˃ Hofreiter im Gespräch mit Christa Binder sein Bedauern darüber ausgedrückt, dass „˃ Menger nicht mehr auf ˃ Furtwängler zugegangen sei. Die Besetzung der Lehrkanzel Hahns [Hofreiter meinte wahrscheinlich auch die Nachfolge Wirtingers] hätte einen ganz anderen Verlauf nehmen können". Hofreiter war mit Menger befreundet.

[15] Bartel Leendert van der Waerden (*1903-02-02 Amsterdam; †1996-01-12 Zürich) studierte ab 1919 in Amsterdam, promovierte 1926 bei Hendrick de Vries mit einer Arbeit über die exakte Grundlegung der abzählenden Geometrie (insbes. den Satz von Bézout). Habilitierte sich 1927 in Göttingen, während er Assistent bei Courant war. 1928 Professor in Groningen. 1929 heiratete er Camilla Rellich, die Schwester von Franz ˃ Rellich. 1930/31 erschien sein bekanntestes Buch *Moderne Algebra* (später Algebra, 2 Bände, viele Auflagen). 1931 – 1945 war er Professor in Leipzig. Dort wirkte Werner Heisenberg und es entstand van der Waerdens Buch *Die gruppentheoretische Methode in der Quantenmechanik.* 1940 bekam er Schwierigkeiten in NS-Deutschland, weil er seine niederländische Staatsbürgerschaft nicht aufgab, nach dem Krieg solche in den Niederlanden, weil er in NS-Deutschland geblieben war. 1945 hielt er sich mit Familie in Österreich auf, ging dann nach Amsterdam, wo er zuerst für Shell arbeitete, dann ab 1948 als ao und ab 1950 als o Professor in Amsterdam. 1951 bis zu seiner Emeritierung 1972 wirkte er an der Universität Zürich. Danach war er in der Geschichte der Mathematik tätig.

Sein Gegenantrag lautete dementsprechend auf

1. Van der Waerden, ⟩ Artin und ⟩ Menger   *ex aequo*

und diesem Antrag schlossen sich die Professoren Dittler, Mras, Radermacher, Geiger, Suess, Graff und Thirring an.[16]

Der Majoritätsantrag wurde bei der Abstimmung im Fakultätskollegium mit 39 Stimmen angenommen, 11 Mitglieder der Fakultät stimmten dagegen, 5 enthielten sich der Stimme. Eine Abstimmung über das Seperatvotum fand nicht statt.

1936 wurde der mathematisch achtbare, aber die Brillanz ⟩ Wirtingers oder ⟩ Mengers bei weitem nicht erreichende Karl ⟩ Mayrhofer zum Nachfolger Wirtingers als o Prof ernannt.

2.2.3 Noch ein Verlust: Karl Menger und sein Extraordinariat

Wie auch aus der obigen Argumentation von Moritz Schlick belegbar ist, wäre Karl ⟩ Menger der natürliche Nachfolger von Hans ⟩ Hahn gewesen, die Lehrkanzel wurde aber vom Ministerium eingezogen. 1936 wurde Moritz Schlick ermordet. Nach seinen eigenen Worten war Menger von Schlicks Tod und dessen Begleitumständen so geschockt, dass er sich schleunigst um einen neuen Wirkungskreis bemühte. Der wenig später stattfindende ICM in Oslo bot dazu die nötigen Kontakte und Menger verließ Wien (und Europa überhaupt) noch im gleichen Jahr.

⟩ Mayrhofer und ⟩ Furtwängler beantragten darauf 1937-02-27 die Schaffung eines neuen Extraordinariats an Stelle des von ⟩ Menger verlassenen. Dem stimmte die Fakultät zu und setzte eine Kommission für die Erstellung eines Besetzungsvorschlags ein. Ihr gehörten die Professoren Hirsch[17], Schweidler, ⟩ Mayrhofer, ⟩ Furtwängler, Thirring, Prey und Meister[18] sowie ⟩ Wirtinger als kooptiertes Mitglied an. Der Vorschlag der Kommission lautete:

1. Nikolaus ⟩ Hofreiter,   2. Hans ⟩ Hornich.

---

[16] Von den Unterstützern dieses Separatvotums wurde Schlick 1936 von dem Psychopathen Nelböck ermordet, der Altphilologe Ludwig Radermacher 1936-09 vorzeitig in den Ruhestand versetzt, seine Stelle aus finanziellen Gründen eingezogen. Die anderen hatten nach dem „Anschluss" Schwierigkeiten: Bei H. Thirring und dem Mineralogen Dittler hieß es 1938 „zur Klarstellung seiner politischen Einstellung beurlaubt", beim Astronomen Graff und dem klassischen Philologen Mras „beurlaubt, um Ruhe und Ordnung in der Fakultät zu gewährleisten". Der Geologe Franz Eduard Suess (*1867-10-07 Wien; †1941-01-25 Wien), Sohn des bekannten Geologen und eigentlichen Vaters der Wiener Hochquellenwasserleitungen Eduard Suess, emeritierte 1938. Er wurde wegen seiner jüdischen Großmutter 1939-12 durch Erlass des REM Rust aus der Wiener Akademie der Wissenschaften ausgeschlossen. Der Indologe und Iranist jüdischer Abkunft Bernhard Geiger (*1881-04-30 Bielitz-Biala; †1964-07-05 NY) wurde nach dem „Anschluss" aus dem Universitätsdienst entlassen und emigrierte in die USA.

[17] Hans Hirsch (*1878-12-27 Zwettl; †1940-08-20 Wien) Historiker, lt. eigenenen Angaben förderndes Mitglied der SS.

[18] Richard Meister (*1881-02-05 Znaim; †1964-06-11 Wien) war 1918 ao Professor für Klassische Philologie und 1923 o Professor für Pädagogik an der Universität Wien und Mitglied der „Bärenhöhle". Vgl [120].

Als erste Qualifikation von Hofreiter wurde laut Protokoll seine Mitgliedschaft bei der Vaterländischen Front (VF) erwähnt, nicht so bei Hornich.[19] Der Antrag wurde vom Ministerium zurückgestellt. Das folgende Jahr brachte den „Anschluss" und Hofreiter wurde NSDAP-Anwärter. 1939-08-14, ein Jahr später, wurde schließlich Hofreiter von Reicherziehungsminister Rust zum ao Professor ernannt.

2.2.4 Keine Chance: Die Nachfolge Furtwänglers

Philipp > Furtwängler emeritierte 1938-09-30. Er war schon vorher schwer krank gewesen und starb kurze Zeit später. Die Berufungskommission für seine Nachfolge bestand aus Ficker[20], Prey, Höfler[21], Knoll[22], Marchet[23], > Mayrhofer, Reininger[24], Schweidler, Dworzak[25], > Furtwängler und > Wirtinger. Ihr Dreiervorschlag lautete

1. > Radon, 2. > Vietoris, 3. > Huber.

Mit Wirkung von 1939-10-01 wurde Anton > Huber unter Umgehung der an erster und an zweiter Stelle Genannten zum Nachfolger von > Furtwängler ernannt. Hier erwies sich Hubers Vernetzung mit Bruno Thüring und Ministerialrat Führer als entscheidend, Huber stand für das Ministerium schon von Anfang an als Nachfolger Furtwänglers fest.

Dieselbe Kommission sollte sich auch mit dem schon 1937 beantragten Extraordinariat befassen. Hier wurde Nikolaus > Hofreiter ernannt. Zudem sollte ein neu zu schaffendes Extraordinariat für Geometrie behandelt werden. Die Kommission schlug Wolfgang > Gröbner ex aequo Karl > Strubecker vor. Doch am 1938-12-24 verzichtete der Vorstand > Mayrhofer auf dieses Extraordinariat mit der Begründung:

---

[19] Die Mitgliedschaft bei der VF wurde 1934-01-08 in einm Erlass des Unterrichtsministeriums von allen Lehrern im Schuldienst gefordert. Allerdings gab es auch Fälle von Beitrittsverweigerung durch NS-Anhänger, zB den Botaniker und späteren Rektor der Uni Wien Fritz Knoll (Erker, Zeitgeschichte 2017 Heft 3, 38–55).

[20] Heinrich Ficker (*1881-11-22 München; †1957-04-29 Wien) Meteorologe, trat 1938-07 dem Nat-soz. Fliegerkorps (NSFK) bei.

[21] Karl Höfler (*1893-05-11 Wien; †1973-10-22 Wien) Botaniker und Pflanzenphysiologe, Bruder des Germanisten Otto H. Höfler war seit 1939 Anwärter, ab 1941 Mitglied der NSDAP.

[22] Fritz Knoll (eigentlich Friedrich Josef Knoll; *1883-10-21 Gleisdorf, Steiermark; †1981-02-24 Wien) war Botaniker und von 1939 bis 1943 Rektor der Universität Wien, seit 1937 NSDAP-Mitglied (Nr. 6.235.774).

[23] Arthur Marchet (1892-09-18 Innsbruck; 1980-05-30 Oberalm), Mineraloge/Petrologe. Während der NS-Zeit Dozentenbundführer an der Uni Wien.

[24] Robert Reininger (*1869-09-28 Linz; †1955-06-17 Wien) war von 1922 bis zu seiner Emeritierung 1939 o Prof für Philosophie; Doktorvater des NSDAP-Mitglieds Erich Heintel.

[25] Rudolf Dworzak (*1899-11-21 Wien; †1969), 1930 Dr phil habil f. organ. Chemie Uni Wien, seit 1938 Mitglied d NSDAP; 1940 apl Professor für organische Chemie an der Univ. Wien; 1944 o Professor TH Karlsruhe. Dworzak vertrat die naturwiss. Abteilung des Dozentenbundes an der Philosoph. Fakultät. (Maier H (2015), Chemiker im „Dritten Reich": Die Deutsche Chemische Gesellschaft und der Verein Deutscher Chemiker im NS-Herrschaftsapparat, Wiley & Sons, Weinheim 2015, p. 460.)

Durch die inzwischen erfolgte Bestellung von Prof. Dr. A. Huber, dessen engeres Fach die angewandte Mathematik ist, hat zwar die Geometrie an der Wiener Universität noch keinen eigenen Vertreter, jedoch kann nach genannter Besetzung des Ordinariates für die üblichen einführenden Vorlesungen aus Geometrie das Auslangen gefunden werden. [26]

1941-10-31 kam es doch noch zur Zuteilung einer ao Professur, für die Wolfgang ⁺ Gröbner bestellt wurde, für ihn eine Kompensation für den Verlust einer der ao Professur gleichwertigen Position in Rom. Gröbner konnte aber wegen seines Frontdienstes und folgender Dienstverpflichtung in Braunschweig diese Stelle bis Kriegsende nicht antreten.

Zum Zeitpunkt des „Anschlusses" waren alle vier „Heroen" der Blütezeit tot, emeritiert, ausgewandert. Karl ⁺ Mayrhofer, Nachfolger ⁺ Wirtingers, entpuppte sich als NS-Sympathisant und trat nach dem „Anschluss" auch offiziell der NSDAP bei. Die Nachfolge ⁺ Furtwänglers ging, unter NS-Auspizien, an Anton ⁺ Huber, ein mathematisch eher bescheidenes Talent, Professor in Fribourg, (Freiburg in der Schweiz) und dort seit 1935 Mitglied der Schweizer Landesgruppe der NSDAP/AO. [27] Die „Jungstars" hatten Wien zum Teil schon lange vor 1938 auf der Suche nach einem Posten verlassen (zB ⁺ Mises 1919, ⁺ Geiringer 1921, Otto ⁺ Schreier (1923 als Nichthabilitierter), ⁺ Menger 1936/37), mit der Eskalation der NS-Bedrohung und besonders nach dem „Anschluss" verließen die verbliebenen schließlich in heller Flucht Europa.

Nach Kriegsende begann die Universität Wien als erste Hochschule Österreichs 1945-05-29 offiziell mit dem Studienbetrieb; sie war bereits am 2. Mai wiedereröffnet worden. Für den Wiederbeginn war, anders als in Deutschland, nicht auf die Entnazifizierung der Universitäten gewartet worden. Damals waren an allen Wiener Hochschulen zusammen nur etwa 8000 Studierende inskribiert. [28]

Nach dem Ende der NS-Herrschaft hätte eigentlich Karl ⁺ Menger das Recht auf die Restitution seiner Professur gehabt. Das wurde aber bei der Entnazifizierung und Wiederherstellung der Universität Wien mit dem Hinweis abgelehnt, Menger habe nach dem „Anschluss" ausdrücklich auf seine Professur verzichtet. Dass dieser Verzicht nicht wirklich als freiwillig anzusehen ist, wurde nicht anerkannt.

2.3 Technische Hochschule Wien

Die Wiener TH bezeichnete sich selbst als *frühen Hort der nationalen Gesinnung*. Sie hatte bereits 1923 einen „Arierparagrafen" eingeführt, nach dem nur 10% der Studenten jüdischer

---

[26] Archiv der Universität Wien, Philos. Dekanat Zl 292 aus 1938/39.

[27] Die NSDAP/AO trat von 1931 (offiziell anerkannt: ab 1932) bis 1945 als von NS-Deutschland gesteuerte Auslandsorganisation der NSDAP auf. 1945 wurde sie wie alle NS-Organisationen vom alliierten Kontrollrat verboten.

[28] Wiener Kurier 1945-09-08 p2.

Abstammung sein durften. Im gleichen Jahr konstituierte sich eine „Nationalsozialistische Studentengruppe Technische Hochschule Wien".

Lange vor dem „Anschluss" war von NS-nahen Studenten und Dozenten Material für künftige Denunziationen gesammelt worden. Ein anschauliches Bild liefert die folgende Proskriptionsliste, die Maria Tidl 1974 in den Akten der damaligen TH Wien gefunden hat.[29]

> *Technische Hochschule in Wien. Verantwortlich für den NSLB beziehungsweise NSDDB Dr Heribert Schober, Dozent, Wien V., Nikolsdorfergasse 1. Tel. A 37 8 23.*
>
> *Unbedingt aus der Hochschule zu entfernen sind:*
> *Emil Abel, Professor für Physik und Chemie, Volljude.*
> *Adalbert ˃ Duschek, Professor für Mathematik, jüdisch verheiratet, auch jüdisch orientiert.*
> *Ludwig ˃ Eckhart, Professor für darstellende Geometrie hat sich ursprünglich als Nationaler gebärdet, wurde dann aber einer der bösesten Umfälle, bei ihm genügt Versetzung an eine andere Hochschule, diese ist jedoch nötig.*
> *Ingenieur Franz Jaroschin, fachlich schlecht beschriebener Assistent, von klerikaler Einstellung, der anderen die Plätze versitzt.*
> *Leo Kirste, Professor für Luftfahrt, französisch orientiert, deutschfeindliche Einstellung, bisher in französischen Rüstungsdiensten, Schwiegersohn von Blériot, Ritter der französischen Ehrenlegion, schlechter Lehrer.*
> *Alois Kieslinger, Dozent für Geologie, hat in der Systemzeit sehr wenig guten Charakter gezeigt, bei ihm genügt Versetzung an eine andere Hochschule beziehungsweise in einen anderen Dienst.*
> *Alfons Klemenc, Professor für Chemie, slowenisch orientiert, sehr klerikal, aus der Systemzeit stark belastet, schlechter Wissenschafter und Lehrer.*
> *Dr Anton ˃ Mayer, Assistent für darstellende Geometrie, Jude, Systemanhänger.*
> *Ingenieur Ernst F. Petritsch, Professor für Fernmeldetechnik, stark klerikal eingestellt, sehr schlechter Lehrer und Wissenschafter, besitzt das größte Institut, das er leider nicht zu leiten imstande ist. Außerdem pensionsreif.*
> *Otto Redlich, Professor für Physik und Chemie, Volljude.*
> *Anton ˃ Rella, Professor für Mathematik, jüdisch versippt, weltanschaulich Gegner der NSDAP, bei den Studenten vielfach sehr unbeliebt.*
> *Karl Wolf, Professor für Mechanik, jüdisch versippt, außerdem Teilnehmer der Kämpfe gegen die NSDAP in der Steiermark aus freien Stücken, dafür ausgezeichnet von Schuschnigg, weltanschaulich fanatischer Gegner des Nationalsozialismus.*

Ungeachtet ihrer „nationalen Gesinnung" gab die TH Wien noch 1943 Anlass zu Irritationen bei der NS-Gauleitung. Rektor Sequenz äußerte sich in seiner Inaugurationsrede etwas blauäugig[30]

---

[29] Sie wurde erstmals in *Der neue Mahnruf* (1974) Heft 7, p7 publiziert.
[30] Neues Wiener Tagblatt 1943-01-17 p5.

I. Institut für Mathematik/Lehrkanzel Mathematik für Bauingenieure

Professoren

		PD	ao	tit	o	Emeritierung/Abgang
1902–1905	Karl Zsigmondy	1894	1902			→DTH Prag
1905-1907	Karl Carda	1901	1905			→DTH Prag
1908-1909	Gustav ˃ Herglotz	1904	1907		1909	→Leipzig
1910-1923	Hermann Rothe*	1910	1913	+Supplent	1920**	emer.
1924-1945	Lothar ˃ Schrutka	1908	1912		1924	† im Amt
1945-1957	Adalbert ˃ Duschek	1925			1945	† im Amt
1959-1975	Erich ˃ Bukovics	1954			1959	† im Amt

* in [67] p593 wird irrtümlich Kruppa als Nachfolger von Rothe angegeben; ** ad personam.

Privatdozenten

						Emeritierung/Abgang
1925-1936	Adalbert ˃ Duschek					→II. Inst.
1927-1928	Karl ˃ Mayrhofer					→Uni Hamburg
1931-1935	Karl ˃ Mayrhofer					→Uni Wien

II. Institut f Mathematik./ab 1819 Lehrkanzel für Elementare Mathematik
ab 1866 Lehrkanzel für Mathematik I/ab 1945 II. Lehrkanzel für Mathematik

Professoren

		PD	ao	tit	o	Emeritierung/Abgang
1896-1906	Moriz Allé				1896	als HR emer.
1906-1921	Karl Zsigmondy		1906			→Lehrk. Mathe II
1922-1929	Erwin ˃ Kruppa		1922		1923	→DG
1930-1933	Theodor ˃ Vahlen				1930	→REM
1933-1936	Franz J. ˃ Knoll	1919	Supplent			→apl Prof
1936-1938	Adalbert ˃ Duschek	1925	1936			NS-entlass.
1938-1941	Karl ˃ Strubecker	1931	1939			→Straßburg
1941-1945	Franz ˃ Knoll	1927	apl 1941	ao 1943		enthoben
1945-1957	Paul ˃ Funk				1945	emer.
1957-1976	Hans ˃ Hornich				1957	emer.

Privatdozenten

		PD	ao	tit		Emeritierung/Abgang
1900-1901	Josef A. Gmeiner	1900				→DU Prag
1904-1906	Josef Grünwald	1904				→DU Prag
1910-1913	Hermann Rothe	1910	1913			→Inst. Mathe I
1921-1923	Karl ˃ Mayr	1921				→TH Graz
1959-1967	August Florian	1959				→Univ Salzburg

Daten nach [301], [67] und den Biographien der betroffenen Personen.

Tab. 2.2. *Professoren und Dozenten für Mathematik an der TH Wien, 1. Teil*

III. Institut f. Mathematik/Lehrkanzel f. Höhere Mathematik (seit 1815)

ab 1866 Lehrkanzel für Mathematik II / 1941 umbenannt in II. Lehrkanzel f. Mathematik
seit 1945 III. Lehrkanzel f. Mathematik/ab 1954 + Mathematisches Labor

Professoren

		PD	ao	Supplent	o	Emeritiert/Abgang
1891-1921	Emanuel Czuber				1891	emer.
1919-1925	Karl Zsigmondy		1919		1922	† im Amt
1925-1928	Theodor ˃ Radaković			Supplent		
1928-1930	Leopold ˃ Vietoris				1928	→Uni Innsbruck
1930-1932	Theodor Radaković			Supplent		
1932-1945	Tonio ˃ Rella				1932	† im Amt (Artillerietreffer)
1946-1977	Rudolf ˃ Inzinger	1945	1946		1947	emer.

Privatdozenten

1908-1912	Lothar ˃ Schrutka	1908				→TH Brünn
1915-1919	Johann ˃ Radon	1915				→Uni Hamburg
1915	Friedrich Rulf	1915				→Kriegsdienst †
1928-1937	Theodor ˃ Radaković	1928				→Uni Graz
1935-1941	Ludwig ˃ Holzer	1935				→TH Graz
1954-1959	Erich ˃ Bukovics	1954			1959	→I. Inst Math

Leiter der Lehrkanzel für Wahrscheinlichkeitstheorie (1920 von Mathematik II abgetrennt)

1920-1923	Karl ˃ Mayr	1921		Supplent		→DTH Brünn
1922-1925	Karl Zsygmondy		1906			
1925-1928	Franz ˃ Knoll	1927				
1928-1938	Adalbert ˃ Duschek	1924	1936			
1938-1941	Ludwig ˃ Holzer	1936				→TH Graz

Daten nach [301], [67] und den Biographien der betroffenen Personen.

Tab. 2.3. *Professoren und Dozenten für Mathematik an der TH Wien, 2. Teil.*

... über die Stellung der Hochschule und der Hochschule der Donau- und Al-
pengaue im besonderen innerhalb der Volksgemeinschaft. Der großdeutsche Ge-
danke schließe nicht aus, daß die Eigenart des Menschen der Donau- und Al-
pengaue, die auch in der musischen und technischen Begabung der Menschen
unsrer Heimat beredten Ausdruck finde, für alle Zukunft erhalten bleibe und dem
gesamtdeutschen Auftrag dienstbar gemacht werde. Das schöpferische Wirken
des Technikers unsrer Gaue sei dadurch gekennzeichnet, daß er die Probleme
von der künstlerischen Seite her glücklich löse.

Diese Betonung *österreichischer Eigenart* wurde von der Gauleitung durchaus *nicht* geschätzt. Nach offizieller Politik war das Deutsche Reich als homogener Einheitsstaat ohne
regionale Sonderwege zu führen. Es ist zu vermuten, dass mit der „regionalen Eigenart"

insbesondere die besondere Pflege der Darstellenden Geometrie in Österreich gemeint war.[31]

Nach dem März 1938 verloren vier Mathematiker der TH Wien ihre Stellung und zugleich ihre Venia: Adalbert > Duschek (ao Professor, „jüdisch versippt"),[32] Ernst > Fanta (tit ao Professor, Jude),[33] Ludwig > Eckhart (o Professor, Selbstmord) und Alfred > Basch (Privatdozent, aber Fakultätsmitglied der TH Wien, Jude).[34] Ein weiterer, Franz > Knoll, wurde als Ehemann einer jüdischen Ehefrau zunächst ebenfalls enthoben, aber später auf Intervention von Fürsprechern wieder eingesetzt.

Vor allem in Bezug auf die neuen Mittelschullehrpläne opponierten auch NS-freundliche Mathematiker an den Technischen Hochschulen Wien und Graz gegen „Reformen aus Berlin". Blankes Entsetzen erregte etwa die Streichung der Darstellenden Geometrie als selbstständiges Lehrfach an Mittelschulen, die aber im „Altreich" schon längere Zeit vorher in Kraft war.[35] Schützenhilfe erhielt der Widerstand gegen die Kürzungen im Bereich Darstellende Geometrie aber auch aus Berlin, von Georg > Hamel, wie die folgende Notiz des „Neuen Wiener Tagblatts" (1939-07-14 p12) zeigt:

Berlin. 13. Juli. Ostmark-Schulfach als Vorbild
Darstellende Geometrie als Arbeitsgemeinschaft

In einer Sitzung der Physikalisch-Mathematischen Klasse der Preußischen Akademie der Wissenschaften sprach der ordentliche Professor an der Technischen Hochschule Berlin für Mechanik und Mathematik Dr Georg > Hamel über Fragen des Unterrichtes. Nach einer kurzen Darstellung des äußeren Rahmens wurde von den notwendigen Kürzungen der einzelnen Stufen geredet, die durch einen stärker konzentrierten Unterricht wettgemacht werden sollen, was besonders gute, als Erzieher und Könner ausgezeichnete Lehrer voraussetzt. Die Erziehungsaufgabe muß stärker in den Vordergrund treten. Diese Aufgabe bedingt eine Verschiebung in den Stundenzahlen, so daß in der Oberstufe von der Sprachengruppe und der naturwissenschaftlich-mathematischen Gruppe jeweils nur eine zur Entfaltung kommen kann. Eine eingehendere Betrachtung verdienen nach Meinung Professor > Hamels die Arbeitsgemeinschaften des mathematisch-naturwissenschaftlichen Zweiges. Hier ist ein neues Problem durch die Schaffung Großdeutschlands entstanden, da die Ostmark und das Sudetenland eine alte Tradition haben, nämlich die Pflege der darstellenden Geometrie; sie zu verlieren, würde einen Verlust bedeuten. In den Arbeitsgemeinschaften der Höheren Schule könne die Pflege der darstellenden Geometrie einen Platz finden. Zu einer Vor-

---

[31] Zur Geschichte der Darstellenden Geometrie verweisen wir hier nur auf die neuere Publikation Barbin et al. [12].

[32] Duschek verlor zwar seine akademische Position, konnte aber als Konsulent bei der ELIN unterkommen. Seine Frau war durch den Status einer „privilegierten Mischehe" geschützt.

[33] starb wenig später in der Emigration

[34] Basch konnte rechtzeitig emigrieren, kehrte 1946 nach Wien zurück.

[35] Vgl. dazu die Aufsätze der in Graz wirkenden Mathematiker > Horninger und > Koschmieder in *Deutsche Mathematik* 6 (1941), 473–483 und 488–492, ferner (ebenda p 473) den Aufsatz des durch sein Lehrbuch der DG von 1937 bekannten Ulrich Graf, damals TH Danzig.

bildung der Ingenieure wäre es wohl erwünscht, wenn die Tradition der Ostmark auf den deutschen Norden einwirken möchte.

1. Lehrkanzel/1. Institut für Darstellende Geometrie

		PD	ao	tit o	o	Em/Abg
1891–1901	Gustav A. V. Peschka				1891	emeritiert
1902–1927	Emil Adalbert Müller				1902	† im Amt
1929–1957	Erwin ˃ Kruppa		1922		1923	emeritiert
1957–1969	Josef ˃ Krames					emeritiert
1969–1990	Heinrich Brauner	1956			1969	emeritiert

2. Lehrkanzel/2. Institut für Darstellende Geometrie

		PD	ao	tit o	o	Em/Abg
1897-1899	Jan Sobotka*		1897			→Prag
1899-1929	Theodor Schmid		1900		1906	emeritiert
1929-1939	Ludwig ˃ Eckhart	1924			1929	† Selbstmord i.Amt
1939-1945	Josef ˃ Krames	1924			1939	enthoben, 1957 →II. Lehrk.
1946-1980	Walter ˃ Wunderlich	1940	1946	1951	1955	emeritiert
1980-2011	Hellmuth Stachel	1971			1980	emeritiert

* Sobotka war 1896/97 wirklicher Assistent von Peschka.
Daten nach [67], [25] und den Biographien der betroffenen Personen.

Tab. 2.4. *Professoren für Darstellende Geometrie an der TH Wien.*

Von 1938 bis 1945 waren ˃ Krames (von NS-Minister Rust ernannt, vorher Ordinarius an der TH Graz), ˃ Kruppa (berufen im Ständestaat), ˃ Rella (berufen im Ständestaat), und ˃ Schrutka (berufen im Ständestaat, aber ab 1942 Dozentbundführer) die ordentlichen Professoren im Bereich der Mathematik der TH Wien; eine Stelle blieb unbesetzt.

Quellen. Mikoletzky [216]; Mikoletzky und Ebner [217], [218]; Einhorn II, [67]; Kurzbiographien in Kapitel 4

2.4 Hochschule für Bodenkultur (BOKU)

Auch diese war ein früher Hort des Antisemitismus, der nationalen Gesinnung und der illegalen Nazis.[36] Die Mathematik und ihre Lehre war allerdings an der BOKU nur wenig betroffen, da nur wenig vertreten. Der einzige Ordinarius am Mathematischen Institut war von 1917 bis 1945 Wilhelm ˃ Olbrich,[37] der vor allem durch seine ostentative Anwesenheit

---

[36] Eine ausführliche Darstellung für die Zeit von 1914–1955 geben Ebner [61] sowie [62], Ebner und Mikoletzky [63], Welan [382].

[37] Olbrich war 1913 zum Honorardozenten, 1917 zum tit. ao ernannt worden, er hatte nie ein Verfahren zur Erteilung der Venia legendi durchlaufen.

bei der 1933 vom (illegalen) NS-Studentenbund organisierten Feier zu Hitler's Einzug in die Reichskanzlei der österreichischen Regierung unangenehm auffiel.

Lehrkanzel für Mathematik*					
1890-1913	Oskar Simony**			1890 o	krankh. emer.
1913-1914	Wilhelm ˃ Olbrich	1913 HonD.			→Front
1914-1917	Johann ˃ Radon	Supplent			
1917-1945	Wilhelm Olbrich	1917 tit ao	1919 ao	1921 o	† 1945 gefall.
1927-1928	Anton ˃ Huber	1922-26 Ass.	1927 PD		→Fribourg
1942-1945	Josef ˃ Krames	Supplent			enthoben
1945-1949	Hans ˃ Hornich	1945 HonD.			→Graz
1949-1961	Ludwig ˃ Hofmann		1949 ao	1956 o	emeritiert
1961-1992	Karl ˃ Prachar		1958 ao	1965 o	emeritiert

Lehrkanzel für Niedere Geodäsie/Niedere Geodäsie + Technisches Zeichnen					
1875–1901	Josef Schlesinger			1875 o	† im Amt
1901–1913	Theodor Tapla	1881 HonD.	1886 ao	1891 tit/1897 o	† im Amt
1899–1934	Emil Hellebrand		1908	1910	vz. Ruhest.

*DG war bis 1913 der Lehrkanzel für Niedere Geodäsie (ab 1901 DG und Niedere Geodäsie) zugeteilt.
** Simony las Mathematik und Mechanik.

Daten nach [67] p 703

Tab. 2.5. *Mathematiker an der Hochschule (ab 1975 Universität) für Bodenkultur Wien.*

Der bis 1917 für Darstellende Geometrie, danach für Mathematik und Elemente des Feldmessens bestellte Hellebrand wurde 1934-08 wegen NS-Betätigung seines Dienstes enthoben und vorzeitig in den Ruhestand geschickt, was in den Jubiläums-Festpublikationen [255, 85, 258] verschämt, aber konsequent und immer im gleichen Wortlaut als „tragische Verkettung unglücklicher Zufälle und Missverständnisse" gedeutet wurde.[38] Es fehlen aber alle Hinweise darüber, worin diese „unglücklichen Zufälle und Missverständnisse" bestanden hatten.[39]

Unter Kanzler Dollfuß wurde die Hochschule wegen NS-Aktivitäten im Frühjahr 1934 unter kommissarische Leitung gestellt, kommissarischer Leiter war Otto Skrbensky.[40]

---

[38] In gleichem Wortlaut auch noch 1953 in der Österreichischen Zeitschrift für Vermessungswesen **41** (1953), 3–5. Es wird dort noch hinzugefügt: „Es gibt keine bessere Kennzeichnung der Lauterkeit des Charakters und der Großherzigkeit des Menschen Hellebrand als den folgenden Hinweis: Im März 1938, als man ihn zur Wiederübernahme seiner Lehrkanzel an die Hochschule zurückrief, lehnte er diese mit der Begründung ab, daß er die Laufbahn seines ehemaligen Assistenten Ackerl, der im August 1935 zum a.o. Professor ernannt worden war, nicht zerstören wolle."

[39] Hellebrand gehörte zur Abordnung der Professoren, die an der umstrittenen „Siegesfeier" nach der Machtüberlassung von 1933 teilgenommen hatten. Nicht alle Mitglieder dieser Abordnung wurden entlassen.

[40] Otto Skrbensky (*1887-07-22 Wien; †1952-10-29 Wien) wurde nach dem „Anschluss" 1938-06 aus dem Ministerialdienst beurlaubt und mit Datum 1939-01-01 (bei vollen Bezügen) in den dauernden Ruhestand

Im Zuge der Entnazifizierugsmaßnahmen nach 1945 wurden an der BOKU insgesamt 23 von 27 Professoren entlassen/pensioniert, 37 Lehrbefugnisse wurden aufgehoben. Die einzige Lehrkanzel für Mathematik und Darstellende Geometrie wurde wegen des Todes des Lehrkanzelinhabers ⊳ Olbrich an der Front vorerst nicht weitergeführt, die deswegen notwendigen Supplierungen der Fächer Mathematik und Darstellende Geometrie wurden für die folgenden sieben Semester[41] an Hans ⊳ Hornich (damals tit. ao Prof.) vergeben. Hornichs Nachfolger waren Ludwig ⊳ Hofmann, ao Prof. ab 1949-07-01, o Prof ab 1956-01-21, emer 1961-06-17 und Karl ⊳ Prachar.

Quellen. Ebner [61]; Archiv der Uni BOKU, Personalakt Hornich, Briefe BM f Unterricht an das Rektorat der Hochschule f. BOKU von 1946-04-11, 1946-12-16, 1947-04-10, 1948-02-17, und an das Rektorat der TH Graz, 1948-10-11.

2.5 Universität Graz

Die auf Erzherzog Karl II. und Kaiser Franz I. von Österreich zurückgehende Karl-Franzens-Universität, kurz Universität Graz genannt, verfügte ab 1821 über eine, ab 1876 über zwei Lehrkanzeln für Mathematik.[42]

Noch sehr lange hatte die Mathematik an der Universität Graz Probleme mit der Besetzung ihrer Lehrkanzeln, da es schwer war, Mathematiker von Rang an Graz zu binden. Daran war nicht zuletzt die seit der Gründung herrschende finanzielle Unterdotierung und ministerielle Gängelung beteiligt. Der erste Inhaber der zweiten Lehrkanzel, der spätere Ordinarius der Universität Wien, Gustav Escherich, hatte zunächst nur eine unbezahlte Stelle als tit ao Prof. Erst 1894 wurde diese Stelle in ein Ordinariat umgewandelt; im gleichen Jahr wurde erstmals die Abhaltung von Seminaren, im Sinne einer Lehrveranstaltung unter aktiver Beteiligung der Studenten, an der Universität Graz zugelassen.[43] Bis zum Jahre 1930 verfügte die Lehrkanzel für Mathematik über keine Assistentenstelle, danach über eine

---

versetzt. Die NS-Zeit überstand er ansonsten ohne weitere Verfolgungen, seine Schwester Dr Izabella Sirchich, geb Skrbensky, wurde dagegen 1945-02-13 in Dresden ermordet (Yad Vashem Datenbank Nr. 5801639). Sofort nach Kriegsende wurde er in die Hochschulverwaltung im Staatsamt für Volksaufklärung, Unterricht und Erziehung, und für Kultusangelegenheiten aufgenommen, die unter der Leitung des KP-Mitglieds Ernst Fischer stand. Ab 1945-07-03 war er provisorischer Leiter, ab 1945-09-01 Chef der Sektion III (Hochschulen) im Unterrichtsministerium. Die Entnazifizierung der Hochschulen und Universitäten lag fast zur Gänze in seinem Entscheidungsbereich als Leiter der Sonderkommission für die Entnazifizierung der Hochschullehrer. Eine ausführliche Biographie von Skrbensky gibt Margarete Grandner in [57, pp 519ff].

[41] beginnend 1945-12-01 und endend 1949-03-31

[42] Eine Überblicksdarstellung der Geschichte der Universität Graz gibt Höflechner W (2006) Geschichte der Karl-Franzens-Universität Graz. Von den Anfängen bis in das Jahr 2005, Graz 2006.

[43] Zwischen 1894 und 1956 wurde die Bezeichnung „Mathematisches Seminar" auch für „Mathematisches Institut" verwendet. Nach dem Krieg wurden noch drei weitere Lehrkanzeln hinzugefügt, eine davon bildete — offenbar zur Vermeidung von Konflikten — zeitweise ein eigenes Institut. Heute sind alle mathematischen Aktivitäten der Universität Graz im „Institut für Mathematik und Wissenschaftliches Rechnen" zusammengefasst.

halbe (gemeinsam mit der Lehrkanzel für Theoretische Physik, Hermann ˃Wendelin). Noch bis weit in die Erste Republik war Graz für die meisten dort tätigen Mathematiker hauptsächlich ein Sprungbrett für die Erreichung attraktiverer Positionen; wir nennen hier nur die Namen Kepler, Boltzmann (sogar zwei Mal), Mach, Escherich, ˃Rella und ˃Hornich (TH). Im nächsten Abschnitt wird noch zu sehen sein, wie 1946 zwei unbestreitbar erstrangigen Mathematikern, nämlich van der Waerden und Franz ˃Rellich, ein Bewerber erheblich niedrigerer Einstufung vorgezogen wurde.

Die Gesamtzahl der Studierenden an der Universität Graz betrug in der Zwischenkriegszeit etwa 2000, stieg 1922/23 auf 2757 und 1932/33 auf 2608. Die Zahl der Studentinnen stieg von 226 im Studienjahr 1918/19 in den folgenden beiden Jahrzehnten auf mehr als das Doppelte und erreichte 1932/33 mit 485 ihren Höchststand bis zum Zweiten Weltkrieg.

Der „Anschluss" wurde wie allgemein in Graz von den meisten Angehörigen der Universität enthusiastisch begrüßt, es gab sogar einen Antrag auf Namensänderung der Uni Graz, in „Adolf-Hitler-Universität", der aber 1938-09 vom REM abgelehnt wurde. 1941 erfolgte hingegen die Umbenennung in *Karl-Franzens-Reichsuniversität Graz*, 1942 die Umwandlung in die *Reichsuniversität Graz* (1942–1945), eine von insgesamt vier Reichsuniversitäten auf NS-besetztem Territorium.[44] Die Reichsuniversitäten waren als NS-Musteruniversitäten konzipiert und sollten „Vorposten und Bollwerke des Deutschtums" an den Reichsgrenzen sein, im Fall von Graz als „Kampfuniversität im Südosten", mit Blickrichtung Balkan.

Im hier betrachteten Zeitraum waren, auch während des Krieges, Zahlentheorie, sowie Algebra und Geometrie Schwerpunkte der Forschung am Mathematischen Institut der Uni Graz, weniger intensiv mathematische Logik und Mengentheorie, wobei gemeinsame Seminare mit dem Grazer Philosophen und Meinong-Schüler Ernst Mally eine Rolle spielten.[45] Angewandte Mathematik etablierte sich an der Grazer Universität erst in den 1990er Jahren.

Quellen. Aigner [2]; Gronau [123]; Fleck [89]

2.6 Universität Graz 1946: Unberufen

Ein besonders drastisches Beispiel für den auch nach dem Ende des zweiten Weltkriegs weiterwirkenden Einfluss der NS-Zeit ist die Berufung des eher nur mediokren Mathematikers und Pg Georg ˃Kantz zum Ordinarius. Dieses Stück „Vergangenheitsbewältigung" wurde 2010 in [123] und [124] von Detlef Gronau mit großer Sorgfalt entrollt; wir geben

---

[44] Die anderen Reichsuniversitäten waren Straßburg (1941–1944), Prag (1939–1945) und Posen (1941–1945).

[45] Karl ˃Menger gab 1939 eine Widerlegung von Ernst Mallys „deontischer Logik" in seinem „amerikanischen" Menger-Kolloquium (1939, Reports of a Mathematical Colloquium, 2nd series, No 2, 53–64, Notre Dame, Indiana). Mally war seit 1938 Pg.

1. Lehrkanzel

1821–1862	Josef Knar	def. 1824		Ruhestand
1862–1863	Carl Hornstein			→Uni. Prag
1864–1866	Ernst Mach			→DU Prag
1866–1906	Johannes Frischauf	ao 1866	o 1867	vorz.Ruhest.
1907–1928	Robert Daublebsky v. Sterneck			emeritiert
1929–1945	Karl ⸢ Brauner	ao 1929	o 1940	enthoben
1946–1968	Georg ⸢ Kantz	ao 1946	o 1956	emeritiert
1971–1972	Ludwig Reich		o 1971	→ 3.Lehrk.

2. Lehrkanzel

1876–1879	Gustav von Escherich	ao 1876*		→Czernowitz
1879–1920	Victor Dantscher von Kollesberg	ao 1879*	o 1894	emeritiert
1920/21	Victor Dantscher von Kollesberg.	Supplent		
1921/22	Lucius Hanni	Supplent		
1922–1932	Anton ⸢ Rella	ao 1922	o 1924	→TH Wien
1932–1934	Ludwig ⸢ Holzer	Supplent		
1934–1938	Theodor ⸢ Radaković	ao 1934		† im Amt
1940–1949	Hermann ⸢ Wendelin	ao 1940		1949 entlass.
1955–1966	Hermann ⸢ Wendelin	ao 1955	o 1965	emer.
1967/68	Heribert Fieber	Supplent		
1968–1992	Heribert Fieber		o 1968	† im Amt

Privatdozenten/unbesoldete sonstige Professoren

1867–1891	Carl Friesach***	PDoz	tit.ao 1869	Assistent
1875–1876	Gustav von Escherich	PDoz.		→Uni Wien
1875–1925	Josef Streißler	PDoz.	tit.ao 1923	Schulprof.
1892–1893	Konrad Zindler	PDoz.		→Uni Wien
1913–1918	Roland ⸢ Weitzenböck	PDoz.**		→DTH Prag
1923–1931	Lucius Hanni [†1931-03-16]	PDoz.**	tit.ao	Bibliothekar
1928–1945	Rudolf Lauffer	PDoz.	L-aufträge	Bundeslehrer
1929–1935	Ludwig ⸢ Holzer	PDoz.		→TH Graz

* unbesoldet, ** Venia übertragen, *** Astronom; Assistentenstelle
(Neuorganisationen der 1960er Jahre unberücksichtigt)
Daten nach [2]

Tab. 2.6. *Mathematiker an der Universität Graz.*

hier seine Ausführungen auszugsweise wieder und ergänzen sie durch Berichte aus dem Parlament.

Wie der obigen Tabelle zu entnehmen ist, war nach Kriegsende die erste Lehrkanzel am mathematischen Institut mit dem o Professor Karl ⸢ Brauner besetzt, der bald danach entlassen wurde. An der zweiten Lehrkanzel amtierte noch der ao Professor Hermann ⸢ Wendelin, der erst 1949 wegen NS-Belastung enthoben wurde.

Die Berufungskommission bestand aus Hans Benndorf,[46] Hermann ⊁ Wendelin, Ferdinand Weinhandl[47] und Otto Kratky.[48] Benndorf fragte brieflich bei B.L. van der ⊁ Waerden und F. ⊁ Rellich an, ob sie bereit wären, ein Ordinariat in Graz anzunehmen und erhielt positive Antworten. Beide zählen bis heute zu den führenden Mathematikern des 20. Jahrhunderts. Rellich hat später das mathematische Institut in Göttingen wieder aufgebaut. Außerdem erbat Benndorf von ⊁ Vietoris weitere Vorschläge für Kandidaten, unter der

. . . Hauptbedingung natürlich, dass sie nichts mit der Partei zu tun gehabt haben.

In der Sitzung 1946-07-04 berichtete Benndorf über die Kandidaten van der ⊁ Waerden und ⊁ Rellich, die allgemein Zustimmung fanden. Beide Kandidaten hatten Benndorf versichert, einem Ruf nach Graz auch folgen zu wollen. Auch im Falle van der Waerden war das durchaus plausibel, da er gerade nach Kriegsende heftig dafür kritisiert wurde, dass er unter dem NS-Regime in Deutschland geblieben war, ein Ruf an die Universität Utrecht, für den sich Hans Freudenthal eingesetzt hatte, war ihm aus diesem Grund von der niederländischen Regierung verweigert worden. Van der ⊁ Waerden war mit seiner Familie kurz vor Kriegsende den Bombenangriffen auf Leipzig ausgewichen, erst nach Dresden und dann nach Österreich zu seiner Schwiegermutter in Tauplitz bei Graz. 1945 war er nach Amsterdam zurückgekehrt und hatte durch Vermittlung von Hans Freudenthal für Shell in Den Haag gearbeitet, zum Zeitpunkt des Berufungsverfahrens hatte van der Waerden keine akademische Position. Seine Frau Camilla,[49] Schwester von Franz ⊁ Rellich und ausgebildete Pharmazeutin, lebte mit den drei Kindern in Tauplitz bei ihrer Mutter. Dass ⊁ Rellich, Sohn einer in Graz seit 1918 ansässigen Familie, einer Berufung nach Graz folgen würde, war anzunehmen. Wegen der hohen wissenschaftlichen Qualifikation dieser Kandidaten schien die Entscheidung für einen der beiden gesichert.

Da trat Hermann ⊁ Wendelin, Inhaber der zweiten Lehrkanzel für Mathematik, auf den Plan und schlug vor, den damaligen Dozenten ⊁ Kantz an die dritte Stelle zu setzen. Die Kommission war mit diesem Vorschlag einverstanden, bestand aber darauf, ein Gutachten über ⊁ Kantz einzuholen. Man einigte sich auf ⊁ Koschmieder als Gutachter, obwohl dieser wegen NS-Belastung nach Kriegsende entlassen worden war. Wie sich 1949 herausstellte, war auch Wendelin NS-belastet gewesen. Der Vorschlag für die Berufungsliste lautete somit

---

[46] Der Physiker, Astronom und Seismologe Johannes Benndorf (*1870-12-13 Zürich; †1953-02-11 Graz), Sohn des deutschen Archäologen Otto Benndorf, ist vor allem durch hervorragende Forschungen auf dem Gebiet der Luftelektrizität und in der Seismologie hervorgetreten. Benndorf wurde 1936 vom Ständestaatregime in den vorzeitigen Ruhestand versetzt. (Kurzbiographie im Biografischen Handbuch österreichischer Physiker und Physikerinnen, Wien 2005 p. 5f.)

[47] Ferdinand Weinhandl, Philosoph und Psychologe (*1896-01-21 Judenburg; †1973-08-14 Graz). Seit 1933 Pg und SA-Mitglied. 1937–1942 Leiter d. Wiss. Akademie des NSDDB. Ging 1944 an die Universität Graz, blieb aber nicht in der NSDAP. 1945-06-06 ohne Versorgungsansprüche entlassen, 1950 wieder eingestellt.

[48] Otto Kratky (*1902-03-09 Wien; †1995-2-11 Graz) war Chemiker, siehe auch den Eintrag ⊁ Baule.

[49] Camilla Juliana Anna Rellich (*1905-09-10; †) und Bartel van der Waerden lernten einander 1929-07 in Göttingen kennen; sie heirateten 1929-09-27 in Graz. (3 Kinder: Helga (*1930-07-26 Groningen), Ilse (*1934-10-16 Deutschland), Hans Erik (*1937-12-07 Deutschland). (Soifer [327], p 54; s. auch Schneider [293], p 116.)

1. van der Waerden ,   2. ˃ Rellich,   3. ˃ Kantz,

für Kantz unter der Bedingung der Vorlage eines positiven Gutachtens von ˃ Koschmieder. Gleichzeitig stellte das Dekanat der philosophischen Fakultät den Antrag, Kantz den Titel eines ao Professors zu verleihen.

Die Gutachten über ˃ Kantz und seine Beurteilungen durch ˃ Wendelin (NS nahe, 1948 deswegen entlassen) und ˃ Koschmieder (Pg) sind überschwänglich positiv, in wichtigen Punkten nicht nachvollziehbar, falsch oder irreführend. Detlef Gronau schreibt dazu;

> *Das Schriftenverzeichnis von Kantz enthält 11 Positionen; bei keiner ist angege-*
> *ben, ob und ggf. wann und wo sie veröffentlicht wurde. Eine Recherche ergab,*
> *dass nur die ersten vier zwischen 1940 und 1942 veröffentlicht wurden, und zwar*
> *alle in der Deutschen Mathematik. Eine weitere Position findet sich mit ähnli-*
> *chem Titel veröffentlicht 1955 in den Monatsh. Math., die restlichen Titel seiner*
> *Liste, insbesondere das von Wendelin so hochgelobte Hauptwerk Theorie der*
> *algebraischen Zahlkörper, sind offensichtlich nie erschienen.*

Unter normalen Umständen hätte eine solche Publikationsliste kaum für eine Habilitation gereicht. Alle Gutachter äußerten sich dagegen mit Respekt und Anerkennung für van der Waerden und Rellich. Das Ministerium entschied trotzdem für Georg Kantz, mit folgender Begründung:[50]

> *Von den drei genannten ist nur der an dritter Stelle angeführte Privatdozent*
> *K a n t z Österreicher,[51] aus der Grazer mathematischen Schule hervorgegangen*
> *und hält bereits seit 10 Jahren mit ausgezeichnetem Erfolg Vorlesungen und*
> *Übungen aus allen Haupt- und vielen Spezialgebieten der Mathematik an der*
> *Univ. Graz. K a n t z hat sich überdies besondere Verdienste dadurch erworben,*
> *dass er unmittelbar nach der Befreiung Österreichs im Sommer 1945 aus eigener*
> *Initiative den Vorlesungs- und Übungsbetrieb am mathematischen Institut wieder*
> *aufgenommen und im vollen Umfang durchgeführt hat. Das Prof.Koll. d. phil.Fak.*
> *Graz hat ihn deshalb im Hinblick sowohl auf seine wissenschaftliche Bedeutung*
> *als auch auf seine besonderen Verdienste um die Grazer Universität für die*
> *Verleihung des Titels eines ausserordentlichen Professors vorgeschlagen.*
>
> *Es ist nun nicht einzusehen, warum, wenn in Graz selbst ein so verdienter und*
> *sowohl im vorliegenden Ernennungsvorschlag als auch im Antrag für die Titel-*
> *verleihung so ausgezeichnet qualifizierter Fachwissenschaftler wie Privatdozent*
> *Kantz, der auch Österreicher ist, zur Verfügung steht, anlässlich der Besetzung*
> *der Grazer Lehrkanzel für Mathematik auf auswärtige Hochschullehrer, die zu-*
> *dem weder Österreicher sind, noch jemals an österr. Universitäten tätig waren,*
> *gegriffen werden sollte.*
>
> *Überdies sprechen aber auch Erwägungen finanzieller Art dafür, Privatdozent*
> *K a n t z und nicht die primo et secundo loco genannten Kandidaten auf die Lehr-*

---

[50] B.M.f.U. Geschäftszahl 27474-II/8/46, zitiert nach [123].

[51] ˃ Rellich war gebürtiger Südtiroler, die Familie erhielt aber 1918 Heimatrecht in Graz. Rellich war vor 1938 jedenfalls österreichischer Staatsbürger.

kanzel für Mathematik an der phil.Fak. Graz zu berufen. K a n t z wäre nämlich zunächst bloß zum Extraordinarius zu bestellen, während die Professoren van der Waerden und ˃ Rellich, abgesehen von den Schwierigkeiten und hohen Kosten eines Umzuges vom Auslande nach Graz im Hinblick darauf, dass sie beide bereits an anderen Universitäten als ordentliche Professoren gewirkt haben, sofort Ordinarien allenfalls unter Anrechnung erheblicher Vordienstzeiten ernannt werden müssten. Privatdozent K a n t z dagegen ist als Mittelschullehrer ohnehin bereits österreichischer Staatsbeamter und würde daher bei seiner Ernennung zum Hochschulprofessor an sich keine Mehrbelastung des Staatshaushaltes bedeuten. Bei der derzeitigen angespannten finanziellen Lage erscheint aber eine solche Mehrbelastung umsoweniger gerechtfertigt, als Dr. K a n t z ja nach dem Gutachten der phil.Fak. Graz sowohl als Lehrer als auch als Wissenschaftler hervorragend geeignet ist, das Lehrfach Mathematik an der Universität Graz zu vertreten. [52]

Die Vorgänge bei dieser Berufung und ihre skurrilen Züge blieben der Öffentlichkeit nicht verborgen und führten schließlich, parallel zu einer umstrittenen Nicht-Berufung des bekannten Gynäkologen Hermann Knaus,[53] zu einer parlamentarischen Anfrage an den damaligen Unterrichtsminister Felix Hurdes (ÖVP).[54] Die steirische SP-Zeitung „Neue Zeit" schrieb darüber:

Ernennungen aus Protektion
Warum werden Gelehrte von Weltruf nicht an die Grazer Hochschulen berufen?

Von unserem Wiener Korrespondenten

Wien, 16. Juni. In der heutigen Nationalratssitzung brachten die steirischen Abgeordneten W a l l i s c h, Marchner, Stampler, Woll und Genossen eine Anfrage an den Unterrichtsminister ein, die sich mit den skandalösen Ernennungen an der Grazer Universität beschäftigen. Es heißt darin, daß unter der steirischen

[52] Zuständiger Bundesminister für Unterricht war Felix Hurdes, Leiter der Hochschulsektion (Sektion III) war Otto Skrbensky. Martin Florian Herz, langjähriger Mitarbeiter im Foreign Office der USA und 1946 in Wien stationiert, schreibt in einem seiner diplomatischen Berichte, dass Skrbensky die Berufungen im Universitätsbereich vollkommen kontrolliere; an anderer Stelle macht er für den „erschreckenden Niedergang" der österreichischen Wissenschaft „wenigstens teilweise" die engstirnig konservative Orientierung von Unterrichtsminister Hurdes, Sektionschef Hans Pernter und eben Otto Skrbensky verantwortlich ([140, p 571f], und Grandner, [57, p 519–533].

[53] Hermann Hubert Knaus (*1892-10-19 St. Veit/Glan, Ktn; †1970-08-22 Graz), österreichischer Gynäkologe. Er entwickelte eine Methode zur Bestimmung des optimalen Zeitpunkts für eine Empfängnis. Diese Forschungen gehörten zum NS-Programm zur Erhöhung der Fruchtbarkeit deutscher Frauen. (S. zB „Das Konzeptionsoptimum", Informationsdienst des Hauptamtes für Volksgesundheit der NSDAP, January/March 1944, p. 31; hier zitiert nach Robert N. Proctor, Eacial Hygien. Medicine under the Nazis. Harvard Press 1988, pp 120f und 366.)

[54] Stenographische Protokolle d. Nationalrats 239/J 16. Beiblatt zur Parlamentskorrespondenz vom 16. Juni 1948. Anfrage der Abg. Paula Wallisch, Marschner, Stampler, Richard Wolf und Genossen, an den Bundesminister für Unterricht. Beantwortet vom Bundesminister für Unterricht Dr Hurdes am 27. 8. 1948 (198/AB) 88 (13. 10. 1948) 2494, 2495.

*Bevölkerung, vor allem unter den akademisch Gebildeten, die Art, in welcher
Berufungen von Professoren an die Grazer Universität vorgenommen werden,
berechtigten Unwillen erregen.*

*Für die mathematische Lehrkanzel an der philosophischen Fakultät bestand die
Möglichkeit, Professor van der Waerden, einen holländischen Mathematiker von
Weltruf, zu gewinnen, und zwar deswegen, weil seine Gattin Grazerin ist und
er deshalb bereit war, nach Graz zu übersiedeln. Er wurde an erster Stelle in
den Fakultätsvorschlag aufgenommen. Der Unterrichtsminister hat mit ihm nicht
einmal verhandelt. An zweiter Stelle wurde vom Fakultätsgutachten Professor
Dr. R e l l i c h, ein österreichischer Staatsbürger, der derzeit in Göttingen
Mathematik lehrt, vorgeschlagen. Beide wurden zugunsten des an letzter Stelle
von der Fakultät Vorgeschlagenen übergangen.*

*Ein ähnlicher Vorgang spielte sich bei der Besetzung der Lehrkanzel für Gynä-
kologie an der medizinischen Fakultät ab. Hier wurde von der Fakultät an erster
Stelle Professor Dr. Knaus genannt. Bestellt wurde auch in diesem Falle der an
dritter Stelle Vorgeschlagene, der vorerst im Entnazifizierungsverfahren reinge-
waschen werden mußte. Es ist in Graz Stadtgespräch, daß man Knaus übergangen
hat, weil er sich durch sein Können gegenüber einem Protektionskind eines bekannten Politikers der Steiermark in einem anderen Falle durchgesetzt hatte und
daher in Ungnade gefallen ist. [55]*

*Die sozialistischen Abgeordneten verlangen vom Unterrichtsminister, daß er den
getroffenen Auswahlvorgang ausführlich begründe. Keiner der angeführten Professoren ist Sozialist oder steht der Sozialistischen Partei nahe.*

*Der Protest der sozialistischen Abgeordneten richtet sich lediglich dagegen, daß
man auf der einen Seite berechtigterweise für die Erhaltung der alpenländischen
Universitäten bedeutende Steuermittel aufwendet, auf der anderen aber diese
Anstalten durch die kritisierte Bestellung von drittklassigen Professoren um jede
Geltung bringt.*

*Der Unterrichtsminister wurde gefragt, warum bei der Besetzung mit den an
erster Stelle genannten Gelehrten von Weltruf nicht einmal verhandelt wurde.*

Das Thema ungerechtfertigter Berufungen an der Grazer Universität wurde mit weiteren
Beispielen in einer Parlamentsrede nochmals aufgegriffen, Unterrichtsminister Hurdes
lehnte aber eine Beantwortung mit der Begründung ab, das sei unter seiner Würde, da ihm
(durch Zwischenrufer) unterstellt worden wäre, er sei mit Dr Zacherl (dieser war an Stelle
von Knaus für die gynäkologische Lehrkanzel in Graz vorgesehen) eng bekannt.[56]

---

[55] Knaus war NSDAP-Mitglied, hatte aber wegen seines untadeligen Verhaltens als einer von wenigen
die Erlaubnis der tschechischen Behörden, seinen Hausstand zu behalten. (Vgl. Svobodny, P .: *Hermann
Hubert Knaus – Professor an der Medizinischen Fakultät der Deutschen Universität in Prag in den Jahren
1938-1945*, Acta Universitatis Carolinae. Historia Universitatis Carolinae Pragensis 48 (2008), Nr. 1, S.
111-122.) Er wurde 1950 Primar am Krankenhaus Lainz, Frauenabteilung.
[56] Anfrage der Abgeordneten Paula Wallisch, Partei: Sozialistische Partei Österreichs, betreffend die
Karriere des Herrn Dr Zacherl (282/J) 102 (19. 1. 1949) 2997. Beantwortet vom Bundesminister für

Das Berufungsverfahren endete also mit der Ablehnung der beiden Erstgereihten. Van der Waerden wurde 1946 neben seiner Tätigkeit für die Royal Dutch Shell Company Mitglied im Aufsichtsrat des Mathematischen Zentrums in Amsterdam und war dort für die angewandte Mathematik im Bereich der Mathematischen Physik zuständig.[57] Nach einer Gastprofessur 1947/48 an der Johns Hopkins University ging er bis 1950 an die Universität Amsterdam und 1951 schließlich an die Universität Zürich. Franz ⟩Rellich ging nach Göttingen und erwarb sich dort große Verdienste um den Wiederaufbau des Mathematischen Instituts nach dem Krieg.[58] Eine Übersiedlung nach Graz kam danach für beide Kandidaten nicht mehr in Frage. Die Chance war verpasst.

Quellen. Aigner [2]; Gronau [123]; Lichtenegger, G., in [113]; Soifer [327]

2.7 Technische Hochschule Graz

Die Technische Hochschule Graz wurde 1811 von Erzherzog Johann gegründet. 1934 wurde sie von der Ständestaat-Diktatur mit der Montanistischen Hochschule Leoben zur Technischen und Montanistischen Hochschule Graz-Leoben verschmolzen; das wurde aber bereits 1937 wieder rückgängig gemacht.

Die Gesamtzahl der Studierenden der TH Graz betrug nach dem Ersten Weltkrieg über 1000 und sank dann kontinuierlich auf 481 im Studienjahr 1937/38 ab. Im Studienjahr 1934/35 erreichte die Zahl der weiblichen Studierenden mit 11 ihren Höchststand.

Nach dem „Anschluss" wurden an der TH Graz keine Mitglieder des Lehrkörpers aus „rassischen Gründen" entlassen, da zu diesem Zeitpunkt nur „Arier" Lehrbefugnisse hatten. Der Mathematiker Bernhard ⟩Baule wurde dagegen aus politischen Gründen seines Amts enthoben. Eine mathematische Lehrkanzel blieb 1938–45 unbesetzt.

Nach Kriegsende wurden 1945 die Professoren Heinz ⟩Horninger (1943–45); Josef ⟩Krames (1933–45) und Lothar ⟩Koschmieder (von NS-Minister Rust ernannt) außer Dienst gestellt. Erster (provisorischer) Rektor war zunächst ab 1945-05-12[59] „auf Zuruf" der Mathematiker Ludwig ⟩Holzer, dessen Einstellung zum NS-Regime allerdings umstritten war; er soll einerseits „innerlich schon lange Kommunist" gewesen sein, andererseits sich aber „sehr aktiv und aggressiv im Sinne der NSDAP verhalten" haben. Er

---

Unterricht Dr Hurdes am 5. 2. 1949 (248/AB) 103 (9. 2. 1949) 3006. Knaus stand im Sommer 1947 an erster Stelle einer Berufungsliste für die Universität Erlangen; diese Liste wurde zurückgezogen als die Parteimitgliedschaft von Knaus bekannt worden war. Nach einem Bericht der Zeitung *Arbeiterwille* (steirische Version der *Arbeiterzeitung*) 1949-05-15 p2 war die Parteimitgliedschaft von Knaus durch einen Dr Herbert Moser in einem Schreiben an den späteren Bundeskanzler Dr Gorbach mitgeteilt worden.

[57] Das Mathematische Zentrum wurde vom Staat und von privaten Sponsoren finanziert, darunter Shell und Philips.

[58] Er starb dort 1955.

[59] Graz war in der Nacht von 1945-05-08 kampflos der Roten Armee übergeben worden. Im Juli darauf übernahmen gemäß den alliierten Kontroll- und Zonenabkommen britische Truppen die Steiermark und rückten 1945-07-24 in Graz ein.

Mathematik I

Jahre	Name			
1894–1920	Franc Hočevar		o 1894	emeritiert
1920–1925	Roland > Weitzenböck		o 1920	→Amsterdam
1924–1940	Karl > Mayr	ao u. tit.o 1924	o 1927	†1940-07-02
1940–1942	unbesetzt			
1942–1948	Ludwig > Holzer	ao 1942		degradiert 1948
1949–1957	Hans > Hornich		o 1949	→TH Wien
1958–1960	unbesetzt			
1960–1967	Erwin Kreiszig		o 1960	→Düsseldorf

Mathematik II

Jahre	Name			
1884–1894	Franz Mertens		o 1884	→Uni Wien
1891–1921	Oskar Peithner v. Lichtenfels	ao 1891-05	o 1896	emer.
1921–1938	Bernhard > Baule			verhaftet
1940–1946	Lothar > Koschmieder			entlassen
1946–1962	Bernhard > Baule			emeritiert
1964–1981	Wolfgang Hahn			emeritiert

Darstellende Geometrie

Jahre	Name			
1896–1930	Rudolf Schüssler	ao 1896	o 1902	emeritiert
1933–1938	Josef > Krames			→TH Wien
1938–1943	unbesetzt			
1943–1945	Heinz > Horninger	ao Prof. 1943	o Prof. 1944	entlassen
1945–1948	unbesetzt			
1948–1973	Friedrich > Hohenberg			emeritiert

(Neuorganisationen der 1960er Jahre unberücksichtigt)

Tab. 2.7. *Mathematiker an der TH (ab 1976 TU) Graz.*

trat jedenfalls bereits 1945-05-23 zurück, sein Nachfolger wurde Bartel Granigg (*1883-06-25 Hüttenberg, Ktn; †1951-01-18 Graz), Professor für Mineralogie und Geologie, der aber 1945-12-20 ebenfalls zurücktrat und dann wieder von einem Mathematiker, nämlich Bernhard > Baule, abgelöst wurde. Die TH Graz nahm auf Aufforderung der sowjetischen Besatzungsmacht 1945-05-30 wieder ihren Betrieb auf und startete 1945-06-04 mit 144 Inskribierten ihre ersten Lehrveranstaltungen.[60]

---

[60] Für eine allgemeine Darstellung der Geschichte der TH Graz im III. Reich verweisen wir auf Weingand [380].

2.8 Universität Innsbruck

Trotz des sehr geringen Judenanteils in der Tiroler Bevökerung war der Antisemitismus im Heiligen Land Tirol stark verbreitet.[61] Der Tiroler Antisemitismus hat seine Wurzeln hauptsächlich im katholischen Antisemitismus, für den die Ritualmordlegende des „Anderl von Rinn" ein besonders abstoßender Ausdruck ist (seit etwa 1620).[62] 1919 wurde unter Leitung des späteren Landwirtschaftsministers Andreas Thaler in Innsbruck der Tiroler Antisemitenbund gegründet,[63] im gleichen Jahr gab es in Innsbruck die ersten Versammlungen von NS-Anhängern. 1920 trat Hitler als Redner im Innsbrucker Stadtsaal auf. 1933 war die NSDAP mit 41% stärkste Fraktion im Innsbrucker Gemeinderat.

Die Innsbrucker Universität wurde 1669 durch Kaiser Leopold I. (1640-1705) gegründet, unter der bayerischen Besetzung Tirols im Zuge der napoleonischen Kriege geschlossen, 1825 unter Franz II. (I.) (1768-1835) wiedererrichtet, daher der Name Leopold-Franzens-Universität. 1941-03-21 wurde sie, anlässlich einer Festveranstaltung in der Aula der Universität Innsbruck von REM Rust offiziell mit dem Namen „Deutsche Alpenuniversität Innsbruck" angesprochen. Tatsächlich wurde diese Bezeichnung aber schon seit 1927 in Zeitungsberichten verwendet.[64] Die Bezeichnung „Alpenuniversität" sollte nach dem Ersten Weltkrieg und besonders während der Ständestaat-Diktatur den Anspruch einer beherrschenden Stellung in den Alpen markieren (auch im Hinblick auf Südtirol). Der Name wurde bis zum Kriegsende beibehalten, bei der Wiedereröffnung nach dem Krieg schlicht auf „Universität Innsbruck" geändert.[65]

---

[61] Im Jahre 1911 waren an der Universität Innsbruck gerade noch sechs Studenten israelitischer Konfession inskribiert. (Haan, H (1917), Statistische Streiflichter zur österreichischen Hochschulfrequenz. p 179)

[62] Der Kult dieses Märtyrerkindes, das in Wirklichkeit nie existiert hat, wurde noch 1987 vom „Engelwerk" und dem Wiener Weihbischof Krenn verteidigt und erst 1997 vom Tiroler Bischof Reinhold Stecher endgültig untersagt; die diesbezüglichen Bildwerke wurden abgedeckt.

[63] Andreas Thaler (*1883-09-10 Oberau, Tirol; †1939-06-28 Dreizehnlinden, Brasilien, ertrunken) war 1919–1921 Obmann des Tiroler Antisemitenbundes, der nach 1921 an Einfluss verlor und 1931 wegen „Nichtaktivität" aufgelöst wurde. Mit Ausnahme der Sozialdemokraten waren im Antisemitenbund Prominente aller gängigen Parteifarben vertreten. Bis 1931 war Thaler Landwirtschaftsminister in fünf Kabinetten der Ersten Republik. Danach war er Gründer der brasilianischen Auswanderergemeinden „Dreizehnlinden", „Babenberg" und jedenfalls Proponent einer dritten, namens „Dollfuß". Allgemeine Informationen zur Geschichte des Antisemitismus in Tirol gibt Niko Hofinger in *Unsere Losung ist: Tirol den Tirolern!* Zeitgeschichte **21** (1994) 94–108. Innsbruck ist ein bemerkenswertes Beispiel dafür, dass Antisemitismus keineswegs hauptsächlich durch das „Überhandnehmen ostjüdischer oder überhaupt jüdischer Einwanderer" provoziert wurde. (Vgl. zB Albrich, T., *Die Täter des Judenpogroms 1938 in Innsbruck*. Innsbruck-Wien 2016.) Der studentische Antisemitismus an der Innsbrucker Universität wird besprochen von Gehler, M., *Vom Rassenwahn zum Judenmord Am Beispiel des Studentischen Antisemitismus an der Universität Innsbruck*. Zeitgeschichte 1988, 264–288 (ebenso in [107]).

[64] Zum Beispiel: Innsbrucker Nachrichten 1927-10-31 p8, 1934-03-12 p5f, 1936-07-27 p2; Allgemeiner Tiroler Anzeiger 1930-02-01 p5f; Illustrierte Kronenzeitung 1941-03-23p4

[65] Inoffiziell ist aber zuweilen noch immer die historische Bezeichnung „Leopold-Franzens-Universität" in Gebrauch.

1. Lehrkanzel

1852–1878	Anton Baumgarten	Lehrkanzel-Inhaber	Prof 1848	Rücktritt
1878–1893	Leopold Gegenbauer	ao Prof	o Prof 1881	→Uni Wien
1895–1903	Wilhelm ˃ Wirtinger		o Prof 1895	→Uni Wien
1904–1930	Konrad Zindler		o Prof 1904	emeritiert
1930–1961	Leopold ˃ Vietoris		o Prof 1930	emeritiert
1961–1977	Gustav ˃ Lochs	ao 1961	o 1965	emeritiert
1977/78	Detlef Gronau	Supplent	für 1 Jahr	
1978–2003	Ottmar Loos			pensioniert

2. Lehrkanzel

1872–1905	Otto Stolz	ao Prof 1872	o Prof 1876	krankh. emer.
1906–1927	Josef Anton Gmeiner		o Prof 1906	krankh. emer.
	Leopold ˃ Vietoris*	*nicht angetreten*		→TH Wien
1926–1929	Heinrich ˃ Schatz	Supplent		
1929–1945	Heinrich ˃ Schatz	ao Prof 1929	o Prof 1941	1945 enth.
1946/47	Johann ˃ Radon	Supplent	für 1 Jahr	→Uni Wien
1947–1970	Wolfgang ˃ Gröbner		o Prof 1947	emeritiert
1970–2008	Roman Liedl		o 1970	emeritiert

3. Lehrkanzel

1900–1904	Konrad Zindler	ao		→1.Lehrk.
1904–1958	*stillgelegt*	–	–	–
1959–1971	Heinrich Schatz	ao	1962 o	emeritiert
1972–2009	Ulrich Oberst	ao 1959	o 1962	emeritiert

* Vietoris nahm für 1927–1928 einen Ruf an die TH Wien an. Danach →1. Lehrkanzel.
Nach IMN **213** (2010), 7—18; spätere Umstrukturierungen/Neugründungen nicht berücksichtigt.

Tab. 2.8. *Mathematische Lehrkanzeln/Professuren an der Universität Innsbruck*

Ab dem Ende der 1960er Jahre wurde die Universität Innsbruck erweitert und mehrmals neu gegliedert: 1969 Neugründung d. Fakultät für Bauingenieurwesen u. Architektur; 1975/76 Abspaltung d. Sozial- u. Wirtschaftswissenschaften von der Juridischen Fakultät, Zerteilung der Philos. Fakultät in eine Geistes- und eine Naturwiss. Fakultät; 2002 neuer Organisationsplan mit 15 kleineren Fakultäten; 2004 Ausgliederung der Medizinischen Fakultät zur Bildung einer Medizinischen Universität Innsbruck; 2012 Gründung einer Fakultät für die Lehramtsausbildung.

Einen Tag nach dem „Anschluss" wurde der damalige Rektor, der Anglist Karl Brunner,[66] wegen öffentlich geäußerter Kritik am „Anschluss" mit auf die Hälfte gekürzten Bezügen in den Ruhestand versetzt und interimistisch durch den Historiker Harald Steinacker ersetzt.[67] Steinackers Nachfolger als Rektor der Universität Innsbruck war 1942–1945 der Geologe

---

[66] Karl Brunner (*1887-06-08 Prag; †1965-04-26 Innsbruck) wurde nach Kriegsende wieder zum Rektor der Universität Innsbruck bestellt. Brunner war bekennender Anhänger des Ständestaats. 1943 durfte er den nach ihm vakanten Lehrstuhl supplieren, was aber für 1944 von der Gauleitung (unter Gauleiter Franz Hofer) untersagt wurde. Er erhielt nach dem Krieg seine Professur zurück. Zur allgemeinen Stimmung nach dem „Anschluss" an der Universität Innsbruck vgl Goller und Tidl [117], wo auch biographische Details zu den 1938 enthobenen/entlassenen Univ-Lehrenden gegeben werden.

[67] Harald Steinacker (*1875-05-26 Budapest; †1965-01-29 Innsbruck). Rektor 1938–1942. Als großdeutsch gesinnter Deutschnationaler trat er 1934 der NSDAP bei, nach deren Verbot kurz darauf wieder aus, nach dem „Anschluss" 1938 wieder bei; am Reichsparteitag 1938 war er „Ehrengast des Führers".

und Hochgebirgsforscher Raimund von Klebelsberg (*1886-12-14 Brixen; †1967-06-06 Innsbruck). Klebelsberg war 1934–1938 erster Vorsitzender des Deutschen und Österreichischen Alpenvereins. In dieser Funktion befürwortete er den Anschluss Österreichs und rechtfertigte den Ausschluss jüdischer Mitglieder des Vereins. Zwischen 1918 und 1964 leitete er den Alpenvereins-Gletschermessdienst.

Die alpine Lage der Innsbrucker Universität und die alpinen Vorlieben der Innsbrucker Mathematiker führten in Innsbruck auch zu nicht-mathematischen „alpinen" Lehr- und Forschungsaufgaben im Universitätsbetrieb. Zu diesen gehörten meteorologische Beobachtungen, Vermessungen von Gletschern und Alpenseen (˃ Schatz, ˃ Vietoris, ˃ Petschacher, ˃ Lochs) sowie drei geodätische Expeditionen in die nordalbanischen Alpen (˃ Schatz). Für Studenten aus dem Flachland (und künftige Gebirgsjäger) wurden Kurse im Bergsteigen und zur Orientierung im Hochgebirge veranstaltet (˃ Schatz, ˃ Vietoris). Im WS 1944/45 verfügte das mathematische Institut in Innsbruck über eine *weibliche* administrative *und* wissenschaftliche Assistentin: Martha ˃ Petschacher.[68]

2.9 Die Hochschulen und Universitäten in Prag und Brünn

2.9.1 Prag

Die *Universität Prag* wurde am 7. April 1348 von Karl IV (Luxemburg) gegründet und führte danach den amtlichen Namen Karlsuniversität oder Karolinum. 1654 vereinigte sie Kaiser Ferdinand III. mit der 1556 gegründeten Jesuitenhochschule; die so entstandene neue Universität führte dann bis zum Ende der Habsburger-Herrschaft den Namen Karl-Ferdinands-Universität.

Im Zeitalter des erwachten Nationalbewusstseins führte der Gegensatz zwischen deutschsprachigen und tschechischsprachigen Einwohnern zu einer Spaltung: Um 1860 hatte lediglich etwa ein Drittel der Bewohner Prags Deutsch als Muttersprache, aber nur etwa 1% der Lehrveranstaltungen an der Prager Universität wurde auf tschechisch gehalten. Nach massiven Protesten von Seiten tschechischer Studenten und Politiker wurde die Universität 1882-02-28 per Gesetz in die Deutsche Karl-Ferdinands-Universität und in die Česká Univerzita Karlo-Ferdinandova geteilt. Wie von tschechischen Historikern immer

---

[68] Zur gleichen Zeit war Dr Hermine Gheri (*1918-12-15 Innsbruck) „Verwalterin einer wissenschaftlichen Assistentenstelle" am Physikalischen Institut der Univ. Innsbruck. Hermine Gheri maturierte 1937-06-25 mit Auszeichnung am Städtischen Mädchen-Realgymnasium Innsbruck (Allg. Tir. Anz. und Innsbr. Nachr. 1937-06-26 p14.), sie habilitierte sich 1954 in Innsbruck mit einem Thema zur kosmischen Strahlung. In ihrer bei ˃ Vietoris verfassten Hausarbeit zum Lehramt in Mathematik deckte sie einen Fehler in einer Arbeit ˃ Wirtingers (Über das Fehlerglied bei numerischer Integration. Z. Angew. Math. Mech. **13** (1933), 166-168.) auf. Siehe [S.Lichtmannegger: Hermine Gheri. In: *Wissenschafterinnen in und aus Österreich. Leben-Werk-Wirken*, Böhlau 2002].

wieder betont wird, erfolgte die Aufteilung der Ressourcen sehr zu Gunsten der Deutschen Nachfolgerin, der auch die Insignien der Karlsuniversität zugesprochen wurden.[69]

	Dokt. insg.	dav. Math	% Math	Frauen Math
1882/83–1912/13	395	6	1.5%	0
1912/13–1919/20	230	4	1.7%	1
1920/21–1938/39	773	25	3.2%	2
1939/40–1944/45	88	45	4.5%	0

Daten nach Bečvářova [25]

Tab. 2.9. *Doktorate an der philosophischen Fakultät*
der Deutschen Universität in Prag

	Dokt. insg.	dav. Math.	% Math.	Frauen Math.
1882/83–1920/21	1118	62	5.5%	1
1920/21–1939/40*	1088	97	8.9%	8
1939/40–1944/45	0	0	—	0

* Eingereichte Diss.; nicht alle Promotionsverf. wurden abgeschlossen.
Daten nach Bečvářova [25]

Tab. 2.10. *Doktorate an der naturwiss. Fakultät*
der Tschechischen Universität in Prag

Nach Gründung der Tschechoslowakischen Republik (ČSR) 1918-10-29 wurde 1920 die Tschechische Universität zur alleinigen Rechtsnachfolgerin der Karls-Universität erklärt und in „Univerzita Karlova" umbenannt; die deutsche Universität wurde unter dem Namen „Karl-Ferdinands-Universität", später einfach als „Deutsche Universität Prag" weitergeführt.[70] Auch die deutschsprachigen Technischen Hochschulen in Prag und Brünn blieben in der Republik bestehen.

Nach der deutschen Besetzung der Tschechoslowakei wurde 1939-08-02 die deutsche Universität Prag in Reichsverwaltung übernommen, später zur Reichsuniversität erklärt. An der DU Prag waren unter anderen Georg > Pick, Ludwig > Berwald, und für drei Semester auch Albert Einstein tätig.[71]

Wie schon in der Monarchie mussten Lehrveranstaltungen an der tschechischen Universität auf Tschechisch abgehalten werden, Angehörige des Lehrkörpers konnten prinzipiell nur an einer der beiden Universitäten angestellt sein.

Die *Böhmische Ständische Ingenieurschule* (1717) in Prag wurde 1806 zum *Ständischen Polytechnischen Institut*, dieses wiederum 1869 in das *Deutsche Polytechnische Landesinstitut des Königreiches Böhmen* und in das tschechische *C.k. Česká Vysoká Školá Technická* geteilt. Ab 1879 wurde der Deutsche Teil unter dem Namen k.k. (bis 1918) *Deutsche Technische Hochschule* (DTH) weitergeführt; die DTH bestand bis 1945.

---

[69] Diese wurden schließlich 1920 der Tschechischen Universität übergeben, sie verschwanden während des Zweiten Weltkriegs überhaupt.

[70] Die DU Prag führte den Weiterbestand der Deutschen Universität auf das diplomatische Geschick und den unermüdlichen Einsatz des damaligen Rektors August Naegle (*1869-07-82 Annweiler am Trifels, Pfalz; †1932-11-12 Prag) zurück; Naegele war Theologe, Kirchenhistoriker und christlich-sozialer Politiker (ab 1920 Mitglied der Deutschen Nationalpartei und bis 1925 deren Fraktionsvorsitzender). Tschechische Historiker haben dazu eine etwas differenziertere Sicht.

[71] Eine übersichtliche Darstellung zu den in Prag tätigen Mathematiker*innen* gibt Martina Bečvářová in [23], vgl. auch [25]. Die obigen Tabellen der Doktorate an der DU Prag und an der tschechischen Universität Prag beruhen auf den dort enthaltenen Daten.

	PD	ao	o	Abgang
1888-1929	Georg Alexander ˃ Pick	1882	1888	1892	emeritiert, 1942†Shoah
1912-1920	Gerhard Kowalewski			1912	→Dresden
1917-1930	Adalbert Prey*	1902	1911	1917	→Uni Wien
1922-1941	Ludwig ˃ Berwald	1919	1922	1927	deportiert →† Shoah
1930-1939	Karel ˃ Loewner			1939	→USA
1931-1939	Artur Winternitz	1921	1931		→GB
1938-1941	Ottó ˃ Varga	1937			→Klausenburg
1938-1945	Alfred Eduard Rössler**	1939	1939		DU aufgel.→Aachen
1939-1945	Gerhard Kowalewski			1939	entlassen
1939-1941	Wilfried Hans Henning Petersson			Supplent	→Straßburg
1941-1945	Hans Rohrbach***	1937	1941	1942	DU Prag aufgelöst
1943-1945	Ernst Lammel	1938	1943		1945 DU aufgelöst
1945	Theodor ˃ Vahlen			1945	† in Polizeihaft
1942-1944	Ernst Maximilian Mohr****				von Gestapo verhaftet
1944-1945	Karl Peter Heinrich Maruhn			1940	→Jena

* Prey war eigentlich Astronom, hielt aber auch mathematische Vorlesungen. 1939 emeritiert.
** Rössler war gleichzeitig an der DTH tätig. Er unterrichtete Darst. u. Proj. Geometrie, Wirtschaftsmathematik.
*** Rohrbach war gleichzeitig in Berlin mit Dechiffrieraufgaben betraut u. kam immer nur für eine halbe Woche nach Prag.
**** Mohr arbeitete gleichzeitig an einem Rüstungsprojekt und war außerdem in Gestapohaft, er konnte daher seine Lehraufgaben nur sehr unvollkommen erfüllen.
Daten nach Bečvářova [23] und [22]

Tab. 2.11. *Mathematiker an der Deutschen Universität in Prag*

	PD	ao	o	Abgang
1882-1903	František Josef Studnička	1. Prof KarlsU			† im Amt
1902-1903	Eduard Weyr	1876 PD	1876 tit ao	1902 o	† im Amt
1903-1938	Karel Petr	1902 PD	1903 ao	1908 o	emer.
1904-1931	Jan Sobotka			1904 o	† im Amt
1911-1943	Václav Láska			1911 o	† im Amt
1920-1957	Bohumil Bydžovský	1909 PD	1917 tit ao	1920 o	emer.
1923-1938	Emil Schoenbaum			1923 o	→USA
1927-1956	Miloš Kössler	1918 PD	1922 ao	1927 o	emer.
1929-1968	Vojtěch Jarník	1925 PD	1929 ao	1935 o	emer.
1931-1937	Václav Hlavatý	1925 PD	1931 ao	1936 o	→Gast USA
1935-1969	Vladimír Kořínek	1935 PD	1935 ao	1940 o*	emer.

* nach dem Krieg rückwirkend verliehen.

Tab. 2.12. *Professoren am Mathematischen Institut der Tschechischen Universität in Prag*

2.9.2 Brünn

Die erste Hochschule in Brünn entstand in der Nachfolge einer Bildungsinstitution für Adelige an der Olmützer Jesuitenuniversität, die von Olmütz nach Brünn verlegt und 1849 als Technische Hochschule Brünn eröffnet wurde. Sie wurde zunächst zweisprachig

	Lehrkanzel	PD	ao	o	Abgang
1916-1943	Karl Mack	Darstell. Geom.		1916	1920	† im Amt
1921-1939	Paul > Funk	Mathematik II	1915	1921	1927	enthoben
1938-1945	Ernst Lammel*	Mathematik II	1938			DTH Prag aufgelöst
1938-1939	Ottó > Varga	suppl	1937			→Hamburg
1941-1945	Hans Rohrbach	Mathematik I	1937	1941	1942	DTH Prag aufgelöst
1945	Theodor > Vahlen					† in Polizeihaft
Versicherungsmathematik und Statistik						
1910-1930	Gustav Rosmanith			1910		
1935-1945	Josef Fuhrich		1928	1935	1942	† Český Brod (Haft)
1939-1945	Alfred Rössler*		1937	1939		→Aachen

* Lammel und Rössler waren gleichzeitig an der DTH und an der DU Prag tätig.
Daten nach Bečváŕova [23] und [22]

Tab. 2.13. *Mathematiker an der Deutschen Technischen Hochschule in Prag*

(tschechisch und deutsch) geführt; 1899 folgte die Trennung in die Deutsche Technische Hochschule (DTH) und eine eigene tschechisch-sprachige TH, unter dem Namen *Vysoké učení technické v Brně*. Die DTH Brünn bot im Verlauf ihres Bestehens Startpositionen für eine Reihe hervorragender Mathematiker, hier nennen wir Georg > Hamel (1905–1912 o Prof für Mechanik[72]), Richard von > Mises (1906 Hamels Assistent, habilitiert 1908),[73] Karl Carda (Assistent von 1870–1900), Johann > Radon (1912–1912, Assistent bei > Tietze). Dank ihrer Eigenschaft als Karrieresprungbrett hatte die DTH Brünn ein hohes Potential an ständiger Erneuerung; nach Gründung der tschechoslowakischen Republik war es damit vorbei: vielversprechende junge Mathematiker aus dem deutschsprachigen Raum waren wegen des geringen Kurswerts der tschechischen Krone und wegen der niedrigen Gehälter im akademischen Bereich (noch niedriger als selbst in Österreich) nur schwer an die DTH zu locken, überdies sperrte sich die Regierung der Tschechoslowakei soweit wie möglich gegen die Berufung von Ausländern; nach dem Abgang eines Professors vergingen oft Jahre bis zur Neubesetzung seiner Lehrkanzel (s. zB die Nachfolge von > Tietze und > Mayr in der Mathematik, Waelsch und > Krames in der Darstellenden Geometrie).

Über den letzten Professor für Mathematik an der DTH Brünn, Werner von Koppenfels (*1904-11-07 Dresden; †1945-08 Astrachan)[74] möchten wir hier wegen seines Österreich-Bezugs ein paar Worte schreiben. Koppenfels besuchte 1914–23 in Dresden ein Realgymnasium und ein humanistisches Gymnasium; nach dem Abitur studierte er für ein Semester Ingenieurwesen in Stuttgart. Vom SS 1925 bis zum WS 1927/28 setzte er sein Studium an der Universität Göttingen fort und promovierte dort 1929-02-22 bei Richard Courant (1888–1972) mit einer Arbeit *Über die Existenz der Lösungen linearer partieller Differen-*

---

[72] *nicht* Mathematik, daher auch nicht in der folgenden Tabelle angeführt. Mechanik galt damals (und gilt das im Bereich der Theorie bis heute) als zwischen Physik und Mathematik angesiedelte Wissenschaft.

[73] Zum Wirken von > Hamel und von > Mises in Brünn vgl. Šišma [323].

[74] Sohn des Direktors der Sächsischen Staatsbahnen Georg v. Koppenfels (†1927-05-28) und seiner Frau Margaret, geb. Hartmann

	Lehrkanzel Mathematik I	ao	o	
1850–1854	Valentin Teirich			→Wien, Schuldirektor
1854–1885	Karl Prentner		1855	auf eig. Wunsch vorz. emer.
1886–1891	Emmanuel Czuber			→TH Wien
1891–1909	Otto Biermann	1891	1894	† im Amt
1910–1911	Ernst ˃ Fischer*	1910		→Uni Erlangen
1912–1925	Lothar ˃ Schrutka	1912		→TH Wien
1925–1945	Rudolf ˃ Weyrich	1925		DTH aufgelöst, →Braunschweig TH

	Lehrkanzel Mathematik II	ao	o	
1873–1890	Franz Unferdinger	1873	1877	† im Amt
1890–1891	Oskar Peithner v. Lichtenfels	1890		→TH Graz
1891–1895	Franz Hočevar	1891	1894	→TH Graz
1895–1910	Emil Waelsch	1895	1898	ab 1910 für DG,
1910–1919	Heinrich ˃ Tietze	1910		→Uni Erlangen
1919–1923	unbesetzt			
1923–1924	Karl ˃ Mayr	1923		→TH Wien
1927–1939	Lothar ˃ Koschmieder		1927	→TH Graz
1941–1945	Werner v. Koppenfels			† in russ. Gefangenschaft

* Fischer war ab 1902 Assistent und habilitierte sich 1908.

	Lehrkanzel Darstellende Geometrie	ao	o	
1851–1867	Georg Beskiba			→Prof Bauingenieurwesen
1867–1891	Gustav von Peschka		1867	→TH Wien
1892–1908	Otto Rupp	1892	1896	† im Amt
1910–1927	Emil Waelsch		1910	† im Amt
1929–1932	Josef ˃ Krames		1929	→TH Graz
1935–1945	Rudolf Kreutzinger**	1935	1941	DTH Brünn aufgelöst

** Kreutzinger verblieb nach Kriegsende in Brünn und wurde tschechischer Staatsbürger.
Daten von Šišma [322], [324] und [325].

Tab. 2.14. *Professoren an der Deutschen TH Brünn.*

tialgleichungen vom elliptischen Typus. 1928-04-01 wurde er bei Georg Prange Assistent an der TH Hannover, 1934-08-18 zum Privatdozenten ernannt, nachdem er seine Habilitationsschrift *Anschauliche Erfassung der Schwarz'schen Dreiecksfunktionen* verteidigt und den Dr. habil erworben hatte.[75] 1937-10-01 wurde er zum ao Professor für Mathematik an der Universität Würzburg ernannt. Im März 1938 nahm er am Einmarsch in Österreich teil. Ab 1939 arbeitete er mit dem Institut für Luftfahrtforschung in Berlin-Adlershof zusammen. 1940-03-01 trat Koppenfels der NSDAP bei und diente von 1940-03-12 bis 1940-10-04 im aktiven Militärdienst als Gefreiter bei der Artillerie. Danach übernahm er die Supplierung des Lehrstuhls für Mathematik an der TH Brünn. 1941-02-22 wurde er zum ao, 1943-02-24 zum o Professor ernannt. Im Studienjahr 1941/42 startete er ein durchschnittlich alle zwei Wochen stattfindendes mathematisches Kolloquium mit Berichten der

---

[75] Die Ergebnisse wurden in JDMV, **44** (1934), 278–286 veröffentlicht.

Teilnehmer über ihre mathematische Arbeit.[76] Obwohl bereits 1943-03-30 aus der Armee entlassen, wurde Koppenfels in den letzten Kriegsmonaten erneut an die Front entsandt und fiel in russische Gefangenschaft. Er starb 1945-08-31 in Astrachan.[77]

An der 1899 gegründeten *tschechischen TH Brünn* war vor den 1930er Jahren Matyáš Lerch (*1860 ; †1922 Brünn) der bedeutendste Mathematiker; er hat wichtige Beiträge zur Analysis, namentlich zur Theorie der Gammafunktion, geleistet, in der elementaren Zahlentheorie geht die Lerch-Formel auf ihn zurück. In der Theorie der Laplacetransformation trägt der *Eindeutigkeitssatz von Lerch* seinen Namen.[78]

1919-01-28 beschloss die Nationalversammlung der Tschechoslowakei die Gründung einer zweiten Universität auf dem Territorium der Republik, mit Standort im mährischen Brünn; 1920 erhielt diese Universität den Namen *Masaryk Universität Brünn*, nach dem Staatsgründer Tomáš Garrigue Masaryk.

An der Masaryk Universität wirkte der bekannte Topologe Eduard Čech.[79] Dieser ließ sich durch die Schließung aller tschechischen Universitäten und Hochschulen nicht an der mathematischen Lehre hindern; sein Topologie-Seminar führte er in der Wohnung seines Schülers Pospíšil[80] weiter — solange, bis Pospíšil 1941 verhaftet und zu drei Jahren KZ verurteilt wurde. Pospíšil starb 1944-10-27, bald nach seiner Haftentlassung. Weitere aktive Mitglieder von Čechs Seminar waren Josef Novák (1905–1999; trug auch im Menger-Kolloquium vor), Karel Koutský (1897–1964, schrieb einen Nachruf auf Čechs Seminar) und Milos Neubauer (1898-1959).[81] Eduard Čech ist als Begründer der Theo-

---

[76] Koppenfels selber hielt 1942-02-20 einen Vortrag über *Integralgleichungen mit periodischem Kern* und 1942-03-13 über *ebene Potentialströmungen längs unstetig gekrümmter Profile*. Weitere Vorträge zum Thema *Lineare Differentialgleichungen vom hyperbolischen Typ* waren für 1942-07-10 und 1942-07-17 geplant.

[77] Koppenfels hat nur wenige Schriften hinterlassen. Den größten Teil seiner Arbeit widmete er Differentialgleichungen und ihren Anwendungen sowie der Theorie der konformen Abbildung. Vierzehn Jahre nach seinem Tod brachte Springer das Buch *Praxis der konformen Abbildung* heraus, das Friedman Stallmann anhand hinterlassener Manuskripte von v. Koppenfels fertiggestellt hatte. Das Buch wurde 1963 auch in russischer Sprache veröffentlicht.

[78] Sind *f* und *g* zwei Funktionen mit für hinreichend großem Realteil übereinstimmender Laplacetransformation, so stimmen *f* und *g* in allen Punkten überein, in denen sie beide stetig sind.

[79] Eduard Čech (*1893-06-29 Stračov, Böhmen; †1960-03-15 Prag) studierte in Prag ab 1912, war von 1915 bis 1918 Soldat, und promovierte 1920 bei Karel Petr. 1921 hielt er sich in Turin auf und verfasste dort mit Guido Fubini ein zweibändiges Werk über projektive Differentialgeometrie. 1923 wurde er ao, 1928 o Professor an der Masaryk Universität in Brünn als Nachfolger von Matyáš Lerch, 1935/36 war er Gast von Lefschetz in Princeton. Ab 1945 wirkte er wieder in Prag. MGP nennt 6 Dissertanten, Zbl/JFM nennen (bereinigt) 135 Publikationen, darunter 19 Bücher.

[80] Bedřich Pospíšil (*1912-09-25 Butschowitz (Bučovicích); †1944-10-27 Brünn); nicht in MGP. Pospíšil war Assistent von Karel Čupr (*1883-112-27 Nové Hrady u Vysokého Mýta; †1956-09-22 Brno); Professor für Mathematik und Rektor der Tschechischen TH Brünn (1933–35) und gleichzeitig Mittelschullehrer. Außer mit Topologie befasste er sich auch mit Algebra und Logik (Zbl/JFM melden bereinigt 24 math Publikationen, davon zwei (in eine zusammengefasst) gemeinsam mit Čech). Zu seiner Biografie vgl. Lukášová, A., Bedřich Pospíšil. Dějiny Matematiky/History of Mathematics **32** (2007), 221-223.

[81] Über das Seminar von Čech zur Topologie vgl. Koutsky, K. Čech's topological seminar in Brno, 1936-1939. Cas. Pěst. Mat. **90** (1965), 104–117; (http://dml.cz/dmlcz/117531, Zugriff 2023-02-20) sowie

rie der höheren Homotopie-Gruppen bekannt die er noch vor › Hurewicz auf dem ICM 1932 in Zürich vorgestellt hatte, außerdem für die Stone-Čech Kompaktifizierung, für die Čech Kohomologie, und für Beiträge zur projektiven Differentialgeometrie. Ein „paralleles Forschungsseminar", das sich mit der eng mit der Čech-Kohomologie verbundenen Garbentheorie befasste, hielt Jean Leray im Gefangenenlager OFLAG XVIIa ab, nur wenige Kilometer von Brünn entfernt.[82] Čech wirkte nach 1945 an der Universität Prag, wurde an der tschechischen Akademie der Wissenschaften Direktor des Mathematischen Instituts, 1952 Akademiepräsident. 1956 war er Direktor des mathematischen Instituts der Universität Prag.[83]

2.9.3 Die „Sonderaktion" von 1939

1939-10-28, am Jahrestag der Gründung der tschechischen Republik, kam es zu Massendemonstrationen, gegen die dic Polizci rücksichtslos gewalttätig vorging und den demonstrierenden tschechischen Medizinstudenten Jan Opletal mit Schüssen so schwer verletzte, dass er 1939-11-11 verstarb. In den Tagen danach eskalierten die Unruhen, und noch mehr die polizeilichen Gegenreaktionen. In der „Sonderaktion Prag" wurden 1939-11-17

1. alle tschechischen Hochschuleinrichtungen im Protektorat besetzt, auf drei Jahre geschlossen und ihr Besitz beschlagnahmt,

2. neun studentische „Rädelsführer" ohne Verfahren erschossen und

3. 1850 weitere Studenten verhaftet, davon 1200 ins KZ Sachsenhausen-Oranienburg deportiert.[84]

Die tschechischen Hochschulen wurden de facto bis 1945 nicht wieder eröffnet; davon waren etwa 15.000 bis 16.000 Studierende betroffen. Hauptverantwortliche für die „Sonderaktion" waren Reichsprotektor Konstantin von Neurath und Polizeichef Karl Hermann Frank, de facto zweiter Mann im Protektorat.[85] Bis zum Prager Aufstand bei Kriegsende waren die deutschen wissenschaftlichen Hochschulen einem Kurator, die geschlossenen tschechischen Hochschulen einem kommissarischen Verwalter unterstellt.

Lukášová, A (2004), Topologický seminář Eduarda Čecha v Brně (The topological seminar of Eduard Čech in Brno.) In [20], pp. 99-116. (http://dml.cz/dmlcz/401597, Zugriff 2023-02-20).

[82] Mehr darüber in Abschnitt 2.12.

[83] Für ausführliche weitere biographische Informationen verweisen wir auf Katětov M, Simon P (eds) (1993), *The Mathematical legacy of Eduard Čech*. Birkhäuser, Basel.

[84] Die in Sachsenhausen internierten Studenten wurden bis 1943 freigelassen, 26 dieser Häftlinge überlebten jedoch den Lageraufenthalt nicht.

[85] Für eine detaillierte Darstellung der Vorgänge siehe Gustav von Schmoller, Die deutschen Vergeltungsmaßnahmen nach den tschechischen Studentendemonstrationen in Prag im Oktober und November 1939 Bohemia **20** (1979), 156–175. Für eine Biographie von Karl Hermann Frank: Küpper R (2010), Karl Hermann Frank (1898–1946). Politische Biographie eines sudetendeutschen Nationalsozialisten. Oldenbourg, München.

Unter den Opfern der „Sonderaktion" befand sich der Mathematikstudent František Nožička[86]. Er gehörte zu den Studenten, die 1939-11-15 an der Beerdigung von Jan Opletal teilnahmen, wurde verhaftet und in das KZ Oranienburg-Sachsenhausen deportiert, kam drei Jahre später frei, wurde aber sofort zur Zwangsarbeit für das NS-Regime eingezogen. Sein Studium konnte er erst nach Kriegsende fortsetzen, er schloss es 1946 mit einem Diplom ab und promovierte 1949 zum PhD (bei Bohumil Bydžovský und Václav Hlavatý). Zeitweilig war er Assistent bei Václav Hlavatý und Eduard Čech. Nožička habilitierte sich 1953, wurde ao Professor an der neugegründeten Fakultät für Mathematik und Physik der Tschechischen Universität in Prag, 1960 o Professor.[87]

Ein anderes Opfer war der o Professor für theoretische Physik und Mathematik, Dr František Záviška, der im KZ starb.[88]

◁   Als Student der Mathematik in der „Sonderaktion 1939" verhaftet, danach drei Jahre im KZ Sachsenhausen interniert und nach seiner Entlassung zur Zwangsarbeit gepresst:

František Nožička (*1918-04-05 Reichenberg (heute Liberec, Cz); †2004-05-28 Prag).

Zeichnung: P.M. nach https://web.math.muni.cz/biografie/obrazky/nozicka_frantisek.jpg

Das Regierungsdekret Nr. 112, das der tschechoslowakische Präsident Edvard Beneš 1945-10-18 unterzeichnete, verfügte im Gegenzug die Auflösung aller Deutschen Hochschulen in der Tschechoslowakei, rückwirkend zum 17. November 1939, dem Tag, an dem die tschechischen Hochschulen geschlossen worden waren.[89] Der Besitz der Deutschen Hochschulen wurde beschlagnahmt und auf die tschechischen Hochschulen aufgeteilt.

[86] František Nožička (*1918-04-05 Reichenberg, Böhmen; †2004-05-28 Prag) begann nach seiner Matura am Gymnasium Reichenberg 1937 mit dem Studium der Mathematik und Physik.

[87] Nožičkas Forschungsinteressen umfassten zunächst Differentialgeometrie, Relativitätstheorie, Tensoranalysis und Mechanik. Später wandte er sich praktischen Anwendungen zu, vor allem der mathematischen Optimierung. 1968 war er Gastprofessor an der Humboldt-Universität in der DDR und beteiligte sich dort maßgeblich an der Gründung eines Fachbereichs für Mathematische Optimierung. Nožička betreute laut MGP 17 Dissertationen, alle an der Humboldt-Universität Berlin.

[88] Záviška (*1879-11-16 Groß-Meseritz, †1945-04-17 Gifhorn bei Braunschweig) starb auf dem „Todesmarsch" bei der Evakuierung des KZs Sachsenhausen. (https://www.mff.cuni.cz/fakulta/lib/zavdat.htm, Zugriff 2023-02-20)

[89] Die Bezeichnung „Beneš-Dekrete" ist eine Vereinfachung. Die Dekrete des Staatspräsidenten wurden von den Exilregierungen, bzw., wie im Fall des Dekrets Nr. 112, von der ersten Nachkriegsregierung Zdeněk Fierlingers entworfen und dann von Edvard Beneš als Präsidenten bestätigt. Man wird den Komplex der Beneš-Dekrete als von nationalen Emotionen getriebene verlängerte Kriegshandlungen gegen die NS-Besatzung zu verstehen haben. Die eigentliche Wurzel des sich in diesen Dekreten ausdrückenden Hasses auf die deutsche Bevölkerung ist zweifellos in den Untaten der NS-Besatzung zu sehen.

An tschechischen Hochschulen war die Unterrichtssprache widmungsgemäß Tschechisch, auch Dissertationen und schriftliche Prüfungsarbeiten wurden auf Tschechisch verfasst. Es war daher notwendig, mathematische Lehrbücher und Monographien in tschechischer Sprache zu verfassen und gute tschechische Ausdrücke für moderne mathematische Begriffe zu finden, was für einen längeren Zeitraum einen zusätzlichen Aufwand in der Lehre verursachte.[90] Zweifellos stand hinter der Gründung tschechischer Hochschulen Nationalstolz, daneben aber wohl auch der Gedanke, Mathematik in der (mehrheitlichen) Landessprache leichter als etwa in Englisch popularisieren zu können. Mathematiker an tschechischen Hochschulen suchten nur selten Kontakte zu ihren Kollegen an deutschen Hochschulen und sie wurden von diesen ebenso selten zu Kontakten ermuntert. Diese Barriere war aber in erster Linie politisch bedingt, jedenfalls publizierten tschechische Mathematiker mit großer Leichtigkeit in deutscher Sprache, oft auch auf Französisch (nach 1945 auf Russisch). Bei vielen in Böhmen oder Mähren tätigen und dort aufgewachsenen Wissenschaftlern war ohnehin Zweisprachigkeit normal.

2.10 Die Akademie der Wissenschaften

Die erste Akademie der Wissenschaften auf dem Boden der habsburgischen Erbländer war die auf private Initiative gegründete böhmische Akademie der Wissenschaften, die sich ab 1784 mit dem Einverständnis Kaiser Josefs II „Königlich böhmische Gesellschaft der Wissenschaften" (Královská česká společnost nauk) nennen durfte. 1825-11-03 folgte auf Betreiben des bekannten Mäzens der Wissenschaften Graf Széchenyi die ungarische Akademie in Pressburg.[91] Erst viel später, nämlich 1847, folgte durch kaiserliches Patent (Ferdinand I.) die *kaiserliche* (nach dem öst.ung. Ausgleich von 1866 *k.k.*) *Akademie der Wissenschaften in Wien*; nach dem Zerfall der Donaumonarchie wurde diese in *Akademie der Wissenschaften in Wien* umbenannt. 1947 erfolgte im Zuge der Entnazifizierungsmaßnahmen die Umbenennung in *Österreichische Akademie der Wissenschaften* (ÖAW). Der jüdische Anteil an den Mitgliedern der Wiener Akademie betrug vor 1938 ca. 7% — zum Vergleich: unter den Professoren der Universität Wien etwa 15% und unter den übrigen Hochschullehrern (vor allem Dozenten) 33%.[92] Die Zahl der Mitglieder blieb stets gleich, Aspiranten auf Mitgliedschaft mussten auf das Ausscheiden eines der bisherigen Mitglieder, durch Tod, Rücktritt, allenfalls durch Streichung zB nach schweren Verfehlungen; in der NS-Zeit nach freiwilligem oder erzwungenem Rücktritt wegen Missliebigkeit,[93] warten und dann in der nächsten feierlichen Sitzung der Akademie gewählt werden. Ausländische Wissenschaftler konnten nur korrespondierende Mitglieder werden.

---

[90] Mündliche Mitteilungen von Jiři Rosicky, Jan Slovak und Vladimir Soucek.

[91] Die gesamte damalige Slowakei war damals Teil des Königreichs Ungarn.

[92] Nach [119]; nachzulesen auch in *Zeitschrift für Geschichtswissenschaft* 44 (1996), 143–147.

[93] Ähnlich wie an den deutschen Akademien waren auch die Wiener Akademiemitglieder als solche keine Beamten und bezogen (außer Funktionsgebühren) kein Gehalt. Nach dem Ende der Monarchie konnten Akademiemitglieder nur in einer Sitzung der Akademiemitglieder abgesetzt werden.

Bei der letzten Mitgliederwahl vor dem „Anschluss", 1937-06-02, wurden in der math-nat. Klasse zu wirklichen Mitgliedern gewählt: Prof Dr Karl Terzaghi (TH Wien, Bodenmechanik, bekannt für sein Gutachten zur 1976-08-01 eingestürzten Reichsbrücke), Prof Dr Theodor Pintner (Uni Wien, Zoologe), Prof Dr Erwin ⟩Kruppa (TH Wien), Hofrat Dr Leopold Adametz (BOKU), Hofrat Dr Richard Schumann (TH Wien, Geowissenschaften); zum korrespondierenden Mitglied (neben anderen): ⟩Mayrhofer (Uni Wien).[94]

Präsident Heinrich Srbik meldete 1939 die Akademie als „judenrein".[95] 1945 waren mehr als die Hälfte der Mitglieder NS-Parteigenossen und bis auf einen Fall wurde keine Akademie-Mitgliedschaft aufgehoben. Von den Mathematikern wurde der damalige NS-Zellleiter Anton ⟩Huber 1941 als korrespondierendes Mitglied aufgenommen und blieb es ohne Unterbrechung bis zu seinem Tod 1975. Seine mathematischen Arbeiten nach 1945 erschienen in Akademiepublikationen.

Organisatorisch war die Wiener Akademie seit 1899 in das Kartell der deutschen Akademien/Gesellschaften eingegliedert (nach dem „Anschluss" in Reichsverband umbenannt), die anderen waren Berlin (gegr. 1700), Göttingen (gegr. 1751), München (gegr. 1759), Leipzig (gegr. 1846) und Heidelberg (gegr. 1909).

Quellen. Feichtinger [76]; Graf-Stuhlhofer [119] und [120].

Wittgensteins Schwester. An dieser Stelle ist noch besonders an die *Jerome und Margarethe Stonborough-Stiftung* zu erinnern, die von Ludwig Wittgensteins Schwester Margarete und deren Ehemann Jerome Stonborough[96] 1920 gegründet und bis zum „Black Thursday" (1929-10-24, Börsenkrach in New York) laufend durch großzügige Legate weitergeführt und ergänzt wurde. Die Stiftung unterstützte vor allem die Drucklegung mathematischer und naturwissenschaftlicher Arbeiten. Nach dem Selbstmord von Jerome Stonborough

---

[94] Archiv ÖAW, 90. Jahressitzung; s. auch Salzburger Volksblatt 1937-06-04 p6.

[95] Franz Graf-Stuhlhofer erwähnte bereits 1995 in [119], dass ungefähr die Hälfte der Akademie-Mitglieder auch NSDAP-Mitglieder waren und gibt die Namen der 21 bis 1940 (nicht 1939!) aus der Akademie ausgeschlossenen Mitglieder einzeln an.

[96] Dr Jerome Stonborough, eigentlich Jerome Hermann Steinberger (*1873-12-07 New York; †1938-06-15 Wien, Selbstmord) ∞ 1905 Margaret, geb Wittgenstein, die beiden trennten sich ohne Scheidung 1923. Zu Margarete Stonborough (*1882-09-19 Wien-Neuwaldegg; †1958-09-27 Wien) erschien 2003 eine Romanbiographie von Ursula Prokop: *Margaret Stonborough-Wittgenstein, Bauherrin, Intellektuelle, Mäzenin* [Böhlau Verlag, Wien].

Über Diskrepanzen zur Aktenlage in bezug auf das Schicksals der Stonboroughschen Musiksammlung vgl. ÖNB Hausarchiv, Verwaltungsakten der Generaldirektion, Sonderbestand Mappe Wittgenstein, Zl. 4694/5107/1939 und Zl. 5533/5534, diskutiert in (https://www.onb.ac.at/forschung/forschungsblog/artikel/die-musikautographen-sammlung-der-familie-stonborough-wittgenstein, Zugriff 2023-02-20). Großvater Hermann Christian Wittgenstein wurde 1939 durch Einsatz immenser Summen an Devisen zum Arier, sodass die Schwestern Ludwig Wittgensteins in Österreich verbleiben hätten können. Margaret emigrierte trotzdem 1940 nach New York, kehrte aber nach dem Krieg nach Österreich zurück. Zur Familiengeschichte ist noch die Dissertation von Nicole L. Immler zu ergänzen, die sich mit den Familienerinnerungen von Hermine Wittgenstein, Graz 2005 befasst; Kurzversion online unter (https://www.academia.edu/13907740/Die_Familienerinnerungen_von_Hermine_Wittgenstein_Eine_Chronik_und_ihre_Narrative_als_kulturwissenschaftliches_Untersuchungsfeld, Zugriff 2023-02-20).

schrieb Akademiepräsident Srbik, am 1938-06-21, immerhin drei Monate nach dem „Anschluss", an Margaret:[97]

Die Akademie gedenkt hiebei dankbarst der grossen Förderung, die Herr Dr. Jerome Stonborough in einer Zeit, in der die allgemeine Staatsnot die Akademie fast zum Aufgeben ihrer Publikationstätigkeit zwang, durch seine namhaften Geldzuwendungen der Akademie hat zuteil werden lassen, sodass es der philosophisch-historischen Klasse erst durch diese Zuwendungen von Ihnen und Ihrem Herrn Gemahl möglich wurde, die Sitzungsberichte überhaupt weiter erscheinen zu lassen. Die Akademie der Wissenschaften und speziell die philosophisch-historische Klasse werden daher dem verehrten Abgeschiedenen stets ein dankbares und ehrendes Andenken bewahren.

Wie oben erwähnt, meldete Srbik im Jahr danach die Akademie als „judenrein". Offenbar bezog sich diese „Reinheit" nicht auf Stiftungen — und die Dankbarkeit verflüchtigte sich rasch. Ohnehin verdankte die Akademie drei ihrer renommiertesten Institute der Großzügigkeit jüdischer Stifter: Das Institut für Radiumforschung[98] die „Biologische Station Lunz" (1903–2003),[99] die „Biologische Versuchsanstalt Vivarium" im Wiener Prater[100] Margarete Stonborough war wie ihr Bruder an Mathematik und an den Naturwissenschaften interessiert, sie war persönlich bekannt und befreundet mit österreichischen Mathematikern wie Hermann Rothe und Johann ⸗ Radon.[101]

---

[97] Festgehalten in der Schrift „Mäzene in schweren Zeiten. Die Eheleute Jerome und Margaret Stonborough", Archiv der ÖAW.

[98] 1910-10-28 von Erzherzog Rainer eröffnet; Stifter: Karl Kupelwieser (*1841-10-30 Wien; †1925-09-16 Seehof bei Lunz am See), Ludwig Wittgensteins Onkel und Sohn des Biedermeier-Malers und Schubertfreunds Leopold Kupelwieser (*1796-10-17 Piesting, NÖ; †1862-11-17 Wien). Das Radiuminstitut war nach dem von Marie Curie geleiteten Institut (1908 übergeben) eines der ersten der Erforschung der Radioaktivität gewidmeten Institute, es hatte einen bemerkenswert hohen Anteil an prominenten weiblichen Mitarbeitern, darunter Marietta Blau, Hilda Fonovits und Berta Karlik.

[99] Ebenfalls eine Stiftung von Karl Kupelwieser.

[100] Das Vivarium brannte in den letzten Kriegstagen ab und verschwand vom Erdboden. An seiner Stelle erhebt sich heute eine Gedenktafel, auf der vermerkt ist: „Hier befand sich die Biologische Versuchsanstalt (Vivarium), eine der weltweit ersten Forschungseinrichtungen für experimentelle Biologie. 1902 von Hans Przibram (1874–1944), Leopold von Portheim (1869–1947) und Wilhelm Figdor (1866–1938) begründet und finanziert, wurde sie 1914 der Akademie der Wissenschaften als Schenkung übergeben. Ihre Leiter Przibram und Portheim wurden nach dem 'Anschluss' 1938 'rassisch' verfolgt. Hans Przibram starb im KZ Theresienstadt." Mehr über das Vivarium und das Schicksal seiner Mitarbeiter in der NS-Zeit findet man in Reiter W (1999), Zerstört und Vergessen: Die biologische Versuchsanstalt und ihre Wissenschaftler/innen. Österr. Z. f. Geschichtswissenschaften **10.4** (1999), 585–514 (online unter https://journals.univie.ac.at/index.php/oezg/article/view/5183/5055, Zugriff 2023-02-20).

[101] Vgl Johann Radons Nachruf auf Hermann Rothe (Jber DMV **35** (1923), 172–174).

2.11 Mathematische Gesellschaften

Eine *Mathematische Gesellschaft in Wien* existierte bereits im 19. Jahrhundert, sie löste sich aber 1886 freiwillig selber auf.[102] 1891 gründete Baron Eötvös in Budapest eine *Mathematische und Physikalische Gesellschaft*, auf die der wohl älteste Vorläufer der *Mathematischen Olympiaden* für Mittelschüler zurückgeht.[103]

In Graz gab es bereits 1898 einen *Verein deutscher Mathematiker und Physiker beider Hochschulen*, der in Abständen von ein bis zwei Wochen öffentlich zugängliche Vorträge, hauptsächlich zu physikalischen Themen, veranstaltete. Der Verein hatte eine mindestens unterschwellige deutschnational-chauvinistische Färbung.[104]

1903-10-24 initiierten Ludwig Boltzmann, Gustav von Escherich und Emil Müller die erneute Gründung einer *Mathematischen Gesellschaft in Wien*,[105] daneben gab es auch den *Akademischen Verein Deutscher Mathematiker und Physiker in Wien*[106] und in Prag eine „Deutsche Mathematische Gesellschaft".[107]

Die *Mathematische Gesellschaft in Wien* hatte, auch nach ihrer Neugründung nach dem Ersten Weltkrieg, den Charakter eines auf Wien konzentrierten Klubs mathematisch interessierter Persönlichkeiten, Hauptaufgabe war die Organisation mathematischer Vorträge und geselliger Treffen von Mathematikern in kleinem Rahmen. Die Mitglieder bildeten eine durchaus überschaubare Gruppe von locker miteinander kommunizierenden Einzelpersonen. Anders als etwa die 1890 gegründete DMV in Deutschland, sah sich die Gesellschaft nicht als landesweite Vereinigung oder als Standesvertretung der im Lande tätigen Mathematiker. Sie verfügte weder über eine eigene Bibliothek noch über ein eigenes Pu-

---

[102] Wiener Zeitung 1886-10-29 p8. Der einzige Beleg für das Wirken dieser Gesellschaft, die ihren Sitz in Wien-Alsergrund, Türkenstr 3 hatte, ist eine Vortragsserie von Prof. Simon Spitzer über Variationsrechnung. (Neue Freie Presse 1884-11-19 p 6).

[103] Der erste dieser Wettbewerbe fand 1893 auf Initiative von Eötvös statt, ab 1916 gab es dazu parallel einen Wettbewerb in Physik. (Pester Lloyd 1916-10-22 p15).

[104] ZB führte auf einem von dem Verein veranstalteten Festkommers zu Ehren von Hofrat Leopold Pfaundler v. Hadermur (*1839-02-14 Innsbruck; †1920-05-06 Graz), Naturwissenschaftler und Teilnehmer der verlorenen Kriege von 1859 und 1866, der Geehrte in einer Rede aus: „Daß die Deutschen in Österreich noch immer ihr kulturelles Übergewicht behalten haben, kommt von ihrer kulturellen Übermacht. (Lebhafter Beifall.) Der Sieg ist dem Deutschtum einzig und allein durch die Tüchtigkeit und die Treue gewiß. Und darum müssen wir Professoren immer darauf bedacht sein, daß das geistige Niveau nicht sinke. Wir dürfen das Niveau nicht sinken lassen, damit die deutsche Universität bleibe, was sie war, überlegen den slavischen Universitäten, und darum fordere ich Sie auf, für die Überlegenheit des Deutschtums über die Fremden die zwei Eigenschaften zu behalten: Höhere Intelligenz und nationale Treue." (Grazer Tagblatt 1909-02-22 p2.)

[105] Das Vaterland 1903-10-24 p 6; Jahresberichte der DMV **13** (1904), 135.

[106] Dieser trat in der Öffentlichkeit vor allem mit zwei Aktionen auf: mit Protesten gegen den verschleppten Baubeginn des Physikalischen Instituts der Universität Wien, und 1916 als Veranstalter einer Gedenkfeier für den im Krieg gefallenen Physiker Fritz Hasenöhrl.

[107] Diese wurde hauptsächlich als Kommunikationszentrum der deutsch-böhmischen Mathematiker gegründet. Die Vortragsveranstaltungen wurden auch als „Mathematisches Kränzchen in Prag" bezeichnet, die Vortragstitel wurden in den Jahresberichten der DMV (jedoch keine Ankündigungen der Vorträge) veröffentlicht.

blikationsorgan; keine Protokolle von abgehaltenen Versammlungen oder Mitgliederlisten sind erhalten; Mitteilungen über geplante Vorträge erfolgten hauptsächlich über die Tagespresse (oder auf dem „Schwarzen Brett" der Institute). Bis zu ihrer Ablöse im III. Reich veranstaltete sie weder nationale noch internationale mathematische Konferenzen. Die Statuten der Gesellschaft findet man bezeichnenderweise in den Jahresberichten der DMV **13** (1904), p135.

Nach dem „Anschluss" 1938 wurde die Mathematische Gesellschaft in Wien nicht aufgelöst sondern ging de facto nahtlos in der deutschen Gesellschaft DMV auf. Dagegen wurde der *Akademische Verein Deutscher Mathematiker und Physiker in Wien* in der NS-Zeit stillgelegt.[108] 1942 scheint in Lehmanns Adressbuch von Wien ein „Komitee zur Veranstaltung von Gastvorträgen ausländischer Gelehrter der exakten Wissenschaften" mit der Adresse der physikalischen Institute, Wien IX, Boltzmanngase 5, auf.

Nach dem Krieg erfolgte ein Neustart der Mathematischen Gesellschaft, die sich bald danach sehr deutlich von ihrer Vorgängerinstitution unterschied. Die neugegründeten *Nachrichten der Mathematischen Gesellschaft in Wien* berichteten in ihrer ersten Nummer von 1947-06, gleich auf der ersten Seite:

> Die „Mathematische Gesellschaft in Wien" hat nach der erfolgten vereinsbehördlichen Genehmigung zur Wiederaufnahme ihrer Tätigkeit am 8.11.1946 ihre erste Vollversammlung nach der Befreiung Österreichs abgehalten. Die Wiederaufnahme erfolgte auf der Grundlage der Satzungen, die bis zum Jahr 1938 in Geltung waren. Die Wahl des Vorstandes für das Vereinsjahr 1946/47 hatte folgendes Ergebnis:
>
> Obmann: Prof. Dr. Rudolf > Inzinger, Techn. Hochschule Wien
>
> 1. Stellvertreter: Prof. Dr. Johann > Radon, Universität Wien
>
> 2. Stellvertreter: Landesschulinsp. Franz Prowaznik, Stadtschulrat für Wien
>
> Schriftführer: Doz. Dr. Ludwig > Hofmann, Techn. Hochschule Wien
>
> Kassier: Doz. Dr. Edmund > Hlawka, Universität Wien
>
> Der Vorstand hat sich später ergänzt, wie folgt:
>
> Schriftleiter der Nachrichten: Walter > Wunderlich, Techn. Hochschule Wien
>
> Sekretär: Hochschulass. Dr. Leopold > Peczar, Techn. Hochschule Wien

Da über die Mathematische Gesellschaft der Vorkriegszeit keinerlei Unterlagen vorlagen, musste eine neue Mitgliederliste angelegt werden, die sich zunächst auf die persönlichen

---

[108] Dieser findet sich in den Akten des Stillhaltekommissars von 1938. Zur Tätigkeit der Stillhaltekommissare und allgemein für den NS Umgang mit Gesellschaften und Vereinen verweisen wir auf Pawlowsky V, Leisch-Prost E und Klösch C (2004), Vereine im Nationalsozialismus. Oldenbourg Verlag Wien–München. (Gruppe 36). Im Wiener Adressbuch von Lehmann findet sich im Zeitraum 1919–43 lediglich 1940 ein Eintrag *Mathematische Gesellschaft* mit der Adresse „XII. Ratschkygasse 15", die private Wohnadresse von Karl > Strubecker; offenbar war dieser mit Agenden der früheren Mathematischen Gesellschaft in Wien betraut.

Erinnerungen der Gründer und auf „Mundpropaganda" stützten. Die Mitgliederliste wurde von da an in den „Nachrichten" veröffentlicht und laufend ergänzt.[109]

Bereits in der zweiten Nummer der „Nachrichten" (1947-12) konnte die Gesellschaft von 20 veranstalteten Vorträgen und von einer für das Frühjahr 1948 geplanten „Österreichischen Mathematikertagung" berichten, die erste solche überhaupt. Im Jahr 1948 wurde nicht nur diese Tagung abgehalten sondern auch der Name der Gesellschaft auf „Österreichische Mathematische Gesellschaft" (ÖMG) abgeändert; die „Nachrichten" hießen ab 1949-01 „Nachrichten der Österreichischen Mathematischen Gesellschaft", ab 1952 „Internationale Mathematische Nachrichten", sie waren nämlich 1952–1971 das offizielle Organ der Internationalen Mathematischen Union (IMU).

Generell kann gesagt werden, dass die ÖMG deutlich mehr Initiativen auf nationaler und internationaler Ebene gesetzt hat als ihre Vorgängerinstitutionen.

2.12 Universitées en Captivité

Eine der ersten Maßnahmen des NS-Regimes nach dem „Anschluss" war die Anlage des *Truppenübungsplatzes Döllersheim*, heute *Allentsteig*. Für dieses militärische Übungsgelände wurden über 40 Dörfer vollständig abgesiedelt, die Gebäude und der Grundbesitz beschlagnahmt. (Die totale Zerstörung aller Gebäude geht auf Maßnahmen der Roten Armee 1952 und auf die spätere Nutzung als Truppenübungsplatz der Zweiten Republik zurück.) In Sichtweite eines dieser Dörfer, mit dem Namen Edelbach,[110] befand sich während des 2. Weltkriegs das Offizierslager(OFLAG) XVII A,[111] in dem auf engstem Raum etwa 4.100 kriegsgefangene französische Offiziere und 600 Ordonnanzen interniert waren. Unter den Gefangenen befanden sich neben (später) prominenten Politikern auch Universitätsangehörige, darunter der Mathematiker Jean ˃ Leray,[112] der Embryologe Etienne Wolff[113] und der Geologe François Ellenberger.[114] Auf Betreiben Wolffs, der sich aber

---

[109] Heute ist eine solche Veröffentlichung aus Datenschutzgründen nicht mehr zulässig.

[110] Wir danken A. Kusternig und F. Pieler für Informationen zum OFLAG XVIIA und zu diesem Abschnitt.

[111] Unteroffiziere und Mannschaften waren in Stammlagern (STALAG) untergebracht. Die römische Zahl in der Bezeichnung bezog sich auf die Nummer des Wehrkreises, in dem sich das jeweilige Lager befand. Im Wehrkreis XVII gab es sonst nur die STALAGs XVII A (Kaisersteinbruch), XVII B und Luft XVII B (Krems).

[112] In Gefangenschaft seit 1940-06-24

[113] Etienne Wolff (*1904-02-12 Auxerre; †1996-11-18 Paris) ist vor allem mit Experimenten an Embryonen von höheren Wirbeltieren hervorgetreten, in denen Geschlechtsveränderungen, Mißbildungen (dreifüssige Enten), in vitro Erzeugung embryonaler Organe und die Entwicklung von Krebsgeweben unter dem Einfluss von Röntgenstrahlen untersucht wurden, größtenteils allerdings erst nach Wolffs Rückkehr an die Universität Strasbourg 1946.

[114] François (Théodore Victor) Ellenberger (*1915-05-05 Lealui, Nordrhodesien; †2000-01-11 Bures-sur-Yvette) hielt in Edelbach
index[uni]OFLAG XVIIA, U Kurse über Strukturgeologie (Bau der Erdkruste) und über Astronomie ab. Mit einem von ihm vor Ort gegründeten geologischen Team untersuchte er mit sehr einfachen Mitteln

wegen seiner jüdischen Herkunft im Hintergrund hielt, und mit ˃ Leray als Rektor organisierten die Gefangenen eine „Université en Captivité", an der laufend Lehrveranstaltungen und Vorträge auf hohem Niveau abgehalten, sowie nach strengen Kriterien in den vier Jahren bis Kriegsende insgesamt etwa 500 akademische Abschlüsse vergeben wurden. Alle Abschlüsse wurden nach dem Krieg von der Republik Frankreich anerkannt.[115]

Die Universität war allgemein in der Forschung sehr aktiv, vor allem aber in Mathematik und Geologie. Der Mathematiker Jean ˃ Leray,[116] schrieb später über seine Erlebnisse in Edelbach:[117]

> *Durant ma captivité, je n'avais rien d'autre à faire, si ce n'est organiser une université de captivité. Elle avait un gros effectif: nous étions 5000 prisonniers, dont beaucoup de jeunes, quelques élèves de l'École Polytechnique. L'enseignement était d'un niveau élevé. Les étudiants n'avaient aucune autre distraction que l'étude. Ils ne mangeaient pas beaucoup, ils n'avaient pas bien chaud; mais ils étaient courageux. Les examens furent validés par l'Université de Paris ...*

> *Était-il raisonnable de faire des recherches en topologie algébrique durant mes cinq ans de captivité en Allemagne nazie, de 1940 à 1945, à l'instar de Poncelet? (Poncelet fut prisonnier des Russes, à l'époque de Napoléon, pendant 5 ans; dans le petit village où il était consigné, Poncelet fit faire des progrés considérables à la géométrie). Son exemple m'a guidé quand je fus prisonnier de guerre ...*

> *J'ai choisi la topologie algébrique, sujet sans application militaire immédiate, auquel j'avais apporté une contribution notable en collaboration avec Juliusz Schauder. J'ai tenté de reprendre et de compléter nos recherches. Dans cet isolement scientifique grand, mais non total, j'ai eu des idées assez originales pour qu'elles aient vraiment contribué au renouvellement de la topologie algébrique ...*

---

hergestellte Dünnschliffe von geologischen Proben mittels eines behelfsmäßig selbst hergestellten Mikroskops. Die Ergebnisse dieser Untersuchungen erschienen als kollektive Monografie über Paläobotanik und Petrographie. Nach seiner Rückkehr aus der Kriegsgefangenschaft promovierte Ellenberger 1954 über posttektonische Metamorphose in den französischen Alpen. 1972 Präsident der französischen Geologischen Gesellschaft; 1984 Prix Wegmann. Er verfasste auch die bekannte *Histoire de la Géologie* (2 vols) Paris, 1988, 1994.

[115] Ausführlichere Informationen in: Sigmund, A.M., Michor, P.W., und K. Sigmund, The Math. Intelligencer **27/2** (2005), 41-50; deutsch: IMN **199** (2005), 1-16; Kusternig, A., [181]. Vgl. auch Siegmund-Schultze R (2000), An Autobiographical Document (1953) by Jean Leray on His Time as Rector of tbe 'Université en captivité' and Prisoner of War in Austria, 1940-1945. Gazette des mathématiciens (Supplément) **84** (2000):11-15.

[116] Nicht zu verwechseln mit dem bei Militärhistorikern besser bekannten Kommandanten der Résistance Alain Le Ray (*1910-10-03 Paris; †2007-06-04 Paris), der 1941 aus dem OFLAG IVc in Colditz floh. Biographie in Martin, J-P., Alain Le Ray, le devoir de fidélité : un officier alpin au service de la France (1939-1945), Grenoble 2000.

[117] Das Zitat ist entnommen aus: Meyer, Y., Jean Leray et la Recherche de la Vérité. Séminaires & Congrès **9** (2004), 1–12.

Nach seiner eigenen Darstellung wollte Leray in Edelbach seine Expertise in Hydrodynamik geheimhalten.[118] Diese Aussage ist wohl als humoristisches Aperçu zu verstehen: (1) waren Lerays Arbeiten über Hydrodynamik und über algebraische Topologie bis zum Jahre 1942 international und daher auch unter deutschen Mathematikern wohlbekannt. Über sie erschienen, auch während des Krieges, in JFM und Zbl laufend Referate, darunter auch solche von deutschen Mathematikern, zB von G. ˃Doetsch, G. ˃Hamel, A. Hammerstein, G. Tautz, R. ˃Weyrich; (2) war der Redaktion von JFM und Zbl unter Harald Geppert die Gefangenschaft Lerays bekannt und es gab entsprechende Kontakte, Leray verfasste zwischen 1940 und 1942 insgesamt 18 Referate (alle auf Deutsch) für das JFM; (3) nach dem Kriegsrecht konnten Kriegsgefangene nicht zu Tätigkeiten irgendwelcher Art für die Rüstung herangezogen werden, der miliärische Wert von Existenzaussagen über Lösungen der Eulergleichung ist überdies nicht gerade offensichtlich. Hingegen lehnte es Leray standhaft ab, das Lager zu verlassen und als Zivilist bei Zbl, JFM oder an einer Universität mitzuarbeiten.

In Edelbach hielt Leray einen Lehrgang über algebraische Topologie unter dem Titel „Cours de topologie algébrique professé en captivité, 1940–1945" ab, in der er unter anderem die Theorie der Garben und die Spektralsequenzen zur Berechnung ihrer Kohomologie entwickelte. Die Vorträge erschienen in drei Teilen im Journal des Mathématiques Pures et Appliqués **24** (1945), 95–167, 169–199, und 201–248; mit Adresse OFLAG XVII A.[119]

Diese Arbeiten ˃Lerays bilden heute die Grundlage großer Teile der algebraischen Topologie, der algebraischen Geometrie und der Funktionentheorie mehrerer Variablen. Sie enthalten die bedeutendsten und in ihrer späteren Wirkung einflussreichsten mathematischen Resultate, die in Österreich während des zweiten Weltkriegs gefunden wurden. Es ist interessant, dass der Schöpfer der Čech-Kohomologie, die ihre Kraft besonders in der Garbentheorie entfaltet, und der Schöpfer der Garbentheorie Jean Leray im OFLAG XVII A (der dieses in seiner Autobiographie für die Académie des Sciences in Paris als „à portée de canon d'Austerlitz" bezeichnete — Austerlitz (heute Slavko) befindet sich nur 15 km östlich von Brünn) nur einen Kanonenschuss voneinander entfernt wirkten, offenbar ohne voneinander zu wissen (vgl die Informationen zu Eduard Čech auf Seite 108).[120]

---

[118] Jean Leray (*1906-11-07 in Chantenay-sur-Loire (heute Teil von Nantes); †1998-11-10 in La Baule-Escoublac, Département Loire-Atlantique) hatte zwischen 1931 und 1937 eine Reihe von Arbeiten über Strömungstheorie veröffentlicht. Unter anderem bewies er, dass im Zweidimensionalen die Euler-Gleichung für inkompressible Flüssigkeiten global wohlgestellt ist. Das entsprechende dreidimensionale Problem ist eines der bisher ungelösten Milleniums-Probleme. Für die Lösung ist ein Clay Preis von 10^6 Dollar ausgeschrieben.

[119] Leray veröffentlichte zur algebraischen Topologie später noch *L'anneau spectral et l'anneau filtré d'homologie d'un espace localement compact et d'une application continue*, J. Maths Pures et appl. **39** (1950), 1–139,

[120] Allerdings liegt Austerlitz etwa 120km Luftlinie von Edelbach entfernt — eine *beachtliche* Leistung für einen napoleonischen Kanonenschuss! Die Kanonen des zweiten Kaiserreichs schafften nur einige 100m.

Leray soll später seine Zeit im OFLAG XVII A ironisch als sein „Professeurat invité en Autriche" bezeichnet haben.[121]

OFLAG XVII A, Photo eines im ▷
Lager hergestellten Modells

Foto: Franz Pieler, [181], abgedruckt in
IMN **199** (2005) 1-16, p. 6, mit Erlaubnis

◁ Wollte seine Expertise in Strömungslehre verbergen und erfand darum die Garben:

Jean Leray

(*1906-11-07 Nantes/F;   †1998-11-10 La Baule/F),

Ein Kämpfer mit Humor, auch in der Gefangenschaft.

Zeichnung: P.M. nach Foto in (https://www.college-de-france.fr/personne/jean-leray, Zugriff 2023-03-09)

OFLAG XVII A war keineswegs das einzige Kriegsgefangenenlager im Herrschaftsbereich des Deutschen Reichs, in dem universitäre Lehrgänge für Internierte eingerichtet waren.[122] Neben OFLAG XVII A nennen wir OFLAG IV D in Elsterhorst/Nardt, das ebenfalls etwa 5000 französische Gefangene beherbergte und vor allem durch das Wirken des

---

[121] Mündliche Auskunft von Maurice de Gosson, der 1992 seine Habilitation à Diriger des Recherches en Mathématiques an der Université Paris 6 bei Leray erwarb. Sein Biograph Jean Mawhin bescheinigt Leray "a caustical mind, which reminds Voltaire or Henri Poincaré."

[122] Solche Einrichtungen für Kriegsgefangene, die nach Artikel 17 des Genfer Abkommens von 1929-07-27, von der Gewahrsamsmacht zu fördern sind, hat es bereits im Ersten Weltkrieg gegeben (vgl zB Reichspost 1918-1918-04-28 p 8). Die Deutsche Militärverwaltung hielt sich bei britischen, französischen und US-amerikanischen Kriegsgefangenen an das Abkommen von 1929, nicht jedoch bei sowjetischen Gefangenen. Über universitäre Kurse (auch über Mathematik) in allierten Gefangenenlagern vgl [179, Kapitel 2].

bedeutenden Prähistorikers Louis-René Nougier [123] hervorgetreten ist. Fernand Braudel[124] war ab 1940-06 kriegsgefangen im OFLAG XIIB bei Mainz, ab 1942 im Disziplinarlager OFLAG XC bei Lübeck. Im folgenden wenden wir uns kurz der von dem Mathematiker Christian Pauc geleiteten Gefangenenuniversität zu, Musterfall für zumindest potenziell aufbrechende Konflikte zwischen der Loyalität zu Mathematikerkollegen und patriotischer Pflichterfüllung.

◁ **Christian Yvon Pauc** (*1911-03-29 La Madeleine-lez-Lille; †1981-01-08 Nantes): Gründer und Leiter einer Université en Captivité, später Hilfsassistent an der Universität Erlangen.

Pauc verweigerte die Ausdehnung des Kampfs gegen Hitlerdeutschland auf wissenschaftliches Gebiet und war nach seiner Gefangennahme zur Zusammenarbeit mit dem Zentralblatt und mit den Mathematikern der Universität Erlangen bereit. Er gilt in Deutschland bis heute als einer der Vorkämpfer der deutsch-französischen Aussöhnung.

Zeichnung: W. R.

Christian Yvon Pauc wurde 1940-06 von den NS-Truppen als Offizier der Reserve gefangengenommen und im OFLAG III A Luckenwalde (in der Nähe des STALAG III A oder in dieses integriert), etwa 50km südlich von Berlin, inhaftiert.[125] In diesem Lager gründete und leitete Pauc eine „Gefangenen-Universität". Als die Redaktion des Zentralblatts in Berlin von Paucs Aktivitäten hörte, bot sie ihm an, bei ihr mitzuarbeiten. Pauc und ein weiterer gefangener französischer Mathematiker akzeptierten das Angebot, sehr zum Missfallen der anderen Gefangenen.[126] Christian Pauc war wohl mehr leidenschaftlicher

---

[123] René Nougier (*1912-04-28 Paris; 1995-12-09 Boulleret) entdeckte gemeinsam mit Romain Robert die Höhlenmalereien von Rouffignac in der Dordogne.

[124] Fernand Paul Achille Braudel (*1902-08-24 Luméville-en-Ornois; †1985-11-27 Cluses) schrieb an seinem Hauptwerk *La Méditerranée et le monde méditerranéen à l'époque de Philippe II* während seiner Kriegsgefangenschaft und korrespondierte mit Lucien Febvre, mit welchem er später die *Revue des Annales* redigierte. Um diese Zeitschrift gruppierte sich die *l'École des Annales* der französischen Geschichtswissenschaft, die weltweiten Einfluss ausübte.

[125] Im Sommer 1940 wurden insgesamt zehn französische Mathematiker in OFLAGs inhaftiert, darunter sehr bekannte Namen: Roger Apéry, Jean Favard, Jean Kuntzmann, Jean Leray, Robert Mazet, Bernard d'Orgeval, Henri Pailloux, Christian Pauc, Frédéric Roger, Jean Ville und René Valiron. Über die gefangenen französischen Mathematiker fand von 2016-10 bis 2017-05 in den *Archives Henri-Poincaré - Philosophie et Recherches sur les Sciences et les Technologies* ein Seminar statt, *Les trajectoires de mathématiciens français entre les années 1930 et l'immédiat après-guerre. Perspectives globales et études de cas*), dessen dort veröffentlichten Angaben wir in der Hauptsache hier folgen. (Online https://poincare.univ-lorraine.fr/fr/les-trajectoires-de-mathematiciens-francais-entre-les-annees-1930-et-limmediat-apres-guerre, Zugriff 2023-03-09).

[126] Insgesamt wurden im oben erwähnten Seminar etwa 20 französische Referenten für das damalige Zentralblatt namhaft gemacht, die zusammen 300 Referate verfassten.

Mathematiker als französischer Patriot. Er war schon lange vor dem Krieg ein Bewunderer und Freund der deutschen Kultur gewesen, sprach ausgezeichnet deutsch und hatte mit den Erlanger Mathematikern Otto Haupt und Georg ⌃Nöbeling bereits früher brieflich zusammengearbeitet.[127] Seine Zusammenarbeit mit Georg Nöbeling und Otto Haupt ging auf Nöbelings Arbeiten im Menger-Kolloquium zurück. Pauc hatte schon 1935/36 zusammen mit seiner Frau am ⌃Menger-Kolloquium teilgenommen. 1942 erfuhr Haupt von Paucs Internierung, setzte alle Hebel in Bewegung und erreichte, dass Pauc 1943 dem mathematischen Institut der Universität Erlangen als Hilfsassistent zugeteilt wurde — den Studenten ein willkommener Lehrer, für Haupt eine Unterstützung bei der Neuherausgabe des Lehrbuchs *Differential- und Integralrechnung* von Aumann–Haupt. Miteinander publizierten Haupt und Pauc bis 1963 (laut Zbl) 17 Arbeiten. Nach dem Krieg hatte sich Pauc[128] wegen Kollaboration vor einer „commission d'épuration" zu verantworten, die ihn aber mit einem Verweis entließ.[129] 1947 besuchte Pauc als einer der ersten französischen Mathematiker das Forschungszentrum Oberwolfach.

Quellen. Mawhin J (1998), In Memoriam Jean Leray. (1906–1998) Topological Methods in Nonlinear Analysis Journal of the Juliusz Schauder Center **12**, 199–206; Eckes C (2018), „Organiser le recrutement de recenseurs français pour le Zentralblatt à l'automne 1940 : une étude sur les premiers liens entre Harald Geppert, Helmut Hasse et Gaston Julia sous l'Occupation", Revue d'histoire des mathématiques, **24.2**: 259-329; Eckes C (2020) „Captivité et consécration scientifique. Reconsidérer la trajectoire académique du mathématicien prisonnier de guerre Jean Leray (1940–47)", Genèses; sciences sociales et histoire, n° 121 (2020).

2.13 Springer Wien

An seinem 25. Geburtstag gründete Julius Springer[130] einen Buchhandel in Berlin und begann schon ein Jahr später mit der Herausgabe von Zeitschriften und politischen Flugblättern. So entstand der „Verlag von Julius Springer",[131] der unter diesem Namen bis zum Sommer 1941 firmierte. Seine Söhne Ferdinand und Fritz Springer erweiterten das Verlagsangebot auf Titel aus Medizin und Technik und wandten sich bald auch den exakten Naturwissenschaften zu. Die Enkel schließlich, besonders Ferdinand Springer d.J. (1881–1965), entwickelten das Unternehmen zum bedeutendsten deutschen Wissenschaftsverlag und erwarben sich große Verdienste um das mathematische Publikationswesen.

---

[127] J. reine angew. Math., **131** und **132** (1940)

[128] Und mit ihm Gaston Julia, Pierre Chenevier, Pierre Dive, Bertrand Gambier, Henri Pailloux, Christian Pauc, der Elsässer Charles Pisot, Frédéric Roger und Ludovic Zoretti

[129] Für eine umfangreiche Darstellung des Themas, insbesondere im Hinblick auf die Einschätzung mathematischer Referate als Kollaboration, verweisen wir auf Eckes, C (2018) [65].

[130] (*1817-05-10 Berlin; †1877-04-17 Berlin)

[131] In diesem Abschnitt folgen wir weitgehend der Darstellung in *Der Springer-Verlag. Stationen seiner Geschichte 1842-1992. Teil I: 1842-1945*, verfasst von Heinz Sarkowski, sowie *Teil II: 1945-1992*, verfasst von Heinz Götze, erschienen im Springer-Verlag, 1992 und 1994. Vgl. auch Remmert, V.R., und U. Schneider, Mitt. DMV **14**, (2006), 196–205, und, etwas ausführlicher, von den selben Autoren [273].

Bis zum Ende des ersten Weltkriegs war B.G. Teubner der führende Fachverlag für Mathematik in Deutschland gewesen, unter anderem gab Teubner die renommierten *Mathematischen Annalen* heraus.[132] Um im mathematischen Verlagsgeschäft stärker Fuß zu fassen, bemühte sich Springer ab 1914 um die Gründung einer ebenso hochrangigen Konkurrenzzeitschrift, diese kam schließlich 1918 erstmals unter dem Namen *Mathematische Zeitschrift* heraus, wie die *Mathematischen Annalen* unter Beteiligung namhafter Mathematiker. In den folgenden beiden Jahren geriet Teubner mit den *Mathematischen Annalen* in eine Ertragskrise und verlor das Interesse an deren weiterer Herausgabe. Springer nützte die Situation, übernahm die Zeitschrift von Teubner und rettete sie dadurch vor der Einstellung. Ab 1920 erschienen die *Mathematischen Annalen* bei Springer.[133]

Im Jahr 1923 begann das Engagement des Springer Verlags am Verlagsort Wien mit der Übernahme der *Wiener klinischen Wochenschrift* vom Wiener Rikola-Verlag, der in wirtschaftliche Probleme geschlittert war. Das war der Grundstock für *Springer Wien*, die Wiener Niederlassung des Springer Verlags. Noch im selben Jahr wurde die seit 1909 bestehende, auf Fachbücher spezialisierte *Wissenschaftliche Buchhandlung Minerva*[134] für den Vertrieb der Springer Publikationen angeworben. 1925 bezog Springer Wien in der Wiener Innenstadt zwei Etagen des Hauses Schottengasse 4 als Firmensitz — bis zur Zerstörung des Hauses in den letzten Kriegstagen. Leiter war Otto Lange (1887–1967).

Der Verlagsgründer Julius Springer (1817-1877) und seine Ehefrau stammten aus jüdischen Familien, sie hatten sich um das Jahr 1830 taufen lassen. Immer häufiger wurde ab 1933 der Springer-Verlag in NS-Deutschland als „nichtarisch" diffamiert. Auf NS-Druck musste Springer zwischen 1933 und 1938 trotz hinhaltendem Widerstand die Zusammenarbeit mit mehr als 50 Herausgebern wissenschaftlicher Zeitschriften aufgeben.

1935 musste Ferdinands Neffe Julius Springer wegen dreier jüdischer Großeltern als Gesellschafter der deutschen Teile der Verlagsgruppe ausscheiden; er wurde durch den bisherigen Generalbevollmächtigten Tönjes Lange[135] ersetzt. Ferdinand galt als Halbjude.

1935 wurde Otto Lange, Bruder von Tönjes Lange, an Stelle von Julius Springer als Gesellschafter von Springer Wien aufgenommen. Das sollte Angriffen der NS-Propaganda entgegentreten. Dem Wiener Verlag war in Deutschland vorgeworfen worden, er habe Bücher in Deutschland verbotener, vornehmlich jüdischer, Autoren veröffentlicht. 1941 schließlich wurden alle Unternehmen mit jüdischem Namen dazu verpflichtet, sich bis zum 15. Juli eine „arische Bezeichnung" zuzulegen; der altehrwürdige „Verlag von Julius Springer" wurde daher in „Springer-Verlag" umbenannt.

1942-09 ordnete die Reichsschrifttumskammer das Ausscheiden Ferdinand Springers aus seinen Firmen an, es wurde sogar die gänzliche Zerschlagung des Springer Verlagskonzerns

---

[132] Teubner hatte die ehrwürdigen Verlage Vandenhoek & Ruprecht (gegr. 1735), Duncker & Humblot (Crelle), Georg Reimer überflügelt; Göschen, Guttentag, Reimer, Trübner, Veit & Co gingen in de Gruyter auf.

[133] Zur Geschichte der Annalen vgl. Behnke, Math. Ann. **200** (1973), I–VII.

[134] Heute im Besitz der EBSCO Information Group

[135] Dr med hc. [FU Berlin] Tönjes Lange (*1889-11-14 Vegesack, Bremen; †1961-05-08 Berlin); Bruder von Otto Lange (*1887; †1967), später Geschäftsführer von Springer-Wien.

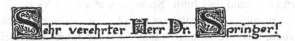

Die unterzeichneten Redaktionsmitglieder der „Mathematischen Annalen" und „Mathematischen Zeitschrift" möchten den Tag, an welchem der fünfundzwanzigste in Ihrem Verlage erscheinende Band mathematischer Zeitschriften herausgegeben wird, nicht vorübergehen lassen, ohne Ihnen gegenüber zum Ausdruck zu bringen, wie sehr sie von der Wichtigkeit Ihres Eintretens für unsere Wissenschaft durchdrungen sind und wie hoch sie dieses Eintreten einzuschätzen wissen. Wenn nicht Ihre opferbereite Unternehmungslust und Ihre umsichtige Energie sich der Sache der mathematischen Wissenschaft angenommen hätte, so würde heute die Mathematik in Deutschland nicht mehr lebensfähig sein. Dass sie es noch ist, und dass die deutschen mathematischen Journale nach wie vor zu den angesehensten der Welt gehören, haben die deutschen Mathematiker und damit die Wissenschaft überhaupt wesentlich Ihnen zu verdanken.

Nehmen Sie an diesem Tage mit unseren Glückwünschen den Ausdruck der Hoffnung entgegen, dass der beschrittene Weg unter gegenseitigem Vertrauen und Verständnis unbeirrt weiter gegangen wird.

Berlin und
Göttingen, den 17. J. 23...

Dankadresse von 1923-07-17 aus Anlass des Erscheinens des 25. Bandes mathematischer Zeitschriften im Springer-Verlag, mit Unterschriften von F. Klein, D. Hilbert, C. Carathéodory, R. Courant, H. Bohr, M. Born, ⟩ Bieberbach, Knopp, A. Einstein, Erhard Schmidt, I. Schur, O. Hölder, G. ⟩ Herglotz, L. Lichtenstein, C. Neumann, F. Schur, A. Kneser, A. Hecke, W.v. Dyck, O. Perron, E. Landau, W. ⟩ Blaschke, A. Sommerfeld.
Foto: PWM

erwogen. Nach dem Ausscheiden Springers blieben Tönjes und Otto Lange alleinige Geschäftsführer und fühlten sich als treuhändisch Verfügungsberechtigte und im juristischen Sinn Besitzer. Dies galt auch für den Wiener Verlag.

Ferdinand Springer überdauerte den Krieg bei Freunden auf einem Gut in Pommern und wurde 1945-02-23 von der russischen Besatzungsmacht verhaftet, aber gleich wieder freigelassen, weil der verantwortliche Offizier früher einmal in einer Springer-Zeitschrift publiziert hatte. Ferdinands Vetter Julius Springer war kurzzeitig im KZ Oranienburg interniert.

Nach dem Krieg übernahmen Ferdinand und Julius Springer wieder den Verlagskonzern, die Rückgabe der Wiener Firmenanteile im Besitz von Otto Lange zog sich aber bis 1954 hin. Als Grund wird angegeben, dass Otto Lange Mitte der 30er Jahre österreichischer Staatsbürger geworden war, der Wiener Verlag daher nicht unter „Deutsches Eigentum" fiel und somit auch nicht beschlagnahmt wurde. Erst 1954, ein Jahr vor dem Staatsvertrag konnte die volle Restitution durchgeführt werden.

Wegen der starken Zerstörung des Berliner Verlagshauses, das zudem im Osten Berlins lag, baute Ferdinand Springer junior von Heidelberg aus den naturwissenschaftlichen und medizinischen Verlag wieder auf, während sein Vetter Julius Springer den Technikverlag in Berlin (West) leitete. Ferdinand Springer expandierte den Verlag mit Unterstützung seines Mitarbeiters Heinz Götze, der 1949 in den Verlag eingetreten war und 1957 persönlich haftender geschäftsführender Gesellschafter des Verlags wurde. 1963 trat Konrad Ferdinand Springer, 1978 Claus Michaletz in die Geschäftsführung ein, später kamen noch Dietrich Götze und Bernhard Lewerich hinzu. Die neue Geschäftsleitung weitete das Programm weltweit aus und erwarb einen Verlag nach dem anderen; das Geschäftsmodell bestand weniger im Verlagsgeschäft selber als im Kauf anderer Verlage und Fusionierungen. Ende 1992 schieden Götze und Konrad Ferdinand Springer aus der Geschäftsleitung aus, blieben aber Gesellschafter. 1997 überlegten die Gesellschafter, an die Börse zu gehen, da dringender Investitionsbedarf bestand und die Bibliotheken im öffentlichen Bereich starken Einsparungen unterworfen waren. 1998 verkauften die Gesellschafter 80% der Stammaktien an die Bertelsmann AG für kolportierte 10^9 DM.

Im weiteren Verlauf wanderte der Springer Verlag wie eine heiße Kartoffel von einem Konzern zum nächsten: 1999 ging der Verlag zur Gänze an Bertelsmann,[136] der daraus die Verlagsgruppe Bertelsmann-Springer bildete. Diese Verlagsgruppe wurde zusammen mit dem *Platow Brief*[137] 2003 an zwei britische Private-equity Gesellschaften, Cinven und Candover, weiterverkauft, die kurz vorher den niederländischen Kluwer Verlag erworben hatten und diese mit Springer zur *Springer Science+Business Media* Gruppe fusionierte. 2007 trennte sich *Springer Science+Business Media* von seinen Bauverlagen und vereinbarte 2009 die komplette Übernahme seiner restlichen Verlage und Medien durch zwei Private-equity Investitionsunternehmen, die schwedische EQT Partners und die staatliche GIC mit Sitz in Singapur. Der Kauf wurde 2010-02 von europäischen und US-amerikanischen

---

[136] 2002 haben die Präsidenten der weltweit wichtigsten mathematischen Gesellschaften in einem Brief an den Besitzer Reinhard Mohn des Bertelsmann Verlages erfolglos darum gebeten, die mathematischen Teile des Springer-Verlages als gemeinnützige Gesellschaft an die Deutsche Mathematische Vereinigung oder die Europäische Mathematische Gesellschaft zu übertragen.

[137] Ein Informationsdienst für Wirtschaft, Kapitalmarkt und Politik

Wettbewerbsbehörden genehmigt. 2013 übernahm BC Partners, ein weiterer Investor (diesmal mit europäischen Wurzeln), das Verlagskonglomerat und schloss es 2015-05 mit drei weiteren Verlagsgruppen, darunter Nature Publishing group, aus der Verlagsgruppe Georg von Holtzbrinck zusammen. Im selben Jahr kam dazu noch die J.B. Metzler'sche Verlagsbuchhandlung.[138]

Die früher vom Springer Verlag vertriebenen Zeitschriften und Buchreihen werden aber weiterhin mit dem Springer Logo und unter dem Namen Springer vermarktet.

Ab 1948 erschienen die von Johann › Radon neugegründeten *Monatshefte für Mathematik*, Nachfolger der von Emil Weyr und Escherich gegründeten *Monatshefte für Mathematik und Physik* bei Springer-Wien.

Durchschrift des Briefes, mit dem die Verlagsrechte für die *Monatshefte* an den Springer Verlag übertragen wurden.

Die Zeitschrift erscheint bis heute unter der Schriftleitung der ÖMG und bei dem letzten Nachfolger des Verlags von Julius Springer, wobei immer wieder mit Stolz auch auf Autoren der Vorgängerzeitschrift *Monatshefte für Mathematik und Physik* verwiesen wird.

---

[138] 53 % der Anteile hält die Verlagsgruppe Georg von Holtzbrinck. Die restlichen 47 % hält das Beteiligungsunternehmen BC Partners. Ein für 2018 geplanter Börsengang wurde wegen zu geringer Nachfrage abgesagt.

Kapitel 3
Nach 1945

3.1 Entnazifizierung

Anders als Deutschland hatte Österreich bereits ab 1945-04-27 eine Regierung, nämlich die in Wien amtierende Provisorische Regierung unter Staatskanzler Renner, die zunächst nur im sowjetisch besetzten Teil Österreichs agieren konnte, aber schließlich 1945-10-19 im gesamten Bundesgebiet und von allen vier Besatzungsmächten endgültig anerkannt wurde. Ihr folgte nach der ersten Wahl zum Nationalrat (1945-11-25) die Bundesregierung Figl I nach. Die Regierungen hatten allerdings bis zum „zweiten Kontrollabkommen" von 1946-06-28 für alle ihre Entscheidungen das Einverständnis der Alliierten zu suchen, danach nur für Verfassungsbestimmungen.

Noch knapp vor Kriegsende beschloss die Provisorische Regierung das erste Gesetz zur Entnazifizierung, das Verfassungsgesetz (Staatsgesetzblatt Nr 13) von 1945-05-08 (in Kraft ab 1945-06-06), genannt „Verbotsgesetz". Darin verfügte sie (I) das Verbot der NSDAP und aller ihrer Gliederungen sowie alle Formen der Betätigung in nationalsozialistischem Sinn (Verbot der „Wiederbetätigung"), (II) die Registrierungspflicht für alle Parteiangehörigen und -anwärter und ihre Eintragung in öffentlich aufliegende Listen, (III) Bestimmungen gegen „Illegale" (Beitritt zur Partei oder einer ihrer Wehrverbände zwischen 1933-07-01 und 1945-04-27— als Hochverrat gewertet), schwerer Belastete aufgrund von Partei-Auszeichnungen, signifikanten finanziellen Zuwendungen und höheren Funktionen im NS-Apparat. Die Unterlassung der Registrierung sowie unvollständige oder unrichtige Angaben waren von Strafen bedroht. Die Registrierten und ihre Rolle im NS-Regime wurden danach von eigens eingerichteten Kommissionen (analog den Spruchkammern in Nachkriegsdeutschland) überprüft; die schweren Fälle nach (III) und die mutmaßlichen

© Der/die Autor(en), exklusiv lizenziert an
Springer-Verlag GmbH, DE, ein Teil von Springer Nature 2023
W. A. F. Ruppert und P. W. Michor, *Mathematik in Österreich
und die NS-Zeit*, Mathematik im Kontext,
https://doi.org/10.1007/978-3-662-67100-9_3

Kriegsverbrecher wurden an in Abschnitt (V) definierte „Volksgerichte"[1] oder alliierte Gerichte verwiesen;[2] für die leichteren Fälle, die späteren „Minderbelasteten" oder „Mitläufer" wurden vergleichsweise moderate „Sühnefolgen" festgelegt: Polizeiaufsicht, Geldbußen, Bezugskürzungen, begrenzte Berufsverbote, Verpflichtung zur Wiedergutmachung, Zwangsarbeit für den Wiederaufbau, Entzug des Wahlrechts u.ä. Artikel (IV) des Gesetzes annullierte für die Personengruppen nach Artikel (III) alle Anstellungen im öffentlichen Dienst sowie staatliche Bezüge und Zuwendungen, die zwischen 1938-03-13 und 1945-03-31 erfolgt waren. Der später besonders umstrittene Artikel (VI), der nur aus dem § 27 bestand, sah Ausnahmen zu den Bestimmungen (II), (III) und (IV) vor, „wenn der Betreffende seine Zugehörigkeit zur NSDAP oder einem ihrer Wehrverbände (SS, SA, NSKK, NSFK) niemals missbraucht hat und aus seinem Verhalten noch vor der Befreiung Österreichs auf eine positive Einstellung zur unabhängigen Republik Österreich mit Sicherheit geschlossen werden kann; darüber entscheidet die Provisorische Staatsregierung".[3]

Der Grundgedanke war zunächst die Säuberung der Beamtenschaft und einflussreicher Positionen in Kultur und Wirtschaft von NS-Anhängern; insbesondere in der Lehre Tätige sollten nicht länger NS-Gedankengift weiterverbreiten können. Tiefer ging die Aufgabe der Schuldzuweisung und die Ahndung politischer Verbrechen. Formales Kriterium war dabei Mitgliedschaft, Anwartschaft auf Mitgliedschaft bei der NSDAP und angeschlossener Organisationen (siehe Glossar). Illegale NSDAP-Mitglieder, das sind solche, die während der „Verbotszeit" zwischen 1933-03 und 1938-03 in die Partei eingetreten waren, wurden als „Hochverräter" mit besonders schweren „Sühnefolgen" belegt.[4] Als erschwerend wurden auch Tätigkeiten in höheren Parteifunktionen gewertet, mildernd wirkten Bescheinigungen für korrektes Verhalten („Persilscheine") oder Widerstand gegen das Regime. Die leichteren

---

[1] Außerordentliche Gerichte, gebildet von zwei Berufsrichtern, einer davon Vorsitzender, und drei Schöffen; ohne die Möglichkeit einer Berufung oder einer Nichtigkeitsbeschwerde; nur der Oberste Gerichtshof konnte das Urteil eines Volksgerichtshofes aufheben. Vgl. Butterweck [41].

[2] Unter den Angeklagten im Nürnberger Hauptkriegsverbrecher-Prozess waren bekanntlich zwei Österreicher: Arthur Seyß-Inquart (*1892-07-22 Stannern b. Iglau; †1946-10-16 Nürnberg) und Ernst Kaltenbrunner (*1903-10-04 Ried im Innkreis; †1946-10-16 Nürnberg).

[3] Ein ähnliches legistisches Schlupfloch in Italien kam Severi zugute, wie im Eintrag ˃ Gröbner beschrieben. Der § 27 heißt auch Schönbauerparagraph, nach dem Chirurgen Leopold Schönbauer, der wegen seiner Verdienste um die Rettung des Wiener Allgemeinen Krankenhauses (AKH) bei Kriegsende (er konnte durch beherztes Verhandeln SS und Rote Armee von Kriegshandlungen im AKH abhalten) von allen Sühnefolgen befreit wurde. Auf seiner Station war zu dieser Zeit auch der spätere Bundespräsidenten Adolf Schärf in Behandlung. Linda Erker schreibt über ihn 2019: „An der von ihm geleiteten Abteilung im AKH wurden Patienten zwangssterilisiert, die nach der NS-Ideologie als „nicht erbgesund" galten. Ab Juni 1940 war Schönbauer NSDAP-Mitglied mit der Nummer 8,121.441, förderndes Mitglied der SS und ab 1943 Träger des „Silbernen Treuedienstabzeichens" der NSDAP." Schönbauer konnte seine Positionen als Universitätsprofessor, Primar und AKH-Direktor behalten und wurde Abgeordneter für die ÖVP im Nationalrat.

[4] In der „Verbotszeit" war die NSDAP in Österreich nicht besonders intensiv verfolgt worden; nach dem Juliabkommen von 1936 wurden von der Schuschnigg-Regierung Amnestien bzw. Begnadigungen für verurteilte Nationalsozialisten erlassen, die letzte solche nach dem Berchtesgadener Abkommen von 1938-02-12. Zu diesem Thema vgl Reiter-Zatloukal I (2012), *Die Begnadigungspolitik der Regierung Schuschnigg. Von der Weihnachtsamnestie 1934 bis zur Februaramnestie 1938.* Beitr. zur Rechtsgeschichte Österreichs 2012, 336–364; online unter (http://dx.doi.org/10.1553/BRGOE2012-2s336, Zugriff 2023-02-20).

Fälle kamen meist mit Geldbußen und/oder Arbeitseinsätzen für die Allgemeinheit davon, in schwereren konnte das gesamte Vermögen eingezogen, Ruhegenüsse gestrichen, die Zwangspensionierung oder ein Berufsverbot ausgesprochen werden.

In der Geschichtsschreibung der Nachkriegskriegszeit unterscheidet man gewöhnlich anhand der nacheinander erlassenen Gesetze und ihrer Handhabung drei Phasen: in der ersten Phase, charakterisiert durch das „Verbotsgesetz" wurde im wesentlichen keine Unterscheidung im Grad der Belastung vorgenommen, bürokratisch (bis formaljuridisch) mittels Fragebögen vorgegangen und in der Regel streng abgeurteilt; in der zweiten erfolgte ab 1946 zunehmend die Einteilung der Sühnepflichtigen in Minderbelastete („nominelle" Parteimitglieder, Mitläufer, amnestiert), weniger Belastete (Bewährungsfähige) und Schwerbelastete (untragbar für den Dienst in verantwortlichen Stellungen), für diese Phase war nach mehreren Novellen das dieses zusammenfassende *Nationalsozialistengesetz* von 1947 maßgeblich; die dritte Phase endlich ist durch immer weiter gehende Amnestierungen gekennzeichnet, die Aufhebung der Registrierung[5] und allfälliger Gehaltskürzungen, die Rückgabe eingezogener Vermögen. Gesetzliche Grundlagen waren die bis 1957 erlassenen Amnestiegesetze (und -verordnungen). Die Entnazifizierung stand in Österreich unter der Aufsicht des Alliierten Rats.[6]

Auffällig an den Entnazifizierungsprozessen ist, dass, abgesehen von expliziten und offenkundigen Verbrechen gegen die Menschlichkeit, vor allem „unpatriotisches Verhalten", „illegale NS-Mitgliedschaften" im und gegen den Ständestaat zum Vorwurf gemacht wurden, nicht jedoch die viel schlimmere Duldung und aktive Verbreitung antisemitischen Gedankengifts, Kriegshetze usf. Gegner des Ständestaats zu sein war für sich allein genommen wohl noch kein Grund für einen Vorwurf. Über die widerrechtlichen und undemokratischen Maßnahmen der Ständestaatregierungen wurde nicht viel diskutiert. Dollfuß und Schuschnig gelten für viele bis heute als zwar nicht unbedingt demokratische, aber immerhin „patriotische Österreicher". Dass mit diesem „Patriotismus" nicht etwa ein demokratisches Österreich gemeint war, sondern ein egoistisch verteidigter eigener Machtbereich, wird gar nicht erst in Erwägung gezogen.

An den Hochschulen waren sowohl Lehrende als auch Studierende vom Verbotsgesetz betroffen und mussten sich, wenn registrierungspflichtig, einem Entnazifizierungsverfahren unterwerfen. Studierende konnten für ein oder mehrere Semester relegiert, theoretisch sogar auf Lebenszeit vom Studium an einer österreichischen Hochschule ausgeschlossen werden. Wie dabei vorgegangen wurde ersieht man zum Beispiel aus der folgenden Verlautbarung im *Salzburger Tagblatt*[7] von 1946-12-02, p4:

---

[5] Die Streichungen mussten allerdings (wahrscheinlich im Interesse der Geschichtsschreibung) so vorgenommen werden, dass der gestrichene Text lesbar blieb.

[6] Die 1945-07-04 gebildete alliierte Kommission für Österreich bestand aus dem Alliierten Rat, dem Exekutivkomitee und für jeder der vier Besatzungsmächte einen Stab.

[7] Organ der KPÖ. Der Text wurde auch im Radio verlautbart; eine stark gekürzte Version findet sich in der von der ÖVP Salzburg herausgegebenen *Salzburger Volkszeitung* 1946-12-02 p2.

Die Entnazifizierung der Hochschulen

WIEN (APA). Auf Grund der von den Studentenorganisationen der drei Parteien und vom Komitee geschädigter Hochschüler eingebrachten Vorschläge hat der Hauptausschuß der Universität Wien nunmehr die Grundsätze zur Entnazifizierung der österreichischen Hochschulen festgelegt, die dem Bundesministerium für Unterricht vorgelegt werden. Danach sollen vom Studium an allen österreichischen Hochschulen ausgeschlossen werden:

Alle hauptamtlichen Funktionäre sämtlicher NS-Organisationen, sofern sie nicht ihrer Kriegsversehrtheit wegen angestellt wurden.

Alle Führer der HJ, Gefolgschaftsführer oder der Dienststellung eines Stammführers aufwärts, ebenso die Führer und Führerinnen des Jungvolkes und der Jungmädel.

Angehörige der Waffen-SS bis zum 1. Oktober 1943, ohne Rücksicht auf den Dienstgrad, ab 1. Oktober 1943 vom Scharführer aufwärts.

Alle Dienstgrade der SA ab Scharführer, NSFK, NSKK, ab Offiziers-Dienstgrad.

Mitglieder des SD, der Gestapo und Totenkopfverbände.

Sämtliche Führer des RAD, vom Truppführer, bzw. von der Jungführerin aufwärts, sofern sie nicht als Kriegsversehrte zu diesen Dienstleistungen herangezogen wurden. Sämtliche Führer im Offiziersrang von NS-Organisationen, die nicht bereits vorher angeführt wurden.

Die Träger des goldenen HJ-Abzeichens, des goldenen Partei-Abzeichens, des Blutordens oder der Ostmarkmedaille.

Für eine Reihe weiterer Belasteter soll die Zulassung zum Studium an den Hochschulen vom Urteil der Überprüfungskommission abhängig gemacht werden. Zu diesen gehören u.a. alle registrierpflichtigen Nationalsozialisten, die Führer der nationalsozialistischen Jugendorganisationen und des RAD, sofern sie nicht überhaupt ausgeschlossen sind, die Angehörigen sämtlicher Wehrverbände und die Angehörigen der akademischen Legion, Funktionäre der nationalsozialistischen Berufsorganisationen, alle Offiziere der ehemaligen Deutschen Wehrmacht und Träger höherer Auszeichnungen sowie alle Ausländer.

Bei der Überprüfung soll der Grad der Belastung, das heutige Verhalten, Studiumerfolg [sic!], Beteiligung am Wiederaufbau und allenfalls körperliche Schädigung in Erwägung gezogen werden.

Für Hochschullehrer wurden vom Unterrichtsministerium auf Vorschlag der Rektorate an jeder Hochschule Sonderkommissionen eingesetzt. NS-Belastete wurden vorerst ihres Dienstes enthoben, je nach Ausgang des Verfahrens drohten den Hochschullehrern die dauernde Enthebung von ihrem Dienst, die sofortige Entlassung, Zwangspensionierung mit oder ohne Verringerung der Bezüge, Verlust der Venia legendi. Bei positiver Beurteilung wurde die Enthebung aufgehoben, was aber nicht notwendig die Wiedereinstellung zufolge hatte. Eine Reihe von positiv Beurteilten (Unbelastete oder Minderbelastete) wurde erst

Gesetzliche Grundlagen der Entnazifizierung — Zeittafel

1945-05-08 *Verbotsgesetz*, die Mitgliedschaft bei der NSDAP oder dieser angeschlossener Organisationen ist registrierungspflichtig und strafbar; in Kraft ab 1945-06-06; mehrfach novelliert: 1945-08-15, 1946-01-23, 1946-09-28

1945-06-26 *Kriegsverbrechergesetz*, Verfassungsgesetz über Kriegsverbrechen und andere nationalsozialistische Untaten [Kriegsverbrechen (§ 1), Kriegshetzerei (§ 2) , Quälereien und Mißhandlungen (§ 3), Verletzungen der Menschlichkeit und der Menschenwürde (§ 4), mißbräuchliche Bereicherung (§ 6), Denunziation (§ 7), Hochverrat am österreichischen Volk (§ 8), und deren Strafbemessung]; in Kraft ab 1945-06-28

1945-08-22 *Beamtenüberleitungsgesetz*. Nach § 8 dieses Gesetzes können Personen, die am 13. März 1938 die österreichische Bundesbürgerschaft besaßen und in einem öffentlich-rechtlichen Dienstverhältnis bei einer öffentlichen Dienststelle eingetreten sind (bei entsprechender Eignung) beibehalten werden, Beamtinnen/Beamte, die 1938-03-13 nicht die österreichische Bundesbürgerschaft besaßen, werden sofort entlassen; [insbesondere die aus dem „Altreich" übernommenen Hochschullehrer.] in Kraft ab 1945-08-30

1947-02-06 *Nationalsozialistengesetz*, konsolidierte Fassung des Verbotsgesetzes; genaue Differenzierung der Registrierten in minderbelastete und belastete; Einführung sowohl einmaliger als auch laufender Sühneabgaben für alle Registrierten; Aberkennung der österr Staatsbürgerschaft für Personen, die zwischen 1933-07-01 und 1938-03-13 in Deutschland eingebürgert wurden. In Kraft ab 1947-02-17. [nota bene — Beginn des Kalten Kriegs]

1948-04-21 *Amnestie für minderbelastete Nationalsozialisten*; in Kraft ab 1948-06-05; Novelle 1948-04-28 [Ende der Sühnefolgen für 90% der ehem Pgen]

1949-07-07 Durch Beschluss des Nationalrats werden alle minderbelasteten ehemaligen Nationalsozialisten aus den Registrierungslisten gestrichen.

1955-12-20 Bundesgesetz über dienstrechtliche Maßnahmen für vom Nationalsozialistengesetz betroffene öffentliche Bedienstete.

1955-12-30 Auflassung der Volksgerichte (= außerordentliche Gerichtshöfe zur Ahndung von NS-Verbrechen)

1956-07-18 *Vermögensverfallsamnestie*. Bundesverfassungsgesetz, womit Gruppen ehemaliger Nationalsozialisten in Ansehung der Strafe des Vermögensverfalls amnestiert werden.

1957-03-14 NS-Amnestie 1957: Aufhebung der Registrierungspflicht, Beendigung der Sühnefolgen und der Strafverfolgung ehemaliger Parteimitglieder.

1992-03-19 Novelle des Verbotsgesetzes (lebenslange Haftstrafen wurden in Haftstrafen von 10-20 Jahren umgewandelt)

---

nach der ersten Amnestie (Nationalsozialistengesetz 1947) zum Teil wieder eingestellt. Die zeitgenössische Tagespresse berichtete 1947 über 53 Entlassungen/Pensionierungen von Professoren der Universität Wien wegen politischer Untragbarkeit nach dem Nationalsozialistengesetz, davon 34 an der philosophischen Fakultät. An der TH Wien wurden insgesamt 35 Angehörige des Lehrkörpers entfernt und dieser dadurch auf 20 Professoren reduziert.[8]

---

[8] Siehe zB *Neues Österreich* 1947-03-14 p2. Das BM f. Unterricht gab 1946-01 in einer Erklärung an, „unter den Professoren seien 163 ehemalige NSDAP-Mitglieder, von diesen seien 79 unwiderruflich entlassen, 44 von ihren Lehrstühlen entfernt und 22 versuchsweise zugelassen worden" (Salzburger Tagbl 1946-01-31 p4). Zur Entnazifizierung der 1944 an der Universität Wien tätigen Professoren geben Pfefferle und Pfefferle [240] (2014) detaillierte Aufstellungen; das mathematische Institut ist dort, dem Personalstand entsprechend, nur mit den Namen ⁻ Hofreiter, ⁻ Gröbner (inkorrekt als unbelastet registriert); ⁻ Huber und

Mathematiker im engeren österreichischen Umfeld machten sich unseres Wissens nach zumindest keiner gravierenden Verbrechen schuldig; nicht zu entschuldigen bleiben regimekonforme Gutachten gegen Kollegen und NS-politische Einflussnahme.

„Brüche und Kontinuitäten". Drei der belasteten Mathematiker wurden endgültig entlassen und nicht wieder eingestellt: Lothar ⟩Koschmieder,[9] Anton ⟩Huber, Roland ⟩Weitzenböck (in den Niederlanden und daher außerhalb der österreichischen Jurisdiktion), einer wurde entlassen, aber 1947 pensioniert: Karl ⟩Brauner, andere wurden aus ihrer akademischen Position entfernt und erst nach der Amnestie von 1948 und einer anschließenden Wartezeit wieder in ihre alten (oder in ähnliche) akademische Funktionen eingesetzt: ⟩Mayrhofer (1955), ⟩Krames (1957), ⟩Wendelin (1952), ⟩Schatz (1958)). ⟩Bereis und der zunächst für unbelastet gehaltene ⟩Holzer emigrierten in die DDR, ⟩Reuschel übersiedelte nach seiner Entlassung in die optischen Werke Reichert wo er auch nach der Amnestie von 1948 blieb. Ein besonderer Fall ist Karl ⟩Strubecker, der vor Kriegsende aus Straßburg flüchten konnte und sich danach in Süddeutschland aufhielt; er wurde von Erwin ⟩Kruppa 1946 dem Senat der Universität als Nachfolger auf eine der beiden Lehrkanzeln von Anton Huber und Karl Mayrhofer vorgeschlagen — das wurde abgelehnt und so emigrierte ⟩Strubecker nach dem Krieg nach Karlsruhe.

⟩Hohenberg wurde mit der Supplierung von Vorlesungen und Übungen im Herbst 1945 betraut, obwohl noch kein Erkenntnis der Sonderkommission vorlag (ein positives Erkenntnis war aber zu erwarten). ⟩Hofreiter las nach seiner Entlassung aus der Kriegsgefangenenschaft wieder an der Universität Wien, von seiner Entnazifizierung war in den Berichten keine Rede.[10] Nach einem Beschluss des Senats der Universität Wien sollten die Lehrveranstaltungen der durch „Entregistrierung" aus der Verantwortung entlassenen Lehrenden unter „nomen nescio" (N.N.) ins Vorlesungsverzeichnis eingetragen werden.[11] Das scheint bei Hofreiter nicht der Fall gewesen sein.

Die mit dem Entnazifizierungsprozess verbundenen „Sühnefolgen" für ehemalige NS-Parteigänger: Entlassung, Entzug der Venia legendi, Pensionierung mit oder ohne Kürzung der Bezüge, Sühnegelder, Einziehung von Vermögenswerten, wurden schrittweise abgemildert und verschwanden mit den Novellen von 1955 so gut wie völlig. Eine bereits rechtswirksam ausgesprochene Entlassung oder Pensionierung konnte aber normalerweise nicht rückgängig gemacht werden, da die betroffenen Planstellen inzwischen anderweitig besetzt worden waren. Sehr wohl konnten sich aber frühere NS-Belastete und nunmehr Amnestierte um eine freigewordene Planstelle bewerben. Von dieser Möglichkeit machten zum Beispiel Karl ⟩Mayrhofer und Josef ⟩Krames Gebrauch.

⟩Mayrhofer vertreten. Für die TH Wien vgl. Mikoletzky [216] und [218]; für weitere Literatur verweisen wir auf Stifter [339], Huber [149]. Globalzahlen dieser Art sind allerdings auch für Überblicke nicht sehr aussagekräftig.

[9] Er wurde als erst nach 1938-03 zum Professor in Graz ernannter deutscher Staatsbürger („Reichsdeutscher") nicht in den Staatsdienst der Zweiten Republik übernommen, er emigrierte auf Professuren im Nahen Osten und Argentinien und landete schließlich 1958 in Tübingen.

[10] Hofreiter wird ab dem WS 1947/48 wieder im Vorlesungsverzeichnis der Universität Wien genannt.

[11] Stifter [339], Fussnote 1503 auf p 353.

Grundsätzlich ist zu vermerken, dass NS-belastete Mathematiker im österreichischen Hochschulbereich *nicht* bruchlos ihre Karriere fortsetzen konnten, sie mussten entweder auswandern oder längere Zeit (bis zu zehn Jahre und mehr) außerhalb der akademischen Lehre verbringen, „abwarten".[12] Anerkannte Wissenschaftler konnten in der Regel ihre Karriere außerhalb Europas fortsetzen. *Kontinuitäten* gab es dagegen an der Akademie der Wissenschaften (und nur dort), wo > Mayrhofer (nach einer Unterbrechung von wenigen Jahren und > Huber (ohne Unterbrechung) ihren Status als Akademiemitglieder behielten. Daran änderte auch die Umbenennung in „Österreichische Akademie der Wissenschaften" nichts.

Eine Notgemeinschaft NS-belasteter Hochschullehrer. 1953-04 bildete sich eine Initiative zur Aufhebung aller Sühnefolgen — und der Verkehrung dieser in ihr Gegenteil — für NS-belastete Hochschullehrer, unter dem Namen „Notgemeinschaft ehemaliger Hochschullehrer". Zu den führenden Mitgliedern dieser „Notgemeinschaft" gehörten der letzte NS-Rektor der TH Wien, Heinrich Sequenz,[13] und die Mathematiker Franz > Knoll und Josef > Krames, alle drei frühere Fakultätsmitglieder der TH Wien, sowie Anton > Huber von der Universität Wien. Die „Notgemeinschaft" stand in enger Verbindung mit rechtsgerichteten Burschenschaften[14] und wurde von Abgeordneten der VdU/FPÖ unterstützt.

Zentrale Forderung der „Notgemeinschaft" war die Erweiterung der in den Amnestiegesetzen enthaltenen *Aufhebung* der Sühnefolgen bis zu ihrer *Verkehrung ins Gegenteil*: die wegen NS-Betätigung entlassenen Hochschullehrer sollten jetzt für ihre Entlassung durch Zuweisung von Forschungsaufträgen und ad personam Stellen entschädigt werden. Bereits 1954-12-02[15] hatte sich der Abgeordnete Pfeifer[16] in seiner Parlamentsrede im Plenum auf eine von der „Notgemeinschaft" im Herbst 1953 ausgesandte Denkschrift bezogen und die Entnazifizierungspraxis kritisiert:

Es ist aber auch verfehlt, eine nach 1938 erworbene Dozentur nicht anerkennen zu wollen, da ja die Verleihung der venia legendi in die Autonomie der Hochschulen fällt und diese auch nach 1938 oder genauer zwischen 1938 und 1945 in Wirklichkeit erhalten blieb. Ich erinnere den Herrn Minister an die Denkschrift der Notgemeinschaft ehemaliger Hochschullehrer vom Herbst 1953, die ihm sicherlich wohlbekannt ist und alle diese Wünsche geordnet enthält, und ferner an die Resolution der Österreichischen Hochschülerschaft, gefaßt am 26. Juli dieses Jahres, die immerhin interessant ist, erwähnt zu werden. Sie besagt:

---

[12] Der entlassene > Reuschel verblieb in der Privatwirtschaft, machte in der optischen Industrie (*Reichert Wien*) Karriere und kehrte nicht an die TH zurück.

[13] NS-Parteimitglied und Mitglied der Burschenschaft „Eisen" Wien; Professor für Elektrotechnik.

[14] Die Initiative wurde als Verein gegründet und demgemäß von der Polizeidirektion dem Senat der Universität Wien zur Kenntnis gebracht (vgl den Akt im Archiv UAW S 259.81 Notgemeinschaft ehemaliger Hochschullehrer: Vereinsbildung (alte Signatur GZ 274 aus 1952/53); 13.04.1953 - 29.04.1953). Der Akt enthält die Statuten des Vereins. Eine kurze Erwähnung sowie weitere Literatur finden sich bei Weidinger [376] p 176.

[15] 53. Sitzung des Nationalrates der Republik Österreich -VII. GP. -2. Dezember 1954 Seite 2390

[16] Dr Helfried Pfeifer (*1896-12-31 Wien; †1970-04-26 Schwarzach St Veit), o Prof f. Staats- und Verwaltungsrecht seit 1944, war 1949–1959 Nationalratsabgeordneter von VdU/FPÖ. Der VdU bestand bis 1956-04-07, der größere Teil seiner Mitglieder schloss sich der FPÖ an.

1. Die zahlreichen bisher noch unbesetzten Lehrkanzeln sollen mit akademischen Lehrkräften besetzt werden, die 1945 lediglich aus politischen Gründen entlassen oder zwangspensioniert wurden.

2. Für besonders anerkannte Gelehrte sollen, soferne keine freien Lehrkanzeln bestehen, Lehrstühle ad personam geschaffen werden. Sollte dies aus finanziellen Gründen nicht möglich sein, sollen diese Lehrkräfte wenigstens wieder die venia legendi erhalten." So also ein Beschluß des Zentralausschusses der Österreichischen Hochschülerschaft. *Meine Fraktion hofft und erwartet, daß der neue Herr Minister . . . diese Forderungen ernstlich prüfen und ihnen Rechnung tragen wird.*

Die hier genannten, „lediglich aus politischen Gründen entlassenen" Personen waren aktive Nationalsozialisten, manche auch Angehörige verbrecherischer NS-Organisationen oder hatten diese unterstützt. Mit Helfried Pfeifer als Proponenten brachte diese Abgeordnetengruppe 1957-12-05 einen diesbezüglichen Antrag in den Nationalrat ein und monierte 1958-05-21 im 10. Beiblatt zur Parlamentskorrespondenz:

Die Schaffung von Lehrkanzeln ad personam und von Forschungsprofessuren, um vorzeitig ausgeschiedene Hochschullehrer, welche erst in der Zeit von 1938 -1945 zu Dozenten oder Professoren ernannt worden sind, wieder in ihren erwählten und mit viel Mühe und Fleiß erlangten Beruf zurückzuführen.

Ähnlich äußerte sich Pfeifer 1958-12-05 in der 71. Sitzung des Nationalrats[17]

Aber auch den Gelehrten, die sich zwischen 1938 und 1945 habilitiert und dann ihre Venia infolge einer einsichtslosen Gesetzgebung und Praxis wieder verloren haben, sollte man die Rückkehr in den Lehrberuf unter erleichterten Bedingungen ermöglichen. Es sind dies rund 50 Gelehrte. So herostratisch ist man mit den österreichischen Wissenschaftlern verfahren. Man darf sich dann nicht wundern, wenn es an dem Nachwuchs, insbesondere an dem Nachwuchs im mittleren Alter, fehlt.

Aus heutiger Sicht handelt es sich hier um ziemlich unverfrorene Forderungen; die Vorschläge spielen das Verbotsgesetz, das Kriegsverbrechergesetz und das Nationalsozialistengesetz der Nachkriegszeit als bloß „formaljuridische Gründe" für eine Entlassung herunter. Allen Ernstes behauptete Pfeifer, dass Universitäten und Hochschulen während der NS-Zeit autonom Entscheidungen treffen konnten. Pfeifer und seine Mitstreiter forderten auch eine „Spätheimkehreramnestie", die Befreiung der Spätheimkehrer von Entnazifizierungsmassnahmen.[18] Der Antrag wurde abgewiesen. Sequenz wurde 1954 auf Grund seiner

---

[17] Stenographisches Protokoll p 3311.

[18] Antrag der Abgeordneten Pfeifer, Buchberger u. a. auf Erlassung eines Bundesverfassungsgesetzes über die Befreiung der Spätheimkehrer von der Registrierungs- und Sühnepflicht und von der Verfolgung aufgrund bestimmter Strafbestimmungen des Verbotsgesetzes (Spätheimkehreramnestie), 65/A d. B., VI. GP; Antrag der Abgeordneten Strachwitz, Gschnitzer u. a. auf Erlassung eines Bundesverfassungsgesetzes über die Befreiung der Spätheimkehrer von der Registrierung und von der Verfolgung aufgrund von Strafbestimmungen des Verbotsgesetzes 1947, 66/A d. B., VI. GP.

wissenschaftlichen Verdienste in der Elektrotechnik wieder auf seinen früheren Lehrstuhl eingesetzt und beinahe zum wirklichen Mitglied der ÖAW gewählt.[19] > Krames bewarb sich nach der Generalamnestie im Jahre 1957 erneut und erfolgreich um die I. Lehrkanzel für Darstellende Geometrie an der TH Wien, 1961/62 war er Rektor. Karl > Mayrhofer, nicht Mitglied des „Notrings", erhielt seine Professur 1954, nach > Radons Ableben, wieder. Anton > Huber gelangte nirgends wieder in eine akademische Position.

Erfolg der Entnazifizierung unter Mathematikern. Nach den Übereinkommen von Jalta und Potsdam für die Nachkriegsordnung im besiegten Deutschen Reich (und im befreiten Österreich) sollten alle NS-Funktionsträger aus einflussreichen Stellungen entfernt und ein demokratisches System eingerichtet werden. Der Prozess der Entnazifizierung sollte zunächst alle NS-Belasteten erfassen und dann zu genaueren Untersuchungen übergehen. Von einzelnen Kommentatoren wurde die Entnazifizierung als eine Art von Desinfektionsmaßnahme angesehen, andere erkannten in ihr das katholische Muster von Beichte, Buße und Absolution wieder (besonders bei Illegalen, die sich von einem ursprünglich katholisch-nationalen Hintergrund der NSDAP, nach dem Krieg aber wieder reumütig katholischen Organisationen zuwandten), nicht wenige Belastete sahen sich selbst als Opfer eines „unmenschlichen Entnazifizierungsterrors". Die Einsicht in vergangenes Fehlverhalten ist (hoffentlich) in vielen Fällen nachträglich gekommen, aber nur *sehr* selten öffentlich artikuliert worden. In jedem Fall ist anzumerken, dass nur wenige österreichische Mathematiker, in dem von uns hier erweiterten Sinn, durch die Entnazifizierung aus dem akademischen Leben Österreichs für immer entfernt wurden: Karl > Brauner, Anton > Huber, Lothar > Koschmieder (1958 Professor in Tübingen). Richard > Suppantschitsch verließ seine Stelle in Laibach, allerdings nicht im Zuge von Entnazifizierungsmaßnahmen sondern aus Angst vor den Tito-Partisanen, die ihn als NS-Kollaborateur ansahen und zweifellos hingerichtet hätten. Roland > Weitzenböck verlor seine Stelle in Holland. Einige belastete Mathematiker emigrierten nach dem Krieg an Universitäten im Nahen Osten oder nach Südamerika und kehrten dann zurück. Im Kontext von Kapitel 4 wären dazu noch die Nichtösterreicher Ludwig > Bieberbach (so sein Apologet Grunsky) und Rudolf > Weyrich (entlassen in Brünn) zu nennen.

Auch als „ehemals Belasteter" konnte man höchste akademische Würden erreichen und Dekan und/oder Rektor werden: Nikolaus > Hofreiter, Josef > Krames, Heinrich > Schatz.

Quellen. Grandner et al. [122]; Garscha [105]; Ingrid Arias, Entnazifizierung an der Wiener Medizinischen Fakultät: Bruch oder Kontinuität? Das Beispiel des Anatomischen Instituts, *Zeitgeschichte* **31** (2004/6), 339–369. Andreas Huber, Studenten im Schatten der NS-Zeit Entnazifizierung und politische Unruhen an der Universität Wien 1945 – 1950 Diplomarbeit Uni Wien Michael Grüttner, Studenten im Dritten Reich. Paderborn/Wien u.a. 1995 (Sammlung Schöningh zur Geschichte und Gegenwart). Ernst Hanisch, Der lange Schatten des Staates. Österreichische Gesellschaftsgeschichte im 20. Jahrhundert. Wien 22005 (1994).

---

[19] Siehe den biographischen Eintrag zu Paul > Funk p. 218.

3.2 Remigration versus Repatriierung

Der einzige kommunistische Minister im Kabinett Figl I (für Energiewesen), Karl Altmann, schlug 1946-02-12 im Ministerrat vor, „daß die österr. Bundesregierung die in den verschiedenen Ländern der Welt befindlichen Emigranten auffordere, zurückzukommen, um sich für den Wiederaufbau zur Verfügung zu stellen".[20] In den Wortmeldungen von Innenminister Helmer und Außenminister Gruber zu diesem Vorschlag wurde aus der intendierten Aufforderung zur Remigration von jüdischen und politischen Emigranten die Beschäftigung mit den Repatriierungskomitees, die die Aufnahme heimatvertriebener Sudetendeutschen und während der NS-Zeit ins „Altreich" emigrierten Österreichern betrieben.[21]

Willy Verkauf-Verlon, Verleger und Maler, schrieb in [329, p. 1021]

> *Von den [. . .] angeführten Wissenschaftlern sind nach 1945 lediglich acht nach Österreich zurückgekehrt. Die politischen Parteien in Österreich waren nach der Befreiung 1945 blind dafür, welches enormes geistiges und wissenschaftliches Potential sie sich dadurch entgehen ließen, indem sie die Emigranten nicht zurückriefen. Auf diesen naheliegenden Gedanken ist nur Viktor Matejka gekommen, damals Stadtrat für Kunst und Volksbildung der Stadt Wien. Sein Appell zur Rückkehr der Emigranten wurde von keiner offiziellen österreichischen Regierungsstelle, auch nicht von den Hochschulen unterstützt. Wenn 1987 ein österreichischer Bundeskanzler erklärt, man müsse sich jetzt mehr um die im Ausland gebliebenen Emigranten kümmern, so ist dies, fast 50 Jahre nach dem Schicksalsjahr 1938, schlicht ein Hohn, denn die meisten leben leider nicht mehr. Der Verlust beschränkt sich nicht nur auf diejenigen, die als schon anerkannte Wissenschaftler das Land verlassen mussten, sondern es sind auch jene in diesen Verlust einzubeziehen, deren Ausbildung gewaltsam unterbrochen wurde. Fazit: Rückstände in der Forschung; mit negativen Auswirkungen für die Volkswirtschaft Österreichs.*

Die Verfolgung, Vertreibung und Vernichtung jüdischer und NS-kritischer Intelligenz während der NS-Zeit sollte man wohl in erster Linie oder ausschließlich als schweres Unrecht und Verbrechen an den *Opfern*, also individuell, sehen. Angesichts der Vielfalt von Mord, Totschlag, Erpressung und Raub, begangen an den wehrlosen im Lande gebliebenen Opfern sowie an den Emigrierten und ihren Angehörigen, den „Aderlass durch die Emigration" in erster Linie unter dem Aspekt des „Verlusts für Wissenschaft und Wirtschaft in *Österreich*" zu sehen, erscheint uns zu einseitig. Eine „Opferthese für die österreichische Wissenschaft" wäre einfach Teil der mittlerweile schon lange nicht mehr aufrecht zu erhaltenen „Opferthese für Österreich".

---

[20] Ministerratsprotokoll 1946-02-12. Parallel dazu ist die vom Wiener Kulturstadtrat Viktor Matejka ausgegebene Einladung zur Rückkehr an alle emigrierten, vom NS-Regime vertriebenen Emigranten zu vermerken. Auch dieser Aufruf blieb so gut wie unbeachtet. Dazu „Rückkehr emigrierter österr. Hochschullehrer aus den U.S.A", Memorandum der Austrian University League of America. BMU Gz 26742/46. AdR, ÖStA; ausführliche Diskussion in den Beiträgen von Fleck [86] und [87].

[21] Zusammenfassung nach Winfried Garscha in *Mitteilungen der Alfred Klahr Gesellschaft* **12** (2005) p6.

Eine differenziertere Sicht müsste auch einige andere Fakten einbeziehen. So war etwa das mathematische Institut der Universität Wien nach der Enthebung von Anton ˃ Huber und Karl ˃ Mayrhofer, dem Glücksfall der Berufung Johann ˃ Radons und der zu Professoren ernannten bisherigen Assistenten ˃ Hlawka und ˃ Schmetterer erheblich besser gestellt als vor dem „Anschluss". In der Physik wog die Rückkehr Schrödingers und die Berufung Walter Thirrings viele der „Emigrationsverluste" auf. Nicht wenige der von Verkauf-Verlon reklamierten Verluste wären auch in einer demokratisch organisierten Gesellschaft — wegen Alter, Krankheit und Tod — unvermeidlich gewesen, desgleichen die Abwanderung junger Absolventen, sei es aus Ehrgeiz, in der Hoffnung auf ein besseres Leben, oder aus Appetit auf Veränderungen im Allgemeinen. Prinzipiell wird man einräumen müssen, dass, ähnlich wie bei der Gestaltung eines Gartens, jede Abwanderung neben dem momentanen Verlust auch Platz für neue Talente und neue Forschungsgebiete mit sich bringt.

Grundsätzlich muss man noch vor den eigentlichen Vertreibungen und neben dem allgemeinen Antisemitismus die generelle personelle Enge an den Universitäten berücksichtigen. Herausragende Mathematiker fanden keinen Platz an den Universitäten sondern mussten entweder als unbezahlte oder nur durch Kollegiengelder geringfügig entlohnte[22] Privatgelehrte, „universitäre Volontäre", wirken oder in die Privatwirtschaft/ins Ausland abwandern. Verkürzt ausgedrückt: es gab einen großen Überhang an mathematischem Talent gegenüber bezahlten Stellen. Bedeutende Mathematiker verließen schon lange vor dem Einmarsch der Nazis und dem „Anschluss" Österreich (oder Österreich-Ungarn) in Richtung Deutschland, darunter ˃ Artin (1920), ˃ Bergmann (1931), ˃ Blaschke (1909), Ernst Sigismund ˃ Fischer (1911), ˃ Geiringer (1921), ˃ Herglotz (1909), ˃ Lense (1927), W. ˃ Mayer (1929), v. ˃ Mises (1909), ˃ Neugebauer (1921), ˃ Pollaczek (1920), ˃ Radon (1919), ˃ Rellich (1925), ˃ Schreier (1923), ˃ Szegő (1921), ˃ Taussky-Todd (1931), ˃ Tietze (1919), ˃ Ullrich (1926), ˃ Varga (1934). In die Sowjetunion emigrierten ˃ Burstin (1929), ˃ Frankl (1929), ˃ Brainin (1934), ˃ Feßler (1934). Die Mathematiker ˃ Hurewicz, ˃ Rothberger und ˃ Tintner[23] kehrten nach einem Auslandsaufenthalt nicht zurück.

Insgesamt verließen also 24 Mathematiker/innen unserer Liste schon vor 1938 Österreich-Ungarn/Österreich. Der mathematische Exodus nach dem Anschluss umfasste die 18 Personen Franz ˃ Alt (1938, USA), Alfred ˃ Basch (1939, USA), ˃ Bloch (1938, USA), ˃ Fanta (1939, Brasilien), Irene ˃ Fischer (1939, USA), Wilhelm ˃ Frank (1938, Schweiz), Herta ˃ Freitag (1938, London), ˃ Gödel (1939, Princeton, aber nach vorheriger Vorbereitung), Eduard ˃ Helly (1938, USA), Erich ˃ Huppert (1938, USA), Gustav ˃ Kürti (1938, GB), Eugen ˃ Lukacs (1939, USA), Henry ˃ Mann (1938, USA), Anton E ˃ Mayer (1938, GB), ˃ Reschovsky (1938, USA), Elise ˃ Stein (1939), Stefan ˃ Vajda (1939, GB), Abraham ˃ Wald (1938, USA). Diese Zahlen liefern nur einen ungefähren Anhaltspunkt, die eigentlichen Vorgänge sind nur aus der Betrachtung der Einzelfälle etwas besser zu erfassen. Grob ge-

---

[22] Die Kollegiengelder wurden von den Studierenden entrichtet, sie waren während des Ständestaats für Privatdozenten durch Höchstgrenzen eingeschränkt (was über der Höchstgrenze lag, wurde vom Staat eingezogen); auch ein genialer Lehrer mit noch so vielen Hörern konnte mit den Kollegiengeldern allein nie ein wirtschaftliches Auskommen finden. Das bedeutete sogar gegenüber dem mittelalterlichen System eine Verschlechterung. Die Kollegiengelder, später auch die Prüfungstaxen, wurden erst ab 1972 unter der SP-Alleinregierung abgeschafft und durch (gedeckelte) Gehaltszuschläge ersetzt.

[23] Tintner kehrte immerhin lange nach Kriegsende zurück.

sprochen hatte etwa die Hälfte der Emigranten der ersten Generation Österreich signifikant vor dem „Anschluss" verlassen.

Gegenüber den Opfern der NS-Vertreibungen wurde es jedenfalls versäumt, nach 1945 einen umfassenden Neuanfang in den Beziehungen zu setzen, inklusive des Eingeständnisses von begangenen oder nicht verhinderten Verbrechen, und dementsprechend Kontakte zu knüpfen. Die „Rückholung" ausgewanderter oder geflüchteter Wissenschaftler/innen war in den meisten Fällen ohnehin von vornherein aussichtslos:

(1) Schon in der ersten Republik waren Universitäten und Hochschulen außerstande, auch nur die begabtesten Jungwissenschaftler adäquat unterzubringen und im Lande zu halten, nicht wenige waren unentgeltlich oder zu Subsistenzgehältern wissenschaftlich tätig. Berufungen potentieller Rückwanderer aus dem Ausland waren schon damals unverhältnismäßig teuer. Der Regierung des Ständestaats missliebige Berufungen konnten leicht unter dem Hinweis auf die schlechte Finanzsituation zurückgewiesen werden. Nach 1945 war die finanzielle Situation noch schlimmer, die allgemeine Unterdotierung der Universitäten und Hochschulen führte noch am Ende der ÖVP-Alleinregierung (1966-04-19 bis 1970-04-21) zu studentischen Streiks in naturwissenschaftlichen Fächern (noch vor und unabhängig von der 68er Bewegung). Auch vor 1938 und nach 1945 sind viele junge oder jung gebliebene Wissenschaftler ins Ausland oder in die Privatwirtschaft abgewandert, die meisten für immer.[24]

(2) In politischer Hinsicht war Österreich bis zum Staatsvertrag 1955 in keiner Weise für solche Wissenschaftler attraktiv, die in Demokratien westlichen Zuschnitts lebten. Sofort nach Kriegsende setzte der Kalte Krieg ein, und in zunehmendem Maße wurde Österreich im Ausland als künftiger (oder jedenfalls potentieller) Ostblockstaat, die sowjetische Besatzungszone de facto bereits als sowjetisch beherrscht angesehen.[25]

(3) Die Freiheit der Wissenschaft und die akademische Autonomie war bis weit in die 60er Jahre immer noch eingeschränkt. Unter den Ministern Hurdes und Drimmel,[26] beide frühere Politiker des Ständestaats, wurde dort angeschlossen, wo der Ständestaat aufgehört hatte.[27] So half Drimmel als erklärter Gegner des Wiener Kreises das Wiederaufleben der analytischen Philosophie in Wien zu verhindern. Da Berufungen und Ernennungen im Wissenschaftsbereich nur über den Bundesminister für Unterricht dem Bundespräsidenten vorgeschlagen wurden, war politische Einflussnahme bei weltanschaulich heiklen Entschei-

---

[24] Noch 1948 erklärte Unterrichtsminister Hurdes anläßlich der Eröffnung der ersten österreichischen Mathematikertagung, „dass doppelt soviel Mathematiker österreichischer Abstammung im Ausland wirkten, als Österreich Lehrkanzeln für Mathematik besitze". (*Das kleine Volksblatt* 1948-05-10, p5)

[25] Als Beleg dafür wurde unter anderem die 1954 erfolgte Verlegung des Sitzes des sowjetisch finanzierten Weltfriedensrats (WPC) nach Wien angeführt. (Der WPC wurde 1957 von Österreich ausgewiesen und hat schon lange keine Bedeutung mehr.)

[26] Heinrich Drimmel (*1912-01-16 Wien; †1991-11-02 Wien), Sohn eines Polizeibeamten, promovierte 1935 zum Dr jur an der Universität Wien; 1929–36 studentisches Mitglied der Wiener Heimwehr; 1934–37 als Nachfolger von Josef Klaus „Sachwalter" der von Dollfuß eingesetzten amtlichen Hochschülerschaft.

[27] 1952–54 amtierte Ernst Kolb als Unterrichtsminister. Kolb kam von der gewerblichen Wirtschaft, seine bekannteste Bildungsmaßnahme war die Umbenennung des Schulfachs „Unterrichtssprache" der Hurdes-Ära in „Deutsche Unterrichtssprache" (was einen Minister später auf „Deutsch" verkürzt wurde). Hurdes, Kolb und Drimmel waren prominente Mitglieder des Cartellverbands.

dungen (oder solche, die dafür gehalten wurden) unvermeidlich.[28] Markanter Ausdruck des Versuchs zur Wiederbelebung von Ständestaat-Maximen waren die ständigen Aufrufe zu patriotischer Gesinnung und deren sprachliche Betonung durch Hinzufügung des Attributs „österreichisch" in Bezeichnungen wie „Österreichische Unterrichtssprache", „Österreichischisches Wörterbuch", „Österreichische Akademie der Wissenschaften", „Österreichische Mathematische Gesellschaft" u.a.m. Bei der Wiedereinstellung vormals NS-belasteter Beamter und Vertragsbediensteter war keine Rede mehr von Judenverfolgung und NS-Verbrechen, oder Unterstützung von NS-Propaganda, die Wiedereinstellung von Minderbelasteten wurde lediglich verweigert, wenn diese „keine Gewähr dafür bieten, daß sie jederzeit rückhaltlos für die unabhängige Republik Österreich eintreten werden" (§ 21 VerbotsG 45). Entscheidend erschwerend für die Beurteilung einer NS-Mitgliedschaft wurde der Parteieintritt während des Verbots der NSDAP durch den Ständestaat gewertet („illegaler Nazi"), eine Regierung, die selbst durch einen Putsch an die Macht gekommen war.

(4) Ein ebenfalls vielfach beklagtes Hindernis für die Rückkehr aus der Emigration ist auch die nach dem Krieg noch lange vorherrschende starke Hierarchisierung der Hochschulen nach dem Anciennitätsprinzip und unter dem Stichwort „Ordinarienuniversität". Das NS-Führerprinzip war zwar abgeschafft, aber die seit dem Mittelalter an den Universitäten übliche Fakultätsgliederung in Theologie (kath. u. ev.), Jus, Medizin und Philosophie blieb bis zur Universitätsreform in den 1970er Jahren unangetastet.

(5) Unmittelbar nach Kriegsende standen den Rückkehrwilligen vielfältige materielle Hindernisse entgegen: die allgemeinen Versorgungsschwierigkeiten, der Mangel an Wohnraum, Transportprobleme. Überdies gab es Probleme mit den Gastländern der Emigrierten. So erließ die britische Regierung ein Rückreiseverbot für alle aus Österreich oder Deutschland nach Großbritannien immigrierten Zivilisten, das erst 1946 aufgehoben wurde. Eine ähnliche Verordnung gab es auch in den USA. An den Hochschulen hat man sehr wohl Anstrengungen unternommen, vertriebene Wissenschaftler nach Österreich zurückzuholen, diese Bemühungen waren aber von Seiten der Finanzverwaltung auf die kleine Gruppe der Wissenschaftler beschränkt, die vor dem „Anschluss" eine akademische Anstellung gehabt hatten (und noch am Leben waren).[29] Die von Verlon beklagte „Blindheit" gegenüber den sich eröffnenden Möglichkeiten ergab sich vor allem aus der Weigerung der Finanzminister, massiv Schulden zu machen und Kredite für den Aufbau des Bildungswesens aufzunehmen. So wie es kein Wirtschaftswachstum ohne Kredite und Risikokapital gibt, so kann auch die Wissenschaft nur durch beherzte Investitionen vorangebracht werden.

(6) Genauer betrachtet war die Aufforderung zur Rückkehr nach Österreich, „um am Neuaufbau der Republik teilzunehmen", nach all dem, was die Flüchtlinge aus Österreich und dem Deutschen Reich durchmachen mussten, einfach eine Zumutung.

Wir halten es für angebracht, an dieser Stelle noch einige Bemerkungen zum Thema „Abwanderung" anzuschließen:

---

[28] Vgl die oben besprochenen Beispiele für Berufungsverhandlungen, insbesondere Abschnitt 2.6. Vgl. auch Andreas Huber [147], [149].

[29] Vgl. dazu zB die Interviews mit Edmund ⊳ Hlawka, DMV-Mitt. 1999.2, 42–47.

• Die Abwanderung eines Wissenschaftlers ist prinzipiell nicht negativ zu sehen. Ihm selber bietet sie Chancen auf persönliche Weiterentwicklung, neue Kontakte zu anderen Wissenschaftlern, Verbreitung seiner eigenen Forschungsthemen und Aufnahme neuer, der betroffenen Universität bietet sie (die Hoffnung auf) eine freigewordene Stelle, gleichzeitig aber auch weitere Verbindungen und Kontakte mit dem Ausland. Bekanntlich hat die unfreiwillige Emigration des Wiener Kreises mehr zu seinem Bekanntwerden und seiner internationalen Anerkennung beigetragen als alle Publikationstätigkeit zuvor.

• Staatsbürger und ihre geistigen Leistungen sind nicht Eigentum des Staates und es ist auch nicht patriotische Pflicht des Wissenschaftlers, für immer im Lande zu bleiben. Das Beispiel der ehemaligen Ostblockstaaten sollte eine Warnung sein!

• Abwanderung in nichtakademische Berufe, etwa in die Politik (zB Wilhelm ⟩ Frank, Norbert Rozsenich) oder allgemein ins Management oder in Entwicklungsabteilungen der Industrie, kann sich durchaus als segensreich erweisen. Spätestens seit den 1960er Jahren strömen mathematische Talente in die Privatwirtschaft und kommen dort in für sie interessante Positionen, meist auf scheinbar fachfremdem Gebiet. Von Verlusten kann da keine Rede sein.

Einige beispielhafte Einzelfälle waren die folgenden:

• Kurt ⟩ Gödel wurde nicht vertrieben, sondern hatte ein Angebot vom IAS Princeton, das er nicht ablehnen konnte (und persönliche Gründe, die mit seiner Krankheit und mit seiner Frau Adele zusammenhingen);[30]

• Richard v. ⟩ Mises und seine spätere Frau Hilda ⟩ Geiringer emigrierten rechtzeitig vor der NS-Bedrohung aus Berlin in die Türkei und von dort in die USA; Mises hatte Österreich-Ungarn bereits 1909 verlassen, vorher hatte er sich in Brünn habilitiert, er hatte wie Gödel nie eine Professur oder beamtete Dozentenstelle in Österreich-Ungarn;

• Karl ⟩ Menger wurde durch die feindliche Umwelt und den katholischen Antisemitismus während des Ständestaates aus Wien hinausgeekelt; an universitätsinternen Widerständen (möglicherweise verdeckte rassistische Vorbehalte, vielleicht auch Angst vor „zu viel abstrakter Geometrie" von Seiten mancher Vertreter anderer Fächer, Sparsamkeit) scheiterte eine erneute Berufung nach dem Krieg;

• die mit dem Menger-Kolloquium verbundenen Mathematikerinnen und Mathematiker hatten zum größten Teil keine akademische Position, nicht wenige davon waren im Hauptberuf in der Versicherungswirtschaft oder im Institut für Konjunkturforschung tätig.

• Adalbert ⟩ Duschek wurde zwar 1938 seiner Venia beraubt und von seiner Professur entlassen, fand aber eine Anstellung in der Industrie, die mathematisch interessant war und ihm nach seinen eigenen Worten durchaus zusagte; nach dem Krieg wurde er sofort o Prof und Rektor; er war also nicht „verloren".

---

[30] Er scheint noch im Vorlesungsverzeichnis 1944/45 der Universität Wien als Universitätsdozent mit dem Vermerk „Wird nicht lesen" auf. Die Zuerkennung der Venia legendi von 1939 ist aktenkundig.

3.3 Neubeginn und Aufschwung nach 1945

Überraschender Weise erholte sich die mathematische Forschung im heutigen Österreich nach Kriegsende verhältnismäßig rasch und nachhaltig. An der Wiener Universität gewann die Mathematik mit den Ernennungen von ˃ Radon (1946), ˃ Hlawka (1948) und dem Wirken von ˃ Schmetterer (1955), unzweifelhaft auch im internationalen Maßstab eine durchwegs anerkannte Position, die sie seit dem Weggang von ˃ Menger nicht mehr eingenommen hatte. Einen ähnlichen Aufschwung nahm an der TH Wien die Geometrie nach der Ernennung von ˃ Wunderlich, die Mathematik nach der Wiederberufung von ˃ Duschek, dem Zuzug von ˃ Funk und nach dem Neuaufbau der numerischen Mathematik und der EDV unter der Organisation von ˃ Inzinger, um nur einige wenige Namen zu nennen. In Innsbruck wirkten ab 1946 bis zur Emeritierung (1961 und 1970) Leopold ˃ Vietoris und Wolfgang ˃ Gröbner. Der Aufschwung speiste sich also aus zwei Quellen:

• die Wiedereinsetzung/Rückkehr/der Zuzug von bis 1938 tätigen, vom Regime entlassenen, aber im österreichischen Umfeld verbliebenen Mathematikern (˃ Baule, ˃ Duschek, ˃ Funk, ˃ Gröbner), im Falle ˃ Radons die Rückkehr eines lange vorher ins Deutsche Reich abgewanderten Mathematikers von Weltruf;

• die manchmal geradezu explosive Entfaltung junger Mathematiker, die ihr Studium noch vor Kriegsende oder bald danach abgeschlossen hatten (etwa ˃ Hlawka, ˃ Prachar, ˃ Schmetterer) — und die neu in die Mathematik stoßenden begabten Studienanfängern.

Die mancherorts[31] beklagte „Selbst-Provinzialisierung" der Universitäten war in der Mathematik der Nachkriegszeit jedenfalls nicht generell zu bemerken. Unrühmliche Ausnahmen sind die von Vertretern anderer Fächer erhobenen Einwände gegen die Berufung ˃ Mengers — ohnehin wegen hoher Kosten nicht sehr aussichtsreich — und die Intrigen, die in Graz zur Ablehnung der hochqualifizierten Bewerber van der Waerden und ˃ Rellich durch das Ministerium führten.

3.4 Neue Anwendungsfelder für die Mathematik

Die allgemeine Ausweitung der Bedeutung der Mathematik in Bereiche wie Wirtschaftswissenschaften, Biologie und Medizin, Chemie, Land- und Forstwissenschaft und die zunehmende Anerkennung dieser Ausweitung geht auf die seit 1945 international immer mehr zunehmende Mathematisierung der modernen Wissenschaft überhaupt zurück.

Die Dienstverpflichtung zu industriellen Projekten und zu Aufgaben in der Rüstungsforschung lenkte das Augenmerk auf neue Anwendungsfelder für die Mathematik. Vor dem Krieg hatte es so gut wie ausschließlich nur drei akademische Berufskarrieren für junge Mathematiker gegeben: die akademische Laufbahn, das Lehramt im höheren Schuldienst, eine Laufbahn in der Versicherungsmathematik (aktuarische Mathematik); weit

---

[31] ZB in Fleck [87], [90].

abgeschlagen kam noch hinzu die erst von ˃ Winkler propagierte mathematische Statistik und, in exklusivem Rahmen, die empirische Marktforschung. Nach den Erfahrungen in der Kriegswirtschaft und mit den höheren mathematischen Anforderungen für Techniker kamen neben den rein technischen Anwendungen der Mathematik und der organisierten Rechenarbeit auch solche der Planung, der sozial- und wirtschaftswissenschaftlichen Beobachtung und der medizinischen Statistik dazu. Ein Musterbeispiel ist das 1950 von Walter Fessel[32] und Franz Geppert gegründete *Berechnungsbüro für Wirtschaft und Industrie*, das 1952 in das *Institut für Markt- und Meinungsforschung*, später die *Konsumforschung GmbH Fessel-GFK* überging, die aber auch umfangreiche Meinungsumfragen durchführte.[33] Unentbehrliche treibende Kraft war zweifellos die rasante Entwicklung der Datenverarbeitung, die bereits während des Krieges in Deutschland mit Tischrechenmaschinen bei Alwin Walther in Darmstadt und mit relaisgesteuerten Rechenanlagen bei Konrad Zuse in Berlin, in den USA mit den elektronisch arbeitenden Rechnern ENIAC und MARK I begonnen hatte.

Zu den nach den Erfahrungen im Weltkrieg gegenüber 1938 neu eingerichteten Fachgebieten gehören an der Universität Wien die von ˃ Hofreiter vertretene *Praktische Mathematik*[34] und an der TH Wien die mit einer neuen Lehrkanzel aufgewertete Numerische Mathematik.

---

[32] *1920-12-19 Wien; †1993-05-30 Wien

[33] Zu Fessels und Gepperts Markt- und Meinungsforschungsinstitut vgl Stifter C H (2015) *Vermessene Demokraten – Meinungsumfragen der US-Besatzungsmacht in der österreichischen Bevölkerung, 1946-1955.* in: [57, p. 546–561] .

[34] Unter dem gleichen Namen wurden bereits während des Krieges Lehrveranstaltungen im Vorlesungsverzeichnis angeboten.

Teil II
Biographien

Kapitel 4
Im NS-Herrschaftsbereich Verbliebene

Alexander Aigner

*1909-05-18 Graz;   †1988-06-07 Graz (ev. AB)

Sohn des Anatomen Walter Aigner (*1878-11-14 Wien; †1950-12-30 Graz) und dessen Ehefrau [∞ 1908-07-21] Oktavia, geb. Rollett (*1877-05-23 Graz; †1959-05-22 Graz), Tochter des Professors für Physiologie und Histologie d. Grazer Uni. Alexander Rollett (*1834-07-14 Baden b Wien, NÖ; †1903-10-01 Graz-Geidorf).

Bruder von Adalbert Aigner (*1912 Graz;†1979), Gymn.-prof. und prakt. Psychologe, sowie von Reinhold Aigner (*1920-09-27 Graz;) [∞ Rosa, nichts Näheres bekannt], Archivar der Amtsbibliothek Graz;

Zeichnung: W.R., nach einem fragmentarischen Rasterbild in Österr. Hochschulz. **9** 1957-12-01 p3.

Neffe von (1) Priska Rollett (*1878-08-21 Graz, †1945-11-13 Salzburg, Typhus), Finanzbeamtin in Graz, (2) Humbert Rollett (*1879; †1947-06-17 Salzburg), Prosektor am Salzburger Landeskrankenhaus und Mitglied des Salzburger Sanitätsrats [Promotion 1904-05-13; ∞ Karoline; Sohn Dr Walter, Tochter vor 1947 verstorben]
(3) Erwin Rollett (*1880; †1887), verstarb im Kindesalter,
(4) Erich Rollett (*1887; †1918-05-28 Graz, Kriegsfolgen), Mag pharm Militärapotheker,
(5) Edwin Rollett (*1889-01-24 Graz; †1964-12-07 Wien), Redakteur („Österreichische Rundschau", „Wiener Zeitung", „Volkszeitung") und freier Schriftsteller, 1938–40 KZ-Häftling in Dachau und Flossenbrügg.

Alexander Aigner blieb zeit seines Lebens unverheiratet.

NS-Zeit. Aigner war während des 2. Weltkriegs in der Chiffrierabteilung des Oberkommandos der Wehrmacht eingesetzt. Er veröffentlichte sechs Arbeiten, aber ohne NS-Bezug, in der Zeitschrift *Deutsche Mathematik*. Sein Onkel Edwin Rollett überlebte

© Der/die Autor(en), exklusiv lizenziert an
Springer-Verlag GmbH, DE, ein Teil von Springer Nature 2023
W. A. F. Ruppert und P. W. Michor, *Mathematik in Österreich und die NS-Zeit*, Mathematik im Kontext,
https://doi.org/10.1007/978-3-662-67100-9_4

zwei Jahre KZ-Haft in den Lagern Dachau und Flossenbrügg; seine älteste Tante Priska floh 1945 vor der Roten Armee nach Salzburg, wo sie sich mit Typhus ansteckte und starb.

Alexander Aigner entstammte einer angesehenen Ärztefamilie in Graz mit Wurzeln in Baden bei Wien. Seine Mutter Oktavia, älteste Tochter des Physiologen und deutschnational-liberalen Politikers Alexander Rollett schloss 1905-12-09 als *zweite* Frau[1] ein Medizinstudium an der Universität Graz ab[2] und eröffnete 1907 als *erste* Frau in Graz eine Arztpraxis.[3] Vater Walter war zunächst Assistent (Univ Dozent ab 1923) und 1920–24 supplierend Leiter des Anatomischen Instituts an der Universität Graz, danach hatte er eine öffentliche Funktion als Sekretär der steiermärkischen Landesorganisation der Ärzte.

Von Seiten des mütterlichen Großvaters Alexander Rollett herrschte ein entschieden deutschnationaler und wohl auch antisemitischer Einfluss in der Familie. Rollett war Mitglied der *Deutschen Volkspartei*, die 1920 in der *Großdeutschen Volkspartei* aufging,[4] für diese Partei war er Landtagsabgeordneter in der Steiermark und Mitglied des Gemeinderats in Graz. 1903 wurde er zum Abgeordneten im Herrenhaus (Österreich) ernannt. Mutter Oktavia war Mitglied mehrerer Frauenvereinigungen, darunter auch des 1916-02-06 gegründeten *Deutschen Frauenbunds Graz*,[5] der nach einer Neuformierung 1922 wie der Alpenverein in seinen Statuten eine „Arierklausel" hatte, nach der „nur Deutsche [Frauen], somit arischer Abkunft" ordentliche Mitglieder sein konnten.

Aigner besuchte von 1915 bis 1919 eine Volksschule in Graz, dann übersiedelte er für ein Jahr im Rahmen einer Kinderhilfsaktion 1920 nach Zaandam, NL; 1920 bis 1928 besuchte er das Akademische Gymnasium in Graz. Nach der Matura 1928 begann er an der Universität Graz mit dem Studium der Mathematik und Physik. 1934 legte er die Lehramtsprüfung in Mathematik ab und absolvierte anschließend das Probejahr am

---

[1] Die erste war 1905-07-25, nur wenig früher, Maria Schuhmeister (*1881-05-20 Wien; †1951-10-06 Washington, USA)∞ 1917-09 Artur Heinemann (*1889-06-27 Deutschland; †1950-10-07 Washington), 1 Sohn: Gernot Wolfgang Heinemann (*1909-04-02 Österreich; †1931-07-19 Washington, USA.) Nach Reinhold Aigner, Die Grazer Ärztinnen aus der Zeit der Monarchie, Zeitschrift des Historischen Vereins für Steiermark **70** (1979), 45-70, heirateten Maria und Artur in den USA.

[2] Da ihr Vater prinzipiell gegen ein Medizinstudium seiner Tochter war, hatte sie zuvor ein Lehramtsstudium zu absolvieren. Der Abschluss eines parallel begonnenen Studiums der Philosophie scheiterte (wurde verhindert) im Stadium der Dissertation.

[3] Zu Oktavia Aigner-Rollett verweisen wir auf die von ihrem Sohn Reinhold verfasste Biographie: Dr Oktavia Aigner-Rollett. Die erste Ärztin in Graz. Biographie einer österreichischen Früh-Ärztin. Historisches Jahrbuch der Stadt Graz, Bd.2. Graz 1969. Ihr Nachlass im Besitz von Reinhold Aigner liegt zusammen mit weiteren Informationen im Archiv der Universität Graz.

[4] Eine vom Grazer Gemeinderat bestellte Historikerkommission für die Bewertung Grazer Straßennamen konstatierte 2017 in Alexander Rolletts Wahlkampagnen „rüde antisemitische Töne".

[5] Grazer Tagbl. 1916-02-04 p14. Die Jahresversammlungen fanden im Großen Saal des Vereins „Südmark" statt. Auch Oktavias Schwester Priska Rollett war aktives Mitglied dieses Vereins. Zum Thema steirische deutschnational-völkische Frauenvereine vgl. Zettelbauer H (2012) Antisemitismus und Deutschnationalismus, in: Halbrainer H, Lamprecht G, Mindler U (Hrsg, 2012) NS-Herrschaft in der Steiermark. Böhlau, Wien-Köln-Weimar. (pp 63–86)

Akademischen Gymnasium Graz. Im Folgenden bestritt er seinen Lebensunterhalt mit Nachhilfestunden, bis er 1936 bei Karl ⟩ Brauner zum Dr phil promovieren konnte.[6] 1939 erhielt er ein Stipendium der DFG, 1940 war er Wissenschaftliche Hilfskraft, kurz darauf Assistent an der II. Mathematiklehrkanzel der TH Graz, die damals gerade mit Lothar ⟩ Koschmieder von der DTH Brünn besetzt wurde.

1941 wurde Aigner zur Wehrmacht einberufen, er diente zunächst bei der Luftwaffe in Norwegen, ab 1942 war er der Unterabteilung IV der Chiffrierabteilung OKW/Chi des Oberkommandos der Wehrmacht zugeteilt. Diese Abteilung befasste sich mit Kryptoanalyse und der Entschlüsselung abgefangener Funksprüche. Sie stand unter der Leitung des Mathematikers Dr Erich Hüttenhain.[7] Zur wissenschaftlichen Unterstützung konnte Hüttenhain nach und nach für seine Tätigkeit weitere Mathematiker dienstverpflichten: die Professoren Werner Weber[8] aus Berlin; Ernst Witt[9] aus Hamburg; Georg Aumann[10] aus Frankfurt a.M.; sowie die Doktoren Alexander Aigner; Oswald ⟩ Teichmüller aus Berlin, und Johann Friedrich Schultze, Berlin,[11] zugezogen. Nach Aussagen des Kryptologen Otto Leiberich[12] „hatte diese Rekrutierung vor allem den Sinn, die Substanz der deutschen Mathematik über den Krieg zu retten". Zusammen mit den zur Unterstützung abgestellten Soldaten, Studentinnen und qualifizerten weiblichen Bürokräften bestand die Abteilung schließlich insgesamt aus etwa 50 Personen.

Aigner war Mitglied einer von dem Topologen Wolfgang Franz[13] geleiteten Gruppe, die mit der mathematischen Analyse und dem Test von (eigenen und fremden) Verschlüsselungscodes betraut war.[14]

---

[6] Aigner hat immer Tonio ⟩ Rella als seinen wichtigsten akademischen Lehrer bezeichnet, der jedoch seit 1932 Ordinarius an der TH Wien und nicht sein Doktorvater war.

[7] Erich Hüttenhain (*1905-01-26; †1990-12-01) studierte Mathematik und Astronomie in Münster, promovierte dort 1933. Seit 1936 Referent in der Chiffrierabteilung des OKW. Nach dem Krieg arbeitete er in der durch die Spiegel-Berichterstattung weithin bekannten Organisation Gehlen, der spätere Bundesnachrichtendienst. (Vgl. *Der Spiegel*, Artikelserie Pullach intern, ab 1971-03.) Biographie in Bauer [16, p 385–401].

[8] Werner Ludwig Eduard Weber (*1906-01-03 Oberstein (an d. Nahe); †1975-02-02 Hamburg) Mitglied der SA, ab 1933-05-01 der NSDAP; bekannt für seine Gegnerschaft zu Hasse; seit 1936 Professor in Berlin

[9] Ernst Witt (*1911-06-26 Alsen, heute Dänemark; †1991-07-03 Hamburg) trat 1933 der SA bei, 1938 wieder aus (kein Antisemit); Schüler von Emmy Noether und Herglotz. Bekannt vom Satz von Poincaré-Birckhoff-Witt.

[10] Georg Aumann (*1906-11-11 München; †1980-08-04 München) 1934/35 Rockefeller-Stipendiat am IAS Princeton; 1936 ao Professor in Frankfurt. Galt unter Nazis als politisch unzuverlässig.

[11] Johann Friedrich Schultze (*1911-10-03 Neukölln, Berlin) promovierte zum Dr rer. nat. Universität Berlin bei Alfred Klose, weitere akad. Karriere unbekannt.

[12] Otto Leiberich (*1927-12-05 Crailsheim; †2015-06-23 Köln) war ab 1972 Leiter der Zentralstelle für das Chiffrierwesen in der BRD. Die im folgenden angeführte Behauptung ist seinem Artikel über Kryptologie im *Spektrum der Wissenschaft* **1999** Nr. 6, p 26ff, entnommen.

[13] Wolfgang Franz *1905-10-04 Magdeburg; †1996-04-26 Frankfurt a.M. Franz trat 1934 der SA bei um seine Karriere-/Überlebenschancen zu verbessern

[14] Der Erfolg/Misserfolg der Dechiffrierabteilungen in NS-Deutschland wird sehr unterschiedlich beurteilt. Fest steht jedenfalls, dass die Tätigkeit dieser Abteilungen glücklicherweise das Kriegsende nicht wesentlich hinausgezögert hat.

Die Abteilung hatte ihren Sitz in Berlin, erst gegen Kriegsende wurde sie nach Halle an der Saale evakuiert, die Mitarbeiter entlassen und die verbliebenen Reste der Abteilung per Eisenbahn nach Werfen in Salzburg verlegt. Während seiner Stationierung in Berlin konnte sich Aigner in seiner dienstfreien Zeit bei Ludwig ˃ Bieberbach am mathematischen Institut der Universität wieder mit „ziviler" Mathematik beschäftigen.

Die ersten Stufen von Aigners eigentlicher mathematischen Karriere begannen 1945 mit der Rückkehr an die TH Graz, als Assistent bei ˃ Baule, später bei ˃ Hornich; es folgten 1947 die Habilitation an der Universität Graz, 1952 die Übernahme als Assistent bei ˃ Kantz, 1958 die Aufwertung zum Oberassistenten; 1957 der Titel eines ao. Universitätsprofessors; 1967 die Ernennung zum regulär besoldeten ao Universitätsprofessor; 1969 zum Ordinarius und Lehrkanzelvorstand; 1979 die Emeritierung (sein Nachfolger war Franz Halter-Koch (*1944-09-02)).

In seinen wissenschaftlichen Arbeiten beschäftigte sich Aigner — außer in seiner Dissertation bei Brauner — ausschließlich mit Zahlentheorie, besonders mit dem Fermatproblem in quadratischen Zahlkörpern (wo die Fermatgleichung lösbar sein kann) und den höheren Reziprozitätsgesetzen, auch solchen, die durch die Artinschen Arbeiten nicht abgedeckt werden.[15]

Aigner war bei Kollegen und bei den Studierenden wegen seines sanften Humors bekannt und beliebt, seine lyrischen Kommentare zur Mathematik in steirischer Mundart sind vielen bis heute in Erinnerung. Er war Mitglied im Steirischen Schriftstellerbund und im Bund steirischer Heimatdichter.

9 Dissertanten, 280 LA-Kandidaten

Ausgewählte Publikationen. *Diss.*: (1936) *Mathematische Behandlung des Einsiedlerspieles in der Ebene und im Raume (Brauner).*

4. Zahlentheorie. De Gruyter Lehrbuch. Berlin - New York 1975
5. Kriterien zum 8. und 16. Potenzcharakter der Reste 2 und -2. Deutsche Math. **4** (1939), 44–52.
6. Die Zerlegung einer arithmetischen Reihe in summengleiche Stücke. Deutsche Math. **6** (1941), 77–89.
7. Kann es mehr als zwei Geschlechter geben? Ein mathematischer Hinweis auf ihr Fehlen in der Natur. Biologia Generalis, **19**, (1951), 444-454. (nicht in Zbl)
8. Weitere Ergebnisse über $x^3 + y^3 = z^3$ in quadratischen Körpern. Monatsh. Math. **56** (1952), 240–252.
9. Die kubische Fermatgleichung in quadratischen Körpern. J. Reine Angew. Math. **195** (1956), 3–17.
10. Quadratische und kubische Restkriterien für das Auftreten einer Fibonacci-Primitivwurzel. J. Reine Angew. Math. (1975), 274-275, 139-140. 1978.
11. Das Fach Mathematik an der Universität Graz Graz 1985.
12. Über Primzahlen, nach denen (fast) alle Fermatschen Zahlen quadratische Nichtreste sind. Monatsh. Math. **101** (1986), 85–93.

Lyrik.

13. Einsamer Weg. Europäischer Verlag, Wien 1958;
14. Zwischendurch zugeschaut. Europäischer Verlag, Wien 1966;
15. Tangenten an den Frohsinn. Math.-stat. Sektion des Forschungszentrums Graz, 1978.

Zbl/JFM nennen (bereinigt) 35 mathematische Publikationen, davon 1 Buch. Eine Publikationsliste mit 35 mathematischen Publikationen und 5 weiteren findet sich in IMN 149.

Quellen. ÖHZ 1957-12-01p3; Hlawka IMN **123** (1979), 84–89, Halter-Koch IMN **149** (1988), 9–11; Archivdaten des Target Intelligence Committee, besonders TICOM DF-176; F. L. Bauer, Kryptologie. Berlin etc. 2000

---

[15] Mehr darüber findet sich in ˃ Hlawkas Laudatio in IMN **123**.

Lit.: Otto Leiberich: Vom diplomatischen Code zur Falltürfunktion. Hundert Jahre Kryptographie in Deutschland, Spektrum der Wissenschaft, Juni 1999, p 26ff. (https://www.spektrum.de/magazin/vom-diplomatischen-code-zur-falltuerfunktion/825487, Zugriff 2023-03-01)

György Demeter Alexits

(auch: **Alexic**)
*1899-01-05 Budapest;   †1978-10-14 Budapest (urspr. griech. orient.)

Sohn des Literaturhistorikers und Professors für rumänische Sprache an der Universität Budapest György Alexics (*1864-09-14 Arad; †1936) und dessen Ehefrau Jolán (Violante), geb. Víg; Enkel von Áron Demeter (Demetrios) Alexics (Alexi), Hauptnotar im (damals ungarischen) Komitat Arad, Schriftsteller und Verfasser von Gedichten in serbischer und rumänischer Sprache, und Julianna, geb. Murza; Alexits ⚭ Erzsébet (Elisabeth) Strestik (*1902) [Tochter von János Strestik, Sekretär am Spanischen Konsulat, und Erzsébet Gyarmathy]; 1 Tochter namens Klára Alexits (*1948).

Zeichnung: W.R. nach Fotos von ca 1946 im Archiv der Ungarischen AW und im Ungarischen Nationalmuseum

NS-Zeit. Alexits war Gründungsmitglied der ungarischen KP und aktiv an der ung. Räteregierung unter Béla Kun beteiligt; nach der Besetzung Ungarns 1944 durch NS-Deutschland wurde er als Mitglied der ungarischen nationalen Widerstandsbewegung ausfindig gemacht, verhaftet und nach Dachau deportiert, von dort ins KZ Spaichingen (1944–1945).

György Alexits entstammte einer ursprünglich in Bečej (Vojvodina) ansässigen serbischen Familie, die Anfang des 19. Jh. in das (damals ungarische) Komitat Arad (heute Minişu de Sus in Westrumänien) einwanderte. Seine Vorfahren Jakab und János Alexics, Kaufleute aus der südungarischen Kleinstadt Siklós, waren 1825 von Kaiser Franz I. nobilitiert und ihnen 1826-05-13 das Dorf Föl Ménes im Komitat Arad verliehen worden. Sein Vater György Alexics senior,[16] Lehrer der rumänischen Sprache an der Universität Budapest und an der Orientalischen Handelsakademie, war von allem Rumänischen begeistert und trat als Politiker der Verfassungspartei konsequent für die Rechte der rumänischen Minderheit in Transleitanien (der „ungarisch verwalteten Reichshälfte") ein, was ihm gelegentlich heftige Angriffe von Seiten radikaler ungarischer Nationalisten eintrug.[17]

---

[16] György Alexics junior verwendete in seinen Publikationen die Schreibweise „Alexits" für seinen Nachnamen, zur Unterscheidung von seinem Vater. Einige seiner Publikationen zeichnete er unter Verwendung seines Adelstitels mit „von Alexits", die letzte so unterzeichnete Arbeit erschien 1942 in Math. Ann. **118** (1942), 379-384 (eingelangt 1941).

[17] Alexics sen. hatte als Privatdozent, ab 1909 als o Professor seine Vorlesungen an der Budapester Universität auf Rumänisch gehalten und war zeitweise Funktionär der ungarischen griech. orientalischen Kirche, überdies Autor des zweiten Bandes der „Bibliothek der Nationalitätenkenntnis" (1912), der die in Ungarn lebenden Rumänen behandelte.

Alexits besuchte das Gymnasium im I. Budapester Gemeindebezirk und maturierte dort 1917. Danach begann er an der Universität Budapest das Studium der Mathematik, wurde aber zum Kriegsdienst eingezogen, der ihn bis Kriegsende 1918 vom Studium abhielt. Nach dem Krieg inskribierte er wieder an der Universität Budapest, wurde jedoch diesmal von der kommunistischen Räterepublik Béla Kuns abgelenkt, der er sich im Rahmen des Sozialistischen Studentenverbands anschloss. Nach dem Ende der Räterepublik studierte Alexits weiter an den Universitäten Budapest, Freiburg und Graz; in Graz promovierte er 1924 zum Dr phil. Danach folgte eine Zeit als Mittelschullehrer, später wurde er Assistent an der TH Budapest. Habilitation an der Technischen Universität Budapest 1943, Privatdozent; nach dem 2. Weltkrieg ein Jahr lang Direktor des Mädchengymnasiums Budapest; 1947–48 Staatssekretär im ungarischen Unterrichtsministerium; ab 1948 o.ö. Professor für Mathematik an der Technischen Universität Budapest, Fakultät für Chemie; Gastprofessor für Mathematik an der Universität Gießen, auch Gastvorlesungen in Marburg SS 1963; Gastprofessor für Mathematik an der Universität Marburg WS 1964/65. Dekan der Fakultät für Chemie an der Technischen Universität Budapest 1954/55; Mitglied der Ungarischen Akademie der Wissenschaften ab 1948 und 1949–50 ihr Generalsekretär.

György Alexits war 1949–1963 Präsident der Janos Bolyai-Gesellschaft (= ung. Mathematische Gesellschaft)

Nach MGP betreute Alexits die Dissertationen von Károly Tandori (1957) und László Leindler (1962, 2. Gutachter), beide an der Ung. AW.

Ehrungen: 1947 Silberner Verdienstorden der Ungarischen Freiheit; 1948 Verdienstorden der VR Ungarn in Silber; 1948 Stern der VR Rumänien II. Kl.; 1948 Kommandeurkreuz Polonia Restituta; 1948-06-02 korr., 1949-10-31 wirkl. Mitglied der Ung. AW; 1951 Kossuth Preis II. Kl.; 1954 Verdienstorden der Arbeit in Gold (auch 1969 und 1975), 1970 Staatspreis u. Gedenkmedaille d. Befreiung; 1976 Tibor-Szele-Gedächtnispreis; Stiftung zu seinen Ehren: Alexits-György-Preis für herausragende Leistungen auf dem Gebiet der Analysis u. ihrer Anwendungen, erstmals 1984 verliehen; 1999-08-09–13 Gedenkkonferenz d. János Bolyai Gesellschaft in Budapest.

Ausgewählte Publikationen. *Diss.*: (1921) *Über Lösungen der Laplaceschen Differentialgleichung (Betreuer unbekannt).*

1. Über die Verteilung der irrationalen Punkte in lokal nicht zusammenhängenden Kontinua. Compositio math., Groningen, **6** (1938), 153-160.
2. Über verstreute Mengen. Math. Ann. **118** (1941/43), 379-384.
3. Konvergenzprobleme der Orthogonalreihen. Berlin: VEB Deutscher Verlag der Wissenschaften. (1960) [eng. Übers. Convergence problems of orthogonal series. New York etc., Pergamon 1961.
4. (mit Fenyö S) (1951), Mathematik für Chemiker (ung.). Weitere Auflagen 1955, 1960, 1964, 1966, 1973. [Deutsch: Budapest–Leipzig 1962; Französisch: Budapest–Paris 1969]
5. The universe of Janos Bolyai. (ung.) Akademia Kiado 1977. [Vortrag darüber in Mat. Lapok **28** (1980), 1-9]
6. Mathematik und dialektischer Materialismus (ung.). Budapest : Szikra, 1948.

Im Zbl/JFM sind (unbereinigt) 101 Publikationen verzeichnet

Quellen. Pester Lloyd 1891-06-12 p5, 1895-03-08 p5, 1907-04-25 p9, 1908-12-29 p6, 1909-03-18 p9, 1912-03-27 p10, 1915-03-30 p11f, Arbeiter Zeitung 1908-09-20 p5; Pótó J (2018), Die Neuorganisation der Ungarischen Akademie der Wissenschaften auf „sowjetische Art" in den Jahren 1948/49. [aus dem Ungarischen übers. von Andreas Schmidt-Schweizer] in: Feichtinger J, Uhl H (Hg.) Die Akademien der Wissenschaften in Zentraleuropa im kalten Krieg, (https://www.jstor.org/stable/j.ctv8pzd2h, Zugriff 2023-02-20), pp 115–140.

Lit.: Móricz F, Tandori K (2002), On the scientific work of George Alexits. in: Leindler, L et al., Alexits memorial conference in honor of the 100th anniversary of the birth of Professor George Alexits (1899-1978), János Bolyai Mathematical Society, Budapest 2002 (7–22); Akademiker György Alexits – 70 Jahre. (ung.) Magyar Tud. Akad., Mat. Fiz. Tud. Oszt. Közl. 19-1969, (1970) 1–4.

Bernhard Baule

*1891-05-04 Hannoversch Münden (heute Niedersachsen);
†1976-04-05 Graz (begraben in Maria Straßengel)

Sohn von Geh. Reg.-Rat Dr Anton Baule (*1850-02-11 Klein-Escherde, Nord-
stemmen; †1935-01-16), Professor an der Königlichen Forstakademie zu Münden,
und dessen Ehefrau Wilhelmine Josephina Frederica (*1853-06-06 Geist, Münster;
†1922-04-22 Kassel), geb. Giesbert [⚭ 1875-12-26, Meppen Niedersachsen];

Zeichnung: W. R., nach einem Foto in einer Festschrift von 1937.

Sieben Geschwister: (1) Hedwig (*1876; †1923, ⚭ Friedrich Wilhelm Grothues, Sohn Walter Anton
Friedrich (*1919-09-04 Kassel; †1945-03-30 Stettin, vermisst)), (2) Rudolf (*1878-07-24 Attendorn,
Westf, †1930-11-24), (3) Alfred (*1880-08-02 Meppen, Niedersachsen; †1881-01-01), (4) Olga (*1882-
02-27 Hildesheim; †1967-09-12 ebenda), (5) Walter (*1884 Attendorn; †1884), (6) Arnold (*1885-05-19
Ahaus, NRWf, †1963-09-29), (7) Georg (*1887-06-08 Hannover Münden; †1965-08-21 Kassel)

Baule ⚭ (ca 1920) Erna (*1896-01-29 Königsberg (Kaliningrad); †1955-11-21 Graz), geb. Kaulbars;
Tochter Gertrud (*1921-05-29 Hamburg; †1990-12-15 Miesbach, Bayern, hatte 1 Sohn + 1 Tochter) und
zwei weitere Töchter. Baule ist neben seiner ersten Frau auf dem Friedhof in Maria Strassengel/Judendorf
begraben.

Baule ⚭ in zweiter Ehe Sigrun (*1917-05-22 Laibach (Ljubljana); †1997-01-23 Fürstenfeld Stmk), geb.
Kurschel; 1 Tochter

NS-Zeit. Erklärter Anhänger des Ständestaats und NS-Gegner, 1938-03 als „Landes-
verräter" verhaftet, von der Gestapo interniert, als Professor der TH Graz entlassen
(zunächst: „mit Ende Mai 1938 vorläufig in den zeitlichen Ruhestand versetzt", dann
verhaftet). 1939-09-18 enthaftet, danach bis 1945 Mitarbeiter in „kriegswichtigen" Forschungsinstituten, zuletzt in der Luftfahrtforschungsanstalt Hermann Göring. 1946 erster
gewählter Rektor der TH Graz nach dem Krieg.

Baule entstammte einer Familie, die sich weit bis ins 16. Jahrhundert zurückverfolgen lässt.
Er studierte in Kiel (1909), München und schließlich Göttingen (1912), wo er ab 1913, nach
bestandenem Staatsexamen,[18] bei David Hilbert als *Assistent für Mathematik* eingestellt
wurde und bei diesem 1914 zum Dr phil. promovierte; seine Hausarbeit zum Staatsexamen
wurde als Dissertation akzeptiert. Gleich zu Beginn des Ersten Weltkriegs meldete sich
Baule als Kriegsfreiwilliger zu den Pionieren, er wurde an die Westfront in Flandern kommandiert, wo er 1914-11-10 an der von der Kriegspropaganda so genannten „Schlacht bei
Langemarck" teilnahm. Diese Schlacht endete mit einer Niederlage und hohen Verlusten
für das Deutsche Reich, Baule gehörte zu den wenigen überlebenden Teilnehmern. Wegen
einer schweren Verwundung wurde er 1915-01-26 zur Fliegertruppe versetzt und, nach

---

[18] Entspricht der Lehramtsprüfung in Österreich.

seinen eigenen Worten zum „Spezialisten für drahtlose Telegraphie/Telephonie und für Luftbildauswertung". Gegen Kriegsende befasste sich Baule nebenbei mit der mathematischen Unterstützung der Arbeiten von Alfred Mitscherlich, die auf eine empirisch gestützte Theorie der Pflanzenernährung und des Pflanzenwachstums abzielten. Baule hat das Thema „Mathematik des Pflanzenwachstums" immer wieder aufgenommen, zuletzt in den 50er Jahren.

Nach vier Jahren Kriegsdienst kehrte Baule zu Hilbert zurück, diesmal als *Assistent für Physik*; 1919 übernahm er zusätzlich noch einen Lehrauftrag für Geodäsie an der Forstakademie Hannoversch Münden. 1920 ging er als Lehrbeauftragter an die Universität Hamburg, zu Wilhelm ‿ Blaschke und zur Differentialgeometrie, und verfasste seine Habilitationschrift über *Kreise und Kugeln im Riemannschen Raum*. 1921 folgte er einem durch Vermittlung von Blaschke zustandegekommenen Ruf an die TH Graz, in der Nachfolge von Oskar Peithner v. Lichtenfels. Im Zuge seiner Ernennung 1921-08-11[19] erhielt er gleichzeitig die österreichische Staatsbürgerschaft, gab aber die deutsche Staatsbürgerschaft nicht auf. An der TH Graz war Baule 1927–29 Dekan der Fakultät für Maschinenwesen, 1935 bis zum „Anschluss" Dekan der Fakultät für angewandte Mathematik und Physik mit der Unterabteilung für Vermessungswesen.

Baule war während seiner Studentenzeit aktives Mitglied der KV-Verbindungen Baltia Kiel, Saxonia München und Winfridia Göttingen gewesen, nun engagierte er sich in Graz vehement für den katholischen Kartellverband (KV, nichtfarbentragend) und überhaupt für katholische Vereine, bald war er der führende Organisator der katholischen Studentenverbindungen in der Steiermark, unter anderem auch Obmann des Christlich-sozialen Akademikerverbands. Eine Werbeaussendung für eine in Graz geplante Schwesterorganisation der Wiener KV „Winfridia" führte zu stürmischen Protesten schlagender Verbindungen. Am 12. Mai 1930 musste Baule eine Vorlesung wegen eines Pfeifkonzerts abbrechen, das diese aus Protest gegen diese Aussendung in seinem Hörsaal organisiert hatten.[20]

Im Ständestaat wurde Baule vom Steiermärkischen Landeshauptmann ab 1937-01-30 als Standesvertreter für Wissenschaft und Kunst zum Rat der Stadt Graz ernannt. Im *Deutschen Schulverein Südmark* war er 1937/38 Mitglied der Kreisleitung Steiermark.

Nach der Ernennung Hitlers zum Reichskanzler 1933-01-30 traten die österreichischen KV-Verbindungen aus dem deutschen KV aus und bildeten den ÖKV, in dem Baule an führender Stelle eine konsequente Linie gegen die NSDAP und den „Führer" verfolgte, die er auch im Grazer Gemeinderat öffentlich vertrat. (Eine analoge Umorganisation führten die ähnlich strukturierten, aber sich mehr am Begriff „patria" ausrichtenden und farbentragenden CV-Verbindungen durch.)

---

[19] Wiener Zeitung 1921-09-08 p1. Die Angabe von IMN **181** p8: „1926 nach Graz" und die der CV-Biographie von 1920 sind unrichtig.

[20] Der Vorfall erregte ein ziemliches Rauschen im Blätterwald, vgl. z.B. die Pressenotizen vom Folgetag: „Demonstrationen gegen einen katholischen Professor", „Terroristischer Versuch." Reichspost p7; „Hakenkreuzlerische Studenten gegen einen klerikalen Professor", Arbeiter Zeitung p6; „Studentendemonstrationen gegen den Grazer Professor Baule", Neue Freie Presse p10; „Studentenkrawalle an der Grazer Technik", Neues Wiener Journal p5; „Studentendemonstration in Graz", Wiener Zeitung p5; „Die ‚wehrhaften' Studenten gegen Prof. Baule", Prager Tagblatt p2.

Sofort nach dem „Anschluss" 1938-03-13 wurde Baule wegen Verdachts auf „Hoch- und Landesverrat" verhaftet und ungeachtet seiner prominenten Stellung als amtierender Dekan für die folgenden eineinhalb Jahre im Polizeigefängnis Graz, Paulustorgasse, in „Schutzhaft" genommen,[21] 1938-05-28 als Dekan abgesetzt und als Professor in den dauernden Ruhestand versetzt. Hauptvorwurf war, dass er als deutscher Staatsbürger in Österreich offen gegen die NSDAP und damit gegen sein Land aufgetreten war. Nach seinen eigenen Erinnerungen erfolgten, abgesehen von Erhebungen zu seinem Personalstand, nach der Verhaftung keinerlei Vernehmungen.[22]

Etwas überraschend wurde er 1939-09-18 aus der Haft entlassen, mit der Auflage, sich sofort nach Berlin zu begeben und sich im REM zu melden. Für diese „Milde" gibt es drei Rekonstruktionsversuche, alle nicht sonderlich überzeugend:

Nach Version (1) habe eine Gruppe hoher deutscher Militärs in Graz eine Feier zur Schlacht bei Langemarck geplant, sei bei den Vorberatungen dazu auf den Namen Baules gestoßen und hätte von dessen Schicksal als Gefangener der Gestapo erfahren. Ein solcher Held von Langemarck konnte natürlich nicht in Polizeihaft bleiben, sondern musste bei der Langemarckfeier auftreten können. Diese Version ist von dem Zeitzeugen Franz Allmer[23] überliefert, der sie 1994, wahrscheinlich nach Baules seinerzeitigen Erzählungen und gut 50 Jahre später aus dem Gedächtnis aufgeschrieben hat (cf.[4]).[24] Dagegen spricht, dass Baule unmittelbar nach seiner Entlassung, also noch im September, nach Berlin zu fahren hatte — die Langemarckfeiern fanden aber immer im November statt. Weiters spricht dagegen, dass die Langemarckfeiern, soweit bekannt, vom NSD-Studentenbund und nicht von Militärs ausgerichtet wurden; ab 1939-09-01 befand sich Deutschland im Kriegszustand. Die „Hakenkreuzlerischen Studenten" aus den oben erwähnten Zeitungsberichten sind sicher nicht für Baule eingetreten. Das Motiv der Langemarck-Verdienste war wohl als offizielle Begründung vorgeschoben worden.

Nach Version (2) seien Unterstützungsaktionen aus dem Ausland für die Freilassung maßgeblich gewesen. Diese Version findet sich in der von Gerhard Hartmann für den Cartellverband verfassten Biographie Baules.[25] Für solche Interventionen wären vielleicht der

---

[21] Eine unbegrenzte Untersuchungshaft, die nach dem deutschen „Ermächtigungsgesetz" von 1933-03-24 möglich war.

[22] In dem Verfahren gegen Baule spielte auch Baules Nachfolger unter NS-Vorzeichen, Dekan und Vizerektor Josef ⟩ Krames, eine unrühmliche Rolle. „Prorektor Krames meldete am 9. 12. 1938 dem 'Gauamt für Beamte der NSDAP', daß es der Tochter Baules [wahrscheinlich die 1921 geborene Gertrud] nach dessen Verhaftung möglich war, »aus der Schreibtischlade ihres Vaters Aktenmaterial zu entfernen. Der 'Gestapo' wurde hievon seinerzeit schon die Anzeige erstattet.«" (Zitat aus [380], p 139, Fußnote 66 zu p 39.)

[23] Franz Allmer (*1916-11-03 Graz; †2008-10-30 [Autounfall]), Dipl.-Ing. Wirkl. Hofrat i.R., war ab 1936 Werkstudent für Geodäsie an der TH Graz bis 1940 ein Studierverbot über ihn verhängt wurde; 1941–45 Kriegsdienst und Gefangenschaft; 1946–81 Leiter von Dienstreisen des Bundesamtes für Eich- und Vermessungswesen. 1970–81 Lehrbeauftragter für Kataster an der TH/TU Graz. Seit 1982 Chronist und Archivar für Geodäsie an der TU Graz; 1992 Ehrenbürger der TU Graz, 1995 Honorarprofessor.

[24] Wir danken Detlef Gronau, der uns eine Kopie dieser Aufzeichnungen zur Verfügung stellte.

[25] Zu finden auf der Webseite des ÖCV. (Zuletzt aufgesucht 2019-06-18). Der CV sah den verschiedenen KV-Verbindungen angehörenden Baule als einen der ihrigen (oder jedenfalls dem CV sehr nahestehend) an.

Vatikan, allenfalls verbündete (oder als Bündnispartner gewünschte) Mächte wie Italien[26] und Spanien, vielleicht auch Kartellverbände in katholischen Ländern wie Belgien oder Portugal in Frage gekommen. Eine nicht sehr einleuchtende Version.

Nach Version (3) sei Baules wissenschaftliche Expertise für kriegswichtige Projekte gefragt gewesen und hätte zu einer Intervention aus den Reihen der Kaiser-Wilhelms-Gesellschaft zu seinen Gunsten geführt, vielleicht sogar unterstützt durch die selbst für NS-Verhältnisse zweifelhafte Beweislage. Man wird annehmen können, dass in diesem Falle Baules Freunde und Bekannte in Berlin von Graz aus rasch von seiner Inhaftierung informiert worden waren und diese Hilfe von der Kaiser-Wilhelms-Gesellschaft mobilisiert hatten.

Es ist sogar denkbar, dass Baules Kollege, Armin Dadieu, Chemiker, seit 1932 ao Professor an der TH Graz und ab 1938 NS-Landesstatthalter in der Steiermark, für ihn eingetreten ist. Knapp nach dem Krieg schrieb Baule für Dadieu ein Entlastungsschreiben („Persil-schein").[27]

Nach seiner Haftentlassung arbeitete Baule vier Jahre in Berlin-Dahlem am Kaiser-Wilhelm-Institut für physikalische Chemie und Elektrochemie (heute: Fritz-Haber-Institut der Max-Planck-Gesellschaft) an Problemen der Wärmeleitung, später mit dem Leiter der Röntgenabteilung, den gebürtigen Wiener Otto Kratky[28], an Röntgendiagrammen von Wolle und anderen Faserstoffen.

Baules nächster Wirkungsort war die Universität München, wo er mathematische Untersuchungen im Labor für Spannungsoptik von Ludwig Föppl (*1887-02-27 Leipzig; †1976-05-13 München) durchführte. Ab 1945-02 war Baule dann an der Luftfahrtforschungsanstalt Hermann Göring in Braunschweig-Völkenrode tätig und erlebte dort das Kriegsende.

Das Beispiel von Baule zeigt, dass man auch als deklarierter NS-Gegner aus der Gestapohaft freikommen und sogar vom Frontdienst verschont werden konnte, sofern man nur über genügend akademische Kontakte zu — und wissenschaftliches Ansehen bei — einflussreichen Wissenschaftlerkollegen (möglicherweise auch Vernetzungen aus KV-Tagen) verfügte. Jedenfalls war hier die Mathematik als „unique selling position" sehr von Vorteil. Seine unerschütterliche Haltung gegenüber dem NS-System, unter dem Risiko im KZ zu landen und unter Verzicht auf alle Karrierechancen, verdient alle Achtung. Weniger ver-

---

[26] Wenige Tage nach dem „Anschluss" wurde zB der gerade verhaftete Vordenker der klerikal-katholischen „Kulturkreislehre", P.W. Schmidt S.V.D., auf Intervention Mussolinis wieder freigelassen.

[27] Diplomarbeit Uni Graz, Brunner M (2017), *Armin Dadieu, Versuch der Biographie eines Nationalsozialisten.* p 130. Dadieu ließ 1938 die nach ihm benannte „Dadieu-Liste" zirkulieren, eine Ergebenheitsadresse an Hitler, die wohl auch die Professoren der TH unterschreiben sollten. Baule unterschrieb jedenfalls dem Vernehmen nach nicht. Diese oder eine ähnliche Liste soll auch Karl Federhofer, Prof. der Mechanik (1921–57) und NSDDB-Mitglied, seinen Professorenkollegen in Graz vorgelegt haben ([380], p 139, Fußnote Nr. 68).

[28] Otto Josef Leopold Kratky (*1902-03-09 Wien; †1995-2-11 Graz) habilitierte sich 1938 an der Univ Wien, wurde 1940 Abteilungsleiter am Kaiser-Wilhelm-Institut für Physikalische Chemie und Elektrochemie, ab 1943 war er Direktor des Instituts für Physikalische Chemie an der TH Prag. Er untersuchte seit 1930 makromolekulare Natur- und Kunststoffe, vor allem Cellulose, mit Hilfe der Röntgenstrukturanalyse. Während der Amtszeit Baules als Rektor wurde er 1946 Ordinarius an der Universität Graz; er emeritierte 1972.

dienstvoll war nach dem Krieg sein Eintreten für die Initiative des Salzburger Erzbischofs Rohracher, der eine Amnestie für KZ-Wächter forderte, die in den Letzten Kriegstagen wehrlose Gefangene ermordet hatten „um die Bevölkerung vor diesen KZ-Häftlingen zu schützen".[29] In diesem Zusammenhang ist auch darauf zu verweisen, dass sowohl Baule als auch Bischof Alois Hudal (selbsternannter Mittler zwischen Katholizismus und NS-Ideologie, nach 1945 Hauptinitiator der „Rattenlinie" für flüchtige NS-Kriegsverbrecher), prominente Mitglieder/Ehrenphilister der katholischen Akademikerverbindung Winfridia waren. Proteste von Seiten Baules gegen Hudals Unterstützung von NS-Kriegsverbrechern sind nicht bekanntgeworden.

Nach dem Einzug der britischen und dem Abzug der sowjetischen Armee 1945-07-24 kehrte Baule so wie die meisten der vor der Roten Armee geflüchteten Grazer Wissenschaftler wieder nach Graz zurück. Hier wurde er schon sehnlich erwartet, um ihn der britischen Besatzung als NS-unbelasteten Rektorskandidaten präsentieren zu können. Tatsächlich wurde Baule 1946-12 als provisorischer Rektor der TH Graz eingesetzt, in den folgenden Studienjahren bis 1948-09-30 als gewählter Rektor. Baule wirkte dann an der TH bis zu seiner Emeritierung 1962 als Professor,[30] zwischendurch 1956/57 neuerlich als Rektor. Erwartungsgemäß übernahm er nach 1945 auch im ÖKV Graz wiederum die führende Rolle.

In der Mathematik ist Baule fast ausschließlich als Autor eines von Studierenden technischer Fachrichtungen viel benützten Standardwerks für Angewandte Mathematik in sieben Bänden und einem Band mit Aufgaben in Erscheinung getreten. Baules Beiträge zu Physik, Chemie und Biologie scheinen in Zbl/JFM nicht auf. Wie oben bereits erwähnt, befasste sich Baule bereits seit den 1920er Jahren mit mathematischen Aspekten von Wachstum, Ertrag und Ernährung; in der Theorie der Pflanzenernährung spricht man bis heute vom Gesetz von Baule-Mitscherlich.[31]

Baule war begeisterter Bergwanderer und langjähriges Mitglied des Österreichischen Alpenvereins.

Ehrungen: Ehrenphilister bei den Grazer KV-Verbindungen AV *Winfridia*, AV *Austria* (von ihm als einhundertste KV Verbindung 1930 gegründet), KATV *Norica*,[32] AV *Suevia* und *Erzherzog Johann* sowie bei der Wiener KV-Verbindung *Prinz Eugen*; 1931 Vorsitzender des Grazer Philisterzirkels; Vorsitzender des Christlich-deutschen Akademikerverbandes der Steiermark; 1964-07-16 Ehrenring der Stadt Graz; 1966 Großes Silbernes Ehrenzeichen für Verdienste um die Republik Österreich. Das Baule-Zimmer der Bibliothek der TUG ist nach ihm benannt.

Ausgewählte Publikationen. *Diss.*: (1914) *Theoretische Behandlung der Erscheinungen in verdünnten Gasen (Hilbert).* (Publiziert in Ann. der Physik (4) **44** (1914), 145-176). Diese Arbeit ging von Hilberts Ideen zur mathematischen Begründung der Thermodynamik mittels Integralgleichungen aus, die sich aus

---

[29] Eine ausführliche Diskussion gibt zB W. Swoboda in Zeitgeschichte **23** (1996) [11–12], 357–368; Gnadengesuch für Kriegsverbrecher von Erzbischof Rohracher und Dekan Gustav Entz an BP Körner 1952-12-09.

[30] Mit insgesamt 37 Dienstjahren der am längsten dienende Professor.

[31] Mit dieser Bezeichnung sind Bernhard Baule und Eilhard Alfred Mitscherlich gemeint. Bernhard Baule sollte nicht mit *Hubert* Baule (*1927-03-06 Oppen/Beckingen; †2016-11-08 Staufenberg-Lutterberg/Niedersachsen) der Universität Gießen verwechselt werden.

[32] Der Norica hatte einst auch Karl Lueger angehört.

physikalischen Grundannahmen ergeben. Baules Deduktionen konnten erstmals die auffallenden Erscheinungen des Temperatursprungs und des Gleitens verdünnter Gase an festen Wänden theoretisch und in Übereinstimmung mit den Beobachtungen erklären.

1. Die Mathematik des Naturforschers und Ingenieurs, 7 Bde + Aufgabensammlung. 1942, 1943, 1949, 1954, 1966, 1970; mehrere noch spätere Auflagen

Zbl/JFM nennen außer der Dissertation und den obigen 7+1 Bänden des Standardwerks nur zwei weitere mathematische Publikationen:

2. Über Kreise und Kugeln im Riemannschen Raum. I, II. Math. Ann. **83** (1921), 286-310; **84** (1921), 202-215. (Baules Habilitationsschrift an der Universität Hamburg)
3. Méthode de navigation basée sur le tracé automatique de la route. C. R. **190** (1930), 666-669.

Nicht enthalten sind in dieser Liste Baules Publikationen im Umkreis von Landwirtschaft und Pflanzenernährung:

4. Zu Mitscherlichs Gesetz der physiologischen Beziehungen. Landwirtschaftl. Jahrb. **51** (1918), 363–385.
5. Prinzipielle Überlegungen zum Wachstumsgesetz der Pflanzen. Landw. Jb. **54** (1920), 493–505.
6. Wirkungsgesetz und Wachstumsgesetz. Landw. Jb. **59** (1924), 341–359.
7. Grundsätzliches über die Gesetze der Pflanzenernährung. Landw. Jb. **62** (1925), 139.
8. Zur Frage der Wachstumskurve.(Nebst Bemerkungen über die Ertragskurve.) Landwirtschaftl. Jahrb., **63** (1926), 889.
9. Spekulative Wachstumsforschung. Zeitschrift für wissenschaftliche Biologie. Abteilung E. Planta **10** (1930), 84–107.
10. Zur Frage der Formulierung des Ertragsgesetzes. J. of Plant Nutrition and Soil Science **66** (1954), 124–128. (Im Handbuch der Pflanzenernährung unter Untersuchungen von Baule-Mitscherlich zusammengefasst.)
11. Eine physikalische Analogie zum Pflanzenertragsgesetz. Zeitschrift für Acker- und Pflanzenbau, **98** (1954), Paul Parey Verlag, Berlin und Hamburg.

Quellen. Öst. Staatsarchiv AT-OeStA/AdR UWFuK BMU PA Sign 10 Baule Bernhard; Pinl und Dick [246], [247]; Weingand [380]; Binder, D. A., Biographisches Lexikon des KV Band 1 (1991) 14–16; Baule, Autobiographie ÖHZ**9** 1957-10-01 p2.

Gustav (Gustaf) Beer

*1906-05-13 Wien; † im Zeitraum 1944–45

NS-Zeit. Beer trat mehrfach im Menger Kolloquium auf, er verblieb auch nach Mengers Weggang in Wien und kam nach den Erinnerungen ˃ Alts bei einem Bombenangriff ums Leben.[33]

Nach dem Zeugnis von Franz ˃ Alt und anderen gehörte Gustav Beer zu den talentiertesten Studierenden der Mathematik, die in Mengers Kolloquium auftraten. Als Letztes bewies er für Dimension 1 die Vermutung von Menger, dass jeder kompakte zusammenhängende und lokal zusammenhängende metrisierbare Raum konvex metrisiert werden kann.[34] Beers Beweis erschien 1938 in Fund. Math. (s.u.), für beliebige Dimension wurde der Satz 1949

---

[33] Die Bombenangriffe auf Wien begannen 1944-03-17.

[34] Für eine solche Metrik gibt es zu je zwei Punkten des Raumes einen dritten, der die Entfernung der beiden zueinander halbiert.

von R.H. Bing bewiesen (A convex metric for a locally connected continuum, Bull. Amer. Math. Soc., **55.12**, (1949), 1111–1121).

Ausgewählte Publikationen. *Diss.*: (1930) *Experimentelle Untersuchungen über Atomzertrümmerung nach der Szintillationsmethode mittels Polonium als Strahlungsquelle (aus Physik).*

1. Über Kompaktifizierbarkeit. Ergebnisse math. Kolloquium Wien **2** (1931), 4.
2. Zwei Kurven, deren sämtliche Punkte die Ordnungen 3 und 6 bzw. 3 und 8 besitzen. Ergebnisse math. Kolloquium Wien **3** (1931), 19-20.
3. Ein Problem über reguläre Kurven. Ergebnisse math. Kolloquium Wien **3** (1931), 20.
4. Bericht über die Theorie der Fréchetschen Dimensionstypen. Ergebnisse math. Kolloquium Wien **2** (1931), 11.
5. Über Konvexifizierbarkeit regulärer Kurven. Anzeiger Wien 69, 134 (1932).
6. Beweis des Satzes, dass jede im kleinen zusammenhängende Kurve konvex metrisiert werden kann. Fundam. Math. **31** (1938), 281-320.

Zbl/JFM nennen 6 math. Publikationen

Quellen. Association for Computing Machinery (ACM), Atsushi Akera, Dr Franz Alt. Oral History, Session One, January 23, 2006

Rudolf Bereis

*1903-02-12 Wien;   †1966-06-06 Berlin, Charité (röm. kath.)

Bereis ∞ 1929-07-15 Ortrud (*1910-03-16; †1994-07-14 b Wien), geb Sluga, (*nicht* eine Tochter des Psychiaters und Wegbereiters der Strafrechtsreform 1974 Willibald Sluga (*1930)! Ortruds Vater war Adolf Georg Sluga (*1871-12-03), Oberrevisor d Staatsbahn);

Ein Sohn: Michael Bereis (*1943-09-19; ∞ Iris, Tochter: Katharina (*1986)), Rechtsanwalt in Wien (Strafverteidiger und Erbrechtsexperte).

Zeichnung: W.R.

NS-Zeit. Bereis war seit 1938-06 über die Mitgliedschaft beim NS Lehrerbund Parteianwärter der NSDAP, von 1943 bis 1945-01 in der Luftfahrtforschung Wien dienstverpflichtet. Nach Kriegsende von seiner akademischen Position als Assistent enthoben, als Mittelschullehrer vorzeitig pensioniert; 1948 wieder Assistent an der TH Wien, von dort ging er 1957 als Professor nach Dresden.

Rudolf Bereis besuchte in Wien-Erdberg nach der fünfklassigen Volksschule in der Hegergasse das Realgymnasium RG III in der Hagenmüllergasse und maturierte dort 1922 mit Auszeichnung. Nach der Matura begann er an der TH Wien ein Maschinenbaustudium, das er aber nach der Ersten Staatsprüfung 1925-02-28 zugunsten von Mathematik und Darstellender Geometrie (Lehramt) aufgab. 1926 startete er sein Probejahr, danach wurde er Hilfslehrer und schließlich, nach Ablegung der Lehramtsprüfung 1927-07-10, als „wirklicher Lehrer" (ab 1929-08-30 in der Verwendungs- und Gehaltsgruppe 5), in den Schuldienst aufgenommen. Als solcher wirkte er bis 1941 an verschiedenen Wiener Mittelschulen, nach dem „Anschluss" mit dem Amtstitel *Studienrat*.

Nebenher verfolgte er auch seine akademische Karriere weiter, volontierte ab 1927 als Assistent von Emil Müller und promovierte bei diesem 1928 mit einer Dissertation über neue Verwendungsmöglichkeiten von Inversor und Polarograph. 1941 wurde er zum Kriegsdienst eingezogen, auf Veranlassung von Josef ⟩ Krames zugunsten der Luftfahrtforschung vom Frontdienst freigestellt. Von 1943 bis Kriegsende war er an verschiedenen Projekten beteiligt, die ⟩ Krames im Auftrag der Luftfahrtforschung Heidelberg[35] und der Luftfahrtforschung Wien[36] durchführte. Bei diesen Projekten ging es (a) um die Ermittlung von Strömungslinien mittels einer durch einen Gelenksmechanismus graphisch realisierbaren Kutta-Zhukóvskiy-Transformation $z \mapsto z + a^2/z$, oder geeigneten Verallgemeinerungen, und (b) um die konstruktive Ausformung abwickelbarer Flächen für Anwendungen in der Blechverarbeitung.

Nach Kriegsende wurde Bereis aus allen Funktionen an der TH Wien und im Mittelschuldienst entlassen. Dennoch nahm er gemeinsam mit seiner Frau am ÖMG-Kongress von 1948 teil.

Von 1948 bis 1957 war Bereis Assistent am Institut für Darstellende Geometrie der TH Wien; 1955 habilitierte er sich dort für das Fach Geometrie mit einer Arbeit zur Kinematik, und folgte schließlich 1957-06-01 einer Berufung an die TH Dresden (damals DDR).[37] Bis zu seiner Emeritierung 1966 blieb er dort Professor mit Lehrstuhl für Geometrie und Direktor des Instituts für Geometrie an der Mathematisch-Naturwissenschaftlichen Fakultät.

Die TH Dresden war nach dem Krieg fast vollständig zerstört; das Institut für Geometrie wurde erst 1952 wieder eröffnet, es stand bis 1957 unter kommissarischer Leitung.[38] Bereis widmete sich nach seiner Berufung (die die kommissarische Leitung ablöste) neben der Lehre vor allem dem Aufbau des Instituts und der Sammlung geometrischer und mathematischer Modelle. Durch Ankauf, Übernahme privater Sammlungen und Neuanfertigungen konnte er die Sammlung der Modelle, die nach dem Krieg neu angelegt werden musste, wieder zu einer der größten ihrer Art in Deutschland ausbauen.[39] 1951–54, noch während

---

[35] Leitung: Udo (Hugo Helmuth) Wegner (*1902-06-04 Berlin; †1989-06-25 Heidelberg) studierte Mathematik in Berlin und habilitierte sich 1929 in Göttingen. 1931 wurde er als o. Prof. an die TH Darmstadt berufen und kam 1937 als Nachfolger Artur Rosenthals nach Heidelberg. Er war seit 1933 Mitglied der SA und galt im NS-System als politisch zuverlässig. Politische Verdienste im NS-Sinn soll er durchaus als Kompensation für mangelnde wissenschaftliche Leistungen angesehen haben. In Heidelberg versuchte er eine eigene Luftfahrtforschung aufzubauen. 1945-04 wurde er von der amerikanischen Militärregierung interniert, 1945-11-19 entlassen. Er arbeitete 1946–1949 beim französischen Luft- und Raumfahrtunternehmen ONERA (Office National d'Études et de Recherches Aéronautiques), hatte ab 1951 Lehraufträge an den THen Darmstadt und Karlsruhe und war im Schuldienst tätig. 1956 wurde er an die Universität Saarbrücken berufen. (Heidelberger Gelehrtenlexikon/Dagmar Drüll (2009) Heidelberg Bd. 3. 1933-1986., pp 652-653.)

[36] Leitung: ⟩ Lippisch

[37] Bereis war bis zu seiner Übersiedlung nach Dresden auch in der ÖMG tätig, von 1954/55 bis 1956/57 als Vereinskassier.

[38] Karl Maruhn 1952–54 und Maria-Viktoria Hasse 1954–57. Die Besetzung des zugehörigen Lehrstuhls mit einer auch für die Belange der Techniker offenen Persönlichkeit stieß offenbar auf Schwierigkeiten, Bereis kam dafür gerade recht.

[39] Die Sammlung umfasst heute ca 400 Modelle und kann auf (https://mathematical-models.org/models/, Zugriff 2023-02-20) online besichtigt werden. Andere umfangreiche (und ebenso liebevoll betreute) Mo-

seiner Wiener Zeit, arbeitete Bereis mit der Zeitschrift *Die Pyramide*[40] zusammen. 1964/65 hielt er wissenschaftliche Vorträge im DDR-Fernsehen.

Bald nach seiner Emeritierung 1966 verstarb Bereis; sein Institut wurde noch zwei Jahre kommissarisch weitergeführt, 1968 im Zuge einer Universitätsreform in der DDR aufgelöst. In der Nachfolge seines Instituts lebte die Geometrie nur in Form einer „Arbeitsgruppe Computergeometrie" innerhalb des Bereichs „Mathematische Kybernetik und Rechentechnik" weiter. Erst zwei Jahre nach dem „Fall der Mauer" wurde in Dresden wieder ein Institut für Geometrie eingerichtet.

Die Bedeutung von Bereis für die Geometrie in Dresden liegt in dem von ihm vermittelten Transfer der geometrischen Tradition der TH Wien nach Dresden und der Etablierung der Geometrie als angewandtes Fach für Techniker. Seine Geometrie-Lehrveranstaltungen haben auch bei Physikern nachhaltige Eindrücke hinterlassen.[41]

Bereis wurde von seinem Sohn als nicht gerade umgänglicher Mitmensch erlebt, er schildert ihn als streng und autoritär, seine Erziehungsmaßnahmen seien negativ wirksam gewesen. Die vorherrschende „schwarze Pädagogik" der Kaiserzeit und der zwei faschistischen Diktaturen wurde nach Kriegsende noch lange nicht aufgegeben.

Der Nachlass von Rudolf Bereis befindet sich im Universitätsarchiv der TU Dresden.

Ehrungen: 2003 Ehrung auf dem wissenschaftlichen „Symposium Konstruktive und Kinematische Geometrie", Dresden.

MGP nennt 2 Dissertanten, E. Schröder (1962) und H.G. Busse (1964), beide in Dresden

Ausgewählte Publikationen. *Diss.*: (1928) *Neue Verwendungsmöglichkeiten von Inversor und Polarograph (Emil Müller)*.

1. Mechanismen zur Verwirklichung der Joukowsky[Žukovskij]-Abbildung, Archiv der Mathematik, **2** (1949/1950), 126–134. [aus den Arbeiten für die Luftfahrforschung Wien/Heidelberg entstanden]
2. Aufbau einer Theorie der ebenen Bewegung mit Verwendung Komplexer Zahlen, Österreichisches Ingenieur-Archiv **5** (1951), 246–266.
3. Über die Geraden-Hüllbahnen bei der Bewegung eines starren ebenen Systems, Österreichisches Ingenieur-Archiv **9** (1955), 45–55.
4. (mit Brauner H), Über koaxiale euklidische Schraubungen. Monatsh. Math. **61** (1957), 225-245.
5. Darstellende Geometrie I, 1964 Mathematische Lehrbücher und Monographien. I. Abt. 11. Berlin 1964.(die weiteren Bände II und III blieben ungeschrieben.)
6. Über die dimetrische normalaxonometrische Abbildung 1:1 / 2:1. Mathematik und Rechentechnik im Bauwesen, Dresden 1965; (nicht im Zbl)
7. Über die Bahnaffinnormalen bei der Bewegung eines starren ebenen Systems bei Kollokaler Lage der ersten drei Pole, Monatsh. Math. **71** (1967), 289–299.

Zbl nennt 24 math Publikationen (darunter 1 Buch), alle zwischen 1950 und 1967 erschienen. Heinrich Brauner gibt in seinem Nachruf 35 wissenschaftliche Publikationen von Bereis an.

---

dellsammlungen befinden sich zB in Tübingen, Stuttgart und Darmstadt, kleinere an fast allen älteren Universitäten und Hochschulen.

[40] Eine naturwissenschaftliche „Zeitschrift für Schule und Wissen", erschienen 1951-01 bis 1963-11 in Innsbruck-München-Düsseldorf. Dem wissenschaftlichen und pädagogischen Beirat dieser Zeitschrift gehörten als Ehrenpräsident Richard Meister (Universität Wien) und als Vorstand A. March (Universität Innsbruck) an.

[41] Vgl zB das Vorwort zum Lehrbuch Liebscher D-E (1999), Einsteins Relativitätstheorie und die Geometrien der Ebene: Illustrationen zum Wechselspiel von Geometrie und Physik. Teubner, Stuttgart-Leipzig. (p 6)

Quellen. TUWA PA Bereis, PA Krames; Pommerin, R., Hänseroth, T., und D. Petschel, 175 Jahre TU Dresden: Die Professoren der TU Dresden, 1828-2003. Dresden, p 75f; Nachruf v. Brauner in IMN **84** (1966.1), 70f.

Lit.: Geise, G (2003), Über das Wirken von Professor Bereis. In: Weiß, G. (ed.), DSG CK 2003. Dresden Symposium Geometrie: Konstruktiv und kinematisch. Zum Gedenken an Rudolf Bereis (1903–1966), Dresden, Germany, February 27–March 1, 2003. Proceedings. Dresden: Technische Universität Dresden 2003; Schröder E (1967), Wiss. Z. Tech. Univ. Dresden 16, 1–2 (1967).

Alfred Berger

*1882-02-16 Brünn;   †1942-03-10 Wien (kath.)

Sohn des Buchhändlers und Handelskammerrats August Berger, Brünn, und dessen Ehefrau Anna.

Berger1 ∞ Nora, verwitw. Forster (*1882), Tochter von Fritz Voigtel, Bielefeld, und dessen Frau Marie, geb. von Schleicher. Zwei Kinder: Dr Gerhard (*1910 Wien; †1987-01-18 Wien) und Hildburg (*1918-02-14; †2014) ∞ 1940 Dr Albert Massiczek (*1916-04-15 Bozen; †2001-05-21 Wien)

Zeichnung: W.R. nach einem Photo in Einhorn [67]

NS-Zeit. Bergers Frau Nora war eine Nichte des von den Nazis ermordeten deutschen Generals Schleicher. Nach 1945 machte sie Repressalien des NS-Regimes nach dem Tode ihres Mannes geltend, die sie auf ihre Verwandschaft mit General Schleicher zurückführte. Berger war Nachfolger Taubers in der Versicherungsmathematik. Der Ehemann der Tochter Hildburg, Dr Albert Massiczek, war SS-Mann, nach eigenen Aussagen ab 1938 zum NS-Gegner geworden; er trat nach Kriegsende häufig, aber nicht unumstritten, als Zeitzeuge in der Öffentlichkeit. Massiczek spielte eine Rolle bei den Erlebnissen Leopold ⟩ Schmetterers im Widerstand.

Berger maturierte am ersten deutschen k.k. Gymnasium in Brünn; danach studierte er Mathematik und Physik, 1901–1902 an der TH München und 1902–1906 an der Universität Wien. 1906-03-16 promovierte er bei Wilhelm ⟩ Wirtinger zum Dr phil , setzte danach seine Studien in Göttingen fort und begann seine akademische Karriere als Assistent an der 1. Lehrkanzel der Brünner DTH in Vertretung von Ernst ⟩ Fischer, der zu dieser Zeit einen Auslandsaufenthalt in Deutschland verbrachte.[42] 1908 kehrte er nach Wien zurück und schloss im gleichen Jahr das Studium der Versicherungsmathematik ab. 1928 habilitierte er sich an der Universität als Privatdozent für Mathematik der Privatversicherung und für mathematische Statistik, 1933 wurde ihm der Titel eines tit. ao Professors verliehen. Er hatte aber bis zum „Anschluss" nie eine akademische Anstellung an der Universität.

Hauptberuflich arbeitete Berger ab 1909 bei der Lebensversicherungsgesellschaft *Phönix* in Wien, der damals größten Lebensversicherung in Mitteleuropa. 1910-05-31 erhielt er die

---

[42] Fischer wurde 1911 zum o Professor nach Erlangen berufen.

„Autorisierung als beeideter Versicherungstechniker" vom Statthalter Niederösterreichs. Er machte schnell Karriere: 1911-07 stieg er zum Leiter des mathematischen Büros der *Phönix* auf, 1919 zum stellvertretenden Direktor, und 1927 zum statuarischen Direktor. Nach dem verheerenden *Phönix*-Skandal von 1936, in den hohe Beamte und auch Mitglieder der Regierung, bis hinauf zum Bundeskanzler,[43] verwickelt waren, wurde Berger von der *Österreichischen Versicherungs A. G.*, der Auffangorganisation nach dem Konkurs der *Phönix*, als Chefmathematiker übernommen und hatte dort weiterhin die Leitung der Mathematischen Abteilung inne. Im Sommer 1938 wurde im Prozess wegen der betrügerischen Krida[44] der *Phönix* gegen Berger Anklage erhoben. Aufgrund der Anklage wurde er 1938 auch vom Dienst an der Universität suspendiert, konnte aber seine Vorlesungen als außerplanmäßiger Professor im Wintersemester 1939, nach Einstellung des Verfahrens, wieder aufnehmen. In seinem Brotberuf, der Versicherungswirtschaft, trat er in den Ruhestand.[45]

Nach dem „Anschluss" wurde Bergers Venia in eine solche „neuen Typs" umgewandelt, die ao Professur in eine apl Professur. Er konnte seine Position an der Universität jedenfalls halten, die apl Professur bedeutete vielleicht sogar eine leichte Besserstellung. Er war damit aber nicht Beamter und daher nicht pensionsberechtigt. 1942 verstarb Berger, seiner Witwe Nora wurde ihr Ansuchen auf Witwenpension abschlägig beschieden; allenfalls hätte sie eine Unterstützung beantragen können; das wurde aber abgelehnt, da „keine Mittellosigkeit vorliege". Tatsächlich hatte sie nach eigenen Angaben ein Einkommen von monatlich RM 590.- gehabt (Gentzen erhielt 1944 abzüglich der Lohnsteuer RM 395,12 als Diätendozent.) In einem Brief, adressiert an das „Wiedergutmachungsbüro der ÖVP", gab Frau Berger als vermuteten eigentlichen Grund für diese Ablehnung ihre Verwandschaft mit General Schleicher, dem letzten Reichskanzler der Weimarer Republik, an, der bekanntlich 1934-06-30 von einem NS-Kommando ermordet wurde. Als weitere Repressalien nannte sie unter anderem eine Hausdurchsuchug 1938-03, ständige Überwachung durch die Gestapo, Entzug der Reisepässe.

Als Versicherungsmathematiker versuchte Alfred Berger die Versicherungswissenschaft auf einheitliche theoretische Grundlagen zu stellen, mit dem praktischen Gesichtspunkt der totalen Gewinn- und Verlustrechnung als alleinigem Maßstab für die Betriebsführung. In der damaligen Fachwelt galt Berger als nach Tauber bedeutendster Theoretiker der Versicherungsmathematik in Österreich. Auf ihn geht der von ihm so genannte „Verschiebungssatz" zurück, nach welchem das Quadrat der mittleren Prämienreserve gleich der Summe der Quadrate der durchschnittlichen Prämienreserve und des mittleren Risikos ist.

---

[43] Die Rede war von öS 28.000.- als Zuwendung/billiges Darlehen an Frau Schuschnigg. Der frühere Parteiobmann der CSP, Minister und Kurzzeit-Bundeskanzler Carl Vaugoin (*1873-07-08 Wien; †1949-06-10 Krems ad Donau) war Präsident des Verwaltungsrats der *Phönix*.

[44] Nach § 156 StGB des österreichischen Strafrechts besteht der Tatbestand der *betrügerischen Krida* in der Vereitelung oder Schmälerung der Befriedigung von Gläubiger-Ansprüchen durch die Verheimlichung oder Verringerung des Vermögens des Schuldners. In Deutschland fällt dieser Tatbestand unter § 283 *Bankrott* des Strafgesetzbuchs; der umgangssprachliche Begriff „Bankrott" bezeichnet dagegen die bloße Zahlungsunfähigkeit (Insolvenz), auch ohne betrügerische Absicht.

[45] Zu Aufstieg und Fall der *Phönix* vgl. Lembke, H., *Phönix, Wiener und Berliner. Aufstieg und Sturz eines europäischen Versicherungskonzerns*, Wiesbaden 2016. Für die Rolle österreichischer Mathematiker bei der *Phönix* verweisen wir auf K. Sigmund [315].

Das ist nichts anderes als die Übersetzung des Verschiebungssatzes für Varianzen in die Terminologie der Versicherungsmathematik. In seinen „Prinzipien der Lebensversicherungstechnik" (2 Teile, 1923/25), fasste er die Ergebnisse der seit 1900 erschienenen in- und ausländischen Literatur zusammen.

Ausgewählte Publikationen. *Diss.*: (1906) *Über die zur dritten Stufe gehörigen hypergeometrischen Integrale am elliptischen Gebilde (Wirtinger).*

Zbl/JFM nennen 6 Bücher, von denen eines eine Fehlzuschreibung ist (A. Berger kann sich sowohl auf Alfred Berger als auch Alphonse Berger beziehen). Bei den anderen genannten Publikationen treten ebenfalls Fehlzuschreibungen auf. Das von Berger anlässlich seiner Habilitation eingereichte Schriftenverzeichnis ist erheblich länger, es umfasst auch in Fachzeitschriften zum Versicherungswesen veröffentlichte Schriften, insgesamt 47 Nummern. Die folgenden Publikationen Bergers sind bis heute noch von Interesse.

1. Prinzipien der Lebensversicherungstechnik (2 Teile, 1923/25)
2. Grundbegriffe und Methode d. Versicherungsmathematik, Wien 1938 (ohne Formeln);
3. Die Mathematik der Lebensversicherung, Wien 1939 (vollst. Darst.) Neuauflage 2017 als "Book on Demand".

Quellen. Šišma [322, 324, 325]; Einhorn [67, p 345–355]; Milkutat [222, Bd 2 (1955), p. 82], (https://www.deutsche-biographie.de/pnd137163088.html#ndbcontent, Zugriff 2023-02-20); Neues Wr Tagbl. 1942-03-15 p8

Lit.: Zwinggi, E., Alfred Berger †. Mitt. Vereinig. Schweiz. Versicherungsmath. 43, 53-54 (1943).

Ludwig Berwald

*1883-12-08, Prag;   †1942-04-20 (Shoah), Ghetto Łódź, Polen (mos., später r.k.)

Sohn des Buchhändlers Max Berwald aus Lyck, Ostpreußen, und dessen Frau Friedericke, geb Fischel, aus Prag [3 Kinder];

Bruder von Emilie, geb Berwald, (*1886-01-01, ?) ∞ 1905-02-05 Walter Neumann (*1873-11-06), ebenfalls Buchhändler; und Dr Emil Berwald

Berwald ∞ 1915-09-12 Hedwig, geb. Adler (*1875-09-12 Prag; †1942-03-27 Ghetto Łódź); keine Kinder

Zeichnung: P. M. nach Ausweisfoto, erhalten geblieben im Archiv von Yad Vashem

NS-Zeit. Ludwig Berwald wurde gemeinsam mit seiner Frau im KZ Łódź durch Hunger und Krankheit zu Tode gemartert, Transport C, No . 816 (1941-10-26)/817 von Prag nach Łódź.

Ludwig Berwalds Vater Max Berwald war der Besitzer der renommierten Andréschen Buchhandlung, in deren Verlag der bekannte *Andrésche Atlas* herauskam, der Ehemann von Ludwigs Schwester Emilie war ebenfalls Buchhändler in Prag, Inhaber der Firma M. u. M. Wltzek, Buch-, Kunst- und Musikalienhandlung.

1893 begann Ludwig Berwald seine Mittelschulzeit im k.k. Gymnasium am Graben in der Prager Kleinseite. 1899 verkaufte Vater Max seine Buchhandlung in Prag und zog mit seiner Familie nach München, wo der junge Ludwig ins Luitpold Gymnasium eintrat und 1902 sein Abitur machte. Nach dem Abitur studierte er Mathematik und Physik an der Universität München, hörte namentlich Vorlesungen bei Lindemann, Pringsheim und Röntgen, und promovierte 1908-12 bei Aurel Voss.[46]

Nach Abschluss seines Studiums ging Berwald an die TH München als Assistent für Heinrich Burkhardt,[47] der dort gerade ein Ordinariat angetreten hatte. Wegen eines schweren Lungenleidens musste Berwald aber die nächsten drei Jahre hauptsächlich in einem Sanatorium verbringen. Er hielt sich mit Nachhilfestunden finanziell über Wasser, brachte aber nicht die für eine Habilitation nötige Zeit und Energie auf.

Während häufiger Aufenthalte in Prag lernte Ludwig Berwald Gerhard Kowalewski[48] und Georg › Pick kennen, die ihn als Lektor an die Deutsche Universität in Prag vermittelten. 1919-07-12 wurde er zum Privatdozenten, 1922-03-24 zum ao Professor ernannt, 1924 zum o Professor. Nach Picks Emeritierung 1929 wurde er Leiter des mathematischen Instituts. 1941-10-22 wurden Hedwig und Ludwig Berwald in das Ghetto von Łódź (Polen) deportiert, wo beide starben. Hedwig Berwald starb am 27. März 1942, als Todesursache wurde Arterienverschluß angegeben; Ludwig Berwald starb am 20. April, laut Totenschein an Darmkatarrh und Herzversagen.

In seiner Forschung befasste sich Berwald hauptsächlich mit Differentialgeometrie, besonders mit Finsler Räumen und Cartan Geometrien. Seine Arbeiten werden bis in die jüngste Gegenwart zitiert.

---

[46] Aurel Edmund Voss (*1845-12-07 Altona; †1931-04-18 München) folgte 1903 einem Ruf an die Universität München, wo er 1923 emeritierte. Voss beschäftigte sich wie später Berwald mit der Differentialgeometrie von Flächen. 1886 Mitglied der Bayerischen AW, 1887 der Leopoldina, 1901 der Göttinger AW; 1898 war er Präsident der DMV.

[47] Heinrich Burkhardt *1861-10-15 Schweinfurt; †1914-11-02 Neuwittelsbach bei München

[48] Gerhard Hermann Waldemar Kowalewski (*1876-03-27 Pommern; †1950-02-21 Gräfelfing) war einer der wenigen Schüler von Sophus Lie (Dissertation 1898, Leipzig). Die heute übliche Schreibweise für Matrizen geht auf sein Buch über Determinanten von 1909 zurück, in seiner Übersetzung der *Geometria intrinseca* von Cesàro führte er erstmals die Bezeichnungen natürliche Geometrie und natürliche Gleichung ein. Kowalewski übersetzte auch eine Reihe mathematischer Klassiker aus dem Lateinischen und verfasste Lehrbücher und allgemeinverständliche Darstellungen/Bücher zur Unterhaltungsmathematik. 1909 wurde er an die Deutsche TH Prag berufen, 1912 an die Deutsche Universität Prag, 1920 an die TH Dresden. Seit 1933-03-01 Pg, 1935 Rektor in Dresden, geriet er wegen eigenmächtigen Vorgehens bald in Konflikt mit dem sächsischen Reichsstatthalter und Gauleiter Martin Mutschmann (*1879-03-09 Hirschberg; †1947-02-14 Moskau), der ihn deswegen heftig im REM anschwärzte und ihn 1936/37 in den Verdacht der Beteiligung an einer Unterschlagung in der Quästur der Uni Dresden stellte. Vor Gericht wurde Kowalewski aber freigesprochen. Das REM stand hinter Kowalewski, der sich in Dresden beurlauben ließ und schließlich 1939 auf eine ord. Professur an der DTH Prag, seinem früheren Wirkungskreis, versetzt wurde. 1945 flüchtete er nach Ausbruch des Prager Aufstands nach München, wo er 1946-09 als Flüchtling ankam. Er hatte aber bis zu seinem Tod 1950 Lehraufträge an der Universität München (für höhere komplexe Zahlen und Kinematik an der TH München; vgl. Forschg. u. Fortschr. 26/9, 10) und an der Philosophisch-Theologischen Hochschule Regensburg (seit 1968 Theologische Fakultät der Universität Regensburg), aber keine feste akademische Position. Nach Renate Tobies [363] war Kowalewski vor 1945 der wichtigste Förderer von Frauen in der Mathematik Deutschlands. 8 der 18 bei MGP verzeichneten von Kowalewski betreuten Dissertationen wurden von Frauen verfasst. Für die Ära Kowalewski in Dresden verweisen wir auf [372], für sein Wirken in Prag auf [24].

Berwald wird von Zeitgenossen als sich stets gemessen und sorgfältig äußernder Mathematiker, zugleich aber auch als musischer Mensch geschildert. Er war ein großer Liebhaber der Musik, ein sehr guter Pianist und in der musikalischen Literatur sehr bewandert. In Prag musizierte er oft zusammen mit Georg ˃ Pick, der dabei die Violine spielte. Zeitlebens war er von wenig robuster Gesundheit, besonders anfällig für Erkältungen.

Zu seinen Dissertanten zählten Walter ˃ Fröhlich (1926) sowie Alfred ˃ Rössler (nicht in MGP) und Ottó ˃ Varga (1933).

Ehrungen: 1928 ICM-Vortrag in Bologna

Ausgewählte Publikationen. *Diss.*: (1908) *Krümmungseigenschaften der Brennflächen eines geradlinigen Strahlensystems und der in ihm enthaltenen Regelflächen (Aurel Edmund Voß).*

1. Differentialinvarianten in der Geometrie. Riemannsche Mannigfaltigkeiten und ihre Verallgemeinerungen. (Encyklopädie der mathematischen Wissenschaften mit Einschluß ihrer Anwendungen, III D 11) Leipzig 1927.
2. Untersuchung der Krümmung allgemeiner metrischer Räume auf Grund des in ihnen herrschenden Parallelismus, Math. Z. **25** (1926), 40–73.
3. Über die n-dimensionalen Geometrien Konstanter Krümmung, in denen die Geraden die kürzesten sind, Math. Z. **30** (1929), 449–469.
4. Über die Beziehungen zwischen den Theorien der Parallelübertragung in Finslerschen Räumen, Nederl. Akad. Wet., Proc. **49** (1946), 642-647; Indag. Math. **8** (1946), 401-406.
5. Über Finslersche und Cartansche Geometrie IV. Projektivkrümmung allgemeiner affiner Raume und Finslersche Raume skalarer Krümmung, Ann. of Math. (2) **48** (1947), 755-781.
6. Verallgemeinerung eines Mittelwertsatzes von J. Favard für positive Konkave Funktionen. Acta Math., Uppsala **79** (1947), 17–37.
7. Obere Schranken für das isoperimetrische Defizit bei Eilinien und die entsprechenden Größen bei Eiflächen.[49] Monatsh. Math. **53** (1949), 202–210.

Zbl/JFM nennen bereinigt 53 math Arbeiten, im Nachruf von ˃ Pinl werden 54 genannt (1 Buch). Sechs Arbeiten erschienen postum in den Jahren 1947–49, durch Vermittlung von ˃ Löwig (5) und ˃ Funk (1).

Quellen. Pinl, [242]; Pinl, Scripta math. 27 (1964), 193–203; Holocaust victims' list; Terezinska Pametni Kniha [Theresienstädter Gedenkbuch], Terezinska Iniciativa, vol. I-II Melantrich, Praha 1995, vol. III Academia Verlag, Prag 2000; Fritsch [99]; Naegle, A., Die Deutsche Universität in Prag nach dem Umsturz vom 28. Oktober 1918. Prag 1922

Lit.: Pinl, s.o.

---

[49] L. Berwald wurde am 20. Oktober 1941 von Prag nach Łódź deportiert. Er starb dort am 20. April 1942. Unmittelbar vor der Deportation übergab er mir beim Abschied diese Arbeit. - P. Funk.

Ludwig Bieberbach

(Ludwig Georg Elias Moses)

*1886 Goddelau bei Darmstadt; †1982 Oberaudorf in Oberbayern

Sohn von Eberhard Bieberbach (*1848-01-25; †1943-12-28 Heppenheim), Direktor der herzoglichen Irren-Heilanstalt zu Heppenheim/Bergstraße, und dessen Ehefrau Karoline („Lina") Auguste Margarete (*1859-12-02 Goddelau b. Darmstadt; †1956-02-15 Heppenheim/Darmstadt), geb. Ludwig; Bruder von Hermann Marc Bieberbach (*1888-04-27 Hofheim, Darmstadt, Hesse; †1945 Heppenheim, Darmstadt)

Zeichnung: W.R. nach einem Foto bei Mac Tutor, [228] Eintrag Bieberbach.

Bieberbach ∞ 1914 Johanna Friederike (*1882-07; †1955-04-16 Bad Aibling), geb Stoemer; 4 Söhne: Ruprecht Heinz Rudolf (*1912; †1944 Rumänien); Georg Ludwig Theodor Joachim E (*1916-12-08; †2007-10-12); Ulrich Manfred Wilhelm (*1918; †2011), Kaufmann; +1 weiterer.

NS-Zeit. Seit 1933 Mitglied der SA, seit 1937-05-01 der NSDAP.[50] Als Dekan und Vizerektor der Universität Berlin war er aktiv an der Verfolgung jüdischer Wissenschaftler beteiligt. Sehr bekannt ist sein zustimmender Kommentar zu gewaltsamen studentischen Störaktionen gegen den Göttinger Zahlentheoretiker Edmund Landau, die er als Musterbeispiel für die Inkompatibilität von Lehrern und Schülern verschiedener Rassen bezeichnete. (s. u.) Bieberbach war einer der ganz wenigen Mathematiker, über die nach dem Krieg ein lebenslanges Lehrverbot verhängt wurde. Bieberbach war Autor, aber nicht Mitglied der Heidelberger Akademie der Wissenschaften.

Bieberbach gehört nur am Rande zu den in diesem Buch betrachteten Mathematikern, seine Kurzbiographie findet sich hier hauptsächlich zur besseren Übersichtlichkeit, wegen seines Zusammenwirkens mit Theodor ˃Vahlen und seine negative Vorbildwirkung.[51] Als direkten Bezug zu Österreich kann man sein Interesse für Angewandte Mathematik auffassen, ein Interesse, das er mit dem Österreicher Richard v. ˃Mises teilte. Mises baute während seiner Zeit in Berlin ein in Deutschland führendes Forschungszentrum für Angewandte Mathematik auf und bis zum ominösen Jahr 1933 pflegte Bieberbach mit von Mises einen engen persönlichen und wissenschaftlichen Austausch.[52] Ein allgemeinerer Berührungspunkt ist das ideologische Projekt der „Deutschen Mathematik" und der gleichnamigen Zeitschrift, gemeinsam mit dem aus Wien gebürtigen Theodor ˃Vahlen.

Bieberbach studierte in Heidelberg und bei Felix Klein in Göttingen, bei dem er 1910 promovierte. Im gleichen Jahr erwarb er 1910-07-05 in Zürich seine Venia legendi, die er

---

[50] Mitgliedsnr. 3 934 006.

[51] Die Deutsche Biographie verlegt Bieberbachs Geburtsort nach Heppenheim, etwa 36km weiter südlich, wo Bieberbachs Vater an der Irrenanstalt wirkte.

[52] Siegmund-Schultze R (2003)) Ludwig Georg Elias Moses Bieberbach, Lexikon der bedeutenden Naturwissenschaftler, **1** (2003), 173–174, Spektrum Akademischer Verlag, Heidelberg–Berlin. Für eine ältere Darstellung zu diesem Thema vgl. Biermann [28] (1988), p 192–200.

aber bald danach, noch 1910, an die Universität Königsberg verlegte. Außerdem übernahm er im WS 1910/11 einen Lehraufrag über angewandte Mathematik. 1913 wurde er als o Professor nach Basel berufen,[53] ging 1915 als Ordinarius nach Frankfurt a.M. und war schließlich von 1921 bis 1945 o Prof an der Universität Berlin.[54] Im WS 1935/36 war er Dekan der Philosophischen, im SS 1936 der neu eingerichteten Math.-Naturw. Fakultät.

Als Dekan (1936) und Vizerektor der Universität Berlin beteiligte sich Bieberbach aktiv an der systematischen Verfolgung jüdischer Mathematiker, oder zumindestens an der Behinderung ihrer Karriere. Unter diesen waren Hilda ˃ Geiringer, Edmund Landau[55] und Issai Schur[56] die Prominentesten. In Personalfragen führte er in seiner Amtszeit als Dekan und Vizerektor ein streng NS-politisch ausgerichtetes Regiment. An seiner Fakultät blockierte Bieberbach prinzipiell alle anstehenden Habilitationen „nicht-arischer" Wissenschaftler und verhinderte nach Kräften die Promotion jüdischer Studierender.[57]

Zu Angriffen von Studenten unter der Führung von Teichmüller gegen Edmund Landau äußerte er sich so:[58]

> *Vor einigen Monaten haben Differenzen mit der Studentenschaft dem Lehrbetrieb des Herrn Landau ein Ende bereitet . . . Man hat darin . . . ein Musterbeispiel dafür zu sehen, daß Vertreter allzu verschiedener menschlicher Rassen nicht als Lehrer und Schüler zusammenpassen. . . . Der Instinkt der Göttinger Studenten fühlte in Landau einen Typus undeutscher Art, die Dinge anzupacken.*

Vor der Etablierung des NS-Regimes war das noch anders. Zum Beispiel übersetzte Bieberbach 1927 ein von dem jüdischen Mathematiker Federigo Enriques verfasstes Werk ins

---

[53] Bieberbach wurde vor 1914 als untauglich ausgemustert und leistete daher keinen Miltärdienst.

[54] Für die Entwicklung der Berliner Universität im 20. Jahrhundert vgl Jarausch et al [156].

[55] Edmund Georg Hermann Landau (*1877-02-14 Berlin; †1938-02-19 Berlin) gehört zu den bedeutensten Theoretikern der analytischen Zahlentheorie. Er promovierte 1899 bei Ferdinand Georg Frobenius, habilitierte sich 1901 und ging 1909 als o Professor nach Göttingen. Landaus Buch über Primzahlverteilung (1909) war lange Zeit das Standardwerk zu diesem Thema. In den allgemeinen mathematischen Symbolgebrauch sind die von ihm eingeführten Bezeichnungen $o(x)$, $O(x)$ und $\Omega(x)$ eingegangen. Seine überaus knappe Darstellung mathematischer Ergebnisse, ohne motivierende Bemerkungen, der „Landau-Stil", ist heute noch Vorbild vieler Mathematiker.

[56] Issai Schur (*1875-01-10 Mogilev, Weißrussland; †1941-01-10 Tel Aviv, Palästina) ist vor allem für seine Arbeiten zur Darstellungstheorie (zB das Schursche Lemma) bekannt. Er promovierte 1901 bei Frobenius und Lazarus Fuchs (*1833-05-05 Moschin (Posen), †1902-04-26 Berlin), habilitierte sich 1903, ging danach auf eine ao Professur in Bonn, 1916 auf eine solche in Berlin, die 1919 in ein Ordinariat ad personam umgewandelt wurde, 1921 übernahm er den Lehrstuhl von Friedrich Schottky (*1851-07-24 Breslau; †1935-07-24 Berlin). Nach der Machtüberlassung von 1933 wurde Schurs akademisches Wirken immer mehr eingeschränkt, er selber schließlich 1935-09-30 entlassen. 1939 konnte er unter großen Kosten aus Deutschland ausreisen.

[57] Für den Fall des Physikers Alexander Lindley-Deubner vgl etwa [156, p 134f]. 1937 verhinderte er die Promotion von Gabriele Neuhäuser, indem er sie bei der Gestapo als Jüdin denunzierte (Tenorth et al. [354], p382f).

[58] Bieberbach, L., *Persönlichkeitsstruktur und mathematisches Schaffen*, Unterrichtsblätter für Mathematik und Naturwissenschaften, **40** (1934), 236–243. Das Zitat ist in fast allen biographischen Arbeiten zu Bieberbach angeführt. Auch hier bei uns.

Deutsche.[59] Mit Issai Schur hatte er noch 1928 ein Buch geschrieben. Seine negative Einschätzung von Landau als Lehrer „arischer Studenten" hinderte Bieberbach nicht, dessen Beiträge zur Mathematik anzuerkennen und in seine eigene Lehre aufzunehmen. In seinem Buch über geometrische Konstruktionen, das auf Vorlesungen der vergangenen 40 Jahre basierte, zitiert er korrekt und ohne die geringste Polemik Landaus Beweis von 1897 für die Unmöglichkeit der Dreiteilung des Winkels und der Verdopplung des Würfels mit Zirkel und Lineal.[60]

In den ersten Jahren der NS-Herrschaft versuchte Bieberbach, die Deutsche Mathematiker-Vereinigung (DMV) zu dominieren. Er arbeitete als Schriftführer mit > Tornier[61] und > Vahlen daran, aus der DMV so etwas wie einen *NS-Mathematikerbund* zu machen, den er hierarchisch nach dem Führerprinzip organisieren wollte. Auf der Mitgliederversammlung in Bad Pyrmont 1935 wurden diese Ambitionen aber definitiv abgeblockt.[62] Der Einfluss der Partei war auch so schlimm genug.

Auf der ideologischen Ebene versuchte Bieberbach gemeinsam mit Theodor > Vahlen nach dem Vorbild der „Deutschen Physik" eine „Deutsche Mathematik" zu propagieren. Eine neu gegründete Zeitschrift, „Deutsche Mathematik", sollte neben rein mathematischen Beiträgen eine Diskussionsplattform für diese Ideologie bieten. (Vgl. dazu den Abschnitt 1.3.2.) Der Anlauf zur Schaffung einer solchen Ideologie blieb aber so wie die angestrebte Verankerung des Führerprinzips in der DMV stecken.

1945 wurde Bieberbach interniert und aus allen akademischen Positionen entlassen. 1949 lud ihn dennoch Alexander Ostrowski[63] zu einem Gastsemester an der Universität Basel ein. Die daraufhin einsetzenden Proteste wies Ostrowski, selber Jude und ehemals hervorragendes Mitglied der jüdischen Gemeinde in Köln, ungerührt zurück— es käme bei der Beurteilung eines Wissenschaftlers nur auf wissenschaftliche Verdienste an, unabhängig von politischen oder menschlichen Fehlern. Wir werden dieser Problematik noch öfter begegnen, zB bei > Blaschke (s.u.), Teichmüller, Gentzen.

---

[59] Enriques, "Per la storia della logica. I principii e l'ordine della scienza nel concetto dei pensatori matematici" (Bologna, Zanichelli, 1922), diese Übersetzung erschien 1937 in zweiter Auflage.

[60] Das Buch erschien erst 1952; die dafür verwendeten Vorlesungen wurden an den Universitäten Königsberg, Basel, Frankfurt/M und Berlin gehalten. (Nach der Rezension von Gy.Sz. Nagy in Zbl Zbl 0046.37806.)

[61] (Wilmar Hermann) Erhard Tornier (*1894-12-05 Obernigk Schlesien; †1982) Prof 1936-10-01, 1939-02-02 Ruhestand. Vgl Hochkirchen T, NTM (N.S.) 6 (1998), 22–41.

[62] Diese Auseinandersetzung ist im Abschnitt 1.3 etwas genauer (und noch genauer in [82]) geschildert.

[63] Aleksandr Markovič Ostrovskij (*1893-09-23 Kiew; †1986-11-20 Nontagnola, CH), Sohn eines jüdischen Kaufmanns, verfasste bereits mit 15 Jahren mathematische Arbeiten. Nach seiner Kriegsgefangenenschaft in Deutschland studierte er bei Hilbert und Landau in Göttingen, promovierte 1920. Danach war er bei Erich Hecke in Hamburg und habilitierte sich dort 1922. 1923–1927 Privatdozent in Göttingen, 1925/26 Rockefeller-Stipendiat in GB. 1927–1958 o Professor in Basel. Nach seiner Emeritierung Gastprofessuren in den USA.

In der von Bieberbachs Schüler Grunsky[64] verfassten Biographie[65] wird vorgebracht, Bieberbach habe sein Verhalten gegenüber dem NS-Regime sehr wohl, und das zutiefst, bereut. Mit dieser Reue ist er allerdings nicht an die Öffentlichkeit gegangen. Auch Grunsky stellt die Beteiligung Bieberbachs an der NS-Verfolgung vieler seiner Mathematikerkollegen nicht in Abrede. Er habe diese zwar geschädigt, „daraus aber für sich selbst keinen Nutzen gezogen" (!).

In seiner wissenschaftlichen Tätigkeit betreffen die wichtigsten Arbeiten Bieberbachs die Funktionentheorie und deren Anwendungen. 1916 stellte er die nach ihm benannte „Bieberbachsche Vermutung" auf, dass für die Koeffizienten jeder schlichten, dh. holomorphen und eineindeutigen Funktion $f(z) = z + \sum_{n=2}^{\infty} a_n z^n$ auf der offenen Einheitskreisscheibe in der komplexen Zahlenebene die Ungleichungen $|a_n| \leq n$ gelten. Bieberbach bewies den Fall $n = 2$, ›Loewner 1923 den Fall $n = 3$, Garabedian und Schiffer 1955 den Fall $n = 4$; Hayman bewies die Ungleichung 1955 für festes f und genügend große n, 1968 und 1969 folgten Pedersen und Ozawa für $n = 6$, 1972 Pedersen und Schiffer $n = 5$. Erst 1984 wurde die Vermutung vollständig von Louis de Branges de Bourcia, unter tatkräftiger Unterstützung russischer Mathematiker bewiesen. Bieberbachs Publikationen haben bis heute einen hohen Stellenwert in der geometrischen Funktionentheorie.

Von besonderem Interesse sind aber auch die Arbeiten zur Differentialgeometrie, so die drei Bieberbachschen Sätze, welche zeigen, dass es in jeder Dimension nur eine endliche Anzahl von Raumgruppen gibt, womit er das 18. der 23 Hilbert-Probleme löste. Von Bieberbach stammt auch eine Konstruktion zur Dreiteilung von Winkeln mit Hilfe eines Rechtwinkelhakens (und Zirkel und Lineal).[66]

36 Dissertanten

Ehrungen: 1913 Mitglied der Physik.-Ökon.-Gesellschaft in Königsberg; 1924 Mitglied der Leopoldina, 1924–45 Mitgl. Preuss. AW, davon 1939–45 Sekr. d. Math.-Phys. Klasse; 1932 Plenarvortrag auf dem ICM; 1943-09 Kulturverdienstkreuz im Range eines Offiziers (König Michael, Rumänien)

Ausgewählte Publikationen. *Diss.*: (1910) *Theorie der automorphen Funktionen (Felix Klein).* Habil. (1910): Über die Bewegungsgruppen des n-dimensionalen euklidischen Raumes mit einem endlichen Fundamentalbereich.

1. (gem. mit Issai Schur) Über die Minkowskische Reduktionstheorie der positiven quadratischen Formen. SB der Preuß. AW **1928**, Physik.-math. Kl., 510-535
2. Einführung in die konforme Abbildung. G. J. Göschen, Berlin 1915. (2. Aufl. 1927, 5. Aufl. 1952, 6. Aufl. 1967)
3. Differential- und Integralrechnung. 1. Band: Differentialrechnung (1917), 2. Band: Integralrechnung (1918). B. G. Teubner, Leipzig. (Weitere Auflagen: 1922, 1928, 1942)
4. Lehrbuch der Funktionentheorie. I. Elemente der Funktionentheorie. (1921), II. Moderne Funktionentheorie. (1927) B. G. Teubner, Berlin und Leipzig. (2 weitere Auflagen: 1930, 1931)

---

[64] Helmut Grunsky (*1904-07-11 Aalen; †1986-06-05 Würzburg) war ab 1940-04-01 Pg. Ab 1930 Mitarbeiter beim *Jahrbuch über die Fortschritte der Mathematik*, 1935–39 Redakteur. Im Krieg in der Chiffrierabteilung des Auswärtigen Amts beschäftigt. Nach dem Krieg zunächst Gymnasiallehrer, 1949 habilitiert, 1954 ao Professor in Mainz, 1958 o Professor in Würzburg, 1964/65 war er dort Dekan der Naturwissenschaftlichen Fakultät. 1963/64 Gastprofessor an der Technischen Hochschule Ankara, 1973 und 1977/78 Research Consultant der Washington University in St. Louis und 1975 Gastprofessor der State University of New York in Albany. Grunsky emeritierte 1972.

[65] H. Grunsky, Jber DMV **88** (1986), 190–204.

[66] Allgemeiner: die Konstruktion der Lösung algebraischer Gleichungen dritten Grades.

5. Theorie der Differentialgleichungen. Vorlesungen aus dem Gesamtgebiet der gewöhnlichen und der partiellen Differentialgleichungen. Julius Springer, Berlin (1923). (2. Aufl 1926)
6. (mit Issai Schur), Über die Minkowskische Reduktiontheorie der positiven quadratischen Formen. 1928
7. Zur Lehre von den kubischen Konstruktionen. Journal für die reine und angewandte Mathematik **167** (1932), 143–146.
8. Bemerkungen zum dreizehnten Hilbertschen Problem. J. Reine Angew. Math. 165, 89-92 (1931).
9. Zusatz zu meiner Arbeit "Bemerkungen zum dreizehnten Hilbertschen Problem" in Band 165 dieses Journals. J. Reine Angew. Math. 170, 242 (1934).
10. Theorie der geometrischen Konstruktionen. Verlag Birkhäuser, Basel 1952.
11. Theorie der gewöhnlichen Differentialgleichungen, auf funktionentheoretischer Grundlage dargestellt. (Grundlehren der Mathematischen Wissenschaften, Band LXVI.) Springer, Berlin etc. 1953.
12. Einführung in die Theorie der Differentialgleichungen im reellen Gebiet. Springer, Berlin etc. 1956.

Bieberbach verfasste auch Übersetzungen, populärwissenschaftliche Schriften zur Geschichte der Mathematik und zur NS-Ideologie in bezug auf Mathematik:

13. Enriques, F., Zur Geschichte der Logik. Grundlagen und Aufbau der Wissenschaften im Urteil der mathematischen Denker. Deutsch von Ludwig Bieberbach. Leipzig1927. Übersetzung des Werkes "Per la storia della logica. I principii e l'ordine della scienza nel concetto dei pensatori matematici" Bologna 1922.
14. Zweihundertfünfzig Jahre Differentialrechnung. Z. Ges. Naturwiss. 1, 171-177 (1935).
15. Aufzählung der endlichen Drehgruppen des dreidimensionalen Euklidischen Raumes. Deutsche Math. **1** (1936), 145-148.
16. Galilei und die Inquisition. Arbeitsgem. f. Zeitgesch., München 1938.
17. Carl Friedrich Gauss. Ein deutsches Gelehrtenleben. (English) Zbl 0019.38804 Keil-Verl., Berlin 1938.

Ideologische Schriften:

18. Stilarten mathematischen Schaffens. Sber Preuß. AW Phys-Math. Kl. 1934 (1934) 351-360.
19. Persönlichkeitsstruktur und mathematisches Schaffen. Unterrichtsblätter für Mathematik und Naturwissenschaften, **40** (1934), 236–243.
20. Die völkische Verwurzelung der Wissenschaft. Typen mathematischen Schaffens. Sitzungsber. der AW Heidelberg **5** (1940), 31.

In der Biographie von Hans Grunsky (s. oben) werden 137 mathematische Publikationen genannt.

Quellen. Tilitzky [361] Bd 1, p501f; Schappacher N, Kneser M [288]; JBer. DMV **44** (1934) 1–2; Grunsky JBer. DMV **88** (1986) 190–205, Acta Math. **154** (1985), 137-152; Mehrtens [206].

Lit.: Teilnachlass in der Niedersächsischen Staats- und Universitätsbibliothek Göttingen.

Wilhelm Blaschke

(Johann Eugen)

*1885-09-13 Graz;   †1962-03-17 Hamburg (röm. kath getauft, 1913-07-08 ausgetreten, danach ev. AB)

Sohn von Josef Blaschke (*1852-10-22 Rohle, Mähren; †1917-01-16 Graz), Prof. für Darstell. Geometrie an der Landesoberrealschule in Graz, ab 1911 Regierungsrat, und dessen Frau Maria (*1864-11-02 Lviv, Ukraine; †1945), geb Edle von Mor zu Morberg und Sunnegg.

Zeichnung: W.R. nach Fotos von 1949

Neffe von Luise Knittelfelder, geb Mor zu Morberg, (*1864; †1948-02-14 Übelbach, Graz) und deren Ehemann Rudolf, Bergoberverwalter in Teschen

Blaschke ∞ 1913-07-30 [in der Pfarre St. Leonhard Graz] Claudine (Dina) Josefa Antonia Maria, geb. Zar (*1893-05-24 Lussin-Piccolo; ?), Tochter des k.k. Professors Nikolaus Jakob Zar, Ragusa (ab 1921 Dubrovnik), Kroatien (in Berlin geschieden);
Blaschke ∞ 1923-04-10 in zweiter Ehe Auguste Meta Anna, geb Röttger (*1893; †1992), aus Hamburg; 1 Tochter, Gudrun Blaschke, und 1 Sohn, Uls Blaschke

NS-Zeit. Einer der führenden Geometer der Zeit, aber jedenfalls ab 1933 deklarierter NS-Anhänger, ab 1936 Parteimitglied[67] und einflussreicher Wissenschaftspolitiker der NSDAP, dabei in Machtkämpfe mit ⸢Vahlen, ⸢Bieberbach, Suess ua verwickelt. Blaschke spielte auch eine wichtige Rolle für die (letztlich doch nicht realisierte) mathematische Achse Berlin–Rom. Gegen seine Enthebung nach Kriegsende durch die britische Militärregierung legte er erfolgreich Berufung ein.

Blaschke wuchs als Sohn des in Graz sehr bekannten und geschätzten Mittelschullehrers für Darstellende Geometrie Josef Blaschke auf, der ihn früh für die Geometrie, speziell die klassischen Ideen des Schweizer Geometers Jakob Steiner, zu interessieren vermochte. Als Kind erkrankte Wilhelm Blaschke an einer Kinderlähmung, die zur Lähmung seines linken Beins und zu lebenslanger Gehbehinderung führte, er war daher in beiden Weltkriegen vom Militärdienst befreit.

Blaschke maturierte 1903-07 mit Auszeichnung am Ersten Staatsgymnasium in Graz. Anschließend studierte er an der TH Graz Bauingenieurwesen, wechselte aber unter dem Einfluss seines dortigen Lehrers Oskar Peithner von Lichtenfels[68] bald an die Universität Wien, um Mathematik zu studieren; er promovierte dort 1908-03-26 bei Wilhelm

---

[67] Mitgliedsnummer 4.486.904 (lt. Bundesarchiv R 9361-VIII KARTEI/2731015)

[68] Oskar Alexander Peithner von Lichtenfels (*1852-02-24 Wien; †1923-06-09 Graz) Ururenkel des Bergbau-Professors und späteren obersten Bergwerksbeamten in den habsburgischen Erblanden unter Maria Theresia, Johann Thaddäus P.-L. (*1727-04-08 Gottesgab; †1792-06-22 in Wien). Oskar P.-L. ist vor allem von den nach ihm benannten Lichtenfels'schen Minimalflächen her bekannt, deren Geodäten Lemniskaten sind. Er war 1898/99 und 1913–15 Rektor der TH Graz.

> Wirtinger. Danach ging er nach Pisa zu Luigi Bianchi und nach Göttingen zu Felix Klein, David Hilbert und Carl Runge. In Sprüngen von jeweils höchstens zwei Jahren ging es weiter:

- 1910 habilitierte er sich bei Eduard Study in Bonn, ging
- 1911 nach Greifswald zu dem Schüler und Mitarbeiter von Sophus Lie, Friedrich Engel, wurde
- 1913-04 zum Nachfolger von Gerhard Kowalewski als ao Professor für Mathematik II an die DTH Prag berufen,[69]
- 1915-04-01 als Nachfolger des Funktionentheoretikers Paul Koebe etatmäßiger ao Professor in Leipzig (wo er Freundschaft mit Gustav > Herglotz schloss),[70]
- 1917 o Professor in Königsberg (als Nachfolger von Karl Böhm),[71] dann
- 1919-02 für ein Semester nach Tübingen (Nachfolge von Brills). Zu guter Letzt folgte er
- 1919 einem Ruf an die damals im Mai neu gegründete Universität Hamburg, als erster Ordinarius des mathematischen Seminars.

Blaschke in Hamburg. In Hamburg ließ sich Blaschke — abgesehen von vielen Reisen und auswärtigen Gastprofessuren — endgültig nieder und baute systematisch das Mathematische Seminar (und seine eigene dominierende Position) auf. Wesentlich unter seinem Einfluß wurde Hamburg zu einer ersten Adresse der mathematischen Forschung und Lehre, an der neben ihm selber (1919–1953, mit Unterbrechungen) eine beeindruckende Reihe bedeutender Mathematiker wirkten: Erich Hecke (1919–1947),[72] Johann > Radon (1919–1921), Kurt > Reidemeister (1920–1921), Alexander Ostrowski (1920–1922), Hans Rademacher[73] (1922–1925), Emil > Artin (1925–1937 und 1958–1962), Gerhard Thomsen

---

[69] Antrittsrede 1913-04-21 : *Über einige neuere Entwicklungen und Methoden der Mathematik*; Blaschke war in Prag gleichzeitig Privatdozent an der Deutschen Universität. In seiner Rede von 1955-03-10 in Radio Salzburg beklagte er sich sehr über die deutschenfeindliche Stimmung im Prag von 1914, schweigt aber über die tschechenfeindliche Stimmung in der deutschen Minderheit.

[70] Antrittsvorlesung *Kreis und Kugel — auf Jakob Steiners Spuren*. Die Berufung erfolgte noch ehe Koebe endgültig nach Tübingen übersiedelt war. Zu Blaschkes Leipziger Untersuchungen über Orbiformen vgl. Focke J in [19], pp 195–201.

[71] Karl Böhm (*1873-04-29 Mannheim; †1958-03-07 Kressbronn Baden-Württemberg), ab 1913/14 ao Professor in Königsberg, 1917 an der TH Karlsruhe; emeritierte 1936.

[72] Hecke (*1887-09-20 Buk (heute PL); †1947-02-13 Kopenhagen) war über 26 Jahre lang Blaschkes Mitdirektor in Hamburg. Trotz Heckes definitiv NS-kritischem Verhalten (er verweigerte zB prinzipiell den Hitlergruß) hatten die beiden ein korrektes, wenn auch nicht gerade freundschaftlich zu nennendes Verhältnis zueinander. Ungeachtet des beiderseitig distanzierten Verhältnisses nominierte Blaschke Hecke als Zeugen im Scheidungsverfahren gegen seine erste Frau. (weitere Informationen in Hartmann [133, p 30ff]; Segal [298]

[73] Hans Adolf Rademacher (*1892-04-03 Wandsbek; 1969-02-07 Haverford, USA) studierte von 1910 bis 1915 in Göttingen, wo er Vorlesungen bei Hecke, Weyl, Landau und Courant hörte, 1916 aber bei Carathéodory mit einer Arbeit über eindeutige Abbildungen und Meßbarkeit promovierte. Er habilitierte sich 1919 in Berlin, wo er auch als Lehrer arbeitete. 1922 ao Professor in Hamburg als Nachfolger von Radon, 1925 o Professor in Breslau als Nachfolger von Friedrich Schur. Als überzeugter Pazifist und NS-Gegner emigrierte er 1933 in die USA, wo er von 1934 bis zu seiner Emeritierung 1962 an der University of Pennsylvania lehrte. Nach Kriegsende nahm er Gastprofessuren an: 1953 am IAS in Princeton, 1954 in Göttingen und 1955 am Tata Institute for fundamental research in Bombay. Nach seiner Emeritierung lehrte er in New York an der New York State University und an der Rockefeller University. Rademacher

(1925–1929),[74] Otto > Schreier (1926–1929), John von Neumann (Sommersemester 1929), Erich Kähler (1929–1935, 1964–1974), Ernst Witt (1938–1979), nach dem Krieg Helmut Hasse (1950-1966),[75] Lothar Collatz (1952–1990) und Leopold > Schmetterer (1956–1961).[76] Allerdings sagte sein enger Mitarbeiter Werner Burau[77]in einem Interview mit Sanford Segal aus, *„mathematics at Hamburg did not have much trouble in the Nazi period because Blaschke had taken care that there were not too many Jews there.".*[78] Der einzige „rassisch belastete" Mathematiker, der 1933 in Hamburg lehrte, sei Emil > Artin gewesen, dessen Frau Natascha jüdische Vorfahren hatte. Raffael Artzy,[79] Zionist und Reidemeisters Schüler in Königsberg und Hamburg, verließ 1933 das Land und wanderte nach Palästina aus.[80] Als Direktor des Mathematischen Instituts in Hamburg entließ Blaschke 1934 den Juden Max Zorn.[81]

Blaschke und Italien. 1927/28 war Blaschke Rektor der Universität Hamburg. Seine Antrittsrede: *Leonardo und die Naturwissenschaften* enthielt Seitenhiebe auf die moderne Kunst, demonstrierte daneben aber auch eine große Vorliebe für Italien und die italienische Kultur. Das war in deutschnationalen Kreisen eher ungewöhnlich; noch lange geisterte die Kriegspropaganda vom „abtrünnigen Bündnispartner" und „Verrat" durch die Versailles-Literatur der Nachkriegszeit. Blaschke hatte einige Monate in Pisa[82] studiert, er besuchte vor dem Krieg, während des Krieges und nach dem Krieg Italien häufig, oft mehrmals im Jahr. Er hatte gute italienische Sprachkenntnisse und gute Freunde unter den italieni-

---

hatte breit gespannte wissenschaftliche Interessen, nicht nur in Mathematik. Zu seinem Lebenslauf siehe Berndt, B C (1992)Acta Arithmetica **61**.3 (1992) 209–231.

[74] (*1899-06-23 Hamburg; †1934-01-04 Papendorf b. Rostock/Suizid?), bekannt vom Satz von Thomsen.

[75] Nach Karin Reich [265, p 112] geht allerdings aus den Hamburger Akten nicht hervor, dass Blaschke speziell Hasses Berufung unterstützt hätte.

[76] Blaschkes Vorbilder für sein Wirken als „Gründungsvater" des Hamburger Seminars waren wahrscheinlich Göttingen und Felix Klein; ein US-amerikanisches Gegenstück ist Marshall H. Stone, der durch die Berufung bedeutender Mathematiker innerhalb der Jahre 1947–1949 die University of Chicago zu einem Weltzentrum der Mathematik machte, an dem Größen wie André Weil (1947–1958), Antoni Zygmund (1947–1980), Saunders MacLane (1947–1982) und Shiing-Shen Chern (1949–1959), als Ass. Professor Paul. R. Halmos (1946–1961), Irving E. Segal (1948–1960) und Edwin H. Spanier (1948–1959) wirkten. (Vgl. MacLane S, Mathematics at the University of Chicago, in: A Century of Mathematics in America Part II, Amer. Mathem. Society, 1989; p 146f.)

[77] Rolf Werner Burau (*1906-12-31 Allenstein (Olsztyn, PL); †1994-01-16) studierte ab 1925 an der Universität Königsberg und promovierte dort 1932 bei Kurt Reidemeister.

[78] Segal [298, p 342]. Immerhin war aber auch John v. Neumann Jude.

[79] Artzy (*1912-07-23 Königsberg; †2006-08-22 Haifa) setzte sein Studium an der Hebräischen Universität in Jerusalem fort, graduierte 1934 und promovierte 1945 bei Theodore Motzkin.

[80] Hier ist anzumerken, dass an österreichischen Hochschulen zum Zeitpunkt 1938 ebenfalls — bis auf den pensionierten > Tauber — keine jüdischen Mathematiker als Professoren wirkten und nur wenige als „Mischling" (Ludwig > Hofmann) oder durch eine „nicht-arische" Ehefrau (> Duschek, > Knoll) „rassisch belastet waren". Schwierigkeiten gab es trotzdem.

[81] Max August Zorn (*1906-06-06 Krefeld; †1993-03-09 Bloomington, Indiana) war in Algebra, Gruppentheorie und numerischer Analysis tätig. Das nach ihm benannte, zum Auswahlaxiom äquivalente Lemma von 1935 brachte seinen Namen in so gut wie aller Mathematiker Munde, wurde aber schon 1922 von Kazimierz Kuratowski formuliert.

[82] Blaschke verfasste 1954 in der Wochenschrift „Die Zeit", eine Reportage über Pisa, mit großer Sympathie für die Stadt, in der er seinerzeit einige Monate lang bei Luigi Bianchi studiert hatte.

schen Mathematikern. Die aufstrebende faschistische Bewegung in Italien verfolgte er mit Sympathie und wachsender Begeisterung, was ihm bei seinen Kollegen in Hamburg den Spitznamen „Mussolinetto" eintrug.[83] Neben Hasse und Harald Geppert war er wohl der aktivste Befürworter der Bemühungen um eine engere wissenschaftliche Zusammenarbeit mit Italien, die nach Hitlers Rombesuch von 1938-05-03 bis 1938-05-09, zwei Monate nach dem „Anschluss", begonnen wurden. Blaschke verfolgte auf seinen vielen Reisen nach Italien immer drei Anliegen gleichzeitig: die wissenschaftlichen Kontakte aufrecht zu erhalten, Kunst und Kultur Italiens zu genießen und — allerdings mit wenig Erfolg! — als Wissenschaftsdiplomat zu wirken.

Reisen in alle Welt. Blaschke hatte nach eigenen Worten eine große Leidenschaft für Reisen. Besonders nach seiner endgültigen Wahl von Hamburg als mathematischen Standort besuchte er für kürzere und längere Aufenthalte Universitäten und Mathematiker in aller Welt. Zu den wichtigsten dieser Aufenthalte zählten die an der Johns Hopkins University in Baltimore, der Universität von Chicago und der Universität von Istanbul. Vom Standpunkt der Differentialgeometrie ist an erster Stelle Blaschkes China-Aufenthalt im Frühjahr 1932,[84] als Teil einer Vortragsreise um die Welt, zu nennen, der dazu führte, dass sich der später so berühmte chinesische Differentialgeometer Chern Shiing-shen (s.u.) für Blaschkes Forschungsrichtung entschied. Im Jahr 1933 wurde auch Emmanuel Sperner, auf Vermittlung Blaschkes nach China eingeladen. Die Einladung an Blaschke erging von Seiten der Peking Universität, für die Finanzierung sorgte die *China Foundation*.[85] Sie war die erste Einladung der Peking Universität an einen ausländischen Mathematiker, unter den Eingeladenen waren später neben Sperner auch Jacques Hadamard, William Osgood und Norbert Wiener.[86]

Blaschke und Hitler-Deutschland. Blaschke war zweifellos deutschnational eingestellt, aber weltoffen und grundsätzlich ohne Vorbehalte gegenüber anderen Nationen. Der NS-Ideologie stand der weltgewandte Blaschke zunächst skeptisch gegenüber, ihr enger Nationalismus widersprach seiner Weltanschauung. Dennoch gehörte er zu den Teilnehmern an der Feier der „NS-Revolution" und zu den Unterzeichnern des *Bekenntnisses der deutschen Professoren zu Adolf Hitler und dem nationalsozialistischen Staat* von 1933-11-11 in Leipzig. 1936 trat er der Partei bei. Seine immer stärker NS-lastige politische Haltung kann an seinen öffentlichen Äußerungen abgelesen werden. Segal setzt sich in [298] auf den Seiten 342–344 mit Blaschkes Haltung gegenüber jüdischen Mathematikern in Ein-

---

[83] Es ist denkbar, dass er den italienischen Faschismus auch aus ästhetischen Gründen goutierte, etwa so wie Ernst Jünger die Stahlgewitter des Ersten Weltkriegs bewunderte und die Futuristen Motoren, Geschwindigkeit und eben auch Mussolini. Vgl. dazu auch Eva Hesse E (1992), Die Achse Avantgarde-Faschismus. Reflexionen über Filippo Tommaso Marinetti und Ezra Pound. Arche, Zürich.

[84] Über Blaschkes Aufenthalt in China vgl dessen autobiographische Skizze *Reden und Reisen eines Geometers* sowie Xú Yì-bǎo , *Chinese-U.S. Relations, 1859–1949*; außerdem Kapitel 4 in Karen Hunger et al. [153], besonders p 292f

[85] Die 1924 gegründete *China Foundation*(voller Titel: *China Foundation for the Promotion of Education and Culture*) verwaltete die Gelder der zweiten Tranche der nach China zurückgeleiteten Reparationszahlungen an die USA nach dem „Boxer-Krieg".

[86] Einladungen an > Hurewicz und Hermann Weyl konnten nicht realisiert werden. Über Bertrand Russells China-Aufenthalt von 1920 s. Ogden, P. S., *The Sage in the Inkpot: Bertrand Russell and China's Social Reconstruction in the 1920s*. Modern Asian Studies **16**, (1982), 529–600.

zelfällen auseinander. Wie oben bereits erwähnt, sorgte Blaschke dafür, dass „die Juden in Hamburg nicht überhand nahmen".

Im Vorwort zur *Geometrie der Gewebe* (gemeinsam mit Gerrit Bol) begrüßt Blaschke den „Anschluss" mit den Worten: *Während die früheren Bände in trüben Zeiten erschienen sind, ist dieses Buch vollendet worden, als ein Traum meiner Jugend in Erfüllung ging, die Vereinigung meiner engeren Heimat Österreich mit meiner größeren Heimat Deutschland.* Im nächsten Satz bedankt er sich unter anderem bei Ludwig ⟩ Berwald, Prag, *für freundliche Hilfe beim Lesen der Korrekturen und für manchen wertvollen Vorschlag.* Eine ähnliche Dankadresse an ⟩ Berwald findet sich auch im Vorwort zu den drei Bänden *Vorlesungen über Differentialgeometrie und geometrische Grundlagen von Einsteins Relativitätstheorie I, II, III*, den Vorlesungen über *Höhere Geometrie* ua.

Ludwig ⟩ Berwald war Jude und starb 1942 im Ghetto von Łódź an von Hunger hervorgerufenen Magen-Darmerkrankungen und Herzversagen.

Blaschke hielt sich aber bei antisemitischen Ausbrüchen gewöhnlich bedeckt und hütete sich, diesbezüglich allzu offen oder allzu oft gegen Kollegen aufzutreten, er war auch nie Mitglied einer der NS-Wehrformationen SA, SS, NSKK und NSFK. Immerhin intervenierte Blaschke erfolgreich für ⟩ Reidemeister, damals Professor in Königsberg, der wegen „politischer Unzuverlässigkeit" seines Dienstes enthoben worden war. Reidemeister wurde schließlich doch nicht entlassen, sondern an die Universität Marburg versetzt; die Zeit bis zu seinem Dienstantritt 1934 in Marburg nützte er für einen Studienaufenthalt in Rom.

Im Wintersemester 1933/34 beteiligte sich Blaschke an der „Politischen Fachgemeinschaft" der Universität Hamburg und kündigte eine Vorlesung über „Wehrwissenschaft" an. 1935 führte er in einer Rede vor Mittelschülern aus, dass „das neue Deutschland die Naturwissenschaften dringend brauche um überhaupt leben zu können, und dass allen Naturwissenschaften, auch der Biologie, zutiefst mathematische Erkenntnisse zugrunde liegen". Mit Biologie war wohl besonders „Rassenkunde" gemeint. In einem Vortrag von 1940 setzte er sich für die Verbindung von Mathematik mit militärischer Forschung ein.[87] Von den Folgen des Kriegs blieben auch Blaschke und seine Familie nicht verschont; 1943 zerstörten Fliegerbomben Blaschkes Hamburger Haus in der Brahmsallee. Ein italienischer Mathematikerkollege, der über die Bombardierung Hamburgs informiert war, schickte Blaschke daher seine Grüße über einen Mittelsmann.[88]

1941 wurde Blaschke zum Dekan der mathematisch-naturwissenschaftlichen Fakultät bestellt.

Internationale Kontakte während des Krieges. Blaschke strebte während des Krieges weiterhin internationale Kontakte, auch zu „Feindstaaten", an. So vermittelte er die Erlaubnis zu Treffen von Gaston Julia mit Harald Geppert und Gustav ⟩ Herglotz. Blaschke bemühte sich nach Kräften, die nach Hitlers Rombesuch von 1938-05 offiziell begonnene und 1938-11 durch ein Kulturabkommen bekräftigte „wissenschaftliche Achse" zwischen Deutschland und Italien konkret werden zu lassen und deutsch-italienische mathematische

---

[87] Katharina Tenti in *Hochschulalltag im "Dritten Reich"*
[88] Siehe Remmert [272].

Kooperationen in Gang zu setzen[89] Zwischen 1939 und 1942 unternahm Blaschke etwa 25 größere und kleinere Reisen nach Italien, über die er getreulich jedes Mal dem REM und dem Rektor in Hamburg berichtete. Im Jahr 1940 gehörte er zu den Festgästen, als in Anwesenheit Mussolinis das von Severi 1939 gegründete *Istituto Nazionale di Alta Matematica (INDAM)*[90] feierlich eröffnet wurde. Neben unverbindlichen Vortragsveranstaltungen und persönlichen Kontakten bestanden die sichtbaren Hauptergebnisse von Blaschkes Wissenschaftsdiplomatie aus Ehrendoktorwürden: für Severi in Göttingen 1937, anlässlich der 200-Jahrfeier der Universität, und für Blaschke in Padua 1942, anlässlich des 300. Todestages von Galilei.[91] Weitere Unterstützer deutsch-italienischer Kooperationen waren Helmut Hasse und der gebürtige Südtiroler Wolfgang ⃗Gröbner, siehe dessen Biographie. Angestrebte Abkommen zwischen den mathematischen Gesellschaften DMV und UMI kamen nicht zum Tragen.

Blaschkes Schüler und Postdoktoranden. Der besonders nach dem Zweiten Weltkrieg international führende Geometer Chern Shiing-Shen (陈省身 Pinyin: Chén Xǐngshēn) erhielt 1934 ein Stipendium in die USA, entschied sich aber dafür, mit diesem Stipendium zu Wilhelm Blaschke nach Hamburg zu gehen. Dort arbeitete er erst an der Theorie der Gewebe, dann über Cartan-Kähler Geometrie. 1936 promovierte er bei Blaschke, der ihm dann empfahl, bei Elie Cartan in Paris weiterzuarbeiten. Chern verbrachte bei Cartan ein Jahr, die dort begonnene Arbeit gehört zu den wichtigsten und die moderne Differentialgeometrie eigentlich begründenden Beiträgen. 1937 kehrte Chern nach China zurück.[92] Weitere bekannte Schüler/Dissertanten Blaschkes waren 1923 Gerhard Thomsen, 1928 Emmanuel Sperner, 1936 Luis Antoni Santaló Sors; die unter Hecke verfasste Dissertation von Wilhelm Maak beurteilte er als zweiter Begutachter.

Nach Kriegsende hatte Blaschke als Parteimitglied zunächst Berufsverbot; nach einem Vorschlag von ⃗Reidemeister sollte er zwar seine Venia verlieren, wegen seiner eminenten Bedeutung als Mathematiker aber weiterhin besoldeter Wissenschaftler an der Universität Hamburg bleiben können. Dazu kam es nicht, Blaschke legte gegen seine Entlassung durch die britische Militärverwaltung Berufung ein und war damit erfolgreich. Irgendeine Einsicht, er könnte sich schuldhaft verhalten haben, dürfte ihm nicht gekommen sein. Im Vorwort zur *Analytischen Geometrie* schreibt er sarkastisch; *"Beide Büchlein sind meiner*

---

[89] Nach Remmert [272]. 1938 war das letzte Jahr, in dem für die DMV noch offizielle internationale Kontakte auch außerhalb der befreundeten/verbündeten Staaten möglich waren. An der DMV-Jahrestagung in Baden Baden von 1938-09-11 bis 1938-09-16 nahmen unter anderen Claude Chevalley (*1909-02-11 Johannesburg, Südafrika; †1984-06-28 Paris) aus Paris, Andreas Speiser (*1885-10-15 Basel; †1970-10-12) aus Zürich, Anton ⃗Huber (damals noch) aus Fribourg und Georges De Rham (*1903-09-10 Roche VD, Waadt; †1990-10-09 Lausanne) aus Lausanne teil.

[90] Dieses Institut existiert heute noch mit dem Beinamen Francesco Severi: (https://www.altamatematica.it, Zugriff 2023-02-20)

[91] Das Verhältnis zu Severi war allerdings nicht völlig friktionsfrei. So kritisierte Blaschke Severi weil dieser in einer seiner Schriften Kopernikus als Polen bezeichnet hatte, entgegen der damaligen NS-Propaganda, die Kopernikus zum Deutschen stilisiert hatte. Vgl. dazu Volker Remmert in *Science in Context* **14**(3) (2001), 333–359.

[92] Dort brach aber nach dem Zwischenfall an der Marco Polo Brücke 1937-07-07 der zweite chinesisch-japanische Krieg aus und die großen Universitäten Chinas wanderten mit Sack und Pack nach SW-China um sich dort zu vereinigen und der japanischen Agression zu entkommen.

Entlassung 1945/46 durch die Militärregierung zu danken." 1946 wurde er entnazifiziert und mit allen früheren Rechten wieder in seine Professur in Hamburg eingesetzt. In dieser Position verblieb er bis zu seiner Emeritierung 1953; 1954 wurde Emmanuel Sperner sein Nachfolger. Blaschke pflegte nach seiner Wiedereinsetzung auch wiederum seine internationalen Kontakte und unternahm viele Reisen.

Trotz seiner offen gezeigten Sympathie für das NS-Regime und trotz seiner NS-Mitgliedschaft hatte Blaschke nach dem Krieg einflussreiche Befürworter, darunter Carathéodory. *Wegen* dieser offen gezeigten Sympathie hatte er aber neben Befürwortern auch Gegner und Feinde: Erich Hecke,[93] und Heinrich Behnke. Blaschkes Verhalten zu den jüngeren Mathematikern Herbert Knothe[94] und Ottó ˃ Varga wurde von ˃ Bieberbach und Kowalewski ziemlich heftig kritisiert.[96] Die Vorwürfe behaupteten nichts weniger als klare Fälle von Plagiat. Blaschke versuchte auch aktiv ˃ Vargas Karriere innerhalb des Deutschen Reichs zu verhindern.

Blaschke starb an Herzversagen infolge von Komplikationen nach einer Blinddarmentzündung.

Wilhelm Blaschkes Beiträge zur mathematischen Forschung reichen in so gut wie alle Gebiete der Geometrie, einschließlich der Differentialgeometrie und Differentialtopologie, allerdings mit einem deutlich ausgeprägten Schwerpunkt in „anschaulicher Geometrie" von zwei und drei (oder jedenfalls endlichen) Dimensionen. Daneben verfasste er auch kulturgeschichtliche populäre Essays zur Mathematik und zum Wirken großer Mathematiker.

In der Funktionentheorie sind das Blaschkeprodukt und der Konvergenzsatz von Blaschke, in der Konvexgeometrie der Blaschkesche Auswahlsatz nach ihm benannt. Die *Blaschkesche Vermutung* (1921), dass in jeder Dimension die einzigen Auf-Wiedersehen-Mannigfaltigkeiten die Euklidischen Standardsphären sind, wurde 1963 von L. W. Green für Flächen, 1978 von Marcel Berger, Jerry Kazdan, Alan Weinstein und Yang Chung-Tao (楊忠道 Pinyin: Yáng Zhòngdào) für beliebige Dimensionen bewiesen.

Ehrungen: 1926 Mitgl. d. Gesellschaft Königsberger Gelehrte; 1928 Eingeladener Vortrag ICM Bologna, 1936 Oslo; 1936 Ernst-Abbe-Gedenkpreis der Carl-Zeiss-Stiftung; 1937-05-08 Mitgl. Sächsische AW zu Leipzig; 1938 Korr Mitglied kgl Akademie der Wiss. Neapel; 1939 Mitgl. Accademia Patavina di Scienze, Lettere ed Arti in Padua; 1939 Ehrendoktor der Universität Sofia, Komturkreuz des bulgarischen Alexander-Ordens; 1940 Ehrenmitgl. Math. Gesellschaft Hamburg; 1942 Ehrendoktor der Universität Padua; 1943 Mitgl. Deutsche Akademie der Naturforscher Leopoldina; 1949 Mitgl. AW und Literatur Mainz; 1950 Mitgl. Real Academia de Cieneias y Artes Barcelona und de Cieneias Exactas Fisicas y Naturales Madrid. 1953 Mitgl. Istituto Veneto di Scienze, Lettere ed Arti; 1954 korr. Mitgl. Bayer. AW München; 1954 Nationalpreis der DDR Berlin; 1957-04-04 Ehrenmitgl. Deutsche Akademie der Wissenschaften zu Berlin (DDR-Akademie); 1958-03-31 Goldenes Doktordiplom der Universität Wien; 1958 Mitgl. Accademia Nazionale dei Lincei, Cl. Sci. fis., matem. e naturali, Rom; 1960 Ehrendoktor Uni Greifswald und TH Karlsruhe; 1961 Ehrenmedaille Joachim-Jungius-Ges. Hamburg. Korr. Mitglied der

---

[93] ausführlich diskutiert in Segal, [298, p 237]

[94] Knothe (*1908-05-02 Bremen; †1978-04-05 Bremen; nicht zu verwechseln mit dem 1945 verstorbenen gleichnamigen Geographen) promovierte 1933-02 bei Blaschke mit einer Dissertation *Zur differentiellen Liniengeometrie einer zwölfgliedrigen Gruppe.* Bei dem Plagiatsfall ging es um einen neuen Beweis der isoperimetrischen Ungleichung.[95] Bieberbach war Koreferent für die Dissertation von Knothes einziger betreuter Dissertation (Margarete Salzert Berlin 1940).

[96] Segal [298, p] auf den Seiten 410ff und 413ff.

ÖAW; Wilhelm Blaschke Gedächtnisstiftung in Hamburg (gegründet von Emanuel Sperner) für besondere Beiträge zur Geometrie (Preisträger u.a. Katsumi Nomizu und Kurt Leichtweiß).

MGP gibt 24 betreute Dissertationen an, davon fünf allein im Jahr 1936. In *Blaschkes Gesammelten Werken* werden 32 von ihm betreute Dissertationen angegeben.

Ausgewählte Publikationen. *Diss.*: (1908) *Über eine besondere Art von Kurven vierter Klasse (Wirtinger)*.

1. Zur Geometrie der Speere im Euklidischen Raume. Monatsh. f. Math. u. Ph. **21** (1910), 3–60. (Habilitationsschrift)
2. Gesammelte Werke I–VI. Hrsg. von W. Burau, S.S. Chern, K. Leichtweiß, H.R. Müller, L.A. Santaló, U. Simon, K. Strubecker.
3. Eine Erweiterung des Satzes von Vitali über Folgen analytischer Funktionen. Ber. Math.-Phys. Kl., Sächs. Gesell. der Wiss. Leipzig, **67** (1915), 194–200. [Standardzitat für das Blaschkeprodukt]
4. Elementare Differentialgeometrie. Die Grundlehren der mathematischen Wissenschaften. Band 1. Springer Berlin etc (mehrere Auflagen).
5. Galilei und Kepler. Hamburg. Math. Einzelschriften. **39**. Leipzig, Berlin (1943). [14 S.] [Überarbeitete/erweiterte italienische Version: Keplero e Galileo, Giorn. Mat. Battaglini **82** (V. Ser. 2) (1954), 309-334.]
6. Griechische und anschauliche Geometrie. Oldenburg 1953
7. Kreis und Kugel. 1949 (2. Auflage 1956) [enthält den Blaschkeschen Auswahlsatz für konvexe Kompakta]
8. Vita ed opere del matematico Regiomontano. (Spanish) Matematiche **8**, No. 1 (1953), 50-58.
9. Projektive Geometrie. 1954
10. Vorlesungen über Integralgeometrie. 1955
11. Geometrie der Waben. 1955

Zbl/JFM nennen zusammen (inklusive Doubletten und mehrfache Auflagen) 336 Arbeiten, darunter 54 Bücher. Eine Arbeit wird im Zbl unter *Blaschke, Guillermo* geführt. Die von Emmanuel Sperner zusammengestellte vollständige Publikationsliste Blaschkes enthält 239 Einträge.

Quellen. Grazer Tagblatt 1899-10-28 p 8, 1903-07-14 p. 18, 1908-03-20 p 18, 1910-11-06 p3, 1913-04-17 p18, 1913-07-30 p.19, 1913-08-05 p10, 1915-04-22 p21; Prager Abendblatt 1913-04-10 p3; Prager Tagblatt 1917-02-21 p18; Wiener Salonblatt 1919-02-08 p7; Matrikenbuch St. Leonhard, Graz 1913-07-30 Nr 63; Blaschke, W., Um die Welt. in: Reden und Reisen eines Geometers p. 71–101;[97] Segal [298], Chapter 7, 8; Reichardt Jber DMV 69 (1967), 1–8; [199]; Karl Strubecker, Jahresbericht DMV **88** (1986), 146—157, ebenso: IMN **141** (1985), 15–26; S. S. Chern Abh. Math. Seminar Universität Hamburg. 1973; Simon, U., Tjaden, E-H., and H. Wefelscheid, Results Math. **60**(1 4) (2011), 13-51; Emanuel Sperner Sem. Math. Seminar Hamburg. Band 26, 1963/1964, p 111; Erwin Kruppa, Almanach der ÖAW **112** (1962), 419–429; Christoph Scriba in: Dictionary of Scientific Biography. Alexander Odefey: Verzeichnis des wissenschaftlichen Nachlasses von Wilhelm Blaschke (1885–1962). In: Mitteilungen der Mathematischen Gesellschaft in Hamburg. Band 27, 2008, S. 141–146; Joachim Focke: Wilhelm Blaschke und seine Untersuchungen über Orbiformen. In: Herbert Beckert, Horst Schumann (Hrsg.): 100 Jahre Mathematisches Seminar der Karl-Marx-Universität Leipzig. Deutscher Verlag der Wissenschaften, Berlin 1981.

Karl Brauner

*1897-12-20 Domstadtl, heute Domašov, CZ; †1952-07-26

Sohn des Buchhalters der Firma Franzel in Domstadl und späteren Verwalters der I. Znaimer Brauerei u.
Malzfabrik AG in Znaim, August Brauner (*1862-09-23; †1941-01-21 Znaim) und dessen Ehefrau Antonia
(∞ 1889-02-18);
Bruder von Otto Brauner (*1893-03) ∞ Irma, geb?;

Brauner ∞ Marie, geb?

NS-Zeit. Brauner war vor 1938 illegal als Dozentenbundführer tätig gewesen,[98] er
verdankte seine o Professur dem NS-Regime. Zusammen mit dem damaligen Rektor
Reichelt (*1877-04-20 Baden bei Wien NÖ, †1939-05-12 ebenda) erstellte er die Liste
der 1938 zu Entlassenden. Nach dem Krieg zwangspensioniert, hatte er sogar noch
Einfluss auf seine Nachfolge.

Brauner besuchte ab 1905 die fünfklassige Volksschule und ab 1908 die Landes-
Oberrealschule in Znaim, die er 1915-07-01 mit der Reifeprüfung abschloss.[99] Von 1915-
06-25 bis 1918-11 diente er, ab 1917-08 als Leutnant d.R., beim k.k. Landsturm-Infanterie-
regiment Nr 32, 3./4. Kompanie; er wurde laut Verlustliste v. 1917-08-24 p3 verwundet.[100]

Von 1919-01 an studierte er Mathematik an der Deutschen TH Brünn bis zur 1. Staatsprüfung 1920-07, danach belegte er 1920-10 bis 1925 Mathematik und Physik an der Universität Wien, daneben auch 6 Semester Darstellende Geometrie an der TH Wien. 1922-10
wurde Brauner wissenschaftliche Hilfskraft für Darstellende Geometrie, TH Wien. 1925-
07-22 folgte die Promotion an der Universität Wien.[101]

Anschließend war Brauner Assistent bei Wilhelm ᐳ Blaschke in Hamburg und 1927-04 ao
Assistent an der Universität Wien, wo er sich 1928-07-20 habilitierte. Seine aus drei Ein-
zelarbeiten bestehende Habilitations-Schrift behandelte die Klassifikation von Funktionen
in zwei komplexen Variablen nach deren Verhalten in der Nähe von Verzweigungsstellen.
Die wesentlichen Ideen gehen auf ᐳ Wirtinger zurück. 1928–29 war er auf Empfehlung
Wirtingers Rockefeller-Stipendiat bei Tullio Levi-Civita in Rom.

1929-05-01 wurde er zum ao Professor, in der Nachfolge des 1928 verstorbenen Zahlentheoretikers (und Gezeitenforschers) Robert Sterneck, und 1941 zum o Professor an der

---

[98] Nach einem „endgültigen Bescheid" des Liquidators der Einrichtungen des Deutschen Reichs (gez.
[Otto] Skrbensky) v. 1947-07-23, Zl. 271/Li/47, war er „gemäß den Ermittlungen der Sonderkommission"
1938/39 Dozentenbundführer an der Grazer Universität gewesen und wurde daher als „belastet" eingestuft.
Dieser Bescheid wurde allerdings 1948-09-27 (Zl. 389-Li/48 aufgehoben und in „minderbelastet" umge-
schrieben. Später wurde er auch der Registrierungspflicht enthoben. Die Autoren bedanken sich für diese
Informationen bei Detlef Gronau.

[99] Znaimer Wochenbl. 1915-07-07 p4

[100] Sein Bruder Otto, Kadett d.R. im IR 12, war 1915-03 bei Niš in Serbien in Kriegsgefangenschaft
geraten. (Grazer Volksbl. 1915-03-26 p6, 1915-04-03 p12, Verlustliste Nr 146 v. 1915-03-22), Bronzene
Tapferkeitsmedaille 1915-04-29.

[101] PH PA 1110 Brauner, Karl, 1928.05.17-1929.05.02 (Akt)

Universität Graz ernannt, die sich 1941 gerade in der Umwandlung zur *Karl-Franzens-Reichsuniversität Graz* befand; ab 1942 hieß sie dann *Reichsuniversität Graz*.[102]

Brauner übernahm auch Lehraufgaben außerhalb der Grazer Universität, zum Beispiel las er im Sommersemester 1944 als Lehrbeauftragter über „Wahrscheinlichkeitslehre und Statistik" an der Universität Wien, dies war zwischen 1938 und 1945 die einzige Statistikvorlesung[103] an der Philosophischen Fakultät in Wien, es gab aber solche an der TH Wien.

1946 wurde Brauner wegen seiner Tätigkeit als Dozentenbundführer 1938/39 seines Dienstes enthoben

Brauner war eher zurückhaltend mit mathematischen Publikationen, er engagierte sich mehr in der Lehre — und in der NS-Politik.

Bereits vor 1938, in der Illegalität, war er als kompromissloser Vertreter der NS-Ideologie unterwegs. Nach dem „Anschluss" war er bis zum Frühsommer 1939 an der Universität Graz NS-Dozentenbundführer und maßgeblich an der Erstellung der Liste der zu entlassenden Hochschullehrer an der Universität Graz beteiligt. Bekanntlich standen auf dieser Liste die drei Nobelpreisträger Otto Loewi (1936 Medizin, weil Jude), Victor Franz Hess (1936 Nobelpreis für Physik (gemeinsam mit Carl David Anderson), als katholischer Kritiker des NS-Regimes) und Erwin Schrödinger (1933 Nobelpreis für Physik, weil er 1933 Berlin wegen der NS-Machtergreifung verlassen hatte). Insgesamt wurden im ersten Jahr nach dem „Anschluss" 35 (von 81) Professoren, sechs Dozenten, je vier Assistenten und Lektoren sowie acht weitere Mitglieder des Lehrkörpers (insgesamt 57) entlassen, darunter auch der Mathematiker Bernhard > Baule.

Brauner hielt seine letzte Vorlesung in Graz im WS 1944/45, wurde seinerseits 1945 entlassen, 1946 krankheitshalber in den Ruhestand versetzt und 1947 pensioniert.[104]

1946 zeigte er zum letzten Mal seinen fachpolitischen Einfluss, als er mit einem übertrieben lobenden Gutachten über die Verdienste seines (ebenfalls belasteten) Kollegen > Kantz die Berufung der mathematisch erheblich besser qualifizierten (und nicht belasteten) Kandidaten van der Waerden oder > Rellich verhindern half.[105]

Ausgewählte Publikationen. *Diss.*: (1925) *Über einige spezielle Schiebflächen (Uni Wien, Betreuer unbekannt).* Publiziert in Monatsh. f. Math. Phys. **34** (1926), 69-79.

1. Zur Geometrie der Funktionen zweier Komplexer Veränderlicher. II: Das Verhalten der Funktionen in der Umgebung ihrer Verzweigungsstellen. III: Klassifikation der Singularitäten algebroider Kurven. IV: Die Verzweigungsgruppen. Abh.math.Sem.Hamburg 6,1928,1-55 (Habilitationsschrift)
2. Über eine Krümmungseigenschaft von Mannigfaltigkeiten der Klasse Eins, Wien Akad. Sber. **146** (1937), 557-565

---

[102] Der dort seit 1934 wirkende ao Professor und Hahn-Schüler Theodor > Radaković war bereits 1938-01-10 verstorben. 1940 wurde aus dem „Altreich" Lothar Eduard > Koschmieder als o Professor nach Graz berufen, und als ao Professor Hermann > Wendelin.

[103] Nach Gudrun Exner [73, p 214f].

[104] Mit Bescheid von 1947-01-23 wurden seine Ruhebezüge gemäß § 14 des Verbotsgesetzes von 1947 in der ursprünglichen Fassung eingestellt. Diese Entscheidung wurde 1948-02-23 rückwirkend mit 1947-02-18 aufgehoben. (Brief des Steiermärkischen Landesschulrats an Dr Karl Brauner, Hauptschuldirektor a. D.. Allg. Verwaltungsarchiv d. Staatsarch., Personalakt Brauner)

[105] Näheres dazu im Abschnitt 2.6 auf p 93ff.

3. Über Mannigfaltigkeiten, deren Tangentialmannigfaltigkeiten ausgeartet sind. Monatsh MathPhys **46** (1938), 335-365

4. (gemeinsam mit H.Robert Müller), Über Kurven, welche von den Endpunkten einer bewegten Strecke mit konstanter Geschwindigkeit durchlaufen werden , Math.Z. **47**(1941), 291-317

Die obigen 5 Publikationen sind die einzigen in Zbl/JFM verzeichneten.

Quellen. Schreiben vom Stadtschulrat für Wien 1946-06-22 Zl I-3831/4; Gudrun Exner, [73]; Gronau [123]; Znaimer Tagblatt 1941-01-22 p4; Dissertation K Bergmann-Pfleger; Kürschners Deutscher Gelehrten-Kalender 1954, S. 2699 (A 27).

Erich Bukovics

*1921-08-25 Wien;　†1975-01-08 Wien (ev. AB)

Sohn des Bankbeamten Eduard v. Bukovics (*1882-05-08 Paris; †1957-08-13, kath.) und dessen Frau Elisabeth Kornelia (*1883-03-31), geb Gros;

Bruder von Elisabeth Cäcilie Pauline Karoline v. B. (*1920-03-17), Karl Ernst v. Bukovics und Johann v. Bukovics ;

Enkel vät. von Emmerich v. Bukowicz (*1844-02-28 Wien; †1905-07-04 (Diabetes) Wien) und seiner Gattin Pauline (*1854-09-02; †1913-03-19 Wien), geb Hayon;

Foto: aus der Sammlung von Konrad Jacobs; Fotoarchiv Oberwolfach

Neffe vät. von (1) Karl (Carl) von B (*1880-07-20 Paris; †1939-08-01 (in „Schutzhaft") Wien, r.k.), Konzertdirektor und Inhaber eines Bühnenverlags,

(2) Leopold Bukovics (Bukowicz) (*1884-07-05 Paris; †1930-06-29 Wien), Magistratsbeamter, und

(3) Camillo Bukovics (Bukowicz) (*1886-08-28 Paris; †1951-03-24 Wien).

Bukovics ∞ 1951 Brigitte (*1924-03-18 Greifswald; †2020-08-25 Wien), geb Radon, Tochter von Johann ⊳ Radon; 2 Söhne: Christian und Eduard.

NS-Zeit.　Bukovics musste sein Mathematikstudium wegen der Einberufung zum Frontdienst unterbrechen, er kehrte 1945 als Kriegsversehrter (zwei Wochen vor Kriegsende verlor er die untere Hälfte seines linken Unterarms) nach Wien zurück und konnte sein Studium schließlich 1948 beenden. Er war in keiner Weise NS-belastet. Ein Mitglied seiner Familie, nämlich sein Onkel Karl (1), war Mitglied der Heimwehr und ab 1923 Leiter des zum [106] Klavierhaus Bernhard Kohn gehörigen *Mozart-Saals* (Himmelpfortg 20 Wien), wurde 1938 verhaftet und starb 1939-08-01 in „Schutzhaft".[107] Die Enkelin Adrienne Gessner des Bruders Karl Jacob Joseph (*1835-09-06 Wien; †1888-04-03 Wien) seines Großvaters Emmerich B.[108] und Ehefrau des Schriftstellers Ernst Lothar flüchtete mit diesem und der gemeinsamen Tochter vor den Nazis in die Schweiz und

---

[106] nicht-arischen

[107] Theatermuseum, Fotosammlung Inv.Nr FS_PV315435alt; Meldezettelsammlung der Stadt Wien WAIS Sign.: 2.5.1.4.K11.Bukovics von Kiss-Alacska Karl.20.7.1880 8 Bll.

[108] Emmerich v. Bukovics (*1834-02-28; †1905-07-04 (Diabetes) Wien).

später in die USA. (Adriennes ältere Schwester Margarethe war wegen wehrkraftzersetzender Äußerungen ebenfalls in Haft, aus der sie aber freikommen konnte.)

Erich Bukovics wuchs in einer Familie auf, die über mehrere Generationen bedeutende Theaterleute, Regisseure, Sänger/innen und Schauspieler/innen hervorgebracht hat. Bis zum Ende der Monarchie führte die Familie den Adelstitel „Bukovics (auch: Bukovits) von Kiss-Alacska", kurz „v. Bukovics". Erichs Großvater Emmerich (Emerich) von Bukovics[109] und dessen Bruder Karl waren beide Theaterleiter. Emmerich war Sekretär und Dramaturg am Theater in der Josefstadt, Mitarbeiter einiger Wiener Zeitungen und Korrespondent für mehrere Pariser Blätter, ehe er sich nach dem Vorbild seines Bruders Karl (der 1880 die Leitung des Wiener Stadttheaters übernommen hatte) verstärkt dem Theater zuwandte, literarischer Vertreter des Wiener Hoftheaters in Paris wurde und für das Burgtheater Stücke aus dem Französischen übersetzte. 1889 wurde er der erste Direktor des Deutschen Volkstheaters (heute nur mehr „Volkstheater"), mit seinem (Halb-)Schwager Eduard Theimer als kaufmännischen Leiter. Unter seiner bis 1905 dauernden Leitung wurden u.a. Werke von Ibsen, Schnitzler, Raimund und Nestroy erst- und uraufgeführt (und einige Theaterskandale verursacht).

Erich Bukovics absolvierte 1931-1939 ein Gymnasium in Wien, leistete danach seinen Arbeitsdienst in Neukirchen bei Lambach, OÖ, und begann im Studienjahr 1939/40 das Studium der Mathematik und Physik an der Universität Wien. Bald danach wurde er zum Kriegsdienst eingezogen, 1945, zwei Wochen vor Kriegsende verlor er dort seine linke Hand. Nach Kriegsende studierte er weiter, promovierte 1948 bei Nikolaus ›Hofreiter zum Dr phil und legte die Lehramtsprüfung ab. Anschließend war er als wissenschaftliche Hilfskraft an der Universität Wien tätig, übernahm 1953/54 in Vertretung von ›Hlawka einen Lehrauftrag über mathematische Statistik an der Juristischen Fakultät,[110] und war von November 1949 bis 1959 Assistent am III. Institut für Mathematik (bei ›Inzinger) an der TH Wien, ab 1954 auch im *Mathematischen Labor*. 1954 habilitierte er sich, 1959 folgte er Adalbert ›Duschek als o Professor und Vorstand des I. Instituts für Mathematik nach. 1967/68 war er Dekan der technisch-naturwissenschaftlichen Fakultät, 1970/71 und 1971/72 Rektor der TH Wien.

In der Forschung konzentrierte sich Bukovics zunächst auf die numerische Lösung von gewöhnlichen Differentialgleichungen (das Thema seiner Habilitationsschrift), später mit Regelungstheorie, Eigenwertaufgaben und handfesten Ingenieuraufgaben (zB Stabilität von Wasserschlössern). In Zusammenhang mit seiner Forschungsarbeit interessierte er sich für die damals in ihren Anfängen steckende elektronische Datenverarbeitung, sowohl in der digitalen als auch in der analogen technischen Realisierung. In seiner Zeit als Rektor war er am weiteren Aufbau des Mathematischen Labors der TH Wien beteiligt, der von der Einrichtung der neuen Studienrichtung Informatik (1970/71) und der Implementierung der EDV in der Hochschulverwaltung begleitet wurde.

---

[109] Sohn von Carl von Bukovics (*1797 Nagy Saros (HU); †1844-04-16 Wien) und dessen Ehefrau Camilla, geb. Bontzak de Bontzida), verw. Baronin von Königsbrunn, verw. Heny v. Schönbruck).

[110] Personalakt JPA 294 von 1953/54 der Juridischen Fak. Univ. Wien, Vorlesungsverz. 1953/54.

Bukovics war mit 1.93 m eine hochgewachsene Erscheinung, aber durch gesundheitliche Probleme und bürokratische Überlastung in seiner Forschungsarbeit gehemmt; er starb im Alter von 53 Jahren im Krankenhaus Rudolfinerhaus.

Bukovics war auch ein sehr aktives Mitglied der evangelischen Kirche AB (u.a. als Landeskirchenkurator und im Evang. Lehrerverein).

Bukovics war Mitglied von ÖMG, DMV und GAMM, 1954–59 Schriftleiter, ab 1959 Mitherausgeber der Zeitschrift „Mathematik-Technik-Wirtschaft, Zeitschrift für moderne Rechentechnik und Automation" und deren Nachfolgerin „Computing—Archiv für elektronisches Rechnen".

Keine Dissertationen in Betreuung.

Ehrungen: div Kriegsauszeichnungen; 1959 Österreichisches Ehrenkreuz für Wissenschaft und Kunst; 1966 Großes Ehrenzeichen für Verdienste um die Republik Österreich; 1974 Großes Silbernes Ehrenzeichen für Verdienste um die Republik Österreich; 1974 Großes Silbernes Ehrenzeichen für Verdienste um das Land Wien. (Die Bukovicsgasse in Wien-Essling ist seit 1955 nach seinem Großvater Emmerich B. benannt (vorher Beethovengasse).)

Ausgewählte Publikationen. *Diss.*: (1948) *Untersuchungen zum Verfahren von Blaess zur angenäherten Lösung von Differentialgleichungen (Hofreiter).* Unter dem Titel *Eine Verbesserung und Verallgemeinerung des Verfahrens von Blaeß zur numerischen Integration gewöhnlicher Differentialgleichungen* veröffentlicht in Öst. Ing. Archiv **5** (1950), 338–349.

1. Beiträge zur numerischen Integration. I. Der Fehler beim Blaeßschen Verfahren zur numerischen Integration gewöhnlicher Differentialgleichungen n-ter Ordnung. Monatsh. Math. **57** (1953), 217-245.
2. Eine topologische Invariante von sechs Linienelementen zweiter Ordnung eines Punktes der Ebene. Monatsh. Math. 57, 117-128 (1953).
3. Beiträge zur numerischen Integration. II. Der Fehler beim Runge-Kutta- Verfahren zur numerischen Integration gewöhnlicher Differentialgleichungen n-ter Ordnung. Monatsh. Math. 57, 333-350 (1954).
4. Beiträge zur numerischen Integration. III. Nachträge. Monatsh. Math. 58, 258-265 (1954).
5. Eine hydraulische Aufgabe beim Bau eines Kraftwerkes. Ber. Internat. Math.-Kolloquium Dresden, 22. bis 27. Nov. 1955, 17-25 (1957).
6. Prinzipien bei der numerischen Lösung von Anfangswertaufgaben bei gewöhnlichen Differentialgleichungen und Methoden zur Abschätzung des Fehlers. Österr. Ing.-Arch. **12** (1958), 66-82.
7. Lineare Eigenwertaufgaben in der Mechanik. Acta phys. Austr. **12** (1959), 262–303.
8. Praktische Mathematik — einst und heute. MTW, Z. moderne Rechentechn. Automat. **7** (1960), 99-107.
9. Natürliche Eigenwertprobleme bei gewöhnlichen Differentialgleichungen. Sympos. Numer. Treatment ordinary diff. Equations int. integro-diff. Equations, Rome 20-24 Sept. 1960, 355-361 (1960).
10. Eine Bemerkung zur Methode von D.A. Baschkirow für die numerisch- graphische Lösung von Differentialgleichungen. Monatsh. Math. **65** (1961), 315-322.
11. Über die Lösung von Schwingungs- und Regelungsaufgaben mit Hilfe elektronischer Analogrechner. Abh. Deutsch. Akad. Wiss. Berlin, Kl. Math. Phys. Tech. Journal Profile 1965, No. 2, III. Konferenz über nichtlineare Schwingungen in Berlin vom 25.-30. Mai 1964, Teil II, 1-28 (1966).

Zbl nennt 12 math Publikationen. Darin sind die Bücher *Lineare Differentialgleichungen* und *Mathematische Grundlagen der Regelungstechnik* in der Schriftenreihe der Siemens & Halske Ges. nicht enthalten.

Quellen. UAW PH PA 1155J und PA 294, Knödel, Computing **14** (1975), 1–3; 150 Jahre TH Wien, p 514; zu Onkel Karl B: Ludwig Eisenberg's großes biographisches Lexikon der deutschen Bühne im XIX. Jahrhundert, List Verlag, Leipzig 1903.

Karl Carda

*1870-04-06 Wien;   †1943-11-12 Prag (damals Protektorat Böhmen u Mähren) [r.k.]

Sohn von Josef Carda, Staatsbeamter und zeitweise Sekretär von Vinzenz Morzin (*1803-06-13 Pilsen, †1882-05-19 Wien), Namensgeber des Morzinplatzes

Zeichnung: W.R. nach einem Bild in Einhorn [67].

NS-Zeit. Carda emeritierte 1939 mit 69 Jahren.

Karl Carda besuchte 1882–90 das Staatsgymnasium in Wien-Josefstadt, Piaristengasse 45, maturierte mit Auszeichnung und begann anschließend das Studium der Mathematik und Physik an der Universität Wien, das er 1894-07-07 *summa cum laude* mit dem Dr phil, 1895-03 mit der Lehramtsprüfung abschloss. Danach wurde ihm ein staatliches Stipendium gewährt, um ihm zu ermöglichen, im WS 1895/96 bei Sophus Lie in Leipzig Transformationsgruppen und deren Anwendung auf partielle Differentialgleichungen zu studieren.[111] Im anschließenden SS begleitete Carda Lie auf dessen Wunsch (und wieder mit einem staatlichen Stipendium) für zwei Monate nach Christiania (heute Oslo).

Nach seiner Rückkehr wurde er 1896-10-01 zum provisorischen, 1896-11-25 zum definitiven Assistenten für die mathematischen Lehrkanzeln der DTH Brünn bestellt. Diese Anstellung behielt er bis zum Studienjahr 1899/1900,[112] dann habilitierte er sich, vom Ministerium 1901-02-18 bestätigt, an der Universität Wien. Mit der Habilitation war wie immer keine Assistentenstelle verbunden, eine solche erhielt er aber 1902-05 an der TH Wien. Für die folgenden Studienjahre ab 1902/03 wurde er zusätzlich mit der Abhaltung von Parallelvorlesungen zu Mathematik II beauftragt, das letzte Mal 1904/05. 1905 erhielt Karl Zsigmondy einen Ruf als Ordinarius an der DTH Prag, die dadurch freiwerdende ao Professur (und Leitung der Lehrkanzel) wurde Carda zugesprochen (1905-09-14, mit Rechtswirksamkeit 1905-10-01).

Zsigmondi und Carda wechselten einander ab: 1906 kehrte Zsigmondi als Ordinarius an die TH Wien zurück, worauf prompt Carda 1907-09-17 zum o Prof an der DTH Prag ernannt wurde,[113] 1908 wurde er zum Dekan an der dortigen Fakultät für Hochbau gewählt, insgesamt übte er noch acht Mal und an verschiedenen Fakultäten das Amt eines Dekans

---

[111] Ab 1896 studierte in Leipzig auch G. Kowalewski bei Lie [1909–12 Professor an der DTH und 1939–45 an der DU Prag]. (Vgl. Kowalewskis Autobiographie, s.u.)

[112] Zwischendurch sprang er für den erkrankten Prof Waelsch ein und hielt dessen Vorlesung über Darst. Geometrie.

[113] Sein Nachfolger in Wien war ⊃ Herglotz)

an der DTH Prag aus. 1939 emeritierte Carda mit 69 Jahren, er blieb in der Folge bis zu seinem Tod 1943-11-12 vom NS-Regime unbehelligt.

Nach vielversprechenden Anfängen, insbesondere in der Lieschen Theorie, blieb das wissenschaftliche Werk Cardas stecken, in den Jahren 1908–18 erschien keine einzige Arbeit und auch danach kamen nur mehr sehr vereinzelte Beiträge. Die wegen stark ansteigender Hörerzahlen erheblich vergrößerte Lehrbelastung, wahrscheinlich auch vermehrte administrative Aufgaben und vielleicht auch gesundheitliche Probleme (er fuhr öfters auf Kur) behinderten ihn offenbar in seiner wissenschaftlichen Weiterentwicklung.

Carda hat laut MGP und [22] keine Dissertationen betreut.

Ausgewählte Publikationen. *Diss.*: (1894) *Zur Theorie der algebraischen Funktionen auf einer zweiblättrigen Riemannschen Fläche (Weyr, Escherich).*

1. Zur Theorie der Bernoullischen Zahlen. Monatsh. f. Mathematik u. Physik, **5** (1894), 185–192.
2. Zur Darstellung der Bernoullischen Zahlen durch bestimmte Integrale. Monatsh. f. Mathematik und Physik, **5** (1894), 321-324.
3. Über eine Beziehung zwischen bestimmten Integralen. Monatsh. f. Mathematik und Physik, **6** (1895), 121-126.
4. Elementare Bestimmung der Punkttransformationen des 3-fachen Raumes, welche alle Flächeninhalte invariant lassen. Sitzungsberichte der math.-naturw. Classe der kaiserlichen Akademie der Wissenschaften Wien. **105** (1896), 787–790.
5. Zur Quadratur des Ellipsoids. Monatsh. f. Mathematik und Physik, **7** (1896) 129–132.
6. Bestimmung der Punkttransformationen des 3-fachen Raumes, welche alle Flächeninhalte invariant lassen. Sitzungsberichte der math.-naturw. Classe der kaiserlichen Akademie der Wissenschaften Wien, **105** (1896), 787–790.
7. Zur Geometrie auf Flächen konstanter Krümmung. Sitzungsberichte der math.-naturw. Classe der kaiserlichen Akademie der Wissenschaften Wien, **107** (1898), 44–61.
8. Zur Theorie der transcendenten Gruppen der Geraden. In: Festschrift der k. k. Technischen Hochschule in Brünn zur Feier ihres fünfzigjährigen Bestehens und der Vollendung des Erweiterungsbaues im October 1899, (1899) 165–170. Verlag der k. k. Technischen Hochschule, Brünn.
9. Zur Theorie der algebraischen Gruppen der Geraden und der Ebene. Monatshefte für Mathematik und Physik **11** (1900), 31–58. [Habilitationsschrift]
10. Zur Theorie der Jacobischen Differentialgleichungen. Monatsh. f. Mathematik und Physik, **17** (1906), 59–62.
11. Zur Berechnung der Torsion einer Raumkurve in rationaler Form. Monatsh. f. Mathematik und Physik, **17** (1906), 78–80.
12. Über eine Schar dreigliedriger algebraischer Gruppen der Ebene. Monatshefte für Mathematik und Physik, **17** (1906), 225–233.
13. Beiträge zur Theorie des Pfaffschen Problems. Sitzungsberichte der math.-naturw. Classe der kaiserlichen Akademie der Wissenschaften Wien, **116** (1907), 1165–1177.
14. Beziehungen zwischen Wahrscheinlichkeitsrechnung und Analysis. Zeitschrift für das Realschulwesen, **35** (1910), 2.
15. Über eine von L. N. M. Carnot berechnete Differentialinvariante. Jahresbericht der DMV, **28** (1919), 78–80.
16. (mit Lammel, E) Eigenschaften des regelmäßigen Siebenecks. Jahresbericht der DMV, **40** (1931), 107–108.
17. Beziehungen zwischen dem magischen Quadrat von Albrecht Dürer und Determinanten. Lotos, **87** (1940), 79.
18. Partielle Differentialgleichungen für den Flächeninhalt des Dreiecks. Lotos, **87** (1940), 196–198.

Miszellen

19. Sophus Lie - Aphorismen. Zur Hundertjahr-Feier seines Geburtstages (17. Dezember 1842) Lotos **88** (1941/42), 145f.

Quellen. Einhorn [67] 367–373; Bečvářova [22]; Prager Tagblatt 1908-06-17 p 26

Lit.: Fritzsche B, Leben und Werk Sophus Lies. Seminar Sophus Lie **2** (1992) 235–261.
Stubhaug A (2002), [transl. Daly R] The Mathematician Sophus Lie: It was the Audacity of My Thinking,
[Bild v. Carda mit dem Amerikaner E O Lovett und dem Norweger A Guldberg, p 413]

Erwin Dintzl

*1878-10-22 Krems a.d. Donau; †1972 Wien

Sohn des Schulrats an der Landesrealschule Krems, Professor Franz Dintzl (*1847 ; †1916-07-12 Salzburg)
und dessen Ehefrau Irma, geb. Bindl (Tochter des Notars Dr Bindl, Krems); Bruder von Marie ∞ Dr Norbert
Krebs (1876 Leoben; †1947, k.k. Professor (Mittelschule) und Universitätsdozent für Geographie, später
o Professor als Nachfolger Penks an der Universität Berlin)

NS-Zeit. Dintzl blieb in der NS-Zeit unbehelligt und hielt Vorlesungen über *Besondere
Unterrichstlehre in Mathematik*, trotzdem wurde er 1945 als nicht NS-belastet akzeptiert
und behielt seinen Lehrauftrag für dieses Fach. Er hatte aber, eine Woche vor dem „Anschluss", nämlich 1938-03-07, an der Münchner „Ersten Tagung des Reichssachgebiets
Mathematik und Naturwissenschaften" des NS-Lehrerbunds teilgenommen.[114]

Dintzls Vater war ebenfalls Mittelschullehrer für Mathematik, er lehrte an der Landes-
Oberrealschule in Krems. Dintzl studierte Mathematik an der Universität Wien und promovierte dort 1900-04-19. Im Jahre 1901 begann er seine pädagogische Karriere als Supplent
an der Staatsrealschule Wien 6, Marchettigasse 3; 1903 wurde er als wirklicher Lehrer an
die Landesrealschule in Triest überstellt, 1906 ihm die Professur am kk Erzherzog Rainer
Realgymnasium in Wien II[115] verliehen.

Dintzl war seit 1912 Mitglied des Alpen-Skivereins (gegr. 1900 von Matthias Zdarsky).
Im 1. Weltkrieg stand er (jedenfalls zum Zeitpunkt des Tods seines Vaters 1916) im Felde.

Dintzls Forschungsinteressen lagen bis etwa 1900 in der Zahlentheorie, er wandte sich aber
bald danach der Mathematik-Didaktik zu. Außerdem verfasste er eine Reihe von Aufsätzen zur Elementarmathematik (mit Ausflügen in die Unterhaltungsmathematik) und zur
Geschichte der Mathematik, die auch für ein allgemeines Publikum gedacht waren. Als
Experte für mathematischen Unterricht gehörte er ab 1908 zu den vier österreichischen Vertretern in der Internationalen Mathematischen Unterrichtskommission (IMUK).[116] In den
1920er Jahren verfasste er zwei Lehrbücher zur Mathematikdidaktik für Mittelschullehrer.
Zwischen 1925 und 1949 war Dintzl mit Lehraufträgen zur Mathematischen Fachdidaktik
(„Besondere Unterrichtslehre Mathematik") an der Universität Wien betraut. Nachfolger
in dieser Funktion war Josef ⊳ Laub.

---

[114] UAW Dekanatsakt Philosophie, 1937/38, D.-Zl 630.

[115] Wien II, Sperlgasse 2C; 1864 als Leopoldstädter Realgymnasium gegründet, ab 1901 nach Erzherzog
Rainer benannt, seit 1989 Sigmund-Freud-Gymnasium (1873 maturierte hier Sigmund Freud.)

[116] Die anderen Vertreter waren Philipp ⊳ Freud, Richard ⊳ Suppantschitsch und Wilhelm ⊳ Wirtinger. Die
IMUK wurde im ersten Weltkrieg unterbrochen, 1922 aufgelöst (Jahresb. DMV 1922 p *59*, Bericht von
Bieberbach), im Frühjahr 1952 als *International Commission on Mathematical Instruction* (ICMI neu
konstituiert.

Dintzl war ein unbedingter Verfechter der Reform des Mathematikunterrichts auf der Basis von Felix Kleins Vorschlägen auf der Meraner Tagung. Er gehörte mit Hočevar, ˃ Prowaznik, Ludwig u.a. zu den Bearbeitern des in der Monarchie beliebten und richtungweisenden Unterrichtswerks von Močnik,[117] das zwar immer unter dem gleichen Hauptautor erschien, aber in späteren Auflagen nur wenig vom ursprünglichen Inhalt und von den ursprünglichen Aufgaben beibehielt. Bei der Neugestaltung spielte durchaus auch politische Einflussnahme eine Rolle: 1933 wurde das deutschsprachige Lehrbuch der Geometrie, das unter den Autoren Močnik, Hočevar und Dintzl erschienen und 1929-05 in der Tschechoslowakei approbiert war, verboten, da es (bereits in der Auflage von 1926) ein Hakenkreuzornament in den Übungen zum Geometrisch-Zeichnen enthielt.[118]

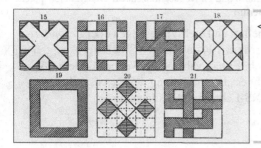

◁   Vorlage für Geometrisch-Zeichnen.
Aus dem Mittelschulbuch (5) von 1926. Die Swastika Nr 17 ist im Stil antiker Fußbodenmosaiken horizontal ausgerichtet (wie zB im Haus des Tragödiendichters in Pompeii). Ein Fries im gleichen Stil befindet sich über dem Grabmal des Ordensgenerals Pedro Arrupe SJ, Chiesa Del Gesù, Rom.

Ausgewählte Publikationen. *Diss.*: (1900) *Eigenschaften der Entwicklungskoeffizienten von* $p(u; 0, 4)$.

1. Über den zweiten Ergänzungssatz des biquadratischen Reciprocitätsgesetzes.) Monatsh. f. Math. **10** (1899), 88–96.
2. Über den Satz vom Kräfteparallelogramm. Jahresbericht 1903 der Realschule Wien 6, Marchettigasse 3
3. Der mathematische Unterricht an den Gymnasien, Wien 1910
4. (gem. mit Vaselli, C.) Aufgaben aus der reinen und angewandten Mathematik, 2 Bde. Wien 1922. (mehrere Auflagen und Versionen)
5. (Bearbeitung des Buchs von Močnik und Hočevar), Geometrie. Für die I. – III. Klasse, Hölder – Pichler – Tempsky A.G. Wien 1926.
6. Hilfsbücher für den Mathematikunterricht an höheren Lehranstalten. Geometrie. Teil I. (mehrbändig) Wien 1930.
7. Über die Behandlung des Funktionsbegriffes auf der Oberstufe der höheren Schulen. Z. f. math. Unterricht **61** (1930), 34.

---

[117] Franz Močnik (*1814-10-01 Kirchheim, Görz (Cerkno, Goriška); †1892-11-30 Graz), ab 1871 Ritter v. Močnik, promovierte 1840 an der Uni Graz zum Dr phil ; 1846–49 Prof in Lemberg, 1849–51 in Olmütz; 1851 Schulrat, später Landesschulinspektor der Stmk. Aktivist für Lehrplanreformen, Verfasser von 36 Lehrbüchern für Mathematik an Elementar- und Mittelschülern. (insgesamt über 60 Mathematik-Lehrbücher für die verschiedenen Schulen.) Močnik setzte sich dafür ein, dass slowenische Kinder wöchentlich mindestens 8 Stunden Unterricht in ihrer Muttersprache erhielten. Biographie in [233]

[118] *Salzburger Wacht*, 1933-10-10 p 5. Allerdings in der horizontal ausgerichteten Version, die bekanntlich in Ostasien und in Mittelamerika bis heute sehr verbreitet ist. Eine explizite Propaganda-Absicht ist aus dieser Vorlage wohl nicht abgeleitbar. Die Močnikschen Lehrbücher waren jedenfalls vor 1938 und in der in Österreich approbierten Version nicht mit NS-Propaganda versehen, danach bis 1945 ohnehin offiziell abgeschafft. Die sehr reale Bedrohung durch die in Deutschland an die Macht gelangte NSDAP sensibilisierte aber das tschechoslowakische Unterrichtsministerium für alles, was der NS-Propaganda entgegenkam.

8. Über die Zerlegungsbeweise des verallgemeinerten pythagoreischen Lehrsatzes. Z. f. math. Unterricht **62** (1931), 253-254. (Gleichzeitig eine Quelle für Parkettierungen der Ebene mit Quadraten, Dreiecken und Parallelogrammen.)

9. Zur Kreismessung des Huygens. Unterrichtsblätter **38** (1932), 155-159.

10. Über den Flächensatz des Pappus. Z. F. math. Unterricht **64** (1933), 210–213.

11. (gem mit Prowaznik) Arithmetik für die Oberstufe, 5.–8. Klasse Wien 1934.

12. Die Symmetralen der Dreieckswinkel in der analytischen Geometrie. Z. math. naturw. Unterr. **68** (1937), 114–115.

13. Besondere Unterrichtslehre der Mathematik, I. und II. Teil, Wien 1951.

JFM vermerkt 33 mathematische Publikationen, darunter 10 Bücher; 3 Publikationen sind irrtümlich unter F. Dintzl eingeordnet. (Das Zbl schweigt über Dintzl.)

Ehrungen: 1932-03-19 Studienrat

Quellen. Neues Wiener Tagblatt (Tages-Ausgabe) 1903-07-13 p11, 1906-07-02, 1908-07-20 p9; Neue Freie Presse 1906-07-02 p9; Reichspost 1906-07-03p2; Österreichische Land-Zeitung 1903-07-11 p6, 1906-07-07 p7, 1916-07-14 p2, 1916-07-22 p3; Deutsches Volksblatt 1911-05-20 p20; Wiener Zeitung 1903-07-02 p3, 1906-07-01 p2, 1932-04-01 p1; (Linzer) Tages-Post 1932-04-01 p4; UAW PH RA 1289, Schachtel 64 Phil.Pa 1488

Lit.: Frederickson, G.N., Dissections: Plane and Fancy. Cambridge 2003, vor allem p39.

Gustav Doetsch

(Heinrich Adolf)

*1892-11-29 Köln; †1977-06-09 Freiburg-Günterstal (r.k., 1931 ausgetreten)

Sohn des Prokuristen Johann (Jean) Hubert Doetsch (*1865; †1933) und dessen Ehefrau Clara Ida, geb. Otto (*1865; †1921); Bruder von Paul und Hans Doetsch

Gustav Doetsch ⚭ 1923 (in Linden, Hannover) Dora Johanne Elisabeth, geb. Rühmkorf (*1892; †1982); 1 Tochter (Mechthild) + 1 Sohn (Volker).

Zeichnung: W.R. nach einem Foto von ca 1922 im Archiv der Univ Halle. Damals war Doetsch noch Pazifist.

NS-Zeit. Doetsch war im ersten Weltkrieg begeisterter (und erfolgreicher) Luftaufklärer, nach dem Krieg bis 1931 in der Weimarer Republik ebenso begeisterter Pazifist, wandte sich aber in den 1930er Jahren zunehmend begeistert der NS-Ideologie zu: er billigte die Vertreibung jüdischer Mathematiker, auch seines Doktorvaters Edmund Landau und des Koautors Felix Bernstein seiner Untersuchungen zur Laplacetransformation. Er war zwar nie NS-Parteimitglied trotzdem aber führend an der mathematischen Rüstungsforschung beteiligt und versuchte, gegen den erbitterten Widerstand seines Konkurrenten Wilhelm Süss ein eigenes mathematisches Forschungszentrum zu begründen. Nach Kriegsende von seiner Professur in Freiburg i.Br. zunächst enthoben, dann vom Kultusministerium gegen den Willen des Professorenkollegiums wieder eingesetzt, blieb er an der Universität Freiburg isoliert.

Gustav Doetsch wuchs in einem streng katholischen Umfeld in Köln auf, besuchte aber das Wöhler-Realgymnasium in Frankfurt a.M. und legte dort 1911 sein Abitur ab. Danach studierte er zwischen den Sommersemestern 1911 und 1914 nacheinander an den Universitäten Göttingen, München und Berlin. Von 1914-10-12 bis 1918-12-05 diente er als Kriegsfreiwilliger im Deutschen Heer. Dort war er Artilleriebeobachter, ab 1916 Luftbeobachter im Fliegerkorps, im Rang eines Leutnants. 1916 diente er an der Westfront, dann 1917-01 bis 1917-05 an der Ostfront und schließlich bis Kriegsende wieder an der Westfront. Bei etwa 300 Aufklärungseinsätzen und gelegentlichen Bombenabwürfen war er sehr erfolgreich und wurde mehrfach ausgezeichnet. Später hat er selber diese Erfolge wesentlich auf sein Training in Darstellender Geometrie und Mathematik zurückgeführt — Mathematik als „kriegswichtiges Fach", ein verbreitetes (und häufig tatsächlich wirksames) Argumentationsmuster.[119]

Nach dem Weltkrieg studierte er in Göttingen und Frankfurt a.M. weiter und legte in Göttingen 1919-06-19 das wissenschaftliche Staatsexamen für das Lehramt an Sekundarschulen (rMa [reine Mathematik], aMa [angewandte Mathematik], Ph [Philosophie]) ab, 1919-08 das Examen für Versicherungs-Mathematik; 1920-08-18 promovierte er bei Edmund Landau an der Universität Göttingen.

Ab dem SS 1920 war er wissenschaftlicher Assistent für Angewandte Mathematik an der TH Hannover und habilitierte sich dort 1921. 1922 übernahm er in Halle einen remunerierten Lehrauftrag über Angewandte Mathematik, 1924 wurde er an der TH Stuttgart o Professor für Darstellende Geometrie; Rufe nach Greifswald (1927, Nachfolge von Theodor ⟩ Vahlen nach dessen Entlassung) und Gießen (1930, Nachfolge von Ludwig Schlesinger) lehnte er ab.

Doetsch war in der Weimarer Republik trotz seiner Vergangenheit als hochdekorierter Fliegerleutnant (nur das Kriegsende verhinderte die Verleihung des *Pour le Mérite*) im Ersten Weltkrieg zunächst aktiver Pazifist. Seinem katholischen Herkommen entsprechend schloss er sich der katholischen Friedensbewegung an und war

• Mitglied des *Reichs- und Heimatbunds Deutscher Katholiken* (1925, eine betont katholische, antipreussische und antimilitaristische Vereinigung mit föderalistischen Zielen),

• des *Friedensbunds Deutscher Katholiken* (1926–28, Vorsitzender von dessen Ortsgruppe Stuttgart 1927–28), und

• der *Deutschen Friedensgesellschaft* (1926–30).

1928 trat er öffentlich energisch gegen den Bau des Panzerkreuzers A und gegen die Unterstützung dieses Rüstungsprojekts durch die katholische Zentrumspartei auf.

Sein politisches Engagement für den Pazifismus nahm jedoch zu Beginn der 1930er Jahre ab, er wandte sich intensiver der Mathematik zu und entfernte sich zunehmend von der katholischen Friedensbewegung, 1931 trat er aus der Kirche aus. Noch Ende 1932, knapp vor der Machtübergabe an Hitler, trat er aber in einer letzten pazifistischen Aktion mit seiner Unterschrift unter eine Unterstützungserklärung für den Heidelberger Mathematiker Emil Gumbel ein, der 1932 wegen seines antimilitaristischen Buchs *Vier Jahre politischer*

---

[119] Remmert, *Militärgeschichtliche Zeitschrift* **59** (2000), 139-160. (s.u.)

Mord aus dem Hochschuldienst entfernt worden war.[120] Zu den 29 Unterzeichnern dieser Erklärung gehörten neben Gustav Doetsch der Theologe Karl Barth, Albert Einstein, Max Horkheimer, Alfred Kantorowicz, der 1933-08 erschossene Philosoph Theodor Lessing, Fritz und Emmy Noether, der Stadtplaner Bruno Taut und der Musiktheoretiker Theodor Wiesengrund (Adorno).

1931 nahm Doetsch einen Ruf an die Universität Freiburg im Breisgau an, in der Nachfolge von Lothar Heffter.[121] Mit dieser Übersiedlung rückte Doetsch zwar etwas aus der direkten Schusslinie der über Gumbel empörten NS-Fanatiker, war aber insgesamt wegen seiner Friedensaktivitäten bei NS-Anhängern schwer in Verruf. Mit der Verabschiedung des Ermächtigungsgesetzes 1933-03-23 war Doetsch wie die anderen Friedensaktivisten von Verhaftung, Gefängnisaufenthalt und KZ bedroht.[122] Doetsch vollzog seine endgültige Abkehr vom Pazifismus, vertrat auch vehement antisemitische Positionen und wandte sich gegen seinen Lehrer Edmund Landau und seinen früheren jüdischen Koautor Felix Bernstein, mit dem er wesentliche Arbeiten zur Laplace-Transformation verfasst hatte. An seiner NS-konformen politischen Überzeugung wollte er hinfort keinerlei Zweifel lassen.

In die NSDAP trat er nicht ein, konnte es wegen seiner „unbewältigten Friedensvergangenheit" wohl auch nicht. Zur Vertuschung dieser friedensbewegten Vergangenheit beantragte er 1936 seine Aufnahme als „Offizier im Beurlaubtenstand" (eine Art reaktivierter Reserveoffizier) in die Wehrmacht, wurde 1937 als Leutnant der Reserve in den Mobilmachungsplan der unter Hitler neu aufgebauten Luftwaffe eingeordnet und stieg darauf zum Oberleutnant und schließlich zum Hauptmann der Reserve auf. In dieser Funktion wurde er bei Kriegsbeginn zur Wehrmacht einberufen.

Ab 1940 war er als Hauptmann der Reserve (ab 1941 als Major) im Reichsluftfahrtministerium in der Organisation der Luftfahrtforschung tätig, 1943/44 am Luftfahrtforschungsanstalt „Hermann Göring" in Braunschweig Leiter der technischen Arbeitsgruppe mit Außenstelle in Dänemark, 1944/45 Leiter des Instituts für Theoretische Ballistik. Doetsch versuchte fachpolitisch Einfluss zu gewinnen und ein eigenes Forschungszentrum für angewandte Mathematik mit besonderer Blickrichtung auf Rüstungsforschung aufzubauen. Vorbild war das römische Istituto Nazionale per le Applicazioni del Calcolo (INAC),[123] eine Zeit lang wurden auch Forschungsaufträge der Luftfahrtforschung für das INAC erwogen. Bei einem Besuch des INAC in Rom lernte Doetsch dessen Südtiroler Mitarbeiter ˃ Gröbner kennen und schätzen. 1937 referierte Gröbner auf der Jahrestagung der DMV über die

[120] Emil Julius Gumbel (*1891-07-18 München; †1966-09-10 New York), mathematischer Statistiker und Mitglied internationaler pazifistischer Vereinigungen. In dem Buch wies Gumbel an Hand von Statistiken die exemplarisch ungleiche Behandlung politisch links und rechts motivierter Morde durch die damalige Justiz nach. Gumbel verbrachte das WS 1925/26 als Gast des Marx-Engels-Instituts in Moskau. Nach seiner Ernennung zum ao Professor kam es zu Hörsaalbesetzungen und Gewaltexzessen rechtsextremer Studenten, den „Gumbelkrawallen". Gumbel floh 1933 nach Lyon, von dort nach dem Einmarsch der Hitlertruppen über Portugal in die USA. Statistikern ist Gumbels Name vornehmlich durch die „Gumbel-Verteilung" und die „Gumbel-Copula" geläufig.

[121] Lothar Heffter (*1862-06-11 Cöslin; †1962-01-01 Freiburg/Breisgau) Heffters hauptsächliche Forschungsinteressen lagen in der Analysis (vor allem Differentialgleichungen) und in der linearen Algebra. Heffter wurde 1931 emeritiert.

[122] Ein gewisser Schutz war allerdings seine „glorreiche" Kriegsvergangenheit als Luftaufklärer.

[123] 1933 von Mauro Picone (*1885; 1977) gegründet

Arbeit des INAC und die dort entwickelten Methoden. Gröbner optierte 1939 für Deutschland und konnte daher nicht am INAC bleiben. Doetsch betraute ihn mit dem Auftrag, in Braunschweig eine Gruppe für *Industriemathematik* zu bilden und zu leiten. Im Rahmen dieses Projekts oder zumindest in engem Zusammenhang mit ihm stand die Herausgabe von mathematischen Tabellenwerken, darunter die bekannten Integraltafeln von > Gröbner und > Hofreiter.[124] Unter Doetschs Leitung sammelte sich in Braunschweig eine kleine Kolonie österrreichischer Mathematiker, neben > Gröbner und dem Ehepaar > Hofreiter waren daran auch das Ehepaar > Laub sowie einige Studentinnen (als Arithmetikerinnen) beteiligt.[125] In diesem Sinn hat Doetsch zur Rettung von Österreichern vor dem Fronteinsatz beigetragen.

Doetsch war anfangs mit dem späteren Gründer des Forschungszentrums Oberwolfach Wilhelm Süss befreundet und hatte mit diesem zusammengearbeitet, ab 1937 geriet er aber mit seiner Luftfahrt-Mathematikgruppe immer stärker in Gegensatz zu Süss und dessen Ambitionen zur Gründung eines Reichsinstituts für Mathematik. Bei Kriegsende war Süss jedenfalls definitiv Doetschs Feind.[126]

In den Jahren 1946-51 wurde Doetsch an der Universität Freiburg von seiner Professur suspendiert, nicht zuletzt auf Betreiben von Wilhelm Süss. Ihm wurde unter anderem vorgeworfen, gemeinsam mit dem damaligen Studenten (später seinem Assistenten) Eugen Schlotter[127] den aus der Axiomatik bekannten Ernst Zermelo[128] bei der Gestapo wegen Verweigerung des Hitlergrußes denunziert zu haben.[129] Ein anderes seiner Opfer war Arnold Scholz.[130]

1951 wurde er gegen den Willen des Professorenkollegiums und vor allem gegen den Willen des früheren Rektors Süss vom Kultusministerium wieder als o Professor an der

---

[124] Diese sind in diesem Buch unter dem Eintrag > Gröbner, Seite 232, abgebildet.

[125] Für die Erstellung weiterer numerischer Tabellen vgl. den Eintrag zu > Vietoris.

[126] Diese beiden Akteure in der mathematischen NS-Szene hatten zweifellos unakzeptable Handlungen gesetzt und unakzeptable Charaktereigenschaften gezeigt. Auf der anderen Seite blieb Süss das Verdienst der Gründung von Oberwolfach; Doetsch rettete zwar einige österreichische Mathematiker vor dem Fronteinsatz, bewirkte aber noch wenige Wochen vor Kriegsende die Aufhebung der uk-Stellung von Ernst Peschl (cf. p. 298).

[127] Eugen Schlotter (*1909; †nach 1992) war SS-Untersturmführer und Assistent von Doetsch bis zu seiner Kündigung 1935-10. Später brachte er es zum Obersturmbannführer der Waffen-SS, war Kommandeur der SS-Panzer Nachrichten Abt. 11 „Nordland" und Abt. 8 „Florian Geyer". Nach 1945 arbeitete Schlotter als Lehrer und ging 1974 als Schuldirektor in Pension. Noch in den 1990er Jahren verteidigte er die „geschichtliche Sendung der SS in ihrem Kampf gegen den Bolschewismus".

[128] Ernst Friedrich Ferdinand Zermelo (*1871-07-27 Berlin; †1953-05-21 Freiburg/Breisgau) bekannt für seine Beiträge zur Mengenlehre (Wohlordnungssatz, Auswahlaxiom, Zermelo-Fraenkel-Mengenlehre, Russellsche Antinomie), für seine Scharfzüngigkeit und für seine unbeugsame Ablehnung des NS-Regimes. Nach den Erinnerungen von > Hlawka soll Zermelo wegen seiner Eigensinnigkeit manchmal hinter vorgehaltener Hand als „das Zermelo" tituliert worden sein. Zermelo war in Freiburg ehrenhalber Professor, bezog daher kein Gehalt vom Staat und kommentierte die Affäre mit der Bemerkung, er sehe für sich als Privatmann keine Verpflichtung zur Einhaltung eines NS-Zeremoniells.

[129] Frei G, Roquette P (Hrsg. 2008), Emil Artin und Helmut Hasse. Die Korrespondenz 1923–1934, Univ.-Verlag Göttingen p 296f.

[130] Arnold Scholz (*1904-12-24 Berlin; †1942-02-01 Flensburg) war schon unter Heffter Assistent am mathematischen Institut gewesen. Er hatte mit Olga > Taussky-Todd mehrere Jahre zusammengearbeitet und mit ihr einflussreiche Arbeiten zur Klassenkörpertheorie geschrieben. Vgl. Lemmermeyer et al [185].

Universität Freiburg eingesetzt. Doetsch blieb in Freiburg, teils wegen seines Verhaltens während der NS-Zeit, teils wegen der Feindschaft von Wilhelm Süss, nicht zuletzt aber auch wegen seines allgemein „schwierigen" [als abstoßend empfundenen] Charakters, weitgehend isoliert und ging 1961 in den Ruhestand. Nach seiner Emeritierung war er weiterhin wissenschaftlich tätig und betreute einen Dissertanten (s.u.).

1950 hielt er Gastvorlesungen in Santa Fé (Argentinien), 1952 in Madrid, 1953 in Rom; die Mitgliedschaft in der DMV (seit 1920) wurde nach dem Krieg aufgehoben.

In seiner wissenschaftlichen Arbeit konzentrierte er sich hauptsächlich auf den Ausbau der Theorie der Laplace-Transformation und ihren Anwendungen; sein Buch zu diesem Thema ist bis heute ein wichtiges Standardwerk.

MGP nennt vier Dissertanten, einen davon aus dem Jahr 1962 (John Spicer).[131]

Ehrungen: EK I, EK II, Ritterkreuz d. Königl. Hausord. von Hohenzollern mit Schwertern, Ritterkreuz d. Albrechtsordens II. Klasse mit Schwertern, die Hessische Tapferkeitsmedaille; 1918 vorgeschlagen für den „Pour le Mérite" [wegen des Kriegsendes Verleihung abgesagt]; 1932 Eingeladener Vortrag ICM Zürich; 1933–39 Ao, 1942–46 Korrespondierendes Mitglied der Heidelberger AW, seit 1946 aus der Liste der Mitglieder gestrichen; 1942 Ehrenbürger der Uni Heidelberg; 1952 Mitglied der Kgl. Spanischen AW unter Franco.

Ausgewählte Publikationen. *Diss.*: (1920) *Eine neue Verallgemeinerung der Borelschen Summabilitäts-theorie der divergenten Reihen (Landau).*

1. (mit Bernstein, F), Die Integralgleichung der elliptischen Thetanullfunktion. Dritte und vierte Note. Gött. Nachr. **1922**, 32-46, 47-52.
2. (mit Bernstein, F), Probleme aus der Theorie der Wärmeleitung. I: Eine neue Methode zur Integration partieller Differentialgleichungen. Der lineare Wärmeleiter mit verschwindender Anfangstemperatur. Math. Z. **22** (1925), 285–293.
3. (mit Bernstein, F), Probleme aus der Theorie der Wärmeleitung. IV. Mitteilung. Die räumliche Fortsetzung des Temperaturablaufs (Bolometerproblem). Math. Z. **26** (1927), 89-98.
4. Sätze vom Tauberschen Charakter im Gebiet der Laplace- und Stieltjestransformation. Sber. Akad. Berlin **1930**, 144-157 (1930).
5. Theorie und Anwendungen der Laplace Transformation. Berlin 1937.
6. Tabellen zur Laplace-Transformation und Anleitung zum Gebrauch. (Grundlehren der mathematischen Wissenschaften, Bd. 54.) Berlin u. Göttingen 1947.
7. Anleitung zum praktischen Gebrauch d. Laplace-Transformation, 1956 [Übersetzungen ins Russische, Französische, Japanische];
8. Handbuch d. Laplace-Transformation, 3 Bde, 1950-1956 [weitere, verbess. Auflagen 1971-1973]
9. Einführung in Theorie u. Anwendung d. Laplace-Transformation, 1958, 1970, 1976.
10. (mit G. Seidel), Die Ausbildung des Luftfahrt-Ingenieurs, Luftwissen **8** (1941), 14–19.

1922–24, noch während seines Aufenthalts in Halle, setzte sich Doetsch mit der „Sinnfrage" in der Mathematik auseinander und verfasste dazu die Aufsätze

11. Der Sinn der angewandten Mathematik, Jahresber. der DMV 31(1922), 222-233
12. Der Sinn der reinen Mathematik und ihrer Anwendung, Kantstudien **29**(1924), 439-459
13. Die Lehre vom Raum. Zu der Studie von Rudolf Carnap über den Raum, Unterrichtsbl. f. Mathe. und Naturw. **30** (1924), 66 u. 83-87

In Sachen Pazifismus verfasste er eine kritische Schrift zur Zentrumspartei:

14. Zentrum und Panzerkreuzer, in: Der Friedenskämpfer. Organ der katholischen Friedensbewegung, April 1928, 21f

Insgesamt umfasst die Liste von Doetschs Publikationen 91 Einträge; Zbl/JFM nennen bereinigt 94 Publikationen darunter 25 Bücher (teilw. in mehrfachen Auflagen).

Quellen. UA Göttingen; Pogg. VI, VIIa, VIII; DFL 1961, p 8; [295]; Tobies [362, p 58]; www.mathematik. unihalle.de/history/doetsch/; Segal [298] Chapter 4, p. 86–105; eine ausführliche Darstellung zu Doetschs Tätigkeit in Halle gibt Remmert auf der Webseite (https://disk.mathematik.uni-halle.de/history/doetsch/index.html, Zugriff 2023-02-20); Remmert, Revue d'histoire des mathématiques, **5** (1999), 7—59; Remmert, V R, Offizier - Pazifist - Offizier: der Mathematiker Gustav Doetsch (1892 bis 1977). Militärgeschichtl. Z. **59** (2000), 139-160. [Mit einer detaillierten Beschreibung von Doetschs militärischer Karriere im 1. Weltkrieg.]; Deakin M B, The Ascendancy of the Laplace Transform and how It Came About, Archive for History of Exact Sciences **44** (1992), 265-286.

Adalbert Duschek

*1895-10-02 Hinterbrühl, Mödling bei Wien;   †1957-06-07 Wien (Herzschlag) (ev AB)

Sohn von Adalbert Duschek senior, Prokurist der 1880 registrierten Firma „Gustav Wagenmann, Petroleum-Raffinerie, Stearinkerzen- und Fettwarenfabriksbesitzer in Wien".

Duschek ⚭ 1921-04-01 Dr Alice Frankfurt, Physikerin (*1898-09-17 Wien; †1944-03-12 Wien), nach dem Krieg ⚭ 1946-01-12 in zweiter Ehe Dr Friederike („Fritzi") Kropf, 2 Söhne: Stefan (*1947-01-08), Florian (*1949-05-19).

Foto: Archiv der Universität Wien

NS-Zeit.   Am 22. April 1938, kurz nach dem Einmarsch der Nationalsozialisten, wurde Duschek mit sofortiger Wirkung beurlaubt und einen Tag später aufgrund der „Abstammung der Frau Duschek"[132] in den frühzeitigen Ruhestand versetzt, was mit erheblichen Einkommenseinbußen verbunden war. Er konnte aber in der Elektroindustrie als Konsulent unterkommen und so den Krieg glimpflich überstehen, ohne zum Militärdienst eingezogen oder für die Rüstungsindustrie dienstverpflichtet zu werden. An der Universität Wien wurde Duschek *nicht* entlassen (er hatte dort keine Stelle), es wurde „nur" seine Venia alten Typs nicht in eine solchen neuen Typs umgewandelt. 1945 wurde er wieder an der TH Wien aufgenommen und zum Professor und Rektor bestellt.

Nach seiner Matura 1914-07-07 am Staatsgymnasium Wien-Hietzing begann Duschek ein Bauingenieurstudium an der TH Wien, wurde aber bereits nach einem Semester 1915-03-01 zum Kriegsdienst einberufen und an die Südfront geschickt. Nach mehreren Auszeichnungen erreichte er den Rang eines Leutnants der Reserve und wurde 1918-11-14, elf Tage nach dem 1918-11-03 in der Villa Giusti abgeschlossenen Waffenstillstand, aus dem Militärdienst entlassen.

Duschek hatte bereits für das Sommersemester 1918 einen Studienurlaub erhalten, belegte an der Universität Wien die Fächer Mathematik und Physik und promovierte dort 1921-03-21 mit einer Dissertation über Regelflächen.

---

[132] Politische Vorwürfe, etwa wegen „linker" Neigungen, sind für 1938 (und die Zeit davor) nirgends aktenkundig. Duschek wurde 1936 von der Ständestaatregierung zum Professor ernannt, was wohl nicht auf ein sichtbar „linkes" Engagement schließen lässt.

Seine Beziehungen zur TH Wien hatte er aber nicht abreißen lassen, sondern 1920-12-02 eine Stelle als wissenschaftliche Hilfskraft an der dortigen Bauingenieurschule, Lehrkanzel für Mathematik, angenommen. Daraus wurde 1921-10-01 eine Assistentenstelle, auf der er bis 1936-02-28 verblieb. Vorstand der Lehrkanzel war bis 1923 Hermann Rothe, ab 1924 Lothar ˃ Schrutka. 1924-11 habilitierte sich Duschek an der TH Wien für Mathematik und wurde 1936-02-24 zum ao Professor ernannt. Die Ernennung zum Professor geschah definitiv gegen den Willen des Professorenkollegiums. Er übernahm die bisher von Franz ˃ Knoll interimistisch geleitete Lehrkanzel Mathematik I. Daneben betreute er auch die Lehrkanzel für Wahrscheinlichkeitsrechnung weiter, die er seit 1928 in seiner Obhut hatte. [133] 1930 wurde seine Habilitation an der Technik auch für die Universität Wien übernommen.

1938-03 wurde er als „jüdisch versippt" und „jüdisch orientiert"[134] bezeichnet, der Zusammenarbeit mit einem „Hilfsarbeiter Einsteins" [nämlich Walther ˃ Mayer] bezichtigt — nach NS-Einschätzung eine besonders schamlose Form 'geistiger Rassenschande' — und zwangspensioniert. Duschek ließ sich das nicht widerspruchslos gefallen und erhob unerschrocken Einspruch, der aber 1938-06-15 endgültig zurückgewiesen wurde. In der Folge fand Duschek einen Posten bei der „Elin- und Schorchwerke" AG[135] (ab 1938-05 als Mitarbeiter, ab 1940 als Konsulent). Für seine mathematische Forschung war dieses neue Betätigungsfeld durchaus kein Nachteil, er fand bei Elin einen ambitionierten Mitstreiter, nämlich August Hochrainer (*1906-04-09 Wien; †1972-05-01 Göttingen),[136] damals Direktions-Assistent der Elin A. G. in Wien. Im Vorwort zum ersten Band ihres gemeinsam verfassten Buchs über Tensorrechnung (1948, s.u.) schreiben Duschek und Hochrainer:

Das vorliegende Buch ist einer leider recht seltenen Arbeitsgemeinschaft entsprungen. Ein Mathematiker, der während der Nazizeit zwar unfreiwillig, aber durchaus nicht ungern vor die Notwendigkeit gestellt war, sich gewissermaßen Hals über Kopf in die Elektrotechnik zu stürzen und ein wirklich mitten in der Praxis stehender Techniker und Leiter der Forschungsabteilung eines größeren Unternehmens der Starkstromtechnik, der wieder von seinen technischen Problemen aus gezwungen war, immer tiefer auch in die „reine" Mathematik hineinzusteigen, legen hiemit ein Ergebnis ihrer Zusammenarbeit vor, deren Besonderheit das Abgehen von der gebräuchlichen Darstellung der Vektorrechnung und der konsequente Aufbau einer neuen Art der Darstellung ist, die zwar an und für sich nicht neu ist, aber doch bisher nicht in vollem Umfang durchgeführt wurde.

---

[133] Diese Lehrkanzel wurde 1941 mit der Lehrkanzel Mathematik II fusioniert.

[134] So die Formulierung auf der bereits vorbereiteten Proskriptionsliste (vgl. p 86), für die Dozentenbundführer Heribert Schober verantwortlich zeichnete.

[135] Die Firma war auf Starkstromtechnik spezialisiert, erzeugte Generatoren, Gleichrichteranlagen, Elektromotoren und Ausrüstung für elektrisch betriebene Bahnen; nach dem „Anschluss" wurde sie mit den Rheinischen Schorch-Werken zwangsfusioniert. Auch Hans Thirring arbeitete während des Krieges als Konsulent für die „Elin- und Schorchwerke".

[136] Hochrainer war ab 1969-08-07 Honorarprofessor für Hochspannungstechnik an der RWTH Aachen

Ebenfalls in der Elin-AG lernte er Otto Plechl[137] kennen, der zusammen mit Frau ⁻Piesch wichtige Beiträge zur Schaltalgebra leistete.

1945 wurde Duschek rehabilitiert und als o Professor und Direktor am I. Mathematik Institut der TH Wien eingesetzt. Von 1945-04 bis 1946-02 war er Rektor der TH Wien; in dieser Funktion leitete er den Wiederaufbau der TH und initiierte die Reformierung der dortigen Mathematikausbildung. Zur Unterstützung dieser Reform gab er 1949–1961 seine vierbändigen *Vorlesungen über höhere Mathematik* heraus. Duschek gehörte 1946-01-12 zu den Initiatoren des *Instituts für Wissenschaft und Kunst* (IWK)[138] und leitete dessen Gründungsversammlung. Das IWK verstand sich selber als außeruniversitäres Organ der gehobenen Volksbildung (ohne Forschungsaufgaben). Eine Berufung an die für Geometrie reservierte Professur an der Universität Wien lehnte er ab.[139]

Der Schwerpunkt von Duscheks mathematischen Publikationen liegt auf dem Gebiet der Differentialgeometrie und Variationsrechnung, daneben befasste er sich mit angewandter Mathematik im Zusammenhang mit Elektrotechnik und Elektronik, vor allem mit der von Paul Ehrenfest 1910 eingeführten Schaltalgebra.[140]

Duscheks erster Beitrag zur Verbreitung des damals noch nicht allgemein akzeptierten, wenngleich für die Relativitätstheorie sehr wichtigen Tensorkalküls war 1928 die von ihm besorgte deutsche Ausgabe des grundlegenden Werks *Absoluter Differentialkalkül* von Tullio Levi-Civita,[141] einem Schüler von Gregorio Ricci.[142]

---

[137] Plechl war Techn. Werksleiter der Elin-A.G. und (tw. zusammen mit Johann Latzko) Inhaber mehrerer Patente für elektronische Überwachungsgeräte und Schalter (zB US Patent US1879707A von 1929 (auch der Schweiz), dt Patent DE750129C (1940), publ. 1944-12-14). 1956 erschien sein Buch *Elektromechanische Schaltungen und Schaltgeräte. Eine Einführung in Theorie und Berechnung.* bei Springer. — Otto Plechl (*1898 Wien; †1967 Wien) absolvierte 1924 die TH Wien mit dem Ingenieurtitel (dieser Titel wurde erst in der NS-Zeit in Dipl. Ing. umgewandelt); 1925 Eintritt in die öst. Bundesbahnen (ÖBB), 1938 in die Elin A. G.; 1944 prom., 1947 hab. TH Wien. (IMN **2** p3). Otto Plechl ∞ Dr med Bertholda (*1902; †1969), geb Exner, Kinderärztin und Primaria, 1 Tochter: Pia Maria Plechl (*1933-01-24 Baden, NÖ; †1995-12-18 [Suizid] Wien), bekannte katholische Journalistin und Autorin von Sachbüchern.

[138] Heute an der Adresse Institut für Wissenschaft und Kunst, 1090 Wien, Berggasse 17. Es soll hier aber nicht unerwähnt bleiben, dass an diesem Institut gelegentlich Vorträge mit eher bedenklichen Inhalten stattfanden, zB Wilhelm Czermak, „Geist und Seele in der Rasse Alt-Aegyptens" 1948-02-05.

[139] [67] p 408.

[140] Heinz Zemanek, Entwickler des ersten österreichischen Computers *Mailüfterl* reiht Duschek zu den wichtigen Autoren auf diesem Gebiet ein.

[141] Tullio Levi-Civita (*1873-03-29 Padua; †1941-12-29 Rom) wurde 1898 Professor für *meccanica razionale* in Padua, 1918 in Rom, 1938 nach dem *manifesto della razza* als Jude aus allen Positionen entfernt. 1936 lud ihn Einstein ans IAS in Princeton ein, wo er ein Jahr verbrachte, aber auf Drängen des Konsulats der faschistischen italienischen Regierung wieder zurückkehrte. In Italien wurde er von allen internationalen Kontakten systematisch abgehalten. (Auch nicht-jüdische italienische Mathematiker durften zB am ICM 1936 in Oslo nicht teilnehmen.) Der Levi-Civita Zusammenhang und der Paralleltransport der Riemannschen Differentialgeometrie gehen auf ihn zurück.

[142] Gregorio Ricci (*1853-01-12 Lugo, Provinz Ravenna; †1925-08-06 Bologna; eig. Ricci Cubastro; nur die letzte seiner zu Lebzeiten erschienenen Publikationen veröffentlichte er unter dem Namen Ricci Cubastro) gilt als Begründer der Tensorrechnung, die er 1887–1896 entwickelte (daher auch die Bezeichnung Ricci-Kalkül). Er studierte in Rom, Bologna, und Pisa, promovierte 1875 bei Ulisse Dini und Enrico Betti. 1877-1878 setzte er seine Studien an der TH München fort und kehrte 1979 nach Pisa zurück, wo er

Duschek war Verfechter der Koordinaten-Schreibweise in der Vektor und Tensorrechnung.[143] Vektoren werden als Koordinatensammlungen x_i, geschrieben, die sich in bestimmter Weise transformieren. Die konsequente Anwendung dieses Tensorkalküls auf die Darstellung der klassischen Differentialgeometrie im $\mathbb{R}^3$ führte Duschek im ersten Teil des *Lehrbuchs der Differentialgeometrie* von 1930 vor;[144] den zweiten, allgemeineren und viel anspruchsvolleren Teil, verfasste Walther ⁎Mayer. 1934 nahm er auf Einladung der Moskauer Lomonossow-Universität an einer Konferenz über Tensoranalysis und ihre Anwendungen teil. Nach dem Krieg griff Duschek die Idee eines Lehrbuchs der Tensorrechnung wieder auf und verfasste 1948 gemeinsam mit August Hochrainer eine dreiteilige Einführung *Grundzüge der Tensorrechnung in analytischer Darstellung*.

Weniger bekannt ist, dass Duschek auch zu der von Otto Plechl und Johanna ⁎Piesch für die Elektrotechnik entwickelten „Schaltalgebra" beigetragen hat. Im 1946-05-27 hielt er im Rahmen der ÖMG einen Vortrag, auf dem er ausführte:[145]

Der Aussagenkalkül der algebraischen Logik und die Theorie der elektrischen Schaltungen sind vom algebraischen Standpunkt aus identisch. Es handelt sich dabei um eine neue Art von algebraischen Bereichen, die ähnlich wie Ringe und Körper axiomatisch festgelegt und näher untersucht werden.

Neben seiner wissenschaftlichen und hochschulorganisatorischen Arbeit war Duschek nach Kriegsende politisch als Mandatar für die SPÖ tätig. Das bedeutete für ihn eine neue Orientierung, da er in der Zeit der Ersten Republik und während der Ständestaatdiktatur nie in Verbindung mit den Sozialdemokraten öffentlich aufgetreten, wahrscheinlich auch nicht Mitglied der SDAP war. Wenn man will, kann man aber eine Verfassungsklage von 1928 gegen die Republik, die die Zahlung der Notstandsbeihilfe von 1926 an Hochschullehrer einforderte, als (standes-) politische Initiative ansehen. Der Klage hatten sich neben Duschek Anton ⁎Huber und zwölf weitere Universitätslehrer angeschlossen, das Gericht gab ihr statt.[146] Wegen des Engagements Duscheks für die SPÖ nach 1945 wird in der Literatur vielfach stillschweigend angenommen, dass Duschek bereits vor 1938 Sympathien für sozialdemokratische Positionen gezeigt hatte,[147] und dementsprechend auch als politisch Verfolgter, nicht nur als „rassisch Verfolgter", der NS-Zeit anzusehen ist. Dafür gibt es aber keine klaren Hinweise. Immerhin wurde Duschek vom Ständestaat-Regime zum ao Professor ernannt, was wohl unmöglich gewesen wäre, hätte er für das System sichtbare „linke" Positionen vertreten. Mit seinen öffentlich vertretenen Meinungen zur Entnazifi-

zunächst Assistent und ab 1880 bis zu seinem Tod Professor war. Zu Einsteins Verbindung mit Levi-Civita und Ricci verweisen wir auf [118].

[143] Die Bezeichnung soll darauf hindeuten, dass hier eben *nicht* „koordinatenfrei" gerechnet wird. Zur koordinatenlosen Differentialgeometrie vgl Gödel-Menger-Wald, Ergebnisse math. Kolloquium Wien 5, 25-26 (1933). Eine an Ingenieure gerichtete programmatische Stellungnahme gibt Duschek in Öst. Ing. Arch. 1 (1947), 371-382.

[144] Dieser Band war gleichzeitig die Habilitationsschrift für die Universität Wien.

[145] IMN 1 (1947), p 4. 1948-02-13 hielt auch Otto Plechl einen Vortrag zum Zusammenhang zwischen Schaltalgebra und kombinatorischer Topologie; vgl. IMN 3 (1948), p 11.

[146] Wiener Zeitung 1928-08-04 p 4f.

[147] Sein familiäres Umfeld lässt das jedenfalls nicht erwarten.

zierung befand er sich nach 1945 häufig in erklärtem Gegensatz zur offiziellen Parteilinie der SPÖ.

Die SPÖ entsandte Duschek in den Bundesrat, dem er von 1945-12-19 bis zu seinem Tod 1957-06-07 angehörte. Er engagierte sich im *Bund sozialistischer Akademiker*[148] und nahm innerhalb seiner Partei und in der Öffentlichkeit zu hochschulpolitischen Themen Stellung, wobei er sich speziell für die Interessen der Studierenden und der Hochschulassistenten einsetzte.[149] In den Verhandlungen für das Hochschulorganisationsgesetz (HOG) 1955 war er beratend tätig, hatte aber nur wenig Einfluss auf die Endfassung, die die Ordinarienuniversität aus der Zeit der Thun-Hohensteinschen Reformen weiterschrieb und dabei gleichzeitig nur eine sehr eingeschränkte Autonomie der Hochschulverwaltungen erlaubte.[150] Dem von diesem Gesetz vorgesehenen *Akademischen Rat* gehörten Duschek und sein TH-Kollege ˃ Inzinger an, dieses Gremium spielte aber de facto so gut wie keine Rolle.[151]

Trotz seiner schlechten Erfahrungen mit dem NS-Regime trat er im Dezember 1946 als entschiedener Gegner der nach dem Verbotsgesetz geübten Praxis der Entnazifizierung auf, die unterschiedslos mit dem einzigen Kriterium der Parteinähe oder -mitgliedschaft vorging. In einem Artikel der Arbeiter-Zeitung forderte er statt dessen eine „Sanierung der Geister":[152]

> *Wir entnazifizieren die Schulen, die Verwaltung, die Wirtschaft und so weiter, aber wir vergessen auf das Wichtigste: die Entnazifizierung Österreichs. Es ist klar, daß man beispielsweise die Hochschulen in einer sehr einfachen Weise entnazifizieren kann, indem man alle, die irgendwie mit der NSDAP zu tun hatten, ob es jetzt Studenten oder Professoren sind, eliminiert, und daß man dasselbe in der Verwaltung, in der Wirtschaft und so weiter tun kann. Genau dasselbe haben die Nazi mit den Juden getan und in seiner letzten Konsequenz hat dieser Weg in die Gaskammern geführt.*
>
> *Ich kann mich des Eindrucks nicht erwehren, daß wir uns heute in der ganzen Nazifrage auf einem ähnlichen Weg befinden. Dieser Eindruck hat sich in mir durch die Reaktion auf meinen Artikel „Wieder einmal die Hochschulen" (Arbeiter-Zeitung vom 27. November) vor allem während der Diskussionenen und Unterhaltungen mit den verschiedensten Leuten, Studenten und Nicht-Studenten, Nazi und Nicht-Nazi, sehr verstärkt. Sicher ist, daß wir den Weg nicht bis zum Ende,*

---

[148] 1946-05-09 als akademische Vorfeldorganisation der SPÖ gegründet.

[149] Vgl. zB Arbeiter Zeitung 1946-11-27 p1f, 1946-12-25 p2; Österreichische Zeitung 1947-07-18 p2; Neues Österreich 1947-11-11 p13; Arbeiterwille 1948-11-05 p2; Wiener Zeitung 1948-12-23 p2; Adalbert Duschek, *Mißratene Diskussion*, in: Österreichische Hochschulzeitung 7/3 (1955), 1

[150] In Finanzierungsfragen war das HOG 1955 dagegen deutlich freizügiger als das spätere UOG 1976 (BGBl. 103/1976, in kraft von 1976-03-02 bis 1997-06-30).

[151] Dem *Akademischen Rat* nach HOG 1955 gehörten fünf Politiker, fünf Vertreter der Rektorenkonferenz und fünf vom Ministerium bestellte Mitglieder (ebenfalls Ordinarien) an. Der Nachfolger Piffl-Perčević des damaligen Unterrichtsministers Heinrich Drimmel stellte zu seiner persönlichen Beratung einen eigenen *Rat für Hochschulfragen* zusammen, dem außer Ministerialbeamten und Professoren auch Assistenten, Studierende und „Vertreter des öffentlichen Lebens und der Wirtschaft" angehörten.

[152] Arbeiter-Zeitung 1946-12-25, p2; vgl. auch Rathkolb Zeitgeschichte 1983 pp 315 und 318.

bis zur Gaskammer, gehen werden, aber ebenso sicher bin ich, daß wir, wenn wir den Weg noch eine Weile weitergehen, vor einem ungleich schwereren Problem stehen werden als heute; wie ja die Lösung heute schon schwerer ist als vor einem Jahr.

[. . .]

Die Nazi wollten das ausrotten, was sie als „jüdischen Geist" bezeichneten, sie klammerten sich dabei an die Personen und mußten also die Personen ausrotten, die ihnen als Repräsentanten des jüdischen Geistes erschienen. Für uns wäre es aber der schwerste Fehler, den wir begehen können, da er unvermeidlich auf den falschen Weg führt, den Geist dadurch treffen zu wollen, daß wir die Menschen treffen.

Begehen wir diesen Fehler, so erreichen wir zweifellos das Gegenteil von dem, was wir eigentlich erreichen wollen. Oder glaubt jemand ernsthaft, daß ein Nazi aufhört, ein Nazi zu sein, wenn er aus seinem Beruf verjagt, wenn seine Existenz gefährdet und wenn mit ihm zugleich auch noch seine Familie getroffen wird? Eine Vergeltung für das, was geschehen ist, gibt es doch überhaupt nicht. Selbst die schwersten Strafen für die wirklichen Verbrecher sind keine Vergeltung im Sinne eines Haftbarmachens für das Geschehen. Die anderen, auf die es hier ankommt haben allerdings durch die Tatsache ihrer Mitgliedschaft zur NSDAP das ganze System gestützt und getragen, und sie sind dadurch in einem kollektiven Sinn mitschuldig geworden, aber von dem Gedanken einer Vergeltung müssen wir uns ihnen gegenüber frei machen . . .

Seine politischen Gegner, innerhalb und außerhalb seiner Partei, warfen ihm prompt vor, er habe die Entnazifizierung mit der Verfolgung und Ermordung der Juden im „Dritten Reich" verglichen oder diese gar gleichgesetzt. Wir können auf die hier aufgeworfenen Fragen nicht näher eingehen, dazu wären noch viele weitere Zitate notwendig. Bei Duscheks Auftreten in den Sonderkommissionen zur Beurteilung ehemaliger NS-Anhänger ist zu vermerken, dass er grundsätzlich Angehörige sozial benachteiligter Schichten eher milde beurteilt sehen wollte.

Die *Salzburger Nachrichten* von 1947-07-18 (p 2) berichteten über Duscheks Haltung zu den Anhaltelagern für NS-Belastete:

Bei der Besprechung des Anhaltelagergesetzes wies Bundesrat Dr. Duschek darauf hin, daß dieses Gesetz den Grundsätzen der Demokratie widerspreche und durch die Anhaltung der sogenannten belasteten Nationalsozialisten schwerlich praktische oder günstige Ergebnisse erzielt werden könnten. Aus der Erfahrung früherer Jahre hätte es sich vielmehr gezeigt, daß die Angehaltenen in den Lagern sich noch mehr und noch enger zusammenschließen.

Dieses Gesetz mußte jedoch gegen den Willen aller österreichischen Stellen geschaffen werden, da es der Alliierte Rat ausdrücklich gefordert hatte.

Hier scheint die alte sozialdemokratische Forderung nach einem Strafvollzug durch, der auch „Erziehungsaufgaben" zu leisten imstande ist und nicht infolge der Gruppendynamik in geschlossenen Anstalten zur Erhöhung der kriminellen Energie (und zur „Weiterbildung" in kriminellen Methoden) führt.

Hingegen stellte sich Duschek vehement gegen den positiven Bescheid der Entnazifizierungs-Sonderkommission für Josef ˃ Krames, den er als „prononcierten Nationalsozialisten" und „Inhaber der Ostmarkmedaille" bezeichnete.[153]

In seiner Freizeit war Duschek begeisterter Amateurfotograf, und das nicht ohne Erfolg: seine fotografischen Arbeiten wurden zB in *Kamera Kunst* publiziert, eines seiner Bilder mit einem Preis ausgezeichnet.

Ehrungen: 1955 Großes silbernes Ehrenzeichen der Republik Österreich; Stellvertretender Präsident der österreichischen UNESCO-Kommission.

Ausgewählte Publikationen. *Diss.*: (1921) *Über die Beziehungen der binären Trilinearform zur Regelfläche zweiter Ordnung.*

1. Über symbolfreie Vektorrechnung, Jahresberichte der Deutschen Mathematikervereinigung **39**(1930), 269–278.
2. Über Räume konstanter Krümmung, gem. mit Walther Mayer, Rend. Circ. Mat. Palermo **55** (1931), 129-136
3. Stromkräfte zwischen parallelen Leitern von rechteckigem Querschnitt. Arch. Elektrotechn. **37** (1943), 293-301.
4. (mit O. Plechl) Grundzüge einer Algebra der elektrischen Schaltungen, Österr.Ing.Arch. **1** (1946), 203–230
5. Über eine neue Art von algebraischen Bereichen. Monatsh. f. Math. **52** (1948) 89–123 [Übersichtsartikel zu Logik und Schaltalgebra, s. auch Rend. Mat. Appl., V. Ser. **10** (1951), 115-134]

Übersetzungen aus dem Italienischen:

6. [Bertini, E, Introduzione alla geometria projettiva degli iperspazi con appendice sulle curve algebriche e loro singolarità. (1907)] Einführung in die projektive Geometrie mehrdimensionaler Räume; mit einem Anhang über algebraische Kurven und ihre Singularitäten. Nach der zweiten italienischen Auflage deutsch herausgegeben von A. Duschek. Wien 1924.
7. [Ricci, G, Lezioni di calcolo differenziale assoluto. (1925)] Der absolute Differentialkalkül und seine Anwendungen in Geometrie und Physik. Springer Grundlehren Bd. 28). Berlin: 1928.

Lehrbücher:

8. Lehrbuch der Differentialgeometrie. Bd. I: A. Duschek. Kurven und Flächen im euklidischen Raum. Leipzig 1930. (Habilitationsschrift für die Uni Wien; 2. Bd von Walther Mayer)
9. Vorlesungen über höhere Mathematik, 4 Bände, Springer 1949ff (der 4. Band erschien posthum), 3. Auflage 1960.
10. (mit A. Hochrainer), Grundzüge der Tensorrechnung in analytischer Darstellung, 3 Bände, Springer, 1946, 4. Auflage 1961 (Bd. 1 Tensoralgebra, Bd. 2 Tensoranalysis, Bd. 3 Anwendungen in Physik und Technik)

Zbl/JFM nennen (bereinigt) 42 mathematische Publikationen, darunter 18 Bücher.

Quellen. ÖStA/AdR, PA Duschek; ÖStA/AdR, BKA, BBV; UA, PH PA 1510; UA, PHIL, GZ 659-1937/38; TUWA PA Duschek 721, 3062, 2355, 1510. kamera kunst 1931-01-01, p20; Einhorn [67], 403–414

Lit.: Rudolf Inzinger, Nachruf auf Adalbert Duschek; in: Mathematik, Technik, Wirtschaft 1957, 140–142.

---

[153] Vgl. dazu: Sarah Reisenbauer, Die Entnazifizierung des Lehrpersonals der Technischen Hochschule in Wien. In: *Österreichische Hochschulen im 20. Jahrhundert. Austrofaschismus, Nationalsozialismus und die Folgen.* Hrsg. v. der Österreichischen Hochschülerschaft, Wien 2013, 366. (Hier zitiert nach [339, p. 336])

Ludwig Eckhart

*1890-03-08 Selletitz bei Znaim (Mähren);   †1938-10-05 Wien

Ältester Sohn des gleichnamigen Rentmeisters, späteren Beamten der Znaimer Krankenkassa;

Ludwig Eckhart jun ⚭ Gabriele (*1910; †1971 Wien), Tochter von August (*1850; †1918-07-28 Znaim) und Ludovika Hajek; 2 Söhne: (1) Dr Lothar Eckhart (*1918-07-11 Znaim; †1990-12-19 Wien), Archäologe mit Schwerpunkt Römerzeit und Frühchristentum in Österreich, und (2) Günther Friedrich Eckhart (*1924-07-28 Wien; †2006-11-12 Wien)

Zeichnung: W.R. nach einem Foto bei Einhorn [67]

NS-Zeit. Ludwig Eckhart beging nach seiner Amtsenthebung wegen einer negativen Beurteilung durch lokale NS-Organe Selbstmord. Er hatte sich als Mährer stets den national gesinnten Kreisen zugehörig gefühlt.

Eckharts Vater, Ludwig Eckhart senior war ursprünglich herrschaftlicher Rentmeister in Selletitz gewesen, später wurde er Sekretär der Znaimer Bezirkskrankenkassa. Eckhart senior war für die deutsche Volksgruppe engagiert, Mitglied des Böhmerwaldbundes[154] und des mährischen Heimatverbands, 1908 war er unter den Mitgliedern des deutsch-fortschrittlichen Wahlausschusses.[155]

Eckhart studierte ab 1907, nach Abschluss der Oberrealschule in Znaim, zunächst an der TH Wien Bauingenieurwesen, wandte sich aber nach der ersten Staatsprüfung der Mathematik und der Darstellenden Geometrie zu; in diesen Fächern legte er 1912-12 die Lehramtsprüfung ab. Sein Lehrer Emil Müller nahm ihn darauf an seiner Lehrkanzel als Hilfsassistenten auf. 1912/13 absolvierte Eckhart sein einjähriges Freiwilligenjahr.

Im ersten Weltkrieg wurde Eckhart zum Kriegsdienst eingezogen, diente im Infanterieregiment Nr 99, wurde 1915 Leutnant d. Reserve, 1917 verwundet, 1918 zum Oberleutnant d.R. befördert. Während seines Spitalsaufenthalts verfasste er bei Emil Müller seine Dissertation, mit der er 1918-03-16 zum Dr tech promovierte. Nach Kriegsende ging Eckhart als Lehrer an die Bundeserziehungsanstalt Wien, wo er schon nach zwei Jahren zum stellvertretenden Direktor aufstieg. Gleichzeitig hielt er aber ab dem SS 1919 laufend Kurse für Darstellende Geometrie am Mathematischen Seminar der Universität ab und fand noch Zeit für wissenschaftliche Arbeiten. 1924 habilitierte er sich als Privatdozent für Geometrie.

---

[154] Eine Vereinigung „zur Hebung des Deutschtums im Böhmerwald" (Eigendefinition), sie wurde 1958 neu gegründet.

[155] Die deutsch-fortschrittliche Partei ging 1910 im Deutschen Nationalverband auf, Hauptziel dieser Gruppierung war die Behauptung (der Privilegien) des Deutschtums in den Kronländern.

Im Jahre 1928 erreichte Eckhart ein Ruf von der DTH Brünn, auf eine 1927-12 neu gegründete Lehrkanzel. Diesem Ruf waren langwierige Vorverhandlungen vorangegangen.[156]
Zunächst einigte sich das Professorenkollegium der DTH auf den Dreiervorschlag:

  Primo loco: Ludwig Eckhart (Wien),   secundo loco: ex aequo Josef ⟩Krames (Wien)
und Edwin Feyer (Breslau).

Diese Liste wurde dem tschechischen Bildungsministerium übermittelt, das darüber das
Innen- und Außenministerium in Kenntnis setzte. Die Berufung scheiterte an Eckharts
Gehaltsforderungen; er hatte zuvor in Wien wegen seiner umfangreichen Lehrtätigkeit
(und des guten Besuchs seiner Lehrveranstaltung) sehr gut verdient.

1929 trat Eckhart die Nachfolge Theodor Schmids an der II. Lehrkanzel für Darstellende
Geometrie der TH Wien an, nachdem er den Ruf nach Brünn abgelehnt hatte. In der Lehre
betreute er die Maschinenbauer und die Lehramtskandidaten, wobei er das Lehrangebot
um Kinematik und zusätzliche Einführungen in die Projektive Geometrie erweiterte. 1935
wurde er zum Dekan der naturwissenschaftlichen Fakultät der TH Wien gewählt.

In seinen Forschungsarbeiten befasste sich Eckhart hauptsächlich mit Abbildungsprinzi-
pien, vor allem mit Konstruktiven Abbildungsverfahren wie dem Einschneideverfahren
in der Axonometrie, etwas abstrakter mit linearen Strahlkomplexen und deren Abbildung
auf Kreis-Punkt-Elemente. Analytische Untersuchungen betrafen Loxodromen, Flächen
4. Ordnung mit Kegelschnitten als Fallinien, Doppelpunkte von Koppelkurven und das
Striktionsband einer hyperbolischen Regelschar.

Kurz nach der NS-Annexion vom März 1938 wurde Eckhart auf Grund negativer Beurteilungen durch den zuständigen NS-Ortsgruppenleiter vorläufig von seinem Amts beurlaubt.
Die Vorwürfe umfassten „mangelnde nationale Gesinnung", Beschäftigung des volljüdi-
schen Assistenten Anton ⟩Mayer, Unterstützung von Vertretern des 'Systems' (NS-Jargon
für die Ständestaatsregierung), wie Felix Petritsch.[157] Auch die Teilnahme an Fronleichnamsprozessionen war beobachtet und negativ vermerkt worden, wenngleich, mildernd, als
im NS-Sinn „legale" karrierefördernde Anbiederung an den Ständestaat gewertet. Eckhart
war bereits vor dem „Anschluss" durchaus nicht als NS-feindlich zu bezeichnen, in der
„Deutschen Mathematik" (Bd 3 Heft 2 (1938), p215) war er sogar unter dem Titel *Die
deutsche Forschung im Jahre 1937* mit einem Bericht über sein Einschneideverfahren vertreten. Beteuerungen seiner „nationalen Gesinnung als Deutsch-Mährer" in wiederholten
Eingaben hatten keinen Erfolg und so erschoss sich der verzweifelte Eckhart am 5. Oktober
1938. Auf einer in den 70er Jahren von Marie Tidl aufgefundenen NS-Proskriptionsliste
ist vermerkt, er habe „sich ursprünglich als Nationaler gebärdet, wurde dann aber einer
der bösesten Umfälle, bei ihm genügt Versetzung an eine andere Hochschule, diese ist

---

[156] Die folgenden Ausführungen stützen sich auf Šišma [322, p 226–229].

[157] Ernst Felix Petritsch (*1878-05-21 Triest; †1951-12-18 Wien) war Mitglied der nationalen Kreisen
nahestehenden CV-Verbindung „Germania", der Vaterländischen Front (das waren allerdings ohnehin
alle) und ab 1934 des Wiener Heimatschutzes (das waren *nicht* alle); sein 1938 gestellter Antrag auf
Mitgliedschaft in der NSDAP wurde wegen dieses Naheverhältnisses zum Ständestaat abgelehnt. Petritsch
war seit 1928 Professor für Telegraphie und Fernmeldetechnik an der TH Wien gewesen, wurde 1938 vom
NS-Regime vom Dienst suspendiert, 1939 zwangspensioniert. Petritsch wurde nach 1945 rehabilitiert.

jedoch nötig." Das steht in Übereinstimmung mit einem nach dem Krieg aufgefundenem Briefkonzept vom 4. Oktober.[158]

Eckharts Selbstmord schlug hohe Wellen, auch innerhalb des Regimes. Das REM kritisierte die Vorgangsweise der TH scharf, was in ähnlich gelagerten Fällen (zB bei ⟩ Knoll) zu etwas mehr Zurückhaltung führte.

Ehrungen: 1917 Militärverdienstkreuz in Silber, Belobigung mit Schwertern, Karl-Truppenkreuz, Verwundetenmedaille

Ausgewählte Publikationen. *Diss.*: (1918) *Eine Abbildung der linearen Strahlenkomplexe auf die Ebene (Emil Müller).*

1. Eine Abbildung der linearen StrahlenKomplexe auf die Ebene. Wien. Ber. **127** (1918), 91-118.
2. Über ebene Loxodromen und deren graphische Integration. Wien. Ber. **127** (1918), 585-597.
3. Über Flächen vierter Ordnung, deren Fallinien Kegelschnitte sind. Wien. Ber. **131** (1922), 417-427.
4. Über die Abbildungsmethoden der darstellenden Geometrie. Wien. Ber. **132** (1924), 177-192.
5. Konstruktive Abbildungsverfahren — Eine Einführung in die Neueren Methoden der Darstellenden Geometrie Wien 1926.
6. Zum Unterricht in der analytischen Geometrie. Z. f. math. Unterricht **60** (1929), 145–152.
7. Der vierdimensionale Raum. (= Mathematisch-Physikalische Bibliothek 84). Leipzig 1929. (Engl. Übers.: Bigelow, A.L., and S.M. Slaby, Four-dimensional space. Bloomington-London 1968.)
8. Konstruktion der Doppelpunkte einer Koppelkurve. Maschinenbau/Reuleaux-Mitteilungen (1936), 697-698 [nicht in Zbl/JFM]
9. Das Striktionsband der hyperbolischen Regelschar. S.-B. Akad. Wiss. Wien, Math.-nat. Kl., IIa **145** (1936), 269–282.
10. Affine Abbildung und Axonometrie. Sitzungsber. Akad. Wiss. Wien 146 (1937), 51–56.
11. Ein neues Schrägrissverfahren. Österr. höhere Schule (Beibl. z. Mittelschullehrer, Wien) **6** (1937), Okt.-No. 1–2.
12. Affine Abbildung und Axonometrie. Sitzungsber. Akad. Wiss. Wien **146** (1937), 51–56.

Zbl/JFM nennen (bereinigt) 14 Publikationen, davon zwei Bücher.

Quellen. Znaimer Tagblatt 1917-08-09 p2, 1918-03-16 p2, 1918-07-30 p4; Znaimer Wochenb. 1912-12-14 p4; Jahresbericht DMV **75** (1973), 190; IMN **2** (1948) 16–18; Koll [172, p 257]; *Der Mahnruf* Heft 7 (1974), p7.; TUWA Personalakt Ludwig Eckhart; ÖStA/AdR Gauakt Ludwig Eckhart, Gutachten des Ortsgruppenleiters vom 16. August 1938 (hier zit. nach Koll)

---

[158] Einhorn [67, p 650].

Ernst Sigismund Fischer

*1875-07-12 Wien;   †1954-11-14 Köln (evang. AB)

Sohn von Jacob Fischer (*1849-08-20 Po(h)rlitz (Pohořelice, Mähren CZ); †1933-04-13 Wien), Musiker, Komponist und Professor an der Wiener Musikakademie, und dessen Ehefrau Emma (*1842; †1921), geb Graedener, Tochter von Jacob Fs Lehrer Carl Graedener (*1812-01-14; †1883-06-10 Hamburg). Emma Fischers Bruder Hermann Otto Theodor Graedener (*1844-05-08 Kiel; †1929-09-18 Wien) war ebenfalls Musiker und Komponist, außerdem Vater des NS Schriftstellers Hermann Graedener (*1878-04-29 Altmünster OÖ; †1956-02-24 Altmünster).

Foto: Aus dem Nachlass Ursula Fischer, 1920er Jahre; Sammlung Peter Roquette; Fotoarchiv Oberwolfach

Fischer ⚭ 1917 (Erlangen) Elisabeth (*1891), geb Strauß [Tochter des Pfarrers Eugen Strauß, Bonn], 1 Tochter: Ursula

NS-Zeit.   Fischer gehört zu den österreichischen Mathematikern, die bereits in den 20er Jahren nach Deutschland übersiedelten, dort aber nach 1933 der NS-Willkür ausgesetzt waren. 1938 wurde er nach 18-jähriger Tätigkeit an der Universität Köln wegen jüdischer Vorfahren und jüdischer Ehefrau zwangspensioniert, aber wegen des „Frontkämpferprivilegs" während des Krieges nicht noch weiter verfolgt. Er musste nicht emigrieren und konnte nach dem Krieg als nunmehr 71-Jähriger seine Lehrtätigkeit wieder aufnehmen. 1946–1954 war er wieder Professor in Köln.

Fischer studierte ab 1894 Mathematik an der Universität Wien, mit einem eingeschobenen Studienjahr in Berlin. Er promovierte 1899-07-12 mit einer Dissertation über Determinanten[159] bei Franz Mertens.[160] Für weitere Studien ging er zu H. Minkowski nach Zürich und nach Göttingen. 1902 kam er als Assistent von Emil Waelsch[161] an die deutsche TH in Brünn, wo er 1904 Privatdozent, 1910 außerordentlicher Professor wurde und bis 1911 blieb.

1911–20 war er anschließend ordentlicher Professor an der Universität Erlangen. An dieser Universität wirkte damals Max Noether, dessen Tochter Emmy Noether dort 1907 bei Paul Albert Gordan[162] promoviert hatte. Zwischen Emmy Noether und Ernst Fischer entwickelte sich ein reger Gedankenaustausch und ein Briefwechsel, der bis 1929 andauerte. Nach

---

[159] UWA unter der Signatur PH RA 1186

[160] Franz Mertens (*1840-03-20 Schroda, Posen; †1927-03-05 Wien) war auch Lehrer von Eduard Helly und Erwin Schrödinger. Zahlentheoretikern ist er wohlbekannt von seinen asymptotischen Formeln für die divergente Reihe der Kehrwerte der Primzahlen.

[161] Emil Waelsch (*1863; †1927)

[162] Paul Albert Gordan *1837-04-27 Breslau, heute Polen; †1912-12-21 Erlangen

Noethers eigenen Worten verhalfen ihr Fischers Ratschläge dazu, den rein rechnerischen Zugang zur Algebra zu überwinden und zur modernen Algebra zu finden.[163] Fischers Wirken in Erlangen wurde 1915–18 durch seinen Kriegsdienst als Oberleutnant unterbrochen. 1920 folgte er dann einem Ruf für ein Ordinariat an der Universität Köln. Dort lehrte er unbehelligt bis 1938, als er wegen jüdischer Vorfahren[164] und einer jüdischen Ehefrau zwangspensioniert wurde. Auf ihn wurde aber der Frontsoldaten-Passus des Berufsbeamtengesetzes angewendet, der ihn vorerst vor weiterer Verfolgung schützte.[165] Nach dem Krieg wurde die Zwangspensionierung rückgängig gemacht und Fischer lehrte von 1946 bis 1954, ein Semester vor seinem Ableben, an der Universität Köln.

Fischer ist vor allem durch seine Beiträge zur Fourieranalyse bekanntgeworden. Er bewies 1907 gleichzeitig mit Frigyes (Friedrich) Riesz den bekannten „Satz von Riesz-Fischer":

Wenn die Quadratsumme einer gegebenen Folge von Konstanten konvergiert, so gibt es eine integrierbare und quadrat-integrierbare Funktion mit dieser Folge als Fourierkoeffizienten.

In der zugehörigen Publikation führte er den Begriff der Konvergenz im Mittel ein. Weitere Beiträge Fischers gehören zur Theorie der Determinanten (Verallgemeinerung der Sätze von Hadamard und Sylvester) und zur Gruppentheorie.

MGP berichtet von 5 betreuten Dissertationen, darunter eine von einer Frau verfasste; 4 in Köln

Ehrungen: EK II; bayerischer Militärorden; 1931 Präsident der DMV; 1935 Ehrenkreuz für Frontsoldaten.

Ausgewählte Publikationen. *Diss.*: (1899) *Zur Theorie der Determinanten (Mertens; Gegenbauer).*

1. Sur la convergence en moyenne. Comptes rendus hebdomadaires des séances de l'Académie des sciences **144** (1907), 1022–1024;
2. Applications d'un théorème sur la convergence en moyenne, **144** (1907), 1148–1151;
3. Über den Hadamardschen Determinantensatz. Archiv d. Math. u. Physik **13**(1908), 32–40;
4. Verallgemeinerung des Sylvesterschen Determinantensatzes. Journal f. d. reine u. angew. Math. **135** (1909), 306–318;
5. Das Carathéodorysche Problem, Potenzreihen mit positivem reellen Teil betreffend. Rendiconti del Circolo Matematico di Palermo **32** (1911), 240–256;
6. Die Isomorphie der Invariantenkörper der endlichen Abelschen Gruppen linearer Transformationen. Nachr. Wiss. Ges. Göttingen, math.-physikal. Kl., **1915** (1915), 77–80;
7. Zur Theorie d. endl. Abelschen Gruppen. Math. Ann. **77** (1916), 81–88;
8. Absolute Irreduzibilität, Math. Ann. **94** (1925), 163–165;
9. Modulsysteme u. Differentialgleichungen. JBer. d. DMV, **32** (1923), 148–155.

---

[163] Dick A (1970), Emmy Noether: 1882-1935. *Elemente der Mathematik,* Beiheft 13, Birkhäuser, Basel-Stuttgart

[164] Sein Großvater Aron war Angestellter der Kultusgemeinde in Brünn gewesen.

[165] Auf ehemalige Frontsoldaten wurde auf Verlangen Hindenburgs das Gesetz zur Wiederherstellung des Beamtentums nicht angewandt. Der Passus schützte nicht vor zwangsweiser Pensionierung, im Wortlaut:

... Wenn diese [jüdischen] Beamten im Weltkrieg an der Front für das Deutsche Reich oder für seine Verbündeten gekämpft haben, erhalten sie bis zur Erreichung der Altersgrenze als Ruhegehalt die vollen zuletzt bezogenen ruhegehaltsfähigen Dienstbezüge: sie steigen jedoch nicht in Dienstaltersstufen auf. Nach Erreichung der Altersgrenze wird ihr Ruhegehalt nach den letzten ruhegehaltsfähigen Dienstbezügen neu berechnet.

Fischers Leistungen im Krieg müssen sogar die NS-Machthaber beeindruckt haben, denn er erhielt noch 1935, zwei Jahre nach der Machtüberlassung, das Ehrenkreuz für Frontkämpfer.

Zbl/JFM konnten wegen Namensgleichheiten irrtümliche oder fehlende Zuschreibungen nicht vermeiden. JFM nennt 19 Publikationen zwischen 1897 und 1927.

Quellen. Pogg. V-VII a; Pinl [222] **5** (1961), p 183; (https://www.deutsche-biographie.de/pnd116551402. html, Zugriff 2023-02-20); Haupts L (2007), Die Universität zu Köln im Übergang vom Nationalsozialismus zur Bundesrepublik. p349

Ernst Foradori

*1905-06-06 Bozen;;   †1941-11-17 an der Ostfront gefallen (kath)

Sohn des Kaufmanns Eduard Foradori (*1871 ; †1929-10 Bozen) und dessen Frau Mathilde, geb. Wolf; Bruder von Luise und Mathilde Foradori.

Foto: Richard Müller, Innsbruck. *Innsbrucker Nachrichten* 1941-05-19 p3 (Ausschnitt).

NS-Zeit. Foradori gehörte zu den NS-Parteigängern in der Hochschulassistenten-schaft, die nach dem Verbot der NSDAP wegen illegaler Aktivitäten vor der Verfolgung durch die Ständestaatdiktatur nach Hitler-Deutschland flüchten mussten, nach dem „An-schluss" aber zurückkehrten und als „alte Kämpfer" der Partei, mit Hilfe akademischer NS-Seilschaften in der Universität Karriere machten. Foradori fiel 1941 an der Ostfront.

Ernst Foradoris Vater war Inhaber einer Handelsagentur in Bozen und Bozener Vertreter der *Anker* Versicherung.[166]

1927-07-16 promovierte Foradori zum Dr phil ,[167] studierte aber weiter, in einer Art Dop-pelstudium Mathematik–Philosophie. Am Institut für Philosophie war Foradori Mitarbeiter von Alfred Kastil[168] bei der Bearbeitung des ersten Franz-Brentano-Archivs.

---

[166] Aus dieser Region gab es besonders viele Freiwillige zur Waffen-SS. Vgl. Casagrande, T., Südtiroler in der Waffen-SS. Vorbildliche Haltung, fanatische Überzeugung. Bozen 2016. Das familiäre Umfeld Foradoris war wahrscheinlich von vornherein NS-freundlich ausgerichtet.

[167] Allgemeiner Tiroler Anzeiger 1927-07-16, p.7

[168] Alfred Kastil (*1874-05-12 Graz; †1950-07-29 Schönbühel a/d Donau) wurde 1909 von Prag als ao Professor an die Universität Innsbruck berufen, dort 1912 zum o Professor bestellt, 1934 emeritiert. In seiner Innsbrucker Zeit befasste er sich hauptsächlich mit Erkenntnistheorie und mit der Herausgabe des Brentano-Archivs; Kastil war zeitweise Erzieher von Brentanos Sohn Giovanni gewesen. 1920 trat er in der „Karl-Kraus-Affäre" vehement gegen organisierte Proteste von Seiten des Tiroler Antisemitenbundes sowie deutschnationaler und katholischer Kreise gegen eine Lesung von Kraus 1920-02-04 auf (die zweite wurde verboten). Die Affäre kann in den Innsbrucker Nachrichten vom Februar/März nachgelesen werde; vgl auch den Allgemeinen Tiroler Anzeiger 1920-02-10 p3 uva.

1933-06-23 wurde er Privatdozent für Logik und Erkenntnistheorie mit besonderer Berücksichtigung der Philosophie der Mathematik.[169]

Nach dem NS-Verbot von 1934 floh Foradori nach NS-Deutschland und wurde von ⊳Bieberbach als Lektor am Mathematischen Institut der Berliner Universität aufgenommen. Norbert Schappacher kommentiert das in [286]:

> *It was also apparently for political reasons that Bieberbach brought to Berlin the Austrian set theorist Foradori as a lecturer. Or at least, if this move had mathematical motives, this would imply a lack of mathematical judgement which is difficult to attribute to Bieberbach.*

Nach dem „Anschluss" wurde Foradori zurück an die Universität Innsbruck versetzt, dort 1939 Dozentenbundführer und schließlich 1940-05 zum außerplanmäßigen Professor für Logik und Erkenntnistheorie an der nunmehrigen „Alpenuniversität Innsbruck" ernannt. In der Partei bekleidete er den Rang eines Gauamtsleiters.[170]

Ab dem Jahre 1940 wurde es den an sich vom Frontdienst freigestellten NS-Funktionsträgern erlaubt, sich für eine beschränkte Zeit zum Dienst an der Front zu melden.[171] Foradori machte von dieser Erlaubnis Gebrauch und starb an der Front.

Die Innsbrucker Nachrichten 1941-13-16 berichteten darüber unter der Überschrift „Das Werk des toten Kämpfers lebt weiter"[172]:

> [. . .]
> *Gauamtsleiter und Gaudozentenführer Parteigenosse Dr. Ernst F o r a d o r i ist als Feldwebel und O.-A. [Offiziersanwärter] in einem Gebirgsjägerregiment im November 1941 im äußersten Nordabschnitt der Ostfront gefallen. Pg. Foradori, der am 6. Juni 1905 als Sohn eines Kaufmannes in Bozen geboren war, gehörte schon 1931 während seiner Hochschulstudien in Innsbruck der Bewegung des Führers an, stand während der Verbotszeit aktiv in den Reihen der SA, und mußte, um den Nachstellungen des Systems zu entgehen, zeitweise seine Heimat verlassen. Nach der Heimkehr der Ostmark ins Reich kehrte er nach Innsbruck zurück und wurde vom Gauleiter zum Gauamtsleiter, vom Reichsdozentenführer zum Gaudozentenführer berufen. Seine Hochschulstudien hatte er im Jahre 1933 abgeschlossen, war zunächst in Innsbruck und vorübergehend in Berlin als Privatdozent tätig und gehörte zuletzt als außerplanmäßiger Professor für Logik und Erkenntnistheorie mit besonderer Berücksichtigung der Philosophie der Mathematik dem Lehrkörper der Innsbrucker Universität an. Die Nationalsozialistische Deutsche Arbeiterpartei und die Deutsche Alpenuniversität Innsbruck veranstalteten zum Gedenken an den gefallenen Parteigenossen*

---

[169] Allgemeiner Tiroler Anzeiger 1934-04-17 p7.

[170] Gauämter waren die administrativen Unterabteilungen der Gaue und jeweils dem Gauleiter unterstellt. Im Findbuch zum Gau Tirol-Vorarlberg wird Foradori in der Rubrik Gauämter als Gaudozentenführer genannt.

[171] Ab 1944 konnten generell auch Wehrmachtsangehörige der Partei beitreten.

[172] Nicht alle Angaben des Zeitungsartikels sind sachlich korrekt, er ist aber in jedem Falle aufschlussreich über die Einschätzung der Mathematik und der Wissenschaft überhaupt in der NS-Führung.

und Wissenschaftler eine würdige Feierstunde, die in der Aula der Universitat stattfand. [. . .]

[. . .] Pg. Dr. Steinacker [. . .] würdigte die Persönlichkeit des Toten als Mensch und Wissenschaftler. Pg. Foradori war als Lehrer und Gelehrter eine große Hoffnung der Universität, ruhig, verschlossen und zurückhaltend in seinem Wesen und doch ein echter Kämpfer, dabei Wissenschaftler bis zur letzten Faser und auch als solcher ein Kämpfer. In diesem Zusammenhang verwies Pg. Dr. Steinacker darauf, daß die so weltfremd und lebensfern scheinende Wissenschaft doch entscheidend in das Leben eingreift; die angewandte Wissenschaft steht im Dienste unseres Kampfes und Sieges und mit ihrer Hilfe werden wir nach dem Sieg auch den Frieden gewinnen. Zur Wissenschaft gehört letzten Endes die gleiche Grundeigenschaft wie zum Soldatentum, namlich Mut.

[. . .] der Stellvertretende Gauleiter, Befehlsleiter Pg. Parson [. . .] erinnerte daran, daß Pg. Foradori zur Bewegung stieß, als ihre Gefolgschaft noch klein war, ihr in der Verbotszeit ohne Rücksicht auf das berufliche Fortkommen und die Bedrohung durch das System die Treue hielt und bei vielen gefährlichen Unternehmungen in vorderster Reihe stand, nach der Heimkehr ins Reich aber in rastlosem Einsatz für die Partei im allgemeinen und für den NSD.-Dozentenbund im besonderen wertvolle Aufbauarbeit leistete. Als Freiwilliger im Verband einer Kompanie, die fast ausschließlich aus Südtiroler Freiwilligen bestand, erkämpfte sich Pg. Foradori in den Vogesen das Eiserne Kreuz 2. Klasse und die Beförderung zum Unteroffizier. Nach dem Urteil seines Kompanieführers war er einer der tapfersten und in jeder Hinsicht verläßlichsten Soldaten. Bezeichnend für seine persönliche Bescheidenheit war es, daß keiner seiner Kameraden draußen im Felde wußte, daß er Gauamtsleiter und Universitatsprofessor war.

Nachdem ihn der Gauleiter vorübergehend zur Dienstleistung an der Inneren Front zurückberufen hatte, rückte Pg. Foradori im Mai 1941 neuerdings zu seiner Truppe ab. Am nördlichsten Abschnitt der Ostfront, in einer nahezu urweltlichen Eis- und Schneelandschaft, im Kampfe mit einem zähen und verschlagenen Gegner hat sich nun der Sinn dieses kämpferischen Lebens erfüllt.   [. . .]

1943 wurde Foradori posthum zum Leutnant der Reserve befördert.

In seiner mathematischen Arbeit befasste sich Foradori mit axiomatischen Fragen, mit Raum und Zeit, und mit den Grundlagen der Topologie, der Quantenphysik, der Maßtheorie (in Verbindung mit Carathéodorys Somentheorie), und der von ihm „Teiltheorie" genannten Aspekten der Verbandstheorie. In der Sprache dieser "Teiltheorie" können Carathéodorys Somenaxiome von 1935 knapper gefaßt werden. Zu Foradoris Buch *Grundgedanken der Teiltheorie* schrieb Wilhelm Ackermann[173] die folgende Besprechung im JFM (63.0027.01):

Das vorliegende Buch faßt die Grundgedanken der Teiltheorie, die vom Verf. in verschiedenen Aufsätzen entwickelt wurde (Mh. Math. Phys. 39 (1932), 439-454, 40 (1933), 161-180, 41 (1934), 133-173; F. d. M. 58I, 79, 59I, 96, 60I, 202), in

---

[173] Wilhelm Ackermann (*1896-03-29 Schönebecke (Herscheid); †1962-12-24 Lüdenscheid) ist von der Ackermann-Funktion (eine schneller als jede primitiv-rekursive wachsende, aber berechenbare Funktion) und durch sein Buch mit David Hilbert bekannt.

gut lesbarer Darstellung zusammen. Die untersuchte Teilbeziehung („a ist Teil von b"), die in der Mathematik in der verschiedensten Weise vorkommt, z.B. wenn in der Geometrie von Teilen eines geometrischen Gebildes, in der Mengenlehre von Teilmengen, in der Analysis von Teilintervallen gesprochen wird usw., wird zum Gegenstand einer eigenen abstrakten Untersuchung gemacht, bei der ähnlich wie in der abstrakten Gruppentheorie, Mengenlehre, Körpertheorie usw. von der spezifischen Natur der Elemente, zwischen denen die Teilbeziehung besteht, ganz abgesehen wird. Der Ausgangspunkt der Deduktionen ist denkbar einfach, er besteht nur aus zwei Axiomen, die die Reflexivität und die Transitivität der Teilbeziehung für den zugrunde gelegten Bereich postulieren.

Wichtig ist, daß gezeigt wird, wie sich allein auf der Grundlage der Teilbeziehung der Begriff des Kontinuums einführen läßt, ohne daß etwa eine ordnende Beziehung benutzt wird. Die Beantwortung der Frage, wann zwei Kontinua isomorph sind, d.h. dieselbe Russellsche Relationszahl bezüglich der Teilbeziehung besitzen, führt zur Aufstellung bestimmter Klassen von Kontinua, die jeweils durch Beispiele erläutert werden. Es zeigt sich, daß mit einfachsten teiltheoretischen Mitteln gestaltliche Eigenschaften festgehalten werden können, ohne daß irgendwelche Relativbegriffe (wie z.B. der eines Umgebungssystems) benutzt werden. Von besonderer Wichtigkeit hinsichtlich der Grundlagen der Analysis ist die Einführung der linearen Kontinua und der Beweis des Dedekindschen Schnittprinzips. (IV 1, V 2.)

Hier sind in rudimentärer Form Elemente der Verbandstheorie beschrieben, die 1948 erstmals von Garrett Birkhoff systematisch dargelegt und entwickelt wurden. Eine ähnliche Besprechung, aber mit wesentlich kritischeren Kommentaren, verfasste Birkhoff selber im Zbl. Wenn man will, kann man in Foradoris Ideen einen unausgereiften Vorläufer der modernen Topos-Theorie sehen.

Als Mathematiker war Foradori nicht den verbissenen NS-Parteigängern zuzurechnen, was schon aus seinen Beiträgen zur Relativitätstheorie hervorgeht. 1939 erschienen zwei Arbeiten, in denen Foradori gemeinsam mit dem ebenfalls in Innsbruck tätigen Physiker Arthur March ganzzahlige Metriken einführte, die auch vom philosophischen Standpunkt das Konzept der Elementarlänge behandeln sollten.[174] March stieß später zur Widerstandsbewegung und war nach dem Krieg kurzzeitig Mitglied der provisorischen Landesregierung von Tirol.

Ehrungen: 1940-11 Eisernes Kreuz 2. Kl; 1941-12 Gedenkfeier für E.F. in der Aula der Uni Innsbruck; 1943 posthum vom Feldwebel zum Leutnant d.R. befördert.

Ausgewählte Publikationen.

1. Grundgedanken der Teiltheorie. Leipzig: S. Hirzel. 79 S., 42 Abb. (1937). [Buchbesprechung von H. ⁺Wendelin in Deutsche Math. **3** (1940) p 346. Besprechungen von Ackermann und G. Birckhoff sind oben erwähnt.]
2. Zur Theorie des Carathéodoryschen Integrals. Deutsche Math. 4, 577-582 (1939).
3. (gemeinsam mit A. March) Ganzzahligkeit in Raum und Zeit. I,II. Z. Phys. **114** (1939), 215–226, 653–666.

---

[174] Eine ausführliche Auseinandersetzung mit diesen Ideen findet sich in Kragh, H., *Arthur March, Werner Heisenberg, and the search for a smallest length.* Rev. Hist. Sci. 48 (1995), 401–434, besonders p 428f. Zur Biographie von March vgl. Heinzmann, [222] **16**, Maly–Melanchthon, p 125f.

4. Teiltheorie und Verbände. Deutsche Mathematik, **5** (1940), 37—43.

Zbl/JFM nennen 19 Publikationen, darunter 2 Bücher.

Quellen. Koll [172, p 370ff]; Peter Goller: Die Lehrkanzeln für Philosophie an der Philosophischen Fakultät der Universität Innsbruck 1848 bis 1945, Innsbruck 1989; Allgemeiner Tiroler Anzeiger 1929-10-28; Vorlesungsverz Uni Innsbruck

---

Philipp(e) Freud

*1880-07-04; †1938-11-17b Wien-Simmering (Suizid während des Pogroms 1938-11; ev. AB)

Sohn des Lederhändlers Simon (nach seiner Taufe ev AB 1902-09-28 Sigmund) Freud (*1847-07-25 Kasejovice (Kassejowitz), Böhmen; †1930-07-21b Wien-Simmering) und dessen Frau Hermine (*1853-03-24 Podgorze, Galizien; †1927-09-13b), geb Lederer [Tochter des k.k. Regimentsarztes Simon Lederer (*Miroslav, Mähren; †1858-07-29 Prag) und seiner Ehefrau Amalie (*1833 Prag; †1917-04-23 Wien), geb Lucka];

Bruder von (1) Emil Freud (*1876-05-12 Wien; †1876-09-28 Wien [4 Monate alt]), (2) Dr Selma Freud (*1877-08-21 Wien; †1962-09-26 New York, 1963-09-12b Wien-Simmering [promovierte Physikerin, in die USA eingebürgert 1947-08-12]), (3) Ernst (Benedikt) Freud (*1884-02-20 Wien; †1911-04-04 Pressburg, (1911-04-05b Wien-Simmering) [Kaufmann]) und (4) Dr Paul Freud (*1894-11-06 Wien; †1977-04 Forest Hill, Queens NY, USA, 1977-09-13b Wien-Simmering [Primararzt im Säuglingsheim des Wiener Zentralen Krippenvereins] ∞ Hilda (*1909; †2004-03-30b).

Philipp Freud war nach unbestätigten Meldungen verheiratet.

NS-Zeit. Nach mündlicher Überlieferung soll Philipp Freud sich während des Pogroms von 1938-11-10 (oder kurz danach, unter dem Eindruck der Ereignisse) vergiftet haben. Er wurde jedenfalls eine Woche nach dem Pogrom auf dem protestantischen Friedhof in Wien-Simmering bestattet. Den 1938 noch lebenden Geschwistern Selma und Paul gelang die Flucht in die USA.

Philipp Freud entstammte einer assimilierten[175] und sehr wohlhabenden Familie mit jüdischem Hintergrund und akademischen Ambitionen.[176] Sein Vater hatte als Kaufmann begonnen, später erwarb er das Eckhaus Hugo-Wolfgasse 1 (an der nördlichsten Ecke des rechteckigen Loquaiparks in Wien-Mariahilf) in Wien-Mariahilf, wo er eine Lederfabrik sowie ein Geschäft für Lederwaren führte[177] und mit seiner Familie wohnte.

Der älteste Sohn der Familie starb bald nach der Geburt, danach war Selma das älteste Kind ihrer Eltern. Selma Freud besuchte nach der Volksschule das sechsklassige Lyze-

---

[175] Seine Schwester Selma trat bereits 1900 aus der IKG aus, alle anderen Familienmitglieder geschlossen im Jahr 1902. (Staudacher [335] p 166,)

[176] > Hlawka behauptete in Gesprächen mehrmals, Philipp Freud sei mit dem Psychoanalytiker Sigmund Freud verwandt; Popper bestreitet das (wie wir inzwischen wissen, zu Recht). Im (sehr gut dokumentierten) Stammbaum der Familie des Psychoanalytikers Sigmund Freud tritt nur dessen Bruder (*1836; †1911) mit dem Vornamen Philipp auf.

[177] Dem Adressverzeichnis von Lehmann [183] lässt sich der Werdegang von Simon (Sigmund) Freuds Firma entnehmen. Mit einer Privatadresse tritt Simon Freud erstmals 1877 auf (Nordwestbahnstr 17), 1879–82 als Kaufmann Simon Freud (Mariahilferstr 79), eine Firma dieses Namens erstmals 1883.

um des I. Wiener Frauenerwerbvereines. Da zum damaligen Zeitpunkt keine der Wiener Mädchenmittelschulen Reifeprüfungen abnehmen konnte, legte sie ihre Matura 1901 als Externistin in Prag ab. Danach studierte sie Physik und Mathematik an der Universität Wien. Nach bestandener Lehramtsprüfung absolvierte sie 1906/07 ihr Probejahr am Mädchen-Gymnasium des Vereins für Erweiterte Frauenbildung in Wien.[178] Ihr Studium setzte sie fort und promovierte 1906-03-01 bei Franz Exner und Ludwig Boltzmann (zusammen mit Lise Meitner weibl. Doktorat Nr. 2 in Physik).[179] Wenige Jahre danach wandte sie sich von Physik und Mathematik ab und trat in Bern der Heilsarmee bei,[180] Im Weltkrieg meldete sie sich als freiwillige Hilfspflegerin zu medizinischen Hilfsdiensten und kümmerte sich dabei auch um Gefangenenfürsorge. 1915 wurde sie prompt wegen „Russenfreundlichkeit" angezeigt, da sie an russische Kriegsgefangene Bibeln und Gebetbücher in deren Muttersprache verteilt hatte. Sie habe aber „versichert, eine gut deutschgesinnte Österreicherin zu sein". (Grazer Volksblatt 1915-08-06 p5, Grazer Tagblatt 1915-08-10 p5.) 1922-11 hatte sie den Lehrberuf endgültig aufgegeben und nach entsprechenden Schulungen in London den Rang eines Leutnants der Heilsarmee erreicht.[181] Sie kehrte mit einer kleinen Musikgruppe von Bern nach Wien zurück und begann auf eigene Faust mit der Missionierung Österreichs, der sie sich von da an mit großem Eifer widmete.[182] Nach dem „Anschluss" nutzte sie ihre Kontakte zu Bern, um Europa über Lissabon zu verlassen und nach New York zu übersiedeln. Dort wurde sie laut einer Tagebucheintragung 1946 von Lise Meitner angetroffen; 1947-08-12 erhielt sie auf Antrag Nr 452459 die US-Staatsbürgerschaft; die New Yorker Sterbelisten verzeichnen für 1962-09-26 ihr Ableben im Stadtteil Queens.

---

[178] Damals noch an der Adresse Wien-Innere Stadt, Hegelgasse 4. Dort wirkten zu diesem Zeitpunkt die Pionier-Absoventinnen Olga Steindler, (weibliches Doktorat Nr. 1 in Physik, 1903) und Cäcilie Wendt (Nr. 1 in Mathematik) an der Universität Wien. Steindler ∞ 1908 den späteren Ordinarius Felix Ehrenhaft (ihren Studienkollegen).

[179] UAW Rigorosenakt PH RA 1968; „Beobachtungen über den Einfluß der Temperatur auf die lichtelektrische Empfindlichkeit eines negativ geladenen Konduktors"(1905)." Selma Freuds Promotion fand am gleichen Tag statt wie die der mit ihr befreundeten Physikerin Lise Meitner (*1878-11-07 Wien; †1968-10-27 Cambridge, GB; UAW PH PA 2605) und der Chemikerin Hedwig Stern (*1880-04-08 Lundenburg, Mähren Cz; †1937-06-24 Wien [vereh. Klüger]; UAW Rigorosenakt PH RA 1954). Die Behauptung auf der Webseite der Max Planck-Gesellschaft (https://www.mpg.de/11718069/lise-meitner-im-portraet, Zugriff 2022-03-16), Selma Freud sei die zweite Ehefrau des Gründers Sigmund Freud der Psychoanalyse gewesen, entbehrt jeder Grundlage, letzterer war nur einmal verheiratet und das mit Martha, geb. Bernays.

[180] Eine Zeit lang gab sie bei Kuraufenthalten noch als Beruf Mittelschullehrerin an (zB in der Brioni Insel-Zeitung 1911-04-16 p1)

[181] Spätestens ab 1926 trat sie nur als Offizier oder Schwester der Heilsarmee auf (zB in *Cur- und Fremden-Liste des Curortes Baden bei Wien* 1926-05-24 p1, Neues Wr. Journal 1928-11-15 p12, Ill. Kronenzeitung 1930-08-24 p18 (dort als „Kapitän"), Badener Ztg 1934-12-12, p2), auch in [183].

[182] (*Neue Freie Presse* 1922-11-24 p7, 1922-11-25 p8; *Der Tag* 1922-11-26 p6; *Salzburger Chronik* 1922-11-26 p8; weitere Berichte in der *Illustr. Kronenzeitung* 1926-10-30 p2, 1926-12-14 p6, 1927-01-16 p5; *Das Neue Wiener Journal* 1926-12-14 p4 unkte schon von einem bevorstehenden Verbot der Heilsarmee in Wien; die *Rote Fahne* sah 1927-02-09 p3 in Selma Freud einen Mussolini und in der Heilsarmee die Korruption wuchern, *Das Kleine Blatt* vom 1927-04-17 p16 erging sich in ziemlich spöttischen Schilderungen.) Tatsächlich konnte die Heilsarmee nicht als kirchliche Organisation in Wien auftreten (die Heilsarmee stellt ihren Angehörigen die Mitgliedschaft in beliebigen christlichen Kirchen frei), stattdessen wurde ein „Verein der Freunde der Heilsarmee" gegründet, der 1927-01 die behördliche Genehmigung erlangte. Bis heute wird 1927 von der Wiener Heilsarmee als ihr Gründungsjahr angegeben.

Der jüngste in der Geschwisterschar, Paul Freud, studierte Medizin und machte als Primararzt im Säuglingsheim des Zentralkrippenvereins in Wien Karriere; er veröffentlichte mehrere Fachartikel zur Therapie von Krankheiten im Säuglingsalter. Er hatte eine Ordination im Hause seines Vaters, auf Hugo-Wolfgasse 1. Nach dem „Anschluss" gelang Paul Freud die Flucht nach New York, wo er in den Daten des *1940 census* aufscheint.

Nach seinem eigenhändig geschriebenem Lebenslauf trat Philipp Freud im Herbst 1890 in das Mariahilfer Gymnasium ein,[183] verließ es 1899 mit dem Reifezeugnis[184] und studierte hierauf drei Semester in Wien, dann ein Semester in Berlin, zuletzt fünf Semester bis Ostern 1904 in Leipzig Mathematik, danach wiederum bis 1906 an der Universität Wien. Zwischen 1904 und 1905 legte er die Lehramtsprüfung ab; der Jahresbericht 1905 des k.k. Maximalgymnasiums vermerkt ihn als *Probelehrer* am Franz-Josef-Gymnasium im abgelaufenen Studienjahr 04/05.

1906-05-22, wenige Wochen nach der Promotion seiner Schwester Selma, promovierte er bei Wilhelm ˃ Wirtinger zum Dr phil mit einer noch heute zitierten Dissertation, anschließend begab er sich auf eine *mathematische Grand Tour* nach Göttingen zu David Hilbert und nach Paris zu Emil Borel.

1911 wurde Freud, damals *Supplent* an der 1. Staatsrealschule in Graz, zum *provisorischen Lehrer* an der Staatsrealschule in Laibach ernannt, 1912 stieg er dort zum *wirklichen Lehrer* auf. Während seiner Zeit in Laibach verfasste er eine umfangreiche, stellenweise sehr kritische, didaktische Studie über die an den Mittelschulen der Donaumonarchie verwendeten Mathematiklehrbücher.[185] Im Physikunterricht führte er in Laibach versuchsweise ein physikalisches Praktikum für Schüler der 6. Klasse ein, ein didaktisches Experiment mit allgemein lobend erwähnten Erfolgen.[186]

1914 wurde Philipp Freud, wie man damals schrieb, eine Stelle am Staatsrealgymnasium in Wien-Landstraße,[187] „verliehen".

1933-07-31, nach der Machtergreifung von Dollfuß, verlieh ihm Bundespräsident Miklas[188] den Titel *Studienrat*.[189]

---

[183] Heute Amerling-Gymnasium. Die Schule war ab 1869 in dem von der Gemeinde Wien erworbenen barocken Palais Kaunitz-Esterházy untergebracht, das aber 1970 abgebrochen und durch einen architektonisch unbedeutenden Neubau ersetzt wurde.

[184] Nach den Jahrbüchern des Akademischen Gymnasiums war ein Philipp Freud im Schuljahr 1893/94, und nur in diesem, Klassenkamerad (IVa) des bekannten Physikers Paul Ehrenfest (*1880-01-18 Wien; †1933-09-25 Amsterdam); dieser starb durch Selbstmord nach einem Depressionsschub.

[185] *Berichte über den mathematischen Unterricht in Österreich*, 1912 Heft 6, 1–53.

[186] Bericht über physikalische Schülerübungen. Jahresbericht der k. k. Staats-Oberrealschule in Laibach für das Schuljahr 1913/14. (1914), 14–19.

[187] Gegr. 1909-08-18, das Schulgebäude befand sich bis 1919 in der Wittelsbachstraße, danach in der Hagenmüllergasse 30 (heute GRG3).

[188] Innsbrucker Nachrichten 1933-07-31 p10

[189] Dieser Berufstitel kann heute noch für L2-Lehrer in langjähriger verdienstvoller Berufsausübung an höheren Schulen verliehen werden, ist aber selten geworden, da die meisten L2-Lehrer nach einiger Zeit in die Kategorie L1 übernommen werden. Der Berufstitel *Oberstudienrat* (oder dessen weibliche Entsprechung) für L1-Lehrpersonen tritt als Auszeichnung auch heute noch häufig auf.

Edmund ˃ Hlawka (im Physikunterricht der Unterstufe) und Karl Popper (in Mathematik)[190] haben Freud als anpruchsvollen Mittelschullehrer erlebt und ihn als wichtig für ihre intellektuelle Entwicklung geschildert.[191] Hlawka schreibt in seinen Erinnerungen, Freud habe während seines Probejahres in der Mittelschule den Direktor oder den Landesschulinspektor im Zuge einer Inspektion verärgert, weil er sich weigerte, einem Schüler sein angeborenes Gesichtszucken zu verbieten. Daraufhin sei er in die Provinz versetzt worden. Nach dem obigen Lebenslauf hätte sich ein solches Ereignis 1911 ereignet. Als seinen Mittelschullehrer in Mathematik nannte Hlawka August Joksch (*1894; †1950 Wien).[192]

Freud publizierte noch vor seiner Dissertation eine Arbeit über zwei verschiedene Definitionen uneigentlicher Integrale. 1907-12-06 trug er in der Wiener Gesellschaft für Mathematik *Über die Natur der Lösungen partieller Differentialgleichungen* vor. Seine letzte Arbeit erschien posthum 1939, in ihr wird die Invarianz von Gesamtenergie und Gesamtimpuls unter Koordinatentransformationen in der allgemeinen Relativitätstheorie auf einfache Weise aus der Darstellung dieser Größen als Bestandteile eines Flusses abgeleitet.

Freud war in seinen jungen Jahren begeisterter Bergsteiger. Gemeinsam mit Johann Dobler und Hieronymus Eiter erstieg er 1901-01-24 die 3533m hohe Watzespitze in den Ötztaler Alpen (Tirol) auf einem neuen Weg, der später zum Standard wurde.[193] Der Chemiker und „Rote Student" Hans Friedmann erinnerte sich, allerdings in einem 1993-11-22 geführten Interview, Freud während seiner Mittelschulzeit (1924–32) als stark gehbehindert erlebt zu haben.[194]

Freud vergiftete sich im November 1938, wahrscheinlich 1938-11-10, während des „Novemberpogroms". Wegen gesundheitlicher Probleme sah er wohl keinen Sinn in einer Emigration, die mit Hilfe seines Bruders Paul immerhin möglich gewesen wäre.

Ehrungen: 1933-07-31 Verleihung des Titels „Studienrat".

Ausgewählte Publikationen. *Diss.*: (1906) *Über Grenzwerte von Doppelintegralen, die den bedingt Konvergenten Integralen analog sind (Wirtinger, Escherich).*   PN 1983 in Handschrift erschienen. Gedruckt erschienen in Monatsh.f.Math. u. Physik **18** (1907), 11–24.

1. Über die uneigentlichen bestimmten Integrale. Monatsh.f.Math. **16** (1905), 11-24.
2. Über Grenzwerte von Doppelintegralen, die den bedingt konvergenten, einfachen Integralen analog sind. Monatsh. f. Math. u. Phys. **18** (1907), 29–70.
3. Die mathematischen Schulbücher an den Mittelschulen und verwandten Anstalten. In: Czuber, E., Suppantschitsch, R., Wirtinger, W., und R. Dintzl, Berichte über den mathematischen Unterricht in Österreich. (Veranlaßt durch die Internationale Mathematische UnterrichtsKommission.) Heft 6, 1–53. Wien 1912.
4. Über die Ausdrücke der Gesamtenergie und des Gesamtimpulses eines materiellen Systems in der allgemeinen Relativitätstheorie. Ann. Math. (2) 40, 417-419 (1939).

Zbl/JFM nennen insgesamt 5 Arbeiten, darunter eine über die Mathematikdidaktik der Logarithmen, eine andere von 1910 gibt einen detaillierten Bericht über die Mathematiklehrbücher der österr.-ung. Mittelschulen.

---

[190] Popper: *Gesammelte Werke*, Ausgangspunkte. Meine intellektuelle Entwicklung. p 38

[191] Einen weiteren Hinweis auf die didaktischen Qualitäten Freuds gab in seinem Interview mit R Schlögl der Chemiker Hans Friedmann (s. 208).

[192] Hans Joksch war, allerdings an einer anderen Mittelschule, auch Lehrer von Karl Prachar.

[193] Zeitschr. d. deutschen u. öst. Alpenvereins 1904, p300.

[194] Interview mit Reinhard Schlögl (s.u.).

Quellen. [335] p166; Fischer I (2013), Geschichte der Gesellschaft der Ärzte in Wien 1837–1937. Springer-Verlag, Wien; Firmenregister Adolph Lehmann 1906; Angetter und Martischnig [5], 36f; Karl Popper, [254, p 38]; Soukup RW und Rosner R, Monatsh. f. Chemie **150** (2019), 961–974; Grazer Vbl 1911-06-28 p13; AUW Rigorosenakt Philipp Freud PH RA 1983; Linzer Tagespost 1912-02-14 p3; Deutsches Volksblatt 1912-02-13 p18; Grazer Volksblatt 1913-07-08 p4; Edmund Hlawka, [143, p 252–257]; Schlögl R, Gespräch mit Dr Hans Friedmann, online auf (https://phaidra.univie.ac.at/o:303597, Zugriff 2023-02-20), besonders 0:25:20ff.

Walter Fröhlich

(Valter)
*1902-12-02 Liběchov (dt Liboch a. Elbe), heute Cz;   †1942-11-29 Łódź (mos., ab 1911-09-14 r.k.)

Sohn von Dr med Ernst (Arnošt) Alois Fröhlich (*1866; †1938) und dessen Ehefrau Gabriele (Ella), geb Laufke

Walter Fröhlich ⚭ 1930-12-22 (Trautenau) Elise Dagmar (*1907-05-04 Trautenau (= Trutnov, Cz); †nach 1941-10-21 Shoah), Tochter v Ernst u Anna Goliath, r.k. und deutsche Staatsbürgerin, aber jüdischer Abkunft

Zeichnung: W.R. nach Fotos aus den Datenbanken von Yad Vashem und der tschechischen Holocaust-Gedenkstätte

NS-Zeit. Walter Fröhlich wurde 1941-10-21 ins Ghetto Łódź (Transport B, nr. 976) deportiert und ermordet, seine Mutter Gabriela mit Transport Dm von Theresienstadt nach Auschwitz deportiert und ermordet. Auch seine Ehefrau starb in der Shoah.

Walter Fröhlich absolvierte 1920 das staatliche Realgymnasium in Litoměřice mit der Reifeprüfung und begann dann ein Studium an der DTH Prag, von der er aber zwei Jahre später an die DU Prag wechselte. 1924 legte er die Lehramtsprüfung in Sport, Mathematik und Darstellender Geometrie ab,[195] 1926 promovierte er an der DU Prag bei ⊳Pick und ⊳Berwald zum Doktor der Naturwissenschaften.

Ab 1927-02-01 hatte er eine provisorische Stelle als Professor am Deutschen Staatlichen Realgymnasium in Prag III, Zborovská-Straße, 1930 wurde er definitivgestellt. Gleichzeitig war er Assistenzprofessor für Mathematik an der DTH Prag und hielt Vorlesungen über Darstellende und Projektive Geometrie an der DU Prag. Nach dem Prager polizeilichen Melderegister wohnte er seit den 1920er Jahren an wechselnden Adressen (in den Stadtteilen Karlín, Nové Město, Staré Město, Smíchov, Bubeneč), als Angehöriger der deutschsprachigen Minderheit, aber tschechoslowakischer Staatsangehöriger im öffentlichen Dienst. Nach dem Einmarsch NS-deutscher Truppen in Prag wurden Walter Fröhlich und seine Frau 1939 zu „Volljuden" erklärt.

Fröhlich hatte bereits ab 1939-02 Vorbereitungen zur Ausreise unternommen, 1939-07-07 eine Aufenthaltsbewilligung für Großbritannien beantragt, die 1939-07-12 erteilt wurde. Doch sein Ausreiseversuch nach England misslang. Darauf liefen sein Pass und das Visum

---

[195] Eine Personalakte, die den Verlauf seiner Prüfung aufzeichnet, ist in [26] aufbewahrt.

ab. Folgende Ausreiseversuche in die US waren ebenso vergeblich. Er verlor seinen Lehrberuf, sein gesamtes Eigentum und seine Wohnung. Am 21. Oktober 1941 wurde er von Transport B als „bloße Nr. 976" als Jude in das Ghetto in Łódź deportiert, wo er am 29. November 1942 starb. Sein Tod ist im Totenregister des Ghettos in Łódź unter der Nummer 17599/42 aufgeführt.

Fröhlich schrieb vier einflussreiche Arbeiten über Zopfgruppen, im Anschluss an die Arbeiten von ˃ Reidemeister (Einführung in die kombinatorische Topologie (Die Wissenschaft, Bd. 86)) und ˃ Artin (Theorie der Zöpfe, Hamb. Abh. 4). Die letzten beiden erschienen noch 1938 in den Mathematischen Annalen.

Ausgewählte Publikationen. *Diss.*: (1926) *Zur Bewegung flächentreu-affin veränderlicher ebener Systeme* (˃ *Pick, Berwald*). Auszug in Lotos **77** (1929), 2-3 (1929).

1. Das Analogon zum Cauchyschen Hauptsatz bei einer speziellen $2n - 1$ dimensionalen Gruppe des n-dimensionalen Raumes. Lotos **80** (1932), 116-122.
2. Über das Vertauschen der Risse in Zweibildersystemen. Monatsh. Math. Phys. **40** (1933), 54-58.
3. Eine Normalform für Viererzöpfe. C. R. 2me Congrès Math. Pays slaves 177-179; Časopis Praha **64** (1935), 177-179.
4. Über ein spezielles Transformationsproblem bei einer besonderen Klasse von Zöpfen. Monatsh. Math. Phys. **44** (1936), 225-237.
5. Eine Normalform für Viererzöpfe. Lotos **84** (1936), 13-26.
6. Zur konstruktiven Behandlung von Aufgaben aus der nichteuklidischen Geometrie der Ebene mit Methoden der darstellenden Geometrie. Lotos **85** (1937), 43-47.
7. Beiträge zur Theorie der Zöpfe. I. Über eine besondere Klasse von Zöpfen. Math. Ann. **115** (1938), 412-434.
8. Beiträge zur Theorie der Zöpfe. II. Die Lösung des Transformationsproblems für eine besondere Klasse von Viererzöpfen. Math. Ann. **116** (1938), 281-296.

Eine versicherungsrechtliche Publikation — aus gegebenem Anlass:

9. (gemeinsam mit S Vajda) Die die Neuordnung des österreichischen Versicherungswesens und die Liquidation der Lebensversicherungs-Gesellschaft Phönix betreffenden Maßnahmen des Auslandes: mit Erläuterungen der österreichischen Gesetzgebung (Band 2 von „Das Versicherungsarchiv", Verlag Kommerzia, 1937).

Zbl/JFM nennen (bereinigt) 9 Publikationen.

Quellen. Yad Vashem Gedenkblatt; Tschechische Holocaust Datenbank online unter (https://www.holocaust.cz/en/database-of-victims/victim/142196-walter-fr-hlich/, Zugriff 2023-02-20); Kotůlek J, and Nossum R (2013), Jewish mathematicians facing the Nazi Threat: The case of Walter Fröhlich. Judaica Bohemiae 48(2), 69-97, January 2013

Lit.: Friedman M (2019) Mathematical formalization and diagrammatic reasoning: the case study of the braid group between 1925 and 1950. Br. J. Hist. Math. **34.1**; 43-59.

Josef Fuhrich

*1897-10-22 Kunnersdorf b. Reichenberg (Kunratice u Liberce); †1945-10-10 Český Brod (in tschechischer Haft)

Sohn (?) des gleichnamigen Mittelschullehrers am Staatsgymnasium Komotau;
Fuhrich ∞ 1930-10 Gertrude (†1943-06-23 Prag), Tochter des Gutsverwalters A.D. Viktor Reitterer; 2 Söhne: Friedrich (*1937-07-01 Prag) und Kurt Fuhrich (*1943-05-29 Prag)

NS-Zeit. Fuhrich durchwanderte politisch drei Parteien: 1928-33 Mitglied der Orts-gruppe Komotau der Sozialdemokratischen Partei, ab 1938-03 Mitglied der Sudetendeut-schen Partei des Konrad Henlein, fünfte Kolonne NS-Deutschlands und ab 1938-10 auch formal der NSDAP unterstellt, ab 1939-04-01 NSDAP-Mitglied Nummer 7.077.495.

An seiner „politischen Zuverlässigkeit" im NS-Sinn traten allerdings 1939 Zweifel auf, die aber durch Gutachten örtlicher Parteifunktionäre ausgeräumt werden konnten. Seine NSDAP-Mitgliedschaft musste er nach Kriegsende büßen, er kam 1945-11 in tschechi-scher Haft um.

Josef Fuhrich besuchte das von den Zisterziensern des Klosters Ossig geführte Staatsgym-nasium in Komotau. Nach der Matura meldete er sich 1915 als Einjährig-Freiwilliger und stand bis 1918-11 als Leutnant im Kriegsdienst. Während seines Dienstes erkrankte er mit zwanzig Jahren (1917) schwer an Tuberkulose, wurde lange Zeit erfolglos behandelt, erst 1931 trat nach einer Operation eine nachhaltige Besserung ein, sodass er ohne Behinderung durch seine Krankheit systematisch wissenschaftliche Arbeit leisten konnte.

Fuhrich begann sein Studium an den Universitäten in Wien und Prag. An der DU Prag war er Schüler von Gerhard Kowalewski, der 1920 an die TH Dresden wechselte, Fuhrich begleitete ihn dorthin. Über seine Beschäftigung mit den Schriften von Sophus Lie, Lehrer von Kowalewski, kam er in Kontakt zu Friedrich Engel, bei dem er 1922 in Gießen mit einer Arbeit über Transformationsgruppen zum Dr phil promovierte. 1928-08 habilitierte er sich als Privatdozent für Versicherungsmathematik und mathematische Statistik an der DTH Prag[196] und trat im selben Jahr für seinen Broterwerb in die *Zentrale Sozialversi-cherungsanstalt Prag* (ČSSZ) ein, wo er bis zu seiner Ernennung zum Professor angestellt blieb. Offenbar aus karrierepolitischen Gründen schloss er sich im gleichen Jahr der tsche-chischen sozialdemokratischen Partei an, wechselte aber 1938-03, noch vor dem Münchner Abkommen, zur Sudetendeutschen Partei Konrad Henleins.

1935 wurde er an der DTH Prag Nachfolger von Gustav Rosmanith (*1865; †1954) als stellvertretender Leiter der Lehrkanzel für Versicherungsmathematik und versicherungs-mathematische Statistik, jedoch nur als ao, nicht als o Professor. Grund für die niedrigere Einstufung war die aktuelle politische Situation, die eine restriktivere Verwaltungspraxis im Bildungsministerium der tschechoslowakischen Republik bewirkte. [197]

---

[196] Prager Tagblatt 1928-08-14, p4
[197] Bundesarchiv Berlin, R 31/538.

Nach der Besetzung der Tschechoslowakei durch NS-Deutschland schienen sich zunächst gute Chancen für seine Universitätskarriere zu eröffnen. Fuhrich wurde 1939-04-01 in die NSDAP aufgenommen. Im September 1939 tauchten aber Zweifel an seiner linientreuen Einstellung zur NSDAP auf. Fuhrich mobilisierte gegen diese Zweifel einflussreiche Fürsprecher. So sandte der Direktor der Reichenberger Landesbank, Gustav Peters, einen Brief an den Staatssekretär im Reichsprotektorat, Karl Hermann Frank, de facto stellvertretender Reichsprotektor in Böhmen und Mähren, in dem er Fuhrichs Verdienste für die Ortsgruppe der NSDAP in Reichenberg hervorhob. Ein ähnlich lobendes Gutachten kam von Fritz Koellner, stellvertetender Ortsgruppenleiter der NSDAP in Reichenberg; auf Anfrage Franks schickte der Sicherheitsdienst (SD) Prag im Januar 1940 noch eine drei Seiten lange Analyse des Charakters und politischen Wirkens von Fuhrich. Darin stand über Fuhrichs Hingabe für die deutsche Sache zu lesen:[198]

> *Mit der Position eines Universitätsprofessors erhielt er die Möglichkeit, politisch freier zu sprechen. Seine Bemühungen, Berufsverbände von jüdischen Elementen zu reinigen, waren erfolgreich. Nach der Annexion des Sudetenlandes an das Reich stellte er dem Reichskommissariat in Reichenberg wertvolle Informationen zur Verfügung.*

In einem Memorandum an den Rektor der DTH Prag von 1940-01-15 befürwortete der zuständige Dekan Henrich die Ernennung Fuhrichs zum ordentlichen Professor und wies darauf hin, dass das nach den damals geltenden Vorschriften eigentlich bereits 1938-06 geschehen hätte sollen. In einer neuerlichen Eingabe von 1940-01-31 wurden die Verdienste Fuhrichs nochmals zusammengestellt. Als wichtigste wissenschaftliche Leistung bezeichnete er die von Fuhrich 1933–35 entwickelte Methode zur Bestimmung von Schätzwerten für Perioden („statistische Periodenforschung"), die sich in den Bereichen Meteorologie, Geophysik und Schadenversicherung sehr bewährt habe.

1942 erhielt Fuhrich schließlich die Ernennung zum o. Professor.

Wie die untenstehende Publikationsliste zeigt, hatte Fuhrich neben seinem Brotberuf und seiner Lehrtätigkeit nur wenig Gelegenheit (und Zeit) zur eigenständigen Forschung. In den Kriegsjahren konzentrierte er sich auf praktische Anwendungen von Statistik und Wahrscheinlichkeitsrechnung, darunter, wie eben erwähnt, auch solche in der Physik. Für den Versicherungsbereich erarbeitete er Reformpläne für den mathematischen und statistischen Teil des Studienplans.

Anders als Kowalewski gelang es Fuhrich nicht, rechtzeitig vor dem Prager Aufstand und der anrückenden Roten Armee zu flüchten. Er wurde 1945-05-05 verhaftet und starb 1945-10-10 im tschechischen Internierungslager Český Brod.

Keine betreuten Dissertationen

Ausgewählte Publikationen. *Diss.*: (1922) *Zur natürlichen Geometrie ebener Transformationsgruppen (Friedrich Engel, Gießen).* (Publiziert in Mitt. d. Mathem. Seminars d. Univ. Gießen, Heft 6 (1922).)

1. Vereinfachte Berechnung der Konstanten bei den Frequenzfunktionen. Blätter für Versicherungs-Math. 1, 66-78 (1928).
2. Über die allgemeine Form des Korrelationsmaßes. Z. f. angew. Math. **9** (1929), 77-79.

---

[198] Národníarchiv Praha, fond 109, sign. 109-4/521. (zitiert nach [23]

3. Bemerkungen zum Artikel "Application of Bessel coefficients in approximative expressing of collectives" von Dr. L. Truksa. Aktuárské Vĕdy **1** (1930), 89-90.
4. Das Problem des Risikos in der Lebensversicherung. Berichte IX. Internationaler Aktuarkongreß Stockholm **2** (1930), 438-446.
5. Bemerkungen zum Artikel "Application of Bessel coefficients in approximative expressing of collectives" von Dr. L. Truksa. Aktuárské Vĕdy **1** (1930), 89-90.
6. Festschrift zum 70. Geburtstag Prof. Dr. Gustav Rosmaniths. Verlag R. Lerche, Prag 1935
7. Über eine allgemeine Methode zur mathematischen Analyse empirischer Reihen. Mh. Math. Phys. **44** (1936), 307-317

Zbl/JFM verzeichnen nur die oben angegebenen 6 Publikationen.

Quellen. Bundesarchiv Berlin, R 31/538; Bečvářova [22] und [23]; Josefovičová [158], 105f

Paul Georg Funk

*1886-04-14 Wien;   †1969-06-09 Wien (katholisch getauft)

Sohn von Dr Ignaz Funk (*1842-12-08 Kamenice nad Lipou, CZ; †1893-11-21 Wien, an Gehirnerweichung [Paralyse]), Bankdirektor, und dessen Frau Berta, geb. Cantor (*1863; †1930), Berta Funk ∞ in zweiter Ehe Isidor Baumfeld; Neffe von David Funk (*1841-04-28 Kamenice nad Lipou, CZ; †1900-09-05), dem Besitzer eines Kalkwerks in Regensburg.

Funk ∞ 1922 Margarete, geb Bender (*1893-11-18, †1964-04-28). Zwei Söhne: Roland (*1925) und Gerhard (*1929).

Zeichnung: W.R. (nach einem Foto in *Festschrift der TH Wien* [301]).

NS-Zeit. Paul Funk wurde vom NS-Regime nicht von einer der Hochschulen des heutigen Österreichs vertrieben, sondern 1939 von den Hochschulen im besetzten Prag, nach dem Einmarsch der NS-deutschen Truppen. Er wurde dabei aus allen akademischen Funktionen entfernt und zwangspensioniert; außerdem wurde ihm die tschechische Staatsbürgerschaft entzogen. Als Ehemann einer Arierin blieb er trotz empfindlicher Schikanen bis in die letzten Kriegsmonate 1945 vergleichsweise unbehelligt, 1945-02-04 wurde er jedoch ins Ghetto/KZ Theresienstadt deportiert. Theresienstadt wurde 1945-05-08 dem Roten Kreuz übergeben und Funk konnte das Ghetto schließlich 1945-05-12 verlassen. Seine beiden Söhne hatten ebenfalls unter NS-Repressionen (Zwangsarbeit, Haft) zu leiden.

Paul Funk besuchte die Volksschule in Gmunden, danach das Untergymnasium in Baden bei Wien und schließlich das Obergymnasium wieder in Gmunden. Diese etwas erratische Wanderung durch Mittelschulen ist auf die zweite Heirat seiner Mutter zurückzuführen, die mehrere Ortswechsel verursachte. Funk studierte Mathematik und Physik zuerst in Tübingen (1904) und an der Universität Wien (1905-1907), dann in Göttingen bei David Hilbert und promovierte 1911. Dann kehrte Funk nach Wien zurück, wo er die Lehramtsprüfung in Mathematik und Physik ablegte. 1912/13 absolvierte er das Probejahr als Lehrer an der k.k. Staatsrealschule in Salzburg. 1913 ließ Funk seinen Göttinger Doktortitel an der

Universität Wien nostrifizieren; dazu musste er das Philosophicum nachmachen. Paul Funk verfügte aufgrund seiner Einkünfte aus der Hinterlassenschaft seines Onkels David Funk, der in Regensburg die heute noch unter dem Namen „Walhallakalk" existierende Kalkfabrik besass, über ausreichende finanzielle Mittel um seinen Lebensunterhalt zu bestreiten.

1913 wurde ˃ Blaschke als ao Professor an die Deutsche Technische Hochschule (DTH) in Prag berufen, Funk wurde sein Assistent. Nach Blaschkes Übersiedlung nach Leipzig 1915 war Funk bis 1917 Assistent bei Blaschkes Nachfolger Karl Carda. 1915 habilitierte er sich an der Deutschen Universität Prag. Danach hielt Funk von 1917 bis 1921 Vorlesungen als Privatdozent.

Die Gründung der Republik Tschechoslowakei bedeutete einen Einschnitt in der weiteren Entwicklung der Prager Universitäten, der aber im Vergleich zu den Umstürzen 1939 und 1945 wenig gravierend ausfiel. 1921 wurde Funk zum ao Professor für Mathematik an der Deutschen Technischen Hochschule ernannt, 1927 zum ordentlichen Professor. 1938 verlor Funk die von seinem Onkel David Funk ererbten Vermögensanteile.

1939-03-14/15 besetzten NS-Truppen die nach dem Münchner Abkommen noch unbesetzte „Rest-Tschechoslowakei", die als „Protektorat Böhmen und Mähren" annektiert wurde. Funk unterlag nun plötzlich dem Gesetz über die Wiederherstellung des Berufsbeamtentums, wurde aus allen akademischen Funktionen entfernt und zwangspensioniert. Laut Dekret von 1939-12-05 verlor er überdies seine tschechische Staatsbürgerschaft. Als Ehepartner einer im NS-Sprachgebrauch „deutschblütigen" Frau wurde er aber vorerst nicht interniert, seine Kinder galten als „Mischlinge 1. Grades".

In Unterabschnitt 2.9.3 haben wir von der von Reichsprotektor Konstantin von Neurath angeordneten „Sonderaktion" nach studentischen Demonstrationen und Massenprotesten in Prag berichtet, in der 1939-11 neun tschechische Studenten erschossen und offiziell alle tschechischen Hochschulen für drei Jahre, de facto bis Kriegsende, geschlossen wurden.

Für Funk galten ab 1939-04 alle in Deutschland eingeführten Repressalien gegen Juden, seiner Frau Margarete hatte er es zu verdanken, dass er ein halbwegs geordnetes Leben weiterführen konnte. Ende 1944 wurde die Aufhebung der bisherigen Ausnahmeregelungen für Juden mit „arischen" Ehepartnern angeordnet. 1945-02-04 wurde Funk verhaftet[199] und gemeinsam mit 894 anderen Häftlingen mit dem Transport AE2 von Prag ins Ghetto-KZ Theresienstadt deportiert. Anfang Mai wurde das Lager und Ghetto Theresienstadt „formell" an das Internationale Rote Kreuz übergeben, die Rote Armee erreichte 1945-05-08 Theresienstadt und zog am nächsten Tag in das Lager ein. Funk verließ Theresienstadt 1945-05-12; Ende Mai wurde das Ghetto-KZ geräumt.

Funk wollte einen neuen Anfang setzen und bewarb sich sofort bei der provisorischen Regierung Österreichs um eine akademische Position. In seiner Bewerbung gab er an, keine Möglichkeit zu sehen, sinnvoll in Prag weiterarbeiten zu können — trotz guter Beziehungen zu seinen tschechischen Kollegen und trotz der Tatsache, dass das Beneš-

---

[199] ˃ Hornich gibt in seinem Nachruf irrtümlich das Jahr 1944 für die Deportation an, das seither immer wieder in den biographischen Beiträgen zu Paul Funk auftaucht. Das Datum 1945-02-04 gab aber Funk selber bei seiner akademischen Bewerbung an; es wird durch die in Theresienstadt erhaltenen Akten bestätigt. Vgl. auch [227].

Dekret von 1945-08-02[200] auf ihn als NS-Opfer nicht anzuwenden war.[201] Anfang 1946 wurde Funk, wie erhofft, auf den Lehrstuhl des II. Instituts für Mathematik der TH Wien berufen; er übersiedelte spätestens im folgenden November mit seiner Frau nach Wien VII, Seidengasse 25/3/11, wo die Eheleute bis zu ihrem Tod wohnten.

Die Sequenz-Affäre. Funk war zeit seines Lebens nicht politisch aktiv, auch nicht nach Kriegsende im Zusammenhang mit der Aufarbeitung der NS-Zeit. Einzige Ausnahme bildet sein vehementes Einschreiten gegen die vorgeschlagene Wahl des früheren NS-Dozentenbundführers und Rektors der TH Wien von 1942 bis 1945, Heinrich Sequenz[202] zum wirklichen Mitglied der AW. Funk wandte sich in mehreren Briefen und Eingaben gegen diese geplante Wahl, wobei er (1) den besonders hetzerischen Wortlaut in Reden von Sequenz als Rektor während der NS-Zeit hervorhob, (2) ihm bedenkliches Verhalten in Fragen geistigen Eigentums sowie (3) die unzulässige Nutzung politischer Beziehungen vorwarf.[203] Die Wahl von Sequenz zum wirklichen Mitglied der ÖAW wurde damit erst einmal verhindert. Als wieder ein Platz für ein Mitglied frei wurde, legte Funk erneut energisch Protest gegen eine geplante Wahl von Sequenz ein und blieb damit erfolgreich — nicht zuletzt wegen seiner Ankündigung, im Falle der Wahl von Sequenz sofort von seiner ÖAW-Mitgliedschaft zurückzutreten.[204]

Wissenschaftliche Arbeiten. Funks Dissertation bei Hilbert baut auf Arbeiten von Darboux und Hilberts Schülern Georg ˃Hamel und Otto Zoll[205] auf: Paul Funk konstruierte

---

[200] Verfassungsdekret des Präsidenten der Republik vom 2. August 1945 über die Regelung der tschechoslowakischen Staatsbürgerschaft der Personen deutscher und madjarischer Nationalität. Sig. NL 33.

[201] Einhorn [67], Oberkofler [227]. Funk gab dafür mangelnde Tschechisch-Kenntnisse an. Von tschechischer Seite aus hätte man ihn wahrscheinlich gerne behalten, die sprachlichen Schwierigkeiten, so es solche wirklich gab, wären überwindbar gewesen. Der eigentliche Grund für Funks rasche Entscheidung für Österreich ist wohl einerseits in der nach 1945 herrschenden Unsicherheit für alle deutschsprachigen Einwohner Tschechiens zu sehen, andererseits in der von Anfang an dominierenden Präsenz der tschechischen KP, die bekanntlich 1948 in den Februarumsturz und das Ende der Demokratie in der tschechoslowakischen Republik mündeten. Andere Professoren aus der deutschen Minderheit konnten in ähnlichen Situationen in der Tschechoslowakei bleiben (vgl. zB den Eintrag ˃ Kreutzinger auf p 309).

[202] Heinrich Sequenz (*1895-01-13 Wien; †1987-05-11 Wien), war ab 1932 Privatdozent, ab 1939 Professor für Elektromaschinenbau an der TH Wien. Von 1939–1942 war er Leiter des NS-Dozentenbundes der TH Wien, danach 1942–1945 Rektor der TH Wien (vgl auch 86). Wegen seiner NS-Vergangenheit verlor er 1945 seine Venia Legendi und wurde inhaftiert, danach verbrachte er die Zeit bis 1947 im US-geführten Anhaltelager W.Orr, besser bekannt unter dem Spitznamen „Glasenbach" (sachlich unrichtig). Sequenz gehörte zu den Aktivisten des Notrings der (in der Entnazifizierung) verfolgten Hochschullehrer.

[203] Es ist allerdings nicht ganz klar, warum diese Vorwürfe nicht schon 1954 gegen Sequenz' Wahl zum korrespondierenden Mitglied in Stellung gebracht werden hätten können. Funk begründete sein Engagement von 1960 damit, „das sei er seinen Eltern schuldig". Das erweckt den Anschein, seine Eltern wären während der NS-Zeit um ihr Leben gekommen. Tatsächlich hat Funk seinen Vater bereits mit sieben Jahren verloren; seine Mutter starb 1930 und war ihm nach ihrer zweiten Verehelichung entfremdet.

[204] Diese Vorgänge fanden in der zeitgenössischen Berichterstattung nur wenig Beachtung. Die Wahlvorgänge in der Akademie waren ohnehin der Geheimhaltung unterworfen. Es ist das Verdienst von Gerd Oberkofler [227], die Affaire und die näheren Einzelheiten dazu neu recherchiert und aufgerollt zu haben.

[205] Otto Zoll (1878-1952), verfasste 1901 eine preisgekrönte Dissertation bei David Hilbert, die 1903 in den Mathematischen Annalen (Math. Ann. 57 (1903), 108–133) unter dem Titel *Über Flächen mit Scharen geschlossener geodätischer Linien* erschien. Diese Arbeit enthält das erste Beispiel einer von der gewöhnlichen Sphäre S^2 verschiedenen, mit einer Riemann-Metrik versehenen Fläche, für die alle

eine Variation als formale Potenzreihe der Standard-Metrik auf der 2-Sphäre, sodass für jede formale Riemann Metrik in dieser Variation alle Geodäten geschlossen sind und gleiche Länge haben. Er konnte jedoch keine konvergente solche Reihe angeben. Das gelang erst 1976 Victor Guillemin.[206] ˃ Blaschke vermutete, dass jede Riemann-Metrik auf der projektiven Ebene $\mathbb{R}P^2$ mit dieser Eigenschaft ein symmetrischer Raum ist, L. Green gab dafür 1961 einen Beweis.[207]

Funks Dissertation war auch der Ausgangspunkt für die Minkowski-Funk-Transformation von 1915 (die Inverse der Integraltransformation entlang aller Grosskreise für Funktionen auf der Sphäre), aus welcher 1916 ˃ Radon die allgemeine Radon-Transformation entwickelte.

In den Jahren 1929, 1935 und wieder 1961 publizierte Funk weitere Arbeiten zum 4. Hilbert'schen Problem. Dieses ist bewusst vage formuliert und dementsprechend mehrerer Lösungen fähig. Nach der französischen Fassung lautet es: Man bestimme alle Variationsprobleme in der Ebene, deren Lösung die Gesamtheit aller Geraden ist. Dies kann interpretiert werden im Sinne (1) der Riemann-Geometrie (gelöst von Beltrami 1865, 1869), (2) der Variationsrechnung, (3) der metrischen Geometrie (gelöst von Busemann 1930-1980), (4) der Finsler Geometrie (hier ist Funks Beitrag eine teilweise Lösung), oder (5) der Grundlagen der Geometrie.[208]

Funk war wissenschaftlich auch an der Geschichte der Mathematik interessiert und hielt darüber Vorträge an der Universität Wien und im Rahmen der ÖMG; noch zwei Jahre vor seinem Tod erschien eine kurze Abhandlung zu Bolzanos mathematischem Werk in den Sitzungsberichten der ÖAW. Nach seiner Emeritierung wurde ihm ehrenhalber die Venia legendi auch für die Universität Wien verliehen um ihm die Möglichkeit zu Lehrveranstaltungen auf diesem Gebiet zu geben.[209]

Funk nahm 1951-05-29 bis 06-01 als österreichischer Delegierter an der Tagung eines Subkomitees der UNESCO in Paris teil, das sich mit der Errichtung eines „mechanischen Rechenzentrums" in Europa befasste.[210]

1 betreute Dissertation (Karl Raher, 1952).

Geodäten geschlossen sind und gleiche Länge haben. Solche Flächen werden ihm zu Ehren *Zoll-Flächen* genannt. Zoll hat sich nach seiner Promotion von der mathematischen Forschung abgewandt, er wurde Studienrat in Düsseldorf und verfasste/redigierte Lehrbücher zur Mittelschulmathematik, die im Verlag Vieweg 1931 und während der NS-Zeit in den Jahren 1937, 1940, 1941, 1942 erschienen. Ein Lehrbuch von 1937 trägt zB den systemkonformen Titel *Nationalpolitische Anwendungen der Mathematik, für die Oberstufe höherer Lehranstalten.*

[206] Victor Guillemin: The Radon transform on Zoll surfaces, Advances in Math. 22 (1976), 85–119.

[207] Siehe A. Besse (vorgeblicher Neffe von Bourbaki), Manifolds all of whose Geodesics are Closed, Springer Ergebnisse 93 (1978).

[208] Das Thema blieb bis in die jüngste Vergangenheit aktuell: vgl. A. Papadopoulos: On Hilbert's fourth problem, in: Handbook of Hilbert geometry, 391–431, IRMA Lect. Math. Theor. Phys., 22, Eur. Math. Soc., Zürich, 2014.

[209] Vgl. IMN **2** (1947), 8; **51-52** (1957), 11.

[210] IMN 15–16 (1951) p 3. Diese Tagung wurde im Herbst darauf, 1951-11-26 bis 12-06, mit ˃ Hofreiter als Vertreter Österreichs wiederholt.

Ehrungen: 1950-05-24 wirkliches Mitglied der Österreichischen Akademie der Wissenschaften. Österreichisches Ehrenkreuz für Wissenschaft und Kunst I. Klasse; 1963 eines der ersten beiden Ehrenmitglieder der ÖMG (verkündet 1964).

Ausgewählte Publikationen. *Diss.*: (1911) *Über Flächen mit lauter geschlossenen geodätischen Linien (Hilbert)*. Enthalten in der gleichnamigen Publikation Math. Ann. **74** (1913), 278-300.

1. Über eine geometrische Anwendung der Abelschen Integralgleichung. Math. Ann. **77** (1915), 129-135.
2. Über Geometrien, bei denen die Geraden die Kürzesten sind. Math. Ann. **101** (1929), 226-237.
3. Über zweidimensionale Finslersche Räume, insbesondere über solche mit geradlinigen Extremalen und positiver konstanter Krümmung. Math. Z. **40** (1935), 86-93.
4. Eine Kennzeichnung der zweidimensionalen elliptischen Geometrie. ÖAW, Math.-naturw. Kl., Sber., Abt. II **172**(1963), 251-269.
5. Variationsrechnung und ihre Anwendung in Physik und Technik. Springer Grundlehren der mathematischen Wissenschaften, Band 94. 1962, 1970.
6. (mit Winter E und Berg, J), Bernard Bolzano. Ein Denker und Erzieher im österreichischen Vormärz. S-ber, ÖAW, Philos.-Histor. Kl., . 252, 5 Abh. (1967).

Zbl/JFM verzeichnen bereinigt 41 Arbeiten, darunter 3 Bücher. Das mathematische Schriftenverzeichnis der von den Autoren bereits vorbereiteten Biographie umfasst 48 Publikationen, davon 3 Bücher.

Quellen. Festschrift 150 Jahre TH Wien [301], 507 (Eintrag Hornich) und 553; A. Basch, Paul Funk zum 70. Geburtstag. Österr. Ingenieur Archiv **10** (1956) 117–119; Hornich, Almanach ÖAW **119** (1970), 272–277; Oberkofler (2005) [227].

Lit.: Eine ausführliche Biographie Funks wurde von den Autoren fertiggestellt und wird demnächst veröffentlicht.

Philipp Furtwängler

(Friedrich Pius)
*1869-04-21 Elze Hannover;   †1940-05-19 Wien (ev. A.B.)

Sohn des Orgelbauers Wilhelm Furtwängler (*1829-06-05 Elze, Niedersachsen; †1883-09-04 Elze) und dessen Frau Mathilde, geb. Sander (*1843; †ca 1882), Enkel des Orgelbauers Philipp Furtwängler (*1800-04-06; †1867-07-05) und Bruder des Orgelbauers Wilhelm Furtwängler (*1875; †1959), Onkel des Orgelbauers Philipp Furtwängler (*1905-10-17 Bonn; †1946-07-16 Göttingen);
Philipp Furtwängler ∞ 1903 Ella, geb Buchwald (im Kindbett verstorben), 1 Tochter; in zweiter Ehe ∞ 1929 Emilie, geb Schön.

Zeichnung: W.R. nach einem Foto im Archiv der ÖAW

NS-Zeit. Furtwängler erlebte die NS-Zeit als schwer kranker und seit 1916 gelähmter Mann, ab dem WS 1937/38 war er physisch nicht mehr zu Vorlesungen imstande; er starb 1940 an einem Schlaganfall. Seine Haltung gegenüber dem NS-Regime war wohl nicht deklariert ablehnend, der Pg Anton ˃Huber, sein Dissertant und späterer Nachfolger, schreibt über ihn in seinem Nachruf 1940:

Furtwängler hat sich trotz seines selbst für einen Norddeutschen ungewöhnlich stark zurückhaltenden Wesens die Zuneigung aller erworben, die mit ihm Fühlung nehmen konnten. Obwohl er niemals irgendwie demonstrierte, war er uns ostmärkischen Studenten mit jedem Worte, das er zu uns sprach, stets eine lebendige Mahnung an die völkische und kulturelle Verbundenheit unserer Heimat mit dem großen deutschen Vaterland.

In seinem Nachruf von 1940 hebt N. ›Hofreiter hervor, Philipp Furtwängler sei „rein deutscher Abstammung und Protestant" gewesen, eine Aussage, die wahrscheinlich auf Furtwängler selber zurückgeht. Mit ›Artin und mit ›Menger hatte Furtwängler ein eher distanziertes Verhältnis. Bei der Nachbesetzung der Lehrkanzel von Wirtinger soll Furtwängler zur Enttäuschung Schlicks zugunsten von Mayrhofer und strikt gegen Karl Menger eingetreten sein.[211]

Philipp Furtwängler entstammte dem von seinem Großvater gleichen Namens begründeten Orgelbauer-Zweig der weit verzweigten Familie Furtwängler; ein weiterer Zweig dieser Familie wurde von Dr Wilhelm Furtwängler, klassischer Philologe und Gymnasialdirektor, begründet, dessen Sohn, der bekannte klassische Philologe und Archäologe Adolf Furtwängler (*1853 Freiburg i Breisgau; †1907 Athen),[212] seinerseits Vater des Dirigenten und Komponisten Wilhelm Furtwängler (*1886-01-25 Schöneberg b Berlin; †1954-11-30 Ebersteinburg b Baden-Baden) war. Die Großväter des Mathematikers und des Dirigenten Furtwängler waren also Brüder, die beiden also Cousins zweiten Grades zueinander.[213]

Philipp Furtwängler verlor noch während er das Gymnasium Andreanum in Hildesheim besuchte beide Eltern, konnte aber 1889 sein Abitur machen. Danach studierte er 1889–94 Mathematik, Physik sowie Chemie an der Universität Göttingen; 1894–95 wirkte er als Assistent am Physikalischen Institut der TH Darmstadt und legte daneben in Göttingen das Staatsexamen für das Lehramt aus Mathematik, Physik, Chemie und Mineralogie ab, 1895 promovierte er dort zum Dr phil , studierte aber bis 1896 weiter. Nach dem Einjährig-Freiwilligen-Jahr absolvierte er zwei Probejahre an Mittelschulen in Hannover, Norden und Celle, die ihn für das „Lehramt an höheren Schulen" qualifizierten.

In den Jahren 1898–1904 arbeitete Furtwängler zunächst als Assistent, dann als wissenschaftliche Hilfskraft am Geodätischen Institut in Potsdam, er unterstützte dort den Geodäten Friedrich Kühnen[214] bei der Messung des lokalen Werts der Erdbeschleunigung bei Potsdam mit Hilfe eines Reversionspendels. Ähnliche Schwerkraftmessungen wurden in Schlesien und im Harz durchgeführt; andere Arbeiten betrafen Präzisionsnivellements zur Erstellung geodätischer Netze. Ab 1904 hielt Furtwängler geodätische Vorlesungen für Landvermesser an der Preußischen Landwirtschaftlichen Akademie in

---

[211] Siehe Seite 82.

[212] Adolf Furtwängler hat vermutlich als erster erkannt, dass die 1820 aufgefundene „Venus von Milo" nicht ein Werk des Praxiteles ist, sondern der hellenistischen Periode angehört (sie hat jedoch ein Vorbild aus der klassischen Periode der griechischen Bildhauerkunst). (S. Furtwängler, A (1893), Meisterwerke der griechischen Plastik: Kunstgeschichtliche Untersuchungen. Giesecke & Devrient, Leipzig-Berlin, pp 617ff.)

[213] Für weitere Informationen zum Stammbaum der Familie Furtwängler verweisen wir auf die Einträge in der Neuen Deutschen Biographie [222]. In der Literatur und auch von Zeitgenossen (zB ›Hlawka) wird häufig der Zusatz „zweiten Grades" weggelassen.

[214] Kühnen (*1858-05-12 Brühl b Köln; †1940-01-08 Münster)

(Bonn-)Poppelsdorf.[215] Ohne auf seine Habilitation zu warten berief man ihn 1907 zum Professor für Mathematik an die TH Aachen, dann als nächstes 1910 an die Preußische Landwirtschaftliche Akademie in (Bonn-)Poppelsdorf; nebenbei hatte er einen Lehrauftrag für angewandte Mathematik an der Universität Bonn. 1912 erhielt er schließlich einen Ruf als o Professor für Mathematik an der Universität Wien in der Nachfolge von Mertens,[216] bald darauf auch zum Mitglied der Prüfungskommission für das Lehramt an Mittelschulen.[217] Zusammen mit ˃ Wirtinger war er bis zu seiner Emeritierung Herausgeber der Monatshefte für Mathematik und Physik. Im Jahre 1916 erkrankte Furtwängler schwer und konnte nur mehr mit Hilfe eines Stocks und einem unterstützenden Helfer gehen, später war er vollends gelähmt, brauchte zwei Helfer und konnte sich nur mehr im Rollstuhl fortbewegen.[218] Für seine Vorlesungen wurden studentische Hilfskräfte eingeteilt, die für ihn an der Tafel schrieben.[219] Im WS 1937/38 musste er schließlich seine Vorlesungen ganz einstellen; im September 1938 trat er endgültig in den Ruhestand.

Sein Assistent ˃ Hofreiter, der ihn jahrelang in seine Lehrveranstaltungen begleitete und ihn aus nächster Nähe kannte, schrieb über Furtwänglers Arbeitsweise:[220]

Furtwängler kam um 8 Uhr ins Mathematische Institut und gleich begannen die Rigorosen und Kolloquien. Von $10^h - 11^h$ hatte er Vorlesung und wöchentlich noch zweimal Seminar. Er hielt regelmäßig Vorlesungen über Differential- und Integralrechnung, über Zahlentheorie und Algebra. Die Vorlesungen waren überaus stark besucht. Es wurden Platzkarten für gerade und ungerade Tage ausgegeben. Der starke Besuch seiner Vorlesungen hatte teils seinen Grund darin, weil damals sehr viele Mathematik studierten, vor allem aber wegen seiner ausgezeichneten Vortragsweise. Im Seminar sprach Furtwängler meist über ausgewählte Kapitel der Zahlentheorie und Algebra. Man erwarb dabei gute Spezialkenntnisse. . . . Furtwängler war von strengem Pflichtbewußtsein erfüllt. Obwohl er viele Jahre schwer krank war, arbeitete er doch ununterbrochen weiter, schrieb auch in dieser Zeit bedeutungsvolle Arbeiten und widmete sich stets seinen Hörern.

Seine Dissertantin Olga ˃ Taussky-Todd gibt in ihrer Autobiographie ein Bild von Furtwängler als überlasteten Lehrer: [221]

---

[215] Für eine analoge Berufung eines Zahlentheoretikers an eine Hochschule für Bodenkultur vgl. p 377 (Eintrag Karl ˃ Prachar).

[216] Zum Nachfolger von Furtwängler auf dem Lehrstuhl der Mathematik an der Landwirtschaftlichen Akademie zu Bonn-Poppelsdorf wurde „der Oberlehrer Ruhen in Lankwitz" berufen. (Grazer Tagblatt 1912-09-03 p2.)

[217] 1930 wurde er zum Mitglied der Kommission für die Zulassung zum Versicherungstechniker bestellt (neben Alfred ˃ Berger, Ernst ˃ Fanta, Lothar ˃ Schrutka, Wilhelm ˃ Wirtinger und Leopold ˃ Vietoris). Wr Zeitung 1930-08-20.

[218] Nach ˃ Taussky-Todd soll er aber in jüngeren Jahren ein Athlet gewesen sein.

[219] Eine davon war Olga ˃ Taussky-Todd, wie sie in ihrer Autobiographie schreibt.

[220] Hofreiters Nachruf auf Furtwängler, s.u.

[221] *My Autobiography.* (Online https://resolver.caltech.edu/CaltechOH:OH_Todd_O, Zugriff 2023-03-09).

He ran a big Ph.D. school, finding problems on all levels for everybody. I suppose that his best students were O. > Schreier, E. > Hlawka, W. > Groebner, H. > Mann, and A. Scholz. [222] The students did not always see much of Furtwangler. This was particularly bad during my first year of thesis work. Furtwangler traveled to the mathematical institute by taxi, was then guided to the lecture room by two people and stayed there for two or three hours. He also spent some time in his office and a long line would form outside of this office, mainly of thesis students, waiting to see him. When your turn came you were not given much time. Occasionally, Furtwangler saw students in his apartment in the suburbs of Vienna. After you had completed your studies he welcomed even unexpected visits, mainly because his ill health made him feel isolated. But he cut his teaching duties quite frequently, particularly when the streets were icy.

[...]

I had a very tough time as a thesis student. I had no colleagues whatsoever and hardly saw my teacher, who for quite a while did not direct me towards a specific problem. He had had a girl student in class field theory previously, but she developed TB [tuberculosis] and spent several years in Switzerland. She finally returned to Vienna, asked Furtwangler for an easy subject, and wrote a thesis in almost no time.

While I was struggling by myself with the difficult literature, > Artin had developed a most ingenious method for translating one of the then still unsolved major problems, the principal ideal theorem, into a statement on finite non-Abelian groups. Furtwangler did actually tell me a little about this, but without explanations, and made me almost desperate. In the meantime, he proved Artin's group theoretic statement to be true and hence solved the principal ideal theorem.

Furtwänglers Vorlesungen sollen ein Muster an sorgfältiger Ausarbeitung und Klarheit gewesen sein. Wie > Hlawka und > Schmetterer aus ihren Erfahrungen als Hörer berichteten, waren allerdings die von ihm vorgetragenen Beweise auf Effizienz ausgerichtet, nicht auf folgerichtiger, organischer Entwicklung. Meist „schickte er Hülfssätze" dem eigentlichen Beweis voraus, die nach heutigen Didaktik-Grundsätzen „vom Himmel fielen" und deren Sinn sich erst im Rückblick erschloss. Beweise durch vollständige Induktion, obgleich Schritt für Schritt klar, erlebten die Hörer geradezu als eine Art mathematische Magie. Kurt > Gödel äußert sich dagegen uneingeschränkt bewundernd über Furtwänglers Vorlesungen, für ihn war offenbar die „Effizienz" der Furtwänglerschen Beweisgänge ein unbedingter Vorzug.

In seiner wissenschaftlichen Karriere leistete Furtwängler im Rahmen seiner Tätigkeit in Potsdam Beiträge zur angewandten Mathematik und höheren Geodäsie, [223] der Schwerpunkt seiner wissenschaftlichen Arbeit lag aber schon bald danach in der Zahlentheorie, nament-

---

[222] Arnold Scholz (*1904-12-24 Berlin-Charlottenburg; †1942-02-01 Flensburg) verbrachte aber nur das Sommersemester 1927 (von 04-23 bis 09) bei Furtwängler. Er befasste sich mit Algebraischer Zahlentheorie und arbeitete in den 1930er Jahren mit > Taussky-Todd zusammen.

[223] Unter anderem fungierte er auf Grund dieser Beiträge als Redakteur des 6. Bandes „Geodäsie und Geophysik" (1906–1925) der „Enzyklopädie der Mathematischen Wissenschaften".

lich der Algebraischen Zahlentheorie. Im Anschluss an zwei Arbeiten Hilberts[224] befasste er sich mit dem Beweis für die Existenz des Klassenkörpers zu einem beliebigen algebraischen Zahlenkörper und mit dem Beweis des Reziprozitätsgesetzes der ℓ-ten Potenzreste in einem beliebigen algebraischen Zahlkörper, der die ℓ-ten Einheitswurzeln enthält, wobei ℓ eine ungerade Primzahl ist. Schließlich wurde er mit dem allgemeinen Beweis des Hauptidealsatzes (1928) berühmt, wobei er auf Vorarbeiten von Emil > Artin zurückgreifen konnte. Gleichzeitig konnte er mit Hilfe seines Beweises auch das sogenannte Furtwänglersche Kriterium zum Fermatschen Satz aufstellen.[225] Von einem anderen Schauplatz der Zahlentheorie, nämlich der von Hermann Minkowski begründeten Geometrie der Zahlen, stammt seine Dissertation; ab 1928 widmete er sich ziemlich ausschließlich der Geometrie der Zahlen. Das Thema pflanzte sich über seine wissenschaftlichen Nachkommen > Hofreiter und > Hlawka bis in die 1960er Jahre fort.

Gröbners Minimalbasen gehen letztlich auf Furtwängler und Emmy Noether zurück.

Ein eigener Gegenstand für eine Untersuchung ist Furtwänglers Beziehungsgeflecht im kollegenkreis. Er hatte zweifellos gute Beziehungen zu > Wirtinger und seinen Dissertanten > Hofreiter und > Huber. > Taussky-Todd (damals noch Taussky) respektierte er wohl, sie fühlte sich aber von ihm, wie wir ihrer obigen Schilderung entnehmen, wenig gefördert. > Menger schätzte er offenbar weniger, jedenfalls weniger als > Mayrhofer, wie sich aus seinem Verhalten in der Besetzungskommission für die Nachfolge Wirtingers zeigte. Da keine antisemitischen Äußerungen oder NS-konforme Haltungen von ihm bekannt sind, wird man wohl persönliche Antipathien gegenüber Menger (und umgekehrt) anzunehmen haben. Vielleicht sagten ihm einfach Mengers dynamisches Auftreten, Mengers „moderne Auffassung von der Mathematik" und Themenwahl nicht zu.

Wie bei seinem familiären Hintergrund nicht anders zu erwarten, war Furtwängler ein großer Liebhaber der Musik und musizierte auch selber am Klavier (solange es seine Krankheit gestattete).[226] Für manche vielleicht etwas überraschend ist seine Beschäftigung mit der Technik des nach Gründung der ersten österreichischen Rundfunkgesellschaft RAVAG (1924) populär gewordenen Radios. Furtwängler hatte entschieden eine praktische Ader.

Furtwängler betreute laut Nachruf von Hofreiter über 60 Dissertationen, MGP verzeichnet dagegen nur 2 Dissertantinnen und 8 Dissertanten (+ > Szegő, 1918, als zweiter Gutachter), nämlich: > Rella, Tonio 1913; > Schreier, Otto 1923; > Huber, Anton 1924; > Hofreiter, Nikolaus 1927; > Strubecker, Karl 1928; > Taussky-Todd, Olga 1930; > Gröbner, Wolfgang 1932; > Hohenberg, Fritz 1933; Obermayr, Gertrud, 1934 > Mann, Henry, 1935; Dostalik, Margarete, 1936; (alle Universität Wien). Die letzte von Furtwängler als erster Gutachter beurteilte Dissertation dürfte die von Friedrich Thromballa (1938-05, nicht in der Aufstellung von MGP) gewesen sein.

Ehrungen: 1901 Preis der Königlichen Gesellschaft der Wissenschaften in Göttingen; 1916 korresp., ab 1927 wirkl. Mitglied der AW in Wien; 1930 Ernst-Abbe-Gedächtnismedaille; 1931 korrespondieren-

---

[224] Nach der Autobiographie von > Taussky-Todd lernte Furtwängler Hilbert nie persönlich kennen.

[225] Für die Geschichte der algebraischen Zahlentheorie, namentlich die Beiträge der von uns in diesem Kapitel 4 besprochenen Mathematiker > Aigner, > Artin, Dantscher, > Dintzl, > Fanta, Furtwängler, Gegenbauer, Gmeiner, Gröbner, > Herglotz, > Hofreiter, > Holzer, > Koschmieder, sowie in Kapitel 5 > Feit, > Pollaczek und Szegő verweisen wir auf [Narkiewicz, W (2018), The Story of Algebraic Numbers in the First Half of the 20th Century. From Hilbert to Tate. Springer Monographs in Math].

[226] Vgl. Anton > Hubers Nachruf (s.u.).

des Mitglied der Preußischen AW in Berlin, 1939 Mitglied der Leopoldina; Widmung eines Hefts der Monatshefte für Mathematik und Physik **48** (1939).

Ausgewählte Publikationen. *Diss.*: (1896) *Zur Theorie der in Linearfaktoren zerlegbaren ganzzahligen ternären kubischen Formen (Felix Klein, Göttingen).* (Als Diss. gedruckt Göttingen 1896, 63S.)

1. Zur Begründung der Idealtheorie. Gött. Nachr. **1895** (1895), 381-384.
2. Über das Reziprozitätsgesetz der ℓ-ten Potenzreste in algebraischen Zahlkörpern, wenn ℓ eine ungerade Primzahl bedeutet. Gött. Abh. **2** (1902), 3–82.
3. Über die Schwingungen zweier Pendel mit annähernd gleicher Schwingungsdauer auf gemeinsamer Unterlage. Berl. Ber. **1902** (1902), 245-253.
4. Mechanik der einfachsten Apparate und Versuchsanordnungen, Enc. d. Math. Wiss., Bd. 4/1, II, Heft 1–3, 1904
5. Allgemeiner Existenzbeweis für den Klassenkörper eines beliebigen algebraischen Zahlkörpers. Math. Ann. 63 (1906), 1–37.
6. Letzter Fermatscher Satz und Eisensteinsches Reziprozitätsprinzip. Wien. Ber. **121** (1912), 589-592.
7. Über Kriterien für die algebraischen Zahlen. Wien. Ber. **126** (1917), 299-309.
8. Über die simultane Approximation von Irrationalzahlen, Math. Ann. **96** (1926), 169–75, **99** (1928), 71–83.
9. Beweis des Hauptidealsatzes für die Klassenkörper algebraischer Zahlkörper. Abhandlungen Hamburg **7** (1929), 14-36.
10. Über die Verschärfung des Hauptidealsatzes für algebraische Zahlkörper. J. Reine Angew. Math. **167** (1932), 279–387
11. Allgemeine Theorie der algebraischen Zahlen. [Überarbeitung des alten Enz. Artikels, fertiggestellt 1938 von Furtwängler, aber posthum und nochmals überarb. erschienen] Überarb. von H. Hasse und W. Jehne. 2. Aufl. (Enzyklopädie Math. Wiss., Band I, 2. Teil, Heft 8, Art. 19.) Leipzig 1953

JFM verzeichnet 48 Publikationen, darunter 2 Bücher. Zbl nennt dazu als weitere Publikation Furtwänglers unvollendet gebliebenen Enzyklopädie-Artikel über die allgemeine Theorie der algebraischen Zahlen. Der Artikel wurde von H. Hasse und W. Jehne fertiggestellt und erschien in zwei Auflagen. Die Schriftenverzeichnisse zu Furtwängler von Hofreiter und Huber nennen ebenfalls 48 Publikationen (einschließlich des Enzyklopädie-Artikels).

Quellen. Einhorn [67], 96–111; [222] Eintrag Furtwängler; Neues Wr Journal 1930-11-03 p2; W. Lorey, in: Zeitschrift für Angewandte Mathematik und Mechanik **19** (1939), 191f.; E. Cermak [45, p 74f]; K. Körrer, Die zwischen 1938 und 1945 verstorbenen Mitglieder des Lehrkörpers an der Universität Wien, phil. Diss. Wien, 1981, S. 53f.; D. D. Fenster – J. Schwermer, Beyond Class Field Theory: Helmut Hasse's arithmetic in the theory of algebras in early 1931. Archive for History of Exact Sciences **61** (2007), 432, 441, 445f., 454; M. Hörlesberger, Zur Rezeption der Modernen Algebra in Österreich, 2008, passim; C. Zong, The Mathematical Intelligencer **31** (2009), 25–31; A. Čap u. a., IMN **214** (2010), 2–4; Archiv ÖAW, UA, WStLA, alle Wien; Rheinisch-Westfälische TH, Aachen, D. Nachrufe: Almanach Wien 90, 1941, S. 200–202 (m. B.); N. Hofreiter, in: Monatsh. Mathem. u. Physik **49** (1940), p 219–227 (m. Werkverz.); A. Huber, Jahresber. DMV **50** (1940), 167–178 (m. Bild u. Wverz.).

Lit.: Judith R. Goodstein (1997), Notices of the AMS 67:345–353

Wolfgang Gröbner

*1899-02-11 in Gossensass (Colle isarco, seit 1929 Ortsteil von Brennero); †1980-08-20 Innsbruck (erst r.k., dann konfessionslos)

Sohn von Ludwig G (*1852; †1916-12-07), Hotel- u. Brauereibesitzer, und dessen Frau Tony; Bruder von: Ludwig Gröbner jun, ∞ Toni, geb Hörtnagel; Paul Gröbner (*1896; †1923-09-01 Autounfall), Lisl Gröbner, Tony Gröbner;

Enkel von Leopold Gröbner (*1815-07-31 Gossensass; †1896-01-16 Gossensass) und dessen Ehefrau Maria Rosina (*1819-10-03 Sterzing b. Bozen; †1875-03-08 Gossensass), geb Obwexer; Urenkel von Anton und Anna Gröbner, Gastwirtehepaar in Gossensass.

Zeichnung: W.R. nach Fotos von ca 1950 in der Österr. Hochschulztg (1958-03-15 p 3) und im Archiv Oberwolfach.

Neffe von August Raimund Gröbner (*1861; †1914-03-17), Bürgermeister von Gossensass, Gutsbesitzer und Inhaber des Palasthotels Wielandhof; August G ∞ in 1. Ehe Anna, geb Avanzini (*1863; †1889-06-20), Sohn Otto (*1888)); ∞ 1922 in 2. Ehe Flora Maria Theresia (*1873-04-04 Bozen; †1943-12-27 Gossensass), geb. Staffler [Kinder: Rita Kühnle [geb Gröbner], Dorothea Schuster [geb Gröbner], August Gröbner jun]; Max Gröbner [∞ Anna, geb Hörtnagel] und Marie Gröbner [Partnersch. Geschäftsführerin von Ludwig Gröbner sen.].

Wolfgang Gröbner ∞ 1929-10-03 Elsa, geb Kofler, Lehrerin in Gossensass und Tochter von Jakob Kofler, Gymnasialprof i.R. in Trient; 4 Kinder, darunter Dr phil Waltraud (*1931-07-24 Innsbruck; †2017 Heidelberg), Historikerin, ∞ 1960 Fritz Gschnitzer (*1929-01-06 Innsbruck; †2008-11-27 Neckargemünd-Dilsberg; bekenntnislos), Archäologe und Professor f. Alte Geschichte in Heidelberg, o|o 1986, 3 Söhne.

NS-Zeit. Gröbner war lt. Dekansakt vom Juli 1945 Mitglied der NSDAP (Archiv der Republik, BMU, DZ 470/8-1944/45; zit nach Reiter, [268]). Einige Briefe an ˃ Doetsch aus den letzten Kriegstagen belegen, dass Gröbner fast bis zuletzt an NS-Ideologie und Endsieg geglaubt hat. Seine persönliche Bekanntschaft mit bedeutenden italienischen Mathematikern machten ihn neben ˃ Blaschke, Hasse und H. Geppert zu einem der wissenschaftlichen Bindeglieder zwischen dem NS-Regime und dem faschistischen Italien.

Wolfgang Gröbner[227] entstammte einer alteingesessenen und angesehenen Familie in Gossensass, die auch in der Lokalpolitik sehr aktiv war. Gröbners Großvater Leopold hatte nach der Eröffnung der Brennerbahn 1867 sofort die dadurch eröffneten Chancen für den kleinen Ort Gossensass erkannt, sein Posthotel stark ausgebaut und die Entwicklung zum Nobelkurort eingeleitet. Leopold Gröbners Söhne Ludwig, August und Max Gröbner trieben die Entwicklung energisch weiter, sie besaßen neben Grundbesitz mehrere Nobelhotels, eine Brauerei und ein kleines wassergetriebenes Elektrizitätswerk, das 1886 von Vater Ludwig für den Bedarf der Hotels und der Gemeinde errichtet wurde. Dieses Elektrizitätswerk war das erste, das in Südtirol in Betrieb ging (das nächste war wenige Zeit später Bozen). Ludwig Gröbner erweiterte das „Hotel Gröbner" zur Hotelanlage „Großhotel Gröbner", August Gröbner war jahrzehntelang Bürgermeister von Gossensass und errichtete 1910/11

---

[227] Sein Geburtstag wird manchmal mit 1899-02-02 angegebn. Das hier angegebene Datum 1899-02-11 ist dem Standesblatt im Archiv der Universität Wien entnommen (s. Quellen u.).

das "Palasthotel Wielandhof", Max Gröbner besaß eine „Pension Gröbner" und führte ein erfolgreiches Galanterie-, Kurz- und Kolonialwarengeschäft.

Wirtschaftlich wurde die Lage der Gröbnerschen Unternehmungen jedoch kurz vor und vor allem nach Kriegsbeginn zunehmend schlechter. 1913 wurde der Konkurs über die Pension Gröbner von Wolfgang Gröbners Onkel Max eröffnet;[228] 1914 über die Hotels in der Verlassenschaft von Onkel August, der in diesem Jahr verstarb; 1915 folgte das Großhotel und die Brauerei von Gröbners Vater Ludwig, diese Konkurseröffnung lief durch alle Zeitungen.[229] Nur durch rechtzeitige Umwandlung der Rechtsform der väterlichen Unternehmung in eine GmbH konnte der totale Vermögensverlust vermieden werden. 1916 starb Wolfgang Gröbners Vater Ludwig Gröbner sen., 1917 stand das Unternehmen „Großhotel und Brauerei Gröbner" weiterhin unter Geschäftsaufsicht, das Verfahren lief noch bis 1918.[230]

Wolfgang Gröbner besuchte die Volksschule in Gossensass und in den Jahren 1909–17 das Jesuiteninternat *Stella Matutina* in Feldkirch. Dieses heute nicht mehr bestehende geistliche Gymnasium galt als Hochburg des streng traditionellen Katholizismus und als führendes katholisches Bildungsinstitut im deutschen Sprachraum.[231]

Nach der Matura 1917 wurde Gröbner zum Militär eingezogen; er kämpfte während des letzten Kriegsjahrs an der italienischen Front. Nach der Entlassung aus dem Militärdienst studierte Gröbner von 1919–1923 an der TH Graz Maschinenbau. Eine Motivation für die Wahl dieses Studiums war wohl das Engagement seiner Familie für Kleinkraftwerke.

1923-09-01 unterbrach der Tod seines jüngeren Bruders Paul abrupt Gröbners Studium. Der Vorfall ist ausführlich (und glaubhaft) in den damaligen Pressemeldungen beschrieben.[232] Erheblich später gab Gröbner den Tod des Bruders als Grund für seine Abkehr von den logisch nicht gesicherten Lehren der katholischen Kirche und seine Hinwendung zur Mathematik an; Paul habe durch seinen Tod die sonntägliche Messe versäumt und sei daher nach kirchlicher Lehre der ewigen Verdammnis anheimgefallen. In Wirklichkeit war Pauls Sterbetag ein Samstag ohne besondere liturgische Bedeutung und daher nicht einmal ein gebotener Feiertag im Sinne des katholischen Katechismus.

---

[228] Neues Wr. Tagblatt (Tages-Ausgabe), 1913-03-01 p 51.

[229] Der Böhmische Bierbrauer, 1915-05-18p6; Neues Wr. Tagblatt (Tages-Ausgabe) 1915-05-15, p 14, 1915-05-22, p 18; Grazer Tagblatt, 1915-05-15, p17.

[230] Neues Wr. Journal 1917-01-13, p 13; Deutsches Volksblatt, 1917-01-13 p12; Neue Freie Presse 1918-09-03, p 28.

[231] An der Stella Matutina hatte 1915 der zwei Jahre ältere Kurt Schuschnigg maturiert; auch Conan Doyle, Ignaz Kircher und die literarische Figur Naphta (aus Thomas Mann's *Zauberberg*) waren Stella-Zöglinge. Das Internat war während der NS-Zeit geschlossen, wurde nach dem Krieg erneut zugelassen, 1946 provisorisch in Betrieb genommen, 1953 am ursprünglichen Standort wiedereröffnet. 1975 sah sich die Internatsleitung außerstande, einen für eine Schule dieses Zuschnitts qualifizierten Personalstand aufrecht zu erhalten, und beantragte die Schließung. Das wurde 1979 vom Jesuitengeneral Pedro Arrupe gewährt. Die Internatsgebäude wurden teils abgerissen, teils dem Landesmusikkonservatorium Vorarlberg zur Nutzung übergeben. Die Internatsbibliothek ging 1981 an die Vorarlberger Landesbibliothek, das Herbarium bereits 1978 an das Naturhistorische Museum in Wien.

[232] Innsbrucker Nachrichten 1923-09-04 p3, Allgemeiner Tiroler Anzeiger 1923-09-04 p 6, Grazer Tagblatt 1923-09-07 p 5, Salzburger Volksblatt: unabh. Tageszeitung f. Stadt u. Land Salzburg 1923-09-05 p 4, Der Tag, 1923-09-06 p 5.

„DIE SORGEN DES LEBENS HAST DU
VON IHM GENOMMEN, O HERR; GIB IHM
UND UNS DEN SEGEN DEINER EWIGEN
LIEBE, O HERR."

GOTTES WILLE HAT
HERRN
PAUL GRÖBNER
IN DER BLÜTE SEINER JAHRE ZU
DEN SEINEN HEIMGERUFEN.
WIR EHREN SEIN ANDENKEN IM
GEBETE.

AM 10. AUGUST 1896 IN GOSSENSASS
GEBOREN, VERSCHIED ER UNTER GEIST-
LICHEM BEISTANDE AM 1. SEPTEMBER
1923 DASELBST ALS OPFER EINES
UNFALLES.

Unfalltod des jüngeren Bruders Paul. Der Unfall ereignete sich Freitag 1923-08-31 um 23.30 auf der Fahrt von Sterzing nach Gossensass. Paul chauffierte das Auto selber, der Chauffeur und ein weiterer Mitfahrer saßen hinten. Auf nasser Fahrbahn kam der Wagen ins Schleudern und stürzte ab; ein Bahnwärter fand die Verunglückten in bewusstlosem Zustand. Paul war schwer verletzt und wurde sofort nach Gossensass gebracht, wo er am Samstag um 5 Uhr früh verstarb. Die anderen Insassen überlebten. Wolfgang Gröbner, der bei dem Unfall nicht dabei war, gab eine andere Darstellung, die Reitberger [191] so schildert: „Gegen Ende dieses Studiums kam es zu einer dramatischen Wende in Gröbners Weltanschauung: Einer seiner Brüder verunglückte an einem Sonntagnachmittag mit dem Motorrad tödlich, ohne am Vormittag einen Gottesdienst besucht zu haben. Die drohende ewige Verdammnis für seinen geliebten Bruder stürzte den Stella-Matutina-Absolventen in eine schwere seelische Krise – es kam zum Abbruch des Technikstudiums und zum Bruch mit der katholischen Kirche."

Handzettel zum Gedenken an Paul Gröbner

Gröbners Brüder Paul und Ludwig hatten gemeinsam nach dem Tod des Vaters 1916 den umfangreichen Familienbetrieb für ihre verwitwete Mutter geführt; Wolfgang musste daher vorerst für den verstorbenen Bruder einspringen und bis auf weiteres sein Studium zurückstellen. Es ging nicht nur um das *Hotel Gröbner* sondern auch um die angeschlossenen Unternehmungen und den weiteren Ausbau der Stromerzeugung mit Wasserkraft. Nach dem Weltkrieg und noch mehr nach Mussolinis Machtergreifung hatte sich eine empfindliche Stromknappheit eingestellt und so beschloss die Familie Gröbner den Bau eines weiteren Wasserkraftwerks im Norden von Gossensass, unter dem Namen „Felsenkeller". Mit dem Bau des neuen Kraftwerks wurde 1924 begonnen, es lieferte noch im gleichen Jahr den ersten Strom. 1927 wurde die ursprüngliche Francisturbine des Werks durch eine stärkere ersetzt. Das Kraftwerk läuft heute noch und gehört zu den „Elektrischen Werken Gröbner-Pilling H. & Co. K. G."

Den nächsten Wendepunkt in Gröbners Leben markieren, sechs Jahre und einen Monat nach seines Bruders Tod, 1929-10-03 die Heirat mit Elsa, geb Kofler, aus Trient, und die Wiederaufnahme seines Studiums im selben Jahr, dem Jahr der Weltwirtschaftskrise. Gröbner begann sein Studium aber nicht da, wo er aufgehört hatte, sondern wechselte zur Mathematik und an die Universität Wien. Die Hinwendung zur Mathematik war dabei für Gröbner eine weltanschauliche und philosophische, nicht einfach eine berufliche Entscheidung. Er hat sie später, offensichtlich im Nachhinein, mit dem Primat des eigenen, autonomen Denkens und Fühlens begründet, insofern die Mathematik „jede Autorität außerhalb des eigenen Verstandes ablehnt und niemals etwas deshalb zu glauben vorschreibt, weil es irgendwer irgendwo irgendeinmal gesagt habe" und so eine unverstellte und eigenständige Sicht auf die Probleme des Lebens ermöglicht.[233] Diese unverstellte, eigenständige Sicht hinderte ihn jedenfalls nicht daran der NSDAP beizutreten. Tatsächlich beschäftigte sich Gröbner vom Beginn der 1930er Jahre an intensiv mit „biologistisch-völkischen" Anschauungen, die er bei Autoren wie dem Dichter E. G. Kolbenheyer[234] mit seinem „Bauhüttenbuch", Paul de Lagarde und dessen „Schriften für Deutschland", und dem Wagner-Schwiegersohn und Verfasser des Standardwerks des Rasse-Antisemitismus, den „Grundlagen des 19. Jahrhunderts", Houston Stuart Chamberlain.[235]

1932-07-27 promovierte Gröbner bei ˃ Furtwängler mit dem Thema *Ein Beitrag zum Problem der Minimalbasen* und setzte danach auf dessen Anraten seine Studien bei Emmy Noether in Göttingen fort. Wissenschaftliche Ausbeute dieses Forschungsaufenthalts war das Konzept der Gröbner-Dualität (und die intensive Auseinandersetzung mit der konsequent abstrakt-algebraischen Sichtweise von Emmy Noether in der Mathematik).

1933-01, gerade als Hitler in Deutschland ohne ernsthafte Gegenwehr die Macht überlassen wurde, verließ Gröbner Deutschland; er verabschiedete sich in einem Brief artig von Emmy Noether,[236] in der Hoffnung auf eine Universitätsstelle in Österreich, die sich aber nicht erfüllte. So kehrte er in seine Heimat Südtirol zurück, wo er wiederum im Hotelbetrieb der Familie mitarbeitete und sich mit Kleinkraftwerken beschäftigte.

Mauro Picone,[237] ein prominenter italienischer Mathematiker, der Gröbner während eines Ferienaufenthalts im Hotel *Gröbner* kennengelernt hatte, verschaffte ihm schließlich 1936 eine Anstellung, die im Laufe der Zusammenarbeit bis zur Position eines *ordentlichen Konsulenten* führte — das entsprach etwa einer ao Professur in Österreich — an dem von Picone gegründeten *Istituto Nazionale per le Applicazioni del Calcolo (INAC)*[238] der Universität Rom.

Mauro Picone war seit 1923 Mitglied der faschistischen Partei Mussolinis. Er war überzeugter Nationalist und begrüßte sehr die Offenheit des italienischen Faschismus für wissenschaftlich-technologische Innovation, parallel zur Begeisterung der Futuristen für alles, was mit Geschwindigkeit, Fliegen und Motoren zusammenhing (noch heute gelten die Italiener mehrheitlich als Technikfreaks und Meister der technischen Ästhetik). Pico-

---

[233] Eine erste Darstellung seines philosophischen Weltbilds gibt Gröbner, wieder sechs Jahre später, in seinem 1935 erschienenen Buch *Der Weg aufwärts*, das obige Zitat ist Gröbners Beitrag zur *Östereichischen Hochschulzeitung* von 1958 entnommen.

[234] Erwin Guido Kolbenheyer (*1878-12-30 Budapest; †1962-04-12 München), Sohn des Architekten Franz Kolbenheyer, studierte 1900–05 Zoologie, Philosophie und Psychologie an der Universität Wien und promovierte bei Adolf Stöhr zum Dr phil. 1926–45 war er Mitglied der Preußischen Akademie der Künste, Berlin, Sektion Dichtkunst. Nach dem Krieg wurde über ihn wegen aktiver Unterstützung des NS-Regimes (seit 1940 Pg) ein fünfjähriges Berufsverbot verhängt.

[235] Houston Stuart Chamberlain (*1855-09-09 Portsmouth, England; †1927-01-09 Bayreuth) hatte bekanntlich großen Einfluss auf die NS-Ideologie, namentlich auf Hitler selber und seinen Chefideologen Alfred Rosenberg.

[236] Der Brief ist bei Oberkofler [225] abgedruckt.

[237] Mauro Picone (*1885-05-02 Palermo; †1977-04-11 Rom) ist in der Theorie der Differentialgleichungen vor allem durch das wichtige Hilfsmittel der Picone-Identität (1910) und den Satz von Sturm-Picone bekannt geworden.

[238] Dieses Institut existiert heute noch mit dem Beinamen Mauro Picone: (https://www.iac.cnr.it, Zugriff 2023-02-20)

ne behielt nach 1945 trotz seiner faschistischen Parteimitgliedschaft seinen Lehrstuhl, da er offenbar nicht an der Verfolgung Andersdenkender oder, nach 1938,[239] „Nichtariern" teilgenommen hatte; dafür wurde seine Unterstützung für den Juden Guido Ascoli (*1887-12-12 Livorno; †1957-05-10 Turin; Sohn von Giulio Ascoli [Satz von Ascoli]) und für den unbekümmert öffentlichen Mussolini-Gegner Renato Caccioppoli (*1904-01-20 Neapel; †1959-05-08 Neapel. Caccioppoli war 1925–30 Picones Assistent)[240] geltend gemacht. Picone befasste sich vor allem mit der Lösung partieller Differentialgleichungen und mathematischen Anwendungen in der Ballistik; in Italien war er einer der wichtigsten Pioniere der numerischen Berechnung mit Rechenmaschinen. Gröbner hatte an seiner neuen Wirkungsstätte die Aufgabe, unterstützt von Picones Forschergruppe numerische Lösungen für Gleichungen der Elastizitätstheorie, der Hydrodynamik und der Wärmeleitung zu finden. Ein Bericht über Gröbners Beiträge erschien 1938 in den Jahresberichten der DMV.

In Rom fand Gröbner noch einen weiteren interessanten Forschungspartner: den italienischen Geometer Francesco Severi (*1879-04-13 Arezzo; †1961-12-08 Rom), der zusammen mit Guido Castelnuovo (*1865-08-14; †1952-04-27) und Federigo Enriques (*1871-01-05; †1946-06-14) wohl den Höhepunkt der italienischen algebraischen Geometrie repräsentierte.[241]

Severi war zunächst Mitglied der italienischen Sozialistischen Partei und ein scharfer öffentlicher Kritiker Mussolinis gewesen; etwa ab 1926 näherte er sich aber Mussolini in devotem Stil an und machte ihm Avancen, wohl in der Hoffnung auf eine schnelle Karriere. 1932 trat er schließlich der Faschistischen Partei bei.[242] Severi erlangte eine führende Stellung in der Organisation der Wissenschaft in Italien, die es ihm erlaubte, freigewordene Stellen von jüdischen Wissenschaftlern nach Gutdünken zu besetzen. Nach dem Ende des zweiten Weltkriegs wurden in Italien eine Reihe von Kommissionen eingesetzt, die das Verhalten aktiver Faschisten und solcher, die Mussolini auch nach dessen Sturz 1943 unterstützt hatten, untersuchen sollten. Im Falle Severis wurde nur lapidar festgestellt, er habe *von der faschistischen Bewegung nur das an Begünstigungen erhalten, was ihm auf Grund seiner hervorragenden wissenschaftlichen Leistungen ohnehin zugestanden hätte.*

Severi eröffnete Gröbner ein Forschungsgebiet, in dem er seine früheren Forschungen in der Idealtheorie neu anwenden und weiterführen konnte. Severi hatte es sich zum Ziel

---

[239] Die italienischen Faschisten waren in den ersten Jahrzehnten ihres Bestehens zwar nationalistisch-autokratisch, aber nicht rassistisch ausgerichtet; die Verfolgung von Juden begann erst 1938-07 mit dem *Manifesto della razza* und den Massenentlassungen von Juden an Schulen und Universitäten danach.

[240] Caccioppoli hatte 1938 während des Hitlerbesuchs in Neapel öffentlich eine Musikergruppe die Marseillaise spielen lassen und danach eine Rede gegen Mussolini gehalten. Er überlebte diese Mutprobe nur, weil er sich mit Hilfe einer Tante für verrückt erklären ließ. In der Folge musste er für einige Zeit seine mathematischen Untersuchungen in einer Nervenheilanstalt durchführen.

[241] Castelnuovo und Enriques waren beide Juden und verloren 1938 ihre Professuren in Rom. Sie lebten verborgen und veranstalteten im Geheimen Vorlesungen und Seminare; nach dem Fall Mussolinis und der Befreiung Roms wurden sie 1944 rehabilitiert. Nach dem zweiten Weltkrieg war Castelnuovo einer der einflussreichsten Mathematiker Italiens.

[242] In seinem Nachruf auf Severi (IMN **11** (1950), 1–2) ruft Gröbner in Erinnerung, wie Severi 1924 seinen Posten als Rektor aufgeben musste, nachdem er nach der Ermordung Matteottis die Fahne der Universität in Rom auf Halbmast hissen ließ. Über die spätere Annäherung an Mussolini und den Eintritt Severis in dessen faschistische Partei bewahrt der Text allerdings nobles Stillschweigen.

gesetzt, eine umfassende und scharf definierte Theorie der Schnitte algebraischer Kurven, Flächen und höherdimensionaler algebraisch definierter Gebilde (heute sagt man Varietäten) zu entwickeln. Dieses Ziel hatte Severi zunächst mit rein geometrischen, von höherer Algebra freien Methoden zu erreichen versucht, war damit aber gescheitert. Gröbner fand hier einen aussichtsreichen Zugang in der Zusammenführung der klassischen italienischen Algebraischen Geometrie und den neueren algebraischen Methoden Emmy Noethers. Das führte zu Gröbners Publikationen *Idealtheoretischer Aufbau der algebraischen Geometrie*, 1941, und nach dem Krieg, *Moderne algebraische Geometrie*, 1949, welche aber kaum Widerhall fanden, da sie inzwischen von Zariski,[243] Weil,[244] und schließlich Grothendieck[245] obsolet gemacht worden waren.

Nach dem Hitler-Mussolini-Abkommen vom Oktober 1939 schloss sich Gröbner der „Option für Deutschland" an und wurde damit deutscher Staatsbürger. Als Folge des Besuches einer SS-Delegation im INAC musste Gröbner auf Veranlassung des Deutschen Reichs Rom verlassen und übersiedelte nach Deutschland. Dort war er kurzfristig in der Redaktion der *Fortschritte der Mathematik* in Berlin angestellt. 1940-10-01 wurde er „mit der Wahrnehmung einer Lehrkanzel am Mathematischen Institut der Universität Wien beauftragt" und 1941-09-26, mit Wirkung von 1941-08-01, zum planmäßigen ao Professor ernannt.[246] 1941-10-31 wurde er, als Kompensation für die aufgegebene Position als „ordentlicher Konsulent" (ein Äquivalent für eine ao Professur in Deutschland) in Italien, zum Extraordinarius an der Universität Wien ernannt. Diese Position konnte er aber nie wirklich ausfüllen, nach dem Krieg wurde er nach einem Jahr seines Wirkens gegen Johann ˃ Radon „ausgetauscht": Radon wurde Ordinarius in Wien, Gröbner in Innsbruck (s.u.).

Ab 1942-06-19 war Gröbner uk-gestellt um unter der Leitung des Freiburger Professors Gustav ˃ Doetsch in der *Luftfahrtforschungsanstalt Hermann Göring* arbeiten zu können. Er wurde seinerseits mit der Leitung der Arbeitsgruppe *Industriemathematik* betraut, für die er weitere Mathematiker aus Wien freimachen oder heranziehen konnte: Nikolaus ˃ Hofreiter und dessen Frau, außerdem den späteren Mittelschuldirektor und -lehrbuchautor Josef ˃ Laub.[247] Die Arbeitsgruppe erstellte Integraltafeln und andere für industrielle Forschung relevante mathematische Tabellenwerke, außerdem befasste sie sich mit für die optischen

---

[243] Oskar Zariski (1899-04-24 Kobryn, Belarus; †1986-07-04 Brookline, Mass, USA), geboren als Ascher Zaritsky und Sohn eines Talmudgelehrten, kam über Kiev nach Rom, wo er 1924 bei Castelnuovo promovierte und seinen Namen auf Oskar Zariski änderte. 1927 übersiedelte er weiter in die USA und wurde dort einer der Wegbereiter der modernen algebraischen Geometrie.

[244] André Weil (*1906-05-06 Paris; †1998-08-06 Princeton) ist vor allem für seine herausragenden Arbeiten zur Zahlentheorie, zur algebraischen Geometrie und zur harmonischen Analysis bekannt. Mitbegründer und führendes Mitglied der Gruppe Bourbaki, Pazifist und Bruder der Philosophin Simone Adolphine Weil (*1909-02-03 Paris; †1943-08-24 Ashford, England).

[245] Alexander Grothendieck (*1928-03-28 Berlin; †2014-11-13 Lasserre (F)) war der führende Mathematiker in der Begründung der modernen algebraischen Geometrie. 1966 erhielt er die Fields-Medaille für seine grundlegenden Beiträge zur Algebraischen Geometrie und Topologie (insbesondere K-Theorie). Grothendieck war engagierter Pazifist und Gegner des Vietnamkrieges.

[246] UAW PA Gröbner 044, Standesblatt. Vgl auch das Vorlesungsverzeichnis der Uni Wien vom SS 1941, p. 43.

[247] Es ist nicht klar ob der eigentliche Hintergrund, die „Verschonung vom Frontdienst", dem Leiter ˃ Doetsch bewusst war oder ob er sie vielleicht sogar beabsichtigte.

Zwei Seiten der Integraltafeln von Gröbner–Hofreiter in der Urversion von 1944.
Archiv Christa Binder

Industrie relevanten Variationsproblemen und mit vergleichenden Studien über zu erwartende Trefferwahrscheinlichkeiten von MG- und Schrapnellgeschossen im Luftkampf.[248] Für die notwendigen numerischen Berechnungen wurden mechanische Tischrechner verwendet. Daraus entstand nach dem Krieg Gröbners Interesse an der algebraischen Theorie von Differentialgleichungen und an Lie-Reihen, sowie deren Weiterentwicklung zur Computeralgebra (s.u.).

Es ist hier nicht der Ort für eine eingehende Diskussion der weltanschaulichen Entwicklung Gröbners, ausgehend von seiner streng katholischen Erziehung in der *Stella Matutina* über die Abwendung von der katholischen Amtskirche, eine gewisse Nähe zu Mussolini und später zur NSDAP, bis zu seiner eigenständigen, ihm persönlich zuzuordnenden Philosophie und Ethik seiner späten Jahre. Sein Beitritt zur NSDAP, der erst nach seinem Tod in die Öffentlichkeit gelangte, kann wahrscheinlich nicht ohne weiteres als bloßes Mitläufertum gewertet werden. Spätere Briefe lassen jedenfalls darauf schließen, dass sich Gröbners Ansichten sehr wohl im NS-mainstream bewegten, dass er durchgehend an den Endsieg von NS-Deutschland glaubte und dass er ihn befürwortete. Die folgende Passage aus einem Brief von 1944-09-05 an > Doetsch,[249] offenbar unter dem Eindruck von Nachrichten über

---

[248] Zweifelsfrei gelangten nur die Integraltafeln zur Fertigstellung, die anderen Projekte finden sich lediglich auf einer von Doetsch verfassten Liste.

[249] Hier zitiert nach Liedl und Reitberger [191]; nochmals zitiert in [115]

die Kapitulation der deutschen Besatzungstruppen in Paris 1944-08-25 entstanden, ist dafür ein Beispiel:

> *Der Schrecken über die jüngste unglückliche Entwicklung der Kriegslage in Frankreich ist mir ordentlich in die Glieder gefahren. Ich hoffe, daß es trotz allem gelingen wird, das Schicksal zu bezwingen und unser Vaterland zu erretten. Ich bleibe selbstverständlich mit allen Kräften auf meinem mir zugewiesenen Posten, bin aber sofort zu einem anderen Einsatz bereit, falls dies verlangt werden sollte. Ein Weiterleben über eine etwaige Niederlage hinaus würde mir absolut wertlos erscheinen.* [250]

Bei Kriegsende, ein Jahr später, gelang es Gröbner jedenfalls, rechtzeitig Innsbruck zu erreichen, und sein Überleben schien ihm *nicht* wertlos. [251] Formal war er immer noch Extraordinarius an der Universität Wien, er konnte aber erst 1946 die von von den Alliierten gezogenen Demarkationslinien überschreiten, Wien erreichen und mit seiner Lehrtätigkeit beginnen. Neben Standardvorlesungen über Differential- und Integralrechnung sowie Partielle Differentialgleichungen bot er auch eine Vorlesung über algebraische Kurven und ein Seminar über Idealtheorie und algebraische Geometrie an. Diese Lehrtätigkeit war aber nach einem Jahr zu Ende.

Mit Datum 1947-04-12 wurde Gröbner zum o Professor an der Universität Innsbruck ernannt und war in dieser Position bis zu seiner Emeritierung 1970 tätig. An der Universität Wien ließ man ihn ungern ziehen, da ihn die dortigen Kollegen > Hofreiter, > Hlawka und > Schmetterer noch vom Krieg her kannten und schon lange in gutem Einvernehmen mit ihm standen. Der ausschlaggebende Grund für den Wechsel war, dass etwa zur gleichen Zeit Johann > Radon nach seiner Flucht aus Breslau in Innsbruck gelandet war und jetzt endlich nach Wien gezogen werden sollte, nachdem er schon bei der Besetzung der Nachfolge von > Wirtinger zu den Wunschkandidaten des Instituts gehört hatte. Zweifellos war Gröbners Rückkehr nach Innsbruck ein erheblicher Gewinn für die Innsbrucker Mathematik und sorgte für eine gewisse „Verteilungsgerechtigkeit" mathematischen Talents.

1949-06 wurde Gröbner zum Dekan der Philosophischen Fakultät für das Studienjahr 1949/50 gewählt. Er emeritierte 1970.

In Mathematik und Informatik kennt heute jeder den Namen *Gröbner* von den nach ihm benannten *Gröbnerbasen* — das sind einfach Gröbners 'Minimalbasen', wie sie erstmals 1965 in der Dissertation seines Schülers Bruno Buchberger[252] als wichtiges Werkzeug für die algorithmische, numerisch und Computern gut zugängliche Behandlung von Idealen in Polynomringen (und verwandten Systemen) auftauchen. Wesentliche Teile der heute

---

[250] Auch wenn man konzediert, dass dieser Brief unter der Voraussetzung von Zensurmaßnahmen geschrieben wurde und vielleicht nur dazu dienen sollte, einen allfälligen Verdacht auf Regimegegnerschaft (gegen ihn und Doetsch) zu zerstreuen: bedenklich bleibt er doch.

[251] Nach dem Krieg und sogar in der NS-Reflexion der letzten Jahre, zB in [240, p. 308], wurde Gröbner jedenfalls noch als unbelastet und keiner der NS Partei- oder Vorfeldorganisationen angehörig anerkannt. In den Beratungen der Berufungskommissionen wurde Gröbner als „unbelastet" geführt.

[252] *Ein Algorithmus zum Auffinden der Basiselemente des Restklassenrings nach einem nulldimensionalen Polynomideal* (Betreuer Gröbner, Innsbruck).

gängigen „Computeralgebra" beruhen auf solchen Algorithmen. In diesem Zusammenhang sollte man vielleicht eher von *Gröbner-Buchberger-Basen* sprechen.[253]

Gröbner beschäftigte sich in seiner mathematischen Laufbahn durchgehend auch mit numerischen Verfahren zur Lösung von Differentialgleichungen; er ist Miterfinder der Alexeev-Gröbner-Formel (eine Variante der Methode der Variation der Konstanten). Gemeinsam mit seinen Schülern beschäftigte er sich ab 1958 umfassend mit der Methode der Lie-Reihen, besonders mit deren Anwendung auf das n-Körper-Problem der klassischen Mechanik. später zusammen mit Butcher die Lie-Butcher-Reihen und B-Reihen, die Verbindungen bis zu den Regularitäts-Strukturen von Martin Hairer (Fields-Medaille 2014) haben.[254] Für diese Untersuchungen warb er auch Gelder vom US-Militär und von der NASA ein.

Gröbner starb zehn Jahre nach seiner Emeritierung 1980 infolge eines Schlaganfalls.

Nach MGP begutachtete Gröbner 45 Dissertationen, darunter die von Brigitte Radon (1948), Peter Albin Lesky (1950),[255] Gerhard Wanner (1965) und Bruno Buchberger (1966).

Ehrungen: 1969 Wilhelm Exner-Medaille des österr. Gewerbevereins; 1970 österr. Ehrenkreuz für Wissenschaft und Kunst 1. Klasse; 2020 wurde die Zufahrtsstraße zur Wohnbauzone „Saxl" in der Gemeinde Brennero Wolfgang-Gröbner-Straße benannt.[256][257]

Ausgewählte Publikationen. *Diss.*: (1932) *Ein Beitrag zum Problem der Minimalbasen (Furtwängler).* [veröffentlicht unter dem Titel: Minimalbasis der Quaternionengruppe in Monatsh. Math. u. Physik **41** (1934), 78–84.]

1. Über irreduzible Ideale in kommutativen Ringen. Math. Ann. 110, 197-222 (1934).
2. Minimalbasis der Quaternionengruppe. Monatshefte der mathematischen Physik **41** (1934), 78–84.
3. Über irreduzible Ideale in kommutativen Ringen. Mathematische Annalen **110** (1934), 197–222.
4. Risultati dell'applicazione del metodo variazionale in alcuni problemi di propagazione. Atti primo Congr. Un. mat. Ital., Firenze, 1937, 222-225 (1937)
5. Über eine neue idealtheoretische Grundlegung der algebraischen Theorie. Mathematische Annalen **115**(1938), 333–358.
6. Über die algebraischen Eigenschaften der Integrale von linearen Differentialgleichungen mit konstanten Koeffizienten. Mh. Math. Physik 47, 247-284 (1939) [eng. Übersetzung in ACM Commun. Comput. Algebra **43** (2009), 24-46].
7. (mit Krall, G), Analisi del moto fluido in un tunnel idrodinamico a sezione rettangolare e radialsimmetrico (con deflusso al entro) secondo il metodo di Kármán. Ric. Sci. Progr. Tecn. Econom. Naz. 10, 42-48 (1939).
8. Idealtheoretischer Aufbau der algebraischen Geometrie. I. Hamburger math. Einzelschr. 30 (1941), 56 S.
9. Über die Syzygientheorie der Polynomideale. Monatsh. Math. **53** (1949), 1-16.
10. (mit Hofreiter, N.), Integraltafel. I. Unbestimmte Integrale. Wien-Innsbruck 1944, 1949, etc..
11. Moderne algebraische Geometrie. Wien, Innsbruck, 1949.
12. (mit Hofreiter, N.), Integraltafel. II. Bestimmte Integrale. Wien-Innsbruck 1950, etc.
13. Über die Eliminationstheorie. Monatsh. Math. 54, 71-78 (1950).

---

[253] Bruno Buchberger (*1942-10-22), Sohn des Gendarmeriebeamten Josef Buchberger und dessen Frau Katharina; maturierte 1960-06-02 am I. Innsbrucker Gymnasium und studierte danach Mathematik und Physik an der Universität Innsbruck. Er ist seit 1974 (inzwischen emeritierter) Ordinarius für rechnergestützte Mathematik an der Universität Linz, 1987 Initiator des Forschungsinstituts für Symbolisches Rechnen (RISC) und 1989 des Softwareparks Hagenberg.

[254] Hairer, M., *A theory of regularity structures.* Invent. Math. **198** (2014), 269-504.

[256] *Der Erker* 2020-09

[257] Einen Antrag von Vietoris auf Aufnahme Gröbners in die ÖAW hatte dieser wieder zurückgezogen, angeblich wegen eines von Gröbner verfassten atheistischen Artikels. Vietoris hat aber im Interview mit Gilbert Helmberg betont, mit Gröbner stets ein gutes Verhältnis gehabt zu haben.

14. Die Darstellung der Lösungen eines Systems von Differentialgleichungen durch Liesche Reihen. Arch. Math. 9, 82-93 (1958).
15. Matrizenrechnung. B.I. Hochschultaschenbücher 103/103a, Bibl. Institut, Mannheim 1966.
16. Algebraische Geometrie. 1. Teil: Allgemeine Theorie der kommutativen Ringe und Körper. Mannheim-Wien-Zürich 1968.
17. Über das Reduzibilitätsideal eines Polynoms. J. Reine Angew. Math. 239-240, 214-219 (1969).
18. Algebraische Geometrie. Teil 1: Allgemeine Theorie der kommutativen Ringe und Körper; Teil 2: Arithmetische Theorie der Polynomringe. Mannheim-Wien-Zürich 1969/1970.
19. Differentialgleichungen. Teil 1: Gewöhnliche Differentialgleichungen, Teil 2: Partielle Differentialgleichungen. Bibliographisches Institut Mannheim - Wien - Zürich, 1977. [Enthält eine Einführung in die Methode d. Lie-Reihen f. Praktiker.]

Übersetzungen

20. Grundlagen der abzählenden Geometrie (von Francesco Severi) Mathematische Forschung, Heft 2, Wolfenbüttel 1948. **Lehrbücher** (mit Lesky, P.), Mathematische Methoden der Physik. I, Bibl. Inst. Mannheim, 1964, B.I. Hochschultaschenbücher 89.
21. Differentialgleichungen
22. Matrizenrechnung, Bibl. Inst. Mannheim, 1966, B. I.-Hochschultaschenbücher 103/103a.

Nichtmathematische Publikationen.

23. Der Weg aufwärts. Ein Buch über Religion und Weltanschauung. Braumüller Verlag Wien 1936; JBer DMV **18** (1938).
24. Über die gegenwärtige Krise unserer Kultur. Studium generale, **7** (1954), 122–130.
25. Ist Wissenschaft für ihre Forschungen und deren Ergebnisse verantwortlich? ÖHZ 9 (1957)/Heft 11, 1–2

Kurze Mitteilungen zu Freidenkerthemen:[258]

26. Zur Aufhebung des Jesuitenverbotes. Freidenker **56** (1973), 57
27. Für straffreien Schwangerschaftsabbruch. Freidenker **56** (1973), 74
28. Wissenschafts-Gläubigkeit? Freidenker **56** (1973), 81–83
29. Was ist Religion? Freidenker **59** (1976), 53
30. Freigeistiges Programm. Freidenker **59** (1976), 97–10
31. Freigeistige Entgegnung zu Hans Küng, Existiert Gott? Freidenker **61** (1978) 55–56

Reitberger nennt in seinem Werkverzeichnis Gröbners (imn **184** (2000), 21–27) insgesamt 91 Publikationen.

Quellen. Ennemoser G (1975), Beiträge zur Geschichte der Gemeinde Gossensass mit besonderer Berücksichtigung der Zeit von 1850-1914, Dissertation Univ. Innsbruck, Innsbruck 1975; besonders p106; Innsbrucker Nachrichten 1889-06-26, 1923-09-04 p3 und 1936-01-11 p7; Allg. Tiroler Anz. 1929-10-07 p8; UAW PH RA 11373 (Rigorosenakt), PH PA 1798 (Personalakt); E. Cermak [45], 95f; Goller/Oberkofler [115]; Österr Hochschulzeitung **10** (1958-03-15), p3f. [228] Einträge Caccioppoli, Picone, Severi. Hlawka, IMN **124**(1980), 74–80. Liedl und Reiter [191]; Goller, [115]. Zu Fritz Gschnitzner s. Dagmar Drüll [58], p 238.

---

[258] „Freidenker" ist die Vereinszeitschrift des Schweizer Freidenkerverbands.

Hans Hahn

*1879-09-27 Wien;   †1934-07-24 Wien. (röm. kath.)

Sohn von Ludwig Benedikt Hahn (*1844; †1925, 1877 konvert. röm.kath.), k.k. Hofrat, Vorsteher des Telegraphen-Correspondenz-Bureaus, und dessen Ehefrau Emma (*1850; †1940; röm.kath.), geb Blümel

Bruder von Louise (Luise; Ludovica Leopoldine) Fraenkel (*1878-07-12 Wien; †1939 Paris, röm. kath.), bedeutende österr. Malerin (∞ 1903-09-28 den Maler Walter Fraenkel (*1879-03-12 Breslau; †1943 (Holocaust) Majdanek)) und Dr phil Olga Neurath (*1882-07-20 Wien; †1937-07-20 s'Gravenhage, Den Haag; röm.kath., ab 1912 ev. AB), Mathematikerin & Philosophin, zweite der drei Ehefrauen von Otto Neurath.

Zeichnung: W.R. nach einem Foto im Archiv der Universität Wien

Enkel vät. von Emmanuel Markus Hahn (Haan) (*1809-05-15 Milevsko (Mühlhausen), Pisek, Cz) und Josepha (Pepy) (*1818-06-28 Červené Janovice č. 91, Cz) Hahn, geb Vondörfer [die Großeltern vät. hatten 4 Söhne und 2 Töchter]

Enkel mütt. des Fabrikanten (Besitzer einer Schal-Weberei) Johann Franz Blümel (*1820-03-13) u. s. Frau Sofie (*1825-01-24 Wien; †1892-12-29 Wien, r.k.), geb. Grünewald; [hatten 7 Töchter u. 2 Söhne]

Hans Hahn ∞ 1909 Eleonore (Lilly) (*1885 Prag), Dr phil von 1909-05-21, Kunstgewerblerin, Tochter von Jakob Minor (†1912), Professor d. Germanistik, u. dessen Frau Margarethe, geb. Pille, (*1860; †1927), Präsidentin der österreichischen Frauenvereine; 1 Tochter: Nora (*1910-12-07 Wien; †1995-05-21 München) ∞ Adolf Lallinger (*1912; †1994), Schauspielerin (Künstlername: Nora Minor).

NS-Zeit. Beide Schwestern Hahns starben in der Emigration. Die malende ältere Schwester Louise[259] emigrierte 1938 gemeinsam mit ihrem Mann nach Paris, wo sie 1939 starb. Ihr Ehemann Walter Fraenkel galt in den Biographien als ab 1940 in Frankreich verschollen, Recherchen in den Opferdatenbanken haben aber inzwischen ergeben, dass er 1943 in das Sammellager Drancy deportiert, von da nach Sobibor und weiter nach Majdanek verschleppt und schließlich ermordet wurde. Die 1904 erblindete jüngere Schwester Olga emigrierte im Frühjahr 1934 vor der Verfolgung im Ständestaatfaschismus und folgte ihrem Ehemann Otto Neurath ins Exil nach Den Haag, wo sie 1937 verstarb.

Hans Hahns Tochter Nora, die unter dem Künstlernamen Nora Minor als Schauspielerin auftrat, war während des Zweiten Weltkriegs in einer Munitionsfabrik dienstverpflich-

---

[259] 1909 Mitbegründerin und von 1923 bis zum „Anschluss" 1938 Präsidentin der *Vereinigung bildender Künstlerinnen Österreichs*; sie studierte vom WS 1935/36 an fünf Semester lang Restaurierung bei Robert Eigenberger [von manchen Autorinnen zu „Eisenberger" verballhornt] (*1890-02-14 Sedlitz, Cz; †1979-04-14 Wien). Eigenberger war NS-Pg, förderndes Mitglied der SS und Dozentenführer an der Akademie, er wurde daher 1945 vom Dienst enthoben. 1947 wurde er wegen seines „aussergewöhnlich hohen Könnens" als minderbelastet eingestuft (mehr darüber auf https://www.lexikon-provenienzforschung.org/eigenberger-robert, Zugriff 2023-03-02).

tet,[260] wurde aber nicht rassistisch verfolgt. Nach dem Krieg setzte sie ihre Schauspiel-
karriere fort.[261]

Hans Hahn entstammte einer wohlhabenden und assimilierten jüdischen Familie, sein Vater
Ludwig Benedikt Hahn war Vorstand des „k. k. Telegraphen-Correspondenz-Bureaus“,
Vorläufer der heutigen „Austria Presse-Agentur“,[262] er war als Journalist und Herausgeber
der „Politischen Correspondenz“ sehr erfolgreich.

Nach dem Besuch des Gymnasiums in Wien-Döbling und der Matura 1898 immatrikulierte
Hahn an der juridischen Fakultät der Universität Wien, entschied sich aber im folgenden
Jahr für die Mathematik. Nach Auslandssemestern an der Universität Straßburg und an der
Universität München setzte er seine Studien im Sommersemester 1901 wieder in Wien
fort und promovierte 1902-07 an der Universität zum Dr phil. Nach weiteren Studien
bei Boltzmann, v. Escherich, Mertens und › Wirtinger in Wien, sowie Hilbert, Klein und
Minkowski in Göttingen habilitierte er sich 1905, supplierte im Wintersemester 1905/06
in Innsbruck für den erkrankten Ordinarius Otto Stolz,[263] wirkte anschließend wieder als
Privatdozent in Wien und wurde 1909-09 zum außerordentlichen Professor in Czernowitz
ernannt.[264]

Im ersten Weltkrieg wurde Hans Hahn 1915 als Kadettaspirant eines Infanterieregiments
eingezogen, von dort nach einer schweren Verwundung 1916-04 entlassen, anschließend in
der Nachfolge von Issai Schur (der 1916 nach Berlin gegangen war) als außerordentlicher
Professor nach Bonn berufen und dort 1917 zum ordentlichen Professor ernannt.

1921 kehrte er als ordentlicher Professor und Nachfolger von Escherich nach Wien zurück und die akademischen Auszeichnungen purzelten nur so auf ihn nieder: Wahl zum
korrespondierenden Mitglied und Richard-Lieben-Preis der Wiener Akademie der Wissen-

---

[260] Nach der *Verordnung zur Sicherstellung des Kräftebedarfs für Aufgaben von besonderer staatspo-
litischer Bedeutung* von 1938-06-23 (RGBl 1938 I S652) konnten deutsche Staatsbürger, ab 1943 auch
Frauen, vom NS-Staat unter befristeter Auflösung bestehender Arbeitsverhältnisse, zu „kriegswichtigen“
Arbeitseinsätzen herangezogen, „dienstverpflichtet“, werden.

[261] Nora Minor trat hauptsächlich in Nebenrollen am Theater auf, nach dem Krieg auch in Filmen und in
Fernsehserien; u.a. spielte sie 1978 in der Serie *Die Geschichte der Familie Weiß* in einer kurzen Szene
des 1. Teils die Frau Palitz.

[262] Das Bureau stand aber nach Siegesmeldungen von der Schlacht bei Magenta (1859) im Sardinischen
Krieg unter strenger Aufsicht der Regierung, nicht unter der Kontrolle eines privaten Besitzers.

[263] Otto Stolz (*1842-07-03 Hall/Tirol; †1905-11-23 Innsbruck) habilitierte sich 1864 an der Uni Wien
und wurde 1872 ao, 1876 o Professor in Innsbruck. Er ist vor allem durch den nach ihm benannten Satz
über die Konvergenz des Quotienten zweier Folgen bekannt.

[264] Dort war etwa gleichzeitig Erwin › Kruppa Privatdozent. Czernowitz gehörte in der Habsburger-
Monarchie zu den ersten Wirkungsstätten junger Wissenschaftler. Karl Emil Franzos zitiert in der Neuen
Freien Presse 1903-11-22 Friedrich Mommsen mit dem Ausspruch "Als ich in Ihrem »Halbasien« Ihren
begeisterten Artikel- über die Gründung der Universität [Czernowitz] las, da dachte ich: Der junge Mann
wird seine Wunder erleben! Sie träumten so eine Art Straßburg im Osten. Und was ist's geworden? Die
k.k. akademische Strafkolonie! Man wird zu einigen Jahren Czernowitz verurteilt und dann zu Innsbruck
begnadigt." Das Zitat wurde öfters in der Form "Verurteilt zu Czernowitz, begnadigt zu Graz, befördert
nach Wien" weiterverbreitet.

schaften, Mitglied der renommierten Deutschen Akademie der Naturforscher *Leopoldina*, Ehrenmitglied der Calcutta Mathematical Society.

Die Berufung von Hans Hahn ist als Glücksfall anzusehen, der nur zur damaligen Zeit möglich war: Hahn war Sozialdemokrat und Jude, außerdem Anhänger einer positivistischen Variante der analytischen Philosophie, die von Christlich-Sozialen und Deutschnationalen (aller Richtungen) nicht goutiert wurde. Die Einsicht in Hahns überragende Fähigkeiten hatte sich zu diesem Zeitpunkt noch klar durchsetzen können, später dominierten klerikaler Abscheu vor nichtkatholischer Philosophie, Antisemitismus und Ablehnung aller „linken" Anschauungen und Parteien die Szene. Bemerkenswert ist in diesem Zusammenhang auch der Umstand, dass sowohl Hahn als auch der erklärte Antisemit Othenio Abel in der gleichen Sitzung der Wiener Akademie der Wissenschaften zu korrespondierenden Mitgliedern gewählt wurden.[265] Nach Hahns Tod wurde seine Lehrkanzel nicht nachbesetzt; ein erster Schlag gegen die Wiener „Moderne Mathematik", die nach dem Weggang ᐳMengers vorerst einmal für gut ein Jahrzehnt blockiert war.

Hahn brachte vier neue Forschungsgebiete an das mathematische Institut der Universität Wien: (1) die Funktionalanalysis, (2) die Mengenlehre und die mengentheoretische Topologie, (3) die abstrakte Maß- und Integrationstheorie, (4) die Theorie der reellen Funktionen. Die wichtigsten seiner Beiträge werden durch die Stichworte Satz von Hahn-Banach (Funktionalanalysis),[266] Hahns Zerlegungssatz und der Satz von Vitali-Hahn-Saks (Maßtheorie), Hahnscher Einbettungssatz (Geordnete Gruppen), Satz von Hahn-Mazurkiewicz-Sierpiński (Theorie der Kontinua, Kennzeichnung der stetigen Bilder abgeschlossener Intervalle) nur oberflächlich, aber eindrucksvoll umrissen. Darüber hinaus beschäftigte er sich am Beginn seiner Laufbahn intensiv mit Variationsrechung und Fourieranalysis.

Hans Hahn und die Philosophie. Hahn war schon während seiner Studienzeit sehr an Philosophie interessiert und fand dazu eine kleine Gruppe Gleichgesinnter. 1907–12 traf sich diese Gruppe jeden zweiten Donnerstag in einem Kaffeehaus, um über damals aktuelle philosophische Fragen der Wissenschaften zu diskutieren. Zum Kern der Diskussionsrunde gehörten neben Hahn der Physiker Philipp Frank, der Nationalökonom und sozialdemokratische Aktivist Otto Neurath und der Mathematiker Richard v.ᐳMises. Der erste Geschichtsschreiber des *Wiener Kreises* in Österreich, Rudolf Haller, hat diese kleine Gruppe den *ersten Wiener Kreis* (oder auch den unmittelbaren Vorgänger des Wiener Kreises) genannt und die meisten anderen Historiker der Philosophie sind ihm darin gefolgt.

Es war vor allem seiner Initiative zu danken, dass sich nach der Berufung von Moritz Schlick an die Universität Wien wieder ein philosophischer Diskussionskreis, diesmal unter der informellen Bezeichnung „Schlick-Zirkel", bildete. In seinem Nachruf auf Hans Hahn schrieb Karl ᐳMenger, dass Hahn der eigentliche Begründer des Wiener Kreises gewesen sei. Bezeichnend dafür ist, dass die Sitzungen des Wiener Kreises in einem Hörsaal gleich

---

[265] Neue Freie Presse 1921-06-01 p 18.

[266] Die Bezeichnung Satz von Hahn-Banach geht allerdings erst auf Nicolas Bourbaki zurück. Wichtige Vorarbeiten (im wesentlichen die Behandlung des endlichdimensionalen Falls) leistete ᐳHelly. Edmund ᐳHlawka schlug daher vor, den Namen Helly in die Bezeichnung dieses Satzes aufzunehmen. Vgl [143] und Heuser, H., Hahns Weg zum Satz von Hahn-Banach IMN **183** (2001), 1–20.

neben dem mathematischen Institut stattfanden.[267] H.J. Dahms hält Mengers Einschätzung allerdings entgegen, dass aus den erhaltenen Protokollen der Berufungskommission eine zentrale Rolle Hahns für die Berufung Schlicks nicht hervorgeht.[268]

Etwas überraschend mag sein, dass Hahn, prominentes Mitglied des für seine generell antimetaphysische Haltung bekannten Wiener Kreises, sich stark für Parapsychologie interessierte, kurzzeitig Mitglied der „Österreichischen Gesellschaft für Psychische Forschung"[269] war und als Kontrollperson an parapsychologischen Experimenten teilnahm.[270]

Hahn und die Politik Hahn war Mitglied der sozialdemokratischen Partei, hauptsächlich aber in der Vereinigung sozialistischer Hochschullehrer Österreichs,[271] deren Obmann er auch war, und in der Volksbildung aktiv, er gehörte zur Leitung der Wiener Urania und war bis zur Machtergreifung von Dollfuß Mitglied des Wiener Stadtschulrats.

Hahn starb 1934-07-24, einen Tag vor der Ermordung von Dollfuß und dem Beginn des NS-Putschversuchs, an postoperativen Komplikationen nach einer Krebsoperation. Sein Lehrstuhl wurde vom Ministerium eingezogen und nicht nachbesetzt.

MGP nennt 13 von Hahn betreute Dissertationen: Erwin > Kruppa (Graz 1911), Marie Torhorst (Bonn 1918), Heinrich Hake (Bonn 1921), Theodor Radakovic (Bonn 1921), Walter Schlemper (Bonn 1921), Helene Strick (Bonn 1921), Walter Unger (Bonn 1921), Karl > Menger (1924), Witold > Hurewicz (1926), Felix Frankl (1927 Wien), Kurt > Gödel (1929 Wien), Fritz Hohenberg (1933 Wien), August Fröhlich (1934 Wien). Renate Tobies gibt ohne Namensangabe für Hahns Bonner Zeit nur vier betreute Dissertationen an [363, p 146].

Ehrungen: 1916-05 Silberne Tapferkeitsmedaille 2. Kl.; 1921 korr Mitgl Wiener AW + (gem mit Radon) Richard-Lieben-Preis für Hahns *Theorie der Reellen Funktionen*; 1921 Mitglied der Leopoldina; Ehrenmitglied Calcutta Mathematical Society; 1926 Präsident der DMV; 1928 Vortrag auf dem ICM in Bologna; 1931/32 Ausschussmitgl. d. DMV

Ausgewählte Publikationen. *Diss.*: (1902) *Zur Theorie der zweiten Variation einfacher Integrale (Escherich).*

1. Collected works Vol 1-3, Wien 1995–1997;
2. Empiricism, logic, and mathematics. Philosophical papers. 1980
3. Logik, Mathematik und Naturerkennen. Wien 1933
4. Theorie d. reellen Funktionen I, Berlin 1921;
5. Reelle Funktionen. I: Punktfunktionen. Leipzig 1932.
6. Set Functions. (Postum aus dem Nachlaß hsg, bearbeitet und ergänzt von Arthur Rosenthal.) The University of New Mexico Press, Albuquerque, New Mexico, 1947

Zbl/JFM nennen 81 Publikationen, darunter 14 Bücher.

Nicht-mathematische Publikationen:

7. Lehr- und Lernfreiheit an den Hochschulen. Der Kampf **17** (1924) Nr 5, 169–175

---

[267] Dieser gehörte noch in den 1970er Jahren zum Institut für Meteorologie und Geodynamik.

[268] Dahms H-J (2018) Der Neubeginn der Wiener Philosophie im Jahre 1922; in: Karl Bühlers Krise der Psychologie, Springer Nature, Wien etc., 3–32.

[269] Gegründet 1927-12-02; heute „Österreichische Gesellschaft für Parapsychologie und Grenzbereiche der Wissenschaften".

[270] Interesse für Parapsychologie zeigten in unterschiedlichem Ausmaß auch Hans Thirring, Schlick und Carnap. Vgl. zB Sigmund [319].

[271] 1921 von Ludo Hartmann gegründet, 1934 im Ständestaat verboten. Zusätzlich wurde 1924 der „Verein für sozialistische Hochschulpolitik" als programmatische Plattform für sozialdemokratische hochschulpolitische Anliegen gegründet.

8. Überflüssige Wesenheiten (Occams Rasiermesser), Wien 1930. [Eine Paraphrase von Wittgensteins Tractatus Nummern 3.328 und 5.47321; vorgetragen im Verein Ernst Mach 1929-05-29. Katholische Kritik dazu in Reichspost 1929-06-08, p 6.]

Quellen. Promotionsverzeichnis M_36_01 d Uni Wien Nr 105; Allg Tiroler Anzeiger 1916-05-16 p4; Czernowitzer Tagbl 1915-10-22p4, 1916-04-26 p3 und 1916-05-16 p3; Wr Zeitung 1916-05-14p4; NDBL [222] Band 7 (1966), p. 506; Einhorn [67] p 139–162; Faber, M., und L. Weizert, ... dann spielten sie wieder. Das Bayerische Staatsschauspiel 1946–1986. 1986. p131f

Lit.: Sigmund, K., A philosopher's mathematician: Hans Hahn and the Vienna circle. Math. Intell. **17** (4) (1995), 16–29. Dahms, H J, Die Emigration des Wiener Kreises; [329], 66–122, besonders 77–79.

Georg Hamel

(Karl Wilhelm)

*1877-09-12 Düren, NRWF;   †1954-10-04 Landshut (ev.)

Ältester Sohn des königl. Rentmeisters Johann Leonhard Hamel und dessen Frau Pauline (*1853; †1909), geb Jansen.

Hamel ∞ Agnes, geb. Frangenheim 1909 [Tochter v. Ing. Hubert Frangenheim u. Maria Wallé], 3 Töchter

Foto: UATUB, 601 Porträts Lehrkörper und andere Personen, Nr. 239

NS-Zeit. Hamel beteuerte nach Kriegsende, niemals Parteimitglied gewesen zu sein. Er hatte sich aber öfters in Reden und Schriften bedenklich der NS-Ideologie angepasst und deren Sprache gesprochen. In schulpädagogischen Beiträgen und Referaten reklamierte er erzieherischen und propagandistischen Wert der Mathematik für die Ziele der NS-Politik — ein Versuch, Mathematik im Erziehungswesen und für den Schulunterricht zu erhalten. Hamel war auch an der Abwehr von Bieberbachs Versuch beteiligt, die DMV dem Führerprinzip zu unterwerfen und völlig unter politische Kontrolle zu bringen. Den von ihm selber dominierten Mathematischen Reichsverband[272] organisierte er dagegen ab 1933 konsequent nach dem Führerprinzip und anderen Vorgaben des NS-Regimes.

Georg Hamel ist so wie Bieberbach und Doetsch nur dem Rand des Kreises der österreichischen Mathematiker zuzurechnen, wurde aber wegen seines Einflusses auf die Mathematik in Brünn und seine zeitweise Zusammenarbeit mit v. Mises trotzdem hier aufgenommen.

Hamel besuchte zunächst ein Gymnasium in seiner Heimatstadt Düren, wechselte aber später nach Aachen und machte dort 1895 sein Abitur. Er studierte danach an der TH Aachen, wechselte 1897 nach Berlin, dann 1900 nach Göttingen, wo er 1901 bei Hilbert promovierte. Sein Dissertationsthema führte später Paul ⟩ Funk weiter, ebenfalls als Dissertant Hilberts. Nach seiner Promotion verbrachte Hamel in Göttingen ein Jahr als Assistent

---

272 Genauer: Reichsverband Deutscher Mathematiker-Gesellschaften und Vereine

bei Felix Klein, arbeitete sich in das Gebiet der mathematischen Mechanik ein und ging als Assistent an die TH Karlsruhe zu Karl Heun.[273] Dort habilitierte er sich 1903 mit einer Arbeit über die Euler-Lagrangeschen Gleichungen der Mechanik. In den folgenden Jahren wurde Hamel rasch als Experte für Theoretische Mechanik bekannt.

Schon zwei Jahre später, 1905, berief ihn deswegen die DTH Brünn auf deren neu eingerichteten Lehrstuhl für Theoretische Mechanik.[274]

Es folgte 1912 ein Ordinariat für Mathematik an der TH Aachen und schließlich 1919 die Berufung an die TH Berlin in der Nachfolge von Emil Lampe[275], wo er bis zum Kriegsende 1945 blieb, 1920/21 und 1924/1925 Dekan der Fakultät für Allgemeine Wissenschaften, 1928/29 Rektor war. 1945 übernahm ihn die TU Berlin-Charlottenburg in Westberlin, wo er 1949 emeritierte.

Wie für Felix Klein war auch für Hamel der Mathematikunterricht an den Schulen ein wesentliches Anliegen. 1921 war er die treibende Kraft hinter der Gründung des *Reichsverbands deutscher mathematischer Gesellschaften und Vereine* (abgekürzt MR), der „der Mathematik die gebührende Geltung im Staat verschaffen", insbesondere Tendenzen zur Kürzung des Mathematikunterrichts entgegentreten sollte; von Anfang an bis zu seinem Ende 1945 war Hamel dessen Vorsitzender. Es kam zu einer Aufgabenteilung zwischen MR und DMV; der MR widmete sich vornehmlich dem Schulwesen, während die DMV als rein wissenschaftliche Vereinigung agierte.

Nach den für Hitler erfolgreichen Reichstagswahlen ließ sich Hamel in Würzburg 1933-09-20 zum „Führer" des Mathematischen Reichsverbandes wählen; anschließend beschloss der Reichsverband, sich bei der Wahl der Mitarbeiter an das Arierprinzip in seiner strengen Form zu halten und sich „aufrichtig und treu in den Dienst der nationalsozialistischen Bewegung hinter ihren Führer Adolf Hitler" zu stellen.[276] Hamel versuchte im Folgenden die Bedeutung der Mathematik dem NS-Regime nahezubringen und sie als taugliches „Erziehungsmittel" anzupreisen (wohl mit dem Hintergedanken sie so vor Stundenkürzungen im Schulunterricht zu bewahren):

> *Aber das weitaus wichtigere ist der Erziehungswert, der aus der Geistesverbundenheit der Mathematik mit dem Dritten Reiche folgt. Die Grundhaltung beider ist die Heroische. [...] Beide verlangen den Dienst: die Mathematik den Dienst an der Wahrheit, Aufrichtigkeit, Genauigkeit. [...] Beide sind antimateriali-*

---

[273] Heun (*1859-04-03 Wiesbaden; †1929-01-10 Karlsruhe) war auf Empfehlung durch Felix Klein von 1902 bis zu seiner Pensionierung 1922 tit o Professor und Lehrkanzelinhaber für Theoretische Mechanik an der TH Karlsruhe. Heun ist Namensgeber für das Heun-Verfahren in der Numerischen Mathematik und für die Heun-Gleichung in der Theoretischen Physik.

[274] Dieser Lehrstuhl war explizit für einen Vertreter der Theoretischen Mechanik vorgesehen. vgl p 106; dem Prof. Hamel wurde dort wenig später v. > Mises als Assistent zugeordnet. Damals war Hamel mit einiger Sicherheit jedenfalls nicht Antisemit, mit v. Mises hatte er noch ein gutes Verhältnis und unterstützte ihn bei der Abfassung seiner Dissertation (vgl. Šišma [323]). Nach Siegmund-Schultze [309] irritierte jedoch (den Protestanten) Hamel die katholisch geprägte „feine Wesensart", die der zwischen 1909 und 1914 zum Katholizismus übergetretene v. Mises an den Tag legte.

[275] Karl Otto Emil Lampe (*1840-12-23 Gollwitz; †1918-09-04 Braunschweig) war seit 1885 Herausgeber des JFM.

[276] [204, p. 82]

stisch. [. . .] *Beide wollen Ordnung, Disziplin, beide bekämpfen das Chaos, die Willkür.* [277]

Hamel war auch in der Kontroverse von 1934/35 in der Deutschen Mathematiker-Vereinigung (DMV) beteiligt, die sich an ⃗ Bieberbachs *Offenen Brief an Harald Bohr* und dem Versuch entzündete, Tornier oder sich selbst als Führer der DMV zu installieren, und die im Abschnitt 1.3 genauer geschildert wird. Als Kompromisskandidat für die Nachfolge von ⃗ Blaschke als DMV-Vorsitzender akzeptierte er seine Wahl nur unter der Bedingung des gleichzeitigen Ausscheidens von ⃗ Bieberbach aus dem Vorstand. Sein Nachfolger war nach einem „gemäßigten Führerprinzip" 1937–1945 unangefochten Wilhelm Süss.

In seiner wissenschaftlichen Arbeit beschäftigte sich Hamel vor allem mit mathematischer Physik, besonders mit der Mechanik und deren Grundlagen. Dazu verfasste er auch philosophische Beiträge auf der Basis der Philosophie Kants. Als Hilberts Schüler setzte er sich sehr für dessen Programm der axiomatischen Grundlegung der Mathematik ein und verfolgte diesen Gedanken konsequent in seinem Grundlehrenband der Theoretischen Mechanik. 1923 formulierte er, den späteren Anhängern der „arisch-anschaulichen Mathematik" im vorhinein widersprechend:

> *Ist die reine Anschauung Grund und Boden der Mathematik, so ist die Axiomatik ihr Betonfundament und die Logik ihre Eisenkonstruktion. Deshalb ist die Arbeit Hilbert's nicht nur wünschenswert, sondern sie ist sogar notwendig.* [278]

Hamel gehörte auch zu den Schülern Hilberts, die sich mit dem vierten Hilbertproblem (Charakterisierung der Geometrien, in denen die Geraden die kürzesten Linien sind) beschäftigten (vgl den Eintrag ⃗ Funk).

Hamels mathematische Interessen umfassten außer der Mechanik auch Geometrie, Zahlentheorie, Funktionentheorie, Variationsrechnung, lineare Differentialgleichungen und Integralgleichungen. Jeder Mathematiker kennt heute Hamels Namen von der nach ihm benannten Hamel-Basis. Ursprünglich hat Hamel eine solche Basis mit Hilfe des Wohlordnungssatzes für die reellen Zahlen als Vektorraum über den rationalen Zahlen konstruiert und mit ihrer Hilfe eine allgemeine Beschreibung aller (auch unstetiger) Lösungen der Funktionalgleichung $f(x + y) = f(x) + f(y)$ gegeben. Die Bezeichnung Hamel-Basis wird zur Abgrenzung von anderen Basisbegriffen (zB Schauderbasis, Hilbertraum-Basis) verwendet.

12 Dissertanten, darunter als extern von Hamel Betreuter, Richard v. ⃗ Mises.

Ehrungen: 1936 Mitglied der Leopoldina; 1938 Mitglied der preußischen Akademie der Wissenschaften; 1953 korr. Mitglied der Bayerischen Akademie der Wissenschaften; 1953 Ehrensenator der Technischen Universität Berlin-Charlottenburg; 1949 Gründungsmitglied der Deutschen Akademie der Wissenschaften und Literatur in Mainz; 1954 Ehrendoktor der TH Aachen; 1954 trat er aus der (ost-)deutschen Akademie der Wissenschaften aus.

---

[277] Georg Hamel, Die Mathematik im Dritten Reich. In: Unterrichtsblätter für Mathematik und Naturwissenschaften. **39** (1933), p 307.

[278] Georg ⃗ Hamel, Über die Philosophische Stellung der Mathematik. Akademische Schriftenreihe der Technischen Hochschule Charlottenburg, Heft 1. Herausg. von der Gesellschaft von Freunden der Technischen Hochschule Berlin 1923. p.15

Ausgewählte Publikationen. *Diss.*: (1901) *Über die Geometrien, in denen die Geraden die Kürzesten sind (Hilbert)*.

1. Über die Geometrien, in welchen die Geraden die kürzesten sind. Math. Annalen. 57 (1903), 231–264.
2. Eine Basis aller Zahlen und die unstetigen Lösungen der Funktionalgleichung $f(x+y) = f(x) + f(y)$. Math. Annalen. **60** (1905), 459–462.
3. Elementare Mechanik. Ein Lehrbuch, enthaltend: eine Begründung der allgemeinen Mechanik; die Mechanik der Systeme starrer Körper; die synthetischen und die Elemente der analytischen Methoden, sowie eine Einführung in die Prinzipien der Mechanik deformierbarer Systeme. Leipzig und Berlin: B.G. Teubner. (1912).
4. Über die Umkehrung einer Potenzreihe. Deutsche Math. **5** (1940), 338-339.
5. Direkte Ableitung der Stirlingschen Formel aus dem Eulerschen Integral. Deutsche Math. **6** (1941), 277-281.
6. Theoretische Mechanik. Eine einheitliche Einführung in die gesamte Mechanik. Grundlehren der mathematischen Wissenschaften in Einzeldarstellungen. Band 57. Springer-Verlag. (1949, 1967, 1978).
7. Was ist Geometrie? Geometrie und Anschauung. Math. Nachr. 4, 502-511 (1951).

Hamel veröffentlichte zwei mathematische Arbeiten in der Zeitschrift *Deutsche Mathematik*.
Zbl/JFM nennen (bereinigt) 105 Publikationen.

Quellen. [204]; [82]; [323]; Faber, Jahrb. der Bayerischen AW 1955, 178–180; Otto Haupt, Jahrb. Akad. d. Wissenschaften und Literatur Mainz 1954, 148–154; Lense, [222] 7 (1966), 583; Segal [298], p 288–293.

Gustav Herglotz

(Gustav Ferdinand Maria Joseph)
*1881-02-02 Wallern, Böhmerwald (heute Volary, Okres Prachatice, Jihočeský kraj, CZ);   †1953-03-22 Göttingen (röm.-k.)

Einziger Sohn des Notars Gustav Herglotz sen. (*1832; †1884-01-06 Wegstättl-Leitmeritz) und dessen Ehefrau Anna (*1848), geb. Wachtel von Elbenbruck

Herglotz blieb — entgegen anderslautenden Überlieferungen — unverheiratet. Jedenfalls bezeugen das die Aussagen von ⊁ Hlawka und von Hel Braun.

Zeichnung: W.R. nach dem Nachruf von Tietze (s.u.)

NS-Zeit. Herglotz wurde vom NS-Dozentenbund als „politisch unzuverlässig" eingestuft; darum wurde er von der Besetzungsliste für die Nachfolge Carathéodory in München gestrichen.

Gustav Herglotz sen. amtierte zum Zeitpunkt der Geburt seines gleichnamigen Sohnes als Notar in Wallern.[279] Nach dem Tod des Vaters zogen Mutter und Sohn Herglotz nach Wien,

---

[279] Herglotz sen studierte Jus in Prag, trat dann in die Advokatenkanzlei Dr Ritter von Schlosser ein, wechselte 1872 in die neugegründete *Allgemeine Böhmische Bank*, die er nach dem Börsenkrach von 1973 wieder verließ und in die Notariatskanzlei Dr Janka eintrat. Nach erlangter Notariatspraxis wurde er 1880 zum Notar bestellt und dem Ort Wallern zugewiesen, 1883 aus gesundheitlichen Gründen in das klimatisch mildere Wegstättl/Leitmeritz versetzt. Ein Jahr später starb er an einem Schlaganfall und hinterließ seinen dreijährigen Sohn als Halbwaise. Herglotz sen setzte sich zeit seines Lebens für die Belange des „deutschen Volkstums" in Böhmen ein.

wo Anna Herglotz[280] eine Stellung als Hausverwalterin in einem Palais fand und so ihrem Sohn eine sorgfältige Erziehung ermöglichen konnte. In Wien maturierte Gustav Herglotz jun 1899 mit Auszeichnung am Akademischen Gymnasium und begann mit dem Studium von Mathematik, Physik und Astronomie, nachdem er sich schon in seiner Mittelschulzeit intensiv mit höherer Mathematik und theoretischer Astronomie beschäftigt hatte. Bis zur Jahrhundertwende 1900 studierte er an der Universität Wien bei Ludwig Boltzmann, dann ging er nach München zu Hugo Seeliger[281] und Ferdinand Lindemann[282] und promovierte 1902-07-18 in Astronomie mit einer Arbeit über scheinbare Helligkeitsveränderungen planetarischer Körper, wie sie etwa beim Planetoiden Eros auftreten. Während seines Studiums schloss er Freundschaft mit dem Physiker Paul Ehrenfest und den beiden Mathematikern Hans ˃ Hahn und Heinrich ˃ Tietze (die „unzertrennlichen Vier"). Paul Ehrenfest hatte so wie Herglotz das Akademische Gymnasium besucht, allerdings eine Klasse höher.

Die nächsten drei Semester, 1903–1904, verbrachte er gemeinsam mit seinem Freund Hans ˃ Hahn in Göttingen bei Felix Klein. Von Klein dazu aufgefordert, habilitierte er sich dort 1904-07-30 mit einer Arbeit über periodische Lösungen des Dreikörperproblems für Mathematik und Astronomie. 1907 wurde er in Göttingen zum ao Professor für Astronomie bestellt. Von dort wurde er mit Rechtswirksamkeit 1908-10-01 vom Kaiser als Nachfolger von Karl Carda[283] zum ao Professor für Mathematik an der TH Wien bestellt. 1909-02 erging an ihn ein Ruf von der Universität Leipzig für ein Extraordinariat in der Nachfolge des im Jahr davor verstorbenen Wilhelm Scheibner.[284] Herglotz folgte diesem Ruf und übersiedelte zusammen mit seiner Mutter nach Leipzig. Nach dem Krieg folgte ihm sein späterer Dissertant Emil ˃ Artin. In den nächsten Jahren lehnte er Berufungen nach Berlin (1920, Nachfolge Carathéodory)[285] und München (1923, Nachfolge Voss) ab. Ende 1924 suchte Carathéodory ihn für München zu gewinnen, als Nachfolger Seeligers auf der Lehrkanzel für Astronomie, ebenfalls ohne Erfolg.[286]

1925 nahm er eine o Professur für Reine und Angewandte Mathematik an der Universität Göttingen an, als Nachfolger des renommierten Numerikers Carl Runge. Hier verblieb er bis Anfang 1947, als er wegen schlechter Gesundheit emiritierte.

Herglotz stand während der NS-Herrschaft aufrecht gegen das Regime. Bereits 1933 zeigte er Widerstandsgeist, er gehörte 1933-05 zu den 28 Unterzeichnern der Petition gegen die zwangsweise Beurlaubung Courants in Göttingen. Auch in den folgenden Jahren scheute

---

[280] Tochter des k.k. Rats Joseph von Wachtel Edler von Elbenbruck (geb. 1800, gest. in Prag am 14. April 1877), Oberinspektor und Vorstand der Landesbaudirection für das Königreich Böhmen, verantwortlich für die Elbe- und Moldauregulirung bis Bodenbach. 1854-05-02 mit dem Ritterkreuz des Franz Joseph-Ordens ausgezeichnet, später in den erbländischen Adelstand mit dem Ehrenworte Edler von Elbenbruck erhoben.

[281] *1849-09-23 Biala (heute PL); †1924-12-02 München; theoretischer Astronom

[282] Ferdinand von Lindemann (*1852-04-12 Hannover; †1939-03-06 München) ist vor allem für seinen Beweis der Transzendenz von e und π bekannt. Er war Doktorvater von Hilbert und Minkowski an der Universität Königsberg. Seine Vorlesungen in München besuchte bekanntlich auch Katia Pringsheim, die 1905 Thomas Mann heiratete.

[283] nach dessen Weggang an die DTH Prag

[284] *1826-01-08 Gotha; †1908-04-08 Leipzig; Schüler von Carl Gustav Jacob Jacobi

[285] Zu Berlin und Herglotz vgl. auch [28], pp 184, 192f.

[286] [108], p 219

er die direkte Konfrontation mit NS-Dienststellen nicht und und hatte dementsprechend Repressalien zu erdulden.[287] Eine Berufung für die Nachfolge von Carathéodory scheiterte an Parteibonzen wie Gauleiter Wagner, Gaudozentenführer Dr Hörner, und namentlich an dem damaligen Dozentenbundführer in München, den Astronomen Bruno Thüring.[288] Thürings Einschätzung nach war Herglotz ein hervorragender Mathematiker, aber „einer von den unendlich vielen politisch uninteressierten Hochschullehrern, die ihre Pflicht für erfüllt halten, wenn sie der nach ihrer Ansicht internationalen Wissenschaft dienen." Von den betroffenen Fachvertretern Carathéodory, Perron und Tietze kamen die Vorschläge:

I (1938-07-15) 1. Gustav Herglotz und Bartel van der Waerden, 2. Carl Ludwig Siegel;

II (1938-09-08) die vorigen + Erich Hecke,

die von Führer als „den Notwendigkeiten des Dritten Reiches nicht gerecht" abgelehnt wurden; Führer machte den Vorschlag

III (1938-09-17) Anton ⁻ Huber.

Huber selbst schlug dagegen eine Umstellung der Reihenfolge in der Nachbesetzung vor ([193]:

> *Ich kann ja dann, wenn Sie [von Faber] und Herr Reg. Rat. [Wilhelm] Führer überhaupt an dieser Absicht festhalten sollten, bei der Besetzung des Carath.-Lehrstuhles, natürlich nach erfolgter Vertauschung: Car. «Per.[ron] «Tie.[tze] « Hu.[ber], viel ernstlicher als gegenwärtig in Betracht gezogen werden als Nachfolger von Tie[tze]. denn bei allem Respekt vor den von H. Thüring verfochtenen Säuberungsmassnahmen halte ich die oben angedeutete Vertauschung, soweit ich die Lage beurteilen kann, für zweckmässiger, weil dann die Herren P[erron]. und T[ietze]. nicht mehr im Stande wären, H. Caratheodorys Prestige vorzuschützen, während so ja doch an der Sache selber im Grunde nichts geändert würde.*

Perron emeritierte 1951, Tietze 1950 — so lange war Huber zu warten bereit. Nach längeren Verhandlungen wurde von Berlin aus schließlich doch Herglotz für das Berufungsverfahren zugelassen, die Berufung scheiterte aber dann an Frist- und Wohnungsproblemen.[289]

Dank des unermüdlichen Einsatzes von Perron wurde dann 1944 doch noch ein kompetenter, aber NS-ferner Mathematiker, nämlich Eberhard Hopf in München installiert.[290]

---

[287] So verweigerte ihm 1942 der Gauleiter Wagner die Bestätigung seiner Wahl zum Korrespondierendem Mitglied der Bayerischen Akademie der Wissenschaften.

[288] 1923 war eine Berufung an die Universität München (Nachfolge von Aurel Voss) mangels Beschaffung einer adäquaten Wohnung nicht zustande gekommen. Der Nachfolger von Voss wurde dann Tietze.

[289] Über das langwierige Tauziehen um die Nachbesetzung von Carathéodorys Lehrstuhl vgl. Maria Georgiadou [108] und Freddy Litten [193].

[290] Eberhardt Friedrich Ferdinand Hopf (*1902-04-04 Salzburg; †1983-07-24 Bloomington, Indiana/USA), Sohn des Thüringer Kaufmanns und Schokoladenfabrikanten Friedrich Hopf, machte im Herbst 1920 sein Abitur am Gymnasium zu Berlin-Friedenau, promovierte 1926-02-09 bei E. Schmidt und Issai Schur in Mathematik und habilitierte sich 1929 in mathematischer Astronomie an der Universität Berlin. Danach ging er 1930 mit einem Stipendium der Rockefeller Stiftung an die Harvard Universität, 1931 als Assistent an das MIT (USA) und folgte schließlich 1936 einem Ruf als ordentlicher Professor an die Universität Leipzig. Bis zu seiner Berufung nach München war er 1942–44 für die deutsche Luftfahrtbehörde dienstverpflichtet. Nach dem Krieg kehrte er 1947 in die USA zurück, erwarb 1949-02-22 die amerikanische Staatsbürgerschaft, und wirkte bis zu seiner Emeritierung in den Jahren 1949–72 als Professor in Indiana.

Herglotz war ein sehr vielseitiger Mathematiker. Im Vordergrund seiner Interessen standen mathematische Astronomie und mathematische Physik. Wir heben hier besonders seine Beiträge über Helligkeitsschwankungen von Himmelskörpern, die Elastizität der Erdkugel und die Ermittlung der Fortpflanzungsgeschwindigkeit von Erdbebenwellen (aus den bekannten Laufzeiten von Erdbebenwellen, ein inverses Problem), die Strömung von Flüssigkeiten in Röhren, zur Kontinuumsmechanik, und zur Relativitätstheorie hervor.

Herglotz hat bereits in den 20er Jahren die Bedeutung der ⏵ Radon Transformation erkannt und über diese in seinen Vorlesungen über Kontinuumsmechanik (1926 und 1931) ausführlich und mit neuen Ideen verbunden vorgetragen (Nr. 8 der untenstehenden Publ.-Liste). Diese Ideen führten zu Dissertationen von Philomena Mader[291] und Fritz John[292]

In der „Reinen Mathematik" beschäftigte sich Herglotz unter andern mit der Klassifizierung der auf algebraischen Kurven nirgends singulären Differentialgleichungen, mit Fragen der Differentialgeometrie und mit Zahlentheorie. In seinem Übersichtsartikel zur Integralgeometrie[293] berichtet ⏵ Blaschke, er habe „Herglotz die Bekanntschaft mit diesem Gegenstand zu verdanken", der auf eine Arbeit des irischen Mathematikers M.W. Crofton von 1868 zurückgeht.

Nach den Erinnerungen ⏵ Hlawkas war Herglotz in Kulturgeschichte sehr belesen und besaß eine reichhaltige Bibliothek zu diesem Thema. Außerdem war er begeisterter Bergwanderer und Amateurphotograph. Sein enger Freund Heinrich ⏵ Tietze überliefert in seinem Nachruf[294], dass Herglotz allen amtlichen Verpflichtungen aus dem Wege ging und auch keine Fachkongresse besuchte. Vor der DMV-Versammlung in Leipzig 1922 sei er geflüchtet und bei der Innsbrucker Tagung 1924 nur durch Zufall von Wilhelm ⏵ Wirtinger bei einem Abstecher nach Seefeld ertappt worden. Nach Hel Brauns Erinnerungen hatte Herglotz „zwar manche Freundin, und war manches Mal nahe dran, 'sich fürs Leben zu binden'. Aber dabei blieb es. Er war ein Einzelkind, sein Vater starb sehr früh, also lebte er mit seiner Mutter zusammen bis sie starb".

1946 erlitt Herglotz einen Schlaganfall und emeritierte darauf mit Beginn des Jahres 1947.[295] Seine Sehkraft ließ nach und er musste daraufhin in den letzten Jahren seines Lebens ständig von einer Krankenschwester gepflegt werden.[296]

---

[291] Diese ist publiziert als *Über die Darstellung von Punktfunktionen im n-dimensionalen euklidischen Raum durch Ebenenintegrale*. Math. Zeit. **26** (1927), 646–652. Die darin gegebene Inversionsformel griffen Antipov und Rubin in Trans. Am. Math. Soc. **364** (2012), 6479-6493 wieder auf.

[292] 1934: *Bestimmung einer Funktion aus ihren Integralen über gewisse Mannigfaltigkeiten* (Betreuer: Courant). Fritz John (*1910-06-14 Berlin; †1994-02-10 New Rochelle, New York), erster und einziger Träger der Radon Medaille (1992) der ÖAW, studierte bei Hilbert, Herglotz, und Courant in Göttingen, emigrierte 1933 in die USA. Vgl. seinen Beitrag in [110, p 29f].

[293] Jber DMV 46 (1936), 139–152

[294] Jahrb.Bayer.Akad. Wiss. **1953**, 192ff

[295] Sein Nachfolger wurde 1950 der in Göttingen gebürtige Max Friedrich Deuring (*1907-12-09 Göttingen; †1984-12-20 Göttingen), der bis zu seiner Emeritierung 1976 in Göttingen blieb. Deuring befasste sich hauptsächlich mit Klassenkörpertheorie. (Nachruf von Martin Kneser, Jber. DMV **89** (1987), 135.)

[296] Nach mündlicher Mitteilung von ⏵ Hlawka an Einhorn [67, p 381f] vermachte Herglotz dieser Betreuerin sein gesamtes Vermögen. Nach Hel Braun [35, p 59] hieß sie mit Vornamen Louise und hatte bereits die Mutter von Herglotz betreut.

MGP nennt 41 Dissertanten, darunter Emil > Artin (1921) und Ernst Witt (1934, 2. Betreuer, formal als 1. Betreuer, da die eigentliche Betreuerin, Emmy Noether, als Jüdin Berufsverbot hatte).

Ehrungen: 1913 Preis der Fürstlich Jablonowskischen Gesellschaft zu Leipzig; 1914 Mitgl. d. Sächs. Ges. d. Wiss.; 1915 Richard-Lieben-Preis der k.k. Akademie d. Wissenschaften; 1925 Mitgl. d. Ges. d. Wiss. z. Göttingen; 1942 korr. Mitgl. d. Bayer. AW.

Ausgewählte Publikationen. *Diss.*: (1902) *Über die scheinbaren Helligkeitsverhältnisse eines planetarischen Körpers mit drei ungleichen Hauptträgheitsachsen (Seeliger (München), Boltzmann).* [1902 unter dem gleichen Titel in den Sber. d. Wiener AW auf 60 Seiten veröffentlicht. (1) unten]

1. Über die scheinbaren Helligkeitsverhältnisse eines planetarischen Körpers mit drei ungleichen Hauptachsen. Wien. Ber. **111** (1902), 1331-1391.
2. Bahnbestimmung der Planeten und Kometen. Encyklop. d. math. Wissensch. VI 2 (1910), 379-426.
3. Über die analytische Fortsetzung des Potentials ins Innere der anziehenden Massen. Preisschr. d. Jablonowski-Ges. **44** (1914), 52. [1915 ausgezeichnet mit dem mit 2.000 K dotierten Richard-Lieben-Preis.]
4. Über einen Dirichletschen Satz. Math. Zeitschr. **12** (1922), 255-261. [In der Datenbank zbMATH irrtümlich unter P. Herglotz eingetragen.]

Aus der NS-Zeit stammen von Herglotz nur die folgenden 3 Arbeiten:

5. Über die Starrheit der Eiflächen. Abh. Math. Semin. Hansische Univ. **15** (1943), 127-129.
6. Über die Steinersche Formel für Parallelflächen. Abh. Math. Semin. Hansische Univ. **15** (1943, 165-177).
7. (mit Blaschke, W.), Über die Verwirklichung einer geschlossenen Fläche mit vorgeschriebenem Bogenelement im Euklidischen Raum. Sitzber. Bayer. AW, Math.-Nat. Abt. **1937**, 229-230.

Nach 1945 sind erschienen:

8. Collected Papers. (Gesammelte Schriften. Herausgegeben im Auftrage der Akademie der Wissenschaften in Göttingen von Hans Schwerdtfeger.) 1979.
9. Vorlesungen über die Mechanik der Kontinua. Ausarbeitung von R. B. Guenther und H. Schwerdtfeger. Teubner-Archiv zur Mathematik, Bd. 3. Teubner, Leipzig 1985.

Zbl/JFM melden (bereinigt von Doubletten) 39 mathematische Publikationen, das Schriftenverzeichnis bei Einhorn [67] 38 Einträge (ohne die posthum erschienen Collected Works).

Quellen. Tietze, Jb. Bayr. Akad. Wiss. **1953** (1954), 188-194, Sitzungsber. Math.-Naturw. Kl. Bayer. Akad. Wiss. München **1953** (1954), 163-167; Rossberg, H-J, G.H. — Verbindung von reiner Mathematik und mathematischer Physik, in [19], p 176–182.

Lit.: Eckes C, Le double portrait des mathématiciens Gustav Herglotz et Gaston Julia - Dater et historiciser des clichés photographiques en histoire des mathématiques.

Edmund Hlawka

*1916-11-05 Bruck an der Mur (Steiermark);   †2009-02-19 Wien (röm kath)
Sohn von Leopold Hlawka, Konstrukteur bei Felten & Guillaume (*1879-11-05 Wien; †1951-12-03b Wien) und dessen Ehefrau Melanie (*1888 Ungarn; †1974-07-11 b Wien)
Hlawka ⚭ 1944 die Mathematikerin Rosa, geb Reiterer (*1912-04-29; †1990 Wien).

Zeichnung: W.R., nach einem Foto von Karl Winkler, im Archiv der Universität Wien [106.I.1073] mit freundlicher Genehmigung

NS-Zeit. Hlawka trat weder der NSDAP noch einer ihr angeschlossenen Organisationen bei, seine Habilitation war trotzdem nicht aufzuhalten.

Edmund Hlawkas Familie bildete einen bürgerlichen Hintergrund, in dem die Technik, nicht das naturwissenschaftliche Interesse dominierte — später erzählte er oft, er sei der einzige Mathematiker in der Familie gewesen. Sein Vater Leopold war zum Zeitpunkt von Edmunds Geburt gerade als Konstrukteur in der Zweigfabrik Bruck an der Mur der Firma Felten & Guillaume tätig, die Familie kehrte aber bald danach nach Wien zurück. Leopold Hlawka war (wie ⊳ Furtwängler) seit Beginn der Radio-Ära ein leidenschaftlicher Radiobastler.

Hlawka studierte ab 1934 Mathematik, Physik und Chemie an der Universität Wien in einem fulminanten Tempo: 1935 und 1937 erschienen bereits die ersten zwei seiner mathematischen Arbeiten. Er promovierte dann 1938 bei Nikolaus ⊳ Hofreiter mit einer Abhandlung *Über die Approximationen von zwei komplexen inhomogenen Linearformen*. Während seiner Studienzeit wirkten am Mathematischen Institut die Ordinarien Furtwängler und ⊳ Mayrhofer, ab 1938 auch die Extraordinarien ⊳ Hofreiter und ⊳ Gröbner (letzterer nur kurz). Am Beginn seines Studiums erlebte Hlawka noch eine Vorlesung von Kurt ⊳ Gödel, in seinen eigenen Worten „ohne aber viel zu verstehen".[297] Von 1938 bis 1941 war er am Mathematischen Institut wissenschaftliche Hilfskraft, anfangs für drei Monate als (mit einem Stipendium oder gar nicht entlohnter) Bibliothekar, danach als „stellvertretender" und schließlich, von 1941-04-01 bis 1948, als „wirklicher" Assistent, in der Nachfolge von Nikolaus ⊳ Hofreiter.[298]

---

[297] Erinnerungen eines österreichischen Professors 1./2. Teil, *Österreichische Mediathek* 6-23629_a_b01_k02; Interviews mit Reinhard Schlögl, *Österreichische Mediathek* v-16052_01_k02, v-16053_01_k02, v-16054_01_k02, v-16055_01_k02, v-16056_01_k02.

[298] Hlawka muss jedenfalls schon damals einen ausgezeichneten Ruf bei C.F. Siegel gehabt haben. In ihren Memoiren schreibt dessen enge Freundin Hel Braun, man habe versucht, „Hlawka nach Göttingen zu holen, aber er blieb lieber in Wien." (Braun [35, p 45]). Angebote für eine volle Assistentenstelle bei ⊳ Vietoris in Innsbruck und eine andere in Graz, bei Bernhard ⊳ Baule führten dazu, dass Hlawka die Wiener Assistentenstelle bekam. Sie war nach Hofreiters Ernennung zum ao Professor frei geworden, zunächst

1945-01 habilitierte sich Hlawka bei gleichzeitiger Verleihung der Lehrbefugnis,[299] an der Universität Wien mit der Schrift *Zur Geometrie der Zahlen*, in der er eine 40 Jahre alte Vermutung von Minkowski (jetzt Satz von Minkowski-Hlawka) bewies und Untersuchungen von Carl Ludwig Siegel zur Geometrie der Zahlen weiterführte.[300]

Hlawka selbst berichtet in seinem Interview für die DMV über seine Habilitation:

> *Meine Habilitationsschrift hatte 23 Seiten, Perron in München hat sie sofort zum Druck angenommen, erschienen ist sie 1943. Ich war dann Dr habil, um aber Dozent zu werden, waren Dozentenlager vorgeschrieben, mit Kleinkaliberschießen und solchen Sachen. Am 5. November 1944 wurde ich ausgebombt, und am nächsten Tag hielt ich meinen Habilitationsvortrag. Im Jänner 1945 wurde mir das Dekret überreicht, und die erste Vorlesung, und zwar über Algebra, hielt ich im Mai 1945. Ich war damals der einzige Mathematikdozent in Wien. Die bisherigen Professoren ˃ Mayrhofer und ˃ Huber waren enthoben worden, außer mir war nur noch Hans ˃ Hornich da. Im Mathematischen Institut in der Strudlhofgasse waren alle Fenster in den Hörsälen kaputt, so wurde die Vorlesung im Zeichensaal abgehalten. Meine Hörer waren ausschließlich Damen und zwar in abenteuerlichen Verkleidungen.*

Nach Kriegsende wurde Hlawka mit Wirkung von 1946-07-20 zum Honorardozenten an der Fakultät für Chemie der TH Wien bestellt.

Die hervorragenden Ergebnisse in seiner Habilitationsschrift trugen ihm einen Ruf an die TH Graz ein, ehrenvoll, aber 1948 von einem Ruf an die Universität Wien übertroffen. Seine Erfolge wurden ausführlich in der Tagespresse kommentiert, wenn auch — je nach politischer Ausrichtung — mit wechselnden Schwerpunkten und Interpretationen; wir geben drei Beispiele, die die damalige Stimmung gut wiedergeben.

Die „von den amerikanischen Streitkräften für die Wiener Bevölkerung herausgegebene" Tageszeitung *Der Wiener Kurier* schrieb 1948-02-20, p 3, unter der Überschrift *„Wiener Professor an US-Hochschule berufen — Junger Mathematiker beweist bedeutungsvolles Theorem"* begeistert (wenn auch sachlich nicht ganz unanfechtbar):

> *Der Bundespräsident hat den 31jährigen Privatdozenten der Universität Wien, Dr. Edmund Hlawka, zum ordentlichen Professor der Mathematik ernannt. Dr. Hlawka hat einen Ruf an das Institute for Advanced Study, School of Mathematics in Princeton, New Jersey, erhalten. An diesem Institut wirkten unter anderen Hermann Weyl und vor seiner Pensionierung auch Albert Einstein und viele andere Koryphäen der Mathematik. Nach seinem Vorschlag zum ordentlichen Professor in Wien hat die Universität Göttingen einen Ruf an Dr. Hlawka ergehen lassen. Dr. Hlawka hat ein mathematisches Theorem bewiesen, das vor vierzig Jahren*

---

allerdings mit jemand anderem besetzt worden, der sich aber (noch vor dem Krieg) zum Militärdienst meldete. UAW Personalakt Hofreiter Nr 148, 149; Hlawkas Interview mit Peter Gruber, auf etwa 25:00ff.

[299] Znaimer Tagbl. 1945-02-17 p 3.

[300] Vgl. auch das untenstehende Zitat aus der Volksstimme von 1948-03-03 und das Interview mit Reinhard Schlögel *Österreichische Mediathek* v-16052_01_k02, v-16053_01_k02, v-16054_01_k02, v-16055_01_k02, v-16056_01_k02.

der berühmte Mathematiker Minkowski aufgestellt hatte und an dessen Beweis die Kraft vieler der bedeutendsten Mathematiker der letzten vierzig Jahre zerschellte. Mit dem Hlawkaschen Satz hat sich die Londoner Mathematische Gesellschaft in einer Sitzung am 18. Jänner 1947 ausführlich befaßt, und dies hat heute schon weitgehende wissenschaftliche Arbeiten nach sich gezogen. Der Hlawkasche Satz wird weiteren Einblick in drei gewaltige Probleme der Physik geben: „Wie bewegen sich die Himmelskörper?" „Wie ist die Materie aufgebaut?" „Wie entwickelt sich das Weltsystem?" Während die Newtonsche Mechanik nur die Wirkung der Sonne auf einen Planeten zu bestimmen gestattete, treten rechnerische Schwierigkeiten auf, wenn ein dritter Körper dazutritt. Von Poincare und Weyl wurde die Behandlung dieses Problems angebahnt, der Hlawkasche Satz eröffnet hier neue Wege.

Unter dem Titel „Der Wissenschaft freie Bahn!" schrieb 1948-03-02 p4, *Das Kleine Volksblatt*, Zentralorgan der Österreichischen Volkspartei (ÖVP) von 1945–47 (später jedenfalls ÖVP-nahe):[301]

Auf Antrag des Unterrichtsministers Doktor H u r d e s hat der Bundespräsident den Privatdozenten Dr. Edmund H l a w k a zum ordentlichen Professor für Mathematik an der Universität Wien ernannt. Dr. Edmund Hlawka wurde 1916 in Bruck a.d. Mur geboren, steht also im 32. Lebensjahr.

Diese sensationelle Ernennung hat eine noch sensationellere Vorgeschichte. 1938 zum Dr phil an der Universität Wien promoviert, war Doktor Hlawka zwei Jahre als wissenschaftliche Hilfskraft am mathematischen Institut der Universität Wien tätig und seit 1941 Hochschulassistent. 1942 reichte er sein Werk „Zur Geometrie der Zahlen" als Habilitationsschrift ein. Das aber war für die damaligen Ordinarien eine große Verlegenheit, denn der ebenso gescheite wie aufrechte Dr Hlawka hatte den Beitritt zur Partei stets standhaft verweigert. Die Parole der Zeit aber war: Parteiknopf geht vor Kopf, und so konnte das Unfaßbare geschehen, daß zwei Professoren, darunter ein wirkliches Mitglied der Akademie der Wissenschaften, die geniale Habilitationsschrift als ungeeignet erklärten. Erst als auch den Engstirnigsten klar wurde, daß es mit dem tausendjährigen Reich zu Ende gehe, bequemten sich Hlawkas Institutsvorstände zu einer neuerlichen Behandlung des Habilitationsansuchens und im Jänner 1945 wurde der geniale Gelehrte als Dozent bestätigt.

Auf Antrag der Professoren R a d o m [recte ›Radon] und E h r e n h a f t hat sodann das Professorenkollegium der Wiener philosophischen Fakultät einen Ausschuß zur Wiederbesetzung der freien ordentlichen Lehrkanzel eingesetzt, der Doktor Hlawka primo et unico loco vorschlug. Der als der hervorragendste Mathematiker der Gegenwart anerkannte Professor W e y l (USA) hat ein besonderes Interesse an den weiteren Forschungen Hlawkas genommen und der Präsident des „Institute of advanced studies" der Universität Princeton, Dr. O p p e n h e i m e r, hat Dr. Hlawka dringendst eingeladen, im Studienjahr

---

[301] Eine etwas verkürzte Version dieses Artikels erschien am selben Tag im *Neuen Österreich* auf p2.

1948/49 an diesem Institut zu wirken. Mit Univ-Prof. Dr. Hlawka zieht erstmalig ein österreichischer Gelehrter in dieses hohes Ansehen genießende Institut ein. [302] *Die Ernennung Dr. Hlawkas zum ordentlichen Universität-Professor beweist nicht nur die Bedeutung Dr. Hlawkas und die Höhe österreichischer Wissenschaft, sondern sie zeigt auch, daß Oesterreich wissenschaftliche Verdienste zu ehren und anzuerkennen weiß.*

Die *Österreichische Volksstimme*, Organ der kommunistischen Partei Österreich, titelte 1948-03-03 auf p3 „Ein junger Wissenschafter von Weltruf" zu den folgenden Zeilen:

Um zu höchsten wissenschaftlichen Ehren zu gelangen, ist nicht immer ein „Professorenbart" und jahrzehntelanger Kampf um die Anerkennung nötig. Das Gegenteil bewies der junge Wiener Mathematiker Dr. Edmund Hlawka, dem, noch nicht 32 Jahre alt, die ordentliche Professur des Lehrstuhles für Mathematik an der Wiener Universität verliehen wurde. Seine aufsehenerregenden Arbeiten auf dem Gebiete der Mathematik haben ihm schon zu Weltruf verholfen. Von dem ersten mathematischen Institut Amerikas, der Universität Princetown [recte Princeton] in New Jersey, kam eine Einladung, als Gastprofessor im Studienjahr 1948/49 zu wirken. Eine außergewöhnliche Ehrung für den jungen Oesterreicher, wenn man bedenkt, daß Hermann W e y l, Albert Einstein und andere Koryphäen dort gelehrt haben. [303] *Nachdem das Professorenkollegium ihn als ordentlichen Professor vorgeschlagen hatte, ließ auch die Universität Göttingen eine Einladung an ihn ergehen. Hlawka soll die Nachfolge des ebenfalls aus Oesterreich stammenden hervorragenden Mathematikers Gustav* > *Herglotz, der*

---

[302] Kurt > Gödel war allerdings schon lange vorher an das IAS berufen worden. In einem Brief von 1948-07-12 an seine Mutter äußerte sich Gödel: „Dass in den Wiener Zeitungen immerfort so betont wird, dass Hlawka der erste österreichische Mathematiker ist, der ans hiesige Institut kommen soll, ist mir an sich ganz gleichgültig, aber es macht jetzt wirklich schon den Eindruck, als wenn da eine Absicht dahinter wäre. Man will anscheinend beweisen, dass ich nicht existiere u. nie existiert habe. Es ist nur ein Trost, dass ich dieses Schicksal mit noch mindestens 2 anderen österreich. Mathematikern teile, von denen der eine sogar schon seit 1933 dauernd hier ist. [Wahrscheinlich meint Gödel hier Walther > Mayer, der allerdings kurz darauf, 1948-09-10, verstarb.] Ich höre übrigens jetzt, dass Hlawka gar nicht herkommen wird; zumindest nicht im nächsten Jahr." Die Lokalisierung österreichischer, in amerikanischen Kleinstädten lebender Mathematiker war für (ohnehin mit mathematischen Existenzbeweisen nicht vertraute) Journalisten damals nicht leicht lösbar. Man darf aus dieser Briefstelle aber nicht schließen, Gödel wäre Hlawka gegenüber prinzipiell reserviert gewesen. In einem Gespräch mit Martin Aigner und Peter Gruber erzählte Hlawka 1999: „Gödel war sehr reserviert, er hat kaum gesprochen, es war eine Scheuheit bei ihm und natürlich eine sehr starke Zerstreutheit. Aber später in Princeton hat er mit mir einmal eine Stunde ausführlich gesprochen, was für die anderen dort eine Sensation war." (DMV-Mitteilungen 1999.2, 42–47)

[303] Hier liegt eine Verwechslung vor. Einstein, Weyl und Gödel wirkten am Institute for Advanced Study (IAS), das eine Sonderstellung im Universitätssystem der USA hat und grundsätzlich unabhängig von der Universität Princeton ist. Die beiden Institutionen haben aber enge Beziehungen zu einander. In der Anfangszeit war die mathematische Abteilung des IAS in der *Fine Hall* der Universität Princeton untergebracht und diese war noch lange Schauplatz der Zusammenkünfte zum traditionellen Teenachmittag.

um 1903 *gleichzeitig mit Paul Ehrenfest, Anton Lorenz und Felix Ehrenhaft* [304] *bei Ludwig Boltzmann in Wien studiert hatte, antreten.*

Professor Ehrenhaft, der lange Jahre als Emigrant im Ausland lebte und heute wieder am Physikalischen Institut der Wiener Universität wirkt, trat gleich nach seiner Rückkehr für den jungen Gelehrten ein. Er befürwortete seine Berufung zum ordentlichen Professor. „Dr. Hlawka erinnert mich", sagte uns Professor Ehrenhaft, „da er erst 31 Jahre alt ist, unwillkürlich an drei berühmte Mathematiker, die ebenfalls in so jungen Jahren Außerordentliches leisteten. An Everiste [recte Evariste] G a l o i s, der 1832 21 jährig im Duell um eine Frau fiel, an Niels Abel, der 1829 mit 32 Jahren starb, und an [Joseph] Louis Lagrange, der mit 16 Jahren Professor der Mathematik an der königlichen Artillerieschule Frankreichs wurde." Wenn man dann dem jungen, etwas verlegenen Mann gegenübersteht, der den in Gelehrtenkreisen überall bekannten „Hlawka- Satz" geschaffen hat, möchte man es nicht für möglich halten, daß er es ist, der durch seine Arbeit auf dem Gebiet der Zahlengeometrie, die von dem berühmten Mathematiker Minovsky [recte Minkowski] aufgestellte und vierzig Jahre hindurch von den besten Mathematikern der Welt vergeblich analysierte These wissenschaftlich erwies. Seine Entdeckung wird Einblick in drei gewaltige Probleme der Physik gewähren: in die Bewegung der Himmelskörper, in den Aufbau der Materie und in die Geburt des Weltsystems. [305]

Diese Arbeit leistete Dr. Hlawka, der 1938 promovierte, in der Nazizeit. Er bekleidete damals eine Stellung als Hilfskraft am Physikalischen Institut und reichte 1942, erst 25jährig, seine Habilitationsschrift ein. Doch seine Vorgesetzten wußten, daß er ein aufrechter Demokrat und Nazigegner war, daß er sich weigerte, in die Nazipartei einzutreten, und ließen die Arbeit einfach liegen. Als es ihm schließlich zu dumm wurde, reichte er die Arbeit einer wissenschaftlichen Zeitschrift ein, wo sie erschien und das größte Aufsehen erregte. In Wien aber blieb er weiter die kleine, unbeachtete Hilfskraft, die von den Naziprofessoren über die Achsel angesehen wurde. [306] *1945 war Hlawka der erste, der in dem von den Naziprofessoren* [307] *verlassenen Institut zur Stelle war. Mit einem Kollegen und mit Unterstützung der Roten Armee konnte er bereits im Sommersemester*

---

[304] Felix Ehrenhaft (*1879-04-24 Wien; †1952-03-04 Wien) . Seine zweite Frau Olga (*1879-10-28 Wien; †1933-12-21 Wien), geb Steindler, promovierte 1903-05-22 bei Franz Exner und Ludwig Boltzmann (UWA PH RA 1579) in Physik; sie war eine prominente Verfechterin der Frauenbildung, Gründerin eines sechsklassigen Mädchenlyzeums, das später zu einem achtklassigen Reformrealgymnasium erweitert wurde.

[305] Diese begeisterte Einschätzung wird jedenfalls den Zahlentheoretikern unter den Lesern ein leichtes Schmunzeln entlockt haben.

[306] Eine etwas verkürzte Darstellung. ˃ Huber war als erklärter Spezialist für Anwendungen der Mathematik sicher nicht an zahlentheoretischen Ergebnissen interessiert, ˃ Mayrhofer dürfte sich neutral verhalten haben. Die ao Professoren ˃ Hofreiter und ˃ Gröbner waren zu dieser Zeit in Braunschweig dienstverpflichtet, Hlawka hat sie dort 1943 oder 1944 in der Luftforschungsanstalt Braunschweig besucht. (IMN **144** (1987), 1–3.)

[307] Gemeint sind ˃ Mayrhofer und ˃ Huber. Huber war jedenfalls noch Zeuge im Gerichtsprozess zum Mord im Chemie-Institut in den letzten Kriegstagen und sagte im Herbst darauf zu diesem Ereignis aus.

1945 den Lehrbetrieb wieder in Gang bringen. „Damals war es auch", erzählt der junge Professor, „daß ich von einem sowjetischen Offizier, der zufällig auch Mathematiker war, erfuhr, daß die Kunde meiner Arbeit trotz dem Krieg ins Ausland gedrungen war".

Professor Hlawka, der seine Lehrkanzel sofort antreten wird, weiß noch nicht, ob er dem Ruf nach Princetown [recte Princeton] Folge leistet. Wenn er es tut, dann nur vorübergehend, denn er will vor allem der Wiener Universität dienen. „Es gibt noch manche junge Wissenschaftler, die Außerordentliches leisten könnten", meint er zum Abschied. „Ich hoffe, daß man junge Kräfte weiter unterstützt und fördert, damit sie nicht gezwungen sind, ins Ausland abzuwandern, wie es früher leider immer der Fall war." [308]

Hlawka war offensichtlich zum Vorzeigemathematiker Österreichs in wissenschaftlicher und politischer Hinsicht geworden, der das in der NS-Zeit ramponierte Ansehen der österreichischen Wissenschaft wiederherzustellen imstande war. Beleg dafür waren neben zahllosen Ehrungen aller Art die Gastaufenthalte und Gastprofessuren am Institute for Advanced Study in Princeton, im kalifornischen Pasadena und an der Sorbonne in Paris, zu denen er in den folgenden Jahren eingeladen war.

Knappheit an Vortragenden. Die Berichte über die empfindlichen Beeinträchtigungen durch personelle Unterbesetzung am Mathematischen Institut der Universität Wien nach Kriegsende waren nicht übertrieben. Links oben: Das Angebot an mathematischen Lehrveranstaltungen im SS 1945, rechts: im SS 1946. Im SS 1945 stand für die Vorlesung über Differential- und Integralrechnung noch ⊳ Hornich zur Verfügung, im folgenden Sommersemester las an seiner Stelle Hlawka; hauptsächlich für Lehramts-Studierende kam ein verdienter Mittelschullehrer namens Josef ⊳ Lewandowski (hier mit „y" geschrieben) mit Lehrveranstaltungen über Darstellende Geometrie und Elementarmathematik zum Zug. (Diese wurden später auf insgesamt 6 Semesterwochenstunden aufgestockt.) Handschriftlich: Pro Semesterwochenstunde und Studenten war für die Übungen eine Taxe von (RM) 0.80 fällig. Diese Taxen standen dem Lehrveranstaltungsleiter zu, wurden ihm aber gewöhnlich vom Gehalt oder von der Remuneration wieder abgezogen. (Ein Ansuchen ⊳ Lewandowskis auf Belassung dieser Taxen ist im Universitätsarchiv aktenkundig. Da Lewandowski in Pfaffstätten, etwas von Wien entfernt, wohnte und für seine Abwesenheit vom Badener Gymnasium einen Supplenten zu bezahlen gehabt hätte, hätte die Remuneration allein nicht einmal die Fahrspesen gedeckt. Dem Antrag wurde stattgegeben (UAW PA Lewandowski Nr 66). Unbezahlte oder nur geringfügig entlohnte, nicht formal angestellte Hilfskräfte schienen damals im Vorlesungsverzeichnis nicht auf.

---

[308] Der Artikel war mit W.S. gezeichnet.

Im Studienjahr 1955/56 war Hlawka Dekan, 1956/57 Prodekan der damaligen philosophischen Fakultät und im Studienjahr 1976/77 erster Dekan der neuen naturwissenschaftlichen Fakultät der Universität Wien.[309]

Nach 33 Jahren erfolgreichen Wirkens an der Universität Wien ließ sich Hlawka 1981 ein Ordinariat der TU Wien berufen. Grund dafür waren persönliche Differenzen, die nach dem neuen Universitätsorganisationsgesetz und nach Neuberufungen von Professoren ausgebrochen waren. Dort emeritierte er 1987, war aber noch lange danach wissenschaftlich und publizistisch tätig, trotz des Kummers nach dem Tod seiner Frau im Jahr 1990.

Es ist hier nicht möglich, das wissenschaftliche Werk von Edmund Hlawka angemessen darzustellen. Allgemein bekannt sind neben dem Satz von Minkowski-Hlawka in der Geometrie der Zahlen die umfangreichen Untersuchungen zur Gleichverteilung, die Ungleichung von Koksma-Hlawka und die Methode der „guten Gitterpunkte" von Korobov-Hlawka bei der Berechnung hochdimensionaler Integrale. Hlawka hat Methoden der Gleichverteilung für so gut wie alle Gebiete der Analysis nutzbar gemacht und diese auch auf die Kollektivmaßtheorie im Sinne der Wahrscheinlichkeitsauffassung von v. Mises angewandt.

Edmund Hlawka ist zweifellos als der einflussreichste Mathematiker in Österreich nach dem zweiten Weltkrieg anzusehen. Durch seine langjährige Lehrtätigkeit ist er vielen in Mathematik, Naturwissenschaften und Technik tätigen Persönlichkeiten in Österreich in bleibender Erinnerung. Zu den bekanntesten seiner Doktoranden zählen die Informatiker Walter Knödel und Werner Kuich[310] sowie die Mathematiker Johann Cigler, Herbert Fleischner, Harald Niederreiter, Walter Philipp, Klaus Schmidt, Wolfgang M. Schmidt und Fritz Schweiger.

Edmund Hlawka und die NS-Geschichte. Hlawka hatte zweifellos nie irgendwelche Sympathien für die NS-Ideologie und das NS-Regime. Dennoch hielt er sich in späteren Jahren stets eher fern von Initiativen zur öffentlichen „Vergangenheitsbewältigung".[311] In seinen Lehrveranstaltungen, im erweiterten Kreis seiner Schüler und in Tonbandinterviews erzählte er nur sehr selten über seine eigenen Erfahrungen mit dem NS-Regime. Grundsätzlich riet er von allzu intensiver Beschäftigung mit NS-Verwicklungen und damit zusammenhängenden Skandalen ab. Während sein Freund Leopold ⸴ Schmetterer sein Leben lang gegen den NS-Parteigänger Anton ⸴ Huber polemisierte, nahm Hlawka nur in Ausnahmefällen auch nur dessen Namen in den Mund. Prinzipiell war aber Hlawka an der Geschichte der Mathematik (besonders von Österreich) sehr interessiert, er förderte in dieser Richtung die Forschungen von Auguste Dick (geb Kraus), Christa Binder und Rudolf Einhorn.

---

[309] Im Heft **29/30** (1953) gaben die IMN den Austritt Hlawkas aus der ÖMG mit 1953-07-11 bekannt (p 75). (Später trat er aber ohne Aufsehen wieder ein.)

[310] In der Öffentlichkeit noch mehr bekannt als Mitglied der vom DÖW am rechten Rand studentischer Verbindungen angesiedelten Burschenschaft *Libertas*. Die 1860 gegründete Libertas hatte seit 1878 als erste studentische Korporation einen Arierparagraphen in ihren Statuten.

[311] Als Detlef Gronau ihn von den Ergebnissen seiner Archivarbeit zur Berufung von ⸴ Kantz (p 288) informierte, riet ihm Hlawka sehr eindringlich von einer Veröffentlichung ab.

Ehrungen: 1956 Mitglied der Leopoldina und der Akademie in Bologna; 1959 Wirkliches Mitglied der ÖAW, auswärtiges Mitglied der Bayerischen und der Rheinisch-West-fälischen Akademie; 1963 Dannie-Heinemann Preis der Göttinger Akademie der Wissenschaften, für seine Arbeiten auf dem Gebiet der Geometrie der Zahlen (erster Preisträger im Fach Mathematik); 1964 Ehrenzeichen für Kunst und Wissenschaften der Republik Österreich; 1969 Preis der Stadt Wien; 1977 Gauß- Medaille der AW der DDR; 1979 Schrödinger-Preis der ÖAW; 1981 Ehrendoktorate der Universitäten Wien und Salzburg; 1982 Wilhelm Exner-Medaille des österreichischen Gewerbevereins; 1987 Ehrenmedaille der Bundeshauptstadt Wien in Gold; 1987 Großes Goldenes Ehrenzeichen für Verdienste um die Republik Österreich; 1989 Johann Joseph Ritter von Prechtl-Medaille der TU Wien; 1985 Ehrendoktorat der Universität Graz; 1986 Ehrenmitglied der ÖMG; 1992 Ehrendoktorat der Universität Erlangen; 1992 Ehrenmitglied der österreichischen Gesellschaft für Wissenschaftsgeschichte; 1993 Ehrenmitglied der Erwin-Schrödinger-Gesellschaft; 1996 Ehrendoktorat der Technischen Universität Graz; seit 1990 trägt der Kleinplanet 10763 und seit 2009 ein Hörsaal der TU Wien seinen Namen; 2003-11 Ehrennadel der DMV. 2007-03-15 Großes Goldenes Ehrenzeichen für Verdienste um die Republik Österreich mit Stern. [Die Hlawkastraße in Wien-Favoriten ist allerdings nach der Wiener Landtagspräsidentin Maria Hlawka, geb Thomschitz, benannt.]

MGP zählt 53 betreute Dissertationen auf und diese Liste ist sicher nicht vollständig. Eine Reihe von diesen wandte sich erfolgreich nicht-mathematischen Themen zu, so etwa die Informatiker Hermann Maurer, Adolf Adam, Werner Kuich und Walter Knödel oder Manfred Nermuth (mathematische Ökonomie). (Nicht bei allen war Hlawka Erstbegutachter.) In [143, p 239], werden mehr als 130 Mathematiker als seine Dissertanten, mehr als 800 von ihm betreute Lehramtshausarbeiten aufgezählt. In etwa die gleichen Zahlen gibt Hlawka selber in seinem DMV-Interview an.

Der **Edmund und Rosa Hlawka-Preis für Mathematik** an der ÖAW wurde 1991 gestiftet, das Stiftungsvermögen betrug damals öS 300.000. Er ist für Mathematiker/innen unter 30 Jahren bestimmt, die hervorragende Leistungen auf dem Gebiet der Geometrie der Zahlen und der zahlentheoretischen Analysis erbracht haben. (Verleihung alle zwei Jahre; bisher 8 Preisträger.)

Ausgewählte Publikationen. *Diss.*: (1938) *Über die Approximationen von zwei komplexen inhomogenen Linearformen (Hofreiter).*

1. Über asymptotische Entwicklungen von Lösungen linearer Differentialgleichungen 2. Ordnung. Monatsh. f. Mathematik und Physik **46** (1937), 34–37.
2. Eine asymptotische Formel der Laguerreschen Polynome. Monatsh. Math. Phys. **42** (1935), 275–278.
3. Über asymptotische Entwicklungen von Lösungen linearer Differentialgleichungen 2. Ordnung. Mh. Math. Phys. **46** (1937), 34-37.
4. Zur Geometrie der Zahlen, Math. Z. **49** (1943), 285-312.
5. Über einen Satz aus der Geometrie der Zahlen. Sitzungsber. Akad. Wiss. Wien, Math.-Naturw. Kl., Abt. IIa **155** (1947), 75-82.
6. Ausfüllung und Oberdeckung konvexer Körper durch konvexe Körper. Monatsh. Math. **52** (1949), 81–137.
7. Zur angenäherten Berechnung mehrfacher Integrale, Monatsh. Math. **66** (1962), 140–151.
8. Theorie der Gleichverteilung. Mannheim, Wien, Zürich; Bibliographisches Institut AG. (1979)
9. (gem. mit Schoißengeier J), Zahlentheorie. Eine Einführung. Manz'sche Verlags- und Universitätsbuchhandlung, Wien 1979.
10. (gem. mit Binder, C, und P Schmitt) (1979), Grundbegriffe der Mathematik. Prugg Verlag, Wien.
11. (gem. mit Schoißengeier, J, Taschner, R) (1986), Geometrische und analytische Zahlentheorie. Manz'sche Verlags- und Universitätsbuchhandlung, Wien.
12. Selecta. (Edited by P M Gruber and W M Schmidt.) Springer-Verlag, Berlin etc. (1990).
13. Ungleichungen. (gem. mit Binder, C und M Müller), Manz'sche Verlags- und Universitätsbuchhandlung, Wien 1990.
14. Radon transform and uniform distribution. Gindikin, Simon (ed.) et al., 75 years of Radon transform. Cambridge, MA: International Press. Conf. Proc. Lect. Notes Math. Phys. 4, 209-222 (1994).
15. Pythagorean triples. (2000) Bambah, R P (ed.) et al., Number theory. Birkhäuser Trends in Mathematics, Basel. 141-155.
16. Deterministische Physik. Sitzungsber., Abt. II, ÖAW, Math.-Naturwiss. Kl. **212** (2003), 27–55.
17. Pythagoräische Tripel höherer Ordnung. Sitzungsber., Abt. II, ÖAW., Math.-Naturwiss. Kl. **215** (2006), 37-44.

Eine Sammlung von Hlawkas Lebenserinnerungen/Anekdoten und von Kommentaren zu seinen Arbeiten bringt

18. Moskaliuk, S S (ed.) (2001), Edmund Hlawka. With a preface by W. Thirring. Classics of World Science 6. Kiev: Timpani.

Zbl/JFM nennen, bereinigt von Doubletten und Mehrfachnennungen, 169 Publikationen, darunter 15 Bücher. Das auch nicht-mathematische Publikationen enthaltende Schriftenverzeichnis in [143] nennt neben 15 Büchern 177 Artikel in Zeitschriften.

Quellen. Meldezettel Edmund Hlawka (WAIS); [143] 233–240, 241–311; Schmidt et al., Internat. Math. Nachrichten **211** (2009), 1–26; Znaimer Tagblatt 1945-02-17, p 3. Interviews mit Reinhard Schlögel in der *Österreichischen Mediathek* unter den Signaturen 6-23629_a_b01_k02 (Erinnerungen eines österreichischen Professors), v-16052_01_k02, v-16053_01_k02, v-16054_01_k02, v-16055_01_k02, v-16056_01_k02 (Interviews mit Reinhard Schlögel); vgl. auch (http://www.oemg.ac.at/Gespraeche/Portrait_Hlawka.html, Zugriff 2023-02-20). Interview mit Christa Binder in I ntern. Zs. f. Gesch. u. Ethik der Naturwiss., Technik u. Med., 4 (1996): 201-213

Lit.: Mahler K, The Theorem of Minkowski-Hlawka, Duke Math, J. **13** (1946), 611-621; Siegel C L, Annals of Mathematics 2nd Ser., **46** (1945), 340–347; Schmitt W M, Edmund Hlawka (1916–2009). Acta Arithmetica **139.4** (2009), 303–320; Lotte Ingrisch, Die ganze Welt ist Spass. Amalthea 2012.

Ludwig Hofmann

(Willibald)

*1890-06-27 Wien;   †1979-05-15 Wien

Sohn des k.k. Professors für Mathematik, Darstellende Geometrie u. Physik, Schulrat Wenzel Ignaz Hofmann (*1856-03-13 Oberleutensdorf (heute Horní Litvínov, Cz); †1921-03-27 Wien) und dessen Gattin Johanna Margarete (*1860-10-09 Pučko, Slov; röm. kath., vorher mos.), geb Schlesinger.

Hofmann ∞ 1929 in 2. Ehe Dr Hert(h)a Luise Karoline (*1904-04-24; †1982-04-21 b Wien), geb Weixl, Botanikerin prom 1929-12-13; Ehe kinderlos.

Foto: Archiv der Univ f. Bodenkultur, mit freundlicher Genehmigung

NS-Zeit.   Da seine Mutter jüdischer Abstammung war, verlor Hofmann als „Mischling ersten Grades" 1938 sowohl seine Venia als auch seinen Posten als Mittelschullehrer. Nach dem Krieg wurden beide Positionen restituiert, danach supplierte er ˃ Krames an der TH Wien, 1949 wurde er zum Professor an der Hochschule für Bodenkultur.

Ludwig Hofmanns Vater Wenzel Hofmann war ebenfalls Mittelschullehrer für Mathematik und Darstellende Geometrie, er wurde 1911 pensioniert, unterrichtete aber weiterhin bis 1917 am Mädchen-Lyzeum in Wien I, Kohlmarkt, und 1914 an der Staats-Unterrealschule Wien-Margareten.

1908-06-11 legte Ludwig Hofmann die Reifeprüfung an der Realschule in Wien I ab und studierte ab dem folgenden Wintersemester an der Bauingenieurabteilung der TH Wien bis zur ersten Staatsprüfung, die er 1910 mit Auszeichnung bestand. Dann hatte er genug vom Baufach und wechselte zum Studium der Darstellenden Geometrie an der gleichen Hochschule, der Mathematik und Physik an der Universität Wien; Leopold ˃ Vietoris zählte zu seinen Studienkollegen. 1914 zum Kriegsdienst eingezogen, geriet er in Kriegsgefangenenschaft, von der er erst 1919-08-14 nach Wien zurückkehrte. Trotz der fünfjährigen Unterbrechung seines Studiums legte er schon im folgenden Jahr, 1920-05-21, die Lehramtsprüfung aus Mathematik und Darstellender Geometrie ab und trat in den höheren Schuldienst ein. Bis 1930 unterrichtete er an der Bundesrealschule Wien XVIII, dann am Bundesgymnasium Wien VIII und am Bundesrealgymnasium für Mädchen Wien XIX, schließlich 1937 bis zu seiner Entlassung 1938 an der Bundesrealschule Wien V.[312]. Neben seiner Lehrtätigkeit setzte er sein Studium an der TH Wien bis zum Dr tech. 1925-07-04 fort. Schon zwei Jahre später, 1927-02-22, suchte er an der TH Wien um die Erteilung der Venia Legendi für Darstellende Geometrie in Verbindung mit Projektiver Geometrie an; das Verfahren wurde 1927-09-12 durch die Bestätigung des Unterrichtsministeriums abgeschlossen. Im Rahmen seiner Venia hielt Hofmann von da an Lehrveranstaltungen über Darstellende Geometrie an der TH Wien ab. Im Brotberuf unterrichtete er aber weiterhin im Mittelschuldienst.

Von 1920 bis 1925 unterstützte er den Dichter Hermann Broch als „akademischer Nachhilfelehrer" bei seinen mathematisch-logischen Studien. Wie von einigen Zeitungen berichtet wurde, war Hofmann 1927-07-15 als „unbeteiligter Passant" Augenzeuge beim Brand des Justizpalasts und wurde im Verlauf der Schießereien schwer verletzt.[313]

Mit der Venia Legendi und mit dem Mittelschuldienst war es 1938 zu Ende, die Venia wurde ihm entzogen, als Mittelschullehrer wurde er in den dauernden Ruhestand versetzt. Um die damit verbundenen erheblichen Einkommenseinbußen zu mildern, ging er in die Privatwirtschaft. Von 1942-04-02 bis Kriegsende arbeitete er als Hochbaustatiker in der Wiener Filiale eines Münchner Ingenieurbüros.

Nach Kriegsende wurden Hofmanns Venia und seine Position als Mittelschullehrer sofort wieder in Kraft gesetzt, so konnte er die Lehrkanzel des aus dem Hochschuldienst enthobenen ˃ Krames so lange supplieren bis diese 1946 an Walter ˃ Wunderlich ging. Danach wurde er zum Honorardozenten für die Vorlesung Darstellende Geometrie für Chemiker an der TH Wien bestellt, ab dem WS 1947/48 auch für die Mathematik Studierenden an der Uni Wien. 1948-04-15 wurde er tit. ao der TH Wien. 1949 übersiedelte Hans ˃ Hornich an die TH Graz, Ludwig Hofmann übernahm seine Lehrveranstaltungen an der Hochschule für Bodenkultur und wurde dort 1949-07-01 zum wirklichen ao Professor ernannt. Bis 1952-11-09 hatte er noch einen Lehrauftrag für besondere Unterrichtslehre zur Darstellenden Geometrie. 1956 folgte die Ernennung zum o Prof, nachdem er 1953 und 1954 noch je zwei mathematische Arbeiten veröffentlicht hatte.

Im Jahre 1961 wurde Hofmann als Professor an der Hochschule für Bodenkultur in den Ruhestand versetzt, hielt jedoch noch einige Zeit Lehrveranstaltungen am I. Institut für Geometrie der TH Wien ab. Sein Nachfolger an der Hochschule für Bodenkultur wurde Karl ˃ Prachar. Hofmann starb 1979-05-15 nach kurzem Leiden.

In seiner wissenschaftlichen Arbeit war Ludwig Hofmann nicht sehr erfolgreich, wenngleich er seine Studien nach dem Ersten Weltkrieg und seiner Rückkehr aus der Gefan-

---

[312] Nach dem 2. Weltkrieg wieder an der Bundesrealschule Wien V. Standesblatt PA BOKU

[313] Das Kleine Blatt 1927-07-19 p7; Arbeiter Zeitung 1927-07-20p8; Tagblatt 1927-07-22 p3; Wiener Morgenzeitung 1927-07-19 p2; der verletzte Hofmann wurde ins Rudolfsspital gebracht.

genenschaft bemerkenswert rasch abschloss. Eine beamtete Stelle als Professor an einer Hochschule erhielt er erst 1949, mit 59 Jahren. In seinen letzten Jahren dürfte ihn die Lehre ganz ausgefüllt haben.

Ausgewählte Publikationen. *Diss.*: (1925) *Konstruktive Lösung der Maßaufgaben im vierdimensionalen euklidischen Raum (Emil Müller).* (Die Dissertation erschien in den S.Ber. Wr AW **130** (1921) 169–188.)

1. Zur Auflösung der Gleichungen dritten Grades, Z.f.d. Realschulwesen **36** (1911), 588-594
2. Die achsonometrischen Sätze von Kruppa und Pohlke's Satz im nichteuklidschen Raume, S.Ber. d. Wien. Akad. **135**, (1926), 33–60
3. Abstrakte Standpunkte in der Darstellenden Geometrie mit Anwendungen auf die gebräuchlichen Zwei-bildersysteme und die Reliefperspektive, S.Ber. Wr.AW **135**, (1926), 531-546 (Habilitationsschrift)
4. Über den Zusammenhang des Problems der Projektivität mit den Beziehungen zwischen inzidenten Geraden und Ebenen im vierdimensionalen Raum, S.Ber. Wr AW, **138** (1929), 469-481.
5. Berechnung der Streuung einer Häufigkeitsverteilung mit Klassenteilung, Allg.Forst-Zeitung, Wien, **64** (1953), 141–142.
6. Über eine elementare Herleitung der Sheppard'schen Korrekturen und eine prinzipielle Bemerkung über die letzteren, Statistische Vierteljahresschrift **6** (1953), 119–124.
7. Zur Theorie der Stichproben, Zentralblatt für das gesamte Forstwesen **73** (1954), 165–172. [nicht in Zbl]
8. Über die Herstellung axialer Lagen von kollinearen Räumen bei Zugrundelegung einer elliptischen Metrik. Monatsh. Math. **58** (1954), 143-159.
9. Über eine elementargeometrische Aufgabe, die auf ein klassisches Problem der Geometrie führt, Elemente der Mathematik **13** (1958), 49–55, 79–85.

Zbl nennt nur die folgenden drei Arbeiten:

10. Über die Herstellung axialer Lagen von kollinearen Räumen bei Zugrundelegung einer elliptischen Metrik. Monatsh. Math. **58** (1954), 143–159.
11. Über ein bei den Cliffordschen Flächen bestehendes Analogon des Satzes von Dandelin. Monatsh. Math. **62** (1958), 1–15.
12. Die Stellung der projektiven Geometrie im relativistischen Weltbild. Monatsh. Math. **65** (1961), 323-336. [gewidmet Prof ⸱ Kruppa z. 75. Geb.]

Einhorn [67] meldet 12 math Publikationen.

Quellen. Personalakt Hofmann TUWA; zu Wenzel H.: Wr Kommunalkalender 1887ff, Wr Zeitung 1888-12-15 p19, das Vaterland 1889-08-02 p9, Jahresberichte 1908-1917 des Mädchen-Lyzeums am Kohlmarkt, u.a.; Einhorn [67]. Zu Ehefrau Weixl: UAW PH RA 10364. Betreffend Ludwig Hofmanns Beziehungen zu Hermann Broch: Hackermüller, R., Hermann Broch und Ludwig Hofmann: Der Mathematiker als 'Unbekannte Größe', in: Kiss, E., Lützeler, P.M., und G. Rácz (Hrsg.) Hermann Brochs literarische Freundschaften, p.89–104. Vgl. auch: Nicolosi, M. G., Experimentieren versus Erfinden: Die epistemologischen Grundlagen von Hermann Brochs Erkenntnissuche. in: Calzoni, R., Slagaro, M. (Hsg), *Ein in der Phantasie durchgeführtes Experiment- Literatur und Wissenschaft nach Neunzehnhundert.* Göttingen 2010, p 177-189 und Kessler, M., Lützeler, P.M. (Hsg), *Hermann Broch Handbuch.* 2016.

Nikolaus Hofreiter

*1904-05-04 Linz-Urfahr;   †1990-01-23 Wien (r.k.)

Ältestes der drei Kinder des Lederwarenfabrikanten Nikolaus (auch: Niklas) Hofreiter (*1877 Altheim OÖ; †1937-06-01 Linz-Urfahr), und dessen Ehefrau Johanna (*1879), geb Eidlhuber [∞ 1901-09-04, Stadtpfarrkirche St. Laurenz, Urfahr], Tochter von Alois Eidlhuber (*1852; †1911-07-08 Linz-Urfahr), Lederfabrikant in Linz-Urfahr; Bruder von Alois Hofreiter, Nachfolger seines Vaters als Fabriksbesitzer, und Johanna Hofreiter, Dr med.; Neffe von Marie, geb Hofreiter, ∞ 1902-04-19 Franz Weiß, Maschinenmeister der k.k. Staatsbahnen in St. Pölten.

Foto: Archiv der Universität Wien, mit freundlicher Genehmigung

Nikolaus Hofreiter ∞ 1939-02-21 Dr Margarita (*1912-03-31; †2012 Wien), geb Dostalik, wie Hofreiter Schülerin von Furtwängler, und damals Meteorologin in Berlin; eine Tochter Ingrid (1941-05-25, †2003 Wien) ∞ Peter Steiner (*1939-03-12; †2002 Wien).

NS-Zeit. Hofreiter war jedenfalls nach 1945 aktiv gläubiger Katholik (Inhaber des Komturkreuzes des päpstlichen Gregoriusordens, Mitglied der katholischen Akademie Wien); dennoch war er ab 1938-06-03 Mitgliedsanwärter der NSDAP und ab 1941 Parteimitglied (Nr. 8.115.751), daneben gehörte er auch der NS-Volkswohlfahrt NSV sowie dem nationalsozialistischen Lehrerbund NSLB an. Im Krieg war Hofreiter an der Rüstungsforschung beteiligt. Aus der britischen Kriegsgefangenenschaft wurde er als unbelastet entlassen; im Sinne des VBG 1947 galt er als „minderbelastet".

Nikolaus Hofreiter besuchte 1910–15 die fünfklassige Volksschule, danach das Realgymnasium in Linz und legte 1923-07-05 die Matura ab.[314] Im darauf folgenden Herbst begann er mit dem Studium von Mathematik und Physik an der Universität und von Darstellender Geometrie an der TH Wien. Zu seinen Lehrern gehörten Wilhelm ˃ Wirtinger und Hans ˃ Hahn, seine Dissertation über quaternäre quadratische Formen wurde von Philipp ˃ Furtwängler betreut. Er promovierte 1927-06-28 an der Universität zum Dr phil , danach ging er als wissenschaftliche Hilfskraft an die TH Wien (zu Emil Müller), machte 1928 seine Lehramtsprüfung und absolvierte anschließend in Wien sein Probejahr als Gymnasiallehrer.

---

[314] In [67] und davon ausgehend in Nachrufen wurde mit Stolz vermerkt, Hofreiter sei mit dem angesehenen und populären Mediziner Karl Fellinger (*1904-06-19 Linz; 2000-11-08 Wien) in eine Klasse gegangen, ebenso der nicht ganz so populäre, aber ebenso oberösterreichische Wirtschaftshistoriker Alfred Hoffmann (*1904-04-11 Urfahr; †1983-07-03 Bad Ischl. Fellinger und Hoffmann besuchten in Wirklichkeit das *Akademische Gymnasium*, das älteste Gymnasium in Linz. Die gleiche Mittelschule wie Hofreiter besuchte dagegen Adolf Hitler (damals noch unter dem Titel k.k. Realschule, von 1900/01 und 1901/02 die erste Klasse, sowie zwei weitere Klassen 1902/03 und 1903/04) und Ernst Kaltenbrunner (bereits als Realgymnasium, 1913–21). Die k.k. Realschule besuchte auch Ludwig Wittgenstein (von 1903–06).

1929-08-26 wurde er zum ao Assistenten am Institut für Mathematik der Universität Wien bestellt, diese Bestellung galt für zwei Jahre und wurde 1931-09-16 sowie 1933-10-26 wiederholt; 1935-10-21 stieg er zum Assistenten 2. Klasse auf, wurde 1937-10-01 in dieser Funktion verlängert und schließlich 1939-10-01 ao Professor. Bis zu dessen Emeritierung war er seines Doktorvaters ˃Furtwängler wichtigste Stütze und profitierte umgekehrt von dessen allgemein bewunderter Kompetenz in der Lehre.

1933 habilitierte sich Hofreiter an der Universität Wien mit der Schrift *Über einen Approximationssatz von Minkowski*, in der aber Robert Remak 1935 eine Beweislücke entdeckte.[315]

Hofreiters wissenschaftliche Karriere ging weiter. 1937 erhielt er einen Lehrauftrag über „Analytische Geometrie" an der Universität Wien, bei dem er sich so bewährte, dass man ihn ab Jänner 1938 zusätzlich Lehrveranstaltungen an der TH Graz übertrug, um Theodor ˃Radaković nach dessen Ableben zu vertreten. Bis zum Sommer 1939 teilte er fortan seine Arbeitswoche in eine Wiener und eine Grazer Hälfte.[316]

Hofreiter meldete sich 1938-06 für die Mitgliedschaft in der NSDAP an und zahlte bis zum Kriegsbeginn Mitgliedsbeiträge, demnach war er Parteianwärter, nicht Pg. Diese Angabe steht in dem von ihm eigenhändig unterschriebenen Personalblatt von 1948 [317] und im Widerspruch zu den Gauakten, nach denen er ab 1941 Parteimitglied mit Nr. 8.115.751[318] (außerdem Mitglied der NSV war). Ein Gutachten von Gauleitung und NS-Dozentenbund beschreibt Hofreiter als „politisch indifferent, aber antisemitisch eingestellt".[319] Mehr als Mitläuferstatus ist daraus nicht abzuleiten.

1939-08-14 wurde er zum ao Professor für Mathematik an der Universität Wien ernannt; im selben Jahr heiratete er die Mathematikerin Margarete Dostalik.

Hofreiter leistete von 1940-10-23 bis 1941-01-15 und von 1942-04-10 bis 1944-06-15 Militärdienst bei der Deutschen Wehrmacht,[320] sodass seine Parteimitgliedschaft während dieser Zeit ruhte. (Erst ab August 1944 war es möglich, gleichzeitig Soldat und Parteimitglied sein.) Ein verständnisvoller Vorgesetzter rettete ihn vor dem Fronteinsatz, indem er ihn erst in den Kanzleidienst versetzte und dann für seine Aufnahme in die Rüstungsforschung

---

[315] Robert Erich Remak (*1888-02-14 Berlin; †1942-11-13 in Auschwitz ermordet) hatte vor Hofreiter bereits Minkowskis ursprünglichen Satz für $n = 2$ auf den Fall $n = 3$ verallgemeinert, Hofreiter publizierte einen Beweis für den Fall $n = 4$. Der beruhte aber wiederum auf einem Hilfssatz, dessen Beweis eine Lücke aufwies. 15 Jahre später konnte die Lücke geschlossen und der Beweis sogar noch vereinfacht werden. Auch der Fall $n = 5$ ist mittlerweile erledigt (eine ausführliche Diskussion, der auch wir hier gefolgt sind, findet sich im Nachruf ˃Hlawkas auf Nikolaus Hofreiter [s.u.]). Immerhin war diese Lücke Philipp ˃Furtwängler entgangen, als er für die Habil-Kommission die wissenschaftliche Würdigung der Arbeit verfasste. Im Semester darauf las Hofreiter im Rahmen seiner Venia über die Geometrie der Zahlen und Diophantische Approximation.

[316] In Graz hatte er auch Gelegenheit, die dort wirkenden Physiker und Nobelpreisträger Victor Hess und Erwin Schrödinger kennzulernen.

[317] vgl. UAW S 265.5.63 und UAW Personalakt Hofreiter Personenstandesblatt 130/31.

[318] Pfefferle & Pfefferle [240]

[319] Österreichisches Staatsarchiv/Archiv der Republik/BMI/Gauakten/12523, hier zitiert nach [103]. Konkrete Beweise für eine solche Einstellung oder antisemitische Äußerungen von seiner Seite sind bisher nicht aufgetaucht.

[320] Laut 1948-06-14 eigenhändig ausgefülltem Personenstandesblatt in Hofreiters Personalakt an der Univ Wien.

sorgte (dienstverpflichtet an der Luftfahrtforschungsanstalt Hermann Göring in Braunschweig ab 1944-06-26). Wie Hofreiter in seinem Rückblick 1979-05-09 später erzählte, durchlief er nach einer von ihm als unbefriedigend empfundenen Anfangsphase drei Stationen im Bereich der Luftfahrtforschung: Peenemünde, Berlin und Braunschweig. An allen dieser Stationen habe er mathematische Probleme zu lösen gehabt, „die bei der Konstruktion neuer Waffen auftraten".[321] Gemeinsam mit seinem Kollegen Wolfgang ˃ Gröbner, mit dem er auch 1944–46 an der Technischen Hochschule in Braunschweig lehrte, erarbeitete Nikolaus Hofreiter die Integraltafeln (Teil I: Unbestimmte Integrale. Notdruck 1944, Teil II: Bestimmte Integrale), die schließlich 1949 (Teil I) und 1959 (Teil II) publiziert wurden.[322] Die letzten vor 1944 erschienen Integraltafeln gingen auf das Jahr 1840 zurück und waren längst vergriffen; die entsprechenden russischen Tafeln von Ryschik (später Ryschik und Gradstein), kamen in deutscher Übersetzung und in erweiterter Form erst 1957 im Ostberliner *Deutschen Verlag der Wissenschaften* heraus und waren während des Krieges nur in der Sowjetunion greifbar. Neben den Integraltafeln wurden auch Vergleichstabellen zur zu erwartenden Trefferwahrscheinlichkeit von MG und Schrapnellrakete im Luftkampf zusammengestellt.[323]

Nach Kriegsende, von 1945-09 bis 1946-05, war Hofreiter als Kriegsgefangener für ein Jahr bei der britischen Royal Air Force (RAF) in Braunschweig tätig; er musste vor der Freilassung erst seine Berechnungen zu Ende führen, diesmal für die Briten. 1945-08-05 verfügte das Dekanat im Zuge der „Entnazifizierung" nach dem Verbotsgesetz von 1945 über Hofreiter die Enthaltung von der Lehrtätigkeit, 1946-03-27 erfolgte in Abwesenheit die Enthebung von seinem Posten. Dennoch wurde er ab dem Wintersemester 1947/48 wieder zur Lehrtätigkeit zugelassen, allerdings wurden seine Lehrveranstaltungen im Vorlesungsverzeichnis mit N.N. angekündigt.[324] 1948-06-14 wurde er als minderbelastet im Sinne des Verbotsgesetzes 1947 eingestuft. 1948-11-18 stimmte das Ministerkomitee seiner dauernden Weiterverwendung an der Universität Wien zu, 1949-01-12 erfolgte die Wiederernennung zum ao Professor für Mathematik; 1949-07-15 hatte der „Ministerrat keinen Einwand gegen die Verleihung des Titels tit o Professor",[325] Nach den Berichten seines Assistenten Kowol und überhaupt allen, die ihn kannten, war Hofreiter bekennender Katholik, was ihm unter den vier dem CV angehörenden Ministern Hurdes[326] (ab 1945-12-20), Kolb (ab 1952-01-23), Drimmel (ab 1954-11-01) und Piffl-Perčević (von 1964-04-02 – 1969-06-02) sicher nicht geschadet hat; soviel bekannt ist, war er aber selbst nie CV-Mitglied. Hofreiter wurde von der britischen Besatzungsmacht anstandslos als so gut wie

---

[321] IMN **123** (1979) p79f

[322] Alle Formeln wurden von Hofreiters Frau Margarete nachgerechnet und von Josef ˃ Laub (1. Teil) und Wilhelm Körperth (2. Teil), einem späteren Mitverfasser eines AHS-Lehrbuchs, in Reinschrift übertragen.

[323] *Vergleich von Treffwahrscheinlichkeiten von MG und Schrapnellrakete im Luftkampf.* DLF-Untersuchungen und Mitteilungen Nr. 2104 Bundesarchiv, BArch RL 39/897 [Alt-/Vorsignatur: RLM 1797]; Arbeitsgruppe für Industriemathematik an der Luftfahrtforschungsanstalt „Hermann Göring" Braunschweig (Bearbeiter: Peschl und Langner)

[324] Wahrscheinlich auf Vorschlag von Prorektor Meister; vgl. dazu die Senatssitzungsprotokolle der Universität Wien, kommentiert in Pfefferle und Pfefferle [240], p 87ff.

[325] So die etwas gewundene offizielle Formulierung. Angaben laut Personalakt der UAW. Vgl auch die etwas abweichenden Angaben in [240] Tabelle 3.

[326] Hurdes gehörte allerdings dem CV nur als Ehrenphilister an.

unbelastet, allenfalls als „nominelles Parteimitglied" minderbelastet freigelassen. Seine Parteimitgliedschaft war jedenfalls in den 1960er Jahren unter den Studierenden nicht bekannt (von der Parteimitgliedschaft ⸃ Mayrhofers wussten dagegen einige sehr wohl). Da er während des Krieges hauptsächlich in Braunschweig stationiert war (und er als Soldat nicht Parteimitglied sein konnte), wussten bereits in den 1950er Jahren wahrscheinlich nur eifrige Leser seines Personalakts von seiner NS-Involvierung. Wie bereits erwähnt, ist Hofreiter jedenfalls nie als NS-Aktivist aufgetreten und es sind von ihm keinerlei antisemitische Äußerungen oder gar Taten überliefert.[327]

Am 16. Februar 1954 wurde Hofreiter zum (wirklichen) Ordinarius für Mathematik und, neben den anderen Ordinarien, zum (Mit-)Vorstand des Instituts für Mathematik ernannt; im Studienjahr 1963/64 war er Dekan der Philosophischen Fakultät und 1965/66 Rektor der Universität Wien.[328] Nach seiner Emeritierung 1974 hielt er Lehrveranstaltungen über sein Lieblingsthema Darstellende Geometrie (das er bis dahin nie in Vorlesungen ausleben hatte können) sowie sein spätes Interessensgebiet Informatik (Programmieren). Zu seinen Dissertanten/Schülern zählten auch die späteren o Professoren Edmund ⸃ Hlawka, Leopold ⸃ Schmetterer, Wilfried Imrich und Peter Gruber.

In seinen wissenschaftlichen Arbeiten beschäftigte sich Hofreiter mit der diophantischen Approximation von Zahlen und Linearformen, damit in Zusammenhang mit der Minkowskischen Geometrie der Zahlen und der Charakterisierung der quadratischen Zahlkörper, die einen Euklidischen Algorithmus zulassen; der Einfluss seines Lehrers ⸃ Furtwängler ist unverkennbar.[329] Auf dem Internationalen Mathematikerkongress ICM 1936 in Oslo hielt er einen eingeladenen Vortrag zum Thema: *Über die Approximation von komplexen Zahlen.* Es scheint, dass Hofreiter ab dem Jahr 1935 außer im Jahr 1952 (s.u.) keine Arbeiten zur Zahlentheorie mehr veröffentlicht hat, das Thema Geometrie der Zahlen und Diophantische Approximation aber sehr wohl von seinen Dissertanten weitergeführt wurde, wobei zweifellos Hofreiters lange Erfahrungen mit dem Thema in die Betreu-

---

[327] In [240], p. 266, steht als Kommentar zu Hofreiters Wahl zum Rektor: „Die vollständige Verflüchtigung jedes Unrechtsbewusstseins die NS-Zeit betreffend mag schließlich das Rektorat des Mathematikers Nikolaus Hofreiter bezeichnen, Parteianwärter 1938, Mitglied 1941, zum außerordentlichen Professor ernannt 1939, Rektor 1965/66." Hier drängt sich der Vergleich mit gefeierten NSDAP-Nichtmitgliedern wie Richard Meister (von K Taschwer im *Standard* v. 2015-03-22, 09:00 übersichtlich dargestellt) und NS-Mitgliedern (NS-Propagandisten und Befürworter der NS-Eugenik) wie die Nobelpreisträger Konrad Lorenz und Karl v. Frisch auf (Taschwer K, Föger B, *Die andere Seite des Spiegels. Konrad Lorenz und der Nationalsozialismus* (Czernin Verlag, Wien 2001), sowie Munz T, *The Dancing Bees, Karl von Frisch and the Discovery of the Honeybee Language,* Chicago/London: The University of Chicago Press 2016). Die bloße NS-Mitgliedschaft, ohne damit zusammenhängende Weiterungen (zB Denunziantentum, Beihilfe zu Verbrechen), gilt bis heute gemeinhin als „Mitläufertum" und macht vorher oder nachher erworbene Verdienste um die Allgemeinheit nicht zunichte. Ein schwerwiegendes politisches Fehlverhalten bleibt sie natürlich trotzdem.

[328] Gekoppelt mit den entsprechenden Prae- und Pro-Funktionen.

[329] Hofreiters Arbeiten (2. bis 6. der untenstehenden Liste) zur Diophantischen Approximation sind in Koksmas Ergebnisbericht von 1936 besprochen. (F. Koksma, Diophantische Approximationen. Springer Verlag, Berlin 1936; Reprint 1978), das Ergebnis über Euklidische Algorithmen wird in van der Waerdens Moderner Algebra erwähnt. Eine umfassende Darstellung des weiteren Schicksals der konvexen Geometrie, insbesondere von deren Verbindungen zur Diophantischen Approximation und zum Linearformensatz von Minkowski gibt Peter Manfred Gruber in [82], pp 421–456.

ung einflossen. Ab 1942 scheinen unter den im Zbl besprochenen Arbeiten nur mehr die fünf Auflagen der Integraltafeln I und II auf. Nach dem Krieg veröffentlichte Hofreiter in nicht-mathematischen Zeitschriften Aufsätze über mathematische Optimierung und den Einsatz von Computersystemen. Daneben wirkte er auch bei der Herausgabe der Zeitschrift „Unternehmensforschung" mit, die von 1956–71 existierte.[330]

Hofreiter fungierte über mehrere Jahre als Redaktionsmitglied, später geschäftsführender Herausgeber der „Monatshefte für Mathematik".

Hofreiter war bei Lehramtsstudenten sehr beliebt, wenngleich wegen seines wohlwollend ironischen, zuweilen herablassend und überpädagogisch (oder sogar schulmeisterhaft) wirkenden Vortragsstils von manchen Studierenden weniger geschätzt. Vielfach wurden bei seinen Vorlesungen Terminologie und Inhalte der modernen Mathematik vermisst.[331]

Zu seinen Verdiensten zählen die Heranbildung einer großen Anzahl von mit soliden Grundkenntnissen ausgestatteten Lehramtskandidaten sowie sein Einsatz für „Praktische Mathematik" und deren moderne Entsprechung mathematische Informatik[332] und sein Wirken in Administration und Hochschulpolitik, namentlich im österreichischen Auslandsstudentendienst, in der Hochschuljubiläumsstiftung der Gemeinde Wien und in der Disziplinaroberkommission im Unterrichtsministerium. Sein Bild für die Rektorengalerie der Universität wurde von Sergius Pauser (*1896-12-28 Wien; †1970-03-16 Klosterneuburg, NÖ) gemalt, dem Schöpfer des von Kanzler Julius Raab abgelehnten Staatsvertragsbilds.

Ehrungen: 1932 Eingeladener Vortrag ICM Zürich, 1936 ICM Oslo; 1963/64 Dekan der phil Fakultät der Universität Wien, 1964/65 Prodekan; 1965/66 Rektor der Universität Wien und Vors. der Rektorenkonferenz, 1966/67 Prorektor; 1965 Ehrenkreuz für Wissenschaft und Kunst I. Klasse; 1966 Rektorserinnerungszeichen der Universität Wien; 1967 Komturkreuz des Gregoriusordens (als Dank für seinen Einsatz für die Behebung der Raumnot der katholisch-theologischen Fakultät während seines Rektorats); 1968 Ehrenring der Stadt Linz, 1969 Ehrenmedaille der Stadt Wien in Gold; 1970 korrespond. Mitglied der ÖAW; 1970 Mitglied der katholischen Akademie (Wien); 1973 Ehrenbrief des Landes OÖ; 1974 Goldenes Ehrenzeichen der Universität Wien, im gleichen Jahr Ehrenmitglied und Ehrenring der ÖMG; 1978 Großes silbernes Ehrenzeichen für Verdienste um die Republik Österreich; 1979 Ehrensenator der Universität Linz; die 1984 beantragte Verleihung des Großen goldenen Ehrenzeichens für Verdienste um die Republik Österreich wurde mangels weiterer Verdienste seit dem silbernen Ehrenzeichen von 1978 von Bundesminister Helmut Zilk (*1927-06-09 Wien; †2008-10-24 Wien) abgelehnt.

---

[330] Unternehmensforschung: Zeitschr. für die Anwendung quantitativer Methoden u. neuer Techniken in d. Wirtschaftsführung u. praktischen Forschung; begründet vom Institut für Statistik an d. Universität Wien; Organ d. Deutschen Gesellschaft für Unternehmensforschung u.d. Österreichischen Fachgruppe für Unternehmensforschung; unter Mitw. d. Schweizerischen Vereinigung für Operations-Research.

[331] So sprach er in seinen Vorlesungen über Lineare Algebra stets von „Vektorgebilden" und nicht von Vektorräumen. In seinen Vorlesungen zu Linearer und Allgemeiner Algebra kamen weder Elemente der Tensoralgebra noch der Kohomologietheorie vor, Vektorräume wurden nur in endlichen Dimensionen behandelt. Das hat ihm einen Ruf als konservativer Mathematiker eingetragen und seine mathematischen Beiträge der Vorkriegszeit verdunkelt.

[332] Im Sommersemester 1961 gab Hofreiter in einem Seminar über „Numerische Verfahrenstechnik für Rechenautomaten" eine Einführung zur Erstellung von Flussdiagrammen, während er in seinem „Mathematischen Praktikum" noch das Rechnen mit mechanischen Rechenmaschinen lehrte. (Erinnerungen von Werner Kuich und anderen damaligen Studierenden.) Lehrveranstaltungen mit dem Titel *Praktische Mathematik* wurden an der Universität Wien bereits in der NS-Zeit angeboten.

MGP nennt 12 (mit)betreute Dissertationen: > Hlawka (1938), > Schmetterer (1941), > Bukovics (1948), Zrunek (1949), Adam (2. Betreuer 1954), Schweiger (2. Betreuer 1964), Imrich (1965), Kuich (2. Betreuer 1965), Gruber (1966), Mitsch (1967), Malle (1968), Kowol (1970). Die Liste des MGP ist sicher unvollständig, desgleichen sind es die aus dem Universitätsarchiv Wien erreichbaren Informationen. In seinem Nachruf gibt > Hlawka 60 approbierte Dissertationen und unzählbar viele Lehramtsprüfungen an. Allein zwischen 1938 und Kriegsende betreute Hofreiter 10 Dissertationen.

Ausgewählte Publikationen. *Diss.*: (1927) *Eine neue Reduktionstheorie für definite quaternäre quadratische Formen (Furtwängler).*   Später unter: Anz.österr. Akad.Wiss. Wien **65** (1928), 67–68, und unter dem Titel: Verallgemeinerung der Sellingschen Reduktionstheorie, MhMPh **40** (1933), 393–406.

1. Über Gitter und quadratische Formen. Verhandlungen Kongreß Zürich 1932, **2** (1932), 25-26.
2. Über Extremformen. MhMPh **40** (1933), 129–152
3. Zur Geometrie der Zahlen, MhMPh **40** (1933), 181-192
4. Über einen Approximationssatz von Minkowski, MhMPh **40** (1933), 351-392; Berichtigung dazu: MhMPh **42** (1935), 210 [nach dem Einspruch von Robert Remak], (Habilitationsschrift)
5. Quadratische Zahlkörper ohne euklidischen Algorithmus, Math.Ann. **110** (1934), 195–196
6. Über die Approximation von komplexen Zahlen. Mh. Math. Phys. **42** (1935), 401–416
7. Über die Approximation von komplexen Zahlen durch Zahlen des Körpers $K(i)$. Mh. Math. **56** (1952), 61–74.

Zbl/JFM verzeichnen (bereinigt) zwei Bücher (die Integraltafeln I+II, erschienen in 5 Auflagen) und 26 andere mathematische Publikationen. Für die Zeit nach 1952 registrierte Zbl nur die Neuauflagen der Integraltafeln. Im Schriftenverzeichnis von Hlawkas *Nachruf auf Nikolaus Hofreiter* werden den oben erwähnten Publikationen der Nachdruck der Inaugurationsrede von 1965 (Universität Wien), ein Aufsatz über *Programmgesteuerte Rechenanlagen* (Wr Internat. Hochschulkurse, ibf 1967, zwei Aufsätze zur *Unternehmungsforschung* (Arbeitstagung 1969, Öst. Bundesverlag f. Unterricht, Wissenschaft und Kunst 1971), ein philosophischer Aufsatz über *Mensch und Computer* (Wissenschaft u. Weltbild 1971), sowie der Nachruf Hofreiters auf Anton > Huber (Alm. ÖAW *126*(1976), 504–509) aufgeführt.

Quellen. (Linzer) Tagespost 1901-07-31 p4, 1901-09-06 p5; Linzer Volksbl. 1901-10-09 p7, 1937-06-04 p8; Einhorn [67] I, 315-322; UWA Personalblatt Hofreiter, Phil.Rig.Prot. PN 9594; E. Cermak [45] p 126f; Schmetterer, L., ÖHZ 1969-07-01, p 5; Hofreiter Rückblick IMN **123**(1979), 78–84; Mh.Math. **116** (1993), 263–273 = Alman. ÖAW **140** (1989/90), p 327ff; [240], p 110ff

Lit.: Gruber P M, Lekkerkerker C G (1987), Geometry of numbers, 2nd ed., North-Holland, Amsterdam; Grünbaum B, Shephard, G C (1980), Tilings with congruent tiles, Bull. Amer. Math. Soc. (N.S.) **3** (1980) 951-973; Zong Chuan-Ming (2009) Geometry of Numbers in Vienna. Math Intelligencer **31**, 25–31 (2009). https://doi.org/10.1007/s00283-009-9042-1.

Fritz Hohenberg

*1907-01-04 Graz;   †1987-12-16 Graz (r.k.)

Sohn des Kaufmanns für Uniformen und Modeartikel Ferdinand Hohenberg (*1877; †1933-12 Innsbruck) und dessen Frau Louise Hohenberg; einer von fünf Brüdern. Hohenberg ⚭ 1940-03-27 Dr jur Elisabeth (*1914-02-03 Brunn a Geb., NÖ), geb. Töpfl; Söhne: (1) Dr jur Reinhard, em. Rechtsanwalt und Aufsichtsratsmitglied/Teilhaber in einem Netzwerk von Immobilienfirmen in Graz, darunter *Wegraz* und die Immobilien-Rechtsberatung *Hohenberg-Strauss-Buchbauer*; (2) Haubold, Rechtsanwalt (?); (3) Dr tech Günter (*1943-11-24 Innsbruck), emer. Prof f. Verbrennungskraftmaschinen, TU Darmstadt/TU Graz, Firmengründer IVD G.m.b.H.

Zeichnung: W.R. nach einem Foto in TUWA Personenstandesblatt 1946-04-27

NS-Zeit. Nach eigenem Bericht war Hohenberg auf wiederholtes Drängen des Direktors seiner Mittelschule[333] in Eisenstadt 1939 dem NSKK beigetreten, gleichzeitig Pg-Anwärter; später, noch während der NS-Zeit, von der Originalliste gelöscht worden. Im Krieg wurde er zum Wehrdienst eingezogen, aber immer wieder freigestellt. 1943/44 arbeitete er für die Luftfahrtforschung in Peenemünde.

Hohenberg besuchte 1912–1917 die Volkschule, erst in Graz, nach einer Versetzung seines Vaters in Trient und nach dem Kriegseintritt Italiens in Innsbruck; anschließend besuchte er die ersten vier Klassen der Staatsoberrealschule in Innsbruck. Sein Vater kehrte aus dem Ersten Weltkrieg schwer krank zurück, die siebenköpfige Familie hatte den größten Teil ihres Vermögens verloren und in der Folge mit großen finanziellen Schwierigkeiten zu kämpfen.

Hohenberg strebte von Anfang an ein Studium an, konnte aber wegen der knappen finanziellen Mittel seiner Familie dieses Ziel nur über eine vorherige Berufstätigkeit erreichen. So trat er 1921 in die Technische Bundeslehranstalt Innsbruck, Abteilung Hochbau, ein, schloss diese 1925-06 mit Auszeichnung ab und arbeitete danach bis 1930 im Hochbau. Im Wege der Erwachsenenbildung legte er 1927 an der Staatsoberrealschule in Innsbruck die Externistenmatura ab und absolvierte 1927/28 den Ergänzungskurs für Realschulabsolventen (Latein, philosophische Propädeutik), um die Studienberechtigung an philosophischen Fakultäten zu erlangen. Danach begann er neben seiner Berufstätigkeit das Studium der Mathematik an der Universität Innsbruck. 1930 übersiedelte er nach Wien und studierte, nunmehr als nicht-berufstätiger Vollstudent, Mathematik und, mit etwas weniger Begeisterung, Physik (und das obligatorische Rigorosenfach Philosophie) an der Universität Wien, außerdem Darstellende Geometrie an der TH. Als wichtigste Lehrer bezeichnete

---

[333] Ähnlich wie Josef Laub.

er später[334] ˃ Hahn, ˃ Wirtinger und ˃ Furtwängler an der Universität sowie die Ordinarien ˃ Kruppa und ˃ Eckhart an der TH Wien. 1933-06-30 promovierte er an der Universität Wien mit ˃ Hahn und ˃ Furtwängler als Gutachter;[335] 1934-11-09 legte er die Lehramtsprüfung in Mathematik und Darstellende Geometrie ab. Im Schuljahr 1934/35 absolvierte er sein Probejahr als Erzieher und Lehrer an der Bundeserziehungsanstalt Traiskirchen, danach wurde er als ordentlicher Hilfslehrer am Realgymnasium und Bundeskonvikt Eisenstadt angestellt und unterrichtete dort von 1935/36 bis 1938/39.[336]

Neben seinen Lehraufgaben verfasste Hohenberg in diesen vier Jahren drei geometrische Arbeiten, die seinen Lehrer ˃ Kruppa so beeindruckten, dass er ihm eine freigewordene Assistentenstelle an seiner Lehrkanzel anbot. Damit begann ab 1939-07-01 Hohenbergs akademische Karriere als wissenschaftlicher Assistent, zunächst unter Beurlaubung vom Schuldienst in Eisenstadt. Auf Drängen seines Mittelschuldirektors in Eisenstadt trat er 1939-02-11 als „Sturmmann" dem NSKK-Sturm in der TH Wien bei, wurde damit Pg-Anwärter der Ortsgruppe Eisenstadt, für die er bis Mitte 1941 Beiträge entrichtete, jedoch keine Mitgliedskarte erhielt.[337] In den Sommerferien 1939 wurde er jedenfalls vom 12. bis 22. Juli in das Schulungslager des NS-Lehrerbunds einberufen.[338]

Von 1940-03-27 bis 1940-10-10 war Hohenberg im Militärdienst, wurde dann uk gestellt, 1942-02-16 neuerlich einberufen und bei der Luftwaffe zunächst im Wetterdienst, danach bis Kriegsende als Mathematiker in Peenemünde eingesetzt und ging dann in Gefangenschaft.

1943-01-25 wurde er zum Studienrat ernannt, was wegen §5 der Reichsassistentenordnung[339] zur Entlassung aus dem Dienstverhältnis als wissenschaftlicher Assistent führte. Seine letzte „reichsdeutsche" Ernennung erfolgte 1943-08-14 (R Zl 649.1943).

Während des Krieges war Hohenberg „dreimal bombengeschädigt" und lebte ab 1944 wegen einer Einquartierung von Bombengeschädigten von seiner Familie getrennt.

1944 habilitierte er sich an der TH Wien (Dr habil), die Lehrbefugnis (Venia legendi) wurde ihm aber wegen Kriegsgefangenschaft und Entnazifizierung erst 1946 verliehen. Hohenberg kam 1945-10 aus der Kriegsgefangenenschaft zurück und hatte sich wegen seiner NS-

---

[334] AT TUW PA Hohenberg, Lebenslauf

[335] Hohenberg verfasste seine Dissertation sehr eigenständig, angeregt durch eine Vorlesung von ˃ Kruppa; sie fiel eigentlich nicht in die Forschungsgebiete von Hahn und Furtwängler sondern gehörte zur synthetischen Geometrie. Für die Beurteilung der Dissertation war ein Gutachten von ˃ Eckhart maßgebend; vgl. zB Stachel [328]. Stachel erwähnt auch die erheblichen Verzögerungen, die sich der Abhaltung der Rigorosen entgegenstellten. Anstoß waren die von NS-Studenten provozierten Krawalle (einschließlich der Erstürmung des Anatomischen Instituts), die im SS 1933 zur zeitweisen Schließung und polizeilichen Sperre der Universitätsräumlichkeiten führten. Die Schließung und die Aussetzung der Prüfungen wurden vom damaligen Rektor Othenio Abel verfügt.

[336] Sein letzter Dienstvertrag datiert 1937-09-16 Zl 20053-II/8 Bgld Hauptmannschaft, Leiter des Landesschulrats: Hofrat Adolf Schwarz.

[337] Angaben nach Hohenbergs eigenhändig unterschriebenem Personenstandesblatt von 1946-04-27; s. auch seinen Lebenslauf (TUWA).

[338] Mitteilungen des Gauamts für Erzieher, Verordnungsblatt für den Dienstbereich des Landesschulrats Niederdonau, 1939-06-15, Stück XII, p 104ff.

[339] Verordnung des Reichsministeriums für Wissenschaft, Erziehung und Volksbildung vom 1. Januar 1940, p 68–71

Mitgliedschaften vor einer Sonderkommission zu verantworten. Seine Argumentationslinie verlief so:[340]

> *Ich hatte mich am 11.2.39 unter nachgewiesenem starkem Druok des damaligen Kreisleiters in Eisenstadt als Parteianwärter gemeldet und war dem NSKK beigetreten. Der Tag dieser beiden Beitritte fällt, in jene Zeit, da alle Großmächte die von Hitler geschaffene Lage anerkannt hatten und Hitler vor der Welt feierlich auf weitere Eroberungen verzichtet hatte, aber noch vor den Zeitpunkt, da Hitler durch die Errichtung des Protektorats dieses Versprechen brach. Ich leistete nur wenige Monate regelmäßige Beitragszahlungen, mußte aber Mitte 1941 die Beiträge für zwei Jahre nachzahlen. Nach diesem Zeitpunkt [1941-07-31] habe ich keine Beitragszahlungen mehr entrichtet. Ein formeller Austritt wäre nach einer bekannten Verordnung mit dem Verlust jeder Staatsstellung verbunden gewesen. Über meine politische Haltung haben jedoch namhafte Persönlichkeiten Zeugnis abgelegt und ich wurde am 12.12.45 von der Sonderkommission positiv beurteilt.*

Hohenbergs Erklärung vor der Sonderkommission unterscheidet sich von der ˃ Mayrhofers (vgl. p 337ff) in wichtigen Punkten:

• Hohenberg trat erst (ca) ein Jahr nach dem „Anschluss" NS-Organisationen bei. Insbesondere gehörte er also nicht zur Kategorie der illegalen NSDAP-Mitglieder.

• Er konnte offenbar glaubhaft machen, dass er das unter Druck seines Schuldirektors in Eisenstadt getan hatte.

• Nach 1941 leistete er keine Beitragszahlungen mehr, er erhielt keine NSDAP-Mitgliedskarte.

Hohenberg wurde zu Beginn des WS 1945/46 seines Postens formal enthoben, aber angewiesen, seinen Dienst weiterhin zu versehen, da eine positive Beurteilung durch die Sonderkommission zu erwarten war. Allerdings war sein Dienstvertrag 1945-06-30 abgelaufen und so hatte er noch längere Zeit nach seiner Rückkchr kcin Diensteinkommen.

Die Situation besserte sich 1947 zum Guten, als er einen Ruf an die Technische Hochschule Graz erhielt, deren Lehrkanzel für Darstellende Geometrie er von da an bis zu seiner, wegen Krankheit vorzeitigen, Emeritierung 1971 leitete. Er war mehrmals Dekan/Prodekan seiner Fakultät und im Studienjahr 1958/59 Rektor. Neben seiner Tätigkeit als Ordinarius der TH Graz war er Honorarprofessor an der Universität Graz. Er starb 1987, drei Wochen vor seinem 81. Geburtstag, an Komplikationen nach einer Hüftgelenkoperation.

Hohenberg verfasste ein *Lehrbuch der konstruktiven Geometrie*, das wegen seiner Praxisnähe vor allem an Technischen Universitäten und Lehranstalten lange Zeit, bis zur allgemeinen Verfügbarkeit des CAD-gestützten Zeichnens, sehr geschätzt wurde. Seine Beiträge zur Praxis und zur Didaktik der Darstellenden Geometrie nehmen etwa die Hälfte seiner Schriften ein, die anderen befassen sich mit klassischen Themen, wie dem Apollonischen Kugelproblem, der kinematischen Geometrie, Abbildungsprinzpien für Büschel von Kegelschnitten und anderen geometrischen Figuren.

1 Dissertant, Helmuth Stachel (Universität Graz 1968)

---

[340] Lebenslauf aus AT TUWA/Personalakt Fritz Hohenberg

Ehrungen: 1972 Österr. Ehrenkreuz für Wissenschaft und Kunst I. Klasse; 1974 Pro-meritis-Medaille der Universität Graz; 1976 korr. Mitglied ÖAW; 1977 Goldenes Ehrenzeichen der TU Graz; 1977 ausw. Mitglied d. königl-Norwegischen Wiss. Gesellsch., 1977 Ehrenmitgl. ÖMG; 1979 korr. Mitgl. der Jugosl. Akademie der Wiss. und Künste; Ehrenmitglied der Japan Society for Graphic Science.

Ausgewählte Publikationen. *Diss.*: (1933) *Kreise und bizirkulare Kurven 4ter Ordnung in der nichteuklidschen Geometrie (Hahn, Furtwängler).*

Zwischen 1938 und 1945 erschienenen die Publikationen:

1. Aufgabe 238. (Gestellt in JB d. DMV, **47** (1937), 1 kursiv.) Lösung von R. Müller, U. Graf. JBer. Deutsche Math.-Verein. **48** (1938), 52–53.
2. Annäherung von Kurvenbögen durch Kreisbögen. S.-B. Akad. Wiss. Wien, math.-naturw. Kl., IIa **149** (1940), 145-156.
3. Apolarität und Schließungsproblem bei Kegelschnitten. Mh. Math. Physik **50** (1941), 111-124.
4. Über die Hyperflächen zweiten Grades mit einem gemeinsamen Polsimplex. S.-B. Akad. Wiss. Wien, math.-naturw. Kl., IIa **150** (1941), 89-108.
5. Über die Kegelschnitte mit gemeinsamen Hauptachsen. Deutsche Math. **6** (1942), 530–537.
6. Das Apollonische Problem im $\mathbb{R}^n$. Deutsche Math. **7** (1942), 78–81.
7. Eineindeutige involutorische Kegelschnittverwandtschaften, die sich mit Hilfe eines festen Kegelschnitts definieren lassen. Sitzungsber. Akad. Wiss. Wien, Math.-Naturw. Kl., Abt. IIa **152** (1944), 15-101. (Habilitationsschrift)

Nach dem Krieg erschienen neben vielen weiteren Einzelarbeiten Hohenbergs Lehrbuch:

8. Konstruktive Geometrie für Techniker. Wien 1956
9. Konstruktive Geometrie in der Technik. 2., neubearb. u. erw. Aufl. Wien 1961; 3., ergänzte Aufl. Springer, Berlin-Heidelberg-New York 1967 [jap. Übersetzung 1968, von Shozo Masuda; span Übersetzung 1965, serbokroat. Übersetzung],

Das von H. Vogler zusammengestellte, nicht ganz vollständige Schriftenverzeichnis (IMN **151** (1969-08), 1–4) umfasst 92 Einträge, Zbl/JFM melden bereinigt 82 (Voglers Schriftenverzeichnis ist allerdings unter *Franz Hohenberg* eingetragen). Zwei Publikationen erschienen in *Deutsche Mathematik*.

Quellen. Vorarlbg Landes-Ztg 1923-05-22 p4; Grazer Tagbl. 1929-03-11 p5; Innsbrucker Nachrichten/Allg. Tiroler Anz. 1934-01-02 p 10/6; AT TUWA Personalakt Fritz Hohenberg; Archiv Univie PH RA 11671 Hohenberg, Friedrich, 1933.02.11-1933.03.08 (Akt); Aigner [2, p 55f]; Stachel [328]; Stanko Bilinski, Nekrolog Fritz Hohenberg, Digitalna zbirka Hrvatske akademije znanosti i umjetnosti, online unter (https://dizbi.hazu.hr/a/?pr=i&id=31261, Zugriff 2023-02-20).

Lit.: Vogler, IMN **133** (1983), 71–76; **147** (1988-04), 3–4.

Ludwig Johann Holzer

*1891-06-10 Vorau, Stmk;   †1968-04-24 Wien, begraben in Vorau

Sohn von Josef Holzer (*1854), Obermittelschulprofessor in Mährisch-Trübau, und dessen Ehefrau Aloisia (*1856; †1930-04 Vorau), geb. Sgardelli, Grundschullehrerin;

Ludwig Holzer ∞ Stefanie, geb. Winkler (keine Kinder).

Zeichnung: W.R. nach einem Foto (vor 1953) aus dem Universitätsarchiv Rostock

NS-Zeit. Holzer galt 1945 bei der sowjetischen Militärregierung als Sympathisant der kommunistischen Bewegung und konnte daher als ao Professor kurzzeitig von 1945-05-12 bis 1945-05-23 kommissarischer Leiter der TH Graz sein. Wie sich bei Durchsicht seines Gauakts aber herausstellte, wurde er anlässlich seines Habilitationsverfahrens von Dozentenbundführer Marchet nicht nur als NS-nahe sondern auch als Pg während der Verbotszeit bezeichnet. 1948 wurde er daher seiner Professur enthoben, verlor aber, etwas überraschend, nicht seine Venia. Er nahm 1950 einen Ruf an die Universität Rostock in der im Jahr vorher gegründeten DDR an.

In einem eigenhändig verfassten Lebenslauf[341] beschrieb Ludwig Holzer seinen Vater Josef als „altösterreichischen Beamten", der mehrere Mittelschulen als Lehrer durchwandert hatte. Die folgenden Stationen sind durch Zeitungsberichte belegt: 1873-11-29 Unterlehrer in St Andrä/Stmk, später Staatsgymnasium in Triest, 1888-08-02 k.k. Prof. Staatsgymnasium in Mährisch Trübau; 1895 k.k. Prof. Staatsgymnasium in Marburg a/d Drau;[342] 1903-07-04 Gymnasialprof. am 1. Staatsgymnasium in Graz; 1910-09-11 Erreichung der 6. Rangklasse (der höchsten für Lehrer), Gymnasialdirektor in Pola, Istrien;[343] 1911-01-26 Versetzung in den dauernden Ruhestand als k.k. Gymnasialdirektor in Pola; 1913 (im Ruhestand) prov., 1914 wirkl. Direktor der staatl. subventionierten Hausfrauenschule in Graz.[344]

Ludwig Holzer maturierte 1910 in Pola und begann darauf an der TH Graz mit dem Studium von Mathematik und Physik, 1915 legte er die Lehramtsprüfung für Mathematik und Physik ab. Während des Ersten Weltkriegs war er 1915–18 Soldat, zuletzt Fähnrich beim

---

[341] Datiert 1935-05-21 (Einhorn I [67] p 277)

[342] Heute Maribor, Slov.

[343] Heute Pula, Kroatien.

[344] Grazer Zeitung 1873-11-29 p2; Wiener Zeitung 1888-08-02 p2, 1893-07-19 p12 1895-07-17 p1; Marburger Zeitung 1903-07-04 p3; Neues Wr. Tagbl. 1910-09-11 p31; Das Vaterland 1911-01-26 p14; Grazer Volksbl. 1914-08-20 p8; Grazer Mittags-Ztg 1916-02-21 p2.

Landsturm an der Ostfront in Kurland[345]. 1917 promovierte er sub auspiciis Imperatoris[346] zum Dr phil an der TH Graz bei Robert Daublebsky von Sterneck. 1920–25 war er Assistent an der DTH Brünn, davon 1921–24 bei Lothar ˃ Schrutka. Da er mit seiner 1924-12 in Brünn eingereichten Habilitation nicht erfolgreich war, übersiedelte er an die Universität Graz und wirkte dort 1925–28 als wissenschaftliche Hilfskraft, 1928–1935 als Assistent. 1929 habilitierte er sich, diese Habilitation wurde 1931 auch an die TH Graz übertragen. Im Studienjahr 1931/32 hielt er an der TH Graz eine Vorlesung über Integralgleichungen.

1935 übersiedelte Holzer als Assistent an die Universität Wien; seine Venia als Privatdozent ließ er gleichzeitig an die Universität und an die TH Wien übertragen. Der „Anschluss" brachte Holzer weitere Karrierefortschritte. 1938 folgte er dem vom NS-Regime aus allen akademischen Positionen entlassenen ˃ Duschek kurzzeitig als Leiter der Lehrkanzel für Wahrscheinlichkeitstheorie nach, bis diese 1941 mit der II. Lehrkanzel für Mathematik an der TH zusammengelegt wurde.

Mit Datum 1941-06-01 wurde er zum planmäßigen ao Professor ernannt; eine Doppelprofessur an der DU und an der DTH Prag war für ihn geplant, kam aber dann doch nicht zustande. Stattdessen betraute man ihn 1941-12-01 in Graz mit der kommissarischen Leitung des Lehrstuhls mit dem Titel *Mathematik für Maschinen- und Elektro-Ingenieure*, die nach dem Ableben des vorherigen Inhabers Karl ˃ Mayr 1940 an der TH Graz freigeworden war. Auf diesem Lehrstuhl hatte er auch das ihm eigentlich fernstehende Fach Geometrie zu vertreten. 1942-05 wurde die kommissarische in eine planmäßige Leitungsfunktion (gleichzeitig ao Professur) umgewandelt.[347]

1945 wurde Holzer von den (bis 1945-07 in Graz amtierenden) sowjetischen Besatzungsbehörden für politisch tragbar eingestuft und zwischen dem 12. und dem 24. Mai, unter dem Titel „stellvertretender Rektor" als provisorischer Leiter der TH Graz akzeptiert. Es wurden ihm — von ihm selber bestätigt — Sympathien für den Kommunismus nachgesagt, seitens seiner Gegner aber auch markant NS-ideologische Äußerungen, so trat er bald wieder von dieser Leitungsposition zurück.[348]

1948 wurde Holzer unter dem damaligen Unterrichtsminister Felix Hurdes seine ao Professur aberkannt, da er von Dozentenbundführer Marchet in den Gauakten als illegales Parteimitglied geführt worden war. Offenbar hatte er sich aber keiner wesentlichen Vergehen schuldig gemacht (oder er hatte einflussreiche Befürworter). Seine akademische Stellung wurde auf die eines Assistenten zurückgestuft, hingegen erhielt er 1948-08-26

---

[345] Nach seinem eigenhändig verfassten Lebenslauf, den er seinem Ansuchen um Habilitation beilegte. Einhorn [67] p277, Aigner [2] p42f

[346] Die sub auspiciis Promotion wurde bereits 1916-10-09 genehmigt. Dann starb allerdings Kaiser Franz Josef I. Die Promotion fand daher erst 1917-03-16 unter den Auspizien seines Nachfolgers Kaiser Karl statt, Holzer erhielt dafür drei Wochen Urlaub von der Front in Kurland.

[347] Neues Wiener Tagblatt 1942-05-15, p4; Holzer hielt 1942-12-14 seine Antrittsvorlesung über das Thema *Mathematik und technische Praxis*. (Völkischer Beobachter 1942-05-04, p 4.)

[348] Sein provisorischer Nachfolger wurde zunächst noch der Prof. für Mineralogie u. techn. Geologie, Bartel Granigg (* 25.6.1883-06-25 Hüttenberg, Ktn; †1951-01-18 Wien), der 1945-12 als Rektor zurücktrat (Grazer Volkszeitung 1945-05-31 p3, 1945-12-20 p5; Österreichische Zeitung 1945-07-05 p4), diesen löste Ende 1945 Bernhard ˃ Baule ab.

seine Lehrbefugnis an der TH Graz wieder, 1950-10-13 die der Universität Graz.[349] 1952 verließ er Österreich, übersiedelte in die DDR und trat 1952-09-01 eine Professur an der Universität Rostock an.

Dort war er in den Jahren 1952–55 Professor mit vollem Lehrauftrag für Mathematik, 1952–1955 Professor mit Lehrstuhl für Mathematik, 1953–59 Leiter der Fachrichtung Mathematik, 1953–60 Institutsdirektor und 1953/54 Dekan. Nach seiner 1960 erfolgten Emeritierung hielt er noch bis 1964/65 beauftragte Lehrveranstaltungen ab.

Rostock bot damals durchaus interessante wissenschaftliche Kontakte. So wirkte dort am gleichen Institut 1950–67 der bekannte Algebraiker Rudolf Kochendörffer,[350] in den 60er Jahren kamen die ungarischen Mathematiker István Fenyö (1917-1988) und Géza Freud (1922-1979) sowie der gebürtige Österreicher und Emigrant Gustav ˃ Kürti als Gastprofessoren nach Rostock.[351]

Im Jahre 1954 habilitierte sich Maria-Viktoria Hasse[352] bei Holzer und Kochendörfer; das war die erste Habilitation einer Mathematikerin in Deutschland nach dem Krieg.

Im Jahr 1965 kehrte Holzer nach Österreich zurück, ließ sich zunächst in Wien nieder, verlegte aber schließlich seinen Wohnsitz in seinen Geburtsort, der Marktgemeinde Vorau im Bezirk Fürstenfeld, Steiermark. Er starb 1968 in Wien.

Ludwig Holzer war begeisterter Zahlentheoretiker[353] und Algebraiker, aber auch versiert in der Theorie der Fredholmschen Integralgleichungen und in der theoretischen Mechanik. Als für ihn wichtigsten akademischen Lehrer bezeichnete er Tonio ˃ Rella. Für seine Forschungstätigkeit ist kein ideologischer Einfluss erkennbar, an der Rüstungsforschung dürfte er nicht beteiligt gewesen sein. Zu seinen Mathematikerkollegen hatte er gute Beziehungen, insbesondere war er eng mit Alexander ˃ Aigner befreundet.

Größere Teile seines Nachlasses befinden sich im Archiv der Universität Rostock, Teile seines Briefwechsels mit Helmut Hasse und Martin Kneser in der Universitätsbibliothek Göttingen.

Holzer war in seiner Studentenzeit eifriger Schachspieler und Bibliothekar der Grazer Schachgesellschaft.

MGP verzeichnet als einzige von Holzer betreute Dissertation die von Lothar Berg (Rostock), der seinerseits wiederum 185 Dissertationen betreute. Lothar Berg (*1930-07-28 Stettin; †2015-07-27 Rostock) war 1959–65 Professor in Halle, 1965–96 an der Universität Rostock; danach emeritierte er. (Diss. (1955): Allgemeine Kriterien zur Maßbestimmung linearer Punktmengen.)

Ehrungen: 1917 Promotion „sub auspiciis imperatoris"

---

[349] Einhorn [67] p 281.

[350] (Paul Joachim) Rudolf Kochendörffer (*1911-11-21 Berlin-Pankow; †1980-08-23 Dortmund) war 1950 an die Universität Rostock übersiedelt, kehrte aber 1967 nach einem Auslandsaufenthalt nicht mehr in die DDR zurück. Er ist vor allem durch seine Lehrbücher zur Algebra bekannt geworden.

[351] Rostock war bekanntlich 1911–21 die Wirkungsstätte von Moritz Schlick, der es auch durchsetzte, dass Einstein die Würde eines Ehrendoktors der Uni Rostock zuerkannt wurde. Allerdings in Medizin.

[352] Maria-Viktoria Hasse (*1921-05-30 Rostock-Warnemünde; †2014-01-10 Dresden) wurde bereits im Abschnitt *Mathematik für den Krieg* als Leiterin einer Gruppe für flugtechnische Rechenarbeiten erwähnt. Wohl unter dem Einfluss von Holzer befasste auch sie sich mit Geometrie und war in Dresden bis 1957 kommissarische Leiterin des Instituts für Geometrie.

[353] Nach einem Diktum von ˃ Hlawka „kannte er jede Primzahl persönlich" (Einhorn I [67], p. 281.)

Ausgewählte Publikationen. *Diss.*: (1915) *Über einige ternäre kubisch homogene diophantische Gleichungen, für die der Unmöglichkeitsbeweis mit Hilfe der quadratischen Zahlkörper $K(\sqrt{-1}$, $K(\sqrt{3})$, $K(\sqrt{-3})$ geführt werden kann (Robert Daublebsky von Sterneck).* [S. auch Monatsh. f. Math. u. Phys. **26** (1915), 289-294.]

1. Eine Bemerkung über die Thermodynamik bewegter Systeme, Physikal.Z. 15, 1914, 642
2. Über die Gleichung $x^3 + y^3 = C z^3$ J. f. M. **159** (1928), 93-100 [Habil.schrift in Graz und Wien.]
3. Takagische Klassenkörpertheorie, Hassesche Reziprozitätsformel und Fermatsche Vermutung. J. Reine Angew. Math. **173** (1935), 114–124
4. Minimal solutions of Diophantine equations. Canad. J.Math. 2 (1950), 238–244
5. Übersetzung: D'Ancona U, Der Kampf ums Dasein: eine biologisch-mathematische Darstellung der Lebensgemeinschaften und biologischen Gleichgewichte. Berlin 1939. [D'Ancona war der Schwiegersohn von Volterra]
6. Mathematik von der Mittelschule zur Hochschule. Leykam Verlag Graz–Wien 1949. [Ein Brückenkurs]
7. Minimal solutions of diophantine equations. Can. J. Math. 2, 238-244 (1950).
8. Zur Klassenzahl in reinen Zahlkörpern von ungeradem Primzahlgrade. Acta Math., København **83** (1950), 327-348.
9. Heinrich Friedrich Ludwig Matthiessen als Mathematiker. Ein Beitrag zur Geschichte der Universität Rostock. In: Müller, F (Hrsg.) (1955), Tradition und neue Wirklichkeit der Universität. Festschrift für Professor Dr.jur.Dr.phil.h.c. Erich Schlesinger zu seinem 75. Geburtstage.
10. Zahlentheorie. Teil I, Leipzig 1958. Teil II, 1959. Teil III, 1965.
11. Klassenkörpertheorie. Leipzig 1966.

Zbl verzeichnet 29 math Publikationen, davon 5 Bücher; Einhorn [67] gibt 35 Publikationen an. Zwei Arbeiten Holzers (ohne NS-Bezug) erschienen in *Deutsche Mathematik.*

Quellen. Personalakte Ludwig Holzer, UniArch Rostock; Einhorn, R (1985) Ludwig Holzer. In: Rostocker Mathematisches Kolloquium 27 (1985), 23–30; Deutsches Biographisches Archiv (DBA) II 612, 249–253; Catalogus Professorum Rostochiensium. (online: http://purl.uni-rostock.de/cpr/00001332, abgerufen 2018-11-22)

Hans Hornich

(Johann Maria)

*1906-08-28 Wien;   †1979-08-20 Wien

Sohn des klassischen Philologen und Direktors (1905-1918) des Wiener „Pädagogiums", Hofrat Dr Rudolf Hornich (*1862-03-03 Laa a/d Thaya, †1938-12-23 Wien) und seiner Frau Anna, geb. Pracher (*1865-11-22); Geschwister: Friederike (*1892), Heinrich (*1898), Anna (*1902).

Hornich ∞ 1936 Dr Michaela, geb. Rabenlechner, Tochter eines Professors und Bibliographen; Sohn Dr med Richard Hornich, Internist, Medizinalrat und Oberarzt.

Foto: ÖNB, (online https://data.onb.ac.at/nlv_lex/perslex/H/Hornich_Hans.htm, Zugriff 2023-03-09)

NS-Zeit. Hornichs wissenschaftliche Karriere ging in der NS-Zeit nur stockend weiter, wohl wegen seines katholischen Engagements. Immerhin hatte er die Unterstützung beider Institutsvorstände. Nach Kriegsende wurde er nicht sofort als minder belastet eingestuft obwohl er zwar der NSDAP, aber nach eigener Aussage auch der Widerstandsgruppe Dr. Lerch angehört hatte.

Hornich wuchs in einer engagiert katholischen Familie auf, beide Eltern waren in katholischen Laienorganisationen tätig. Sein Vater Rudolf war ein international geschätzter katholischer Pädagoge; nach der Übergabe der Lehrerfortbildungsstätte „Pädagogium" von Wien an das Land Niederösterreich 1905 war er deren Leiter. 1919, nach dem Ende der Donaumonarchie und der Erhebung Wiens zu eienem eigenen Bundesland unter Bürgermeister Jakob Reumann, wurde das Pädagogium in die Verwaltung der Stadt Wien übertragen und Rudolf Hornich als Hofrat mit 56 Jahren pensioniert.

1917 trat Hans Hornich in das Akademische Gymnasium in Wien ein, 1925 maturierte er dort. Danach folgte das Studium der Mathematik an der Universität Wien (u.a. bei ⁎ Wirtinger und ⁎ Menger), 1929 die Promotion bei Menger, 1931 die Lehramtsprüfung aus Mathematik und Physik bei ⁎ Wirtinger und Ehrenhaft, daneben die Staatsprüfung für das Versicherungswesen, und 1933 die Habilitation. In den Jahren 1929–1936 arbeitete er am Mathematischen Institut der Universität, beginnend als unbesoldete studentische wissenschaftliche Hilfskraft, später auf einer kleinen Stelle als Bibliothekar, letztere musste jedes Jahr von Neuem beim Ministerium beantragt werden. Erst 1936, drei Jahre nach seiner Habilitation, wurde durch die Berufung ⁎ Mayrhofers dessen Assistentenstelle frei und Hornich konnte zum definitiv gestellten Assistenten aufsteigen.

Seine Präsenz am Institut nutzte Hornich zur wissenschaftlichen Weiterbildung, er besuchte die ihn interessierenden mathematischen Seminare und Vorlesungen. Neben den Treffen im ⁎ Menger-Kolloquium waren das vor allem ⁎ Wirtingers Vorlesungen, die ihn zur Beschäftigung mit Randwertaufgaben in der Potentialthorie und mit Funktionentheorie anregten und ihn in sein späteres Hauptforschungsgebiet einführten. Wirtingers Vorlesung *Über algebraische Funktionen und ihre Integrale* im Studienjahr 1930/31 regte Hornich dazu an, sich mit der vermischten Randwertaufgabe der ebenen Potentialtheorie zu beschäftigen.

Nach dem „Anschluss" lief Hornich wegen seiner katholisch geprägten politischen Einstellung Gefahr, seine akademische Position und seine venia legendi zu verlieren. Er war bis 1938 Mitglied mehrerer katholischer Studentenverbindungen gewesen, seine drei Geschwister wurden wegen ihrer aktiven Mitgliedschaft in katholischen Vereinigungen nach dem Einmarsch entlassen oder zwangspensioniert. Zu Entlassung oder Verlust der Venia kam es dann doch nicht, wohl aber zu einer sehr spürbaren Behinderung seiner Karriere.

Im Zuge seines Entnazifizierungsverfahrens wurde eine Karteikarte angelegt oder vorgefunden,[354] nach der er ab 1939 NSDAP-Mitglied gewesen war. Hornich bestritt eine solche Mitgliedschaft und tatsächlich wurde diese Notiz in „tragbar" umgewandelt. 1945-07-09 machte Hornich in einer Stellungnahme an das Staatsamt für Inneres geltend, er habe in der NS-Zeit Zurücksetzungen wegen seiner Weltanschauung hinnehmen müssen. Seine Mitgliedschaft in katholischen Verbindungen sei von den zuständigen NS-Kontrolloren mit Argwohn aufgenommen und er selbst als „politisch unzuverlässig" eingestuft worden. Das habe seine wissenschaftliche Karriere nachhaltig aufgehalten und seine Ernennung zum apl Professor vorerst verhindert. Grund sei ein „negatives Gutachten eines Parteigerichts" gewesen.

Hornich gab auch an, im Widerstand Mitglied der *„Geheimgruppe Dr. Lerch"* gewesen zu sein, er wäre aber nicht mit dieser zusammen aufgeflogen.[355] Hornichs Zusammenarbeit

---

[354] UAW PA Hornich (ohne Nr).

[355] Zur Geheimgruppe Dr. Lerch verweisen wir auf die kurze Charakterisierung im Abschnitt 1.6 auf Seite 47.

mit der Geheimgruppe Dr Lerch ist durch Berichte und Selbstdarstellungen dieser Gruppe in den Akten des DÖW belegt. Bei Kriegsbeginn 1939 wurde Hornich wegen seines schlechten Gesundheitszustands nicht zum Kriegsdienst eingezogen, umso aktiver war er während des Krieges in der Lehre tätig.

Wie den Universitätsakten zu entnehmen ist, wurde Hornich im Zuge der administrativen Neuordnung, beginnend mit 1938-12-01, für jeweils zwei Jahre als Hochschulassistent II. Klasse weiterbestellt, seine venia legendi 1939-09-08 in die Dozententur neuen Typs umgewandelt. Für 1938/39 wurde ihm ein Lehrauftrag über die Grundvorlesung Differential- und Integral-Rechnung erteilt, außerdem hatte er die Vorlesung über Versicherungsmathematik für den erkrankten Alfred ˃ Berger zu supplieren. Mehrmals eingebrachte Anträge der Institutsvorstände ˃ Huber und ˃ Mayrhofer auf Erteilung einer Honorardozentur für Angewandte Mathematik an Hornich waren schließlich erfolgreich und wurden 1941-06-24 vom REM genehmigt.

˃ Mayrhofer und ˃ Huber brachten 1941-06-13 im REM einen Antrag auf Ernennung Hornichs zum außerplanmäßigen Professor ein, dem jedoch nicht stattgegeben wurde, nach Hornichs oben zitiertem Bericht „auf Grund eines negativen Parteigerichtsgutachten", etwas erstaunlich, wenn man bedenkt, dass Huber damals immerhin örtlicher NS-Zellenleiter war. Erst ein 1944-02-25 gegebener Erlass bestellte Hornich zum außerplanmäßigen Professor für Mathematik. Daneben las Hornich auch Statistik für Studierende des Versicherungswesens an der philosophischen Fakultät der Uni Wien (gemeinsam mit und in Supplierung von ˃ Berger).

Nach Kriegsende wurde Hornich trotz der oben mehrfach erwähnten Stellungnahme von 1945-07-09 der Amtstitel Professor entzogen, er war aber 1945–48 Lehrbeauftragter/Supplent an der Hochschule für Bodenkultur. Nach Inkrafttreten des Nationalsozialistengesetzes von 1948 wurde Hornich als minder belastet eingestuft. Die Professoren ˃ Radon, ˃ Hlawka, Ehrenhaft, ˃ Hofreiter, Prey und Hans Thirring beantragten 1948-10-13 die Wiederverleihung des Titels eines ao Professors an Hornich, was vom Professorenkollegium der Philosophischen Fakultät unterstützt wurde. Dieser Beschluss war aber bereits hinfällig, da Hornich gleichzeitig mit Wirkung ab 1949-02-01 zum o Professor an der TH Graz ernannt wurde, wo er bis Ende 1957 blieb.

1958 erfolgte die Ernennung zum o Professor am II. Math. Institut der TH Wien, als Nachfolger von Paul Funk. Weitere Stationen: 1958–1961 Vorsitzender der ÖMG, 1961/62 Dekan der damaligen Fakultät für Naturwissenschaften, TH Wien; 1965 Gastprofessor an der Catholic University, Washington; 1978 Emeritierung, danach Vorlesungen als Honorarprofessor an den Universitäten Wien und Salzburg.

In der mathematischen Forschung begann Hornich seine Karriere mit vier Untersuchungen über Zusammenhangseigenschaften, angeregt von seinem Dissertationsvater Karl ˃ Menger. Sein Hauptarbeitsgebiet war jedoch bald die Funktionentheorie, daneben hat er aber auch Arbeiten über Reihentheorie, Potentialtheorie, Integrale auf Riemannschen Flächen und über die Lösbarkeit von Differentialgleichungen verfasst. Wir möchten nicht versäumen, hier auch die immer wieder zitierte *Ungleichung von Hornich–Hlawka* zu erwähnen, die in den Bestand der Mathematischen Olympiade-Aufgaben eingegangen ist.[356]

Hornich war zeit seines Lebens ein großer Liebhaber der Musik, besonders der Opern von Wagner und Richard Strauß.

1 Dissertant: Karl Doppel 1970.

Ehrungen: 1932 Eingeladener Vortrag ICM Zürich, Vortrag auf der DMV-Tagung in Bad Elster; 1962 Fejér- und Riesz-Plakette der Bolyai-János-Gesellschaft in Anerkennung seiner Verdienste um eine engere Zusammenarbeit zwischen der Öst. und der Ung. Mathematischen Gesellsch.; 1963 korrespondierendes, 1970 wirkliches Mitglied der ÖAW, Ehrenmitglied der ÖMG und der Accademia Nazionale di Scienze, Lettere ed Arti in Modena; 1978 Großes Silbernes Ehrenzeichen der Republik Österreich; 1979-06-26 Erneuerung seines Doktordiploms, Universität Wien.

Ausgewählte Publikationen. *Diss.*: (1929) *Über einen zweigradigen Zusammenhang (Menger, Wirtinger).* im Druck: Ergebnisse math. Kolloquium Wien **1** (1931), 17–20.

1. Lösung einer vermischten Randwertaufgabe der Potentialtheorie durch hyperelliptische Integrale. Monatsh. Math. Phys. **39** (1932), 107–128; auch Jahrbuch DMV **41** (1932) [Habilitationsschrift]
2. Integrale erster Gattung auf speziellen transzendenten Riemannschen Flächen. Verhandlungen Kongress Zürich 1932, 2, 40-41 (1932).
3. Die allgemeine vermischte Randwertaufgabe der ebenen Potentialtheorie. Monatshefte f. Math. **41** (1934), 7–19. (Habilitationsschrift)
4. Eine geometrische Theorie der absolut konvergenten Reihen. Deutsche Mathematik **3** (1938), 684–688.
5. Eine Ungleichung für Vektorlängen. Math. Z. **48** (1942), 268–274 [Ursprung der Ungleichung von Hornich–Hlawka.]
6. Lehrbuch der Funktionentheorie, Springer, Wien 1950.
7. Existenzprobleme bei linearen partiellen Differentialgleichungen, Math. Forschungsber., Berlin VEB Deutscher Verlag der Wissenschaften, 1960
8. Die Greensche Funktion einer allgemeinen vermischten Randwertaufgabe der Potentialtheorie. Monatshefte f. Math. Phys. **39** (1932), 455–460.
9. Eine geometrische Theorie der absolut konvergenten Reihen. Deutsche Math. **3** (1938), 684-688.

Zbl/JFM nennen bereinigt 113 Publikationen, darunter 2 Bücher. Einhorn nennt 96 Zeitschriftenartikel und 2 Bücher.

Quellen. Winter, R., Das Akademische Gymnasium in Wien: Vergangenheit und Gegenwart p186; Hornich, Autobiographie ÖHZ **9** (1957-11-01), p2; Hornich, eigh. Lebenslauf, eingereicht ÖAW, o.D. (ca 1958), Pers A. ÖAW; Hlawka, Nachruf auf Hans Hornich, Monatshefte Math **89** (1980), 1–8; Einhorn [67] II, p 475–494; Festschrift 150 Jahre TH Wien, p507f.

---

[356] In jedem Prähilbertraum gilt für beliebig gewählte Vektoren a, b, c die Ungleichung $|a + b| + |b + c| + |c + a| \leq |a| + |b| + |c| + |a + b + c|$. ˃ Hlawka steuerte hierzu einen besonders eleganten Beweis bei. In Hornichs ursprünglicher Arbeit wird eine etwas allgemeinere Version der Ungleichung angegeben.

Heinz Horninger

(Heinrich)
*1908-01-28 Linz; †2001-02-14 Linz.
Sohn des Linzer Bürgerschuldirektors Heinrich Horninger (*1865-02-20; †1945-03-11 Linz), Vorkämpfer des Wohn- und Siedlungsbaues in Linz (nach ihm ist die Horningerstraße benannt), und seiner Frau Anna.
Horninger ⚭ 1940-01 Stephanie, geb. Berger; 2 Töchter, 1 Sohn

Foto: Berg- und Hüttenmännische Monatshefte 123 (1978), 445-446

NS-Zeit. Horninger war an führender Stelle im Gaudozentenbund des NSDDB tätig und verdankte seine Professur dem NS-Regime; 1945 amtsenthoben, erhielt er nach einer Zwischenanstellung an der TU Istanbul 1963 eine Professur an der Montanhochschule Leoben.

Horninger besuchte die Realschule in Linz und maturierte 1925. Danach übersiedelte er nach Graz und studierte dort 1926–1930 an der Universität und an der TH, wo er 1931 den Grad eines Dipl.Ing. erwarb. 1923–1939 war er an der TH Graz Assistent und promovierte 1935 zum Dr tech, habilitierte sich 1937. In der NS-Zeit trat Horninger der NSDAP bei und betätigte sich sehr aktiv im Gaudozentenbund des NSDDB. Von 1939-09-16 bis 1943-02-01 arbeitete er als Diätendozent für Darstellende Geometrie am Institut für Angewandte Mathematik der Universität Berlin.

1943-02-01 wurde er an der Universität Graz zum außerordentlichen Professor für Naturwissenschaften und Ergänzungsfächer, unter Übertragung des Lehrstuhls für darstellende Geometrie ernannt, 1944 wurde diese Stelle in eine ordentliche Professur umgewandelt. 1945-04 wurde der Lehrstuhl Darstellende Geometrie der TH Graz zur Gänze nach Freilassing, Bayern, ausgelagert, sodass sich Horninger bei Kriegsende in der amerikanischen Besatzungszone befand.

Im Zuge der folgenden Ennazifizierung wurde Heinz Horninger wegen seiner aktiven NS-Tätigkeit aus allen akademischen Funktionen enthoben. Er verfasste ein Lehrwerk der Darstellenden Geometrie (6 Mappen von Studienblättern) für Studierende technischer Richtung. 1947 unterrichtete er kurzzeitig an der Volkshochschule Linz, 1948 ging er als o Professor für Darstellende Geometrie an die İstanbul Teknik Üniversitesi, Fakultät für Bauwesen. 1963 wurde an der Montanhochschule Leoben eine Lehrkanzel für Angewandte Geometrie eingerichtet, an die Horninger als Ordinarius berufen wurde (1964 war er noch gleichzeitig in Istanbul tätig). Er emeritierte schließlich im Jahre 1978. Sein Nachfolger wurde Hellmuth Stachel, der allerdings zwei Jahre später an die TH Wien übersiedelte.[357] Horninger starb 2001 in Linz.

[357] Die Lehrkanzel war nach Stachel von 1980 bis 2010 mit Hans Sachs besetzt und heißt heute „Computational Geometry".

Horninger war ausschließlich Geometer, er befasste sich vor allem mit Spiegelungen, Schraubungen, Kinematik und zuletzt mit axialen Hypernetzen und Cremona-Verwandschaften.

Keine Dissertanten in Graz oder Leoben; dagegen 5 in der Türkei.

Ausgewählte Publikationen. *Diss.*: (1935) *Über die auf spiegelnden Oberflächen auftretenden Reflexe.*

1. Mehrfache Spiegelung an Kreis und Kugel. Monatsh. Math. Phys. **46** (1937), 51-73.
2. Über Bedeutung und Pflege der darstellenden Geometrie. Deutsche Math. **6** (1941), 475–483.
3. Über Spiegelbilder bei ebenen Kurven. Berührungspunktkurven von Kaustikenbüscheln. Deutsche Math. **7** (1943), 129-145.
4. Dem Gedenken Rudolf Schüßlers. Deutsche Math. **7** (1944), 598-601.
5. Schraubungen und Schraublinien n-ter Stufe. Monatsh. Math. **73** (1969), 46-62.
6. Stereographische Projektion und quadratisches Spurenprinzip im R_4. Monatsh. Math. **80** (1975), 187–199.

Zbl/JFM nennen bereinigt 19 math Publikationen, davon 2 in *Deutsche Mathematik* (Publikation 2 der obigen Liste, in Zbl/JFM nicht genannt). Außerdem verfasste er Lehrbücher in türkischer Sprache: Darstellende (5 Bde) und Projektive Geometrie (3 Bde), Kinematik (1 Bd), Steinschnitt (1 Bd).

Quellen. Toeppell M, Mitgliederverzeichnis der DMV 1890-1990, München 1991; Öst Zeitschrift f Vermessungswesen 1931-12-01p16, 1935-08-01p18; Berg- und Hüttenmännische Monatshefte 123 (1978), 445-446; Mitteilungen der Montanuniversität Leoben 2001-02-21

Anton Huber

*1897-01-24 Teufelhof bei St. Pölten;   †1975-08-31 Wien

Neuntes Kind des Landwirtes Josef Huber und dessen Ehefrau Theresia, geb. Berger, auf dem Gute Marienhof im Ort Teufelhof bei St. Pölten.

Huber war zweimal verheiratet; ∞ 1925 Emma, geb Hammel, Volksschullehrerin; von Hubers fünf Kindern aus erster Ehe sind zwei frühzeitig verstorben. Die Ehe wurde nach 1945 geschieden. Über Hubers zweite Ehe ist nichts Näheres bekannt.

Foto: ÖAW, Bildarchiv, Anton Huber, 1344_B (mit freundlicher Genehmigung)

NS-Zeit. Huber trat bereits 1935-05-01 in der Schweiz der NSDAP bei, war in Wien 1942-06 bis 1943-07 NS-Zellenleiter und von NS-Gegnern wie ⃗ Schmetterer sehr verabscheut (und gefürchtet). 1946-01-21 wurde er gemäß dem Verbotsgesetz von 1945-05-08 als belastet entlassen, nach dem NSG 1947 als „minderbelastet" eingestuft. 1947-07-24 wurde daher die Entlassung aufgehoben und in Enthebung ohne Pensionsanspruch umgewandelt. In der Zeit nach 1945 blieben alle seine Bemühungen um eine akademische Position vergeblich, er konnte aber in der Privatwirtschaft unterkommen. Seine Ehefrau aus erster Ehe verlor 1945 ebenfalls ihren Posten.[358]

---

[358] Emma Huber (*ca 1897) war ab 1918 Hilfslehrerin, ab 1920 angestellt; im Herbst 1933 wurde sie wegen ihrer Zugehörigkeit zum NS-Lehrerbund von der ständestaatlichen Unterrichtsbehörde als Hauptschullehrerin entlassen.

Huber besuchte von 1903 bis 1908 die Volksschule in Loosdorf bei Melk und von 1908 bis 1915 das niederösterreichische Landes-Real- und Obergymnasium in St. Pölten.

Noch vor Abschluss der Mittelschule meldete sich Huber im Frühjahr 1915 zum freiwilligen Kriegsdienst und rückte 1915-06-21 beim k.u.k. Infanterieregiment Nr. 49 nach Wien (Türkenschanze) ein, die Matura holte er als Kriegsmatura im Herbst nach, um den Status eines Einjährig-Freiwilligen zu erlangen.

Beim Heer teilte man ihn dem tschechischen k.u.k. Infanterieregiment Nr. 35 in Stuhlweißenburg zu, erst als Zugs-, dann als Kompaniekommandant. Er kam erst auf dem russischen, dann auf dem italienischen Kriegsschauplatz zum Einsatz. 1917-12 erlitt Huber auf dem italienischen Kriegsschauplatz in den „Sieben Gemeinden" eine schwere Verwundung, wurde dadurch für den Frontdienst untauglich und im Sommer 1918 auf einen Verwaltungsposten im damaligen Militärkommando Graz versetzt. So hatte er Gelegenheit, an der Universität Graz einigen mathematischen und philosophischen Vorträgen beizuwohnen.

Nach Kriegsende aus dem Heer 1918-11-30 entlassen, übersiedelte Huber nach Wien, studierte Mathematik, Darstellende Geometrie und nebenbei Astronomie. 1921 legte er bei Escherich an der Universität Wien die Lehramtsprüfung aus Mathematik und 1922 bei Emil Müller an der TH Wien aus DG ab. Zwei Jahre später, 1924-05-27, promovierte er an der Uni Wien mit einer Arbeit über die Konvergenz des Newtonverfahrens bei ˃Furtwängler zum Dr phil. Furtwängler beurteilte diese Dissertation, ein wenig überraschend, sehr wohlwollend und blieb ihm auch später gewogen, was sich insbesondere bei Hubers Bestellung zur Supplierung von Furtwänglers Lehrveranstaltungen und seiner anschließenden Berufung auf Furtwänglers Lehrstuhl 1939 zeigte (s.u.).

Bereits 1922-06-01 trat Huber an der Hochschule für Bodenkultur (BOKU) in Wien eine Stelle als wissenschaftliche Hilfskraft bei Wilhelm ˃Olbrich an, hauptsächlich für die Betreuung von Übungen zur Darstellenden Geometrie. 1922-11-01 wurde er zum ao Assistenten befördert und blieb das bis 1928-09-30.[359]

1927 reichte er schließlich an der Hochschule für Bodenkultur ein Gesuch um Erteilung der Lehrbefugnis ein. Das Habilitationskomitee bestand aus den Professoren Wilhelm ˃Olbrich, als Referenten, sowie dem Geodäten Emil Hellebrand[360] und dem Meteorologen Wilhelm Schmidt[361] als Beisitzer. Hubers Habilitationsschrift behandelte parabolische Differentialgleichungen, sie wurde einstimmig akzeptiert. Der Probevortrag wurde ihm wegen seiner Lehrtätigkeit an der Hochschule für Bodenkultur (BOKU) erlassen, das Habilitationskolloquium war erfolgreich. Schon damals war Hubers entschiedene Vorliebe für Anwendungen der Mathematik klar ersichtlich, was bei den Professoren der Hochschule für Bodenkultur (BOKU) mit Befriedigung registriert wurde. Huber war jedoch seinem Temparament nach kein Angewandter Mathematiker von der Ausrichtung eines v. ˃Mises

---

[359] Personalverzeichnisse der BOKU in de Jahren 1923–28.

[360] Emil Hellebrand (*1877-10-06 Budigsdorf/Mähren, †1957-03-28 Wien); Professor für niedere Geodäsie und Rektor 1929/30 an der Hochschule für Bodenkultur (BOKU)

[361] Wilhelm Schmidt (*1883-01-21 Wien; †1936-11-27 Wien); österreichischer Physiker, Meteorologe, Klimatologe und Direktor der Zentralanstalt für Meteorologie und Geodynamik; von 1919 bis 1930 Professor an der Hochschule für Bodenkultur (BOKU).

oder einer Hilda ⸜ Geiringer, sein Talent und Hauptaugenmerk lag nicht in der Entwicklung mathematischer Theorien zu in Anwendungen auftretenden mathematischen Problemen (zB in Physik, Technik, mathematischer Statistik), vielmehr setzte er Rezepte in Praxis um, die aus bereits vorhandenen mathematischen Theorien ableitbar waren. Man hat ihn wohl primär als „Anwender Angewandter Mathematik", nicht als kreativen Schöpfer in der Angewandten Mathematik zu sehen.

In überraschend kurzer Zeit schaffte Huber den Karrieresprung zum Professor: 1928-10-01 folgte er einem Ruf als ao Professor an das Mathematische Institut der Universität Freiburg/Fribourg (Schweiz). Diese Stelle war nach dem Weggang des bekannten Zahlentheoretikers van der Corput, der sie nur ein Jahr lang inne gehabt hatte, fünf Jahre lang vakant gewesen. Wegen Hubers überwiegendem Forschungsinteresse an Mathematischer Physik wurde ihm zuliebe dieser Lehrstuhl auf „Lehrstuhl für Mathematik und Mathematische Physik" umbenannt. 1933-05-31 stieg er dort zum o Professor auf. In Freiburg gehörte der Österreicher Erich Schmid zu seinen Kollegen, mit ihm verfasste er eine Arbeit über Kristall-Plastizität.[362] Nach dem Krieg ging Schmid an das II. Physikalische Institut der Universität Wien (1951) und baute es zu einem Zentrum der Festkörperphysik und Kristallforschung aus.

Die Schweiz war damals keineswegs frei von NS-Gedankengift,[363] bis 1936 gab es über die ganze Schweiz verteilt etwa 5000 NS-Parteigänger. 1935-05-01 trat Huber als österreichischer Staatsbürger der Schweizer Landesgruppe der NSDAP/AO bei, die damals noch unter der Leitung des 1936-02-04 von einem Attentäter erschossenen Wilhelm Gustloff stand. Im März 1938, unmittelbar nach dem Einmarsch der NS-Truppen in Österreich, trat Huber von seinem Schweizer Lehrstuhl zurück,[364] in der sicheren Erwartung eines Rufs an eine der Universitäten NS-Deutschlands. Wie aus den Akten zur Nachbesetzung der Lehrkanzel von Carathéodory in München hervorgeht, hatte der Münchner Gaudozentenführer und Assistent an der Münchner Sternwarte Bruno Thüring Huber für die Nachfolge von Carathéodory vorgeschlagen. Das war aber bloß ein eher vager Einzelvorschlag, Huber kam nicht auf eine Besetzungsliste.[365] Thüring[366] wurde später als Direktor an die Universitätssternwarte Wien berufen. Er war seit seiner gemeinsamen Assistentenzeit eng mit dem Ministeralrat Wilhelm Führer befreundet, der im Reichserziehungsministerium Leiter der Hochschulsektion war, und hatte daher bis zu dessen Zuteilung zum persönlichen Stab

---

[362] Erich (Karl Helmuth) Schmid (*1896-05-04 Bruck/Mur; †1983-10-22 Wien) wurde 1932 nach Freiburg berufen.

[363] Segal[298, p 69], nennt hierfür einige Beispiele. Bekannte Mathematiker wie Behnke und Hopf beklagten Schweizer Sympathiekundgebungen für das NS-Regime in Deutschland. Hitler erhielt bereits 1923 finanzielle Zuwendungen aus der Schweiz. (Ernst Deuerlein, Der Aufstieg der NSDAP in Augenzeugenberichten (1974), p 180.)

[364] Hubers Lehrstuhl in Fribourg (Freiburg i.d. Schweiz wurde 1939 mit Albert Pfluger (*1907-10-13 Oensingen; †1993-09-14 Zürich), Privatdozent an der ETH Zürich, besetzt. Pfluger wurde seinerseits durch Walter Nef ersetzt, der aber 1949 wieder ging. Zwischen 1949 und 1955 war die Stelle wiederum vakant.

[365] Die langwierige Suche nach einem Nachfolger für Carathéodory wird in M. Georgiadou [108] und Litten [193] ausführlich beschrieben. Das Verfahren zog sich bis 1944 hin und endete mit der Berufung von Eberhart Hopf.

[366] Zur Rolle von Thüring und Führer siehe [164].

Himmlers großen politischen Einfluss. Andererseits war er offenbar trotz zuweilen harscher Kritik an Anton Huber auch mit diesem befreundet, die Bekanntschaft könnte mit Hubers Interesse für Astronomie zusammenhängen.

Nach seinem Standesblatt im Archiv der Universität Wien supplierte Huber von 1938-11-01 bis 1939-09-30 die nach ˃Furtwänglers Rücktritt aus Gesundheitsgründen frei geworde-ne Lehrkanzel.[367] Der Ablauf der Berufung der Nachfolge ˃Furtwänglers ist im Unter-abschnitt 2.2.4 behandelt. Huber wurde schließlich 1939-08-24 (mit Rechtswirksamkeit 1939-10-01) zum o Professor für Mathematik an der Universität Wien ernannt und einer der beiden Direktoren des Mathematischen Instituts.[368] Als Altparteigenosse bekleidete Huber von 1942 bis 1943 für dreizehn Monate die Funktion eines Zellenleiters, ohne jedoch dabei besonderen Einfluss zu gewinnen. Seine Initiative für die Neu-Einrichtung eines Lehrstuhls für Versicherungstechnik/Statistik lief ins Leere. Bis 1942 war Alfred ˃Berger mit dieser Aufgabe betraut, mit Unterstützung, im Bedarfsfall Supplierung, durch Hans ˃Hornich. Der Lehrstuhl für Mathematische Versicherungstechnik bestand bereits seit 1895, es handelte sich dabei um ein gemeinsames Unternehmen von Universität Wien und TH Wien, an dem zunächst Alfred ˃Tauber, später auch parallel oder alternierend Alfred ˃Berger, für Wahrscheinlichkeitstheorie auch der Astronom Adalbert Prey[369] oder Nikolaus ˃Hofreiter beteiligt waren. Nach Bergers Tod blieb seine Planstelle unbesetzt und musste suppliert werden. Das REM sah „keinen Handlungsbedarf" und verschob die Behandlung dieses Themas auf die Zeit nach dem Kriegsende.

Was die Propagierung von „Angewandter Mathematik" in der Lehre betrifft, konnte Huber sicher keine wesentlichen Akzente setzen. Die vom REM dekretierten Studienpläne sahen seit dem 2. Trimester 1940 für Lehramtskandidaten die Alternativen Reine Mathematik und Angewandte Mathematik als mögliche Spezialisierung vor. Die Abhaltung von Lehrveran-staltungen zu Angewandter Mathematik blieb ziemlich zur Gänze bei Huber, vor allem die jüngeren (wissenschaftliche Hilfskräfte, Assistenten und Dozenten) zeigten da wenig Inter-esse; auch in der Forschung schloss sich die junge Generation nicht an Huber an. Er selbst las seinen Anteil an den Grundvorlesungen *Einführung in die Höhere Mathematik* (zB 1940-I. Trim., 5st. + 1st. Üb.), Elementarmathematik für Lehramtskandidaten (zB 1940-I. Trim., 2st.) oder *Analytische und Projektive Geometrie* (zB 1938/39: 5st. + 1st. Üb.) und hielt daneben ein Seminar (2st., ohne expliziten Titel) und ein Proseminar (1st., o.T.) ab. Ein Seminar, explizit unter „Angewandte Mathematik" (2 st.) angekündigt, wurde dagegen von dem der TH angehörenden Lothar ˃Schrutka als unremunerierte Venia-Lehrveranstaltung angeboten. Die in den Vorlesungsverzeichnissen angegebenen Hörsäle für Hubers Tätig-keit lassen nicht gerade auf überlaufene Lehrveranstaltungen schließen. Hingegen scheint es ein Abkommen mit der von ˃Doetsch geleiteten Gruppe gegeben zu haben, weibliche Studierende (männliche wurden ja zumeist an die Front entsandt) für eine Zeit lang als Praktikantinnen, „Arithmetikerinnen", nach Braunschweig zu entsenden. Huber nannte

---

[367] UAW PA 065; s. auch den bei [67] erwähnten Erlass des REM von 1938-10-28 mit Rechtswirksamkeit von 1938-11-01, UAW Ph Dekanat 2951.

[368] Das von anderen Autoren angegebene Datum 1938-08-24 beruht wahrscheinlich auf der fälschlichen Interpretation des Datums 1939-08-24 als Schreibfehler.

[369] Prey (*1873-10-16 Wien; †1949-12-22 Wien) prom. 1896 an der Uni Wien, ab 1909 o Prof. Innsbruck, 1917 o Prof. Prag, 1930 o Prof. (Astronomie) Uni Wien, 1929 korr., 1935 ord. Mitgl. Wiener AW.

das, reichlich flapsig, „unseren Mädchenhandel".[370] Huber betreute keine Dissertationen, insbesondere keine in angewandter Mathematik. Dagegen hatte er zB Kontakte mit dem Chemiker Eberl, den er in mathematischen Fragen beriet und mit einschlägigen Arbeiten unterstützte.

Huber konnte nicht einmal gestandene Parteigenossen wie den Leiter der Sternwarte Wilhelm Thüring von seinen Fähigkeiten überzeugen; dieser geißelt in einem Brief von 1942-02-07 die „Geistesverhärtung der Naturwissenschaftler", deren „Denkfaulheit" bzw. „Denkunvermögen", die „kindischen Einwände" und das „dumme Grinsen" des Physikers Ortner und des Mathematikers Huber.[371]

Wie andere NS-Mathematiker versuchte Huber, die Mathematik dem NS-Regime als förderungswürdig, weil auch „ideologisch wichtig", zB für Rassen- und Erbforschung, in den Schulen als Disziplinierungsinstrument, schmackhaft zu machen.[372] Das Schlagwort nach Kriegsbeginn, „Mathematik ist kriegswichtig", war jedoch gegenüber allen „ideologischen" Argumenten weitaus erfolgreicher.

Nach 1945 hatte sich Huber als Pg und Parteifunktionär einem Entnazifizierungsverfahren zu unterziehen, das zunächst 1946-01-21 zu seiner Entlassung führte. Nach dem Nationalsozialistengesetz von 1947 wurde er, etwas milder, als „minderbelastet" eingestuft, die Entlassung wurde 1947-07-24 aufgehoben und in Enthebung ohne Pensionsanspruch umgewandelt. Seine Stelle an der Universität Wien hatte inzwischen der deutlich höher qualifizierte Johann ˃ Radon eingenommen, der bereits 1938 Wunschkandidat der Fakultät gewesen war. Auch anderweitig fand Huber keine akademische Stellung, blieb aber korrespondierendes Mitglied der Akademie der Wissenschaften (zu dem er 1941 ernannt worden war).

Es scheint, dass Huber versuchte, den bald nach Kriegsende einsetzenden „Kalten Krieg" für fragwürdige Methoden zu nützen und wieder eingesetzte Professoren bei der amerikanischen Besatzungsmacht anzuschwärzen. Der mittlerweile leider verstorbene Professor für Theoretische Physik Walter Thirring schreibt darüber:[373]

Während der Hitlerzeit war die Wiener Universität von Leuten wie Helly, Tauber,
˃ Gödel und ˃ Menger gesäubert worden, und es herrschte ein gewisser Huber,
ein Mann unbekannter wissenschaftlicher Meriten, aber vorbildlicher politischer
Gesinnung. Nach dem Krieg wurden dann die von den Nazis entlassenen Professoren wieder eingestellt, und mein Vater [Hans Thirring] wurde 1946 Dekan
der Wiener Universität. Es oblag ihm, die Auswüchse der Nazizeit zu liquidieren,
und Huber wurde hinausgeworfen. Er fand jedoch bei der CIA alsbald eine Stelle
und denunzierte meinen Vater als Kommunisten.

---

[370] Frühstückl, [103], p206.

[371] Kerschbaum F, Posch T, Lackner K, Beiträge zur Astronomiegeschichte **8** (2006), 185–202; besonders p 188. Es ging dabei um Bemühungen, den NS-Philosophen/Historiker Hugo Dingler als Professor für die Geschichte der Naturwissenschaften an die Uni Wien berufen zu lassen.

[372] Frühstückl, [103].

[373] Zimmel B, Kerber G (1992) Hans Thirring. Ein Leben für Physik und Frieden. Beiträge zur Wissenschaftsgeschichte und Wissenschaftsforschung 1. Wien-Köln-Weimar 1992, p 47. Zu Hans Thirring vgl. den Eintrag zu ˃ Schmetterer p 412.

Im Gegensatz zu Karl ˃Mayrhofer, seinem Mit-Direktor am mathematischen Institut, schaffte Huber jedenfalls nicht die Rückkehr an die Universität. Dafür sind als offensichtliche Gründe zu nennen:

(1) Huber hatte sich durch seine kompromisslos harte NS-konforme Haltung gegenüber Studierenden und Kollegen mehr als unbeliebt gemacht,[374] man traute ihm auch (ohne Beweise zu haben) Denunziationen bei der Gestapo zu. Indiz für seine Unbeliebtheit ist auch der Umstand, dass Huber keine Dissertationen betreute.

(2) Huber war als zeitweiliger Leiter einer NS-Zelle auch formal etwas stärker belastet als Mayrhofer.

(3) Hubers Rang als Mathematiker war nicht zu vergleichen mit dem anderer „belasteter" Mathematiker, wie etwa ˃Bieberbach, ˃Blaschke, ˃Gröbner, Hasse (und auch Mayrhofer, der immerhin ein gut rezensiertes Buch über Inhalt und Maß verfasst hatte und am Satz von Mayrhofer-Reidemeister beteiligt war).[375] Die von Huber „angewandte Angewandte Mathematik" hätte eher an eine weniger anspruchsvolle Fachhochschule oder Forschungsabteilung gepasst. Wie in [103] ausgeführt, war Huber auch schon in der NS-Zeit mathematisch ein Fremdkörper am Institut und politisch wenig einflussreich.

Huber verfasste in den Jahren zwischen 1949 und 1965 noch 21 Publikationen über mathematische Anwendungen in Geodynamik, Biologie, Elektrotechnik und Chemie. Im Brotberuf war er bei verschiedenen Industrieunternehmungen tätig, ab 1952 arbeitete er als Konsulent bei den Stickstoffwerken in Linz. 1962-08-03 stellte er, erfolglos, ein Ansuchen um eine ao Pension. In seinen letzten Lebensjahren lebte er zurückgezogen in Wien.

Wie oben erwähnt betreute Huber keine Dissertationen.

Ehrungen: Militärverdienstkreuz III. Klasse mit Kriegsdekoration und Schwertern; Bronzene Tapferkeitsmedaille; Karl Truppenkreuz; Verwundetenmedaille; Ehrenzeichen für Frontkämpfer; H war von 1941 bis zu seinem Tod 1975 korrespondierendes Mitglied der Wiener AW und deren Nachfolgerin ÖAW.

Ausgewählte Publikationen. *Diss.*: (1924) *Bestimmung des größtmöglichen Konvergenzintervalles für das Newtonsche Näherungsverfahren (Furtwängler).* im Druck: Wiener Akad.S.Ber. **134** (1925), 405–425.

1. Über eine Randwertaufgabe bei der verallgemeinerten Wärmeleitungsgleichung, Z.f. angew. Math. u. Mech. **7** (1927), 469–479
2. Eine Verbesserung des Galton'schen Zufallsapparates, Bull.Soc.Fribourg 1928/29, Nr. 9, 10 S
3. Graphische Integration und W-Kurven. Monatsh. Math. Ph. 28, 1931, 345-346
4. Die erste Randwertaufgabe für geschlossene Bereiche bei der Gleichung $z_{xy} = f(x, y)$, Monatsh. Math. Ph. 39 (1932), 79–100
5. Über die kräftefreie Bewegung einer idealen Flüssigkeit in einem elastischen Rohr, Z.f. angew. Math. u. Mech. **13** (1933), 239f
6. Zum mathematischen Unterricht an der Mittelschule, Schweizer Schule (1934)
7. Eine Methode zur Bestimmung der Wärme- und Temperaturleitfähigkeit, Monatsh. Math. Ph. **41** (1934) 35–42
8. (mit Erich Schmid), Bestimmung der elastischen Eigenschaften quasi-isotroper Vielkristalle durch Mittelung, Helvet. Physica Acta **7** (1934), 620–627.
9. Eine Näherungsmethode zur Auflösung Volterra'scher Integralgleichungen, Monatsh. Math. Ph. **47** (1939), 240–246

---

[374] Vgl. die Einträge Mayrhofer p 344 und Schmetterer 415.

[375] Hasse besuchte 1940 Wien und lernte „fast alle dort tätigen Mathematiker" kennen. Von Mayrhofer und Huber hatte er „keinen sehr vorteilhaften Eindruck" (den besten hatte er von ˃Strubecker). Nachzulesen im Brief v. 1940-10-18 in [137].

10. Über das Fortschreiten der Schmelzgrenze in einem linearen Leiter, Z. f. angew. Math. u. Mech. **19** (1939), 1–21. [vorgetragen auf der DMV-Tagung Bad Kreuznach, 1937-09-21]
11. Zur Theorie der geoelektrischen Widerstandsmethoden, Arch.f.Meteorologie, Geophysik u.Bioklimatologie **1** (1949), 408–420
12. Darstellung der Aktivitäten eines Zweistoffsystemes durch die Mischungswärme, Anz. Österr. Akad. Wiss. 87, 1950, 294f
13. Über den Einfluß der Bodenfeuchtigkeit auf geoelektrische Tiefenmessungen, Arch.f. Meteorologie, Geophysik und Bioklimatologie 3, 1951, 330-338
14. Zur graphischen Berechnung von Polynomen, Z.f.angew.Math.u.Mech. 33, 1953, 248f
15. Der Grenzverlauf der Aktivitätskoeffizienten binärer Gemische, Mh.f.Chemie 84, 1953, 372-383
16. Über den Bewegungsmechanismus des Glockentierchens Vorticella Anz. Öst. Akad. Wiss. **102** (1965), 155f
17. Das Erstarren einer Kugel, gem. mit A. Klingst, Z. f.angew.Math.u.Mech. **45** (1965), 360f [nicht in Zbl/JFM]

Zbl/JFM verzeichnen bereinigt unter Huber A. und Huber Anton insgesamt 15 Publikationen, Hofreiter führt 40 Publikationen auf, Einhorn 41 (21 davon zu Anwendungen der Mathematik in Biologie, Geowissenschaften und in der Technik).

Quellen. Verordnungsblatt für den Dienstbereich des k.k. niederösterreichischen Landesschulrates 15. März 1920, p13; Einhorn [67]; Eigenhändig geschriebener Lebenslauf Hubers vom 25.1.1927 bei seinem Ansuchen um Habilitation an der Hochschule für Bodenkultur, PAUM Kleisli, [166]; Hofreiter, Almanach ÖAW **126** (1976), 505-509. Pfefferle p95f, 291

Rudolf Inzinger

*1907-05-04 Wien;   †1980-08-26 Wien
Inzinger ∞ 1936 Margarete, geb Partl; die Ehe blieb kinderlos.

Foto: 150 Jahre TH, p 489, mit freundlicher Genehmigung des Archivs der TU Wien.

NS-Zeit. Inzinger wurde 1938 die Venia entzogen. In den Akten des REM vom 1941-05-07 bis 1942-09-16 wird als Begründung gegen die Ernennung des Privatdozenten Rudolf Inzinger (Wien) zum Dozenten neuer Ordnung: „in der Systemzeit betont klerikal, mangelnde positive Einstellung gegenüber dem NS" vorgebracht.

Inzinger studierte ab 1926 Mathematik an der Universität Wien und Darstellende Geometrie an der TH Wien, legte 1931 die Lehramtsprüfung in diesen Fächern ab, und erwarb 1933 bei Erwin ˃ Kruppa mit *Die Liesche Abbildung* das Doktorat der technischen Wissenschaften.

Parallel zu seinem Studium und seiner anschließenden Tätigkeit als Mittelschullehrer am Klosterneuburger Gymnasium arbeitete er 1929-1937 als wissenschaftliche Hilfskraft an der I. Lehrkanzel für Darstellende Geometrie an der TH und schrieb wissenschaftliche Arbeiten, 1936 habilitierte er sich.

Nach der Annexion Österreichs durch NS-Deutschland 1938 wurde ihm die Venia legendi wegen seiner politischen Haltung, „seiner mangelnden positiven Einstellung gegenüber dem NS", entzogen. Daran änderte auch der Einspruch der lokal zuständigen Leitungsinstanzen, Lehrkanzelvorstand, Dekan, NS-Dozentenbundführer und Rektor[376] zu Inzingers Gunsten nichts.

1939 – 1945 „zum Wehr- und Kriegsdienst" eingezogen, kehrte er 1945 aus der Kriegsgefangenschaft an die TH Wien zurück.

Inzinger wurde nach seiner Rückkehr mit der Supplierung der mathematischen Lehrveranstaltungen des in den letzten Kriegstagen durch eine Granate tödlich verletzten Tonio > Rella beauftragt. Noch 1946 wurde er zum ao Professor, 1947 dann zum o Professor und Vorstand des III. Instituts für Mathematik ernannt,[377] weitere akademische Ämter waren: Dekan 1950/51 und 1951/52; Rektor 1967/68. Er emeritierte im Jahr 1977.

Nach dem Hochschulorganisationsgesetz (HOG) von 1955-07-13 war dem Unterrichtsministerium (BMU) ein aus 15 Personen zusammengesetzter *Akademischer Rat* unmittelbar unterstellt. Fünf dieser Mitglieder waren aus dem Kreis der Abgeordneten zum Nationalrat vom Ministerrat zu entsenden, fünf aus den Hochschulprofessoren von der Rektorenkonferenz, und fünf aus dem Lehrkörper der Hochschulen vom Unterrichtsministerium zu nominieren. Inzinger war von 1955 bis 1970 (als in der Regierung Kreisky das BMU geteilt wurde) Mitglied dieses Gremiums, entsandt von der Rektorenkonferenz.

In der Forschung befasste sich Inzinger vornehmlich mit Geometrie, vor allem klassischer Geometrie, Differentialgeometrie und Konvexgeometrie. Daneben beschäftigte er sich mit mechanischen Rechengeräten und deren organisiertem Einsatz. 1954 gründete und organisierte er das *Mathematische Labor* der TH Wien, für das der erste kommerzielle Computer an einer österreichischen Hochschule, eine IBM 650 angeschafft wurde, 1964 eine IBM 7040. 1967 neuerlich erweitert, wurde diese Anlage zum zentralen akademischen Rechenzentrum der Wiener Technik erklärt. Ab dem SS 1958 hielt er mit Hilfe dieses *Labors* an der TH Wien einen regelmäßigen Kurs über „Moderne Rechentechnik" ab.

Die Neugründung der Mathematischen Gesellschaft. 1946 trat Inzinger energisch für die Wiederbelebung der *Mathematischen Gesellschaft in Wien* ein, sie wurde auf seine Initiative hin 1946-08-10 von Neuem als Verein etabliert. 1948 benannte man diesen in „Österreichische Mathematische Gesellschaft (ÖMG)" um, womit ein gesamt-österreichischer Vertretungsanspruch (und nationale Gesinnung) demonstriert werden sollte. Bis 1953 war Inzinger ihr Vorsitzender; während seiner Amtszeit organisierte er die ersten ÖMG Kongresse (1948 Wien, 1949 Innsbruck, 1952 Salzburg). Inzinger und > Gröbner waren die Vertreter Österreichs bei der von Marshall H. Stone initiierten Neugründung (1952-03-06 bis 08) der Internationalen Mathematischen Union (IMU) im Palazzo Farnesina in Rom.[378] Die neugegründete IMU schloss mit der ÖMG einen Vertrag über die Publikation

---

[376] Brief von 1941-03-19; s. Einhorn [67] p 546.

[377] 1946-03-30 nahm ihn das Professorenkollegium der philos. Fakultät der Univ. Wien in ihrem Vorschlag für die zweite Mathematik-Lehrkanzel auf, nach Adalbert > Duschek, Bernhard > Baule und Walter > Wunderlich. Diese Lehrkanzel blieb vorerst aber unbesetzt und ging dann 1948 an Edmund > Hlawka.

[378] B. Jessen, "International Mathematical Union. Record of the First General Assembly held on 6-8 March 1952 in Rome in the Palazzo Farnesina by invitation of the Accademia Nazionale dei Lincei." IMU Archives. Eine geringfügig verkürzte Version ist abgedruckt in IMN 19/20, 1952, pp. 16-20. Vgl.

eines Mitteilungsblattes der IMU, welches durch viele Jahre unter dem Titel "Bulletin of the International Mathematical Union" als Teil der "Internationalen Mathematischen Nachrichten", des Mitteilungsblattes der „Österreichischen Mathematische Gesellschaft (ÖMG)" erschien, bis die IMU 1971 ein eigenes *IMU Bulletin* gründete.

1953 zog sich Inzinger nach heftigen Streitigkeiten von der ÖMG zurück und unterhielt von da an mit Ausnahme seiner beiden damaligen Assistenten Walter Knödel und Erich ˃ Bukovics keine Beziehungen zu anderen Mathematikern in Österreich.[379]

Inzinger war in den letzten Jahrzehnten seines Lebens schwer nierenkrank und in seiner mathematischen Kreativität behindert; nach seiner Emeritierung 1977 wurde er zunehmend dement. Er starb 1980 , als er, offenbar in einem Zustand starker Verwirrung, sich in eine Baustelle verirrte und dort tödlich verunglückte; seine Leiche wurde erst Tage später gefunden.

Inzingers Bild in der Galerie der Rektoren der TH Wien wurde von dem „Phantastischen Realisten" Helmut Kies (1933-04-16 Wien; 2016-03-11 Wien) gemalt. Sein Bildnis befindet sich auch auf der Rückseite der 1955 gestifteten ÖMG-Medaille.

Inzinger betreute 1 Dissertation (Wolfgang Ströher, 1950).

Ehrungen: 1950 Vortrag auf dem ICM 1950 in Harvard; 1967 Technikpreis der Wiener Wirtschaft für seine Verdienste um die Einführung des elektronischen Rechnens in Österreich; 1978-01-30 Ehrenmitglied der ÖMG.

Ausgewählte Publikationen. *Diss.*: (1933) *Die Liesche Abbildung (˃ Kruppa).*

1. Zur Geometrie der Torsen und Torsenscharen. Monatsh. f. Math. **42** (1935), 243–274.
2. Zur graphischen Integration linearer Differentialgleichungen mit konstanten Koeffizienten. Österreichisches Ingenieur-Archiv, **1** (1947), 410–420.
3. Über eine projektive Invariante eines Paares von Flächenelementen zweiter Ordnung Österr. Akad. Wiss., Math.-Naturw. Kl., Sitzungsber., Abt. IIa **157**(1949), 263–274.
4. Pflege der Beziehungen zwischen Mathematik, Technik und Wirtschaft in Österreich. (Erfahrungsbericht aus dem Mathematischen Labor der Technischen Hochschule in Wien). Ber. Internat. Math.-Kolloquium Dresden, 22. bis 27. Nov. 1955, 1-4 (1957).
5. Tabellen für die Schaltungsschemata zur Multiplikation mit konstanten Faktoren auf Mehrzählwerkswalzenbuchungsautomaten Mathematisches Labor d. Technischen Hochschule, 1958 (nicht im Zbl)
6. Verkehrsplanung und Mathematik. II: Das mathematische Modell einer Verkehrserhebung. MTW, Z. modern. Rechentechn. Automat. **7** (1960), 107–109.

Zbl/JFM nennen bereinigt 36 Publikationen, in der Würdigung anläßlich der Verleihung der Ehrenmitgliedschaft der ÖMG ist von „rund 50 Publikationen" die Rede.

Quellen. Neue Klosterneuburger Zeitung 1937-12-04 p6; Akten der Parteikanzlei der NSDAP, Regesten Teil 1. deGruyter 1983, Eintrag Nr 14978, p 580 , Herrn Professor Dr Rudolf Inzinger zum 65. Geburtstag. Computing 8(, Hans J. Stetter, Computing. **25**.3 (1980), 297–298; IMN **86** (1967), 60; Nöbauer IMN **120** (1978) 59–60.

---

auch Olli Lehto, "Mathematics without Borders. A History of the International Mathematical Union", Springer-Verlag 1998.

[379] Inzinger war wie Bukovics und Knödel Mitherausgeber der Zeitschrift *MTW—Mathematik, Technik, Wirtschaft* und deren Nachfolgerin *Computing—Archiv f. elektr. Rechnen.*

Julius Jarosch

*1884-09-10 Reichenberg (Liberec, CZ); †1952-12-27 Wien

Sohn des Gerichtskanzlisten Julius Jarosch in Reichenberg [1894 in den zeitlichen Ruhestand versetzt] und dessen Ehefrau Marie.

NS-Zeit. Jarosch war 1912 bei der Gründung des „Verbandes deutscharischer Vereine in Margareten" Beisitzer des Vollzugausschusses, entsandt von der Ortsgruppe Margareten des 1894 in Reichenberg gegründeten deutschnationalen „Bundes der Deutschen in Böhmen", 1914 Obmann der Ortsgruppe Margareten, ist aber politisch sonst nicht aufgefallen.[380] Mit dem in der Zwischenkriegszeit in Deutschland dominierenden und auch von NS-Anhängern geschätzten Mathematik-Didaktiker Walther Lietzmann[381] hatte er als Koautor gute Beziehungen; er hatte offenbar keine gröberen Auseinandersetzungen mit dem NS-Regime und blieb bis zum Kriegsende Direktor an seiner Mittelschule. Nach Kriegsende ging er mit 61 Jahren vorzeitig in den Ruhestand, war aber dem Vernehmen nach nicht registrierungspflichtig.

Jarosch besuchte in Reichenberg die Realschule, studierte danach in Prag an der DU und an der DTH Mathematik und Darstellende Geometrie und legte 1906 die Lehramtsprüfung ab. Nach dem Probejahr an der k.k. Staatsrealschule Teplitz-Schönau kam er 1907 als Supplent und provisorischer Lehrer (ab 1908 k.k. wirklicher Realschullehrer) an die k.k. Staatsrealschule in Wien-Margareten, Reinprechtsdorferstr. 24-26,[382] wo er, unterbrochen vom Ersten Weltkrieg,[383] bis zu seiner 1920 erfolgten Ernennung zum Direktor der Realschule in Wien-Hietzing, Astgasse 3,[384] blieb. Ab 1932 übernahm er Lehraufträge als

---

[380] Deutsches Volksblatt 1912-04-11 p 11, 1914-02-15 p19.

[381] (Karl Julius) Walther Lietzmann (*1880-08-07 Drossen; †1959-07-12 Göttingen) war ab 1920 Dozent und ab 1934 Honorarprofessor für Pädagogik der exakten Wissenschaften an der Universität Göttingen. Über Jahrzehnte hinweg schrieb und überarbeitete er Unterrichtswerke für den Mathematikunterricht, seine populärwissenschaftlichen Darstellungen der Mathematik fanden großen Anklang. Seine Methodik des mathematischen Unterrichts hatte nachhaltigen Einfluss auf die fachdidaktische Ausbildung von Mathematiklehrern. Lietzmann war wesentlich am Programm von Felix Klein zur Reform des Mathematikunterrichts an den höheren Schulen beteiligt. Von 1928 bis 1932 war er Sekretär der 1908 gegründeten Internationalen mathematischen Unterrichtskommission (IMUK), die bis 1920 unter dem Vorsitz Kleins gestanden hatte. 1937 war er Präsident der Deutschen Mathematiker-Vereinigung.
   In der NS-Zeit ab 1933-08-01 Mitglied des Nationalsozialistischen Lehrerbunds (NSLB) und ab 1933-10-01 förderndes Mitglied der SS, trat er 1937-05-01 auch in die NSDAP ein. In der NS-Zeit schrieb er ein historisch laienhaftes und reichlich rassistisches Buch über „Germanische Geometrie". Nach Kriegsende wurde seine NS-Karriere als bloßes Mitläufertum bewertet und bald vergessen. Er war Ehrenmitglied des neu gegründeten MNU (Verein zur Förderung des mathematisch-naturwissenschaftlichen Unterrichts) und erhielt 1956 das deutsche Bundesverdienstkreuz 1. Klasse.

[382] Bis 1900 k.k. Staats-Unterrealschule, heute Joseph Haydn Realgymnasium

[383] Jarosch war k.u.k. Fähnrich im Eisenbahnregiment, er rückte 1914-08-01 zum aktiven Militärdienst ein, wurde 1915 verwundet und 1916-08-01 zum Leutnant befördert.

[384] Ab 1935-06-01 Goethe-Realschule, heute (2021) Goethe-Gymnasium. In den Räumlichkeiten der Goetheschule fanden auch regelmäßig Veranstaltungen zur Volksbildung statt.

Honorardozent für besondere Unterrichtslehre (Methodik der Darstellenden Geometrie) an der TH Wien.

Jarosch absolvierte neben seiner Tätigkeit im Mittelschuldienst das Studium der Pädagogik an der philosophischen Fakultät der Wiener Universität und promovierte 1926-03-05 zum Dr phil mit einer Dissertation über die Methodik des Unterrichts in Darstellender Geometrie.

1945 trat Jarosch im Alter von nur 61 Jahren (statt wie normal mit 65 oder später) in den Ruhestand.

In seiner wissenschaftlichen Arbeit konzentrierte sich Jarosch ausschließlich auf Didaktik und Unterrichtsplanung für Darstellende Geometrie.

Jarosch gehörte nach 1945 zu den ersten Mitgliedern der Mathematischen Gesellschaft in Wien (später in ÖMG umbenannt).

Ehrungen: 1916 Goldenes Verdienstkreuz mit der Krone am Bande der Tapferkeitsmedaille; 1930 Ernennung zum Hofrat; ord. Mitglied der preußischen Akademie gemeinnütziger Wissenschaften in Erfurt.

Ausgewählte Publikationen. *Diss.:* (1926) *Methodik des Unterrichtes in der Darstellenden Geometrie und im Geometrischen Zeichnen.*

1. Aus der Geometrie der Punkte eines Kegelschnitts. Jahresber. d. Staats-Unterrealschule Margareten 1909. Wien 1910, 6–24.
2. Methodik des Unterrichts in der darstellenden Geometrie und im geometrischen Zeichnen. A. Pichlers Witwe, Wien 1913.
3. Der Arbeitsgedanke im Unterricht der darstellenden Geometrie. Unterrichtsblätter **31** (1925), 129-131.
4. (mit Lietzmann W und Mitw. Dr P. Jühlke) Mathematisches Unterrichtswerk für Mitelschulen. Franz Deuticke, Wien ab 1923, Neuaufl. 1930, Lösungen (tw. mit K. Pilizotti) 1931; (1) Arithmetik und Algebra für die 1. und 2. Klasse, (2) für die 3. und 4. Klasse; (3) Arithmetik, Algebra und Analysis für die 5. und 6. Klasse;
5. (mit Lietzmann W) Arithmetik, Algebra und Analysis für die 5. und 6. Klasse der Gymnasien, Realgymnasien und Frauenoberschulen. Franz Deuticke, Wien 1930. [mehrere Auflagen]
6. (mit Lietzmann W) Arithmetik, Algebra und Analysis für die 7. und 8. Klasse der Realschulen. Franz Deuticke, Wien 1930. [mehrere Auflagen]
7. (mit Lietzmann W) Geometrie und geometrisches Zeichnen für die 3. und 4. Klasse der Realgymnasien, Realschulen u. Frauen-Oberschulen. Franz Deuticke, Wien 1930.
8. Zur Unterrichtslehre der darstellenden Geometrie. Vier Vorträge. Verlagsbuchhandlung Franz Deuticke, Wien 1936.
9. (ohne Lietzmann) Arithmetik, Algebra und Analysis. (2. verb. u. erw. Aufl.) Wunsiedel Leitner & Co, 1955 [erschien 3 Jahre nach Jaroschs Tod]

Quellen. Nachruf von Pilizotti, IMN **25/26** (1954), 60f; UWA Rigorosenakt PH RA 9006; Kürschners Deutscher Gelehrtenkalender (revidiert von Gerhard Lüdtke, 1940) [A–K], p 820. Jahresberichte d. Staats-Unterrealschule Margareten 1907–1916; Reichspost 1916-08-19 p9; Neues Wiener Tagblatt (Tages-Ausgabe) 1930-12-23 p 10.

Georg Kantz

*1896-12-06 Triest; †1972-11-03 Graz

NS-Zeit. Illegales NSDAP-Mitglied Nr. 6.268.491, Inhaber der Erinnerungsmedaille.
Kantz hat seine NS-Vergangenheit nach 1945 konsequent verheimlicht, konnte so seine
Venia von 1942 erhalten und zum ao Professor aufsteigen.

Aus seiner Schulzeit ist nur bekannt, dass Kantz 1907/08 Zögling des Gottscheeer Deutschen Studentenheims in Cilli (heute Slowenien) war und dort die zweite Klasse mit Vorzug
absolvierte.[385] Kantz war Teilnehmer des Ersten Weltkriegs, dürfte aber noch vor seiner
Einberufung maturiert haben. Er promovierte 1928 an der Universität Graz bei Anton
ᐳ Rella.

Kantz hatte bis zu seiner Bestellung zum ao Professor nie eine akademische Stellung;
hauptberuflich war er zunächst Lehrer am Realgymnasium in Fürstenfeld, dann an der
Ersten Bundesrealschule, der „Kepler-Realschule", in Graz. Von 1936 bis 1948 hielt er
regelmäßig die Vorlesung *Methodik des Unterrichts in Mathematik und Darstellender
Geometrie.*

Er hat es seit dem Ende des Zweiten Weltkriegs immer geleugnet, jedoch war er laut Auskunft der Polizeidirektion Graz vom Januar 1949, nach den örtlichen Parteilisten NSDAP-
Mitglied mit der Nr. 6.268.491 und Inhaber der *Medaille zur Erinnerung an den 13. März
1938* („Ostmark-Medaille"). Diese Medaille wurde laut Widmung an aktive Unterstützer
des „Anschlusses" vor und während des 13. März 1938 verliehen.

1941 wurde die Kepler-Realschule in „III. Staatliche Oberschule für Jungen in Graz"
umbenannt und Kantz Studienrat. Es folgte ein überraschender Blitzstart in seiner Karriere:
1941-09 wurde er in dieser Position zum „Dozenten neuer Ordnung" an der Universität
Graz ernannt und ihm damit die Lehrbefugnis für Mathematik erteilt. Bekannt ist, dass
bis zum Kriegsende nur vier in ZBl/JFM genannte Arbeiten von Kantz erschienen,[386] alle
vier in der *Deutschen Mathematik* und sicher auch nach damaligen Kriterien nicht als
Habilitationsschrift tauglich.

Im Gegensatz zu vielen anderen Nationalsozialisten wurde Kantz nach dem Zweiten Weltkrieg nicht amtsenthoben oder mit Berufsverbot belegt, vielmehr wurde ein Antrag auf
die Verleihung einer tit. ao. Professur gestellt und schließlich 1946 die Ernennung zum ao
Professor und Lehrkanzelvorstand — unter Übergehung der mathematischen Größen van
der Waerden und ᐳ Rellich — durchgesetzt (für den genauen Hergang verweisen wir auf
Abschnitt 2.6). Das Gutachten von 1946 bescheinigte ihm ausgezeichnete Leistungen als
Lehrer und behauptete, er sei weder Mitglied der NSDAP noch einer ihrer Gliederungen
gewesen — was durch die obige Auskunft von 1949-01 widerlegt wird. Unausgespro-
chenes Motiv für die ministerielle Entscheidung für Kantz war wohl neben persönlichen

---

[385] Grazer Tagblatt 198-07-10

[386] Die letzte Arbeit erschien 1942, danach erschienen erst wieder 1955, 1957 und 1962 mathematische
Publikationen von Kantz.

Beziehungen und finanziellen Überlegungen auch die Angst vor einer wissenschaftlichen Überqualifikation der anderen Kandidaten und vor zu viel „abstrakter Mathematik". Man wollte nicht viel mehr als Mittelschulniveau für die künftigen Ingenieure.

1956 erfolgte die Ernennung zum o Prof, 1968 die Emeritierung. Sein Nachfolger auf der 1. Lehrkanzel für Mathematik wurde 1971-09-01 Ludwig Reich (*1940-01-01 Mödling, NÖ), Dissertant von Karl ⟩ Prachar.

Georg Kantz spezialisierte sich auf die Untersuchung algebraischer Zahlkörper. Sein über dieses Thema verfasstes, angeblich 1944 vollendetes Hauptwerk von behaupteten über 1000 Seiten blieb bis heute unveröffentlicht.

Der Zahlentheoretiker Alexander ⟩ Aigner erhielt bei ihm 1947 eine Assistentenstelle.

1957 promovierte bei ihm der spätere Statistiker Franz Josef Schnitzer mit einer zahlentheoretischen Arbeit. [387]

Ausgewählte Publikationen. *Diss.*: (1928) *Eine Koeffizientenbestimmung nebst Beiträgen zur additiven Zahlentheorie* (⟩ *Rella*).

1. Über einen Satz aus der Theorie der biquadratischen Reste. Deutsche Mathematik 5 (1940), 289–272.
2. Neue Herleitung der Darstellung der Potenzsummen der Wurzeln eines normierten Polynoms n-ten Grades von x durch seine Koeffizienten. Deutsche Mathematik 5 (1940), 393–394.
3. Zerfällung einer Zahl in Summanden. Deutsche Mathematik 5 (1940), 476–481.
4. Über die Auflösung der Gleichung: $\phi(x) = n$, wenn $\phi(m)$ die Anzahl derjenigen natürlichen Zahlen bezeichnet, welche relativ prim zur natürlichen Zahl m sind. Deutsche Mathematik 6 (1941), 437–449.
5. Su quelle radici dell'unità di un corpo K ciclico di grado ℓ sopra un corpo algebrico k, le quali sono potenze ($\sigma - 1$)-esime di numeri di K, essendo ℓ numero primo e σ un automorphismo generatore di K relativamente a k. Atti IV. Congr. Un. Mat. Ital. **2** (1953), 131-138.
6. Über Integritätsbereiche mit eindeutiger Primelementzerlegung Arch. Math. **6** (1955), 397–402.
7. Beziehungen zwischen den Koeffizienten einer analytischen Funktion und ihrer Umkehrfunktion. Mh. f. Mathematik **59** (1955), 27–33
8. Über den Typus eines Zerlegungsringes. Mh f. Mathematik **59** (1955), 104–110
9. Eine für die Theorie der relativ-abelschen Körper grundlegende Abelsche Operatorgruppe. Mh. f. Mathematik **61** (1957), 151–156
10. L'esame mediante la teoria dei gruppi della decomposizione dell'ideale primo infinito d'un corpo aritmetico col passaggio ad uno dei suoi sopracorpi. Ann. Mat. Pura Appl., IV. Ser. **57** (1962), 173-177.

Zbl/JFM nennen (bereinigt) nur die oben genannten 10 Publikationen, die ersten 4 in der *Deutschen Mathematik*.

Quellen. Salzburger Volksblatt 1941-09-12, p4; Aigner [2], vor allem p50–52; Gronau [123].

---

[387] Franz Schnitzer (*1928-07-14 Leoben; †2006-10-20) war von 1957 bis 1971 Professor an der Wayne State University, Detroit, Michigan (USA), ab 1972, bis zu seiner Emeritierung 1966, o Professor an der Montanistischen Hochschule/Universität in Leoben.

Karl Karas

*1890-11-24 Graz; †1963-10-30 Darmstadt

Karl Karas war laut dem Vorwort seines Buches, in dem er sich bei seiner Frau für ihre Hilfe bedankt, verheiratet.

NS-Zeit. Von 1925-1933 Mitglied der sudetendeutschen DNSAP (die radikalere der beiden gegen die tschechoslowakische Republik auftretenden Parteien der deutschen Minderheit; 1933 verboten), ab 1939-04-01 Mitglied der NSDAP.

Karl Karas besuchte von 1903 bis 1911 das humanistische Gymnasium in Graz und studierte danach von 1911 bis 1915 an der Fakultät für Maschinenbau der DTH Brünn. Ab dem Ende des Studienjahres 1914/15 diente er bis 1919-04 in der kk. Armee, jedoch nicht an der Front, sondern im Konstruktionsbüro der Škoda-Werke in Pilsen. Dem Vernehmen nach war er dort an der Weiterentwicklung des Mörsers 30,5-cm-M.11 beteiligt. Nach seiner Entlassung aus der Armee war er 1919/20 hintereinander als Assistent an den Lehrstühlen Mathematik und Mechanik der DTH Brünn angestellt. Er promovierte 1921-05-25 zum Dr der technischen Wissenschaften an der TH Graz, studierte Maschinenbau und Chemie an der DTH Brünn sowie Mathematik und Physik an der Masaryk-Universität; 1925 habilitierte er sich; 1925-11-10 erhielt er eine Stelle als Diätendozent an der TH Brünn und verblieb so bis Ende 1934. Im Jahre 1935 supplierte er die Vorlesungen über Mechanik an der DTH in Prag und qualifizierte sich damit als einziger geeigneter Kandidat für die vakante ao Professur für Mechanik. 1936-04 erhielt er die Ernennung zum ao Professor, 1941 zum Ordinarius. Er verblieb bis zum Kriegsende in Prag und wechselte dann in die spätere Bundesrepublik, ab 1949 war er ordentlicher Professor für angewandte Mechanik und Schwingungslehre im Ingenieurwesen an der TH (heute TU) Darmstadt; er emeritierte dort 1958. Sein Nachfolger war Karl Klotter (*1901-12-28 Karlsruhe; †1984-09-20 ebenda).

Karas gelangte in seiner wissenschaftlichen Arbeit von der Angewandten Mathematik zur Technischen Mathematik und erwarb viel praktische Erfahrung. Bereits in jungen Jahren hatte er einen ausgezeichneten Ruf als Experte für technische Mechanik und Qualitätskontrolle.[388] In einer Arbeit von 1936 wandte er die mathematische Mechanik auf das Wachstum von Blättern an. Später spezialisierte er sich ganz auf die theoretische Schwingungslehre und auf mechanische Probleme bei rotierenden Maschinenteilen. Auch nach seiner Emeritierung im Jahr 1958 war er wissenschaftlich aktiv; er verstarb während der Drucklegung seiner letzten Arbeit, die 1964 erschien (s. u.).

In Brünn war er in den Jahren 1925-1933 Mitglied der „Deutschen Nationalsozialistischen Arbeiterpartei (DNSAP)" in der Tschechoslowakei,[389] trat aber noch vor deren Selbst-

---

[388] Bundesarchiv Berlin, fond DS.B 33.

[389] Tschechisch *Německá národně socialistická strana dělnická*, eine radikal nationale Partei der deutschen Minderheit zur Zeit der Ersten Tschechoslowakischen Republik. Sie löste sich 1933 freiwillig auf, um nicht verboten zu werden.

auflösung aus. Nach seinen eigenen Worten „war er nie ein aktives Mitglied"; er sei der Partei beigetreten, weil er glaubte, als Vater von vier Kindern die sozialen Einrichtungen der Partei nutzen zu können. Am 1. April 1939 wurde er in die NSDAP in Prag-Radotín aufgenommen. [390] Durch antisemitische Aktionen ist er nicht aufgefallen, nach Kriegsende konnte er jedenfalls 1945 die Tschechoslowakei anstandslos verlassen.

Ausgewählte Publikationen.
1. Die kritischen Drehzahlen wichtiger Rotorformen. Julius Springer, Wien 1935. Digitale Neuauflage bei Springer Archive]
2. Die Kinematik des wachsenden Blattes. Ein Beitrag zu den mechanistischen Theorien der Biologie. S.-B. Akad. Wiss. Wien, Math.-nat. Kl., IIa **145** (1936), 301-328
3. Die Eigenschwingungen inhomogener Saiten. Sitzungsber. Akad. Wiss. Wien **145** (1936), 797-826
4. Beteiligt an der Federhofer-Girkmann Festschrift.
5. Beanspruchung und Verformung rotierender Scheiben durch axiale Drehmomente. Ing.-Arch.**30** (1961) Nr. 1 S 63–76.
6. Drehstöße auf Scheiben mit allgemeineren hyperbolischen und Exponentialprofilen. Z. Flugwiss.**12** (1964) Nr. 2 S. 60–69.
7. Ein praktisch wichtiges Umkehrproblem bei instationärer Scheibendrehung. Forschung im Ingenieurwesen A **30** (1964), 54–58. (posthum) Zbl/JFM nennen bereinigt 31 mathematische Publikationen, darunter 2 Bücher. Publikationen in technischen Berichten uä sind dabei nicht berücksichtigt.

Quellen. Grazer Tagbl. 1921-05-25 p12, 1925-11-10 p5; Freie Stimmen 1936-04-16 p3; Bundesarchiv Berlin, fond R 31/394, DS.B 33; Pavel Šišma [322, 325]; Josefovicova [158] p 103f; Kürschners Deutscher Gelehrtenkal. 1954 p 572

Lit.: Šišma, P.: Mathematik an der DTH Brünn. Prag 2002.

Regine Kästenbauer

Deckname „Lilly"

*1912-07-04 Wien; †1957-02-09(b) Wien

Regine Kästenbauer war die Tochter eines Bahnbeamten.

Kästenbauer ∞ Kucera, über den sonst nichts bekannt ist; keine Kinder.

NS-Zeit. Kästenbauer war schon lange vor dem „Anschluss" Mitglied des Kommunistischen Jugendverbands KJV gewesen, stand 1938 an führender Stelle im KJV und in der KP; sie wurde 1938-11-14 von der Gestapo verhaftet, 1945 aus einem Lager in Oberbayern von amerikanischen Truppen befreit. Aus konspirativen Gründen vermied sie Kontakte zu den Roten Studenten (cf. den Eintrag ⟩ Schmetterer).

Regina Kästenbauer studierte nach Absolvierung von Volksschule und Gymnasium ab 1931 für das Lehramt an Mittelschulen Mathematik an der Universität, Darstellende Geometrie an der TH Wien, 1938 stand sie nach eigener Aussage kurz vor der Lehramtsprüfung. Der Schwerpunkt ihrer Interessen lag eindeutig bei ihren Untergrundaktivitäten, sie ist hier in unsere Liste nur als das vorerst einzige uns bekannte Beispiel einer österreichischen Mathematikstudentin im Widerstand aufgenommen worden.

---

[390] Bundesarchiv Berlin, fond R 31/394

Im Juni 1938 hielt sie sich in Prag auf, wo sie mit leitenden KP-Funktionären zu Besprechungen zusammentraf, darunter Josef Csarmann,[391] dem zeitweisen Wiener Sekretär Karl Zwiefelhofer (der sich später als Gestapokonfident entpuppte)[392] und dem Hamburger KP-Instruktor sowie Leiter des Kommunistischen Jugendverbands in Österreich, Bruno Dubber.[393] Ziel dieser Kontakte war der Neuaufbau der Wiener KP-Organisationen in Absprache mit dem in Prag stationierten Zentralkomitee. Kästenbauer gehörte dem Führungskader der KP an, war als Kurierin und für die Rote Hilfe tätig, übermittelte Geldbeträge, besorgte den Schriftverkehr und hielt Kontakte zu Parteimitgliedern im Ausland aufrecht. Aufgrund der Informationen des Spitzels Zwiefelhofer wurden Csarmann, Kästenbauer, Dubber und noch einige andere KP-Mitglieder im November 1938 festgenommen. Kästenbauer wurde 1938-11-14 bei einem Kurier-Treffen mit Bruno Dubber im Café Westend (schräg gegenüber dem Westbahnhof)[394] von der Gestapo aufgegriffen und mit diesem gemeinsam ins Polizeigefängnis Rossauer Lände, gegenüber dem heutigen (2021) Standort des Mathematikinstituts der Universität Wien, eingeliefert, dann 1939-08 in das Landesgericht Wien überstellt.[395] Dort blieb sie bis November 1939. Von 1939-11-22 an war sie im Gerichtsgefängnis Berlin-Charlottenburg inhaftiert, zusammen mit einer Reihe anderer führender KP-Genossen. 1941-05-16 wurden die Inhaftierten nach einem zwei Wochen dauernden Prozess unter der Anklage „Vorbereitungen zum Hochverrat"[396] zu langen Haftstrafen verurteilt, Kästenbauer zu fünf Jahren, die Untersuchungshaft wurde ihr nicht angerechnet.

Um ihre konspirativen Kontakte mit dem ebenfalls angeklagten Josef Müller als „nicht hochverräterisch" zu motivieren, gab sie vor dem Volksgericht (VG) in Berlin an, mit Müller ein Liebesverhältnis gehabt zu haben.[397] 1941-07-16 deportierte man sie ins Zuchthaus Aichach in Bayern, in dem von 1942-09-22 bis 1945-04-29 auch die bekannte Schöpferin

---

[391] Maschinenschlosser und Wiener Landesparteisekretär. Csarmann war auch nach dem Krieg leitender KP-Funktionär; der KP-Innenminister Franz Honner (im Amt bis 1945-11) installierte ihn in der Wiener Polizei, wo er schließlich bis 1955-08 Leiter des Polizeikommissariats Leopoldstadt war.

[392] Zwiefelhofer [auch: Zwifelhofer] war 1941-03 verhaftet worden. Tidl [358] schreibt über ihn: „Zwiefelhofer, ein Lederarbeiter, wurde 1942 [von den Nazis] zum Tod verurteilt und arbeitete, um sein Leben zu retten, in den Zellen der Inhaftierten, Z.B. in der Roßauerlände, für die Gestapo. Er ist seit 1945 verschwunden."

[393] *1900-11-11 Hamburg; †1944-05-06 Bremen-Oslebshausen

[394] Molden F (2019) Fires In The Night: The Sacrifices And Significance Of The Austrian Resistance. Verlag Routledge; p 37

[395] Tidl schreibt in [358], p. 31, über Kästenbauer und die Chemie: „Die Studentin Kästenbauer wurde unter anderem durch zehn tschechische und zwei jugoslawische Adressen belastet, 'die sie in ihrem Notizbuch mit Blutlaugensalz vermerkte, so daß die Schrift nur durch ein besonderes Verfahren sichtbar gemacht werden konnte.'... " Ein gängiges solches Verfahren besteht im Bestreichen des Texts mit Eisen(III)nitratlösung und Sodalösung. Ergab „eine blass-blaue Frauenschrift".

[396] Im wesentlichen die Standard-Unterstellung, für die „Loslösung der Ostmark vom Deutschen Reich" gearbeitet zu haben. Die Ausfertigung des Urteils ist in Tidl [358], p 269, abgedruckt.

[397] Solche Angaben wurden häufig vorgebracht, um konspirative Beziehungen zu vertuschen. Der Wahrheitsgehalt solcher Aussagen ist heute nur in den seltensten Fällen überprüfbar. Müller starb 1945-04 während des „Massakers im Zuchthaus Stein"; er konnte dem Massaker vorerst entgehen, „stellte eine Kampfgruppe zusammen und fiel in einem Gefecht mit der SS vor der Mautner Brücke" ([358] p 61).

der Frankfurter Küche, die Architektin Margarete Schütte-Lihotzky inhaftiert war.[398] 1944-07 wurde sie nach Kolbermoor bei Rosenheim (Bayern) verlegt, wo sie in einer seit 1943 eingerichteten Gasmaskenerzeugung als Zwangsarbeiterin beschäftigt wurde. Von dort wurde sie 1945-04-24 in das Lager Lebenau in Laufen (Oberbayern),[399] nahe der Grenze zu Salzburg, deportiert, wo sie 1945-05-04 durch amerikanische Truppenverbände befreit wurde. Kästenbauer verließ dieses Lager 1945-06-08 und soll sich danach „sofort" in Salzburg niedergelassen haben; sie starb 1957, ihre Urne befindet sich aber nicht in Salzburg, sondern zusammen mit denen anderer Mitglieder ihrer Familie am Friedhof Feuerhalle Simmering in Wien. Sie heiratete später einen Herrn Kucera, über den sonst nichts bekannt ist.

Quellen. NS-Akten im Justizpalast, Urteil 7J 91/41 2H 131/40 (hier zitiert nach Tidl [358]); Widerstand in Salzburg 1941 (hrsg. Renner-Institut Salzburg, FreiheitskämpferInnen Salzburg), Ausgabe 2 Books on Demand, 2014; Tidl [358] p 31, 60ff, 72, 115; Gestapo-Akten/Volksgerichtsakten Bruno Dubber, Berlin

Lit.: Korotin [175], Eintrag Kästenbauer; Brauneis, I (1974), Widerstand von Frauen in Österreich gegen den Nationalsozialismus 1938-1945. Dissertation Wien 1974.

Franz Knoll

*1892-05-02 Eisenstadt;   †1982-03-20 Wien (r.k.)

Knolls Vater starb 1899.

Knoll war verheiratet, von seiner Frau ist aber nur bekannt, dass sie den rassistischen NS-Vorgaben nicht genügte.

Zeichnung: W.R. nach einem Foto in Einhorn, [67] Tafel XVII

NS-Zeit. Knoll war Mitglied des „Deutschen Klubs" und seit 1930 Parteimitglied, wurde aber 1938 trotzdem seines Amts enthoben, da er jüdisch versippt, nämlich mit einer „Nichtarierin" verheiratet, aber nicht zu einer Scheidung bereit war. Auf Betreiben von Lothar Schrutka wurde er schließlich gnadenhalber 1940 wieder eingesetzt, einer der wenigen Ausnahmefälle. Danach brachte er es bis 1945 zum ao Professor und zweifachen Institutsdirektor. Nach 1945 dienstenthoben, wurde er 1947 wieder eingestellt, aber in der Position, die er vor dem „Anschluss" innehatte, als Assistent.

---

[398] Schütte-Lihotzky M (1994), Erinnerungen aus dem Widerstand: das kämpferische Leben einer Architektin von 1938-1945. Verlag Promedia, Wien 1994 (Original von University of California); (p 195).

[399] In der Burg Laufen befand sich bis 1942-05 das Offiziersgefangenenlager Oflag VII-C, danach das Mannschaftslager Stalag VII. In Laufen-Lebenau endete 1945-05-01 der Todesmarsch der KZ-Häftlinge aus dem Regensburger KZ-Außenlager Colosseum des KZ Flossenbürg. Kästenbauer muss das Eintreffen der Überlebenden dieses Todesmarsches miterlebt haben. (Benz und Distel [26] Bd 4.

Franz Knoll war gebürtiger Ungar, da zur Zeit seiner Geburt Eisenstadt zur ungarischen Reichshälfte der Doppelmonarchie gehörte, er wuchs aber in einer deutschsprachigen Familie auf. 1918-12-16 erwarb er die deutsch-österreichische Staatsbürgerschaft, was er in seinem eigenhändig geschriebenem Lebenslauf von 1919-06-23 sorgfältig vermerkte. Während seiner Studentenzeit war Knoll Obmann einer der drei Wiener Ortsgruppen des *Schutzvereins für die Erhaltung des Deutschtums in Ungarn* und damit in der damaligen deutschnationalen Szene sehr aktiv.[400]

Nach dem Tode seines Vaters im Jahre 1899 übersiedelte Franz Knoll nach Wien, besuchte die Volksschule und 1903–11 das k.k. Staatsgymnasium in Wien III, wo er mit Auszeichnung maturierte. Danach studierte er bis 1915-06-15 an der philosophischen Fakultät der Universität Wien, wurde aber knapp vor Studienabschluss zum Kriegsdienst eingezogen, den er im Infanterieregiment Nr 19 ableistete.

1919-02-17 endete sein Militärdienst, drei Monate später, 1919-05-23, promoviere er bei Escherich; 1919-10-01 trat er eine Assistentenstelle an der Lehrkanzel Mathematik I der TH Wien an, erst unter Karl Zsigmondy, dann unter Erwin > Kruppa. Gleichzeitig übernahm er Lehraufträge über die Vorlesung *Enzyklopädie der Mathematik* für Lehramtskandidaten an der Hochschule für Welthandel und für verschiedene Supplierungen an der TH, darunter auch Wahrscheinlichkeitstheorie und Mathematische Statistik. Von 1925 bis 1928 leitete er die Lehrkanzel für Wahrscheinlichkeitsrechnung, 1927-09 habilitierte er sich. Referent der Habilitationskommission war Lothar > Schrutka mit einem sehr positiven Gutachten, Schrutka unterstützte Knoll auch später, während der NS-Zeit.

1928 wurde > Kruppa zum Ordinarius für Darstellende Geometrie berufen und die von ihm verlassene Lehrkanzel Mathematik I zum Spielball gegensätzlicher politischer und wissenschaftspolitischer Interessen.[401]

Vorerst führte Knoll die von Kruppa verwaist zurückgelassene Lehrkanzel weiter, aber schon 1930 endete seine Geschäftsführung; Ordinarius für Mathematik I wurde 1930-03-21 der Nationalsozialist der ersten Stunde Theodor > Vahlen, der nach langem Tauziehen seinen Lehrstuhl an der Greifswalder Universität wegen demonstrativer Verächtlichmachung der Weimarer Republik („Flaggenaffäre") verloren hatte. Letzterer Umstand störte offenbar das Unterrichtsministerium in Wien nicht, das dem damals parteilosen Heinrich von Srbik unterstellt war.[402] Das Professorenkollegium hatte in seinem Vorschlag > Vahlen an die

---

[400] Das *Deutsche Volksblatt* 1912-11-17 p22 berichtete über seine Teilnahme an einer Feier zu Ehren von Adam Müller-Guttenbrunn, dem bekannt antisemitischen und deutschnationalen Direktor des Kaiserjubiläums-Stadttheater (heute die *Wiener Volksoper*). Müller-Guttenbrunn war vehementer Gegner der Magyarisierung des Schulwesens in West-Ungarn nach dem österreichisch-ungarischen Ausgleich.

[401] Wir geben hier eine etwas verkürzte Darstellung der Vorgänge, hauptsächlich anhand der von Rudolf Einhorn [67] gesammelten Fakten.

[402] Der Historiker Heinrich Ritter von Srbik (*1878-11-10 Wien, 1951-02-16 Ehrwald/Tirol) war von 1929-10-16 bis 1930-09-30 Unterrichtsminister im Kabinett Schober III. Srbik war Mitglied der antisemitischen *Bärenhöhle* und trat nach dem „Anschluss" der NSDAP bei (Nr. 6.104.788). Von 1938 bis 1945 Mitglied des (funktionslosen) Deutschen Reichstags und Präsident der Wiener Akademie der Wissenschaften, 1945 aller Ämter enthoben, 1948-03-17 in den Ruhestand versetzt; [240] p 304. Seiner antisemitischen Grundhaltung zum Trotz teilte Srbik nicht die NS-Auffassung von den rassischen Triebkräften in der Geschichte und urteilte in seinen Gutachten zu wissenschaftlichen Leistungen bemerkenswert objektiv. Er war Doktorvater der „Roten Studentin" Marie Tidl, die er trotz diametral anderer politischer Einstellung

erste Stelle, ˃ Vietoris und Otto Volk,[403] aequo loco an die zweite, und den Privatdozenten Heinz Prüfer, Münster, an die dritte Stelle gesetzt.

Nach Hitlers Einzug in die Reichskanzlei wurde ˃ Vahlen 1933-03-15 in die Hochschulabteilung des Preußischen Kultusministeriums nach Berlin berufen, sein Ordinariat an der TH Wien stand damit erneut zur Disposition. Der Besetzungsvorschlag der TH mit den Namen Johann ˃ Radon, Lothar ˃ Koschmieder und Rudolf ˃ Weyrich wurde 1934-01 von dem mittlerweile Kurt Schuschnigg unterstehenden Unterrichtsministerium aus finanziellen Gründen zurückgewiesen. Zunächst wurde der angeblich der Regierung missliebige Wilhelm ˃ Olbrich von der Hochschule für Bodenkultur „bis auf weiteres" mit der Leitung der vakanten Lehrkanzel betraut. Da auch der nächste Besetzungsversuch, diesmal mit Karl ˃ Mayr von der TH Graz, scheiterte, wurde wieder Knoll mit der Supplierung beauftragt und das bisherige Ordinariat in ein Extraordinariat zurückgestuft. Der nächste Vorschlag für die nunmehr zu besetzende ao Professur umfasste neben Franz Knoll die Privatdozenten Karl ˃ Mayrhofer, Adalbert ˃ Duschek und Karl ˃ Strubecker. Das Ministerium entschied sich für Adalbert ˃ Duschek.

Duschek leitete die Lehrkanzel bis zum „Anschluss" 1938, der ihm als Ehemann einer Jüdin die Versetzung in den Ruhestand bescherte. Nächster Inhaber der Lehrkanzel und ao Professor wurde danach Karl ˃ Strubecker.

Der „Anschluss" bescherte allerdings auch dem ebenfalls mit einer „Nichtarierin" verheirateten Knoll trotz seiner Parteimitgliedschaft seit 1930 die sofortige Beurlaubung von seinen Ämtern. Sein Fall war dem seines Kollegen ˃ Eckhart sehr ähnlich und dessen Selbstmord noch in frischer Erinnerung. Unter Hinweis auf den Fall Eckhart und mit dem Argument der Unverzichtbarkeit Knolls für die Lehre gelang es Lothar ˃ Schrutka, obwohl damals noch nicht Dozentenführer, in einer Eingabe 1938-10-28 an den Rektor die Rücknahme der Enthebung zu erwirken, diese Revision trat aber erst 1940-01-05 in Kraft.[404] Knoll wurde wieder mit der Leitung der Lehrkanzel für Versicherungsmathematik beauftragt und 1941-01-16 zum apl ao Professor an der TH Wien ernannt.

Der nächste „Karrieresprung" erfolgte 1943, nach dem Wechsel ˃ Strubeckers an die „Reichsuniversität Straßburg". Knoll wurde, diesmal planmäßig, Extraordinarius und Leiter der nach Strubecker verwaisten Lehrkanzel. Gleichzeitig erhielt er die Leitung einer neugegründeten Lehrkanzel für Wirtschaftsmathematik, von der aber offenbar keine wesentlichen Aktivitäten ausgingen. Gegen Ende des Krieges wurden eine Reihe von wissenschaftlichen Abteilungen/Instituten mit ihrer wichtigsten Ausrüstung nach Oberösterreich ausgelagert, die meisten in die Hochschul-Auffangstelle Strobl.[405] Da Strobl zum Auslage-

---

durchaus förderte. (S. Tidl [358] und Tidl&Tidl [357], Martina Pesditschek Heinrich (Ritter von) Srbik. Historiker, Unterrichtsminister, Reichstagsabgeordneter im Nationalsozialismus, pp 293–298.)

[403] Otto Volk (*1892-07-13 Neuhausen b. Stuttgart, †1989-03-21 Würzburg) war bis 1930 Professor für Mathematik und Astronomie in Kaunas/Litauen und ging dann an die Universität Würzburg. Volk war ab 1938 Mitglied der NSDAP. 1947–49 war er Mitarbeiter u. stellv. Leiter des Mathematischen Forschungsinstituts Oberwolfach.

[404] Das Argument der „Unverzichtbarkeit für die Lehre" war vermutlich nicht wirklich ausschlaggebend. Offenbar hatte der Schock nach dem Selbstmord Eckharts sowohl beim Rektor als auch in der Gauleitung (Gauleiter Bürckel) und im REM Wirkung gezeigt.

[405] Zum Beispiel der Chemiker Ebert mit Assistenten und Teilen seiner Geräteausstattung; vgl. p 46

rungszeitpunkt aber bereits voll ausgelastet war, übersiedelte Knoll mit einem Assistenten nach Unterach am Attersee, wo er bis 1956 blieb.[406] Nach Kriegsende wurde Knoll auf den Dienstposten eines Assistenten zurückgestuft, den er vor dem „Anschluss" 1938-03-13 hatte, und 1947 im Alter von 55 Jahren pensioniert. Wie auch andere belastete Mathematiker war er daher genötigt, sich mit Nachhilfestunden und Gelegenheitsarbeiten seine Pension aufzubessern, um seine Familie erhalten zu können. Trotz seiner Tätigkeit an einer Lehrkanzel für Wirtschaftsmathematik kam er nicht in der Privatwirtschaft unter. Einhorn berichtet von erheblichen Verlusten, die Knoll beim Kriegsende hinnehmen musste (neben dem Verlust seiner Wohnung samt Einrichtung der Verlust zweier druckfertiger Manuskripte für Lehrbücher).

Knolls mathematische Karriere verlief sehr „aufhaltsam" und in den engen Bahnen eines im wesentlichen auf die Lehre reduzierten Mathematikers mit einer hohen Lehrbelastung. Seine fleißige Parteiarbeit bewahrte ihn dank des Eingreifens seines Mentors ˃ Schrutka gerade noch vor der Entlassung, brachte ihn aber nicht wirklich weiter. Wobei nicht ganz klar ist, ob an seiner schleppenden Karriere die „nicht-arische" Ehefrau oder vielleicht doch mangelnde Kreativität in der mathematischen Forschung den Ausschlag dafür gaben. Erstaunlicherweise richtete ˃ Inzinger noch 1958-04-03 eine Anfrage an ihn, ob er bereit wäre, sich um die Nachfolge ˃ Duscheks zu bewerben. Die Antwort war zwar letztlich zustimmend, aber in Summe pessimistisch. Er wäre mit Sicherheit keine gute Alternative zu dem wesentlich jüngeren und unbelasteten ˃ Bukovics gewesen. Knoll starb, fast ganz erblindet, 90-jährig in Wien.

Es sind keine von Knoll betreuten Dissertationen bekannt.

Ausgewählte Publikationen. *Diss.:* (1919) *Invariante Beziehungen zwischen den Koeffizienten der ersten und dritten Fundamentalform einer Fläche (Escherich).*

1. Über panalgebraische Mannigfaltigkeiten. Sber. Wien **134** (1925), 97-108.
2. Die Differentialgeometrie des räumlichen Vektorfeldes. I: Ein Beitrag zur Differentialgeometrie der Kurvenkomplexe. Sber. Wien **135** (1926), 487-505.
3. Zur mathematischen Theorie der Versicherung. Blätter f. Versicherungsmath. **2** (1933), 327-333.
4. Über die Wirkungsweise der mechanischen Glättungsverfahren. Blätter f. Versicherungsmath. **2** (1933), 399-406.
5. Über die Berechnung der höheren Momente. Versicherungsarchiv 5 (1934), 203-210.
6. Zur Bruns-Hermiteschen Reihe in der mathematischen Statistik. (German) Sitzungsber. Akad. Wien **144** (1935), 45-52.
7. Die zyklischen Funktionen und die damit zusammenhängenden linearen Operationen. Verallgemeinerte Bernoullische Polynome. (German) Deutsche Math. **1** (1936), 156-162.
8. Über Interpolationsreihen. Deutsche Math. **2** (1937), 300-320.
9. Zur Großzahlforschung: Über die Zerspaltung einer Mischverteilung in Normalverteilungen, Archiv für mathematische Wirtschafts- und Sozialforschung **8** (1942), 36–49
10. Über Näherungsverfahren bei empirisch gegebenen Verteilungsfunktionen und damit verbundene Korrekturformeln, Deutsche Math. **7** (1942), 187–194
11. Beitrag zur Mathematik der Sachversicherung, Versicherungsarchiv **13** (1944), 1–8 [nicht in Zbl/JFM]

Zbl/JFM nennen bereinigt 8 mathematische Publikationen (19 ohne Bereinigung von Doubletten und Ankündigungen); Einhorns [67] Verzeichnis von Knolls Schriften umfasst 13 Einträge, die gleichen wie in Zbl/JFM.

Quellen. UWA PH RA 4615 Knoll, Franz, 1919.03.04-1919.04.01 (Akt); TUWA, Rektoratsakten, RZL 2439-1937/38, Schreiben Schrutkas an den Rektor von 1938-10-28; Einhorn [67, p 457–464]; Pfefferle [240]; Koll [172, p 15]; Huber [150]

---

[406] Einhorn [67, p 462ff]

Robert König

(Johann Maria)

*1885-04-11 Linz; †1979-07-09 München

König ∞ Charlotte, geb ?; ein Sohn, †gefallen im 2. Weltkrieg

Zeichnung: W.R. nach Friedrich Hund (Detail aus dem großen Gruppenfoto von der Gästetagung 1930 in Jena)

NS-Zeit. Freund des NS-Unterstützers E. G. Kolbenheyer,[407] aber letztlich Gegner der NS-Ideologie; während seiner Zeit in Jena war er in Auseinandersetzungen mit dem ehrgeizigen und ihm feindlich gesinnten Pg Ernst Weinel verwickelt.

König studierte ab 1903 erst in Wien und dann in Göttingen. 1907 promovierte er zum Dr phil bei David Hilbert, 1911 habilitierte er sich an der Universität Leipzig.

In Leipzig blieb er zunächst als Assistent und Privatdozent, bis er 1914 als planmäßiger ao Professor an die Universität Tübingen berufen, 1921 zum Ordinarius ad personam[408] ernannt wurde. Während des Ersten Weltkriegs war er ab 1916 im Stellvertretenden Großen Generalstab in Berlin tätig.[409] Zwischen 1919 und 1921 lehnte er drei Rufe an eine andere Universität (Brünn, Wien und Rostock) ab, schließlich folgte er 1922 einem Ruf als Ordinarius an die Universität Münster in der Nachfolge von Leon Lichtenstein.[410] In Münster war 1922–1926 Maximilian Krafft sein Assistent.[411] König und Krafft verfassten gemeinsam eine Monographie über elliptische Funktionen.

---

[407] Mit Kolbenheyer beschäftigte sich auch Wolfgang > Gröbner sehr intensiv (Fußnote auf p 229).

[408] „Nur für ihn persönlich": Nach Ende des Dienstverhältnisses wird die Stelle wieder eingezogen. Eine Variante des tit. o.

[409] Bei der Mobilmachung 1914 wurde der *Große Generalstab* um den *Stellvertretenden Großen Generalstab* erweitert. Dieser hatte die Verantwortung für das Nachrichtenwesen und die Überwachung der Spionagetätigkeit.

[410] Leon Lichtenstein (*1878-05-16 Warschau, †1933-08-21 Zakopane) verließ 1922 Münster und wurde Ordinarius in Leipzig. Im Frühjahr 1933 gab er diesen Lehrstuhl auf und kehrte nach Polen zurück, da er als Jude keine Chance auf Erhalt dieses Postens sah. Ohnehin kränklich, verstarb er bald darauf an Herz- und Nierenversagen. Zu seinen Schülern in Leipzig gehörten Ernst Hölder, Erich Kähler, Aurel Wintner, Hermann Boerner und Karl Maruhn. Leon Lichtenstein gehörte 1918 zu den Begründern der *Mathematischen Zeitschrift* und war ihr erster Herausgeber.

[411] Maximilian Krafft (*1889-11-03 Pyrbaum, Oberpfalz; †1972-06-26 Marburg) habilitierte sich 1923 unter König. 1926 Privatdozent in Marburg, dort 1927 nichtbeamteter ao, 1940 apl Professor. Ab 1955 in Marburg im Ruhestand, 1962–1967 Lehrbeauftragter für Geschichte der Mathematik an der Univ. Frankfurt.

1927 wurde König als o Professor und Institutsdirektor in der Nachfolge von Paul Koebe an die Universität Jena berufen.[412] Von 1934 bis 1943 vertrat er dort zusammen mit Friedrich Karl Schmidt[413] die reine Mathematik. In den Jahren 1931–1933 und 1935–1937 war bei ihm Ernst Peschl Assistent.[414]

König und Schmidt standen dem NS-Regime ablehnend gegenüber, was bei der 1938 notwendig gewordenen Nachbesetzung des Jenaer Lehrstuhls von Max Winkelmann, ao Professor für Angewandte Mathematik,[415] zu langwierigen Auseinandersetzungen (vor allem brieflicher Natur) mit Dienststellen des REM führte.[416] Das REM wollte ursprünglich > Weyrich von der DTH Brünn, als ausgewiesenen und „weltanschaulich auf der Seite der Partei" stehenden Fachmann für mathematische Anwendungen, zum Nachfolger Winkelmanns ernennen, die dortige Protektoratsleitung wollte Weyrich aber in Brünn behalten und außerdem stellte Weyrich zu hohe Gehaltsforderungen. Dann kam Winkelmanns bisheriger Assistent Ernst Weinel, NS-Anhänger und mehr Ingenieur als Mathematiker,[417] ins

---

[412] Paul Koebe (*1882-02-15 Luckenwalde, Brandenburg; †1945-08-06 Leipzig) löste das 22. Hilbert-Problem indem er 1907 den Uniformisierungssatz für Riemannsche Flächen bewies (parallel mit Henri Poincaré). Koebe ging 1926 nach Leipzig. (Koebe hatte einen Prioritätsstreit mit > Bieberbach, in den auch Landau eingriff. Bieberbach entwickelte in der Folge großen Zorn auf Landau, größeren als auf Koebe selbst. Bieberbachs Polemik von 1934, im Zusammenhang mit Teichmüllers Angriff gegen Landau, hat wahrscheinlich auch darin eine Wurzel.)

[413] Friedrich Karl Schmidt (*1901-09-22 Düsseldorf, †1977-01-25 Heidelberg) war 1934–1945 in Jena o Professor und während des 2. Weltkriegs an der Deutschen Versuchsanstalt für Segelflug in Reichenhall tätig, 1946–52 o Professor in Münster, 1952–66 in Heidelberg.

[414] Ernst Ferdinand Peschl (*1906-09-01 Passau; †1986-06-09 Eitorf/NRWF) kam aus der katholischen Jugendbewegung, trat aber 1934 aus Karrieregründen der SA bei, die er nach weniger als einem Jahr wieder verlassen konnte; die dadurch bewirkte kollektive Mitgliedschaft bei der NSDAP konnte er 1937 durch Nichtbezahlung von Beiträgen abschütteln. Während des Krieges arbeitete er 1943-03 bis 1945-03 an der Deutschen Forschungsanstalt für Luftfahrt in Braunschweig, unter der Leitung von > Doetsch, später arbeitete er am von Doetsch neu gegründeten und Wolfgang > Gröbner unterstellten Institut für Industriemathematik, an dem auch > Hofreiter und > Laub wirkten. 1945-03-29 wurde er von > Doetsch (wahrscheinlich wegen passiver Resistenz) entlassen und verlor damit seine u.k. Stellung; die Osenberg-Organisation (s. Glossar, p. 738) rettete ihn vor dem Fronteinsatz, bis 1945-04-11 Braunschweig von den Alliierten eingenommen wurde (Segal [298] p 461f). 1948 wurde Peschl zum o Professor und Direktor des Mathematikinstituts in Bonn ernannt. Peschl war wesentlich an der Gründung und am Aufbau der *Gesellschaft für Mathematik und Datenverarbeitung* (GMD) beteiligt. Peschls mathematische Forschungen umfassten geometrische Funktionentheorie, partielle Differentialgleichungen und die Theorie der Funktionen mehrerer komplexer Variablen. Vgl. > Hlawkas Nachruf in imn **144** (1987), 1–3. Der > Prachar-Schüler Ludwig Reich habilitierte sich 1967 bei Peschl in Bonn.

[415] Max Winkelmann (*1879-01-10 Berlin; †1946-01-01 Jena) war Ingenieurwissenschaftler, Angewandter Mathematiker und Professor für Technische Mechanik an der Universität Jena. Er promovierte 1904 bei Felix Klein, habilitierte sich 1907 an der TH Karlsruhe und folgte 1911 in Jena dem renommierten Numeriker Wilhelm Kutta nach. Winkelmann musste 1938 seine Professur wegen depressiver Störungen aufgeben.

[416] Die Geschichte dieser Affäre füllt 200 Dokumente in den Jenaer Akten und immer noch die Seiten 107 bis 124 in der kondensierten Darstellung von Segal [298], Kapitel 4.

[417] Ernst Weinel (*1906-09-21 Straßburg, Elsass; †1979 Jena) war ein Schüler des bekannten Aerodynamikers Ludwig Prandtl. Segal [298], p 107, hebt seine deutschnationale Gesinnung hervor. (Er behielt als gebürtiger Straßburger nach dem Ende des 1. Weltkriegs weiterhin seine deutsche Staatsbürgerschaft.) Nach Kriegsende 1945 hatte er, da er den Beitritt zur NSDAP ausdrücklich abgelehnt hatte und nicht für

Gespräch, der Winkelmann seit dessen Emeritierung 1938 in Lehre und Institutsleitung für vier Jahre vertreten hatte, schließlich mit Datum 1942-03-01 ernannt wurde. Es war also nicht gelungen, einen mathematisch weniger kreativen, dafür aber „industriegerechten" und NS-genehmen Mathematiker an einer Professur zu hindern.

Während des Krieges hatte König kartographische/geodätische Aufträge für die Wehrmacht zu erfüllen, eine Zeit lang arbeitete dabei Gustav ⟩ Lochs von der Universität Innsbruck mit ihm.

Nach Kriegsende ging König an die Universität München. Dort vertrat er von 1947 bis 1950 Eberhard Hopf (seinerseits Constantin Carathéodorys Nachfolger), von 1950 bis zu seiner Emeritierung 1955 wirkte er dann in Hopfs Nachfolge als o Professor. In den folgenden Jahren wendete sich König der Philosophie in biologischer Betrachtungsweise zu, in Fortsetzung eines bereits 1941 vorgestellten Ansatzes (s.u.). Infolge eines missglückten chirurgischen Eingriffs verlor er ein Auge, das hinderte ihn aber nicht an der Abfassung eines umfangreichen Werks von 728 Seiten über die biologistisch ausgerichtete Metaphysik des NS-nahen Dichters und Philosophen Erwin Guido Kolbenheyer, mit dem er seit seiner Zeit als Student in Wien befreundet war.

Die meisten der wissenschaftlichen Arbeiten Königs bearbeiten Themen aus der Funktionentheorie und deren Anwendungen. Das gemeinsam mit M. Krafft verfasste Lehrbuch über elliptische Funktionen wurde schon oben erwähnt. Die Anwendung der Funktionentheorie in der Geodäsie behandelt das umfangreiche Lehrbuch *Mathematische Grundlagen der höheren Geodäsie und Kartographie. Bd. 1: Das Erdsphäroid und seine konformen Abbildungen.* (mit K. H. Weise; Bd. 2 war zwar 1951 weitgehend fertiggestellt, ist aber nie im Druck erschienen.) Zusammen mit Ernst Peschl und K. H. Weise verfasste König eine Serie von vier Arbeiten zur Tensorrechnung: I–III Axiomatischer Aufbau (1934), mit Peschl (von Roland ⟩ Weitzenböck wegen verschiedener Mängel im Aufbau, nicht aufgenommener Teilgebiete der Theorie, und der in ihnen verwendeten, von der Weitzenböcks abweichenden Symbolik als wenig brauchbar kritisiert); IV-1,2 mit Weise (1935). Nach 1942 hat Robert König auf dem Gebiet der Mathematik nur mehr eine Arbeit zu geodätischen Berechnungen mit Rechenmaschinen und das oben genannte Lehrbuch veröffentlicht.

MGP verzeichnet 10 betreute Dissertanten, darunter Karl Heinrich Weise, mit dem König 1951 ein Buch über Kartographie schrieb.

Ehrungen: E.K. II am weiß-schwarzen Bande; Verdienstkreuz für Kriegshilfe; [418] Eiserner Halbmond am weißroten Bande[419] 1934-07-31 korr. Mitglied der sächsischen AW, 1953 ord. Mtgld der Bayerischen AW.

---

die NS tätig geworden war (oder diese Tätigkeit gut zu verbergen gewusst hatte), keine Schwierigkeiten, ohne Unterbrechung an der Universität Jena zu verbleiben, auch zu DDR-Zeiten. Er war der geistige Vater der Mechanischen Integrieranlage am Institut für Angewandte Mathematik und Mechanik (IfAMM) der Uni Jena. (Zweck: Lösung von Systemen linearer und nichtlinearer Differentialgleichungen, heute so gut wie obsolet.) Zbl/JFM nennen bereinigt 18 math Publikationen zwischen 1930 und 1965. Bis zu seiner Emeritierung 1966 baute Weinel die Kontakte seines Instituts mit der ortsansässigen Industrie in Jena (Zeiss und Schott) intensiv aus; eine DDR-Version der Einwerbung von Drittmitteln.

[418] 1916-12-05 von Kaiser Wilhelm II. für Verdienste für den vaterländischen Hilfsdienst gestiftet.

[419] 1915-03-01 eingeführte osmanische Kriegsauszeichnung, ein Pendant zum preußischen Eisernen Kreuz; sie wurde sowohl an Osmanen als auch an Angehörige der osmanischen Verbündeten verliehen.

Ausgewählte Publikationen. *Diss.*: (1907) *Oszillationseigenschaften der Eigenfunktionen der Integralgleichung mit definitem Kern und das Jacobische Kriterium der Variationsrechnung (Hilbert).*

1. Konforme Abbildung der Oberfläche einer räumlichen Ecke. (1910, Habilitationsschrift von 1911)
2. (mit Maximilian Krafft), Elliptische Funktionen 1928.
3. (mit Peschl, E.) Axiomatischer Aufbau der Operationen im Tensorraum. I, II, III. Ber. Verh. Sächs. Akad. Leipzig **86** (1934), 129-154, 267-298, 383-410.
4. (mit Weise, K.H.,) Axiomatischer Aufbau der Operationen im Tensorraum. IV. Das angeheftete Feld. Ber. Verh. Sächs. Akad. Leipzig **87** (1935), 223-250.
5. Über die Umkehrung einer trigonometrischen Reihe 1938.
6. Zur konformen Abbildung zweier Flächen mit beliebigen Parametern 1940.
7. Mathematische Grundlagen der Geodäsie [Literaturbericht] (1948) Leipzig; Wiesbaden; München u.a. – 10 Hefte
8. Mathematische Grundlagen der höheren Geodäsie und Kartographie. Bd. 1: Das Erdsphäroid und seine konformen Abbildungen. Springer-Verlag, Berlin-Göttingen-Heidelberg 1951.

Publikation im Fahrwasser von Kolbenheyer:

9. Mathematik als biologische Orientierungsfunktion unseres Bewusstseins. Zeitschrift f. mathem. u. naturwiss. Unterricht **2** (1941), 33-47.

Ein Teilnachlass von König befindet sich in der SUB Göttingen.
Zbl/JFM nennen (bereinigt) 44 Publikationen, darunter die oben genannten 2 Bücher.

Quellen. Segal [298, p 118–123].

Lothar Koschmieder

(Eduard)

*1890-04-22 Liegnitz (PL);   †1974-03-06 Tübingen (ev. AB)

Sohn von Johann Koschmieder (*1858; †1952), Mittelschulrektor in Liegnitz, und dessen Ehefrau Elisabeth (*1863; †1927), Tochter von Georg Gürich, Professor für Geologie an der Universität Hamburg; Bruder von (1) Erwin K. (*1896-08-31 Liegnitz; †1977.02.14 Ebersberg), Slawist an der Universität Wilna, später München, und (2) Harald K. (*1897-09-19 Liegnitz; †1966-08-10 Darmstadt), Meteorologe der Universität Leipzig, promovierte 1921 in Jena.

Foto: © Tobias-Bild Universitätsbibliothek Tübingen

L. Koschmieder ∞ 1. in Liegnitz 1919 Johanna, geb Schnieblich (†1934), 1 Tochter (*1920); ∞ 2. in Nikolsburg 1936-03-31 Marie-Luise (*1913), geb von Münchhausen, 1 Sohn (*37) +1 weiterer Sohn u. 1 weitere Tochter.

NS-Zeit.   Koschmieder wurde 1939-03-01 Mitglied der NSDAP, stand jedoch unter Gestapo-Beobachtung in der Kartei A von Liegnitz. Nach dem Krieg wegen NS-Belastung und wegen seiner Staatsbürgerschaft vor dem „Anschluss" entlassen. 1958 Professor in Tübingen.[420]

---

[420] Sein Bruder Harald stellte 1933-04-27 eine Aufnahmeerklärung in die NSDAP und gehörte im Herbst danach zu den Unterzeichnern des Bekenntnisses zu Adolf Hitler.

Nach dem Abitur 1908 am städtischen Gymnasium in Liegnitz studierte Koschmieder gleichzeitig an der Universität und an der TH Breslau, bei Adolf Kneser und Constantin Carathéodory; zwischendurch verbrachte er je ein Semester in Freiburg und in Göttingen. Neben Mathematik und Physik studierte er auch Musikwissenschaft und, im letzten Semester, Theologie.

1913-05-07 bestand er das Rigorosum in Mathematik, Physik, Philosophie und daneben auch Musikwissenschaft; 1913-10-22 promovierte er bei Kneser und legte zu Ostern 1914 das Lehramts-Staatsexamen für Mathematik, Physik und philosophische Propädeutik ab; danach war er bei Kneser Assistent in Breslau.

Koschmieders Vater hatte als Mittelschulrektor in Liegnitz eine Klimastation des Preußischen Meteorologischen Instituts unterhalten, sein Bruder Harald studierte nach dem Ersten Weltkrieg Meteorologie.[421] Es verwundert daher nicht, dass sich Lothar Koschmieder im Ersten Weltkrieg zum Feldwetterdienst meldete; er leistete seinen Kriegsdienst von 1914-08-12 bis 1914-09-09 und von 1915-01-14 bis 1918-09-28 als Meteorologe ab, erst zwei Jahre lang in Deutschland, dann an der Front in Rumänien und im letzten Kriegsjahr in Istanbul und in Damaskus. 1918-12-01 kehrte er als Assistent von Kneser nach Breslau zurück. Dort habilitierte er sich 1919 mit einer Arbeit über Jacobi-Polynome. Nach dem Tod von Rudolf Sturm[422] supplierte er dessen Lehrkanzel und wurde 1924-12-16 nicht-beamteter ao Professor. Im Studienjahr 1926/27 supplierte er Theodor ˃ Vahlen in Greifswald und hatte schon gute Chancen, diese Professur ganz zu übernehmen.

Er entschied sich aber anders und nahm 1927 eine Berufung als ordentlicher Professor für Mathematik an der DTH Brünn an, wo er auch 1938/39 Rektor war.[423] 1941 wurde ihm der Lehrstuhl für Mathematik in der Fakultät für Naturwissenschaften und Ergänzungsfächer der TH Graz, unter Ernennung zum o Professor übertragen.[424] Darauf lehrte er bis 1946 in Graz, bis er 1946-07-05 nach dem Beamtenüberleitungsgesetz, wegen seiner Parteimitgliedschaft und weil er zum Stichtag nicht österreichischer Staatsbürger war, seines Amtes enthoben und entlassen wurde. Kurz danach, in einem mit 1946-07-20 datierten Brief, gab er ein übertrieben lobendes Gutachten für Georg ˃ Kantz ab und trug so dazu bei,

---

[421] Harald Koschmieder (*1897-09-19 Liegnitz; †1966-08-10 Darmstadt) interessierte sich schon als Schüler für Meteorologie; im ersten Wletkrieg leitete er eine Feldwetterwarte in Palästina. 1918–1921 Studium Physik und Mathematik in Breslau und Jena; danach bis 1923 Leiter der ersten deutschen Flugwetterwarte in Fürth. Assistent an den Universitäten in Frankfurt und Berlin; 1926 Direktor des staatl Observatoriums in Danzig. 1936 im Reichswetterdienst; 1945 als Kriegsefangener in die Sowjetunion verlegt, kehrte er 1949 nach Berlin zurück. 1954 Ruf an das Ordinariat für Meteorologie an der TH Darmstadt. 1963 emeritiert. (Wippermann, F., Eintrag *Koschmieder, Harald*, NDB **12** (1979), 610.

[422] Friedrich Otto *Rudolf* Sturm (*1841-01-06 Breslau; 1919-04-12 Breslau) war zuletzt von 1892 bis 1919 Ordinarius in Breslau. Geometer und Lehrer von Otto Toeplitz.

[423] [136, p.89], seine Wahl vom Mai 1938 wird in Freie Stimmen 1938-05-26 p9 sowie im Neuen Wiener Tagblatt (Tages-Ausgabe), 1938-05-24 p8, und in Vídenské Noviny 1938-05-30 p4 bestätigt. Nach (http://www.math.muni.cz/~sisma/English/endthb.html, Zugriff 2023-02-20) war er erst im Studienjahr 1939/40 dort Rektor. Nach dem Völkischen Beobachter 1939-01-31 p7 trat er im Jänner 1939 als Rektor bei einer „Immatrikulationsfeier" auf.

[424] Salzburger Volksblatt 1941-04-02 p4. Der Auftrag für die Übernahme des nach ˃ Baule freigewordenen Lehrstuhls und die Leitung des Instituts wurde bereits 1940 gegeben (Neues Wr Tagbl. 1940-04-25 p7; weniger präzise Angaben finden sich in Baules Beitrag zur Festschrift der THG von 1961, in den IMN **014** (1950) p4 wird irrtümlich 1938 als Dienstantrittsdatum Koschmieders in Graz angegeben.

dass dieser, und nicht van der Waerden oder Franz >Rellich an das damals frei gewordene Ordinariat in Graz berufen wurde, siehe Abschnitt 2.6 und [123].[425] Koschmieder war ein ausgewiesener Mathematiker, ein fruchtbarer und erfolgreicher Forscher und auch von den Studierenden geschätzt; er musste sich darüber im Klaren sein, dass Kantz sich in keiner Weise mit van der Waerden oder >Rellich messen konnte.

Koschmieder hatte, jedenfalls bis 1930, sehr gute Kontakte zu Paul >Funk und Ludwig >Berwald, wie aus seinem Bericht zur Variationsrechnung bei der Tagung der DMV in Prag und aus den Ergänzungen zu diesem Bericht hervorgeht; antisemitische oder NS-Propaganda hatte er nie von sich gegeben, den NS-Behörden war er eher suspekt. Sein engagiertes Eintreten für Kantz bei dessen Berufung an die Universität Graz ist wohl nicht einfach als Unterstützung eines Pgen für einen anderen, oder als einfache kollegiale Unterstützung zu werten. Der letzte Satz in Koschmieders Bewertung

> ... *erscheint mir Kantz als ein vielseitig schöpferischer Mathematiker, der meines Dafürhaltens den genannten Platz in dem Besetzungsvorschlage verdient.*

kann durchaus auch in die andere Richtung gelesen werden: er verdient keinen besseren als den *letzten Platz*. Keineswegs gab er ein Votum für >Kantz vor die beiden Erstgereihten.

Zwischen 1946 und 1948 hatte Koschmieder keine akademische Position; es ist unbekannt ob und wo er eine Beratertätigkeit in der Industrie (oder anderswo) annehmen konnte. 1948/49 hatte er eine Stelle als Vertragsprofessor an der syrischen Universität Aleppo, 1949 bis 1953 eine volle Professur an der Universidad Nacional de Tucumán in Argentinien, schließlich 1953 bis 1958 am College of Arts and Science der irakischen Staatsuniversität in Bagdad.

Während seiner Zeit in Argentinien war Koschmieder 1950–52 einer der Herausgeber der Universitätszeitschrift Univ. Nac. de Tucumán. Revista, Serie A: Matemática y física teórica; Serie Tecnica.

1958 wurde er nach seiner Pensionierung in Bagdad mit 68 Jahren als Professor nach Tübingen berufen, 1960 emeritiert; er hielt aber bis 1973 Vorlesungen.[426]

In den Jahren 1963/64, 1965–1967 und 1968–1970 wirkte Koschmieder als Gastprofessor an der 1955 gegründeten Ägäis-Universität Ege Üniversitesi, Izmir (Türkei). 1967 promovierte dort sein einziger Dissertant Timur Karacay.

In der Forschung befasste sich Koschmieder hauptsächlich mit Variationsrechnung, mit speziellen Funktionen und deren Anwendung (etwa für den Beweis des kubischen Reziprozitätsgesetzes) in der Zahlentheorie, schließlich auch mit mathematischer Physik.

Koschmieder war von 1920 bis zu seinem Tod ohne Unterbrechung Mitglied der DMV.

MGP gibt einen Dissertanten an, Karacay, Timur (Ege 1967)

Ehrungen: 1951 ord Mitglied der *Academia de Ciensias Exactas y Tecnologica*, Tucumán

---

[425] 1946-02-05 besuchte Koschmieder noch seinen Lehrer Carathéodory und berichtete diesem über den Tod von >Schrutka und >Rella, sowie über die Enthebungen von >Mayrhofer und >Huber. Seine eigene Enthebung folgte nur fünf Monate später.

[426] Nach Aussage des Zeitzeugen Karl Heinrich Hofmann, der damals in Tübingen gerade sein Studium beendet hatte, galt Koschmieder allgemein als sehr hilfsbereit und geradezu als übertrieben zuvorkommend.

Ausgewählte Publikationen. *Diss.*: (1913) *Anwendung der elliptischen Funktionen auf die Bestimmung konjugierter Punkte bei Problemen der Variationsrechnung (A. Kneser, Breslau).*

1. Untersuchungen über Jacobische Polynome (1919) Verlag Trewendt und Granier, Breslau (Habil-Schrift)
2. Beweis des kubischen Reziprozitätsgesetzes mit Hilfe der elliptischen Funktionen. Math. Ann. **83** (1921), 280–285

Während der NS-Zeit und in Österreich 1938–1945 veröffentlichte er die folgenden Arbeiten:

3. Die neuere formale Variationsrechnung. Jahresber. DMV **40** (1931), 109–132
4. Variationsrechnung I, Das freie und gebundene Extrem einfacher Grundintegrale. (1933, 2. aufl. 1962); Göschenbd. Nummer 1074
5. Beziehungen zwischen Temperaturen und Potentialen. Math. Z. **47** (1940), 125-131
6. Summierung einer nach den Hermiteschen Polynomen des Kreises fortschreitenden Reihe. Anz. Wr. AW **1940**, No7 (1940), 41-43
7. Die endliche Fouriersche Abbildung und ihr Nutzen bei Aufgaben der Wärmeleitung in Stäben und Platten. Deutsche Math. **5** (1941), 521-545
8. Welche Folgerungen ergeben sich für den mathematischen Unterricht an den Technischen Hochschulen aus den neuen Lehrplänen der Höheren Schulen? Deutsche Math. **6** (1941), 488-492
9. Zusätze zu Zinkes und Federhofers Mitteilungen über die Diagonalenschnittpunkte der Ellipse. Z. Math. Naturw. Unterr. **73** (1942), 237-243
10. Eine Entwicklung nach Produkten Gegenbauerscher Polynome. Sitzungsber. Wr. AW, Math.-Naturw. Kl., Abt. IIa **151** (1942), 141-146

Zbl/JFM verzeichnen bereinigt von Doppel- und Dreifachnennungen 76 Publikationen, davon 3 Bücher. In [222] werden 80 Publikationen angegeben.

Quellen. Grassl, R, Richart-Willmes, P., Denken in seiner Zeit: ein Personenglossar zum Umfeld Richard Hönigswalds, Königshausen & Neumann, Mannheim 1997 p66; Gronau [123, p 67f]; O.Volk, [222] **12** 610f; Šišma P [322, pp 220–225]

Lit.: Herrera, F.E., *Prof.Dr. Lothar Koschmieder* (Spanish), Univ. Nac. Tucumán, Rev., Ser. A **13** (1960), 41–46.

Gottfried Köthe

(Maria Hugo)
*1905-12-25 Graz;   †1989-04-30 Frankfurt am Main. (ev.)
Sohn des Hütteningenieurs Hugo Köthe (*1877; †1931-12-28 Graz), Inhaber der Eisenwaren- und Waffenhandlung Lechner und Jungl in Graz, Sporgasse 5, und der Josefa geb. Jungk (†1939).
Köthe ∞ 1931 Sophie geb. Kunz (*1905; †1960), 3 Söhne, von denen nur einer überlebte. Köthe ∞ 1962 Dr phil Gertrud Irene geb. Pachali (*1913), Oberstudien-direktorin

Zeichnung: W.R. nach einem Foto des Universitätsarchivs Heidelberg

NS-Zeit. Köthe war 1935–45 Mitglied der evangelischen Bekennenden Kirche und stand dem NS-Regime dem Vernehmen nach distanziert gegenüber. 1940-04-01 bis 1940-09-30 war er in der Dechiffrierabteilung des Außenamts als wissenschaftlicher Mitarbeiter dienstverpflichtet, daneben blieb er aber als akademischer Lehrer tätig. 1940-11-11 stellte er ungeachtet seiner Mitgliedschaft bei der Bekennenden Kirche einen Antrag auf Aufnahme in die NSDAP, bei der er ab 1941-01-01 unter der Nummer

8.315.845 bis Kriegsende Parteimitglied blieb.[427] Köthe hatte sich offenbar während der NS-Zeit stets untadelig (und politisch unauffällig) verhalten und hatte keine Schwierigkeiten mit der Entnazifizierung. Nach dem Krieg übersiedelte er von der im Krieg zerstörten Universität Gießen nach Mainz, wo er ab 1946 seine Lehrtätigkeit aufnahm.

Köthe studierte 1923–1927 an der Universität Graz Mathematik, Physik, Chemie und Philosophie, nur das WS 1924/25, verbrachte er an der Universität Innsbruck. Nach der Promotion 1927-07-02 bei Tonio ˃Rella und Robert Daublebsky von Sterneck in Graz bildete er sich 1927/28 in Zürich bei A. Speiser, 1928/29 in Göttingen bei E. Noether, 1929/30 in Bonn bei O. Toeplitz und F. Hausdorff weiter. 1930–1941 wirkte er an der Universität Münster, ab 1931 als Privatdozent, ab 1937 als nichtbeamteter a.o. Professor. Mit Wirkung von 1941-01-01 trat Köthe der NSDAP bei; 1941 wurde er a.o. Prof., 1943 o.Prof. in Gießen. Die 1944 kriegszerstörte Universität Gießen wurde nach Kriegsende zunächst nicht mehr weitergeführt, ein Jahr später, mit stark eingeschränktem Fächerkanon und nur mehr marginal mit Mathematik ausgestattet, als Hochschule für Bodenkultur und Veterinärmedizin neu begonnen. Köthe wandte sich nach Mainz, wo er 1946-1957 verblieb und 1954-1956 zwei Amtsperioden lang Rektor war. Dann folgte 1957–1964 Heidelberg (1960-61 Rektor) und von 1965 bis zu seiner Emeritierung 1971 in Frankfurt a.M.

Köthe war 1957-58 DMV-Vorsitzender, 1959-63 Vorsitzender des Fachausschusses Mathematik der DFG. Köthe war ab 1957 Nachfolger des 1955 verstorbenen Franz ˃Rellich als Herausgeber der *Mathematischen Annalen*.

Köthe wurde in der NS-Zeit fallweise vom auswärtigen Amt für Arbeiten in der Dechiffrierabteilung unter Professor Rohrbach herangezogen, ohne dass er seine akademische Lehrtätigkeit unterbrechen musste. Der Gruppe unter Rohrbach gelang es, für kurze Zeit den im US-amerikanischen diplomatischen Dienst verwendeten Code zu brechen, der durch Unachtsamkeit Angriffspunkte bot. Der Erfolg hielt aber nicht lange an, da offenbar der Codebruch entdeckt und daraufhin auf ein neues System der Verschlüsselung umgestellt wurde. In Rohrbachs Team war neben Köthe eine bemerkenswerte Anzahl bekannter Mathematiker an der Arbeit, darunter Georg ˃Hamel (*1877; †1954), Karl Stein (*1913; †2000), Gisbert Hasenjaeger (*1919; †2006-09-02), Wolfgang Franz (*1905; †1996), Ernst Witt (*1911; †1991), Helmut Grunsky (*1904; †1986), zeitweilig auch Oswald Teichmüller (*1913; †1943).

Köthe ist vor allem durch seine Arbeiten über lineare topologische Vektorräume weithin bekannt. Er führte eine Klasse von Folgenräumen ein, die heute Köthe-Räume genannt werden, und studierte duale Paare von topologischen Vektorräumen. Seine zweibändige Monographie ist heute ein Standardwerk der Funktionalanalysis. Weitere wichtige Arbeiten behandeln Algebren und Verbände.

Es war auf Betreiben von Gottfried Köthe und Friedrich Karl Schmidt, dass sich die Heidelberger Akademie der Wissenschaften 1964 beim Zentralblatt für Mathematik engagierte. Das geschah über eine Arbeitsgruppe in West-Berlin um mit dem bisherigen Standort Ostberlin auch nach dem Mauerbau leichter Kontakt halten zu können.

---

[427] NS-Kartei im Bundesarchiv Lichterfelde, BArch R 9361-VIII-Kartei

37 Dissertanten, darunter Bernhard Gramsch, Rolf Grigorieff, Helmut Ulm, Joseph Wloka.

Ehrungen: 1928 Invited Speaker ICM Bologna, 1932 Zürich, 1936 Oslo; 1951 Commandeur dans l'Ordre des Palmes Academiques; 1960 ord. Mitglied Heidelberger AW; 1963 Gauß-Medaille; 1968 Mitgl. der Leopoldina; 1974 korresp. Mitgl. der Braunschw. Wiss. Ges.; 1977 goldenes Doktordiplom Uni Graz; Ehrendoktorate: 1965 Montpellier, 1980 Münster, 1981 Mainz, 1981 Saarbrücken.

Ausgewählte Publikationen. *Diss.*: (1927) *Beiträge zu Finslers Grundlegung der Mengenlehre* (> *Rella, von Sterneck*).

1. Topologische lineare Räume I (1960), II (1966), (eng: Topological Vector Spaces I (1969) II (1979)).
2. (mit H Hermes) Theorie der Verbände, Enzyklopädie Math. Wiss. 1 (1939), 1-28.

Zbl/JFM nennen (bereinigt um Doppelnennungen und Übersetzungen, aber inkusive grauer Literatur) 84 Publikationen, darunter 4 Bücher.

Quellen. Schäfer H [56] p 41; Tillmann, Note di Matematica **10** Suppl. n.1, (1990), 9–21; Weidmann, Heidelberger Texte zur Mathematikgeschichte, UB Heidelberg 2007; FL Bauer [18, p 2]; Univ-Archiv Mainz Best. 64, Nr. 38 und S 15, Nr 33, Nachlass NL 13; Bundesarchiv Lichterfelde, BArch R 9361-VIII-Kartei; Gottfried Köthe, in: Verzeichnis der Professorinnen und Professoren der Universität Mainz. http://gutenberg-biographics.ub.uni-mainz.de/id/a2a1d718-0758-4e10-8e8f-93a5e2e2c092. (Zugriff 25.08.2020)

Josef Leopold Krames

*1897-10-07 Wien;   †1986-08-30 Salzburg (r.k.)

Zweiter Sohn des gleichnamigen Finanzwachebeamten Josef Krames (†1909) und dessen Frau (∞ 1895 Wien Mariahilf) Leopoldine Anna (*1871-10-04), geb. Bailler. Krames ∞ 1924 Charlotte (Lotti) Król (al. Krol, Krol; *1900-03-27, †1953 Wien), Söhne: Hans Jörg (*1931; †1931) und Udo (*1933-03-27 Graz)

Foto: TUWA

NS-Zeit.   Krames war Pg und hatte nach dem „Anschluss" die Gestapo durch Denunziation unterstützt; er war Vizerektor und Dekan in Graz gewesen. Damit war er 1945 stark NS-belastet und hatte nach Kriegsende 1945–48 erst einmal Berufsverbot, war ab 1948 im Ruhestand, dann wiss. Mitarbeiter im Bundesamt für Eich- und Vermessungswesen. Nach der Generalamnestie von 1957 wurde er erneut zum o Professor ernannt, 1961/62 zum Rektor der TH Wien gewählt.

Krames maturierte 1915 an der Staatsrealschule Wien IX mit Auszeichnung, studierte anschließend an der TH Wien Bauingenieurwesen bis zur ersten Staatsprüfung 1917-12, sowie ab 1916 an der Universität Wien Mathematik, an der TH Darstellende Geometrie für das Lehramt; er erreichte seinen ersten Abschluss 1920-03 mit der Lehramtsprüfung, den nächsten 1920-07 mit der Promotion zum Dr tech an der TH Wien. 1924-04 habilitierte er sich an der TH für projektive Geometrie.

In den Jahren 1916 bis 1929 durchlief er eine Assistentenkarriere bis zum ordentlichen Assistenten. Nach dem Tod von Emil Müller im Jahr 1927 wurde er provisorisch dessen Vertreter, 1929 wurde aber nicht er, sondern Erwin ⟩ Kruppa zum Nachfolger ernannt. Krames nahm darauf im gleichen Jahr einen Ruf als ao Professor an die DTH Brünn an, von dort wurde er 1932 als o Professor und Lehrkanzelvorstand an die TH Graz berufen. [428] Krames muss vor dem „Anschluss" oder kurz danach der NSDAP beigetreten sein, denn 1938-04 trat er in der NS-Presse als Befürworter des „Anschlusses" in Hitlers Abstimmung 1938-04-10 und als österreichischer Kandidat für den Reichstag auf; 1938/39 wurde er als Parteigenosse zum Vizerektor der TH Graz bestellt, außerdem zum Dekan der Fakultät für angewandte Mathematik und Physik, dem vom NS-Regime entlassenen Bernhard ⟩ Baule nachfolgend. 1939-11 ernannte ihn REM Rust zum o Professor und Direktor der II. Lehrkanzel für Darstellende Geometrie an der TH Wien. [429] Als Dekan beteiligte sich Krames an der Verfolgung seines Vorgängers Baule und denunzierte dessen Tochter, die er der Unterschlagung von NS-politisch relevantem Beweismaterial aus dem Schreibtisch ihres Vaters bezichtigte, bei der Gestapo. [430]

Wie die meisten der damaligen Geometer bedauerte er sehr die Abschaffung des selbständigen Unterrichtsfachs „Darstellende Geometrie" an den Mittelschulen und die Kürzungen im Hochschulbereich; in mehreren Eingaben versuchte er dagegen anzukämpfen, hatte aber trotz vehementer Unterstützung durch Praktiker und Vertreter technischer Fächer (auch aus dem „Altreich") erwartungsgemäß keinen Erfolg. [431]

Krames wurde im Zweiten Weltkrieg nicht zum Fronteinsatz einberufen, man bescheinigte ihm den Tauglichkeitsgrad „arbeitsverwendungsfähig Heimat". [432] An Arbeit fehlte es ihm jedenfalls nicht: neben den Vorlesungen an der TH übernahm er die Supplierung von

---

[428] Wiener Zeitung 1943-07-95.

[429] Völkischer Beobachter 1939-11-25 p4

[430] [380], p 139, Fußnote 66 zu p 39; siehe p 153 oben.

[431] Der *Völkischer Beobachter* berichtete 1941-11-23 auf p 5:

> *Vor einigen Tagen sprach im Hause der Technik im Rahmen der vom NS.-Bund Deutscher Technik geführten Ingenieurfortbildung Prof.Dr.techn. Josef Krames, Wien, über: „Die geometrischen Grundlagen der Luftphotogrammetrie." An der Luftphotogrammetrie haben ostmärkische Forscher hervorragend schöpferisch mitgewirkt und ihr wissenschaftlicher Bahnbrecher Prof. Hofrat Dr. D o l e z a l, wohnte dem Vortrage bei, der so auch sein Lebenswerk ins rechte Licht setzte.*
>
> *Vielleicht nicht ganz programmgemäß, aber um so erfrischender führte der Vortrag auch zu einem sehr zeitgemäßen Thema: mehrere hervorragende Fachleute der Ingenieurerziehung beklagten die mangelhafte Ausbildung der an die Hochschule kommenden Studierenden in der darstellenden Geometrie, die die Grundlage allen Raumgefühls ist, das für den angehenden Ingenieur und Architekten so entscheidend ist.*
>
> *Unter allgemeiner Zustimmung wurde die Rückkehr zu einer gründlichen Ausbildung in der darstellenden Geometrie gefordert. Darüber hinaus muß gewünscht werden, daß unsere Jugend, auch die nicht der Technik zustrebende, im Handzeichnen so ausgebildet werde, daß auch sie ein gewisses Raumgefühl erhält und damit ein allgemeines technisches Verständnis ohne das in der künftig noch „technischeren" Zeit niemand wird auskommen können.*

[432] Einhorn [67] p 611.

Vorlesungen an der Hochschule für Bodenkultur (nach dem Ausfall von ⟶ Olbrich) und war mit der „kriegswichtigen" Photogrammetrie und Vorträgen für Praktiker zu diesem Thema beschäftigt; außerdem dirigierte er eine Gruppe von Geometern für die „geometrische Unterstützung der Luftfahrtforschung". (Vgl Seite 68)

Während des Krieges war bis zu seiner Einberufung Walter ⟶ Wunderlich Oberassistent an der II. Lehrkanzel, weitere Assistenten waren Rudolf Felgitscher und Rudolf ⟶ Bereis.

1945 wurde Krames aufgrund des „Verbotsgesetzes" entlassen, seine Lehrkanzel für ein Jahr von Ludwig Hofmann suppliert, danach, nach seiner Rückkehr aus der Kriegsgefangenschaft, von Walter ⟶ Wunderlich. Das, wie sich später zeigte, nur vorläufige Ende seiner akademischen Karriere hielt Krames nicht von seiner Arbeit in der Geometrie ab. Nach seiner Entlassung stellte er zunächst sein Lehrbuch *Darstellende und kinematische Geometrie für Maschinenbauer* (1947 erschienen) fertig; 1948 trat er in das Bundesamt für Eich- und Vermessungswesen ein, wo er die nächsten acht Jahre im Brotberuf tätig war. Seine während des Krieges begonnenen Arbeiten zur Photogrammetrie konnte er dort weiterführen; 1948-09-01 bis 1948-09-10 nahm er am VI. Internationalen Kongress für Photogrammetrie in Den Haag teil.[433] Vom wissenschaftlichen Standpunkt waren für ihn die dort verfügbaren photogrammetrischen Geräte eine besondere Attraktion, er konnte seine früher entwickelten geometrisch-graphischen Methoden zur Luftbildauswertung an Hand dieser Geräte in der Praxis testen. Nebenbei beschäftigte er sich mit Mechanismen zum Fräsen von Zahnrädern sowie mit stufenlos regelbaren Übersetzungsgetrieben.

Zwischen 1950 und 1956 beteiligte sich Krames am „Technischen Studium der Stadt Linz", einem Programm zur Weiterbildung von Ingenieuren und Mittelschullehrern, an dem auch der ebenfalls NS-belastete Karl ⟶ Mayrhofer teilnahm.[434] Vorerst gelang es Krames aber nicht, an einer Hochschule wieder Fuß zu fassen. Als nach dem Krieg an der Universität Wien ein Lehrstuhl für Geometrie eingerichtet werden sollte, waren dafür neben Karl ⟶ Menger auch Walter ⟶ Wunderlich, Rudolf ⟶ Inzinger und Josef Krames im Gespräch. Daraus wurde nichts, jedenfalls wurde Krames 1946 als noch zu stark als belastet eingeschätzt.[435]

Krames trat nach 1945 politisch als Anwalt der „Opfer der Entnazifizierung" in Erscheinung. Er gehörte mit Anton ⟶ Huber, Heinrich Sequenz (letzter NS-Rektor der TH) und Franz ⟶ Knoll (entlassener Mathematiker an der TH Wien)[436] u.a. zu den Gründern der

---

[433] An diesem Kongress nahm Deutschland nicht teil. Der erste dieser von der International Society of Photogrammetry veranstalteten Serie von Kongressen fand 1913 in Wien statt, der V. Kongress 1938 in Rom.

[434] Vgl p 344. Dieses Programm kann als erster Vorläufer der Johannes-Kepler-Universität Linz angesehen werden.

[435] Protokoll der Professorensitzung der philosophischen Fakultät vom 23.2.1946, Dek. Zl. 673 ex 1945/46, PA Phil.Dek. (Personalakt Johann Radon) (hier zitiert nach Einhorn [67] p 612.

[436] Von der Medizinischen Fakultät der Universität Wien gehörten die früheren SS-Ärzte Wessely und Risak zur „Notring"-Gruppe. Der Oto-Rhinologe Emil Adolf Wessely (*1887-08-27 Wien; †1954-08-24 Wien) war ab 1939 Direktor der II. Ohren-, Nasen- und Halsklinik in Wien. In seinem Lehrbuch von 1940 (6. Auflage 1957) gibt er genaue Anleitungen zur Erstellung von HNO-„Erbgutachten" für erblich taube Patienten, für die er eine „Zwangssterilisation" vorschlägt, beschönigend formuliert: „fallen unter das Erbgesetz" (Lübbers [?] p 8). Erwin Risak (*1899-04-01 Wien, †1968-04-26 Wien), Internist und Obersturmführer, war in Dachau an Zwangsexperimenten mit dem Trinken von Meerwasser des

„Notgemeinschaft ehemaliger Hochschullehrer", die in enger Zusammenarbeit mit rechtsgerichteten Burschenschaften eine Rehabilitierung der im Zuge der Entnazifizierung entlassenen Hochschullehrer propagierten.[437] Diese Vereinigung wurde von Abgeordneten der VdU/FPÖ unterstützt, unter Führung ihres Proponenten Helfried Pfeifer[438] brachten sie 1957-12-05 einen diesbezüglichen Antrag in den Nationalrat ein und monierten diesen 1958-05-21 im 10. Beiblatt zur Parlamentskorrespondenz.

Nach der Generalamnestie von 1957 übernahm er die I. Lehrkanzel für Darstellende Geometrie an der TH Wien. Im akademischen Jahr 1961/62 war er Rektor der TH Wien, 1969 emeritierte er.

MGP nennt zwei Dissertanten. In seinem eigenhändigen Lebenslauf im Archiv der TU Wien werden außerdem R. Felgitscher, A. > Reuschel und K. Rinner (später Professor für Physik in Graz) als Dissertanten erwähnt.

Ehrungen: 1924 korrespondierendes, 1962 wirkliches Mitglied der WAW/ÖAW; 1938-05-01 Inhaber der Ostmarkmedaille; 1970 Goldenes Doktordiplom der TH Wien; 1974 Ehrenmitglied der ÖMG.

Ausgewählte Publikationen. *Diss.*: (1920) *Die Regelfläche dritter Ordnung, deren Striktionslinie eine Ellipse ist (Emil Müller).*

1. Herausgeber/Bearbeiter von Emil Müllers Lehrbüchern: Band I und II der Vorlesungen über Darstellende Geometrie, Die Zyklographie (Wien und Leipzig 1929), Band III Konstruktive Behandlung der Regelflächen (Wien und Leipzig 1931),
2. Zum Bennettschen Mechanismus. Sber. Wiener AW, Math.-nat. Kl., Abt. IIa **146** (1937), 159-173
3. Über Helligkeitskonstruktionen auf experimenteller Grundlage und einige Bemerkungen über „graphische Funktionen". Mh. Math. Physik **49** (1940), 279-294.
4. Über die durch die aufrechte Ellipsenbewegung erzeugten Regelflächen. Jahresb. der DMV **50** (1940), 58-65
5. Darstellende und kinematische Geometrie für Maschinenbauer (Wien 1947, 2. Aufl. Wien 1952).
6. Parallaxeneigenschaften zweier Sehstrahlbündel; Springer-Verlag, Wien 1947
7. Zur Geometrie der gegenseitigen Einspannung von Luftaufnahmen, Springer-Verlag, Wien 1951
8. Die windschiefen Flächen mit ebenen Fallinien, Springer-Verlag, Berlin/Heidelberg 1963
9. Etwa 80 Abhandlungen über Strahlflächen, besondere Raumbewegungen, geometrische Grundlagen der Photogrammetrie („gefährliche Flächen").

Zbl/JFM nennen inklusive Dubletten 102 Publikationen, darunter 2 Bücher. Bei Einhorn [67] sind es 117.

Quellen. Völkischer Beobachter 1939-11-25 p4; Wunderlich, Almanach der ÖAW **137** (1987), 19f, 286–295. Einhorn [67] p 604ff (enthält Schriftenverzeichnis); Festschrift 150 Jahre TH Wien [301], p 506f (Autobiographie); Rathaus-korrespondenz. Wien: Presse- und Informationsdienst, 1972-10-05, 1977-09-30.

---

berüchtigten Hans Eppinger junior (*1879-01-05 Prag; †1946-09-25 Wien) beteiligt. (Nach Weindling [378].) Beide Mediziner sind gravierende Fälle von Verbrechen gegen die Menschlichkeit.

[437] Sequenz war nach Kriegsende im amerikanischen Gefangenenlager „Glasenbach" (eigentlich Camp Marcus W. Orr) interniert.

[438] Zu Helfried Pfeifer, 1949–1959 Nationalratsabgeordneter von VdU/FPÖ, vgl Kapitel 3 p 133.

Rudolf Kreutzinger

*1886-01-05 Brünn, Cz; †1959-10-31 Brünn, Cz

NS-Zeit. Kreutzinger gehörte nicht zu den ihr „Deutschtum" hervorkehrenden sudetendeutschen Nationalisten und schon gar nicht zur (NS-nahen) sudentendeutschen Partei Konrad Henleins. Ein gegen ihn 1941 eingeleitetes Disziplinarverfahren verlief ergebnislos; nach dem Krieg wurde er als einer der wenigen Deutschböhmen nicht aus der Tschechoslowakei vertrieben.

In den Jahren 1896-1903 besuchte Rudolf Kreutzinger die erste deutsche Realschule in Brünn, wo er am 1903-07-13 mit Tschechisch als Zusatzfach maturierte. Von 1903 bis 1905 studierte er Mathematik und Darstellende Geometrie an der DTH Brünn, dieses Studium setzte er in Wien an TH und Universität mit Blickrichtung Lehramt fort, absolvierte dort aber die Lehramtsprüfung erst 1911-05. Von 1908 bis 1911-06 war er an der DTH Brünn provisorischer Assistent, danach Vollassistent für Darstellende Geometrie.

1914-08 meldete sich Kreutzinger in Brünn freiwillig zum Militärdienst, 1915-01 ging er an die Front. Er diente nach dem italienischen Kriegseintritt in Tirol, wurde 1915 nachträglich als Einjährig-Freiwilliger anerkannt, nahm dann als Leutnant an den Kämpfen an der russischen Front teil und geriet 1916-07 in russische Gefangenschaft. Ende 1919 trat er der tschechoslowakischen Legion bei und kehrte mit dieser im Herbst 1920 nach Brünn zurück.

Von 1924 bis 1926 besuchte Kreutzinger wieder mathematische Vorlesungen an der DU Prag, von 1925 bis 28 setzte er sein Studium an der TH Brünn fort. 1928-02 bestand er in Brünn die erste Staatsprüfung und erfüllte damit die Voraussetzungen für eine Promotion zum Dr tech, die er 1928-06 mit einer Arbeit über die Konstruktion von Lichtgleichen windschiefer Regelflächen abschloss. Nach einem gescheiterten Habilitationsversuch erreichte er, vom tschechischen Unterrichtsminister bestätigt, die Venia docendi 1931-10.

Am 21. August 1935 wurde Kreutzinger nach dem Abgang von Josef Krames nach Graz ao Professor für Darstellende Geometrie an der DTH Brünn. Ein 1939-04 gegen ihn wegen „Tschechenfreundlichkeit" angestrengtes Disziplinarverfahren dauerte zwei Jahre, bis zu seiner Ernennung zum o Professor 1941-12. In dieser Position lehrte er bis zur Auflösung der DTH Brünn 1945. Als einer der wenigen Professoren deutscher Zunge blieb er danach in der Tschechoslowakei und erhielt 1949 die tschechoslowakische Staatsbürgerschaft. Dass er nicht aus der Tschechoslowakei vertrieben wurde, verdankte er wahrscheinlich seiner fairen, oft freundschaftlichen Behandlung der Tschechen im allgemeinen, seinen guten Kenntnissen in Tschechisch und seinem Beitritt zur Tschechischen Legion von 1919.

Bis zu seinem Tod lebte er in Brünn.

Ausgewählte Publikationen. *Diss.*: (1928) *Über eine einfache Konstruktion des Grundrisses der Lichtgleichen windschiefer Regelflächen bei Parallelbeleuchtung (TH Brünn).* [Abstract: Monatsh. f. Math. **37** (1930), 91-96]

1. Kinematischer Zusammenhang einiger einfachster Kurven. Festschrift der Deutschen Technischen Hochschule in Brünn zur Feier ihres 75. jährigen Bestandes im Mai 1924. Verlag der Deutschen Technischen Hochschule, Brünn, 1924.
2. Über eine Näherungskonstruktion der Polkurven einer ebenen Bewegung. HDI-Mitteilungen des Hauptvereines deutscher Ingenieure in der tschechoslowakischen Republik, 16 (1927), 101–103.
3. Ueber eine besondere Ermittlung absoluter Geradführungen in der Ebene und das sphärische Analogon. HDI-Mitteilungen des Hauptvereines deutscher Ingenieure in der tschechoslowakischen Republik, 1928.
4. Beiträge zu den Elementen der Bewegungsgeometrie. HDI-Mitteilungen des Hauptvereines deutscher Ingenieure in der tschechoslowakischen Republik, 18 (1929), 35–39.
5. Beiträge zur Abbildung der Punkte des euklidischen Raumes auf Kurven 2. Grades.
6. Beiträge zur Untersuchung einparametriger Mannigfaltigkeiten quadratischer Regelflächen. HDI-Mitteilungen des Hauptvereines deutscher Ingenieure in der tschechoslowakischen Republik, 21 (1932), 168–175. [Auszug aus der Habilschrift]
7. Anwendung des Gelenkviereckes beim Lenken von Kraftwagen. Reuleaux-Mitteilungen, Archiv für Getriebetechnik 2 (1934), 74–75
8. Über einige Abbildungsmöglichkeiten der Punkte des $\mathbb{R}^3$ auf Kegelschnitte. C. R. 2me Congrès Math. Pays slaves 195. Časopis Praha 64 (1935),195.
9. Über eine merkwürdige räumliche Konfiguration. HDI-Mitteilungen des Hauptvereines deutscher Ingenieure in der tschechoslowakischen Republik, 1935.
10. Über absolute Geradführungen mittels eines einem Kurbeltrieb angeschlossenen Zweischlages. Reuleaux-Mitteilungen, Archiv für Getriebetechnik 3 (1935), 579–581.
11. Über die einem deformierbaren Hyperboloid zugrunde liegende kinematische Kette. Maschinenbau, Betrieb 21 (1942), 310-312.
12. Zur Getriebesynthese räumlicher Kurven. Maschinenbau, Betrieb 21 (1942), 441-443.
13. Zur Erzeugung von Kurvenstücken gegebener räumlicher Krümmung durch Gelenkmechanismen. Reuleaux-Mitteilungen, Archiv für Getriebetechnik.
14. Ueber die Bewegung des Schwerpunkts beim Kurbelgetriebe. Maschinenbau, Betrieb, 21 (1943), 397-398.

JFM/Zbl nennen nur sechs mathematische Publikationen.

Quellen. Šišma, P.: Výuka deskriptivní geometrie na německé technice v Brně. Události na VUT v Brně. 9 (1999), č. 2, str. 21; Šišma, P.: Matematika na německé technice v Brně. Praha 2002; de Groot,, J (1970). Bibliography on kinematics. Eindhoven University of Technology; Neues Wr. Tagbl. 1915-11-05, p 24, 1941-12-08, p 4; Prager Tagbl. 1931-11-04, p 4.

Franz Krieger

*1898-04-09 Wr. Neustadt; †1972-10-29 Wien

NS-Zeit. Krieger war Versicherungsmathematiker und ab 1934 Funktionär des Ständestaats, er wurde nach dem „Anschluss" mehrmals inhaftiert aber verhältnismäßig glimpflich behandelt.

Krieger besuchte in Wiener Neustadt das Gymnasium, wurde nach der Matura zum Kriegsdienst einberufen, wo er es bis zum Leutnant der Reserve brachte. Trotzdem konnte er noch im Sommersemester 1918 an der Philosophischen Fakultät der Universität Wien das Studium der Versicherungsmathematik beginnen, er promovierte 1925-07-02.[439] Nach seinem

---

[439] In seinem Rigorosenakt (UAW Ph RA 7099) steht allerdings „Physik" als Studienfach.

Studium trat Krieger in den Dienst der 1922 gegründeten Versicherungsanstalt der Österreichischen Bundesländer und wurde 1930 Leiter von deren Niederlassung in Graz/für die Steiermark. In dieser Zeit studierte er nebenher auch Rechtswissenschaften und schloss mit dem Dr jur ab.

Krieger war schon während seiner Mittelschulzeit im katholischen Verbandswesen (Pennalie „Starhemberg") tätig gewesen, als Student trat er der CV-Verbindung *Amelungia* bei. Entsprechend seiner katholischen Weltanschauung engagierte er sich 1933 in der Vaterländischen Front und wurde als Vertreter des Geld-, Kredit- und Versicherungswesens in den Steiermärkischen Landtag berufen, dem er von 1934-11-24 bis 1938-03-12 angehörte — aus NS-Sicht war er also Funktionär der „Systemregierung".

Nach dem „Anschluss" im März 1938 verlor Krieger folgerichtig alle politischen und beruflichen Funktionen, der Landtag wurde aufgelöst, die Bundesländerversicherung hieß fortan „Ostmark-Versicherung".[440]

Krieger wurde mehrmals inhaftiert, aber jedesmal wieder freigelassen. Es ist nicht bekannt, ob ihm seine Verbindungen zu NS-Studentenschaften/Kameradschaften hilfreich waren.[441] Nach dem Krieg wurde er beruflich rehabilitiert und war zuerst wieder Direktor der Steiermärkischen Landesamtsstelle der Versicherungsanstalt der österreichischen Bundesländer. Anfang der 50er Jahre gelang ihm der Karrieresprung zum Generalsekretär der Bundesländerversicherung in Wien.

Neben seinem Hauptberuf war er ab dem WS 1949/50 bis zu seinem Ableben an der Hochschule für Welthandel und an der TH Wien mit Lehraufträgen über kaufmännische und juridische Aspekte des Versicherungswesens betraut, ab 1964 als Honorarprofessor.

Ab 1948-01-28 Vorsitzender der nach dem Krieg wiedererrichteten *Steirischen Gesellschaft für Versicherungsfachwissen*.

Ehrungen: Silberne Tapferkeitsmedaille, Karl-Truppenkreuz, zweimal die Verwundetenmedaille.

Ausgewählte Publikationen. *Diss.*: (1925) *Kritische Studien zu Versuchen Cantors.*
1. Vom Wesen und Werden kaufmännischer Buchführung. Bd I. Graz 1948.
2. Das Studium der Versicherungswissenschaft an den Hochschulen der Republik Österreich, in: Die Versicherungswissenschaft im Bereich der Wirtschafts- und Sozialwissenschaften des deutschen Sprachgebietes Wiesbaden 1966. (p 27–35)

Quellen. UAW PH RA 7099; Vorlesungsverz. Hochschule f. Welthandel 1949/50 bis 1971/72; Die Versicherungsrundschau 1948, p 118f; [101, p 391f].

---

[440] 1999 ging die Bundesländerversicherung in der UNIQA auf. Für die Zeit davor vgl Ackerl, I., Ein Österreichischer Weg. Von der Ersten Republik zu einem gemeinsamen europäischen Markt (75 Jahre Bundesländer-Versicherung). Wien 1997

[441] Für die Situation der farbentragenden katholischen Verbindungen während der NS-Zeit und nach 1945 verweisen wir auf den Aufsatz von Huber, A., *Kampf um die Couleur. Zur Wiedereinführung des Farbenrechts an Österreichs Hochschulen nach 1945*. Zeitgeschichte **43** (2016), 132–148.

Erwin Kruppa

*1885-08-11 Biala-Bielitz, Galizien;   †1967-01-26 Wien (ev.)

Sohn des Einzelhandelkaufmanns Emil Kruppa (*1843-05-29) in Bielitz und dessen Ehefrau Wilhelmine, geb Lauterbach; Bruder von Viktor Kruppa, Dipl. Ing. und Oberbaurat der Nordbahn.

Kruppa ⚭ 1923-06-25 Maria, geb Schule, Hauptschullehrerin; 1 Tochter, 1 Sohn,

Zeichnung: W.R. nach Festschrift 150 Jahre THW [301], p552.

NS-Zeit.   Kruppa war nach dem Krieg als Pg registrierungspflichtig und wurde daher von seiner Professur enthoben, seine Akademiemitgliedschaft ruhend gestellt. ([77], p. 163) Trotz exponierter beruflicher Situation als Professor und Dekan an der TH Wien konnte er auf eine korrekte Amtsführung in seinen akademischen Funktionen verweisen und wurde daher 1947 als minderbelastet eingestuft, 1948-01-09, gemeinsam mit dem früheren Uni-Rektor Fritz Knoll und Karl ˃ Mayrhofer nach Aufhebung der Sistierung wieder in die offizielle Liste der wirklichen Mitglieder der (seit 1947 Österreichischen) Akademie der Wissenschaften aufgenommen und wieder in seine Professur eingesetzt.

Erwin Kruppa wuchs in einer deutschsprachigen Insel inmitten einer polnischsprachigen Umgebung auf, in der schlesischen Doppelstadt Biala-Bielitz. Sein Vater war mehrmals in den Gemeinderat von Biala gewählt worden, außerdem hatte er in der evangelischen Gemeinde das Ehrenamt eines Kurators inne und beteiligte sich regelmäßig mit Spenden an evangelischen Hilfswerken. Der junge Kruppa besuchte die k.k. Staatsoberrealschule in Bielitz und bestand dort 1903-07-01 die Matura mit Auszeichnung.[442] Danach studierte er in Graz Bauingenieurwesen bis zur I. Staatsprüfung 1905, entschied sich aber dann für die Mathematik, übersiedelte nach Wien und studierte dort an der Universität und an der TH Wien weiter. Unter seinen Lehrern sind besonders Gustav von Escherich, Franz Mertens, Wilhelm ˃ Wirtinger, Gustav Kohn und Emil Müller hervorzuheben. 1907 legte er[443] die Lehramtsprüfung für Mathematik und Darstellende Geometrie ab. Im Studienjahr 1907/08 supplierte er eine Stelle an der Höheren Staatsgewerbeschule in Bielitz. 1908 komplettierte er seine Lehramtsprüfung durch das Nebenfach Physik. 1908/09 absolvierte er sein Einjährig-Freiwilligenjahr im k.k. Infanterieregiment Nr 1 („Kaiser") in Troppau. 1909-09 wurde er zum „wirklichen Lehrer" an der Griechisch-Orientalischen Oberrealschule in Czernowitz ernannt[444] und blieb auf dieser Stelle bis zum Kriegsausbruch 1914.

1911-01-13 promovierte Kruppa an der TH Graz bei Hans ˃ Hahn zum Dr tech und habilitierte sich noch im gleichen Jahr an der Universität Czernowitz — wofür eine Sonderge-

---

[442] vermerkt in der Neuen Schlesischen Ztg 1903-07-01 p2.

[443] etwa gleichzeitig mit Wilhelm ˃ Blaschke

[444] Bukowinaer Post 1909-09-28 p3

nehmigung des k.k. Ministeriums für Kultus und Unterricht einzuholen war. In Czernowitz wurde Kruppa mit einem vierstündigen Lehrauftrag für Geometrie betraut, „mit besonderer Berücksichtigung der Darstellenden Geometrie und des geometrischen Zeichnens", gleichzeitig wurde er Mitglied der Lehramtsprüfungskommission. Bereits seit 1909 war Hans ⁻ Hahn Professor in Czernowitz.

Während des ersten Weltkriegs diente Kruppa im Infanterieregiment Nr 1, wurde bald nach Kriegsbeginn zum Leutnant d. R. befördert und 1914-08-28 in der Schlacht bei Kraśnik an der russischen Front verwundet. Diese Kriegsverletzung führte zur dauernden Verkürzung seines linken Beins. Nach dem Kriegseintritt Italiens wurde er trotz seiner Verletzung an die Südfront abkommandiert um dort eine Telefonstation zu leiten. Nach drei Auszeichnungen wurde er 1915-11-01 zum Oberleutnant der Reserve befördert. Erst 1916-10 erreichte sein Kriegsdienst ein etwas ruhigeres Fahrwasser, er wurde als Lehrer an die Kadettenschule in Wien Breitensee[445] versetzt.

Eine vorgeschlagene Berufung an die DTH Prag von 1916 scheiterte, da sich das Unterrichtsministerium nicht für ihn sondern für Karl Mack[446] entschied. Offensichtlich war diese Stelle an der DTH Prag nur für Lehraufgaben auf Mittelschulniveau gewidmet.

Kruppa hatte gleich nach seiner Habilitation in Czernowitz bei der TH Graz für eine Tätigkeit als habilitierter Assistent vorgefühlt, mit dem Vorsatz, sich ein Jahr lang dorthin von Czernowitz beurlauben zu lassen. Nach Kriegsende war von einem Verbleib im nunmehr rumänischen Czernowitz keine Rede mehr, und Kruppa wurde mit Beginn des Studienjahres 1918/19 Assistent für beide mathematischen Lehrkanzeln der TH Graz. Er erhielt Lehraufträge über projektive Geometrie für Lehramtskandidaten und Mathematik für Chemiker und Architekten; außerdem supplierte er den im Juni 1919 verstorbenen Franz Hočevar.[447]

Danach wechselte er von der Mathematik zur Darstellenden Geometrie, ein Wechsel, den er zehn Jahre später wiederholte. Nach seiner Umhabilitierung 1919 an die TH Graz ging

---

[445] ab 1919 Bundeserziehungsanstalt für Knaben, ab 1939 NAPOLA; nach dem Staatsvertrag Sitz von Teilen des Militärkommandos Wien, ab 1967 Kommandogebäude General Theodor Körner. Vgl auch den Eintrag Prowaznik auf p. 378.

[446] Karl Mack (*1882-05-11 Wien; †1943-04-15 Prag) stud. ab 1901 an der TH und an der Univ. Wien Mathematik, 1904 die Staatsprüfung für Versicherungstechnik, 1906 Lehramtsprüfung für Mathematik und Darstellende Geometrie. Während seines Studiums arbeitete er bei Versicherungsanstalten, war 1905–08 Ass. bei Emil Müller, 1908–16 Professor an der Staatsrealschule Wien-Hietzing, 1911 Lehrauftrag für Darstellende Geometrie an der Univ. Wien, 1913 an der Exportakademie (Vorläuferin der Hochschule für Welthandel, heute Wirtschaftsuniversität). 1916 ao, 1920 o Prof. für Darst. Geometrie an der DTH Prag. Mehrmals Dekan, 1927/28 Rektor. Mack schrieb Arbeiten über die Geometrie d. Perspektive und Konstruktionen mit imaginären Elementen. (ÖBL 1815-1950, Bd. 5 (Lfg. 25, 1972), S. 395f.) Zbl/JFM nennen bereinigt 11 math. Publikationen (6 Arbeiten sind wegen Namensgleichheit unrichtig zugeordnet), 1 Buch über die Geometrie der Getriebe (1931). Mack hatte nie eine Habilitation angestrebt.

[447] Franc Jože Hočevar (*1853-10-10 Möttling (Metlika)/Krain; †1919-06-19 Graz) studierte Mathematik u Physik an der Universität Wien, promovierte 1875 in Physik bei Ludwig Boltzmann, 1876-07-13 in Mathematik; er war dann Assistent an der TH Wien, ab 1879 Gymnasialprofessor in Innsbruck, 1883 dort Privatdozent, ab 1891 ao, ab 1894 o Professor an der DTH Brünn; 1895 o Professor der Lehrkanzel Mathematik I, TH Graz. Dekan der Maschinenbauschule 1896–1900, 1906–1908 und 1910–1913. Hočevar verfasste einige sehr erfolgreiche Mittelschullehrbücher.

er als ordentlicher Assistent an die dortige Lehrkanzel seines früheren Lehrers Rudolf Schüssler,[448] 1920 wurde er österreichischer Staatsbürger.

Im Jahr 1921 wurde er tit. ao Professor an der TH Graz, noch im gleichen Jahr erhielt er einen Ruf als ao Professor für Mathematik an die TH Wien, wo er 1922-02-21 bestellt wurde[449] 1924-03-06 wurde er zum Ordinarius ernannt.[450] Mit Entschließung von 1929-06-01 des Bundespräsidenten übernahm Kruppa die I. Lehrkanzel für Darstellende Geometrie als Nachfolger von Emil Müller, der zweite Wechsel von Mathematik zu Darstellender Geometrie.

Kruppa war 1933–35 gewählter, von 1940 bis Kriegsende bestellter, Dekan der Fakultät für Angewandte Mathematik und Physik. Im Juli 1934 wurde er Dienststellenleiter der Vaterländischen Front an seiner Fakultät, was ihn aber nach dem „Anschluss" nicht weiter behinderte, da er zumindest als nicht NS-feindlich eingeschätzt wurde und überdies einen Antrag auf Parteimitgliedschaft gestellt hatte. Seinem Antrag wurde stattgegeben, er erhielt die Mitgliedsnummer 8.450.512 und war somit registrierungspflichtig.[451] Offenbar wurde er aber als geringfügig belastet anerkannt, er gehörte zu den ersten, die nach dem Krieg im Juni 1945 ihre Lehrtätigkeit an der TH wieder aufnehmen konnten. Privat ging es weniger glatt weiter; Frau und Sohn waren nach Innsbruck geflüchtet, die Tochter saß in Nürnberg als Flakhelferin fest. Kruppa überwand aber bald seine Schwierigkeiten und war auch in der Hochschulpolitik aktiv. 1946 schlug Kruppa vor, eine der beiden nach der Entlassung von Anton ⟩Huber und Karl ⟩Mayrhofer frei gewordenen Lehrkanzeln mit Karl ⟩Strubecker zu besetzen, was aber an der NS-Vergangenheit Strubeckers scheiterte.[452] Eine der beiden Stellen war allerdings schon mit ⟩Radon besetzt, die andere vielleicht schon damals für ⟩Hlawka reserviert, der sie 1948 erhielt.

Kruppa war 1935 zum korrespondierendem, 1937 zum wirklichen Mitglied der Wiener Akademie der Wissenschaften geworden, wo er dank seines ausgleichenden Wesens Ansehen und Einfluss hatte. 1940 war er Mitglied der Wahlkommission der Akademie (zusammen mit Schweidler, Späth und Hochstetter. Auch der Umstand, dass er nach 1945 registrierungspflichtig war, hinderte ihn nicht an der Teilnahme an den Sitzungen der Akademie. Im Protokoll der feierlichen Sitzung der Akademiemitglieder von 1947-03-23 ist er trotzdem als anwesend, wenn auch als Gast, eingetragen. In der Sequenz-Affäre (cf. den

---

[448] Rudolf Schüssler (*1865-04-05 Wien; †1942-01-15) studierte 1882–1888 Mathematik, 1889–1890 Darstellende Geometrie. Supplierte 1894/95 an d TH Graz Mathematik I, habilitierte sich dort aber 1895 für Darstellende Geometrie; 1896 ao Professor , 1902 o Prof; 1900–03 und 1913–15 Vorstand der Maschinenbauschule, 1921–23 der Hochbauschule; 1904/05 und 1918/19 Rektor der TH Graz. (Gronau, Eintrag Schüssler in [233], 196f.

[449] Wr Zeitung 1922-03-03 p1.

[450] Neue Freie Presse 1924-03-07 p7.

[451] NS-Kartei im Bundesarchiv Lichterfelde, BArch R 9361-VIII-Kartei

[452] Schreiben des Vorstandes der 1. Lehrkanzel für Darstellende Geometrie an der Technischen Hochschule Wien, Erwin Kruppa, vom 7.6.1946 an den Dekan der philosophischen Fakultät der Universität Wien , PA Phi l. Dek. Schreiben des Dekans der philosophischen Fakultät der Universität Wien an Erwin Kruppa , 3. Juli 1946 D.Z. 673 aus 1945/46, PA Phil.Dek. (nach [67, p 439]).

Eintrag ᐳ Funk, p 216) verhielt er sich vermittelnd und hatte zu Funk ein distanziertes, aber verbindliches Verhältnis.[453]

Im Studienhjahr1953/54 war er Rektor der TH Wien. Nach seiner Emeritierung 1956-09-30 führte er sein Institut noch ein Jahr weiter und hielt noch Vorlesungen.

Kruppas Wirken für die Darstellende Geometrie ist vielleicht vor allem programmatisch-didaktisch zu sehen: wesentliche Teile des Lehrbuchs von Emil Müller hat er mitgestaltet und beeinflusst; nicht zuletzt war er es, der[454] die Bezeichnung „Konstruktive Geometrie" für dieses Fach vorgeschlagen hat, das seit den Zeiten von Monge weit über die Ermittlung von räumlichen Darstellungen hinausgegangen ist. Kruppa war von 1918-10-10 bis 1922-03-01 neben seiner ohnehin sehr umfangreichen Lehrtätigkeit mit der Herausgabe von Emil Müllers Vorlesungen beschäftigt:[455]

Noch vor meiner Abreise nach Graz berief mich Emil Müller zu sich und eröffnete mir, daß er die Absicht habe, seinen dreijährigen Zyklus von Sondervorlesungen zur höheren Ausbildung der Lehramtskandidaten für Darstellende Geometrie in einem dreibändigen Werk zu veröffentlichen. Da er unverzüglich mit der Abfassung des der 'Zyklographie' gewidmeten zweiten Bandes beginnen wolle, habe er sich entschlossen, die Abfassung des ersten Bandes über die 'Linearen Abbildungen' auf Grund seiner Vorlesungsmanuskripte und sonstiger Notizen mir zu übertragen. Dankerfüllten Herzens übernahm ich diesen großzügigen Auftrag.

In seinen eigenständigen wissenschaftlichen Arbeiten setzte er konsequent die konstruktiven Methoden der Darstellenden Geometrie für Konstruktionen und Untersuchungen in höherdimensionalen Räumen und in nicht-euklidischen Geometrien ein. Drei Arbeiten befassen sich mit Anwendungen der Geometrie in der Mechanik.

Kruppa unternahm im Laufe seiner Karriere zahlreiche weite Reisen quer durch Europa; er war ein eifriger Konzert- und Opernbesucher und spielte gelegentlich Geige. Er war jedoch zeit seines Lebens ein eher zurückhaltender Mensch, der gesellschaftliche Verpflichtungen und Zusammenkünfte nach Möglichkeit vermied. In seinem Nachruf auf Kruppa überlieferte sein Kollege ᐳ Krames die Tagebuchnotiz: „Ich bin von Natur aus menschenscheu und ungesellig, doch nahm meine berufliche Laufbahn keine Rücksicht darauf."

Ehrungen: 1915 Signum Laudis (=Militärverdienstkreuz) mit Schwertern; 1917 Belobigung f tapferes Verhalten v d Feind; 1935 korresp. Mitglied der Wiener AW, 1937 wirkliches Mitglied (1945 kurz sistiert); 1957–1960 Vizepräs. der math.-nat. Klasse der ÖAW; 1950-10-26 Ehrendoktor der TH Karlsruhe; 1961 Goldenes Doktordiplom TH Graz; 1963 eines der ersten beiden Ehrenmitglieder der ÖMG (bekanntgegeben 1964); 1966 österr. Ehrenkreuz für Wiss. u. Kunst.

Kruppa hatte die Dissertanten Inzinger (1933) und Wunderlich (1934).

Ausgewählte Publikationen. *Diss.*: (1911) *Zur achsonometrischen Methode der Darstellenden Geometrie (Hahn).* (= Sitzber. Wr. Akad. d. Wiss. 1910)

1. Über den Pohlkeschen Satz. Wien. Ber. **116** (1907), 931-936.
2. Analytische und konstruktive Differentialgeometrie. Springer-Verlag, Wien, 1957.

---

[453] Feichtinger [77]

[454] in seiner Inaugurationsrede an der TH Wien (1953)

[455] Autobiographie Erwin Kruppas vom 13.1.1959, eingesandt an die Akademie der Wissenschaften Wien, PA Akad.Wiss.; hier zitiert nach [67, p 592].

3. Mit Emil Müller, Lehrbuch der darstellenden Geometrie. 5te, ergänzte Aufl. Springer-Verlag, Wien, 1948. (Mitarbeit bereits seit der 1. Auflage 1936; 6. Aufl. 1963)
4. (als Hrsg) E Müller, Vorlesungen über Darstellende Geometrie. Band 1: Die linearen Abbildungen (zwei weitere Bände dieses von Müller geplanten Lehrbuchs erschienen, herausgegeben von Josef ⟩ Krames, in den Jahren 1929 und 1931).

Zbl/JFM nennen 49 Publikationen, davon 9 Bücher. Einhorn [67] zählt 41 mathematische und 6 sonstige Publikationen.

Quellen. Einhorn [67] p 588–603; IMN **39/40** (1951) 11, **86**, 54–56, Festschrift TH Wien [301] 552.

Ernst Lammel

*1908-05-24 Velké Březno (Großpriesen b. Aussig), CZ ; †nach 1983 Gauting bei München (kath.)

Lammels Sterbedatum wird in der Literatur manchmal mit 1961 angegeben (zB in [322], p 234). Er war aber 1971–1978 o Professor an der TU München in München und feierte noch 1983 seinen 75. Geburtstag. Lammel war verheiratet und lebte mit seiner Frau jedenfalls bis 1983 in Gauting.

NS-Zeit. Lammel gehörte 1945 nicht zu den belasteten Universitätslehrern, musste aber 1945 seine bisherigen Wirkungsstätten in Prag verlassen.

Ernst Lammel, Sohn eines Angestellten, war tschechoslowakischer Staatsbürger katholischer Religion und deutscher Muttersprache, er verließ das Territorium der Tschechoslowakei bis zum Kriegsende 1945 nicht.

Lammel maturierte 1926-06-15 an der Staatsoberrealschule in Aussig, studierte von 1926 bis 1927 an der DTH Prag, von 1927 bis 1931 an der DU Prag, wo er 1930 die Lehramtsprüfung für Mathematik und Physik ablegte. 1934 promovierte er bei ⟩ Loewner mit einer Arbeit über die Wertverteilung regulärer komplexer Funktionen.

Lammel arbeitete von 1928 bis 1929 als physikalischer Demonstrator an der DTH Prag, von 1929 bis 1930 als ao, von 1931 bis 1940 als o Assistent am Mathematischen Institut. 1938 habilitierte er sich an der DTH und kurz danach an der DU in Prag (Venia erteilt 1938-02-24). Von 1939 bis 1940 war er Assistent und Privatdozent an der DTH Prag, wo er nach der Enthebung und Entlassung Funks fast die gesamte Lehre am Lehrstuhl Mathematik II abhielt und inoffiziell die Lehrstuhlleitung übernahm. Parallel dazu war er auch als Privatdozent an der DU tätig und kam so auf eine Lehrbelastung von zusammengenommen über 20 Semesterwochenstunden.[456] 1940-08-01 wurde Lammel zum Diätendozenten an der DU und 1940-10-15 zum ao Professor an der DTH ernannt, nachdem er 1940-10-08 den üblichen Treueeid zu Führer und Reich abgelegt hatte. Lammel erwies sich in der Folge als bemerkenswerte Personalreserve: Im Frühjahr 1942 erkrankten Gerhard Kowalewski, einziger Professor für Mathematik an der DU, und Karl Mack, einziger Professor für Darstellende Geometrie an der DTH; Lammel supplierte alle beide. Trotzdem erschienen 1943 drei substantielle mathematische Arbeiten Lammels.

---

[456] Nach [23] Dokumente von Herbst 1939 bis Winter 1941 in Lammels Personalakte Nr. R31/409 hinterlegt in (BArch)

1943-01-12 wurde Lammel zum ao Professor für Mathematik auch an der DU Prag ernannt.[457] Während des Krieges hielt Lammel den mathematischen Grundkurs und selektiv
Vorlesungen, Seminare und Übungen an beiden deutschen Universitäten in Prag.

Nach dem Kriegsende übersiedelte Lammel nach Bayern und übernahm an den Philosophisch-Theologischen Hochschulen in Passau und Regensburg[458] Lehraufträge für Mathematik. 1950 ging er als Vertragsprofessor an die Nationaluniversität in Tucumán, Argentinien. 1958 kehrte er nach Deutschland zurück, als ao Professor an die TH München;
gleichzeitig übernahm er einen Lehrauftrag für Studierende der Forstwirtschaft an der
Ludwig-Maximilians-Universität (LMU) München. Nach einer Aufstockung des Lehrkörpers an der TH München hatte er von 1971 bis zu seiner Emeritierung 1978 einen der
beiden Lehrstühle für angewandte Mathematik inne. Nach seiner Emeritierung verbrachte
er seinen Lebensabend in Gauting bei München.

Zweifellos lag der Schwerpunkt von Lammels wissenschaftlicher Arbeit in der Funktionentheorie, dazu kamen Abstecher in die Theorie der partiellen Differentialgleichungen, in die
Zahlentheorie und angewandte Aufgaben. Bereits während des Krieges ließ ihm seine
Lehrtätigkeit wenig Spielraum für eigene Forschungen, nach dem Krieg verlegte er sich,
auch aus Gründen des Broterwerbs, so gut wie ganz auf die Lehre.

MGP verzeichnet 6 Dissertanten, alle an der TU München, der letzte war 1973 Hans Edenhofer.

Ausgewählte Publikationen. *Diss.*: (1932) *Beiträge zur Werteverteilung regulärer Funktionen eines komplexen Argumentes (Löwner, DU Prag).*

1. (mit Carda K), Eine Eigenschaft des regelmäßigen Siebenecks. Jahresbericht DMV **40** (1931), 107-108.
2. Beiträge zur Theorie der Werteverteilung regulärer Funktionen eines komplexen Arguments. Lotos Prag
   82, 4-5 (1934).
3. Zum Interpolationsproblem im Einheitskreise regulärer Funktionen. Časopis Mat. Fys., Praha, **66** (1936),
   57-62.
4. Über eine Verallgemeinerung der Gleichverteilung und ihre Anwendung in der Funktionentheorie. Mh.
   Math. Phys. **45** (1937), 366-378.
5. Über Approximation im Einheitskreise regulärer Funktionen eines komplexen Argumentes. Mh. Math.
   Physik **49** (1940), 199-208.
6. Über Approximation regulärer Funktionen eines komplexen Argumentes durch rationale Funktionen.
   Math. Z. **46** (1940), 104-116.
7. Zum Interpolationsproblem im Einheitskreise meromorpher Funktionen. I. Math. Z. 47 (1940), 132-140.
8. Über Approximation meromorpher Funktionen durch rationale Funktionen. Math. Ann., Berlin, **118**
   (1941), 134-144.
9. (mit Glaser W), Für welche elektromagnetischen Felder gilt die Newtonsche Abbildungsgleichung?
   Ann. Physik (5) **40** (1941), 367-384.
10. (mit Glaser W), Über die Differentialgleichungen zweiter Ordnung, welche lauter Lösungen besitzen,
    zwischen deren Nullstellen eine projektive Beziehung besteht. Monatsh. Math. Phys. **50** (1943), 289-297.

---

[457] Nach [23] (s.o.) gibt es dazu in den Akten eine Kopie des Ernennungsschreibens und ein Schreiben des
REM von 1943-02-05.

[458] Diese geistlichen Hochschulen gehen auf alte jesuitische Kollegien für Geistliche zurück; die Bezeichnung *Philosophisch-Theologische Hochschule* wurde 1923, im Zuge des neu abgeschlossenen Konkordats,
eingeführt. Sie wurden 1939 aufgelöst, 1945 wieder eingerichtet, in den 1970er Jahren in neugegründete Universitäten integriert. Sie konnten keine staatlich anerkannten akademischen Grade verleihen. Nach
der Wiedereinrichtung bestand an diesen Hochschulen großer Lehrermangel, daher fanden dort frühere
Hochschullehrer der deutschen Technischen Hochschulen und der DU Prag der Tschechoslowakei bereitwillig Aufnahme. Bekanntlich war Bayern das wichtigste Auffangbecken für vertriebene/ausgewanderte
„Sudetendeutsche".

11. Anwendung der Funktionentheorie auf die Theorie der Potentialströmungen um von Kreisen gebildete Profile. Monatsh. Math. Phys. **51** (1943), 24-34.
12. Reibungslose Strömung im Außengebiet eines Kreises und zweier Kreise. Z. Angew. Math. Mech. **23** (1943), 289-291.
13. Über einen Weg zur Verallgemeinerung der Beziehungen zwischen Potential- und Funktionaltheorie. Arch. Math., Oberwolfach **1** (1948), 113-118.
14. Über eine zur Laplaceschen Differentialgleichung in drei Veränderlichen gehörige Funktionentheorie. I. Math. Z. **51** (1949), 658-689.
15. Über das Verfahren von Theodorsen zur numerischen Berechnung der Abbildungsfunktion eines einfach zusammenhängenden Bereiches. Monatsh. Math. **53** (1949), 257-267.
16. Über eine zur Differentialgleichung $\left(a_0\frac{\partial^n}{\partial x^n} + a_1\frac{\partial^n}{\partial x^{n-1}\partial y} + \cdots + a_n\frac{\partial^n}{\partial y^n}\right)U(x,y) = 0$ gehörige Funktionentheorie. I. Math. Ann. **122** (1950), 109-126.
17. Das Analogon des Riemannschen Abbildungssatzes in der Theorie der Funktionen, die der Gleichung $\left((\partial^2/\partial x^2 - o^2/o y^2)\,U(x,y) = 0\right)$ entsprechen. (Spanish) Univ. Nac. Tucumán, Rev., Ser. A 8, 49-69 (1951).
18. Über die Interpolation von Funktionen in zwei Veränderlichen. (Spanish) Técnica **1** (1951), 91-95.
19. (mit de Battig N, Estela F) Bemerkung über hinreichende Bedingungen für Extrema unter Nebenbedingungen. (Spanish) Univ. Nac. Tucumán, Rev., Ser. A **9** (1952), 57-61.
20. Über die Lösungen der Differentialgleichung $\left(\frac{\partial^2}{\partial x^2} + \frac{\partial^2}{\partial y^2} + \frac{\partial^2}{\partial z^2}\right)U(x,y,z) = 0$, die Axialsymmetrie besitzen. (Spanish) Univ. Nac. Tucumán, Rev., Ser. A **10** (1954), 27-73
21. Verallgemeinerungen der Theorie der Funktionen komplexer Variabler. (Spanish) 2. Sympos. Probl. Mat. Latino América, Villavicencio-Mendoza 21-25 Julio 1954, 191-197 (1954).
22. Über ein Rechnen mit reellen Zahlenfolgen. Arch. Math. **5** (1954), 385-388.
23. Eine Bemerkung zum Satz von Vitali über Konvergenz von Funktionenfolgen. Math. Nachr. 18 (1958), H. L. Schmid-Gedächtnisband, 309-312.
24. Ein Beweis, daß die Riemannsche Zetafunktion $\zeta(s)$ in $|s-1| \leq 1$ keine Nullstelle besitzt. Univ. Nac. Tucumán, Rev., Ser. A 16 (1966), 209-217.

Zbl/JFM nennen (bereinigt) nur die obigen 24 Publikationen, 4 davon allerdings unter „Ernesto Lammel".

Quellen. Bečvářova [23], 220f; Edenhofer H (1983), Prof. Dr. Ernst Lammel zum 75. Geburtstag, Aussiger Bote 1983; Kürschner [180] 1954 p 29; Vorlesungsverzeichnisse der LMU München.

Josef Laub

*1911-01-23 Wien;   †1991-06-18 Wien (r.k.)

Sohn des Tischlergehilfen Josef Laub (*1872-05-23 Dreibrunn (Tři Studně, Cz); †1918-06-28 Wien) und dessen Ehefrau Anna, geb Jachin (*1874-01-03 Němčí;), Handelsangestellte.

Foto: W. R.

Laub ⚭ 1939-10-28 Maria Josefa, geb Votava (*1910-08-23 Wien, †1994 Wien)

NS-Zeit. Laub unterschrieb nach eigener Aussage das Anmeldeformular für die Aufnahme in die NSDAP „auf immer heftigeres Drängen von Direktor Czernach" (des Direktors der Oberschule, an der er unterrichtete). Er wurde 1940-10-01 mit der Mitgliedsnummer 8 452 712 in die Partei aufgenommen. Später war er Mitarbeiter in der Luftfahrtforschung; außerdem an der Entstehung der Integraltafeln von ˃ Gröbner und ˃ Hofreiter beteiligt. Nach dem Krieg unterrichtete er erst ab 1949.

Josef Laub studierte Mathematik und Darstellenden Geometrie an der Universität und an der TH Wien; 1935 legte er die Lehramtsprüfung ab. Seine ersten Dienstjahre verbrachte er als Mittelschullehrer in Wien. Im 2. Weltkrieg war Laub während seines Militärdienstes einige Jahre vom Frontdienst befreit und an der *Luftfahrtsforschungsanstalt Hermann Göring* in Braunschweig dienstverpflichtet. Laub gehörte dabei zu einer Gruppe, die unter der Leitung von Wolfgang Gröbner mathematische Tabellen für militärische und allgemein industrielle Anwendungen zu erstellen hatte. Zu diesen Tabellen gehörten die Integraltafeln von ˃ Gröbner, ˃ Hofreiter und Peschl, deren Druckvorlagen Laub handschriftlich und mit großer Sorgfalt und Sachkundigkeit erstellte. Daneben nutzte er seinen kriegsbedingten Aufenthalt in Braunschweig für ein Doktoratsstudium, das er mit der Promotion bei Hofreiter 1946 an der TH Braunschweig abschloss. Ab 1949 war er Lehrer an der Realschule in Wien-Margareten, 1961–1972 Direktor der Mittelschule Schottenbastei.[459]

Laub war ab 1949-10-12 bis zu seiner Pensionierung als Lehrer und Direktor 1975-09-25 Lehrbeauftragter für Mathematikdidaktik („Besondere Unterrichtslehre für Mathematik") an der Universität Wien und während dieser Zeit Verfasser und Mitverfasser[460] mehrerer Auflagen gängiger Mittelschullehrbücher für Mathematik und Darstellende Geometrie.

Laub galt unter Studierenden und an der Schule als stets sehr präzise (bis an die Grenze der Pedanterie) formulierender Vortragender. Die nicht immer nachvollziehbaren Neuerungen in den Lehrplänen nahm er mit Gelassenheit zur Kenntnis.

Ehrungen: Hofrat, Ehrentafel an seiner ehemaligen Wirkungsstätte als Direktor, Schottenbastei 7-9, Wien

Ausgewählte Publikationen. *Diss.*: (1946) *Über Punktgitter (Hofreiter, Braunschweig).*   publiziert in Veröff. Math. Inst. TH Braunschweig 1946, No. 1, I; (51 S).

1. (mit Domkowitsch, E.), Elementare Kurvendiskussion. Mathematikunterricht 16, No. 5, 5-66 (1970).
2. Lehrbuch der Mathematik für die Oberstufe der allgemeinbildenden höheren Schulen I–VIII, mehrere Auflagen mit unterschiedlichen Koautoren, ab 1950.
3. Barchaneks Lehr- und Übungsbuch der Darstellenden Geometrie. Bearbeitet von Emil Ludwig und Josef Laub. Wien 1956, mehrere unveränderte Auflagen;
4. Der Rechenstab in der analytischen Geometrie. in: Der Castell-Rechenstab-Brief 1963
5. Vierstellige Tafeln für den Mathematikunterricht. Wien 1969;
6. (gem mit O. Teller und Ch. Aumann) Vektorielle Analytische Geometrie I: Punkt, Gerade und Ebene in teilprogrammierten Beispielen (Lindauers Häuslicher Unterricht), München 1978.

---

[459] bis 1961 Realschule, ab 1962 Realgymnasium, seit 2000-05-20 *Lise Meitner Realgymnasium.*

[460] In manchen Fällen stand sein Name, einer allgemeinen Verlagspolitik folgend, nur formal im Titel, das Ausmass seiner tatsächlichen Mitarbeit ist nur aus Aussagen seiner Koautoren (zB H. C. Reichel gegenüber W.R.) abschätzbar.

Rudolf Lauffer

*1882-05-03 Wien; †1961-09-17 Graz

Sohn des Artillerieoffiziers (ab 1888 Oberst, ab 1892 Generalmajor; 1893-11-01 pensioniert) Emil Lauffer (*1833-05-28; †1917-05-21)

Rudolf Lauffer ∞ Friedericke, geb Hödl aus Jägerndorf, heute Tschechien

NS-Zeit. Über Lauffer sind aus der NS-Zeit keine besonderen Vorkommnisse überliefert; nach Pinl [243] wurde er weder verfolgt noch war er Täter.

Lauffer wuchs auf Grund der Dienstzuteilung seines Vaters in Temeswar (rum. Timişoara), Siebenbürgen, auf. Er besuchte in Graz die Landesoberrealschule und maturierte dort 1899. Nach der Matura studierte er an der TH Graz Maschinenbau und allgemeines Bauwesen, gleichzeitig besuchte er mathematische Vorlesungen an der Universität Graz. Sein Studium wurde durch das Einjährig-Freiwilligen-Jahr unterbrochen, das er bei der k.k. Marine in Pula ableistete.

Nach bestandener Lehramtsprüfung 1918-05-13 hatte er bis 1920 eine kleine Anstellung als Konstrukteur an der Montanhochschule in Leoben. 1920-11-09 wurde er vom Staatssekretär für Handel u. Gewerbe vom ao Assistenten an der Montanistischen Hochschule Leoben zum wirklichen Lehrer an der Technisch-gewerblichen Staatslehranstalt (TGS) Mödling befördert. Lauffer war anschließend bis 1921-10 Professor an der TGS Mödling. 1921-07-16 promovierte er an der TH Wien zum Dr tech und wurde 1921-10 an die Staatsgewerbeschule in Graz-Gösting versetzt.

1928 habilitierte er sich an der Universität Graz und unterrichtete dann bis zu seiner Emeritierung Darstellende und Kinematische Geometrie.

1941 wurde der Dozent Studienrat Dr Rudolf Lauffer beauftragt, in der philosophischen Fakultät der Universität Graz „die zeichnerischen Methoden in der Mathematik in Vorlesungen und Übungen zu vertreten".

Lauffer war als Student, später als „Alter Herr", Mitglied des Akademischen Turnvereins (ATV) und trat für diesen bei Wettkämpfen an.[461]

---

[461] Der Akademische Turnverein ATV besteht bis heute als Studentenverbindung und Sportverein; zu seinen Mitgliedern zählten bekannte NS-Mitglieder wie Armin Dadieu (*1901-08-20 Brunndorf; †1978-04-06 Graz) [seit 1932 NSDAP Mitglied (Nr 1.085.044), stellte nach eigenen Angaben von 1938 während der illegalen Zeit Sprengkörper für NS-Aktivisten her. 1936 „Volkspolitischer Referent" der Vaterländischen Front in der Steiermark, verdeckt für die NSDAP tätig, nach dem „Anschluss" Gauhauptmann, SS-Mitglied (Nr 292.783), 1943–45 Gaudozentenbundführer in der Steiermark], Heinrich Harrer (*1912-07-06 Hüttenberg, Kärnten; †2006-01-07 Friesach, Kärnten) [SA-Mitglied ab 1933-10, NSDAP-Mitglied Nr 6.307.081 ab 1938-05-01, SS-Mitglied Nr 73.896], der Mundartdichter und Hitlerverehrer Hans Kloepfer (*1867-08-18 Eibiswald, Stmk; †1944-06-27 Köflach, Stmk) [seit 1938-05-01 Pg (Nr 6,109.231), sowie der wegen seiner NS-Nähe und ethisch anfechtbaren Therapiemethoden umstrittene Nobelpreisträger Julius Wagner-Jauregg (*1857-03-07 Wels; †1940-09-27 Wien). Ein nicht NS-belastetes prominentes Mitglied vor 1945, lange vor dem „Anschluss", war der Nobelpreisträgr für Chemie Fritz Pregl (*1869-09-03 Laibach, Slov; †1930-09-13 Graz).

Ausgewählte Publikationen. *Diss.*: (1921) *Hellegleichen-Tangenten an Flächen zweiter Ordnung und Drehflächen.*

1. Analytische Kurvenpaare. Math. Ann. **93** (1924/25), 230-243.
2. Ebene Bewegung und Raumgeometrie. J.-Ber. DMV **35** (1926), 182-193.
3. Eine Dualisierung der Brocardschen Punkte des ebenen Dreiecks. Deutsche Math. **7** (1942), 406-414.
4. Eine Vektorgleichung der Raumkurven n-ter Ordnung im euklidischen $\mathbb{R}_r$,. Abh. math. Sem. Univ. Hamburg **15** (1943), 82–84.
5. Eine Hermitesche Rekursionsformel. J.-Ber. DMV **55** (1952), 68–69. 70-76 (1952).
6. Zur Topologie der Konfiguration von Desargues. Teil 1: Math. Nachr. **9**(1953), 235–240 ; Teil 2: Math. Nachr. **10** (1954), 179–180.
7. Interpolation mehrfacher Integrale. Arch. der Math. **6**, 159-164 (1954).
8. Reguläre und singuläre Punkte reeller ebener Kurven. Math. phys. Semesterber. **6** (1959), 337-340.

Im Schriftenverzeichnis von Pinl sind 23 Arbeiten verzeichnet (davon zwei in *Deutsche Mathematik*) im JFM 11 und im Zbl weitere 21. Alle Arbeiten gehören zur Geometrie, etwa ein Dutzend zur Elementarmathematik und zur Mathematikdidaktik an der Schule.

Quellen. Max Pinl, Jahresbericht d. DMV **65** (1963), 143 - 147; Aigner [2, p 40f]; Grazer Tagbl 1910-07-20 p 24, 1921-07-14 p 12; Neues Wr Tagbl. 1941-05-05 p6; Wr Zeitung 1920-11-09 p1; Schmidt-Brentano, A., Die k. k. bzw. k. u. k. Generalität 1816-1918 p 211.

Josef Lense

*1890-10-28 Wien;   †1985-12-28 München
Sohn des Geschäftsführers der Firma C.M. Frank, Ignaz Lense und seiner Frau Josefine, geb. Chocholauschek.
Josef Lense ⚭ Eugenie, geb Krenbauer

Zeichnung: W.R. nach Einhorn Tafel VII

NS-Zeit. Während der NS-Zeit hielt sich Lense von der NSDAP fern; nach 1945 wurde ihm in München „eine einwandfreie politische Haltung" bescheinigt.

Lense maturierte am Piaristengymnasium im Jahr 1909 mit Auszeichnung. Danach studierte er Mathematik, Astronomie und Theoretische Physik an der Universität Wien. 1914-02-13 promovierte er bei Samuel Oppenheim in Astronomie und das Interesse an Astronomie blieb ihm während seiner gesamten Karriere. Nach der Promotion setzte er seine Studien fort. 1916-12 bis 1917-07 war er provisorische Hilfskraft im österreichischen Gradmessungsbureau bei Hofrat Richard Schumann.[462] 1918 veröffentlichte Lense mit Hans

---

[462] Richard Schumann (*1864-05-09 Glauchau, Sachsen; †1945-03), Professor f. höhere Geodäsie u. sphärische Astronomie u. Vorstand des Gradmessungsbureaus an d. TH Wien. 1921 Mitglied der Leopoldina, 1937 wirkl Mitglied Wiener AW. Richard Schumann war ein Großneffe des Komponisten Robert Schumann. Biographie von Franz Allmer im ÖBL [233], p 367f.

Thirring eine grundlegende Arbeit über den später so genannten Lense-Thirring-Effekt in der Relativitätstheorie, der auf relativistischen Einflüssen einer rotierenden Masse beruht. 1918-11-01 wurde er als Assistent von Wilhelm > Wirtinger angestellt, mit dem er auch zusammenarbeitete. 1921 habilitierte er sich an der Universität Wien bei Wirtinger mit einer Arbeit *über die Integration eines p-fachen Differentialausdruckes von n unabhängigen Veränderlichen*. 1927-04 wurde Lense ao Professor, 1928-10-01 o Professor (in Abwehr einer Berufung nach Graz), für angewandte Mathematik an der TH München (Nachfolge Prof Liebmann). Damit war der Verlust der österreichischen Staatsbürgerschaft und gleichzeitig der Erwerb der deutschen verbunden.

1929 bis 1931 war er Vorstand der Allgemeinen Abteilung der TH München. 1946 wurde er als Nachfolger von G. Faber Direktor des Mathematischen Instituts, das er bis 1961 leitete. 1950/51 war er Dekan der Fakultät für Allgemeine Wissenschaften, 1958 erfolgte seine Emeritierung. Lense wurde aber zur kommissarischen Weiterführung der Lehrkanzel bis 1961 bestellt, als Robert Max Sauer[463] schließlich seine Nachfolge antreten konnte. Sauer war NSDAP-Mitglied und im nationalsozialistischen Deutschen Dozentenbund (NSDDB) engagiert gewesen; dennoch war er mit Lense befreundet.

Lense war sehr an Musik interessiert, während seiner Studienzeit nahm er Gesangstunden und musizierte gemeinsam mit Philipp > Furtwängler. Während seiner Zeit als Professor in München pflegte er nachmittags Vorlesungen über *Mathematik und Musik* zu halten.[464]

16 Dissertanten, darunter Roland Bulirsch und Maximilian Pinl.

Ehrungen: 1914-02-20 Promotion sub auspiciis imperatoris; 1932 Teilnehmer am ICM in Zürich; 1948 ord Mitglied der math.-nat. Klasse der Bayerischen Akademie der Wissenschaften; 1964 Erneuertes Doktordiplom der Universität Wien; 1966 Bayerischer Verdienstorden; 1968 korrespodierendes Mitglied der ÖAW.

Ausgewählte Publikationen. 1914 *Diss.*: (Die) *jovizentrische Bewegung der kleinen Planeten (Oppenheim)*.

1. (gem. mit Thirring, H.), Über den Einfluss der Eigenrotation der Zentralkörper auf die Bewegung der Planeten und Monde nach der Einsteinschen Gravitationstheorie, Physikalische Zeitschrift, **19** (1918), 156–163.
2. Vorlesungen über höhere Mathematik. Leibniz-Verlag 1948 und weitere Auflagen.
3. Vom Wesen der Mathematik und ihren Grundlagen. Leibniz-Verlag 1949.
4. Kugelfunktionen. Geest und Portig 1954.
5. Reihenentwicklungen in der mathematischen Physik. Verlag de Gruyter 1947, weitere Auflage 1953.
6. Analytische projektive Geometrie. 1965.
7. Grundbegriffe der Analysis, in: Siegfried Flügge (Herausgeber): Handbuch für Physik/Encyclopedia of Physics Mathematical Methods, Band 1, Springer Verlag 1956 (und schon im Handbuch der Physik 1928)

Quellen. Einhorn [67] p 205ff, IMN **145** (1987) 1-2, Vachenauer International J. Modern Physics D **14**, No. 12 (2005) 1973-1975.

---

[463] Robert Max Sauer *(1898-09-15 Pommersfelden; †1970-08-22 München)
[464] Information von Peter Vachenauer

Josef Lewandowski

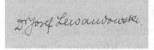

(al. Friedrich Lewandowsky)
*1884-03-05 Wien; †1954-09-16 (r.k.)
Sohn des Stabsarzts Dr Rudolf Lewandowski (*1847-10-03 Dorna Watra, Bukowina; †1902-09-16 (18) Pfaffstätten, NÖ) und dessen Ehefrau Maria Anna, geb Stempfl von Landtegg.

Lewandowski ∞ in 1. Ehe Maria, geb Koch (*1919;†1943); vier überlebende Kinder: Rudolf (*1920-11-10 Baden), Marie (*1922-07-25 Baden), Adolf (*1924-0617 Baden), Käthe (*1927-10-04 Baden).

Lewandowski ∞ in 2. Ehe Marianne, verw Haidl, geb Eckel (*1880-01-19 Oyenhausen (NÖ)) (kinderlos)

NS-Zeit. Lewandowski war Obergruppenleiter der Vaterländischen Front und hatte zwischen 1923 und 1938 verschiedene öffentliche Funktionen in der Gemeinde Pfaffstätten. In der NS-Zeit wurde er aber nicht weiter behelligt und ließ sich auch nicht vom Regime vereinnahmen.

Lewandowskis Vater Rudolf war in Wien seit den 1870er Jahren als Pionier der Anwendung der Elektrizität in der Medizin aufgetreten und hatte einen ausgezeichneten Ruf.[465] Sein Buch über die Anwendungen der Elektrizität für medizinische Untersuchungen und für Therapiezwecke aus dem Jahr 1892 ist bis heute von Interesse und erschien 2017 als Neudruck.[466]

Josef Friedrich Lewandowski maturierte 1902-06-24, drei Monate vor dem Tod seines Vaters, am Gymnasium in Baden bei Wien, vorher hatte er ein Gymnasium in Wien besucht. 1908-07-15 promovierte er sub auspiciis imperatoris mit einer Dissertation, die › Hofreiter in seinem Nachruf als ausgezeichnet hervorhob. 1909 legte er die Lehramtsprüfung für Mathematik und Physik (1912 ergänzt durch Darstellende Geometrie) ab und ging, wohl wegen der durch den Tod seines Vaters angespannten Finanzlage seiner Familie, sofort in den Mittelschuldienst, den er 1909-09 als Supplent am damaligen Badener Landesgymnasium begann. 1914 wurde er zum wirklichen Lehrer ernannt, nach dem Ersten Weltkrieg 1921 in den Staatsdienst übernommen, und 1933 mit dem Titel Studienrat versehen.

Seinen Militärdienst leistete er zunächst als Einjährig Freiwilliger 1907/08 im Festungsbataillon 1 ab, rückte dann 1914 als Leutnant in den Frontdienst ein, wurde 1915 im September-Advancement zum Oberleutnant befördert,[467] 1915-12 1915-12 und 1916-12

---

[465] Rudolf Lewandowski studierte ab 1867 an der k. k. med.-chirurg. Josefs-Akad. in Wien, promovierte 1873 zum Dr med. Er war zuerst dem IR. 57, 1874 dem Garnisonsspital 1 (Wien), ab 1875 als Chefarzt und Lehrer der Naturwiss. dem Offziers-Töchterinstitut in Wien-Hernals, 1892 dem Garnisonsspital 2 (Wien) zugeteilt und trat 1897 in den Ruhestand.

[466] *Elektrodiagnostik und Elektrotherapie* hanse Verlag, Norderstedt 2017. Das Original ist 1892 im Verlag Urban & Schwarzenberg, Leipzig, erschienen.

[467] Reichspost 1915-08-25 p18, Neue Freie Presse 1915-08-25 p19, Fremdenblatt 1915-08-25 p24, Innsbrucker Nachrichten 1915-09-01 p5.

für tapferes Verhalten vor dem Feinde belobigt,[468] später Stützpunktkommandant an der Tiroler Front. 1918-11 wurde er aus dem Armeedienst entlassen.

Eine auf seiner Dissertation beruhende Arbeit über die äquianharmonische Funktion erschien noch 1910 in den Monatsheften, es folgten noch eine „Programmabhandlung" zum Reziprozitätsgesetz der neunten Potenzreste und Nichtreste sowie verschiedene mathematische Notizen und Aufgaben für den Schulgebrauch. Neben seinem Dienst an der Schule war Lewandowski zwischen 1923 und 1938 auch in der Kommunalpolitik tätig: er war Abgeordneter zum Gemeinderat, Fürsorgerat, Ortsschulaufseher und Ortsgruppenleier der Vaterländischen Front in Baden. Vom NS-Regime wurde er weder entlassen noch in den Ruhestand versetzt; der Mitgliedschaft in der NSDAP oder einer ihrer Organisationen konnte er (anders als > Hohenberg) entkommen.

Nach Kriegsende begann Lewandowski als vor der Pensionierung stehender Mittelschullehrer und provisorischer Leiter des Badener Gymnasiums[469] eine akademische Karriere als Lehrer für Mittelschullehrer: Im SS 1945 erhielt er einen Lehrauftrag über Darstellende Geometrie (2+1 st.), zu dem 1946-11 mit Unterstützung des damaligen Dekans Meister[470] ein weiterer über Elementarmathematik (2+1 st., Vorläufer der besonderen Unterrichtslehre) kam. Die beiden Lehraufträge liefen sommers und winters bis zum SS 1954; danach konnten sie wegen Erreichung der Altersgrenze (70 Jahre) nicht mehr fortgesetzt werden. Lewandowskis Nachfolger war der Wiener Mittelschullehrer Josef > Laub.

Ehrungen: 1933-10 Studienrat[471]

Ausgewählte Publikationen. *Diss.*: (1906) *Über die komplexe Multiplikation einer speziellen ℘-Funktion (vermutlich Wirtinger).*
Zbl/JFM nennen nur die Arbeit:
Über die äquianharmonische Funktion. Monatsh. f. Math. **21** (1910), 155–170.

Quellen. UAW PH RA 2192, UAW 2460 fol. 1–89, eigenhändiger Lebenslauf, Nachruf von N. Hofreiter;

---

[468] Wr Zeitung 1915-12-31 p6, Pester LLoyd 1915-12-31 p9, 1916-12-09 p6; Neue Freie Presse 1916-12-17 p37
[469] Das Badener Gymnasium wurde gemeinsam mit einer Oberrealschule für Knaben geführt.
[470] vgl Fußnote 522 auf Seite 341
[471] Salzburger Volksblatt 1933-10-06p6, Ill. Kronenzeitung 1933-10-08p5

Alexander Lippisch

(Martin)

*1894-11-02 München;   †1976-02-11 Cedar Rapids, Iowa USA (ev. AB)

Jüngstes Kind des Malers und Gründungsmitglieds der Berliner Sezession Franz Lippisch (*1859-01-23 Hammerschneidemühle; †1941-02-22 Jamlitz, Niederlausitz), und dessen Ehefrau Clara (*1856-08-26; †1942-12-31), geb. Commichau, Tochter des Textilindustriellen Rudolf Commichau und der Blanca Hane (*1834, †1878);

Zeichnung: W. R.

Bruder der älteren Geschwister Bianca (*1890-08-18 Rom, †1968-02-15 Barmstedt, ⚭ Alfred Carl Rudolph Commichau, ihren Cousin), Malerin, und Dr Anselm Lippisch (*1892), Nationalökonom, Wirtschaftsjournalist und Ehemann der Malerin ⚭ Dorothea (*1892; †1998), geb Ansorge;

Lippisch ⚭ in Gersfeld 1926 Katharina (*1903-12-12 Bremen; †1938-03-19 Darmstadt, an akuter Blinddarmentzündung), geb Stamer; 2 Söhne: Hangwind (*1927, Industriedesigner), Jürgen-Günther ("George" *1937-06, Industriedesigner); nach Katharinas Tod ⚭ 1939-05-26 in Berlin Gertrude Louise (*1914-11-13 Bingen/Rhein; †1991-11-12 Cedar Rapids, Iowa), geb. Knoblauch, Diplomdolmetsch und Mitarbeiterin auf der Wasserkuppe; 3 Kinder: Sibylle J. (*1940⚭ William Brown), Blanca (*1941-08-16 Augsburg, ⚭ Craig Bailey) und Alexander Franz (*1948 Woodbury Heights).

NS-Zeit. Lippisch war in erster Linie ein überaus begabter Flugzeugkonstrukteur und Theoretiker der Aerodynamik; er hatte Österreich-Beziehungen (und eine gehörige Portion Interesse und Verständnis für Mathematik und Physik) und promovierte 1943 mit einer mathematisch-technischen Dissertation bei Udo Wegner in Heidelberg. Lippisch hat in seinen Arbeitsgruppen immer wieder auch Mathematiker untergebracht; zu nennen sind hier Heinrich Grell,[472] Friedrich Ringleb[473] und Max ˃ Pinl. Im 2. Weltkrieg

---

[472] Heinrich Grell (*1903-02-03 Lüdenscheid; †1974-08-21 Berlin Ost) (ev. uniert) studierte 1922–1927 Mathematik und Naturwissenschaften in Göttingen, wo er 1926 bei Emmy Noether über Idealtheorie promovierte. 1928–1934 war er an der Universität Jena, erhielt 1930 dort die Venia legendi; ging 1934 an die Universität Halle. Wegen seiner Homosexualität 1935-04 verhaftet und amtsenthoben, blieb er bis 1939 arbeitslos und ging dann nach Augsburg zu Lippisch in die Arbeitsgruppe „L" der Messerschmittwerke. Ab 1944 arbeitete er als Mathematiker beim Reichsforschungsrat Erlangen. (Annette Vogt [371], Eintrag Grell.) Grell trug auch im Menger-Kolloquium (17., 18. 19. Koll.) vor.

[473] Friedrich Otto Ringleb (*1900-04-18 Guben, Brandenbg; †1966-11-20 Woodbury Height, New Jersey) studierte an den Universitäten Breslau, Jena und Heidelberg; 1936–1939 war er im Rahmen eines Forschungsauftrags in Jena tätig. 1937 erschien sein für Nichtmathematiker geschriebenes Buch *Mathematische Methoden der Biologie, insbesondere der Vererbungslehre und der Rassenforschung* (mit einem Geleitwort des fanatischen Rassenbiologen H.F.K. Günther); ansonsten erschienen als Bücher nur sieben Auflagen einer von Ringleb bearbeiteten Formelsammlung eines inzwischen verstorbenen Autors. Nach gescheiterten Habilitationsversuchen in Jena wurde er schließlich an der Universität Heidelberg auf Betreiben von Udo Wegner (s. oben) und mit Unterstützung von Philipp Lenard[(a)] gegen den Willen Seiferts (und während dessen Abwesenheit) mit der Schrift *Numerische und graphische Verfahren der konformen Abbildungen* habilitiert. Bekanntlich ist die Theorie der konformen Abbildungen bis heute wesentliches Hilfsmittel für die Aerodynamik, und so wurde er 1939 in Lippischs Abteilung für die Entwicklung des

arbeitete er für die deutsche Luftwaffe als Konstrukteur und Entwickler neuer Flugzeugtypen. Er interessierte sich aber nicht für die technische Serienproduktion seiner Modelle
und war daher, soweit bisher bekannt, nicht wie Heinkel, Wernher von Braun (u.a.) in
Sklavenarbeit und Ausbeutung von KZ-Häftlingen involviert. Obwohl selber nicht Pg,
geriet er jedoch durch sein familiäres und berufliches Umfeld in NS-Nähe: der Bruder
Fritz seiner Frau Katharina, ein bekannter Flugpilot und sein enger Mitarbeiter,[474] war
Pg, der Ehemann seiner älteren Schwester Bianca war als Kommandeur des 1. Bataillons
des Infanterieregiments 691 an Kriegsverbrechen in Weißrußland beteiligt.[475]

Alexander Martin Lippisch verbrachte seine Jugendzeit in Berlin Charlottenburg, wo er in
einem von Kunst und Musik dominierten Umfeld aufwuchs, aber bereits in jungen Jahren
eine Leidenschaft für die Luftfahrt entwickelte und sich mit dem Bau von Modellflugzeugen
praktische Kenntnisse und Fertigkeiten auf diesem Gebiet aneignete. Seine Reifeprüfung
legte er aber nicht in Berlin, sondern auf der Oberrealschule in Jena ab.

Im Ersten Weltkrieg wurde Lippisch bald nach seiner Einberufung, wohl wegen seiner
bekannten Vorliebe für die Fliegerei, an die Ostfront abkommandiert und dort als Luftbild-
fotograf und Kartograph eingesetzt. Nach dem Waffenstillstand 1917-12-15 mit Russland
wurde er an den Bodensee versetzt um als „Aerodynamiker" und Konstrukteur bei den
Zeppelin-Werken unter Claude Dornier zu arbeiten.[476] Nach dem Ende des Ersten Weltkriegs war in Deutschland und Österreich der Bau von Motorflugzeugen vorerst zu Ende;
die Bestimmungen der Friedensverträge erlaubten nur den Bau von zivilen Segelflugzeugen, auch der Bau von zivilen Motorflugzeugen war bis 1922-03 unterbrochen. Das Verbot
für den Motorflugzeugbau konnte allerdings bald leicht umgangen werden, 1926 wurden
schließlich die Beschränkungen für den zivilen Flugzeugbau zur Gänze aufgehoben, später auch von Kleinflugzeugen. Für den Konstrukteur Lippisch ergab sich eine innovative
„Sparlinie": zunächst die motorlosen Segelflugzeuge, dann die schwanzlosen Nurflügel-

---

Raketenjägers Me-163 aufgenommen. ([64] p 1067ff).

[a] Philipp Eduard Anton Lenard (*1862-06-07 Preßburg; †1947-05-20 Messelhausen) [ung. Lénárd
Fülöp], Nobelpreisträger von 1905, deutscher Staatsbürger ab 1907, trat ab 1924 vehement für die NS-
Ideologie ein und wurde neben Johann Nikolaus Stark (*1874-04-15 Schickenhof/Freihung, Oberpfalz;
†1957-06-21 Traunstein, Bayern) zum Wortführer der „Deutschen Physik".

[474] Friedrich Stamer (*1897-11-28 Hannover; †1969-12-20 Oberursel, Taunus) trat am 1. August 1932
in die NSDAP ein (Mitgliedsnummer 1.145.800) und wurde SA-Sturmführer, später Schwarmführer im
Deutschen Luftsportverband, der 1937 in das NSFK übergeleitet wurde. Stamer war Fluglehrer und Generalsekretär des Deutschen Aeroklubs (neu gegründet 1950-08-03). Die Behauptung rechtsgerichteter
Kommentatoren, Lippisch sei zusammen mit Stamer Mitglied der SA gewesen, ist nicht verifiziert (und
unwahrscheinlich). Stamer wurde im Zuge einer internen Fehde mit Professor Walter Georgii (*1888-08-
12 Meiningen; †1968-07-24 München) von der TH Darmstadt nach Berlin in die Zentrale des Deutschen
Luftsportverbandes strafversetzt, aber bald wieder an die Wasserkuppe zurückgelassen.

[475] Rüter, C. F., und D. W. de Mildt (Hrsg.), *Justiz und NS-Verbrechen*. Sammlung deutscher Strafurteile
wegen nationalsozialistischer Tötungsverbrechen 1945–1966. Band XIII. Amsterdam 1975, p. 615–644.

[476] Claude Honoré Desiré Dornier (*1884-06-14 Kempten (Allgäu); †1969-12-05 Zug, Schweiz), von
französich-deutscher Abstammung, war zunächst Mitarbeiter, später Teilhaber eines Zweigwerks von Zep-
pelin, ab 1932 Inhaber der Dornier Werke, die sich auf Wasserflugzeuge in Ganzmetallbauweise spezialisierte (u.a. die „Dornier Wale" Do X).

flieger (wenngleich später mit Motor-, Düsen- oder Raketenantrieb ausgerüstet), in den USA der 60er Jahre die gänzlich flügellosen Aerodyne-Flugapparate und schließlich die den Bodeneffekt nützenden Aerofoil-Wassergleiter. Lippischs besondere Liebe gehörte der Entwicklung revolutionärer, radikaler Konzepte und neuer theoretischer Grundlagen in der Luftfahrttechnik. Berauscht von den technischen Möglichkeiten, die seine Entwürfe boten, ließ er die Unmenschlichkeit der Arbeitsbedingungen (unzureichende Sauerstoffversorgung bei Gipfelhöhen von 12.000 m, fehlende Druckkabine, physiologische Belastungen bei hohen Beschleunigungen, Gifteinwirkungen) und die extreme Gefährdung (Explosionsgefahr beim Auftanken und während des Fluges, plötzliches Aussetzen der Triebwerke bei Erreichen der Schallgeschwindigkeit, dadurch Strömungsabriss und nur mit großer Geschicklichkeit mögliches Abfangen von Trudelbewegungen) seiner Piloten konstruktiv zunächst (und vielfach auch später) außer acht, die auch schon ohne „Feindeinwirkung" auftraten. Bekanntlich wurden zur Unterstützung der Höhenflugforschung in der NS-Zeit menschenverachtende Versuche mit KZ-Häftlingen, Zwangsarbeitern und Kriegsgefangenen durchgeführt.[477] Eine Involvierung von Lippisch oder Angehörigen seines Teams in KZ-Versuche ist aber nicht bekannt geworden.

Lippischs erste Wirkungsstätte als Segelflugzeug-Konstrukteur war die Wasserkuppe, mit 950m Höhe der höchste Berg des Rhöngebirges (und Hessens). 1922 baute er dort mit dem gelernten Tischler Gottlob Espenlaub[478] den ersten schwanzlosen Gleiter *Espenlaub E2* und schloss sich der Segelfliegergruppe *Weltensegler* an. In der Folge konstruierte er für diese Gruppe mehrere Schulgleitflugzeuge. 1923 setzte er diese Tätigkeit bei den gerade gegründeten *Steinmann-Werken* in Winterberg, Sauerland, fort und entwickelte Kleinmotorsegelflugzeuge (was nach einer Lockerung des Flugzeugbauverbots möglich wurde) für Übungszwecke. Die Steinmann-Werke konnten sich aber nicht gegen die Konkurrenz halten und so kehrte Lippisch 1925 an die Wasserkuppe zurück. Dort wurde er auf Einladung von *Rhönvater* Ursinus[479] Leiter des Konstruktionsbüros für Flugtechnik des gerade gegründeten Segelflugvereins *Rhön-Rossitten-Gesellschaft* (RRG) und konzentrierte sich dort bald auf die Entwicklung weiterer schwanzloser Flugzeugtypen, unter den Namen *Storch I–V* (Erstflug 1927) und *Delta I–VII* (Erstflug 1930 als Gleiter). Außerdem entwarf er die „Normal-Segelflugzeuge" *Wien* und *Austria* für den Wiener Segelflugpionier Robert Kronfeld.[480]

---

[477] Namentlich in Dachau unter dem KZ-Arzt Sigmund Rascher (* 1909-02-12 München; †1945-04-26 KZ Dachau, auf Befehl Himmlers erschossen).

[478] Gottlob Espenlaub (*1900-10-25 Balzholz/Beuren; †1972-01-09 Barmen/Wuppertal)

[479] Oskar Ursinus (*1878-03-11 Weißenfels; †1952-07-07 Frankfurt/Main) war ein wichtiger Luftfahrtpionier und Herausgeber der Zeitschrift *Flugsport*. Die Oskar-Ursinus-Vereinigung ist nach ihm benannt.

[480] Robert Kronfeld (*1904-05-05 Wien; †1948-02-12 bei einem Flugabsturz in der Nähe von Lasham, GB), Sohn des Zahnarzts Robert Kronfeld (*1874; †1946) und dessen Ehefrau Hedwig, geb. Deutsch (†1905; Schwester des bekannten österr. Parlamentsstenographen und Redakteur des „Neuen Österreich" Paul Deutsch (*1873-03-16 Wien; †1958-07-04 Wien)) war der Neffe des Arztes und Schriftstellers Adolf Kronfeld und des Botanikers Ernst Moriz [nicht: Moritz] Kronfeld. 1929-05-15 erzielte Kronfeld mit der *Wien* eine Flugweite von 102,2 km, für Segelflugzeuge bedeutete das damals Weltrekord. Weitere Strecken- und Höhenrekorde, sowie die erste Überquerung des Ärmelkanals im Segelflugzeug 1931-06-20 folgten. Wegen seiner jüdischen Abstammung emigrierte Kronfeld 1933 nach GB und nahm 1939 die britische Staatsbürgerschaft an.

Als Höhepunkt der im Rahmen der Rhön-Rossitten Gesellschaft (RRG) von Lippisch her-
ausgebrachten Innovationen wird heute trotz vieler Fehler und Pannen der *Delta-Nurflügel*-
Flugzeugtyp angesehen.[481] Aus dem *Delta IV* entstand später die *DFS 39* und aus dieser
der weltweit erste Raketenjäger *Me 163*.

Lippisch hatte bald erkannt, dass entscheidende Leistungsverbesserungen im damaligen
Flugwesen nur mit völlig neuen Antriebskonzepten möglich waren, fernab von den kon-
ventionellen von Kolbenmotoren getriebenen Propellern. Er experimentierte daher mit
Strahltriebwerken und Raketenantrieben, die sich mit der Deltaflügel-Bauart gut kombi-
nieren ließen. 1928 steuerte Lippischs Schwager Fritz Stamer ein von Lippisch konstruiertes
Delta-Flugzeug, die *Ente*, zu einem ersten Flug mit Strahlantrieb, unter Verwendung von
Pulverraketen. Ähnliche Versuche unternahm später Erich Heinkel mit von Flüssigkeitsra-
keten oder Düsentriebwerken angetriebenen umgebauten *konventionellen* Flugzeugen der
Typen He 111 und He 112, sowie, knapp vor Kriegsbeginn, mit He 176 und He 178. Mit
der He 178 führte Erich Warsitz[482] 1939-08-27 den ersten Flug mit einem Düsenflugzeug
durch.

1933 wurde die Rhön-Rossitten Gesellschaft (RRG) im Zuge der vom NS-Regime vor-
angetriebenen *Gleichschaltung* zerschlagen und auf zwei NS-Organisationen aufgeteilt:
der Luftsportbetrieb ging im *Deutschen Luftsportverband* auf, aus dem 1937 dann das
NS-Fliegerkorps NSFK wurde; das RRG-Forschungsinstitut wurde in *Deutsches Institut für Segelflug* umbenannt und dieses wiederum 1937 in „Deutsche Forschungsanstalt
für Segelflug" (DFS). Bis 1938 war Lippisch technischer Leiter dieses Instituts, das auf
dem Flugplatz Griesheim bei Darmstadt untergebracht war und sich mit aerodynamischer
Grundlagenforschung für den Flugzeugbau befasste. Lippisch und seine Mitarbeiter entwickelten dort die bis heute gültigen Konstruktionsprinzipien für Deltatragflächen. 1938
beschloss die Leitung der DFS unter Professor Georgii die Einstellung der Entwicklungs-
arbeiten für den Deltaflügel.

1939-01-02 wechselte Lippisch zu den Messerschmitt-Werken in Augsburg und befasste
sich mit der Entwicklung eines Raketenflugzeugs für die Luftwaffe, das die Typenbezeich-
nung *Me-163*, in der Endentwicklung *Me-163 B* „Komet" erhielt. 1941-10-02 erreichte
Lippischs Testpilot Heinrich Dittmar mit diesem Gerät eine für damalige Verhältnisse
sagenhafte Geschwindigkeit von rund 1.000 km/h (Mach 0.84), nur wenig unter der Schallgeschwindigkeit. Dieser Entwurf war außer den Segelflugzeugen der einzige, der auch
tatsächlich in Produktion ging; insgesamt (einschließlich der Versuchstypen und alle Un-
tertypen zusammengenommen) wurden vom Typ *Me-163* etwa 350 Stück produziert, von

---

[481] Wesentlichen Anteil bei der Lösung der mit der Nur-Flügel-Konstruktion verbundenen aerodynamischen
Probleme hatte sein Pilot Heinrich Dittmar (*1911-03-30 Bad Kissingen, Unterfranken; †1960-04-28
Mülheim a.d. Ruhr, Flugzeugabsturz). Für technische Details vgl die populäre Darstellung in Dabrowski,
H-P, Überschalljäger Lippisch P13a und Versuchsgleiter DM-1. Podzun-Pallas-Verlag. Friedberg 1986.
Dittmar war in der NS-Zeit als Konstrukteur und Versuchspilot tätig, schloss sich aber nicht der NS-
Ideologie an und galt als „unpolitisch".

[482] Erich Warsitz (*1906-10-18 Hattingen; †1983-07-12 Lugano/Schweiz)

denen fast alle beim Jagdgeschwader JG 400 für Zwecke des Objektschutzes (Leuna-Werke) in Verwendung standen; sie verbuchten sechzehn abgeschossene Feindflugzeuge.[483] Die Raketenjäger hatten zwar den Vorteil einer für damalige Verhältnisse einzigartig hohen Geschwindigkeit und einer ebenfalls einzigartig hohen Steigfähigkeit, waren aber 1) aufwendig zu starten und zu landen, 2) wegen der verwendeten ätzenden, giftigen und explosiven Treibstoffe extrem gefährlich für Piloten und Betreuungsmannschaft, 3) durch kurze eigentliche Flugzeiten (in der Praxis von 2–3 Minuten) und geringe Reichweiten behindert, sodass höchstens zwei feindliche Maschinen bei einem Einsatz angegriffen werden konnten, 4) waren nach dem Abbrennen der Triebwerke nur im Gleitflug zum Boden zurückzubringen (die Landung wurde durch eine ausfahrbare Mittelkufe ermöglicht). Hinzu kamen Lieferschwierigkeiten für die vorgesehenen Walter HWK 109-509 A-1 Triebwerke. Offenbar waren aber die hauptsächlichen Vorgaben von Wehrmacht und Reichsluftfahrtministerium, hohe Geschwindigkeit und hervorragende Steigfähigkeit, erfüllt.[484]

1943-04-28 wurde wegen massiver interner Differenzen mit dem Firmeninhaber Wilhelm Messerschmitt[485] Lippischs Abteilung „L" der Messerschmitt-Werke geschlossen und Lippisch übersiedelte nach Wien. Zuvor war Lippisch 1943-03-29 aufgrund einer bei Udo Wegner eingereichten Dissertation der Grad eines Dr rer nat der Universität Heidelberg verliehen worden.[486]

Von 1943 bis 1945 war Lippisch Leiter der *Luftfahrtforschung Wien* in Wien Floridsdorf und vergab (u.a.) Forschungsaufträge an Josef ˃ Krames und sein dreiköpfiges Mathematikerteam an der TH Wien, soweit bekannt ist, vor allem mit Bezug zur Geometrie der Strömungslinien. Lippischs hauptsächliches Forschungsziel war die Integration eines Staustrahltriebwerks in einen Deltaflügel, sodass ein von Lippisch *Triebflügel* genanntes Flugsystem entstand. Das Strahltriebwerk sollte mit Festbrennstoff (Kohlenstaub oder mit Paraffin getränkte Braunkohle) betrieben werden. Strahltriebwerke sind allerdings nur bei höheren Geschwindigkeiten wirksam, die eine ausreichende Kompression garantieren. Die für die Gestaltung der Brenner des Triebwerks nötigen Untersuchungen wurden von den Österreichern Dr Herwarth Schwabl in Wien und Dr Eugen Sänger[487] an der

---

[483] Nach anderen Quellen nur neun; gesicherte genaue Zahlen liegen nicht vor. Für die NS-Luftfahrtpolitik unter dem Gesichtspunkt der Ressourcenentwicklung vgl [84] p 295–382; dort finden sich weitere Literaturangaben.

[484] Nach dem Krieg verschwand die militärische Bedeutung von Jägern dieser Bauart fast völlig; die Kombination Rakete–Flugzeug wurde erst in der modernen Raumfahrt wieder aufgenommen.

[485] Wilhelm „Willy" Emil Messerschmitt (*1898-06-26 Frankfurt/Main; †1978-09-15 München), erfolgreicher Flugzeugkonstrukteur und Gründer der Messerschmitt-Werke; seit 1933 Pg; trat 1942 vom Vorstandvorsitz seiner Firma zurück.

[486] [64] p. 1077ff. Die Dissertation von Lippisch wurde als „geheim" eingestuft; seine Prüfungsfächer waren reine Mathematik, angewandte Mathematik und technische Physik, ein etwas ungewöhnlicher Fächerkanon. Seine Arbeit war so geheim, dass nicht einmal die übrigen Fakultätsmitglieder von Lippisch's Promotion wussten, was später zu Protesten führte. Es scheint, dass Lippisch kein reguläres Studium im bis dahin üblichen Sinn durchlaufen hatte. In seinen Erinnerungen erwähnt Lippisch sein Studium an der Heidelberger Universität mit keinem Wort.

[487] Eugen Sänger (*1905-09-22, Přísečnice (dt Preßnitz) bei Komotau (Cz); †1964-02-10, Berlin) errichtete 1932 an der TH Wien einen Prüfstand für Raketentriebwerke. Seine 1929 als Dissertation eingereichte Arbeit über „Raketenflugtechnik" wurde 1929 abgelehnt. Verfasser einiger Bücher über Raketenantriebe

DFS in Ainring/Bayern durchgeführt.[488] Ein Versuchsflugzeug nach diesem System erhielt die Bezeichnung P-12; es wurde mit Hilfe eines Startschlittens mit Raketenantrieb oder im Huckepack-Verfahren auf dem Rücken eines anderen Flugzeuges auf die nötige Anfangsgeschwindigkeit gebracht. 1944-05 wurden auf dem Flugfeld Spitzerberg, NÖ, erste Versuchsflüge durchgeführt, die dabei gewonnenen Erfahrungen führten zu verbesserten Entwürfen, P-13 und P-13a, eine Weiterentwicklung mit dem Namen P-14 war geplant. Die P-13a V1 wurde von Studenten, die der Einberufung in den Volkssturm entgehen wollten, als flugfähiges Holzmodell im Maßstab 1:1 in Prien am Chiemsee, Bayern, unter der Bezeichnung DM-1 (Darmstadt-München) gebaut. Knapp vor Kriegsende floh Lippisch vor der Roten Armee mit seiner Familie[489] nach Prien am Chiemsee, das 1945-05-03 von US-amerikanischen Truppen besetzt wurde. 1946 gehörte Lippisch zu den deutschen Wissenschaftlern, die — ungeachtet allfälliger NS-Verstrickungen — im Zuge der Operation "Paper Clip" in die USA verbracht wurden. Hier arbeitete er als Berater der Abteilung für Flugmaterialien der Navy-Flugabteilung, 1950–1964 bei der Collins Radio Company, wo er aerodynamische Studien zum Deltaflügel, zum Bodeneffekt und anderen flugtechnischen Entwicklungen durchführte. Nach einer schweren Krebserkrankung ließ er sich pensionieren; nachdem er aber diese Krankheit überstanden hatte eröffnete er 1966 sein eigenes Konstruktionsbüro, die "Lippisch Research Corporation." Zu den von ihm nach 1945 entwickelten Konstruktionen gehörten das 1969 bei Dornier (wieder in Deutschland) entwickelte "Aerodyne" System, ein flügelloses, senkrecht startendes Fluggerät, sowie verschiedene den Bodeneffekt (erhöhter Auftrieb in Bodennähe) ausnützende Flug- und Wasserfahrzeuge (X-112, "Aerofoil" Gleit-Flugboote X113A). Eines seiner bekanntesten Nachkriegsprojekte war das erste Delta-Kampfflugzeug der USA, die Convair F-102 "Delta Dagger."

Der interessierten Öffentlichkeit ist Lippisch vor allem durch eine populäre dreizehnteilige Fernsehserie unter dem Titel "The Secret of Flight" von 1955 bekannt geworden. Dabei führte er unter anderem die bekannten Experimente vor, bei denen im Windkanal Stromlinien mit Hilfe von Rauchfäden sichtbar gemacht werden.

1956 erhielten er und seine Familie die amerikanische Staatsbürgerschaft.

Ehrungen: 1933 Silbernes Ehrenzeichen des Deutschen Modell- und Segelflugverbandes; 1934 Kriegserinnerungsmedaille (Hindenburgkreuz); 1939 Kriegsverdienstkreuz II. und I. Klasse; 1941 Lilienthal-Medaille; 1944-09-12 Ritterkreuz d. Kriegsverdienstkreuzes; 1972 Rudolf-Diesel-Medaille; 1985 Aufnahme in die International Aerospace Hall of Fame, San Diego Air & Space Museum

Ausgewählte Publikationen. *Diss.*: (1943) *Flugmechanische Beziehungen des Flugs mit Strahlenantrieb (Wegner (Mathematik), Wisch (techn Physik), Heidelberg)*.

JFM verzeichnet nur die folgende Publikation (Zbl dagegen keine):

1. Verfahren zur Bestimmung der Auftriebsverteilung längs der Spannweite. Luftfahrtforschung **12** (1935), 89–106.

---

und Raumfahrt, z.B. [Sänger, Eugen, *Forschung zwischen Luftfahrt und Raumfahrt*, 1954], [Sänger, Eugen, *Atlas konkreter Bahnen von Raketenflugzeugen bis zur Aussenstation und zurück* Dt. Raketen-Ges. 1957] und [Sänger, Eugen, *Raumfahrt : heute - morgen - übermorgen*, Econ-Verl. 1963]

[488] Angaben nach den *Erinnerungen* von Lippisch, p 215f.

[489] und der Familie seines Bruders Anselm, der in Wien seit 1942 als Wirtschaftsjournalist (u.a. für den „Völkischen Beobachter" und das „Wiener Tagblatt") arbeitete,

Einige Publikationen zur Flugtechnik (Ls Bericht über die Entwicklung des Deltaflügels gibt 84 Publikationen zur Luffahrtforschung an.):

2. (mit R. Vogt) (1919) Theoretische Grundlagen d. Flugzeug-Berechnung. Flugsport **11** (1919), 200–672;
3. (mit F Stamer) (1928) Gleitflug und Gleitflugzeuge, Teil 1: Konstruktion und praktische Flugversuche. Teil II: Bauanweisungen und Bauzeichnungen. Volckmann, Berlin.
4. Handbuch für den Jungsegelflieger - Teil I (1930): Ausbildung, Maschinen, Werkzeuge, Instrumente/ Teil II (1931): Aerodynamik - Statik - Fachausdrücke
5. (mit F Stamer) (1935) Der Bau von Flugmodellen. Teil 1 für Anfänger und Teil 2 für Fortgeschrittene. C.J.E Volckmann, Berlin
6. "Seeing the spray." Lecture by M. Lippisch at the Royal aeronautical society. Aeroplane, London. Dec. 28, 1938, v. 55, no. 1440, p. 849-53.

Quellen. [222] Bd. 14 (Berlin 1985), 662–664; „Lippisch, Alexander Martin", in: Hessische Biografie (https://www.lagis-hessen.de/pnd/11857339X, Zugriff 2019-12-22); Alexander Lippisch Papers, MS 243, Special Collections Department, Iowa State University Library.

Lit.: Lippisch Alexander: Erinnerungen, Luftfahrtverlag Axel Zuerl, Steinebach-Wölthsee o.J.; Lippisch u. F. Trenkle, Ein Dreieck fliegt- Die Entwicklung der Delta-Flugzeuge bis 1945. Stuttgart : Motorbuch-Verlag, 1976. (= The Delta Wing. History and Development (translated by Gertrude Lippisch). Iowa State University Press, Ames 1981.)

Gustav Lochs

*1907-02-02 St Johann, Tirol;   †1988-12-11 Innsbruck (r.k.)

Sohn von Marianne Schönbichler, geb Dietrich (*1888; †1947-09-27 Kennelbach, Vorarlberg), Oberbahnratswitwe.

NS-Zeit. Lochs leistete seinen Kriegsdienst in der Wehrmacht nicht an der Front ab, sondern bei technisch-wiss. Sondereinheiten für meteorologische Beobachtungen und Ballistik.

Lochs maturierte 1925-07 am Bundesgymnasium u. -Realgymnasium Innsbruck mit Auszeichnung und studierte anschließend an der Universität Innsbruck Mathematik bei Gmeiner, Zindler, ˃ Schatz und ˃ Vietoris; außerdem Theoretische Physik bei March und Astronomie bei Scheller; er hatte sich bereits im Alter von 15 Jahren für Mathematik interessiert und autodidaktisch Grundkenntnisse aus der Analysis erworben. 1928 promovierte er in Mathematik.

Beginnend bereits während seiner Studienzeit arbeitete Lochs für zwei Jahre als Assistent bei dem Innsbrucker Astronomen Oberguggenberger. Angesichts der *sehr* sparsamen finanziellen Dotierung der Universität Innsbruck durch die Ständestaatregierung war schon das eine besondere Auszeichnung. Danach ging er für weitere zwei Jahre mit einem Stipendium nach Hamburg, zu ˃ Blaschke, ˃ Artin und Hecke. Lochs' Innsbrucker Mentor ˃ Vietoris bot ihm danach die gerade frei gewordene Assistentenstelle in Innsbruck an, die aber wegen der sich galoppierend weiter verschlechternden Finanzlage im letzten Augenblick vom Ministerium eingezogen wurde. Die Universität vermittelte Lochs für den Broterwerb eine Stelle in dem Vorarlberger Textilwerk Schindler in Kennelbach (Bezirk Bregenz), wo er sich bald zum Prokuristen hocharbeitete und bis zu seiner Einberufung in die Wehrmacht blieb.

Bei Kriegsbeginn wurde Lochs zunächst „unabkömmlich" (uk) gestellt, die Befreiung vom Kriegsdienst konnte aber nicht auf Dauer aufrecht erhalten werden. Lochs wurde der Luftwaffe zugeteilt, wo er eine Ausbildung in Luftfahrt-Meteorologie erhielt und nach Italien abkommandiert wurde. Wie Lochs später erzählte, bestand dort der Dienst „hauptsächlich im Herummarschieren". Danach war Lochs kurzzeitig den Gebirgsjägern in Garmisch zugeteilt, landete aber schließlich in Jena bei dem gebürtigen Linzer Robert ⟩ König, einem Mathematiker (und Kartographen), der Forschungsprojekte für die Wehrmacht durchzuführen hatte.

Nach Kriegsende gelang es ⟩ Vietoris im zweiten Versuch, Lochs eine dauerhafte Stellung an der Universität Innsbruck zu verschaffen und ihn der Textilindustrie wieder zu entziehen. Zunächst Assistent, habilitierte sich Lochs 1949, wurde 1954 tit ao, 1961 ao, 1965 o Professor in Innsbruck. Zwischendurch ließ er sich 1957/58 für eine Gastprofessor an der Oregon State University in Corvallis, USA, beurlauben, 1960 für eine Vertretung in Münster. Zwei ehrenvolle Rufe in die damalige DDR, auf ein Ordinariat der Bergakademie Freiberg in Sachsen und an die Universität Jena, Thüringen lehnte er ab; nach der Emeritierung von ⟩ Vietoris wurde er dessen Nachfolger in Innsbruck.

1963 ermittelte der Chemiker, Allround-Mathematiker und Computer-Magier Gerhard Derflinger (*1936-10-11; †2015-02-27) für Gustav Lochs auf einer *Burroughs Datatron 205* die ersten 968 Teilnenner des regulären Kettenbruchs von π, eingegeben auf 1000 Dezimalstellen. Dazu hatte Derflinger eigens für diesen Computer eine Langzahlarithmetik zu entwickeln. Nach diesem erfolgreichen Computereinsatz bewies Lochs 1964 (ohne Computer) den *Satz von Lochs*, nach dem die Kettenbruchentwicklung nur wenig effizienter als die Dezimaldarstellung ist.

Lochs betreute fünf Dissertationen und referierte eine weitere als zweiter Gutachter. Zu seinen Dissertanten gehörte Klaus Leeb (1965), rühmlich aufgetreten in der Ramsey-Theorie.

Ehrungen: 1979 Goldenes Doktordiplom an der Universität Innsbruck.

Ausgewählte Publikationen. *Diss.*: (1928) *Über die Affinnormalen der Bahnkurven einer ebenen Bewegung (Zindler).*

1. Zur Abschätzung schlichter Potenzreihen. Monatshefte f. Math. **38** (1931), 377–380.
2. Die Affinnormalen der Bahn- und Hüllkurven bei einer ebenen Bewegung. Monatshefte f. Math. **38** (1931), 39–52.
3. Zur Abschätzung schlichter Potenzreihen. Monatsh. Math. Phys. **38** (1931), 377–380.
4. Topologische Fragen der Differentialgeometrie. 42: Die Jordankurve im Kurvennetz. Abhandlungen Hamburg **9** (1932), 134-146.
5. Über die Lösungszahl einer linearen, diophantischen Ungleichung. Jahresber. DMV **54** (1950), 41–51.
6. (gemeinsam mit Vietoris, L.), Vorlesungen über Differential- und Integralrechnung. Innsbruck(1951).
7. Über die Anzahl der Gitterpunkte in einem Tetraeder. Monatsh. Math. **56** (1952), 233–239.
8. Die Diffusion aus einer Platte oder Kugel bei geringem Umsatz. Z. Angew. Math. Mech. **34** (1954), 79–80.
9. Die Konvergenzradien einiger zur Lösung transzendenter Gleichungen verwendeter Potenzreihen. Monatsh. Math. **58** (1954), 118–122.
10. Über die Unregelmäßigkeit der Abstände aufeinander folgender Zahlen mit gegebenen Primfaktoren und einen damit zusammenhängenden allgemeineren Satz. Arch. Math. **7** (1956), 259–262.
11. Statistik der Teilnenner der zu den echten Brüchen gehörigen regelmäßigen Kettenbrüche. Monatsh. Math. **65** (1961), 27-52.
12. Die ersten 968 Kettenbruchnenner von π. Monatsh. Math. **67** (1963), 311-316.

13. Vergleich der Genauigkeit von Dezimalbruch und Kettenbruch. Abh. Math. Semin. Univ. Hamb. **27** (1964), 142-144.

14. Über die Koeffizienten der asymptotischen Reihen für den Korrekturfaktor der Stirlingschen Formel und einen speziellen Wert der unvollständigen Gammafunktion.Sitzungsber., Abt. II, Österr. Akad. Wiss., Math.-Naturwiss. Kl. **196** (1987), 27–37.

Zbl/JFM nennen bereinigt 17 Publikationen, darunter 1 zusammen mit Vietoris verfasstes Buch. Liedl (s.u.) fügt diesen Publikationen noch vier weitere, mit Lösungen zu in den J.-Ber. DMV ausgeschriebenen Aufgaben, hinzu.

Quellen. Allg. Tiroler Anz. 1925-07-11 p4; Liedl, IMN **150** (1989), 1–2

Heinrich Löwig

Franz Josef, auch Heinz, Jindřich Löwig, Henry Lowig (englische Version nach Namensänderung 1954))

*1904-10-29 Königliche Weinberge (Královské Vinohrady) b. Prag; †1995 Edmonton, Kanada, (r.k., ab 1928-05-23 konfessionslos))

Sohn des ursprünglich jüdischen, 1904 getauften Ingenieurs Heinrich Löwi (*1874-09-10 Eidlitz/Údlice, Kreis Komotau/Chomutov, Cz; †1944-08-31 Polizeigefängnis Theresienstadt), [er änderte seinen Namen 1905-03-17 auf Heinrich Löwig], und dessen [∞ 1904] Ehefrau Katharina (*1881 Pilsen; †1962), geb Chwoyka;

Zeichnung: W.R.

Bruder von Anna (*1906-10-28; †1987-10 Westminster/London), geb Löwi ∞ Rudolf Epstein (*1898-12-01 Reichenberg; †1977-11 London), Exportkaufmann, drei Kinder: Peter (*1928; †2004), John (*1930) und Brigitte (*1935∞ Rudy Kennedy), alle in Reichenberg.

Enkel väterlicherseits von Josef Löwi, Ladenbesitzer, und dessen Ehefrau Flora, geb Kohn; Neffe von Albert (†1943), Berta, Marie (†1944) und Anna (†1944) Löwi.

Löwig jun ∞ 1949-09-07 Libuse (=Luise) Barbara (*1925-07-21 Prag), geb Otta, 2 Kinder:
(1) Ingrid Henriette (*1952-06-19 Hobart, Australien; ∞ 1976 Joseph John Hallein (*1943; †2005) o|o 1984, in zweiter Ehe ∞ 1985 Keith Jackson (*1945)), und
(2) Evan Henry Francis Lowig (*1954-10-07 Hobart), Priester der russisch-orthodoxen Auferstehungskirche in Vancouver, Canada.

NS-Zeit. Löwig war den Nazis ein Halbjude und den Tschechen ein Deutscher. Er überlebte das Regime ohne den NS-Machtbereich zu verlassen, zuletzt in Gestapohaft. Nach Kriegsende fand er aber in der wiedererstandenen Tschechoslowakei keine Anstellung. Also emigrierte er 1948 nach Australien, 1957 von dort nach Kanada. Löwigs Vater Heinrich Löwig sen. wurde 1943-08-31 nach Theresienstadt deportiert, wo er 1944-08-31 in dem dortigen Gestapogefängnis, in der „Kleinen Festung", starb, laut Totenschein an „Herzversagen".[490] Auch die drei Geschwister des Vaters, Albert, Marie und Anna, starben in Theresienstadt. Löwigs Mutter war „Arierin" und blieb (fast) unbehelligt. Schwester Anna und ihr Ehemann Rudolf Epstein entkamen 1939 nach London.

---

[490] Terezinska Pametni Kniha [Theresienstädter Gedenkbuch], Terezinska Iniciativa, vol. I-II Melantrich, Praha 1995, vol. III Academia Verlag, Prag 2000 (Memorial Book Theresienstadt, Terezin Initiative)

Löwigs Vater hatte an der DU Prag Chemie studiert und war dann in die k.k. Post u. Telegraphenverwaltung eingetreten, wo er Leitungsfunktionen im Baubüro der Telegraphenanstalt innehatte, bis zum Ende des ersten Weltkriegs zweimal versetzt wurde[491] und es bis zum Oberbaukommissar[492] brachte; im ersten Weltkrieg diente er demgemäß als Ingenieurleutnant im Landsturm.[493] Nach Aussage seiner Enkelin Ingrid Jackson war Löwig sen aktives Mitglied der Sozialdemokratischen Arbeiterpartei (SDAP) und wurde in dieser Eigenschaft 1919 in den Gemeinderat von Reichenberg gewählt, er gehörte diesem für etwa ein Jahr an. Er blieb im Postdienst der tschechoslowakischen Republik bis zu seiner Pensionierung 1930.

Die Familie Löwig betrachtete sich der deutschen Kultur zugehörig, der junge Heinz Löwig besuchte daher das Deutsche Gymnasium in Reichenberg. Er maturierte 1923-06-19 mit Auszeichnung (Zusatzprüfung für „böhmische Sprache" 1923-06-21), studierte anschließend an der Deutschen Universität in Prag, promovierte dort 1928-06-09 zum Dr phil, absolvierte seinen 18-monatigen Militärdienst 1928-10-01 bis 1930-03-29[494] und habilitierte sich 1935-03. Als Dozent an der Deutschen Universität Prag las er über Grundlagen der Mathematik und über Moderne Mathematik. Im Brotberuf war er Gymnasiallehrer in Leitmeritz und Reichenberg. Nach der NS-Invasion 1939 verlor er als Mischling ersten Grades seine Venia und seine Anstellung(en) als Lehrer; er musste mehrfach an Zwangsarbeitsprojekten (im NS-Jargon „Totaleinsatz" genannt) teilnehmen. Sein Vater wurde trotz seines Status als Ehepartner einer „deutschblütigen" Frau im Ghetto Theresienstadt interniert, wo er 1944-08-31 im „kleinen Fort" (das als Gefängnis der Gestapo diente), angeblich an Herzversagen, verstarb. Sein Onkel Albert Löwi, sowie seine Tanten Marie und Anna starben ebenfalls in der Shoah.[495] Eine weitere Tante, Berta Löwi, überlebte.

Heinrich Löwig tauchte nach mehreren Monaten Zwangsarbeit vor der NS-Besatzung unter, wurde aber verhaftet, als er wegen einer Erkrankung ein Spital aufsuchen musste.

Nach dem Zweiten Weltkrieg galt Löwig in der Tschechoslowakei als Deutscher und bekam daher keine Stellung als Lehrer. 1948 emigrierte er nach Tasmanien, wo er als Lektor an der Universität von Hobart wirkte und 1953-08-26 die australische Staatsbürgerschaft erhielt. 1957 übersiedelte er an die University of Alberta im kanadischen Edmonton, auf eine tenured position (Professor ab 1967-03), ab 1970-07-03 Professor Emeritus, 1972 endgültig emeritiert.

Seine Frau Libussa und seine Tochter Ingrid ⚭ Jackson lebten später in Sydney. In der Emigration sprach Löwig nur noch selten Deutsch und änderte seinen Namen in Henry Lowig. In der Familie Lowig wurde Tschechisch gesprochen.

---

[491] 1904–1907: Prag, Königliche Weinberge, 1907–1920 Reichenberg, nach dem Krieg 1920–1930 Pardubitz, Pensionierung 1930-11-01. Die Familie verblieb bis 1938 in Reichenberg (heute Liberec) und übersiedelte dann nach Prag. Vater Löwig war jedenfalls ab 1938-11-18 nicht mehr in Reichenberg gemeldet. Reichenberg war schon 1938-10-02 dem Deutschen Reich einverleibt worden.

[492] Prager Tagbl. 1917-06-17 p6.

[493] Reservetelegraphen-Bauabteilung Nr 36; Ernennung zum Leutnant 1915; s. Fremdenblatt 1915-08-11 p10, 1916-01-12 p 17; Prager Tagblatt 1915-08-10 p18; Wiener Zeitung 1916-01-11 p2; Neue Freie Presse 1916-01-16 p34.

[494] 1931 und 1932 folgten noch Waffenübungen von insgesamt 14 Tagen Dauer.

[495] Albert 1943, Marie und Anna 1944; nicht in den Totenlisten von Yad Vashem genannt.

Löwig befasste sich mit Analysis (Differenzen- und Differentialgleichungen), Funktionalanalysis (Dimensionstheorie) und Algebra (vornehmlich Verbandstheorie, Lineare Algebra
und Theorie der Algebren.). Nach Aussage von John v. Neumann war Löwig "one of the
first to observe that the modern theory of Hilbert space carries over to non-separable
spaces."[496]

Löwig war ein guter Schachspieler, er trat bis 1937 bei Turnieren des Deutschen Schach-
verbands in Böhmen für den Prager Schachklub an.[497]

Ausgewählte Publikationen. *Diss.*: (1928) *Über periodische Differenzengleichungen (Pick, Berwald).*

1. Über periodische Differenzengleichungen. [Auszug aus der Dissertation] Lotos **78** (1930), 1–4.
2. Bemerkung zu einem Satze von A. Kneser über die Charakteristiken einer partiellen Differentialgleichung erster Ordnung. Math. Ann. **107** (1932), 90–94.
3. Komplexe euklidische Räume von beliebiger endlicher oder transfiniter Dimensionszahl. Acta Szeged
7 (1934), 1–33. [Habilitationsschrift]
4. Über die Dimension linearer Räume. Stud. Math. **5** (1934), 18–23.

Zbl/JFM nennen (bereinigt) 21 mathematische Publikationen.

Quellen. Pinl. Jber. DMV, **75** (1973), 175 (leider nur teilweise korrekt); Martina Bečvářová, Antonín Slavík,
Vlastimil Dlab, Jindřich Bečvář: The forgotten mathematician Henry Lowig (1904–1995), Matfyzpress
2012, besonders pp 17– [die ausführlichste und verlässlichste der bisher veröffentlichten Biografien von
Heinrich Löwig; wir haben sie hier mehrfach benutzt]; Ingrid Jackson [306] p 27, 120, 147.

Karl Mayr

*1884 10 02 Bozen; †1940-07-02 Graz

NS-Zeit. Mayr erlebte das NS-Regime in seinen letzten drei Lebensjahren, offenbar
ohne besonderes Naheverhältnis und ohne Konflikte. Allerdings ist er unter „Mayr, Karl,
Dr., Professor d. Techn Hochschule Graz" in der Mitgliederliste des „Deutschen Klubs"
von 1939 eingetragen.

Mayr maturierte 1904/05 in Trient und absolvierte danach sein Einjährig-Freiwilligenjahr
in Bozen. In den folgenden Jahren studierte er an der Universität Wien (1906/1907, 1908-
1910) bei Mertens, Escherich und >Wirtinger, zwischendurch für ein Jahr in Göttingen
(1907/1908) bei Hilbert, Minkowski und Klein. 1910-11-18 promovierte er in Wien mit
Auszeichnung zum Dr phil , ging danach 1911/12 nochmals nach Göttingen, diesmal zu
Hilbert, Landau und Weyl. In den drei Semestern 1912-10–1913-12 nahm er eine Stelle
als Assistent für die Mathematik-Lehrkanzeln der DTH Brünn an. Von dort holte man ihn
1914-01-01 als Assistenten von Hermann Rothe an die TH Wien. Im Ersten Weltkrieg
leistete er „fast ununterbrochen" Frontdienst, wurde zweimal verwundet und geriet 1917
in Kriegsgefangenschaft. In der Gefangenschaft gab er für interessierte Mitgefangene

---

[496] John v. Neumanns Einschätzung findet sich in den Veblen Papers, Library of Congress, und wird häufig
zitiert, zB von Bourbaki in "Elements of the History of mathematics", und in [306].
[497] (Neue) Wiener Schachzeitung 1927–1937.

einen etwa einjährigen Kurs über Differential- und Integralrechnung sowie Differentialgleichungen, daneben arbeitete er sich, weitblickend den künftigen Bedarf vorhersehend,
in das Gebiet der Wahrscheinlichkeitstheorie ein.[498] Nach dem Kriegsdienst kehrte er
1919 an die TH Wien zurück, hielt die Vorlesungen „Elemente der höheren Mathematik",
„Wahrscheinlichkeitsrechnung" und (ab 1920-10) „Mathematik I. Kurs". Im Jahre 1920
wurde die Wahrscheinlichkeitsrechnung als neu geschaffene Lehrkanzel organisatorisch
von der Lehrkanzel Mathematik II abgetrennt, Mayr wurde bis 1922 deren Leiter. 1921
habilitierte er sich mit einer Schrift über Wahrscheinlichkeitsfunktionen (vom Ministerium
1921-05-31 bestätigt).

1923-09 ging er als ao Professor an die DTH Brünn, aber schon ein Jahr später verließ er
Brünn wieder, nach einem Ruf an die TH Graz[499] als ao und gleichzeitig tit o Professor;
der „tit o" wurde 1927-06-11 in ein volles Ordinariat umgewandelt. Für die Jahre 1927–29
wählte ihn die Fakultät zum Dekan der Abteilung für Bauingenieurwesen; in der gleichen
Periode war Bernhard ˃ Baule Dekan der Maschinenbauabteilung.[500] Mayr lehrte bis zu
seinem Tod an der TH Graz.

Mayr war ordentliches Mitglied des Vereins für erweiterte Frauenbildung[501] in Wien und
des Alpen-Ski-Vereins (ab 1905)

Ehrungen: 1936 Vortrag ICM Oslo

Ausgewählte Publikationen. *Diss.*: (1910) *Über Relativdifferenten und Diskriminanten von Relativkör-
pern (Mertens, Escherich).*

1. Zur Theorie des Reziprozitätsgesetzes für quadratische Reste in algebraischen Zahlkörpern. Monatshefte
   für Mathematik u. Physik, 26, 1915, s. 144-152.
2. Wahrscheinlichkeitsfunktionen und ihre Anwendungen. Monatsh. f. Mathematik und Physik, 30, 1920,
   s. 17-43. [Habilitationsschrift]
3. Über bestimmte Integrale und hypergeometrische Funktionen. Sber. der math.-naturw. Classe der AW
   Wien, **141** (1932), 227-265.
4. Über bestimmte Integrale mit Besselschen Funktionen. Sber. der math.-naturw. Classe der AW Wien,
   142 (1933), 1-17.
5. Über die Iteration von linearen Funktionaloperationen. Sber. der math.-naturw. Classe der AW Wien,
   143 (1934), 197-212.
6. Über die Lage der ersten positiven Nullstellen der Besselschen Funktionen 1. Art. **144** (1935), 277-292.
7. Über die Lösung algebraischer Gleichungssysteme durch hypergeometrische Funktionen I. Monatsh. f.
   Mathematik u. Physik **45** (1937), 280-313, 435.
8. Über die Lösung algebraischer Gleichungssysteme durch hypergeometrische Funktionen II. Monatsh.
   f. Mathematik u. Physik **47** (1938), 164-178.
9. Über die Lösung von Umkehrproblemen durch Differentialresolventen. Math. Z. **44** (1938), 91-103.

JFM nennt 21 math Publikationen (davon 2 auch im Zbl)

---

[498] Eigenhändiger Lebenslauf in der Bewerbung für die Venia legendi.

[499] Bestellungsdatum 1924-10-01.

[500] Grazer Tagbl. 1927-06-24 p16.

[501] Gegründet 1888, aufgelöst 1939 vom NS-Regime. Neben der Förderung von allgemeiner und beruflicher
Frauenbildung gehörte vor allem die Organisation von höheren Bildungsanstalten für Mädchen zu den
Zielen des Vereins. 1892 eröffnete der Verein das erste Gymnasium Wiens für Mädchen; dieses übersiedelte
1910 nach Wien-Mariahilf, in die Rahlgasse 4, und besteht bis heute. Lange Zeit war dieses Gymnasium
das einzige, das Mädchen die für ein Studium geforderte gymnasiale Vorbildung bot. Dem Verein gehörten
bedeutende (weibliche und männliche) Persönlichkeiten intellektueller Kreise Wiens an, darunter auch
Mathematiker, zB neben Mayr auch ˃ Wirtinger.

Quellen. Aigner[2]; Grazer Tagblatt 1924-10-18p5; Einhorn [67, p 495ff], 150 Jahre TH Wien, p 127f; UAW PH RA 3045; Šišma [322]; Jahresbericht des Vereines für erweiterte Frauenbildung in Wien 1904, 1905, 1907, p23; Der Schnee 1905-12-01 p2.

Karl Matthias Mayrhofer

*1899-03-24 Kastelruth bei Bozen;   †1969-07-24 Wien (r.k.)

Sohn des Gendarmeriewachtmeisters (später Kanzleidirektors) in Kastelruth Anton Mayrhofer (*1866-11-07 Vals/St. Jodok am Brenner; †1929-09-09 Innsbruck) und dessen 1. Ehefrau (∞ 1898-06-13) Aloisia (*1870-10-25 Kurtatsch (Cortaccia) b.Bozen; †1924-07-06 Innsbruck), geb Zanon; Bruder von Albert Mayrhofer [∞ Ergelie, geb Koetschet] und Maria (Midi) [∞ Dr Nikolaus Susany]; Halbbruder von Margarete ∞ Pichler; Stiefsohn von Rosa Mayrhofer, geb Thaler.

Zeichnung: W.R. unter Verwendung eines Fotos aus dem Archiv der ÖAW.

Karl Mayrhofer ∞ 1927-03-30 Herta Eveline, geb Kefer (*1904-03-23 Görz, ev. AB), 2 Töchter: Waltraut (*1937-05-01, Assistentin f. Physik. Medizin)) ∞ Fritz Grohmann und Ingrid (*1941-04-12, Gymnasiallehrerin)

NS-Zeit.   Mitglied der Vaterl. Front 1934-04-01 bis zum „Anschluss"; Mitglied des NS-Lehrerbunds 1937-01-01, später des NS-Deutschen-Dozentenbunds (NSDDB) und der NS-Volkswohlfahrt (NSV), Geldspenden an die NSDAP 1934-1936. Nach eigenen Angaben Pg seit 1938-05-01, mit der Mitgliedsnummer 6.150.741, [502] war Mayrhofer damit nach den Regeln der Entnazifizierungskommissionen „illegaler Pg". (Der Nummernblock von 6,100.001 bis 6,600.000 war für österreichische NSDAP-Mitglieder reserviert, die als „Altparteigenossen" galten. Für Altparteigenossen galt generell rückwirkend das Eintrittsdatum 1938-05-01.) M war während des Krieges uk gestellt und wurde nicht für die Rüstungsforschung dienstverpflichtet.

Karl Mayrhofer wuchs als ältester Sohn in einer kleinbürgerlichen Familie auf. Zur Zeit seiner Geburt war Karls Vater Gendarmeriewachtmeister in Kastelruth, von dieser Position arbeitete er sich geduldig hoch.[503] Mayrhofer wuchs in Innsbruck auf, besuchte 1910–1918 das dortige Staatsgymnasium, studierte anschließend von 1918 bis 1922 an der Universität Innsbruck Mathematik und Physik, promovierte 1922-06-17 bei Konrad Zindler und verbrachte bis 1923 zwei Studiensemester an der Universität und an der TH München. 1923 legte er in Innsbruck die Lehramtsprüfung ab. Zu seinen Lehrern gehörten die

---

[502] Karl Mathias Mayrhofer ist nicht zu verwechseln mit dem 1908 geborenen österreichischen Astronomen Karl Mayrhofer.

[503] 1900 zum Kanzlisten am Oberlandesgericht Innsbruck ernannt, 1908 Kanzlei-Offizial, 1918 Kanzlei-Oberoffizial, er ging als Kanzlei-Oberdirektor in Pension und starb mit diesem Titel und als Sekretär des Tiroler Bauernbundes.

Mathematiker Konrad Zindler[504], Josef Anton Gmeiner[505], Oskar Perron[506] sowie die Physiker Egon Schweidler[507] in Innsbruck und Arnold Sommerfeld[508] in München.

Noch in München erhielt er über Schweidler eine Einladung für eine ao Assistentenstelle bei Heinrich Mache[509] am I. Physikalischen Institut der TH Wien. Von 1923-10-01 bis 1927-09-30 blieb er dort bei den Physikern, habilitierte sich aber 1927-06-09 (Ministerielle Bestätigung) für das Fach Mathematik. Nach dem Auslaufen seiner Assistentenstelle bei Mache war er von 1927-10-01 bis 1928-09-28 ao Assistent an der Mathematik-Lehrkanzel der Bauingenieurschule der TH Wien (Vorstand: Lothar ⟩ Schrutka), ließ sich aber beurlauben, um mit einem Rockefeller-Stipendium an das mathematische Seminar der Universität Hamburg zu gehen, sich dort Wilhelm ⟩ Blaschke anzuschließen und wissenschaftlich in das damals hochmoderne Gebiet der Differentialtopologie einzusteigen. Wichtigstes Ergebnis dieses Aufenthalts war Mayrhofers Satz über die topologische Abbildbarkeit eines Viergewebes[510] auf ein Viergewebe von Parallelenbüscheln wenn sich jedes in ihm enthaltene Sechseck schließt. Der Satz wurde wenig später von Kurt ⟩ Reidemeister durch Eliminierung von Differenzierbarkeitsbedingungen noch verschärft und ist in dieser verschärften Form als „Satz von Mayrhofer und Reidemeister" in die Literatur eingegangen. Mayrhofer

---

[504] Konrad Zindler (*1866-11-26 Laibach; †1934-06-18 Innsbruck) studierte an der TH, promovierte aber 1890 an der Universität Graz. Danach legte er im Studienjahr 1890/91 zwei Weiterbildungssemester an der Universität Berlin ein, war anschließend DG-Assistent an der TH Graz und habilitierte sich 1893 an der Universität Graz. Ab 1893 war er Assistent für Mathematik an der TH Wien, wo er sich 1895 (erneut) habilitierte. 1894-97 supplierte er die Mathematikvorlesung an der TH Graz. 1900 wurde er zum ao und 1904 zum o Professor an der Universität Innsbruck ernannt. Er emeritierte 1930.

[505] *1862-07-12 Bizau (Vbg); †1927-01-11 Innsbruck

[506] *1880-05-07 Frankenthal (Pfalz); †1975-02-22 München, bekannt für sein Werk über Kettenbrüche und für seine standhafte Gegnerschaft zum NS-Regime

[507] Egon Ritter von Schweidler (*1873; †1948), Professor der Physik 1911-1926, dann nach Wien berufen und dort 1939 emeritiert. Lehrbücher über Atmosphärische Elektrizität (1909, gem. mit Mache); Physik (1909); Praktische Übungen in der Ausführung von Schulversuchen (1911); Radioaktivität (gem. mit Stefan Meyer, 1916). (B. Karlik, J. Seidl [233] Bd 12, p 39f.)

[508] Arnold Johannes Wilhelm Sommerfeld (*1868-12-05 Königsberg, Ostpreußen; †1951-04-26 München), studierte in Königsberg und dissertierte dort 1891 über *die willkürlichen Funktionen in der mathematischen Physik* bei Lindemann. 1893 Assistent in Göttingen, ab 1894 bei Felix Klein, bei dem er sich habilitierte und als Koautor das vierbändige Werk *Die Theorie des Kreisels* (erschienen 1897–1910) mitverfasste. 1897 Professor für Mathematik an der Bergakademie Clausthal-Zellerfeld als Nachfolger von Wilhelm Wien. 1900 Lehrstuhl für Angewandte Mechanik an der TH Aachen, 1906 Professor für theoretische Physik an der Universität München, wo er 1935 emeritierte, aber bis 1940 weiter lehrte, da die Bestellung seines Nachfolgers durch politische Querelen aufgehalten wurde. Sommerfeld lieferte entscheidende Beiträge zur Quantenmechanik; er starb 1951 als Fußgänger bei einem Verkehrsunfall. Zu seinen Schülern zählten unter anderen Werner Heisenberg, Wolfgang Pauli und Hans Bethe. Trotz deutschnationaler Gesinnung war Sommerfeld NS-Gegner. (Eckert [222, p 568f].)

[509] Hofrat Heinrich Mache (*1876-04-27; †1954-09-01) ∞ Hermine Neumayr (*1879-04-02 Wien; †1957-03-10 Wien), Enkelin des berühmten jüdischen Geologen (und eigentlichen Vater der Wiener Hochquellenwasserleitungen) Eduard Suess, daher im NS-Jargon als „jüdisch versippt" gebrandmarkt. Trotzdem suchte er erfolgreich um Aufnahme in die NSDAP an. Seine Akademiemitgliedschaft (1924 korr., 1927 o. Mitgl.) wurde daher von 1945 bis zum Amnestiegesetz 1948 ruhend gestellt.

[510] Ein n-Gewebe in einem topologischen Raum besteht aus n Kurvenscharen, die der Voraussetzung genügen, dass je zwei Kurven aus verschieden Scharen einander in höchstens einem Punkt treffen. Dieser Begriff wurde später von Blaschke in „Waben" umbenannt.

hat in einigen folgenden Arbeiten das Thema weiter fortgeführt und verschiedene Anwendungen gegeben. Zweifellos gehörte Mayrhofer damals damit zu den führenden Forschern der von ˃ Blaschke begründeten Theorie der Gewebe. Entscheidende weiterführende Beiträge zu dieser Theorie kamen 1936 von S. S. Chern sowie ab 1969 von M. A. Akivis und seiner Schule. Das Thema ist bis heute aktuell geblieben.[511]

Im Anschluß an den Hamburger Aufenthalt ging Mayrhofer für ein Jahr als Privatdozent (nach Umhabilitierung) und Assistent von K. Knopp an die Universität Tübingen (Vorlesungen über affine Differentialgeometrie und Tensorrechnung) und danach im Herbst 1929 als Privatdozent (nach erneuter Umhabilitierung) und o Assistent an die Universität Wien zu Wilhelm ˃ Wirtinger, der seine Arbeit offenbar sehr schätzte und ihn nach Kräften unterstützte. Auch an der TH Wien wurde Mayrhofers Venia erneuert; sein Name stand wiederholt auf verschiedenen Besetzungslisten, einmal in Fribourg (CH) sowie je zweimal in Innsbruck und Graz.[512] Nicht zuletzt trat auch ˃ Furtwängler stets rückhaltlos für ihn ein; in seinem freundlichen Umgang mit Studierenden und seinen auf leichte Fasslichkeit ausgerichteten Vorlesungen kam er in der Studentenschaft, besonders bei Lehramtsstudierenden, in der Regel gut an.

1935-06-27 erhielt Mayrhofer den Titel eines ao Professors, übernahm in den folgenden Jahren 1934–36 die Vertretung vakanter Wiener Lehrstühle und wurde mit Wirksamkeit 1936-10-01 als Nachfolger von ˃ Wirtinger o Professor der Mathematik. Der schließlichen Berufung Mayrhofers zum o Professor waren heftige Meinungsunterschiede im Fakultätskollegium und ein entsprechender Ballwechsel zwischen dem Ministerium unter Schuschnigg und der philosophischen Fakultät vorangegangen; der genauere Hergang wurde bereits in Unterabschnitt 2.2.2 beschrieben. Die vorangegangene Suppliertätigkeit Mayrhofers könnte im Sinne einer angestrebten Kontinuität Motivation für seine Aufnahme in die Besetzungslisten der Mehrheitsvoten gewesen sein. Es ist aber nicht auszuschließen, dass auch nationale Motive oder sogar versteckte NS-Beziehungen eine Rolle spielten.

1937-01-01 trat Mayrhofer dem NS-Lehrerbund bei, danach den Parteiorganisationen NS-Dozentenbund, NS-Volkswohlfahrt und Reichslehrerbund; schon vorher, in den Jahren 1934 bis 1936, hatte Mayrhofer die NSDAP mit Geldspenden unterstützt, [513] alles seit 1933-06-15 für österreichische Staatsürger verboten. Knapp nach dem NS-Einmarsch, nämlich 1938-05-01, wurde Mayrhofer endgültig Mitglied der NSDAP. Mayrhofers Parteibeitritt erfolgte in Kritzendorf, das Eintrittsdatum wurde wahrscheinlich rückdatiert. Nach Leopold Schmetterers Erinnerungen fuhr Mayrhofer zu diesem Zweck eigens nach München. Aller Wahrscheinlichkeit nach handelt es sich hier aber um einen Irrtum: alle

[511] Siehe: M. A. Akivis, Webs and almost Grassmannian structures, Differential Geometry (Budapest, 1979) Colloq. Math. Soc. János Bolyai, vol. 31, North-Holland, Amsterdam-New York, 1982, pp. 23–40.
Chern, Shiing Shen. Web geometry. Bull. Amer. Math. Soc. (N.S.) 6 (1982), no. 1, 1–8. Hier sind ˃ Blaschke und ˃ Wirtinger zitiert, nicht aber Mayrhofer.
Bryant R.L., Chern S.S., Gardner R.B., Goldschmidt H.L., Griffiths P.A. (1991) Applications of Commutative Algebra and Algebraic Geometry to the Study of Exterior Differential Systems. In: Exterior Differential Systems. Mathematical Sciences Research Institute Publications, vol 18. Springer, New York, NY

[512] Bericht Wirtingers UAW PA Mayrhofer, hier zitiert nach [67, p 268].

[513] Die hier gegebenen Informationen stützen sich hauptsächlich auf die im Personalakt Mayrhofers aufbewahrte vierseitige Darstellung von Mayrhofer selber, dieser folgen auch Pfefferle und Pfefferle ([240, p 298]). Das exakte Eintrittsdatum 1938-05-01 ist auch anderweitig im Personalakt belegt.

Mitgliedskarten wurden in München ausgestellt und trugen den Aufdruck „München". In München befand sich die zentrale Registrierungsstelle und das Archiv der NSDAP, alle Mitgliedschaftsanträge liefen dort zusammen und die Mitgliedskarten wurden dort ausgestellt und danach an die betreffende Ortsgruppe geschickt.[514] Auf Grund seiner Aktivitäten im Vorfeld der Partei soll nach den Erinnerungen ˃ Schmetterers Mayrhofer dort eine besonders niedrige Mitgliedsnummer erhalten haben, sehr zur neidvollen Verwunderung des 1939 an die Universität Wien berufenen, schon 1935 zur Schweizer Orts-NSDAP gestoßenen Anton ˃ Huber.[515] Wie bereits oben vermerkt, gehörte Mayrhofers Mitgliedsnummer zum Nummernblock der „Altparteigenossen".[516]

Anders als ˃ Huber verdankte Mayrhofer jedoch seine Bestellung zum tit ao Professor 1935 und zum o Professor 1936 (Beschluss des Bundespräsidenten 1936-07-29), beide noch unter Unterrichtsminister Schuschnigg, wohl *nicht* seinen NS-Verbindungen, sondern hauptsächlich den positiven Beurteilungen durch ˃ Wirtinger und ˃ Furtwängler sowie seiner Suppliertätigkeit.[517]

Zu Mayrhofers „Entscheidung für Hitler" wird man den Einfluß von Mache und ˃ Blaschke, beides NSDAP-Mitglieder, in Rechnung zu stellen haben; vielleicht hoffte er auch wie viele andere Südtiroler (vergeblich) auf die Unterstützung Hitlers für die Wiedervereinigung Tirols. Ein Milderungsgrund ist darin allerdings nicht zu sehen.

Auch nachdem Anton ˃ Huber Nachfolger von ˃ Furtwängler geworden war, konnte Mayrhofer seine führende Position am Mathematischen Institut halten. Sein Ordinariat war mit der Funktion als einer der Vorstände des Mathematischen Instituts und Mitherausgeber der 1890 gegründeten *Monatshefte für Mathematik und Physik* verbunden. Nach Berichten ˃ Schmetterers, der Mayrhofer und ˃ Huber aus nächster Nähe erlebt hatte, soll Mayrhofer zwar „clever" gewesen sein, aber im NS-Getriebe einen eher mäßigenden Einfluß ausgeübt und niemanden denunziert oder ihm sonstwie bewusst geschadet haben. Mayrhofer soll gegenüber Schmetterer das Verhalten Hubers mit den Worten kritisiert haben, Huber sei „boshaft wie ein Aff". Bisher sind keine antisemitischen oder allgemein rassenideologischen Äußerungen oder Handlungen Mayrhofers aus irgendeiner Zeit bekannt geworden.

Die Wiener Akademie der Wissenschaften wählte Mayrhofer 1937 zu ihrem korrespondierenden, 1941 zu ihrem wirklichen Mitglied. Die Mitgliedschaften der Wiener AW wurden bis auf vier Ausnahmen auch nach der Umbenennung in Österreichische Akademie der Wissenschaften (ÖAW) beibehalten. Mayrhofer gehörte zu diesen Ausnahmen,[518] die als besonders krasse Fälle aus der Mitgliederliste gestrichen, aber nach den Amnestiegesetzen

---

[514] Die Mitgliederkartei wurde 1945 vor der Skartierung gerettet und nach Kriegsende in das „Berlin Document Center" überführt und ist heute Teil des Deutschen Bundesarchivs.

[515] Erinnerungen der Autoren an Vorträge Schmetterers. Hubers Verwunderung und Neid wird man vermuten können, Belege gibt es dafür keine.

[516] Ein ähnlicher Fall war der von Rektor Krölling an der Veterinärmedizinischen Universität Wien, cf. Fischer [83, p 173ff].

[517] Wirtingers Referate zu Mayrhofer können in [67] nachgelesen werden.

[518] Neben Mayrhofer waren das die drei Uni-Rektoren der NS-Zeit Fritz Knoll (Botaniker), Eduard Pernkopf (Anatom) und Viktor Christian (Orientalist).

von 1948f wieder in die Mitgliederliste aufgenommen wurden.) ⟩Hlawka (s.u.) [519] gibt in seiner Biographie Mayrhofers an, er hätte 1941– 45 den Vorsitz der Mathematischen Gesellschaft in Wien geführt.[520] Diese Gesellschaft war aber nach dem „Anschluss" (bis 1945) nicht mehr tätig.[521]

Das Entnazifizierungsverfahren verlief im Falle Mayrhofers, nicht untypisch, wie folgt:

— 1945-06-06 Entlassung aus dem öffentlichen Dienst unter Verlust der Venia, als illegales NS-Mitglied (§ 14 Verbotsgesetz von 1945-05-08);

— 1947-02-18 Entlassung vom Unterrichtsministerium aufgehoben (NS-Gesetz 1947);

— 1947-07-31 Versetzung in den Ruhestand (Beamtenüberleitungsgesetz § 8/2 c); minder belastet) unter Anrechnung der Dienstzeit von 1938-03-13 bis 1945-04-30 auf die Pension;

— 1954-12-20 Erneute Zuerkennung der Venia (dafür wurde 1954-10-16 auf Antrag von ⟩Radon eine Kommission eingesetzt); ein Antrag auf Lehraufträge über *Reelle Analysis und axiomatische Geometrie* für das SS 1956 wurden vom Ministerium unter Berufung auf den Geldmangel abgelehnt

— 1957-09-19 Wiederernennung zum o Professor und Mitvorstand des Mathematischen Instituts, als Nachfolger von Johann ⟩Radon.

Die Zeit zwischen Kriegsende und seiner Wiederbestellung verbrachte Mayrhofer hauptsächlich in Goisern (Oberösterreich), wo seine Frau Verwandte hatte und die Familie schon vorher regelmäßig ihre Ferien verbracht hatte.

In seinem Entnazifizierungsbogen gab Mayrhofer an, am Stichtag 1945-04-10 in Goisern gewesen zu sein, „zur Bearbeitung eines Wehrforschungsauftrages vom Außenstellenleiter des Reichsplanungsamtes"; Parteimitglied sei er seit 1938-05-01 und „soweit erinnerlich Parteianwärter bis Herbst 1939", jedoch nicht illegal im Sinne des Verbotsgesetzes von 1945-05-08 § 10. Dem Dokument war sein Parteibuch beigelegt.

Im Herbst 1945 verfasste Mayrhofer an seinem Wohnort Goisern eine Sachverhaltsdarstellung über sein Verhältnis zur NSDAP, datiert mit 1945-09-18, die er über eine frühere Studentin an Hofrat Meister[522] übermittelte. Meister verwies die Botin an den damaligen

---

[519] Ebenso, diesem folgend, Einhorn [67] und Strubecker [222] **16** (1990), 575.

[520] Vorläuferin der heutigen Österreichischen Mathematischen Gesellschaft (ÖMG).

[521] Die Mathematische Gesellschaft in Wien hatte eine Vorgängerin gleichen Namens, die sich „in Folge Beschlusses der Plenar-Versammlung vom 19. Oktober 1886 freiwillig aufgelöst" hatte (Wr. Zeitung 1886-10-29 p8).

[522] Richard Meister (*1881-02-05 Znaim, Mähren; †1964-06-11 Wien) war zunächst Professor für Altphilologie. In der offiziellen Würdigung der Universität Wien (https://geschichte.univie.ac.at/de/personen/richard-meister-o-univ-prof-dr-phil, Zugriff 2023-03-02) wird berichtet: „Als ständiger Vermittler zwischen Hochschulen und Unterrichtsministerium (ab 1924) richtete er an der Universität Wien eine „Pädagogische Kommission" ein, wirkte an der Konzipierung der Lehrpläne für die Mittelschulen mit und untermauerte damit seine konservative und betont nationale Bildungsprogrammatik. Aus seiner großdeutschen Einstellung machte Meister keinen Hehl, zudem gehörte er in der Zwischenkriegszeit dem geheimen antisemitischen Professorenzirkel „Bärenhöhle", das jüdische sowie linke Wissenschaftler gezielt in ihrer akademischen Laufbahn behinderte, ebenso wie dem deutschnationalen „Deutschen Klub" an." Nach dem „Anschluss" wurde er auf die Lehrkanzel für Pädagogik versetzt, war aber weiterhin einflussreich. Auch das Kriegsende konnte seine Stellung nicht erschüttern, er hatte hervorragende Beziehungen zu den Mini-

Dekan der philosophischen Fakultät, den Ägyptologen Wilhelm Czermak.[523] Abschriften der Schriftstücke wurden vom Dekanat in den Personalakt Mayrhofers im Archiv der Universität Wien überstellt. Wir geben dieses Zeitdokument in seinen wichtigsten Teilen hier wieder. (Die Orthographie, Tippfehler, sachliche Irrtümer wurden beibehalten, Kommentare stehen in eckigen Klammern.)

[. . .]

Ich habe mich erstmalig im Mai 1938 um die Aufnahme in die NSDAP beworben, war, so weit ich mich zu erinnern vermag, bis zum Herbst 1939 Parteianwärter und wurde dann mit [rückwirkendem Datum] 1. Mai 1938 in die Partei aufgenommen, wie ich durch den Parteiausweis belegen kann. Dieser ist das rotgebundene Mitgliedsbuch Nr 6150741. Es enthält auf Seite 8 die Zeile: Aufgenommen am 1. Mai 1938. Diese Seite ist mit München, den 15. Januar 1941 datiert. Einem der vier Wehrverbände habe ich nie angehört. Ich bin somit nicht „Illegaler" im Sinne des Gesetzes vom 8. Mai 1945, § 10. [Jedenfalls aber im Sinne des § 12]

Auf wiederholtes Drängen eines (erreichbaren) Kollegen gab ich in der Verbotszeit kleinere Spenden von zusammen höchstens 90 Schilling zum Unterhalt stellenloser Lehrer, erstmalig im Juni 1937. Dabei betonte ich nachhalting, daß es sich lediglich um Spenden für den genannten Zweck handle. Ich tat dies einerseits aus Hilfsbereitschaft andererseits, weil [ich] meinte, einen kleinen Beitrag zur Konsolidierung der damaligen inneren Verhältnisse Österreichs zu leisten. Nach dem Umbruch wurde mir dann versichert, daß ich auf Grund meiner Spenden die Mitgliedschaft zum NS-Lehrerbund oder NS-Dozentenbund – welchem ich zugesprochen wurde, ist mir entfallen – vom Jahre 1937 an beanspruchen kann; von der Existenz dieser Verbände habe ich erst nach dem Umbruch erfahren. Bei der Eigenart der damaligen Zeit hatte ich gegen dieses Geschenk nichts einzuwenden, da ich auf meinen Weiterverbleib an der Universität bedacht seinn musste. Als ehemaliger Assistent von Prof. H. > Hahn, dem ich außerdem einen durchaus wohlwollenden Nachruf in den „Monatsheften für Mathematik und Physik" gewidmet hatte, schien mir dies nicht selbstverständlich zu sein. Auch wurden mir Gerüchte aus dem Hörerkreis zugetragen, die zur Vorsicht rieten. Aus dem gleichen Grunde kam mir das Geständnis meiner Frau gelegen, wonach sie sich von einem Parteianhänger den Gewinn bei gelegentlichen Kartenspielen wieder abnehmen ließ, alles in allem ein paar Schillinge.

Trotz der Enttäuschung, die mir der Verlust der Selbständigkeit Österreichs bereitete, meinte ich doch mich um die Aufnahme in die NSDAP bewerben zu sollen, vor allem deswegen, um mich so für die Belange des Instituts nachhaltiger einsetzen zu können. Im Februar 1941 wurde mir dann das Mitgliedsbuch

---

stern Hurdes, Kolb, Drimmel und mehr Einfluss im Hochschulbereich als je zuvor. 1945 war er Prorektor, 1949/50 Rektor der Universität Wien. Vgl auch [240] (Biogramm Meister); [350] und [351].

[523] Wilhelm Czermak (*1899-09-10 Wien; †1953-03-13 Wien): Habilitation 1919 mit *Kordofan-Nubischen Studien*; 1925 ao, 1931 o Professor für Afrikanistik Universität Wien; 1927–30 Leiter der Akademischen Legion (ein Wehrverband der Wiener Hochschüler). Antisemitisches Engagement in der „Bärenhöhle", Mitglied der „Deutschen Gemeinschaft". 1939 korr Mitgl Wr AW, 1945-10 wirkliches Mitgl. der ÖAW. Ehrenmitglied des farbentragenden KAV Bajuvaria Wien.

ausgehändigt. Dieses enthält auf Seite 12 folgenden Vermerk: „Der Inhaber des Mitgliedsbuches gilt als Altparteigenosse im Sinne der Bestimmungen der Partei". Dieser Vermerk ist vom Ortsgruppenleiter in Kritzendorf gezeichnet. Es gibt für diesen Vermerk keine andere Erklärung als die einer Anerkennung für die geleisteten Spenden. Damit, daß ich einem – im übrigen recht geltungsbedürftigen – Ortsgruppenleiter [524] als Altparteigenosse gelte, bin ich es wohl noch nicht, und auch nicht just in der Verbotszeit. Das besondere Geltungsbedürfnis des Ortsgruppenleiters scheint mir schon daraus hervorzugehen, daß er im Jahre 1944 den 25-jährigen Bestand der Ortsgruppe feiern ließ, obgleich es mir nicht glaubhaft zu sein scheint, dass es bereits im Jahre 1919 in Österreich Ortsgruppen der NSDAP gegeben hat. Auch für meine dem Vernehmen nach, niedrige Mitgliedsnummer gibt es keine andere Erklärung als für den Vermerk. Wie man nun auch mein Verhältnis zum NS-Lehrerbund bzw. Dozentenbund vor dem Umbruch und seine Anerkennung durch den Ortsgruppenleiter beurteilen mag, so trifft es keinesfalls zu, dass ich „Illegaler" im Sinne von § 10 des Gesetzes vom 8. Mai bin, der (ebenso wie der § 4) nur von der Partei und ihren Wehrverbänden handelt, aber nicht (wie der § 12) darüber hinaus von den Gliederungen und angeschlossenen Verbänden, wie überhaupt an der Unterscheidung der im § 1 aufgezählten Körperschaften im ganzen Gesetz streng festgehalten ist. [. . .]

Die mit dem Fall Mayrhofer befasste Sonderkommission dürfte von Mayrhofers Darstellung nicht sonderlich beeindruckt gewesen sein; Mayrhofer wurde erst einmal für längere Zeit aus dem Lehrbetrieb der Universität entfernt und erhielt seine Venia, wie oben vermerkt, erst 1954, also 9 Jahre später, wieder; bis zur Wiedereinsetzung als o Professor waren es 12 Jahre. Offensichtlich hatte sich Mayrhofer erheblich ungeschickter in seiner Verteidigung angestellt als zum Beispiel Wilhelm ˃ Blaschke, der keineswegs weniger als Mayrhofer belastet war. Blaschkes Vorteil war wohl seine Stellung als bewunderter Mathematiker, ein nicht unerhebliches Netzwerk von Apologeten und vielleicht die etwas mildere Vorgangsweise der Entnazifizierungsverfahren unter Aufsicht der britischen Besatzungsmacht in Hamburg. Wie im Fall ˃ Bieberbach wird man bei Blaschke unwillkürlich an das oft zitierte Diktum de Gaulles erinnert, der 1961 die Verhaftung Sartres mit den Worten abgelehnt haben soll: „on n'emprisonne pas Voltaire".

In den folgenden Jahren blieb Mayrhofer jedenfalls weiter wissenschaftlich tätig. 1952 stellte er in Goisern sein Buch „Inhalt und Maß" fertig. Dieses Buch befasste sich ausführlich mit der axiomatischen Begründung der Begriffe Maß und (Jordanscher) Inhalt im allgemeinsten geometrischen Kontext, definiert auch auf *Somen* (im Sinne von Carathéodory) nicht nur auf Mengen. Die Drucklegung dieses Buchs wurde von Hugo Hadwiger [525] und Johann ˃ Radon unterstützt. Die Theorie des Jordanschen Inhalts und die Theorie der

---

[524] Im März 1938 wurde Fritz Marton erster NS-Ortsgruppenleiter in Kritzendorf und arisierte schnell und gründlich, bis man seine jüdische Abstammung entdeckte. Noch 1938 wurde August Bönsch NS-Ortsgruppenleiter, hauptberuflich Direktionsrat in der Stadthauptkassa der Gemeinde Wien. Diese Information entnehmen wir L Fischer (2003), *Die Riviera an der Donau. 100 Jahre Strombad Kritzendorf*, Böhlau Verlag, Wien.

[525] *1908-12-23 Karlsruhe; †1981-10-29 Bern; u.a. bekannt für sein Buch: *Vorlesungen über Inhalt, Oberfläche und Isoperimetrie*, Springer 1957.

Somen gelten heute allerdings weitgehend als Themen außerhalb des *mainstreams*; von einer „Spezialisierung"[526] kann jedoch nicht gesprochen werden. Mayrhofer befasste sich auch mit Systemen gewöhnlicher Differentialgleichungen.

Trotz des Verlusts seiner Venia war Mayrhofer neben seiner wissenschaftlichen Arbeit auch in der Lehre tätig: erst an der Linzer Volkshochschule (gegründet 1947),[527]), in der ab 1951 „hochschultaugliche" Vorträge/Vorlesungen eingerichtet waren, dann im Rahmen eines *Technischen Studiums* der Stadt Linz (zur Weiterbildung von Ingenieuren und Mittelschullehrern).[528]

Während seiner Dienstzeit als Ordinarius, und besonders in seinen letzten Lebensjahren, war Mayrhofers Gesundheit sehr angegriffen, seine Lehrveranstaltungen musste er oft von Assistenten supplieren lassen.[529] Dementsprechend trug er sehr langsam, und zuweilen umständlich vor, die Anfängervorlesung *Differential- und Integralrechnung* lief bei ihm in den letzten Jahren über vier Semester, bei den anderen Ordinarien nur über zwei. Das kam manchen Anfängern entgegen, führte aber bei Studierenden mit schneller Auffassungsgabe zu Ungeduld und Kritik. Der ganz der modernen Mathematik in der Nachfolge von Bourbaki zugewandte Leopold > Schmetterer erlebte Mayrhofers Vorlesungen als altmodisch, „nur dafür geeignet, Epsilontik zu lernen", nach einem Interview mit Rainhard Schlögel „konnte man aber von ihm profitieren".[530]

Ehrungen: 1937 Korresp, 1941 Wirkliches Mitgl. d. Wiener AW.

Dissertationen: Martha (Beer) Schramek (1937), Erich Ludwig Huppert (1938 – 2. Gutachter nach Helly), Heinz Mitsch (1967), Dietmar Dorninger (1969) und Hans-Christian Reichel (1969)

Ausgewählte Publikationen. *Diss.*: (1922) *Strahlgewinde, kubische Kegelschnitte und Flächen zweiter Ordnung (Konrad Zindler, Innsbruck)*.

1. Darstellung eines Strahlenkomplexes durch eine duale quadratische Differentialform. Wiener AW Sitzungsber. **134** (1925), 215–232. (Habilitationsschrift TH Wien)
2. Topologische Fragen der Differentialgeometrie. III., Math. Zeitschr. **28** (1928), 728-752. [wie die nächsten Arbeiten Teil einer von > Blaschke begonnenen Artikelserie, an der sich auch andere Differentialgeometer beteiligten]

---

[526] [240, p 143f]. Carathéodorys Somen sind von diesem als verallgemeinernder Begriff eingeführt worden und wurden als solche verstanden. Auf Mayrhofers Buch *Inhalt und Maß* zeigen 2019 ein modernes Zitat in MathSciNet und 6 moderne Zitate im Zbl. Wegen des Titels wurde das Buch vielfach als Lehrbuch des Jordanschen Inhalts angesehen, ähnlich Hadwigers (1957) *Vorlesungen über Inhalt, Oberfläche und Isoperimetrie.* Springer Grundlehren 93, Berlin-etc. Hadwiger und Mayrhofer, wie auch in manchen seiner Arbeiten Blaschke, betrachten das Thema rein mengentheoretisch-geometrisch, die Analysis bleibt ausgeklammert. Für die moderne (Funktional-) Analysis und die Wahrscheinlichkeitstheorie gilt dieser Zugang als nicht zweckmäßig (s. zB Hewitt, E, Stromberg, K (1965), *Real and Abstract Analysis*, p. 121). Als dem Inhalt entsprechender Integralbegriff ist das Riemannsche Integral anzusehen, das zB in der Theorie der Gleichverteilung nicht durch das Lebesgue-Integral ersetzt werden kann und damit dem Inhalt verbunden bleibt.

[527] Mayrhofer begann dort im Rahmen der *Collegia publica* 1948-03-03 eine Vortragsreihe über die Zahlen und ihre Geschichte. > Krames gab ab 1948-02-26 eine Vorlesungsreihe über Darstellende Geometrie. (OÖ Nachrichten 1948-02-21 p. 2)

[528] Nach Mayrhofers Ergänzung von 1958 zu seinem 1941 an die Wiener AW gesandten Lebenslauf; [67, p 272].

[529] Mayrhofer war bereits 1942 ernsthaft an Magen-Darmstörungen erkrankt; 1958-10 erkrankte er schwer an Herzbeschwerden und konnte im WS 1958/59 und im SS 1959 keine Lehrveranstaltungen abhalten.

[530] Erinnerungen an Vorträge > Schmetterers (WR), Interviews mit Schmetterer p. 425.

3. Topologische Fragen der Differentialgeometrie. VI, VII, Math. Zeitschr. **30** (1929) 131-143, 144-148.
4. Topologische Fragen der Differentialgeometrie. IX., Abhandlungen Hamburg **7**, 1-10 (1929).
5. David Hilbert. Ein Nachruf; Alman. Wr AW **83** (1943) 212–218.
6. Über vollständige Maße. Monatsh. Math. **52** (1948), 217–229
7. Über die Ableitungen der Legrendreschen Kugelfunktionen 2. Art in der Nähe der singulären Stellen. ÖAW, Math.-Naturw. Kl., Sitzungsber., Abt. IIa **156** (1948), 567–572.
8. Über den Zusammenhang der additiven Inhalts- und Maßtheorien. ÖAW, Math.-Naturw. Kl., Sitzungsber., Abt. IIa **158** (1950), 1–36.
9. Inhalt und Maß, 1952.
10. Begründung einer Topologie in Somenräumen. Monatsh. Math. **62** (1958), 277–296.

Zbl/JFM registrieren (bereinigt) 27 math Publikationen, darunter 1 Buch.

Quellen. Staatsacharchiv AT-OeStA/AVA Unterricht KB NS-FB-Assistenten Uni Wien 1a, 42 (1938); UAW Personalakt Mayrhofer; an die ÖAW gesandter eigenhändiger Lebenslauf (zitiert in [67]), H. Hornich, Alm. d. ÖAW **120** (1970), 293–97 (mit Werkverz.); [67] I p 264–276; Hlawka, IMN **92** (1969), 57–58, darauf basierend Strubecker, [222] 16 (1990), p 575 (online unter: (https://www.deutsche-biographie.de/pnd139774610.html, Zugriff 2023-02-20)

Lit.: Cermak E (1980), Beiträge zur Geschichte des Lehrkörpers der Philosophischen Fakultät der Universität Wien zwischen 1938 und 1945 (ungedr. Diss), p 208f; Almanach d. ÖAW 1970; Czeike, Historisches Lexikon Wien, Bd. 4, p 224 (A 494/4).

Hans Robert Müller

*1911-10-26 Graz; †1999-03-25 Wolfenbüttel, Niedersachsen

Sohn des Bakteriologen und k.k. Univ Professors Dr med Paul Theodor Karl Müller (*1873-08-05 Wien-Oberdöbling; †1919 Graz) und dessen Ehefrau Bertha Maria Anna (*1887-05-25 Innsbruck; † ca 1972 Schladming), geb. Hočevar;

Bruder des Kernphysikers Paul Otto Müller (*1915-04-18; †1942-03-09 Pechenkino/Bashkortostan, Russland (gefallen));

Enkel des bekannten slowenischen Mathematikers und Schulbuchautors Franc Jože Hočevar (vgl [274, p 304f]).

Foto: 1980 Konrad Jacobs, Erlangen; Archiv Oberwolfach, mit freundlicher Genehmigung

Müller ⚭ 1946-08-31 Liselotte Helene, geb. Becker; drei Kinder: Ingeborg ⚭ Frenzel, Klaus Helmut Müller, Frank Ulrich Müller.

NS-Zeit. Müller durchlief in der NS-Zeit eine vergleichsweise glatte Karriere, jedoch ohne sich politisch zu kompromittieren. Nach 1945 blieb seine akademische Laufbahn stecken, er kam nicht über die Position eines pragmatisierten Assistenten hinaus. Er emigrierte daher bei erster Gelegenheit 1954 in die Türkei, von dort gelangte er nach Berlin und weiter nach Braunschweig.

Hans Robert Müller besuchte nach der fünfklassigen Volksschule das 1. Bundesgymnasium in Graz und maturierte dort 1930 mit Auszeichnung. Anschließend studierte er in den Jahren 1930 bis 1935 in Graz an Universität und TH Astronomie, Darstellende Geometrie, Mathematik, Philosophie, und Physik. 1935 legte er die Lehramtsprüfung für Mathematik und Darstellende Geometrie ab und kehrte dann an das 1. Bundesgymnasium zurück, diesmal als Probelehrer und nur für ein Jahr. 1936-02-01 wurde er als Assistent am Institut für Mathematik der Universität Graz eingestellt, eine Position, die er bis 1952 innehatte, nur unterbrochen vom Kriegsdienst. 1937 promovierte er zum Dr phil , bei Karl ⟩ Brauner. Bereits zwei Jahre später, 1939, erreichte er den in der NS-Zeit neu eingeführten akademischen Grad eines Dr.habil., 1940-11 folgte die Ernennung zum Privatdozenten durch das Reichserziehungsministerium REM. 1941 zog ihn die Wehrmacht zum Frontdienst ein, wo er ohne sich sonderlich hervorzutun vom Rekruten zum Unteroffizier aufstieg und in Kriegsgefangenschaft geriet. Von dort wurde er 1945-09 entlassen. Sein jüngerer Bruder Paul war bereits 1942 in Russland gefallen.

Nach seiner Entlassung aus der Kriegsgefangenenschaft kehrte H.R. Müller an die Universität Graz zurück. Seine 1940 in NS-Deutschland erworbene Venia wurde anerkannt, 1950 wurde ihm der Titel ao Professor verliehen. 1952 wechselte er an die TH Graz, wo er weitere zwei Jahre verbrachte. In der Zeit zwischen 1945 und 1953 hatte er mehrstündige Lehraufträge über Höhere Mathematik und Darstellende Geometrie an der Universität Graz, über Praktische Mathematik an der TH Graz. An der TH supplierte er für zwei Jahre die Vorlesung über Darstellende Geometrie.

Trotz sehr guter wissenschaftlicher Qualifikation und umfangreicher Lehrtätigkeit musste er sich mit der untergeordneten Position eines ständigen (i.e. definitiv gestellten) Assistenten an der II. Lehrkanzel für Mathematik der TH Graz begnügen. Als an seiner Alma mater, der Universität Graz, die Professur seines Dissertationsvaters Karl ⟩ Brauner wegen dessen NS-Belastung frei geworden war, stand Müller nicht auf der Liste des Dreiervorschlags für die Nachbesetzung. Das Unterrichtsministerium entschied sich dann, unter Übergehung der beiden weitaus besser qualifizierten Erstgereihten des Dreiervorschlags, van der Waerden und Franz ⟩ Rellich, für Georg ⟩ Kantz, dem 1943 ohne vorherige Erreichung des akademischen Grades Dr habil vom REM die Venia legendi verliehen worden war. In wissenschaftlicher Hinsicht war H.R. Müller fraglos dem letztlich erfolgreichen Bewerber Georg ⟩ Kantz überlegen.[531]

1954 erhielt H.R. Müller ein Angebot für eine ordentliche Professur an der Universität Ankara, auf das er angesichts seiner geringen Karrierechancen in Graz bereitwillig einging, sich aber sicherheitshalber an der TH vorerst nur beurlauben ließ. Zwei Jahre später, 1956, folgte er einem Ruf der TH Berlin-Charlottenburg, übernahm dort einen Lehrstuhl und die Leitung des Instituts für Geometrie. Im Rahmen der universitären Selbstverwaltung wurde er für die Studienjahre 1958/59 zum Senator, 1959/60 zum Dekan der Fakultät für Allgemeine Ingenieurwissenschaften gewählt; 1960/61 war er Prodekan.

1963 fand schließlich H.R. Müller seinen endgültigen beruflichen Hafen an der TH Braunschweig,[532] wo er als o Professor und Direktor des neugeschaffenen Instituts D für Mathematik wirkte. 1963 bis 1965 war er Leiter der naturwissenschaftlichen Abteilung.[533] Müller blieb bis zu seiner Emeritierung 1977-09-30 an der TH Braunschweig.

Seine wissenschaftliche Arbeit widmete H.R. Müller nach einem anfänglichen Engagement für algebraische Funktionen in zwei Variablen so gut wie ausschließlich der Kinematik.

---

[531] Allenfalls kann vorgebracht werden, dass Kantz bei den Studierenden sehr beliebt war.

[532] ab 1968 TU Braunschweig

[533] Die TH Braunschweig hatte Abteilungen statt Fakultäten.

Im Besonderen befasste er sich mit der kinematischen Abbildung, einem geometrischen Übertragungsprinzip, das in den Arbeiten von Wilhelm ˃ Blaschke einen prominenten Platz einnimmt. H.R. Müller gehörte zu den Herausgebern von Blaschkes gesammelten Werken, er betreute und kommentierte im Band II dessen Arbeiten zur Kinematik.

Ehrungen: 1972 Mitglied Braunschweigische Wissenschaftliche Gesellschaft; dort 1977 und 1980 Vorsitzender der math. nat. Klasse

MGP verzeichnet 5 betreute Dissertationen, darunter die von Josef Hoschek, Darmstadt

Ausgewählte Publikationen. *Diss.*: (1937) *(Karl Brauner)*.

1. Zyklographische Betrachtung der Kinematik der speziellen Relativitätstheorie. In: Monatsh. f. Math. u. Physik. **52** (1948), 337–335.
2. Die Bewegungsgeometrie auf der Kugel. Monatsh. f. Math. **55** (1950), 28—42.
3. Über geschlossene Bewegungsvorgänge, Monatsh. f. Math., **55** (1951), 206–214.
4. Die Bewegungsgeometrie auf der Kugel, Monatsh. f. Math., **55** (1951), 28–42,.
5. Zur Kinematik des Rollgleitens Archiv d. Math., **4** (1953), 239–246.
6. Verallgemeinerung der Bresse'schen Kreise auf höhere Beschleunigungen, Archiv d. Math., **4** (1953), 337–342.
7. (Bearbeitung von Vorlesungsmitschriften nach W. Blaschke), Ebene Kinematik. München 1956.
8. Die Formel von Euler und Savary in der affinen Kinematik, Archiv d. Math. **10** (1959), 71–80.
9. Sphärische Kinematik, Berlin 1962.
10. Kinematik, (Sammlung Göschen Bd. 584/584a.). Berlin 1963.
11. Kinematische Geometrie, Jahresbericht der DMV, **72** (1970), 143–164.

In Zbl/JFM sind unter verschiedenen Autorennamen insgesamt 60 Publikationen angegeben, die eindeutig H. R. Müller zuzuordnen sind.

Quellen. Salzburger Volksblatt 1940-12-02; Vogler, IMN **147** (1987) 7–10

Lit.: Leichtweiss, K., Proceedings of the Berlin Mathematical Society. Berliner Mathematische Gesellschaft. 605-614 (2001).

Georg August Nöbeling

*1907-11-12 Lüdenscheid (Westfalen);   †2008-02-16 Rosenheim (ev AB)

Nöbeling hatte vier Töchter, Renate ⚭ Fritz Bedall, Gisela Nöbeling-Weis, Eleonore Meier und Helene ⚭ Hubert Brodowski; acht Enkel und drei Urenkel.

Zeichnung: W.R. nach Fotos im Archiv der Bayerischen Akademie der Wissenschaften

NS-Zeit. Nöbeling trat 1933 in die SA ein, wurde aber nach Kriegsende als unbelastet eingestuft. Offensichtlich war Nöbeling der SA nur beigetreten, um seine „halbjüdische" Ehefrau besser schützen zu können.

Nöbeling besuchte 1918–1927 das Realgymnasium in Lüdenscheid, studierte danach Mathematik und Physik an der Universität Göttingen, ab 1929 an der Universität Wien. 1931-07-13 promovierte er bei Karl ˃Menger, den er bis 1933 als Hilfsassistent und enger

Mitarbeiter unterstützte. Nöbeling war wie >Gödel, >Wald und >Alt zeitweise Mitherausgeber der *Ergebnisse eines Mathematischen Kolloquiums*, außerdem war er >Mengers Koauthor für die *Kurventheorie*, Leipzig 1932. In >Mengers Mathematischem Kolloquium trat Nöbeling als einer der aktivsten Vortragenden und Diskutanten auf, zwischen 1928/29 und 1933/34 lieferte er 29 Vortrags- und Diskussionsbeiträge. Zu >Mengers Buch über logische Aspekte von Moral und Ethik im gesellschaftlichen Umfeld äußerte sich Nöbeling allerdings sehr kritisch und in schroffer Form, was zu einem heftigen Zerwürfnis und dem Ende der freundschaftlichen Beziehung führte.[534] 1933 verließ er Wien (seine Position als Hilfsassistent wurde nicht verlängert), wurde Assistent von Otto Haupt in Erlangen — und trat in die SA ein. 1935 habilitierte er sich, supplierte ab 1938 den Lehrstuhl von Wolfgang Krull, und wurde 1940 als Krulls Nachfolger zum ao, 1942 zum o Professor an der Universität Erlangen ernannt. Die Entnazifizirung nach dem Krieg überstand er, wie bereits erwähnt, ohne Schwierigkeiten.

Bemerkenswert ist seine und Otto Haupts Zusammenarbeit mit dem kriegsgefangenen französischen Mathematiker Christian Pauc[535] über Sekanten und Paratangenten in topologischen Abhängigkeitsräumen.[536]

1976 emeritierte Nöbeling. Zwei Jahre nach seiner Emeritierung übersiedelten Nöbeling und seine Frau nach Rosenheim um dort ihren Kindern näher zu sein. Nöbeling starb mit 100 Jahren, bis zuletzt trotz Schwerhörigkeit und Gebrechlichkeit in ungebrochener geistiger Frische.

Nöbeling arbeitete auf den Gebieten Analysis, Topologie und Geometrie, verfasste aber auch eine (seine einzige) Arbeit über Gruppentheorie: er löste das Speckersche Problem in der Theorie der Abelschen Gruppen. Nach ihm ist auch der Nöbeling-Raum benannt.

Nöbeling war 1950–1952 Dekan der naturwissenschatlichen Fakultät, 1961–1963 Rektor der Universität Erlangen, anschließend war er noch viele Jahre als Baureferent für die Universität tätig. In seine Amtszeit als Rektor fielen die Eingliederung der Nürnberger Hochschule für Wirtschafts- und Sozialwissenschaften als neunte Fakultät der Universität und der Remeis-Sternwarte in Bamberg als Astronomisches Institut, der Ausbau der Medizinischen Fakultät in der Nähe des Stadtzentrums und der Beschluss zur Errichtung einer Technischen Fakultät.

1953 und 1955 war er Vorsitzender der Deutschen Mathematiker-Vereinigung DMV.

MGP nennt 15 Studenten

Ehrungen: 1959 Mitglied der Bayerischen Akademie der Wissenschaften; 1965 Bayerischer Verdienstorden.

Ausgewählte Publikationen. *Diss.*: (1931) *Über eine n-dimensionale Universalmenge im* $\mathbb{R}^{2n+1}$.   (Karl >Menger). (veröffentlicht unter dem gleichen Titel in Math. Annalen **104** (1931), 71–80.

  1. Die neuesten Ergebnisse der Dimensionstheorie. Jber DMV **41** (1931), 1-17.

---

[534] Siehe die in der Literatur über Menger immer wieder zitierte Arbeit von Leonard, R.J., *Ethics and the Excluded Middle: Karl Menger and Social Science in Interwar Vienna.* Isis **89** (1998), 1–26.

[535] Christian Pauc (*1911-03-29 La Madeleine-lez-Lille in Nordfrankreich; †1981-01-08 (Begraben in Saint Léger-les-Vignes, bei Nantes))

[536] Heins A, Bauer, H, und J. Beoclè, *Christian Pauc – ein französischer Mathematiker als Wegbereiter der deutsch-französischen Freundschaft.* Mitt. Dtsch. Math.-Ver., 2:24–26, 1995. Pauc gehörte auch zur ersten Generation der ÖMG-Mitglieder (s. IMN 11).

Georg Nöbeling und Leopold ˃Schmetterer beim Bauer-Jacobs-Kolloquium, Erlangen 1988-05-01.

Foto: Konrad Jacobs, Erlangen (Oberwolfach Photo Collection)

2. Grundlagen der analytischen Topologie. Berlin 1954.
3. Verallgemeinerung eines Satzes von Herrn F. Specker. Invent. Math. 6, 41-55 (1968).
4. Einführung in die nichteuklidischen Geometrien der Ebene. Berlin 1976
5. Integralsätze der Analysis. Berlin 1979

Zbl/JFM nennen (bereinigt) 92 Publikationen, darunter 5 Bücher.

Quellen. W.-D. Geyer: Georg Nöbeling zum 100. Geburtstag.
(https://www.badw.de/fileadmin/pub/akademieAktuell/2007/23/11_Geyer.pdf, Zugriff 2023-02-20).
W.-D. Geyer: Nachruf, Bayerische Akademie d. Wissenschaften,
(suche Nöbeling in https://www.badw.de/, Zugriff 2023-03-08).

Emil Eliezer Nohel

*1886-01-03, Mcely (Mzell), Kreis Nymburk (Cz);   †1944-10 Auschwitz (Shoah) (mos.)

Sohn von Heinrich Jindrich Isaia Nohel (*1848-10-10; †1914-10-10 Mcely) [selber Sohn von Elias Nohel (*1816 Křinec, Cz; †1896-02-26 Křinetz) und dessen Ehefrau Anna, geb Mantler] und dessen Ehefrau Julia (*1856-12-13 Křinec; †1939-12-13 Königgrätz) geb Kahn [Tochter von Josef und Rosalia Kahn, geb Wiener (*1825; †1893-11-24 Chomutitz)];

Zeichnung: W.R. nach Foto im Yad Vashem Photo Archive.

Bruder von (1) Otto Nohel (*1880-10-19 Mcely; †1885 (als Kind)); (2) Ing. Karl Nohel (*1879-05-02 Mcely; †1944-04-10 Theresienstadt (Shoah)), Baukommissär der Buschtěhrader Eisenbahn (B.E.B.) in Böhmen, ∞ Olga, geb Nohel (*Troppau),; (3) Ottilie (Ottla, *1889-04-12 Mcely; †1944→Auschwitz)∞ Ing. Max Mahler (*1886-07-11 Křinec; †1944-07-24 KZ-Ghetto Teresienstadt), Tochter Eva (*1920-05-06 Prag; †1999 Israel) [∞ Lamdan], Sohn Michael Mahler (*1924-02-16 Prag; †1943-01-07 KZ-Ghetto Teresienstadt, Peritonitis), Landwirt; (4) Eugen (Evzen) Nohel (*1897-09-04; †1959-09-22)∞ Irene Nohel (*1894-02-12; †1989-04-14, entfernte Kusine);

Emil Nohels Vater Heinrich hatte 11 Geschwister mit jeweils bis zu 5 Kindern.

Nohel ∞ 1918-10-18 Bertha [Sara] (*1892-03-19 Hlavni město, Prag; †1939-06-27 Wien 18, Spital der IKG), geb Spitzner; 1 Sohn: Yeshayahu Heinrich (Heini) Enst Nohel (*1921-01-06 Wien; †2000 Haifa, Israel) ∞ ? geb Droller.

NS-Zeit.   Vor dem „Anschluss" war Nohel Professor an der Wiener Handelsakademie. Sofort nach dem Einmarsch musste er diese Stelle verlassen; er wurde Lehrer für Physik am Chajes-Gymnasium, später für etwa ein Jahr dessen Direktor. Nach Schließung dieses Gymnasiums ging er, inzwischen verwitwet, nach Hradec Králové (Königgrätz) um dort seinen Ruhestand zu verbringen. Bald danach wurde er aber als Jude erkannt, verhaftet, 1942-12-21 nach Theresienstadt deportiert, 1944-10-16 nach Auschwitz verbracht und schließlich ermordet.[537] Mit ihm zusammen kam auch seine Schwester Ottla in Auschwitz um. Weitere NS-Opfer in der unmittelbaren Verwandtschaft waren sein Bruder Karl und die Schwiegereltern seines Bruders Eugen, von Vaterseite zwei Onkel, 8 Cousins und 4 Kusinen. Sein langjähriger Vorgänger als Direktor des Chajes-Realgymnasiums, Viktor Kellner (*1887 Reichenberg (Liberec); 1970 Israel), Direktor 1919–38, konnte 1938 nach Palästina ausreisen.[538]

Emil Nohel entstammte einer jüdischen Familie, die seit zwei Generationen als Bauern in dem kleinen Ort Mzell lebte[539] und einen gewissen Wohlstand erreicht hatte. Nohel besuchte die höheren Klassen der Mittelschule in Prag, maturierte 1910-09-05 und meldete sich anschließend für sein einjähriges Freiwilligenjahr zum Militär. Obwohl durchaus körperlich kräftig und gesund wurde er zu seinem Bedauern wegen einer „nur um wenige Zentimeter" verkürzten Hüfte als dienstuntauglich registriert und auch nach Beginn des Ersten Weltkriegs nicht zum Militärdienst einberufen. Nach der Matura begann er das Studium der Mathematik und Physik an der DU Prag. Ursprünglich wollte er Physik als Hauptfach wählen, verzichtete aber darauf, als ihm sein Professor für Experimentalphysik, Anton Lampa, davon abriet — „in Physik ist alles Wichtige bereits erforscht, und es sind keine wesentlichen Neuerungen mehr zu erwarten". Trotz dieser skeptischen Einschätzung der Zukunft der Physik bemühten sich aber Lampa und der damalige Dekan an der Fakultät, Georg > Pick, die Emeritierung von 1910 des bisherigen Inhabers der Physik-Lehrkanzel, Ferdinand Lippich (*1838-10-04 Padua; †1913 Prag), dazu zu nützen, den physikalischen Neuerer Albert Einstein nach Prag zu holen. Diese Mühen waren schließlich erfolgreich, und Einstein traf 1911-04 in Prag ein. Einstein blieb immerhin für drei Semester in Prag und schrieb dort elf wissenschaftliche Arbeiten, darunter fünf zur mathematischen Behandlung der Physik der Strahlung. Einsteins Nachfolger in Prag war Philipp Frank.[540]

Von 1911 bis 1912 war Nohel stellvertretender Assistent für Physik (wissenschaftliche Hilfskraft) und Einstein zugeteilt. 1913 reichte er seine Dissertation ein, diese wurde von seinem Betreuer Georg > Pick 1913-12-11 begutachtet, 1914-01-15 von Kowalewski.[541] Die

---

[537] Datenbank des DÖW

[538] Binyamin Shimron (1989), *Das Chajesrealgymnasium in Wien 1919–1938*, Tel Aviv.

[539] In der Monarchie war erst ab 1860-03 Juden der Erwerb von Grund und Boden erlaubt.

[540] Einstein hatte für seine Nachfolge in Prag zunächst seinen engen Freund Felix Ehrenfest vorgeschlagen, die Verhandlungen scheiterten aber an Ehrenfests Weigerung, sich zu einer Religion zu bekennen (Pais [235], p193). Darauf schlug Einstein Frank vor.

[541] Nohels Dissertation gab ihrerseits den Anstoß zur Dissertation von Josef > Fuhrich bei Friedrich Engel in Gießen (1922). Fuhrich war 1930–45 Professor für Versicherungsmathematik und Statistik an der DTH Prag, Pg Nr 7.077.495. Er starb im tschechischen Internierungslager in Český Brod.

Zusammenarbeit Nohel–Einstein war allerdings nicht sehr tiefgehend, da Nohel erst am Anfang seiner wissenschaftlichen Ausbildung stand und sich mehr für die Lehre engagierte (und eignete).

Um das Jahr 1914 bestand Emil Nohel die Lehramtsprüfung aus Mathematik und Physik und wurde als Nachfolger von Ludwig Hopf (der nach Aachen berufen worden war) Voll-Assistent von Albert Einstein während dessen dreisemestrigen Aufenthalts in Prag. Nachdem Einstein Prag verlassen hatte, wechselte Nohel auf eine Assistentenstelle für Mathematik an der Deutschen Universität in Prag, 1912–1914. 1915 war Nohel Supplent an der Handelsakademie der Wiener Kaufmannschaft, später wurde er dort zum Professor für Naturlehre ernannt, 1919-10 zum Mitglied der Prüfungskommission für das Lehramt an zweiklassigen Handelsschulen bestellt.[542] Nach dem „Anschluss" 1938 endete sein Dienstverhältnis an der Handelsakademie mit seiner sofortigen Entlassung, er fand eine Stelle am Chajes-Gymnasium, wo er bis zu dessen Schließung verblieb.[543] 1939 starb seine Frau, sein Sohn Heinrich (= Yeshayahu) ging nach Palästina.

In den 1940er Jahren lebte er noch einige Zeit als Witwer und im Ruhestand in Königgrätz (Hradec Králové). 1942 hielt er sich für eine ärztliche Behandlung in Prag auf, wo er, noch aus den Zeiten der Monarchie, als „Bürger mosaischer Religion" registriert war und sich nicht weiter vor den NS-Schergen verbergen konnte.

Am 21. Dezember 1942 wurde er aus Königgrätz mit dem Transport *Ci* unter der Nummer 37 in das Ghetto-KZ Theresienstadt deportiert. Dort lebte er in den folgenden zwei Jahren, nahm am Gemeinschaftsleben der Gefangenen teil und war dabei, ähnlich wie Paul ˃ Funk, volksbildnerisch tätig.

Von Theresienstadt wurde er 1944-10-16 mit dem Transport *Er* unter der Nummer 1186 ins Vernichtungslager Auschwitz gebracht, wo er wie auch seine Schwester Ottla, der er sich aus freien Stücken angeschlossen hatte, starb. Albert Einstein hatte vergebens versucht, ihm ein affidavit für die USA zu verschaffen.

Ehrungen: 1999 Stiftung zweier Preise zu Ehren seiner Mittelschullehrer Nohel und Sabbath durch Nobel-Preisträger Walter Kohn, verliehen für hervorragende Schülerarbeiten in den Natur- und Geisteswissenschaften, erstmals verliehen 2002.

Ausgewählte Publikationen. *Diss.*: (1914) *Zur natürlichen Geometrie ebener Transformationsgruppen (˃ Pick, Kowalewski).* Veröffentlicht unter dem gleichen Titel in Sber. Wr. kais. AW **123** (1914), 2085-2115.

Quellen. Bečvářova [22], besonders p 205f; Pais [235, p 485f]; Frank [95] (p 137 und p 141f); Wr. Zeitung 1915-06-26 p2, 1919-10-09 p1; Prager Tagblatt 1914-07-07 p3, 1914-10-12 p4; Sterbematrik IKG; Yad Vashem 2019376, 1888678 (Zeugnis von Eva Lamdan); einige Briefe Nohels an seinen Sohn sind im Archiv von Yad Vashem, Jerusalem, aufbewahrt.

---

[542] Wr Zeitung 1919-10-09 p 1.

[543] Dieses Gymnasium trägt seinen Namen nach ihrem Gründer von 1919-10-01, Oberrabbiner Dr Zwi Perez Chajes (*1876-10-13 Brody, Galizien; 1927-12-13 Wien). Nach dem „Anschluss" 1938 war das Chajesgymnasium die einzige Mittelschule, die jüdische Schüler noch besuchen durften. Um dem dadurch ausgelösten Ansturm zu begegnen, wurden sehr strenge Aufnahmebedingungen eingeführt. Die Schule wurde 1939-10-17 geschlossen, die Räumlichkeiten dienten bis 1941 als Volksschule für jüdische Kinder, später als Sammelwohnungen für in Wien (noch) ansässige Juden, vor ihrer Deportation. 39 Jahre nach dem Krieg wurde 1984-11-14 erneut eine jüdische weiterführende Mittelschule am gleichen Standort (Castellezgasse 35) eröffnet, und wieder unter dem Namen Zwi Perez Chajes Schule. Vgl. auch den Beitrag von Neuhaus in [291].

Wilhelm Olbrich

*1880-06-25 Steyr;   †1945-04 Bratislava [Pressburg]
(Im Volkssturm eingerückt und gefallen)

Sohn von Hugo Olbrich (†1892-04-13 Steyr), Direktor der Bürgerschule Steyr (heute Promenade-Hauptschule), Bezirksschulinspektor sowie Gemeinderatsmitglied in Steyr, und dessen Frau Marie (geb von Koller, *ca 1844; †1934-02-21 Wien); Wilhelm Olbrichs älterer Bruder Hugo Olbrich (*1875 Steyr, †1959-09-25b Wien) war von 1911–25 Direktor der Filiale Steyr der Bank für OÖ und Sbg, danach in Wien Geschäftsführer/Prokurist verschiedener Unternehmen. [⚭ 1900-05-28 Eva Maria, geb Puchmayer (*1879±1)]

Foto: Ausschnitt aus einem Foto in [258, p 165] Mit freundl. Genehmigung des Archivs der BOKU.

Neffe mütterlicherseits des in Steyr ansässigen Buchhändlers Victor v. Koller (*1845; †1907) und des k.u.k. Majors Josef v. Koller (*1839; †1913-02-13 Wien), hochdekorierter Teilnehmer am Krieg 1864 gegen Dänemark.

NS-Zeit. Olbrich zeigte offen seine deutschnationale Gesinnung und seine NS-Sympathien, — und das auch in der Illegalität — schloss sich aber weder der „Deutschen Mathematik", noch der NS-Hetze gegen Albert Einstein[544] an. Er gehörte nicht zu den sechs BOKU-Professoren, die 1934 von der Ständestaat-Regierung wegen NS-Betätigung ihres Amts enthoben wurden. In den Ankündigungen zu seinen Vorträgen wurde Olbrich jedenfalls ab 1940 stets als „Pg" vorgestellt.[545] eine Mitgliedschaft für die Zeit vor 1938 konnte nicht verifiziert werden.

Wilhelm Olbrichs Vater Hugo Olbrich machte in den 1870er Jahren eine schnelle Karriere als Bürgerschullehrer und Politiker in Steyr,[546]

Mütterlicherseits entstammte Wilhelm Olbrich der angesehenen, in Steyr seit dem 16. Jahrhundert nachweisbaren Patrizierfamilie Koller.[547] Sein Urgroßvater Johann Josef Koller (*1779-02-15 Steyr; †1864-09-18 Steyr) war 1813 von Kaiser Franz wegen seiner Verdienste um die Erhaltung der örtlichen Eisenindustrie während der Napoleonischen Kriege

---

[544] In seiner Inaugurationsrede als Rektor von 1930/31, überbetitelt „Der vierdimensionale Raum", spricht er jedenfalls ganz selbstverständlich von der Relativitätstheorie als anerkanntem Faktum. Online nachzulesen auf (https://boku.ac.at/fileadmin/data/H01000/H10090/H10400/H10420/Geschichte/Rektoren/1930_31-Olbrich.pdf, Zugriff 2023-03-02).

[545] S. zB. *Illustrierte Kronen Zeitung*, 1940-03-17 p7, *Das kleine Volksblatt* 1941-01-17 p9, *Das Kleine Blatt* 1942-09-28 p2. Eine Suche in den Archiven der Uni Wien und der BOKU sowie der NS-Zentralkartei des Bundesarchivs Berlin blieb bisher ergebnislos.

[546] 1871 Mitgl. d NÖ Landeslehrervereins und Lehrer in St Pölten; 1872 Fachlehrer, 1873 auch Direktor der Bürgerschule in Steyr; 1874-05 Mitgl. der k.k. Landwirtschafts-Gesellschaft zu Linz; 1876 Mitglied des k.k. Stadtschulrats, zusätzlich auch Direktor der neu eingerichteten Mädchenschule der Stadt Steyr; 1877 Bezirksschulinspektor für den Schulbezirk Steyr (1890 aus Gesundheitsgründen zurückgetreten) und Mitglied des Gemeinderats von Steyr (gewählt 1884, 1887, 1890, im II. Wahlkörper).

[547] Informationen zu Victor Koller in der Broschüre Goldbacher H (1977), 150 Jahre Sandbök'sche Buchandlung in Steyr

geadelt worden. Zwischen 1919 und 1921 suchte Olbrich mehrmals um finanzielle Hilfe an, „da er seine Mutter versorgen musste".[548]

1891/92 besuchte Olbrich die erste Klasse der Oberrealschule in Steyr, 1892 übersiedelte er auf Wunsch seines in diesem Jahre verstorbenen Vaters an das k.k. Staatsgymnasium in Linz, wo er 1900-07-11 mit Auszeichnung maturierte. Im folgenden Jahr 1901 diente Olbrich als Einjährig Freiwilliger beim 4. Regiment der k.u.k. Tiroler Kaiserjäger und beendete dort seine Dienstzeit als Leutnant der Reserve.[549]

1902 begann er an der Universität Wien mit dem Studium der Mathematik und der Physik; dazu kamen 1904 Lehrveranstaltungen über Darstellende und Projektive Geometrie, als ao Hörer an der TH Wien. Gleichzeitig war er Bibliothekar am mathematischen Institut der Universität.

Seine Lehrer waren an der Universität Wien Gustav Escherich und Wilhelm ⌐ Wirtinger, an der TH hauptsächlich Emil Müller. 1906-10 wurde er zum Assistenten an der I. Lehrkanzel für Darstellende Geometrie der TH Wien, ernannt, später war er dort bis zum Studienjahr 1918/19 Konstrukteur.[550]

Olbrich promovierte 1909-03-22 an der Universität Wien[551] bei Gustav Escherich. 1913 wurde Olbrich an der BOKU Wien zum Honorardozenten für Mathematik und Darstellende Geometrie bestellt.[552]

Im ersten Weltkrieg kämpfte Olbrich an der Südfront, seine Lehrveranstaltungen an der Hochschule für Bodenkultur (BOKU), die ihm schon vor Kriegsbeginn, im Studienjahr 1913/14, übertragen worden waren, supplierte indessen Johann ⌐ Radon. Bei Kriegsende stand Olbrich im Range eines Hauptmanns[553] und war in Südtirol eingesetzt, er war dort unmittelbarer Vorgesetzter von Leopold ⌐ Vietoris, der so wie Olbrich im IR Nr 4. (später IR Nr 49) eingerückt war.

1917 wurde ihm der „tit ao Prof." verliehen, 1919 „ao Professor" (für Darstellende Geometrie).[554] Olbrich hat aber nie ein Habilitationsverfahren durchlaufen, was angesichts seiner Publikationsliste, die nur seine Dissertation und eine weitere Schrift aus dem Jahr

---

[548] ÖSTA, AVA, MCU, Fasz. 1209,10.775/20, 13.560120, Archiv der BOKU, 509/21 (hier zitiert nach [61], p 60).

[549] Nach dem Curriculum Vitae im Archiv der Universität Wien. Die Regimentsbezeichnung ist dort mit „4. Reg. der k.k. Kaiserjäger" angegeben, die aber nur bis 1895 gültig war.

[550] Auskunft von Paulus Ebner aus dem TU-Archiv 2018–11-05.

[551] UWA Rigorosenakt PH RA 2606 Olbrich, Wilhelm, 1909.01.22-1909.07.03 (Akt)

[552] Erlaß des k.k. Ministeriums für Kultus und Unterricht, IX-2869 von 1913-10-25 (Personalakt BOKU); bereits bei [67] p 682.

[553] Er wurde 1914-11 zum Landsturm-Leutnant d.R. ernannt (Wr Zeitg 1914-11-17 p1), war Mitglied d. Komitees für die Verwaltung des an der BOKU eingerichteten Reservespitals Nr. 7 (Wr Landw. Zeitg 1914-09-02, Öst Forst-Zeitg 1914-09-11 p3); 1915 erhält er als Landsturm-Oberleutnant im Res. Bataillon III/29 das Ehrenzeichen 2. Kl vom Roten Kreuz (Wr. Landw. Zeitg 1915-10-20, p3) und das Militärverdienstkreuz 3. Kl. mit der Kriegsdek. (Grazer Tagblatt 1915-10-15, p5, Fremden-Blatt 1915-10-13, p23, Wr. Landw. Zeitg 1916-03-11, p3)

[554] Zu tit ao vgl. zB Wr Landw. Ztg 1917-05-19p4, wirkl. ao im Personalakt Olbrich des Unterrichtsministeriums (AT-OeStA/AVA Unterricht UM), Österreichisches Staasarchiv, zitiert bereits in [67]. In den Vorlesungsverzeichnissen der Hochschule für Bodenkultur (BOKU) wird Olbrich 1915/16 und 1916/17 als Honorardozent, aber im Militärdienst, 1917/18 als Honorardozent und tit ao Professor, sowie 1919/20 und

1925 enthält, nicht überrascht. Olbrich war bis 1945 Inhaber der Professur für Darstellende Geometrie an der Lehrkanzel für Mathematik und Darstellende Geometrie der Hochschule für Bodenkultur, sowie Rektor/Prorektor in den Studienjahren 1930/31 und 1931/32. Er kündigte in den Vorlesungsverzeichnissen für beide Fächer der Lehrkanzel die Lehrveranstaltungen an, wobei er zwischen 1922 und 1928 von seinem Assistenten Anton ˃ Huber unterstützt wurde.[555]

Propagandist des „Deutschtums". Als Kriegsteilnehmer und amtierender Rektor hielt Olbrich 1929-02-23 anlässlich der Enthüllung der Gedenktafel für die im 1. Weltkrieg gefallenen BOKU-Angehörigen eine von deutschnationaler „Blut-und-Boden"-Heldenrethorik getränkte Rede (Ausschnitt in [255], p. 33, abgedruckt auch in [61], p56). Die Zeremonie war mit einer Langenmarckfeier der Wiener Studentenschaft verbunden.[556] Die weitere Aufheizung des politischen Klimas an der BOKU war abzusehen.

Olbrich war nicht nur als Deutschnationaler sondern auch als NS-Sympathisant bekannt und unterstützte auch nach dem Verbot der NSDAP im Ständestaat die vom (illegalen) NS-Studentenbund beherrschte „Deutsche Studentenschaft" (DS). Bereits 1931 stellte er sich gemeinsam mit den Rektoren der anderen Hochschulen in Wien hinter die DS, als diese wegen terroristischer Tumulte in Zusammenhang mit dreitägigen „Demonstrationen gegen die Kriegsschuldlüge" auf Veranlassung des Verfassungsgerichtshofs aufgelöst werden sollte. 1932 kam es wiederum zu studentischen Ausschreitungen und die Hochschule wurde für einige Zeit gesperrt, auch nach ihrer Wiedereröffnung gab es wieder „Studentenkrawalle".[557]

1933-03-07, zwei Tage nach der Ausschaltung des Parlaments durch Kanzler Dollfuß, veranstalteten wiederum NS-Anhänger an der BOKU eine Feier, an der neben Studenten in Parteiuniform auch demonstrativ Mitglieder des Professorenkollegiums, unter ihnen Prorektor Olbrich als Redner, teilnahmen, sehr zum Missvergnügen der Ständestaat-Regierung Dollfuß. Die Regierung Dollfuß plante darauf eine Zeitlang die völlige Neuorganisation der Hochschule, etwa durch Verlegung nach Mödling, NÖ,[558] durch Zusammenlegung mit der Tierärztlichen Hochschule[559] oder mit der TH Wien. Für das Studienjahr 1933/34

1920/21 als ao Professor geführt. 1921 wurde er zum o Prof für Darstellende Geometrie ernannt (Linzer Volksblatt 1921-10-11, p3).

[555] Einhorn [67] gibt an, Huber habe ab seiner Habilitation die Vorlesung für Darstellende Geometrie gehalten. Das ist aber in den Vorlesungsverzeichnissen nicht vermerkt und es liegen auch keine Lehraufträge vor. Zweifellos wird Huber gelegentlich Olbrich kurzzeitig vertreten haben.

[556] Vgl. dazu ˃ Baules Erfahrungen auf p 151. Die Feier musste vom 8. November in den Februar verschoben werden, da Rudolf Panholzer (*1874-04-08 Iglau, Mähren; †1928-11-28 Perchtoldsdorf), der die Tafel entworfen und ausgeführt hatte, gerade im Sterben lag. Die Langenmarckfeier von 1940 fand zB pünktlich am 8. November in der Nacht bei Fackelbeleuchtung statt. („Studenten im Fackellicht" — Neues Wr. Tagblatt 1940-11-09 p8).

[557] Neues Wr Journal 1932-10-21 p10

[558] In Mödling bestand seit 1869 eine landwirtschaftliche Fachschule, das *Francisco-Josephinum*, das 1934 nach Wieselburg verlegt wurde (heute HTBLA).

[559] Eine Zusammenlegung der BOKU mit der Veterinärmedizinischen Universität Wien (Vetmeduni Vienna) unter dem Titel *University of applied life sciences* wurde 2001-05 vom damaligen Bildungsministerium unter Elisabeth Gehrer erneut erwogen, stieß aber, wiewohl von BOKU-Rektor Leopold März unterstützt, auf erbitterten Widerstand von großen Teilen der betroffenen Lehrenden beider Universitäten und wurde schließlich 2002-01 ad acta gelegt.

wurde der erste Jahrgang in allen drei Studienrichtungen (außer Chemie) ausgegliedert, die Studenten wurden an die obgenannten Hochschulen verwiesen. Diese Maßnahme wurde aber nach einem Semester wieder zurückgenommen. Die von Prorektor Olbrich und Rektor Porsch herausgegebene und noch im selben Jahr erschienene *Festschrift zum 60-Jahrjubiläum* berichtet über politische Auseinandersetzungen mit NS-Anhängern nichts.[560] Im Frühjahr 1934 setzte Dollfuß eine Untersuchungskommission ein, die gegen Urheber und Sympathisanten der NS-Umtriebe unter Professoren und Dozenten vorgehen sollte. Die Rektoratsgeschäfte der Hochschule für Bodenkultur wurden dem Ministerialbeamten Otto Skrbensky als Bundeskommissär übertragen, im Herbst des gleichen Jahres avancierte Skrbensky zum Bundeskommissär zur Aufrechterhaltung der Disziplin an allen Hochschulen.[561] An der BOKU wurden je sechs Professoren und (beamtete) Dozenten enthoben, darunter der Geodät Emil Hellebrand, der vor Olbrich die Darstellende Geometrie betreut hatte, nicht jedoch Olbrich.

Das Missvergnügen über Olbrichs NS-Sympathiebezeigung von 1933 hinderte aber das Unterrichtsministerium unter Minister Schuschnigg[562] nicht daran, 1934-01-05 Olbrich per Dekret mit der Supplierung der nach dem Abgang von Theodor › Vahlen zunächst von Franz › Knoll abgehaltenen Lehrveranstaltungen zu betrauen und damit Olbrich der TH Wien zuzuweisen.[563] Knoll wurde für diese Fächer wieder enthoben. Es ist unklar, ob mit dieser Maßnahme eine Versetzung Olbrichs an die TH Wien vorbereitet, nur einfach › Knoll in der Lehre entlastet oder wegen seiner durchgesickerten NS-Beteiligung verwarnt werden sollte. 1934-09-05 ordnete ein weiteres Dekret an, Olbrich habe seinen Dienst an der BOKU wieder anzutreten. Die Zuweisung an die TH Wien war damit aufgehoben.

Wilhelm Olbrich und der Sport. Olbrich nahm von 1928 bis 1941 jedes Jahr sehr erfolgreich an akademischen Sportbewerben (Skilanglauf, Alpiner Abfahrtslauf, 5000m-Lauf, Staffellauf, Gepäckmärsche, Schwimmen) teil.[564]

Alpinismus und NS-Propaganda. In einer Reihe von Lichtbildvorträgen berichtete Olbrich über seine alpinistischen Erlebnisse: Ersteigung des Elbrus (5642m hoch, höchster Berg Europas, aber technisch leicht, da damals bereits durch Hütten erschlossen) im Kaukasus, 1935 des Kilimandscharo (5895m, höchster Berg Afrikas).[565] Seine Verbundenheit mit dem Sport wurde an den Hochschulen durch seine Wahl zum Vorsitzenden des Ausschusses für Sport- und Körperpflege des Verbands der österreichischen Hochschulen gewürdigt. Ebenfalls im Jahre 1934 fand Olbrich noch Zeit, an der Eröffnung der (damals) höchstgelegenen Schutzhütte, der Elbrushütte im Kaukasus teilzunehmen.

---

[560] [255], desgleichen die späteren Festschriften [85] von 1947, [258] von 1972.

[561] Zu Disziplinaruntersuchungen an den Hochschulen vgl. Andreas Huber [146] und K M Staudigl-Ciechowicz [336].

[562] Schuschnigg wurde nach der Ermordung von Dollfuß Bundeskanzler und bis 1936-05-14 gleichzeitig Unterrichtsminister

[563] Diese Supplierung ist weder dem Vorlesungsverzeichnis 1933/34 noch dem von 1934/35 zu entnehmen, findet sich aber in den Akten. Wir danken dem Archiv der TU Wien für die hier wiedergegebenen Informationen.

[564] Olbrich schrieb auch einen Beitrag zum Festband für den 80. Geburtstag von Mathias Zdarsky. Vgl. *Der Schnee* 1936-04-25 p62, *Österreichische Turistenzeitung* [sic!] 1936-p31f.

[565] Das war etwa gleichzeitig mit Ernest Hemingway.

Olbrich setzte im Folgejahr 1935 ein weiteres Zeichen seiner Gesinnung, das er aber vorerst wohlweislich nicht öffentlich machte: nach eigenen Angaben pflanzte er heimlich eine Hakenkreuzfahne auf dem Gipfel des Kilimandscharo auf, ein Foto dieses „denkwürdigen Ereignisses" ist in dem erst 1940 erschienenen Buch *Hakenkreuzflagge über dem Kilimandscharo* enthalten.[566] In seinem Kilimandscharo-Buch vertritt Olbrich, ähnlich wie Colin Ross[568] die Hoffnung auf Rückgewinnung der Deutschen Kolonien in Ostafrika und betont die Wichtigkeit, die eine solche Kolonie für die deutsche Rohstoffversorgung hätte. Ab dem Studienjahr 1942/43 bis zum Kriegsende wurden an der Hochschule für Bodenkultur jedes Semester 5-6 zweistündige Vorlesungen abgehalten, die der Vorbereitung auf einen Beruf als Landwirt, Agrarfachmann oder leitender Agrarbeamter in den Kolonien dienen sollten.

◁

Hakenkreuz auf dem Gipfel des Kilimandscharo, 1935.

Rechts, unter der Flagge:
Wilhelm Olbrich, daneben seine Begleiter Dr Theo Förster und Hans Czibulka,

Links, mit Flaggenstange:
zwei Einheimische (schauen weg).

(Aus Olbrichs Buch,
2. Bildtafel nach p. 78. Mit freundlicher Genehmigung des Archivs der BOKU.)

Nach Kriegsbeginn gab Olbrich an der BOKU neben wöchentlichen Parteischulungsabenden[569] auch Trainingskurse für den Kriegseinsatz.

---

[566] Olbrich hielt 1936-03-28 (im Volksheim), 1936-05-05 (in der Geographischen Gesellschaft), 1937-04-22 (in der Urania), 1941-01-19 (im Fliegerkino, mit Lichtbildern), zuletzt 1944-06-07 (im Deutschen Volksgesundheitsbund) Vorträge über seine Besteigung des Kilimandscharo.[567] Olbrich war zur damaligen Zeit keineswegs der einzige deutsche oder österreichische Bergsteiger auf dem Gipfel des Kilimandscharo. Walter Furtwängler, Bruder des Dirigenten Wilhelm Furtwängler, bestieg 1912 zusammen mit Siegfried König den Kilimandscharo und fuhr vom Gipfel auf Skiern ins Tal. Ein deutscher Missionar, Dr Reusch, hatte 1934 den Kilimandscharo bereits 23 Mal bestiegen. Auch zwei Wienerinnen, Ilse Körner-Lenhart und ihre Begleiterin berichteten 1941 (Urania) von ihren Gipfelerfahrungen auf dem Kilimandscharo. Die österreichische Rundfunkgesellschaft Ravag brachte 1936-04-03 einen Radiobericht der Kilimandscharo-Besteigerin Theodora Wendlandt.

[568] Colin Ross (auch „Roß", *1885-06-04 Wien; †1945-04-29 Urfeld am Walchensee, Suizid), von schottischer Abstammung; Journalist und populärer geopolitischer Kommentator; nach 1933 bewegte er sich zunehmend auf NS-Positionen zu und wurde zum „Hugo Portisch der NS-Propaganda". Sein Selbstmord ist wohl auch parallel zu Olbrichs Tod zu sehen.

[569] Neues Wiener Tagblatt (Tages-Ausgabe), 1940-07-04, p8.

1941-10 rückte der damals bereits 61-Jährige Olbrich freiwillig als Hauptmann zum Gebirgsjäger-Ersatzregiment Nr. 136 nach Innsbruck ein. Während seines aus Altersgründen bald beendigten Fronteinsatzes supplierten Josef ˃ Krames und Franz ˃ Knoll seine Vorlesungen über Darstellende Geometrie und Mathematik.[570]

Anfang 1945, in den letzten Tagen des Krieges, meldete sich Olbrich zum Volkssturm und wurde zur Verteidigung von Wien an die Front kommandiert. 1945-04-09 erlitt er im Verlauf der Kampfhandlungen in der Nähe von Preßburg einen Bauchschuss, an dessen Folgen er verstarb.[571] Er stand im 65. Lebensjahr und wäre wegen seines Alters nicht zur Teilnahme am Volkssturm verpflichtet gewesen.

Zeitzeugen über Olbrich. Anton Steden[572] widmete ihm in seinem Bericht über die Hochschule für Bodenkultur von 1937-10-01 bis 1945-09-30 einen versöhnlichen Nachruf:[573]

> *Er war einer derjenigen schätzenswerten Charaktere, die aus ihrer Überzeugung auch dann kein Hehl machten, wenn dabei keine Lorbeeren zu ernten waren und die mit dem Pfunde ihrer Überzeugung auch dann nicht wucherten, wenn es lohnend gewesen wäre. [. . .] Obwohl uns im Leben eine Welt getrennt hat, wollen wir seiner im Tode mit Achtung gedenken.*

Karl ˃ Prachar klassifizierte im Gespräch mit W.R. den Tod Olbrichs in der Schlacht um Wien als „tragisch" und seinen Einsatz für die NS-Maschinerie als „Verblendung". Den meisten BOKU-Angehörigen, die ihn noch persönlich gekannt haben, blieb er als „Sportrektor" in Erinnerung. Aus heutiger Sicht haftet der Persönlichkeit Olbrichs ein Zug von Don Quichotterie an. Ganz sicher stand die Begeisterung für sein Fach Mathematik sehr deutlich hinter seiner Begeisterung für das NS-Regime und für den Sport zurück.

Bei den ohnehin überwiegend deutschnational/NS gesinnten Studenten der BOKU war Olbrich jedenfalls beliebt und angesehen, 1932-06-27 veranstalteten sie einen Fackelzug für ihn.[574]

Ehrungen: 1916 Ehrenzeichen II. Klasse vom Roten Kreuze und Miliär-Verdienstkreuz III. Klasse mit der Kriegsdekoration und den Schwertern;[575] Ehrenmitglied des Vereins der Oberösterreicher in Wien; Von V.H. Heller[576] stammt ein Bildnis Olbrichs als Terrakottaplastik, die 1938 in der Aprilausstellung des Künstlerhauses vorgestellt wurde. (Reichspost 1938-04-13 p 8)

---

[570] Das wurde aber nicht im BOKU-Vorlesungsverzeichnis angekündigt.

[571] IMN 1 (1946) p7. Olbrich wurde als Professor noch vor dem Bekanntwerden seines Todes enthoben (Ebner [61] p197).

[572] Anton Steden (1896-09-29 Wien, -07-19 Wien), Prof für landw. Betriebslehre; Rektor in den Studienjahren 1947/48 und 1952/53.

[573] In: Feierliche Inauguration des für das Studienjahr 1945/46 zum Rector magnificus gewählten ord. Professor der Geologie und Bodenkunde Dr. Alfred Till, Wien 1946, p10; hier zitiert nach Ebner [61], p174. Ebner zitiert weiters den *Antrag auf Beurlaubung von Prof. Olbrich für die Durchführung seiner Wehrmachtseinsätze* seitens der NSDAP-Gauleitung Wien, BOKU Archiv 36/45, und spezifiziert Olbrich als Bataillonskommandeur beim Volkssturm, BOKU Archiv 45/45.

[574] S. [255], p 74.

[575] Linzer Volksblatt, 1915-10-21 p4; diese Auszeichnung wurde ab 1916-12-13 mit Kriegsdekoration, bei besonderer Tapferkeit mit Schwertern verliehen

[576] Hermann Vinzenz (auch Vinzenz Hermann) Heller (*1866-08-22 Wien-Hietzing; †1949-06-08 Schellenhof b. Klagenfurt), Prof. Akademie d. bildenden Künste, Wien, Prof. TH Wien für Anatomie und figurales Zeichnen, Akad. Maler und Bildhauer, Ehrenmitglied der Akademie der Bildenden Künste.

Ausgewählte Publikationen. *Diss.*: (1909) *Beiträge zur Theorie der Projektivitäten in einem Grundgebilde erster Stufe (Escherich, Wirtinger)*.
In Zbl/JFM sind nur die folgenden wiss. Beiträge von Olbrich verzeichnet:

1. Neue Probleme der Projektivität. Sitzungsberichte Wien **134** (1925), 325-333. (angekündigt unter dem gleichen Titel in Anzeiger Wr AW **62** (1926), 140.
2. Herausgeber der 2. Aufl. (1930) von Karl Doehlemann, Geometrische Transformationen. Berlin 1930.

Ein Reisebericht:

3. Hakenkreuzflagge auf dem Kilimandscharo. — Wien: Luser 1940. Dieses Buch befand sich unter der Nummer 8572 in der von der Deutschen Verwaltung für Volksbildung in der sowjetischen Besatzungszone herausgegebenen *Liste der auszusondernden Literatur*;

Quellen. Staatsarchiv AT-OeStA/AdR UWFuK BMU PA Sign 10 Olbrich Wilhelm; Einhorn [67] p 682–685; BOKU-Festband 1933 [255]; Vorlesungsverzeichnisse der Hochschule für Bodenkultur 1915/16 bis 1945; Salzburger Volksbl. 1930-11-21; Illustrierter Steyrer Unterhaltungskalender 1911; Reichspost 1938-04-13 p 8

Franz Wilhelm Palm

*1887-12-26 Stopfenreuth, NÖ; †1949-12-19b Wien

Nach der Taufmatrik von Stopfenreuth war Franz Wilhelms Vater Franz Palm Oberlehrer der Volksschule in Stopfenreuth; er starb 1907. Seine Mutter Marie war eine geb Berger (von Ribnik).

Franz Wilhelm Palm ∞ 1926-07-15 Friederike Leopoldine Anna, geb Swoboda (*1893-06-29; †1952-03-05 (Bestattungsdatum) Wien), Lehrerin; seine Ehe blieb aber kinderlos.

NS-Zeit. Palm war vor dem Staatsstreich von 1933 stark in der Volksbildung engagiert und Mitglied des Lehrkörpers der Lehrerfortbildungsanstalt „Pädagogium".[577] Sowohl nach dem Staatsstreich 1933 als auch nach dem „Anschluss" 1938 blieb er in seiner

---

[577] Das *Wiener Pädagogium* war seit seiner Eröffnung 1868-10-12 beständiger Zankapfel der Parteien. Seine Gründung wurde noch während der Herrschaft der Liberalen (Bürgermeister Zelinka) durchgesetzt, die den aus Sachsen stammenden, streng antiklerikalen Schulexperten Friedrich Dittes (*1829-09-23 Irfersgrün, Sachsen; †1896-05-15 Preßbaum b. Wien) als Leiter einsetzten. Die Einrichtung sollte der Fortbildung der städtischen Volksschullehrer, sowohl in fachlicher als auch in pädagogisch-didaktischer Richtung und nach laïzistischen Grundsätzen dienen, auch eine Lehrerakademie und eine Übungsschule für angehende Lehrer war angeschlossen. Dittes wurde von den Anhängern des politischen Katholizismus heftig attackiert, er zog sich schließlich 1881 zurück; auf ihn folgte Emanuel Hannak (*1841-05-30 Teschen, Schlesien; †1899-02-27 Wien), der zwar teilweise als „gemäßigter" Liberaler akzeptiert wurde, aber bereits 1899 verstarb. In den folgenden Jahren wirkten provisorische Leiter und das Pädagogium wurde der niederösterreichischen Landesverwaltung unterstellt. (1897 mußte Kaiser Franz Josef Karl Lueger als Bürgermeister akzeptieren.) Unter christlichsozialem Einfluss wurde 1905 Rudolf Hornich, Vater des Mathematikers Hans ˃ Hornich von der niederösterreichischen Landesregierung mit der Neuorganisation des Pädagogiums, gleichzeitig mit der Einrichtung der NÖ Lehrerakademie, beauftragt. Hornich blieb bis 1918 Leiter des Pädagogiums und war damit (jedenfalls im Sinne der katholischen Erziehungsvorstellungen) sehr erfolgreich. 1920-11-10 wurde Wien ein eigenes Bundesland der Republik Österreich; das Pädagogium kam wieder in die Verwaltung Wiens und blieb die folgenden beiden Jahre geschlossen, es wurde 1922 als pädagogisches Musterinstitut des „Roten Wien" wiedereröffnet. Hier sollten reformpädagogische Anliegen, etwa im Sinne der Montessori-Pädagogik verwirklicht werden. Nach dem Staatsstreich 1933 von Kanzler Dollfuß wurde unter Bürgermeister Schmitz 1934 die Reformpädagogik durch eine katholisch-vaterländische ersetzt.

Stellung, und das offenbar ohne sonderliches politisches Engagement. Nach 1945 wurde er als nicht NS-belastet bestätigt.

1906 bestand Palm die Matura mit Auszeichnung an der Realschule in Sternberg; danach inskribierte er Mathematik, Physik, Astronomie an der Universität Wien; nebenbei bereitete er sich für die Ergänzungsmatura in Latein, Griechisch und dem philosophischen Propädeutikum vor. Die Ergänzungsmatura für Griechisch war zunächst nicht erfolgreich, die Wiederholungsprüfung kam wegen Erkrankung und Tod des Vaters 1907 nicht zustande.

1911-05 legte er die Lehramtsprüfung in Darstellender Geometrie und Mathematik ab, absolvierte 1911/12 das Probejahr an der Staatsrealschule Wien XVIII Währing (1. Semester) und an der Staatsrealschule Wien V Margareten (2. Semester). 1912 veröffentlichte er auf Drängen seines Mentors ˃ Suppantschitsch seine Lehramts-Hausarbeit in Mathematik.

1912 bis Ende 1914 war er Supplent an der Staats-Unterrealschule Wien-Margareten. 1913 legte er die Staatsprüfung aus Stenographie mit ausgezeichnetem Erfolg ab. Palm unterrichtete von da an dieses Fach neben Mathematik und Darstellender Geometrie. An der gleichen Mittelschule wirkten ab 1907 Julius ˃ Jarosch und ab 1914 Karl ˃ Mack.

Ab 1915-01-15 leistete er als Reserveoffizier (im gleichen Jahr zum Fähnrich ernannt) in den Infanterieregimentern 84 u. 40 Kriegsdienst. In der Schlacht bei Olyka 1916 (im Zuge der Brussilow-Offensive) wurde er schwer verwundet und gefangen. Während der Gefangenschaft im Wolgagebiet wäre er wegen der schlechten Versorgungslage fast verhungert; auf ärztliche Intervention konnte er aber nach dem Abschluss des Friedensvertrags von Brest-Litowsk 1918-03-03 im Austauschweg über Litauen nach Wien zurückkehren.[578]

Nach seiner Rückkehr wurde Palm wieder der Staatsrealschule in Wien Margareten als Supplent zugewiesen, dort stieg er 1919-10 zum „wirklichen Lehrer" auf. Gleichzeitig engagierte er sich in der Volksbildung, hielt sehr gut besuchte Vorträge über mathematische Themen im Margaretener Volksbildungshaus.[579] Später hielt er Kurse zur Fortbildung von Lehrern ab, hauptsächlich ab 1923 als Dozent am „Wiener Pädagogium", dem pädagogischen Institut der Stadt Wien. Die von ihm vorgetragenen Themen umfassten philosophische und begriffliche Aspekte der Mathematik (z.B. unendlich groß, unendlich klein), die mathematische Analyse des österreichischen Zahlenlottos, griechische und babylonische Mathematik, Philosophie der Mathematik, mathematische Logik. Insgesamt hielt Palm von 1923 bis zum Staatsstreich von 1933 an die 100 Vorträge (manche wegen des großen Publikumsinteresses mehrfach), danach wurden von der ständestaatlichen Stadtregierung seine Vorträge am Volksbildungshaus und die Fortbildungskurse gestrichen.

1928-07-04 promovierte Palm an der Universität Wien zum Dr phil in Mathematik.[580] Im gleichen Jahr wurde er zum Kursleiter für Darstellende Geometrie und Geometrisches Zeichnen an der Universität Wien bestellt, zugeordnet den Ordinariaten ˃ Wirtinger, Furtwängler und ˃ Mayrhofer; diese Kurse gingen auch noch nach den Zäsuren „Staats-

---

[578] Jahresbericht Staats-Unterrealschule Margareten, Hauptteil 1914; Verlustliste 1918-10-02 p6, 1918-12-19 p4

[579] Heute das Polycollege in der Stöbergasse.

[580] UWA PH RA 9869

streich" und „Anschluss" (außer im SS 1939) ungehindert weiter. Während der NS-Zeit hielt Palm laut Vorlesungsverzeichnis noch einen zusätzlichen Kurs über Kartenprojektionslehre, gemeinsam mit Anton ˃ Huber. Größere Konflikte mit dem Regime konnte Palm in seiner Tätigkeit vermeiden, jedoch ging er bereits 1944, noch vor Kriegsende, aus gesundheitlichen Gründen als Mittelschullehrer in Pension und legte seinen Lehrauftrag für Darstellende Geometrie an der Universität zurück. Er war offenbar nicht NS-belastet. Sein Nachfolger war ab 1945 ˃ Lewandowski.

Ehrungen: 1918-08 (nach seiner Rückkehr aus der russ Gefangenenschaft) Silberne Tapferkeitsmedaille 1. Klasse; 1941 Oberstudienrat

Ausgewählte Publikationen. *Diss.*: (1928) *Über Flächen und Kurven gleicher Parallaxe bei stereophotogrammetrischen Aufnahmen (Wirtinger, Hahn).*

1. Über die Uniformisierung von allgemeinen analytischen Funktionen. Progr. Wien. (1912). [Hausarbeit für das Lehramt für Math., auf 28 Seiten]
2. Über die direkte Konstruktion des perspektiven Umrisses von allg. Schraubflächen, Monatsh. Math. Phys. **23** (1912), 274-282 [1. Hälfte aus der Hausarbeit zur DG]
3. Über die Umrißbestimmung von allgemeinen Schraub- und Drehflächen in zentral- und parallelperspektiven Darstellungen. Monatsh. f. Math. **31** (1921), 157-172.
4. Über Flächen und Kurven gleicher Parallaxe bei stereophotogrammetrischen Aufnahmen. Sitzungsberichte Wien **136** (1927), 569-587.
5. Zur graphischen Schwerpunktsbestimmung von Trapezen. Z. f. math. Unterricht **61** (1930), 200-204.
6. Über die nomographische Auflösung der Gleichungen vierten, fünften und sechsten Grades und die den Gleichungen zugeordneten Regelflächen. Sitzungsber. Akad. Wiss. Wien, Math.-Naturw. Kl., Abt. IIa **140**, (1931) 453-479.
7. Geometrische Untersuchung von graphischen Tafeln zur Auflösung der vollständigen kubischen Gleichungen. Sitzungsber. Akad. Wiss. Wien, Math.-Naturw. Kl., Abt. IIa **140** (1931), 521-543.
8. Über ebene Schnitte des parabolischen Zylinders. Z. f. math. Unterricht **62** (1931), 262-263.
9. Geometrische Untersuchung von graphischen Tafeln zur Auflösung der vollständigen kubischen Gleichungen. Sitzungsberichte Wien **140** (1931), 521-543.
10. Über die nomographische Auflösung der Gleichungen vierten, fünften und sechsten Grades und die den Gleichungen zugeordneten Regelflächen. Sitzungsberichte Wien **140** (1931), 453-479.
11. Über die Verwendung der Maclaurinschen Transformation im graphischen Rechnen. Sitzungsber. Akad. Wiss. Wien **142** (1933), 109-114.
12. Über die Verwendung von rational ganzen Kurven zur graphischen Auflösung von Gleichungen. Monatsh. Math. Phys. **41** (1934), 358-374.
13. Über die Verfahren zur graphischen Berechnung von rationalen ganzen Funktionen. Deutsche Math. **3** (1940), 123-151.
14. Über den Zusammenhang der Konstruktionen von Segner und Behmann. Deutsche Math. **4** (1941), 651-652.
15. Über den Perspektivumriss einer allgemeinen Schraubfläche. Österr. Akad. Wiss., Math.-Naturw. Kl., Sitzungsber., Abt. IIa **157** (1949), 63-78.
16. Über die Verallgemeinerung des graphischen Verfahrens von Lill. Österr. Akad. Wiss., Math.-Naturw. Kl., Sitzungsber., Abt. IIa **157** (1949), 79-96.
17. Anwendung und Verallgemeinerung des graphischen Verfahrens von Winckler. Österr. Akad. Wiss., Math.-Naturw. Kl., Sitzungsber., Abt. IIa **157** (1949), 275-297.

Zbl/JFM nennen (bereinigt) 17 mathematische Publikationen; die nach 1974 datierten Publikationen sind Fehlzuschreibungen. Zur mathematischen Volksbildung schrieb er den Aufsatz:

18. Die Stellung der Mathematik an den Volkshochschulen. Aufsatz in Leisching, E. (hrsg), Denkschrift zum 40-jährigen Jubiläum des Wiener Volksbildungsvereins. (1927-01)

Quellen. Reichspost 1927-11-17 p5; Österr Landzeitg 1918-08-31; UAW PH PA 2804, Schachtel Nr 180; UAW Personalakt Lewandowski fol. 25 und 26; Dittes, F., Das Lehrer-Pädagogium der Stadt Wien. Wien 1873.

Lit.: Benesch, T., Franz Wilhelm Palm – ein Volksprofessor des Wiener Volksbildungsvereins, *Spurensuche aktuell* „Historiografie und Erwachsenenbildung. Zugänge, Aufgaben und Herausforderungen" **28** (2019), 140–144; Drechsler, S., Haeberlin, B., Eine geometrische Wurzelbehandlung. Greifswald, September 2006 (online zugänglich unter http://www.rechnerlexikon.de/files/rowning.pdf, Zugriff 2023-02-20)

Leopold Peczar

*1913-01-23 Wien; †2002-12-22 Wien

P ∞ Leopoldine (*1910-11-08; †2000-02-09)

NS-Zeit. Offenbar weder NS-belastet noch Opfer.

Lehramtsprüfung in Mathematik und Geometrie 1937; Assistent an der TH Wien 1941; Dipl Ing und Promotion zum Dr. tech. Wien 1943. 1946-10-01 Supplent für Mathematik an der Fakultät für Architektur der TH Wien, 1948-10-01 Supplent für Mathematik, 1949-10-01 auch für Darstellende Geometrie an der Fakultät für technische Chemie der TH Wien. In der Folge machte Peczar Karriere in der Mittelschule, 1966 wurde er zum Direktor des Realgymnasiums in Wien-Wieden (BRG IV, Waltergasse) bestellt.

Peczar hielt im Institut für Wissenschaft und Kunst Vorträge über die Beta- und die Gammafunktion (1948-02-23), über die Besselsche Funktion (1948-04-20) sowie über das Ikosaeder und die Gleichungen fünften Grades (1949-04-04).

Peczar wurde 1946-11-08, bei der ersten Sitzung der „Mathematischen Gesellschaft in Wien" (ab 1948-04-23 „Österreichische Mathematische Gesellschaft") zu deren Sekretär gewählt, im folgenden Jahr zum Sekretär und Kassier.

Ausgewählte Publikationen. *Diss.:* (1943) *Die den Möbiusschen Kreisverwandtschaften entsprechenden Transformationen in der dualen Zahlenebene (? TH Wien).* (Peczar findet sich dzt. (2020) nicht im MGP.)

1. Über eine einheitliche Methode zum Beweis gewisser Schliessungssätze. Monatsh. Math. **54** (1950), 210–220.

Zbl nennt nur die beiden hier genannten Publikationen.

Quellen. IMN **1** (1947), pp 1, 3; **21/22** (1952), 18

Martha Petschacher

*1921-05-10 Innsbruck; —

Jüngste Tochter des ao Professors f. interne Medizin [prom. 1913 Wien, habil. 1924, ao 1929-07-12, Innsbruck] der Innsbrucker Universität und Primararzt am Salzburger Landeskrankenhaus Ludwig Johann Petschacher (*1847-06-12 Wien; †1944-11-11 Solbad Hall/Tirol) und dessen Ehefrau Julie [⚭ 1917-12-22], geb. von Schlosser; Schwester von (1) Dr med Eva (*1918 Wien, †1994 Freilassing/Oberbayern) ⚭ [1942-10-22 Salzburg] Dr med Wilfried Kratzer und (2) Hilda (*1920 Innsbruck; †2003 Passau) ⚭ 1948-05-26 Georg Fennes; 2 Söhne: Walter (*1949 Salzburg) und Helmut (*1954 Salzburg) Fennes

NS-Zeit. Ihr Vater, Primararzt Ludwig Petschacher, war jedenfalls NSDAP-Mitglied. In einer Liste des durch Rektoratsbeschluss ausgeschiedenen Personals der Universität Innsbruck scheint sie auf als: „Dr Martha Petschacher, Verwalter wiss. Ass., Mathematisches Seminar, entlassen 1945-08-06, Ö" [i.e., österreichische, nicht reichsdeutsche Staatsangehörige].

Martha Petschacher studierte ab 1939 (?) in Innsbruck Mathematik und hatte bis zum Kriegsende eine Stelle als administrative und wissenschaftliche Assistentin bei Leopold > Vietoris, unter dessen Anleitung sie als Dissertation Tafeln für die hypergeometrischen Funktionen erstellte („Kriegswichtig, aber nicht dringend"; vgl. pp. 65, 460). Als weiterer Beitrag zur Rüstungsforschung ist ihre Diplomarbeit von 1944 über Geschoßbahnen zu erwähnen. Während des Krieges war Petschacher auch an den glaziologischen Arbeiten von Vietoris beteiligt. Nach den Entnazifizierungslisten von 1945 wurde sie, offenbar als Pg, 1945-08-06 aus dem Dienst der Universität Innsbruck entlassen; sie wird in diesen Listen bereits als „Dr." geführt.[581] Sie ging nach Abschluss ihres Studiums in den Schuldienst, erst an das Mädchenrealgymnasium Salzburg, dann 1955 an das neugegründete Wirtschaftskundliche Bundesrealgymnasium (WRG) in Salzburg-Nonntal, im Bundesschulzentrum Josef-Preis-Allee (zuletzt mit dem Titel Oberstudienrat). Mittlerweile sind mehrere Schulreformen über diese Schule hinweggegangen, sie wird nunmehr koedukativ geführt.

Wir erwähnen noch, dass die Petschachers wie viele Familien von Mathematikern auch musikalisch begabt (und aktiv) war. Die ältere Schwester Eva Kratzer-Petschacher maturierte 1938-06-20 am Mozarteum in Salzburg (Klavier, Klasse Ledwinka),[582] Die jüngere war für etwa ein Jahr am Mozarteum eingeschrieben; Vater Ludwig trat dort in Liebhaberkonzerten auf.

Ehrungen: 1931 2. Preis d. Kostümfests des Innsbrucker Eislaufvereins

Ausgewählte Publikationen. Diplomarbeit 1944 Berechnung zweier Geschoßbahnen

Diss.: (1945/46) *Tafeln hypergeometrischer Funktionen (Vietoris).*   Petschachers Dissertation erschien im Druck auf Italienisch als: *Tabelle di funzioni ipergeometriche.* Rend. Mat. Appl., V. Ser. **9** (1950), 389-420.

---

[581] Das MPG und die Naturw. med. Vereinigung geben 1946 als Promotionsdatum an.

[582] Sie studierte nach der Musikschule in Innsbruck Medizin, promovierte dort 1942-02-24 zum Dr. med. und heiratete einen Mediziner.

Quellen. Naturw-med.Ver. Innsbruck, *Naturwissenschaftliche und Medizinische Arbeiten aus den Instituten und Kliniken der Universität Innsbruck 1945—1949* p275, (https://www.biologiezentrum.at, Zugriff 2023-03-02); Jahresberichte Mozarteum 1934/35 bis 1937/38, 1943/44; Salzburger Nachrichten 2019-05-10; Univ-Archiv Innsbruck, online unter (https://www.uibk.ac.at/universitaetsarchiv/politische-dokumente-aus-dem-universitaetsarchiv/, Zugriff 2023-03-02); Vorlesungsverz. Alpen-Univers. Innsbruck 1944/45, p 33; Korrespondenz mit WR.

Georg (Jiří) Alexander Pick

*1859-12-08 Wien;   †1942-07-26 Theresienstadt (mos)

Sohn von Dr Adolf Josef Pick (*? Neustadt an der Mettau, Böhmen; †1895-09-19 Pohrlitz (Pohořelice) b Brünn), Schuldirektor, und dessen Frau Josefine (Josefa), geb Schlesinger;

Bruder von Martha Pick (*1853-02-12 Wien; ?), städt. Volksschullehrerin, und Emma, geb Pick (*1869-01-06 Wien?;)∞ 1889-12-26 [im Stadttempel Wien-Innere Stadt] Moritz Schnabl (*1861-10-14 Po(h)rlitz; †1942-02-24 Wien) [2 Söhne: Dr. Paul (*1892; †1917-05-14), Dr. Karl (*1893)]; +1 [früh verstorbener] Bruder (?).

Georg Pick war nie verheiratet.

Foto: Weierstrass Photoalbum von 1885, überreicht anlässlich von dessen 70. Geburtstag

NS-Zeit. Pick emigrierte 1938 zwar rechtzeitig aus Wien, aber nicht weit genug. Er hatte sich wegen einer Erkrankung in das Prager Sanatorium Veleslavin (Weleslawin) in ärztliche Pflege begeben müssen und konnte seinen Status als Nichtarier nicht vor der Polizei im Protektorat Böhmen und Mähren verbergen. Er wurde verhaftet und nach Theresienstadt deportiert, wo er 1942 verstarb. Seine beiden Schwestern kamen wahrscheinlich ebenfalls in der Shoah ums Leben.[583]

Georg Alexander Picks Familie war ursprünglich in Po(h)rlitz,[584] etwa 25 km südlich von Brünn, ansässig, sie gehörte zu den aktiven Mitgliedern der dortigen israelischen Kultusgemeinde. Vater Adolf Josef Pick begeisterte sich schon in jungen Jahren für Astronomie, Physik und Mathematik, studierte aber zunächst Jus. Bei Ausbruch der Revolution von 1848 ging er als Mitglied einer Deputation von Prager Studenten nach Wien, wo er auch nach dem Scheitern der Revolution blieb und sich in das Studium der Mathematik und

---

[583] Zu den in den Opferlisten von Yad Vashem und Thresienstadt unter den Namen Martha Pick und Emma Schnabel [recte Schnabl] verzeichneten Personen werden abweichende Daten angegeben, es liegen auch sonst keine amtlichen Daten vor. Von Jiří Pick haben sich in tschechischen Archiven Briefe und Passdokumente erhalten.

[584] Pohrlitz (früher Porlitz), heute Pohořelice, gehörte zu den Schauplätzen des berüchtigten „Brünner Todesmarsches" von 1945-05-31, bei dem etwa 5.000 Vertriebene an Seuchen, Hunger und Entkräftung umkamen, nicht wenige auch bei gewalttätigen Übergriffen durch tschechische Bewacher. 2015-05-20 gab der Stadtrat von Brünn eine Erklärung ab, in der er sich für diese gewalttätige Vertreibung entschuldigte. Seither finden jedes Jahr ende Mai Versöhnungsmärsche in umgekehrter Richtung, von Pohrlitz nach Brünn, statt.

der Naturwissenschaften stürzte. Im damaligen „physikalischen Kabinett" glänzte er mit hervorragenden Leistungen, promovierte zum Dr phil und kam schließlich als Assistent an die astronomische Sternwarte unter Direktor Karl Ludwig v. Littrow (*1811-07-18 Kazan; †1877-11-16 Venedig). Für einen nicht zur Taufe bereiten Juden erschien von dieser Karrierestufe aus jeder weitere Aufstieg aussichtslos und so trat Vater Adolf Josef Pick als Lehrer in das 1848 gegründete private Lehr- und Erziehungsinstitut der Gebrüder Josef und Simon Szántó ein, das eine achtklassige „Volksschule für israelitische Knaben" führte.[585] Der jüngere der beiden Brüder, Simon Szántó (*1819; †1882-01-17),[586] war mit der Schwester Katharina von Adolf Picks Ehefrau Josefine verheiratet, Katharina wiederum war Vorsteherin eines Lehr- und Erziehungsinstituts für israelitische Mädchen. Simon Szántó war Redakteur der jüdischen Wochenschrift „Die Neuzeit", außerdem Lehrer, später Landesschulinspektor, für mosaische Religion.[587] Ab 1860 übernahm Adolf Pick die Leitung des Instituts für Knaben. Adolf Josef Pick befasste sich auch von der theoretischen Seite mit der Didaktik der mathematischen Astronomie und war vor allem mit seinem gemeinverständlichen Lehrbuch *Die elementaren Grundlagen der astronomischen Geographie* über Jahrzehnte hinaus erfolgreich.

Georg Pick[588] legte 1875, mit 16 Jahren, die Reifeprüfung am Leopoldstädter Communalgymnasium und 1879, nach dem Studium der Mathematik und Philosophie an der Universität Wien, die Lehramtsprüfung ab. 1880 promovierte er bei Leo Königsberger[589] und Emil Weyr [590] über Abelsche Integrale zum Dr phil. Im Jahre 1881 ging er als Assistent für Experimentalphysik zu Ernst Mach an die Universität Prag, die ein Jahr später, 1882-02-28, in einen tschechischen und einen deutschen Teil geteilt wurde. Pick habilitierte sich 1882 für den deutschen Teil. 1888 erfolgte die Ernennung zum ao Professor, 1892 wurde

[585] *Allgemeine Zeitung des Judenthums. Ein unparteiisches Organ für alles Jüdische Interesse*, 1852-09-27 p5. Das Institut befand sich zunächst in Wien-Leopoldstadt, Schmelzgasse, Nr. 453, ab 1860 in Wien-Leopoldstadt an der Donau, Nr 656. Es bot auch außerhalb der Schulzeit als Tagesheimstädte oder Ferienheim zur Kinderbetreuung an.

[586] Der ältere, Josef Szántó, starb 1873-05-02. (Fremden-Blatt 1873-05-05p3, Wiener Ztg 1873-05-06 p7.)

[587] Emil Szántó (*1857-11-22 Wien; †1904-12-14 Wien), Sohn von Simon und Katharina Szántó, brachte es trotz seinr jüdischen Abstammung zum o Prof für klassische Altertumswissenschaft.

[588] In manchen Biographien wird für den Mädchennamen seiner Mutter fälschlich „Schleisinger" angegeben.

[589] Der preußische Mathematiker und Jude Leo Königsberger (auch Koenigsberger; *1837-10-15 Posen; †1921-12-15 Heidelberg) wirkte nur sieben Jahre, 1877–1884, in Wien; vorher war er von 1869 bis 1875 Professor in Heidelberg, 1875 bis 1877 in Dresden gewesen. Nach seiner Rückkehr nach Heidelberg galt er dort als führender Mathematiker. In seiner Autobiographie „Mein Leben" (Heidelberg 1919; p207) zählt Königsberger den Einstein-Antagonisten Philipp Lenard an erster Stelle der Kollegen, „die ihm ein gütiges Schicksal am Ende seines Lebens zugeführt habe"; umgekehrt sagt Lenard von Königsberger: „Er war mein großer Förderer". [292, p 143]. Königsberger war wahrscheinlich der erste aus dem Deutschen Reich (oder überhaupt aus dem Ausland) nach Wien berufene Mathematiker. Das Mathematische Seminar war erst 1876 mit ministerieller Genehmigung gegründet worden (vgl [238]).

[590] Emil Weyr (*1848-08-31; †1894-01-25) war der Bruder des Mathematikers Eduard Weyr (*1852-06-22 Prag; †1903-07-23 Saborsch a.d. Elbe), Prof. in Prag und Vater des bedeutenden tschechischen Soziologen und Philosophen František Weyr (*1879-04-25 Wien; †1951-06-29 Brünn), o Prof. an der Masaryk-Universität in Brünn. Die beiden Weyrs verfassten auf Tschechisch ein dreibändiges Lehrbuch über „Grundzüge der Geometrie".

er Ordinarius, in der Nachfolge von Heinrich Durège.[591] Zur Jahrhundertwende 1900/01 wählte ihn seine Fakultät zum Dekan.

Pick lebte und arbeitete von 1882 bis 1929 in Prag, kehrte dann nach Wien und nach dem „Anschluss" 1938 wieder nach Prag zurück. Von dort wurde er 1942-07-13 mit dem Transport AAq, nr. 824 nach Theresienstadt deportiert, wo er zwei Wochen später, 1942-07-26, starb. Auch seine Schwestern Martha und Emma fielen vermutlich der Shoah zum Opfer.

Pick war ein sehr vielseitiger Mathematiker, er publizierte Arbeiten zur Linearen Algebra, Invariantentheorie, Integration, Potentialtheorie, Funktionalanalysis, Geometrie, zur Funktionentheorie einer komplexen Variablen, Differentialgleichungen, und zur Differentialgeometrie.

Pick ist seit ihrer Erwähnung in dem Buch von *Władysław Hugo Dyonisos Steinhaus*[592] durch die nach ihm benannte elementargeometrische Formel populär geworden. Diese gibt den Flächeninhalt eines ebenen Polygons an, dessen Eckpunkte ganzzahlige Koordinaten haben. Die Fläche F eines solchen Polygons ist die Summe aus der Euler Charakteristik plus der Anzahl der im Inneren liegenden Gitterpunkte plus der halben Anzahl der am Rand liegenden Gitterpunkte. Pick nützt diese Formel für einen eleganten Beweis einer wichtigen Eigenschaft von Farey-Reihen.[593]

In der Funktionentheorie ist Picks Name mit dem Lemma von Schwarz-Pick (und dessen Verallgemeinerung Lemma von Ahlfors-Schwarz-Pick) und mit der Nevanlinna-Pick Interpolation verbunden.

Pick beschäftigte sich auch mit mathematischen Anwendungen, so schrieb er einen mathematischen Anhang zu Alfred Webers (Bruder von Max Weber) Hauptwerk „Über den Standort von Industrien".

Zusammen mit dem Experimentalphysiker Anton Lampa[594] gelang es Pick im Jahre 1910, Albert Einstein auf den Lehrstuhl für Theoretische Physik an der Deutschen Universität Prag zu holen. Einstein begann seine Tätigkeit 1911-04-01, blieb aber nur bis 1912-07-25. Pick diskutierte mit Einstein über die Relativitätstheorie (die er als Anhänger von Mach al-

---

[591] Jacob Heinrich Karl Durège (*1821-07-13 Danzig; †1893-04-19 Prag; ⚭ Elise, geb Kossak (*1821-04-16 Danzig; †1892-03-18 Prag); 1 Tochter Pauline vereh. Schönbach (*1857-10-26 Zürich; †1932-11-09 Prag)) war der Sohn eines in Danzig niedergelassenen Kaufmanns. Er studierte ab dem SS 1841 2+1 Semester Medizin in Bonn und Berlin, wandte sich danach aber der Mathematik zu. In Berlin hörte er Vorlesungen von Dirichlet, Encke, Dove und Poggendorf. 1844 nach Königsberg zu Hesse und Bessel; zwischendurch: 1844/45 Einjährig-Freiwilligenjahr und Heirat; Promotion 1849. Nach dieser sorgfältigen beruflichen Vorbereitung wirkte Durège 1851–57 als Farmer in Milwaukee, USA. Danach kehrte er nach Europa zurück, habilitierte sich 1857 am Polytechnikum und 1858 an der Universität Zürich, wo er bis 1862 als Dozent, danach als Professor wirkte. (Nach dem Weggang von Dedekind 1862 führte er dessen Analysis-Vorlesung zu Ende.) Ab WS 1864 o Prof. am Polytechn. Landesinstitut in Prag (Vorläufer der DTH Prag), ab 1869 an der DU Prag; dort ging er 1892 in den Ruhestand. (Nach [334] und [282], 1894.)

[592] Eng. Übersetzung aus dem Polnischen: Steinhaus, H, Mathematical snapshots. 3d ed. NY 1969.

[593] Für eine ambitionierte Diskussion der Prioritäten, insbes. die Rolle von Sylvester und Pólya vgl Math. Intell. **17** (4) (1995), 64-67. Mit einer ähnlichen Überlegung läßt sich aus der Pickschen Formel auch die Existenz des größten gemeinsamen Teilers zweier ganzer Zahlen folgern.

[594] Anton Lampa (*1868-01-17 Budapest; †1938-01-27) war von 1909–19 o Professor für Physik an der DU Prag; 1921–36 lehrte er erneut an der Universität Wien.

lerdings nicht akzeptierte) und beriet ihn über mathematische Fragen, insbesondere machte er ihn auf die für die Relativitätstheorie grundlegenden Arbeiten des Differentialgeometers Ricci und dessen Schüler Levi-Civita zur Tensoranalysis aufmerksam.

Pick war ein großer Freund der Musik. Während Einsteins dreisemestriger Anwesenheit in Prag veranstaltete er mit Gleichgesinnten regelmäßig Musikabende, an denen auch Einstein teilnahm.[595]

Zum Zeitpunkt der Abfassung dieser Zeilen (2020) waren im MGP 5 Dissertationen registriert, nämlich die von (1) Josef Grünwald (1899) [*1876-04-11 Prag; †1911-01-01], (2) Karl ˃ Loewner (1917), (3) Saly Ruth Ramler (1919), [(*1894-11-10 Kolomyia; †1993) ∞ 1923-07 den bekannten Mathematiker und Historiker der Mathematik Dirk Jan Struik (Bečvářova [23] pp 147–152.)] (4) Paul Kuhn (1926) [*1901-05-16 Prag; †1984-01-01] und (5) Walter ˃ Fröhlich [s. Seite 212]; bei allen diesen wird Pick als zweiter Betreuer genannt (der erste war stets Kowalewski).

Nicht im MGP genannt sind die in Bečvářova [23] sowie [25] genannten Dissertationen von (6) Franz Graf (1902) [nicht in Zbl/JFM; (*1876-06-10 Kutná Hora; bei ihm war Pick 2. Begutachter], (7) Anton Grünwald (1907) [(*1873-02-16 Prag; †1932-09-16 Prag); Assistent u Privatdozent an der Prager DTH und Bruder von (1); cf. [334, p 62]] (8) Emil Stránský (1911), [nicht in Zbl/JFM ; (*1882-07-04 Beroun; †1942-06-10 ermordet)]; (9) Emil ˃ Nohel (1914), [ermordet; Mentor des späteren Nobelpreisträgers Walter Kohn, nicht in Zbl/JFM], (10) Artur Winternitz (1917) [(*1893-06-16 Oxford; †1961-07-09 Scuol, CH) flüchtete 1939 rechtzeitig nach England], (11) Hilda Falk (1921) [(*1897, ermordet †1942 im Ghetto Riga), nicht in Zbl/JFM],[596] (12) Eduard Zimmermann (1923) [tschech.(?) Katholik (*1896-01-20 Krásný Dvůr), 4 Publikationen (davon 1 wahrsch. einem anderen Autor zuzuordnen) in Zbl/JFM; ab 1950 Lehrauftr/Lektor Univ Halle], (13) Rudolf Pomeranz (1923) [ukrainischer Staatsbüger und Jude; weiteres Schicksal unbekannt.], (14) Karl Rother (1926) [*1900-12-14, 4 Publikationen (bereinigt) bei Zbl/JFM] (15) Ovsejus Rutstein (1927) [Pick war 2. Begutachter; Rutstein war Jude (*1904-05-10 Lindvivano, Litauen; wahrscheinlich ermordet)], (16) Anton Dömel (1928), [*1898-07-12 Dolní Jiřetín](17) Heinrich ˃ Löwig (1928), *1904-10-29 Prag; †1995 Edmonton, Kanada)] (18) Elias Altmann (1928) [*1900-03-24 Vilkaviškis, Litauen], (19) Wilhelm Richter (1930) [(*1903-09-24 Aussig (=Usti nad Labem)); Zbl/JFM nennen (bereinigt) 28 Publikationen], (20) Friedrich ˃ Schoblik (Diss 1929 eingereicht- nicht approbiert; 1933 zweiter Anlauf erfolgreich).

[Nach Fritzsch (s.u.) hatte Pick an die 20 Dissertanten.]

Ehrungen: 1889 Mitglied der Leopoldina; Mitgl. d. Ges. z. Förderung dt. Wiss., Kunst u. Kultur in Böhmen (seit 1896, 1928-38 korr. Mitgl. der tschechischen AW, 1939 ausgeschlossen.)

Ausgewählte Publikationen. *Diss.*: (1980) *Über eine Klasse abelscher Integrale (Königsberger, Weyr, Wien)*.

1. Über die Integration hyperelliptischer Differentiale durch Logarithmen. Wien. Ber. LXXXV (1882), 643-662. (Habilitationsschrift)
2. Geometrisches zur Zahlenlehre. Sitzungsber. Lotos Prag (2) **19** (1899), 311-319.
3. Über eine Eigenschaft der konformen Abbildung kreisförmiger Bereiche, Mathematische Annalen, **77** (1916), 1–6
4. Natürliche Geometrie ebener Tansformationsgruppen, Sber. Wiener AW, **114** (1906), 139–159

Pick veröffentlichte seine ersten Arbeiten im Alter von 13 und 17 Jahren, diese Jugendsünden gelten mittlerweile als verjährt.

JFM registriert 69 mathematische Publikationen, darunter 1 Buch. Zbl nennt von den in JFM aufgeführten Arbeiten nur 2, sowie außerdem eine in einem Sammelwerk nachgedruckte Arbeit.

Quellen. Pokroky Mat. Fyz. Astron. **44** (1999), 227-232; Fritsch [99]; Neue Freie Presse 1895-09-21 p24; *Die Neuzeit* 1889-12-20 p 498, 1895-09-27 p6; Ischler Badeliste 1889-09-10, p19;

---

[595] Zu Einsteins Aufenthalt in Prag vgl. vor allem Frank (1979) [95] (Vieweg), pp 135–142.

Lit.: Ludvíková J (1997) Georg Pick (1859-1942): Život a hlavní směry jeho činnosti. Dissertation Univ. Prag. Bölling R (Hrsg, 1994) Weierstrass Photoalbum von 1885. Springer Berlin etc.; Farey series and Pick's area theorem. Bruckheimer M, Arcavi A (1995) Math. Intell. **17** (4) (1995), 64-67. Netuka I, Georg Pick — the Prague mathematical colleague of Albert Einstein. Pokroky Mat. Fyz. Astron. **44** (1999), 227-232.

Johanna Camilla Piesch

(auch: „Hansi" oder „Hanna")

*1898-06-06 Innsbruck, Tirol; †1992-09-28 Wien (ev. AB)

Tochter von Oswald Erwin Piesch (*1864; †1911-11-09 Wien) [ev AB], Kavallerieoffizier und Militärintendant, und dessen Ehefrau Anna Catharina, geb Zoll (*1871-05-08; †1959-08-07b Wien);

Jüngere Schwester von Dr. phil Hermine („Herma") Martha P (*1885-10-09 Bielitz/Österr. Schlesien; †1979-01-25 Rekawinkel/NÖ) [bis 1920 ev. AB, dann r.k.], Bibliothekarin an der Universität Wien und anerkannt als erste Autorität für Meister Ekkehart und die mittelalterliche Mystik; 1957-06-11 auf eigenen Wunsch in den Ruhestand versetzt.

NS-Zeit. Johanna Piesch wurde vom NS-Regime im Herbst 1938 mit reduzierten Bezügen in den dauernden Ruhestand versetzt. Nach Kriegsende erhielt sie ihren Status als leitende Beamtin wieder, wurde aber 1956 nach Auflösung ihrer bisherigen Dienststelle im PTT-Labor samt Dienstposten in die Bibliothek der TH transferiert.

Die Familie von Johanna Piesch stammte aus dem Teil Schlesiens, der nach dem siebenjährigen Krieg bei den habsburgischen Erblanden verblieben war. Vater Oswald Piesch hatte eine militärische Laufbahn eingeschlagen und es bis zum Rittmeister im Ulanenregiment Nr 4 (Inhaber: der Kaiser)[597] und zum Militärintendanten gebracht. Er starb, als Johanna Piesch erst dreizehn Jahre alt war; zum Zeitpunkt ihrer Geburt war er gerade beim Stab des 14. Korps in Innsbruck stationiert.[598]

Johanna Piesch absolvierte zunächst das Mädchen-Lyzeum des Schulvereins für Beamtentöchter in Wien-Josefstadt, das sie 1914-07-11 (mit der Reifeprüfung für Mädchenlyzeen) abschloss; um aber die Studienberechtigung an Universitäten zu erhalten, maturierte sie 1916-07-05 am Reformgymnasium Dr Wesely [sic!] in Wien. Danach studierte sie an der Universität Wien. Im Krieg war sie zwischendurch Hilfskrankenpflegerin beim Roten Kreuz.[599] Sie promovierte 1921-03-21 in Physik, mit einer Arbeit zur Farbenlehre,[600] legte 1928-07-06 die Lehramtsprüfung in Mathematik und Physik ab und absolvierte einen

[597] 1890-04 Oberleutnant; 1890-11 Versetzung vom 7. Ulanenregiment (Erzherzog Franz Ferdinand) zum 4. (Kaiser); 1897-07 nach Absolvierung des Militärintendanzkurses der Intendanz des 14. Korps zugeteilt, dessen Kommando in Innsbruck seinen Sitz hatte; 1898-04 Rittmeister 2. Kl.; 1900-05 Militär-Unterintendant des 14. Corps; 1908 versetzt zum 5. Corps (Sitz in Pressburg/Pozsony); 1909-10 Militärintendant, Intendanzchef der Kavallerie in Pressburg; 1911-07 als invalid in den Ruhestand übernommen, bald darauf gestorben.

[598] Johanna und ihre Eltern sind in einem gemeinsamen Grab am Evangelischen Friedhof in Wien-Simmering bestattet, Hermine in einem anderen Grab auf dem Wiener Zentralfriedhof.

[599] Auszeichnung 1918 (Wr Zeitung 1918-03-27).

[600] UAW PH RA 4941

Lehrgang für Versicherungstechnik. Nach ihrem Studium arbeitete sie 1921-11-09 bis 1923-09-30 bei der AEG Union, dann 1924-10-20 bis 1926-03-31 bei der Fernverstärkergesellschaft Ing. Strauss & Co in Wien-Hernals, als Vertragsbedienstete 1926-07-01 bis 1928-01-10 und danach als pragmatisierte Beamtin bei der österreichischen Post- und Telegrafenverwaltung (PTT), zuletzt als Leiterin in der technischen Abteilung.[601] Nach dem „Anschluss" erfolgte 1938-10 ihre vorzeitige Pensionierung mit 3/4 ihrer Bezüge. Die Gründe für diese Entlassung sind in hohem Maße unklar, da offenbar weder „rassische" noch „politische" Vorwürfe erhoben wurden.

Ihre Mutter und ihre Schwester Herma blieben, vom NS-Regime (so gut wie) unbehelligt, in Wien. Die Schwester wurde allerdings als Anhängerin der Ständestaat-Diktatur vom NS-Regime (u.a. unterstützendes Mitglied von Schuschniggs „Ostmärkischen Sturmscharen") wahrgenommen, ihr mit Otto Karrer 1935 veröffentlichtes Buch über Meister Eckeharts Ethik verboten;[602] ihre Karriere ging aber glatt bis zur Pensionierung 1957-07-01 weiter und endete mit dem Hofratstitel.

Johanna Piesch wurde zwar zwangspensioniert, aber nicht inhaftiert und sie unterlag auch keinem Publikationsverbot. Möglicherweise hatte sie für den NS-Geschmack zu enge Kontakte zu klerikalen Kreisen und zum „System" im akademischen Umfeld. Zum Beispiel hatte sie mit einiger Sicherheit fachliche Kontakte zu Felix Petritsch,[603] Inhaber der Lehrkanzel für Fernmeldetechnik an der TH und im NS-Sinn „untragbar";[604] dessen Unterstützung war schon Ludwig ˃ Eckhart zum Verhängnis geworden.

Nach Angaben von Heinz Zemanek wurde sie 1938 nach Berlin transferiert;[605] noch 1939 erschienen zwei ihrer laut Zemanek 1938 in Berlin entstandenen Arbeiten (s. Werkverz.). Der Aufenthalt in Berlin ist durch ein Selbstreferat in JFM zu ihrer zweiten Arbeit über Schaltungen (Nr 4 der Publikationsliste) belegt. Über den genauen Aufenthalt und eine allfällige technisch-wissenschaftliche Tätigkeit von Johanna Piesch während des Krieges (sei es in Berlin oder anderswo) ist nichts bekannt.

Nach dem Krieg erlangte sie wieder der Status einer pragmatisierten Beamtin, wurde erneut in die österreichische PTT aufgenommen und mit Wirkung 1945-07-01 zum Vorstand des PTT-Laboratoriums ernannt.[606] Bei der amtlichen Auflassung dieser Abteilung überstellte man ihren Dienstposten an die Bibliothek der TH Wien, wo man eigens für sie ein *Dokumentationszentrum für Technik und Wirtschaft* einrichtete, das bis zu ihrer endgültigen

---

[601] Im Jahre 1929 verfasste sie nebenbei drei populäre Aufsätze über die Funktionsweise von Verstärkerröhren in der Zeitschrift *Radio Wien* (1929-05-10 p539f, 05-17 p 554f, 05-24 p 569f), 1933 zwei weitere über Lautsprechertechnik (Radio Wien 1933-04-07 p22f, 04-14 p22).

[602] Nach der Liste der in der NS-Zeit verbotenen Druckwerke, (https://verbrannte-und-verbannte.de/publication/1528, Zugriff 2023-02-20)

[603] Ernst Felix Petritsch (*1878-05-21 Triest, †1951-12-18 Kalifornien) war Mitglied katholischer Studentenverbindungen, der Vaterländischen Front (das waren allerdings ohnehin alle) und des Wiener Heimatschutzes (das waren *nicht* alle); sein 1938 gestellter Antrag auf Mitgliedschaft in der NSDAP wurde wegen dieses Naheverhältnisses zum Ständestaat abgelehnt.

[604] Vgl. die Proskriptionsliste auf p 86.

[605] Zitiert von Veronika Pfolz in [175], p 2535; Nachdruck von 1993 (*Institute of Electrical and Electronics Engineers*) online auf (https://ip.com/IPCOM/000129789, Zugriff 2023-03-02). Zemaneks Angaben werden in der Literatur immer wieder zitiert, sind aber nur teilweise durch Belege gestützt.

[606] Pfolz [174], p 2535)

Pensionierung weiterbestand.[607] Nach ihrer Pensionierung 1962-10-31 war sie bis zu ihrem Tod als freiwillige Helferin in der Sozialbetreuung tätig.

Pieschs Arbeiten zur Schaltalgebra.

Das Bemerkenswerte an Pieschs Arbeiten zur Schaltalgebra ist, dass sie von der Praxis des Baus von Schaltwerken ausgehend, von sich aus eine abstrakte mathematische Theorie entwickelte, die aber unter Mathematikern schon lange vorher wohlbekannt war. Über ihre ersten beiden, 1939 erschienenen Arbeiten zu diesem Thema (Nr. 3 (eingegangen 1939-02-28) und Nr. 4) schreibt Alonzo Church[608]

> *These early papers about switching algebra are of very considerable historical interest. As his sources the author refers to unpublished work of O. Plechl (Vienna) and to Nakasima and Hanzawa XVIII 346(1). Like Nakasima and Hanzawa, he fails to observe that the algebra is in fact Boolean (or better, propositional) algebra. And various ideas of the nineteenth-century algebra of logic are worked out afresh, and evidently independently.*
>
> *Not only two-position switches but switches having any finite number of positions are dealt with, and not necessarily all of them the same number of positions.*
>
> ...
>
> *The author's system is propositional algebra rather than propositional calculus, since only equivalences are asserted. It is, moreover, ordinary two-valued propositional algebra, since every expression of the algebra has (in effect) one or other of two truth-values, truth or falsehood. And it is indeed the reviewer's impression that he author's method of dealing with multiple-position switches can be expected to work more smoothly than proposals which have sometimes been made to use many-valued propositional calculus for this.*

Ehrungen: 1918-03-25 Eisernes Verdienstkreuz mit der Krone am Bande der Tapferkeitsmedaille [vorzügl. Dienstleistung als Hilfskrankenpflegerin vom Roten Kreuz]

Ausgewählte Publikationen. *Diss.*: (1920) *Ein Beitrag zur Farbenlehre. Über die Gültigkeit des Additivgesetzes der Helligkeit (Universität Wien).*

1. Filter für Zwischenfrequenzverstärker. Hochfrequenztechn. Elektroakust. 41, 23-26 (1933).
2. Über ein Verfahren der Integration homogener Differentialgleichungen. Elektr. Nachrichtentechnik **14** (1937), 145-156.
3. Begriff der Allgemeinen Schaltungstechnik. Archiv für Elektrotechnik, **33** (1939), 672–686.
4. Über die Vereinfachung von Allgemeinen Schaltungen. Archiv für Elektrotechnik, **33**(1939), 733–746.
5. Systematik der automatischen Schaltungen. Österr. Zeitschr. f. Telegraphen-, Funk- u. Fernsprechtechnik, **5** [3/4] (1951), 29–43.
6. Die Matrix in der Schaltungsalgebra zur Planung relaisgesteuerter Netzwerke. Archiv für elektrische Übertragung, **9** (1955), 460–468.
7. Analytic representation of active fourpoles, Archiv der Elektrischen Übertragung, **10**, (1956), 429-437.
8. Beiträge zur Modernen Schaltalgebra. [Conference paper, Como 1956], Sci. Elec. **3**, No. 1, (1957), 16-25.

---

[607] 1952-09 nahm sie am ÖMG-Mathematikerkongress in Salzburg teil; in der Teilnehmerliste des Kongresses wird als Dienstort *Fernmeldetechnische Zentralanstalt, Wien,* angegeben. (IMN **21/22** (1952), 18.) In der Bibliothek der TH nahm sie ihren Dienst 1956-02-01 auf ([174], 2353). Der Transfer ihres Arbeitsplatzes erfolgte also erst 10 Jahre nach ihrer Wiedereinstellung.

[608] Church, A., *The Journal of Symbolic Logic,* **30**, No. 2, (1952), 247-248.

9. (mit Sequenz H) Die Österreichischen Wegbereiter der Theorie der Elektrischen Schaltungen. Elektrotechnik & Maschinenbau, **75** (1958), pp. 241–245.

10. Switching algebra. C.I.M.E., Teoria algebrica dei Meccanismi automatici (No. 1), 72 p. (1959).

11. Methoden der analytischen Behandlung impulsgesteuerter Regelsysteme. Regelungstechnik 8, 238-244 (1960).

Zbl/JFM notieren (bereinigt) vier mathematische Publikationen unter „H. Piesch" (1.–4.) und drei unter „J. Piesch" (8., 10. und 11.).

Quellen. Österr Staatsarchiv (1945–84) AT-OeStA/AdR UWFuK BMU PA Sign 11 Piesch Johanna, AT-OeStA/AdR UWFuK BMU PA Sign 11 Piesch Hermine; *Die Vedette* 1890-11-30 p 14; *Grazer Tagbl.* 1898-04-26 p9; *Wiener Ztg* 1918-03-27p4; Zemanek H (1993), Johanna Piesch. Ann. Hist. Comp. **15** No 3, p72; Korotin [175], 683ff; V. Pfolz, Eintrag Piesch in [174] Bd 3, 2534ff; Stumpf-Fischer E, Biographie Hermine Piesch in [174] Bd 3, 2533ff. [Die Verwandschaft zwischen Johanna und Hermine P wird in [175] und [174] nicht erwähnt.]; *IRE-Transactions on Circuit Theory* 4 (1957), p24.

Lit.: Broy [38] (1991), besonders p 43–72; Miller A C (1948), Network Analysis by Symbolic Algebra. Manchester: Classifax Publications. Plechl, O (1944) Die Kombinatorik der Strompfade elektromechanischer Schaltungen. Diss. TH Wien; Plechl O, Duschek A, Grundzüge einer Algebra der elektrischen Schaltungen. Österr. Ing. Archiv **1** (1946) 203-230.

Maximilian Pinl

*1897-08-17 Dux (CZ); †1978-09-16 Köln)

Sohn des Stadtapothekers in Dux, Max Pinl (Mag Univ. Wien, seit 1889) und dessen Ehefrau Anna, geb. Czermak

Pinl ∞ Johanna, geb Kaschke; 1 Tochter: Claudia Pinl (*1941), Politologin, Journalistin und feministische Autorin, Politikerin (Bündnis Grüne)

NS-Zeit. Pinl geriet während der NS-Zeit wegen seines offenen Eintretens für die Relativitätstheorie in Schwierigkeiten, wurde von der Gestapo verhaftet und von 1939-05 bis 1939-10 sechs Monate lang interniert. Danach arbeitete er 1940–43 bei den Flugzeugwerken Messerschmidt in Augsburg und 1943–45 an der Luftfahrtforschungsanstalt Braunschweig unter Gustav > Doetsch

Maximilian Pinl wuchs in der wohlhabenden Familie des gleichnamigen Pharmazeuten und Inhabers der Stadtapotheke von Dux auf. Die Familie war eines der seltenen Beispiele sprachlicher Unvoreingenommenheit in Böhmen, Sohn Max wuchs zweisprachig auf und ist später mit Übersetzungen mathematischer Publikationen aus dem Tschechischen oder ins Tschechische hervorgetreten.

Nach Absolvierung der Volkschule trat Pinl 1908 in das k.k. Staatsobergymnasium in Teplitz-Schönau ein, von wo er 1915 direkt als Einjährig-Freiwilliger in die k.u.k. Armee eintrat und eine militärische Ausbildung an der Reserve-Offiziersschule in Gablonz erhielt. Bald nach seinem Einsatz an der Ostfront geriet er 1916 in russische Gefangenenschaft und und wurde in Westsibirien interniert. Von dort kehrte er bald nach dem Frieden von Brest-Litowsk im Frühjahr 1918 in die österreichisch-ungarische Monarchie zurück. Die väterliche Apotheke hatte inzwischen 1916-02-21 wegen Personalmangels infolge von Einberufungen geschlossen werden müssen, Bewerbungen des Vaters um eine neue Apotheken-Konzession in einem der Städte Zuckmantel (Cukmantl, heute Zlaté Hory), Teplitz-Schönau oder Prödlitz (Předlice, bei Aussig) waren erfolglos geblieben.[609] Nach seiner Rückkehr aus Westsibirien leistete Pinl noch bis zum Kriegsende Militärdienst in Aussig, begann dann ein Studium an der Montanhochschule in Leoben, das er aber bald gegen das Studium der Mathematik und Theoretische Physik an der Universität Wien vertauschte. Seine akademischen Lehrer waren dort ˃ Furtwängler, ˃ Hahn, ˃ Lense, ˃ Reidemeister und ˃ Wirtinger. 1926-06-17 promovierte er bei Josef ˃ Lense und ging dann kurzzeitig für Postdoc-Studien zu ˃ Pick und ˃ Berwald nach Prag. Diese Studien setzte er anschließend in Berlin fort. Dort wirkten unter anderen die drei Physiker und Nobelpreisträger Albert Einstein, Max von Laue und Erwin Schrödinger, der Topologe Heinz Hopf, der Funktionentheoretiker und Ideologe der „Deutschen Mathematik" Ludwig ˃ Bieberbach, außerdem Richard v. ˃ Mises, Wahrscheinlichkeitstheoretiker und angewandter Mathematiker. Seinen Lebensunterhalt verdiente er sich ab 1926 hauptberuflich als Versicherungsstatistiker; daneben arbeitete er bis 1935 auch beim „Jahrbuch über die Fortschritte der Mathematik" mit. 1936 habilitierte sich Pinl an der Deutschen Universität Prag in Mathematik mit der Kumulation seiner 1932, 1933 und 1935 erschienenen Arbeiten über totalisotrope Flächen. Die Bestätigung dieser Prager Venia durch den Präsidenten musste allerdings noch bis 1938 warten; formal erlosch sie erst 1945, nach Schließung der Deutschen Universität Prag. Pinl wirkte dort ab seiner Habilitierung bis zur Besetzung Prags 1940-03 durch NS-Truppen.

Den NS-Machthabern war er wegen seiner offenen Parteinahme für Einsteins Relativitätstheorie und für seine verfolgten Fachkollegen ein Dorn im Auge; er wurde ein halbes Jahr lang von der Gestapo inhaftiert und hatte an allen deutschen Universitäten Lehrverbot. 1940 bis 1943 arbeitete er dienstverpflichtet an aerodynamischen mathematischen Problemen bei der Arbeitsgruppe ˃ Lippisch der Messerschmitt-Flugzeugwerke in Augsburg, danach bis Kriegsende an der Luftfahrtforschungsanstalt Hermann Göring in Braunschweig an bibliographischen Arbeiten (dort waren auch die Österreicher ˃ Gröbner, ˃ Hofreiter und ˃ Laub dienstverpflichtet).

Nach Kriegsende ging Pinl an die Universität Köln, ließ sich dort umhabilitieren und wurde 1948 apl Professor; 1957 verlieh man ihm Titel und Rechte eines ao Professors. Einen Ruf nach Greifswald (ab 1949-10-07 DDR) lehnte er ab, folgte aber 1949 einem Ruf an die Universität Dacca (heute Bangla Desh) als Professor und Leiter des Instituts für Mathematik; die Stelle war mit fünf Jahren befristet. Abgesehen von einem einsemestrigen Gastaufenthalt in Köln blieb er in Dacca bis 1954 auf dieser Professur; dann erhielt er eine Honorardozentur in Köln, die er bis zu seiner Pensionierung 1962 beibehielt. Auch danach war er weiterhin in der Lehre tätig, insbesondere von 1962 bis 1964 Visiting Professor an Technischen Hochschulen in den US-Bundesstaaten Georgia (Atlanta) und Idaho (Moscow). Auf Einladung von Behnke ging er danach bis 1967 als Gastprofessor an die Universität Münster.

---

[609] Verlustliste Nr. 681; Öst. Zeitschrift für Pharmacie 1915-01-02 p11, Pharmaceutische Post 1916-02-23 p4, 1916-05-24 p4, 1917-01-24 p6, Pharmaceutische Presse 1915-04-24 p5.

Im Auftrag der DMV erstellte Pinl eine später ergänzte und korrigierte Sammlung von Kurzbiographien von im Dritten Reich verfolgten Mathematikern, die 1969 bis 1975 in den Jahresberichten der DMV unter dem Titel *Kollegen in einer dunklen Zeit* erschienen, teilweise unter Mitarbeit von Auguste Dick und Ludwig Furtmüller (s.u.). Diese Sammlung war die erste ihrer Art, sie stützte sich hauptsächlich auf persönliche Erinnerungen und gibt damit einen Erlebnisbericht aus erster Hand über die Lage der Mathematiker unter der NS-Herrschaft.[610]

Pinls wichtigste mathematische Beiträge gehören zur Differentialgeometrie. An erster Stelle stehen hier seine Arbeiten zur Theorie der Flächen mit verschwindender metrischer Grundform (von ihm ametrische oder totalisotrope Flächen genannt), sowie mit Variationsproblemen und Minimalflächen. Im Rahmen seiner Arbeiten zur mathematischen Physik beschäftigte sich Pinl mit Relativitätstheorie und Partiellen Differentialgleichungen; seine Dienstverpflichtungen für die Luftfahrtforschung schlugen sich in Beiträgen zur Aerodynamik nieder.

Seine Sprachkenntnisse in Tschechisch und Französisch nützte er für verdienstvolle Übersetzungen (s.u. (9), (10) und (11)).

In seinem Nachruf bezeugt ihm Manfred Kracht, der ihn in Münster kennengelernt hatte, große Hilfsbereitschaft als akademischer Lehrer und Kollege — sowie eine grundsätzlich optimistische Einstellung zum Leben.

MGP meldet zwei betreute Dissertationen.

Ausgewählte Publikationen. *Diss.*: (1926) *Über ametrische Mannigfaltigkeiten im euklidischen Raum von fünf und mehr Dimensionen (Josef Lense, Wien).* [611]

1. Quasimetrik auf totalisotropen Flächen I, II, III. Nederl. Akad. Wetensch. Proc **35** (1932), 1181–1188; **36** (1933), 550–557; **38** (1935), 171–180;
2. Zur Existenztheorie u. Klassifikation totalisotroper Flächen. Compositio Mathematica **5** (1937), 208–238
3. Zur Theorie der kompressiblen Potentialströmungen. Zs. f. Angew. Math. u. Mechanik **21** (1941), 193–203, 341-50
4. Zur Theorie der kompressiblen Potentialströmungen. III. Charakteristiken, Bicharakteristiken und Eikonal der linearisierten Grundgleichung. Z. angew. Math. Mech. **22** (1942), 305–311;
5. Binäre orthogonale Matrizen u. integrallose Darstellungen isotroper Kurven, Math. Ann. **121** (1949), 1–20;
6. Ch. Loewners Transformationstheorie d. partiellen Differentialgleichungen d. Gasdynamik in: Jb. f. d. Reine u. Angewandte Math. **199** (1958), 174–187;
7. Kollegen in einer dunklen Zeit, in: Jber. d. DMV **71** (1969), 167–228; **72** (1971), 165–89; **73** (1972), 153–208, **75** (1973/74), 178–180 (mit A. Dick), **77** (1976), 161–64 (mit ders.);
8. Mathematicians under Hitler, in: Year Book of the Leo Baeck Inst., 1973, S. 130-82 (mit L. Furtmüller).

Übersetzungen:

9. V. Hlavatý, Diferenciální geometrie křivek a ploch a tensorový počet (Differentialgeometrie d. Kurven u. Flächen und Tensorrechnung, 1939);
10. ders., Diferenciální přímková Geometrie I, II (Differentielle Liniengeometrie, 1945);
11. G. Vranceanu, Leçons de Géometrie differentielle I, II

Zbl/JFM nennen bereinigt 76 mathematische Publikationen, Kracht spricht von insgesamt 89 Publikationen.

---

[610] Ungenauigkeiten und fehlende Informationen zu den einzelnen Kurzbiographien wurden inzwischen von Dick, Furtmüller u.a. weitgehend bereinigt.

[611] UAW PH RA 9138; etwas abweichend von den Angaben in MGP („Über totalisotrope Flächen im euklidischen $\mathbb{R}^5$").

Quellen. Fritsch, Rudolf, „Pinl, Max" in: Neue Deutsche Biographie 20 (2001), 452 f (https://www.deutsche-biographie.de/pnd117718173.html, Zugriff 2023-02-20); M. Kracht, Jb. d. DMV **83** (1981), 119–24 (mit Werkverz.); M. Toepell, Mitgll.verz. d. Dt. Math.-Vereinigung 1890-1990, 1991; H. Blenk [32]

Theodor Pöschl

auch Theodor Michael Friedrich Pöschl

*1882-09-06 Graz;   †1955-10-01 Rimini (evangelisch, nach anderen Quellen katholisch)

Sohn des Regierungsrats Jakob Pöschl (*1828-02-25 Wien; †1907-01-06 Graz) und dessen Ehefrau Magdalena (*1849), geb Nömeyer.

Foto: von 1930; KIT-Archiv Karlsruhe 28010 I, 2718

Bruder von: (1) Arnold Pöschl, Nationalsozialist und Professor für Kirchenrecht in Graz und Innsbruck (*1880-05-14; †1959-10-15); 2 Söhne: DDr Arnold Ernst Pöschl (*1910; †1988), Pg und Nationalökonom, Professor Hochsch Welthandel Wien, sowie Dr jur Erich Pöschl (*1914; †?), Notariatsdirektor in Mannheim); (2) Viktor Pöschl (*1884-12-04 Graz; †1948-12-26 Karlsruhe), Professor für Chemische Technologie und Warenkunde und Rektor der Handelshochschule in Mannheim (seit 1967 Universität Mannheim), (∞ Maria (*1882 Triest; †1967)); einer seiner Söhne, Viktor Pöschl jun (*1910-01-28 Graz; †1997-02-01 Heidelberg) war Professor d klass Philologie in Heidelberg und korr. Mitgl. der Wiener AW; (3) Dr med Fritz Pöschl, Arzt, und (4) Maria ∞ 1901-04-16 Dr Karl Schadelbauer (*1873-11-04 Graz; †1935-06-12 Innsbruck), Kurarzt in Gossensass, Sohn Dr.med Karl Schadelbauer jun (*1902-03-26 Gossensass, †1972-09-28 Innsbruck) Medizinhistoriker und Heimatforscher).

Pöschl ∞ 1910-03 Marta (*1885; †1955), geb Mitzky, Private (i.e. ohne Beruf); 4 Kinder, darunter Gertrud (*1911-03-04)

NS-Zeit. Pöschls Ehefrau war jüdischer Abkunft, daher wurde er 1937 von der TH Karlsruhe als jüdisch versippt entlassen.

Theodor Pöschl entstammte einer großen und angesehenen Grazer Gelehrtenfamilie. Sein Vater Jakob war der erste nach einem Auswahlverfahren berufene Ordinarius für Physik an der TH Graz, er wirkte dort von 1854 bis 1887.[612] In dieser Familie waren durchaus auch Anhänger des NS-Systems anzutreffen: Theodors älterer Bruder, der Kirchenrechtler Arnold Pöschl war NSDAP-Mitglied und verfasste nach dem „Anschluss" nur mehr rassenideologische Schriften.[613] Arnold Pöschls Sohn Arnold Ernst, Dr jur und Dr der

---

[612] Zu seinen Hörern zählte 1876–1877 der amerikanische Erfinder, Physiker und Elektroingenieur kroatisch-serbischer Herkunft Nikolaus Tesla (1877 wegen nicht bezahlter Studiengebühren exmatrikuliert). Jakob Pöschls Nachfolger war Albert v. Ettingshausen (*1850-03-30 Wien; † 1932-06-09 Graz).

[613] Arnold Pöschl, Professor an der Universität Graz, wurde 1934-09 wegen nationalsozialistischer Gesinnung in Pension geschickt (Nachfolger war Alois Dienstleder), offiziell aus Einsparungsgründen (gemäß der Ermächtigung des Bundesgesetzes 1934-08-07; vgl. Innsbrucker Nachrichten 1934-09-17p1). Eine

Staatswissenschaften, hatte sich lange vor dem „Anschluss" ganz und gar dem National-sozialismus verschrieben. 1933-06-19, zum Zeitpunkt des Verbots der NSDAP, war er bereits Pg, trat als NS-Propagandist in Graz und Umgebung auf und arbeitete in der rechts-politischen Abteilung der Gauleitung Steiermark. Von 1934 an beschäftigte er sich mit wirtschaftlichen Themen des NS-Staats, mit Hitlers ersten Vierjahresplan von 1933-02-02, der die Arbeitslosigkeit bekämpfen sollte und dem zweiten von 1936-09-09, der die Rüstung vorantreiben und Deutschland autark machen sollte. Mit Hilfe eines Stipendiums der DFG verfasste Arnold Ernst eine Habilitationsschrift, die er 1938 in Innsbruck ein-reichte. 1939 wurde er Privatdozent, 1941-10 zum ao Professor an der Hochschule für Welthandel ernannt.[614] Theodor Pöschls Schwager, der „Kur-, Gemeinde- und Bahnarzt" Karl Schadelbauer und sein Sohn haben sich nebenberuflich mit großem Eifer in der Tiroler Heimatforschung engagiert.[615]

Theodor Pöschl maturierte 1899 und studierte anschließend bis 1903 Maschinenbau in Graz und damit verbundene Fächer in Wien und Göttingen; 1902 schloss er sein Ingenieur-studium an der TH Graz mit dem Diplom ab. Nach dem Einjährig-Freiwilligenjahr war er 1904 – 1906 Assistent an der Montanistischen Hochschule in Leoben; zwischendurch wurde er zu Waffenübungen einberufen und 1905 zum Kadetten der Reserve ernannt, 1909 zum Leutnant der Reserve bei der Feld- und Gebirgsartillerie. 1907-06-27 promovierte er zum Dr tech der TH Graz, danach war er dort Konstrukteur an der Lehrkanzel für Physik und Elektrotechnik und nach der Habilitation 1910 Privatdozent für das Gesamtgebiet der allgemeinen und technischen Mechanik.

1910/11 hielt er sich mit einem Forschungsstipendium an der Universität Göttingen auf und studierte u.a. bei Ludwig Prandtl, Felix Klein und David Hilbert.

Ab 1912 war er ao Professor für Mechanik I an der DTH Prag, ab 1916 o Professor für Technische Mechanik.

Parallel zur Tätigkeit an der DTH Prag leistete er 1914–18 Kriegsdienst; avancierte 1915 zum Oberleutnant d. Reserve des Feldkanonenregiments Nr 9 und wirkte ab 1917 als Kommandant des technischen Kurses des Fliegerarsenals in Wien.

Nach Kriegsende blieb er an der DTH Prag, gewählt 1920/21 zum Dekan der Bauingenieu-rabteilung, 1922/23 zum Dekan der allgemeinen Abteilung, 1924/25 – 1926 Rektor.

1928-04-01 nahm er einen Ruf als o Professor für Mechanik und Angewandte Mathematik an der TH Karlsruhe an.[616]

---

ausführliche Diskussion der kruden rassentheoretischen Theorien Arnold Pöschls geben Gänser G und Korbel S, in *Die Entnazifizierung der Universität Graz am Beispiel Arnold Pöschl*. zeitgeschichte **44.2** (2017), 114–128. Noch knapp vor Kriegsende erschien in der letzten Nummer des Wiener Völkischen Beobachters, 1945-04-07, ein Beitrag Arnold Pöschls über *Ahnenberechnung und Vererbung*.

[614] Diese Informationen stützen sich auf die Angaben von Peter Berger in [172], 185–187.

[615] Zu Schadelbauer jun vgl Pfaundler G, Tirol Lexikon, Innsbruck 2005, p. 511; zu Schadelbauer sen den Nekrolog im Tiroler Anzeiger 1935-06-17 p6.

[616] Die TH Karlsruhe wurde 1967-12 in Universität Karlsruhe umbenannt und aufgewertet, 2004-04-11 mit der Universität Karlsruhe und dem Forschungszentrum Karlsruhe zum *Karlsruher Institut für Technologie* (KIT) fusioniert, in der Absicht, das Konkurrenzverhältnis der Forschungsinstitutionen zu beenden und Ressourcen zu bündeln.

Von 1935 bis 1937 war Lothar Collatz bei ihm Assistent; Collatz habilitierte sich 1937. Im gleichen Jahr wurde Pöschl als Ehemann einer Jüdin entlassen, sein Vertreter ab 1938 bis zu seiner Berufung an die TH Hannover wurde Collatz. Nach seiner Entlassung arbeitete Pöschl bis 1942 bei Leitz in Wetzlar und danach bis 1945 bei den Deutschen Waffen- und Munitionsfabriken AG Karlsruhe.

1945 wieder als Professor in Karlsruhe eingesetzt, war er 1946/47 Rektor der TH Karlsruhe. 1952 emeritierte er, sein Nachfolger wurde 1953 Eberhard Mettler (bis dahin Professor für Mechanik an der Bergakademie Clausthal).

Pöschl war in Graz ab 1900 Mitglied der „musischen Studentenverbindung" *Akademische Sängerschaft Gothia*. Dieser deutschnational ausgerichteten Sängerschaft gehörten auch Theodors älterer Bruder Arnold (ab 1898), dessen Sohn Arnold Ernst (ab 1928), und der 1948 verstorbene Bruder Viktor (ab 1903) an.[617] Theodor Pöschl hatte offenbar unabhängig von deutschnationalen Tönen großes Interesse an Musik; nach seiner Übersiedlung nach Prag trat er zum Beispiel als Sänger[618] bei der Aufführung von Kompositionen des böhmisch-jüdischen Komponisten Heinrich Rietsch auf.[619]

MGP nennt die Dissertanten Karl Klotter (1929) und Erwin Steinbacher (1951), beide in Karlsruhe.

Ausgewählte Publikationen. *Diss.*: (1902) *Beitrag zur Kinetik eines starren ebenen Systems.*

1. Einführung in die Mechanik, Springer, 1917.
2. Einführung in die analytische Mechanik, G. Braun, Karlsruhe 1949.
3. Lehrbuch der technischen Mechanik für Ingenieure und Physiker, Springer, 1930, Band 2 1936.
4. Einführung in die ebene Getriebelehre, Springer, 1932.

ZbI/JFM nennen (bereinigt) 78 Publikationen, darunter 11 Bücher.

Quellen. Grazer Tagbl. 1893-08-05 p19, 1901-04-16 p18, 1907-01-09 p3, 1907-06-28 p3, 1907-08-28 p3, 1910-04-03, 1911-05-04 p14; Der Bautechn. 1907-01-11 p15; Wr Zeitung 1892-05-13 p2, 1915-02-19 p10; Neue Freie Presse 1915-02-18 p22; Neues Wr Tagblatt (Tages-Ausgabe) 1915-02-18 p24; Karlsruher Institut für Technologie Archiv 27002 Nachlass Theodor Pöschl (Die dort angegebenen Lebensdaten sind teilw. geringfügig inkorrekt.)

Lit.: Professor Dr. Th. Pöschl (Nachruf). Mitt. Math. Labor, TH Wien **2** (1955) 133-134; Jber. DMV **57–58** (1955).

---

[617] Ein weiteres Mitglied dieser Sängerschaft war der spätere Obmann des „Deutschen Klubs", General Dr. Carl Bardolff. (Über den „Deutschen Klub" vgl p 19.

[618] Prager Tagblatt 1924-03-14 p6.

[619] Heinrich Rietsch (*1860-09-22 Falkenau ad Eger; †1927-12-12 Prag), geb Heinrich Löwy, leitete bis zu seinem Tod das von ihm begründete Institut für Musikwissenschaft an der Prager Karl-Universität.

Karl Prachar

*1925-10-29 Wien;   †1994-11-27 Purkersdorf bei Wien (r.k.)

Einziges Kind von Karl Prachar sen (1896-11-11; †1961-04-28 Wien) und dessen Frau Anna (1897-03-22; †1969-12-10 Wien), geb. Zahour
Prachar war nie verheiratet.

Foto: Gedenkkarte zu seinem Tod, im Besitz von W. R.

NS-Zeit.   Prachar war im Krieg zur Wehrmacht eingezogen, wurde aber für ein numerisches Projekt der Wehrmacht uk-gestellt.

Prachar entstammte einer gutbürgerlichen Familie, seine Eltern hatten in Wien-Ottakring ein Fahrrad- und Radiogeschäft.[620] Nach dem Besuch der Volksschule durchlief Prachar ab 1934 die Realschule am Schuhmeierplatz[621] und maturierte dort 1943-02. Im folgenden Sommersemester begann er an der Universität Wien mit dem Studium der Mathematik und der Physik, er promovierte 1947-07 mit einer an Untersuchungen David Hilberts von 1894 anschließenden Arbeit und legte im Herbst darauf bei > Radon die Lehramtsprüfung ab.

Im Krieg wurde er für zwei Semester zurückgestellt und entging dem Fronteinsatz durch eine Dienstverpflichtung für ballistische Berechnungen mit Hilfe von (mit einer Kurbel zu bedienenden) Tischrechnern, wobei er sich nach eigenen Erzählungen „sehr ungeschickt angestellt habe".[622]

Seit Kriegsende in der Nachfolge von > Schmetterer als wissenschaftliche Hilfskraft für die Betreuung der Bibliothek angestellt, wurde er schließlich Assistent von > Hlawka und habilitierte sich 1951. Im Rahmen seiner Lehrverpflichtung als Dozent hielt er Vorlesungen sowohl über Gebiete der Reinen wie der Angewandten Mathematik. Seine Begeisterung für die Zahlentheorie führte angesichts der wichtigen zahlentheoretischen Beiträge russischer Mathematiker (namentlich Linnik und Vinogradov) dazu, dass er sich im Selbststudium Kenntnisse der russischen Sprache aneignete. Von diesen Kenntnissen profitierte das ganze mathematische Institut — damals standen noch nicht alle bedeutenden russischen Arbeiten in Übersetzungen (und ausreichend rasch) zur Verfügung. Zwischen 1954 und 1959 hielt er

---

[620] Wien XVI, Thaliastraße 40. Die Eltern hatten das Haus von der Familie der Mutter Prachars geerbt. In Zusammenhang mit dem elterlichen Radiohandel absolvierte Prachar einen Kurs für die Reparatur von Radioapparaten (Mündl. Information gegenüber WR) daher entstand das Gerücht, er wäre ausgebildeter Radiotechniker gewesen. Zu Beginn der Computerära interessierte er sich nicht für den Gebrauch von Computern (er selbst verwendete nie einen) sondern für die Funktion der Computer-Hardware.

[621] Nachfolgerin der 1899 gegründeten k.k. Staatsrealschule Wien Ottakring.

[622] Gespräche mit WR.

am Institut für Statistik der Juridischen Fakultät Lehrveranstaltungen über Mathematische Statistik zur Unterstützung von Wilhelm ⊁ Winkler.

1957-12-17 wurde er zum tit. a.o. Professor der Universität Wien ernannt, 1960 zum ao Professor für Mathematik an die Universität für Bodenkultur Wien, in der Nachfolge von Ludwig ⊁ Hofmann berufen, diese ao Professur wurde 1965 in ein Ordinariat umgewandelt. Trotz prinzipiellen Interesses an Angewandter Mathematik und trotz didaktischer Bemühungen um Studierende mathematikferner Fächer fand er an der Hochschule für Bodenkultur nicht die Anerkennung, die ihm gebührt hätte.[623] Berufungen an ein neu geschaffenes Ordinariat an der Universität Münster (1963) und nach England lehnte er ab. Für die österreichische Mathematische Gesellschaft ÖMG wurde er zweimal zum Präsidenten gewählt. (1964-11-13 und 1965-12)

Prachars Forschungsgebiete umfassten zunächst die Theorie der Reihen, Differentialgleichungen, später auch die mathematische Theorie der Elektrotechnik; ab den 1950er Jahren wendete er sich hauptsächlich der additiven Zahlentheorie zu und beschäftigte sich mit der Hardy-Littlewood-Methode, den Siebmethoden von Linnik, Vinogradov und Selberg. 1957 erschien sein umfangreiches Kompendium über *Primzahlverteilung*, das erste zu diesem Thema nach Landaus Text von 1909 und bis heute (2022) ein Standardwerk. In den Jahren 1958 bis 1984 war er Mitglied der Redaktion des „Journals für die reine und angewandte Mathematik" (Crelle Journal). Prachar hatte weitgespannte mathematische Kontakte, war mit ⊁ Hlawka, ⊁ Schmetterer, Peter Gruber und den ungarischen Mathematikern Pál Erdös, mit den Briten Gabriel Dirac (Sohn des Physik-Nobelpreisträgers Paul Dirac) und Harold Davenport sowie den Russen Anatóliy Alekséevich Karatsúba und Yuri Linnik befreundet; er hatte auch Freunde und gute Bekannte unter Wiener Mittelschullehrern für Mathematik und Darstellende Geometrie.

Prachar war nach dem Krieg Mitglied des Alpenvereins und bis in die 1970er Jahre als Bergsteiger und Skifahrer sportlich sehr aktiv; die Sommerferien verbrachte er größtenteils am Weißensee in Kärnten, Standort für Hochschullager während seiner Studienzeit. Er beschäftigte sich auch mit dem Schachspiel.

Leider wurde ab den 1970er Jahren seine wissenschaftliche Kreativität durch Depressionsschübe, wohl als Folge des Todes seiner Mutter (1969), stark behindert, seine internationalen Kontakte gingen zurück. Während er bis dahin häufig das mathematische Institut in der Strudlhofgasse aufgesucht und dort Vorlesungen gehalten hatte,[624] zog er sich immer mehr in seinen engsten Freundeskreis zurück. Nach jahrelang ertragenen schweren Depressionen hielt er es nicht mehr aus und starb 1994 in der noch von seinen Eltern erworbenen Villa in Purkersdorf, NÖ, seinem Wohnort in den letzten Lebensjahrzehnten, von eigener Hand.

Prachar hatte 2 Dissertanten, nämlich Wolfgang Fluch (1959) und Ludwig Reich (1962). Fluchs Dissertation betreute Prachar als Privatdozent, formal war Hlawka der Betreuer.[625]

Ehrungen: 1978 korresp. Mtgl. der ÖAW; 1993 Ehrenkreuz für Wissenschaft und Kunst I. Klasse

---

[623] Wie er immer wieder humorvoll erzählte, habe man ihn von Kollegenseite aufgefordert, sich doch in seinen Vorlesungen auf das „forstliche Rechnen" zu beschränken und Studierende der Landwirtschaft mit Doppelintegralen zu verschonen.

[624] Er hielt dort Vorlesungen zu ausgewählten Kapiteln der Zahlentheorie und war wegen seiner humorvollen Erzählungen (manchmal auch Witze) sehr beliebt.

Ausgewählte Publikationen. *Diss.*: (1947) *Über die quadratische Abweichung ganzzahliger Polynome von der Null (> Hlawka).*   [Posthum abgedruckt in Sitzungsber., Abt. II, Österr. Akad. Wiss., Math.-Naturwiss. Kl. **206** (1997), 15-42.]

1. Primzahlverteilung, Berlin–Wien 1957. [Reprint 1978; Russ. 1966]
2. (mit P. Erdős), Theorems and Problems on p_k/k. Abh. Math. Semin. Univ. Hamb. 25 (1962), 251-256.
3. On sums of primes and ℓ-th powers of small integers. J. Number Theory 2 (1970), 379-385.
4. (mit A. Florian), On the diophantine equation $\tan(k\pi/m) = k\tan(\pi/m)$. Monatsh. Math. 102, 263-266 (1986).
5. (mit H. Sagan), On the differentiability of the coordinate functions of Pólya's space-filling curve. Monatsh. Math. **121** (1996), 125-138.

Das Literaturverzeichnis in den Erinnerungen von Hlawka nennt 43 Arbeiten, diese sind auch im Zbl verzeichnet.

Quellen. Hlawka, Monatsh. für Math. **121** (1996), 1–9. P.M. Gruber, Nachruf, Alm. Österr. Akad. Wiss. **145**, 1994/95, S. 485–491; Interv. WR.

Lit.: Professor Karl Prachar (1924 to 1994). Hardy-Ramanujan J. **23** (2000), 23.

Franz Prowaznik

*1893;   †1970 (?) (r.k.)

Prowaznik wuchs als Vollwaise auf, über seine Familie ist so gut wie nichts bekannt. Er blieb offenbar unverheiratet.

Foto: Mit freundlicher Genehmigung des Archivs der Universität Wien [UAW 106.I.2075]

NS-Zeit. Prowaznik war vor dem „Anschluss" Mathematiklehrer an der 1919 aus einer Kadettenschule hervorgegangenen Bundeserziehungsanstalt für Knaben in Wien-Breitensee und dort Lehrer des späteren Bundeskanzlers Bruno Kreisky. Dieser bestätigte in seinen Erinnerungen, Prowaznik sei „ein echter Erzieher und großartiger Mathematiklehrer", außerdem Sozialdemokrat gewesen. In der NS-Zeit wurde Prowaznik aber offenbar trotz seiner sozialdemokratischen Gesinnung nicht verfolgt.

Prowaznik wuchs im Wiener städtischen Waisenhaus auf der Hohen Warte[626] auf. Im ersten Weltkrieg brachte er es bis zum Leutnant d. R. (1915) und zum Militärverdienstkreuz.

---

[626] Dieses Waisenhaus, ursprünglich eine Villa mit umgebendem Park wurde 1903 von Graf Dionys Andrassy der Gemeinde Wien gestiftet. Der junge Prowaznik gehörte zu den ersten Zöglingen und richtete 1909, nach Abschluss der Adaptierungsarbeiten, im Namen der dort betreuten Waisenkinder eine Dankadresse an den Stifter.[627]Ill. Kronenzeitung 1909-01-24, p2f).

Ab 1920 arbeitete er als Mittelschullehrer in Wien, legte aber erst 1925 die Lehramts-prüfung ab. Zwischen 1930 und 1933 war er Professor für Mathematik und Darstellende Geometrie am Bundesgymnasium u. -Realgymnasium in Wien-Margareten,[628] danach an der Bundeserziehungsanstalt für Knaben (BEA) in Wien-Breitensee,[629]

Prowaznik wurde 1945 zum Landesschulinspektor in Wien bestellt, 1959 pensioniert. In einem programmatischen Vortrag in der ÖMG von 1946-06-27 forderte er ein Abgehen von der primär fachlichen Orientierung der Lehramtsausbildung:[630]

> *Der Mittelschullehrer soll nach Ansicht des Vortragenden in Zukunft nicht mehr zum bloßem Wissenschaftler, sondern mehr zum Lehrer ausgebildet werden. Er soll, wie die Unterrichtskommission deutscher Naturforscher und Ärzte schon 1907 vorschlug, in sechs Semestern einen Überblick über alle wichtigen Gebiete in der Mathematik erhalten. In weiteren zwei bis vier Semestern soll er ein spezielles Fachproblem bearbeiten und sich mit Unterrichtsfragen befassen. Den Anwendungen der Mathematik ist bereits in der Lehrerausbildung stärkstes Gewicht beizulegen. Die Lehrerfortbildung soll sich an die Ausbildung anschließen und verbindlich sein.*

Dieses Konzept hat sich *nicht* durchgesetzt.

Nach Kriegsende wurde Prowaznik die Neuherausgabe der Haupt- und Mittelschullehrbücher für Mathematik übertragen. Die Neufassung dieser Lehrbücher war notwendig, da laut einer Pressemitteilung von Unterrichtsminister Hurdes „die Lehrbücher aus der Nazizeit nicht zu verwenden seien", da in diesen „als Rechnungseinheiten nur Handgranaten und Maschinengewehre verwendet wurden".[631] Die neuen Lehrbücher für Mittelschulen kamen bereits 1947 heraus, die für Hauptschulen etwas früher. Prowaznik war auch federführend an der Modernisierung der noch auf Franz Močnik zurückgehenden Lehrbücher beteiligt gewesen.[632] Zusammen mit Franz Klusacek[633] verfasste er die 1948 gängigen Mathema-

---

[628] Kriehuberg 28/Rainerg 39

[629] Nach Lehmanns Adressbuch: Wien XIII, Spallartg 25–28; gehört heute zu Wien 14, Penzing (zeitweise lautete die Adresse Kendlerstr. 1). Die Anstalt stand 1919–1937 unter der Leitung des Herausgebers Otto Rommel der Gesamteditionen von Nestroy und Anzengruber. Das Gebäude war von 1939 bis 1945 eine Nationalpolitische Erziehungsanstalt (NAPOLA), es gehört heute dem Militärkommando Wien und hat jetzt die Adresse Wien 14, Hütteldorferstraße 126. Die BEA in Breitensee wurde nach 1945 nicht wieder weitergeführt.

[630] IMN **1** (1947), 4.

[631] Das kleine Volksblatt 1947-06-22, p5.

[632] Die steirische SP-Zeitung *Arbeiterwille* berichtete darüber 1947-08-24 p3: *Der gute alte „Mocnik", das Mathematik-Lehrbuch der Großväter und Väter der heutigen Schülergenerationen, wird teilweise wiederauferstehen in einer von Landesschulinspektor Prowaznik bearbeiteten Neuauflage. Die Herstellung der Mathematiklehrbücher steht nahe vor der Vollendung. Die „Mathematik für Hauptschulen", erster und zweiter Teil, ist bereits approbiert.* Eine gewisse liebevoll-nostalgische Anerkennung der alten Schulbücher (und ihrer soz.dem. Adaptierung) ist hier nicht zu übersehen. Vor dem Ersten Weltkrieg vermerkte dagegen das Prager Tagblatt 1914-07-19 p6 lapidar: *Bei den Rechenbüchern dominiert noch immer der alte Mocnik.* (Ebenso die *Leitmeritzer Zeitung* 1914-07-29, p 18.)

[633] Franz Klusacek (*1901; †1955-07-01 Wien) legte 1925 die Lehramtsprüfung in Mathematik und Darst. Geometrie ab und arbeitete danach als Mittelschullehrer; er wurde 1947-07 vom Ministerrat zum

tiklehrbücher für Mittelschulen. Die ersten beiden Bände dieses Lehrbuchs kamen 1954 sogar in Plenarsitzungen des Nationalrats zur Sprache.

- 1954-02-24[634] kritisierte nach der eben gescheiterten Berliner Außenministerkonferenz[635] der dritte Nationalratspräsident Alfons Gorbach (ÖVP)

Es fragt sich, ob wir es nach Berlin noch verantworten können, daß die österreichische Jugend in ihren Rechenbüchern an Hand von zahlreichen Beispielen über die Erbsen- und Bohnenhilfe der UdSSR rechnen lernen soll und muß. Ich verweise auf das Lehrbuch für Arithmetik und Geometrie, 1. Teil, für die erste Klasse der Mittelschule, von den Landesschulinspektoren Prowaznik und Klusacek — nomen est omen *—,[636] 2. Auflage, Wien 1950, Hölder-Pichler-Tempsky-Verlag, Seite 44, § 8: „Rußland hilft Wien." Wäre es nicht besser, meine Frauen und Herren, die österreichische Jugend darüber aufzuklären, was uns die Alliierten seit dem Jahre 1945 gekostet und genommen haben* (anhaltender stürmischer Beifall bei den Regierungsparteien und Unabhängigen), *was sie versprachen und nicht gehalten haben?*

Neun Jahre lang haben wir uns mit überschwenglichen Worten für eine Befreiung bedankt, die keine war. Neun Jahre haben wir uns demütig vor jenen Siegermächten gebeugt, die wir für Befreier hielten, während sie uns schon länger in Unfreiheit halten als jene, von denen sie uns zu befreien vorgaben. (Erneuter starker Beifall bei ÖVP, SPÖ und WdU.) *Machen wir nun also dieser österreichischen Illusion ein Ende, da sie nur noch Würdelosigkeit bedeuten würde und sonst nichts! Sehen wir die Dinge endlich einmal so, wie sie sind. Das Recht, die Freiheit und die Würde Österreichs, sie liegen in uns selber und in Gottes Hand. Bauen wir nicht auf diese oder jene, für die wir nur ein kleiner, aber wichtiger Bauer in dem großen Schachspiel um die Weltherrschaft sind!*

- 1954-12-02[637] kritisierte der ehemalige NS-Dichter und VDU-Abgeordnete vom rechten Rand, Fritz Stüber,[638] den zweiten Band dieses Lehrbuchs:

... ich richte die Frage an Sie, ob Sie es wirklich für richtig halten, wenn ein Mathematikbuch, ein Schullehrbuch für die exakte Wissenschaft Mathematik,

---

Landesschulinspektor im Wiener Stadtschulrat bestellt. Klusacek war in Österreich bis zu seinem Tod der einzige Landesschulinspektor für Mathematik aus der KPÖ. Klusacek wurde 1951-10-04 gemeinsam mit Prowaznik zum Hofrat ernannt.

[634] 33. Sitzung der VII. Gesetzgebungsperiode des Nationalrats, Stenographisches Protokoll

[635] Von 1954-01-25 bis 1954-02-28; die Sowjets erklärten sich darin zu einem Vertrag mit einem neutralen Österreich bereit, aber nur unter der Bedingung, dass sowjetische Truppen bis zur Klärung der Zukunft Gesamtdeutschlands im Land bleiben. Diese Bedingung wurde von den drei westlichen Besatzungsmächten und von Österreich abgelehnt, die Verhandlungen wurden abgebrochen.

[636] Prowaznik ist ein tschechischer Name, der in der Form *provazník* „Seil, Seiler" bedeutet; *Klusáček* heißt „Traber"

[637] 53. Sitzung des NR, VII. Gesetzgebungsperiode. Online in (https://www.parlament.gv.at/PAKT/VHG/VII/NRSITZ/NRSITZ_00053/imfname_158503.pdf, Zugriff 2023-03-02)

[638] Friedrich Stüber (*1903-03-18 Wien; †1978-07-31 Wien) trat 1932 der NSDAP bei. Er wurde 1953 als „Rechtsabweichler" aus dem Verband der Unabhängigen ausgeschlossen. 1955 lehnte er als einziger Nationalratsabgeordneter den Staatsvertrag Österreichs ab.

*ausgerechnet mit einem Beispiel des „von den Deutschen geraubten Goldes"
daherkommt. Ist das notwendig, daß man gerade dieses Beispiel gebraucht, wie
es in dem von den Landesschulinspektoren Franz Prowaznik und Franz Klusacek
verfaßten Lehrbuch für die zweite Klasse Mathematikunterricht der Fall ist?
Würden, frage ich Sie, da es ja noch andere geraubte Dinge gibt, heute dieselben
Verfasser beispielsweise von dem natürlichen Produkt sprechen, das in einem
gewissen Teile unseres Landes, ich meine in Zistersdorf, als Erdöl gefördert
wird? Würden sie auch ein mathematisches Beispiel mit dem Öl aufgeben? Ich
glaube, das ist doch wahrlich nicht notwendig. Das sind kleine Nadelstiche, die
vollkommen überflüssig sind. Wenn Sie Ihrerseits mit Recht eine Entgiftung der
Atmosphäre und auch eine Klarstellung der gegenseitigen Fronten im Verhältnis
zur westdeutschen Bundesrepublik verlangen, dann meine ich, soll man auch hier
nicht mit solchen überflüssigen Nadelstichen schon die Kinderseele vergiften.*

In der NS-Zeit hießen die fachübergreifenden Bezüge „Lebensunwertes Leben", „Jüdische
Übervölkerung" oder „Wehrmathematik".

Prowaznik war Gründungsmitglied der Mathematischen Gesellschaft in Wien, von 1946
bis 1949 zweiter Stellvertreter des Vorsitzenden und von 1954 bis 1965 einer der Beiräte.

Ehrungen: 1918 Militärverdienstkreuz 3. Kl mit Schwertern; 1951-10-04 Ernennung zum Hofrat.

Ausgewählte Publikationen.

1. (mit Mahrenholtz J), Lösung zu 473 (Bd. XXII, 358) (*J. Neuberg*). Arch. d. Math. u. Phys. (3) **24** (1915), 177-179.
2. Arithmetik. Unterstufe, Teil I für die I. Klasse. Neu bearbeitet auf Grund der von E. Dintzl besorgten Ausgabe. Hölder-Pichler-Tempsky A.-G., Wien 1930
3. (mit Holzmeister F, Ludwig E, Hrsg.), Močniks Lehr- und Übungsbücher der Mathematik für Mittelschulen - Arithmetik 1. bis 4.Teil; 3. Aufl. bearbeitet nach der von E. Dintzl besorgten Ausgabe. Hölder-Pichler-Tempsky A.-G., Wien 1937.
4. (mit Klusacek F), Lehr- und Übungsbuch der Mathematik für Mittelschulen. Arithmetik und Geometrie (Arithmetik von Franz Prowaznik). Teil 1–4 (vier Bde). Mehrere Aufl. Wien ab 1948
5. Gehört Mathematik zur allgemeinen Bildung? Neue Wege. Kulturzeitschrift junger Menschen. (Ausgabe für Lehrer) **8**, Nr. 78, 1952-09,
6. August Adler 1863–1923. Praxis der Mathematik **3.1** (1961), 16-17. [nicht in Zbl/JFM]
7. Die Bildungswerte des Mathematikunterrichts. Wien 1962.
8. Der Mathematikunterricht an den Höheren Schulen Österreichs. in: Praxis der Mathematik. Wien 1970.

JFM verzeichnet nur 2 math Publ., darunter 1 Mittelschullehrbuch. Die Aufstellung ist mit Sicherheit nicht vollständig.

Quellen. IMN 1 (1948), **15–16** (1951); Sten. Protokoll der 19. Sitz. des Nationalrats der Republik Österreich. 1950-03-15, p579; Rathkolb, O. (Hrsg), Bruno Kreisky Erinnerungen. Wien etc. 2007, 2014. p 21f.

Theodor Radaković

*1895-11-04 Graz; †1938-01-10 Wien (Selbstmord nicht ausgeschlossen) (ev AB)

Sohn des Professors für theoretische Physik Michael Radaković (*1866-04-24 Graz; †1934-08-16 Graz, Vorgänger von Schrödinger in Graz) und dessen Ehefrau Rosabel, geb. Blasius (*1867; †1930); Bruder von Constantin (Konstantin) Radaković (*1894-07-11 Graz; †1973-09-19 Graz) Professor für Philosophie in Graz; Neffe der Schriftstellerin und Sozialarbeiterin Mila Radaković (*1861-10-27 Graz; †1956-02-28 Graz); Freundin des Philosophen und Psychologen Alexius Meinong, Ritter v. Handschuchsheim (1853–1920); Enkel von Nikolaus Radaković (†1896-05-22 Graz), Professor für Philosophie in Graz.

NS-Zeit. Radaković verstarb noch vor dem Berchtesgadener Abkommen von 1938-02, ein Zusammenhang mit der NS-Bedrohung ist aber nicht auszuschließen.[639] Jedenfalls war seit dem Juli-Abkommen von 1936 die Katastrophe von 1938 bereits absehbar. Immer massiver werdende NS-Infiltration, das ungenierte öffentliche Auftreten von NS-Anhängern und deren ständig wachsender politischer Druck machten das Leben für NS-Gegner unerträglich. Bereits um die Jahreswende 1937/38 wurden an Grazer Hochschulen offen Unterschriften für den „Anschluss" und für ein „Bekenntnis zu A.H." gesammelt.[640] Theodors Bruder Konstantin legte als einziges Mitglied der Philosophischen Fakultät der Universität Graz nach dem Einmarsch vom März 1938 aus Protest seine Venia legendi nieder (1938-10, 1938-11-04 Venia offiziell per Bescheid entzogen) und emigrierte 1941 nach Kroatien.[641]

Die Familie Radaković übersiedelte 1896 nach Innsbruck, 1907 weiter nach Czernowitz, wo Vater Michael ein Ordinariat für mathematische Physik erhalten hatte und Theodor in das Staats-Gymnasium Czernowitz eintrat, wo er schließlich 1913 maturierte. Danach studierte er, unterbrochen durch seinen Militärdienst im Ersten Weltkrieg, an der Universität Berlin. Ab 1918 setzte er sein Studium in Graz, danach in Bonn fort, wo er 1921 bei Hans ＞Hahn promovierte. Von Bonn übersiedelte er an die Universität Hamburg, von dort an die TH Wien, wo er sich habilitierte. In Wien nahm Radaković regelmäßig an den alle zwei Wochen stattfindenden Treffen des Wiener Kreises teil (allerdings ohne eigen Beiträge). 1934 wurde er zum außerordentlichen Professor an der Universität Graz ernannt.

In seiner wissenschaftlichen Arbeit beschäftigte sich Radaković mit Reellen Funktionen (darunter drei Arbeiten über Darbouxsche Funktionen, zwei über Interpolationsaufgaben) und mit Differentialgeometrie im $\mathbb{R}^3$.

Ausgewählte Publikationen. *Diss.*: (1921) *Über singuläre Integralgleichungen und Interpolationsformeln (Hahn).*   (Wurde als Dissertation auszugsweise in Bonn gedruckt; nicht in MGP verzeichnet.) Im Handbuch der Physik von Geiger/Scheel, Band III, war Radaković mit vier Artikeln vertreten: (i) Funktionentheorie (gemeinsam mit Josef Lense); (ii) Gewöhnliche Differentialgleichungen (mit Josef

---

[639] Vietoris sagte dazu gegenüber Einhorn [67], Radaković sei Ende 1937 schwer erkrankt. Andere Zeitzeugen vermuten Suizid, klare Evidenz gibt es dafür jedoch nicht.

[640] s. zB Allmer [4].

[641] Mehr über Konstantin Radaković findet man online unter (http://agso.uni-graz.at/webarchiv/agsoe02/bestand/18_agsoe/18bio.htm, Zugriff 2023-02-20); vgl. auch Haller [31, p 575–602].

Lense); (iii) Variationsrechnung, (iv) Vektor- und Tensorrechnung. Riemannsche Geometrie (mit Josef Lense).
Zbl/JFM verzeichnen von Doubletten bereinigt 12 Publikationen.

Quellen. Einhorn [67]

Johann Radon

(Karl Gustav)
*1887-12-16 Tetschen (Děčín, CZ);   †1956-05-25 Wien

Einziger Sohn von Anton Radon (*1834; †1913-10-19 Wien), Sparkassen-Oberbuchhalter in Tetschen, und dessen zweiter Frau Anna, geb Schmiedeknecht (†1929 Breslau); Radon hatte zwei Halbschwestern aus der ersten Ehe seines Vaters, die bei seiner Geburt schon erwachsen waren.

Radon ∞ 1916-08 (Wien) Maria (*ca 1888; †1961-04-26 (bestattet) Wien), geb Rigele, Hauptschullehrerin, Kusine von Roland › Weitzenböck und ältere Schwester von Dr Hermann Rigele (*1893-08-19 Felixdorf/NÖ), Mathematiker, ab 1923 Angestellter der Firma Siemens & Halske.

Foto: Um 1920; Archiv der Uni Wien, Fotograf unbekannt

Drei Söhne: Wolfgang (*1917-06-27, †1917-07-09 Wien), Hermann (*1918-07-15 Wien, †1939-01 Breslau), Ludwig (*1919-10-12; †1943-07 in Rußland gefallen)
Eine Tochter: Brigitte (*1924-03-18 Greifswald, Dr.phil; †2020-08-25 Wien) ∞ Erich Bukovics (*1921; †1975 Wien, o Professor TH Wien), AHS-Professorin für Mathematik; 2 Enkel.

NS-Zeit. Genau besehen war Radon kein Remigrant und nicht an seinen Lehrstuhl zurückberufen worden. Vielmehr war er nach seiner Habilitation nach Deutschland ausgewandert und hatte sich schließlich in Breslau niedergelassen; von dort musste er im Jänner 1945 auf Anordnung der Breslauer Gauleitung mit seiner Familie vor der Roten Armee flüchten. Mit Hilfe von Freunden und Verwandten konnte er Innsbruck erreichen, supplierte dort für ein Jahr und wurde erst dann an die Universität Wien berufen.

Johann Radons Vater Anton war in Tetschen wegen seiner erfolgreichen Tätigkeit als Oberbuchhalter der dortigen Sparkasse (und für die dortige Freiwillige Feuerwehr) sehr angesehen. Die Erhaltung des „Deutschen Volkstums" in Böhmen war ihm ein Anliegen. Nach seiner Pensionierung übersiedelte Anton Radon gemeinsam mit seiner Ehefrau Anna ins nahe Leitmeritz, wohin der junge Hans Radon nach Volksschule und zwei Jahren Realgymnasium in Tetschen bereits im Jahr zuvor gezogen war, um das Gymnasium zu besuchen. Johann Radon maturierte in Leitmeritz 1903 mit Auszeichnung. Danach zogen seine Eltern mit ihm nach Wien, wo er an der Universität Mathematik und Physik studierte, 1909-07-12 die Lehramtsprüfung ablegte und 1910-02-18 bei Escherich promovierte. Das Wintersemester 1910/11 verbrachte er mit einem Jubiläums-Reisestipendium der Universität Wien an der Universität Göttingen um dort Vorlesungen von David Hilbert zu hören.

Danach war er von 1912[642] als Assistent bei Emanuel Czuber[643] an der DTH Brünn. 1912-05-01 begleitete er Czuber als Assistent an die Lehrkanzel Mathematik II der TH Wien und blieb in dieser Position bis 1919. 1913-12-17 stellte er einen Habilitationsantrag an die Philosophische Fakultät der Universität Wien, nach erfolgreich verlaufenem Verfahren wurde die Habilitation 1914-08-26 vom Ministerium bestätigt, etwa gleichzeitig auch von der TH Wien übernommen. Während des Krieges war Radon wegen seiner starken Kurzsichtigkeit vom Militärdienst befreit.

1919-05-15 wurde Radon vom Präsidenten der Nationalversammlung und Staatsoberhaupt Karl Seitz[644] in Wien zum tit ao Professor ernannt, jedoch im gleichen Jahr als regulärer ao Professor an die gerade neu gegründete Universität Hamburg berufen. 1919-05 erging an Radon ein Ruf nach Graz, die Verhandlungen zerschlugen sich aber.

In Hamburg zählte im Studienjahr 1920/21 auch sein Schwager Hermann Rigele zu seinen Hörern, der für einen Studienaufenthalt in Hamburg Karenzurlaub von seiner Stelle als provisorischer Assistent bei Lothar ˃ Schrutka an der TH Brünn genommen hatte.[645]

Während des folgenden Vierteljahrhunderts waren alle Versuche, Radon nach Wien zu bringen, vergeblich:

- 1920-10 stand er an zweiter Stelle des Besetzungsvorschlages für die Nachfolge Escherichs an der Universität Wien, nach Hans ˃ Hahn (Bonn) und Heinrich ˃ Tietze (Breslau).[646] Die Entscheidung fiel für ˃ Hahn.[647]

- 1921-12-28 wurde er zum Nachfolger von Felix Hausdorff als Ordinarius an der Universität Greifswald bestellt,[648]

---

[642] Nach Brigitte Bukovics ab 1911-04-01.

[643] Emanuel Czuber (*1851-01-19 Prag; †1925-08-22 Gnigl b Salzburg), Sohn von Karl (*1812; †1898) und Karoline Libora, studierte und habilitierte sich 1876 in Prag, ging 1886 als o Professor an die DTH Brünn, 1891 an die TH Wien und emeritierte dort 1919. Seine Arbeiten zur Wahrscheinlichkeitstheorie gelten spätestens seit den 1930er Jahren als überholt. 1894 war er wesentlich an der Gründung des Lehrgangs „Versicherungstechnik" an Univ. und TH Wien beteiligt. Czuber war der Schwiegervater des Erzherzogs Ferdinand Karl (*1868; †1915). Der Czuber-Hörsaal der TU Wien ist nach ihm benannt.

[644] Seitz war Staatsoberhaupt von 1919-03-05 bis 1920-12-09.

[645] Hermann Rigele (*1893-08-19 Felixdorf/NÖ), Bruder von Radons Ehefrau Maria, studierte nach Mittelschule und Einjährig-Freiwilligenjahr Mathematik und Physik an der Universität Wien, wurde aber bei Kriegsbeginn an die Front eingezogen (1915 Silberne Tapferkeitsmedaille 1.Kl., 1916-03 Leutnant im 9. Feldjägerbataillon, 1916-09 Schussverletzung, 1916-11 Militärverdienstkreuz, 1917 Allerhöchste belobende Anerkennung, 1918 silberne Tapferkeitsmedaille 1. Klasse Militärverdienstkreuz) und kehrte erst 1919 aus der Kriegsgefangenschaft zurück. Danach nahm er sein Studium wieder auf, ging zwischendurch zu ˃ Schrutka nach Brünn sowie zu ˃ Blaschke und ˃ Radon nach Hamburg. 1922-06-03 promovierte er an der Uni Wien mit einer Arbeit *Über die Begleiterin einer Geraden bezüglich einer gegebenen ebenen Kurve dritter Ordnung* (UAW PH RA 5296). Danach verfolgte er seine akademische Karriere nicht weiter, sondern nahm 1923 eine Stelle bei Siemens & Halske in Wien an; die Stelle an der DTH Brünn gab er auf. (Über Rigeles Brünner Zeit s. Šišma [322, p 250].) Rigele nahm 1948-05-19 an der 1. ÖMG-Tagung mit einem Vortrag „Über gemeinverständliche Darstellungen mathematischer Probleme und Methoden" teil.

[646] Escherich war von seinem Amt aus gesundheitlichen Gründen zurückgetreten, hatte aber zugesagt, im Wintersemester seine Vorlesungen weiterzuführen.

[647] Eine ebenfalls 1920 angebotene Berufung nach Graz lehnte Radon ab.

[648] Sein Nachfolger in Hamburg war Hans Rademacher. Zu Rademacher vgl. die biographische Fußnote [73] auf p 171. In Greifswald erlebte Radon hautnah den Tumult von 1923 um die Provokation Vahlens

- 1925 zum Nachfolger von ˃ Tietze in Erlangen und schließlich — letzte Station vor dem Beginn des zweiten Weltkriegs —
- 1928-07-11 als Nachfolger von Adolf Kneser[649] an die Universität Breslau.

Radon erhielt 1928-05-26 seinen Ruf nach Breslau als dritter der Besetzungsliste, pari passu mit van der Waerden. Er verhandelte kurz und entschlossen; seine Bestellung zum Ordinarius und Direktor des Mathematisch-Physikalischen Seminars wurde bereits zwei Monate später, 1928-07-11, fixiert. Im folgenden Herbst zog die Familie Radon nach Breslau, Kaiser-Wilhelmstrasse 195.

Die nächsten beiden Rufe an eine andere Universität lehnte Radon ab:

- 1929 für Leipzig als Nachfolger von Otto Hölder, und
- 1935 für Wien als Nachfolger ˃ Wirtingers, wohl nicht zuletzt wegen einer schweren, 1934 ausgebrochenen Erkrankung (Polyserositis) seines Sohnes Hermann.[650] Hermann starb 1939-01, drei Tage nachdem Johann Radon selber sehr schwer erkrankt war und sofort operiert werden musste.

Nach dem „Anschluss" gab es erst recht keine Chance auf eine Übersiedlung nach Wien:

- 1938 stand Radon im Besetzungsvorschlag für die Nachfolge Furtwänglers in Wien an erster Stelle, vor ˃ Gröbner als Zweitgereihtem; doch Reichserziehungsminister (REM) Rust ernannte den an dritter Stelle gereihten Anton ˃ Huber.[651]

Sechzehn Jahre in Breslau. Als Radon 1928 an die 1702 gegründete[652] Universität Breslau berufen wurde, war Breslau gerade mit dem Groß-Breslau-Gesetz von 1928-04-01 durch Eingemeindung umliegender Landbezirke erweitert worden; 1933 lebten in Breslau auf 175 Quadratkilometern 625.198 Menschen, es hatte damit etwa die Größe des heutigen (2022) Ballungsraums Graz. Breslau verfügte über zwei Hochschulen, die Universität und die TH Breslau. An der Universität waren Mathematik und Theoretische Physik seit 1862 zu einem gemeinsamen Seminar vereinigt, das 1928 die Mathematiker Kneser und Rademacher, dazu den Theoretischen Physiker Fritz Reiche[653] als Direktoren, ferner den

---

gegenüber der Weimarer Republik mit (cf. den Eintrag ˃ Vahlen, p 450. Als Vahlen 1930 an die TH Wien berufen wurde, war er aber schon zwei Jahre in Breslau.

[649] Adolf Kneser (*1862-03-19 Grüssow/Mecklenburg; †1930-01-24 Breslau), Vater von Hellmuth und Großvater von Martin Kneser — Mathematisches Talent in drei Generationen. Adolf Kneser wirkte ab 1886 (ab 1906 als o Professor) in Breslau; er befasste sich mit Variationsrechnung und Integralgleichungen.

[650] ˃ Hlawka, Erinnerungen an Johann Radon, in [143]; siehe auch die Erinnerungen von Brigitte Bukovics in IMN **126** (1993), 1–5.

[651] Vgl. Abschnitt 2.2.4, p 84. Im gleichen Jahr wurde Radons dritter Sohn Ludwig zum Militärdienst einberufen. Ludwig nahm 1940 am Frankreichfeldzug teil, wurde verwundet, danach an die Ostfront versetzt, 1943-05 erneut schwer verwundet; er erlag 1943-07 seinen Verletzungen.

[652] Gründer war der habsburgische Kaiser Leopold I. (der VI. aus dem Hause Habsburg, auch „Türkenpoldl" genannt.)

[653] Der Planck-Schüler Friedrich Reiche (*1883-07-04 Berlin; †1969-01-14 New York City) wurde 1921 an die Universität Breslau berufen, als Nachfolger von Erwin Schrödinger. Nach der Machtübernahme 1933 musste er die Universität verlassen, war ab 1934 Gastprofessor an der DU Prag, kehrte aber 1935

Mathematiker Guido Hoheisel[654] als pl ao Professor, eine unbesetzte Assistentenstelle für Mathematik[655] und Hanfried Ludloff[656] als Physik-Assistent umfasste. 1929 verließen die theoretischen Physiker das gemeinsame Seminar und übersiedelten in die räumliche Nähe des Physik-Instituts, die wechselseitigen Kontakte blieben aber aufrecht. Das verbleibende mathematische Seminar hatte die Ordinarien Radon und Rademacher als Direktoren (Radon geschäftsführend), ferner Hoheisel als Extraordinarius. Hoheisel ging 1935 nach Greifswald und von dort 1938 nach Köln.

Zeitweise, aber von der Leitungsstruktur her nie ernsthaft durchgeführt, waren die mathematischen Seminare von Universität und TH Breslau zu einem einzigen Institut (mit Standort an der TH) zusammengelegt, um die stark angestiegenen Hörerzahlen besser bewältigen zu können. In der NS-Zeit wurde sogar erwogen, die beiden Hochschulen überhaupt zusammenzulegen. Das geschah dann nach Kriegsende 1945-08 unter polnischer Verwaltung.[657]

Nach seinen eigenen Worten fand Radon in Breslau einen *großen und lohnenden Wirkungskreis* und eine von *seinem Vorgänger Adolf Kneser hinterlassene Tradition der Pflege der Variationsrechnung* vor, die er weiterführen wollte.[658] Radon stellte sich mit Elan der Herausforderung zum Ausbau des mathematisch-physikalischen, ab 1929 nur mehr mathematischen,Seminars, eine interessante Aufgabe. Das akademische Umfeld der Universität Breslau gefiel ihm und seiner Familie. Nicht zuletzt spielte dabei eine Rolle, dass dort eine Reihe österreichischer Landsleute lehrten und gute Beziehungen nicht nur zu den Kollegen im Seminar sondern auch zu akademischen Lehrern verwandter oder Radon interessierender Fächer bestanden. „Ausbau" hieß hier vor allem die Bereitstellung ausreichender Räumlichkeiten, daneben aber auch die Bildung eines gut eingespielten Teams von Lehrenden und die Reformierung der Lehrinhalte. Radon wirkte für diese Aufgabe 16 Jahre lang.

---

nach Berlin zurück und emigrierte 1941 in die USA. Reiche leistete bedeutende Beiträge zur Optik und zur Quantentheorie. (Nach Wehefritz, V (2002), Verwehte Spuren. Prof. Dr. phil. Fritz Reiche (1883 - 1969). Universitätsbibliothek TU Dortmund.

[654] Guido Karl Heinrich Hoheisel (*1894-07-14; †1968-10-11) promovierte 1920 bei Erhard Schmidt in Berlin, habilitierte sich 1922 in Breslau und wurde 1928 zum ao Professor ernannt. Während des zweiten Weltkriegs lehrte er gleichzeitig an den drei Universitäten Köln, Bonn und Münster. Hoheisel ist bei Zahlentheoretikern für seinen Satz über Primzahllücken bekannt.

[655] Diese war bis zum Beginn des SS 1926 mit Lothar > Koschmieder (ab 1924 nb. ao Prof.) besetzt. Koschmieder supplierte im SS 1926 > Vahlen in Greifswald und ging 1927 als o Professor an die DTH Brünn. Die chronologischen Informationen über Koschmieder in [111] sind nicht ganz korrekt.

[656] Johann Friedrich Ludloff (*1899-08-14 Königsberg; †1987-08-09 Los Angeles) war „Halbjude"; er versuchte 1936 sich in Wien zu habilitieren und nach Wien zu übersiedeln, was aber trotz der Empfehlungen der Wiener Physiker am Widerstand der Ständestaat-Regierung und 1938 am „Anschluss" scheiterte. Er emigrierte 1939 in die USA.

[657] Die Zusammenführung von Uni und TH wurde schon vor der NS-Zeit diskutiert, 1933 beschlossen, blieb aber organisatorisch stecken und wurde 1937 aufgegeben. Zum mathematischen Seminar an der Universität Breslau s. Scharlau [289], pp 65–70; zur Mathematik an der TH Breslau ders., pp 62–64.

[658] Nach dem eigenhändigen Lebenslauf, den er 1939, anläßlich seiner Wahl zum korrespondierenden Mitglied, an die Wiener AW sandte. (Hier zit. nach Girlich, s.u.)

Die politische Situation war in Breslau nicht erst 1933 ernst geworden.[659] Der Stimmenanteil der 1925-03 gegründeten schlesischen NSDAP stieg ab 1930 in Breslau steil an und machte Breslau bald zu einer NS-Hochburg.[660]

An der Universität Breslau gab es bereits 1932, im Jahr vor der Machtübergabe, heftige Störangriffe von NS-Studenten und Angehörigen des rechtsradikalen *Waffenrings*[661] gegen einen gerade an die Uni berufenen jüdischen Professor der juridischen Fakultät, ein Vorfall, der in die Geschichte als „Fall Cohn" eingegangen ist.[662]

Nach der Machtüberlassung an das NS-Regime wurden in Breslau selbst, im Stadtteil Breslau-Dürrgoy (pl. Tarnogaj),[663] ein Konzentrationslager errichtet. Ebenso wurde im nur ca 60 km entfernten Groß-Rosen[664] ein weiteres Konzentrationslager eingerichtet.

---

[659] Wir stützen uns bei der Beschreibung der politischen Situation von Breslau hauptsächlich auf Mühle, E., Breslau, Geschichte einer europäischen Metropole, p 243–260, und Herzig, A (2009), in: Integration und Ausgrenzung: Studien zur deutsch-jüdischen Literatur- und Kulturgeschichte von der Frühen Neuzeit bis zur Gegenwart; *Festschrift für Hans Otto Horch zum 65. Geburtstag*. Walter de Gruyter, Berlin

[660] Bei der Reichstagswahl 1928-05-20 lag er noch bei 1%; 1930-09-24 bei 24.2%, 1932-07-31 bei 43.5% und schließlich 1933-03-05 bei 50.2%.

[661] Der *Waffenring* war aus dem Zusammenschluss aller schlagenden Verbindungen entstanden. Er hatte ein Pendant an der Innsbrucker Universität.

[662] Ernst Joseph Cohn (*1904-08-07 Breslau; †1976-01-01 London) habilitierte sich 1929 extern in Frankfurt und wurde 1932 an die Universität Breslau berufen. Waffenring und NS-Studenten protestierten dagegen, dass „ein Jude über Deutsches Recht" lesen sollte. Cohns Lehrveranstaltungen wurden durch gewalttätige Störungen unmöglich gemacht, gegen die Randalierer wurde so gut wie nicht vorgegangen. Cohn selbst wurde 1933-04 zwangspensioniert und entlassen, emigrierte noch im gleichen Jahr in die Schweiz, 1937 weiter nach London. Er studierte dort britisches Recht, wurde Barrister (plädierender Anwalt) und Lektor am King's College in London (1967 visiting professor); Ehrendoktor der Universitäten Köln und Frankfurt (beide 1964).

[663] Dieses Konzentrationlager bestand von 1933-04 bis 1933-08-10 und war mit 200–400 hauptsächlich politischen, insbesondere „linken" Häftlingen (Sozialdemokraten und Kommunisten) belegt, die in einem nahegelegenen Chemieunternehmen arbeiten mussten. Unter den prominenten Häftlinge waren der Präsident von Niederschlesien, der frühere Polizeipräsident von Breslau, der Vizebürgermeister von Breslau, ein Breslauer Stadtrat, und nicht zuletzt Reichstagspräsident Löbe. KZ-Gründer war der 1934-06-30 als Röhm-Anhänger exekutierte SA-Obergruppenführer Edmund Heines (*1897-07-21 München; †1934-06-30 München-Stadelheim). Neu eingetroffene Häftlinge sollen vielfach im „Triumphzug" quer durch Breslau ins KZ geführt worden sein, ein bis heute erhaltenes Foto zeigt den „triumphalen Empfang" des inhaftierten Paul Löbe in Breslau-Dürrgoy (Benz, [26] Bd 1, p 83–86; Herzig A, Bzdziach, K (1995) „Wach auf, mein Herz, und denke", Zur Geschichte der Beziehungen zwischen Schlesien und Berlin-Brandenburg von 1740 bis heute, Berlin; p 273). Paul Löbe war Vorsitzender des Österreichisch-Deutschen Volksbundes und in der Anschlussbewegung tätig.

[664] 60 km südwestlich von Breslau; Das KZ wurde 1940-08-02 als Außenlager des KZ Sachsenhausen gegründet, 1941 von Himmler zum selbständigen Lager erklärt, ab 1942 wurden diesem KZ zusätzliche Nebenlager angegliedert, als erstes eines im Breslauer Stadtteil Lissa. Lagerkommandant war ab 1941-05 Arthur Rödl, ab 1942-09 Wilhelm Gideon, ab 1943-10 Johannes Hassebroek. Die Häftlinge des Hauptlagers mussten in den Groß-Rosener Steinbrüchen Granitblöcke abbauen, auf Rechnung der SS-eigenen Deutschen Erd- und Steinwerke GmbH. 1945-02-13 wurde Groß-Rosen von der Roten Armee befreit, die meisten der Häftlinge waren allerdings schon vorher deportiert oder auf Todesmärsche geschickt worden. Mindestens 40.000 Häftlinge starben im Lager; insgesamt durchliefen das Lager etwa 120.000 Gefangene. Das Standardwerk zu Groß-Rosen ist: Sprenger, I., *Groß-Rosen. Ein Konzentrationslager in Schlesien*, Köln 1996.

Die 1933 einsetzende NS-Herrschaft bewirkte einschneidende personelle Einbußen für die Mathematik in Breslau, vier jüdische und ein pazifistischer Mathematiker verließen Breslau und das Land. Die ersten waren 1933 der Jude Fritz Noether,[665] der in die Sowjetunion, und der überzeugte Pazifist und NS-Gegner Rademacher, der in die USA emigrierte. Als nächstes folgten 1934 die Entlassungen von Wolfgang Sternberg[666] und gleichzeitig die von Alexander Weinstein.[667] Dann wurde 1937 Erich Rothe[668] entlassen. Beinahe tragisch wäre der Fall des 1943-11 bis 1944-01 in Breslau tätigen Ernst Maximilian Mohr ausgegangen, der aufgrund einer Denunziation wegen Abhörens von Feindsendern zum Tode verurteilt, wegen „Kriegswichtigkeit" aber bis zum Ende des Krieges bei durchgehend aufrechter Haft verschont wurde (vgl. die Fußnote auf Seite 57).

Nachfolger von Rademacher wurde 1935-04-20 Georg Feigl (*1890-10-13 Hamburg; †1945-04-20 Wechselburg/Sachsen). Feigl war seit 1928 Hauptredakteur des JFM, er war auch führend am Projekt des *Mathematischen Wörterbuchs* beteiligt, das aber erst 1961, herausgegeben von Josef Naas[669] und Hermann Ludwig Schmid,[670] erschien. Seine Frau Maria, geb Fleischer, war mit den Besitzern von Schloß Schönburg in Wechselburg, der gräflichen Familie Schönburg-Glauchau verschwägert. Das sollte 1945, bei der Evakuierung des Mathematikinstituts noch eine wichtige Rolle spielen. Feigl war schwer magenkrank und auf die Einnahme bestimmter Medikamente angewiesen; er starb in Wechselburg auf der Flucht von Breslau, als diese Medikamente nicht mehr beschaffbar waren.

---

[665] Fritz Noether (*1884-10-07 Erlangen; †1941-09-10 Orjol, UdSSR) war Professor an der TH Breslau. Wie seine Schwester Emmy Noether bekannt für „linke" Weltanschauungen, wurde er von NS-Schlägern bei Raufereien verletzt und als Jude nach dem Berufsbeamtengesetz entlassen. Er emigrierte nach Tomsk in Westsibirien, wo er allerdings vier Jahre später verhaftet wurde und 1941 dem stalinistischen Terror zum Opfer fiel. (Scharlau [289] pp 63f, Segal [298, p 60f], Schlote, NTM Schriftenreihe für Geschichte der Naturwissenschaften, Technik und Medizin **28** (1991), 33-41.) Fritz Noether wurde 1988 vom Obersten Gerichtshof der Sowjetunion rehabilitiert.

[666] Wolfgang J. Sternberg (*1887-12-20 Breslau; †1953-04-23 New York City) habilitierte sich 1920 in Heidelberg, ließ sich 1929 an die Universität Breslau umhabilitieren und wurde dort apl ao Professor, seit 1930 pl ao Prof. Er musste 1934 die Universität verlassen und ging zunächst nach Prag. Nach dem deutschen Einmarsch in Prag, 1939, floh er in die USA und ging an die Cornell University in New York. Er emeritierte 1948. Sein Hauptgebiet war Potentialtheorie und Integralgleichungen. Neben seiner akademischen Tätigkeit arbeitete er gleichzeitig am Ballistic Research Laboratory in Lakehurst. ([243] 209f; zu Heidelberg vgl. Wolgast [384].)

[667] Alexander Weinstein (*1897-01-21 Saratow; †1979-01-06 Washington, D.C.) Ph.D. Universität Zürich 1921 *Diss.*: (1921) *Fundamentalsatz der Tensorrechnung (Rudolf Fueter, Hermann Weyl)*. Er habilitierte sich 1928 und blieb bis 1933 als unbesoldeter Privatdozent an der Uni Breslau. Eine für 1933 geplante Zusammenarbeit mit Albert Einstein in Berlin wurde durch das NS-Regime verhindert. Weinstein ging 1934 nach Paris ans Collège de France zu Jacques Hadamard. 1937 erwarb er in Paris ein französisches Doktorat (Thèse d'état); 1940 ging er in die USA.

[668] Erich Hans Rothe (*1895-07-21 Berlin; †1988-02-19 Ann Arbor, Michigan, USA) ließ sich 1931 von der TH Breslau umhabilitieren und war dann bis 1936 Privatdozent an der Uni Breslau, verlor aber 1935 seine Assistentenstelle. 1937 floh er über Zürich in die USA.

[669] Josef Naas (*1906-10-16 Köln; †1993-01-03 Berlin)

[670] Hermann Ludwig Schmid (*1908-06-26 Göggingen/Augsburg; †1956-04-16 Würzburg)

Zu seinen Kollegen und Freunden an der Universität Breslau zählten ab 1929-11-01 der Südtiroler Historiker Leo Santifaller[671] und ab 1934 dessen Assistent, der Wiener Heinrich Appelt,[672] und der Wiener Kunsthistoriker Dagobert Frey (*1883-04-23 Wien; †1962-05-13 Stuttgart), Mitarbeiter an der seit 1907 erscheinenden Buchreihe *Österreichische Kunsttopographie*[673], das Inventar der österreichischen Kunstdenkmäler. Radon leitete ab 1935 die Mathematische Sektion der *Schlesischen Gesellschaft für vaterländische Cultur*.

Flucht aus Breslau. Im Jänner 1945 rückten Truppenverbände der Roten Armee gegen die Stadt Breslau vor, um diesen strategischen Punkt einzukesseln. Die NS-Verwaltung hatte auf Befehl Hitlers Breslau bereits 1944-08-25 zur Festung erklärt; Gauleiter Hanke[674] zögerte mit der Evakuierung der nicht wehrfähigen Bevölkerung solange, bis es zu spät war und keine Transportmittel mehr zur Verfügung standen. Am 20. Jänner rief Hanke die nicht wehrtaugliche Bevölkerung zur sofortigen Evakuierung der Stadt auf, Frauen und Kinder mussten größtenteils die Stadt zu Fuß verlassen. Mit Frau und Tochter verließ Radon unverzüglich die Stadt; nach einem zweitägigen Fußmarsch konnte die Familie in Hirschberg[675] einen Zug besteigen, der sie nach einer oftmals unterbrochenen Bahnfahrt von 142 km nach Dresden brachte.[676] Von dort erreichten sie eine Woche später das von Dresden 80km entfernte Wechselburg in Mittelsachsen, wo die Radons Unterkunft im Schloss fanden. Dieses Schloss war bis 1543 ein Kloster gewesen und war danach auf Dauer im Besitz der gräflichen Familie Schönburg-Glauchau. Der Bruder Felix Fleischer der Ehefrau Maria von Radons Kollegen Georg Feigl hatte 1935 Gräfin Marie-Agnes von Schönburg-Glauchau geheiratet. 1945-03-28 verließ die Familie Radon Wechselburg und zog weiter nach Innsbruck, wo eine Schwester von Radons Frau lebte. Durch Vermittlung von Leopold ⟩ Vietoris erhielt Radon Lehraufträge an der Universität Innsbruck; er hatte die Vorlesungen des NS-belasteten Professors Heinrich ⟩ Schatz zu supplieren.

---

[671] Grazer Tagbl. 1929-11-08 p 4. Santifaller hatte die akademische Malerin Bertha Richter, Tochter des Grazer Historikers und Geographen Eduard Richter, geheiratet. Eduard Richter war wiederum in Graz heftig mit dem Mathematiker Johannes Frischauf (Erster Betreuer der Dissertation von Gustav Escherich) verfeindet (s. p 606).

[672] Heinrich Appelt (*1910-06-25 Wien; †1998-09-16 Wien), ein erster Fachmann auf dem Gebiet mittelalterlicher und neuzeitlicher Urkundenfälschung (habil. 1939, in Breslau), hinterließ *Erinnerungen* an seine Zeit in Breslau (s.u.). Vgl. auch Thiel, J, *Gab es eine nationalsozialistische Akademikergeneration?* zeitgeschichte **35**.4 (2008), 242–256. Appelt war, wohl um seine Habilitationschance besser zu wahren, Blockwart und Pg-Anwärter, wurde jedoch nie in die Partei aufgenommen.

[673] 2013 erschien der 60. und bislang letzte Band.

[674] Karl August Hanke (*1903-08-24 Lauban (=Lubań, PL); †1945-06-08 Nová Ves nad Popelkou (CZ), von tschechischen Widerstandskämpfern erschlagen) war der letzte Reichsführer SS (nachdem Hitler Himmler abgesetzt hatte) und ist wegen über 1.000 Hinrichtungen während seiner Amtszeit in Breslau als „Henker von Breslau" in die NS-Geschichte eingegangen.

[675] Polnisch: Jelenia Gora, 94.5 km Luftlinie und 114km Straße von Breslau entfernt. Es steht zu vermuten, dass zwischendurch auch Mitfahrgelegenheiten genutzt werden konnten; anders wäre diese Distanz nicht zu bewältigen gewesen. Nach den Erinnerungen seiner Tochter Brigitte war überdies Radon an Bronchitis erkrankt und die Außentemperaturen lagen bei −18°C.

[676] Sie kamen gerade zwischen den Luftangriffen von 1945-01-16 und 1945-02-13 bis 02-14 („Feuersturm") in Dresden an.

Radon in Wien. Radon blieb in Innsbruck bis er rückwirkend 1946-01-01 als ordentlicher Professor an das Mathematische Institut der Universität Wien berufen wurde; er trat diese Stelle 1946-10-01 an. Mit dieser Berufung wurde die offensichtlich rein politisch motivierte Entscheidung Rusts von 1938 korrigiert. In Wien war ihm Leopold ˃ Schmetterer als Assistent zugeordnet.[677] Radons Antrittsvorlesung (1947-04) als Ordinarius im Großen Hörsaal des Mathematischen Instituts behandelte den Begriff der Krümmung, seine Inaugurationsrede als Rektor (1954) hatte als Thema *Mathematik und Naturwissenschaft*.

Im Jahr 1947 gründete Radon die Monatshefte für Mathematik neu, nach einem Verlagswechsel erscheinen diese seit 1948 beim Wiener Springer Verlag (bzw. bei dessen Nachfolgern). Die neugegründeten Monatshefte waren nicht bloß als Publikationsorgan wichtig, das österreichischen Mathematikern zur Verfügung stand, sondern auch für den Tauschverkehr mit anderen wissenschaftlichen Organisationen; ein sehr beträchtlicher Teil der Bibliothek des mathematischen Instituts besteht bis heute aus Rezensionsexemplaren, die die für die Monatshefte oder die IMN tätigen Rezensenten der Bibliothek überließen. Das fing bis in die späten 60er Jahre die laufenden Preiserhöhungen für wissenschaftliche Publikationen ab, mit denen die Bibliotheksdotationen nicht Schritt halten konnten.

Von 1948 bis 1950 war Radon Präsident der ÖMG, im Studienjahr 1954/55 Rektor der Universität Wien. Radon war seit 1939 korrespondierendes Mitglied der Wiener Akademie der Wissenschaften, die 1945 umbenannt wurde. 1947 wurde er zu deren wirklichen Mitglied gewählt, 1952 und erneut kurz vor seinem Tod 1956, zum Sekretär der math.-nat. Klasse.

Johann Radon war ein vielseitiger Mathematiker, der besonders zu Problemen der Variationsrechnung, der konvexen Geometrie, der Integralgeometrie, Differentialgeometrie, und zur Maß- und Integrationstheorie wichtige Beiträge lieferte. Mit drei mathematischen Innovationen ist er berühmt geworden:

• dem Radon-Maß, entwickelt in seiner Habilitationsschrift, zitiert und zur Grundlegung der Integrationstheorie auf Maßräumen verwendet im Band „*Integration. Chapitre 5*" von Bourbaki;

• dem Satz von Radon-Nikodým, eine Kennzeichnung der signierten Maße auf $\mathbb{R}$, die eine Dichtefunktion in bezug auf das Lebesgue-Maß besitzen, wichtig insbesondere in der Wahrscheinlichkeitstheorie;

• und, auch außerhalb der Mathematik, der *Radon-Transformation*. Eine Geschichte von Entdeckung und Wiederentdeckung. Die erste solche Transformation war von Paul ˃ Funk 1913 als Integraltransformation über Großkreise auf der Sphäre untersucht wurden, im Anschluss an Minkowski, der diese für einige wenige spezielle Funktionen untersuchte. 1917 folgte Radons Arbeit (2) in den sächsischen Berichten. 1963 entwickelte A. M. Cormack, nach seinen Erinnerungen von 1990 [48] ohne Kenntnis von Radons Arbeit Formeln für die Rekonstruktion von Funktionswerten $f(x, y)$ aus ihren Integralmitteln entlang von Geraden,[678], solche Mittelungen treten als Intensität eines Röntgenstrahls nach dem Durchgang durch Körpergewebe auf. Nach Cormacks Erinnerungen erfuhr er von Radons Arbeit erst

---

[677] Hlawkas Assistent war ˃ Prachar.

[678] Representation of a Function by its Line Integrals with some Radiological Applications I, II. J. Appl. Phys. **34** (1963), 2722ff., **35** (1964) 195ff.

1972, durch einen Zufall. Mit der allgemeinen Verfügbarkeit von Computern war es ab den beginnenden 70er Jahren möglich, dieses Prinzip in ein bildgebendes Verfahren umzusetzen. Das gelang 1972 dem Elektroniker Godfred Hounsfield, der wiederum weder von Radon noch von Cormack wusste und daher seine eigenen Algorithmen für das schließlich Computertomographie genannte Verfahren entwickeln musste. Cormack und Hounsfield erhielten 1979 für die Erfindung der Computertomographie den Nobelpreis für Medizin.[679] Radon hat den Erfolg seiner Arbeit von 1917 nicht mehr erlebt und wäre wahrscheinlich über deren Resonanz in der nicht-mathematischen Öffentlichkeit erstaunt gewesen. Auch Paul ⟩Funk erwähnt diese Arbeit im Text seines Nachrufs von 1958 auf Johann Radon nicht. Es erweist sich hier wieder wie wichtig die (in diesem Fall: medizinische) Technik für die Anerkennung und Weiterentwicklung weniger beachteter mathematischer Arbeiten vom Beginn des 20. Jahrhunderts sein kann — sogar ohne direkte Verbindung.

In seiner Inaugurationsrede als Rektor 1954 führte Radon aus:

> *Oft liegen die Dinge so, dass mathematische Theorien in abstrakter Form vorliegen, vielleicht als unfruchtbare Spielerei betrachtet, die sich plötzlich als wertvolle Werkzeuge für physikalische Erkenntnisse entpuppen und so ihre latente Kraft in ungeahnter Weise offenbaren.*

Die Umkehrung dieses Satzes ist ebenfalls richtig: Oft erweisen sich wertvolle Werkzeuge für physikalische Erkenntnisse im Nachhinein als längst in mathematischen Arbeiten gut zugänglich oder wenigstens latent vorhanden.

Diese drei Beiträge überdecken ein wenig andere wesentliche Beiträge Radons, die nicht weniger bedeutend und zukunftsweisend waren. Unter anderem ist Radon auch bekannt für die *Radon-Hurwitz*-Zahl $K(n)$. Das ist die größte unter den Zahlen $k \in \mathbb{N}$ für die es eine *orthogonale Vektormultiplikation* $\mathbb{R}^{k+1} \times \mathbb{R}^n \to \mathbb{R}^n$, $(x, y) \mapsto x \cdot y$ gibt: Dies ist eine bilineare Abbildung · mit $|x \cdot y| = |x|.|y|$ sowie $e \cdot y = y$ für alle $y \in \mathbb{R}^n$ und ein bestimmtes $e \in \mathbb{R}^{k+1}$.[680] Radon bewies 1921, dass für $n = 2^{(4a+b)} q$ mit $a \geq 0$, $0 \leq b \leq 3$, q ungerade, die Formel $K(n) = 8a + 2^b - 1$ gilt.[681] Der Fall $K(n) = n - 1$, also einer orthogonalen Multiplikation auf $\mathbb{R}^n$, ist nach einem bekannten Satz von Hurwitz (1898) nur für $n = 1, 2, 4, 8$ möglich,[682] konkret realisiert durch die Zahlenkörper der reellen und

---

[679] Für eine umfassende Darstellung vgl zB Buzug, T.M., *Einführung in die Computertomographie. Mathematisch-physikalische Grundlagen der Bildrekonstruktion*. Berlin–Heidelberg 2004. Kapitel 5, p 107ff.

[680] Aus $|x \cdot y| = |x|.|y|$ folgt $(x_1 \cdot y, x_2 \cdot y) = (x_1, x_2)|y|^2$. Für eine Orthonormalbasis $e, e_1, \ldots, e_k$ von $\mathbb{R}^{k+1}$ und $y \in S^{n-1} \subset \mathbb{R}^n$ ergeben sich also k orthogonale Tangentialvektoren $e_1 \cdot y, \ldots, e_k \cdot y$ der Sphäre S^{n-1} mit Fußpunkt y.

[681] Für ein gegebenes k liefert jede orthogonale Vektormultiplikation im obigen Sinn in jedem Basispunkt k linear unabhängige Vektorfelder auf der $(n-1)$-Sphäre (Multiplikation mit k linear unabhängigen k-Vektoren), umgekehrt kann man aus k solchen Vektorfeldern eine orthogonale Multiplikation konstruieren. $K(n)$ ist auch die größte Zahl k, sodass die Clifford Algebra $C_k(-)$ eine orthogonale Darstellung im $\mathbb{R}^n$ hat. Aus Radons Arbeit folgt, dass es auf der S^{n-1} mindestens $K(n)$ linear unabhängige Vektorfelder gibt. Es gibt auch nicht mehr, wie in [Adams, J.F., *Vector fields on spheres*, Ann. Math. 75 (1962), 603–632] bewiesen wurde.

[682] Radon (1921), Hamburger Abh. **1** (1921), 1–14; Hurwitz, A (1898), Ueber die Composition der quadratischen Formen von beliebig vielen Variabeln. Gött. Nachr. **1898**, 309–316.

der komplexen Zahlen, den Schiefkörper der Quaternionen und die Divisionsalgebra der Cayley-Zahlen.[683]

Radon wird von allen, die ihn kannten, als gesellig und sehr kultiviert beschrieben. Nach Brigitte Radons Erinnerungen gehörten zu seinem Freundeskreis sowohl bedeutende Mathematiker wie auch Vertreter der Geisteswissenschaften: Noch aus seiner Assistentenzeit an der TH Wien Roland ⸗ Weitzenböck,[684] Hermann Rothe,[685] und Wilhelm Gross,[686] später von seiner Zeit in Hamburg Wilhelm ⸗ Blaschke, in Erlangen Otto Haupt,[687] in Breslau Leo Santifaller[688] und Dagobert Frey.[689] Radon hatte in seiner Studienzeit neben mathematischen auch Vorlesungen über Musik gehört und war aktiver Musiker, bei Hauskonzerten spielte er Geige oder ließ seine allgemein als sehr angenehm gelobte Baritonstimme ertönen. Zeit seines Lebens befasste er sich auch mit Literatur und las die antiken Schriftsteller im Original.

Radon und seine Familie wohnten in Wien sehr beengt in der Wohnung einer Kusine seiner Frau, später auch noch zusammen mit Tochter, Schwiegersohn und zwei Enkeln.

MGM nennt 21 Dissertanten, davon 15 an der Universität Breslau und 6 an der Universität Wien. Von den Breslauer Dissertationen hat Radon nur 6 selber betreut, die anderen als 2. Begutachter referiert.

---

[683] Für eine sehr lesenswerte Darstellung dieser Theorie empfehlen wir Teil B des Buchs von Ebbinghaus, H.-D., et al., *Numbers* (Berlin etc. 1991).

[684] Radons Ehefrau, geb Rigele, war Weitzenböcks Kusine.

[685] Hermann Rothe (*1882-02-28 Wien; †1923-112-18 Wien) war ab 1920 o Professor an der TH Wien; [67, p 386]; Nachruf von Radon in Jahresber. der DMV **35** (1926), 172 ff.

[686] Wilhelm Gross (*1886-03-24 Molln OÖ; †1918 Wien an der span. Grippe) ist v.a. für seine Untersuchungen über Singularitäten analytischer Funktionen bekannt; 1918 Richard-Lieben-Preisträger der k.k. AW für seine Arbeiten zur Variationsrechnung. ([233], Bd 2, p 76)

[687] Otto Haupt (*1887-03-05 Würzburg; †1988-11-10 Bad Soden am Taunus, auch in der NS-Zeit ein einflussreicher Mathematiker, trotz seiner Ehe mit einer „Halbjüdin" (s. Jahresber. DMV **92** (1990) 179–180).

[688] Leo Santifaller (*1890-07-24 Kastelruth, Südtirol; 1974-09-05 Wien), Historiker und Leiter des Staatsarchivs Bozen. Santifaller wurde wegen einer von ihm verfassten Broschüre, *Deutschösterreich und seine Rückkehr ins Reich* (Weimar 1938), die Jubelpassagen zum Anschluss Österreichs an Hitlerdeutschland enthielt, kurzzeitig außer Dienst gestellt, dann aber nach Santifallers Erklärung, die ihm vorgeworfenen Passagen seien nicht von ihm, sondern Einschübe von Schülern, die ihn vor NS-Verfolgung schützen wollten, wieder in Dienst gestellt. Für diese Aussage legte er ein textanalytisches Gutachten vor. Eine den Aufstieg Hitlers und des NS-Regimes begrüßende Passage hat Oberkofler in Santifallers Standardwerk *Urkundenforschung. Methoden, Ziele, Ergebnisse.* (Weimar 1937) aufgefunden und in den KP-nahen Mitteilungen der Alfred Klahr Gesellschaft (**19** (2012) Nr 3) publiziert. Santifaller war 1945–1962 Direktor des 1854 gegründeten Instituts für Österreichische Geschichtsforschung, das seit 2016-01-01 zur Universität Wien gehört.

[689] Dagobert Frey (*1883-04-23 Wien; †1962-05-13 Stuttgart); Kunsthistoriker, nach 1945 wegen seiner Rolle in der NS-Zeit angefeindet. Frey promovierte 1911 an der TH Wien im Fach Architektur und studierte danach an der Universität Wien Kunstgeschichte; Promotion bei Max Dvořák 1915. Dann machte er Karriere: 1921 Leiter des Kunsthistorischen Instituts am Bundesdenkmalamt in Wien; Habilitation an der TH Wien; 1931 Lehrstuhl für Kunstgeschichte an der Universität Breslau. Dort zog er in das Gebäude der aufgelösten Kunstakademie am Kaiserin-Augusta-Platz ein und war damit Radons unmittelbarer Institutsnachbar. Frey war 1939-09, nach der Bombardierung des Warschauer Königsschlosses und vor dessen von Himmler angeordneten endgültigen Sprengung, beratend an der Evakuierung/Beschlagnahme der darin noch vorhandenen Kunstschätze beteiligt gewesen.

VIII zjazd matematyków polskich
Warszawa 6-1219.53

Von links nach rechts: Vladimír Kořínek (*1899-04-18 Prag; †1981-06-02 Prag), Mauro Picone (*1885-05-02 Lercara Friddi b Palermo; †1977-04-11 Rom), Johann Radon, Alfréd Rényi (1921-03-29; †1970)-02-01), Tadeusz Ważewski (*1896-09-24 Tschortkiw, Galizien, Österreich-Ungarn; †1972-09-05 Rabka-Zdrój, Pl), Hugo Dionizy Steinhaus (*1887-01-14 Jasło, Galizien, Österreich-Ungarn; †1972-02-25 Breslau), Bronisław Knaster (*1893-05-22 Warschau; †1980-11-03 Breslau). An dem Kongress nahmen neben 200 polnischen Mathematikern auch 40 Mathematiker aus anderen Ländern teil.

Mit alten Bekannten: Johann Radon beim VIII. Kongress der polnischen Mathematiker, Warschau 6.–12. September 1953. Karikatur von Leon Jeśmanowicz (*1914 Vilnius; †1989 Torun); mit freundlicher Genehmigung seines Sohns Stanisław Jeśmanowicz.

Ehrungen: 1921 (gemeinsam mit Hahn) Richard-Lieben-Preis der Wiener AW für *Theorie der reellen Funktionen*; 1939 korrespond. 1947 wirkl. Mtgl. der Wiener Akad. Wiss./ÖAW; 1952–56 Sekretär der math.-naturw. Klasse ÖAW; 1987 Denkmal im Arkadenhof des Hauptgebäudes der Universität Wien, von Bildhauer Ferdinand Welz; 1987 Radon-Medaille der ÖAW (erstmals 1992 vergeben); 2003 ÖAW benennt ein neugegründetes Institut nach ihm, das *Johann Radon Institute for Computational and Applied Mathematics*.

Ausgewählte Publikationen. *Diss.*: (1910) *Über das Minimum des Integrals $\int_{s_0}^{s_1} F(x, y, \theta, \kappa)\,ds$ (Escherich)*.

1. Theorie und Anwendung der absolut additiven Mengenfunktionen, Habilitationsschrift von 1914, schon vorher erschienen in Sber. der math.nat. Klasse der kaiserl. Akad. der Wiss. (Wien) **122**/Abt. II a (1913), 1295–1438.
2. Über eine Erweiterung des Begriffs der konvexen Funktionen mit einer Anwendung auf die Theorie der konvexen Körper. Sber Kais. Akad. d.W. **125** (1916), 241–258.
3. Über eine besondere Art ebener konvexer Kurven, Ber. Verh. Sächs. Ges. Wiss. Leipzig, Math.-Phys. Kl. **68** (1916), 23-28. [„Radon-Kurven"]

4. Über die Bestimmung von Funktionen durch ihre Integralwerte längs gewisser Mannigfaltigkeiten, Berichte der mathematisch-physikalischen Kl. d. Sächsischen Gesellschaft der Wissenschaften **69**, (1917), 262–277.
5. Über lineare Funktionaltransformationen und Funktionalgleichungen, Wien. Anz. 56, 189 (1919); Wien. Ber. (2) **128** (1919), 1083-1121.
6. Mengen konvexer Körper, die einen gemeinsamen Punkt enthalten. Math. Ann. **83** (1921), 113-115.
7. Lineare Scharen orthogonaler Matrizen. Hamb. Abh. **1** (1921), 1-14.
8. Zum Problem von Lagrange. Vier Vorträge gehalten im Mathematischen Seminar der Hamburgischen Universität (7.-24. Juli 1928). Leipzig 1928.
9. Differentialgeometrie. Nach Mitschriften von Radons Vorlesung zusammengestellt, Wien 1947.
10. Gesammelte Abhandlungen (2 Bände), 1987. Enthalten 42 wissenschaftliche Arbeiten, erwähnen 8 Kurzfassungen.
11. Zbl/JFM nennen bereingt von Doppelnennungen 45 Publikationen, darunter die obigen *Gesammelten Abhandlungen*.

Quellen. Bukovics, IMN **162** (1993), 1-5; Schmetterer, IMN **153** (1990), 15-23, Lect. Notes Math. Phys. 4F, 26-28; Binder, Ch., NDB **21**, 98f; Bourbaki, N., Integration I (chap 1–6); Girlich [111], [112]; Algorismus **53** (2006), 81–90; Appelt H (1987) *Erinnerungen eines österreichischen Historikers an die Universität Breslau 1944/45.* Universität Breslau: Jahrbuch der Schlesischen Friedrich-Wilhelms-Universität zu Breslau **28** (1987) 365–380; Meyer W (1999/2000) *Erinnerungen an Studienjahre in Breslau* Universität Breslau: Jahrbuch der Schlesischen Friedrich-Wilhelms-Universität zu Breslau 40/41 (1999), 481-491.

Lit.: Funk, P., Nachruf auf Professor Johann Radon. IMN **62** (1958), 191–199.
Adams, J F, Vector fields on spheres, Ann. Math. 75 (1962), 603–632. (Auszug unter gleichem Namen in Bull. Amer. Math. Soc. Volume 68, Number 1 (1962), 39-41. (Unter project Euclid online frei zugänglich)
Sagan, H, Boundary and eigenvalue problems in Mathematical Physics. To the memory of Johann Radon. New York 1961, 1963; Neudruck 1989.
Ehrenpreis L (2003) The Universality of the Radon Transform. Oxford University Press, Oxford
Sigmund K, Johann Radon 1887–1956, in: Ramlau R, Scherzer O (eds) (2019), The Radon Transform: The First 100 Years and Beyond. p. 5–16;
Gindikin S, Michor P (eds) (1994), 75 years of Radon transform. Proceedings of the conference held at the Erwin Schrödinger International Institute for Mathematical Physics in Vienna, Austria, August 31-September 4, 1992. Cambridge, MA: International Press. Conf. Proc. Lect. Notes Math. Phys. 4, 252-262

Kurt Reidemeister

(Werner Friedrich)

*1893-10-13 Braunschweig;   †1971-07-08 Göttingen

Sohn von Hans Reidemeister (*1864; †1936), Regierungsrat in Braunschweig, und Luise Wilhelmine Sophie, geb. Langerfeldt (*1872-08-23 Helmstedt; †1954);

Zeichnung: W.R. nach einem Foto in Tietz [360, p 46], ebenso im Bildarchiv Foto Marburg, Marburg/Lahn, Kunstinstitut und Einhorn [67], Tafel VI

Bruder von (1) Leopold (Lollo) Reidemeister (*1900-04-07 Braunschweig; †1987-06-11 Berlin), Kunsthistoriker und Museumsdirektor, (2) Hellmuth Gustav Otto Reidemeister (*1895-07-14; †?), Oberleutnant, sowie von (3) Marie Reidemeister (*1898-05-27 Braunschweig; †1986-10-10 London, UK), Illustratorin und Mitentwicklerin der Bildstatistik, ∞ 1941-02-26 (als 3. Ehefrau) Otto Neurath (*1882-12-10 Wien; †1945-12-22 Oxford), Nationalökonom und Mitglied d. Wiener Kreises, Philosoph und Sozialwissenschafter;
ein Großonkel von Kurt Reidemeister war der Kunsthistoriker und Museumsdirektor (Arnold) Wilhelm v. Bode (1845-12-10 Calvörde, Sachsen-Anhalt; †1929-03-01 Berlin).

Reidemeister ∞ 1924 Elisabeth („Pinze") Wagner, aus Riga; Die Ehe blieb kinderlos.

NS-Zeit. Reidemeister war 1922–1925 als Nachfolger des Geometers Gustav Kohn Extraordinarius in Wien, danach Ordinarius in Königsberg. Seit Beginn der NS-Zeit trat er offen gegen die Verfolgung von Juden, insbesondere von jüdischen Mathematikern auf. Wegen seiner politisch liberalen Haltung und konsequenten Gegnerschaft zum NS-Regime wurde er 1933 von seinem Lehrstuhl in Königsberg zunächst entlassen, dann aber auf Betreiben von ⸜ Blaschke und Hecke 1934 als Nachfolger von Hensel (†1941-06-01 Marburg) nach Marburg versetzt.

Kurt Reidemeister[690] beendete seine Mittelschulzeit am Gymnasium in Braunschweig 1911 mit dem Abitur, studierte anschließend Mathematik, Philosophie, Physik, Chemie und Geologie in Freiburg, München und Göttingen. Unter seinen akademischen Lehrern sind neben Edmund Landau vor allem der Neukantianer Heinrich Rickert und Edmund Husserl, Begründer der Phänomenologie, hervorzuheben. Nach Unterbrechung durch den Kriegsdienst legte er 1920 in Göttingen das Staatsexamen für das Lehramt an Mittelschulen ab. Als Assistent von Erich Hecke (1887–1947) an der neugegründeten Universität Hamburg promovierte er 1921 mit einer Dissertation über algebraische Zahlentheorie. Er interessierte sich aber auch für Differentialgeometrie, bearbeitete für den Druck den zweiten Band von Wilhelm ⸜ Blaschkes Vorlesungen über Differentialgeometrie (Affine Differentialgeometrie, 1923), und publizierte selbst einschlägige Arbeiten.

1922 wurde Reidemeister auf ein Extraordinariat in Wien berufen. In Wien machte er Bekanntschaft mit Moritz Schlick und dem „Wiener Kreis", an dessen Sitzungen er regelmäßig teilnahm.[691] Reidemeister wird von manchen Historikern des Wiener Kreises als zu dessen Peripherie gehörig bezeichnet. In seinem Interview für die DMV erzählte ⸜ Hlawka: „Von den Mathematikern waren Gründungsmitglieder des Wiener Kreises Reidemeister, was wenig bekannt ist, ⸜ Vietoris, was noch unbekannter ist, ⸜ Hahn und ⸜ Menger. Ursprünglich traf sich der erste Wiener Kreis in einem Kaffeehaus, dem *Café Bastei*, gegenüber der Universität,[692] das gibt es heute nicht mehr." Durch Hans ⸜ Hahn erhielt er eine Einführung

---

[690] Die zuweilen in der Literatur (zB in [175]) anzutreffende Behauptung, Reidemeister hätte eine weitere Schwester namens (Karoline Antonie Emilie) „Emmy" Reidemeister ∞ Hampe, gehabt, ist auf die Verwechslung mit Emmy Hampe, geb Langerfeldt, Schwester von Reidemeisters Mutter, zurückzuführen.
[691] Seine Schwester Maria heiratete Otto Neurath und war wesentlich an der Grafik von Neuraths System der Bildstatistik, organisatorisch an der Gründung des „Isotype Instituts", beteiligt.
[692] Heute: Universitätsring 14, Ecke Schottengasse; das Café hieß erst nach der Neueröffnung 1932 *Café Bastei*, Vorgänger war das *Café Ronacher*.

in die Grundlagenprobleme der Mathematik, ihn interessierte daran vor allem das mathematische Denken, die logische und philosophische Analyse von Beweisen, das Wesen der geometrischen Anschauung.[693]

Als Reidemeister 1925 einem Ruf als o Professor für Mathematik in Königsberg folgte, wurde in Wien Karl ˃ Menger sein Nachfolger.

In Königsberg traf Reidemeister auf die Mathematikerin Ruth Moufang,[694] auf Richard Brauer,[695] Werner Burau[696] und Rafael Artzy.[697] Die Grundlagen der Geometrie und die kombinatorische Topologie wurden seine Hauptarbeitsgebiete, wobei er gruppentheoretische Methoden bevorzugte. Die damals entstandene „Knotentheorie" (1932, Nachdruck 1948, 1974) gilt bis heute als Klassiker dieses Gebiets.

Die Königsberger Studentenschaft (wie die Studentenschaft an fast allen anderen deutschen Universitäten) geriet Ende der 1920er Jahre zunehmend in das Fahrwasser der antidemokratischen politischen Rechten und insbesondere der Nationalsozialisten. 1930 führten studentische Unruhen zum Rücktritt des Rektors; Reidemeister fand diese Agitationen abstoßend und trat in seinen Vorlesungen öffentlich gegen sie auf. Das Ermächtigungsgesetz von 1933-03-24 lieferte eine Handhabe um ihn deswegen im April 1933 zu beurlauben. ˃ Blaschke intervenierte, sammelte Unterschriften für die Unterstützung Reidemeisters und erreichte, dass Reidemeister im folgenden Jahr als Nachfolger von Kurt Hensel nach Marburg berufen wurde. Wohl zum Dank für diese Hilfe trat Reidemeister für ˃ Blaschke mit einer Petition in dessen Entnazifizierungsverfahren auf, befürwortete aber nicht die volle Wiederherstellung von Blaschkes Professur, sondern schlug Blaschkes Pensionierung als Professor, aber Betrauung mit einer Forschungsstelle vor. (Wahrscheinlich hoffte er damit leichter als mit einem Antrag auf volle Rehabilitierung durchzukommen. ˃ Blaschke war damals 60 Jahre alt.)[698]

Abgesehen von einem ehrenvollen Gastaufenthalt am IAS Princeton von 1948–50 blieb Reidemeister bis 1955 in Marburg und folgte dann einem Ruf nach Göttingen. Während der Marburger Zeit arbeitete Reidemeister mit Friedrich Bachmann an der Grundlegung der Geometrie auf der Basis des Spiegelungsbegriffs. Zu Reidemeisters Hauptleistungen zählt die Eröffnung eines kombinatorischen Zugangs zur Knotentheorie. Wesentliches Hilfsmittel dieses Zugangs ist sein Verfahren zur Berechnung der (später nach ihm benannten) „Reidemeister-Torsion" der zyklischen Überlagerungen des Knotenaußenraums. Auf Reidemeisters Ideen geht die Klassifikation der von ˃ Tietze erstmals beschriebenen Lin-

---

[693] Er empfand zum Beispiel nur berandete Körper als anschaulich vorstellbar.

[694] Auf Ruth Moufang (*1905-01-10 Darmstadt; †1977-11-26 Frankfurt/Main), ab 1957 o Prof in Frankfurt, gehen bekanntlich die Begriffe Moufang-Loop und Moufang-Ebene zurück. Moufang hatte 1932/33 einen Lehrauftrag in Königsberg.

[695] Brauer (*1901-02-10 Berlin; †1977-04-17 Belmont, Ma, USA), bekannt für Arbeiten zur Klassifikation der einfachen endlichen Gruppen, hatte 1925–33 eine Assistentenstelle in Königsberg.

[696] Rolf Werner Burau (*1906-12-31 Allenstein, heute Olsztyn, PL; †1994-01-16) dissertierte 1931 (Promotion 1932) bei Reidemeister über Knoten- und Zopfgruppen, habilitierte sich 1943 bei ˃ Blaschke in Hamburg; dort ab 1949 apl Professor, 1975 emeritiert.

[697] Rafael Artzy (*1912-07-23 Königsberg; †2006-08-26 Haifa) studierte 1930–33 bei Reidemeister, emigrierte 1933 nach Haifa und promovierte dort bei Theodore Motzkin.

[698] Segal [298], p 65f

senräume zurück.[699] Linsenräume liefern Modellbeispiele für nicht-homeomorphe, aber homotopie-äquivalente Räume, diese können mit Hilfe der Reidemeister-Franz Torsion unterschieden werden. Für kompakte Riemann-Mannigfaltigkeiten stimmen Reidemeister-Franz Torsion und analytische Torsion überein.[700]

Schon während seiner Zeit in Marburg und noch mehr nach dem Krieg wandte sich Reidemeister stärker der Literaturwissenschaft, der Philosophie und der Entstehungsgeschichte der Mathematik zu. Er veröffentlichte Studien zur Antike (Das exakte Denken der Griechen, 1949, Nachdr. 1951), kritische Essays zu zeitgenössischen Philosophen („Geist und Wirklichkeit", 1953, „Die Unsachlichkeit der Existenzphilosophie", 1954); sowie als historischen Beitrag 1971 einen „Hilbert–Gedenkband". Reidemeister war während seiner Zeit in Marburg bis zu dessen Ableben mit dem Literaturhistoriker, Schriftsteller und Übersetzer Max Kommerell[701] befreundet. Reidemeister übersetzte u.a. Mallarmé und verfasste einen Gedichtband.

Ehrungen: 1928 Eingeladener Vortrag ICM Bologna; 1946 Vorsitzender der DMV; 1955 Mitgl. d. Göttinger AW; korr. Mitgl. d. ÖAW

Das MGP nennt 13 Doktoranden, darunter 1 weibl.

Ausgewählte Publikationen. *Diss.*: ((1921)) *Über die Relativklassenzahl gewisser relativ-quadratischer Zahlkörper (Erich Hecke).*

1. Vorlesungen über Grundlagen der Geometrie. Berlin, J. Springer (Die Grundlehren der mathematischen Wissenschaften in Einzeldarstellungen mit besonderer Berücksichtigung der Anwendungsgebiete Bd. 32) (1930).
2. Einführung in die kombinatorische Topologie. Braunschweig, F. Vieweg & Sohn 1932.
3. Knotentheorie. Ergebnisse der Mathematik und ihrer Grenzgebiete. 1, No. 1. Berlin: Julius Springer 1932.
4. Topologie der Polyeder und kombinatorischen Topologie der Komplexe. (Math. u. ihre Anwendungen in Monogr. u. Lehrbüchern. 17) 1938. Leipzig: Akad. Verlagsges.mbH
5. Die Arithmetik der Griechen. (Hamburg. math. Einzelschriften. 26) Leipzig, Berlin: B. G. Teubner. 1940.
6. Das exakte Denken der Griechen. Beiträge zur Deutung von Euklid, Plato, Aristoteles. Hamburg: Claassen & Goverts, 1949.
7. Einführung in die kombinatorische Topologie. New York: Chelsea. 1950.
8. Geist und Wirklichkeit. - Kritische Essays. Berlin-Göttingen-Heidelberg: Springer 1953
9. Raum und Zahl. Berlin-Göttingen-Heidelberg: Springer 1957
10. Hilbert Gedenkband. Berlin-Heidelberg-New York: Springer 1971.

Zbl/JFM nennen (bereinigt) 90 Publikationen, darunter 18 Bücher.

Quellen. Neue Deutsche Biographie [222, p 325f]; Segal [298, p 64ff]; Bachmann-Franz-Behnke, Math. Ann. **199** (1972), 1–11; Weber, C, Max Kommerell: Eine intellektuelle Biographie. p 494–515; Artzy, Jber. DMV. **74** (1972), 96-104

Lit.: Moritz Epple: Kurt Reidemeister (1893–1971). Kombinatorische Topologie und exaktes Denken. in: Die Albertus-Universität zu Königsberg und ihre Professoren. Duncker & Humblot, Berlin 1995.

Reichel, H.C., Kurt Reidemeister (1893 bis 1971) als Mathematiker und Philosoph. Ein 'Meilenstein' in der Entwicklung der Topologie, der Geometrie und der Philosophie dieses Jahrhunderts. Sitz.ber. ÖAW, Math.-Nat. Klasse, **203** (1994), 117–135. Tietz [359], [360]

---

[699] Die Bezeichnung „Linsenräume" wurde wurde von Seifert und Threlfall eingeführt

[700] Cheeger J (1977), Proc. Natl. Acad. Sci. USA **74**:2651-2654.

[701] Über Max Kommerell (*1902-02-25, Münsingen, Württemberg; †1944-07-25 Marburg) und seine Beziehung zu Reidemeister vgl Weber C, Max Kommerell: Eine intellektuelle Biographie. De Gruyter 2011; besonders Kapitel IX, pp 479–543.

Anton („Tonio") Rella

*1888-03-24 Brünn;   †1945-04-08 (während der Kämpfe um Wien von Granat-splittern tödlich verwundet)

Sohn von Attilio Rella (*1857 Rovereto, Südtirol; †1910-01-03 Pfaffstätten, Zugs-unfall), Oberingenieur und Prokurist von „Pittel& Brausewetter", und dessen Frau Karoline (Charlotte), geb Röttinger; Bruder von Lotte Rella vereh. Horak (*1889; †1971), erste diplomierte Fechtmeisterin Österreichs (und Jugendschwarm von Er-win Schrödinger).

Rella ⚭ 1912 Camilla (*1877-08-21; †1943-11-08), geb Köhler; Sohn Mario (*1914-04-15, †1989)⚭ Johanna; Enkel Walter (*1944-05-31)

Foto: 1937; Autor unbekannt; Österreich. Nationalbibliothek, mit freundl. Genehmigung

NS-Zeit. Rella erhielt 1938 vom NS-Dozentbund die Beurteilung „jüdisch versippt, weltanschaulich Gegner der NSDAP, bei Studenten vielfach sehr unbeliebt",[702] trotz-dem konnte er auf seinem Posten bleiben. Er fiel 1945-04-08, sieben Tage nach dem Ostersonntag, während der Kämpfe um Wien einer Artilleriegranate zum Opfer.

Rella entstammte väterlicherseits einer alten Adelsfamilie in Trient, die über mindestens zwei Generationen im Bauwesen tätig war. Sein Großvater Oreste war 1864 am Bau der Brennerbahn beteiligt, Vater Attilio erbaute in Küb bei Payerbach-Reichenau die Hotel-anlage Kastell-Küb,[703] wo er auch selbst ein Anwesen besaß, und arbeitete zuletzt die Detailprojekte für die Kanalisierung der Stadt Triest aus.

Attilio Rella war ein begeisterter Fechter, Mitglied und zeitweise Obmann des „Haudegen", des ältesten Fechtklubs in Wien. Er sorgte dafür, dass seine beiden Kinder unter Fechtmei-ster Martin Werdnik eine gediegene Ausbildung im Florettfechten erhielten; leider erlebte er die Erfolge seiner Kinder nicht mehr. Tonio trat bereits mit elf Jahren unter dem Jubel des Publikums in Schaufechtkämpfen auf, später gemeinsam mit seiner Schwester Lotte. Lotte Rella, später verehelichte Horak, war in den zwanziger und dreißiger Jahren als erste ge-prüfte Fechtmeisterin Wiens sehr erfolgreich. Tonio wandte sich dagegen der Mathematik und den Naturwissenschaften zu.

1899–1906 besuchte Tonio Rella das Akademische Gymnasium in Wien und war dort Klassenkamerad von Erwin Schrödinger, mit dem ihn und seine Schwester eine Jugend-freundschaft verband, die auch später fortdauerte.[704] Die Matura bestand Tonio mit Aus-zeichnung.

---

[702] Zu finden auf der Proskriptionsliste auf p 86.

[703] Diese Anlage besteht bis heute. In der Freiwilligen Feuerwehr von Küb sind derzeit (2020) mindestens sechs Mitglieder der Familie Rella ehrenamtlich tätig.

[704] Erwin Schrödinger verzeichnete in seinen sorgfältig geführten Erinnerungen Lotte Rella als seinen ersten Schwarm. 1899 maturierte am Akademischen Gymnasium Gustav ˃ Herglotz. Zum Akad. Gymnasium vgl. Winter [383].

Nach dem an die Matura anschließenden Einjährig-Freiwilligen-Jahr begann Rella im WS 1907/08 das Studium von Mathematik und Physik an der Universität Wien, und beendete es 1913-12-19 mit der Promotion zum Dr phil.

Von 1914-08-01 bis 1918-12-08 war Rella zum Kriegsdienst eingezogen; bis 1917 war er an der Front, danach an der Reserveoffizierschule der Festungsartillerie in Wien eingesetzt; er erreichte 1918-03-01 den Rang eines Hauptmanns und kommandierte zuletzt den Messtrupp der Bombengruppe am Fliegerarsenal.

1919 kehrte er zur Weiterbildung als promovierter Student an die Universität Wien zurück, 1920-08-01 wurde er zum Assistenten am Mathematischen Seminar ernannt. 1921 habilitierte er sich, 1922-10 wurde er zum ao Professor an der Universität Graz ernannt, 1924-06-23 zum o Prof. Nach dem Tode Sternecks 1928-03-28 supplierte Rella dessen Lehrkanzel.

1930/31 war Rella Dekan der philosophischen Fakultät an der Grazer Universität.

1932 wurde er als Ordinarius an die II. Lehrkanzel für Mathematik der TH Wien berufen.

1933 gehörte Rella zu den 13 Mathematikern, die Helmuth Hasses (leider letztlich erfolglose) Initiative für Emmy Noether durch ein Gutachten unterstützten.[705]

Rellas mathematische Interessen lagen vor allem in Zahlentheorie und Algebra. Er verfasste eine Arbeit über p-adische Zahlen, die aber zu seiner Enttäuschung wegen der schon vorher erschienenen Henselschen Publikation zum gleichen Thema bereits obsolet war. Neben Zahlentheorie und Algebra gehörte auch die Angewandte Mathematik zu seinen Forschungsinteressen. Noch ein Jahr vor seinem Tod befasste er sich zB mit Fachwerken, deren Stäbe lediglich Zugspannungen aufnehmen, Rella konnte seine Ergebnisse nicht mehr veröffentlichen.[706] Zu seinen Lehrpflichten an der TH Wien gehörte neben der Mathematik-Hauptvorlesung auch Versicherungstechnik; außerdem las er über sein Spezialgebiet Algebra und Zahlentheorie sowie über Differentialgleichungen und Funktionentheorie.

Rella hatte auch philosophische Interessen, er hielt gemeinsame Lehrveranstaltungen mit dem Grazer Philosophen und Meinong-Schüler Ernst Mally ab.

Rella wurde kurz vor dem Ende des Kampfs um Wien, am Weißen Sonntag (der dem Ostersonntag folgende Sonntag) in der Wiener Innenstadt, nach dem Kirchgang auf der Freyung, von einer Granate tödlich getroffen.

MGP nennt die Dissertanten Gottfried ˃ Köthe und Egon ˃ Ullrich

Ehrungen: 1915-09 Oblt d.R., Festungsartillerie-Baon Nr 6, beim Artill. Bez. Kommando Nr VII/a in Krakau 1917-03 belobende Anerkennung mit Schwertern für tapferes Verhalten vor dem Feind; 1936 eingeladener Vortrag ICM in Oslo

Ausgewählte Publikationen. *Diss.:* (1913) *Studien über relativ abelsche Zahlkörper (Mertens, Furtwängler).*

1. Die Zerlegungsgesetze für die Primideale eines beliebigen algebraischen Zahlkörpers im Körper der ℓ-ten Einheitswurzeln. Math. Z. **5** (1919), 11–16
2. Über die multiplikative Darstellung von algebraischen Zahlen eines Galoisschen Zahlkörpers für den Bereich eines beliebigen Primteilers. J. Reine Angew. Math. **150** (1920), 157–174

---

[705] Vgl. Koreuber M (2015), Emmy Noether, die Noether-Schule und die moderne Algebra. Zur Geschichte einer kulturellen Bewegung. Springer Berlin-Heidelberg. p. 200.

[706] Das überliefert A. Duschek in seinem Nachruf (s.u.).

3. Bemerkungen zu Herrn Hensels Arbeit "Die Zerlegung der Primteiler eines beliebigen Zahlkörpers in einem auflösbaren Oberkörper". J. Reine Angew. Math. **153** (1923), 108–110
4. Zur Newtonschen Approximationsmethode in der Theorie der *p*-adischen Gleichungswurzeln. J. Reine Angew. Math. **153** (1923), 111–112
5. Ordnungsbestimmungen in Integritätsbereichen und Newtonsche Polygone. J. Reine Angew. Math. **158** (1937), 33–48

JFM nennt 9 math. Publikationen (davon 2 auch in Zbl), eine physikalische Arbeit, in Z. Physik 3 (1920), wird weder in JFM noch im Zbl vermerkt.

Quellen. Staatsarchiv AT-OeStA/AdR UWFuK BMU PA Sign 10 Rella Tonio; Wiener Ztg 1915-09-11; ÖBL [233, p 74]; IMN **2** (1947), 7–8; [67, p 537–544]. Der Nachlass Rellas wird von seinen Urenkeln verwaltet.

Lit.: Rella C, Fuchs M (2018), „Wir schießen schon auf die unmöglichsten Sachen". Der Briefwechsel des Payerbacher Artillerieoffiziers Tonio Rella mit seiner Gattin Camilla 1914–1917 (Studien und Forschungen aus dem Niederösterreichischen Institut für Landeskunde 72), Verlag NÖ Institut für Landeskunde, St Pölten.

Franz Rellich

*1906-09-14 Tramin (Termeno), Südtirol;   †1955-09-25 Göttingen

Sohn von Franz Rellich sen. (*1863 Tramin; †1924-08-30 Graz), Oberpostmeister und Hausbesitzer, und dessen Frau ∞ 1904-08 Camilla (Kamilla), geb Fiedler (*1879; †1969), Private; Bruder von Camilla, geb Rellich, ∞ 1929-09 Bartel van der Waerden (3 Kinder)

Franz Rellich jun. ∞ 1950 Brigitte, geb. Naumann (*1923-03-26; †2000-01-25); keine Kinder.

Foto: Sammmlung Konrad Jacobs; mit freundl. Genehmigung vom Archiv Oberwolfach.

NS-Zeit.   Rellich war konsequenter NS-Gegner, gehörte dem Kreis um Richard Courant in Göttingen an und war daher Zielscheibe der NS-Riege um Ludwig ˃ Bieberbach und Erhard Tornier.[707] Er mußte seinen Assistentenposten verlassen, konnte aber in Marburg und später in Dresden wieder eine akademische Position finden. Nach dem Krieg hatte er wesentlichen Anteil am Wiederaufbau des Göttinger Instituts für Mathematik.

Franz Rellichs gleichnamiger Vater war Postmeister in Tramin und besaß dort ein stattliches Haus mit Nebengebäuden, das er aber 1909, als sein Sohn gerade drei Jahre alt war, verkaufte und nach Graz übersiedelte. In Graz erwarb er das Haus Peinlichgasse 12. Im November 1918 wurde er auf eigenen Wunsch als Grazer Hausbesitzer in den Gemeinde-

---

[707] Richard Courant schrieb in seinem Nachruf (s.u.): *Er hatte vom ersten Augenblick an mit Würde und Mut gegen die nationalsozialistischen Aktivisten in der Universität Stellung genommen und hat auch in späteren Jahren bis zum Ende des Regimes niemals Konzessionen gemacht oder seine Einstellung verleugnet.*

verband Graz aufgenommen. Die Familie hatte daher von da an in Graz Heimatrecht, Franz Rellich jun. war damit Österreicher.[708]

Franz Rellich jun. wuchs in Graz auf, besuchte dort die Grundschule sowie von 1916 bis 1924 das Akademische Gymnasium und studierte nach der Matura für drei Semester an der Grazer Universität Mathematik und Physik. Danach setzte er sein Studium bei Richard Courant (*1888-01-08 Lublinitz, Oberschlesien; †1972-01-27 New York) in Göttingen fort, mit dem ihn bald eine lebenslange Freundschaft verband.[709] Er arbeitete bei ihm als Assistent, promovierte 1929-02-27, hielt 1932 in Vertretung von Wilhelm ˃ Blaschke an der Universität Hamburg eine Vorlesung über Differential- und Integralrechnung und habilitierte sich 1933-02-28 in Göttingen für Mathematik. 1934-06-18 wurde ihm als „Mitglied der Courant-Clique" und „Judenfreund" auf Betreiben des radikalen NS-Anhängers Tornier der weitere Verbleib in Göttingen verwehrt, er erhielt aber über Vermittlung von Ernst Richard Neumann[710] eine Assistentenstelle in Marburg, auf der er vom WS 1934/35 bis 1937-07-30 verblieb.[711] Ab 1934-12-12 hatte er in Marburg einen Lehrauftrag für Mathematik; 1939-02-22 wurde er zum ao Professor ernannt. 1939-04 übernahm er in Dresden die Vertretung des Lehrstuhls von Kowalewski, der ihm schließlich 1942 übertragen wurde.[712] Vor Kriegsende wurde Rellichs Familie 1945 ausgebombt und fand Unterkunft bei Gustav ˃ Herglotz. Im September 1945 wurde Rellich mit der Vertretung des Lehrstuhls von Siegel in Göttingen betraut.

Im Frühjahr 1946 stand Rellich hinter van der Waerden an zweiter Stelle auf einer Besetzungsliste der Universität Graz (siehe Abschnitt 2.6), das Unterrichtsministerium entschied sich jedoch für den wissenschaftlich unbedeutenden Drittplatzierten, wobei in der Begründung auf die wissenschaftliche Qualifikation von van der Waerden und Rellich nicht eingegangen und Rellich fälschlich als Nicht-Österreicher bezeichnet wurde.

Rellich blieb in Göttingen und wurde im gleichen Jahr 1946 zum Ordinarius ernannt. In dieser Funktion erwarb er sich große Verdienste um den Wiederaufbau des mathematischen Instituts der Universität Göttingen nach dem Tsunami der NS-Zeit.[713]

1950/51 und 1953 war Rellich Gast am Courant Institut der Universität New York.

Rellich war ab 1947 Mitglied des Herausgeberkomitees der *Mathematischen Annalen*.[714]

---

[708] Das Heimatrecht entsprach in der Monarchie und in der Ersten Republik der erst 1985 gesetzlich eingeführten und definierten Staatsbürgerschaft.

[709] Rellichs Ehefrau Brigitte war mit Arnold Kirsch, Liselotte Janke und Dieter Schmitt an der Bearbeitung der dt Übersetzung durch Iris Runge von *What is Mathematics* von Courant–Robbins beteiligt. Courant widmete die deutsche Ausgabe „dem Andenken seines unersetzlichen Freundes FRANZ RELLICH".

[710] Ernst Richard Julius Neumann (*1875-11-09 Königsberg/Preußen; †1955-08-19 Dornholzhausen/Bad Homburg) war ab 1908 o Prof in Marburg; er emeritierte 1946.

[711] 1934-12-12 Umhabilitation von „Mathematik" auf „Reine Mathematik".

[712] Über die Vertreibung Kowalewskis aus Dresden vgl. die Fußnote auf p 163.

[713] In „Report on Impression of scientific Work in Goettingen and Hamburg, Germany - July 1947" von Natascha Artin und Richard Courant über die Nachkriegssituation in Göttingen heißt es: "In the field of mathematics proper, the situation is not as favorable as in physics. By and large, the mathematicians seem to be less vigorous and more run-down than the physicists. However, the Director of the Mathematics Institute, Professor Franz Rellich, is one of the best and strongest personalities in the science faculty and an excellent leader for his small group." (Briefwechsel p 85)

[714] Nach Rellichs Tod 1955 folgte ihm 1957 Gottfried ˃ Köthe als Herausgeber nach.

In der mathematischen Forschung leistete Rellich wichtige Beiträge zur mathematischen Physik, zur Störungstheorie der Spektralzerlegung selbstadjungierter unbeschränkter Operatoren und zur Theorie der partiellen Differentialgleichungen (mit Hilfe von Sobolev-Räumen). Diese Theorie ist für die Grundlegung der Quantenmechanik wichtig und wird prominent in dem zum Klassiker gewordenen Buch von Kato[715] behandelt. Der *Einbettungssatz von Rellich* (ursprünglich als Auswahlsatz formuliert) besagt, dass die Einbettung eines höheren Sobolev-Raumes in einen niedereren stets eine kompakte Abbildung ist. Auch die *Rellichsche Ungleichung*, die auf seinen Aufenthalt am Courant Institut zurückgeht, trägt seinen Namen.

Ehrungen: Invited Speaker auf den ICMs 1932 in Zürich, 1950 in Cambridge/Massachusetts und 1954 in Amsterdam; 1948 zum Mitgl. d. Göttinger Akademie d. Wiss. gewählt.

MGP meldet 7 Dissertanten: Heinz Otto Cordes, Erhard Heinz, Konrad Jörgens, Jürgen Moser, Schuo-min Djiang [=Jiang Shuo-min], Friedrich Stummel, Ernst Wienholtz. Nicht im MGP: Claus Müller

Ausgewählte Publikationen. *Diss.:* (1929) *Verallgemeinerung der Riemannschen Integrationsmethode auf Differentialgleichungen n-ter Ordnung in zwei Veränderlichen (Courant).*

1. Ein Satz über mittlere Konvergenz. Nachrichten Göttingen 1930, (1930) 30-35.
2. Störungstheorie der Spektralzerlegung, I–V. Math. Ann., **113** (1937), 600–616, 677–685; **116** (1939), 555–570; **117** (1940), 356–382; **118** (1942), 462–484.
3. (gem mit Jörgens, K., postum) *Eigenwerttheorie gewöhnlicher Differentialgleichungen.* Bearbeitet von J. Weidmann. 1976.
4. *Perturbation theory of eigenvalue problems.* Gordon and Breach 1969 [posthum veröffentlicht].

Zbl/JFM verzeichnen (von Doubletten bereinigt) 46 mathematische Publikationen. Rellichs Nachlass befindet sich im Zentralarchiv deutscher Mathematiker-Nachlässe an der Niedersächsischen Staats- und Universitätsbibliothek Göttingen.

Quellen. Grazer Volksbl. 1904-09-16 p16; Innsbrucker Nachr. 1904-09-16 p16; 1909-10-02 p. 4; Grazer Tagbl. 1918-11-15 p 9; Neues Wr Tagbl. 1939-04-15 p10; [222, Bd 21, p 406f], Eintrag Franz Rellich (Hubert Kalf); Gronau [123]; Segal [298, p 128f]; Archiv d Uni Göttingen; Courant, Math. Ann. **133** (1957) 185–190; Eintrag Rellich im *Catalogus professorum academiae Marburgensis*, Bd 2.

Arnulf Reuschel

*1908-04-03 Graz; †1978-11-30b Wien (ev. AB)

Sohn des Strafanstaltskontrollors (Hauptmann) Arnulf Reuschel (*1881-04-15 Mühlbach (Siebenbürgen); †1914-09-06 Ljublin) und dessen Ehefrau Aemilia Therese, geb Töke (*1883-11-04 Szebadka, †?); Bruder von drei Geschwistern;
Reuschel ∞ 1939-02-21 Anna Maria Sauerzapf (*1912-08-20 Neustift/Rosalia, †1999-02-19 Wien); Sohn Arnulf Georg Reuschel (*1945-11-28 Steyr, †1995-05 Wien)

NS-Zeit. Reuschel war seit 1937-10 Pg (Nr 6.242.692), außerdem Mitglied von NSLB, NSV, daher wurde er 1945-06-20 als „Illegaler" entlassen. Die Entlassung wurde 1947-02-18 aufgehoben. Reuschel war Mitarbeiter der Luftfahrtforschung Wien-Heidelberg unter der Leitung von Josef ˃ Krames.

---

[715] Tosio Kato (*1917; †1999), Perturbation theory of linear operators. Principles of Mathematical Sciences, 1966, 1976, 1980, 1986, 1995.

Arnulf Reuschels gleichnamiger Vater war bis 1910 Strafanstalts-Adjunkt in Graz gewesen, danach wurde er vom Justizminister zum Kontrollor der Männerstrafanstalt Garsten ernannt; am Ersten Weltkrieg nahm er als Oblt d. R. im Infanterieregiment Nr 86, abkommandiert zum Landsturm-IR Nr 2, teil und fiel 33-jährig am nördlichen Kriegsschauplatz vor den russischen Schanzgräben bei Ljublin.[716]. Arnulf Reuschel sen. trat öffentlich für eine Reform des Strafvollzugs nach modernen Prinzipien, insbesondere für das Abgehen vom Prinzip der Vergeltungsstrafe ein.[717]

Arnulf Reuschel jun. war ab 1928 wissenschaftliche Hilfskraft an der TH Wien, legte 1932 die Lehramtsprüfung in Mathematik und Darstellender Geometrie ab und hatte von 1935 bis 1938 eine Assistentenstelle an der TH Wien. Zwischen 1938 und 1945 war er wissenschaftlicher Hochschulassistent auf viertel und halben Stellen (in Darstellender Geometrie), im Hauptberuf aber Lehrer an einer Mittelschule, außerdem Honorardozent für Stenographie an der TH Wien. 1944 promovierte er zum Dr. tech. an der TH Wien. Im NSDDB an der TH Wien war er für die Presse- und Propaganda-Arbeit zuständig.

1945/46 lehrte er als Kriegsgefangener Höhere Mathematik und Mathematische Statistik an einem amerikanischen College;[718] er kehrte erst 1946 aus der Kriegsgefangenenschaft zurück. Wegen seiner NS-Mitgliedschaften konnte er bis zur Amnestie von 1948 seine akademische Tätigkeit nicht mehr aufnehmen.

Obwohl er nach der Amnestie von 1948 an die TH Wien zurückkehren hätte können, ging er als Industriemathematiker Anfang 1949 zu den Optischen Werken C. Reichert A.G., wo er später Pionierarbeit für die Programmierung der Berechnungen für optische Systeme leistete und als Leiter der EDV-Abteilung sehr erfolgreich war. Für seine Beiträge zur Technik optischer Geräte erhielt er die Prechtl-Medaille.[719]

Reuschel hat ab 1940 gemeinsam mit Emil Ludwig und Josef ˃ Laub drei Mathematiklehrbücher (nicht im Zbl) und ein vierstelliges Tabellenwerk für den Gebrauch an Mittelschulen veröffentlicht. Vier Publikationen betreffen Elementargeometrie, seine Dissertation behandelt kinematische Konstruktionen.

Ehrungen: 1944 Kriegsverdienstkreuz m. Schwertern; 1965 Prechtl-Medaille.

Ausgewählte Publikationen. *Diss.*: (1944) *Über ein einheitliches Verfahren zur Ermittlung von Tangenten und Krümmungskreisen der Bahnkurven, Eingriffslinien, Hüllbahnen und Polbahnen von ebenen bewegten Systemen (Krames, TH Wien).*

1. Konstruktion zweier gleich großer regulärer Tetraeder, die einander zugleich ein- und umgeschrieben sind. Elem. Math. **4** (1949), 7-11, 25-30.
2. Fahrzeugbewegungen in der Kolonne. Z. Österr. Ing.-Archiv **4** (1950), 193-215.
3. Fahrzeugbewegungen in der Kolonne bei gleichförmig beschleunigtem oder verzögertem Leitfahrzeug. Z. Österr. Ing. Arch.-Ver. 95 (1950), 59-62 u. 73-77.
4. Über ein dreidimensionales Verfahren zur Behandlung optischer Probleme. Optik **10** (1953), 470–475. [nicht in Zbl]
5. Berührungseigenschaften des Feuerbachkreises. Prax. Math. 18, 3-10 (1976).

Zbl/JFM nennen bereinigt fünf mathem. Publikationen, darunter ein Buch (vierstellige Logarithmen / Trig. / Zinseszins / Sterbe-tafeln, 1941, gem mit Emil Ludwig). Mathematiklehrbücher oben erwähnt.

---

[716] MVK III. Kl. mit d. Kriegsdekoration

[717] Grazer Tagbl. 1909-10-23 p1ff; Juristische Blätter 1912, p 284.

[718] Vgl. die Laudatio zur Prechtl-Medaille

[719] Über diese Medaille s. Ritzer, W., *Die Johann-Joseph-Ritter-von-Prechtl-Medaille: ihre Geschichte und ihre Träger. 1911-1984.* Technische Hochschule Wien, 1970.

Quellen. TUWA Personalakten Reuschel und Krames; Verein d öst. Richter 1912-07. p11; Linzer Volksbl. 1914-09-15 p5; Streffleurs Militärblatt 1914-11-14 p3; Salzbg. Volksbl. 1910-09 p7; Grazer Tagbl. 1901-11-03 p13, 1909-10-23 p 1ff. IMN **6** (1949), 3 (neues ÖMG-Mitglied).

Alfred Eduard Rössler
auch: (Fred) Rößler

(*1903-02-21 Saaz (Žatec), Böhmen; †1989-06-11 Aachen)

NS-Zeit. Rössler war vor 1938 Mitglied der Sudetendeutschen Partei Peter Henleins, nach dem Einmarsch der Hitlertruppen in Prag der NSDAP. 1945 konnte er nicht an seinem bisherigen Wirkungsort Prag bleiben und landete schließlich in Aachen. In der Entnazifizierung wurde er letztlich als minderbelasteter Heimatvertriebener eingestuft und in die NRWTH Aachen als Wiss. Rat, später apl Professor aufgenommen.

Aus einer katholischen Lehrerfamilie, Mitglied der Studentenvereinigung „Germania". Er studierte 1922–26 an der DU Prag und an der DTH Prag; promovierte 1933 bei Ludwig ˃ Berwald. 1926 wurde er Assistent an der DTH Prag, wo er sich 1938 (Šišma; nach Bečvářova: 1940) habilitierte. Er unterrichtete neben Geometrie und angewandter Mathematik für Lehramtskandidaten ab 1941 auch Finanz- und Wirtschaftsmathematik.[720] Als Mitglied der Sudetendeutschen Partei wurde er im Dezember 1938 in die NSDAP aufgenommen.[721] Nach Kriegsende musste er die Tschechosloakei verlassen, wirkte ab 1947 an der Philosophisch-Theologischen Hochschule Passau und supplierte 1948 einen Lehrstuhl an der Fakultät für Allgemeine Wissenschaften, RWTH Aachen. 1948-05-28 erwarb er in Aachen die Lehrbefugnis für Mathematik unter besonderer Berücksichtigung der darstellenden Geometrie, wurde 1949-09-21 apl Professor; 1950-09-01 Dozent für Mathematik, 1957-11-05 zum Wissenschaftlichen Rat ernannt, 1967-04-27 zum Wissenschaftlichen Abteilungsvorsteher und Professor für Geometrie. 1968-03-31 erfolgte schließlich die Versetzung in den Ruhestand.[722]

1953, zur Zeit des Arbeiteraufstands in der DDR, erging an ihn ein Ruf auf einen ordentlichen Lehrstuhl der TH Dresden (Institut für Geometrie), den er aber nicht annahm.

Ausgewählte Publikationen. *Diss.*: (1933) *Beiträge zur affinen Flächentheorie (Berwald).*

1. Über eine geometrische Erzeugungsweise der windschiefen uneigentlichen Affinsphären. Abhandlungen Hamburg **9** (1933), 272.
2. Beiträge zur affinen Flächentheorie. Lotos **81** (1934), 13-16.

---

[720] Bundesarchiv Berlin, fonds DS-A0056.

[721] Bundesarchiv Berlin, Fonds R 31/432.

[722] Bestände des Hochschularchivs der RWTH Aachen, Zeitraum 1949-1959 Verzeichnungseinheit (VZE) 3103 A Kontext 13 Nr. 3081 - Nr. 3811, VZE 13287, Wissenschaftliche Räte. Siehe weiters Alma Mater Aquensis, Sonderband 1870-1995, S. 71ff (online unter https://www.archiv.rwth-aachen.de/bestaende/quellenkunde/auflistung-der-rwth-rektoren/quelle-alma-mater-aquensis-sonderband-1870-1995-s-71ff/, Zugriff 2023-03-02); RWTH Aachen Personal- u. Vorles.-Verz. SS 1953 p 11, SS 1954 p 17.

3. Bemerkungen zur affinen Flächentheorie. C. R. 2me Congrès Math. Pays slaves 197; Časopis **64** (1935), 197.
4. Über die Affinnormalen der ebenen Schnittkurven in einem Flächenpunkt. Monatshefte f. Math. **42** (1935), 97-100.
5. Über geometrische Eigenschaften einer verallgemeinerten stereoskopischen Abbildung. Mh. Math. Phys. **45** (1936), 26-30.
6. Geometrische Grundlagen der Konstruktion von Helligkeitsgleichen für eine neue Helligkeitshypothese. Mh. Math. Phys. **46** (1937), 157-171.
7. Über Konstruktionsprinzipe für die Konstruktion von Helligkeitsgleichen an besonderen Flächenarten. Mh. Math. Phys. **47** (1938), 139-147.
8. Geometrische Betrachtungen über eine Verallgemeinerung der Reliefperspektive. Z. Angew. Math. Mech. **28** (1948), 311-316.
9. Über verallgemeinerte Reliefperspektiven. Monatsh. Math. **53** (1949), 211-220.

Zbl/JFM verzeichnet (bereinigt) 10 Publikationen.

Quellen. Josefovičová [158], p107; Šišma, (online https://web.math.muni.cz/biografie/alfred_roessler. html, Zugriff 2023-02-20); Toepell [364]; Minerva [296], p1; Bundesarchiv Berlin; Hochschularchiv der RWTH Aachen, Bestände ab 1945; IMN 19-20 (1952.06) 25-26 (1953.4), 7.

Josef Rybarz

*1900-09-13 Wien; †1989-11-16b Wien

Sohn des gleichnamigen Offiziers (zuletzt Major des Armeestands) am Militärgeographischen Institut Josef Rybarz (*1862-08-04; †1912-03-08 Wien) und seiner Ehefrau [1899-07-27 Votivkirche Wien] Rosa, geb Palme-Enge [Tochter d Schauspielers und Theaterdirektors Adolf Palme (Engel) (*1845; †1905 Wien); Bruder von Rosa, geb Rybarz (*1902; †1998 Wien), Opernsängerin, ⚭ 1928 Viktor Micheluzzi (*1877; †1929-12-19 Wien), Filmindustrieller.

Enkel vät. von Josef (*1827-03-19; †1900-10-18 Wien) und Marie (*1834-02-24; †1905-04-24) Rybarz

Josef Rybarz III ⚭ Martha, geb.?

NS-Zeit. Rybarz[723] ist während der NS-Zeit nicht weiter aufgefallen – ohnehin ist über ihn wenig bekannt.

Josef Rybarz (III) hatte väterlicherseits einen militärischen Familienhintergrund, mütterlicherseits war es das Musiktheater. Sein Vater, Josef Rybarz II, durchlief zunächst die Karriere eines Berufsoffiziers und diente sechs Jahre als Leutnant in verschiedenen Verwendungen[724] bis er 1889-01-01 zum k.u.k. Militärgeographischen Institut transferiert, dort zum „Mappeur" ausgebildet und für die Erstellung militärischer Kartenwerke eingesetzt wurde. Der nächste Transfer 1894-11-01 machte ihn zum Lehrer im Fach Terrainlehre und

---

[723] Der Name ist polnisch und bedeutet „Fischer". Ein guter Name für einen Statistiker.

[724] Er absolvierte die vier untersten Klassen des Realgymnasiums in Wien-Hernals, dann die k.u.k. Militär-Oberrealschule und die technische Militärakademie, wo er 1883-08-18 als Leut- nant im Feldartillerieregiment Nr 7 ausmusterte. 1885-05-01 wurde er ins Korpsartillerieregi- ment Nr 1 versetzt. In den folgenden Jahren stieg er die militärischen Dienstgrade weiter hoch: 1889-95-01 Oberlt, 1896-05-01 Hauptmann 2. 1898-11-01 1. Klasse, 1910-11-01 Major. 1909-09 wurde er in die 1. Gruppe des Armeestandes eingeteilt.

-darstellung an der Artilleriekadettenschule, gleichzeitg Offizier im Artilleriestab. 1896/97 besuchte er die Vorlesungen aus praktischer Geometrie an der TH Wien und legte darüber (mit vorzüglichen Erfolg) eine Prüfung ab.[725] Mit Datum 1897-09-01 wurde er Leiter der Mappeurschule in der Mappierungsgruppe des k.u.k. Militärgeographischen Instituts, 1909 „eingeteilt in den Armeestand [i.e. auf Dauer nicht im Truppendienst beschäftigt] 1. Gruppe". Aus seiner erfolgreichen, letztlich „Geometrie-affinen" Karriere wurde Josef Rybarz II durch seinen Tod im 50. Lebensjahr herausgerissen.[726]

Der Großvater mütterlicherseits, Adolf Palme, begann 1868 seine Bühnentätigkeit. Bis 1877 trat er selbst als Schauspieler in Charakterrollen auf, dann wechselte er die Seiten und wurde Theaterunternehmer, als Impresario und Pächter an wechselnden Standorten in Böhmen und Mähren. Darunter waren die deutschsprachigen Theater in Eger, Pilsen, Teplitz-Schönau, Leitmeritz, Saaz und das Prager „Sommertheater in Heine's Garten". 1895 setzte er sich zur Ruhe und zog mit seiner Familie nach Wien. Seine Tochter Rosa, die Mutter von Josef Rybarz III war als Ballettmeisterin ebenfalls dem Theater verbunden, die Schwester Rosl als ausgebildete Sängerin.

Rybarz promovierte lange vor dem „Anschluss", nämlich 1930-07-15, mit einem Thema aus kombinatorischer Topologie,[727] schlug dann aber beruflich eine Laufbahn in der Versicherungswirtschaft ein und war Chefmathematiker der Internationalen Unfall- und Schadensversicherungs-AG.[728] 1946 supplierte er die Vorlesung aus Versicherungsmathematik an der TH Wien; 1947-10-14 zum ao, 1963 zum o Professor für dieses Fach ernannt, amtierte er als Vorstand der zugehörigen Lehrkanzel an der TH Wien.

Rybarz war Mitglied des Gründungsvorstands der Österreichischen Statistischen Gesellschaft (ÖSG), als Vertreter der Versicherungsbranche.

1950 folgte er Adalbert Duschek, der dieses Amt wegen Überlastung nicht mehr ausüben konnte, als Präsident des Wiener Volksbildungsvereins nach.

---

[725] Damals war Gustav Peschka (*1830-08-30 Joachimsthal; †1903-08-29 Wien) an der TH Wien „Ordinarius f. darst. Geometrie u. Construct. Zeichnen".

[726] Nekrolog für Major Rybarz in: Mittheilungen des kais. königl. Militär-Geographischen Institutes Band XXXI, 1911; Verl d. k.k. Mil.-geogr. Instituts, Wien 1912, p 61f. Leiter der geodätischen Gruppe (und seit 1880 der Sternwarte) des Militärgeographischen Instituts war 1894–1906 Robert Daublebsky von Sterneck sen., Vater des gleichnamigen Professors an der Universität Graz.

[727] Dieses wurde 1931 von Gustav > Bergmann weitergeführt (veröffentlicht in: Zur algebraisch-axiomatischen Begründung der Topologie. Math. Z. **35** (1932), 502–511).

[728] Diese Gesellschaft wurde 1890 von der Riunione Adriatica di Sicurta gegründet und war in Österreich, Ungarn und Italien tätig. 1898 dehnte sie sich durch Gründung und Angliederung der „Assicuratrice Italiana" in Mailand aus, die sich auf das italienische Geschäft spezialisierte. 1907 erfolgte eine Ausdehnung nach Preußen, 1911 in ähnlicher Weise nach Frankreich unter dem Namen „La Protectrice" in Paris, die das französische Geschäft in Rückversicherung übernahm. 1920 erfolgte die Expansion in den dänischen Markt, nach Kopenhagen. 1930 erwarb die Gesellschaft 80 % der Aktien der Kölner „Vorsorge", die 1932 mit der Münchener Lebensversicherungsbank fusionierte. 1930 wurde die Internationale Rück- und Mitversicherungs-AG, Wien, der Gesellschaft einverleibt. Nach dem Fall der Phönix-Versicherung 1936 wurde die Gesellschaft von der austrofaschistischen Regierung gezwungen, sich an der österreichischen Versicherungs-AG (ÖVAG, später: Deutscher Ring österreichische Lebensversicherung AG der Deutschen Arbeitsfront) zu beteiligen. 1937 erwarb die Gesellschaft von der Münchener Rück fast sämtliche Aktien der Ersten Einbruch- und Feuer-Versicherungs-Gesellschaft, Wien. 1939 erfolgte die Änderung des Namens auf „Internationale Unfall- und Schadensversicherungs-Gesellschaft AG".

Ausgewählte Publikationen. *Diss.*: (1930) *Über zwei Probleme der kombinatorischen Topologie (Summenring und offenes Komplement) (Menger?).* [Gedruckt erschienen als: Über drei Fragen der abstrakten Topologie, Monatsh. f. Math. **38** (1931), 215-244. Danach hat Rybarz keine weiteren Arbeiten zur Topologie veröffentlicht.]

1. Zum Hattendorffschen Satz. Stat. Vierteljahresschrift 2 (1948), 32–36 [nicht in Zbl]
2. Eine neue Risikotheorie, Die Versicherungs-Rundschau, Wien, **14**.4 (1959-04).
3. Das Maximum des Selbstbehalts in der Lebensversicherung. Monatsh. Math. **65** (1961), 351-357.
4. Ein einfacher Beweis für das dem χ^2-Verfahren zugrundeliegende Theorem. Metrika 2 (1959), 89–93.

Zbl/JFM registrieren 5 Publikationen, bis auf die Dissertation sind diese alle nach 1945 erschienen und behandeln einfache versicherungstechnische Fragen. Weitere Veröffentlichungen R.s, zB in *Metrika* oder in dem Publikationsorgan der ÖSG, der *Statistischen Vierteljahresschrift*, sind nicht berücksichtigt.

Quellen. IMN 2 (1947-12), 3; UWA PH RA 10583 (Schachtelnr. 113, 10.04.1930 - 06.05.1930); zu Rybarz sen: Prager Tagbl. 1909-01-30 p 7, Wr Zeitung 1910-09-29 p 2, Neue Freie Presse 1910-10-26 p 31, Neues Wr. Tagblatt (Tages-Ausgabe) 1912-03-10 p 12.

Heinrich Schatz

*1901-08-19 Innsbruck;   †1982-09-05 Rom

Sohn des Germanisten Josef Schatz (*1871-03-03 Imst; 1950-03-23 Innsbruck), Verfasser des Wörterbuchs der Tiroler Mundarten und Herausgeber der Gedichte von Oswalt von Wolkenstein, und dessen Ehefrau Anna (†1947), geb Geppert (∞ 1898). Bruder von Rudolf Schatz (*1903; †2000), Gartenarchitekt und Lehrer an der Landwirtschaftlichen Zentralschule in Weihenstephan, Freising/Oberbayern. Schatz ∞ 1937 Dr Eleonore, geb Gräfin Schmidegg (*1910-02-15 Klagenfurt; †2008-10-01) [Tochter von Graf Gustav Adolf Maria Schmidegg und dessen Frau Elvira], drei Kinder

Zeichnung: W.R. nach einem Foto in Berichte nat.-med. Verein Innsbruck **70** (1983) p292.

NS-Zeit. Josef Schatz musste nach dem „Anschluss" wie alle Ordinarien in NS-Deutschland wegen Überschreitung seines 65. Lebensjahres in Pension gehen, wurde aber 1943–45 nochmals reaktiviert (Schatz sen wurde 1920 zum korr., 1939 zum wirkl. Akademiemitglied gewählt.) Sein Sohn Heinrich Schatz stand eindeutig dem „Anschluss" und dem NS-Regime positiv gegenüber; er war Mitglied der NS-Zelle Sperlich und anderer illegaler NS-Organisationen (ab 1937). Im 2. Weltkrieg leitete er eine strategisch wichtige Wetterstation auf Grönland. Seine Fürsprecher nach 1945 sahen in ihm einen patriotischen Tiroler, der auf die Unterstützung Hitlers in der Südtirolfrage gehofft hatte (ähnlich auch in Nachrufen).

Schatz legte 1919 die Reifeprüfung am Innsbrucker Gymnasium mit Auszeichnung ab, anschließend studierte er an der Universität Innsbruck Mathematik, Physik und Astronomie.[729] Nach der Promotion zum Dr phil in Mathematik und Astronomie 1923-04 war

---

[729] Während seiner Studienzeit trat Schatz dem Akademischen Turnverein (ATV) Innsbruck bei, einer nicht-farbentragenden Studentenvereinigung, die zum Verband des Akademischen Turnbunds gehörte (in der NS-Zeit gleichgeschaltet, nach dem Krieg wiedergegründet).

er als Demonstrator bei dem Geologen Bruno Sander[730] am Institut für Mineralogie und Petrographie angestellt, in dieser Zeit legte er die Lehramtsprüfung ab.

1925 verbrachte er ein Post-Doc-Semester an der Universität Göttingen, den Monat 1926-05 am Mathematischen Seminar in Hamburg, im Sommer 1926 erfolgte die Habilitation.

1926–1929 supplierte er die verwaisten Lehrkanzeln von Gmeiner und ᐳ Vietoris an der Universität Innsbruck.

1929 wurde er in der Nachfolge von Leopold ᐳ Vietoris, der (kurzzeitig) nach Wien berufen worden war, zum ao Professor an der II. Mathematiklehrkanzel der Universität Innsbruck bestellt, eine überraschend schnelle Karriere, die wohl hauptsächlich darauf zurückzuführen ist, dass der Inhaber der ersten Lehrkanzel für Mathematik, Zindler, knapp vor der Emeritierung stand und in Innsbruck sonst keine habilitierten Mathematiker zur Verfügung standen. Die Innsbrucker Fakultät hatte einen Berufungsvorschlag mit ᐳ Vahlen und ᐳ Menger an 1., Schatz und ᐳ Mayrhofer an 2., sowie ᐳ Brauner, ᐳ Duschek und ᐳ Radaković an 3. Stelle erstellt. Vahlen kam für den damaligen Unterrichtsminister Emmerich Czermak wegen seiner NS-Aktivitäten nicht in Frage, Menger war bereits ao Professor in Wien und lehnte ab. Die Entscheidung zwischen den beiden Zweitgereihten fiel auf Grund eines Gutachtens von ᐳ Blaschke zugunsten von Schatz. Der zuerst um eine Stellungnahme befragte ᐳ Wirtinger hatte den Eindruck, Mayrhofer sei selbständiger, erfindungsreicher und wissenschaftlich aktiver als Schatz, verwies aber auf ᐳ Blaschke, der beide Kandidaten gut kenne und ausgewiesener Geometer sei. Blaschke gab dagegen an, Schatz sei bei weitem zuverlässiger und arbeitsamer als ᐳ Mayrhofer, ein Befund, der an Hand der damals (und erst recht der später) vorliegenden Publikationen nicht haltbar ist.[731] Blaschke war offenbar in seinem Urteil (politisch oder auf Grund „zwischenmenschlicher Chemie") voreingenommen.

Schatz lehrte Darstellende Geometrie, war aber hauptsächlich als alpiner Geodät und Gutachter tätig: 1935, gemeinsam mit Vietoris, Auslotung des Achensees und die Vermessung der Tiroler Gletscher Hintereisferner und Vernagtferner; im Auftrag des Alpenvereins 1930–37 Leiter von drei Expeditionen in die nordalbanischen Alpen. Ab 1931 war Schatz alleinverantwortlicher Leiter der für das „Einführungsbergwesen" an der Universität Innsbruck zuständigen Abteilung. Für nicht bergerfahrene Studenten veranstaltete diese unter seiner Leitung alpine Bergfahrten für Anfänger.[732]

---

[730] Bruno Sander (*1884-02-23 Innsbruck; †1979-09-05 Innsbruck) gilt als Begründer der Gefügegeologie. Unter dem Pseudonym Anton Santer war er auch als expressionistischer Dichter aktiv und publizierte 1919–26, bis zu dessen Abgleiten in die katholische Richtung, regelmäßig in der von Ficker herausgegebenen Literaturzeitschrift „Der Brenner". Nach dem Krieg war er 1949–54 Mitarbeiter der Zeitschrift „Wort am Gebirge". Für weitere Informationen zu Sander s. Lexikon der Literatur in Tirol. (Christine Riccabona, Sebastian von Sauter und Anton Unterkircher, Brenner-Archiv). Sander war deklarierter NS-Gegner.

[731] Zbl/JFM vermerken von Schatz insgesamt nur 10 mathematische Publikationen; Mayrhofer hatte immerhin wesentlichen Anteil am Satz von Mayrhofer-Reidemeister, war Mitglied der Wiener AW, verfasste insgesamt 27 mathematische Publikationen und nach dem Krieg ein Buch über Inhalt und Maß, es fehlte ihm also nicht an Fleiß; Unzuverlässigkeiten in seiner Forschungsarbeit sind nicht bekannt geworden. (Einhorn [67] II, p 422f, und Goller-Oberkofler [115] p 12.)

[732] Innsbrucker Sportblatt 1934-03-12 p12f.

1934-06 Obmann des Kreises Tirol des völkisch-national und antisemitisch ausgerichteten *Deutschen Schulvereins Südmark*.[733]

Ab 1937-11-15 war Schatz Mitglied der NS-Zelle Adolf Sperlich[734] am botanischen Institut der Universität Innsbruck. Über den NS-Lehrerbund wurde Schatz Mitglied der NSDAP, später des NSD-Dozentenbunds ([172, p 390]). Im NSD-Dozentenbund war er Mitglied der Dozentenführung des Gaues Tirol-Vorarlberg, in dessen Amt für Wissenschaft hatte er die Position des Fachkreisleiters für Physik-Mathematik und war Kassenverwalter bis zum WS 1944/45.[735]

Bei Kriegsbeginn wurde er erst als Pionier, dann als Kraftfahrer zur Wehrmacht eingezogen, dabei aber zwischendurch für seine universitären Aufgaben freigestellt. 1941-09 wurde er unter dem NS-Regime zum Ordinarius und Inhaber des Lehrstuhls für Mathematik in Innsbruck ernannt.[736]

Schatz in der Arktis. 1942 wurde Schatz in den Wetterdienst der Kriegsmarine versetzt, zur Unterstützung des im Winter 1942/43 auf der früheren Polarversuchsstation Zlaté návrší (Goldhöhe) im Riesengebirge aufgebauten Arktistrainingslager für Marinewettertrupps, das unter der Leitung von Hans-Robert Knoespel stand, einem früheren Teilnehmer einer Arktis-Expedition. Hier waren die alpine Erfahrung und die meteorologischen Kenntnisse von Heinrich Schatz gefragt (nicht zu vergessen seine Erfahrungen als Berglehrer und als Expeditionsteilnehmer in Albanien). Im folgenden Jahr wurde Schatz die meteorologische Leitung eines solchen Trupps übertragen, der in der Hocharktis, auf der Ostgrönland vorgelagerten Insel Shannon[737] meteorologische Daten sammeln und verschlüsselt an den Marinewetterdienst in Deutschland funken sollte, wo diese Daten für die Überwachung der Atlantikküste in Nordfrankreich dringend benötigt wurden. Die Mission lief unter dem Namen *Unternehmen Bassgeiger*, hatte acht Teilnehmer und einen ehemaligen Fischdampfer, die „Coburg", zur Verfügung; ein U-Boot sollte Begleitschutz geben. 1943-08 verließ die „Coburg" den norwegischen Hafen Narvik, geriet aber in einen Sturm, verlor den Kontakt zu ihrem U-Boot-Begleiter und saß bald darauf etwa 80 Seemeilen (150km) vor Grönland im Packeis fest. Mittels Eissprengungen kam das Schiff ein wenig frei, aber nur

---

[733] Gegründet 1889 als *Verein Südmark* in Graz, nach dem ersten Weltkrieg als Schwesterverein dem 1880 gegründeten eher bürgerlich ausgerichteten „Deutschen Schulverein" organisatorisch angeschlossen. Vereinsziel war die „Stärkung des Grenz- und Auslandsdeutschtums" in den (nach 1918 ehemaligen) Territorien Cisleithaniens mit deutschsprachigen Minderheiten (Böhmen, Mähren, Österreichisch-Schlesien, Galizien, Bukowina, Untersteiermark, Krain, Küstenland, Süd- und Welschtirol) durch finanzielle Zuschüsse an deutschsprachige Gemeinden, insbesondere zur Unterstützung/Gründung deutscher Schulen als „Bollwerk gegen anderssprachige Bevölkerungsgruppen". Nach dem „Anschluss" dem „Volksbund für das Deutschtum im Ausland" eingegliedert; 1952 neu gegründet.

[734] Adolf Sperlich (*1879-10-18 Mostar; †1963), 1928–45 Ordinarius für Botanik und Direktor des Botanischen Gartens, nach dem „Anschluss" stellvertretender Rektor der Universität Innsbruck. Er war nach seinen eigenen Worten „Als Student alldeutsch; Mitglied der Großdeutschen Partei bis zu ihrer Auflösung; illegaler Anhänger der NSDAP." (UAI Personalakt Adolf Sperlich). Nach Kriegsende wurde er von der Universität als o Prof entlassen.

[735] Daten nach Goller-Oberkofler [115] und den Vorlesungsverzeichnissen der Universität Innsbruck (online unter https://diglib.uibk.ac.at/ulbtirol/periodical/titleinfo/3355419, Zugriff 2023-03-02)

[736] Neues Wr Tagbl. 1941-12-21 p6, Salzburger Volksbl. 1941-12-20 p 6.

[737] Die Insel befindet sich auf $75°8'N$, $18°24'W$.

sehr langsam vorwärts. Durch eine Lücke im Eis gelangte das Schiff schließlich im Oktober bis nahe an die Küste der Insel Shannon, blieb dort aber endgültig stecken und hatte Schlagseite. Die meteorologischen Beobachtungen wurden trotz aller Probleme mit Wind, Eis und Wetter weitergeführt. Eine amerikanische Funkpeilstation entdeckte die nunmehr als schwimmende Marinewetterstation operierende „Coburg" und diese wurde 1944-04-22 von einer Schlitten-Patrouille angegriffen. Der Angriff wurde abgewehrt (dabei fiel der militärische Kommandant Leutnant Zacher), die Arbeit noch sechs Wochen lang fortgesetzt, bis 1944-06-03 ein deutsches Flugboot den Wettertrupp nach Norwegen zurückbringen konnte. Der Einsatz war damit beendet. Nach dem Ende der Mission „Bassgeiger" wurden von der deutschen Kriegsmarine noch zwei weitere Wettertrupps in die Arktis geschickt, die aber beide von den Alliierten rasch außer Gefecht gesetzt werden konnten.

Diese Blockierung arktischer Wetterstationen Hitlerdeutschlands durch die Alliierten spielte eine wichtige Rolle bei der Landung in der Normandie. Die deutschen Wetterstationen konnten das „Wetterschlupfloch", die für die Invasion günstige vorübergehende Wetterbesserung von 1944-06-06 (als die Gruppe von Schatz bereits nach Deutschland zurückgekehrt war), nicht registrieren und gaben daher keine Warnung an das OKW weiter.[738]

Auf Anordnung der Provisorischen Landesregierung für Tirol wurde Schatz 1945-07-23 seines Amts als Ordinarius enthoben und seine Lehrbefugnis annulliert. Grund wurde keiner angegeben, das war offensichtlich die in seinem Standesblatt verzeichnete Mitgliedschaft bei der NSDAP und anderen NS-Organisationen (s.o.). Der oben erwähnte Botaniker Sperlich erhielt einen ähnlich lapidaren Bescheid.

Zwischen 1945 und 1952 leitete Schatz für seinen Broterwerb wieder eine Wetterstation, diesmal nicht mehr nördlich, sondern südlich von Innsbruck, nämlich auf dem nahen Patscherkofel.

1951-05 erfolgte im Zuge der späteren Amnestien die Erneuerung seiner Habilitation (zunächst nicht verbunden mit einer Wiedereinsetzung an der Universität Innsbruck) und er konnte ab 1953 remunerierte Lehraufträge an der Universität Innsbruck annehmen.

1956–58 war er Gastprofessor in Bagdad; danach kehrte er nach Innsbruck zurück. Im WS 1958/59 las er, formal als Emeritus von 1945, eine dreistündige Vorlesung über Differentialgeometrie. Danach wirkte er zunächst als ao, ab 1962 als o Professor.

Für das Studienjahr 1965/66 wurde er zum Dekan der philosophischen Fakultät Innsbruck gewählt, 1971 emeritiert.

An der mathematischen Forschung beteiligte sich Schatz in Innsbruck wegen kriegsbedingter Unterbrechungen und vielfältiger Aufgaben im Gebirge nur sehr sporadisch und ohne spektakuläre Erfolge, hauptsächliche Themen waren Laguerresche Geometrie und Zykliden.

---

[738] Heinrich Schatz hat über seine Arktiserlebnisse einen Bericht in der Zeitschrift *Polarforschung* (s. Quellen) veröffentlicht. Über die Vorgänge gibt es in Berichten von Kriegsveteranen zuweilen von den hier gegebenen abweichende Angaben; zB soll die Besatzung der Wetterstation „Bassgeiger" insgesamt 26 Mitglieder gehabt haben, auch für den miliärischen Kommandanten werden andere Namen genannt.

Schatz war Mitglied und begeisterter Mitarbeiter des Deutschen und Österreichischen Alpenvereins;[739] Mitglied des Naturwissenschaftlich-medizinischen Vereins, dessen Vorstand im Jahre 1967/68 und Vorstandsstellvertreter 1969/70, außerdem Mitglied der Akademischen Turnverbindung Innsbruck.

Ehrungen: EK I und EK II; das Signal *13 Schatz* auf dem Hintereisferner ist nach ihm benannt.

Ausgewählte Publikationen. *Diss.*: (1923) *Bestimmung der Typen derjenigen fünfgliedrigen Gruppen in beliebig vielen Veränderlichen, die nicht integrabel sind (Zindler).* [1928 publiziert in Monatsh Math. Ph.]

1. Über die Geometrie von Laguerre. VIII: Über Streifen im Raum. Abhandlungen Hamburg **5** (1926), 54-84.
2. Bestimmung der Typen derjenigen fünfgliedrigen Gruppen in beliebig vielen Veränderlichen, die nicht integrabel sind. Monatsh. Math. Phys. **35** (1928), 129-138.
3. Über die Geometrie von Laguerre. IX: Begleitende Dupinsche Zykliden bei Streifen. *W*-Kugelscharen und *W*-Streifen. M. Z. **28** (1928), 97-106.
4. Über die Geometrie von Laguerre X. Über Kreisscharen in der EbeneMonatsh. Math. Phys. **35** (1928), 223-234.
5. Über die Geometrie von Laguerre XI. Die eingliedrigen Untergruppen der engeren Gruppe von LAGUERRE in der Ebene und im Raum. Monatsh. Math. **36**, (1929) 357-386.
6. Die Invarianten von Streifen auf Flächen in der Bewegungsgeometrie. Math. Z. **44** (1938), 330-334.
7. Kreisscharen mit konstanten Invarianten in der Geometrie von Laguerre. Jber. DMV **49** (1939), 134-140.
8. Über Kreisscharen in der Ebene und Kugelscharen im Raum. Monatsh. Math. Physik **49** (1940), 247-260.
9. Begleitende Zyklide bei Streifen in der Bewegungsgeometrie. Jber. DMV **50** (1940), 7-18.
10. Over [sic!] the composition of motions in the space. Bull. College Arts Sci., Baghdad **2** (1957), 84-91.

Zbl/JFM verzeichnen bereinigt nur die hier angegeben 10 Arbeiten.

Nicht in Zbl/JFM verzeichnete Arbeiten:

11. Zur Diskussion der Fresnel'schen Helligkeitsformel für planparallele Schnitte eines Kristalls zwischen senkrecht gekreuzten Nikols. — Zeitschr. f. Kristallographie, **62** (1925), 320 - 324.
12. Einführung in die Vektorrechnung (1953). - Selbstverlag, Innsbruck 1953, 8 pp.
13. (1933–38) Ötztal. Nachmessungen am Hintereis- und Vernagtferner in den Sommern 1932–1938 Zeitschr. f. Gletscherk., **21**: 160-165, **22**: 186–192, **23**: 108–112, **24**: 161 -165, **25**: 197–202, **26**: 152–156, **27**: 136–141.
14. 1936: Die Auslotung des Achensees im Jahre 1935. - Zeitschr. dtsch. österr. Alpenverein, **1936**: 60-66.

Quellen. Innsbrucker Nachrichten 1898-08-10 p5; UniArchiv Innsbruck, Personalakt Heinrich Schatz, Standesblatt; Schatz, H., Die Katastrophe der COBURG im Eis vor Shannon am 18.-19. November 1943. *Polarforschung* 2 (1950), 336–338; Franz Fliri, In memoriam em. O. Univ.-Prof. Dr. phil. Heinrich Schatz (1901 - 1982) Ber.nat.-med. Verein Innsbruck **70** (1983) 291– 295; Peter Goller in Koll [172], 365–404, dabei besonders pp 371, 390; Zeitschrift für Gletscherkunde und Glazialgeologie, **16**(1980), 117–124.

Lit.: Zur Familie von Schatz's Ehefrau vgl.: Linzer Volksblatt 1903-01-23 p 3; Das Vaterland 1906-01-21 p 14; Wr Salonblatt 1911-09-02 p 11, 1936-12-13 p 16; (Linzer) Tages-Post 6. November 1906-11-06 p 5; Jahresb. d. Frauenhilfsver. d. Roten Kreuzes 1914 p 221 u. 287, 1915 p197.

---

[739] Später Österreichischer Alpenverein, nach 1938 aufgegangen im Deutschen Alpenverein unter der Führung von Seyss-Inquart.

Leopold Karl Schmetterer

*1919-11-08 Wien;   †2004-08-24 Gols, Burgenland (Verkehrsunfall) (r.k.)

Sohn des Versicherungsangestellten Leopold [I] Schmetterer (*1885; †1966-11-22 Wien) und seiner Frau Gisela, geb. Busch (*1891-12-29; †1963-02-24); Bruder von Georg [I] Schmetterer (*1921-09-09 Wien; †2004-06-25 Wien);

Neffe v. Karl [II] Schmetterer (*1888 Wien; †1974-10-09 Wien, Volksschullehrer, Chorleiter und Musikpädagoge, und dessen Schwestern Auguste (*1890; †1968-02-08(b) Wien) und Karoline (*1893; †1971-07-19(b) Wien) Schmetterer, alle Volksschullehrerinnen;

Onkel von Leopold [III] Schmetterer (*1953), seit 1978 Bratschist des NÖ Tonkünstlerorchesters.

Foto: https://www.lernwelt.at/images/schmetterer.jpg, gemeinfrei

Leopold [II] Schmetterer ∞ 1947 Elisabeth (*1927-04-21 Wien; †2006-10-19 Wien), geb Schaffer, Mathematikerin; 3 Söhne: Georg [II] (*1948-08-26 Wien), Chemiker; Viktor (*1951-03-22 Wien, †2020-02-26 Wien), Anglist und Direktor der Neulandschule in Wien 10, und Leopold [IV] Schmetterer (*1964-06-21), Ophtalmologe; 1 Tochter: Eva (*1955), feministische Theologin.

NS-Zeit.   Schmetterer war als Universitätslehrer bekannt für „linke" Ansichten und freimütige politische Kritik, während der NS-Zeit gehörte er für einige Monate einer „roten" studentischen Widerstandsgruppe gegen das NS-Regime an und brachte sich mit subversiven Flugschriften in Gefahr. Von 1943–45 war er in der Rüstungsforschung dienstverpflichtet.

Leopold Schmetterer kam väterlicherseits aus einer bildungsbürgerlichen, aber nicht gerade vermögenden Familie, die mit Ausnahme des eher liberal denkenden Vaters Leopold [I] tiefgläubig katholisch ausgerichtet war.[740]   Alle Familienmitglieder waren sehr musikalisch, die meisten hatten humanistische Interessen. Bereits Großvater Carl (Karl [II]) Schmetterer (*1845-10-19 Tullnerbach NÖ; †1915-10-18 Wien) war ein anerkannter Pianist und Organist; 1895 wurde er als Ehrenmitglied in die Akademie des Königlichen Musikinstituts in Florenz (Accademia del Regio Istituto Musicale di Firenze) aufgenommen; er fungierte längere Zeit als Chormeister des Altlerchenfelder Kirchenchors. Karl [I] maturierte 1865-07-22 mit Auszeichnung am renommierten k.k. Akademischen Gymnasium in Wien (damals noch I, Bäckerstr. 16); an diesem Gymnasium maturierten später v. ⟩Mises und Liese Meitner (1901), Tonio ⟩Rella (1906), Fritz ⟩Rothberger (1922), Erwin Schrödinger und Hans ⟩Hornich (1925).

Karl [I] war absolvierter Dr jur und im Hauptberuf Rechtsanwalt-Anwärter/Konzipient in der Anwaltskanzlei des letzten liberalen Wiener Bürgermeisters Dr Raimund Grübl,[741]

---

[740] Die folgenden Ausführungen zur väterlichen Familie stützen sich hauptsächlich auf die im Teilnachlass von Karl [II] enthaltenen Dokumente und die von Tante Karoline verfasste Chronik des Chors der Marienkirche Hernals.

[741] Raimund Grübl (*1847-08-12 Wien; †1898-05-12 Wien) war 1894–1895 Bürgermeister von Wien.[741]

gewesen, nach dessen Tod 1898 wechselte er in die Kanzlei von Dr. Simon Popper,[742] wurde aber nie in die Liste der Rechtsanwälte in NÖ eingetragen — wohl eine stecken-gebliebene Karriere. Von den beiden Söhnen des Großvaters war der ältere, Leopold [I] Schmetterer, als Kanzlist in der Wiener Rückversicherungsgesellschaft beschäftigt, später jedenfalls als Privatbeamter tätig,[743] der jüngere, Karl [II], war sowohl im „Roten Wien" als auch im Ständestaat ein gut angeschriebener Volksschullehrer, als Komponist vorwiegend geistlicher Musik und Chormeister sehr erfolgreich.[744]

Von der mütterlichen Seite her kam Leopold [II] Schmetterer, wie er nicht ohne Stolz betonte, aus „sehr bescheidenen Verhältnissen im Arbeitermilieu" und definitiv proletari-scher, sozialistischer Ausrichtung, im Gegensatz zur katholisch-klerikalen der väterlichen Seite.[745] Wegen der Hungerzeit nach dem ersten Weltkrieg und der schlechten finanziellen Situation der Familie war er von Kind auf unterernährt und von schwacher Gesundheit, die er als Erwachsener bis zuletzt durch körperliches Training und sorgfältig ausgesuchte

---

[742] Simon Siegmund Carl Popper (*1856-08-04 Raudnitz a.d.Elbe, Böhmen; †1932-06-22 Wien); Vater des späteren Philosophen Karl Popper (*1902-07-28 Wien; †1994-09-17 London). (Vgl. *Juristische Blätter* 1898, p 307)

[743] Laut dem Wiener Adressbuch von Lehmann; zur Wr. Rückversicherung s. Staatsarchiv Sign. AT-OeStA/AVA Inneres MdI Allgemein A 766.8.

[744] Karl [II] Schmetterer: 1903–1907 Besuch der k.k. Lehrerbildungsanstalt Wien, 1907–1909 provis. Unterlehrer, 1910 Lehrbefähigung für allgemeine Volksschulen, 1913 Volksschullehrer 2. Klasse, ab 1930 Oberlehrer, von 1938-02 bis zum „Anschluss" Schulleiter. 1911 einjähriger Kurs für Schulgesangsunter-richt, 1915 Lehramtsprüfung für Klavier- und Orgelspiel. (1934 Anerkennungsschreiben der Wr. Stadt-schulrats für „verdienstvolle Hebung und Ausgestaltung des Gesangsunterrichtes") Neben seinem Lehrbe-ruf war Karl Schmetterer mit Hingabe als Kirchenmusiker tätig, war bereits in jungen Jahren Organist an der Hetzendorfer Rosenkranzkirche, danach fünf Jahre Chormeister des Kirchenchors Altlerchenfeld und nach dessen Auflösung 1927-11 ab 1928 für 43 Jahre Chormeister an der Redemptoristenkirche Hernals *Maria, Mutter von der immerwährenden Hilfe* und leitete auch deren Sängerknaben *Marien-Singvögel*, leitete zwischendurch auch andere Chöre (darunter den Hietzinger Männergesangsverein), mit denen er häufig auch eigene Kompositionen (Offertorien „Ave Maria", „In me gratia" und „Veritas mea", eine italienische Messe u.a.) aufführte. Für die Gitarre-Kammermusikvereinigung *Alfred Rondorf* schrieb er 1929–34 vier Kammermusikstücke mit Gitarre, die damals auch im Rundfunk übertragen wurden. Mit dem Ständestaat hatte Onkel Karl [II] im Gegensatz zu seinem Neffen allzu offensichtlich keine Probleme, nach dem „Anschluss" wurde er daher 1938-05 aus politischen Gründen in den dauernden Ruhestand versetzt und bis zum Zeitpunkt der Pensionierung beurlaubt. 1942-05 wurde die Beurlaubung aufgehoben; um nicht wieder in den Schuldienst (nunmehr unter strenger NS-Aufsicht) gehen zu müssen, kündigte er mit Datum 1942-06-30 sein Dienstverhältnis und wechselte in die Wiener Stadtverwaltung. Nach Kriegsende war er dann eine Zeit lang Volksschullehrer in Taiskirchen (Ried im Innkreis, OÖ), ging schließlich 1948 endgültig in den Ruhestand, war aber weiterhin als Kirchenmusiker tätig. 1965-05 komponierte er als musikalischen Aufruf gegen die Atomrüstung einen *Pacifisten Marsch*. Karl [II] ⚭ 1948-10-23 Martha, geb. Kovar (3 Kinder: Martha Maria (*1949-09-16), Karl Johann (*1951-06-06) und Wolfgang (*1954-12-25). (Ein Teilnachlass von Karl [II] befindet sich in der Handschriftensammlung der Wien-Bibliothek; (online https://www.geschichtewiki.wien.gv.at/Karl_Schmetterer, Zugriff 2023-03-02), seine musikalische Hinterlassenschaft in der Musiksammlung.

[745] Noch viele Jahre später erzählte Leopold [II] vom Vater seiner Mutter, Georg Busch (*ca 1856; †1932-06-20 Wien), der, ein gelernter Schriftsetzer, als treues Parteimitglied der SDAP und verdienter Ge-werkschaftsfunktionär 1921 speziell geehrt worden war (bestätigt durch Presseberichte *Neues Wr. Journal* und *Arbeiter Zeitung* 1921-06-19; *Neues Wr Tagblatt* 1921-06-21 p7, *Neue Freie Presse* 1921-06-22).

Onkel Karl [II], angesehener Kirchenmusiker und Besitzer eines Göschen-bändchens (Bd 53, Benedikt Sporer, Niedere Analysis), das den jungen Leopold [II] erstmals mit der Existenz von Logarithmen negativer oder komplexer Zahlen bekanntmachte, ihn damit schon früh für die Mathematik begeisterte und zu weiterer mathematischer Lektüre anregte. Großvater Dr Karl [I] Schmetterer und seine Frau Anna (*1849; †1928-04-14(b) Wien), deren Töchter Auguste und Karoline Schmetterer, die Söhne Karl [II] und Leopold [I] Schmetterer, später die ganze Familie des letzteren, wohnten längere oder die meiste Zeit ihres Lebens alle an der gemeinsamen Adresse Josefstädter Straße 70 (Türen 13 und 15).

Foto: Ausschnitt eines Fotos von 1930 (unleserlich sign.) im Nachlass Karl [II] S.

Ernährung[746] zu bessern suchte. Trotz gesundheitlicher Probleme bestand er die Matura 1937-06-12 am Robert Hamerling-Realgymnasium in Wien[747] mit Auszeichnung. Neben Mathematik und Musik war Latein sein Lieblingsfach; teilweise finanzierte er sein Studium mit Latein-Nachhilfe.[748]

Leopold [II] hatte sich auf die Seite seiner Mutter geschlagen und bereits während seiner Mittelschulzeit Kontakte zu Kommunisten und anderen „linken" Gruppierungen; unter anderen lernte er Maria Frischauf, geb. Pappenheim, kennen, KPÖ-Mitglied und nach ihrer Verehelichung Verfasserin des Librettos von Schönbergs Melodram „Erwartung". [749] Nach dem Staatsstreich von 1933 schloss er sich dem (im Ständestaat natürlich illegalen) *Antifaschistischen Mittelschülerverband* an. Mit dem Dollfuß-Schuschnigg–Regime war er entschieden nicht einverstanden.

---

[746] Ähnlich wie Kurt Gödel misstraute er der US-amerikanischen fast-food-Kultur und ernährte sich während seiner Amerika-Aufenthalte, wenn er oder seine Frau nicht selbst kochen konnte, konsequent von Kindernahrung und Yoghurt.

[747] Das war der Name zwischen 1935 und 1945, danach hieß es Bundesrealgymnasium für Knaben, seit 1963 Bundesgymnasium und Bundesrealgymnasium Wien VIII. Leopold [II] verdankte den Besuch dieser Schule der energischen Befürwortung seiner Mutter Gisela. Sowohl Giselas sozialdemokratisch gesinnten Verwandten („ein klassenbewusstes Proletarierkind besucht keine solche Schule") als auch sein Vater und dessen katholischen Geschwister (sie hätten wohl eine einfache Volksschullehrerausbildung bevorzugt) waren davon nicht erbaut.

[748] Die Familientradition übertrug dieses humanistische Interesse auf seinen Sohn Viktor und dessen Sohn Christoph.

[749] Dr. Marie Frischauf (*1882-11-04 Pressburg (Bratislava); †1966-07-24 Wien), geb. Pappenheim, Ärztin und Schriftstellerin (sie schrieb außer dem Libretto zu Schönbergs *Erwartung* auch Gedichte und den Roman *Der graue Mann* von 1949), trat 1919 in die KPÖ ein, war 1927 und 1934 in Haft und emigrierte danach nach Paris. Dort gründete und organisierte sie gemeinsam mit Tilly Spiegel den *Cercle Culturel Autrichien*. 1940 flüchtete sie nach Südfrankreich; in Gurs interniert, entkam sie von dort nach Mexiko. Ab 1947 war sie wieder in Österreich. Ihr Ehemann Hermann Frischauf (*1879; †1942-11-12b KZ Buchenwald) war einer der Söhne des Grazer Mathematikers Johannes Frischauf (*1837-09-17 Wien; †1924-01-07 Graz).

Nach der Matura besuchte Leopold [II] mit Unterstützung (und vermutlich auf Drängen) seines Onkels Karl [II] die Staatslehrerbildungsanstalt Kundmanngasse[750] in Wien-Landstraße, die er, ein Jahr später, 1938-05-30 als ausgebildeter Volksschullehrer wieder verließ. Da er damals keine Stelle als Lehrer finden konnte,[751] studierte er vom WS 1938 bis 1941 an der Universität Wien Mathematik, Physik und Meteorologie.[752] Von den damals dort wirkenden Lehrern erwähnte er später den Ordinarius Karl > Mayrhofer („konnte man doch einiges profitieren, war politisch wenig aktiv und für niemanden gefährlich"), Nikolaus > Hofreiter („konnte man viel profitieren, da dieser sich erfolgreich seinen Lehrer Furtwängler zum Vorbild nahm") und dem Assistenten Edmund > Hlawka, der, nur wenig älter, sein profundes Allgemeinwissen in der Mathematik gerne weitergab. Schmetterer schloss Freundschaft mit > Hlawka, der ihm von da an auch stets für seine Karriere behilflich war. Den zweiten Ordinarius, Anton > Huber, hielt der Student Schmetterer von Anfang an für eine Fehlbesetzung („mathematisch inferior und politisch gefährlich").[753]

Schmetterer und die Roten Studenten. In Interviews mit Marie Tidl[754] schilderte er seinen politischen Werdegang so:[755]

Als Mittelschüler im Hamerling-Realgymnasium in der Albertgasse wurde ich Mitglied des Antifaschistischen Mittelschülerbundes. Ich begann 1938 nach dem Einmarsch Hitlers mit meinem Studium. Als Mathematiker und Physiker mußte

---

[750] Wien III. Dort war Karl [II] Zögling gewesen; 1919 hatte Ludwig Wittgenstein am vierten Jahrgang teilgenommen, um sich zum Volksschullehrer ausbilden zu lassen.

[751] Und weil er auch eigentlich nicht Volksschullehrer werden wollte, schon gar nicht unter den Auspizien des NS-Regimes.

[752] Schmetterer wurde ein Jahr früher als normal eingeschult, sodass er bereits mit 17 Jahren maturieren konnte.

[753] Karl > Strubecker war während dieser Zeit Professor an der TH Wien und nur als (unremunerierter) Privatdozent an der Universität tätig, Wolfgang > Gröbner war wegen seiner Dienstverpflichtung nicht in Wien und kündigte im Vorlesungsverzeichnis keine Lehrveranstaltungen an (er kam erst im Herbst 1946 für zwei Semester wieder); Hans > Hornich war seit 1933 Privatdozent, seit 1936 besoldeter Assistent am Mathematischen Institut, erst 1941 erhielt er eine Honorardozentur und 1944 eine apl ao Professur. Über Hornich sind keine mündlichen Berichte Schmetterers erhalten, vgl. zu Hornich und Schmetterer jedoch > Hlawkas Erinnerungen in [125], p 215–220.

[754] Marie Tidl, geb Hofmann (*1916-01-24 Wien; †1995-07-12 Wien; ∞ Johann Tidl, studierte nach 1945 Bodenkultur) stammte aus einer sozialdemokratischen Familie und studierte Geschichte, Germanistik und Romanistik für das Lehramt an der Universität Wien. Sie wandte sich nach 1934 den Kommunisten zu, kämpfte als Mitglied der Roten Studenten gegen den Ständestaat-Faschismus und gegen den Nationalsozialismus, sie wurde 1938-11 unter dem Vorwurf des Hochverrats verhaftet. Im ersten Wiener Studentenprozess verurteilt, war sie ohne Anklage bis 1940 in Haft. In der Haft schrieb sie bei dem Historiker Srbik (NSDAP–Mitgliedsnummer 6.104.788) ihre Dissertation *Die Frauenarbeit in der niederösterreichischen Textilindustrie bis 1848* — mit tatkräftiger Hilfe ihrer Mutter, die für sie die Inskription vornahm, Besuchsbestätigungen („Testate") für die Lehrveranstaltungen und Bücher aus der Bibliothek besorgte. Noch wichtiger war es, dass die Mutter für ihre Tochter einen NS-Rechtsanwalt ausfindig machte, der ihr nicht nur einen Freispruch erwirkte sondern auch die bereits verfügte „Schutzhaft" durch die Gestapo abwendete. Wieder in Freiheit, verfolgte sie ihre politische Tätigkeit nicht weiter und beendete 1942 ihr Studium. Noch während der NS-Zeit ging sie in den Schuldienst. Sie blieb bis zu ihrem Tod Mitglied der KPÖ. (Tidl [358], Tidl jun. [357]).

[755] [358] p 97f.

ich auch in einem chemischen Laboratorium arbeiten und lernte so Kollegen aller drei Fachrichtungen kennen.

Es bildete sich eine informelle Widerstandsgruppe von einigen Chemikern, Physikern und eben Leopold Schmetterer als Teil der „Roten Studenten".[756] Andere Rote Studierende der Mathematik aus dieser Zeit sind nicht bekanntgeworden. Die kommunistische Mathematikstudentin und Lehramtskandidatin Regine ˃ Kästenbauer gehörte nicht zu den Roten Studenten (Tidl [358] p 31.

> *Dr. Horeischy,[757] von dessen Tod 1945 ich erst viel später erfuhr, habe ich damals wohl gesehen, wußte, daß er auf unsere Seite gehörte, habe aber nie mit ihm gesprochen.*
>
> *Besser kannte ich Maria Haczek,[758] eine Physikerin und Kusine von Friedl Hartmann. Von Friedl[759] wußte ich, daß sie im KJV [Kommunistischen Jugendverband] arbeitete, aber von ihrem schrecklichen Ende habe ich auch erst nach*

---

[756] Die Roten Studenten formierten unter dem Namen *Geeinter Roter Studentenverband* einen lockeren Zusammenschluss hauptsächlich „linker" NS-Gegner. Etwa die Hälfte waren Kommunisten, je ein Fünftel Revolutionäre Sozialisten und Parteilose, der Rest bestand aus Sozialdemokraten. Zu den Kommunisten unter den Chemikern, aber nicht zu Schmetterers Gruppe, gehörte der spätere Professor für Chemie (und Bruder eines noch späteren Justizministers) Engelbert Broda, der aber noch 1938 nach London emigrierte. Als weiterer Kommunist und Vertreter der Chemiker in der Leitung der Roten Studenten ist für die Zeit bis zum „Anschluss" Hans Friedmann (*1914-02-05 Wien; †2006-06-29 Västeras, Schweden) zu nennen (Tidl [358], wo er mit Schilderungen der damaligen Aktivitäten auf den Seiten 2f, 10, 17f, 20, 46 und 55 vertreten ist.). Friedmann flüchtete 1938-04 zu seinem Bruder in die USA; nach dem Krieg kehrte er nach Österreich zurück.

[757] Näheres über Horeischy und den Vorfall am Chemie-Institut auf p. 46.

[758] Dr. Maria Hermine Haczek (*1920-10-23 Wien; †2014-11-12 Wien), Tochter von Max Josef Haczek (*1863-04-06 Proßnitz/Mähren; †1947-11 Wien), Redakteur in Wien (aus der IKG ausgetreten 1901; cf. WSTLA mba18 IKG 1901/582), wohnte in Wien-Alsergrund, Wasagasse 31. Nach der Reifeprüfung am Staatsgymnasium in Wien am 24. Juni 1938 begann sie im Wintersemester 1938/39 ein Studium der Chemie, Physik und Mathematik an der Universität Wien. Sie galt als „Mischling 1. Grades" und konnte ihr Studium - bei jederzeitigem Widerruf - vorläufig aufnehmen. Zuletzt war sie im Trimester I/1940 an der Philosophischen Fakultät im 4. Studiensemester inskribiert. Ab Anfang 1940 mussten „Mischlinge" um weitere Studienzulassung beim REM in Berlin ansuchen; Maria Haczeks Ansuchen wurde mit Bescheid 1940-06-07 abgelehnt. Sie kannte mehrere Studienkollegen, die bei den „Roten Studenten" aktiv waren, war aber selbst nicht involviert. „Ich kam dann auf die Idee, mich bei Siemens in Berlin um eine Werkstudententätigkeit zu bewerben, wurde auch genommen und war so ab Juli 1940 nicht mehr in Wien." Sie konnte ihr Studium der Physik schließlich 1950-05-16 beenden (Diss.: *Über das dielektrische und seignetteelektrische Verhalten des CsH_2PO_4*). (https://gedenkbuch.univie.ac.at/?id=index.php?id=435&no_cache=1&person_single_id=40889, Zugriff 2023-02-20); Tidl [358], 98, 100; Kniefacz et al. [167].

[759] Elfriede („Friedl") Beate Hartmann (*1921-05-21 Wien; †1943-11-02 Wien) maturierte 1939 am Mädchenrealgymnasium Billrothstraße, inskribierte 1940-01 an der Uni Wien Chemie, wurde aber 1940-05 als „Mischling 1. Grades" relegiert. Sie war bereits 1938 im Kommunistischen Jugendverband an führender Stelle beteiligt gewesen; 1942-02-24 wurde sie bei einer Flugblattaktion ertappt und als Mitglied einer kommunistischen Widerstandsgruppe inhaftiert, 1943-09-22 zum Tode verurteilt und 1943-06-27 mit dem Fallbeil hingerichtet. (Kniefacz et al. [167] p 285)

dem Krieg gehört. Vor ihr lernte ich Epstein kennen, nachdem wir einander vorsichtig beschnofelt hatten. [760]

Auch gehörte zu unserer Gruppe Touschek, der jetzt als Professor in Rom tätig ist. [761]

Meine Aufgabe war es, für die Versorgung unserer Gruppe mit Literatur zu sorgen.

Agitatorisch war die Gruppe so wie die Geschwister Scholl in Deutschland mit Flugblättern und Streuzetteln unterwegs, das Material dazu wurde von Hand hergestellt und dann paketweise an andere Mitglieder der Gruppe oder an andere Gruppen verteilt. Tarnung war bei der Agitation oberstes Gebot. Die Gefahr bestand allerdings weniger darin, bei einer solchen konspirativen Tätigkeit ertappt zu werden, als durch Verrat aufzufliegen: [762]

Ich hatte z.B. einmal von unserem Verbindungsmann eine ganze Menge aufs primitivste gedruckte Flugblätter auf halbformatigem Maschinschreibpapier bekommen. Sie forderten zur Wehrdienstverweigerung auf.

Unsere Gruppe wurde am 13. März 1940 gesprengt. An diesem Tag sollten wir uns bei der Oper treffen, Fritz Epstein, ich und ein Verbindungsmann einer übergeordneten Organisation. Als ich gegen 9 Uhr hinkam, war der Verbindungsmann wirklich dort. Ich hatte ihn schon früher einmal getroffen. An seinen Namen erinnere ich mich nicht mehr. Es war ein kleinerer jüngerer Mann, ich glaube, mit dunklen Haaren. Seiner Aussprache nach könnte er ein Student gewesen sein. Er trug ein umfängliches Parteiabzeichen der NSDAP, worüber wir beim ersten Treffen sehr erschrocken waren. Aber es hatte geheißen: 'Seids verrückt? Wir müssen uns doch tarnen.' Dieser Mann und ich warteten also eine Weile auf Fritz. Daraufhin gingen wir auseinander, nachdem ich versprochen hatte, daß ich versuchen würde, mit Fritz im Institut wieder Fühlung aufzunehmen. Sein Arbeitsplatz war leer. Ich fragte seinen Nachbarn am Laborplatz: 'Wo ist der Epstein?' 'Das weißt du nicht?', war die Antwort. 'Der ist doch gerade vom Studentenführer [763] und von der Gestapo abgeholt worden!'

Ich verließ in panischer Angst das Institut, wobei mir Touschek begegnete und mich groß anschaute: 'Wieso bist du noch nicht verhaftet? Wieso bist du noch

---

[760] Friedrich Epstein (*1921-02-24 Wien; †1993-05-18b Wien), begann 1939 als „Mischling ersten Grades" Chemie zu studieren (das war manchmal möglich, da chemische Expertise während des Krieges sehr gefragt war).

[761] Bruno Touschek (ursprünglich „Toušek" geschrieben; (*1921-02-03 Wien; †1978-03-25 Innsbruck) hatte eine jüdische Mutter, flüchtete bald nach Beginn seines Studiums nach Hamburg, wo er eine Zeit lang seine jüdische Herkunft verbergen und am deutschen Betatron (unter Rolf Widerøe) mitarbeiten konnte. Von der Gestapo 1945 verhaftet, entkam er wie durch ein Wunder auf dem Marsch zum KZ Kiel seinen Bewachern. Nach 1945 setzte Touschek sein Physikstudium in Göttingen und später Glasgow fort, danach war er führend am Bau des Elektron-Positron Colliders AdA in Frascati bei Rom beteiligt. Siehe: Luisa Bonolis, Giulia Pancheri: *Bruno Touschek in Germany after the War: 1945-46*, INFN–19-17/LNF October 10, 2019 MIT-CTP/5150.

[762] Tidl [358] p 97–100

[763] Die Bereichsführung Süd-Ost des NSD-Studentenbunds befand sich ganz in der Nähe, auf Boltzmanngasse 10.

frei?' Beim nächsten Treff, wieder bei der Oper, sagte ich zu meinem Verbindungsmann: 'Um Gottes Willen, der Fritz ist verhaftet worden. Was soll jetzt geschehen?' 'Wir müssen sofort aufhören', war die Antwort. [764]

Ich habe von Mitzi Frischauf, [765] *zu deren Bekannten Lunatscharski* [766] *gehörte, eine Photoserie von Moskau und andere Bilder über verschiedene Einrichtungen in der UdSSR bekommen. Das alles habe ich nach der Verhaftung von Epstein verbrannt.*

Epstein bestätigt in Tidls Bericht die Angaben seiner Kollegen:

An dem Tag, an dem ich verhaftet wurde, hatte ich eine Verabredung mit Leo Schmetterer und noch jemandem. Es sollten Richtlinien für die weitere Zusammenarbeit ausgearbeitet werden. Der unbekannte Dritte war, glaube ich, ein Physiker, der heute in Rom ist (vermutlich Touschek, M.T.).

Epstein wurde am 14. Oktober 1940 wegen seines miserablen Gesundheitszustandes und dank der Hilfe eines verständnisvollen Arztes der II. Chirurgischen Klinik im Allgemeinen Krankenhaus — er schrieb, dass die Tage seines Patienten gezählt seien — enthaftet und arbeitete von 1941 bis 1944 als Chemiker im Metallhüttenwerk Liesing. Im Mai 1945 setzte Epstein sein Studium fort.

Gleich am Beginn seines Studiums hatte sich Schmetterer einer noch viel größeren Gefahr ausgesetzt. Von seiner Begegnung mit dem SS-Mann Albert Massiczek erzählte er Tidl: [767]

Bevor man unter Hitler inskribieren konnte, mußte man ein 2–3 Tage dauerndes Vorbereitungslager machen. [768] *Ein solches Lager leitete der Student [Albert] Massiczek. Jeder mußte seinen Lebenslauf erzählen. Alle bemühten sich, möglichst herauszustreichen, was sie für den Nationalsozialismus bereits geleistet*

---

[764] Epstein erzählte später, wie es zu seiner Verhaftung kam: „Ich kannte noch von der Schule her einen Studenten namens Weiß. Er studierte Staatswissenschaften. Gemeinsam wollten wir Kontakt zu anderen Widerstandskämpfern finden. Er wollte illegal nach Ungarn gehen und ist dabei gefasst worden und hat meinen Namen preisgegeben. Auf seine Angaben hin erschienen also am 13. März 1940 vormittags in irgendeinem Anfänger-Labor zwei Gestapobeamte, zeigten mir diskret ihre Marken, die sie in der Hand hielten und forderten mich auf, mitzukommen. Sie brachten mich auf den Morzinplatz. Ich brauchte lange, bis ich herausfand, was sie wussten und was sie nur vermuteten." [358] p 100.

[765] Maria Frischauf (*1882 Preßburg (Bratislava); †1966 Wien), geb Pappenheim, ∞ 1919 Hermann Frischauf, Sohn des Grazer Mathematikers Johannes Frischauf (Vgl. p. 606). Sie war 1909 Librettistin von Arnold Schoenberg (s. p. 414).

[766] Anatoli Wassiljewitsch Lunatscharski (= Anatolij Vasil'evič Lunačarskij; *1875-11-11 (jul. Kalender) Poltawa, heute Ukraine; †1933-12-28 Menton, Frankreich) war 1917–1929 Volkskommissar für Bildung der RSFSR (Russ. Sozial. Föder. Sowjetrepublik). Führender Kulturpolitiker der Sowjetunion.

[767] Tidl [358], p51f. Massiczek hatte am November-Pogrom von 1938 teilgenommen; er war Träger des „Ehrenzeichens der alten Kämpfer bei der SS". Ab 1940 Soldat, 1941 an der Front und nach Verlust eines Auges als schwer Kriegsverletzter von 1942 bis 1945 Lehrer für Nationalpolitischen Unterricht am Kriegsblindenlazarett. Nach dem Krieg trat er in den *Bund Sozialistischer Akademiker* (BSA) ein und präsentierte sich in der Öffentlichkeit erfolgreich als geläuterten Nationalsozialisten. Diese Darstellung wird von Neugebauer und Schwarz in [223], p 119–124, heftig kritisiert.

[768] Vgl zB Neues Wr Tagbl. 1940-09-25 p 6.

*hatten. Ich habe aber doch das Gefühl gehabt, daß man dem Massiczek gegen-
über etwas riskieren könnte und habe klipp und klar erklärt, daß ich bis vor
kurzem konträrer Meinung gewesen wäre, was sich zum Teil durch mein Herkommen und meine Familie erkläre, und daß ich mich erst langsam adaptieren
müsse. Ich war mir über die Gefahr eines solchen Verhaltens nicht im klaren und
würde das heute nicht mehr machen. Massiczek aber ist zu mir gekommen und
hat gesagt: 'Deine Haltung hat mir ungeheuer imponiert. Möchtest du dir nicht
einmal die Verbindung anschauen, bei der ich bin? [Verbindungen hat es in der
ersten Zeit nach der Besetzung noch gegeben, M.T.] - Du wirst sehen, daß dort
Leute sind, die dir gefallen.' Ich hab es mir auch wirklich angeschaut, war oft mit
verschiedenen zusammen, bin aber doch nie in den NSDSTUBU aufgenommen
worden.*

Nach der Verhaftung von Epstein und der meisten anderen Mitglieder der Roten Studenten beendete die kleine Gruppe ihre Tätigkeit; Schmetterer entging der Verhaftung. Im
Ganzen hatte sein Abenteuer im Widerstand etwa ein Dreivierteljahr gedauert, in gewalttätige Auseinandersetzungen war er dabei nicht verwickelt worden.[769] Die anschließende
Dienstverpflichtung für die Rüstungsindustrie verlief zu seinem Glück trotz laufender Bombenangriffe und Arbeit unter SS-Aufsicht geradezu ereignislos.

Studium und Rüstungsforschung. Mit zwanzig Jahren erkrankte Schmetterer 1939
schwer an Diphterie[770] und zog sich dabei einen akuten Herzfehler zu, sodass er als
nicht volltauglich eingestuft wurde. 1940-10-01 erhielt er eine kleine Stelle am Mathematischen Institut als Stipendiat und Hilfskraft in der Bibliothek. 1941-07-14 promovierte
er in Wien bei Nikolaus ⸖Hofreiter mit einer Arbeit über diophantische Approximation
im Körper $k(i\sqrt{11})$.[771] Kurz darauf, 1941-09-09, wurde er aber nun doch zur Wehrmacht
eingezogen und zunächst wegen seines schlechten Gesundheitszustands in der Schreib-
stube beschäftigt, ab 1943 ans Mathematische Institut der Universität Wien abgestellt
und bis 1945 bei den Henschel-Flugzeug-Werken in Berlin-Schönefeld als Mathematiker
dienstverpflichtet. Seine Aufgabe bestand in der numerischen Berechnung von Bahnkurven
raketengetriebener Geschoße für Zwecke der Fernlenkung. Es sollte ein Vorläufer der heute
Boden-Luft-Raketen genannten Abwehrsysteme entwickelt werden, die *Henschel Hs 117
Schmetterling*, eine funkgelenkte, optisch oder über Radar verfolgte, zweistufige, 420 kg
schwere Rakete mit 16 Kilometern Reichweite und einer Gipfelhöhe von 11.000 Metern.
Wegen anhaltender Bombardierungen wurde diese Entwicklungsabteilung nach Nordhausen in Thüringen verlegt; dort befand sich 1937–45 das Rüstungszentrum Mittelwerk Dora
und ab 1943-08 auch das KZ Dora-Mittelbau. Durch Luftangriffe wurden noch im April
1945 etwa drei Viertel der Stadt zerstört. Wie Schmetterer in den Interviews von 1993 und
1999 betonte, war er sich sicher, dass keine der Konstruktionen, an denen er mitgearbeitet hatte, zu brauchbaren Ergebnissen führen hätte können. Die Arbeiten wurden streng
geheimgehalten und überwacht, Zwangsarbeiter waren an den Rechnungen nicht betei-

---

[769] Vgl. auch den Artikel von Christian Broda im AZ-Journal, 3. Mai 1975, Nr. 18/75.

[770] Er hatte diese Krankheit bereits einmal im Kindesalter gehabt.

[771] Rigorosum 1941-07-11. Eigenhändiger Lebenslauf auf der letzten Seite der Dissertation.

ligt. Einziges mathematisch relevantes Ergebnis seines Aufenthalts in Nordhausen war die Bekanntschaft mit dem Computer-Pionier Konrad Zuse.

Assistent von Radon und Habilitation. Nach Kriegsende verbrachte Schmetterer einige Monate in US-amerikanischer Internierung, 1945-12 konnte er schließlich über Salzburg nach Wien und an die Universität Wien zurückkehren, wobei er, wie damals gewöhnlich nicht anders möglich, längere Strecken zu Fuß zurücklegen musste. Nach seiner Rückkehr war Schmetterer 1945–55 als Assistent am Mathematischen Institut fest angestellt und wurde nach dessen Eintreffen 1946-10 dem neu zum Ordinarius ernannten Johann ⟩ Radon zugeteilt. [772] Sicherlich nicht ohne dessen Einfluss wandte er sich der Analysis zu, vor allem der Fourieranalysis und der Theorie der unendlichen Reihen, die er schon lange vor seinem Studium in dem Einführungstext von Sporer[773] in der Bibliothek seines Onkels Karl [II] erstmals kennengelernt hatte. 1949-07-08 habilitierte er sich mit einer Arbeit über die Konvergenz der Fourier-Reihe eines Produkts zweier Funktionen, eine Fragestellung, die von der klassischen harmonischen Analyse auch in die Funktionalanalysis übergreift. Die Lehrbefugnis für die Universität wurde auch auf die TH Wien ausgedehnt.

Einstieg in die Statistik. Auf Anraten von Paul ⟩ Funk wandte er sich aber bald darauf der damals in Wien kaum gepflegten mathematischen Statistik zu — eine folgenreiche Entscheidung, die ihn auf die für ihn optimale Schiene wissenschaftlicher Forschung setzte. Die Lehrtätigkeit Schmetterers in Statistik begann 1948-10-01 mit einem Lehrauftrag, mit dem er die Vorlesung von Adalbert Prey supplierte, der, obwohl längst emeritiert und Astronom/Geophysiker, das Fach während des Weltkriegs und danach bis ein Jahr vor seinem Tode (†1949-12-22) vertreten hatte. Die Lehrveranstaltung war gleichzeitig für Studierende der TH Wien gedacht. [774]

Von Anfang an bestand aber auch eine enge Beziehung zum Institut für Statistik der Wiener juridischen Fakultät und dessen Leiter Wilhelm ⟩ Winkler. Am Lehrangebot von Winklers Institut beteiligten sich ab dem Sommersemester 1951 neben Schmetterer auch ⟩ Bukovics und ⟩ Prachar mit Vorlesungen und Übungen zur mathematischen Statistik.

Auf Initiative von Wilhelm ⟩ Winkler wurde 1951-03-13 die Österreichische Statistische Gesellschaft gegründet, Schmetterer gehörte zu den Gründungsmitgliedern. Der Vorstand der Gesellschaft umfasste neben den beiden Vorsitzenden Winkler und Zimmermann (vom Statistischen Zentralamt) die Professoren Paul ⟩ Funk und Josef ⟩ Rybarz von der TH Wien, ⟩ Hlawka (als Kassier) und Schmetterer von der Uni Wien, außerdem Ernst John vom Institut für Wirtschaftsforschung (WIFO). Von 1970 bis 1982 teilten sich Lothar Bosse[775]

---

[772] Schmetterers Stelle als wissenschaftliche Hilfskraft erbte Karl ⟩ Prachar, der aber 1948 zum Assistenten des nächsten neu berufenen Ordinarius ⟩ Hlawka aufstieg. Es waren damals nur zwei Assistenstellen am Mathematischen Institut vorgesehen.

[773] Benedikt Sporer, Niedere Analysis (Sammlung Göschen Bd. 53). Leipzig: G. J. Göschen'sche Verl. 1. Auflage 1896. Sporer war Mathematiklehrer am Gymnasium in Ehingen.

[774] IMN **5** (1949) 5. Vgl. auch Witting (s.u.).

[775] Lothar Bosse (*1914-06-10 Küstrin (= Kostrzyn, Polen); †1996-08-29 Böheimkirchen, NÖ), Wirtschafts- und Sozialstatistiker war 1945–48 Assistent von ⟩ Winkler, wechselte dann an das WIFO und war 1971–81 Präsident des Statistischen Zentralamts. Auf ihn geht das Integrierte Statistische Informationssystem (ISIS) zurück.

(Statistisches Zentralamt) und Leopold Schmetterer in den Vorsitz der Gesellschaft, die in *Österreichische Gesellschaft für Statistik und Informatik* umbenannt wurde.[776] Seit 1949-07-08 Privatdozent an der Universität Wien, wurde Schmetterer 1950 Honorardozent für mathematische Statistik an der TH Wien, 1955 tit ao Professor an der Universität. 1956 übersiedelte er als Ordinarius für Versicherungsmathematik und Statistik an die Universität Hamburg, kehrte aber 1961[777] an die Universität Wien zurück. 1969/70 war er Dekan der Philosophischen Fakultät an der Universität Wien.

Friedensbewegung. Schmetterer engagierte sich auch in der österreichischen Friedensbewegung und gehörte zu den insgesamt 160 Unterzeichnern, darunter Paul ˃Funk, der Historiker Friedrich Heer,[778] und der Physiker Karl Przibram,[779] des Aufrufs zum Ostermarsch 1968 „Für Frieden in Vietnam, für Rüstungsstop, für den Aufstieg der Dritten Welt, für eine aktive Friedenspolitik Österreichs". Anläßlich der Verletzung der Neutralität Kambodschas im Verlauf des Vietnamkriegs schrieb Schmetterer einen Brief an Bruno Kreisky.[780] 1970-12-16 gründete er gemeinsam mit dem Arzt Georg Fuchs, der Frauenrechtsaktivistin Tilly Kretschmer-Dorninger, dem Chemiker Thomas Schönfeld und der Architektin Margarete Schütte-Lihotzky den Verein *Österreichisches Komitee für Verständigung und Sicherheit in Europa*, der als Diskussionsforum gedacht war, aber in der Folge nur geringfügig in Erscheinung trat.[781] Immerhin gehört dieses Komitee zu den allgemeinen Bemühungen zur Beilegung des Ost-West-Konflikts, die zur *Konferenz über Sicherheit und Zusammenarbeit in Europa* (KSZE) von 1973-07-03 in Helsinki führten. 1974 nahm Schmetterer an der 25. Pugwash-Konferenz teil, die (von 08-28 bis 09-02) in Baden bei Wien stattfand.[782]

An der Juridischen Fakultät und in der ÖAW. 1971 wechselte Schmetterer an die Juridische Fakultät, um an dessen Statistischen Institut die Nachfolge von Slawtscho Sagoroff[783] anzutreten. Von 1971 bis 1975 leitete er das noch von Sagoroff Ende der 50er Jahre mit Hilfe einer von der Rockefeller-Stiftung finanzierten *Burroghs 205 Danatron* eingerichtete

---

[776] Die Umbenennung der Gesellschaft wurde 1982 wieder rückgängig gemacht.

[777] Zuweilen wird Schmetterer als Nachfolger von ˃Radon bezeichnet. Das ist nach den Unterlagen im Archiv der Uni Wien nicht belegbar. Radon starb 1956, die erste danach besetzte Professur war jedenfalls die von ˃Mayrhofer eingenommene im folgenden Jahr.

[778] *1916-04-10 Wien; †1983-09-18 Wien

[779] *1878-12-21 Wien; †1973-08-10 Wien

[780] Kreisky Archiv Länderbox Kambodscha.

[781] Heute ist der Verein verschwunden. Eine Darstellung aus KP-Sicht gibt Oberkofler in [226].

[782] Brief von Hans Thirring 1974-12-Rundschreiben, Archiv univie, Phaidon W35-998

[783] Eig. Slavčo Dimitrov Zagorov (*1898-11-25 Sofia; †1970-12-14 Wien). Studierte Ökonomie an den Universitäten Bern, Sofia, Innsbruck und Leipzig; 1922 Dr rer.pol. in Leipzig. 1922–1924 Sekretär im bulgarischen Wirtschaftsministerium. 1929 Habilitation an der Universität Sofia, 1934 ao Professor und Direktor des Bulgarischen Statistischen Amtes. 1939–1942 Minister für Handel, Industrie und Arbeit, Einsatz für die Entwicklung der deutsch-bulgarischen Wirtschaftsbeziehungen. 1950–55 Professor an der Philosophisch-Theologischen Hochschule Regensburg, 1955 als ordentlicher Professor und Vorstand des Statistischen Instituts an die Universität Wien berufen. Neben seiner Universitätsposition war Sagoroff der erste Direktor des 1963 eröffneten Instituts für höhere Studien, wo er aber 1965 wegen Unfähigkeit als Organisator und Korruptionsvorwürfen zum Rücktritt gezwungen wurde. Sagoroff wurde politische Unterstützung durch ÖVP-Politiker nachgesagt. Vgl. Fleck [88].

Rechenzentrum der Universität Wien und parallel dazu ein Institut der ÖAW, das sich ab 1971 sukzessive aus der Kommission für Zukunftsforschung der ÖAW herausschälte.[784] Von 1975-05-13 bis 1983-09-30 war Schmetterer Generalsekretär der ÖAW.

1972-10 einigten sich die USA und die damalige Sowjetunion auf die Gründung des Internationalen Instituts für angewandte Systemanalyse (IIASA). Diese Organisation sollte eine Plattform für internationale und interdisziplinäre wissenschaftliche Zusammenarbeit bilden, sie umfasst mittlerweile 23 Mitgliedsländer. Jedes Mitgliedsland ist über ein nationales Komitee in die Organisation des IIASA eingebunden, das die involvierten wissenschaftlichen und politischen Gremien des jeweiligen Landes repräsentiert und einen Vertreter in das Entscheidungsgremium (*governing Council*) des IIASA entsendet. Als Österreichs nationales Komitee wurde die Akademie der Wissenschaften bestimmt, zum Vertreter Österreichs deren Generalsekretär Leopold Schmetterer.

1981 gehörte Schmetterer dem beratenden Ausschuß der Vereinten Nationen für Wissenschaft und Technologie im Dienste der Entwicklung an.[785]

Schmetterer emeritierte 1990. Er war als Gastprofessor an vielen Universitäten tätig gewesen, unter anderem in den USA (1958/59 in Berkeley, 1962/63 an der Catholic University in Washington D. C., 1973 an der Bowling Green State University), in Frankreich (Clermont-Ferrand 1975) und in Israel (Technion 1966).

Als akademischer Lehrer war Schmetterer kompromisslos fordernd, auch in Haupt- und Einführungsvorlesungen. Gewöhnlich war die Hörerzahl nach wenigen Wochen auf eine Handvoll zusammengeschmolzen. Wer aber durchhielt, hatte gute Chancen für seine spätere Karriere.

Seinem Herkommen aus der Analysis und seinem Temperament gemäß führte Schmetterer in seinen statistischen Vorlesungen strenge mathematische Methoden (und eine sorgfältige Einführung in die Maßtheorie) ein und machte so die Statistik auch für ambitionierte Mathematiker attraktiv. In der ersten Auflage seines Lehrbuchs *Einführung in die Statistik* verzichtete er noch auf die maßtheoretische Grundlegung der Wahrscheinlichkeitstheorie, ging aber doch auf die Entwicklungen der Statistik ein, die während des Krieges im Ausland stattgefunden hatten (Jerzy Neyman und Egon Pearson). In der zweiten Auflage ist bereits die Maßtheorie im ersten Kapitel kurz, aber logisch lückenlos dargestellt. Ein anderes

---

[784] 1971-12-10: Kommission für Zukunftsforschung; 1972-03-10: Kommission für sozioökonomische Entwicklungsforschung; 1973-03-09: Institut für Sozio-ökonomische Entwicklungsforschung. Die Entwicklung blieb dabei nicht stehen: 1985-06-21 Institut für Sozio-ökonomische Entwicklungsforschung und Technikbewertung (nun unter der Leitung von Ernst Braun); von letzterem Institut löste sich 1987-11-06 die Kommission für Technikbewertung ab, das verbleibende Institut für sozioökonomische Entwicklungsforschung wurde 1991-01-18 aufgelöst. Seit 1994-01-01 ist die abgespaltete Technikbewertung in einem neugegründeten Institut für Technikfolgen-Abschätzung (Technology Assessment) der ÖAW untergebracht, das trotz der ÖAW-Turbulenzen nach 2010 bis heute besteht.

[785] Vereinte Nationen. Zeitschrift für die Vereinten Nationen, ihre Sonderkörperschaften und Sonderorganisationen. Hrsg: Deutsche Gesellschaft für die Vereinten Nationen, Bonn. 1981/4, p 140.

Lehrbuch, gemeinsam mit Pfanzagl[786] und Lustig,[787] war dagegen als leicht verständlicher Leitfaden zur statistischen Qualitätskontrolle für Praktiker gedacht.

In der Forschung beschäftigte sich Schmetterer unter anderem mit stochastischer Approximation (Geschwindigkeit von Konvergenzprozessen), erwartungstreuen Schätzfunktionen, Optimalität in Bezug auf allgemeine Verlustfunktionen und asymptotische Untersuchungen für das Auftreten supereffizienter Schätzer. Angeregt durch seinen Kollegen Emil ⊳ Artin in Hamburg beschäftigte er sich auch mit Wahrscheinlichkeitstheorie auf Gruppen und Halbgruppen. Mit seinem Schüler Herbert Heyer untersuchte er unendlich teilbare Maße auf (abelschen aber auch auf nicht notwendig abelschen) topologischen Gruppen, diese Untersuchungen wurden von Wilfried Hazod[788], einem weiteren Schüler Schmetterers, weitergeführt.

Zusammen mit Hans Richter[789] war Schmetterer 1962 Gründer und erster Herausgeber der *Zeitschrift für Wahrscheinlichkeitstheorie und verwandte Gebiete* (ab 1986: *Probability Theory and Related Fields*).

Wie wir oben schon erwähnt haben stammte Schmetterer aus einer sehr musikalischen Familie, vielfach an der Schwelle zum Konzertmusiker; er selbst war bis zu seiner Erblindung ein guter Pianist und veranstaltete häufig Hauskonzerte, an denen neben Mitgliedern seiner Familie auch Studenten und Assistenten des Mathematischen Instituts teilnahmen. Bei abendlichen geselligen Zusammenkünften im Rahmen von mathematischen Konferenzen in Oberwolfach pflegte er wie Friedrich Gulda am Klavier Wienerlieder zu singen. Bei seinem Begräbnis wurde ein Musikstück uraufgeführt, das er selbst als Siebzehnjähriger komponiert hatte, gefolgt von einem Requiem aus der Feder seines ebenfalls 2004 verstorbenen Bruders Georg.

Er war befreundet u.a. mit den Physikern Bruno Touschek (s.o.), Hans Grümm, Hans und Walter Thirring (mit dem er durch Jahrzehnte ein gemeinsames Seminar abhielt), ferner mit Edmund ⊳ Hlawka, Karl ⊳ Menger, Herbert Heyer, Wilhelm ⊳ Frank, den ungarischen Statistiker Alfred Rényi, mit den Amerikanern J. Wolfowitz, I. Olkin und vielen anderen.

In seinen letzten Lebensjahren erblindete Schmetterer zunehmend. Sein Augenleiden war bereits in den 1970er Jahren als Spätfolge seiner Unterernährung im Babyalter aufgetreten. Er starb bei einem Verkehrsunfall nahe der burgenländischen Marktgemeinde Gols, als er Hilfe für seine bei einem gemeinsamen Spaziergang gestürzte Frau holen wollte. Ein vorbeikommender Autolenker nahm ihn auf, der Wagen kollidierte aber mit einem Zug bei der Überquerung eines unbeschrankten Bahnübergangs.

---

[786] Johann Pfanzagl (*1928-07-02 Wien; †2019-04-06 Köln), Sohn von Johann und Maria Pfanzagl. Studium Mathematik und Physik 1946–50, Dr phil 1951 Univ. Wien, mit einer Arbeit über Hermitesche Formen in imaginär-quadratischen Zahlkörpern bei Hlawka; Habilitation 1956 in Statistik. Kurzzeitig Mittelschullehrer, danach bis 1959 Leiter der stat. Abt. der österreichischen Wirtschaftskammer (WKO); war 1959–60 ao Prof Univ. Wien, 1960–93 (bis zu seiner Emeritierung) o Prof. Universität Köln, ab 1993 ÖAW-korr. Mitglied der math.-naturw. Klasse im Ausland und Ehrendr. der Wirtschaftsuniversität Wien. (Vgl. Math. Methods of Statistics 8 (1999), 121-137.)

[787] Harry Lustig (*1925-09-23 Wien; †2011-03-17 Santa Fé, USA)

[788] Wilfried Hazod (*1943-06-26; †2014-05-23) wurde 1976 an die Universität Dortmund berufen und war bis 2008 Inhaber des Lehrstuhls für Stochastik und Analysis.

[789] *1912-05-02 Schönefeld/Leipzig; †1978-12-03 München

Das MGP nennt 15 Dissertanten, davon 2 an der Universität Hamburg, alle anderen an der Universität Wien.

Ehrungen: 1952-11-27 Förderungspreis der Gemeinde Wien für seine wissenschaftlichen Leistungen; 1961 *Fellow of the Institute of Mathematical Statistics*, (Bethesda (MD), USA); 1967–1971 Vizepräsident, *International Statistical Institute* in Den Haag; 1970 korresp., 1971 wirkl. Mitgl. der ÖAW; 1970 Mitgl. der Deutschen Akademie der Naturforscher Leopoldina in Halle; 1971 Mitgl. der Deutschen Akademie der Wissenschaften zu Berlin (DAW) [ab 1972 Akademie der Wissenschaften der DDR]; 1972 Ehrendoktor der Universität Clermont-Ferrand; 1973 Fellow of the American Statistical Association; 1975 Österreichisches Ehrenkreuz für Wissenschaft und Kunst I. Klasse; 1975-1983 Generalsekretär der Österreichischen Akademie der Wissenschaften; 1976 Wissenschaftspreis der Stadt Wien; 1977 Mitgl. der Akademie der Wissenschaften der DDR (später Berlin-Brandenburgische Akademie der Wissenschaften) 1979 Goldenes Ehrenzeichen für Verdienste um das Land Wien; 1980 Großes Silbernes Ehrenzeichen für Verdienste um die Republik Österreich; 1981 Ludwig-Boltzmann-Staatspreis für Wissenschaftspolitik; 1982 Schrödinger-Preis ÖAW 1983 Mitgl. der Sächsischen Akademie der Wissenschaften; 1984 Mitgl. der Bayerischen Akademie der Wissenschaften; 1984 Erwin-Schrödinger-Preis der Österreichischen Akademie der Wissenschaften; 1987 Ehrenmitglied der Österreichischen Statistischen Gesellschaft; 1993 Ehrenmitglied des Erwin-Schrödinger-Instituts ESI; 1995 Verdienst-Medaille der Leopoldina; 1999 Benennung eines Seminarraums und eines Lesesaals nach Schmetterer.

Ausgewählte Publikationen. *Diss.*: (1941) *Approximation komplexer Zahlen durch Zahlen in* $K(i\sqrt{11})$ *(Hofreiter)*.

1. Zur mathematischen Behandlung periodischer Bewegungen. Radiowelt Wien (1946), 44–46.
2. Zum Konvergenzverhalten gewisser trigonometrischer Reihen, Monatsh. Math. **52** (1948), 162–178 (Habilschrift)
3. (gem mit K. Lustig und J. Pfanzagl) Moderne Kontrolle. Österreichische Statistische Gesellschaft VI, Wien; 1. Aufl. 1955, 2. Aufl. 1956.
4. Bemerkungen zur Theorie der erwartungstreuen Schätzfunktionen. Mitteilungsbl. f. math. Statistik 9 (1957), 147–152.
5. Über nichtparametrische Methoden in der mathematischen Statistik, Jber. DMV **61** (1959), 104–126
6. Einführung in die Mathematische Statistik. Wien-New York 1956, 2. Auflage 1966 (Übers.: eng. 1974, russ. 1976)
7. On a problem of Neyman and Scott. **31** (1960), 656–661;
8. On unbiased estimation, Annals of Statistics **31** (1960), 1154–1163;
9. Stochastic Approximation. Proc. Fourth Berkeley Symposion Stat. Prob. **1** (1961), 587–609;
10. Some Theorems on the Fourier Analysis of Positive Definite Functions. Proc. Am. Math. Soc. **16** (1965), 1141–1196;
11. On the asymptotic efficiency of estimates. Research Papers in Statistics: Festschrift J. Neyman. Wiley, New York (1966) 301–317
12. Multidimensional stochastic approximation. Multivariate Analysis II (1969) 443–460. Academic New York
13. On Poissons laws and related questions. Proc. Sixth Berkeley Symp. Math. Stat. Prob. Univ. Calif. 1970 **2** (1972) 169–186
14. Über einige mit der Wahrscheinlichkeitstheorie zusammenhängende Fragen der Gruppentheorie. J. Reine Angew. Math. **262/263** (1973), 144–152.
15. Plongement de lois indéfiniment divisibles. Ann. sci. Univ. Clermont 51, Math. **9** (1974), 1-4.
16. Über die Summe Markovscher Ketten auf Halbgruppen, Monatsh. f. Math. 71 (1976), 223–260.
17. (mit R. Stender) Fundamental Concepts of the Theory of Probability, in: Behnke H, Bachmann F, Fladt, K, Süss, W (eds.) Fundamentals of mathematics. Vol. III: Analysis. (transl. Gould, S H) Reprint MIT Press, Cambridge 1983.

Das Zbl nennt 65 mathematische Publikationen, darunter 9 Buchbeiträge; das Schriftenverzeichnis in Binder et al. (das auch Beiträge in rein statistischen Publikationen enthält) umfasst 93 Einträge.

Nichtmathematische Publikationen:

18. Das Vordringen der Mathematik in Naturwissenschaften und Medizin. Naturwiss. **48** (1961) 169-174.
19. (mit Broda, E.) Rüstung und Abrüstung, in: Weltprobleme und Wissenschaft – die Pugwash-Bewegung, Wissenschafter für den Frieden, Wien (1976), 11-21.
20. Allgemeine Systemtheorie. Nova Acta Leopoldina, n. F. **47**, No. 226, 63-70 (1978).

Quellen. Badener Ztg 1910-08-31p5; Schmetterer, eigener Lebenslauf (Diss 1941); UAW Personalblatt, Personalakt Schmetterer 001; Tidl, [358] p97f; Pflug, IMN, Wien **197** (2004), 1-4; ders., Austrian Journal of Statistics. **34** (2005), 7–9; Binder, C., Hlawka, E., Sigmund, K., Monatsh. Math. 147 (2006), 1-10; Oberkofler, G., [226] p.241; p.255ff, p.271; Wintersteiner, W., und L. Wolf (Hrsg), Jahrbuch Friedenskultur **10** (2015), 231. Kreisky Papers; Witting H, A conversation with Leopold Schmetterer, Statistical Science **6** (1991) 437–447; Interviews mit Leopold Schmetterer: (1993-11-11; Interviewer: Reinhard Schlögl, 2 Teile) (https://www.mediathek.at/atom/0E8DC576-345-00106-000654D4-0E8D227E, Zugriff 2023-02-20).

Lit.: Schmetterer L (1984) Tribute to Wilhelm Winkler at his 100th anniversary. Int. Stat. Rev. **52** (1984), 227–228.

Friedrich Schoblik

*1901-07-14 Stallek, Mähren (= Stálky, Cz); †1944-07-04 bei Rákow, PL, vermisst (r.k.)

Sohn des Schuldirektors in Panditz (Cz), Franz Schoblik (⚭ 1898)

NS-Zeit. Ab 1939-04-01 war Friedrich Schoblik aktives Mitglied der NSDAP (vor 1939 Mitglied der Sudetendeutschen Partei), ab 1941 Mitarbeiter des „Landesamtes für Rassenpolitik" und Mitglied des Nationalsozialistischen Kraftfahrerkorps NSKK. 1942 wurde er zur Wehrmacht einberufen, an die Ostfront geschickt und 1944-07 als vermisst gemeldet.

Schobliks Vater begann als Lehrer an der Volksschule in Gerstenfeld (Mähren), ging von dort 1900-06 in der gleichen Eigenschaft nach Stallek (Kreis Znaim), 1906-02 Lehrer I. Klasse, 1909 Leiter der Grundschule in Panditz (= Pantic, ebenfalls Mähren).[790] Friedrich Schoblik besuchte in Panditz die Grundschule und wechselte dann an das Deutsche k.k. Staatsobergymnasium in Znaim (Znojmo). Nach der Matura studierte er 1920–25 Mathematik und Physik an der Universität Wien, (>Furtwängler, >Wirtinger), 1926 nahm er eine Assistentenstelle der DTH Brünn bei Rudolf >Weyrich an (1926–33 Hilfsassistent, 1933–38 Vollassistent). Sein Studium in Wien beendete er 1927-06; um promovieren zu können, ergänzte er 1927/28 seine Studien um ein weiteres Jahr an der naturwissenschaftlichen Fakultät der DU Prag.[791] 1929-05-27 reichte er dort eine Arbeit über die Darstellung von Differentialformen als Dissertation ein, deren Verteidigung wurde aber von den Gutachtern >Pick und >Berwald per Bescheid 1930-11-20 nicht zugelassen und das Verfahren ausgesetzt. Erst 1933-06-23 erreichte er sein Ziel, die Promotion zum Dr. rer. nat., mit einer neu eingereichten Dissertationsschrift, diesmal über Randwertprobleme.

1938-02-01 reichte er die Schrift: „Bemerkungen zu einem Lemma von G. Watson" zur Habilitation an der DTH Brünn ein, 1938-12-14 die Anmeldung für das Habilitationskolloquium; 1938-12-16 hielt er einen Habilitationsvortrag „Über die Theorie der dem Magnus-Effekt zugrundeliegende konformen Abbildung". 1939-03-25 folgte die Ernennung zum

---

[790] Znaimer Tagbl 1900-04-24 p2, 1900-06-06 p2, 1907-05-09 p1; Deutsches Südmährerbl. 1909-05-28.

[791] Von den Wiener Studien wurden ihm in Prag nur sechs Semester angerechnet, was für eine Promotion nicht ausreichte.

Privatdozenten, danach wurde ihm die Einführungsvorlesung zum Fach Versicherungs-mathematik (in der Nachfolge von Oskar Kubelka[792]) übertragen. Mit dem Studienjahr 1939/1940 übernahm er von Friedrich Benz (*1873; †1940) die Lehrveranstaltungen zu Wahrscheinlichkeitsrechnung und mathematischer Statistik, später hielt er auch Vorlesungen zur Mathematik im Vermessungswesen. Ebenfalls 1940 bewarb er sich erfolglos um eine Mathematik-Professur an der DTH Brünn.

1942 musste er zur Wehrmacht einrücken[793] und war zuletzt an der Ostfront eingesetzt, wo er 1944-07-04 bei Rákow in Polen als vermisst gemeldet wurde.[794]

Schoblik war in seiner wissenschaftlichen Arbeit offensichtlich kompetent aber wenig kreativ, wahrscheinlich auch stark durch Lehraufgaben überlastet. Sein Buchmanuskript zur Gammafunktion wurde von F. Lösch bedeutend umgearbeitet und erweitert, das Buch ist als einzige seiner Publikationen auch heute noch von Interesse. Über seine Arbeiten zu mathematischen oder physikalischen Anwendungen sind nur wenige Informationen zugänglich.

Die Verschickung an die Front lässt darauf schließen, dass Schoblik keine besondere Stellung im NS-System einnahm, NS-politisch wenig aktiv war, und sich auch keine besondere Anerkennung als Wissenschaftler oder Lehrer der Wissenschaft sichern konnte.

Ausgewählte Publikationen. *Diss.*: (1933) *Über belastete Randwertaufgaben 2. Ordnung (Berwald, Löwner).* [In [324] irrtümlich auf 1938 datiert.]

1. Zur Transformation von Differentialformen. Jber. DMV **39** (1929), 41f. [Vortrag, gehalten auf der DMV Tagung in Prag 1929-09-17, Ausschnitt aus der abgelehnten Diss.]
2. Zum Problem des Kartenfärbens. Jber. DMV **39** (1929), 51-52. [Vortrag, gehalten auf der DMV Tagung in Prag 1929-09-19]
3. Bemerkungen zur Arbeit des Herrn Benirschke zur Sitzreihensteigung der Zuschauerräume. HDI-Mitteilungen des Hauptvereines deutscher Ingenieure in der tschechoslowakischen Republik, **22** (1933), 23-26.
4. Bemerkungen zu einem Lemma von G. N. Watson. Jber. DMV **48** (1938), 193-198. [Auszug aus der Habil.Schrift]
5. Ueber eine Funktionalbeziehung Hermite'scher Polynome. Monatsh. Math. Phys., **47** (1939), 333-337.
6. (mit Chvalla, E) (1939), Theorie der Kippung rechtwinkeliger Zweistabrahmen. Proc. 5th Int. Cong. of Applied Mechanics, Cambridge Mass., Sept. 12 to 16, (1938), pp 44-50.
7. (mit Lösch, F) Die Fakultät (Gammafunktion) und verwandte Funktionen. Mit besonderer Berücksichtigung ihrer Anwendungen. Teubner, Leipzig, 1951. (Posthum von F. Loesch nach einem Manuskript aus dem Nachlass von Schoblik in erweiterter Form herausgegeben.)

---

[792] Oskar Kubelka (*1889 Brünn) absolvierte 1908 das Erste Deutsche k.k. Staatsgymnasium in Brünn, danach studierte er Versicherungstechnik an der DTH Brünn und schloss dieses Studium 1911-05-06 mit der Staatsprüfung ab. Bereits ab 1908-12-03 war er bei der [1889 gegründeten] Arbeiterunfallversicherung in Brünn beschäftigt. Im Ersten Weltkrieg wurde er zum Dienst in der Armee eingezogen und brachte es dabei zum Oberleutnant. Nach dem Krieg arbeitete Kubelka wieder als Versicherungsmathematiker in der Arbeiterunfallversicherung; dort stieg er 1923-09-01 zum stellvertretenden Leiter, 1926-01-01 zum Abteilungsleiter auf. 1930-02-17 erhielt er an der DTH Brünn einen Lehrauftrag für Versicherungsmathematik, den er in den folgenden Jahren weiterführte, mit einer Unterbrechung im SS 1939, das er in Prag verbrachte. (Šišma, [325], Eintrag Kubelka)

[793] Wehrmachtsangehörige konnten in der Regel nicht gleichzeitig Parteimitglied sein, während des Wehrdienstes ruhte die Parteimitgliedschaft.

[794] Bečvářova [25] p 218f; Šišma [324] (s.u.). Die leicht abweichenden Angaben in [233], Bd 11 p1, beruhen offenbar auf anderen oder unvollständigen Daten.

Zbl/JFM geben nur 6 math. Publikationen Schobliks an (keine angewandten Themen). 1930–44 verfasste Schoblik 132 Referate für Zbl/JFM.

Quellen. Toepell [364]; Kürschner, Gel.Kal., 1940/41; Poggendorff 7; Dt. Rotes Kreuz, Suchdienst München, Dt. Dienststelle (WASt), Berlin, beide Deutschland; Státní oblastní archiv (Staatl. Gebietsarchiv), Brno, Cz (hier zitiert nach Bečvářova bzw Šišma); C Binder [233] Bd 11 p1; Bečvářova [25] p 218f; Šišma [322] sowie [324] (dt. in [325])

Otto Schreier

*1901-03-03 Wien;   †1929-06-02 Hamburg (mos)

Sohn des Architekten Theodor Schreier (*1873-12-09 Wien; †1943-01-22 Theresienstadt) ⚭ 1899-09 Anna (*1878-09-17 Wien; †1942-10-24 Theresienstadt), geb Turnau (Tochter des Prager Privatiers Arnold Turnau); Neffe von Rudolf Schreier (*1872 Wien; †1934-01-20 Wien, Handelsagent), Alois Schreier (*1875-08-03 Wien; †Shoah, 1941-11-28 ins Ghetto Minsk dep.), Berthold Schreier (*1878-09-21; †Shoah, 1941-11-28 ins Ghetto Minsk dep.), Max Schreier (*1883-08-17; †Madeira?; ⚭ Emmy) und Marie Hellinger, geb. Schreier.

Foto: Privatarchiv von Irene Schreier-Scott, mit freundl. Genehmigung.

Otto Schreier ⚭ 1928 die Klavierpädagogin Edith (*1891-01-23 Lötzen/Preussen; †1974-09-13 Lenggries/Bayern), geb Jacoby, verwitwete Ascher [Friedrich Moritz Ascher (*1885-07-08 Hamburg; †1917-08-10), Kaufmann, ⚭ 1912-09-27 Hamburg]; Otto und Edith hatten eine (1929-07-01 nach Ottos Tod geborene) Tochter, die spätere Pianistin Irene ⚭ 1959 Dana Scott (Mathematiker, Logiker und Computer Scientist, bekannt von seinen Beiträgen zu kombinatorischer Logik und λ-Kalkül und von der Scott-Topologie für stetige Verbände) [1 Tochter Monica (*1965), Cellistin]. Schreiers Witwe Edith ⚭ Oswald Jonas (*1897-06-19 Wien; †1978-01-13 Riverside, CA), Musikwissenschaftler u. Spezialist für die Musiktheorie Heinrich Schenkers.

NS-Zeit. Otto Schreier gehört zeitlich nicht ganz zu dem in der Einleitung definierten Personenkreis; er starb vier Jahre vor Hitlers Einzug in die Reichskanzlei. Seine Eltern wurden 1942-10-09 mit dem Transport 45, Zug Da 525 von Wien ins Ghetto Theresienstadt deportiert, wo sie im Gebäude Q608 wohnten; den Totenscheinen zufolge starb Theodor Schreier 1943-01-22 an einer Enzephalitis (Gehirnhautentzündung), Anna Schreier 1942-11-29 an einer Enteritis (Darmkatarrh).[795] Otto Schreiers Onkel Alois und Berthold, die in Wien eine gemeinsame Wohnung hatten, wurden 1941 gemeinsam mit Transport 12 in das Ghetto Minsk deportiert und kamen in der Shoah um. Onkel Max Schreier lebte in Madeira und überlebte so als einziger der Brüder den Krieg.[796] Dagegen konnten Schreiers Witwe Edith und die posthum geborene Tochter Irene, die nach dem Tod Otto Schreiers in Wien lebten, 1939-01, noch vor Kriegsbeginn, in die

---

[795] Edith Schreier hatte gleich nach ihrer Ankunft in den USA versucht, ihre Eltern nachzuholen und hatte auch schon alle notwendigen Dokumente besorgt und die erforderlichen Geldmittel bereitgestellt, der Kriegsausbruch im September verhinderte die Rettung.

[796] Über das Schicksal von Tante Marie konnten keine Informationen aufgefunden werden.

USA entkommen; Ediths Sohn aus erster Ehe, Ernst Ascher,[797] war schon 1933 aus Deutschland emigriert.

Otto Schreiers Vater Theodor war ein sehr angesehener und erfolgreicher Architekt, auf den neben der Synagoge in St. Pölten (gemeinsam mit Viktor Postelberg) und anderen jüdischen Sakralbauten eine Reihe repräsentativer Wohnhäuser und Villen in Wien-Döbling und Wien-Hietzing zurückgehen.[798]

Der junge Otto Schreier besuchte, eine Klasse unter Karl ›Menger, das Döblinger Gymnasium; er maturierte dort 1919. ›Menger und Schreier kannten einander daher vom Gymnasium, waren eng befreundet und tauschten sich laufend über ihre mathematischen Arbeiten aus. Schreier promovierte 1923 in Wien bei Philipp ›Furtwängler und ging dann nach Hamburg, wo er zunächst unbezahlter Post-Doc („wissenschaftlicher Hilfsarbeiter" in der damaligen akademischen Rangbezeichnung) und dann bis Ende 1928 Assistent bei Emil ›Artin war. 1926 habilitierte er sich bei Artin. Für das Jahr 1929 wurde er als o Professor an die Universität Rostock berufen, er starb aber, noch bevor er seine Professur endgültig antreten konnte, ein halbes Jahr danach an einer Sepsis.

Schreiers Resultate über Erweiterungen von Gruppen wurden von Reinhold Baer weitergeführt, von Samuel Eilenberg und Saunders MacLane kohomologisch interpretiert, und von Gerhard Hochschild und Jean-Paul Serre in ihre endgültige Form gebracht.[799] Auch der Satz von Nielsen-Schreier („Jede Untergruppe vom Index m einer freien Gruppe in n Erzeugern ist eine freie Gruppe in $mn - n + 1$ Erzeugern.") ist nach ihm benannt.

Schreiers einziger Dissertant war Emmanuel Sperner (Hamburg 1928)[800]

Ausgewählte Publikationen. *Diss.*: (1923) *Über die Erweiterung von Gruppen (Furtwängler).*
(Diss Dr Habil. 1926) Die Untergruppen der freien Gruppen. (Emil Artin, Hamburg)

1. Abstrakte kontinuierliche Gruppen. Abhandlungen Hamburg **4** (1925), 15-32.
2. Über die Erweiterung von Gruppen I, II. Monatshefte f. Math. **34** (1926), 165-180; Abhandlungen Hamburg **4** (1926), 321-346.
3. Über eine Arbeit von Herrn Tschebotareff. Abhandlungen Hamburg **5** (1926), 1-6.
4. (mit Artin, E.) Die Algebraische Konstruktion reeller Körper. Abhandlungen Hamburg **5** (1926), 85-99.
5. (mit Artin, E.) Eine Kennzeichnung der reell abgeschlossenen Körper. Abhandlungen Hamburg **5** (1927), 225-231.
6. Über den Jordan-Hölderschen Satz. Abhandlungen Hamburg **6** (1928), 300-302.
7. (gem. mit Van der Waerden, B. L.), Die Automorphismen der projektiven Gruppen. Abhandlungen Hamburg **6** (1928), 303-322.
8. (posthum 1931; Mit Sperner, E.), Einführung in die analytische Geometrie und Algebra. Bd. 1, 2. B. G. Teubner, Leipzig u. Berlin.

---

[797] Ern(e)st Joachim Ascher (*1913-10-16 Hamburg; †2005-06-16 Clayton, USA) emigrierte 1933 in die USA und erwarb einen BA von der California Universität Berkeley. 1958 übersiedelte er innerhalb von Kalifornien nach Concord, später nach Clayton.

[798] Darunter das markante Eckhaus am Linnéplatz 3, schräg gegenüber dem Hauptgebäude der Universität für Bodenkultur.

[799] Eine zusammenfassende Darstellung findet sich in den Abschnitten 15.11 — 15.27 von Michor, P: *Topics in Differential Geometry*, 2007.

[800] Emmanuel Sperner (*1905-12-09 Waltdorf/Neisse; †1980-01-31 Laufen) ist besonders durch das „Spernersche Lemma" bekannt geworden. Sperner hatte auf Empfehlung ›Blaschkes 1933 eine Gastprofessur in Peking.

9. (mit Sperner, E.) Vorlesungen über Matrizen. Hamburger mathematische Einzelschriften, Heft 12. Leipzig: B. G. Teubner. (1932).

Zbl/JFM nennen (bereinigt) 15 mathematische Publikationen.

Quellen. Todesfallanzeigen Anna und Theodor Schreier, Theresienstadt (online erreichbar unter https://www.holocaust.cz/de/, Zugriff 2023-02-20); Häftlingsliste des Lagers Theresienstadt, Datensatznummern 4874053 und 4873684 (die Daten weichen teilweise voneinander ab); Menger, Monatsh. f. Math. **37** (1930), 1–6; Beham-Sigmund, IMN 210 (2009), 1–18; Beham, Mitt. Math. Ges. Hamb. **28** (2009), 131-149.

Lit.: Odefey A (2015, ed.), Otto Schreier (1901-1929): Briefe an Karl Menger und Helmut Hasse Verlag Erwin Rauner, Augsburg

Lothar Schrutka

(Wolfgang Karl Heinrich Emil) Edler von Rechtenstamm

*1881-06-25 Czernowitz (heute Ukraine); †1945-02-22 (zusammen mit seiner Gattin Opfer eines Luftangriffs) Wien) (ev. AB, ab 1938 gottgläubig)

Sohn des Professors für Zivil-, röm.- und Pandektenrecht, Emil Schrutka Edler von Rechtenstamm (*1852-06-01 Brünn, †1918-01-04 Molln) und dessen Gattin Marianne, geb. Schenkl (*1855-05-03 Prag; 1947-09-20 Molln), Tochter des Philologen Karl Schenkl (*1827-12-11 Brünn; †1900-09-20 Graz), Philanthropin und Schriftstellerin;

Foto: Archiv der Technischen Universität Wien

Bruder von (1) Wolfgang Schrutka (*1884-07-29 Czernowitz; †1945 NKWD Lager Mühlberg), und (2) Ingenieur Günther Schrutka (*1888-10-22; †1918-04-24 an einer Blutvergiftung nach einer Blinddarmoperation).

Schrutka ∞ 1909 Elisabeth (*1886; †1945-02-22 Wien), geb. Fuchs (Tochter des bekannten Ophthalmologen Ernst Fuchs (*1851-06-14 Kritzendorf NÖ; †1930-11-21 Wien)); 3 Söhne: (1) Guntram (*1910-08-11 Molln, †1995-05-12 Wien), ao Professor f. Astronomie Universität Wien, (2) Markwart (*1913, †1943 an der Ostfront gefallen), Ing. der TH Wien; (3) Roland (*1914; †1929-10-24b Wien), 1 Tochter (4) Irmgard (*1920; verh. Pluhar, wanderte später in die USA aus).

NS-Zeit. Schrutka war von 1943-01 bis Kriegsende NS-Dozentenbundführer an der TH Wien, als Nachfolger von Heinrich Sequenz (*1895-01-13 Wien; †1987-05-11 Wien), der seinerseits Nachfolger des NS-Dozentenführers Schober war. Vorher war er Fakultäts-Dozentenführer. Sein jüngerer Bruder Wolfgang wurde nach dem „Anschluss" vom (deutschen) Reichsgericht als Nicht-Parteimitglied[801] übernommen und starb 1945 in sowjetischer NKWD-Haft.

Schrutka[802] entstammte einer Familie, die mehrere bedeutende Juristen hervorgebracht hat. Sein Großvater Ignaz Schrutka (*1802-07-01 Mähr. Kromau; †1869-02-08 Znaim),

---

[801] Explizit als Nicht-Mitglied genannt in *Regesten* (de Gruyter 2015) Teil 1 p 468 (Datum 10.2.–[21.9.] 39)
[802] Das Sterbedatum Schrutkas ist im Jber. DMV irrtümlich mit 1944-05-22 angegeben.

Kriminalrat in Brünn, wurde 1866 nobilitiert, sein Vater war o Professor an der Juridischen Fakultät in Wien, sein jüngerer Bruder Wolfgang Schrutka Richter am Obersten Gerichtshof.[803]

Schrutkas Mutter Marianne war mit dem Komponisten W. Kienzl befreundet und Direktorin der Krankenschwesternschule im St. Anna Kinderspital in Wien.

Schrutka maturierte 1899 mit Auszeichnung am Staatsobergymnasium in Wien-Döbling und studierte anschließend Mathematik und Physik an der Universität Wien, verbrachte im WS 1901/02 ein Auslandssemester in Göttingen, unterbrach dann sein Studium 1902/03 als Einjährig-Freiwilliger beim Eisenbahn- und Telegraphenregiment sowie beim Festungsartillerieregiment Nr 1. 1903 promovierte er zum Dr phil an der Universität Wien und legte die Lehramtsprüfung ab. 1904/05 begann er seine akademische Karriere als Praktikant an der Bibliothek des Mathematischen Instituts, zwischendurch war er 1905 drei Monate zur Weiterbildung an der Universität Berlin. Zwischen 1906 und 1908 hatte er eine Anstellung als Assistent von Czuber an der TH Wien. 1907 folgte die Habilitation an der Universität, 1908 an der TH Wien, danach lehrte er bis 1912 an beiden Hochschulen. Von 1912 bis 1925 wirkte er dreizehn Jahre lang (mit Unterbrechungen durch den Kriegsdienst) als Professor an der DTH Brünn (1912 ao., 1917 o Prof.; 1921/22 Dekan der Allg. Abteilung u. Versicherungsmathematik). Nach Gründung der Tschechoslowakei verblieb Schrutka in Brünn und leistete den Diensteid auf die junge Republik.[804]

Seine militärische Karriere ging inzwischen 1910-01-01 mit der Ernennung zum Leutnant der Reserve (Festungsartillerie-Regiment Kaiser Nr 1), 1915-05-01 zum Oberleutnant weiter. 1917 wurde er als Lehrer an die Infanteriekadettenschule in Wien-Breitensee abkommandiert und erhielt die ministerielle Erlaubnis, an der Universität Wien aufgrund seiner seinerzeit erworbenen Venia legendi Vorlesungen zu halten (die er vier Semester hindurch neben seiner Professur in Brünn abhielt). 1924-12-31 wurde Schrutka als o Professor an die Technischen Hochschule Wien berufen und lehrte dort bis zu seinem Tod (Dekan 1931–1933, Mitglied des Geschäftsausschusses 1935/36). Seine akademische Karriere als Ordinarius begann jedenfalls definitiv vor dem Einbruch der NS-Herrschaft in Österreich.

Neben seiner akademischen Lehrtätigkeit bemühte sich Schrutka auch um die mathematische Volksbildung: an der Urania hielt er 1928 einen Kurs über den *logarithmischen Rechenschieber*, weitere Titel waren 1929 *Unser Zehnersystem und andere Zahlensysteme*, *Der Satz des Pythagoras und die pythagoreischen Zahlen*, *Über Buchstabenrechnung und die sogenannten Gleichungen*. Am Außeninstitut der TH Wien hielt er einen Kurs über die mathematische Behandlung von Schwingungsvorgängen ab.

---

[803] Wolfgang Schrutka maturierte 1902 im Gymnasium Kremsmünster, war Richter in Bad Aussee (ab 1911), Murau (ab ca 1917)u.a., später Ministerialrat im Justizministerium (ab 1929) und Rat des Obersten Gerichtshofes (ab 1936), Mitglied des Obersten Agrarsenats (1937), von 1939-03-14 bis Kriegsende Reichsgerichtsrat beim IV. Zivilsenat (s. Reichsjustizministerium (Hrsg.): Handbuch der Justizverwaltung. Berlin 1942, p 27; Initiativgruppe Lager Mühlberg e. V. (Hrsg.): Totenbuch – Speziallager Nr. 1 des sowjetischen NKWD, Mühlberg/Elbe. Mühlberg/Elbe 2008, p 79), wurde 1945 vom sowjetischen NKWD im früheren Stalag IV in Mühlberg ad Elbe inhaftiert, wo er wenig später verstarb. Zum jüngsten der drei Brüder, Günther, vgl. *Der Schnee* 1918-06-07 p 1ff. Günther Schrutka war Vorstandsmitglied des Alpen-Skivereins. Wolfgang und Günther besuchten das Gymnasium in Kremsmünster.

[804] Šišma [322].

Der „Anschluss" eröffnete Schrutka erstmals ein politisches Betätigungsfeld. Er war wohl schon vor dem Jahr 1938 der NSDAP beigetreten, da er unmittelbar nach dem Einmarsch, noch im März 1938, von NS-Rektor Saliger in die nach dem Führerprinzip organisierten Leitungsgremien der TH aufgenommen wurde. Indiz für seine tiefere Beziehung zur NS-Ideologie ist auch seine Deklarierung als „gottgläubig" (aus der Kirche ausgetreten, aber nicht konfessionslos). Offenbar setzten die NS-Verantwortlichen großes Vertrauen in die „Zuverlässigkeit" Schrutkas in ihrem Sinne. Noch 1938-03 wurde Schrutka, gleichzeitig mit Julius Urbanek, Professor für Mechanische Technologie an der Fakultät für Maschinenbau, als zusätzliches Mitglied in die „Dekanskonferenz" aufgenommen, der bis dahin nur der Rektor, der Prorektor, die Dekane und der Dozentenführer Sequenz angehört hatten. Nach dem Rücktritt von Rektor Fritz Haas 1943-01 wurde Sequenz dessen Nachfolger, während Schrutka an Stelle von Sequenz Dozentenführer wurde.

Im NS-Regime hatten die „Dozentenbundführer" — gewöhnlich nur „Dozentenführer" genannt, um anzudeuten dass sich kein akademischer Lehrer außerhalb des NS-Dozentbunds stellen konnte oder sollte — eine einflussreiche Stellung. Er hatte jede einzelne Personalentscheidung, vor allem bei Berufungen und Beförderungen, zu begutachten. Ein solches Gutachten wog schwer.

Im Falle von Schrutka sind den Autoren jedoch keine Fälle von Denunziationen anderer Mathematiker bekanntgeworden. Er stand aber in Verbindung mit Theodor > Vahlen und setzte sich (noch vor dem Ständestaat) 1930 für dessen Berufung an die TH ein. Sein Engagement für die NSDAP steht möglicherweise mit seiner militärischen Vergangenheit, wahrscheinlich aber nicht mit seinem familiären Hintergrund in Zusammenhang. 1938/39 unterstützte Schrutka, zu diesem Zeitpunkt noch nicht Dozentenführer, seinen Kollegen Franz > Knoll, der Nationalsozialist der ersten Stunde, aber gleichwohl mit einer Jüdin verheiratet war; 1938-10-28 appellierte Schrutka an den kommissarischen Rektor Rudolf Saliger:

> *Bei meiner Unterredung mit Herrn Dr > Knoll war es unvermeidlich, auf die Sache seiner Beurlaubung zu kommen und ich mußte mich unmittelbar überzeugen, wie furchtbar er dadurch getroffen war. Der traurige Fall, der sich noch nicht vor Monatsfrist ereignet hat [gemeint: der Selbstmord von > Eckhart], stimmt mich zum bittersten Ernst und läßt mich den Gedanken an die allerschlimmsten Folgen nicht los werden. Ist es wirklich unvermeidlich, schon jetzt so vorzugehen? Böte nicht die Tatsache, daß noch das Gnadengesuch an die Kanzlei des Führers läuft, ein Mittel zum Aufschub? ... Es steht mir nicht zu, in Ihre Entschlüsse einzugreifen; ich bitte Sie daher, meine Worte nur als die eines das Beste anstrebenden Kollegen anzusehen, dem vor Wirkungen bangt, die nie wieder gutzumachen wären.*

> Knoll wurde nicht entlassen.[805]

---

[805] Vgl. den Eintrag Knoll; [67, p 461]; [216, p 22]). Der Vorgang hätte bei einem Entnazifizierungsverfahren natürlich nicht zur Entlastung vorgebracht werden können.

Der Entnazifizierung nach dem Krieg entging Schrutka durch einen Bombenangriff. Nach einen Bombentreffer 1945-02-21 verschüttet, wurde das Ehepaar Schrutka bei den Bergungsarbeiten am nächsten Tag, 1945-02-22, tödlich verletzt. [806]

In einem von W. R. geführten Interview mit dem Großneffen Schrutkas erzählte dieser, Schrutka hätte in der Familie den Ruf eines ganz in die Mathematik vertieften Sonderlings, der gewöhnlich nachlässig gekleidet und mit einem großen Rauschebart herumlief, sich sehr um seine Studenten kümmerte und eine enge Beziehung zur Musik, besonders zu Richard Strauß (und wohl zu Marianne Schrutkas Freund Wilhelm Kienzl) hatte. Über seine Verstrickung mit dem NS-Regime wusste sein Großneffe, der Schrutka nur aus der Familienüberlieferung kannte, nichts.

Schrutka war vor allem in der Lehre tätig, mit dem Hauptgewicht auf technischen Anwendungen. In seinen Forschungsarbeiten beschäftigte sich Schrutka anfangs in der Nachfolge seines Lehrers Mertens mit Zahlentheorie, später mit Gelegenheitsthemen (Alternativer Beweis für den Satz von Cayley-Hamilton 1928, Vorschlag für eine neue Einteilung der Permutationen 1941), sonst aber hauptsächlich mit praktischer Mathematik; er verfasste insbesondere Leitfäden zur Interpolation, für die Verwendung des Rechenschiebers und des Polarplanimeters, sowie Flächenberechnungen aus Koordinaten mit Tischrechnern (und andere Anwendungen von Tischrechnern).

2 Dissertanten: Olszak, Wacław TH Wien 1933

Ehrungen: 1917-10 Allerhöchste belobende Anerkennung mit Schwertern; die Schrutkagasse in Wien ist nach Lothar Schrutkas Vater, dem Juristen Emil Schrutka benannt, der Planetoid 1938 DW$_1$ Schrutka nach seinem Sohn Guntram Schrutka.

Ausgewählte Publikationen. *Diss.*: (1903) *Quadratische Formen im kubischen Kreisteilungskörper (Mertens, Gegenbauer).*

1. Theorie und Praxis des logarithmischen Rechenschiebers, 1911, 3. Aufl. 1943;
2. Elemente der Höheren Mathematik, 1. Aufl. 1912, 7. Aufl. 1948;
3. Zahlenrechnen, 1923;
4. Ein Beweis des Hauptsatzes der Theorie der Matrizen. Monatshefte f. Math. **35**, 83-86 (1928);
5. Leitfaden der Interpolation, 1941, 2. Aufl. 1944.

Zbl/JFM nennen (bereinigt) insgesamt 43 mathematische Publikationen, davon 13 Bücher (teils in mehreren Auflagen). Einhorn gibt 41 Publikationen an.

Quellen. Neues Wr. Journal 1905-01-01p1; Wr. Zeitung 1910-01-01 p18; Šišma [322, p 168f]; 1925-01-09 p1; Feldblatt 1917-10-25p3; (Linzer) Tages-Post 1917-10-25; Kl.Wr. Kriegszeitung 1945-03-25p4; Planer [253]; Einhorn, [67, p 392ff]; Gartmayer, [301, p 11]; Ch Binder, [233, p 266].

---

[806] TUWA PA Schrutka

Karl Georg Strubecker

*1904-08-08 Hollenstein a/d Ybbs, NÖ;   †1991-02-19 (Herzschlag) Karlsruhe (ev. getauft)

Sohn von Karl Strubecker (†1913), Förster in der Rothschildschen Domänenverwaltung, und dessen Frau Katharina, geb. Wels (*1860, †1962-02-08b Wien); Strubecker hatte drei Geschwister.

Neffe von Oskar Strubecker

Strubecker ⚭ 1942 Hildegard (*Berlin), geb Salewsky, Lehrerin

Foto: Archiv des Karlsruher Instituts für Technologie, ca 1977

NS-Zeit. Strubecker war mit Datum 1938-01-01 NSDAP-Mitglied.[807] 1942 erhielt er den Auftrag, an der 1943-11-23 eröffneten „Reichsuniversität Straßburg" ein mathematisches Institut aufzubauen. Diese Universität war für Kriegsforschung und ethisch unakzeptable medizinische Versuche mit Giftgas sowie für die Ermordung von KZ-Insassen zur Gewinnung medizinischer Präparate bekannt. Man kann jedoch annehmen, dass Strubecker zwar an Kriegsforschung beteiligt war, nicht jedoch an Verbrechen gegen die Menschlichkeit.

Karl Strubecker besuchte von 1910 bis 1915 eine fünfklassige Volksschule in Groß-Hollenstein, dann das Humanistische Gymnasium in Wien-Meidling (XII) und maturierte dort 1924 mit ausgezeichnetem Erfolg. Danach studierte er an der Universität Wien Mathematik bei Philipp ⟩ Furtwängler, Hans ⟩ Hahn, Eduard ⟩ Helly, Leopold ⟩ Vietoris und Wilhelm ⟩ Wirtinger, außerdem an der TH Wien Darstellende Geometrie bei Emil Müller und Theodor Schmid, Physik/Astronomie/Mathematik bei Josef ⟩ Lense.

1927 nahm ihn Emil Müller als Hilfsassistenten und Dissertanten in spe auf, starb aber ein Jahr später. Strubecker reichte daher seine Dissertation bei ⟩ Wirtinger ein und promovierte 1928-07-04 zum Dr phil an der Universität Wien;[808]. Im Jahr darauf legte er die Lehramtsprüfung ab, schloss aber kein Probejahr an. Statt dessen arbeitete er als Assistent an der TH bei Müllers Nachfolger ⟩ Kruppa, habilitierte sich beizeiten, 1931 in Geometrie (an der TH) und 1935 in Mathematik (an der Universität). Nach dem „Anschluss" und dem Selbstmord ⟩ Eckharts von der II. Lehrkanzel für Darstellende Geometrie supplierte er dessen verwaiste Lehrveranstaltungen. Etwa gleichzeitig verlor Adalbert ⟩ Duschek seine

---

[807] Archiv Univ. Wien, Senat S 304.1263; UAW PH PA 3564 Strubecker, Karl. Personalstandskarte. Das war möglicherweise eine Rückdatierung, wie sie bei „verdienten" Pg-en üblich war, die nach dem „Anschluss" der Partei beitraten.

[808] UAW PH RA 9907. ⟩ Wunderlich qualifizierte in seiner Laudatio von 1978-10-18 anlässlich des Goldenen Doktorjubiläums Strubeckers den Kommentar der Gutachter ⟩ Wirtinger und ⟩ Furtwängler zur Dissertation Strubeckers als „ziemlich dürr" und dem tatsächlichen wissenschaftlichen Wert dieser Arbeit nicht entsprechend.

Lehrbefugnis und seine ao-Professur; Strubecker supplierte ab 1938-11-01 auch ˃ Duscheks Lehrveranstaltungen; die Folge war die Ernennung zum pl ao Professor 1939. Mit Erlass von 1940-04-24 wurde Strubeckers Lehramt auf die Universität Wien ausgedehnt, sodass er auch dort (formal pl ao, aber ohne Extrabesoldung) ao Professor wurde. Schon vorher hatten ihn Rufe aus Brünn, Karlsruhe und Leoben erreicht; er entschied sich schließlich für das Ordinariat in Graz und plante die Übersiedlung für den Beginn des Sommersemesters 1941, die ihm auch zugesagt wurde.

Es kam anders: aus Berlin wurde Strubecker mitgeteilt, dass, offenbar nach einem Meinungsumschwung im REM, das Ordinariat in Graz „nicht mehr verfügbar" war. Strubecker konnte aber dem Dienst an der Front entgehen, er bewarb sich statt dessen im Herbst 1941 für ein Ordinariat in Straßburg. Diese Bewerbung war erfolgreich: 1942 übersiedelte er als o Professor an die „NS-Kampfuniversität" in Straßburg. Diese war nach der Kapitulation Frankreichs unter dem offiziellen Namen „Reichsuniversität Straßburg" [RUS] eingerichtet worden und existierte von 1941–1944. Für die Bestellung nach Straßburg war kein Berufungsverfahren vorgesehen, eine (auch im NS-Sinn) passende Empfehlung genügte.

An dieser als Eliteuniversität konzipierten Hochschule sollte Strubecker ein mathematisches Institut mit durchgehend aus Deutschland rekrutiertem Lehrpersonal aufbauen, in den Räumlichkeiten eines ziemlich desolaten Gebäudes, das vorher in Privatbesitz war. Neben Strubecker wirkten an der RUS Emmanuel Sperner, Schüler und Dissertant von Otto ˃ Schreier, und Hans Petersson[809] im mathematischen Lehrkörper.

Ab 1944-10 begann sich die „Reichsuniversität Straßburg" aufzulösen, wurde nach Tübingen evakuiert und die in Straßburg verbliebenen Teile nach dem Einzug der alliierten Truppen (1944-11-23) der französischen Verwaltung unterstellt. Das Ehepaar Strubecker flüchtete, entkam knapp der alliierten Gefangenschaft und nahm bis Ostern 1947 seinen Wohnsitz im Süden von Baden-Württemberg, in Hegau, nahe der Schweizer Grenze.

In einem Brief an den Dekan der philosophischen Fakultät der Universität Wien von 1946-06-07 schlug Erwin ˃ Kruppa von der III. Lehrkanzel für Darstellende Geometrie an der TH Wien vor, Strubecker als Ordinarius an eine der beiden freigewordenen Lehrkanzeln

---

[809] Wilfried Hans Henning Petersson (*1902-09-24 Bentschen, Posen; 1984-11-09 Münster) studierte Mathematik und Astronomie an der Universität Hamburg, promovierte 1925 bei Erich Hecke und habilitierte sich 1929. Vor seiner Habilitation ging er von 1927-09 bis 1928-03 mit einem Rockefeller-Stipendium zu John Edensor Littlewood nach Cambridge und von 1928-04 bis 1928-09 zu Wilhelm ˃ Wirtinger nach Wien. Er ∞ 1933-09-30 Elisabeth, geb Ehlers, und trat 1933-10-15 der SA bei, offenbar zur Verbesserung seiner Karrierechancen und in der Hoffnung, so seine Frau, die, von den Behörden unerkannt, eine jüdische Großmutter hatte (überdies im Verdacht der SPD-Mitgliedschaft stand), besser schützen zu können. Folgerichtig unterzeichnete er 1933-11-11 das Bekenntnis der deutschen Professoren zu Adolf Hitler. 1936–1939 war er tit. ao Professor in Hamburg, ab 1937-05-01 Mitglied der NSDAP; 1939 supplierte er einen Lehrstuhl an der DU Prag; 1941 folgte er einem Ruf an die Reichsuniversität Straßburg; 1944 Rückkehr nach Hamburg, von 1945-08 bis 1947-02 von den britischen Militärbehörden suspendiert, danach Diätendozent, später apl Prof; 1953 an die Universität Münster, 1970 dort emeritiert (1956/57 Dekan). Petersson leistete wesentliche Beiträge zur Theorie der ganzen Modulformen; das *Petersson-Skalarprodukt* ist nach ihm benannt. (Vgl. Dörflinger, G., Mathematik in der Heidelberger Akademie der Wissenschaften. Heidelberg 2014. p 131f., sowie Wohlfahrt, K., Hans Petersson zum Gedächtnis. Jber. DMV **96** (1994), 117–129.). Sehr kritisch äußerte sich Heinrich Behnke über Petersson (Hartmann [133, p 32ff]).

nach ˃Mayrhofer und ˃Huber zu berufen. Das wurde aber vom Dekan 1946-07-03[810] in seinem Antwortschreiben wegen der NS-Vergangenheit Strubeckers abgelehnt.[811]

In Karlsruhe war man offenbar weniger empfindlich gegenüber NS-Verstrickungen, nicht zuletzt auch weil man Strubecker schon seinerzeit 1936 gerne an der TH zum Professor hätte machen wollen. Anzumerken ist auch der Umstand. dass in Karlsruhe 1928–37 und wieder ab 1945 der Grazer Theodor ˃Pöschl (1946/47 als Rektor) wirkte. Man bestellte Strubecker 1947 an die TH Karlsruhe zur Supplierung eines Ordinariats für Mathematik und wandelte diese 1948 in ein Ordinariat um.[812] Strubecker verblieb bis zu seiner Emeritierung 1972 an der TH Karlsruhe und bewältigte in Forschung und Lehre ein atemberaubendes Arbeitspensum. In den Studienjahren 1949/50, 1951/52 und 1962/63 war er dort Dekan der Fakultät für Geistes- und Naturwissenschaften. Rufe an die TU Berlin (1955, Nachfolge Eduard Rembs (*1890-09-17 Höhr, Westerwald; †1964-06-05 Berlin) und an die TH Wien (1956, Nachfolge seines Mentors ˃Kruppa) lehnte er ab.

Das wissenschaftliche Werk Strubeckers umfasst Arbeiten zu so gut wie allen Teilgebieten der Geometrie. Zu Beginn der 1930er Jahre beschäftigte sich Strubecker mit Schraubungen in nicht-euklidischen Räumen, ein Thema, zu dem er später immer wieder zurückkam. Andere Arbeiten schließen an die von ˃Blaschke eingeführte „Theorie der Gewebe" (später umbenannt in „Geometrie der Waben") an. Sein zentrales Forschungsgebiet war aber zweifellos die Theorie der isotropen Räume, die er systematisch entwickelte und deren Differentialgeometrie er eingehend und erfolgreich untersuchte.

Strubecker war wie Blaschke nach 1945 Mitglied des in der NS-Zeit aufgelösten Rotary-Clubs.

Strubecker betreute 7 Dissertationen als erster Begutachter, eine davon an der Universität Wien (Hans Pribyl, 1941) und eine im besetzten Strasbourg (Annemarie Frey, 1944), alle anderen in Karlsruhe (ab 1954), weitere 5 als zweiter Begutachter.

Ehrungen: 1932 Eingeladener Vortrag ICM Zürich; 1939 korresp. Mitglied der Wiener und 1979 der jugoslawischen Akademie der Wissenschaften. 1962 Vortrag auf dem ICM in Stockholm; 1978 Erneuerung des Doktordiploms der Universität Wien; 1979 Ehrenmitglied der ÖMG, 1981 Ehrenmedaille in Gold der ÖMG; 1984 Ehrendoktor der TH Wien.

Ausgewählte Publikationen. *Diss.*: (1928) *Über nichteuklidische Schraubungen und einige spezielle nicht-euklidische und euklidische Schraubflächen* (˃ *Wirtinger, Furtwängler*).

1. Eine einfache Konstruktion von Punkten und Tangenten der Ellipse. Elem. Math. **43** (1899), 22-23.
2. Über die Schraubungen des elliptischen Raumes, Wr. AW. S. Ber. 139 (1930) 421-450
3. Zur nichteuklidischen Geraden-Kugel-Transformation, Wr. AW. S. Ber. 139 (1930) 685-705 [Habilitationsschrift TH Wien]
4. Zur Geometrie sphärischer Kurvenscharen, Jber. DMV **44** (1934), 184-198 (Habilitationsschrift Universität Wien)
5. Nachruf auf E. A. Weiss, Deutsche Math. **7** (1943,) 254–298

---

[810] Zum Dekan der philosophischen Fakultät für das Studienjahr 1945/46 war 1945-04 der Ägyptologe Wilhelm Czermak (*1889-09-10; †1953-03-13) gewählt worden.

[811] Beide Briefe aus den Akten des philosophischen Dekanats der Uni Wien 1945/46, hier zitiert nach Einhorn [67, p. 439]. In seinem etwa um die gleiche Zeit in Baden-Württemberg durchgeführten Entnazifizierungsverfahren kam Strubecker nach eigener Aussage glimpflich, mit „10%iger Gehaltskürzung und Zurücksetzung um zwei Einkommensstufen", davon (cf. [137], p 119).

[812] Zur Situation der Juden in Karlruhe vgl. Werner J (1990), Hakenkreuz und Judenstern. Das Schicksal der Karlsruher Juden im Dritten Reich. Karlsruher Stadtarchiv Bd 9. Badenia Verlag, Karlsruhe.

6. Einführung in die höhere Mathematik. 4 Bände, 1956–1984.
7. Differentialgeometrie. 3 Bände, Sammlung Göschen, 1955–1959, (2. Auflage. 1968/1969)
8. Vorlesungen über Darstellende Geometrie. Göttingen 1958. [1971 ins Serbokroatische übersetzt (Zagreb, Tehnicka Knjiga).]
9. Dichtetreue Geradenabbildungen der Ebene. Proceedings Congress of Geometry Thessaloniki 1987, 198-206.

Zbl nennt 98, JFM 38 mathematische Publikationen. Dem Festbeitrag von H. Brauner zum 85. Geburtstag Strubeckers, IMN **138**, 107–114, ist ein ausführliches Schriftenverzeichnis Strubeckers beigefügt, das in der folgenden Laudatio von Giering in IMN **157**, 24–33, noch um 3 Publikationen ergänzt wird. Insgesamt werden 102 mathematische Originalarbeiten und 8 Bücher genannt, 14 biographische Artikel und 27 allgemein-wissenschaftliche/populär-wissenschaftliche Essays. Der Nachlass Strubeckers befindet sich im Archiv des Karlsruher Instituts für Technologie (KIT-Archiv, ca 5m Bestände)

Quellen. Völk. Beob. 1938-12-18, p 14; Giering IMN **157**, 24–33; Wunderlich, IMN **121** (1979), 59–61; KIT-Archiv; Leichtweiss, Jber DMV **94** (1992), 105–117

Alfred Heinrich Tauber

*1866-11-05 Pressburg/Bratislava;   †1942-07-26 Ghetto Theresienstadt (mos., ab 1892 r.k., ab 1920 konfessionslos)

Sohn des Furnier- und Tischlerholzhändlers Hermann Tauber (*1851 Poszony/Pressburg, mos.; †1920-03-24 Meran) und dessen Frau Johanna, geb. Ehrenstein (*1842 Slowakei; †1888-12-02 Wien);

Bruder von (1) Ing Richard Tauber (*1867; †1928-08-25 Wien); (2) Josefine (*1868-12-18 Wien; †?) ∞ Dr Benjamin Ludwig Frank (*1862-12-20 Nagy Sur (HU); †1929-07-31 Wien, Arzt); (3) Rosa (*1870-08-19 Wien; †1942 Holocaust, deportiert 1942-04-27 Wien → Sobibór/Włodawa, begraben in Wien) ∞ David Israel Wallner (*1858-05-03 Boskowitz, Cz; †1942-02-14 Wien), Rentner;

Foto: mit freundlicher Genehmigung des Yad Vashem Archivs (Nr 14254423)

Stiefsohn von Johanna (*1852-06-03 Pressburg; 1931-03-17 Wien) Tauber, geb. Lipschitz, verw. Milch [5 Kinder und 10 Stiefkinder aus erster Ehe]; Neffe von Isak Tauber (*1855-01-06); Onkel der Geschwister Johann Georg Frank (*1890-09-23), Robert Frank (*1896-06-09), Alfred Frank (*1901-10-07) & Angela Frank (*1901-10-07)

Dem Personalakt Taubers im Archiv der TU Wien ist zu entnehmen, dass Tauber 1920 aus der katholischen Kirche ausgetreten, geschieden und kinderlos war; auf seinen Meldezetteln von 1910-11-14, 1913-11-14 und 1939-04-08 ist er als römisch katholisch und geschieden eingetragen. 1907 war er noch verheiratet und verbrachte mit seiner Frau einen Kuraufenthalt in Bad Ischl. (Ischler Badeliste 1907-09-05 p3)

NS-Zeit. Der tschechische Mathematiker und Versicherungstechniker Emil Schönbaum[813] versuchte vergeblich, für Tauber 1941 die rechtzeitige Übersiedlung nach Quito

---

[813] Emil Schönbaum (*1882-07-10 Benešov b. Prag; 1967-11-16 Mexiko-Stadt) studierte Mathematik an der Philosophischen Fakultät in Prag, unter dem Einfluss von K. Petr hauptsächlich Zahlentheorie. 1906 ging er nach Göttingen und studierte dort Versicherungsmathematik. Auf Wunsch von T. G. Masaryk

(Ecuador) zu organisieren; wahrscheinlich scheiterte das an Taubers schlechtem Gesundheitszustand. 1942-06-28 wurde Tauber in das Ghetto-KZ Theresienstadt deportiert, wo er 1942-07-26 starb.[814] Seine Schwester Rosa war schon vorher, 1942-04, im Vernichtungslager Sobibor ermordet worden.

Alfred Taubers Familie übersiedelte 1871 von Pressburg nach Wien-Mariahilf, wo Vater Hermann Tauber in der Barnabitengasse 12 eine Handelsniederlassung mit Furnieren und Tischlerholz (protokolliert H. Tauber 11.278) eröffnete. Die Firma zog mehrmals um, hatte von 1907 bis 1923 ihren Sitz in Wien-Margareten (Gartengasse 5) und war bis 1925 (auch nach dem Ableben von Hermann Tauber) im Firmenregister eingetragen.

Nach der Grundschule besuchte Alfred Tauber von 1876 bis 1884 das *Communal- Real- und Obergymnasium mit 8 Classen* in der Mariahilferstraße 73 und maturierte dort. Danach studierte er von 1884-10 bis 1889-02 Mathematik, Physik, Philosophie und Ökonomie an der Universität Wien und promovierte 1889-03-23 bei Emil Weyr[815] mit einer Arbeit „über einige Sätze der Gruppentheorie". Nur zwei Jahre später, mit ministerieller Bestätigung von 1891-12-01, habilitierte sich Tauber mit einer Arbeit über den Zusammenhang zwischen Real- und Imaginärteil einer Potenzreihe. In den folgenden Jahren bot er im Rahmen seiner Lehrbefugnis neben Spezialvorlesungen auch Hauptvorlesungen und Anfängervorlesungen aller Art an, darunter zB für Lehramtskandidaten Darstellende Geometrie und die Grundzüge der Perspektive. Diese Lehrveranstaltungen machten ihn auch in wissenschaftsfernen Kreisen bekannt: Acht Jahre nach seiner Habilitation wurde seine Vorlesung über *Kugelfunktionen und ihre Anwendungen in der Physik* sogar Gegenstand eines Dringlichkeitsantrags im Reichsrat. Dieser von dem Christlichsozialen Josef Gregorig und seinen Unterstützern eingebrachte Antrag beklagte heftig die *Verjudung der Wiener Universität* und illustrierte den Kummer darüber mit einer Liste der an der Universität Wien von Juden abgehaltenen Lehrveranstaltungen. Auf dieser Liste befand sich auch Taubers Vorlesung — und das in guter Gesellschaft.[816]

---

befasste er sich von da an mit Themen der Sozialversicherung. 1919 erhielt er an der Karlsuniversität in Prag die Lehrbefugnis für Versicherungsmathematik und mathematische Statistik, 1923 o Professor für Versicherungsmathematik. 1930 war er Mitbegründer der Zeitschrift Aktuárské vědy. Schönbaum war Berater in der Sozialgesetzgebung der tschechischen Republik, später auch bei der *International Labour Organization* (ILO). Nach dem Münchner Abkommen von 1938 verließ er die Karlsuniversität, ging 1939 nach Amerika und beteiligte sich an Reformen zur Sozialgesetzgebung in einer Reihe lateinamerikanischer Länder, sowie auch in den USA und Kanada.

[814] Das Datum von Taubers Tod ist wahrscheinlich erstmals von Auguste Dick (* 1910-08-28; †1993-11-17b Wien) aufgeklärt worden. (Info von C. Binder)

[815] Emil Weyr (*1848-08-31 Prag; †1894-01-25 Wien) war eigentlich Geometer; er begründete 1890 mit Escherich die Monatshefte für Mathematik und Physik. Sein Vater Franz Weyr und sein Bruder Eduard waren ebenfalls Mathematiker. Ihre Geschichte ist sehr ausführlich in Kapitel 3 von Bečvář, J (Hrsg.) (1995) Eduard Weyr (1852-1903), beschrieben (online unter https://dml.cz/handle/10338.dmlcz/400599, Zugriff 2023-03-02).

[816] Deutsches Volksblatt 1898-11-30 p1f. Zu den in der Liste Genannten gehörten außer Tauber auch die Historiker Theodor Gomperz (Vater des Philosophen Heinrich Gomperz) und Alfred Pribram, die Mathematiker Gustav Kohn und Carl Zsigmondy, die Chemiker Adolf Lieben und Josef Herzig. Man

In seiner Habilitationsschrift von 1891 beschäftigte sich Tauber — 13 Jahre vor Hilbert selber — mit der Hilbert-Transformation für periodische Funktionen.[817] Das Opus magnum Taubers ist aber die im Jahr 1897 veröffentlichte Schrift mit dem Titel *Ein Satz aus der Theorie der unendlichen Reihen*, die den Ausgangspunkt für ein völlig neues Forschungsgebiet der Analysis bildete. Das Referat in JFM zu dieser Arbeit besteht nur aus der lakonischen Mitteilung über den Inhalt der Arbeit (Weltzien, Zehlendorf, JFM 28.0221.02):

> *Beweis des Satzes: Damit die Reihe $\sum_1^\infty a_\nu$ convergirt, ist erforderlich und hinreichend, dass gleichzeitig $\lim_{\rho \to 1-0} \sum_1^\infty a_\nu \rho^\nu$ existirt und dass $\lim_{n \to \infty} \frac{1}{n} \sum_1^n \nu a_\nu = 0$ ist.*

Dass die hier gegebene zweiteilige Bedingung notwendig ist, war schon vom Abelschen Grenzwertsatz und (im wesentlichen) einem Satz von Kronecker bekannt. Die Bedeutung dieses Ergebnisses und seine möglichen Weiterentwicklungen wurden offenbar nicht gleich erkannt (jedenfalls nicht gewürdigt), auch nicht von Tauber selber, er hat sich späterhin mit diesem Thema nicht mehr beschäftigt. Der eigentliche Startpunkt der Theorie war vierzehn Jahre später die wegweisende Arbeit von John E. Littlewood, *The converse of Abel's theorem on power series*,[818] die Taubers Ergebnis wesentlich verschärft (für die Konvergenz von $\sum a_\nu$ genügt es, neben der Existenz von $\lim_{\rho \to 1-0} \sum_1^\infty a_\nu \rho^\nu$ nur die Beschränktheit der Folge νa_ν zu fordern; das hatte Littlewoods langjähriger mathematischer Partner Geoffrey Hardy vermutet). Die Bezeichnung "Tauberian Theorem" stammt von Littlewood, sie ist längst zu einem generischen Begriff geworden.[819] Bis heute werden laufend neue Weiterentwicklungen der Theorie und ihrer Anwendungen[820] publiziert. Am populärsten unter den Taubersätzen ist wahrscheinlich der Taubersatz von Wiener-Ikehara.[821]

Tauber ist später noch mit Arbeiten zur Analysis, hauptsächlich Potentialtheorie und eine Serie von sieben Publikationen zur Lösung linearer Differentialgleichungen, aufgetreten, die wichtigsten seiner späteren Arbeiten betreffen aber mathematische Statistik und Versicherungstechnik; nicht alle dieser Veröffentlichungen sind der Mathematik zuzurechnen. Die Verbindung zur Versicherungstechnik ergab sich 1892 durch seine Anstellung als Chefmathematiker in der „k.k. privaten Lebensversicherungsanstalt Phönix", wo er bis zu seiner Ernennung zum (wirklichen und wirklich bezahlten, nicht bloß nominellen) ao Professor 1908 hauptberuflich tätig und danach noch bis 1912 als Konsulent in Verbindung blieb. Von da an verfügte er über ein ausreichendes festes Einkommen, gleichzeitig war damit in seiner beruflichen Laufbahn eine Weiche gestellt, die ihn zunehmend auf das Gleis der

---

kann davon ausgehen, dass diese Liste noch vier Jahrzehnte später bei Antisemiten in Erinnerung war. Die jüdische Abstammung Taubers war jedenfalls den einschlägig Interessierten bekannt.

[817] Ab 1924 wurde sie dann von Hardy eingehender untersucht.

[818] Proc. Lond. Math. Soc. (2) **9** (1911), 434-448. JFM (42.0276.01) gibt neben der ursprünglichen Besprechung von K. Knopp (1912) eine sehr ausführliche, neuere, von Hervé Queffélec (2013).

[819] In der AMS-Klassifizierung bilden Sätze vom Tauber-Typ unter den Nummern 40D10, 40E05 und 40E20 eigene Unterkapitel.

[820] Eine zusammenfassende Übersicht gibt Korevaar (s.u.).

[821] Wiener, N., Tauberian Theorems, Annals of Mathematics, Second Series, Band **33** (1932), 1–100; Ikehara, S., An extension of Landau's theorem in the analytic theory of numbers, J. Math. Phys. of the MIT **10** (1931), 1–12.

Versicherungsmathematik verschob. Während er seine Tätigkeit bei der „Phönix" zunächst als reinen Brotberuf ansah, in dem er kein wissenschaftliches Interesse für sich sah, arbeitete er sich in der Folge immer mehr in das Gebiet ein, leistete wichtige theoretische und praktische Beiträge und errang allgemeine Anerkennung als erster Fachmann der Donaumonarchie für das Versicherungswesen. Unter anderem war er für das Innenministerium als Experte tätig, für die Versicherungswirtschaft beteiligte er sich an einer großangelegten Erhebung für neue, verbesserte Sterbetafeln.

1895-10 richtete die österreichische Unterrichtsverwaltung an der Universität Wien einen auf zwei Jahre berechneten Kurs für Versicherungswesen und mathematische Statistik ein,[822] der mit einer Prüfung über die Fächer Höhere Mathematik, Wahrscheinlichkeitsrechnung, mathematische Statistik, Versicherungsmathematik, Nationalökonomie und Versicherungsrecht abzuschließen war; erfolgreichen Absolventen wurde die „behördliche Authentifizierung als Versicherungstechniker" verliehen. Die Höhere Mathematik (4st Vorlesung, 2st Übungen) wurde Prof Gegenbauer übertragen, Wahrscheinlichkeitsrechnung an Prof Mertens, Versicherungsmathematik (einschl. Buchhaltung) an den Privatdozenten Victor Sersawy[823] Das Unterrichtsministerium genehmigte die „Activierung" einer Lehrkanzel für mathematische Statistik und Versicherungswesen ab dem Studienjahr 1898/99.

Nach Sersawys Tod 1901 folgte ihm Tauber als Lehrbeauftragter an der TH nach, an der Universität sprang er 1902 und 1903[824] für den erkrankten Professor Leopold Gegenbauer[825] mit einem Kollegium über Versicherungsmathematik ein. 1902-03-24 erhielt Tauber „mit allerhöchster Entschließung" den Titel eines ao Professors an der Universität Wien.[826] Im Jänner des gleichen Jahres wurde er an der TH Wien als „Honorardocent" für Versicherungsmathematik angestellt und mit der Leitung der oben erwähnten Lehrkanzel für Versicherungsmathematik betraut. 1908 folgte, wie bereits erwähnt, endlich die Ernennung zum ao Professor, allerdings mit der Auflage, von da an jedes Jahr sowohl an der Universität als auch an der TH eine Vorlesung über Versicherungsmathematik zu halten.[827] 1918 verlieh ihm der Kaiser den „Titel und Charakter eines ordentlichen Professors" (nicht aber das Gehalt eines solchen und das Recht auf Emeritierung statt Pensionierung).

---

[822] An der TH Wien war bereits 1894 ein dreijähriger solcher Kurs eröffnet worden, der erste seiner Art in der Donaumonarchie.

[823] Victor Sersawy (*1848-08-31 Lechwitz, Mähren; †1901-09-17 Wien) promovierte 1876 zum Dr. phil., Habilitation 1877. 1888 wurde er vom Innenmin. prov. als Versicherungstechniker, 1889 im versicherungstechnischen Departement als Adjunkt, 1897 als Inspektor übernommen. 1896 erhielt er einen Lehrauftrag für Versicherungsmathematik an der TH Wien und wurde Mitglied der Staatsprüfungskommission für diesen Lehrgang. Daneben nahm er die Aufgaben eines landesfürstlichen Kommissärs bei der „Phönix" wahr.

[824] Dies waren seine ersten voll bezahlten Lehraufträge.

[825] Leopold Gegenbauer (*1849-02-02 Asperhofen, NÖ; †1903-06-03 Gießhübl, NÖ); 1875 ao Prof Czernowitz, 1878 ao, 1881 o Prof Innsbruck, 1893 o Prof Uni Wien. Bekannt von den nach ihn benannten Gegenbauer-Polynomen. [222] Eintrag Gegenbauer p 129f.

[826] Wr Zeitung, Ostdeutsche Rundschau, Neues Wr Tagbl 1902-04-04; Prager Tagbl., Reichspost 1902-04-05. Personalakt UWA Nr 9243

[827] Im WS 4st. an der Universität, im SS 6st. an der TH. Die für diese Lehrveranstaltungen vorgesehenen Remunerationen wurden ausnahmsweise nicht gekürzt.

Aus den in seinem Personalakt erhaltenen Unterlagen geht hervor, dass Tauber sich an der Universität ungerecht behandelt fühlte und insbesondere zu dem nur ein Jahr älteren Wilhelm ⟩ Wirtinger kein gutes Verhältnis hatte. Wirtinger hielt ihm offenbar vor, dass er die mathematische Forschung zugunsten von Publikationen zur Versicherungswirtschaft vernachlässige; es gab auch Differenzen in bezug auf eine von Wirtinger geforderte Neuordnung des Kurses in Statistik und Versicherungswesen. Tauber hielt sich so wenig wie möglich am Mathematischen Institut der Universität auf und wurde deswegen (und als Inhaber eines TH-Lehrstuhls) von den Studenten als Professor der TH betrachtet. Nach den von C. Binder durchgeführten Interviews mit früheren Studenten Taubers war dieser kränklich und ließ ähnlich wie ⟩ Furtwängler die von ihm für die Vorlesung vorbereiteten Texte und Formeln von Studenten im Vorhinein an die Tafel schreiben.

1933-03 fiel Tauber, gemeinsam mit sechs anderen Professoren der philosophischen Fakultät, den Sparmaßnahmen der Regierung Dollfuß I zum Opfer,[828] er wurde mit 67 Jahren in den dauernden Ruhestand versetzt und erhielt das Große Silberne Ehrenzeichen für Verdienste um die Republik Österreich. Nach einem Gesetz von 1870-04-09 war die Versetzung in den dauernden Ruhestand für Hochschullehrer nach Vollendung des 65. Lebensjahres vorgesehen, es handelte sich daher nicht um eine *vorzeitige* Pensionierung.[829] Er hielt aber bis zum „Anschluss" 1938 weiterhin seine Vorlesungen an beiden Universitäten. Seine Beurlaubung auf Wartezeit, bei gleichzeitiger Auflassung der Lehrkanzel war im Oktober 1932 von der Finanzverwaltung gefordert worden.[830]

Tauber hatte auch Interessen außerhalb der Mathematik; er war seit 1900 Mitglied des Schachklubs Wien, ab 1905 des Wissenschaftlichen Klubs, und ab 1907 Mitglied der k.k. Geographischen Gesellschaft in Wien; wie in seinem Personalakt im Archiv der Universität mit Stolz vermerkt wurde, wohnte er im SS 1885 der Vorlesung über Harmonielehre von Anton Bruckner bei (UWA 106.I.91).

Taubers Lebensweg endete in der Deportation nach Theresienstadt 1942-06-28, wo er 1942-07-26 starb. Nach dem „Anschluss" wurde er 1938-08-05 aufgefordert, seine ausländischen Wertpapiere (die er vorher anmelden hatte müssen) der Vermögensverkehrsstelle im Ministerium für Wirtschaft und Arbeit zum „Kauf" anbieten; seine Wohnung musste er aufgeben, seine bewegliche Habe veräußern. Er wandte sich brieflich an einen ehemaligen Schüler, Emil Schoenbaum, der in Mexiko die Sozialversicherung organisierte, aber in Ecuadors Hauptstadt Quito einen Wohnsitz hatte, um Hilfe. Schönbaum verschaffte Tauber ein Visum für Ecuador und kümmerte sich um die Finanzierung der Überfahrt, leider kam die Hilfe zu spät. Wahrscheinlich konnte der damals 76jährige und kranke Alfred Tauber die Strapazen einer solchen Reise oder auch nur die Ausreise aus Österreich, nicht mehr durchhalten und konnte den NS-Schergen nicht entgehen.[831]

---

[828] Unterrichtsminister war damals bis 1933-05-24 Anton Rintelen (*1876-11-15 Graz; †1946-01-28 ebenda), dieser war im Juli 1934 in den NS-Putschversuch verwickelt.

[829] Schreiben des Bundesministeriums f. Unterricht an das Dekanat der philos. Fakultät der Universität Wien, 15.3.1933, Z. 1319-I/1, PA Phil.Dek. (hier zitiert nach [67] p 336.

[830] Wiener Sonn-und Montagszeitung 1932-10-24 p5.

[831] Weitere Angaben zu Taubers verhinderter Flucht finden sich zB auf einem Poster der Ausstellung „Bedrohte Intelligenz" im Jahre 2015 (online: https://issuu.com/kadadesign/docs/bedrohte_intelligenz_zeitung_200dpi, Zugriff 2023-02-20).

Ehrungen: 1897 Teilnehmer am 1. ICM, Zürich 1897; 1933-07-26 Großes silbernes Ehrenzeichen der Republik Österreich.; 1977 Eintrag auf d. Ehrentafel des Math. Instituts, Univ. Wien.

Ehrentafel der Fakultät für Mathematik
Auf der Ehrentafel des Mathematischen Institut ist Taubers Sterbedatum nicht verzeichnet, da dieses zum Entstehungszeitpunkt der Tafel noch nicht bekannt war. Es wurde durch Auguste Dick ermittelt.

Foto: W.R. 2021

Ausgewählte Publikationen. *Diss.*: (1888) *Über einige Sätze der Gruppentheorie (Weyr, Escherich).*

1. Über den Zusammenhang des reellen und imaginären Theiles einer Potenzreihe. Monatsh. Math. und Phys., **2** (1891), 79–118. [Habilitationsschrift]
2. Ein Satz aus der Theorie der unendlichen Reihen. Monatsh. Math. Phys., **8** (1897), 273–277.
3. Die Sterblichkeit nach Geschlecht und Familienstand. Das Versicherungsarchiv. Monatsblätter für private und öffentliche Versicherung. **1** (1931/32), Heft 6 [nicht bei [67] und Binder]
4. Konvergenzprobleme in der Theorie der Gammafunktion. Acta Math. **57** (1931), 447-458.
5. Das Sinken der Sterblichkeit im Zeitverlauf. Skand. Aktuarie Tidskr. **23** (1940), 30-43. [Taubers letzte Arbeit.]

Zbl/JFM nennen bereinigt 36 math. Publikationen, 6 davon zur Versicherungstechnik, Binder [29] gibt dagegen 71 math. und versicherungstechnische Publikationen an, darunter 1 Buch.

Quellen. Österreichische Opfer des Holocaust (ID:20570) [337]; [67] p; Christa Binder, Jrb Überblicke Mathematik 1984 151–166; Tschechische Datenbank der Holocaust-Opfer 59592-alfred-tauber; Arolson Archive, Ghetto Theresienstadt Card File, Reference Code 11422001.

Lit.: Hardy, G.H., Divergent series. Oxford 1949; Sigmund [315]; Korevaar, J., "Tauberian Theory, a Century of Developments" Springer Grundlehren 329, Heidelberg 2004

Heinrich Tietze

(Franz Friedrich)
*1880-08-31 Schleinz b. Neunkirchen;   †1964-02-17 München

Sohn von Emil Ernst August Tietze (*1845-06-15 Breslau; †1931-03-04 Wien [ev AB]), Direktor der k.k. Geologischen Reichsanstalt, und dessen Frau Rosa (*1859; †-nach 1931), geb. von Hauer, Tochter des Geologen und Direktors der k.k. Geologischen Reichsanstalt Franz Ritter von Hauer (*1822-01-30 Wien, †1899-03-20 Wien) und seiner Partnerin Rosine von Moteczisky; Enkel von Friedrich Tietze und dessen Ehefrau Caroline Dorothea Elisabeth;

Zeichnung: W.R. nach einem Bild im Nachruf von Georg Aumann, Bayerische AW

Bruder von Hildegard geb. Tietze (*1882; †? Leoben) ∞ Wilhelm Petraschek (*1876-04-25 Pančevo, Serbien; †1967-01-16 Leoben, Professor f. Geologie an der Montanuni) und zwei weiterer Schwestern; Onkel des Geologen Walther Emil Petraschek (*1906-03-11 Wien; †1991-10-30, Sohn von Hildegard Petraschek und ebenfalls Geologe) und Hertha Helwig, geb Petraschek. Neffe von (1) Julius von Hauer, Professor für Berg- und Hüttenmaschinenbaukunde an der Bergakademie (heute Montanuniversität) Leoben, (2) Karl v. Hauer (*1819-03-02 Wien; †1880 Selbstm.), Chemiker.

Tietze ∞ [Dresden 1907] seine Schwägerin Leontine Ernestine Adele Anna Marie („Lo") (*1880 Libotschan b Saatz, Bez. Aussig, Cz; †1963-08 München), geb Petraschek, [Schwester des Geologen Wilhelm Petraschek junior und Tochter von Wilhelm Petraschek senior (*1844; †1900), Braumeister in Nusle b. Prag, u. Anna, geb Fischer]; 1 Adoptivtochter: Anna Tietze ∞ Mandl (*1914; †1985).

NS-Zeit. Tietze ging 1919 nach Deutschland, wo er bis zu seinem Lebensende blieb, im NS-Staat nicht unangefochten, aber trotz seiner Gegnerschaft zum Regime und konsequentem Widerstand gegen NS-motivierte Forderungen im wesentlichen nicht in Frage gestellt.

Tietze entstammte einer Familie von Geologen: sein Vater Emil war von 1902–1919 Direktor der k.k. Geologischen Reichsanstalt[832] und der Schwiegersohn des früheren Direktors dieser Anstalt, Franz von Hauer, der von 1866–1885 amtiert hatte. Sein Schwager Walther Petraschek habilitierte sich 1935 an der Universität Breslau und wurde dort 1940 zum apl Professor für Geologie ernannt; er gehörte in Breslau zu den Kollegen von Johann ˃ Radon. 1950 wurde er nach Leoben berufen.

Tietze besuchte das k.k. Staatsgymnasium in Wien-Landstraße[833] und maturierte dort 1898. Danach studierte er, unterbrochen im Studienjahr 1900/01 von seinem Militärdienst als Einjährig-Freiwilliger, an der Universität Wien Mathematik, Physik und Astronomie. Während seiner Studienzeit schloss er Freundschaft mit Paul Ehrenfest, Hans ˃ Hahn und Gustav ˃ Herglotz; zusammen waren sie als „unzertrennliche Vier" bekannt.

---

[832] Gegründet 1849-11-15 durch Franz Josef I, nach dem Ende der Monarchie in Geologische Bundesanstalt umbenannt.

[833] Sofienbrückengasse 22, heute GRG3, Kundmanngasse 20-22. Vgl auch Vogel F (1970), Jahresber. Landstraßer Gymnasium (Kundmanngasse) 1969/70, 20f.

Auf Vorschlag von ᐳ Herglotz setzte Tietze im WS 1902 sein Studium für ein Jahr in München fort. Nach seiner Rückkehr nach Wien schrieb er, betreut von Gustav v. Escherich, seine Dissertation und promovierte 1904-01-29, nach Ablegung der Rigorosen in Mathematik und Astronomie.[834] Ein Reisestipendium ermöglichte es ihm, auch Vorlesungen in Berlin bei Carl Weierstraß, Leopold Kronecker und Lazarus Fuchs, und ebenso in Göttingen bei Felix Klein zu hören.

1905 wurde er durch ᐳ Wirtingers Vorlesungen über algebraische Funktionen und deren Integrale zur Auseinandersetzung mit den damit zusammenhängenden topologischen Fragestellungen angeregt. Daraus entstand seine Habilitationsschrift über topologische Invarianten, die er 1908 an der Wiener Universität vorlegte und damit seine Lehrbefugnis erlangte.[835] Seine Habilitationsschrift trug ihm einen Ruf nach Brünn ein, den er annahm.

Es folgten, wieder vom Militärdienst unterbrochen, neun Jahre in Brünn: er wurde 1910 zum ao, 1913 zum o Professor an der DTH Brünn ernannt.

Während des ersten Weltkriegs diente Tietze 1914–1918 ab Kriegsbeginn als Kommandant einer Landsturm-Arbeitsabteilung (in heutiger Terminologie eine Pioniertruppe) am nördlichen Kriegsschauplatz,[836] später an der Ostfront und als Hauptmann; 1915 wurde er verwundet.[837]

Nach Kriegsende kehrte er nach Brünn zurück und wurde gleich nach seiner Rückkunft für das Studienjahr 1918/19 zum Dekan der Allgemeinen Abteilung der DTH gewählt. 1919 verließ er aber Brünn und folgte einem Ruf an die Universität Erlangen, in der Nachfolge von Max Noether (*1844-09-24 Mannheim; †1921-12-13 Erlangen, Vater von Emmy Noether). 1920 stand sein Name in einem Dreiervorschlag für die Nachfolge von Escherich an der Universität Wien, an dritter Stelle nach ᐳ Hahn und ᐳ Radon. Sein Freund Hahn machte das Rennen. Sechs Jahre später, 1925, ging er, diesmal als Nachfolger von Aurel Voss (*1845-12-07 Hamburg-Altona; †1931-04-19 München), an die Ludwig-Maximilians-Universität München) LMU), wo er, nicht zuletzt dank eines guten Einvernehmens mit seinen Kollegen Oskar Perron und Constantin Carathéodory,[838] die NS-Zeit überstand und mit diesen gemeinsam eine Reihe von Zumutungen der NS-Netzwerke zurückwies (oder zumindest zurückzuweisen versuchte).

Tietze war ein konsequenter und unverhohlener Gegner des NS-Regimes, Konflikte konnten nicht ausbleiben. Zum Beispiel war er 1934 zum Sekretär der naturwissenschaftlich-mathematischen Abteilung der Bayerischen Akademie der Wissenschaften gewählt worden, 1942 wurde er im Zuge der einsetzenden Gleichschaltungsmaßnahmen gegenüber

---

[834] UAW PH RA 1676, 20.11.1903 - 01.12.1903

[835] Zur Geschichte der Topologie während der NS-Zeit siehe Segal [297].

[836] Neue Freie Presse 1916-03-29 p8; mit „allerhöchster belobender Anerkennung für tapferes Verhalten vor dem Feinde" ausgezeichnet

[837] Verlustliste 1915-01-22 p 36.

[838] „Das Münchener Dreigestirn der Mathematik"

den wissenschaftlichen Akademien in dieser Funktion abgesetzt.[839] H. Tietze wurde 1946 Generalsekretär der Bayerischen Akademie und blieb in dieser Funktion bis 1951.

In einem langwierigen Verfahren, das sich über die Jahre 1938 bis 1944 hinzog, gelang es auf Initiative Perrons, für die Nachfolge Caratheodorys Eberhard Hopf (*1902-0-04 Salzburg; †1983-07-24 Bloomington, Indiana) durchzusetzen, einen hervorragenden Mathematiker ohne NS-Verbindungen.[840]

Tietze war bekannt für die Wanderungen, die er am Mathematischen Institut der Universität München für Studenten und Kollegen organisierte. Er war allgemein beliebt und neben Ehrenfest, ˃ Hahn und ˃ Herglotz besonders mit ˃ Vietoris und Perron befreundet.

1950 zog er sich von seiner Lehrtätigkeit an der Universität zurück, war aber bis kurz vor seinem Tode im Jahre 1964 weiterhin in der mathematischen Forschung aktiv. Er erreichte ein Alter von 83 Jahren.

Im Zusammenhang mit dem Kartenfärbungsproblem bewies Tietze 1910 dass auf einem Möbiusband genau sechs Farben (statt vier, wie in der Ebene) nötig sind, um die Länder einer Karte so zu färben, dass nirgends zwei gleichfarbige Länder längs einer Kante aneinanderstoßen. (Alle Länder sollen dabei zusamenhängende Gebiete überdecken.) Für das analoge dreidimensionale Problem gab er für jede Zahl n ein einfaches Beispiel, bestehend aus $n + 1$ kongruenten und achsenparallelen Quadern, für das n Farben nicht ausreichen. Tietze untersuchte auch Knoten mit Methoden der kombinatorischen Gruppentheorie.

In der allgemeinen Topologie zeigte er, dass jede auf einer abgeschlossenen Menge des n-dimensionalen Raumes beschränkte, stetige Funktion sich auf den ganzen Raum als stetige Funktion fortsetzen lässt (Fortsetzungssatz von Tietze; gilt für beliebige normale Räume, wie schon von Tietze selbst erkannt).

1908 untersuchte er die Fundamentalgruppe und die Homologiegruppen, von denen Henri Poincaré 1895 die torsionsfreien Ränge (=Betti-Zahlen) und die Torsionskoeffizienten zur Klassifikation topologischer Räume benützt hatte. Tietze stellte die Fundamentalgruppe durch Erzeuger und Relationen dar und bewies (mit seinen Tietze-Transformationen zwischen den Darstellungen der Fundamentalgruppe) ihre topologische Invarianz. In diesem Zusammenhang formulierte er das Isomorphismusproblem für Gruppen (nämlich, ob es einen Algorithmus gibt, mit dem entschieden werden kann, ob zwei durch eine endliche

---

[839] 1940-03-16 schrieb dazu Gaudozentenführer Dr. Otto Hörner in seiner Stellungnahme: „Beherrscht wird [die naturwissenschaftlich-mathematische Abteilung] von dem Klassensekretär, dem o.Professor für Mathematik der Universität München Dr. Heinrich Tietze, ein absolut unbelehrbarer Reaktionär, für den auch heute noch der Nationalsozialismus auf den Hochschulen indiskutabel ist. Ihm zur Seite steht eine kleine ebenso reaktionäre Clique, unter der als führend die em. o.Professor für theoretische Physik Dr. Arnold Sommerfeld und der o.Professor für Mathematik der Universität München Dr. Oskar Perron auffallen, die ebenso wie Tietze jedes nat.soz. Verlangen ablehnen und sabotieren. Diese Männer versuchen heute einen Kampf zu führen um die 'Reinhaltung' ihrer Klasse von Gelehrten, die sich offen zum Nationalsozialismus bekennen; sie sind bösartig unzugänglich jeden Zuspruchs von außen, doch endlich berechtigten nat.soz. Wünschen entgegenzukommen und sie verhindern durch parlamentarische Mehrheitsbeschlüsse des ihnen gefügigen Plenums jeden dahingehenden Vorschlag. Der Herr Präsident sagte mir selbst, dass er gegen diese Obstruktion machtlos sei und nur eine Änderung durch Absetzung des Klassensekretärs Professor Tietze erreicht werden könnte." (zitiert nach [193].)

[840] Und nicht etwa, wie von dem damaligen Gau-Dozentenbundführer Bruno Thüring vorgeschlagen, Anton ˃ Huber.

Anzahl von Erzeugern und Relationen beschriebene Gruppen isomorph sind — inzwischen im negativen Sinn gelöst: so einen Algorithmus gibt es nicht).

Poincaré hatte versucht, die topologische Invarianz von Bettizahlen und Torsionskoeffizienten eines triangulierbaren Raumes zu beweisen, indem er ihre Invarianz bei Verfeinerung der Triangulierung zeigte. Dabei hatte er als evident angenommen, dass je zwei Triangulierungen eines solchen Raumes eine gemeinsame Verfeinerung besitzen. Tietze und Ernst Steinitz wiesen 1908 darauf hin, dass dafür ein Beweis nötig ist und das Problem ging als *Hauptvermutung* in die Geschichte der geometrischen Topologie ein (der Name stammt von Hellmuth Kneser). Sie wurde erst in den 1960er Jahren durch John Milnor, Dennis Sullivan und Robion Kirby[841] für Dimensionen $n > 3$ widerlegt. Dagegen wurde die Hauptvermutung für zweidimensionale Mannigfaltigkeiten 1920 von Tibor Radó, für dreidimensionale 1951 von Edwin Evariste Moise[842] bewiesen.

Mit den von Tietze eingeführten Linsenräumen konnte 1919 James Waddell Alexander ein Beispiel für zwei nicht-homöomorphe aber homotopie-äquivalente Räume angeben und damit eine Vermutung von Poincaré widerlegen.

MGP verzeichnet (2021) 7 von Tietze als erstem Gutachter betreute Dissertationen, darunter Hermann Lorenz Künneth (Erlangen 1922) [bekannt von der Künneth-Formel], Georg Aumann (1931) und Heinrich Strecker (1949), diese sind bis auf Künneths Diss. alle an der Universität München entstanden. Seebach und Jacobs erwähnen als erste von Tietze betreute Dissertation die von Ernst Bilz (Erlangen 1922).

Ehrungen: 1916-03-28 kaiserl. belob. Anerkennung für tapferes Verhalten vor dem Feind; 1925 Präsident der Deutschen Mathematiker-Vereinigung; 1929 ord. Mitglied der Bayerischen Akademie der Wissenschaften; 1959 Bayerischer Verdienstorden; 1959 korresp. Mitglied d. ÖAW

Ausgewählte Publikationen. *Diss.*: (1904) *Funktionalgleichungen, deren Lösungen keiner algebraischen Differentialgleichung genügen (Escherich).* [gedruckt erschienen in Monatsh. für Math. **16** (1905), 329-364.]

1. Über das Problem der Nachbargebiete im Raum Monatsh Math Phys., **16** (1905), 211–216.
2. Über die Konstruierbarkeit mit Lineal und Zirkel. Wien. Ber. **118** (1909), 735–757.
3. Einige Bemerkungen über das Problem des Kartenfärbens auf einseitigen Flächen. Deutsche Math.-Ver. **19** (1910), 155-159.
4. Über Kriterien für Konvergenz und Irrationalität unendlicher Kettenbrüche. Math. Ann. **70** (1911), 236–265.
5. Über die raschesten Kettenbruchentwicklungen reeller Zahlen. Mh. Math. Phys. Bd. **24** (1913), 209–242.
6. Über Funktionen, die auf einer abgeschlossenen Menge stetig sind. [Fortsetzungssatz von Tietze] J. für Math. **145** (1914), 9-14.
7. Eine Bemerkung zur Interpolation. Zs. f. Math. u. Phys. **64** (1916), 74-90.
8. Ueber analysis situs. Hamburger Math Einzelschriften 2. Heft 1923
9. Über das Schicksal gemischter Populationen. [Mathematische Konsequenzen aus den Mendelschen Gesetzen bei mehreren vererbten Merkmalen, Parallel zu W. Weinberg (Z. f. induktive Abstammungslehre 1 (1909), Heft 4 und 5; 2 (1910), Heft 4)] Zs. f. angew. Math. u. Mech. **3** (1923), 362-393.
10. Beiträge zur allgemeinen Topologie. I. Axiome für verschiedene Fassungen des Umgebungsbegriffs. III. Über die Komponenten offener Mengen. I.: Math. Ann. **88** (1923), 290-312; III.: Monatsh. f. Math. **33** (1923), 15-17.
11. (gemeinsam mit Hans Hahn) Einführung in die Elemente der höheren Mathematik. Leipzig, S. Hirzel (1925).

---

[841] Kirby RC, Siebenmann LC, For manifolds the Hauptvermutung and the triangulation conjecture are false, Notices Amer. Math. Soc. **16** (1969), 695.

[842] Edwin Moise (*1918-12-22 New Orleans; †1998-12-18 New York City) Ann. Math. (2) **56** (1952), 96-114 .

12. Bemerkungen über konvexe und nichtkonvexe Figuren. J. f. M. **160** (1929), 67-69.
13. Gelöste und ungelöste Probleme aus alter und neuer Zeit (München 1949, 1980; Übersetzungen 1961 (niederl.) und 1964 (eng.)).
14. Tafel der Primzahl-Zwillinge unter 300.000. Sitzungsber. Math.-Naturw. Kl. Bayer. Akad. Wiss. München 1947, 57-72 (1949).

Das von K. Seebach und K. Jacobs zusammengestellte vollständige Verzeichnis der mathematischen Publikationen Tietzes (Jahresber. DMV **83** (1981), 186-191) nennt 104 in Zeitschriften erschienene Arbeiten und 6 Bücher.

Quellen. [233], Bd. 2 p 211f; Neue Freie Presse 1916-03-29 p8; Fritsch [222] **26** (2017), 275–277; Vietoris, Almanach der ÖAW für 1964, **114** (1965), 360–377; Perron Jahresb DMV **83** (1981), 182–185; Litten [193].

Lit.: Andrew Ranicki (ed.) The Hauptvermutung Book; Reitberger, H.: The contributions of L. Vietoris und H. Tietze to the foundations of general topology. In: Handbook of the History of general Topology, Kluwer, Dordrecht, 1997; Aumann, G., Nachruf Tietze, Jahrbuch der Bayerischen Akademie der Wissenschaften 1964, 1–6; Beck D (2011), Der Mathematiker Heinrich Tietze. München, Diss. [Algorismus Heft 75].

Egon Leopold Maria Ullrich

*1902-11-01 Wien;   †1957-05-30 Gießen (r.k.)

Sohn des Amtsleiters der Landesstelle Graz der Pensionsanstalt für Angestellte Hofrat Dr. jur. Otto Ullrich (*1871 Wildenschwert (=Ústí nad Orlicí, Cz); †1952) und dessen Ehefrau Ida, geb. Prochaska (*1873; †1954)

Ullrich ⚭ (1928-08-04 Filzmoos, Salzburg) Elise („Dorli") Dorothea (*1907), geb. Zölck aus Rostock; 8 Töchter und ein Sohn; Ullrichs Tochter Friedegund (Friedel, *1932-07-02; †2018-02-02 Frankfurt a.M.) ⚭ Hubert Adolf Kneser (Martin Knesers Bruder) und übersetzte Nevanlinnas *Einführung in die Funktionentheorie* aus dem Finnischen.

Zeichnung: W.R. nach einem Foto in *Nachrichten der Gießener Hochschulgesellschaft* **26**

NS-Zeit. Ullrich unterzeichnete 1933-11 das Bekenntnis der deutschen Professoren zu Hitler, engagierte sich aber danach in keiner Weise für die NS-Diktatur und erntete wegen seiner starken Bindung an katholische Wertevorstellungen Kritik von seiten des NS-Dozentenbundes.[843] In der Kontroverse Bohr vs. ⸖Bieberbach wandte er sich gegen Bieberbach.[844] Nach dem Krieg wurde er zunächst entlassen, erhielt aber seine Wiederbestellung 1948 rückwirkend für 1947.

Egon Ullrich übersiedelte 1908 mit seinen Eltern von seiner Geburtsstadt Wien nach Graz, wo er 1921 am Grazer Bundesrealgymnasium Lichtenfelsgasse (heute BG/BRG Lichtenfels) maturierte. Anschließend studierte er an der Universität Graz Mathematik, Physik und

---

[843] Ein Beispiel gibt Segal [298, p 178f].
[844] [298, p 275f].

Volkskunde,[845] mit einer einsemestrigen Unterbrechung 1923 an der Universität Berlin. Nach der Promotion 1925-06-27 und Ablegung der Lehramtsprüfung absolvierte er sein Probejahr an einer Grazer Privatmittelschule. Ullrich schloss sich während seiner Studienzeit der bis in die Mitte der 1920er Jahre bestehenden Gruppierung der Neupfadfinder an, eine kleine Gruppe innerhalb der Bündischen Jugend.[846]

1926 ging er zu Ludwig ⟩ Bieberbach nach Berlin und 1927, mit Bieberbachs Empfehlung und Vermittlung eines Stipendiums der *Notgemeinschaft der deutschen Wissenschaften*, zu Ernst Lindelöf und dessen Schüler Rolf Nevanlinna, der gerade im Jahr zuvor o Professor geworden war, nach Helsinki. Dieser Aufenthalt kann als Schlüsselerlebnis seiner mathematischen Karriere angesehen werden. Aus nächster Nähe lernte er dort Nevanlinna und dessen Theorie der Wertverteilung meromorpher Funktionen kennen. Nebenbei erlernte er Finnisch und Schwedisch[847] und schloss Freundschaft mit Nevanlinna und einer Reihe von jungen finnischen Kollegen. Seither hatte er eine besondere Beziehung zu Finnland, regelmäßig verbrachten später einige der neun Kinder Ullrichs ihre Ferien bei Nevanlinna in Finnland. Umgekehrt fanden finnische Mathematiker stets gastfreundliche Aufnahme in der Familie Ullrich.[848]

Nach seiner Rückkehr aus Finnland nach Deutschland im Jahre 1928 heiratete Ullrich[849] erst einmal im August und ging dann im Herbst als Assistent von Robert ⟩ König nach Jena.[850] Nach einem Vortrag über meromorphe Funktionen lernte er Helmut Hasse kennen; 1930 ging er mit Hasse an die Universität Marburg, wo dieser die Nachfolge seines Lehrers Kurt Hensel antrat. 1931-01-20 habilitierte sich Ullrich und blieb bis 1934 als Privatdozent in Marburg. Im November 1933 unterzeichnete er gleichzeitig mit Hasse das *Bekenntnis der deutschen Professoren zu Adolf Hitler*. Die Marburger Dozentenschaft registrierte trotz dieser Unterschrift mit Missfallen die in der Öffentlichkeit erkennbaren Sympathien des katholischen Österreichers Ullrich für die „jesuitisch-katholische" Zentrumspartei und deren Exponenten Heinrich Brüning.[851]

---

[845] Die Wahl des Faches Volkskunde spiegelt eine gewisse Heimatverbundenheit wieder. Im Jahre 1917 hatte er als Mittelschüler einen Preis für Kenntnisse aus Steiermärkischer Geschichte gewonnen. (Grazer Tagbl. 1917-06-21 p6)

[846] Die Mitgliedschaft in der Grazer Neupfadfinderschaft trat bei seiner Promotion öffentlich in Erscheinung, bis zu seinem Tod hat er sich zu ihr bekannt. (Grazer Tagblatt 1925-06-27 p.7; Nachrichten der Gießener Hochschulgesellschaft **26** (1957) p. 10.) Zu den prominenten Mitgliedern der Neupfadfinder gehörte der Physiker Werner Heisenberg.

[847] Zusätzlich zu seinen Schulkenntnissen aus Latein, Französisch und Englisch, und zu Italienisch.

[848] O. Lehto, Erhabene Welten. Das Leben Rolf Nevanlinnas. Aus dem Finnischen von Manfred Stern unter Mitarbeit von Leena Maissen. Birkhäuser, Basel 2008. p 84, 125.

[849] Die Hochzeit fand in der Wallfahrtskirche Filzmoos (Salzburg) statt und wurde mehrfach in den Zeitungen mit Bewunderung und Stolz akklamiert (Grazer Tagblatt 1928-08-07, Salzburger Chronik 1928-08-08, Alpenländische Rundschau 1928-08-18).

[850] Robert ⟩ König war damals eben erst von Münster nach Jena gekommen.

[851] Heinrich Brüning (*1885-11-26 Münster; 1970-03-30 Vermont USA), Zentrumspolitiker und von 1930-03-31 bis 1932-05-30 deutscher Reichskanzler.

1934 wurde Hasse nach einigem Hin und Her[852] zum Nachfolger des emigrierten Hermann Weyl[853] in Göttingen bestellt; auf Hasses Betreiben übersiedelte auch Ullrich im Herbst 1934 nach Göttingen und wurde dort Nachfolger von ⟩Neugebauer als Oberassistent. Zu seinen Aufgaben gehörte dort neben der Betreuung von Übungen auch die der Bibliothek und der Modellsammlung, außerdem hielt er Vorlesungen über Funktionentheorie. Ansonsten trat er im Institutsbetrieb nicht besonders hervor.

1935 nahm Ullrich eine Vertretungsprofessur für Hans Mohrmann[854] an der Universität Gießen wahr, was schließlich dazu führte, dass er 1936 ao und 1940 o Professor in Gießen wurde. Von 1943 bis Kriegsende hielt er in Vertretung von Georg Aumann und William Threlfall Vorlesungen in Frankfurt a.M., daneben übernahm er fallweise den mathematischen Unterricht an oberen Klassen von Mittelschulen.

Arbeit für das Zentralblatt. Der Gründer und Hauptredakteur des Referateorgans *Zentralblatt der Mathematik* Otto ⟩Neugebauer emigrierte 1934 nach Kopenhagen und führte von dort aus bis zu Band 18 (1938) die Redaktion weiter. Zum Nachfolger ⟩Neugebauers wurde Egon Ullrich bestellt, der dessen Agenden von Band 19 (1938) bis 21 (1940) weiterführte.[855]

Nach dem Krieg wurde Ullrich mit Datum 1946-06 entlassen, konnte aber 1947 in Mainz und 1948 in Tübingen Gastvorlesungen halten, eine weitere in Berlin. 1948 erfolgte seine Wiedereinstellung als o Professor, rückwirkend für 1947. In den ihm noch verbleibenden neun Lebensjahren widmete sich Ullrich dem Aufbau seines Instituts und der Universität Gießen. Sein Nachfolger wurde Karl Maruhn von der TH Dresden, der dafür die Genehmigung der DDR-Behörden erhielt.

Egon Ullrich befasste sich nach seiner Dissertation hauptsächlich mit der Nevanlinna-Theorie; für den Spezialfall nur endlich vieler Defektwerte gelang ihm 1936 die Lösung des von Nevanlinna gestellten Umkehrproblems der Wertverteilung: zu einer gegebenen Folge von Defektwerten und zugehörigen Verzweigungsindizes eine meromorphe Funktion zu finden.[856] Weitere Arbeiten gehören zur Theorie Riemannscher Flächen und kon-

---

[852] Im Widerstand gegen seinen Kollegen Werner (Ludwig Eduard) Weber (*1906-01-03 Oberstein a.d. Nahe; †1975-02-02 Hamburg) und entgegen den Ambitionen von Erhard Tornier (*1894-12-05 Obernigk; †1982), dessen Kandidatur für den Vorsitz der DMV ebenfalls 1934 scheiterte.

[853] Hermann (Klaus Hugo) Weyl (1885-11-09 Elmshorn, Schleswig-Holstein; 1955-12-08 Zürich) emigrierte 1933 in die USA, weil seine Frau Jüdin war und aus Protest gegen die Behandlung der Juden in Deutschland. Weyl lieferte bekanntlich wichtige Beiträge zur Relativitätstheorie, zur Differentialgeometrie und zur Theorie der Liegruppen, zur Darstellungstheorie der kompakten Gruppen, zur Theorie der Gleichverteilung.

[854] Hans Mohrmann (*1881-04-24; †1941-01-02)

[855] Der nächste Hauptschriftleiter des Zentralblatts war bis Kriegsende Ullrichs Gießener Kollege Harald Geppert (*1902-03-22 Breslau; †1945-05-04 Berlin). Die Redaktionen des JFM und des Zbl waren anschließend bis zur Auflassung des JFM (1944, Berichtszeitraum 1942) zusammengelegt. Geppert war überzeugter Pg und SA-Mitglied. 1938 verfasste er mit dem Biologen Koller ein Lehrbuch der „Erbmathematik". Ullrich gehörte auch für die weiteren Bände des Zentralblatts dem Herausgeberkomitee an.

[856] Weitere Beiträge stammen von Nevanlinna selbst sowie von Oswald Teichmüller (1944), Ullrichs Schüler Hans Wittich (1948), Le Van Thiem, Anatoli Asirovich Goldberg, ⟩Pöschl (1951), Wolfgang Fuchs und Walter Hayman (1962, Lösung nur für ganze Funktionen). Erst die Arbeit von David Drasin in Acta math. **138** (1977), 83–151, ist als vollständige Lösung des Problems anzusehen.

former Abbildungen. Der schwerpunktmäßigen Ausrichtung der Universität Gießen als Universität des Lebens folgend befasste sich Ullrich in seinen letzten Lebensjahren mit mathematischen Aspekten der theoretischen und experimentellen Biologie, insbesondere der Karzinogenese,[857] diese Untersuchungen fanden jedoch keinen Niederschlag in im Zbl referierten Publikationen.

Ullrich gab den ersten Band des Analysis-Lehrbuchs von Ernst Lindelöf auf Deutsch heraus. (Die Herausgabe der anderen Bände war ursprünglich geplant, konnte aber nach Lindelöfs Tod nicht mehr in Angriff genommen werden.)

MGP verzeichnet 15 betreute Dissertationen, darunter Hans Wittich. In dem Nachruf von J.E. Hofmann werden 20 von Ullrich betreute Dissertationen aufgezählt.

Ausgewählte Publikationen. *Diss.*: (1925) *Über Korrespondenz von Limitierungsverfahren (> Rella, Sterneck).* Ein Teil dieser Dissertation wurde unter dem Titel *Zur Korrespondenz zweier Klassen von Limitierungsverfahren* in Math. Z. **25** (1926), 382-387 veröffentlicht.

1. Über eine Anwendung des Verzerrungssatzes auf meromorphe Funktionen. J. Reine Angew. Math. **166** (1932), 220-234.
2. Zum Umkehrproblem der Wertverteilungslehre. Nachr. Ges. Wiss. Göttingen, Math.-Phys. Kl. I, N. F. **1** (1936), 135-150.
3. *Weltall und Leben.* Nachr. Gießener Hochschulgesellschaft **20** (1951), 7-31. [nicht in Zbl]
4. Friedrich Engel. Ein Nachruf. Nachrichten der Gießener Hochschulgesellschaft **20** (1951) 139-154.

Zbl/JFM nennen (bereinigt) 24 Publikationen.

Quellen. Nevanlinna, Wittich Jber DMV, **61** (1958), 57–65; Segal [298]; Aigner [2]. J. E. Hofmann, Egon Ullrich, Nachrichten der Gießener Hochschulgesellschaft **26** (1957), 10–30

Lit.: Segal [298] chapter 5, vor allem p. 178f, p. 275f; Egon Ullrich, Die Naturwissenschaftliche Fakultät in Gießen. (http://geb.uni-giessen.de/geb/volltexte/2006/3055/pdf/UllrichNaturwiss-1957.pdf, Zugriff 2023-03-02).

---

[857] Über Themen der mathematischen Biologie hielt er 1956 auf dem IV. Öst. Mathematikerkongress einen Vortrag (s. IMN **47/48** 2. Teil (1957-04), 1– 100).

(Karl) Theodor Vahlen

*1869-06-30 Wien;   †1945-11-06 Štěchovice bei Prag [and. Sterbedatum s.u.] (röm. kath., später gottgläubig)

Sohn des preußischen Altphilologen Johannes Vahlen (*1830-09-27 Bonn; †1911-11-30 Berlin, kath.) und dessen 2. Frau Amalie (*1837; †1877), Tochter des Altphilologen u. Archäologen Julius Ambrosch (*1804; †1856), Ordinarius in Breslau; Bruder [Der älteste der Brüder ist früh verstorben.] (1) des Oberbibliothekars d Staatsbibl. Berlin Alfred Vahlen (*1863; †1944);

Zeichnung: W.R. (nach Fotos in [228], Eintrag Vahlen).

Bruder (2) des Pharmakologen und Mediziners Ernst Heinrich Vahlen (*1865-02-14 Wien; †1941-05-09 Halle/Saale) ∞ Gertrud (*1877-03-12, †1956-02-12 Halle), geb. Cantor, Tochter des Begründers der Mengenlehre (2 Kinder Ilse V (*1902; †1937-03-28) und Reinhard V (*1917-06-27; †1980-06- 08));
Bruder von 2 Schwestern: (3) Hedwig (*1865; †1896), und (4) Berta (*1867; †1920) ∞ 1887 Ernst Wilhelm Maaß (*1856-04-12 Kolberg; †1929-11-11 Marburg), o Prof f. Altphilologie [4 Kinder],
und einer Stiefschwester, Christine v. Ziehlberg.
Neffe väterlicherseits von Franz Wilhelm V (*1833-12-12 Bonn; †1898-05-18 Bad Honnef, D), Verlagsbuchhändler in Berlin, u. seiner Frau [∞ 1854] Marie, geb Guttentag (*1817; †1862). Der Vahlen Verlag existiert (unter andern Eigentümern) noch heute.
Theodor Vahlen ∞ 1906-09-29 Elfriede Martha, geb v. Hausen (*1871; †1952); seine Witwe wandte sich noch 1949 wegen ihres Pensionsanspruchs an die Universität Greifswald.

NS-Zeit.   Vahlen war Pg der ersten Stunde und erster Gauleiter der NSDAP in Pommern; ab 1933 Mitglied der SA, ab 1936 der SS.[858] Er schloss sich Bieberbachs „Deutscher Mathematik" an und fungierte als Herausgeber der gleichnamigen Zeitschrift. Vahlen war zweifelsfrei an der Verfolgung jüdischer Mathematikerkollegen beteiligt, u.a. von v. ˃Mises und von Max Dehn[859] in Frankfurt a.M., als dieser nach dem Berufsbeamtengesetz eigentlich noch von den Entlassungen ausgenommen war. Vahlen hat auch vorgeschlagen, Oskar Perron (München) aufgrund des BBG 1933-04-07 in den Ruhestand zu versetzen (Litten [194]).

Karl Theodor Vahlen[860] war zwar gebürtiger Wiener, übersiedelte aber mit seinem Vater, dem angesehenen Altphilologen Johannes Vahlen, 1874 nach Berlin, als er gerade fünf Jahre alt war. Sein Vater verbrachte dagegen in Wien 16 Jahre, war Mitglied der k.k. Akademie der Wissenschaften und 1873/74 Rektor der Universität. Theodor Vahlen durchlief, abgesehen von einer Unterbrechung 1930 bis 1933-01 an der TH Wien, seine gesamte

---

[858] 1936-07-01 SS-Sturmbannführer; 1936-11-09 SS-Obersturmbannführer; 1937-01-30 SS-Standartenführer, 1938-01-30 SS-Oberführer; 1943-11-09 SS-Brigadeführer.
[859] Max Dehn (*1878-11-13 Hamburg; †1952-06-27 Black Mountain, N Carolina). Dehns spektakulärstes Ergebnis war 1900 die Lösung des 3. Hilbertproblems über zerlegungsgleiche Polyeder. Dehn floh Anfang 1939 nach Norwegen, 1940 von dort (über Sibirien und Japan) in die USA.
[860] Er unterzeichnete gewöhnlich mit Theodor Vahlen.

Karriere bis 1944 im Deutschen Reich. Sein älterer Bruder Ernst Heinrich[861] gehörte zu den ersten Pharmakologen, die an der Entwicklung eines Medikaments zur Behandlung der Zuckerkrankheit arbeiteten.[862]

Vita.

Natus sum, *Carolus Theodorus Vahlen*, Vindobonae d. XXX. Junii a. h. s. LXIX, patre *Johanne*, universitatis tunc Vindobonensis nunc Berolinensis professore p. o., matre *Amalia*, de gente *Ambrosch*, praematura morte mihi crepta. Fidei adscriptus sum catholicae. Gymnasia frequentavi Berolinensia Guilelmum et Falkianum. Maturitatis testimonio vere anni LXXXIX accepto per octo semestria studiis praecipue mathematicis operam dedi. Laboratorii ill. viri *Kundt* per unum semestre, seminarii mathematici per septem semestria sodalis fui. Docuerunt me viri illustrissimi: *E. du Bois-Reymond, Dilthey, Döring, Fuchs, Grimm, Helmert, de Helmholtz, Hensel, Hertwig, Hettner, Knoblauch, E. Kötter, König, Kronecker*(†)*, Kundt, Lehmann-Filhés, Paulsen, Planck, Pringsheim, Schlesinger, E. Schmidt, H. A. Schwarz, Wagner, Zeller*. His viris omnibus gratias ago quam maximas; imprimis *Lazaro Fuchs* et *Hermanno Amando Schwarz*, quorum fructuosa disciplina in scholis et seminario usus sum; nec non *Leopoldi Kronecker* me movet memoria, qui in studiis mathematicis mature mihi auctor fuit et quamdiu in vivis erat consiliis me saluberrimis adiuvit.

Vahlens Curriculum Vitae aus seiner Dissertation. Als Sohn eines Altphilologen schreibt er ein gepflegtes und höfliches Latein; sein besonderer Dank gilt den Herren Lazarus Fuchs und Hermann Amandus Schwarz (seinen Dissertationsbetreuern), daneben dankt er auch jüdischen oder später als „nichtarisch" gebrandmarkten Professoren (neben Fuchs auch Hensel, Pringsheim, Schlesinger) als Lehrern; der Name Frobenius kommt nicht vor. In seinem Lebenslauf von 1936 gibt er dagegen Frobenius und Schwarz als seine Betreuer an.

In Berlin besuchte Vahlen nach der Grundschule das Wilhelms-Gymnasium und danach das Falck-Realgymnasium, wo er 1889 sein Abitur machte. Danach studierte er an der Berliner Universität Mathematik und Naturwissenschaften und promovierte 1893 zum Dr

---

[861] Theodor Vahlen hatte wahrscheinlich einen weiteren Bruder mit Vornamen Maximilian, dem Andenken dieses Bruders, den er als Seekadetten der kaiserlichen Marine bezeichnet, widmete er sein Buch über Deviation. In der biographischen Literatur zu Theodor Valen wird Maximilian nirgends erwähnt.

[862] Ernst Vahlen propagierte 1924 die Medikamente Metabolin und Irrebolin gegen Diabetes mellitus, die sich aber in der Therapie als erfolglos erwiesen. (H. Schadewaldt, Geschichte des Diabetes mellitus, p.82, Diabetes mellitus A, p.21) Ernst Vahlen stand bei den chemischen Werken Hoechst unter Vertrag. Die erste wirksame Extraktion von Insulin war bereits 1921 in Kanada gelungen.

phil.[863] Nach seiner Promotion ging er nach Königsberg, habilitierte sich 1897 und blieb dort als Privatdozent bis zu seiner Berufung an die Universität Greifswald, 1904 als ao, 1911 als o Professor.[864]

Am Ersten Weltkrieg nahm Vahlen als Batteriekommandant und Abteilungskommandeur teil, zuletzt als Major der Reserve im 6. Königlich Sächsischen Feldartillerie-Regiment Nr. 68; er wurde zunächst an die Westfront abkommandiert, ab 1916/17 diente er an der Ostfront. Während des Kriegsdiensts fand er zwischendurch noch Zeit für mathematische Untersuchungen zur Ballistik (vier kleinere Arbeiten erschienen noch während des Krieges; sein großes Buch der Ballistik erstmals 1919).

1923 wurde Vahlen zum Rektor der Universität Greifswald gewählt.

1919 war Vahlen zunächst Mitglied der Deutschnationalen Volkspartei (DNVP),[865] gewesen, 1923-11 trat er als Pg der ersten Stunde in die NSDAP ein, besuchte danach Hitler während dessen Haft in Landsberg und wurde von diesem zum NSDAP-Gauleiter Pommerns ernannt.[866] Die NSDAP war von 1923–1925 im ganzen Deutschen Reich verboten, bis zur Aufhebung des Verbots konnte daher nur von einem illegalen Beitritt oder von einem Beitritt in eine NS-Ersatz- oder Tarnorganisation die Rede sein. In Norddeutschland schlossen sich die früheren Nationalsozialisten der inzwischen erfolgreichen Deutschvölkischen Freiheitspartei an und bildeten mit ihr eine Wahlgemeinschaft. In Pommern wurde zur Reichstagswahl 1924-05-04 unter dem Namen „Nationalsozialistische Freiheitspartei" (NSFP) eine gemeinsame Liste aufgestellt, mit Theodor Vahlen als Spitzenkandidaten. Vahlen führte einen äußerst aggressiven Wahlkampf, der vor rüden Schmähungen der Republik und persönlichen Beleidigungen nicht haltmachte und zu mehreren gerichtlichen Verurteilungen (und harschen finanziellen Strafen) führte. Vahlen gewann die Wahl in Pommern und zog als Abgeordneter der NSFP in den Reichstag ein.

Im Bewusstsein seiner Immunität als Reichstagsabgeordneter provozierte Vahlen am Verfassungstag 1924-08-11 einen Skandal, indem er die Reichsfahne und die Fahne Preußens am Universitätsgebäude einholte (oder einholen ließ),[867] als Protest gegen die von pazifistischen und republikanischen Vereinigungen geplanten Vorträge pazifistischer (und „linker") französischer Schriftsteller, darunter Henri Barbusse.[868] Letzten Endes wurde Vahlen infolge dieses Skandals aus dem preußischen Staatsdienst ohne Pensionsanspruch entlassen, aber wegen seiner Immunität erst 1927-05 und nach einem langwierigen Prozess.

---

[863] MGP nennt so wie Vahlen selbst in seinem der Dissertation beigefügten Lebenslauf Lazarus Fuchs und Hermann Amandus Schwarz als Gutachter; in seiner autobiographischen Skizze (*Deutsche Mathematik* 1 (1936), 389) nennt Vahlen hingegen stattdessen (offenbar da Fuchs Jude war) fälschlich die Professoren Schwarz und Frobenius. Vahlen schrieb aber noch 1894 eine Arbeit zu einer Publikation von Lazarus Fuchs, die er (bis auf die genaue Nummer der Anfangsseite) korrekt zitierte.

[864] Vahlen war als o Professor der Nachfolger des 1910 verstorbenen Professors Geheimrat Wilhelm Thomé.

[865] Nicht zu verwechseln mit der österreichischen Großdeutschen Volkspartei (GDVP). Vgl Glossar.

[866] Nach Vahlens eigenen Angaben in seiner Antrittsrede 1938-06-30 als Mitglied der Preußischen Akademie der Wissenschaften. [154] p36. An anderer Stelle wird als Jahr seines Beitritts 1922 genannt.

[867] Der Vorfall ist unter dem Namen „Flaggenaffäre" oder „Franzosenmontag" in die Geschichte eingegangen.

[868] Barbusse sagte seinen Vortrag ab, um nicht gewalttätige Ausschreitungen zu provozieren.

Das Verbot der NSDAP wurde 1925-02-27 durch Neugründung der NSDAP umgangen, Vahlen trat erneut in die NSDAP ein[869] und setzte dort seine politische Karriere fort, seine öffentliche Ernennung zum Gauleiter in Pommern fand wenig später, 1925-03-22, statt. Vahlen besaß einen kleinen Verlag, in dem er die nationalsozialistische Tageszeitung *Der Norddeutsche Beobachter* herausgab. 1927 wurde diese NS-Zeitung jedoch unter dem Druck Hitlers eingestellt und Vahlen als Gauleiter entlassen, da er sich partei-intern der Gruppe um die Brüder Gregor und Otto Strasser angeschlossen hatte, einer nach dem Hitlerputsch 1923 gegründeten NS-Gruppe mit „sozialistischen" Tendenzen, die sich von Hitler distanzierte und die daher von diesem nach seiner Freilassung systematisch aus der Partei verdrängt wurde. Vahlen wurde aber, wohl wegen seiner Verankerung in der NSDAP Pommern,[870] nicht gänzlich aus der Partei ausgeschlossen. Später wurde er vom REM Rust unterstützt.

Eine andere 1927 erfolgte Entlassung Vahlens war die endgültige Entfernung von seinem Posten als Professor in Greifswald. Zur Kompensierung des dadurch bewirkten massiven Einkommensverlustes bewilligte ihm Friedrich Schmidt-Ott ein Stipendium der *Notgemeinschaft der Deutschen Wissenschaft* (NDW), was einen weiteren Skandal auslöste.[871] Vahlen arbeitete danach von 1929 an eine Zeit lang als Assistent im privaten Laboratorium des Physik-Nobelpreisträgers von 1919 (und strammen NS-Anhängers) Johannes Stark.[872] Die Ereignisse rund um den „Franzosenmontag", seine öffentliche Provokation und Geringschätzung der Weimarer Republik, schilderte Vahlen in einem tendenziösen Bericht, den er anlässlich seiner Bewerbung um eine Professur an der TH Wien an Lothar ˃ Schrutka schickte. Wie alle gegen „Linke" gerichteten Äußerungen fand diese Schilderung durchaus Zustimmung in der Professorenschaft der TH und Vahlen schaffte es damit auf die Besetzungsliste für die Nachfolge Erwin ˃ Kruppas am I. Mathematischen Institut.

Der 1929-10-26 bis 1930-09-30 amtierende Unterrichtsminister, der Historiker Heinrich Srbik (parteilos), hatte offenbar ebenfalls an der Berufung des NS-Aktivisten Vahlen an die TH Wien nichts auszusetzen und so wurde Vahlen 1930-03-21 als o Professor in die Professorenschaft der TH Wien aufgenommen.[873] Dort blieb er aber nur bis zur Machtübergabe an die NSDAP in Deutschland. 1933 wurde Vahlen wieder in seine frühere Professur in Greifswald eingesetzt, die er aber de facto nie antrat, da er als Referent für Hochschulwesen in das preußische Kultusministerium berufen und 1934-04 zum Leiter der Hochschulabteilung ernannt wurde. 1934–1937 leitete Vahlen als Ministerialdirektor das Amt Wissenschaft im neu gegründeten Reichsministerium für Wissenschaft, Erziehung und Volksbildung (REM; siehe Glossar). In dieser Position konnte er die Bemühungen des Mathematikers Ludwig ˃ Bieberbach um eine „Deutsche Mathematik" fördern, mit dem er

---

[869] (Mitgliedsnr. 3961)

[870] Zu Vahlens Position in Pommern vgl. Inachin, [154].

[871] Zierold K (1968) Forschungsförderung in drei Epochen: Deutsche Forschungsgemeinschaft. Geschichte, Arbeitsweise, Kommentar. Verlag F. Steiner, Wiesbaden; p 120.

[872] Hentschel [139], Eintrag Vahlen.

[873] Das war bei einer früheren Berufung in Graz noch anders: Im ersten Berufungsvorschlag für die Nachfolge des 1928 verstorbenen o Prof Sterneck in Graz standen Leopold ˃ Vietoris und Theodor ˃ Vahlen ex aequo an erster Stelle, an zweiter Stelle Josef˃ Lense. Damals hatte das Unterrichtsministerium unter Emmerich Czermak (CSP) noch die Berufung Vahlens wegen dessen NS-Engagements verweigert.

1936 eine gleichnamige Zeitschrift „Deutsche Mathematik" herausbrachte. 1937 musste er das Amt wegen seiner Verwicklungen in die Machtkämpfe verlassen, die zum Sturz von Johannes Stark als Präsident der Deutschen Forschungsgemeinschaft führten. Dieser war neben Lenard Hauptvertreter der antisemitischen „Deutschen Physik", die Bieberbach und Vahlen als nachzueiferndes Vorbild für die „Deutsche Mathematik" diente. Ab 1934 war Vahlen außerdem Professor an der Universität Berlin, von 1933 bis 1945 Mitglied des Senats der Kaiser-Wilhelm-Gesellschaft.

1939-06-08 erhielt die Preußische Akademie der Wissenschaften in Berlin[874] im Zuge ihrer Gleichschaltung eine neue Satzung, die nach dem Führerprinzip einen vom REM ernannten und von der Akademie bestätigten Präsidenten als Leiter vorsah. Reichserziehungsminister Rust setzte Theodor Vahlen kommissarisch als Präsidenten ein — ohne sich um das Vorschlagsrecht der Akademie zu kümmern. Dabei wurden ihm Ernst Heymann als Vizepräsident, Helmuth Scheel[875] als Direktor, sowie Ludwig ˃ Bieberbach und Hermann Grapow[876] als Sekretäre an die Seite gestellt. Die Akademie verweigerte jedoch die Bestätigung dieser Ernennungen, Vahlen blieb bis 1943 nur kommissarischer Präsident. Da er sich in der Akademie nur schwer durchsetzen konnte, insbesondere gegen Max von Laue und seine Mitstreiter, reichte Vahlen 1943, als nunmehr 74-jähriger, beim Reichserziehungsminister ein Rücktrittsgesuch ein, das mit Wirkung von 1943-04-01 angenommen wurde. Die Akademie verblieb von da an bis zum Kriegsende ohne Präsidenten, Vahlen dagegen ab 1944 *kommissarischer* Präsident einer damals geplanten, aber nie realisierten „Reichsakademie". Offensichtlich war die Bestellung zum Akademiepräsidenten nur als Trostpflaster (und zur Ruhigstellung) nach dem Abschied vom REM gedacht.

Im Studienjahr 1944/45 war Vahlen Lehrbeauftragter an der Deutschen Universität Prag. 1944 wurde Vahlen in Berlin ausgebombt, er versuchte daraufhin, seinen Wohnsitz nach Wien zu verlegen. In einem Brief an Rektor Sequenz bot er an, als unbezahlter Honorarprofessor Lehrveranstaltungen an der TH Wien abzuhalten. Der Vorschlag wurde angenommen, Vahlen zum „Honorarprofessor für das Fachgebiet Mathematik unter Zuweisung an die Fakultät der Naturwissenschaften und Ergänzungsfächer" ernannt.[877] Bei Kriegsende wurde Vahlen in Prag verhaftet und in Štěchovice inhaftiert, wo er 1945-11-06 starb.[878]

---

[874] Nach Kriegsende unterstand sie zunächst dem Berliner Magistrat, wurde 1946-07-01 als *Deutsche Akademie der Wissenschaften zu Berlin* neu eröffnet, 1972 in Akademie der Wissenschaften der DDR umbenannt. Seit 1992-05-21 wird sie im Rahmen der *Berlin-Brandenburgischen Akademie der Wissenschaften* weitergeführt.

[875] Scheel (*1895-05-19 Berlin; †1967-06-06 Mainz) war Turkologe

[876] Grapow (*1885-09-01 Rostock; †1967-08-24 Berlin) war Ägyptologe

[877] TUWA; der Vorgang wurde auch in den Zeitungen kundgemacht (zB im (Wiener) Völkischen Beobachter 1944-08-11 p4.) Vahlen begann seine Lehrveranstaltungen 1944-04-01, für einen zweimaliger Aufenthalt in Wien gibt es Hinweise durch die erhalten gebliebenen Meldezettel (gemeldet von 1944-04-17 bis 1944-05-05 in der Lindengasse 2/2/17 in Wien-Neubau, sowie von 1944-06-06 bis 1944-08-28 in der Veitingergasse 46/II in Wien-Hietzing).

[878] Nach Vihan, *Die letzten Tage von Gerhard Gentzen* p 295f. Die vielfach zu findende Vermutung eines gewaltsamen Todes konnte bisher weder widerlegt noch verifiziert werden. Nach den Schilderungen der Biographen Menzler-Trott [212], [211] und Vihan [370] des mathematischen Logikers Gentzen (die sich auf Augenzeugenberichten stützen können) waren die Haftbedingungen in Prag, auf Grund von Hunger, Krankheit und Verzweiflung, auch ohne zusätzliche Gewaltanwendung lebensgefährlich. Kurz vor

Theodor Vahlens frühe mathematische Arbeiten gehören zur reinen Mathematik, sie befassen sich unter anderem mit Zahlentheorie (insbes. mit Kettenbrüchen und Farey-Reihen),[879] der algebraischen Theorie der Formen und Geometrie (besonders geometrischen Konstruktionen). In anderen Arbeiten beschäftigte er sich mit Themen der angewandten Mathematik, zum Beispiel der Nautik und der Theorie der Kompass-Deviation (in Zusammenhang mit seiner Leidenschaft für das Segeln), der theoretischen Mechanik und der Astronomie. Im Zusammenhang mit seinem Frontdienst als Artillerieoffizier schrieb er auch ein Buch über Ballistik, das allerdings von Praktikern, weil zu theoretisch und ohne Bezug auf die von den Praktikern favorisierten Schusstafeln (empirisch erstellte Tabellenwerke), eher zurückhaltend aufgenommen wurde.[880] Die in früheren Publikationen über Vahlen vorgebrachte Einschätzung, Vahlen habe sich erst unter dem Einfluss der NS-Ideologie der Angewandten Mathematik zu- und von der Reinen Mathematik abgewandt, scheint uns nach Durchsicht seiner Publikationen nicht bestätigt.

Sein Buch „Abstrakte Geometrie" von 1905[881] wurde von dem bekannten Geometer Steinitz wohlwollend aufgenommen; etwas weniger wohlwollend ist die Besprechung der Neuauflage von 1940 (als Beiheft zur Zeitschrift „Deutsche Mathematik") in den Mathematical Reviews; sie endet mit:

> *There is considerable emphasis upon non-Euclidean geometry throughout. Both analytic and synthetic methods are employed. The number of postulates is disturbingly large. Despite the announced intention of introducing no postulate without proof of its independence, such proof seems never to be forthcoming in the immediate context. The reader may note with regret that essentially only linear relations are considered. The circle, sphere, conic section (save for brief use of the non-Euclidean absolute) are not mentioned.*[882]

Karl > Strubeckers JFM-Besprechung der 1940er Ausgabe erstreckt sich dagegen über nicht weniger als fünf Teile und ist wiederum sehr wohlwollend:

Kriegsende, 1945-05-05, war der Prager Aufstand ausgebrochen, bei dem auf breiter Front gewalttätige Übergriffe aus der Bevölkerung gegen Deutsche (und alle, die dafür gehalten wurden) verübt wurden. Kyra T. Inachin [154] gibt in ihrer Zusammenfassung zu Vahlens Tod das Datum 1945-11-16 an, das sich auf eine Postkarte von Vahlens Witwe von 1949-03-25 an die Berliner Universität stützt (Univ. Arch. Berlin UK V3 (PA Vahlen)).

[879] Zum Beispiel der häufig zitierte Satz von Vahlen über diophantische Approximationen — aus heutiger Sicht vielleicht eher ein glücklicher Fund als ein auf tiefen/kreativen Überlegungen basierendes Ergebnis. (Vgl. zB Koksma, J F (1936) Diophantische Approximationen, Springer; p. 26f sowie p. 35; und Schmidt, W M (1980), Diophantine Approximation, Springer LNM 785; p 16.)

[880] Vgl. zB das Referat von Rothe in JFM 48.0893.01, wo in Vahlens Buch theoretische, praktisch kaum zutreffende und mit den aerodynamischen Ergebnissen von Prandtl u.a. nicht kompatiblen, Annahmen bemängelt, dagegen die in der Praxis bewährten Schusstafeln vermisst werden. Ähnliche Einwände gibt J. E. Rowe in Bull. Amer. Math. Soc. **29(4)** (1923), 186–187; serin Fazit ist: "The book will be of considerable interest to the mathematician who wishes to acquaint himself with the subject of ballistics; it will be of little value to the practical artillery officer or to the investigator in practical ballistics."

[881] Dieses Buch wurde noch im Jahr 2015 für ein frühes einfaches Beispiel einer nicht-Desargues-schen Ebene (auf Seite 68) zitiert. Noch frühere Beispiele fand aber schon 1899 Hilbert; die nicht-desarguesschen Moulton-Ebenen von 1902 sind jedenfalls auch nicht weniger einfach.

[882] Mathematical Reviews MR0002930 (2,135b), reviewed by A. A. Bennet.

Das überaus einheitlich angelegte Werk geht, wie dieses ausführliche Referat ge-
zeigt haben möchte, vielfach eigene und, mit ähnlichen Untersuchungen anderer
Autoren verglichen, im Großen wie auch in vielen Einzelheiten sehr originelle
Wege.

Friedrich Bachmann,[883] in seiner Rezension im Zentralblatt, moniert dagegen Fehler in
den Teilen, die 1940 zur alten Auflage hinzugekommen waren.[884]

Eine sehr kritische Rezension von Max Dehn zu Vahlens Abstrakter Geometrie[885] wird
allgemein als psychologischer Hintergrund zu Vahlens Hass auf Max Dehn angesehen.
Ungeachtet dessen gab Vahlen alternative Beweise Dehnscher Ergebnisse. (ZB in Math.
Ann. **104** (1931), 298-299. Ein Beweis in einer früheren solchen Arbeit in Math. Ann. **56**
(1903), 507-508 wurde vom Referenten Steinitz als nicht stichhaltig zurückgewiesen.)

Im 31 Seiten starken 3. Beiheft zur *Deutschen Mathematik* (1942) versuchte Vahlen in
„Die Paradoxien der relativen Mechanik" die Relativitätstheorie anzugreifen. In seiner
Rezension für JFM (68.0632.02) zitiert Georg Hamel aus der Zusammenfassung des von
ihm als „nicht mathematisch-sachlich" qualifizierten Teils der Vahlenschen Ausführungen:

a) Wir haben außer – nicht statt! – der klassischen eine "neue" (Poincaré),
nämlich relative Mechanik, die wir Lorentz verdanken und die sich seit 1904
vielfach bewährt hat. b) Es gibt keine allgemeine, also auch keine spezielle Re-
lativitätstheorie . . . c) Es gibt eine Einsteinsche Gravitationshypothese, die zwar
auf von Gauß und Riemann geschaffener gesicherter mathematischer Grundlage
beruht, die aber ihre Bestätigung in der Wirklichkeit in ihrem ersten Vierteljahr-
hundert nicht erbracht hat. d) Ferne Fixsterne mit nicht erkennbarer Seitenbewe-
gung geben feste Richtungen, aber keinen festen Punkt, . . . Die festen Richtungen
bestätigen die Richtungsfestigkeit des Trägheitsgesetzes und der Kreisel-Achse
(Trägheitsgesetz Nr. 2).

Hier hat ideologisches Wunschdenken und rassistisches Vorurteil jegliche fachliche Kompetenz überwuchert und ausgeschaltet.

Von Vahlens Arbeiten zur Geometrie wird bis heute immer wieder eine Arbeit von 1902
über Bewegungen und komplexe Zahlen zitiert (29 Zitate in Arbeiten verschiedener Autoren, zwischen 1987 und 2019). In den zitierenden Arbeiten werden Bezeichnungen wie
"Vahlen matrices" und "Vahlen's group of transformations" eingeführt.

Im Gegensatz zu seinen politischen Vorstellungen und seinen ideologischen Einwürfen
gegen die Relativitätstheorie sind offenbar einige seiner mathematischen Beiträge durchaus
nicht ganz negativ zu bewerten.

In der Literatur wird Vahlen oft als „mittelmäßiger Mathematiker, aber prominenter Nationalsozialist" angesehen. Vielleicht ist gerade das Gegenteil wahr: Vahlen war ein passabler,
wenn auch nicht gerade brillanter Mathematiker, aber ein letztlich völlig erfolgloser, drei

---

[883] Friedrich Bachmann (*1909-02-11 Wernigerode; †1982-10-01 Kiel) befasste sich mit der axiomatischen
Begründung der Geometrie mit Hilfe des Spiegelungsbegriffs.

[884] Es ging dabei um die adäquate Definition von Stetigkeitseigenschaften.

[885] Jber DMV **14** (1905), 536. Ähnlich kritisch äußerte sich A. Schoenflies in Jber DMV **15**, 31. Vahlens
Erwiderungen finden sich in Jber DMV **14**, 591 und **15**, 214.

Mal spektakulär gescheiterter Politiker: als Gauleiter von Pommern und Mitglied der Strasser-Fraktion der NSDAP (1927 entlassen), als Hochschulpolitiker im REM (1937 im Zuge der Kontroverse um Stark abgesetzt), als nie anerkannter Präsident der Preußischen Akademie der Wissenschaften (1943 freiwillig zurückgetreten). Vahlen wurde von REM Rust protegiert, galt aber als wenig dynamische Führungskraft, wurde nur zögernd in die SS aufgenommen und ab 1934 in zunehmend unbedeutendere Positionen abgeschoben; ab 1937 war sein politischer Einfluss so gut wie vorbei.

Vahlen unterhielt eine langjährige Freundschaft mit Luitzen E. J. Brouwer.

MGP nennt 4 Dissertanten (davon zwei im Jahr 1905 an der Universität Berlin, je einen 1913 und 1914 in Greifswald).

Ehrungen: 1914 Eisernes Kreuz I. und II. Kl.; Ritterkreuz I., II. und III. Klasse des Sächsischen Albrechts-ordens mit Schwertern und mit der Krone; 1918 Verwundetenabzeichen in Silber; Landwehrmedaille I. u. II. Kl.; NS-Partei-Auszeichnungen: 1934 Ehrenkreuz für Frontkämpfer; Goldenes Ehrenzeichen der NSDAP; Dienstauszeichnung der NSDAP in Silber; Ehrenwinkel der Alten Kämpfer; SS-Ehrendegen; SS-Ehrenring; 1937 ord Mitgld d. Preuß. AW, später als deren Präsident oktroyiert; 1939-06-30 Goethe-Medaille für Kunst und Wissenschaft.

Ausgewählte Publikationen. *Diss.*: (1893) *Beiträge zu einer additiven Zahlentheorie (Fuchs, Schwarz, Universität Berlin).* [ebenso in Crelles Journal für Mathematik, **112** (1–36).]

1. Bemerkung zur vollständigen Darstellung algebraischer Raumcurven. Crelles Journal für Mathematik, **108** (1891), 346–347. [Beispiel einer algebraischen Raumkurve, die nicht als Schnitt von drei, sondern nur als Schnitt von mindestens vier algebraischen Flächen darstellbar ist (sog. „Vahlensche Kurve"). Erstmals 50 Jahre später widerlegt (Oskar Perron Math. Z. **47** (1942), 318–324).]
2. Über die von Herrn Fuchs gegebene Ausdehnung der Legendre'schen Relation auf hyperelliptische Integrale. J. für Math. CXIV, 47-49 (1894).
3. Ueber Näherungswerthe und Kettenbrüche. J. reine angew. Math. **115** (1895), 221–233.
4. Rationale Funktionen der Wurzeln; symmetrische und Affektfunktionen. Encykl. d. math. Wiss. **1** (1899), 449-479.
5. Beweis des Lindemannschen Satzes über die Exponentialfunction. Math. Ann. **53** (1900), 457–460.
6. Arithmetische Theorie der Formen. Encykl. d. math. Wiss. **1** (1900), 582-635.
7. Über Bewegungen und komplexe Zahlen. Math. Ann. **55** (1902), 585-593.
8. Abstrakte Geometrie. Untersuchungen über die Grundlagen der euklidischen und nichteuklidischen Geometrie. B. G. Teubner, Leipzig 1905. (2. Aufl. Deutsche Math., 2. Beiheft, 224 S. (1940))
9. Konstruktionen und Approximationen in systematischer Darstellung. Eine Ergänzung der niederen, eine Vorstufe zur höheren Geometrie. B. G. Teubner, Leipzig 1911.
10. Ballistik. Ver. wiss. Verl., Berlin 1922, 2. Auflage 1942
11. Deviation und Kompensation: neue Grundlegung der Theorie, neue Anwendung auf die Praxis. Friedrich Vieweg & Sohn, Braunschweig 1929
12. Über den Heaviside-Kalkül, Z. f. angew. Math. 13, 283-298 (1933).
13. Über die Wirkung des Luftwiderstandes auf Körper von verschiedener Gestalt, insbesondere auch auf die Geschosse. Abh. Preuß. Akad. Wiss., math.-naturw. Kl. 1940, No. 10, 20 S. (1940)
14. Die Paradoxien der relativen Mechanik, Deutsche Mathematik, Beiheft 3, Leipzig 1942.
15. Isoperimetrie, differenzengeometrisch. Deutsche Math. **7** (1944), 368–373.

Nichtmathematische Werke:

16. (mit E. Kühl), Seglers Vadmecum. Eine Sammlung von Daten, Gesetzen und Regeln zum Gebrauch des deutschen Yachtseglers. Berlin 1906.
17. Wissenschaft, Erziehung und Volksbildung im nationalsozialistischen Staate; in: Die Verwaltungs-Akademie Bd 1, 20b, Berlin 1936.
18. Wesen und Aufgaben der Akademie: 4 Vorträge von Th. Vahlen. de Gruyter, Berlin 1940.

Zbl/JFM nennen (bereinigt) 61 Publikationen, darunter zwei Beiträge zur Encykl. d. math. Wiss. Einhorn [67] meldet 86 Publikationen (inklusive nicht-math., Besprechungen und Vortragsmanuskripte). Vahlen verfasste 6 mathematische Beiträge zur *Deutschen Mathematik*, darunter 2 Beihefte, sowie eine Autobiographie.

Quellen. Autobiographie mit Schriftenverz., Deutsche Math. **1** (1936), 389-420; Eberle [60]; Dt. Biogr. Enzykl., Band 10 , p 176; Meyers Lexikon, Dienstaltersliste der SS. 1.12.1937, 1938, 9.11.1944; Inachin K T [154]; Einhorn [67] p 420-430; Siegmund-Schultze [304]; Kurzbio. (https://www.bbaw.de/die-akademie/ akademie-historische-aspekte/mitglieder-historisch/historisches-mitglied-theodor-vahlen-2841, Zugriff 2023-02-20) an der Berlin-Brandenburgischen AW.

Lit.: Eberle H, [60]; Siegmund-Schultze R, [a] Ein Mathematiker als Präsident der Berliner Akademie der Wissenschaften in ihrer dunkelsten Zeit. Mitt. Math. Ges. DDR 1983, **2**, 49-54 (1983). [b] Theodor Vahlen — zum Schuldanteil eines deutschen Mathematikers am faschistischen Mißbrauch der Wissenschaft. NTM, [304]. [c] Einige Probleme der Geschichtsschreibung der Mathematik im faschistischen Deutschland — unter besonderer Berücksichtigung des Lebenslaufes des Greifswalder Mathematikers Theodor Vahlen. Wiss. Z. Ernst-Moritz-Arndt-Univ. Greifsw., Math.-Naturwiss. Reihe **33**, 51-56 (1984).

Leopold Franz Vietoris

*1891-06-04 Bad Radkersburg, Stmk;   †2002-04-09 Innsbruck (fast 111-jährig) (röm.kath.)

Sohn von Ing Hugo Adalbert Vietoris (*1862-10-26; †1948-06 Goldenstein b. Salzbg) u. dessen Ehefrau Anna (*1871; †1902-02-03(b) Wien), geb Diller.

L. Vietoris ⚭ in 1. Ehe [1928-09-13, Innsbr.] Clara (Klara) Anna Maria, geb Riccabona v. Reichenfels (*1903 Hall/Tirol; †1935-11-29 (Kindbett) Innsbruck), Tochter d. Landesgerichtsvorsitz. Dr Rudolf v. R (*1873-10-09 Innsbr.; †1970-06-14 Innsbr.) u. dessen Frau Maria Margareta (*1877 Bregenz, geb Burlo v. Ehrwall); Töchter: Maria, Anna, Amalia, Magdalena, Elisabeth, Christine (*1935); ⚭ in 2. Ehe [1936, Innsbr.] deren Schwester Maria (Ria) Josefa Vincentia (*1901-07-18 Kaltern a.d. Weinstraße, Südtirol; †2002-03-24 Innsbruck).

Zeichnung: W.R. nach einem Foto von ca 1920 im Archiv der ÖAW.

NS-Zeit. Vietoris war ein prominenter Vertreter der politisch zurückhaltenden und angemessen vorsichtige Distanz zu allen politischen Gruppierungen wahrenden, zu ihrem Glück „rassisch unbelasteten" Wissenschaftler, die dadurch von den Enthebungen nach dem „Anschluss" (und erst recht von der Entnazifizierung nach Kriegsende) verschont blieben. Seiner Gesinnung nach tendierte Vietoris zu konservativen Wertvorstellungen auf katholisch-*religiöser*, aber nicht katholisch-*politischer* Grundlage.[886] Im zweiten Weltkrieg war er Oberleutnant, aber wegen einer Verwundung nur kurz im Einsatz.

Der Vater Hugo von Leopold Vietoris war nach Abschluss seines Studiums an der TH Wien in die *k.k. priv. Südbahngesellschaft* eingetreten und am Bau der Bahnstrecke Radkersburg—Luttenberg (heute Ljutomer, SLO) beteiligt. Danach ging er als Bauingenieur zur Gemeinde Wien, war Leiter der Bauabt XII (später IVa) Wien und in leitender

---

[886] Die zahlreiche (3 Söhne, 5 Töchter) Familie seiner beiden Ehefrauen war dagegen definitiv katholisch-konservativ und politisch christlich-sozial ausgerichtet. ZB war ein Cousin der Schwestern Riccabona, Josef Schuhmacher, im Ständestaat Landeshauptmann von Tirol.

Position von 1902–11 am Bau der II. Wr. Hochquellenwasserleitung (zuletzt im Bauabschnitt Neulengbach), später auch an der Einwölbung des Wienflusses beteiligt.[887] Leopolds Mutter starb mit 31 Jahren.

Leopold Vietoris besuchte von 1902–10 das Stiftsgymnasium Melk, maturierte dort und begann an der TH Wien, nachdem er während der Sommermonate im Selbststudium den Mittelschulstoff aus Darstellender Geometrie erlernt und darüber eine Ergänzungsprüfung abgelegt hatte, im WS 1910/11 das Studium des Bauingenieurwesens. Im Folgejahr wechselte er an die Universität Wien und zum Studium der Mathematik, als ao Hörer der TH auch der Darstellende Geometrie. Seine Lehrer waren die drei Ordinarien Escherich, ˃ Wirtinger und ˃ Furtwängler, außerdem der ao Professor und Geometer Gustav Kohn sowie der in der Pandemie der „Spanischen Grippe" 1918 verstorbene Privatdozent Wilhelm Gross, als Lehrer für Topologie.

Im August 1914, nach Beendigung des 8. Semesters seines Hochschulstudiums und knapp vor der Lehramtsprüfung, rückte Vietoris zum Kriegsdienst ein. Nach Absolvierung des Einjährig-Freiwilligen-Jahres wurde er an der italienischen Front eingesetzt, mehrfach ausgezeichnet, 1915-08 verwundet,[888] 1916-03-01 zum Leutnant, später zum Oberleutnant der Reserve befördert. Wilhelm ˃ Olbrich war zeitweise sein Kompaniekommandant.[889]

Während der Genesung nach einer Verwundung im Jahr 1916 schrieb Vietoris seine schon vorher begonnene erste mathematische Veröffentlichung, über die Erzeugung von Raumkurven vierter Art, ein geometrisches Thema, dessen Ergebnisse ihm sehr gefielen, das er aber später nie wieder aufnahm. Seine Dissertation über „stetige Mengen" (in heutiger Terminologie: zusammenhängende Mengen) verfasste er 1918/19 zum Teil in italienischer Kriegsgefangenschaft (1918-11-04 bis 1919-08-07). 1919-10-24 schloss Vietoris sein Lehramtsstudium ab und absolvierte sein Probejahr 1919/20 an der Staatserziehungsanstalt Wien-Hietzing. Seinen Einsatz an der Südtiroler Front nutzte Vietoris nicht nur für mathematische Forschung, sondern auch ausgiebig für Bergtouren — und für die Erlernung des Skilaufs (unter Anleitung eines Zdarsky-Schülers, möglicherweise auf Empfehlung von ˃ Olbrich).

1920-07-09 erfolgte seine Promotion zum Dr phil , wobei er als Mitglied der alpinen Studentenvereinigung „Akademia" in Erscheinung trat[890]. Nach Beendigung seines Probejahrs hatte er eine Stelle als Universitätsassistent an der TH Graz, 1920/21 bei ˃ Weitzenböck und 1921/22 bei ˃ Baule. Für die Jahre 1922–27 wechselte er an das Mathematische Institut der Universität Wien, wo er sich 1923 mit seiner Studie zu „Bereichen zweiter Ordnung" (= die Menge aller abgeschlossenen Teilmengen eines Kompaktums, ausgerüstet mit der Vietoris-Topologie) habilitierte. Durch Vermittlung von ˃ Weitzenböck verbrachte

[887] Interview mit Helmberg, s.u., vgl zB auch Wienerwald-Bote 1908-07-18 p4

[888] Verlustliste 1915-12, im Infanterieregiment Nr 49

[889] Einhorn [67, p 523].

[890] Reichspost 1920-07-08. Die „Akademia" gliederte sich wie die katholischen Korporationen in einen „Altherrenverband" und eine „Aktivitas", war aber nicht weltanschaulich oder politisch gebunden. Vietoris gehörte ihm von 1920 bis zum „Anschluss" an und fungierte ab 1933 als Präsident des Altherrenverbands. 1938 trat die „Akademia" so wie alle anderen alpinen Vereine „aus eigenem Antrieb" geschlossen dem gleichgeschalteten „Deutschen Alpenverein" bei (Salzburger Volksblatt 1938-05-10 p9, Völk. Beobacht. 1938-07-22 p11).

er 1925–26 mit Unterstützung eines Rockefeller-Stipendiums und eines Stipendiums der Amsterdamer Universität insgesamt drei Semester in Amsterdam bei L.E.J. Brouwer. Der hatte sich allerdings zu diesem Zeitpunkt bereits von der Topologie ab- und dem Intuitionismus zugewendet.[891] Im Gegensatz zu Menger kam Vietoris gut mit Brouwer aus — obwohl er sich dem Intuitionismus nicht anschloss.

1927 wurde Vietoris zum ao Professor in Innsbruck ernannt, 1928 zum o Professor an der TH Wien, 1930 schließlich wieder zum o Professor an der Universität Innsbruck. Nach seiner 1928 erfolgten Einheirat in die Innsbrucker Familie Riccabona wollte er offenbar nunmehr in Innsbruck bleiben. 1934/35 diente er (wie berichtet wird, mit wenig Begeisterung) als Dekan der Innsbrucker Naturwissenschaftlichen Fakultät. 1935-02 ließ er sich als eingeladener Ehrengast vom Ball des Studentenfreikorps „Starhemberg" „ausdrücklich entschuldigen".[892] Ebenso lehnte er 1935 einen Ruf an die Universität Wien ab.

Während des Zweiten Weltkrieges war Vietoris mit Ausnahme eines durch eine Verwundung in den ersten Kriegstagen rasch beendeten Einsatzes als Oberleutnant in der deutschen Wehrmacht uk gestellt. Ähnlich wie ˃ Gröbner sollte er für die Rüstungsforschung Rechenarbeiten durchführen; auf eigenen Antrag wurde er mit der Erstellung von Tafeln hypergeometrischer Funktionen beauftragt, „einem nicht dringlichen, aber kriegswichtigen" Projekt.[893] Nach Kriegsende wurde daraus die Dissertation seiner Assistentin Martha ˃ Petschacher, die zweite aller von Vietoris betreuten Dissertationen überhaupt.[894]

Vietoris war nach dem Krieg 1945/46 noch einmal Dekan der Naturwissenschaftlichen Fakultät, sodann 1959/60 Senator der Universität Innsbruck, er emeritierte 1961 in Innsbruck.

Vietoris war ein Pionier sowohl der Allgemeinen als auch der Algebraischen Topologie, alle besonders herausragenden Arbeiten von seiner Hand behandeln dieses Gebiet. Bereits in seiner Dissertation führte er unter dem Namen „Kranz" die Filterbasen ein, und unter dem Namen „lückenlose Räume" die kompakten Räume. Die Definition der *hyperspace topology* (im kompakten Fall) und die wichtigsten ihrer Eigenschaften gehen auf seine Arbeiten von 1921 und 1922 im Anschluss an seine Dissertation und die kurz darauf folgende Habilitation zurück. Unter dem Titel *Gruppen mehrdimensionaler Wege* befasste er sich 1935 mit höheren Homotopiegruppen, die aber bereits vorher von ˃ Hurewicz definiert

---

[891] Etwa um die gleiche Zeit war auch Menger (1925–27) bei Brouwer, später Freudenthal (ab 1930). Für biographische Details zu Brouwer und seine Zerwürfnisse mit ˃ Menger und Freudenthal verweisen wir auf den Eintrag ˃ Menger auf p 594 sowie ˃ Weitzenböck (p 467) und van Dalen [367], [365] und [366].

[892] Sein Schwiegervater Othmar v. Riccabona war bei diesem Ball anwesend. (Tiroler Anz. 1935-02-19 p5)

[893] Das Projekt ist in: *Naturwissenschaftliche und Medizinische Arbeiten aus den Instituten und Kliniken der Universität Innsbruck 1945-1949*, p 275, erwähnt. Naturwiss. med. Ver. Innsbruck, www.biologiezentrum. at.

[894] Weibliche Beiträge zur Mathematik waren manchmal auch in Lehramts-Hausarbeiten in Mathematik zu finden, die von Physikerinnen verfasst wurden. So fand die wiss. Hilfskraft für Physik Hermine Gehri (*1918 Innsbruck) einen Fehler in einer Arbeit ˃ Wirtingers über das Fehlerglied bei gewissen numerischen Integrationsverfahren. Ihre Hausarbeit wurde von Vietoris betreut. (Keintzel und Korotin [161], p 250.

und untersucht worden waren, überdies waren Vietoris' Resultate nicht ganz fehlerfrei.[895]
In der algebraischen Topologie und in der homologischen Algebra ist sein Name mit der
Mayer-Vietoris-Sequenz der Homologiegruppen einer Vereinigung zweier offener Teil-
mengen verbunden.[896] Er war überhaupt einer der ersten, die erkannten, dass man in der
Homologie statt der Betti-Zahlen besser die Homologiegruppen als grundlegendes Konzept
zu betrachten hat (laut MacLane geschah dies gleichzeitig mit und unabhängig von Emmy
Noether; Segal [297] führt das erste Auftreten von Homologiegruppen auf eine Arbeit von
Heinz Hopf zurück). Häufig angewendet wird auch der bekannte Satz von Vietoris-Begle:
Eine surjektive stetige Abbildung $f: X \to Y$ mit n-azyklischen Fasern zwischen kompakten Räumen vermittelt einen Isomorphismus zwischen den n-ten Homologiegruppen der
beiden Räume. Heinrich Reitberger hat in seinem Nachruf auf Vietoris in den IMN darauf
hingewiesen, dass dieser Satz von Vietoris-Begle als Vorläufer und Spezialfall der später
von Jean Leray im Rahmen der Garbentheorie entwickelten Spektralsequenzen angesehen
werden kann. Die spektakulären Fortschritte im Gefolge der Idee der Garben waren aber
damals noch lange nicht abzusehen.

Nach dem „Anschluss" verließ Vietoris die Topologie und beschäftigte sich von da an mit
Untersuchungen zu traditionellen, manchmal auch sehr elementaren Themen. Seine mathematischen Interessen umspannten u.a. Iterationsverfahren und mathematische Instrumente
(Integraphen) für die Lösung von Differentialgleichungen, algebraische und konvexe Geometrie. Einen erheblichen Raum nahmen nun außer-mathematische Forschungen ein, ohne
die Mathematik ganz zu verdrängen. In seiner weiteren mathematischen Karriere vermochte Vietoris allerdings an die Forschungserfolge in der Topologie nicht mehr anzuschließen
und geriet mit seinen Arbeiten im internationalen Rahmen schließlich ein wenig aus dem
Fokus des Interesses. Seine letzte in Zbl/JFM festgehaltene mathematische Arbeit publizierte Vietoris 1994 aber noch mit 103 Jahren.

Vietoris war auch stark interessiert an praktischen Anwendungen der Geodäsie, besonders
an Gebirgsvermessungen und glaziologischen Beobachtungen. Die Leitung laufender Beobachtungen an den vier Gletschern im Rofental übernahm er von seinem Kollegen am
mathematischen Seminar, Heinrich ˃ Schatz, nachdem dieser 1942 zum Frontdienst eingezogen worden war. Die Messungen an den Gletschern Hintereis-, Vernagt- und Guslarferner
wurden mit Hilfe seiner Assistentin Martha ˃ Petschacher durchgeführt, die darüber 1943
einen Bericht verfasste. Nach dem Krieg setzte Vietoris diese Beobachtungen in den Jahren 1946–48, 1950–52 und 1954–56 fort, Heinrich Schatz in den Jahren 1949, 1953 und
1957–67. Ähnliche Gletschervermessungen mit Theodoliten unternahm Vietoris 1951-72
im Areal des Äußeren Hochebenkars. Mit dem weltweit unaufhaltsamen Schwinden der
Gletscher sind solche Beobachtungen von großem Interesse.

---

[895] Von dieser Arbeit erschien nur eine Ankündigung im Anz. d. Wr. AW, eine Berichtigung erschien wenig
später.Eine eingehende Diskussion gibt Reitberger im unten angegebenen Kapitel des *Handbook of the
History of General Topology*.

[896] Die Verallgemeinerung auf eine Vereinigung endlich (oder sogar abzählbar) vieler offener Teilmengen
kann als Vorläufer der oder sanfte Einführung in die Theorie der Spektralsequenzen gesehen werden; dies
ist ein wesentlicher Teil im einflussreichen Buch [R. Bott, L. Tu: *Differential forms and algebraic topology*,
Springer-Verlag, 1982]

Neben seinen mathematischen und glaziologischen Arbeiten verfasste Vietoris zahlreiche Beiträge zu anderen Fachrichtungen, zB zur geometrischen Theorie des Bergsteigens und zur Festigkeitslehre für Skihersteller; außerdem meldete er sich gelegentlich in den Wiener Sprachblättern zu Wort, einer vom Verein „Muttersprache" herausgegebenen kulturkonservativen Zeitschrift für Sprachpflege.

Außerhalb der Mathematik ist Vietoris vor allem als „ältester Österreicher" aller Zeiten bekannt und zum Liebling der Medien geworden. Vietoris verstarb knapp zwei Monate vor seinem 111. Geburtstag. Seine Frau war sechzehn Tage zuvor im Alter von 100 Jahren und nach 66-jähriger Ehe gestorben. Sein hohes Alter führte er selbst auf seine sportlichen Aktivitäten zurück. Bis zu seinem 95. Lebensjahr nahm er regelmäßig an akademischen Skimeisterschaften teil, das Bergsteigen gab er, erzwungen durch einen Oberschenkelhalsbruch, erst mit 101 Jahren auf.

Vietoris war ein Gegenmodell zu Wilhelm ˃ Olbrich: sportbegeistert, aber NS-unbelastet — und mathematisch immer wieder kreativ.

Vor dem zweiten Weltkrieg betreute Vietoris nur eine Dissertation, von Kurt Hellmich (1939, über mengenwertige Funktionen), dann folgte, wie bereits erwähnt, Martha Petschacher (1946, hypergeometrische Tafeln, s. p 391). Nach Frau ˃ Petschachers Dissertation folgten[897] zwischen 1950 und 1960 neun andere, darunter zwei weitere von Frauen: Hiltrud Jochum (1952, Kreisgeometrie) und Eva Ambach (1967, Numerische Mathematik).

Ehrungen: 1915-08-01 Bronzene Militärverdienstmedaille; 1935 Korrespondierendes Mitglied der Wr. AW, ab 1960 wirkliches Mitglied der ÖAW; ab 1960 Ehrenmitglied der ÖMG; 1984 Ehrendoktorat der TU Wien; 1970 Österr Ehrenzeichen 1. Kl. für Wissenschaft und Kunst; 1970 Goldenes Doktor-Jubiläum an der Univ. Wien; 1981 Großes Goldenes Ehrenzeichen für Verdienste um die Republik Österreich, 1981 Goldmedaille der ÖMG, 1982 Verdienstkreuz der Stadt Innsbruck; 1990 Ehrenmitglied der DMV; 1994 Ehrendoktorat 1998-06-10 der Universität Innsbruck; 1998 (zu seinem 107. Geburtstag) Benennung des Asteroiden (6966) Vietoris 1991 RD5 zu seinen Ehren (von dessen ersten Beobachtern Schmadel und Börngen, nach einer Idee von H. Haupt); 2000-03-17 Erneuerung des Doktordiploms von Vietoris an der Universität Wien.

Ausgewählte Publikationen. *Diss.:* (1920) *Stetige Mengen (Escherich, Wirtinger).* (Publiziert in Monatsh. f. Math. 31, 173-204 (1921); Fortsetzung in Monatsh. f. Math **32** (1922), 258–280.)

Arbeiten im Anschluss an die Lehrzeit bei Emil Müller (Zbl/JFM: 3)

1. Eine besondere Erzeugungsweise der Raumkurven vierter Ordnung zweiter Art. (Vietoris' erste publizierte Arbeit, im Anschluss an seine Studien bei Emil Müller.) Wien. Ber. **125** (1916), 259-283.
2. Zur Geometrie ebener Massenanziehungsprobleme. Math. Z. 19 (1923), 130-135.
3. Ein einfacher Beweis des Vierscheitelsatzes der ebenen Kurven. Arch. Math. 3 (1952), 304-306.

Arbeiten zur allgemeinen und algebraischen Topologie (Zbl/JFM: 22)

4. Bereiche zweiter Ordnung. [Habilschrift] Monatsh. f. Math. u. Phys. 32 (1922), 258-280.
5. Über den höheren Zusammenhang von kompakten Räumen und eine Klasse von Abbildungen, welche ihn ungeändert läßt. Proceedings Amsterdam 29 (1926), 1008–1013.
6. Zum höheren Zusammenhang der kompakten Räume. Math. Ann. 101 (1929), 219–225; Berichtigung in Math. Ann. 102 (1929), 176.
7. Über die Homologiegruppen der Vereinigung zweier Komplexe. – [Enthält die Mayer- Vietoris-Sequenz; Von Walther ˃ Mayer wurde der algebraische Hintergrund herausgearbeitet - der Beginn der homologischen Algebra] Monatsh. Math. 37 (1930), 159–162.
8. (gem. mit ˃ Tietze) Beziehungen zwischen den verschiedenen Zweigen der Topologie. Encyklopädie der math. Wiss. mit Einschluß ihrer Anwend., III AB 13 (1931), 141–237 kursiv. Leipzig, B. G. Teubner
9. Über den höheren Zusammenhang von Vereinigungsmengen und Durchschnitten. Fundam. Math. 19 (1932), 265-273.
10. Gruppen mehrdimensionaler Wege. Anz. Wr AW 15 (1935), 143-145; Berichtigung in 19 (1935), 208. [Höhere Homotopiegruppen]

11. Stetige Abbildung und höherer Zusammenhang. Fundam. Math. 25 (1935), 102-108.
12. Über m-gliedrige Verschlingungen. Jber. DMV 49 (1939), 1-9. [Danach erschien nur mehr die folgende Arbeit Vs zur Topologie:]
13. Zur Topologie der Ketten. Sber. ÖAW, Math.-naturw. Kl., , Abt. II 168 (1959), 249-263.

Aufsätze zum Begriff der Wahrscheinlichkeit (Zbl/JFM: 11)

14. Über den Begriff der Wahrscheinlichkeit. Monatsh. f. Math. 52 (1948), 55–85.
15. Wie kann Wahrscheinlichkeit definiert werden? Stud. gen. 4 (1951), 69–72.
16. Zur Axiomatik der Wahrscheinlichkeitsrechnung. Dialectica 8 (1954), 37–47.
17. Häufigkeit und Wahrscheinlichkeit. Stud. gen. 9 (1956), 85–96.
18. Bemerkungen und Abschätzungen zur Induktion. Monatsh. f. Math. 64 (1960), 233–250. [Wahrscheinlichkeit als „Grad der Gewissheit", angewendet bei Bernoulli-Experimenten]

Arbeiten zur Theorie der Differentialgleichungen (Zbl/JFM: 5)

19. Über die Integration gewöhnlicher Differentialgleichungen durch Iteration. Monatsh. f. Math. Phys. 39 (1932), 15-50; Teil II: 41 (1934), 384-391; Teil III: 48 (1939), 19-25.

Arbeiten über Integraphen (Zbl/JFM: 5)

20. Ein einfacher Integraph. [Anleitung zum Selbstbau; ein solcher Apparat wurde von der Tiroler Firma Rathbau tatsächlich hergestellt.] Z. Angew. Math. Mech. 15 (1935), 238-242.
21. Die Schleppe als Planimeter. (German) JFM 65.0536.04 Z. angew. Math. Mech. 19, 120 (1939).
22. Zur Theorie der Integraphen. Jahresber. DMV 52 (1942), 71-74.
23. Über einen mit Hilfe seines Schattens gelenkten Integraphen. Z. Angew. Math. Mech. 24 (1944), 43-44.
24. Eine Fehlerquelle bei den Führungsrädern von Integraphen. Z. Instrumentenkunde 64 (1944), 123-129.

Spezielle Funktionen (Zbl/JFM: 5)

25. Über das Vorzeichen gewisser trigonometrischer Summen. ÖAW Sitzungsber. Math.-Naturwiss. Kl. Teil I: 167 (1958), 125-135; Teil II: 168 (1959), 192-193; Teil III: 203 (1994), 57–61. [Vietoris' letzte math. Publikation]

Zbl/JFM nennen bereinigt 68 mathematische Publikationen.

Vietoris Arbeiten zum Bergsteigen und Skifahren sowie zur Glaziologie.

26. Der Kompass im Gebirge. Der Wanderfreund 13 (1925), 2–4.
27. Der Telemarkschwung. Der Wanderfreund 15 (1927), 8.
28. Geometrie im Dienste des Bergsteigers. Z. f. math. Unterricht 61 (1930), 97–104.
29. Mehr bergsteigerische statt seemännischer Verwendung des Kompasses, Mitt. d. D. u. Öst. Alpenvereins 35 (1935) 10–13.
30. Der Schi im Licht der Festigkeitslehre. Z. math. naturw. Unterr. 70 (1939), 2–9, 56–63.
31. Der Blockgletscher des äußeren Hochebenkars. Gurgler Berichte, 1 (1958), 41-45.
32. Das Gehen nach Hangstellungen. Der Bergsteiger 5 (1966), 389 - 393.
33. Über die Blockgletscher des Äußeren Hochebenkars. Z. f. Gletscherkunde und Glazialgeolo- gie 8 (1972), 169-188.
34. Die Hangstellung als Orientierungsmittel. Mitt. d. österr. Alpenvereins 6 (1990), 24.

Quellen. Wr Kommunal-Kalender und städt Jahrbuch: Kalendarium 1919 p 80/81; (Linzer) Tagespost 1915-08-05 p7; Verlustliste 1915-12-24 p5; Neues Wr. Journal 1915-12-28; Pester Lloyd 1916-03-04 p20; Reichspost 1920-07-08, p5, 1921-01-19 p5, 1924-10-03 p8; Mac Lane, J. Pure Appl. Algebra 39, 305-307 (1986); Reitberger, Notices of the American Mathematical Society, **49,** (2002), 1232–1236 (dt. IMN **191** (2002), 1–16; Jahresber. DMV **104** (2002), 75–87); Fischer, A, et al., Gletscher im Wandel: 125 Jahre Gletschermessdienst des Alpenvereins. Springer 2017.

Lit.: Begle, Edward G., The Vietoris mapping theorem for bicompact spaces. Ann. Math. (2) 51, 534-543 (1950).
Begle, E. G., The Vietoris mapping theorem for bicompact spaces. II. Mich. Math. J. 3, 179-180 (1956).
Reitberger, H., The contributions of L. Vietoris and H. Tietze to the foundations of general topology. in: Aull, C. E. (ed.) et al., Handbook of the history of general topology. Volume 1. Dordrecht 1997. p 31–40.
Helmberg, G., Video-Gespräch mit Leopold Vietoris. (Transkript) IMN **190** (2002), 1-11.

Roland Wilhelm Weitzenböck

*1885-05-26 Kremsmünster;   †1955-07-24 in Zelhem, Niederlande

Sohn des Grazer Realschulprofessors (später Regierungsrat) Georg Weitzenböck (*1857r OÖ; †1948-04-05 Graz (92j)) und dessen Ehefrau Maria (†1901-10-03 Graz), geb. Peyr; Bruder von Univ. Dozent Richard Weitzenböck (*1884-03-17; †1914-12-20 (gefallen) Jablonica, Galizien) und von Dipl. Ing. Rüdiger Weitzenböck (*ca 1890), Bautechniker;

Neffe von Alois Weitzenböck, Steueroffizial in Ried, OÖ.

Cousin von Johann ˃ Radons Ehefrau Maria.

Zeichnung: W.R. nach (https://www.dwc.knaw.nl/DL/images_persons/PE00003772.jpg, Zugriff 2023-03-02)

Roland W ∞ in 1. Ehe Leopoldine (*1892 Mödling; †1937-12-03 Blaricum, NL) [Tochter des Architekten, Bauunternehmers, Türen- und Fensterfabrikanten, sowie CS Gemeinderat in Mödling, Ludwig A. Höfler (*1865-08-06 Klausen/Mödling, †1910-07-16 Edlach/Mödling; †1910-07-16 Mödling) und seiner Frau Emma, geb. Rückeshäuser]; zwei Söhne: Richard Ludwig (*1915-11-02 Mödling b Wien; †1940-10-05 Blaricum), Assistent am Elektrotechn. Inst. der TH Delft, und Wilhelm Josef (*1918-12-04 Mödling b Wien; †1944-02-13 Tserkassie, Ostfront);

Roland W ∞ [1939-04-21 Blaricum] in 2. Ehe Elisabeth Rainer (*1888 Wien; †1940-10-05 Blaricum), Tochter von Alois Rainer und seiner Frau Klementine, geb Hager. [Trauzeugen waren Max Euwe und Richard Ludwig Weitzenböck]

NS-Zeit. Weitzenböck hatte wohl schon vor dem ersten Weltkrieg deutschnationale Neigungen, 1938 befürwortete er jedenfalls den „Anschluss" und das kriegerische Auftreten des Deutschen Reichs. Als Professor an der Universität Amsterdam und Einwohner im holländischen Blaricum provozierte er mit seinen öffentlichen Sympathien für NS-Deutschland heftige Ablehnung in den Niederlanden, die sich nach Kriegsende gegen ihn in sofortige Entlassung und ein Gerichtsverfahren entlud. Zwei seiner drei Brüder fielen im Ersten Weltkrieg, im Zweiten der ältere Sohn und die zweite Ehefrau bei einem Bombenangriff, der jüngere an der Front.

Roland Weitzenböck entstammte einer gutbürgerlichen Grazer Familie mit militärischem und deutschnationalem Einschlag. Sein Vater Georg Weitzenböck war Professor für Französisch und Deutsch an der Grazer Landes-Oberrealschule, später Direktor und nach seiner Emeritierung 1911 Regierungsrat. Georg Weitzenböck verfasste neben didaktischen Schriften zum Fremdsprachenunterricht ein Lehrbuch der französischen Sprache, das 1893 in Wien, Prag und Leipzig erstmals erschien, mehrere Auflagen erlebte und noch 2017 und 2018 als Klassiker nachgedruckt wurde.[898] Aus Oberösterreich gebürtig, machte er sich nach seiner Pensionierung auch um die Dokumentation der oberösterreichischen Mundart verdient.[899]

---

[898] Bemerkenswert ist, dass Weitzenböck sen. in seinen franz. Übungstexte auch solche über Mathematik aufgenommen hat.

[899] ZB *Untersuchung über Gasteig*, Z. für Ortsnamenforschung **5** (1929), 209–217; *Das Gefolge von lat. burra im Deutschen*, Z. für Mundartforschung **11** (1935) 204ff; *Die Mundart des Innviertels, besonders*

Alle drei Söhne Georg Weitzenböcks waren Mitglieder der Studentenverbindung Akademischer Turnverein (ATV Graz) und Kriegsteilnehmer im Ersten Weltkrieg. Rolands älterer Bruder Richard war an der Grazer Universität habilitierter Universitätsassistent in Chemie,[900] bekannter Alpinist und Mitautor eines Führers durch die Montblanc-Gruppe, bevor er 1915 als Leutnant der Reserve des Infanterieregiments Nr 7 beim Sturm auf Jablonica in Galizien fiel.[901]

Der jüngere Bruder Rüdiger studierte an der TH Graz Bauwesen, schloss 1910 mit dem Dipl.Ing ab,[902] und arbeitete danach als Bauingenieur bei verschiedenen Großbaufirmen des In- und Auslands,[903] vor dem Ersten Weltkrieg auch in Java als Ingenieur bei den holländisch-ostindischen Staatsbahnen.[904] Im Krieg diente Rüdiger im Feldkanonenregiment Nr 9, ab 1915-07 als Oberleutnant der Reserve.

Roland Weitzenböck schlug dagegen anfangs eine miltärische Laufbahn ein:

- 1891–1895 Volksschule in Graz,
- 1895–1897 Landesrealschule in Graz,
- 1897–1899 Militärunterrealschule in Eisenstadt,
- 1899–1902 Militäroberrealschule in Mährisch Weisskirchen, 1902 Reifeprüfung (mit Auszeichnung) an der k.k. Staatsrealschule in Wien I, Schottenbastei 7[905]
- 1902–1905 k.u.k. Technische Militärakademie (bis 1904 in der Wiener Stiftskaserne, dann in Mödling; 1918 aufgelassen), 1905 als Leutnant ausgemustert.

Diese militärische Laufbahn führte ihn in die Garnisonen von Linz, Trient, Lavarone, Teodo bei Cattaro und schließlich wieder nach Mödling, wo er zeitweise der Militärakademie als Lehrer für höhere Mathematik zugeteilt und 1910 zum Oberleutnant ernannt wurde. Außerdem heiratete er in Mödling seine erste Frau Leopoldine, geb. Höfler, aus einer dort ansässigen angesehenen Bürgerfamilie.

Parallel zu seinen Militärdienstpflichten absolvierte Weitzenböck an der Universität Wien ein Mathematikstudium. 1910-12-22 promovierte er bei ˃ Wirtinger und Escherich. Im

---

von Mühlheim; Lautkunde. Verlag M. Niemeyer, 1942. Schon vor der Pension, in den Jahren 1897 und 1899/1900, Mitarbeit bei: *Franz Stelzhamers mundartliche Dichtungen.* Bearbeitet von Norbert Hanrieder und Georg Weitzenböck. Der musikalische Theil durchgesehen von Ludwig Zöhrer. 2 Bände. Eigenverlag Stelzhamerbund.

[900] Er habilitierte sich 1913 gleichzeitig mit Bruder Roland; dabei gelang ihm erstmals die Synthese von Pyren (Monatsh. Chem. **34** (1913), 193).

[901] Vgl. zB Grazer Tagbl. 1914-12-30 p 18, -12-31 p4; Freie Stimmen 1915-01-08 p3; „Augenzeugenbericht" in Die Neue Zeitung 1915-02-08 p 2.

[902] Grazer Tagbl. 1910-06-04 p 2.

[903] ZB bei Wayß & Freytag AG, Deutschland, Meinong GmbH in Wien (vgl Z. Österr. Ing. u. Arch. Vereins 1911, p. 96).

[904] Ein Unternehmen der niederländischen Kolonialverwaltung. Die vereinigten Niederlande verfügten damals nur über eine einzige Technische Hochschule, hatten daher einen gewissen Mangel an einheimischen Ingenieuren und stellte daher gerne Ingenieure aus dem Ausland ein. (Grazer Tagbl. 1914-10-25 p 12; Danzers Armeezeitung 1920-07-02 p 7.)

[905] Diese diente dann 1938 als „Sammelschule für jüdische Kinder; sie ist seit 1962 ein Realgymnasium. Nicht zu verwechseln mit dem vom Schottenstift betriebenen Schottengymnasium.

Anschluss an sein Studium in Wien ging Weitzenböck noch für je ein Semester an die Universitäten Bonn und Göttingen.

Nach Abschluss seiner Studien nahm Weitzenböck seinen Abschied von der Armee, er wurde als Oberleutnant in die Reserve versetzt. Der nächste Schritt war dann die Habilitation an der Universität Wien, die er noch 1912 mit der Schrift *Über einige spezielle Kollineationen des R_4* einreichte, die venia wurde ihm von der Habilkommission 1913-04-26 erteilt und vom Ministerium 1913-05-14 bestätigt. Noch 1913-08 ließ Weitzenböck seine Venia auch nach Graz ausdehnen, sowohl auf die Universität als auch die TH Graz. Auf seine Habilitation folgten 1913 einige wichtige Veröffentlichungen zur Invariantentheorie, die von da an sein hauptsächliches Forschungsgebiet wurde.

Im Ersten Weltkrieg kämpfte Weitzenböck zunächst im Sappeur-Bataillon Nr 13, ab 1916 Nr 14. 1915-07 wurde er zum Hauptmann befördert, danach wegen Tapferkeit vor dem Feind wiederholt ausgezeichnet. Sein Bruder Richard (*1884), habilitierter Assistent am Chemischen Institut der Universität Graz, fiel bereits 1914-12-19 als Leutnant der Reserve in Galizien.[906]

1918-07, noch vor Kriegsende und vor der Gründung der Ersten Tschechoslowakischen Republik, wurde Roland Weitzenböck von Kaiser Karl zum ao Professor für Mathematik an der Karl-Ferdinands-Universität in Prag ernannt. Dort blieb er aber nicht lange. Nach zwei Jahren an der DTH Prag (und nachdem er es dort zum o Professor gebracht hatte) kehrte er 1920 nach Graz als Ordinarius und Nachfolger von Franz Hočevar[907] an die TH Graz zurück. Auch dieser Aufenthalt dauerte nicht lange: 1921 holte ihn L. Brouwer, bekannt für den Beweis der Invarianz der Dimension, seinen Fixpunktsatz und für die Anwendung der intuitionistischen Logik in der Mathematik,[908] — und seinen schwierigen Charakter,[909] — an die Universität von Amsterdam, nachdem vorher Hermann Weyl

---

[906] Richard promovierte 1907 bei Roland Scholl und habilitierte sich 1913 in organischer Chemie (1. Pyren-Synthese).

[907] Franz Jože Hočevar (*1853-10-02 Metlika; †1919-06-19 Graz) gehörte neben Franz Močnik und Richard > Zupančič zum Dreigestirn der bedeutendsten slowenischen Autoren von österreichischen Mittelschullehrbüchern für Mathematik.

[908] Die intuitionistische Logik sieht die Verwendung indirekter Beweise als logisch nicht gerechtfertigt und, philosophisch gesehen, als „intellektuell unredlich" an. Für Intuitionisten existiert ein mathematisches Objekt nur, wenn es durch eine explizite *Konstruktion* aufgezeigt werden kann. In umgekehrter Richtung werden natürlich konstruktive Beweise auch von Nicht-Intuitionisten anerkannt. Die Forderung nach konstruktiven Beweisen für die mathematischen Grundlagen führte zur Abkühlung des vorher guten Verhältnisses zwischen Hilbert und Brouwer, zum „Grundlagenstreit", und, zusammen mit Brouwers Haltung in Bezug auf die Teilnahme am ICM 1928 in Bologna, schließlich zum Ausschluss Brouwers aus dem Herausgebergremium der *Mathematischen Annalen*. Die Zulässigkeit nicht-intuitionischer Beweise ist heute längst kein Streitthema mehr. Im Zeitalter der Informatik haben aber konstruktive Beweise eminent praktische Bedeutung, da sie sich oft direkt in Computer-taugliche Algorithmen übersetzen lassen.

[909] Van Dalen ([367] p647–658) berichtet zB ausführlich darüber, wie Brouwer aus nichtigem Anlass 1936 eine tiefe Abneigung gegen seinen ihm eigentlich freundschaftlich verbundenen Mitarbeiter Hans Freudenthal (Jude und 1940 entlassen), fasste und nach 1945 alles daransetzte, ihn von einer Stelle an der Universität Amsterdam fernzuhalten. Mehr über Brouwer in van Dalen [365] und [366]. Es ist offen, ob (und wie stark) bei dieser recht plötzlich einsetzenden Abneigung wirklich antisemitische Motive (oder nicht vielmehr verletzter Stolz und persönliche Eitelkeiten) eine Rolle spielten. > Vietoris berichtet von

ein solches Angebot abgelehnt hatte.[910] Ausschlaggebend für diese Berufung waren wohl Weitzenböcks Beiträge zur Invariantentheorie auf der Grundlage der damals noch neuen Tensortheorie. Weitzenböcks Expertise auf diesem Gebiet wurde allgemein anerkannt und immer wieder angefordert. Auch van der Waerden studierte bei Weitzenböck Invariantentheorie (die er allerdings, „wegen ihres Umfangs" nicht in sein Standardwerk *Moderne Algebra* aufnahm).[911]

Kurz nach seiner Etablierung in Amsterdam erschien 1923 Weitzenböcks Buch über Invariantentheorie, eine der damals modernsten und umfassendsten Darstellungen dieses Gebiets. In der Einleitung findet sich ein chauvinistisches Akrostichon: die Anfangsbuchstaben der Satzanfänge ergeben die Parole „Nieder mit den Franzosen". Offenbar sollte dieses (heute etwas kindisch anmutende) Kuriosum ein (halb) versteckter Protest gegen die besonders von französischer Seite unterstützte Entscheidung der ICM-Veranstalter sein, den Mathematikern der Mittelmächte die Teilnahme an den ICM-Kongressen in Strasbourg 1920 und Toronto 1924 zu verweigern.[912] Die später offen zu Tage getretene Sympathie für NS-Parolen und für den „Anschluss" hatte zweifellos in diesem chauvinistisch-revanchistischen *sentiment* ihre Wurzeln.

Weitzenböck wohnte in der Nähe von Brouwers Haus in der Pendlergemeinde Laren-Blaricum und war in dieser Gemeinde bis zum Krieg wohl aufgenommen, saß zeitweise im Gemeinderat und hatte Funktionen im örtlichen Schachklub. Außerhalb der mathematischen Gemeinschaft fiel er politisch nicht sonderlich auf.[913]

Nach seinen eigenen Aussagen empfand Weitzenböck die deutsche Invasion von 1940-05 in die Niederlande zunächst als höchst unliebsame Überraschung, versöhnte sich aber später mit dem Faktum als notwendig für den Kriegszug gegen Frankreich. Zu diesem Zeitpunkt habe er dem deutschen Sieg große Bedeutung für die Lage in Europa zugemessen. In Gesprächen machte er jedenfalls kein Hehl aus seiner Einstellung und war bald in Blaricum

---

seiner Zeit bei Brouwer, er habe stets ein sehr gutes Verhältnis zu Brouwer gehabt. > Menger hatte mit Brouwer den bekannten Prioritätsstreit.

[910] [367, p. 351]: "Evil tongues had it that Brouwer had an ulterior motive for Weitzenböck's appointment: to annoy and keep out J.A. Schouten (who had a chair in Delft at the Institute of Technology)."

[911] In einem Vortrag in Heidelberg sagt Van der Waerden allerdings, dass die Invariantentheorie „nach dem 1. Weltkrieg schon allmählich aus der Mode gekommen ist und heute gar nicht mehr betrieben wird, aber . . . in der Schule von Weitzenböck in Amsterdam noch lange gepflegt wurde." (Der Vortrag ist in den DMV-Mitteilungen 2 (1997), 20–27, vollständig wiedergegeben.) Tatsächlich ist inzwischen die Invariantentheorie ein beachtliches Teilgebiet der Mathematik, besonders der algebraischen Geometrie, siehe etwa [D. Mumford: *Geometric Invariant Theory*, Springer 1965; 2, erw. Auflage (mit J. Fogarty) 1982; 3. wieder erw. Auflage (mit F. Kirwan und J. Fogarty), 1994]

[912] Angesichts der Tatsache, dass Weitzenböcks Vater Mittelschullehrer für Französisch war, ist diese Feindschaft gegenüber Frankreich nicht ganz verständlich.

[913] Hingegen berichtete 1976 Heinrich Behnke in einem Brief an van Dalen, Brouwer und Weitzenböck hätten ihn 1938 im Anschluss an einem Vortrag in Amsterdam überrascht und in Bestürzung versetzt, indem sie ihn fragten, wieso Blumenthal (als Jude) noch immer einer der Herausgeber der *Annalen* sein könne. (Van Dalen [367, p 732].) Es ist allerdings nicht ganz klar, wer bei dieser Begegnung das Wort führte und ob die Frage nicht vielleicht sogar ironisch gemeint war.

als Befürworter der deutschen Invasion bekannt.[914] Nach der niederländischen Kapitulation 1940-05-14 trat er der Nationalsozialistischen Bewegung der Niederlande (NSB) bei.[915] Damit hatte er sich öffentlich dem Lager der Feinde angeschlossen und wurde in Blaricum fortan als Überläufer und Verräter an seinen Gastgebern angesehen und mitsamt seiner Familie sozial geächtet.[916]

Die Niederlande hatten in den fünf Tagen des Kriegs vor allem unter der Bombardierung Rotterdams (und der totalen Zerstörung seiner Altstadt) durch deutsche Fliegerverbände gelitten, noch um einiges mehr an Schrecken stand ihnen unter der Herrschaft des ab 1940-05-18 amtierenden „Reichskommissars für die Niederlande", des Österreichers Arthur Seyß-Inquart, bevor.[917]

Weitzenböcks älterer Sohn Wilhelm gehörte als Niederländer während der fünf Tage dauernden Kriegshandlungen der niederländischen Luftwaffe an, wurde aber zu einer nicht kämpfenden Einheit versetzt, da man ihm offenbar misstraute. Nach der Kapitulation der Niederlande trat Wilhelm in die SS[918] ein, womit er sich der später so bezeichneten „militärischen Kollaboration" schuldig machte und das Misstrauen gegen ihn nachträglich rechtfertigte; er fiel an der Ostfront.

1940-10-05 wurde Weitzenböcks Haus von einer Bombe getroffen, seine zweite Frau Elisabeth und der zweite Sohn Richard Ludwig kamen dabei ums Leben.[919] Die Lokalzeitung schrieb von einem englischen Bombenangriff, die lokale Bevölkerung vermutete die Rache eines Dorfbewohners, der nach England geflohen und der britischen RAF beigetreten war. In den englischen Archiven findet sich jedoch kein Hinweis auf einen britischen Luftangriff im Raum Blaricum um diese Zeit. Weitzenböck selbst hielt einen der früheren Pilotenkollegen seines ersten Sohnes Willy für den Angreifer, seiner Ansicht nach auf Anordnung der niederländischen Regierung. In den Worten von Brouwers Biographen van Dalen:[920] „Der Bombenangriff wurde zu einer lokalen Legende."

1942 nahm Roland Weitzenböck die deutsche Staatsbürgerschaft an und wurde (als ehemaliger k.u.k. Offizier) Reserveoffizier der Wehrmacht. 1944 wurden alle in den Niederlanden

---

[914] Wir folgen hier (bis auf wenige Einzelheiten) der Darstellung der Ereignisse in den beiden Bänden von van Dalen [367, p 742ff und p 774ff], die sich ihrerseits auf Aussagen von Brouwer und die Vernehmungen Weitzenböcks nach dem Krieg stützt.

[915] Allerdings trat er 1941-09 wieder aus. Die 1931 von Anton Mussert gegründete NSB spielte nach der Kapitulation die Rolle einer Verbindung zur NS-Verwaltung und wurde zum Synonym für Kollaboration.

[916] Zur deutschen Besatzung in den Niederlanden vgl zB. Kwiet, K (1968), *Reichskommissariat Niederlande. Versuch und Scheitern nationalsozialistischer Neuordnung*. Schriftenreihe der Vierteljahrshefte für Zeitgeschichte 17. Deutsche Verlags-Anstalt, Stuttgart. (2. Aufl. 2010 bei de Gruyter) Zur Situation der Universität Amsterdam während der Besatzung: Knegtmans, P J, *Die Universität von Amsterdam unter deutscher Besatzung*. Österreichische Zeitschrift für Geschichte 10.1999.1

[917] Seyß-Inquart (*1892-06-22 Stannern/Mähren; †1946-10-16 Nürnberg) war nach dem „Anschluss" bis zum Jahre 1939 „Reichsstatthalter" in Österreich, ab 1939-10 Stellvertreter des Generalgouverneurs von Polen, Hans Frank, gewesen. Zu Seyß-Inquart in den Niederlanden vgl. Johannes Koll [171].

[918] Algemeene SS in Nederland, später Germaansche SS in Nederland, an der Ostfront der Waffen-SS zugezählt.

[919] Gemäß den Akten des Standesamts Blaricum (s.u.); van Dalen scheint über die zweite Heirat Weitzenböcks nicht informiert gewesen zu sein.

[920] [367] p 667.

lebenden (wehrfähigen) Reichsangehörigen zu „Schutz-Gruppen" zusammengefasst, die der Wehrmacht unterstanden; Weitzenböck gehörte zu einer solchen Gruppe und wurde zuständiger Wehrmachtsoffizier für die Einquartierung von Angehörigen der Besatzungstruppen im Raum Hilversum. Das brachte die lokale Bevölkerung noch weiter gegen ihn auf.

Den Krieg gegen Frankreich und alle Maßnahmen zur Eroberung Frankreichs hieß Weitzenböck gut, dagegen sind von seiner Seite keine Denunziationen von Juden oder Mitgliedern des Widerstands, von deren Präsenz in Kellern der Universität Amsterdam er wohl wissen musste, bekannt. Zum Beispiel lagerte die Widerstandsbewegung Munition im Keller des Mathematikinstituts in Amsterdam und konnte sie mit Hilfe von Institutsangehörigen (z.B. Bruins[921]) vor den Besatzern verbergen. Den mit ihm befreundeten Mathematiker und marxistischen Philosophen Gerrit Mannoury[922] versuchte Weitzenböck zu schützen.[923]

Die deutsche Besatzung verlangte 1943 von jedem Studenten eine schriftliche Loyalitätserklärung, worauf die Universität Amsterdam aus Protest ihre Tätigkeit einstellte. Die Besatzungsregierung befahl unter Drohungen die Wiederaufnahme des Lehrbetriebs. Brouwer, Bruins und Weitzenböck setzten darauf ihre Vorlesungen wieder fort, in den Augen der Studentenschaft ein Verrat. Brouwer rechtfertigte sich später damit, er habe die Studenten vor der Deportation nach Deutschland zur Dienstverpflichtung bewahren wollen. Die zwangsweise Rekrutierung junger Niederländer für die Rüstungsindustrie im Deutschen Reich, später für die Errichtung des „Westwalls" (nach der Landung der Alliierten in der Normandie), bildete in der Tat eine massive Bedrohung für die Bevölkerung.

Weitzenböcks Lebensweg nach 1945 unterschied sich sehr deutlich von dem ähnlich Belasteter in Österreich. Sein Eintritt ins Deutsche Reich und seine Aktivitäten bei Einquartierungen wurden ihm von den Einwohnern in seinem Wohnort und von vielen seiner Kollegen an der Universität, die ihn seinerzeit freundlich bei sich aufgenommen hatten, als einen besonders heimtückischen Landesverrat vorgeworfen. Anders als in Österreich fühlte man sich in den Niederlanden in erster Linie von NS-Deutschland vergewaltigt, nicht etwa von einer klerikalen Diktatur befreit oder in eine kommende Weltmacht eingegliedert.[924] Zudem hatten gerade österreichische Mitglieder der Besatzungsverwaltung, angefangen ganz oben bei dem in den Niederlanden regierenden Reichskommissar Seyß-Inquart, mit ihren Untaten zusätzlich für böses Blut gesorgt. Besonderen Zorn erregte die von Seyß-Inquart verhängte Aussperrung der westlichen Teile Hollands von Lebensmittel- und Brennstofflieferungen, die zum berüchtigten Hungerwinter während der Monate 1944-10 bis 1945-04 führte, bei dem die Lebensmittelzuteilungen auf 1000 und schließlich auf 400kcal pro Person und Tag (gegenüber den für angemessen erachteten 2300 für Frauen und 2900 für

---

[921] Evert Marie Bruins (*1909-01-04 Woudrichem; †1990-11-20 Amsterdam) war Physiker und Mathematiker, vornehmlich Mathematikhistoriker.

[922] Mannoury (*1867-05-17 Wormerveer; †1956-01-30 Amsterdam) war einer der Lehrer von Brouwer und mit diesem sowie mit van der Waerdens Vater befreundet. Es war Mannoury, auf den die Beschäftung Brouwers (und wahrscheinlich überhaupt von Mathematikern in den Niederlanden) mit der Topologie zurückgeht. Mannoury war Gründungsmitglied der niederländischen KP (1918), wurde aber 1929 aus ihr ausgeschlossen.

[923] Nachzulesen in der Biographie Brouwers von van Dalen [367] und in Schneider [293], p 74ff.

[924] Cf. Soifer [327], Chapter 18, p 159–165.

Männer; zivile Normalverbraucher im Deutschen Reich erhielten noch 1944/45 ca 1670 kcal zugeteilt) fielen.[925]

Nach Kriegsende verlor Weitzenböck seine Professur an der Universität Amsterdam, sein Nachfolger wurde der bekannte Zahlentheoretiker van der Corput.[926]

1946-03 wurde Weitzenböck verhaftet und in der Festung Naarden interniert; nach seiner Vernehmung im früheren NS-Lager Camp Vught. Sein Verhalten während der NS-Besatzung wurde sehr genau durchleuchtet, es kamen aber keine wesentlichen strafrechtlich relevanten Tatbestände zutage: Die Zeugenaussagen bescheinigten Weitzenböck, dass er keine Verbrechen oder Vergehen gegen Personen oder Institutionen begangen habe. Offensichtlich war dagegen sein Eintreten für NS-Deutschland, sein Dienst in der Schutzgruppe unter dem Kommando der Wehrmacht und seine Funktion als Quartiermeister der Besatzungstruppen.

Ein Memorandum von Brouwer für den lokalen Staatsanwalt enthält den folgenden Abschnitt:[927]

> [...] *He began to acquire a reputation of 'greater Germany'-inclinations, when at the time of a possible war and political tension between the Third Reich and the Austria of Dollfuß and Schuschnig he applied for Dutch naturalisation; the purpose of this application was to prevent that his sons, who were approaching the age of military service, could be forced to take up arms as Austrians against Germany. This naturalisation must have been invalid if Weitzenböck at the time was still bound by his oath as an Austrian reserve officer. This probably has been the case, as during the occupation his naturalisation was annulled.*
>
> *Only after the annexation of Austria in 1938, Weitzenböck's 'greater Germany' disposition became undeniably clear when friends and colleagues offered their condolences and he, while rejecting the condolences, declared himself openly a supporter of the German empire. He has, since that time, in conversations, always frankly given expression to this disposition in such a manner that almost all his earlier relations stopped seeing him, or at least restricted their contact to the necessary professional contact. At the same time Germans and members of the NSB naturally sought his company; but he never became an active party member. On the contrary, he withdrew more and more into himself, and made, even more than before, all his working energy available for his scientific researches. [...]*

1948-03 entschied der Oberste Staatsanwalt der Niederlande auf die Entlassung Weitzenböcks; sein Fall wurde in den lokalen Gerichten in Amsterdam und Hilversum weiterverhandelt und abgeschlossen. Das Ergebnis war: Weitzenböck verlor seine Professur und die damit zusammenhängenden Pensionsansprüche sowie einen Teil seines Vermögens; seine deutsche Staatsbürgerschaft wurde annulliert. Außerdem wurde ihm die Ausstellung eines

---

[925] Kinder, die während der Hungerzeit gezeugt oder gestillt wurden, trugen bleibende Schädigungen davon, die sich durch epigenetische Prozesse (nicht durch genetische Mutationen) auch auf folgende Generationen fortsetzten.

[926] Johannes (Gualtherus) van der Corput (*1890-09-04 Rotterdam; †1975-09-16 Amsterdam). Anfänglich war van der Waerden für diese Position vorgeschlagen worden.

[927] [367] p 715ff oder [366] p 741ff.

Passes verweigert, sodass er das Land nicht legal verlassen konnte. Er zog nach Zelhem an der deutschen Grenze, um näher bei seiner Tochter zu sein, die in Deutschland als Krankenschwester arbeitete. Nur wenig später nach Weitzenböcks Entlassung, 1948-04-05, starb Weitzenböcks Vater Georg in Graz;[928] Die Brüder Roland und Rüdiger teilten in ihrer Traueranzeige zum Tod ihres Vaters mit, auf Wunsch des Verstorbenen hätten sie ihn 1948-04-07 „in aller Stille auf dem St. Leonharder Friedhof begraben". Vielleicht erhielt Roland damals ausnahmsweise eine Ausreisegenehmigung für Österreich oder er verzichtete auf eine Genehmigung. Sicher nahm er jedenfalls 1952 als Niederländer am III. Österreichischen Mathematikerkongress in Salzburg teil.[929]

An Weitzenböcks wissenschaftliches Werk erinnern noch heute einige Benennungen.

In der Elementargeometrie trägt die *Ungleichung von Weitzenböck* ihren Namen nach einer Arbeit Weitzenböcks von 1919.[930]

Weitzenböck beschäftigte sich vor allem mit Invariantentheorie, speziell Differentialinvarianten. 1928/9 korrespondierte er mit Albert Einstein und arbeitete auch über dessen Fernparallen-Theorie einer vereinheitlichten Feldtheorie. Der *Weitzenböck-Zusammenhang* geht auf diese Arbeiten zurück: dieser ist flach (hat keine Krümmung), hat aber Torsion. Heute wird besonders die Weitzenböck-Formel häufig verwendet, die auf einer Riemannschen Mannigfaltigkeit den Laplace-Beltrami Operator mit dem Bochner-Laplace Operator durch Krümmungsausdrücke verbindet.[931]

Weitzenböck hat sich auch Verdienste um die Erinnerung an Emmy Noethers Arbeit von 1918 zu *Invarianten Variationsproblemen*[932] erworben, die von den „drei Großen der Mathematisierung der frühen allgemeinen Relativitätstheorie, Hilbert, Klein und Einstein" (©Siegmund-Schultze) nicht ausreichend gewürdigt wurden.[933]

Weitzenböck war ein versierter Schachspieler und in seinem Wohnort Blaricum eine Zeit lang Vorsitzender des örtlichen Schachklubs; der niederländische Schachweltmeister Max Euwe[934] war sein Dissertant (und Trauzeuge).

---

[928] Arbeiterwille 1948-04-08 p 4.

[929] 1952-09-09 bis 09-14; er reiste mit Mina Anna Hengeveldt als Begleitperson an. Der Kongress gab Weitzenböck die Gelegenheit, seinen Freund Radon und dessen Ehefrau, seine Kusine, wiederzusehen. (IMN 021/22 (1952) p17.)

[930] Diese Ungleichung wurde allerdings bereits 1897 von Ion Ionescu veröffentlicht, wie rumänische Mathematiker wieder in Erinnerung gebracht haben. (Vgl. Bătinețu-Giurgiu DM, Minculete N, Stanciu N (2013), Some geometric inequalities of Ionescu-Weitzenböck type. Int. J. Geom. **2** (2013), 68-74.)

[931] Über Weitzenböcks Rolle für die Entwicklung einer vereinheitlichten Feldtheorie vgl. Goenner, F M, *On the History of Unified Field Theories*, Chapter 9; (online https://link.springer.com/article/10.12942/lrr-2004-2, Zugriff 2023-02-20).

[932] Gruppen, die eine Hamilton-Funktion invariant lassen, führen zu Erhaltungsgrößen. Die ist heute unter dem Namen Momentabbildung ein wichtiges Instrument in der geometrischen Mechanik.

[933] Dieses Verdienst aufgezeigt zu haben ist das Verdienst von Frau Kosmann-Schwarzbach in [176] p 93. Auf dieses Verdienst hat wiederum Siegmund-Schultze hingewiesen (in der Note: *„ Göttinger Feldgraue "*, *Einstein und die verzögerte Wahrnehmung von Emmy Noethers Sätzen über Invariante Variationsprobleme (1918)*, Mitt. DMV **19** (2011) 100–104).

[934] Eigentlich Machgielis Euwe (*1901-05-20 Amsterdam; †1981-11-26 Amsterdam). *Diss.*: (1926) *Differentiaalinvarianten van twee covariantie-vectorvelden met vier veranderlijken (Weitzenböck, de Vries)*. Zbl nennt 6 mathematische Publikationen, davon 2 Bücher. Von 1926 bis 1940 und dann wieder nach

Weitzenböck hatte 9 Dissertanten, alle an der Universität Amsterdam; darunter als Ersten G.F.C. Griss (1925),[935] ferner Max Euwe und Daniel Edwin Rutherford[936]

Ehrungen: 1916-07-29 Orden d. Eisernen Krone 3. Kl. mit Kriegsdekoration; 1918-03-16 Militärverdienstkreuz 3. Kl. mit Kriegsdekoration u Schwertern; 1924-05-28 Mitglied der Königlichen Niederländischen Akademie der Wissenschaften und der Künste (1945-05-05 aberkannt); 1932 Delegierter der holländischen Akademie für den ICM in Zürich; 1940-04-09 korrespondierendes Mitglied der Preußischen Akademie der Wissenschaften.

Ausgewählte Publikationen. *Diss.*: (1910) *Zum System von 3 Strahlenkomplexen im 4-dimensionalen Raum (Wirtinger, Escherich)*.

1. Komplex-Symbolik. Eine Einführung in die analytische Geometrie mehrdimensionaler Räume, Göschen 1908.
2. Über eine Ungleichung in der Dreiecksgeometrie. Math. Z., **5** (1919), 137–146
3. Neuere Arbeiten zur algebraischen Invariantentheorie. Differentialinvarianten. Enzyklopädie der mathematischen Wissenschaften, III, Bd. 3, Teubner 1921.
4. Invariantentheorie, Groningen, Noordhoff, 1923.
5. Der vierdimensionale Raum, Vieweg 1929, Basel 1956.
6. Differentialinvarianten in der Einsteinschen Theorie des Fernparallelismus, Sitzungsberichte Preußische Akademie der Wissenschaften, Phys.-Math. Klasse, **26** (1928), 466-474.

Quellen. Stadtarchiv Amsterdam, Pensionskarten Teil: 2024, Zeitraum: 1894, Amsterdam, Archiv 5175, 26. Mai 1885, Pensioenkaarten; Grazer Volksbl. 1901-10-05 p2; Nord-Holland Archiv in Haarlem (Niederlande), Bürger Anmeldung Todesfälle Blaricum/Blaricum, 4. Dezember 1937, Archivnr. 35, sowie Blaricum, 7. Oktober 1940, Archivnr. 42; [2, p 28]; van Dalen [367, pp 297, 349–351, 366f, 698–700]

Lit.: Schappacher, N., Politisches in der Mathematik: Versuch einer Spurensicherung. Math. Semesterber. **50** (2003), 1-27. Digital Object Identifier (DOI) 10.1007/s00591-003-0062-1

Hermann Wendelin

*1896-09-05 Wien; †1975-08-12 Graz (ev. AB)

Sohn des Prof. f. Eletrotechnik der montanistischen Hochschule in Leoben Hofrat Wolfgang Wendelin (*1863-10-05 Wien; †1938-10-12 Graz)

W ∞ 1929-05-18 [in Stainz] Lisl, geb Klinger, Hausbesitzerstochter aus Graz

NS-Zeit. Wendelin gehörte zu den Mathematikern, die in der „Deutschen Mathematik" unter der Überschrift „Das Schrifttum der lebenden Deutschen Mathematiker" mit einem kurzen Lebenslauf geehrt wurden.[937] 1940 wurde er zum ao Professor ernannt, 1948 wegen illegaler NS-Tätigkeit vor 1938 außer Dienst gestellt. Ab 1952 lehrte er aber

---

1945 arbeitete Euwe als Mathematiklehrer in Winterswijk, Rotterdam, und an einem Mädchen-Lyzeum in Amsterdam. 1928 Amateurweltmeister im Schach; 1935 gewann er nach 29 Partien gegen Aljechin die Weltmeisterschaft, die er aber 1937 im Revanchekampf gegen Aljechin wieder verlor.

[935] George François Cornelis Griss (1898-01-01 Amsterdam; †1953-08-01 Blaricum) segelte bis 1936 mathematisch im Kielwasser von Weitzenböck mit Arbeiten zur Invariantentheorie, nach einer achtjährigen mathematikfreien Publikationspause trat er ab 1944 als Propagandist einer negationsfreien Mathematik auf. Griss war als Philosoph Anhänger des marxistischen Philosophen Gerrit Mannoury. (Vgl [366], p 815ff.)

[936] (*1906-01-03 Stirling; †1966-11-09 St Andrews), bekannt besonders für seine Beiträge zur Darstellungstheorie endlicher Gruppen.

[937] Deutsche Mathematik **6** (1938), 336. Die erste solche Würdigung erhielt ein Jahr vorher Theodor > Vahlen.

wieder an der Universität Graz. Wendelin trug wie > Koschmieder dazu bei, dass statt Bartel van der Waerden oder Franz Rellich der (wie sich später herausstellte, NS-belastete) Grazer Georg > Kantz an das mathematische Ordinariat der Universität Graz berufen wurde (siehe Abschnitt 2.6).

Hermann Wendelins Vater, Wolfgang Wendelin, war ein theoretisch und praktisch profilierter Elektrotechniker und ab 1903 o Professor an der Bergakademie Leoben[938]

Hermann Wendelin maturierte 1913 an der Landesoberrealschule Graz, und legte 1914 die Ergänzungsprüfung zur Gymnasialmatura ab. Für das Wintersemester 1914/15 inskribierte er Philosophie an der Universität Graz, hörte daneben auch Vorlesungen zur Kunstgeschichte und zur Psychologie. Im März 1915 meldete er sich freiwillig zum Militärdienst. Von 1916 bis 1918 diente er am italienischen Kriegsschauplatz als Aufklärer und Beobachter bei der Feld- und Gebirgsartillerie, auch als Adjutant; 1917-08 wurde er zum Leutnant d. Reserve ernannt.

Nach Kriegsende begann Wendelin ein Medizinstudium an der Universität Graz, 1919 unterbrochen von einem Einsatz als Freiwilliger im Kärntner Abwehrkampf. Nach bestandenem ersten Rigorosum im Sommersemester 1921 brach er das Medizinstudium ab und wechselte zu Mathematik und Physik; 1926 promovierte er zum Dr phil in theoretischer Physik, allerdings mit einer mathematischen Arbeit. Neben seinem Studium arbeitete Wendelin als Demonstrator und Bibliothekar am Institut für Theoretische Physik. 1927/28 arbeitete er am Teyler-Institut und Labor in Haarlem/NL unter der Leitung von Adriaan Daniël Fokker.[939]

Nach seinem Aufenthalt in Haarlem und seiner Rückkehr nach Graz heiratete Wendelin 1929. Danach wurde er wissenschaftliche Hilfskraft an der Technischen Hochschule Graz, später Assistent in Leoben.

1934 habilitierte sich Wendelin in Mathematik. Nach einem Jahr als Privatdozent an der Universität Graz ging er 1936 nach Berlin, wo ihm an der dortigen Universität ein Lehrauftrag für Theoretische Physik übertragen wurde; seine Grazer Venia wurde 1940 in die (nunmehr gesamtdeutsche) Dozentur neuen Typs umgewandelt.[940] Gleichzeitig war er Mitarbeiter von O. Haupt, [der war damals und später in Erlangen] an dessen Standardwerk über reelle Funktionen. Er lernte auch andere führende Mathematiker wie L. > Bieberbach, Helmut Hasse und C.L. Siegel kennen. 1938 wurde er nach dem Tod von > Radaković an der

---

[938] Wolfgang Wendelin besuchte die Landesoberrealschule, studierte Maschinenbau an der TH Graz; 1891 Ingenieur, später Chefingenieur bei der Firma Siemens & Halske – Wien, daneben Studium der Elektrotechnik TH Wien, dann Dozent für Elektrotechnik an der Montanistischen Hochschule Leoben, dann Professor; in den Jahren 1907/08, 1908/1909 und 1924/25 deren Rektor. WW baute 1908–1910 das elektrotechnische Institut der Montanistischen Universität auf.

[939] Adriaan Daniël Fokker (*1887-08-17 Buitenzorg, Java; †1972-09-24 Beekbergen, Niederlande) war ein Cousin des bekannten Flugzeugkonstrukteurs Anthony Fokker. Er entdeckte zusammen mit Max Planck die Fokker-Planck-Gleichung. Zum Zeitpunkt von Wendelins Aufenthalt war er Nachfolger des Nobelpreisträgers Hendrik Antoon Lorentz (*1853-07-18 Arnhem; †1928-02-04 Haarlem) als Kurator der Teyler-Stiftung und Professor in Leiden. Fokker befasste sich auch mit Musiktheorie.

[940] Neues Wiener Tagblatt 1940-01-05 p6

Grazer Universität mit der Supplierung der 2. Lehrkanzel betraut, 1940 zum ao Professor bestellt. Neben seiner Lehrtätigkeit wurde er 1940 bis 1942 zum Kriegsdienst einberufen. 1948-11-26 stellte ihn ein Erlass des Ministeriums für Unterricht außer Dienst, vorher war er noch 1946 Mitglied der Kommission zur Nachbesetzung des nach der Enthebung von Karl > Brauner freigewordenen Ordinariats. Bis 1955 arbeitete er in der Privatwirtschaft, im Brückenbau bei der Firma Waagner-Biro in Graz. Ab 1952-10-01 war er Lehrbeauftragter an der Universität Graz, 1955 wurde er wieder zum ao Professor und 1965 zum o Professor der Universität Graz ernannt. Er emeritierte 1966, supplierte noch selbst im Studienjahr 1966/67 seine eigene Lehrkanzel und hielt bis zum Sommersemester 1969 noch Vorlesungen.

MGP nennt 1 Dissertanten

Ausgewählte Publikationen. *Diss.*: (1926) *Vergleich der von Stäckel und Levi-Civita gegebenen Bedingungen für die Anwendung der Methode der Separation der Variablen (Uni Graz).*

1. Über lineare Operatoren mit besonderer Berücksichtigung der Fragen über Nichtvertauschbarkeit (Habil Graz) Über lineare Operatoren mit besonderer Berücksichtigung der Fragen über Nichtvertauschbarkeit. Publications Belgrade **3** (1934), 13–38.
2. Ein Determinantensatz und seine Anwendung für die Verifikation eines Theorems der Hamilton-Jacobischen Theorie. Deutsche Math. **3** (1938), 320-325.
3. Einheitliche Ableitung der bekannten Beziehungen zwischen den Grenzen und Limites der Folgen (x_n), (y_n), $(x_n + y_n)$ und $(x_n y_n)$. Berichtigung. Deutsche Math. **6** (1941), 265–266, sowie **6** (1942), 564.
4. Ein Determinantenentwicklungssatz und seine Anwendung in der Theorie der Integralgleichungen. Deutsche Math. **6** (1941), 267–271.
5. Verallgemeinerung der bekannten Beziehungen zwischen den Grenzen und Limites der Folgen (x_n), (y_n), $(x_n + y_n)$ und $(x_n \cdot y_n)$. Sonderdruck aus: "Deutsche Mathematik", Jahrg. 6 (1941). (Not reviewed)
6. Konvergenz- und Häufungsstellensätze nebst Anwendungen auf Darbouxsche Summen. Deutsche Math. **7** (1943), 195–204.
7. Verallgemeinerung der bekannten Beziehungen zwischen den Grenzen und Limites der Folgen (x_n), (y_n), $(x_n + y_n)$ und $(x_n \cdot y_n)$. Deutsche Math. **7** (1943), 204-205.

Zbl/JFM nennen (bereinigt) unter zwei Autorennamen insgesamt 10 mathematische Publikationen, davon 4 Bücher (diese in mehreren Auflagen). Die meisten Publikationen erschienen außerhalb der von Zbl/JFM beobachteten Zeitschriften. Einhorn gibt 41 Publikationen an.

Quellen. Gronau, [123]; [2, p 47–53]

Ausgewählte Publikationen. Zbl/JFM nennen 13 mathematische Publikationen.

Rudolf Weyrich

*1894-01-19 Witten an der Ruhr; †1971-05-14 Bonn (ev.)

Sohn eines Ingenieurs in Marow/Schlesien;
Weyrich ∞ Maria Gabriele, geb. Freytag (Schwester(?) von Hans Freytag und Tochter von Maria Freytag);
2 Söhne: Claus W (*1941-01-06 Brünn) [∞], Physiker [stud. 1962–69 Mathematik und Physik an der
Univ Innsbruck] und Vorstandsmitglied der Siemens AG, sowie Wolf W (*1941-07-23 Brünn; †2019-
03-04 Konstanz), Prof f. Physik. Chemie in Konstanz. Beide Söhne entwickelten sich zu angesehenen
Wissenschaftlern.

NS-Zeit. Weyrich war Kriegsveteran des Ersten Weltkriegs, Nationalist und NS-
Anhänger, hatte eine Professur in Brünn, behielt aber auch in der 1. Tschechischen
Republik seine deutsche Staatsbürgerschaft und seinen Status als deutscher Reserve-
offizier. Bis Kriegsende Professor an der DTH Brünn. Gegenüber jüdischen Kollegen
verhielt er sich offenbar korrekt; ungeachtet seiner positiven Beschreibung in Dossiers
der NS-Verwaltung verdankte er seine akademischen Positionen wahrscheinlich in erster
Linie seiner Fachkompetenz. Immerhin war er Vortragender auf dem ICM von 1932 in
Zürich gewesen.

Rudolf Weyrich besuchte 1903-04 die Realschule in Breslau, 1904–12 die Realschule in
Freiburg/Schlesien. Vom SS 1912 bis zum WS 1913/14 studierte er an der Universität
Breslau, im SS 1914 an der Universität Rostock.[941] Im August 1914 trat er als Einjährig-
Freiwilliger in die Armee ein. Im Krieg erlitt er kurz nach Kriegsbeginn, in den Kämpfen
um die Stadt Łódź, bei Breziny (PL) eine schwere Verwundung, die ihn das linke Auge
kostete. Nach Kriegsende kehrte er Anfang 1919 an die Universität Breslau zurück, musste
aber wegen seines sich nach seiner Kriegsverletzung weiter verschlechternden Gesundheitszustands sein Studium für ein halbes Jahr unterbrechen.

Im Sommer 1921 bestand Weyrich die Prüfung für das Lehramt an Mittelschulen in den
Fächern Mathematik, Physik und Chemie; 1922-12-23 promovierte er bei Adolf Kneser
und Friedrich Schur zum Dr phil (Hauptfach Mathematik) mit einer Arbeit über Variationsrechnung.

Bereits ab dem Wintersemester 1921/22 hatte Weyrich eine Assistentenstelle für theoretische Physik an der Universität Marburg. 1923-05-28 habilitierte er sich dort in Mathematik
und mathematischer Physik, ebenfalls mit einer Arbeit über Variationsrechnung, und wurde
im folgenden WS 1923/24 mit einem Lehrauftrag über Angewandte Mathematik betraut.

Ab 1924-12-13 supplierte er eine der beiden Lehrkanzeln für Mathematik an der DTH
Brünn, 1925-12-29 wurde er zum ao, 1930-02-13 zum o Professor ernannt, supplierte aber
weiterhin die unbesetzte andere Lehrkanzel. Nach dem Tod von Emil Waelsch 1927 supplierte er auch dessen Vorlesungen über Darstellende Geometrie. 1932, nach dem Abgang
von Josef ˃ Krames nach Graz übernahm er in gleicher Weise dessen Lehraufgaben. 1938

---

[941] Imm. 1914-04-28, Exm. 1919-02-12, (http://purl.uni-rostock.de/matrikel/200011786, Zugriff 2023-03-
02).

stand er in einem Dreiervorschlag für die Nachbesetzung eines Ordinariats für Angewandte Mathematik an der Universität Jena.[942] Für die Berufung an die Universität Jena hatte sich vor allem deren Rektor Abraham Esau[943] stark gemacht, der als Funktechniker Weyrich fachlich schätzte und gegen den er keinen politischen Widerstand aus dem Ministerium erwartete. Aus dieser Berufung wurde nichts, teils wegen formal-bürokratischer Hindernisse, teils wegen zu hoher Gehaltsforderungen Weyrichs.[944] Weitere in Aussicht genommene Berufungen, an die TH Graz, an die beiden Prager Deutschen Universitäten, sowie an die Universität Breslau, kamen nicht zustande. Er blieb schließlich bis zum Kriegsende in Brünn, nachdem er (vermutlich 1940) eine Brünnerin geheiratet hatte und 1941-08-28 in Brünn zum o Professor ernannt worden war. Weyrich galt im NS-System zweifellos als verläßlicher „Vertreter des Deutschtums im Protektorat", sein Verbleib in Brünn wurde von den lokalen Dienststellen als sehr wünschenswert angesehen.

Nach Auflösung der DTH Brünn 1945-04 musste Weyrich Brünn und die Nachkriegs-Tschechoslowakei verlassen. Zunächst lebte er 1945–47 bei Verwandten in Stolberg, Rheinland, unterrichtete während dieser Zeit nicht oder hatte jedenfalls keine feste Anstellung. 1948–50 supplierte er eine Professur an der TH Braunschweig, von 1950-10-16 bis 1958-07-01 wirkte er als o Professor an der Universität Istanbul. Später kehrte er noch zweimal nach Istanbul zurück, einmal im SS 1959, von April bis Juli, ein zweites Mal im WS 1962/63. Nach seiner Rückkehr aus der Türkei verblieb er als Emeritus an der TH Braunschweig.

Weyrichs wissenschaftliche Arbeit befasste sich größtenteils mit elektromagnetischen Wellen und Funktechnik.[945] Seine mathematischen Publikationen widmen sich bevorzugt Problemen in direktem Zusammenhang mit diesem Themenkreis. Dies gilt auch für die 1937 bei Teubner erschienene Monographie über Zylinderfunktionen, die bis heute von Interesse geblieben ist.

Nach MGP betreute Weyrich keine Dissertationen in Mathematik.

Ehrungen: 1932 Eingeladener Vortrag auf dem ICM in Zürich; 1963-04-22 Ehrendoktor der Universität Istanbul.

Ausgewählte Publikationen. *Diss.*: (1923) *Beiträge zur Theorie der Kurven konstanter geodätischer Krümmung auf krummen Flächen (Adolf Kneser, Friedrich Heinrich Schur; Breslau).* [gedruckt in Math. Zs, **16** (1923), 249–272.]

1. Über Nulllösungen in der Variationsrechnung. Marburg, 1923. (Habilitationsschrift)
2. Zur Theorie der erzwungenen Schwingungen eines harmonischen Oszillators. Sber. Ges. Beförderg. ges. Naturwiss. Marburg, **1925**, s. 49.
3. Zur Theorie der Ausbreitung elektromagnetischer Wellen längs der Erdoberfläche. Ann. Physik, **85** (1928), 552-580.
4. Strahlungsfeld einer endlich. Antenne zwischen zwei vollkomm. leit. Ebenen. Ann. Physik, **2** (1929), s. 11.

---

[942] Vorher hatte 1934 Unterrichtsminister Schuschnigg einen Dreiervorschlag für die TH Wien, mit Weyrich an zweiter Stelle, aus Kostengründen zurückgewiesen.

[943] Abraham Esau (*1884-06-07 Tiegenhagen, Westpreußen (heute PL); †1955-05-12 Düsseldorf) war von 1932-03 bis 1935-03 und von 1937-11 bis 1939-03 Rektor der Universität Jena. Er trat 1933-05-01 in die NSDAP (Mitgliedsnummer 2.907.651) ein.

[944] Wegen der höheren Kaufkraft der Cz-Krone forderte Weyrich zur Kompensation ein deutlich höheres Gehalt als sonst üblich. (Segal [298], pp 107–124)

[945] Für ein von ihm entwickeltes spezielles Gerät reichte er die Patentschrift: "Transmitter and receiver for electromagnetic waves" ein und erhielt dafür das U.S. Patent 2,044,413, issued June 16, 1936.

5. Über gleichmäßige und stetige Differentiation. Jahresber. DMV **39** (1930), 27–28.
6. Über eine Gruppe mehrdimensionaler Variationsprobleme, die kein eindimensionales Analogon hat. Jahresber. DMV **39** (1930), 60-61.
7. Bemerkungen zu den Arbeiten „Zur Theorie der Ausbreitung elektromagnetischer Wellen längs der Erdoberfläche" und „Über das Strahlungsfeld einer endlichen Antenne zwischen zwei vollkommen leitenden Ebenen". Ann. Physik, **9** (1931), 513-518.
8. Einige Randwertprobleme. Verh. Int. Math. Kongr., **2** (1932), 315.
9. Über einige Randwertprobleme, insbesondere der Elektrodynamik. J. f. reine und angew. Math., **172** (1934), 133–150.
10. Die Zylinderfunktionen und ihre Anwendungen. Teubner, Leipzig, Berlin, 1937.
11. Auflösung v. Gleichungen durch Iteration. Zs f. physik. u. chem. Unterricht, **51** (1938), 51-57.

Weyrich hat in den 20 Jahren, die er an der DTH Brünn wirkte, verhältnismäßig wenige Publikationen in Mathematik veröffentlicht; Zbl/JFM nennen nur 11 (darunter aber das inhaltsreiche Buch über Besselfunktionen). Offenbar ist das auf hohe Lehrbelastung und viel außermathematische Konsultationen (zB über Wellen in Hohlleitern) zurückzuführen.

Quellen. Rostock Matrikelbuch; Segal [298], pp 107–124; Šišma P (2002) Mathematik an der Deutschen Technischen Hochschule Brünn; Bauer O, Pillwein E, Schneider Stenzel R (Hsg) (2000-01), Lexikon bedeutender Brünner Deutscher, 1800-2000 Ihr Lebensbild (+ Nachtrag). BHB Verlag, Schwäbisch Gmünd;

Wilhelm Winkler

*1884-06-29 Prag;   †1984-09-03 Wien (kath.)

Sohn des Musikpädagogen Julius Winkler und dessen Ehefrau Anne, geb. Sabitscher; Bruder von 7 Geschwistern.

Winkler ⚭ 1918-03-27 in 1. Ehe Klara (*1894-03-26 Aussig (Ústí nad Labem, CZ); †1956 Wien, mos., konv. kath.), geb. Deutsch; in seiner Autobiographie von 1973 nennt er 4 Kinder: (1) Dr phil. Erhard M. Winkler (*1921-01-08 Wien) [(†2005-08-30 South Bend, Indiana, USA), Ingenieurgeologe, ab 1949 Univ. Notre Dame, Indiana, [⚭ 1953-12-21 Hannover, Isolde (*1930-05-01 Leipzig; †2021-06-17 South Bend), geb König; 2 Kinder: Irmgard und Manfred]

Foto: © Bildarchiv der ÖNB, Wien.

(2) Dr phil Othmar W. Winkler (*1923-06-05 Wien), [(†2022-08-14 Georgetown, USA), Statistiker u Volkswirt, (1961-1993 Faculty of BA, Georgetown), ⚭ Ellen (*1929-01-20; †2021-06-19 George- town), geb Fletcher;
(3) Berthold Winkler (*1926-01-08), Kaufmann), (4) Hildegard (*1926-12-23) ⚭ Neumann; das jüngste, (5) Gertraud Winkler (*1928 Wien; †1944 Gugging), erwähnt er nicht.
Winkler ⚭ 1958 (in 2. Ehe) Franziska Kunz, geb. Hacker

NS-Zeit. Winklers Ehefrau Klara war Jüdin, seine Auffassung von „deutschem Volkstum" war „katholisch-national" geprägt und stand dem Ständestaat nahe — 1938 war daher seine Zwangspensionierung unvermeidlich. Ein Versuch, in die USA oder nach GB zu emigrieren, scheiterte an mangelnder Unterstützung und fehlender Anerkennung seiner Kompetenz außerhalb der Bevölkerungsstatistik. Winkler konnte sich aber mit Unterstützung der Fakultät und deren kommissarischen Leiter, Pg Ernst Schönbauer, einen „Persilschein in die andere Richtung" verschaffen, der ihn und seine Frau bis

Kriegsende vor Verfolgung schützte. Nach Kriegsende wurde seine Entlassung rückgängig gemacht und ihm der Neuaufbau eines statistischen Instituts an der juridischen Fakultät übertragen.

In seinen politischen Überzeugungen stand Winkler der Ständestaat-Diktatur und dessen Ideologen Othmar Spann nahe. Er befürwortete Maßnahmen zur Anhebung der Geburtenrate und bejahte erbbiologische Vorstellungen der Eugenik, ließ sich aber nicht auf die Unterstützung der NS-Rassenpolitik ein. Seine in der Heilanstalt Gugging wahrscheinlich im Zuge der NS-Euthanasie ermordete geistig behinderte Tochter Gertraud verleugnete er noch in seiner Autobiographie von 1973.[946]

Winkler wurde als viertes von acht Kindern einer Familie geboren, die zur deutschen Minderheit in Prag gehörte. Sein Vater Julius war Musiklehrer und hatte Schwierigkeiten, seine große Familie zu ernähren, so musste auch Wilhelm ab seinem 13. Lebensjahr zunächst mit Nachhilfestunden und von 1906 bis 1909 als „Einpauker" für wirtschaftswissenschaftliche Fächer zum Familieneinkommen beitragen. Trotz finanzieller Engpässe konnte er so nicht nur die deutsche Volksschule und das ebenfalls deutschsprachig geführte Kleinseitner Gymnasium in Prag besuchen sondern auch anschließend Jus an der Deutschen Universität Prag studieren. Er promovierte 1907. Als Statistiker war Winkler Schüler von Heinrich Rauchberg,[947] der 1890 eine Volkszählung in Cislethanien geleitet hatte, bei der erstmals Hollerith-Maschinen für Tabellierungen eingesetzt wurden. Bei dieser Volkszählung stand bereits das Sprachen-/Nationalitätenproblem in Deutschböhmen im Vordergrund.

Während der an sein Studium anschließenden Gerichtspraxis 1907-04 bis 1909-08 absolvierte er sein Einjährig-Freiwilligenjahr. Danach trat er 1909-09 eine Stellung als Konzipist im Statistischen Landesamt des Königreichs Böhmen an, wo er — nicht zuletzt wegen seiner prononcierten Deutschsprachigkeit in einem tschechisch dominierten Umfeld — bald zum Vizesekretär aufstieg und bis zum Ende der Monarchie (wenngleich nach seiner Verwundung 1914 für den Kriegsdienst an der Front für statistische Tätigkeiten im Kriegsministerium beurlaubt) verblieb.

Sehr bald kristallisierten sich zwei Hauptlinien in Winklers wissenschaftlichem Engagement heraus. Die erste Hauptlinie führte vom Eintreten für das „deutsche Volkstum" und die deutschen Minderheiten im Vielvölkerstaat der Monarchie, schließlich zur Bevölkerungsstatistik und zur Demographie, letztlich zu einer beeindruckend großen und sorgfältig zusammengetragenen Menge von Daten. Als Kriterium für die Zugehörigkeit zu Minderheiten legte er in seinen Erhebungen die „Muttersprache" fest, sehr im Gegensatz zur Übung NS-naher Demographen, die ihren Untersuchungen „rassisch-völkische" Kriterien im NS-Sinn zugrunde legten. Immerhin waren Winklers statistische Handbücher auch im NS-Umkreis wegen ihres Informationsgehalts geschätzt; zumindestens in mathematischer Statistik konnte er auch nach dem „Anschluss" noch wissenschaftlich publizieren.

---

[946] Zu Gertraud Winkler s. Niederösterreichisches Landesarchiv (NÖLA), Heil- und Pflegeanstalt Gugging, Abgangsprotokoll 1944, Abgangsnr. 303, hier zitiert nach Pinwinkler [249, p 171].

[947] Heinrich Rauchberg (*1860-04-12 Wien; †1938-09-26 Prag)

Die andere Hauptlinie war sein Eintreten für die theoretische Durchdringung der Statistik mit Methoden der höheren Mathematik, die er sich im Selbststudium aneignete. Das war damals noch keineswegs selbstverständlich und die mathematische Statistik hatte noch lange um Anerkennung zu kämpfen. Winkler etablierte sich in diesen Jahren als international führender Fachmann für praktische Fragen der Bevölkerungsstatistik einerseits, sowie für statistische Methodik andererseits.

Bei Kriegsbeginn 1914-07 wurde Winkler als Leutnant der Reserve an die Front in Serbien kommandiert, 1915 an die Isonzo-Front, wo er, 1915-03-18 zum Oberleutnant der Reserve ernannt, in der vierten Isonzoschlacht 1915-11-02 schwer verwundet wurde.[948] Von der Front schickte Winkler Berichte an Tageszeitungen und verfasste über seine Erlebnisse zwei Kriegsbroschüren: *Wir von der Südfront, Ernstes und Heiteres aus den Kämpfen in Serbien und am Isonzo*[949] und *Unter Trümmern hervor*.[950]

1916-03-29 noch in den Verlustlisten als verwundet gemeldet und für den Frontdienst untauglich, trat Winkler nach seiner Genesung 1916-06 in den Dienst des Kriegsministeriums und leitete gemeinsam mit dem ideologischen Wegbereiter des Ständestaates Othmar Spann[951] die heeresstatistische Abteilung im *Wissenschaftlichen Komitee für Kriegswirtschaft*. Winkler und Spann waren miteinander befreundet; Spann war auch Winklers Trauzeuge.[952]

Nach Kriegsende erinnerte man sich wieder an Winkler als anerkannten Statistiker und Experten für Fragen der deutschen Minderheit in Böhmen, Mähren und Schlesien. Im Mai 1919 begleitete er in dieser Eigenschaft die österreichischen Delegation unter der Leitung von Karl Renner zu den Friedensverhandlungen nach Saint-Germain-en-Laye. Die vage Hoffnung auf einen Friedensschluss, der die Schaffung eines „Deutschösterreich" unter Einbeziehung aller oder wenigstens der meisten deutschsprachigen Gebiete in Böhmen und Mähren erlaubt hätte, erfüllte sich zur Enttäuschung der Delegation nicht.

Winklers frühere Dienststelle, das Statistische Landesamt des Königreichs Böhmen, war 1919 zum Český statistický úřad geworden, wo Winkler nicht bleiben wollte. Auf Für-

---

[948] Österr Volkszeitung 1916-01-10p5, 1916-04-29p3; Neues Wiener Journal 1916-04-01 p14; Prager Tagblatt 1915-03-02 p5, 1915-03-18p23

[949] Wien 1915, Manz-Verlag. Besprechung in *Österr. Morgenzeitung u Handelsblatt* 1916-05-01 p3

[950] Deutsche Arbeit. Monatsschrift für das geistige Leben der Deutschen in Böhmen. (hrsg. Gesellschaft zur Förderung deutscher Wissenschaft, Kunst und Literatur). Eine deutschnationale Zeitschrift, in der sich Winkler auch später häufig zu Wort meldete.

[951] Othmar Spann (*1878-10-01 Wien-Altmannsdorf; †1950-07-08 in Neustift bei Schlaining) war ab 1908-09 k.k. Vizesekretär der Statistischen Zentralkommission in Wien und von 1909 bis 1910 mit der wissenschaftlichen Organisation der österreichischen Volkszählung von 1910 beauftragt. 1919 wurde er an der Universität Wien zum o Professor für Philosophie und Staatswissenschaften bestellt. Spann bewies nach dem Krieg bemerkenswerte politische Vielseitigkeit als rechtsgerichteter Ideologe: anfänglich dem deutschnationalen Lager zuzuordnen, profilierte er sich ab 1928 als Ideologe der Heimwehr und Verfechter des Ständestaates, war aber gleichzeitig geheimes Mitglied der NSDAP. Nach dem „Anschluss" wurde er vom NS-Regime wegen seiner Nähe zu Heimwehr und Ständestaat für vier Monate inhaftiert, trotz NS-Mitgliedschaft als o Professor entlassen und bei vollen Bezügen pensioniert. Nach Kriegsende 1945 wurde die Entlassung zunächst in eine Beurlaubung umgewandelt, 1949 wurde er wiederum bei vollen Bezügen pensioniert.

[952] Spann entfremdete sich aber, wahrscheinlich schon vor dem Einbruch der NS-Zeit, von Winkler, die beiden wurden zu erbitterten Gegnern.

sprache seines Trauzeugen Othmar Spann wurde er 1920-07 zum Hofsekretär der k.k. Statistischen Zentralkommission ernannt,[953] an deren Stelle 1921 das Bundesamt für Statistik trat. Winkler wurde von diesem Bundesamt übernommen und blieb dort bis zum „Anschluss" 1938. 1925 wurde er Nachfolger von Hofrat Dr Wilhelm Hecke als Leiter der Abteilung Bevölkerungsstatistik.

Winklers erste größere statistische Publikation nach dem Ersten Weltkrieg war die Studie *Die Totenverluste der österr.-ungar. Monarchie nach Nationalitäten*, in der er zu dem Ergebnis kam, dass die rein deutschen Gebiete Österreichs mit einem Anteil von 29,10% sowie die magyarisch bzw. magyarisch-deutschen Gebiete mit 28% die höchste Verlustquote aufgewiesen hätten, während diese in den slawisch dominierten Territorien der Monarchie mit Ausnahme der mährisch-slowakischen und der slowenischen Gebiete mit 20-23,7% deutlich geringer ausgefallen sei. Die vorgelegten Daten beruhten auf Auszählungen der offiziellen Verlustlisten und anderen öffentlich zugänglichen amtlichen Mitteilungen. Die Zahlen in Winklers Studie erweckten den Eindruck, dass die slawischen Völker der Monarchie weniger tapfer für Kaiser und Vaterland gekämpft hätten, als die anderen.[954] Dieses Werk war charakteristisch für die bürgerlich-deutschnationale politische Haltung Winklers in jenen Jahren.

Etwa gleichzeitig startete Winkler eine zweite, seine akademische Karriere. 1921 habilitierte er sich, referiert von Friedrich Wieser[955] und Othmar Spann, an der Universität Wien und begann damit seine akademische Laufbahn. Auf seine Veranlassung und mit Unterstützung von Wieser und Spann wurde 1922-08 an der Juridischen Fakultät der Universität Wien ein „Institut für Statistik der Minderheitsvölker" gegründet, Winkler zu dessen Leiter bestellt. Die Finanzierung des Instituts erfolgte zum Großteil über einen ebenfalls 1922 gegründeten Förderverein, an dessen Spitze der Gouverneur der österreichisch-ungarischen Bank, Minister a.D. Dr. Spitzmüller, stand; auch das Deutsche Außenamt beteiligte sich mit finanziellen Zuschüssen. Im Aufsichtsrat des Fördervereins saßen die Professoren Spann und Wieser, der frühere und spätere Staatskanzler Karl Renner, verschiedene Vertreter deutschsprachiger Minderheiten in Ost- und Südosteuropa, nicht zu vergessen Carl von Bardolff, Obmann des „Deutschen Klubs", später Vorsitzender des „Deutschen Volksra-

---

[953] Neues Wiener Tagblatt 1920-07-24 p19

[954] In tschechischen Kreisen beförderten sie den politischen Mythos, dass die tschechischen Truppen generell die Habsburgermonarchie abgelehnt und nur gezwungenermaßen am Krieg teilgenommen hätten (literarisch verewigt in Jaroslav Hašeks *Švejk*). Unter Deutschnationalen und Deutschtum-Bewegten aller Richtungen schürten sie nationale Vorurteile gegenüber Tschechen und anderen slawischen Bevölkerungsteilen. Offenbar kam niemand auf die Idee, die Verluste der öst.-ung. Armee nicht mangelndem Kriegspatriotismus oder mangelnder Tapferkeit, sondern einfach Fehlern der Armeeführung zuzuschreiben. (Ganz zu schweigen von der Frage der Vermeidbarkeit dieses Krieges überhaupt.) Aus höheren Verlustzahlen hätte man natürlich auch auf schlechtere Ausbildung, schlechtere Logistik in der Versorgung und allgemein schlechtere Effizienz schließen können. Ein anderes Argument sagt, dass die Armeeführung generell der Motivation der slawisch dominierten Truppenteile gegenüber slawischen Gegnern misstraute und daher diese zurückhaltender einsetzte.

[955] Friedrich (von) Wieser (*1851-07-10 Wien; 1926-07-22 Wien) war einer der drei Begründer der Wiener Schule der Nationalökonomie und gilt als Hauptvertreter der neoklassischen Grenznutzenlehre.

tes" in Österreich.[956] Der Namensbestandteil „Minderheitsvölker" bezog sich zunächst de facto fast ausschließlich auf die deutschen Minderheiten in der Tschechoslowakei und anderen slawisch dominierten Gebieten der ehemaligen Monarchie, später entspann sich eine rege Publikationstätigkeit über das Thema des „Grenzlanddeutschtums" und dem „Deutschtum in aller Welt". Politischer Hintergrund des Instituts war die Hoffnung, auf Grund gesicherter statistischer Daten über deutsche Minderheiten zu deren Schutz gegen politische Willkürmaßnahmen und zur Erhaltung des „Deutschtums" beitragen zu können. Minderheitenfeststellung ist bis heute ein heikles Thema geblieben.

Winklers Institut war zunächst in Räumlichkeiten von Othmar Spanns *Seminar für politische Ökonomie und Gesellschaftslehre* untergebracht und landete nach zwei Umzügen 1928-02 in der Neuen Burg am Heldenplatz, in der Nähe des Bundesamts für Statistik und des „Deutschen Klubs", der in der Hofburg Räumlichkeiten angemietet hatte. Wilhelm Winkler stand dem Institut bis 1938 vor und musste die Leitung dann an den Finanzwissenschafter Emanuel Hugo Vogel abtreten; dieser wiederum wurde in seiner Funktion 1940 von Winklers Mitarbeiter der ersten Zeit und späteren Widersacher Felix Klezl-Norberg[957] abgelöst.

1927 erhielt Winkler den Titel ao Professor, 1929 wurde er zum („wirklichen") ao Universitätsprofessor ernannt.

1934 wurde Winkler die Leitung der österreichischen Volkszählung anvertraut, die schon seit 1929 in Planung stand und der Bevölkerungspolitik dienen sollte. Winkler hatte auf Grund statistischer Daten einen erheblichen Bevölkerungsrückgang prognostiziert und forderte die „Vier-Kind-Familie".[958] Seine Schrift „Zum Geburtenrückgang in Österreich", mit einem Vorwort von Kardinal Innitzer,[959] war weit verbreitet und offenbar ganz im Sinne der Ständestaatregierung. Ähnliche Warnungen gab es auch in NS-Deutschland, wobei sich

---

[956] Ausführliche Informationen über Winklers Institut finden sich bei Pinwinkler [248]; für den Förderverein siehe Wiener Zeitung 1922-09-01 p6; zum „Deutschen Klub" verweisen wir auf [70].

[957] Felix Klezl-Norberg (*1885-06-21 Wien, †1972-03-31 Wien) wurde Institutsleiter, obwohl er als Anhänger des Ständestaats bekannt und nicht der NSDAP beigetreten war. Er war offenbar mit Spann befreundet, von dem Winkler sich immer mehr entfernt hatte. Nach dem Krieg verlor Klezl seine Position als Institutsleiter an Winkler, wurde aber 1955 gegen den erklärten Willen Winklers zum Honorarprofessor der Universität Wien bestellt.

[958] Vgl. Winklers Vorträge 1927 (Grazer Tagblatt 1927-06-28 p 13) und 1929-11 (Bregenzer Tagblatt 1929-11-25 p4).

[959] Innitzer führt darin aus (1935-07-02): „Mit banger Sorge schauen die kirchlichen und weltlichen Autoritäten sowie alle einsichtigen Männer und Frauen Oesterreichs auf den jähen Sturz der Geburten, der in den letzten Jahren unsere Heimat an ihren Lebenswurzeln bedroht. Die furchtbar ernste Gefahr, die darin für Volk und Heimat liegt, ist noch nie so deutlich aufgezeigt worden, wie in der vorliegenden Arbeit des Herrn Universitätsprofessors Dr. Wilhelm Winkler. Durch die klare Sprache der Ziffern und Zahlen wird uns bewiesen, daß es keinen einzigen Bezirk Oesterreichs gibt, auch nicht in den entlegensten Alpengegenden, der vom Geburtenrückgang gänzlich verschont geblieben ist: mit dem traurigsten Beispiel geht die Bundeshauptstadt Wien voran, wo die Kinderlosen- und Einkind-Ehen mehr als zwei Drittel aller Ehen ausmachen. Mit Schauer muß es uns erfüllen, wenn uns Professor Winkler dartut, daß nach der „bereinigten Lebensbilanz" unseres Volkes die reinen Vermehrungskräfte Oesterreichs bereits ein beträchtliches Vermehrungsdefizit aufweisen, daß mit anderen Worten das österreichische Volk bereits ein aussterbendes Volk ist. Da müssen wirklich alle Männer und Frauen an Bord gerufen werden, um zu retten, was noch zu retten ist. Wenn es so weitergeht, wie bisher, ist die Katastrophe nicht mehr aufzuhalten."

ein innerer Widerspruch auftat: einerseits wurden möglichst viele Kinder gefordert, andererseits sprach man von Überbevölkerung und „Volk ohne Raum" (nach einem Romantitel von Hans Grimm),[960] als Rechtfertigung von Eroberungskriegen.

Nach dem „Anschluss" wurde Winkler 1938-04-22 als ao Professor „bis auf weiteres beurlaubt", 1938-05-28 pensioniert und 1938-06 als Abteilungsleiter im Bundesamt für Statistik ebenfalls pensioniert, allerdings bei vollen Bezügen. Hauptgrund war vermutlich seine nicht-arische Ehefrau Clara, auch seine Nähe zum Ständestaat spielte eine wesentliche Rolle.[961] Winkler hatte seine Entlassung vorausgesehen und versucht, in die USA oder nach Großbritannien zu emigrieren, fand aber keine geeigneten Befürworter, die ihm und seiner damals noch siebenköpfigen Familie Einreisevisen in die USA oder in GB ermöglicht hätten.

In den USA gab es gemäß dem Immigration Act von 1924 für jedes Land eine Immigrationsquote von jährlich 2% der Anzahl der bereits in den USA niedergelassenen Landsleute. Die Immigration geistig Behinderter war strikt untersagt. In GB waren nur Immigranten mit für GB nützlichen Berufen willkommen, zB Dienstmädchen oder Spezialisten, für die ein unmittelbarer Bedarf bestand. Weder in die USA noch nach GB hätte Winkler seine 1928 geborene behinderte jüngste Tochter mitnehmen können. In seinen Anträgen auf Unterstützung schwieg Winkler konsequent über das Faktum seiner behinderten Tochter, die ab ihrem vierten Lebensjahr in der Heil- und Pflegeanstalt Gugging untergebracht war.[962]

Für ein Einreisevisum war es also notwendig, eine Anstellung zu erreichen oder zumindest eine voraussehbare Anstellungsmöglichkeit nachzuweisen.[963] Winkler wandte sich auch an William Beveridge (vom Internationalen Statistischen Institut) und an Joseph Schumpeter um Hilfe.[964] Beim Institute of International Education bewarb er sich, ebenfalls erfolglos, für eine Vortragsreise in die USA, wobei er die folgenden Themen anbot:

• Power and Charm of Statistical Figures;
• The Population Problem - a World Problem;
• The Social and Economic Consequences of the Decline of Births;
• The Dispute about Freedom of Will in the History of Statistics;
• Miracles of Life – seen by the Mirror of Statistics.

Ausschlaggebend waren schließlich Gutachten von Beveridge und A. L. Bowley, letzterer Direktor des Statistischen Instituts der Universität Oxford. Beide kannten Winkler nicht

---

[960] Hans Emil Wilhelm Grimm (*1875-03-22 Wiesbaden; †1959-09-27 Lippoldsberg a.d. Weser)

[961] Alexander Pinwinkler fand in den Gauakten das Verdikt des Strafrechtslehrers und NS-Befürworters Wenzel Gleispach, Winkler habe sich als Nationaler ausgegeben ohne von dieser Einstellung überzeugen zu können, und er sei in Judenfragen nicht verläßlich gewesen. (ÖStA, AdR, Gauakt Dr Wilhelm Winkler, Gaupersonalamt, W. Gleispach an die Gauleitung Wien, Zl. 3245, Gau-Personalamt v. 21.07.1938.)

[962] Bekanntlich sah sich in einer ähnlichen Lage das populäre Schauspielerehepaar Karl und Anna Farkas zur Scheidung gezwungen, um ihren behinderten Sohn Robert zu retten. Karl Farkas flüchtete allein (über Umwege) in die USA, während Anna mit Robert Zuflucht bei ihren Eltern in der Tschechoslowakei fand.

[963] Im Falle einer in Aussicht genommenen Anstellung hätte die Rockefeller Foundation einen Zuschuss von der Hälfte seines Gehalts (auf drei Jahre) gewährt.

[964] Vgl Feichtinger [75], sowie Christian Fleck, Etablierung in der Fremde: Vertriebene Wissenschaftler in den USA nach 1933. Campus Verlag, 2015. p 390f.

persönlich, Bowley bewertete Winklers Arbeiten als kompetent, aber nicht gut genug, um eine Anstellung an einer amerikanischen oder britischen Universität zu rechtfertigen.[965] Nach dem Scheitern seiner Versuche einer Emigration nach England oder in die USA schloss sich Winkler statt den ins Ausland Vertriebenen den im Inland Verbliebenen an. Dazu schrieb er nach dem Krieg in seiner Autobiografie:

Ich hatte gleich am Anfang der Hitlerei die gute Eingebung gehabt, mich an den Dekan meiner Fakultät um eine Art Geleitbrief - im Hinblick auf meine wissenschaftlichen Leistungen und mein Ansehen im Ausland - zu bemühen. Der Fakultätsbeschluss kam auch zustande und Prof. Ernst Schönbauer,[966] der als führender Nationalsozialist kommissarischer Dekan geworden ist, stellte mir ein sehr vorteilhaftes Zeugnis aus, das nicht verfehlte, immer wenn vorgezeigt, Eindruck zu machen.[967]

Trotz dieser Unterstützung konnte Winkler nicht verhindern, dass seine Frau zu Zwangsarbeit dienstverpflichtet wurde. Um diese abzuwenden bediente er sich der Hilfe eines befreundeten Arztes, wie er, wieder in seiner Autobiographie (s.o.), berichtete: „Da war der uns befreundete Dr. Musger bereit, ihr ihren schweren Herzfehler zu bestätigen, so daß man zunächst von solchen Plackereien abließ, aber doch sie wiederholt vorlud und mit Vorbedacht warten ließ, so daß sie manchmal recht müde nach Hause kam."

Winklers jüngste Tochter Gertrud, die mit einer geistigen Behinderung auf die Welt gekommen und ab 1932 in der Heil- und Pflegeanstalt Gugging untergebracht war, verstarb dort 1944, wahrscheinlich als Opfer der NS-Euthanasie, ohne dass eine Anteilnahme ihres Vaters bekannt oder aktenkundig geworden wäre.

Nach Kriegsende meldete sich Winkler im Rektorat der Universität Wien, hielt bereits im SS 1945 wieder Vorlesungen und wurde mit Datum 1945-09-06 erneut als ao Professor in die Juridische Fakultät aufgenommen. Das Professorenkollegium beantragte seine Ernennung zum Ordinarius, die mit ziemlicher Verzögerung bewilligt und 1947-01-01 rechtswirksam wurde. Gleichzeitig wurde er mit der Errichtung des Instituts für Statistik betraut, in der Nachfolge des vor 1938 bestehenden Instituts für Statistik der Minderheiten. 1950/51 war er Dekan der Juridischen Fakultät an der Universität Wien. Seine Tätigkeit am Bundesamt für Statistik nahm er nicht wieder auf. An seinem Statistischen Institut der Universität Wien wirkte zunächst Lothar Bosse (cf. p 420) als Assistent, danach der aus der statistischen Informatik bekannte Adolf Adam.[968]

---

[965] Beveridge war allerdings schon 1933 auf Besuch in Wien gewesen, wo er mit Ludwig v. Mises Gespräche führte, auf Grund derer er sich nach seiner Rückkehr für die Gründung einer Hilfsorganisation für geflüchtete Wissenschaftler einsetzte (S. zB. [220], p. 195).

[966] Schönbauer (*1885-12-29; †1966-05-03), Dekan 1938-43, war unter der Ständestaatregierung 1934-09-17 als gewählter Dekan abgelehnt worden. (Innsbrucker Nachr. 1934-09-17)

[967] Feichtinger [75, p. 225ff]. Feichtinger weiss allerdings nichts von der geistigen Behinderung der jüngsten Tochter, die ihre Eltern sicher nicht in die Emigration begleiten hätte können.

[968] Adolf Adam (*1918-02-09; †2004-08-07) war Dissertant von Edmund > Hlawka und seit ihrer Gründung 1966 Professor an der Hochschule für Sozial- und Wirtschaftswissenschaften in Linz. Adams Dissertation behandelte das Thema Diskrete Verteilungen. Für ausführliche biographische Anmerkungen cf. den Nachruf von W. Grossmann und N. Roszenich im Austrian Journal of Statistics 34 (2005), 3–6.

1949 gründete Winkler an seinem Institut eine *Statistische Arbeitsgemeinschaft*, auf deren Grundlage 1951-03-13 unter seiner Führung die *Österreichische Statistische Gesellschaft* entstand, der er mehrere Jahre als Präsident vorstand. 1950 begann Winkler mit der Einrichtung von Statistik-Kursen für promovierte Juristen; er lud 1951 Leopold ˃ Schmetterer ein, an diesen Kursen als Vortragender teilzunehmen und mathematische Statistik zu unterrichten. In weiterer Folge widmete sich Schmetterer intensiv diesem vor dem Krieg am Mathematischen Institut eher nicht wirklich heimischen Gebiet und startete eine sehr beachtliche Karriere.

Winkler emeritierte 1956.

In seinen Werken befasste sich Winkler vor allem mit der Bevölkerungsstatistik und der Logik statistischer Verhältniszahlen. Viele Statistiker sehen in ihm überhaupt den Begründer der Statistik auf wissenschaftlicher Grundlage in Österreich,[969] ungeachtet seiner Neigung zu deutschnational motivierter Tendenzberichterstattung.

Vom Standpunkt der Mathematik ist Winkler eigentlich nur teilweise der Mathematik zuzuordnen, er hat aber die mathematische Statistik durch sein Wirken für die amtliche Statistik in Österreich hoffähig gemacht und die internationale Anerkennung der österreichischen Statistik begründet. Als Wissenschaftler war Winkler sicher kein Bewohner eines „Elfenbeinturms"; die Statistik war für ihn zunächst Argumentationshilfe im politischen Kampf um die Aufrechterhaltung der Vorherrschaft der deutschsprachigen Bevölkerung der „im Reichsrat vertretenen Königreiche und Länder" (Cisleithanien = Österreich-Ungarn ohne Ungarn)) der Donaumonarchie, nach dem Ersten Weltkrieg Propagandainstrument der auf Wachstum ausgerichteten Bevölkerungspolitik und der Politik des Klerus.

MGP kennt Winkler nicht. Winkler betreute die Dissertationen von Otto Zell[970] (1929), Charlotte Rademacher (1932), Leo Starodubskij (1936 über das Volkszählungswesen in der UdSSR), Leo Wilzin[971] (1937, eine Dissertation über Musikstatistik) und Elisabeth Maresch[972] (1937, über die Ehefrau im Haushalt und Beruf).

Ehrungen: 1908 Erinnerungskreuz am Militärbande; 1915 Zwei kaiserliche Belobigungen sowie 1915-02-12 Bronzemedaille am Bd. d. Mil. Verdienstkreuzes; 1915-03-02 Ernennung z. Oblt außer der Rangtour; 1915-12-23 Silb. Mil.-Med. am Bd. d. Mil. Verdienstkreuzes; 1918-08-14 dto mit silb. Spange für vorzügl. Dienstleistung; Verwundetenkreuz, Karl Truppenkreuz; 1927 Mitglied des International Statistical Institute (ISI); 1936-07-01 Offizierskreuz d. österr. Verdienstordens; 1936 Offizierskreuz des österreichischen Verdienstordens; 1965 Ehrendoktor der Staatswissenschaften der Universität Wien, Ehrendoktor der Universität München, österr. Ehrenkreuz für Wissenschaft und Kunst I. Klasse. 1965 Ehrenmitglied des ISI, später Präsident.

Ausgewählte Publikationen. *Nichtmathematische Publikationen*:

1. Die statistischen Verhältniszahlen (Habilitationsschrift)
2. Statistisches Handbuch der europäischen Nationalitäten, 1931
3. Vom Völkerleben und Völkertod. Eger 1918, 2. Aufl. 1923
4. Die Totenverluste der österr.-ungar. Monarchie nach Nationalitäten. Die Altersgliederung der Toten. Ausblicke in die Zukunft. Wien 1919,
5. Der Anteil der nichtdeutschen Volksstämme an der öst.-ungar. Wehrmacht. Wien 1919

---

[969] Zu erwähnen wäre hier aber auch der Slowene Franz Žižek [Deutsche Biographische Enzyklopädie **10**, p 681f] (*1876; †1938), Ministerialkonzipist im Handelsministerium, später Rechtsanwalt in Wien. Er habilitierte sich 1909 an der Universität Wien für Statistik und folgte 1916 einem Ruf als Ordinarius für Statistik an der Universität Frankfurt/Main. Sein bekanntestes Werk ist *Grundriß der Statistik*, Duncker & Humblot, München–Leipzig 1921 (2. Aufl. 1923, letzte Aufl. 2014); eng Übersetzung von W. M. Pearsons 1913.

6. Sprachenkarte von Mitteleuropa. - Deutsches Selbstbestimmungsrecht! (Ausgeführt vom Militärgeographischen Institut in Wien) 1 : 500.000. Wien 1921.
7. Ein Maß der seelischen Komponente des Geburtenrückganges. (Ein Beitrag zu dem Aufsatz von Othmar Winkler, „Der Wandel der Kinderaufzuchtkosten 1926–1938 und sein Einfluß auf den Geburtenrückgang".) Statist. Vierteljahresschrift Wien 1. 2 (1948), 94–99.
8. Grundfragen der Ökonometrie, Wien 1951
9. Mehrsprachiges demographisches Wörterbuch, Hamburg 1960
10. Demometrie, Berlin 1969

Publikationen zur mathematischen Statistik:

11. Grundriss der Statistik. I. Theoretische Statistik. (Enzyklopädie d. Rechts- u. Staatswiss. 46) Berlin 1931 [Teil II, Gesellschaftsstatistik, ist nicht in Zbl/JFM aufgeführt]
12. Einige alte und neue Maße des natürlichen Bevölkerungswachstums. Rev. Inst. internat. Statist., La Haye, **6** (1938), 25–49.
13. Latenz von Altersaufbautypen der Bevölkerung. Arch. math. Wirtschafts- u. Sozialforsch. **7** (1941), 97–102.
14. Die stationäre Bevölkerung. Zugleich ein Beitrag zur Sterblichkeitsmessung. Rev. Inst. internat. Statist., La Haye, **10** (1942), 49–74.
15. Age distribution and its interrelation with the elements of natural increase. Proc. Internat. Statist. Conferences (Washington, 6.-18.9.1947) **3** (1947), 683–707.
16. The expectation of life of the dead. Bull. Inst. Int. Stat. **32** (1950), 365–367.
17. The corrected Pareto law and its economic meaning. Bull. Inst. Int. Stat. **32** (1950), 441–449.
18. Older and newer ways of solving the index numbers problem. Bull. Inst. Int. Stat. **34** (1954), 15–41.
19. The measurement of productivity. Bull. Inst. Int. Stat. **34** (1955), 3–8.

Zbl/JFM verzeichnen bereinigt 9 mathematische Publikationen (8 der unter „Winkler" oder „W. Winkler" verzeichneten Arbeiten gehören zu anderen Mathematikern)

Quellen. Autobiographie 1973 (AT UAW 1157/85, Nachlass Winkler); Personalakt UAW J PA 433, UAW Senatsakt J S 3.010; ÖStA, Bundeskanzleramt, Bestand „Berufsbeamtenverordnung" (BBV); Die Neue Zeitung 1914-12-12, 1915-02-17 p8; Wr. Zeitung 1915-02-16 p3; Fremden-Blatt 1915-03-19 p13; Fahlbusch et al. [74], p 894ff; Metrika **12** (1967), p 80 doi:10.1007/BF02613486; Schmetterer, J. Roy. Statist. Soc. A 148 (1985), 67; Pinwinkler, [248], [249], [250], [251][252]; Johnson, N. L., and S. Kotz (eds.), Leading personalities in statistical sciences (New York, 1997), 322-324; Olechowski et al. [231], p 620–625.

Lit.: (https://geschichte.univie.ac.at/de/personen/wilhelm-winkler-tit-o-univ-prof-dr-jur, zugegriffen am 2021-09-03)

Wilhelm Wirtinger

(August Ferdinand)
*1865-07-19 Ybbs a.d, Donau, NÖ;   †1945-01-16 Ybbs (r. k.)
Sohn des Primararzts am städt. Versorgungshaus Ybbs Dr med Johannes Ev. Wirtinger, Ybbs, und dessen Ehefrau Berta Rosalia Josefa, Tochter von Augustin [Ver-
walter d. 1. k.k. Landesgerichtl. Gefangenenhauses in Wien] und Rosalia Powolny,
geb Schlechta;
Wirtinger ∞ 1890 Amalie Josefa, geb. Fey(i)ertag, (*1866 Ybbs; †1942); drei Söhne, zwei Töchter.

Foto: Berliner AW, mit freundlicher Genehmigung

Der älteste Sohn Hans (*ca1891) fiel 1912 einem Unfall zum Opfer, der jüngste, Georg, 21-jährig, 1915-
08-05 dem 1. Weltkrieg in der Nähe von Lublin. Der mittlere Sohn, Dr med Wilhelm (*1893-02-12
Wien; †1945-03-02 Marinelazarett Kiel), ao Professor f. Anatomie (Universität Wien) erlag in Kiel als
Marinearzt einer Infektion. Wilhelm Wirtinger jun ∞ 1927 Antonia (Tony; *1900; †1970-07-10b, geb.
Sommer, Konzertpianistin) [2 Kinder: Dr med Wolfgang Wirtinger (*1924-05-22; †2007-01-08 Wien) und
(Dr med?) Hedy Wirtinger, nach Hlawka [142] Gynäkologin.]

Die ältere von Wirtingers Töchtern, Amalia (Melly) Cäcilia Beata, (*1894-01-27 Wien-Hernals; †1978-
03-02 Wien) ∞ [1916-08-28 Wien-Weinhaus] Vinzenz Anton Eduard Löscher (*1890-07-14 Ybbs; †1966-
12-17 Wien), Beamter der NÖ Kriegskreditbank (ab 1919 NÖ Gewerbe- u Handelsbank), Sohn d Handelskammerrats „Vater" Vinzenz Löscher (*1855-02-25 Pulkau; †1945-12-26 Wien);
die jüngere Tochter Ing Maria Luise Wirtinger (*1898-07-11 Innsbruck; †1975), Agraringenieurin und
Lehrerin für landw. Hauswirtschaftskunde, starb unverehelicht.

NS-Zeit.   In seinen politischen Überzeugungen war Wirtinger, wenn auch „ohne Zorn
und Eifer", deutschnational eingestellt, er fühlte sich einer von ihm als umfassende Hei-
mat empfundenen deutschen Kultur zugehörig und stand dem deutschnationalen Dichter
Franz Keim nahe.[973] Demgemäß war er 1919 wie fast alle damaligen österreichischen
Intellektuellen und Politiker Befürworter des Anschlusses Deutsch-Österreichs an das
Deutsche Reich.[974]

---

[973] Franz Keim (*1840-12-28 Stadl-Paura, OÖ; †1918-06-27 Brunn am Gebirge, NÖ) ist heute noch bekannt
für die sich an Kinder richtende Jugendstil-Ausgabe der „Nibelungen". (Für Wirtingers Gratulation zum
70. Geburtstag s. *Der Tag* 1910-12-28, p3.)

[974] In einem kleinen Essay von 1919 verwies Wirtinger auf die kulturelle Verbundenheit der österreichischen und der deutschen Wissenschaftler, es habe „niemals eine deutsch-österreichische Wissenschaft
gegeben, immer nur eine deutsche, oder hat jemand einmal im Ernst von einer österreichischen Philosophie,
Mathematik oder Philologie gesprochen?" [46]. (Wir können hier auf das Argument nicht näher eingehen;
sicher ist jedenfalls, dass in der Habsburgermonarchie zwar von den „österreichischen Erbländern" und
der „Deutschen Kultur in Österreich", nie aber von einer österreichischen Nation die Rede war.) „Natio-
nalbewusstsein" war in der Monarchie auf die jeweilige Sprachgruppe fixiert. Die Idee einer Nation, die
mehrere Sprachgruppen umfasst, etwa neben der deutschsprachigen auch slawische oder italienische, war
den Diskussionen dieser Zeit fremd. Der allgemeinen Propaganda der Donaumonarchie folgend, empfanden
viele Österreicher im Unterbewusstsein noch immer eine vage Verbundenheit zu einem „Heiligen Römi-
schen Reich Deutscher Nation" unter einer habsburgischen Herrschaft, die „nur durch eine unglückliche
Niederlage an die Preußen verloren" ging.

Mit dem Ständestaat hatte Wirtinger keine Schwierigkeiten. Während andere Hochschullehrer im Zuge von Maßnahmen zur Budgetsanierung (oder von als solche vorgeschobenen) pensioniert, vorzeitig in den Ruhestand versetzt, gegen „Wartegeld" beurlaubt wurden,[975] war Wirtinger von alledem nicht bedroht. Trotz seines vorgerückten Alters stand auf einer spätestens 1934 erstellten Liste der Professoren, für die eine vorzeitige Emeritierung, Beurlaubung gegen Wartegeld etc in Frage kam, sein Name mit dem Vermerk „zu halten".

Wirtinger war (nach allen Berichten) nie Mitglied der NSDAP und ist auch für den „Deutschen Klub" nie öffentlich aufgetreten. Im Mitgliederverzeichnis des „Deutschen Klubs" von 1939-09[976] ist er vermerkt; die Beurteilung in den Gauakten (zitiert in [103]) führt diesen Umstand zu seinen Gunsten an. Daraus allein eine Nähe zur NSDAP abzuleiten, erscheint uns voreilig.[977]

Die NS-Zeit erlebte Wirtinger im Ruhestand, weiterhin der mathematischen Forschung ergeben und in unverändert hohem Ansehen. Die NS-Mitgliedschaft seines Sohnes Wilhelm Wirtinger jun ist dagegen belegt.[978]

Der Ehemann Vinzenz Löscher der älteren Tochter Amalie[979] unterstützte 1933 öffentlich Dollfuß nach dessen Machtergreifung, überstand aber die NS-Zeit und setzte seine Karriere als Kammerrat der gewerblichen Wirtschaft fort. Die jüngere Tochter Maria war tiefgläubig katholisch-konservativ und engagierte sich für das katholische bäuerliche Bildungswesen und die Erhaltung des bäuerlichen Brauchtums, ganz im Sinne der Ideologie von CSP und Ständestaat.[980]

---

[975] ÖStA, Allg. Verwaltungsarchiv Unterricht UM, Ktn 797, GZ 3680-I/34. hier zitiert nach [336].

[976] Huber [150, p 31]

[977] Vgl die kurzen Ausführungen über den Deutschen Klub in Abschnitt 1.1. Zu den Mitgliedern des „Deutschen Klubs" gehörten auch anerkannte Wissenschaftler und bis heute angesehene Persönlichkeiten, außer Wirtinger zB Oskar Morgenstern, der am Beginn seiner Laufbahn bekanntlich durchaus deutschnational gesinnt war. Für die (in [173] p 315) behauptete Mitgliedschaft Wirtingers in der „Deutschen Gemeinschaft" haben wir dagegen keine Anhaltspunkte gefunden.

[978] Wilhelm Wirtinger jun war ab 1920 Assistent von Eduard Pernkopf an der II. Lehrkanzel für Anatomie, wo er wesentlich an der Herstellung anatomischer Präparate als Vorlagen für Pernkopfs in der Fachwelt sehr geschätzten anatomischen Atlas beteiligt war. In mindestens einem Fall stammten solche Präparate aus Leichen von NS-Opfern. Wirtinger jun erwarb 1938 den Dr habil, 1939 wurde ihm die Lehrbefugnis als PD zuerkannt. Er ist in den Gauakten als NSDAP-Mitglied seit 1938-05-01 verzeichnet (Arias, s. Quellen, die Datumsangaben in [233] weichen davon etwas ab). Vgl Czech H, Forschen ohne Skrupel. Die wissenschaftliche Verwertung von Opfern der NS-Psychiatriemorde in Wien, und Weindling P, Victims and Survivors of NAZI Human Experiments, Bloomsbury Publishing 2015; p 123.

[979] Wirtingers Schwiegersohn durchlief eine Laufbahn bis zum Bankdirektor bei der 1914 gegründeten *NÖ Kriegskreditbank* und deren Nachfolgerinnen *NÖ Gewerbe- und Handelsbank* (1919) sowie *Gewerbe- und Handelsbank AG*.

[980] Nach 1945 trat sie noch einmal als Referentin der *Graschnitzer Volkskunstwochen* auf. (Salzb. Nachrichten 1951-05-09 p4) Zur Ideologie der ständestaatlichen Volksbildung und zu Maria Wirtingers Wirken vgl. Dostal T (2012), Bildung im Herrgottswinkel. Spurensuche, **20/21** (2012), 146–17.

Vater und Tochter Wilhelm und Maria Wirtinger. (Ybbs a.d. Donau, 1937) Maria Wirtinger erwarb 1922-11-02 an der BOKU den Grad einer Agr. Ing. und arbeitete dort am Institut f. Pflanzenzüchtung während der Studienjahre 1925/26 und 1926/27 als ao Assistentin. Weitere Karrierestationen: 1928 Institut für Hauswirtschaftswissenschaft, Berlin; 1932 Katholisches Volksbildungshaus Heimgarten in Neisse-Neuland, Oberschlesien (heute PL); ab 1934-10-01 Kursleiterin im Bäuerlichen Volksbildungsheim Schloss Hubertendorf b. Amstetten, NÖ (bis zu dessen erzwungener Auflösung 1938-03-15). Wichtigste berufliche Anliegen waren die Hebung der Stellung der Frau in der Landwirtschaft, der verbesserten Bildung der Bauerntöchter und in der Erhaltung der katholisch kulturellen Eigenart der bäuerlichen Lebensweise.

Foto: Deutsches Museum, München, Archiv, © Deutsches Museum, München, Archiv (Detail)

Wirtingers Vater hatte große wissenschaftliche Verdienste um die systematische Untersuchung von krankheitsbedingten Temperaturverläufen, besonders der sogenannten „Typhuskurve".

Als Kind von acht Jahren erkrankte Wirtinger gleichzeitig an Scharlach und Diphterie und war von da an auf seinem linken Ohr so gut wie taub.

Das Gymnasium besuchte der junge Wirtinger für ein Jahr in Seitenstetten, dann in Melk[981] und in St. Pölten, dort las er schon als Mittelschüler Originalarbeiten von Newton und Euler sowie (u.a.) Carl Neumanns[982] *Mechanische Wärmetheorie* und *Vorlesungen über abelsche Integrale*. Für Fächer außer Mathematik oder Physik zeigte er jedoch ostentativ wenig Interesse. Zusammen mit seiner Hörbehinderung und disziplinären Problemen führte das dazu, dass er die fünfte Klasse repetieren musste.

Wirtinger studierte an der Universität Wien ab seiner Matura 1884. Unterstützt durch ein Reisestipendium der Todesco-Stiftung verbrachte er auch ein Jahr in Berlin und Göttingen, wo er Vorlesungen von Weierstraß, Kronecker, Lazarus Fuchs, und Felix Klein besuchte. Mit Felix Klein verband ihn später eine lebenslange Freundschaft.

1887 promovierte Wirtinger an der Wiener Universität bei Weyr und Escherich und habilitierte sich dort 1890. Im selben Jahr erhielt er eine Assistentenstelle bei Emanuel Czuber[983]

---

[981] Wirtinger hatte mit dem Stiftsgymnasium Melk Schwierigkeiten (und das Gymnasium mit ihm), sein Name findet sich daher nicht in der Liste der „Alt-Melker". Dagegen besuchte er Seitenstetten nach seiner Schulzeit noch öfters (vgl. etwa St Pöltner Bote 1913-08-14, 1937-12-30 p11).

[982] Carl Gottfried Neumann (*1832-05-07 Königsberg, 1925-03-27 Leipzig) deutscher Mathematiker, wirkte von 1868-10-17 bis 1910-12-31 als Professor an der Universität Leipzig.

[983] Emanuel Czuber (*1851-01-19 Prag; †1925-08-22 Gnigl bei Salzburg) war ein tschechischer Mathematiker (er hieß eigentlich tschechisch Čubr), der aber den größten Teil seines Wirkens in Wien verbrachte. Er studierte am Deutschen Polytechnikum in Prag (nicht an der Prager Universität), ging 1886 an die Brünner TH (s. Mazliak und Šišma [203]).

an der TH Wien und heiratete Amalie Feyertag aus Ybbs. Während seiner Assistentenzeit schrieb er mehr als ein Dutzend Arbeiten, darunter eine große Arbeit über Theta-Funktionen (erschienen 1895), für die er 1895 den Beneke Preis der philosophischen Fakultät in Göttingen erhielt. Nach diesem Kraftakt wurde er, ebenfalls 1895, als Extraordinarius nach Innsbruck berufen.

Für den Festband Acta Mathematica **26** (1903) aus Anlass des 100. Geburtstag von Henrik Abel schrieb er auf Einladung Mittag-Lefflers zwei Arbeiten.

1903 wurde Wirtinger als Nachfolger Gegenbauers an die Universität Wien berufen, wo er durch 32 Jahre bis zu seiner Emeritierung 1935 blieb und 1915/16 Dekan der philosophischen Fakultät war.[984] Seine Kollegen im Mathematischen Seminar waren Escherich und Mertens, später Philipp ⟩ Furtwängler und Hans ⟩ Hahn. In den Vorlesungen wurde ein dreijähriger Zyklus eingehalten, sodass jeder Professor jedes dritte Jahr die Anfängervorlesung zu halten hatte. In den anderen Jahren las Wirtinger in der Regel Funktionentheorie, und dann über algebraische oder elliptische Funktionen. Seine Vorlesungen, und noch mehr seine Seminare, waren anspruchsvoll, sodass selbst in Zeiten der Überfüllung der Hochschulen, in der ⟩ Furtwängler und Hans ⟩ Hahn vor (wie berichtet) etwa 400 Hörern lasen, Wirtinger meist kaum 50 Hörer hatte. Im seinem Seminar saßen wohl nie mehr als 3 bis 4 Teilnehmer; in diesem Seminar trug er auch die Arbeiten vor, an denen er gerade arbeitete.[985]

Auch nach seiner Emeritierung 1935-09-30 kam Wirtinger zu Vorlesungszeiten täglich ans Institut und war in der Forschung weiter aktiv, seine letzte Arbeit erschien 1944.

Wirtingers wichtigste mathematischen Resultate betreffen die Theta-Funktionen. Er zeigte, dass auch die allgemeinen Theta-Funktionen als algebraische Theta-Funktionen von speziell von ihm durch Verkleben konstruierte Riemannsche Flächen darstellbar sind.

Manchmal wird als Wirtinger-Kalkül die Verwendung der komplexifizierten Vektorfelder

$$\frac{\partial}{\partial z^k} = \frac{1}{2}\left(\frac{\partial}{\partial x^k} - i\frac{\partial}{\partial y^k}\right) \quad \text{und} \quad \frac{\partial}{\partial \bar{z}^k} = \frac{1}{2}\left(\frac{\partial}{\partial x^k} + i\frac{\partial}{\partial y^k}\right)$$

bezeichnet, welche die duale Basis der 1-Formen $dz^k = dx^k + idy^k$ und $d\bar{z}^k = dx^k - idy^k$ bilden, weil Wirtinger sie 1926 als erster verwendet hat. Dies wurde 1953 von Pierre Dolbeault auf komplexen Mannigfaltigkeiten zu den Operatoren mit den lokalen Formeln

$$\partial = \sum_j dz^j \wedge \frac{\partial}{\partial z^j} : \Omega^{p,q} \to \Omega^{p+1,q} \quad \text{und} \quad \bar{\partial} = \sum_j d\bar{z}^j \wedge \frac{\partial}{\partial \bar{z}^j} : \Omega^{p,q} \to \Omega^{p,q+1}$$

---

[984] Er war 1902/03 Dekan in Innsbruck und lehrte dort auch noch bis 1905.

[985] Nach den Erinnerungen Hornichs, der Wirtinger noch als akademischen Lehrer erlebt hat, stieß Wirtinger manchmal in seinem Vortrag an einer heiklen Stelle auf ein unvorhergesehenes Hindernis und musste eines seiner neuesten Ergebnisse wieder zurücknehmen. ⟩ Hlawka sagt über ihn: „Als Vortragender hat er sehr viel in die Vorlesungen hineingepackt, ... für die meisten Studenten war das zu schwierig. Wenn man nicht schon Mathematik gelernt hatte, so war das ganz aussichtslos." (Cf. p 251.) ⟩ Hlawka *hatte* schon vorher Mathematik gelernt und dementsprechend schon im ersten Studienjahr gute Kontakte zu Wirtinger, der ihn auch in den folgenden Jahren, bis zum Kriegsende, unterstützte und ihm durch eine Empfehlung an Hasse ein Einladung nach Göttingen verschaffte. Cf. den Briefwechsel Hasse-Hlawka im Archiv der Universität Göttingen, Cod. Ms. H. Hasse 1:702 Hlawka, Edmund (hier zitiert nach Frühstückl [103], p 138.)

verallgemeinert: der Komplex von $\bar{\partial}$ liefert die Dolbeault-Kohomologie. Weiters tragen Wirtingers Namen die klassische Wirtinger-Ungleichung für Funktionen (ein Spezialfall der Poincaré-Ungleichung für Sobolev-Räume) und für 2-Formen (wichtig in der Geometrie von Kähler-Mannigfaltigkeiten) sowie die Wirtinger-Präsentation der Knotengruppen (durch Erzeugende und Relationen).[986] Weitere Arbeiten Wirtingers behandeln Themen aus der abstrakten Geometrie, aus höherdimensionaler Differentialgeometrie, Algebra (insbesondere Invariantentheorie), Zahlentheorie, Statistik und mathematischer Physik.

Wirtinger hielt neben Pflichtlehrveranstaltungen auch historische Einführungen, zum Beispiel über altgriechische Mathematik.[987] Zusammen mit Emmanuel Czuber, Richard ⟩Suppantschitsch und Erwin ⟩Dintzl war er an der Erstellung des Lageberichts der mathematischen Mittelschulbildung in Österreich, im Auftrag der 1908 auf dem 4. ICM in Rom gegründeten Internationalen mathematischen Unterrichtskommission (IMUK, nach 1952 neu gegründet als *International Commission on Mathematical Instruction*, ICMI), beteiligt.[988]

Wirtinger war ordentliches Mitglied des Vereins für erweiterte Frauenbildung, seine beiden Töchter waren zeitweise Schülerinnen des von diesem Verein geführten Gymnasiums.

In seiner Innsbrucker Zeit hielt Wirtinger neben seinen universitären Lehrveranstaltungen auch volkstümliche Vorträge über Zinseszins- und Rentenrechnung sowie über Wahrscheinlichkeitsrechnung und Versicherungswesen.[989] Wirtinger wurde 1928 Mitglied der Kommission für die Authentifizierung von Versicherungstechnikern. Er war aber auch direkt mit Versicherungsanstalten verbunden, der Assecuranz-Compass von 1936 führt ihn als Mitglied des Aufsichtsrats der *Phönix*-Versicherung an.[990] Wirtinger war aber nicht in die Malversationen in Zusammenhang mit der *Phönix*-Pleite verwickelt.

Zu seinen Dissertanten gehörten Alfred ⟩Berger, Wilhelm ⟩Blaschke, Karl ⟩Brauner, Hilda ⟩Geiringer, Wilhelm Groß, Eduard ⟩Helly, Hans ⟩Hornich, Karl ⟩Strubecker, Leopold ⟩Vietoris und Roland ⟩Weitzenböck.

Ehrungen: 1895 Beneke Preis der philosophischen Fakultät in Göttingen; 1895 korresp., 1905 wirkl. Mitglied der kaiserl. AW in Wien; 1902 Ehrendoktorat der Universität Christiania (heute Oslo); 1902/03 Dekan phil. Fakultät Univ Innsbruck; 1904 Plenarvortrag ICM Heidelberg (Riemanns Vorlesungen über die hypergeometrische Reihe); 1906 korr. Mitglied der Göttinger AW; 1907 Verleihung Royal Society Sylvester Medal; 1915/16 Dekan der phil. Fakultät Univ Wien; 1919-12-31 Ernennung zum Hofrat; 1925 Ehrendoktor der Universität Hamburg; 1925-02-05 korr. Mitglied der Berliner AW; 1927 Mitglied der päpstl. Akademie *Pontificia Accademia delle Scienze Nuovi Lincei* in Rom; 1931 Mitglied der Bayerischen Akademie; 1931 korr. Ehrenmitgl. der AW der Universität München; 1935 Komturkreuz des (ab 1934-10 unter Ständestaat-Diktator Schuschnigg verliehenen, in der 2. Republik durch das Verdienstkreuz abgelösten) Verdienstordens; 1935 Ehrendoktorat der Universität Innsbruck; 1935 Ehrenbürger der Stadt

---

[986] Zur Geschichte der Knotentheorie vgl [69].

[987] So zB im WS 1923/24 eine Auswahl von Archimedes'schen Beiträgen zur Mathematik (unter „Elementarmathematik" für Lehramtskandidaten). — Mit Wohlgefallen vermerkt im Neuen Wr Journal 1923-09-21 p4.

[988] Für die Entwicklung der IMUK vgl. Howson A G, Seventy-five years of the International Commission on Mathematical Instruction, Educational Studies in Math., **15** (1984), 75—93.

[989] Innsbr. Nachr. 1897-12-12 p2, 12-20 p2, 1898-01-05 p4, 01-07 p1, 02-09 p3, 02-10 p2.

[990] S. auch: Salzburger Volksblatt 1936-04-01 p11

Innsbruck; 1935 Bronze-Medaille von Tautenhayn mit dem Bildnis Wirtingers;[991] 1936 Ehrenmitgl. der IMUK; 1937 Jubiläumspromotion an der Univ. Wien; 1949 Umbenennung der Rathausgasse in Prof.-Wirtinger-Gasse, Ybbs. 1964/65 Ein Antrag auf Anbringung eines Reliefs von Wilhelm Wirtinger sen im Arkadenhof der Universität Wien wird von der Artistik-Kommission d. Univ. Wien abgelehnt. (UWA Senat S 222.45)

Ausgewählte Publikationen. *Diss.*: (1887) *Über eine spezielle Tripelinvolution in der Ebene (Weyr, v. Escherich).*

1. Untersuchungen über die Theta Funktionen, Teubner, 1895. [Ausgezeichnet mit dem Beneke-Preis.]
2. Über einige Probleme in der Theorie der Abelschen Functionen. Acta Math. **26** (1902), 133–156.
3. Einige Anwendungen der Euler-Maclaurin'schen Summenformel, insbesondere auf eine Aufgabe von Abel. Acta Math. **26** (1902), 255–271.
4. (gem. mit Krazer, A.), Abelsche Funktionen und allgemeine Thetafunktionen. Encykl. d. math. Wiss. IIB **7** (1920), 604-873.
5. On a general infinitesimal geometry, in reference to the theory of relativity. Cambr. Phil. Soc. Trans. **22** (1922), 439–448.
6. Zur formalen Theorie der Funktionen von mehreren komplexen Veränderlichen. Math. Ann. **97** (1926), 357–375.
7. Lie's Translationsmannigfaltigkeiten und Abelsche Integrale. Monatsh. Math. Phys. **46** (1938), 384-431.
8. Integrale dritter Gattung und linear polymorpbe Funktionen, Monatsh. Math. Phys. **51** (1944), 101-114.

Hornichs Nachruf zählt 71 mathematische Publikationen auf, Einhorn [67] insgesamt 77; Mactutor [228] gibt 88 an; Zbl/JFM nennen (bereinigt) 76 Publikationen, davon 2 Bücher (eigentlich nur zwei je 20 Seiten lange populäre Abhandlungen aus den Jahren 1906 und 1923).

Versteckt hinter dem Pseudonym (falscher Autorname?) „H. Wirkinger" war Wirtinger auch am „Schulmathematik-Report" beteiligt, der 1933, offenbar zur Vorbereitung der Wiederbelebung der Internationalen mathematischen Unterrichtskommission IMUK 1936, erschien:

9. (gem. mit Hahn H, Kruppa E), Die Ausbildung der Mathematiklehrer an den Mittelschulen Oesterreichs. L'Enseignement Mathématique **32** (1933), 184–191. [2022-03-21 online unter: https://www.e-periodica.ch/cntmng?pid=ens-001:1933:32::90 aufgerufen.]

Quellen. Zu Wirtingers Geburts- u. Sterbedaten: Matricula Diözese St Pölten/Ybbs an der Donau Taufbuch 1864–1875; WAIS, Meldezettel von 1909-07-22 (dort ist auch ein Waffenschein Nr. 350 eingetragen); Die Pyramide **1** (1951) 82f; Ybbser Zeitung 1915-09-26 p2; UWA PH RA 491 (Personalakt Wirtinger), Senatsakt Senat S 222.45; Wr Zeitg 1916-08-26 p4, 1950-07-13 p5; Einhorn I [67, p. 5–25]; Hornich, Monatsh. f. Math. **52** (1948), 1–12; Hlawka [142, p 267–269]

Lit.: Bericht Wirtingers über seine Auslandsaufenthalte mit Hilfe eines Todesco-Stipendiums, UWA PH GZ 829 aus 1888/89; C. Carathéodory, Jahrb. Bayer. AW 1944/48 (1948), 256-58; J. Radon, Almanach d. ÖAW **95** (1945), 336–346.
Zur **NS-Mitgliedschaft** seines Sohnes Wilhelm Wirtinger jun vgl. Arias, I., Entnazifizierung an der Wiener Medizinischen Fakultät: Bruch oder Kontinuität? Das Beispiel des Anatomischen Instituts. Zeitgeschichte 2004 p. 339–369. Zu Maria Wirtingers Engagement in der ländlichen Volksbildung s. Dostal, T (2012), Bildung im Herrgottswinkel. Spurensuche, **20/21** (2012), 146.-170.

---

[991] Josef Tautenhayn der Jüngere (*1868-09-23 Wien; †1962-02-09 Wien), Sohn von J.T. dem Älteren (*1837-05-05 Wien; †1911-04-01 Wien), Bild dieser Medaille in Alexanderson, G L und L F Klosinski, Bull. Am. Math. Soc., New Ser. **56** (2019), 513–520 (p 519).

Walter Wunderlich

*1910-03-06 Wien;   †1998-11-03 Wien (ev. A.B.)

Sohn des Ingenieurs und Absolventen der TH Wien Hermann Wunderlich (*1874-06-03 Brünn; †1934-04-04b Wien) und dessen Ehefrau Mathilde (*1884-01-30, †1943-11-04b Wien); Bruder von Mathilde („Tilde") Wunderlich (*1913-02-11; †2002-05-09b Wien)

Wunderlich ∞ 1943 Johanna (*1916-12-15; †1996-01-09b Wien), geb. Hrudka; zwei Söhne: Max (*1945-11-01 Kiel), Univ Prof u. Primararzt i. R. f. Dickdarm-Chirurgie in Wien und Perchtoldsdorf, Thomas Alexander (*1955-05-01 Wien), emer. Prof Geodäsie, TU München.

Zeichnung: W.R., Walter Wunderlich 1946 (W.R., nach Fotos im Nachruf von Stachel)

NS-Zeit.   Wunderlich gehörte zu den Mathematikern, die aufgrund ihrer wissenschaftlichen Qualifikation, mit Glück und dem Verständnis von Dienstvorgesetzten der Hölle des unmittelbaren Fronteinsatzes entkamen. 1940–42 leistete er Militärdienst bei der Marineartillerie, von da an war er als Zivilist an der Versuchsanstalt der Kriegsmarine in Kiel tätig.

Walter Wunderlich wuchs in Wien-Neubau auf und besuchte dort die im Bezirksteil Schottenfeld bestehende Realschule [992] bis zur Reifeprüfung 1928-06-28. Darauf studierte er von 1928 bis 1933 an der TH Wien und an der Universität Wien. 1931-06-30 legte er die 1. Staatsprüfung für Bauingenieure ab, wechselte dann zu Mathematik und Darstellende Geometrie und schloss dieses Studium 1933-11-11 mit der Lehramtsprüfung ab. Danach folgte ein (wie damals üblich: unbezahltes) Probejahr an der Realschule auf der Schottenbastei Wien, „nachdem ihm bereits wegen seines Religionsbekenntnisses fünf arbeitslose Jahre prognosziert worden waren" (Hellmuth Stachel). 1934-07-07 promovierte er zum Dr tech an der TH Wien, 1935-05-21 legte er die Lehramtsprüfung für Kurzschrift ab.

Wunderlich war 1936-1940 wissenschaftliche Hilfskraft und Assistent an der II. Lehrkanzel für Darstellende Geometrie der TU Wien bei Ludwig ˃ Eckhart, später bei Josef ˃ Krames), gleichzeitig arbeitete er als Lehrer an verschiedenen Mittelschulen Wiens. 1940-06-20 promovierte er zum Dr habil.[993] der TH Wien.

1940-06-21 folgte die Einberufung zum Militärdienst bei der Marineartillerie. Wunderlich blieb dort zwei Jahre, glücklicherweise ohne nennenswerte Kampfhandlungen zu erleben. Sein Kampfauftrag war die akustische Überwachung von Küstengewässern mit Hilfe von

---

[992] Neustiftgasse 95–99. Direktor der Schule war 1906-24 August Adler (*1863-01-24 Troppau; †1923-10-17 Wien), o Prof für Mathematik und Darstellende Geometrie an der TH Wien. Die Schule wurde 1968 aufgelassen.

[993] Im Deutschen Reich während der NS-Zeit eine mit dem Habil-Kolloquium verbundene Vorstufe („akademische Lehrbefähigung") der *Venia Legendi*, die gewöhnlich erst später vom REM verliehen wurde. (vgl den Eintrag im Glossar.) In manchen Bundesländern Deutschlands wird heute noch ein Dr habil verliehen.

bei der AEG entwickelten Sonardetektoren („akustisches Radar" genannt).[994] Der Wach-dienst ließ ihm genug Zeit zum Nachdenken über mathematische Probleme; zwei seiner damals veröffentlichten Arbeiten tragen die Adresse „im Felde".

1942-07-13 erhielt Wunderlich die Lehrbefugnis für Geometrie, insbesondere Darstellen-de Geometrie.[995] Im gleichen Jahr 1942 kehrte Wunderlich ins Zivilleben zurück und wurde wissenschaftlicher Mitarbeiter an der Chemisch-Physikalischen Versuchsanstalt der Kriegsmarine in Kiel, Abteilung Sprengphysik. Dort verfasste er auf Verlangen seines Vor-gesetzten ein Lehrbuch der Unterwassersprengungen (das er nach Stachel später „in keines seiner Schriftenverzeichnisse aufnahm"), ein weiterer Beitrag zur Rüstungsforschung war die erst 1957 veröffentlichte Arbeit über „Hundekurven mit konstantem Schielwinkel" (et-was militärischer ausgedrückt: „Verfolgungskurven für bewegte Ziele in der Ebene"), die mit der Konstruktion von durch akustische Signale gesteuerten Torpedos in Verbindung stand.[996] Die Zeit vom Kriegsende bis 1946-04 verbrachte er in britischer Internierung in Dänisch-Nienhof bei Kiel, hauptsächlich mit der Fertigstellung seines Lehrbuchs der Sprengtechnik zur Information der daran interessierten britischen Militärs, ähnlich wie > Hofreiter.

Nach seiner Rückkehr waren die weiteren Stationen von Wunderlichs Laufbahn:

- 1946-11-13 ao Professor und Vorstand der II. Lehrkanzel für Darstellende Geometrie, später II. Institut für Geometrie (TH Wien),
- 1950-04-04 tit. o Professor an der TH Wien, 1955-01-18 zum o Professor ernannt,
- 1957–1959 Dekan der Fakultät für Naturwissenschaften,
- 1964/65 Rektor der TH Wien und mit der Vorbereitung der 150-Jahr-Feier der TH Wien beschäftigt.
- 1970 Gastprofessor für Kinematik an der Washington State University, Pullman.

Wunderlichs umfangreiches wissenschaftliches Werk besteht weniger in der systematischen Entwicklung von neuen Theorien und der Lösung von Problemen, die man dem augenblick-lichen *mainstream* zuordnen kann, als aus vielen scharfsinnigen Einzelbeiträgen mit hohem ästhetischen Reiz, viele davon der „synthetischen Geometrie" alten Stils zuzurechnen. Sei-ne Veröffentlichungen umfassen drei als Hochschultaschenbücher erschienene Lehrbücher der Darstellenden und der Kinematischen Geometrie, unzählbar viele Beiträge zur darstel-lenden, projektiven und nichteuklidischen Geometrie, sowie zur Differentialgeometrie und zur Kinematik. Besonderes Interesse zeigte Wunderlich an der Kinematischen Geometrie, namentlich an Getrieben aus gelenkig verbundenen Stäben. Nicht weniger als 22 seiner

---

[994] Einschätzung Wunderlichs: „Das Gerät war besonders für den Einsatz bei Nebel gedacht, brachte aber gerade bei Nebel nur schlechte Ergebnisse".

[995] Nach Kürschners Gelehrtenkalender von 1950 hatte er 1943-09-14 eine (Diäten-) Dozentur für Geo-metrie an der Universität Berlin. In seinem Nachruf auf Wunderlich (s.u.) schreibt Stachel, dass dieser Lehrauftrag wegen des Krieges nie realisiert wurde. Wunderlichs Arbeit über Darbouxsche Verwandschaft und Spiegelung an Flächen 2. Grades (s.u.), die 1943 in *Deutsche Mathematik* erschien, ist mit „Von Walter Wunderlich in Berlin" gezeichnet. Die Wahrnehmung eines solchen Lehrauftrages in diesem Jahr ist also nicht auszuschließen.

[996] Verfolgungskurven waren eigentlich die Domäne von Helmuth Hasse, der während des Krieges eine Forschungsgruppe im Oberkommando der Marine zu diesem Thema leitete. Hasse hatte sich im 1. Weltkrieg *freiwillig* zur Reichskriegsmarine gemeldet.

Publikationen befassen sich mit der Beweglichkeit von Polygonen und Polyedern („Wackelpolygone" und „Wackelpolyeder"). Anhänger eines axiomatisch-analytischen Zugangs zur Geometrie schätzen an seinen Arbeiten vor allem die Fülle von Beispielen, die diese liefern.[997]

Wunderlich emeritierte 1980, war aber dann noch lange wissenschaftlich aktiv. Leider erblindete er, beginnend mit dem Jahre 1977, zusehends, verfasste aber bis zu seiner endgültigen Erblindung 1987 noch 40 Publikationen (die letzte über Wackelpolyeder). Seine Frau erkrankte an Alzheimer-ähnlichen Störungen.

In seiner administrativen wissenschaftlichen Arbeit war Wunderlich Redakteur der „Internationalen Mathematischen Nachrichten" (IMN), Mitglied der ÖMG und der GAMM, sowie, weniger intensiv, der *Societé mathematique de Belgique*.

Alle verstorbenen Mitglieder der Familie Wunderlich sind auf dem evangelischen Friedhof in Simmering begraben.

MGP verzeichnet 15 Dissertanten, darunter Heinrich Brauner, Helmut Pottmann und Hans Vogler

Ehrungen: 1965 Großes Goldenes Ehrenzeichen für Verdienste um die Republik Österreich; 1966 korresp., 1971 wirkliches Mitgl der ÖAW; 1972 goldener Ehrenring der ÖMG; 1978 Technik-Preis der Wiener Wirtschaft; 1978 Österreichisches Ehrenkreuz für Wissenschaft und Kunst I. Klasse; 1986 Ehrenmedaille der Stadt Wien in Gold; 1988 Prechtl-Medaille der TH Wien; 1991 Ehrendoktor der TU München.

Ausgewählte Publikationen. *Diss.*: (1934) *Über eine affine Verallgemeinerung der Lyonschen Grenzschraubung (Kruppa).*

1. Über eine affine Verallgemeinerung der Grenzschraubung. Sitzungsber. Akad. Wien **144** (1935), 111-129. [Auszug aus der Dissertation]
2. Darstellende Geometrie nichteuklidischer Schraubflächen. Mh. Math. Phys. **44** (1936), 249-279.
3. Geometrie, Lösungen der Aufgaben aus Geometrie für die 5. bis 8. Klasse der Mittelschulen, von Močnik-Holzmeister, bearbeitet von Walter Wunderlich. Wien 1938.
4. Darstellende Geometrie der Spiralflächen. Mh. Math. Phys. **46** (1938), 248-265.
5. Über fünf Aufgaben der Seetaktik. [nicht in Zbl/JFM] Zeitschr. f. math. u. naturwiss. Unterricht **72** (Heft4) (1941), 97-102
6. Darbouxsche Verwandtschaft und Spiegelung an Flächen 2. Grades. Deutsche Math. **7** (1943), 417–432.
7. NARA (1945) Technische Dokumentation Einführung in das Unterwassersprengwesen [ein 250 Seiten Text und 150 Seiten Abbildungen umfassendes Handbuch; unter Verschluss]
8. Über die Hundekurven mit konstantem Schielwinkel. Monatsh. Math. **61** (1957), 277-311.
9. Über ein abwickelbares Möbiusband. Monatsh. Math. **66** (1962), 276-289.
10. Darstellende Geometrie. 2 Bände, BI Wissenschaftsverlag 1966, 1967
11. Getriebemodell-Schaukasten an der TH Wien. Elektrotechnik und Maschinenbau **84** (1967), 438–440
12. Ebene Kinematik. BI Wissenschaftsverlag 1970
13. Kombinierte Anwendung von Variationsverfahren und Übertragungsmatrizen in der Elastizitätstheorie. Z. Angew. Math. Mech. **50**, Sonderheft, T155-T156 (1970).
14. Kurven konstanter ganzer Krümmung und fester Hauptnormalenneigung. Monatsh. Math. **77** (1973), 158–171.
15. Zur Geometrie der Vogeleier. Sber., Abt. II, ÖAW, Math.-Naturwiss. Kl. **187** (1979), 1–19.
16. Sphärische Kurven mit einem beweglichen geschlossenen Sehnenpolygon. Sitzungsber. ÖAW, Abt. II, Math.-Naturw. Kl. **194** (1985), 15–21
17. (gem. mit C. Schwabe) Eine Familie von geschlossenen gleichflächigen Polyedern, die fast beweglich sind. Elem. Math. **41** (1986), 88–98.
18. Shaky polyedra of higher connection. Publ. Math. Debrecen 37 (1990), 355–361.

Die Liste von Wunderlichs Arbeiten in Stachels Nachruf vermerkt 205 Publikationen, Zbl/JFM nennen bereinigt 203. Scans der Arbeiten Wunderlichs können von ⟨http://sodwana.uni-ak.ac.at/geom/mitarbeiter/wallner/wunderlich/, Zugriff 2023-02-20⟩ heruntergeladen werden.

---

[997] Karl Strambach in Gesprächen mit WR.

Quellen. Nachrufe: Stachel H (1999), Walter Wunderlich (1910-1998), Technical Report No. 65, TU Wien.; Pottmann, IMN 180(1999), 2–16; Husty M Walter Wunderlich (1910-1998). in: Ceccarelli M (ed.), Distinguished figures in mechanism and machine science. Their contributions and legacies. Part 1. Dordrecht: Springer (ISBN 978-1-4020-6365-7/hbk; 978-1-4020-6366-4/ebook). History of Mechanism and Machine Science 1 (2007), 371–392; Almanach der ÖAW 149 (1998/99); Festschrift 150 Jahre TH Wien [301], p 504.

Kapitel 5
Emigranten der ersten Generation

In die folgende Liste wurden die Emigrantinnen und Emigranten aufgenommen,[1] die zum Zeitpunkt ihrer Ausreise ihr Mathematikstudium bereits abgeschlossen (oder fast abgeschlossen) hatten.[2] In der Liste stehen auch Mathematikerinnen und Mathematiker, die schon längere Zeit vor 1938 aus Österreich nach Deutschland emigrierten und dann von dort aus den NS-Machtbereich verließen, sowie die Emigranten in die Tschechoslowakei, Jugoslawien und Ungarn (mit entsprechendem muttersprachlichen Hintergrund), die diese besetzten Zufluchtsländer wieder verlassen mussten.

- ⊳ Artin, v. ⊳ Mises, ⊳ Neugebauer, ⊳ Geiringer und ihr erster Ehemann Félix ⊳ Pollaczek, sowie Theodor Pöschl und ⊳ Taussky-Todd emigrierten ohne erkennbaren politischen oder rassenideologischen Druck aus fachlichen Gründen nach Deutschland und wurden erst 1933 (oder kurz nachher) von dort vertrieben.

- Walther ⊳ Mayer folgte Albert Einstein erst nach Berlin und dann nach Princeton. Der „Arier" Ottó ⊳ Varga emigrierte nach Prag, hatte einen Forschungsaufenthalt in Hamburg, kehrte nach Prag zurück und ging dann nach Ungarn.

- ⊳ Menger wurde von den Umständen der Ermordung Schlicks und der Repressionen im Ständestaat, vielleicht auch von der Verweigerung eines Lehrstuhls, der ihm eigentlich in der Nachfolge ⊳ Hahns oder ⊳ Wirtingers zugestanden wäre, sicherlich auch durch das unaufhaltsame Überhandnehmen des NS-Einflusses, aus Wien hinausgeekelt. Er ließ sich aber

---

[1] Frida Frischauer (*1902-02-26 Wien; †1966-03-22 New York), Schwester der bekannten Physikerin Lise Meitner, wurde als Nicht-Mathematikerin in unsere Zusammenstellung nicht aufgenommen. Sie studierte Philosophie, heiratete 1917 den Philosophen und Arzt Dr Leo Frischauer, und promovierte 1918 bei Adolph Stöhr und Robert Reininger. Nach ihrer Flucht 1938 in die USA war sie als Philosophielehrerin am Adelphi-College in NY tätig.

[2] Der Begriff deckt sich weitgehend, aber nicht völlig mit dem der „ersten Welle der Emigranten". Letzterer bezieht sich gewöhnlich nur auf solche Emigranten, die bereits internationalen Ruf genossen und daher leichter ein Visum für die USA oder für Großbritannien erhielten.

© Der/die Autor(en), exklusiv lizenziert an
Springer-Verlag GmbH, DE, ein Teil von Springer Nature 2023
W. A. F. Ruppert und P. W. Michor, *Mathematik in Österreich und die NS-Zeit*, Mathematik im Kontext,
https://doi.org/10.1007/978-3-662-67100-9_5

zunächst nur beurlauben, nach dem „Anschluss" legte er telegraphisch seine ao Professur zurück.[3]

• ˃ Pick emigrierte 1938 an seine frühere Wirkungsstätte Prag, verblieb damit im für ihn tödlichen NS-Herrschaftsbereich und wurde daher in die Liste von Kapitel 4 aufgenommen.

• ˃ Gödel hatte seine ehrenvolle Berufung an das IAS in Princeton bereits in der Tasche, seine verspätete Emigration in die USA hängt vor allem mit seiner psychischen Konstitution (depressive Schübe) und mit seiner Heirat zusammen. Nach dem „Anschluss" verblieb sein Bruder in Wien, seine Mutter blieb erst in Brünn und übersiedelte 1944 nach Wien zu ihrem Sohn Rudolf. Die im „III. Reich" verbliebenen Familienmitglieder wurden nicht behelligt.

• Besondere Fälle sind die Emigranten in die Sowjetunion, Wilhelm ˃ Brainin, Cölestin ˃ Burstin, Felix ˃ Frankl und die Emigrantin Marie ˃ Fessler, die Stalins Säuberungen im Gefolge des Kirov-Attentats zum Opfer fielen.[4]

Franz Leopold Alt

*1910-11-30 Wien;   †2011-07-21 New York City

Sohn des Rechtsanwalts Dr jur Josef Alt (*1878-02-08 Wischau (Viskov), Mähren; †1944-08-01 Manhattan NY, USA) [Sohn von Mori(t)z (*1851; †1917-01-16) Alt und seiner Frau Antonia, geb. Friedmann *1851; †1923-12-19 Wien)] und dessen Ehefrau Elsa, geb Schreier (*1889-01-30 Iglau; †1974-03 Bronx NY, USA; Tochter von Dr Philipp u Kathi Schreier);

Zeichnung: W.R. Nach Fotos aus den 1930er Jahren.

Bruder von Friedrich ("Fred") Alt (*1912-03-06 Wien; †1969-01-04 New York, an Krebs) ∞ 1935-05-05 Johanna („Hansi") Magdalen (*1911-02-25 Wien; †1992-04-21 Virginia USA), Tochter von Rudolf (*1878-06-27; †?) und Nellie (*1883-01-17; †1974-02) Schwarz, geb Pollak;

Neffe von Vaters Bruder Hugo Hans Alt (*1884; †1942 Shoah, Ort unbekannt) und dessen Frau Marianne („Micky");

Neffe von Vaters Schwestern Helene, geb Alt (1880-04-25 Vyskov; †1942-09-30 Ghetto Theresienstadt (Shoah) [1942-08-27 Transport 38, Zug Da 507 von Wien]) ∞ Eugen Spitz (*?; †1934-12-23 Wien) und Rudolfine („Rudi"), geb Alt (*1886; †1942 (Shoah) KZ Maly Trostenets Belarus [1942-08-17 Transport 36, Zug Da 223 von Wien]), geb Alt ∞ Kuhn, in 2. Ehe Josef Berger;

Neffe von Mutters Schwester Hedwig, geb Schreier (*1887-06-08; †1944 (Shoah) KZ Auschwitz [1944-10-09 Transport Ep-395]) ∞ Hess.

---

[3] Das lieferte 1945 einen Vorwand, ihm diese Professur nicht zu restituieren. Die Neuberufung auf einen für Geometrie vorgesehenen Lehrstuhl wurde von Vertretern nicht-mathematisch orientierter Fächer im Fakultätskollegium abgeblockt. (Vgl. p 591.)

[4] Die Ermordung des Staats- und Parteifunktionärs Sergej Mironovič Kirov (*1886-03-27 Urzhum, heute Kirov im gleichnamigen Oblast; †1934-12-01 Leningrad, UdSSR) gilt als Auslöser der Säuberungswellen des „Großen Terrors" unter Stalin, die in den Jahren 1936 –1938 ihren Höhepunkt erreichten, aber noch bis in die 1950er Jahre weitergingen. Die dazu von russischen Archiven zusammengestellten Daten sind online unter https://lists.memo.ru/ zugänglich.

Franz Alt ∞ 1938 in 1. Ehe Dr med Alice, geb. Modern (*1908-05-17 Wien Alsergrund; †1969 an Krebs in New York), Tochter des Hof- und Gerichtsadvokaten Dr jur Max Modern (*1871-05-16 Wien; †1918-07-06 Wien) und Charlotte Friederike, geb Funk (*1878-06-11 Wien; †?, eine Kusine von Paul ˃ Funk); 2 Kinder: Theresa ∞ Wayles und James ∞ Elaine.

Franz Alt ∞ in 2. Ehe Annice (*1930), die drei eigene und zwei Stieftöchter in die Ehe mitbrachte.

NS-Zeit. Alt emigrierte 1938-05, einen Monat nach dem NS-Einmarsch, zusammen mit seiner frisch angetrauten Ehefrau Alice in die USA, wo die beiden dank ihres frühen Eintreffens noch ca 30 jüdischen Verfolgten aus NS-Deutschland zur Flucht in die USA verhelfen konnten. Insbesondere brachten die beiden Franz Alts Eltern und seinen Bruder Fred in Sicherheit. Später trat Franz Alt in die US-Streitkräfte ein und war in vorderster Linie in der Computertechnik erfolgreich; er gilt als einer der wichtigsten Pioniere der Informatik.

Alt wuchs als Sohn säkular eingestellter jüdischer Eltern in Wien auf; Großvater Moriz Alt war Inhaber einer kleinen Kaufmannsfirma in Wischau gewesen, er starb 1917. Franz Alt maturierte 1928 am Gymnasium Stubenbastei,[5] und studierte danach an der Universität Wien Mathematik und Physik. Er promovierte 1932 bei Karl ˃ Menger über eine metrische Definition der Krümmung einer Kurve, legte bald danach die Lehramtsprüfung ab und absolvierte 1932/33 das Probejahr zum Lehramt. Seine Forschungsgebiete umfassten damals mengentheoretische Topologie, logische Grundlagen der Geometrie und, unter dem Einfluß von Oskar Morgenstern,[6] die Einführung eines axiomatischen Systems für ökonomische Grundbegriffe. Er gehörte zu den Teilnehmern des ˃ Menger-Kolloquiums.

Kurz vor dem Einmarsch der NS-Truppen heirateten 1938 Franz Alt und Alice Modern,[7] ebenso kurz danach (nach Alts Erinnerungen Ende Mai) verließen die beiden Österreich und

---

[5] Heute GRG Wien 1

[6] Oskar Morgenstern (*1902-01-24 Görlitz, Schlesien; †1977-07-26 Princeton) wich 1914 mit seinen Eltern dem Kriegsgeschehen aus und übersiedelte nach Wien. Hier studierte er an der Universität Wien Nationalökonomie, unter anderen bei Ludwig von Mises, und promovierte zum Dr rer pol im Jahre 1925. 1925–28 war er mit verschiedenen Forschungstipendien in England, den USA und Kanada, später Rom und Paris. Nach seiner Rückkehr habilitierte er sich 1928 gegen den erbitterten Widerstand Othmar Spanns. 1930 wurde er Stellvertreter von Friedrich August von Hayek, 1931 Direktor des Österreichischen Instituts für Konjunkturforschung, bis 1938. 1935 wurde ihm der Titel eines ao Professors an der Universität Wien verliehen.

Während des NS-deutschen Einmarschs 1938 war er gerade für einen Vortrag in Princeton; er verblieb dann an der Princeton University und kehrte nicht nach Wien zurück. Sein Buch mit John v. Neumann: *Theory of Games and Economic Behavior* (1944) machte die von v. Neumann begründete Spieltheorie in der Ökonomie bekannt. 1963 gründeten Morgenstern und Paul F. Lazarsfeld das Institut für Höhere Studien (IHS) in Wien, das er ab September 1965 ein Jahr lang leitete. Anläßlich der Übersiedlung der Fakultäten für Wirtschaftswissenschaften und für Mathematik der Universität Wien in das frühere Gebäude der Pensionsversicherungsanstalt erhielt 2013 der kleine Platz vor dem Gebäude den Namen *Oskar-Morgenstern-Platz*. Die Fakultät für Wirtschaftswissenschaften vergibt seit 2013 alle zwei Jahre die *Oskar-Morgenstern-Medaille*. Morgenstern Archive: (https://archives.lib.duke.edu/catalog/morgenst, Zugriff 2023-02-20).

[7] Die Hochzeit fand nach jüdischem Zeremoniell unter der Leitung des Rabbiners Artur Zacharias Schwarz, Vater von Binyamin ˃ Schwarz, statt.

übersiedelten nach New York.[8] Von dort aus setzten sie sich für ihre zurückgelassenen, vom NS-Regime bedrohten Verwandten und Freunde ein, denen sie "affidavits" (Bürgschaften) und Visas für New York verschafften. Zwischen 1938 und 1946 arbeitete Alt für sechs Jahre am *Econometric Institute* in New York.

Nach Pearl Harbour und dem Eintritt der Vereinigten Staaten in den Zweiten Weltkrieg meldete sich Alt als Freiwilliger zur Armee. Zunächst als Ausländer zurückgewiesen, wurde er schließlich 1943 in die 10. US-Gebirgsdivision, eine Eliteeinheit für alpine Kampfeinsätze, aufgenommen. Dort bewährte er sich sehr im Skifahren und Bergsteigen und brachte es bis zum Rang eines *Second Lieutenants*.

1945, noch während seiner Militärzeit, war er dem Forschungs- und Entwicklungszentrum der Army, dem Aberdeen Proving Ground (APG), zugeteilt; er leitete dort die Entwicklung elektronischer Rechnersysteme. Von da an machte seine wissenschaftliche Karriere einen Schwenk von der Mathematik zur damals im Entstehen begriffenen *Computer Science*. Nach seiner Entlassung aus der Armee kehrte er zunächst für ein Jahr an das Econometric Institute zurück, ging dann aber wieder, diesmal als Zivilist, an das APG. Dort war er 1946–48 Vizedirektor des Rechenlaboratoriums, einer Einrichtung für mathematische Dienstleistungen aller Art, die mit großen Digital- und Analogrechenanlagen und den dazugehörigen Lese- und Schreibgeräten für Lochkarten und andere Medien ausgerüstet war. Das prominenteste Computerprojekt der APG war damals der mit Röhren betriebene elektronische Digitalrechner ENIAC (Electronic Numerical Integrator and Computer), der, ursprünglich ab 1942 von einer privaten Firma entwickelt, 1946 erstmals öffentlich vorgestellt worden war, 1947 in das *Ballistic Research Lab* der APG übersiedelte und dort für die Berechnung ballistischer Tabellen verwendet wurde. (ENIAC wurde 1955-10-02 endgültig stillgelegt.)[9]

1948 ging Alt an das *National Institute of Standards and Technology*, eine Regierungsorganiation, die er 1967 aus Enttäuschung über die Vietnam-Politik der Regierung Johnson verließ. Im Anschluß daran setzte er seine wissenschaftliche Karriere als Vizedirektor der *Information Division* am *American Institute of Physics* in New York fort. In dieser Position war er wesentlich an der Einrichtung eines Datenbanksystems für wissenschaftliche Publikationen im Bereich der Physik beteiligt, das eine hierarchische Klassifikation, einen Subject Index und einen Citation Index implementierte.

1947 gehörte Alt zu den Gründern der Association for Computing Machinery (ACM), der ersten wissenschaftlichen Gesellschaft für Informatik in den USA und überhaupt. Von 1950 bis 1952 war er ihr dritter Präsident. Zu seinen Pionierleistungen gehört auch eines

---

[8] In seiner kurzen Autobiographie in IMN 188 gibt Alt an, seine Frau sei halb Wienerin, halb Amerikanerin gewesen. Tatsächlich war sie aber ganz Wienerin, wie aus ihrer Genealogie (s.o.) hervorgeht. In einem Interview von 2006-01/02 gab Franz Alt an, etwa die Hälfte der weitverzweigten Familie seiner Frau Alice lebe in den USA, seitdem im Jahr 1848 ein Vorfahr in die USA emigriert war, um nicht in die kaiserliche Armee zur Niederschlagung der Revolution eingezogen zu werden.

[9] ENIAC war einer der ersten Computer überhaupt, nach Zuse Z3 (1941, nicht elektronisch, aber im Dualsystem und mit Gleitkomma-Arithmetik, programmierbar und turingmächtig) und Z4 (1945-03, verbesserter Neubau), dem Atanasoff-Berry-Compter (ABC, 1941), der britischen Colossus (1943) und der von Aiken entwickelten Mark I (1944, nicht elektronisch). Der ENIAC arbeitete im dezimalen Festkommasystem.

der ersten Bücher über digitale Computer, *Electronic Digital Computers* (Academic Press, 1958).

Nach seiner Pensionierung im Jahre 1973 engagierte sich Alt in zahlreichen Friedens- und Umweltinitiativen.

Verfolgung und Flucht 1938 waren für Alt zweifellos eine hochdramatische und erschütternde Erfahrung. Für seinen schnellen Aufstieg zu einem der führenden Computer-Wissenschaftler war aber seine Flucht in die USA die entscheidende Voraussetzung, nirgends sonst hätte man ihm die dort vorhandenen Möglichkeiten bieten können. Jeder Versuch, Alt zurück nach Wien (und zurück in die Mathematik) zu holen, wäre wohl aussichtslos gewesen.

Im Rahmen des 15. ÖMG-Kongresses in Wien hielt Alt 2001-09 einen Vortrag über seine Erinnerungen an das Jahr 1938 (s.u.) in dem er sich versöhnlich zu seinem Verhältnis zu Wien äußerte:

> *Sechzig Jahre lang habe ich es soweit wie möglich vermieden, nach Wien zurückzufahren, außer wenn ein sehr dringender Anlass dazu war, und auch dann nur für möglichst kurze Zeit. Da waren zu viele traurige Erinnerungen. (Während meines ersten Besuches im Jahre 1958 war der einzige Platz, wo ich mich nicht fremd gefühlt hatte, der Zentralfriedhof.) Und noch mehr, da war immer das Gefühl, dass ich für viele Österreicher ein unwillkommener Fremdling war.*

> *Und erst in der letzten Zeit ist es erfreulich klar geworden, dass ein erheblicher Teil der Österreicher diesen Exodus, diese Verbannung, als ein bedauerliches Zwischenspiel ansehen, als ein Ding der Vergangenheit, das man nicht verzeihen kann und nicht vergessen soll, aber mit dem man sich abfinden muss. Und dafür bin ich im wahrsten Sinn dankbar.*

2007 besuchte Franz Alt auf dessen Einladung das GRG1 und stiftete einen Förderungspreis für hervorragende Fachbereichsarbeiten, der erstmals im Jahr danach vergeben wurde.

Ehrungen: 1936 Vortrag auf dem ICM in Oslo; 1970 ACM Distinguished Service Award; 1994 Fellow des ACM; 2007-05-08 Österr. Ehrenkreuz f Wissenschaft und Kunst I. Kl; 2014 widmete ihm *Paul Brantley* zwei Streichquartette.

Ausgewählte Publikationen. *Diss.*: (1932) *Metrische Definition der Krümmung einer Kurve (Menger).*

1. Über die Messbarkeit des Nutzens Vortrag ICM Oslo 1936.
2. Electronic Digital Computers: Their Use in Science and Engineering. Academic Press, NY 1958.
3. (Hrsg) Advances in Computers, 1–11. Academic Press, NY 1960–70.

Quellen. A, *Fifteen Years ACM: The development years of ACM*, Communications of the ACM, June 1962, Vol.5/6; reprinted October 1987, Vol. 30/10; A, *Persönliche Erinnerungen an 1938*; IMN **188** (2001-12), 1–7; Interview mit Atsushi Akera, Dr Franz Alt. Oral History, Session One, January 23, Association for Computing Machinery (ACM) 2006 [enthält Fehler in den Angaben für die Todeszeitpunkte von Hahn und Schlick u.a.]; Interview mit Schultze in: [306], engl [311]; Sigmund K, Teichman J, Schachermayer W: Franz Alt 1910–2011. IMN **218** (2011), 1-10. Zu Alt und Morgenstern cf. Leonard R [186], [187], [188].

Emil Artin

*1898-03-03 Wien;   †1962-12-20 Hamburg (röm. kath., später konf.los)

Sohn v. Emil Hadochadus Maria Artin (*1868; †1906 Mauer-Öhling, NÖ), Kaufmann, u. dessen Frau Emma Maria (*1878-02-09 Graz; †1962-04-05 Hamburg), geb. Laura, Operettensoubrette (Bühnenname Emma Clarus). Emil H. Artin ⚭ Emma 1895-07-24 in der Pfarre St Stephan, Wien; Emma Artin ⚭ 1907-07-15 in 2. Ehe Rudolf Hübner;

Halbbruder von Rudolf Hübner jun (*1907-10-27); Neffe u. Patenkind d. Kunsthändlers u. Rahmenerzeugers Eugen Sebastian Maria Artin (*1865-03-21 Wien IV; †1924-05-14 Hafnerbach, NÖ). [Eugen Artin ⚭ Therese]

Zeichnung: W.R. nach einem Foto im Archiv Oberwolfach

Emil Artin ⚭ 1929 (○|○ 1959-12-04, Mexiko) Natalie („Natascha") Naumovna, geb Jasny (*1909-06-11 St Petersburg; †2003-02-03 Princeton), Tochter des jüd. Agrarwissenschaftlers und aktiven Menschewiken Naum Jasny und dessen Ehefrau Maria, einer russ. Zahnärztin, 3 Kinder: (1) Karin (*1933-01 Hamburg) ⚭ John Tate (*1925-03-13 Minneapolis; †2019-10-16 Lexington, Massachusetts, 3 Töcher: (a) Jennifer Tate, "principal architect" des Architekturbüros *Tate + Burns* in Essex, Connecticut, (b) Valerie (*1960-06-01), Geigerin und *executive director* im Philharmonischen Orchester von Denver, [⚭ Gilmour Clausen, CEO Copper Mountain Mining Corporation]

und (c) Amanda ⚭ Tine [die Ehe Karins mit Tate wurde geschieden, Tate ⚭ 1988 in 2. Ehe Carol Perpente MacPherson]), Tate war Dissertant Artins, Cole-, Wolf-, Steele- und Abelpreisträger;

(2) > Michael Artin (*1934-06-28 Hamburg-Langenhorn), Mathematiker am MIT, Cole-, Wolf- und Steelepreisträger; (3) Tom Artin (*1938-11-12 Bloomington, Indiana), BA 1960 und PhD 1968 In Vergleichender Literatur) an der Princeton University, später Jazzmusiker (Swingstil, Posaune) und Fotograf.

Natalie Artin ⚭ 1959, kurz nach ihrer Scheidung, in 2. Ehe Mark Brunswick (1902-01-06 New York City, USA; †1971-05-25/26 London, UK), Komponist, Musikprofessor, und ein guter Freund von Anton Webern.

NS-Zeit. Artin studierte nur etwas über ein Semester lang in Wien, danach weiter in Leipzig und Göttingen. Er ließ sich schließlich in Hamburg nieder, wo er 1937-07-15 wegen seiner „nicht-arischen" Ehefrau in den Ruhestand versetzt wurde; danach emigrierte er in die USA und kam 1937-10-31 in New York an.[10] Sein Schwiegervater Naum Jasny und seine Schwägerin Tanja Jasny waren schon vorher in die USA emigriert. Artin vermied bis 1957 Besuche in Deutschland, kehrte aber dann doch für eine Gastprofessur nach Hamburg zurück, die er 1958 in ein permanentes Ordinariat übergehen ließ.

Emil Artins Namensgeber und Großvater Garabet Artin (*1825-05-15 Kitaja, Kleinasien; †1870-12-27 Wien, an Typhus),[11] noch in der damaligen Türkei geboren, aber Mitglied der armenischen Landsmannschaft in Wien, handelte ab 1859 mit türkischen Waren aller Art,

[10] U.a. belegt durch die Erinnerungen seines Sohnes Michael in [299]. In den Hamb. Universitätsreden Nr 9 (s.u.) wird irrtümlich 1938 als Emigrationszeitpunkt genannt.

[11] Der ursprüngliche armenische Name Artinian des Großvaters wurde amtlich auf Artin verkürzt. „Artin" ist persischen Ursprungs und wird auch häufig als Vorname gebraucht.

1863-08-31 wurde seine Firma als Großhandelsfirma für Meerschaum[12] protokolliert.[13] Garabet hatte zwei überlebende Söhne: den Kunsthändler Eugen Artin[14] und den reisenden Kaufmann und gelegentlich als Sänger auftretenden Emil Hadochadus Artin, Emil Artins Vater. Emil Hadochadus verstarb allerdings bereits 1906-07-20 in der 1902 erbauten Kaiser-Franz-Josef-Landes-Heil-und-Pflegeanstalt in Mauer-Öhling an Syphillis.[15] Artins Mutter heiratete, ein Jahr nach Emil H. Artins Tod, 1907-07-15, Rudolf Hübner, einen reichen böhmischen Fabrikanten, gab ihre Bühnenkarriere auf und folgte ihrem zweiten Mann in dessen Heimatstadt Reichenberg, wo der junge Artin 1907/08 noch ein Jahr die Volksschule in Strobnitz (Bezirk Budweis), sodann, bis auf ein Auslandsschuljahr in Frankreich 1912/13, die Reichenberger k.k. Staatsrealschule besuchte.[16]

1916 maturierte Artin in Reichenberg, danach begann er an der Universität Wien mit dem Studium der Mathematik; er wurde aber schon nach einem Semester zum Militärdienst eingezogen. Nach seiner Entlassung aus dem Militärdienst 1919 setzte er zunächst sein Studium für etwa ein Semester fort, ging dann aber zu Gustav ⃗ Herglotz nach Leipzig und promovierte dort 1921. Die nächste Station seiner Karriere war ein zweijähriger Aufenthalt in Göttingen, bei Richard Courant und David Hilbert, danach habilitierte er sich 1923 in Hamburg. Hamburg blieb nun bis zu seiner Enthebung 1937 durch das NS-Regime das Zentrum seines Wirkens. 1925-04-01 wurde er ao Professor, 1926 o Professor am Mathematischen Seminar der Universität Hamburg, 1931/32 Dekan der Mathematisch-Naturwissenschaftlichen Fakultät.

---

[12] Meerschaum (Sepiolith) ist ein in der Türkei, namentlich in der Provinz Eskişehir, häufig vorkommendes Mineral, das für die damals in Wien florierende Produktion von Meerschaumpfeifen sehr gefragt war. (ZB begann Jakob Reumann, der spätere Bürgermeister von Wien, seine Karriere als Meerschaumdrechsler.)

[13] Firmenwortlaut: „G. Artin, Praterstraße 41". Die Firma fallierte 1871 nach dem Tod des Inhabers. Nachzulesen zB in *Gerichtshalle* 1863-09-07 p5; *Fremdenblatt* 1870-12-31 p10, Wr. Zeitg. 1870-12-31 p12, *Die Presse*, 1856-04-28 p7, 1859-10-02 p5, 1863-09-06 p13, 1871-05-06 p7) u.a.m. Die Konkursverhandlungen wurden erst 1874 abgeschlossen. In seinen Erinnerungen schreibt Emil Artins ältester Sohn ⃗ Michael Artin, sein Urgroßvater sei Teppichhändler (rug merchant) gewesen. (Vgl. p 650.)

[14] Eugen Artin war in Wien einer der ersten, der in Wien moderne Kunst zum Verkauf anbot, unter anderem veranstaltete er die erste Ausstellung von Max Slevogt in Wien. Er hatte seine Galerie in Wien I, Stephansplatz 4. Eine ausführliche Biographie von Eugen A gibt Gunter Vogel (s. Quellen.)

[15] In manchen Biographien wird Emil Hadochadus als Kunsthändler bezeichnet. Dafür konnten wir aber keine Bestätigung finden, möglicherweise hat er zeitweise bei seinem Bruder Eugen mitgearbeitet. In Lehmanns Adressbuch von 1905 ist Emil Artin als „Kaufmann" und an der gleichen Wohnadresse wie Eugen Artin eingetragen. Im Mitgliederverzeichnis von 1894 des Leopoldstädter Radfahrer-Clubs ist sein Beruf mit „Sänger" angegeben. Das war wohl mehr ein Vorsatz. Emil Hadochadus trat zB 1898-04-27 in einer kleinen Rolle in *Madame Sans Gêne* von Sardou auf. Emil und Emma traten gemeinsam 1897-01-03 am Leitmeritzer Stadttheater in *Griseldis* von Franz Halm auf, Emil als Debütant. 1899-08-17 in Waidhofen a/d Ybbs.

[16] Artin hatte nach seinen eigenen Erzählungen wenig Erfolg in der Schule, er erwärmte sich erst mit 16 Jahren für Mathematik. Im Jahr vor seinem Aufenthalt in Frankreich hatte er ein „ungenügend" in Französisch.

◁ Emil Artins Mutter **Emma (Maria) Artin**, Sopranistin und Schauspielerin. Bis zu ihrer Wiederverheiratung trat sie sowohl in Gesangs-
als auch in Sprechrollen auf, anfangs auch gemeinsam mit ihrem Ehemann Emil H. Artin. Ihre Bühnenlaufbahn begann sie um das Jahr
1895, als Schülerin des Gesangspädagogen Josef Steineder. Zuletzt
war sie Ensemblemitglied am Raimundtheater in Wien, 1929 trat sie
noch einmal unter dem Namen Emma Hübner am Prager Landes-
theater auf.

(Vgl. zB auch Kremser Volksblatt 1896-02-23, p4; Leitmeritzer Zeitung 1896-11-
25 p6, 1897-01-02 p8, 1897-01-06 p9; Znaimer Tagblatt 1898-04-20 p7, 1898-
04-21 p3, 1898-04-23 p4, 1898-04-27 p3, 1898-05-08 p3, 1898-05-13 p3; (Linzer)
Tagespost 1899-08-09 p3, 1899-08-20 p4; Sport und Salon 1900-04-05 p7,9; Teplitz-
Schönauer Anzeiger 1905-12-28 p9)

Zeichnung: Österr. Nationalbibliothek, Der Humorist 1899-07-01 p5.

Artin galt gemäß den Nürnberger Rassengesetzen als „Arier",[17] seine Frau (und frühere
Studentin) Natascha war aber Russin und jüdischer Abstammung (ihr Vater war Jude, ihre
Mutter nicht.). Wohl in der Hoffnung auf Vermeidung der mit der Abstammung seiner
Frau verbundenen Folgen unterschrieb Artin 1933 das *Bekenntnis der Hochschullehrer
zu Hitler*[18] und versuchte auf Anraten Hasses, aber vergeblich, seine Kinder für „arisch"
erklären zu lassen. 1937-07-15 kam allen Bemühungen zum Trotz die Versetzung in den
Ruhestand, gemäß dem Gesetz zur Wiederherstellung des Berufsbeamtentums von 1933-
04-07.[19] Für die Reise nach New York belegte die Familie Plätze auf dem Dampfer *New*

---

[17] In seinem Brief von 1937-01-12 ([59] p 322) an Father John O'Hara, Präsident der University of
Notre Dame, schreibt Solomon Lefschetz: „I permit myself to name for your strong consideration another
absolutely first rate man, the algebraist E. Artin, at the present time Professor at the University of Hamburg.
He is an Austrian Aryan, but his wife is one-half Jewish. They have a couple of small children [damals
allerdings erst 2] and you know the rest. . . ." Über jüdische Vorfahren Emil Artins war also den Nazis
zumindest nichts bekannt. Grundsätzlich konnte man aber im NS-Staat mit einem armenischen Großvater
allein aus diesem Grund Schwierigkeiten bekommen. (Vgl. dazu den Nachruf auf Gert Sabidussi von Imrich,
Internat. Math. Nachrichten **185** (2000), 1–10.) Die Armenische Sprache gehört zur indogermanischen
Sprachgruppe und läßt sich sehr weit zurückverfolgen. In den 1930er Jahren wurde von armenischen
Nationalisten eine „rassentheoretisch" streng „arische" Herkunft der Armenier behauptet und vehement
verfochten. Die bekannte Hitlerrede von 1939-08-22 auf dem Obersalzberg bezieht sich nicht auf die
„Rassenzugehörigkeit" der Armenier sondern auf das primitive „Recht des Stärkeren", um den Überfall
auf Polen zu rechtfertigen: „So habe ich, einstweilen nur im Osten, meine Totenkopfverbände bereitgestellt
mit dem Befehl, unbarmherzig und mitleidslos Mann, Weib und Kind polnischer Abstammung und Sprache
in den Tod zu schicken. Nur so gewinnen wir den Lebensraum, den wir brauchen. Wer redet heute noch
von der Vernichtung der Armenier?" Franz Werfel schon: in seinem Roman Die 40 Tage des Musa Dagh
von 1933.

[18] Artin gab später an, sein Name sei ohne sein Wissen auf dieses Dokument gesetzt worden. In jedem Fall
steht außer Zweifel, dass Artin (im Gegensatz zu Blaschke und Hasse) Gegner des NS-Regimes war.

[19] Artins Familie konnte immerhin ausreisen, allerdings mit starken Einschränkungen in Bezug auf die
Mitnahme von Geld und Devisen. Aus Geldknappheit übersiedelte daher das Ehepaar Artin seinen gesamten
Hausrat in die USA, vom Kochlöffel bis zum Schirmständer — und inklusive einem Harpsichord und einem
Klavichord.

York, einem Schiff der *Hamburg-Amerika-Linie*, das 1945-04 im Kieler Hafen durch einen Luftangriff zum Kentern gebracht wurde.[20]

Wegen seines eminenten Rufs als Mathematiker hatte er, wenn auch nicht ganz ohne Schwierigkeiten (er hatte einen früheren Ruf als Gastprofessor an die Stanford University bereits abgesagt, da dafür vom REM wegen „Unabkömmlichkeit für den Lehrbetrieb" 1937-03 keine Genehmigung erteilt worden war), eine Stelle an der katholischen Notre Dame University in Indiana bekommen[21] und konnte NS-Deutschland verlassen.

Es folgte 1939 die Übersiedlung an die Indiana University, Bloomington,[22] dann ging es 1946 weiter an die Princeton University, wo er schließlich bis zu seiner Emeritierung 1957 verblieb und auch sein Sohn Michael studierte.

Artins Ehefrau Natascha war während all dieser Jahre ebenfalls beruflich tätig, schloss sich Richard Courant in der Angewandten Mathematik an und war an der Herausgabe Mathematischer Zeitschriften beteiligt. An Universitäten und im militärischen Bereich lehrte sie Deutsch und Russisch (nach ihrem Sohn Michael als „Teil einer Ausbildung zum Spion"). Nachdem er 1955-09 Japan besucht hatte, verbrachte Artin im Herbst 1956 ein Sabbatical als Gastsemester in Göttingen, anschließend ein weiteres in Hamburg. Seit 1937 waren das seine ersten Besuche in Deutschland, vorher hatte er solche Besuche strikt vermieden. Zu Weihnachten 1956 nützte er seinen Aufenthalt in Europa zu einem Besuch bei seiner Mutter in Wien.

In den späteren 1950er Jahren traten Probleme in Artins Ehe auf, die 1959 schließlich zur Scheidung führten. Auch seine Emeritierung rückte langsam näher, eine Einschränkung der ihm wichtigen Kontakte zu Studierenden. (Nach den damals üblichen Regeln hätte Artin mit 65 Jahren, also 1963, emeritieren sollen.) Die wieder angeknüpften Beziehungen zu Deutschland bahnten nun einen Neuanfang in Hamburg an.

1957 begann für Artin sein letztes akademisches Jahr in Princeton. Nach den damals gültigen Regeln hätte Artin im Alter von 65 Jahren emeritieren sollen, 1958 war er gerade 60. Die Emeritierung hätte zu seinem Leidwesen eine Einschränkung seiner Kontakte zu Studenten bedeutet, überdies traten offenbar Eheprobleme — seine Ehe wurde 1959 geschieden — auf. Die Zeit für einen Neuanfang war gekommen.

Im Frühjahr 1958 nahm er dann endgültig einen Ruf nach Hamburg an — „auf unbegrenzte Zeit", ohne drohendes Ende durch Emeritierung. In Hamburg lebte Artin mit der Mathematikerin Helene (Hel) Braun[23] zusammen, später ließ er seine Mutter aus Wien

---

[20] Siehe den Kommentar zum Interview in Segel, [299]. Der Dampfer *New York* hatte 21455 BRT und wurde 1927 von Blohm & Voss vom Stapel gelassen, 1948 endgültig verschrottet.

[21] Nach dem oben zitierten Brief von Lefschetz an den Präsidenten von Notre Dame [265] p75ff wahrscheinlich auf Empfehlung von Solomon Lefschetz, Natascha A gibt Courant als Wohltäter an.

[22] Dort erhielt Artin 1946-02-07 die US-amerikanische Staatsbürgerschaft.

[23] Helene (Hel) Braun (*1914-06-03 Frankfurt a.M.; †1986-05-15 Bovenden, Kreis Göttingen) muckte bereits als Studentin gegen die NS-Herrschaft auf, indem sie ihre Kollegen zum Boykott der Vorlesungen eines besonders „linientreuen" Dozenten aufforderte — sie kam mit einem Verweis davon. Als eine der ersten Frauen Deutschlands habilitierte sie sich 1940 gegen große Widerstände in der Göttinger Fakultät. Hel Braun war vor 1940 mit ihrem Doktorvater Carl Ludwig Siegel eng befreundet, wohnte längere Zeit bei ihm und fuhr mit ihm auf Urlaub und Wanderfahrten (vgl dazu Hel Brauns Memoiren [35] sowie den

nachkommen und quartierte sie in seiner Wohnung ein, die nach seinem Umzug zu Hel Braun frei geworden war.

1961-01-04 wurde Artin die deutsche Staatsbürgerschaft verliehen. Er starb 1962-12-20 nach einem Herzinfarkt.[24] Seine Kinder stifteten 2003 zu seinem und Natascha Brunswicks Gedenken eine antike römische Kleinskulptur ("Head of a grotesque male") für das Museum der Princeton University.[25]

Artins Bedeutung als Mathematiker muss hier nicht eigens hervorgehoben werden. Bekanntlich bildeten Mitschriften zu seinen Hamburger Algebravorlesungen, gemeinsam mit denen von Emmy Noether, die Grundlage für van der Waerdens programmatische „Moderne Algebra". 1927 veröffentlichte er den Beweis für das Artinsche allgemeine Reziprozitätsgesetz (die Lösung des 9. Hilbertproblems) für abelsche Erweiterungen, im gleichen Jahr löste er Hilberts 17. Problem indem er bewies: Jede rationale Funktion mit ausschließlich nichtnegativen Werten ist Summe von Quadraten rationaler Funktionen. Weitere seiner bekanntesten Ergebnisse betreffen die Eigenschaften der Zetafunktion von quadratischen Kongruenzfunktionenkörpern, die Arithmetik der Algebren (Artinsche Ringe), die Eigenschaften der Artinschen L-Reihen. Artins Arbeit zur Theorie der Zöpfe von 1925 ist die erste umfassende Darstellung zu diesem Thema und bis heute ein Klassiker geblieben.[26]

Artin hinterließ zwei Vermutungen, die bis heute unbewiesen sind. Die erste, von 1923, bezieht sich auf Artins L-Reihen, die zweite, erstmals 1927 in einem Brief an Hasse geäußert, besagt, dass jede ganze Zahl $a \neq -1$, die keine vollständige Potenz ist, unendlich oft als Primitivwurzel einer Primzahl auftritt.

Artin war mit Otto ˃ Schreier befreundet, mit dem er einen intensiven Gedankenaustausch über die Theorie der Zöpfe führte und eine gemeinsame Arbeit über die algebraische Charakterisierung reeller Körper schrieb. Befreundet war er auch mit Richard Courant und Hermann Weyl, sowie, trotz dessen fehlender Distanz zum NS-Regime, mit Helmut Hasse.[27] Bis zu seiner Vertreibung unter dem NS-Regime hatte Artins Familie gute Be-

---

Bericht von Anikó Szabó [345] p 17). Siegel hatte 1940 Göttingen und Hel Braun in Richtung Princeton verlassen, war aber 1951 nach Göttingen zurückgekehrt.

[24] Helmut Hasse wandte sich nach Artins Tod brieflich mit der Bitte an die Fakultät, Hel Braun mit der Vertretung von Artins verwaisten Lehrstuhl zu betrauen. (Hasses Brief ist im Archiv der Universität Hamburg erhalten (cf. https://www.math.uni-hamburg.de/home/riemenschneider/HHreden.pdf, Zugriff 2023-03-02), p 11).

[25] -1st to +1st century, 3.2 x 2.2 x 3.06 cm; online zu besichtigen auf (https://artmuseum.princeton.edu/collections/objects/41933, Zugriff 2023-02-20).

[26] Von Artins Vortrag mit dem Titel „Das Zopfproblem" auf der Innsbrucker Versammlung der Naturforscher und Ärzte von 1924 berichtete die Tageszeitung Neues Wiener Journal (von 1924-09-30 p5) in überaus wohlwollender Weise (nur die mathematische Behandlung „des modernen Bubi- und Pagenkopfes" wurde vermisst; die Hoffnung auf Auflösung der Zöpfe der altösterreichischen staatlichen Verwaltung blieb noch lange unerfüllt). Eine philosophische Betrachtung zu Zopfgruppen gibt Friedmann F, Mathematical formalization and diagrammatic reasoning: the case study of the braid group between 1925 and 1950. (British Journal for the History of Mathematics, **34** (2019), 43–59). Die Zopftheorie ist eng mit der Knotentheorie verbunden, zu der auch ˃ Wirtinger und vor ihm bereits Oskar Simony Beiträge geliefert haben. (Vgl. Epple [69].) Noch weiter zurück liegt eine einschlägige Arbeit von Adolf Hurwitz (1891).

[27] Vgl. den Briefwechsel in [265].

ziehungen zur Familie von Wilhelm ˃ Blaschke, was durch Fotos, die Natascha Artin von Blaschkes Familie machte, belegt ist.[28]

Artins wissenschaftliche Interessen beschränkten sich keineswegs nur auf Mathematik. Er war seit seiner Zeit in Reichenberg mit dem späteren Astronomen Arthur Baer befreundet und die beiden beschäftigten sich auch praktisch mit Astronomie. Artin baute auch ein Teleskop, dessen Spiegel er in mühevoller Arbeit selber schliff.

Artin hatte aus seinem Elternhaus ein hervorragendes Musikverständnis und eine große Liebe zur Musik mitgebracht; er spielte mehrere Instrumente, vor allem Tasteninstrumente, Flöte und Gitarre. Die musikalische Begabung vererbte sich auch auf Kinder, Enkel und Urenkel.

In der Diskussion zur versäumten Rückholung vertriebener Wissenschaftler nach 1945 wird manchmal gefragt, warum Artin 1956, nach dem Ableben ˃ Radons, nicht nach Wien zurückgeholt wurde. Tatsächlich fühlte sich Artin nach eigenen Aussagen nie besonders mit Wien verbunden, er hatte neun lange Schuljahre im heutigen Tschechien verbracht, hatte vor dem Ersten Weltkrieg rund ein Semester an der Universität Wien studiert und ging nach seiner Rückkehr aus dem Krieg sofort zu ˃ Herglotz nach Leipzig. Von einer „Rückholung" hätte also nie die Rede sein können. Sein wichtigstes Wirkungszentrum war zweifellos bis 1938 Hamburg, von dort wurde er vertrieben und dorthin kehrte er 1958 nach seiner Emeritierung in den USA zurück. Er starb nur vier Jahre später an einem Herzinfarkt.

Ehrungen: 1932 Alfred-Ackermann-Teubner-Gedächtnispreis, gemeinsam mit Emmy Noether; 1957 Ehrendoktorat Universität Freiburg i.Br.; 1957 Fellow of the American Academy of Arts and Sciences; 1958 korresp Mitglied der Göttinger Akademie der Wissenschaften; 1960 Mitglied der Leopoldina; 1961 Ehrendoktorat der Universität Clermont-Ferrand; 2005-04-26 Emil Artin-Hörsaal an der Universität Hamburg; 2013-12-04 Aufstellung einer Lebendmaske von Emil Artin im Artin-Hörsaal Hamburg

MGP verzeichnet 34 betreute Dissertationen, davon 13 in Hamburg (die letzte posthum 1963 abgeschlossen), 2 an der Indiania University, Bloomington, und 19 in Princeton. Von den bekanntesten seien hier nur Otto ˃ Schreier (Dr habil 1923) Max Zorn (1930), Hans Zassenhaus (1934), Johannes Weissinger (1937), John Tate (1950), Serge Lang (1951), Kollagunta Ramanathan (1951), Timothy O'Meara (1953), Arthur Mattuck (1954), Karel DeLeeuw (1954), und Bernard Dwork genannt.

Ausgewählte Publikationen. *Diss.:* (1921) *Quadratische Körper im Gebiete der höheren Kongruenzen (Gustav Herglotz, Otto Ludwig Hölder).* Auszug veröffentlicht 1921 im Jahrb. phil. Fak. Leipzig 1921, II. Halbjahr 157-165; vollständig veröffentlicht 1924 in: Quadratische Körper im Gebiete der höheren Kongruenzen. I: Arithmetischer Teil. II: Analytischer Teil. Math. Z. 19 (1924), 153-206, 207-246.

1. Über eine neue Art von L-Reihen. Hamb. Math. Abh. 3 (1923), 89-108. [Habil.Schrift]
2. Ein mechanisches System mit quasiergodischen Bahnen. Hamb. Math. Abh. 3 (1924), 170-177. [Anwendung eines Satzes von Cölestin ˃ Burstin, aus dem folgt, dass die Kettenbruchentwicklung fast aller reellen Zahlen quasiergodisch ist.]
3. (mit Hasse, H.), Über den zweiten Ergänzungssatz zum Reziprozitätsgesetz der ℓ-ten Potenzreste im Körper k_ζ der ℓ-ten Einheitswurzeln und in Oberkörpern von k_ζ. J. f. M. 154, 143-148 (1925).
4. Theorie der Zöpfe. Abhandlungen Hamburg 4 (1925), 47-72. [Entstanden in enger Zusammenarbeit mit ˃ Schreier und unter Verwendung einer auf ˃ Wirtinger zurückgehenden Herleitung eines Kriteriums für die Isomorphie von durch Erzeuger und Relationen definierter Gruppen.]
5. Einführung in die Theorie der Gammafunktion (1931) [Nur im Reellen; Vorbild für den Band von Bourbaki über die Γ-Funktion.]
6. Galois Theory (1942)

---

[28] Die Negative zu Natascha und Emil Artins Fotos wurden von Tom Artin aufgefunden und befinden sich weiterhin im Familienbesitz. Originalabzüge (und von Tom Artin nachträglich von den Originalnegativen angefertigte Abzüge) wurden dem Hamburger Museum für Kunst und Gewerbe (MKG) übergeben.

7. Theory of Braids. Ann. Math. (2), 48:101–126, 1947. [Eine Vertiefung und Vereinfachung der Ergebnisse in den Hamburger Abhandlungen von 1925.]
8. Geometric Algebra (1957)
9. (mit J T Tate), Class Field Theory (1961) [weitere Aufl. 1967 und 2009]
10. (Serge Lang and John T. Tate, eds.) (1965), The Collected Papers of Emil Artin. Addison-Wesley Publishing Comp., Reading, Mass.

Tagebuch einer achtwöchigen, vom „Wandervogel" inspirierten *Wanderung durch Island*:

11. Emil Artin's Iceland journal 1925. (Ed., ann., transl., Tom Artin and Karin Tate; eng.-deutsch) Sparkill (NY), Free Scholar Press (2013)

Die Publikationsliste in Richard Brauers Nachruf nennt 63 mathematische Veröffentlichungen.

Quellen. Vogl, G, Eugen Artin. Ein Wiener Kunstsalon um 1900. Eigenverlag Wien 2018 pp 20-27; Karin Reich, Hamburger Universitätsreden Neue folge 9, Hamburg 2005; dieselbe, [265] [zum Briefwechsel Artin–Hasse] und die online-Biographie auf (http://hup.sub.uni-hamburg.de/purl/HamburgUP_ Nicolaysen_Hauptgebaeude, Zugriff 2023-03-02); Dumbaugh-Schwermer, Bull. (New Series) of the AMS **50** (2013), 321–330 Wussing, Zur Emigration von Emil Artin. in: Dauben, Joseph W. (ed.) et al., Mathematics celestial and terrestrial. Acta Historica Leopoldina **54** (2008), 705-716; R Brauer, Bull. Amer. Math. Soc. 73 (1967), 27-43; Hel Braun [35]; Nirenberg L, In Memoriam: Natascha Artin BrunswickTheory Probab. Appl., 47(2), 189; H Zassenhaus, Notre Dame J. of Formal Logic, **5** (1964), 1–9 (mit Liste von Artins Dissertanten); Michael Artins Interview von 2006-09-28 mit Segel [299], p 351–374; vgl auch den Eintrag ˃ Michael Artin im nächsten Kapitel (p 650).

Lit.: Artin Brunswick N, Museum f. Kunst u. Gewerbe Hamburg, Dokumente der Photographie **6** (2001), 48–53; C Chevalley, Bull. de la Société math. de France, **92** (1964), 1–10; H Cartan, Abh. aus dem Math. Seminar der Hamb. Univ. **28** (1965), 1–6; Odefey A (2022), [229]; Reich K, Kreuzer A (Hrsg.), Emil Artin (1898-1962). Algorismus Heft 61 (2007); Schappacher N, Dumbaugh D, Schwermer J, Jber. DMV **118** (2016), 321–324. https://doi.org/10.1365/s13291-016-0144-3; B Schoeneberg, Math.-physik. Semesterberichte, **10** (1963), 1–10 und Dictionary of Scientific Biography (New York 1970-1990)

Alfred Basch

*1882-10-09 Prag;   †1958-08-26 Wien, an einem Herzschlag (mos., ab 1900 röm.kath.)

Sohn des Prager Rechtsanwalts Hermann Basch (*1837-07-17; †1908-03-07 Prag) und dessen Frau Clara (*1852-09; †1937-05-29 Wien; Selbstmord in Gemütsdepression), geb Krása;

Bruder des Bezirksrichters und Gerichtsvorstehers von Haugsdorf, NÖ, Otto Basch (†1916-06-08 in Wolhynien gefallen);

Neffe des Frauen- und Kinderarzts Dr med Karl Basch (†1913-05-09 Prag, an einem Herzschlag)

Zeichnung: W.R.

Basch ⚭ 1949-10-27 Dr jur (der DU Prag) Laura „Lore" Gabriele, geb. Sitte, verw. Pager (*1899-03-12 Römerstadt, Mähren)

NS-Zeit. 1938-09 als Jude aus allen Ämtern entlassen, emigrierte er 1939 in die USA, kehrte aber 1946 nach Wien zurück.

Alfred Basch entstammte einer weitverzweigten Familie. Sein Vater hatte fünf Geschwister und fünf Halbgeschwister;[29] seine Mutter hatte sechs Geschwister. Alfreds Bruder Otto fiel im Ersten Weltkrieg.

Basch[30] besuchte die deutsche Volksschule in Prag, danach die Realschule Vereinsgasse 21[31] in Wien-Leopoldstadt, wo er 1900-07 maturierte. 1902/03 absolvierte er sein Einjährig-Freiwilligen Jahr, 1904 wurde er zum Kadetten der Reserve des Infanterieregiments 95 ernannt.[32] Nach der Matura studierte er — mit den durch den Militärdienst verursachten Unterbrechungen — bis 1905 Elektromechanik an der TH Wien, legte 1902 das erste Staatsexamen, 1907 das zweite ab und graduierte so zum Dipl. Ing. der TH Wien. Für weitere Studien ging er 1908 nach Dresden und schließlich nach Prag.

1909-01-01 avancierte er nach Vervollständigung seiner militärischen Ausbildung zum Leutnant der Reserve im Infanterieregiment Nr 87.[33]

1910 promovierte er zum Dr tech an der TH Wien und fand 1911 eine Anstellung als Beamter („k.k. Adjunkt") am Eichamt (damals k.k. Normal-Eichungs-kommission). Sein Spezialgebiet war die Eichung von Gefäßen, was ihn später zur wissenschaftlichen Auseinandersetzung mit der mathematischen Theorie der Elastizität führte.

1914–1917 leistete er Kriegsdienst an der russischen und an der italienischen Front; dort wurde er zweimal verwundet, ausgezeichnet und befördert,[34] schließlich wurde er Hauptmann der Reserve und als Leiter der Versuchsgruppe Aspern an das Luftarsenal abkommandiert. Basch war seit 1912-01 Mitglied des Alpen-Skivereins gewesen, seine beim Skifahren erworbene Erfahrungen mit alpiner Ausrüstung kamen ihm im Krieg zugute; insbesondere trug er bei der Truppe zur Popularisierung des Zdarsky-Rucksacks bei.[35]

1926 habilitierte er sich für das Fach Praktische Mathematik, danach war er (bis 1938) Privatdozent an der TH Wien. Basch blieb aber im Hauptberuf am *Eichamt*, wo er nach Kriegsende zum Eichrat und 1929 zum Obereichrat ernannt wurde, ab 1932 führt er den Titel Oberbaurat.

---

[29] Unter diesen Halbgeschwistern ist der Frauen- und Kinderarzt Karl Basch hervorzuheben, ein Pionier der Hormonforschung, bekannt durch seine Untersuchungen zur Thymusdrüse und zur hormonell angeregten Laktation beider siamesischer Zwillingsschwestern Blazek, von denen nur eine ein Kind geboren hatte. (S. z.B. Medizinische Klinik. Wochenschrift für praktische Ärzte. Österreichische Ausgabe 1910-11-20 p 37.)

[30] Der Name *Basch* gehört zu den traditionellen jüdischen Namen, die durch Zusammenziehung entstanden sind. *Basch* ist zusammengezogen von *Ben Shimon*.

[31] Heute Realgymnasium BRG 2, mit dem Haupteingang Lessinggasse. Andere Schüler an dieser Schule waren Bundespräsident Theodor Körner (*1873; †1957), Arnold Schönberg (*1874; †1951) sowie die Dichter Theodor Kramer (*1897-01-01 Niederhollabrunn, NÖ; †1958-04-03 Wien) und Friedrich Brainin (*1913-08-22 Wien; †1992-05-03 New York) [vgl. den Eintrag zu Wilhelm > Brainin].

[32] Neues Wr Journal 1904-02-01 p23

[33] Reichspost 1909-01-01 p13

[34] 1914-11-01 Beförderung zum Oberleutnant; Basch überlebte zwei Schlachten am Isonzo sowie den Angriff auf die Hochfläche der Sieben Gemeinden (Sette Comuni) Sieben Gemeinden.

[35] *Der Schnee*, 1912-01-13 p8, 1914-10-24 p1f.

Nach der Annexion Österreichs durch Hitlerdeutschland verlor Basch als Jude[36] 1938-09-01 sowohl seine Venia legendi als auch seinen Beamtenposten; er verließ das Land, wanderte 1939 in die USA aus und dort von Hochschule zu Hochschule weiter:

1939–1942 Lektor für Math. u. Physik am Holy Cross College, Worcester, Massachusetts; ab 1942 Dozent für Physik und Mechanik am City College, NY; zwischendurch am Paterson Junior College und im Sommer 1942 an der Harvard Summer School of Engineering; 1944 Assistant Professor für Mechanik am Rensselaer Polytechnic Institute (RPI), Troy, NY; 1945/46 Assistant Professor für Mathematik und Physik am Amherst College, Massachusetts.

1946 erneuerte die österreichische Regierung seine Habilitation an der TH Wien, er wurde wieder als Beamter im Bundesamt für Eich- und Vermessungswesen eingestellt, und 1947 in dieser Eigenschaft Wirklicher Hofrat. 1947-09-01 wurde er mit der Leitung der II. Lehrkanzel für allgemeine Mechanik an der TH Wien betraut. 1948 folgte er schließlich Franz Jung[37] als o Professor an der II. Lehrkanzel für Allgemeine Mechanik der TH Wien nach.[38]

1954 emeritierte er im 72. Lebensjahr und starb vier Jahre später.

Als Wissenschaftler interessierte sich Basch für alles, was mit Messen, Messfehlern, oder elastischen und inelastischen Formänderungen zusammenhängt, außerdem war er seit ihrem Beginn in der Luftfahrt engagiert und Mitglied des Flugtechischen Vereins. Unter seinem Habilitationsfach „Praktische Mathematik" verstand man damals vor allem mathematische/rechnerische Datenanalyse und die numerische Ermittlung von Lösungen mit Hilfe von Tischrechenapparaten, ein bei Technikern immer populäres Thema. Basch war deswegen vor 1938 unter seinen Kollegen an der TH wohlbekannt und wohlgelitten, nicht zuletzt auch weil er zu vielen von ihnen ein sehr gutes persönliches Verhältnis hatte. Basch wurde daher nach dem Krieg mit offenen Armen sowohl an der TH als auch in der Beamtenschaft aufgenommen. Leider ein seltenes Beispiel.

Ehrungen: 1916 Militärverdienstkreuz III. Kl. mit Kriegsdekoration, 1916–17 verschiedene Belobigungen für tapferes Verhalten an der Front; 1917 Militärverdienstkreuz (Signum laudis) in Bronze und in Silber; 1947-10-21 Wirkl. Hofrat.

Ausgewählte Publikationen. *Diss.*: (1910) *Über den Einfluß lokaler Inhomogenitäten, insbesondere starrer Einschlüsse auf den Spannungszustand von elastischen Körpern.*

1. (gem. mit Leon A), Über die Temperaturspannungen in einer Hohlkugel bei stationärer Wärmeströmung. S.-A. Zs. d. Österr. Ing.- u. Arch.-Ver., Nr. 41 (1907).
2. (gem. mit Leon A), Über rotierende Scheiben gleichen Fliehkraftwiderstandes. Wien. Ber. **116** (1907), 1353-1389.

---

[36] Es wurde ihm außerdem eine gewisse Nähe zu „roten" politischen Positionen nachgesagt (s. Öst Staatsarchiv, Archiv der Republik, Gauakt Basch; hier zitiert nach Mikoletzky [218], p 36).

[37] Franz Jung (*1872-05-14 Vrchlabí (Hohenelbe), Cz; †1957-12-03 Wien) studierte Mathematik u. Chemie an der DU Prag, wo er 1896 die Lehramtsprüfung ablegte und 1899 zum Dr phil promovierte. 1904 habilitierte er sich an der DTH Prag, ging 1905 an die TH Wien, zunächst als Honorardozent, ab 1911 als ao Professor. 1919 zum o Professor für Allgemeine und Analytische Mechanik berufen. 1921/22 und 1922/23 Dekan der Allgemeinen Abteilung, 1930/31 gewählter Rektor der TH Wien. 1941 wurde er nach den in NS-Deutschland geltenden Regeln mit 69 Jahren in die Emeritierung geschickt und damit entpflichtet. Sofort nach Kriegsende wirkte er wieder an der TH Wien, im SS 1945 als Dekan der Fakultät für Angewandte Mathematik und Physik; er emeritierte 1946. Nachruf von ˃ Basch in IMN **53–54** p 66.

[38] Ebenfalls 1948 trat er der ÖMG bei.

3. Über eine Anwendung der graphostatischen Methode auf den Ausgleich von Beobachtungsergebnissen. Österr. Zeitschr. f. Vermessungswesen **11** (1913), 11—18, 42–46
4. Messtechnik und Fehlertheorie. Österr. Zeitschr. f. Vermessungswesen **14** (1916), 17–20, 33–42, 53–59
5. Die Gleichung eines Meterstabes, ihre Darstellung und deren Fehlerhyperbeln. Österr. Zeitschr. f. Vermessungswesen **19** (1921), 38–46
6. Die Vektorgleichung für das Rückwärtseinschneiden in der Ebene Österr. Zeitschr. f. Vermessungswesen **29** (1931), 73–84
7. Geometric Rules Governing Subsoil Water Flow. Proc. of the 2nd Intern. Conf. of Soil Mechanics and Foundation Engineering (Rotterdam 1948). [nicht in Zbl]
8. Zur Geometrie der ebenen Strömung von Gasen. Österr. Ing.-Arch. **7** (1953), 139-143.
9. Eine massengeometrische Deutung der Invarianten des ebenen Laplaceschen Feldes. Z. Angew. Math. Mech. **37** (1957), 266-268.

Zbl/JFM verzeichnen (bereinigt) 30 mathematische Publikationen; das Schriftenverzeichnis der TUWA 36.

Quellen. Poggendorf, J. C., Biographisches Handwörterbuch zur Geschichte der exacten Wissenschaften. Bd 6 1923–31 (red Hans Strobbe) Teil I A-E, Eintrag Alfred Basch; [33] p71; Funk Österr. Ingenieur Archiv, **6** (1952), 329–330; Wunderlich IMN 59-60, p60f; TUWA, Personalakt Basch; Internationale klinische Rundschau 1910, p 394; [335] p 38. Zur Genealogie wurden ferner benutzt: Neues Wiener Tagblatt 1916-10-24, p36; Prager Tagblatt 1913-05-09, p18

Gustav Bergmann

*1906-05-04 Wien;   †1987-04-21 Iowa City, USA

Sohn des Import-Export Kaufmanns Friedrich („Fritz") Salomon Bergmann (†1930 Wien) und dessen Frau Therese, geb. Pollak.

Bergmann ⚭ 1927 Anna Katharina (*1903-08-26 Wien-Alsergrund), Tochter von Ing. Fritz (*1865; †1907-03-28 Wien) und Elsa (geb Philippsohn) Golwig [eig. Goldenzweig]; 1 Kind: Hanna Elisabeth (*1937 Wien; †2021-01-21 Denver, Colorado, USA); die Ehe ○|○ 1943, im Gefolge einer massiven psychischen Erkrankung Elsas;

Zeichnung: W. R.

Bergmann ⚭ 1943 [in Iowa City] in 2. Ehe Leola Marjory, geb. Nelson (*1912-12-22 Day, North Dacota, USA; †2011-08-22 Iowa City, Iowa, USA), PhD in Amerikanistik (1942), ab 1960 expressionistische Künstlerin.

NS-Zeit. Bergmann begleitete 1931 Einsteins Begleiter Walther ˃ Mayer nach Berlin, kehrte aber 1933 nach Einsteins und Mayers Emigration nach Wien zurück, absolvierte ein Jus-Studium und emigrierte schließlich 1938-06 mit Einsteins Hilfe in die USA, wo er in die Psychologie einstieg und 1944 naturalisiert wurde. Seine Frau Anna floh mit der gemeinsamen Tochter Hanna nach England und von dort 1939 weiter nach New York. Bald nach der Ankunft in den USA entwickelten sich bei Anna schwere psychische Störungen, sie musste in eine Nervenheilanstalt eingewiesen werden; die Ehe wurde 1943 geschieden. Tochter Hanna verblieb zunächst in Tappan, Orangetown, im Staat

New York, in der Lockhart School; ihr Vater nahm sie 1944 zu sich, nachdem er sich vorher an der Iowa University etabliert und ein zweites Mal geheiratet hatte.[39]

Gustav Bergmann besuchte das Gymnasium Sperlgasse 2A in Wien-Leopoldstadt und maturierte dort 1924.[40] Ein Jahr vor seiner Reifeprüfung war die Firma seines Vaters in Liquidation und der Vater in den Ruhestand gegangen.[41]

Nach Absolvierung des Gymnasiums studierte Bergmann Mathematik und Physik an der Universität Wien und promovierte 1928-06-15 bei Walther >Mayer zum Dr phil. Nach Ablegung der Lehramtsprüfung aus Mathematik und Physik, 1929, absolvierte er an der Bundesrealschule in Wien-Neubau[42] sein Probejahr, gleichzeitig setzte er seine wissenschaftliche Arbeit fort. Durch Vermittlung von Friedrich Waismann kam er zum Wiener Kreis; in den Jahren 1927–1931 gehörte er zu dessen regelmäßigen Besuchern. Im Studienjahr 1930/1931 hielt er sich mit Hilfe eines Stipendiums der *Notgemeinschaft der deutschen Wissenschaft* als Mitarbeiter von Walther >Mayer in Berlin auf, der seinerseits Mitarbeiter von Albert Einstein war. Nach Mayers Emigration in die USA 1933 kehrte Bergmann nach Wien zurück, fand hier aber weder im universitären Umfeld noch als Mittelschullehrer eine zufriedenstellende Position. Von 1932 bis 1936 lebte er von Einkünften als Privatlehrer und studierte daneben Jus; 1936 promovierte er zum Dr iur an der Universität Wien. Nach Absolvierung des Gerichtsjahrs[43] arbeitete er bis 1938-06, also noch bis drei Monate nach dem „Anschluss", als Konzipient (Rechtsanwaltanwärter) in einer Wiener Rechtsanwaltskanzlei. Dann aber verließ er Wien, fuhr per Zug nach Den Haag, von dort nach Rotterdam, und trat die Überfahrt nach New York an. Dabei waren ihm Albert Einstein, zur Erlangung des notwendigen Visums, und Otto Neurath, für die Finanzierung der Reisekosten, behilflich. In New York arbeitete er für einige Monate bei einer Versicherungsgesellschaft, mit der Aussicht auf eine Anstellung als Buchhalter. 1939 eröffnete sich ihm aber nach Mathematik und Jurisprudenz eine dritte Karriere: Durch Vermittlung von Herbert Feigl, Mitglied des Wiener Kreises und bereits 1930 in die USA ausgewandert, erhielt er das Angebot, an der University of Iowa den Gestaltpsychologen Kurt Lewin[44] mathematisch zu unterstützen,

---

[39] Hanna wuchs in Iowa auf, absolvierte dort die High School, erwarb ihren BA 1958 am Oberlin College, Ohio, ihren MA 1963 an der Columbia Univ, NY, beide in Geschichte. Sie ∞ [in Denver, Colorado] Burns H Weston, mit dem sie 2 Kinder hatte. In 2. Ehe ∞ Charles H Nadler, mit dem sie, nach einem Zusatzstudium in Jus (Abschluss 1983), eine Anwaltskanzlei eröffnete. Ihr bekanntester Auftritt in der Öffentlichkeit war 1977 ihr Eintreten für "free speech" — auch für die Zulassung einer Demonstration der US-amer. NS-Partei in Skokie, Illinois. Obituary online zB auf (https://feldmanmortuary.com/tribute/details/4146/Hanna-Weston/obituary.html, Zugriff 2023-02-20).

[40] Einem Mythos (zB in *American National Biography*, p639) ist zu widersprechen: Bergmann war *nicht* Schulkollege Kurt >Gödels. Gödel besuchte kein Wiener Gymnasium sondern das Gymnasium in Brünn und legte dort die Reifeprüfung ab.

[41] Wiener Zeitung 1923-10-24 p 10.

[42] Neustiftg 95–99, heute Musikgymnasium Wien

[43] Entspricht in Deutschland einem Praktikum als Referendar.

[44] Kurt Zadek Lewin, *1890-09-09, Mogilno (heute in Polen), †1947-02-12 Newtonville MA, Jude, führender Gestaltpsychologe in Berlin, emigrierte 1933 in die USA. Lewin publizierte seine Lehre als „Principles of Topological Psychology", New York 1936.

der dort die *Iowa Child Welfare Research Station* leitete. Lewin hatte unter dem Namen *Topologische Psychologie* eine psychologische Feldtheorie entwickelt, die das Individuum als zweidimensionale Punktmenge von psychischen Einflüssen und Motivationen darzustellen versuchte. Bergmann brachte für diese Forschungsrichtung gute Voraussetzungen mit, neben seinem mathematischen Hintergrund in Topologie war er auch mit experimenteller Psychologie und mit Psychoanalyse wohl vertraut. Für etwa ein Jahr schloss er sich Lewins Forschungsgruppe auf Reisen nach Harvard und Berkeley an. Damit etablierte er sich damit in der amerikanischen Fachwelt als Psychologe, verlor aber das Vertrauen in das Konzept der topologischen Psychologie, beendete die Zusammenarbeit mit Lewin und verfolgte eine unabhängige Karriere. Nach einer Periode kurzfristig laufender Lehraufträge konnte er sich im akademischen Bereich behaupten, 1944 wurde er *Assistant Professor*, 1950 *Full Professor* für Philosophie und Psychologie am Department of Philosophy und auch am Department for Psychology der University of Iowa. Mit seinem 1944 im Journal of Symbolic Logic veröffentlichten Aufsatz *Pure Semantics, Sentences, and Propositions*, der sich kritisch mit Carnaps semantischer Theorie auseinandersetzte und auf den Carnap mit der Entgegnung *Hall and Bergmann on Semantics*[45] reagierte, begann Bergmanns Abkehr von philosophischen Positionen des Wiener Kreises. Insbesondere gehörte dazu seine Ablehnung von Carnaps Ablehnung der Metaphysik.[46] Die Hereinnahme der analytischen Philosophie in Theorie und Praxis der Psychologie entsprach dabei dem vorherrschenden philosophischen Geschmack in der Psychologischen Forschung in Iowa.[47]

Besonders in den 1960er und 1970er Jahren hatte Bergmann allgemein großen Einfluss in philosophischen Kreisen der USA; wie kein anderer hat er die kritische Auseinandersetzung mit Ideen des Wiener Kreises in den USA gefördert. Er gilt als Erfinder der Bezeichnung Linguistische Wende (*linguistic turn*) für die Sprachphilosophie, vornehmlich in der Ausprägung nach Ludwig Wittgenstein in den 1950er Jahren.[48]

Bergmann emeritierte 1974, war darauf aber noch weitere zwei Jahre in der Lehre, danach nur mehr in der Forschung tätig. Er starb 1987 nach längerer Krankheit.

Bergmann gehört sicherlich zu den vielseitigsten der hier besprochenen Mathematiker: Er studierte Mathematik und Physik, beschäftigte sich mit algebraischer Topologie und ihrer Axiomatik sowie mit Differentialtopologie, war Mitglied des Wiener Kreises und des ˃Menger-Kolloquiums, leistete vielbeachtete Beiträge zur Psychologie, studierte aber zwischendurch auch Jus. Er war Mitglied der Philosophischen und der Psychologischen Vereinigung der USA und Herausgeber der Zeitschrift *Philosophy of Science*. Wie ˃Gödel war auch Bergmann mit dem Dichter Hermann Broch befreundet, den er nach flüchtiger Bekanntschaft von der Universität Wien her auf der Überfahrt (1938-10-01 bis 1938-10-10)

---

[45] Mind **54** (1945), 214. Über die Positionen von Carnap, Bergmann, Hall und Sellars zur Semantik vgl. Olen, P., A forgotten strand of reception history: understanding pure semantics. Synthese 94 (2017), 121–141.

[46] *A Positivistic Metaphysics of Consciousness*, Mind **54** (1945), 215.

[47] Über Bergmanns Ablehnung des "Behaviorism" vgl. W Heald (s. u., Quellen)

[48] Wobei sich die philosophischen Untersuchungen zunehmend weg vom formalen, abstrakten Sprachgebrauch zu Sprachspielen der Alltagssprache und zu pragmatistischen Positionen zuwenden. (Vgl. die Kritik an der Analytischen Philosophie in Rorty R (Hg. 1967), The Linguistic Turn, Chicago-London.)

nach New York an Bord der „SS Statendam", einem Dampfer der Holland-Amerika-Linie, näher kennenlernte.[49]

Zwischen 1945 und 1956 veröffentlichte Bergmann noch mehrere im Zentralblatt referierte Arbeiten zur mathematischen Logik, widmete sich aber ansonsten ganz der Psychologie und der Philosophie.

Ehrungen: 1962 Ehrendoktorat der Universität Gothenberg, Schweden; 1967 Wahl zum Präsidenten der American Philosophical Association (Western Division); 1972 Carver Professur des College of Liberal Art der University of Iowa; 2006 Internationale Kongresse in Iowa City, Paris und Rom anläßlich seines 100. Geburtstags; 2006 Gründung der Internationalen Gustav Bergmann Society.

Ausgewählte Publikationen. *Diss.*: (1928) *Zwei Beiträge zur mehrdimensionalen Differentialgeometrie (Walther > Mayer).*

1. Zur Axiomatik der Elementargeometrie. Anzeiger Akad. Wien **65** (1928), 292-295; Monatshefte f. Math. 36, 269-284 (1929).
2. Ebenen und Bewegungsgruppen in Riemannschen Räumen. Monatshefte f. Math. **37** (1930), 303-324.
3. Ebenen und Bewegungsgruppen in Riemannschen Räumen. Jahresbericht D.M.V. **39** (1930), 54-55.
4. Ein Näherungsverfahren zur Lösung gewisser partieller, linearer Differentialgleichungen. Z. f. angew. Math. **11** (1931), 323-330.
5. Zur Axiomatik der Elementargeometrie. Ergebnisse math. Kolloquium **1** (1931), 28-30.
6. Zwei Bemerkungen zur abstrakten und kombinatorischen Topologie. Monatshefte f. Math. 38, 245-256 (1931).
7. Zur algebraisch-axiomatischen Begründung der Topologie. Math. Z. **35** (1932), 502-511.
8. Frequencies, probabilities and positivism. Philos. Phenomenol. Res. **6** (1945)., 26-44
9. Some comments on Carnap's logic of induction. Philos. Sci. **13** (1946), 71-78.
10. Descriptions in non-extensional contexts. Philos. Sci. **15** (1948), 353-355.
11. Contextual definitions in non-extensional languages. J. Symb. Log. **13** (1948), 140.
12. The finite representations of S5. Methodos, Milano **1** (1949), 217-219.
13. A syntactical characterization of 85. J. Symb. Log. **14** (1949), 173-174.
14. Multiplicative closures. Port. Math. **11** (1952), 169-172.
15. The representations of S5. J. Symb. Log. **21** (1956), 257-260.

Hauptsächliche philosophische Publikationen:

16. The Metaphysics of Logical Positivism. Wisconsin 1954.
17. Meaning and Existence. Wisconsin 1959.
18. Logic and Reality. Wisconsin 1964.
19. The Philosophy of Science. Wisconsin 1966.
20. Erinnerungen an den Wiener Kreis. Letter to Otto Neurath, posthum Wien 1988. (in: [329, p 171–180]).

Quellen. Neues Wiener Tagblatt 1924-05-13; UAW PH RA 9939; Wiener Zeitung 1923-10-24 p10; American National Biography, Vol. 2, Oxford University Press, 1999, 639-641; Who's who in the Midewest 6th ed. (1958); Heald, siehe unten.

Lit.: Stadler F. (2015) Der Wiener Kreis und sein Umfeld – Biobibliographien. In: Der Wiener Kreis. Veröffentlichungen des Instituts Wiener Kreis, vol 20.

Heald, W., *From Positivism to Realism: The Philosophy of Gustav Bergmann.* Books at Iowa, no.56, 1992, pp. 25-46. https://doi.org/10.17077/0006-7474.1209

Addis, L., Greg Jesson, G., and E. Tegtmeier, Ontology and Analysis: Essays and Recollections about Gustav Bergmann

Erinnerungen an den Wiener Kreis: Brief an Otto Neurath, in: [329] Bd 2, p171–180.

---

[49] Lützeler [198, p 102]. Nach der Ankunft in New York bewohnten Bergmann und Broch ein halbes Jahr lang nahe der Columbia Universität Mietwohnungen im gleichen Wohnkomplex. „Sie trafen sich häufig und Bergmann las Broch die jeweils neu entstandenen Passagen aus dem Vergil laut vor". (Broch-Handbuch [165]; hier zitiert von p 27.) Broch hatte auch Kontakte mit dem Wiener „Nichtarier" Ludwig > Hofmann.

Elisabeth Bloch

verehel. Helly, nach erneuter Vereh. Weiss (Weisz)
*1892-10-13 Wien;   †1992-04-11 (wurde 100 Jahre alt)

Tochter von Alfred Bloch (*1856 Cz;) und dessen Frau Sidonie ("Siddy"; 1868-04-07 Budapest; †1941-07-04 Wien), geb. Weisz(ss); Schwester von Dr Karl Bloch (*ca 1889; †1927-03-09 Wien), Zahnarzt, ∞ Marie, geb Wittels; Lucia (Lucie, Lucy) Bloch (*1903-03-01 Wien; †1942-11-21 NY, USA), Cellistin, ∞ Berthold Maximilian Weiss (2 Kinder: George Alexander Weiss und Joan Betty ∞ Spencer).

Zeichnung: W.R. nach einem Foto der ÖMG Wien (aus [320])

Elisabeth Bloch ∞ Eduard > Helly (*1884; †1943), nach dessen und ihrer Schwester Lucia Ableben ∞ ihren Schwager Berthold Maximilian Weiss (*ca 1899 Wien; †1965-10-01 New York;
E und E Helly hatten 2 Söhne: Eduard H. jun (*1926 Wien) und > Walter Sigmund H. (*1930 Wien; †2020).

NS-Zeit. Elisabeth verließ, gemeinsam mit Ehemann Eduard > Helly und den Söhnen Eduard jun und Walter, 1938 Wien und emigrierte in die USA.

Elisabeth (Lisa) Bloch promovierte 1915-07-017 als zweite Frau an der Universität Wien mit einem Doktorat in Mathematik[50] und arbeitete dann als Mittelschullehrerin.

Nach dem Tod 1943 von Eduard > Helly und dem Tod ihrer Schwester Lucia heiratete sie deren Witwer, ihren Schwager Berthold Weiss. Über die Emigration der Familie Helly in die USA und deren weiteres Schicksal vgl. den Eintrag > Helly auf p 564ff und den Eintrag zu ihrem Sohn Walter Sigmund auf p 677ff.

Ausgewählte Publikationen. *Diss.*: (1915) *Über den Begriff der Schwankung eines Systems von n Funktionen im n-dimensionalen Raum (Betreuer unbekannt).*

1. Über Gesamtschwankungen von Funktionen mehrerer Veränderlichen. Monatsh. f. Math. u. Physik **30** (1920), 105-122. (im JFM irrtümlich Eh. L. Bloch zugeordnet)
   Zbl/JFM verzeichnen keine weiteren Arbeiten von Elisabeth Bloch-Helly oder Bloch-Weiss.

Quellen. Archiv univie PH RA 4154; Butzer [43]

---

[50] Die erste war Cäcilie Wendt (*1875-05-04 Troppau (heute Opava, CZ), österr. Schlesien), ∞ Böhm. Cäcilie Böhm-Wendt unterrichtete von 1900–15 als erste weibliche Lehrkraft in Österreich Mathematik und Naturlehre an einer Mittelschule (Gymnasiale Mädchenmittelschule des Vereins für erweiterte Frauenbildung).

Wilhelm Brainin

Брайнин Вильгельм Львович
(Wilhelm Lvovich Brainin)
*1907-06-05 Wien;   †1941-11-30 (offiz. Myokarditis) Ghetto Lublin

Sohn des Landmaschinenvertreters Leo (eig. Leib, in Argentinien León) Brainin (*1877-03-06 Lyady oder Orsha, Belarus; †1953-08-04 Buenos Aires) und dessen Ehefrau Riva Itta (in Argentinien Rivitta) (*1877-05-08 Nikolaev, heute Mykolajiw, Ukraine; †1974-02-14 Castelar/Buenos Aires, Arg.), geb. Trachter, Tochter eines reichen Immobilienhändlers in Nikolaev;

Bruder d. Lyrikers u. Satir. Boris Lvovich (Leer) Brainin (*1905-08-10 Nikolaev; †1996-03-11 Wien), Boris ∞ 1946 (o|o 1953) Assja (Asyja) (*1920 Nižnij Tagil, Nordural, UdSSR), geb Passek, Kinderärztin, 1 Sohn, Valerij (*1948-01-27 Nižnij Tagil), Musikpädagoge und -theoretiker, und 1 Tochter, Lydia (*1953 Nižnij Tagil);

Assja ∞ in 2. Ehe Solomon Ilyich Rubinstein (*1913-02-16 Simferopol, Krim/Ukraine; †2000-12-17, Philadelphia, USA)

Zeichnung: W.R. unter Verwend. eines Fotos aus den 1930er Jahren.

Enkel vät. von Hilim (russ. Gilim) Brainin (*Gouvt. Vitebsk, Belarus)
W. Brainin ∞ Helene, 1 Sohn: Kurt Brainin (*1937-07), Chirurg.

NS-Zeit.   Wilhelm Brainin emigrierte 1934, deutlich vor dem „Anschluss" und ohne erkennbares politisches Motiv, als akademischer Arbeitsmigrant („Gastarbeiter") in die Sowjetunion. Sein älterer Bruder Boris war dagegen politisch engagiert, KP-Mitglied und Februarkämpfer; er flüchtete unmittelbar nach dem Scheitern des Aufstands von 1934 vor dem Austrofaschismus nach Polen und gelangte von dort in die Sowjetunion. Beide Brüder fanden an der Pädagogischen Hochschule in Engels[51] Anstellungen als Lektoren, wurden aber 1936-10-05 im Zuge des stalinistischen Terrors verhaftet und 1937-08-21 zu 6 Jahren Lagerhaft verurteilt. Wilhelm wurde 1940-05-02 vom Stalin-Regime, noch unter dem Hitler-Stalin-Pakt als Deutscher nach NS-Deutschland abgeschoben, von der Gestapo als Jude ins Ghetto Lublin deportiert, und starb dort 1941.[52] Boris überlebte Straflager und Verbannung, wurde 1957 rehabilitiert, setzte danach seine literarische

---

[51] Damals die Hauptstadt der Autonomen Republik der Wolgadeutschen (ASSR) [existierte 1918–41], heute gehört sie zum Verwaltungsbezirk (Oblast) Saratov. Engels liegt direkt gegenüber Saratov, am anderen Ufer der Wolga. Den Namen Engels erhielt sie 1931, vorher hieß sie Pokrowsk, deutsch auch Kosakenstadt.

[52] In seiner 1987 (auf Russisch geschriebenen Autobiographie „Wridol" äußerte sein Bruder Boris die Vermutung, Wilhelm sei eher im nahe gelegenen Vernichtungslager Majdanek ermordet worden. Wie Boris selbst schreibt, war aber Wilhelm schwer herzkrank (während der gemeinsam in sowjetischen Lagern verbrachten Zeit achtete Boris stets darauf, von seinem Bruder nicht getrennt zu werden, um ihm notfalls beistehen zu können), so könnte die in den Lagerakten überlieferte offizielle Todesursache „Herzentzündung" (gemeint ist wohl Myokarditis) durchaus korrekt sein. Die Ermordung im Lager Majdanek ist *sehr* unwahrscheinlich, da dieses erst 1943 aus einem Kriegsgefangenenlager in ein Vernichtungslager umgewandelt wurde. Mit dem KZ-Bau in Lublin wurde erst 1941-09 begonnen, Wilhelm Brainin starb 1941-11. Das von den Nazis 1939 eingerichtete Ghetto Lublin sollte ursprünglich ein Aufenthaltslager ähnlich dem Ghetto Theresienstadt werden. Die Nachricht vom Tod seines Bruders erhielt Boris auf dem Umweg über

Karriere in der Sowjetunion fort und kehrte 1992 nach Wien zurück. Wilhelm Brainins Eltern, seine Frau Helene und sein Sohn Kurt entkamen 1938 gemeinsam nach Argentinien. Kurt Brainin lebt heute (2022) in Madrid, sein in der Sowjetunion geborener Cousin Valerij in Deutschland, dessen Schwester Lydia in Philadelphia.

Wilhelm Brainin entstammte einer zur Zeit des russisch-japanischen Kriegs nach Wien emigrierten Familie. Vater Leo (Leib) Brainin[53] emigrierte damals nach Wien, um nicht in die zaristische Armee eingezogen und als Soldat in den Krieg gegen Japan geschickt zu werden. Leo Brainin war gläubiger Jude und hatte in der Rabbinerschule von Kowno den Talmud studiert. In Wien arbeitete er zunächst als Ziegelarbeiter am Laaer Berg, erwarb im Selbststudium einige technische Kenntnisse und eine berufliche Qualifikation als Handelsangestellter. Er hatte schließlich eine Stelle als Vertreter einer Fabrik für Landmaschinen.[54] Mit den in Wien lebenden anderen Trägern des Namens Brainin war er nicht näher verwandt und erhielt von diesen keine Unterstützung.[55] Leo Brainins Ehefrau Riva zog 1905 vor der bevorstehenden Geburt ihres ersten Kindes zu ihren wohlhabenderen Eltern in Nikolaev, brachte dort ihren älteren Sohn Boris zur Welt und kehrte dann wegen eines in Nikolaev ausgebrochenen Pogroms mit dem sechs Wochen alten Säugling

---

seine Eltern vom Rabbinat in Lublin. Auch Yad Vashem (dessen Angaben auf Opferlisten aus Österreich basieren) gibt Lublin als Sterbeort Wilhelms an.

[53] Nicht zu verwechseln mit einem gleichnamigen Vertreter dieses Namens, der 1905 in Wien geboren wurde und zum von Mordechai Brainin begründeten Familienclan gehörte.

[54] Im Adressverzeichnis Lehmann seit 1908 eingetragen, seit 1923 als „Reisender", 1924–38 als „Fabr. Reisender". Seine Wohnadresse war Wien-Floridsdorf, Konrad Krafft-Gasse 18, unweit der (Land)-Maschinenfabrik Hofherr & Schrantz.

[55] Der Name Brainin gehört zu einer matronymen, seit langem mehrfach aufgetretenen Namensüberlieferung. Die bedeutendste in Wien ansässige Familie unter diesem Namen, die „Wiener Familie der Brainins" der jüdischen Tradition, geht zurück auf Mordechai Brainin und seine Frau Cheshe (Therese), die um 1900 aus der Gegend von Vitebsk nach Wien einwanderten; die beiden hatten neun (ihr Kindesalter überlebende) Kinder. Unter M & Ch's Söhnen ragt besonders der Literat, „Vater der hebräischen Literaturkritik", Zionist und jiddische Gelehrte Ruben Brainin (*1862-03-16 Liady/Prov. Mogilev/Virebsk, Belarus; †1939-11-30 New York) hervor, nach dem eine Straße in Tel Aviv benannt ist. In der dritten Generation finden wir Adolf Abraham Brainin (*1889-12-15 Liady, Belarus; †1931-05-11 Wien), der als Seniorchef, gemeinsam mit seinen Brüdern Salomon und Max, die Pelz-Firma Gebrüder Brainin gründete, die sich zum bedeutendsten Pelzmodenhaus Wiens weiterentwickelte und bis zum „Anschluss" bestand. Die Firma hatte eine Zweigniederlassung in London und so konnten die noch in Wien lebenden Familienmitglieder mit einem britischen Einreisevisum nach London entkommen. Auch Adolf Abrahams Kinder Norbert, Hugo und Lydia übersiedelten so nach London. Norbert Brainin (*1923-03-12 Wien; †2005-04-10 London) war ein hochbegabter Violinist und vielbeachteter Musikwissenschaftler; er gründete 1947 als Primgeiger das gefeierte „Amadeus Quartett" und blieb für immer in London. (Hugo kehrte dagegen mit seiner Frau Lotte (geb Sontag), Widerstandskämpferin und Überlebende von Auschwitz und Ravensbrück, nach Wien zurück und trat mit ihr immer wieder als Zeitzeuge in den Medien auf.) Die Würdigung weiterer interessanter, mit Wilhelm aber mutmaßlich nicht verwandter Brainins, muss hier unterbleiben.

nach Wien zurück.[56] Boris und sein zwei Jahre jüngerer Bruder Wilhelm hatten ein enges Verhältnis zueinander.[57]

Boris Brainin — Dichter, Satiriker, Überlebender nach insgesamt 19 Jahren Straflager und Verbannung. Boris Brainin hatte schon früh literarische Neigungen, er ist heute durch Neuausgaben seiner Werke im deutschen Sprachraum bekannt und geschätzt. Vor seiner Rückkehr nach Wien gab er in Moskau jahrelang die literarische Zeitschrift *Neues Leben* der Rußlanddeutschen heraus und unterstützte nach Kräften die Erhaltung der rußlanddeutschen Literatur.

Anders als sein Bruder Wilhelm, den er als politisch völlig uninteressiert schildert, war Boris in Wien politisch streng „links" orientiert. Er hat das später in seiner Autobiographie „Wridol" auf den Einfluss seiner Mutter zurückgeführt, die angeblich persönlich mit dem zwei Jahre jüngeren Leo Trockij bekannt war und (jedenfalls ihrem ersten Sohn Boris) „heute längst vergessene revolutionäre Kampflieder" als Wiegenlieder vorgesungen hat. Boris übernahm jedenfalls ihre Überzeugungen und trat 1927 der KPÖ bei. In den Februar-kämpfen von 1934 schloss er sich den Schutzbündlern an, floh aber nach dem Scheitern des Aufstandsversuchs 1934-02-15 zunächst zu Verwandten nach Tarnow im damaligen Kronland Galizien in Österreich-Ungarn (heute Polen).

Wilhelm Brainin studierte Mathematik und Physik an der Universität Wien und promovierte dort 1933-02-17. Während seiner Studienzeit, im März 1928, hielt er einen Volksbildungs-kurs über Analytische Geometrie, im Rahmen des Verbands sozialistischer Studenten.[58]

Da er keine Aussicht auf eine adäquate Anstellung als Mathematiker in Österreich hatte, reiste er im Sommer 1934 mit einem Touristenvisum nach Moskau und sprach im Nar-kompros, dem sowjetischen Bildungsministerium, vor. Dort stieß er auf den Leiter der pädagogischen Hochschule in Engels, damals Hauptstadt der Wolgadeutschen Republik, der ihn vom Fleck weg als Lektor für Mathematik an seiner Hochschule engagierte. Bruder

---

[56] Nach Wridol (p 47) desertierte Leo Brainin knapp nach Boris' Geburt, also etwas später als 1905-08-10. Der russisch-japanische Krieg endete 1905-09-05 mit dem Friedensvertrag von Portsmouth.

[57] Zum Gedenken an seinen Bruder Wilhelm gab Boris seinem Sohn Valerij den zweiten Vornamen Willi; Valerij nannte sich in seiner beruflichen Tätigkeit als Musikwissenschaftler und Musikpädagoge gewöhnlich Willi (oder Valerij Willi) Brainin-Passek.

[58] Ansonsten sind keine politisch gefärbten Aktivitäten Wilhelms bekannt.

Boris hatte ein Doktorat in Germanistik[59] und war im kommunistischen Untergrund tätig gewesen; Wilhelm verschaffte auch Boris eine Stellung als Hochschullehrer in Engels. Wilhelm hatte offensichtlich nicht die feste Absicht, in der Sowjetunion zu bleiben, er rechnete darauf, sich wieder mit seiner in Wien zurückgelassenen Familie vereinigen zu können und behielt seine österreichische Staatsbürgerschaft bei. Noch 1935 verbrachte er einen Urlaub in Österreich, ein Jahr später besuchte ihn seine Frau Helen mit dem inzwischen geborenen Sohn Kurt in Engels.[60] Boris dagegen wurde in die Sowjetunion eingebürgert. Die Brüder wurden 1936-10-05 im Zuge der Stalinistischen Hexenjagd („Der Große Terror") von 1936–1938 als Spione und antisowjetische Agitatoren verhaftet und 1938-08-21 zu sechs Jahren Lagerhaft verurteilt. Wilhelm blieb von 1938-03 bis 1940-01 in einem Lager im Nordural in Haft. 1940-04-27 verfügte ein Gerichtsbeschluss seine Abschiebung nach NS-Deutschland. Er wurde in das Butyrka-Gefängnis in Moskau überstellt, 1940-05-02 bei Lublin den NS-Behörden übergeben, von diesen im Lubliner Ghetto inhaftiert, wo er 1941-11-30 starb.[61] Sein Bruder Boris wurde als Sowjetbürger nicht an NS-Deutschland ausgeliefert, überlebte sechs Jahre Straflager, wurde 1942 aus der Haft entlassen, lebte dann noch einige Jahre in der Verbannung in Tomsk, nach seiner Rehabilitation 1957-09-12 in Moskau und nach dem Fall der Sowjetunion 1992 in Wien.

Genau betrachtet hatte Wilhelm Brainin nach seiner Promotion nur höchstens zwei Jahre lang überhaupt die Chance zu wissenschaftlicher Arbeit; allfällige Manuskripte hätte er im günstigsten Fall auf Russisch publizieren können — ein noch vor Beginn einer möglichen Karriere abgewürgtes mathematisches Talent.

Ausgewählte Publikationen. *Diss.*: (1931) *Über Wurzeln von Matrizen (Furtwängler, Hahn)*. Wilhelm Brainin scheint in Zbl/JFM nicht auf.

Quellen. Firmeneintragung Wr Zeitung 1922-06-28 p19; Arbeiter Zeitung 1928-03-23 bis 03-28; Der Tag 1931-05-12 p11 Parte Adolf B; Opfer des politischen Terrors in der UdSSR, (http://lists.memo.ru/, Zugriff 2023-02-20); UAW PH RA 10970, PH RA 11895; ÖStA; Streibel, R., Begegnungen mit Boris Brainin, (http://klahrgesellschaft.at/Mitteilungen/Streibel_2_19.pdf, Zugriff 2023-02-20); Sepp Österreicher (=Boris Brainin), Wridols Erinnerungen. Pilum Literatur Verlag, Straßhof a.d. Nordbahn, Österreich. Die Angaben in [201] sind inzwischen überholt.

Lit.: Streibel, R., Das fünfte Pseudonym. Das Leben des Humoristen, Übersetzers und Lagerhäftlings Boris Brainin, in: Hans Schafranek (Hrsg.), Die Betrogenen. Österreicher als Opfer stalinistischen Terrors in der Sowjetunion, Wien 1991, S. 125-153; Streibel, s.o.; Snowman, D., The Amadeus Quartet – The Men and the Music. London 1981; Lotte Brainin: Leben mit Eigenwillen und Mut. Ein Film von Bernadette Dewald (2009), online unter (https://www.ravensbrueckerinnen.at/?page_id=2340, Zugriff 2023-02-20).

---

[59] Er promovierte 1934-02-06, rund eine Woche vor seiner Flucht mit „Studien zur Naturschilderung in den deutschen geographischen Reisewerken des 19. Jahrhunderts mit besonderer Berücksichtigung der zweiten Hälfte des Jahrhunderts".

[60] Wridol, p 46–54

[61] Ein ähnliches Schicksal erlitt Emmy Noethers jüngerer Bruder Fritz (*1884-10-07 Erlangen; †1941-09-10 Orjol, heute Zentralrussland), der, ebenfalls Emigrant in die UdSSR, etwa um die gleiche Zeit, nämlich 1941-11-10, vorgeblich wegen antisowjetischer Propaganda, nach den später zugänglichen Akten als Spion für Hitlerdeutschland erschossen wurde; vgl. Schlote, K.-H., *Fritz Noether – Opfer zweier Diktaturen. Tod und Rehabilitierung.* NTM-Schriftenreihe f. Geschichte d. Naturwiss., Technik u. Medizin **28** (1991), 33-41.

Cölestin (Celestyn) Burstin

Бурстин Целестин Леонович   Tselestin Leonovich Burstin

*1888-01-28 Tarnopol, Galizien u. Lodomerien, Österreich-Ungarn (heute Ternipil, Ukraine);   †1938-10-02 (im Gefängniskrankenhaus) Minsk

Sohn von Leo (Leib) Burstin und seiner Frau Marye, geb Freidman;

Brüder: Philip (*1883) und Aron-Shiye (†1892) Burstin;

Schwestern: Valeria (*1893; †1894) und Malvina (†1897), geb Burstin

Zeichnung: W.R. nach einem *public domain* Foto, abgedruckt u.a. in d. Ukrainischen Enzyklopädie

NS-Zeit. Burstin wanderte 1929 in die UdSSR ein, wurde 1937-12-10 wegen angeblicher Spionagetätigkeit für Deutschland und/oder Polen verhaftet und starb 1938 bei einem Polizeiverhör in Minsk. Nach dem XX. Parteitag der KPdSU (b) 1956 wurde er vollständig rehabilitiert

---

Cölestin Burstin wuchs im galizischen Tarnopol auf, einer Stadt mit etwa 40.000 Einwohnerinnen und Einwohnern, damals Sitz einer Bezirkshauptmannschaft, eines Kreisgerichts und einer Finanzbezirksdirektion. Tarnopol verfügte über je ein Obergymnasium mit polnischer und ukrainischer Unterrichtssprache, eine Oberrealschule, eine Lehrerbildungsanstalt und ein Jesuitenkollegium, aber keine Universität.

Burstin zog daher für sein Studium nach Wien, erreichte 1911 einen ersten Studienabschluss (entweder mit dem Lehramt oder in Versicherungsmathematik) und promovierte 1912-07-06 an der Universität zum Dr phil in Mathematik.[62] Danach dürfte er ohne feste Stelle und außerhalb staatlicher Institutionen unterrichtet haben, nicht notwendigerweise ständig in Wien. Es ist auch unbekannt, ob er im Ersten Weltkrieg zum Truppendienst eingezogen wurde.[63] Seine mathematischen Veröffentlichungen setzen jedenfalls mit Kriegsbeginn 1914 ein, brechen 1917 ab und setzen sich erst wieder 1926 fort, am Beginn einer Zusammenarbeit mit Walther Mayer. Offenbar hatte Burstin Schwierigkeiten, seinen Lebensunterhalt zu sichern.

Seiner politisch „linken" Einstellung folgend, trat Burstin 1925 der 1918 gegründeten KPÖ bei, die ihn aber nicht finanziell unterstützen oder gar anstellen konnte. Für eine wissenschaftliche Karriere war KP-Mitgliedschaft schädlicher als jüdische Abstammung.

Burstin unternahm in den folgenden Jahren keinen Versuch, sich in Österreich zu habilitieren, trat aber von da an regelmäßig mit mathematischen Veröffentlichungen hervor. Auf Einladung der Belarussischen Akademie der Wissenschaften (BAN) übersiedelte er 1929 als Professor und Leiter der Abteilung Mathematik nach Minsk an die der Belarus-

---

[62] Laut Rigorosenakt PH RA 3471 der Univ Wien, Einreichdatum 1912-06-04. In einigen Biographien wird 1911 als letztes Jahr seines Universitätsstudiums angegeben.

[63] Sein Name scheint weder in Lehmanns Adressbuch noch in den amtlichen Verlautbarungen zum Kriegsgeschehen auf.

sischen Universität. Für eine solche Migration waren damals gerade günstige Bedingungen in der UdSSR gegeben. Stalin hatte seine diktatorische Machtposition unangreifbar gemacht, Trockij zur Flucht getrieben, jegliche innerparteiliche Opposition zum Schweigen gebracht und ein ehrgeiziges Industrialisierungsprogramm in Gang gesetzt. Für den Aufbau der sowjetischen Industrie wurden dringend gut ausgebildete Fachkräfte und die Unterstützung durch wissenschaftliche Forschungen gebraucht. Ausländische Fachkräfte, besonders solche mit erklärten Sympathien für Marxismus und das Sowjetsystem, waren daher hochwillkommen. In den im Ausland stationierten sowjetischen Handelsmissionen wurden eigene Abteilungen für die Vermittlung von Anstellungen für ausländische Experten eingerichtet.[64]

Nach der Ermordung Kirovs 1934 änderte sich diese für Sowjetimmigranten günstige Situation zunehmend zum Schlechteren, „Misstrauen und Verdächtigungen krochen aus allen Ecken und Spalten" (Hilde Koplenig) und es begannen blindwütige Verfolgungen.

Historiker der sowjetischen Mathematik heben aber schon für den Beginn der 1930er Jahre den ersten Einbruch von Politik und Ideologie in die Welt der Mathematik hervor, der mit der Entmachtung und schließlich mit dem Tod des Begründers der Moskauer mathematischen Schule, Egorov, endete. Nachfolger Egorovs als führender Mathematiker war ab 1932 Egorovs Schüler Nicolay N. Luzin, gegen den sich wiederum 1936, in der sogenannten „Luzin-Affäre", Angriffe seiner Schüler richteten. An der Entmachtung Egorovs war an führender Stelle der „Schwarze Engel der marxistischen Philosophie",[65] der „Altösterreicher" Ernst (Arnošt) Kolman beteiligt.

Zunächst lief aber alles gut für Burstin. Er wurde Mitglied der Moskauer Mathematischen Gesellschaft und behauptete sich in deren 1931 aufbrechenden internen Machtkämpfen. Es ging um die Planung der für den Wirtschaftsaufbau notwendigen Neugestaltung der mathematischen Ausbildung auf Mittel- und Hochschulniveau: auf der einen Seite die Anhänger

---

[64] Eine Darstellung dieser Bemühungen gibt Hilda Koplenig, die in den 1930er Jahren an einer solchen Abteilung tätig war (Stadler [329], 976–979).

[65] Ernst (Arno Kolman (al. Kollmann) (*1892-12-06 Prag; †1976-01-22 Stockholm) studierte ab 1910 in Prag an der tschechischen TH, Mathematik und Philosophie als Gasthörer an der DU Prag. 1913–14 arbeitete er daneben als Rechenassistent an der Prager Sternwarte. Im ersten Weltkrieg geriet er in russische Kriegsgefangenschaft, schloss sich 1917 der KPdSU(b) an und kämpfte 1918–1920 in der Roten Armee. Es folgte ein rascher politischer Aufstieg als Stalins Gefolgsmann in akademischen Positionen, als Mitglied der Kommunistischen Akademie (bis zu deren Auflösung) und im Rahmen der Moskauer Mathematischen Gesellschaft. Kolman spielte eine wichtige Rolle beim Sturz Egorovs und in der Luzin-Affäre. Bei letzterer unterlag er den Ambitionen Alexandrovs; Luzin, dessen Ausschluss aus der Sowjetischen AW er befürwortete, verblieb, vermutlich auf persönliche Weisung Stalins, in der Akademie und wurde nicht in ein Straflager versetzt. (Vgl. Seneta [300]) Kolman wurde 1931 Professor am Marx-Engels-Lenin Institut in Moskau, wo er neben allgemeinen Schriften zu Mathematik (hauptsächlich Wahrscheinlichkeitstheorie) und Physik aus der Sicht des dialektischen Materialismus auch historische Betrachtungen zu Lobachevsky und Bolzano veröffentlichte. Nach dem Krieg wurde er zunächst als Leiter der Propaganda-Abteilung nach Prag entsandt, wegen seiner agressiven Kritik an führenden tschechoslowakischen Kommunisten nach Moskau zurückbeordert und wegen parteischädigenden Verhaltens zu 25 Jahren Gefängnis verurteilt, erst nach Stalins Tod kam er 1953 wieder frei. Danach wandte er sich zunehmende von der KP ab und emigrierte 1976 nach Schweden zu seiner dort lebenden Tochter. Seinen Austritt aus der Partei gab er in einem öffentlichen Brief an Leonid Brezhnev bekannt. Vor seinem Tod verfasste er die polemische Autobiographie [*Die verirrte Generation. So hätten wir nicht leben sollen.* (mit H W Haefs u František Janouch). Fischer Taschenbuch-Verlag, 1979; erweiterte Version 1982].

einer „unpolitischen Mathematik" mit dem Ethos einer rein abstrakten Wissenschaft, auf der anderen die Verfechter einer „Dialektisch-materialistischen Mathematik" nach stalinistischen Prinzipien und mit dem Ethos gesellschaftlicher Relevanz. Hauptargument der Gegner der „Dialektisch-materialistischen Mathematik" war der Vorwurf mangelnder Professionalität, in umgekehrter Richtung war das Argument die Forderung nach dem Primat der Politik und, propagandistisch vorgebracht, die Betonung des „Klassencharakters der Mathematik". In personeller Hinsicht handelte es sich um einen „Putsch": Der bisherige Präsident Egorov, ein berühmter Mathematiker aus vorrevolutionären Zeiten, wurde abgesetzt, seine Position nahm interimistisch Ernst Kolman ein. Kolman blieb Präsident der Moskauer Mathematischen Gesellschaft bis 1932.

Burstin schlug sich auf die revolutionäre Seite der „sozialistischen Mathematik" und landete damit im leitenden Gremium der Mathematischen Gesellschaft.[66] (Einen ähnlichen Weg ging › Frankl, cf. 538.)

1931 wurde er korrespondierendes Mitglied der BAN und zum Direktor von deren Physikalisch-Technischem Institut bestellt. Ab 1936 war er Akademie-Sekretär der Abteilung für Math.-Nat. Wissenschaften und für Nat.-Techn. der belarussischen Akademie der Wissenschaften.

1937-12-10 war aber das alles zu Ende. Burstin wurde vom NKWD unter dem Vorwurf der Spionage verhaftet, monatelang verhört, physisch und psychisch unter Druck gesetzt. Er starb 1938-10-02 in einem Krankenhaus in Minsk.

Nach Stalins Tod und Chruščëvs Parteitagsrede von 1956 wurde Burstin zur Gänze rehabilitiert. Die Aufarbeitung der Stalin-Ära ist allerdings auch im Falle Burstin noch lange nicht abgeschlossen.

In seiner wissenschaftlichen Arbeit beschäftigte sich Burstin mit Differentialgeometrie, Maßtheorie, Differentialgleichungen und allgemeinen algebraischen Strukturen. Mit Walther › Mayer schrieb er vier gemeinsame Arbeiten, aus dieser Zusammenarbeit ging unter anderem die bekannte „Burstin-Mayer Metrik" hervor (aufgenommen ins Lehrbuch der Tensortheorie von › Duschek und Mayer und bis heute immer wieder zitiert).

Einen weiteren Schwerpunkt bilden Untersuchungen zu Lebesgue-Messbarkeit, perfekten Mengen und Bairemengen, von denen wir hier nur zwei wohlbekannte Ergebnisse nennen:[67]

---

[66] In den erst vor wenigen Jahren aufgefundenen stenographischen Protokollen wird die Liste der gewählten Präsidiumsmitglieder mit Kolman, Vygodsky, Khotimsky, Gel'fond, Orlov, Burstyn [⇒ Burstin], Khinchin, Golubev, Raikov, › Frankl, Ianovskaia, Liusternik und Lavrentiev angegeben. Mit Burstin und › Frankl (cf. p 538) befanden sich also zwei gebürtige Österreicher unter den ersten zehn. (Die Liste findet sich zB in Seneta [300], p 343.)

[67] Zu Burstins Beiträgen zur Theorie der Baire-Mengen und der Lebesgue-messbaren Mengen vgl zB Morgan J C, Point Set Theory. Taylor & Francis, Boca etc 1990.

(1) Satz von Burstin-Łomnicky:[68] *Jede Lebesgue-messbare reelle Funktion mit beliebig kleinen Perioden ist Lebesgue-fast-überall konstant.*[69]

(2) *Es gibt eine Hamelbasis der reellen Zahlen, die jede perfekte Teilmenge der Zahlengeraden trifft.* Daraus folgt, dass die Zahlengerade in c Teilmengen zerlegt werden kann, von denen keine Lebesgue-messbar ist oder die Baire-Eigenschaft hat.

Ordnungsliebende Leser werden wahrscheinlich das folgende Ergebnis Burstins schätzen:

(3) *Jeder reelle Vektorraum der Kardinalität c kann archimedisch angeordnet werden.*

Ehrungen: 1931 Mitglied der Belorussischen AW, 1936 Sekretär ihrer Mat.-Nat.-Tech Abteilung; 1956(?) volle Rehabilitierung.

Ausgewählte Publikationen. *Diss.*: (1912) *Das Problem der F Menge (Escherich).*

1. Burstin, C. Eigenschaften meßbarer und nichtmeßbarer Mengen. Wien. Ber. **123** (1914), 1525-1551. [Berichtigt in 5.]
2. Die Spaltung des Kontinuums in κ_1 überall dichte Mengen. Wien. Ber. **124** (1915), 1187-1202.
3. Über eine spezielle Klasse reeller periodischer Funktionen. Monatsh. f. Math. **26** (1915), 229-262.
4. Die Spaltung des Kontinuums in c im L. Sinne nichtmeßbare Mengen. Wien. Ber. **125** (1916), 209-217. [Eine Verallgemeinerung von Bernsteins Satz über die Zerlegung von $\mathbb{R}$ in zwei total imperfekte Teilmengen.]
5. Berichtigung der Arbeit "Über eine spezielle Klasse reeller periodischer Funktionen". Monatsh. f. Math. **27** (1916), 163-165. [Korrektur der Arbeit in Monatsh. **26**, Beweis des Satzes von Burstin-Łomnicky]
6. (gem. mit Mayer, W) Das Formenproblem der ℓ-dimensionalen Hyperflächen in n-dimensionalen Räumen konstanter Krümmung. Monatshefte f. Math. **34** (1926), 89-136.
7. (gem. mit Mayer, W) Über affine Geometrie. XLI: Die Geometrie zweifach ausgedehnter Mannigfaltigkeiten F_2 im affinen $\mathbb{R}_4$. Math. Z. **26** (1927), 373-407.
8. Ein Beitrag zur Theorie der Ordnung der linearen Systeme. Tôhoku Math. Journ. **31** (1929), 296-299.
9. (gem. mit Mayer, W) Distributive Gruppen von endlicher Ordnung. J. f. M. **160** (1929), 111-130.
10. Ein Beitrag zur Theorie von Funktionen zweier Variablen. Tôhoku Math. Journ. **31** (1929), 300-311.
11. Die Geometrie der zweifach ausgedehnten Mannigfaltigkeiten F_2 im projektiven $\mathbb{R}_4$. Tôhoku Math. Journ. **30** (1929), 404-427.
12. (gem. mit Mayer, W), Die F_n im affinen $\mathbb{R}_{n+1}$. Tôhoku Math. Journ. **31** (1929), 312-320.
13. Beiträge zur mehrdimensionalen Differentialgeometrie. Monatshefte f. Math. **36** (1929), 97-130.
14. Über einen Satz in Riemannschen Räumen. Monatshefte f. Math. **36** (1929), 353-356.
15. Beiträge zum Problem der Verbiegung der Hyperflächen in euklidischen Räumen. I. (Dt u. russ. Zusfg.) Recueil math. Moscou **37** (1930), 3-12.
16. Ein Beitrag zur Theorie der Systeme Pfaffscher Aggregate. (Dt u. russ. Zusfg.) Recueil math. Moscou **37** (1930), 13-22.
17. Ein Beitrag zur Theorie der Parallelhyperflächen. I, II. (Dt u. russ. Zusfg.) Recueil math. Moscou **37** (1930), 23-34, 35-40.
18. Mehrdimensionale projektive Differentialgeometrie. Monatshefte f. Math. **37** (1930), 41-54.
19. Ein Beitrag zum Problem der Einbettung der Riemannschen Räume in euklidischen Räumen.[70] Recueil math. Moscou **38** (1931), 74-85.

---

[68] Antoni Marian Łomnicki (*1881-01-17 Lwów; †1941-07-04 (erschossen) Lwów) war 1919–41 Professor für Mathematik an der TH Lwów. Er soll als erster Maßtheorie in die Wahrscheinlichkeitstheorie eingeführt haben. Ausführliche Biographie und Publikationsliste von Lech Maligranda in Roczniki Polskiego Towarzystwa Matematycznego Ser. II: Wiadomo Sci Matematyczne **44** (2008), 61–112.

[69] Burstin (1915+1916); diese Funktionen sind nach Łomnicky (1918) genau die multiperiodischen Funktionen. Insbesondere folgt aus diesem Satz, dass jede multiperiodische Funktion mit mindestens einem Stetigkeitspunkt konstant ist. Emil ⸽ Artin konstruiert mit Hilfe von Burstins Satz ein Beispiel für ein mechanisches System mit quasiergodischen Bahnen (1924).

[70] Vgl. Yanenko N N, Einige Fragen der Theorie der Einbettung Riemannscher Metriken in Euklidische Räume. Uspechi matematiceskich nauk **8** (1953), 21–100.

20. Beiträge der Verbiegung von Hyperflächen in euklidischen Räumen. Recueil math. Moscou **38** (1931), 86-93.
21. Zum Einbettungsproblem. Communications Kharkow (4) **5** (1932), 87-95.
22. Zur Charakterisierung der Kugelfläche, der Ebene und der Zylinderfläche. Recueil math. Moscou **40** (1933), 24-30.
23. Probleme der Differentialgeometrie in der Mechanik. II. Recueil math. Moscou **40** (1933), 31-38.
24. Beiträge zum Problem von Pfaff und zur Theorie der Pfaffschen Aggregate. I. (Dt u. Russ.) Recueil math. Moscou **41** (1934), 582-654.
25. Ein Beitrag zur Theorie des Klassenbegriffes der quadratischen Differentialformen. (Dt u. Russ. Zusfg.) Abh. Sem. Vektor-Tensoranalysis, Moskau **4** (1937), 121-136, 137-138.

Autor von 25 mathematischen Einzelschriften, alle im JFM besprochen.

Auf Belarussisch erschienene, nicht in Zbl/JFM angezeigte, als Manuskript gedruckte Bücher:

26. Mathematische Werke. Minsk 1933;
27. Ein Kurs in Differentialgeometrie. Minsk 1933; [Eines der ersten Lehrbücher der Differentialgeometrie auf Hochschulniveau in belarussischer Sprache]
28. Lehrbuch der Mathematischen Methoden der Physik. Mn., 1933.

Quellen. UWA PH RA 3471; Odyniec [234], Burstin Celestin Leonovich - Enzyklopädie der zeitgenössischen Ukraine. esu.com.ua Archiv des Originals zum 31. März 2017. Aufgerufen 2021-03-07.

Lit.: J. Mioduszewski, Celestyn Burstin (1888-1938) – członek Polskiego To- warzystwa Matematycznego, w: Matematycy polskiego pochodzenia na obczyź- nie, XI Szkoła Historii Matematyki (Kołobrzeg, maj 1997), red. S. Fudali, Wydawnictwo Naukowe Uniwersytetu Szczecińskiego, Szczecin 1998, 161–165. Morgan J C, Point set Theory.

Ernst Fanta

*1878-05-26 Wien; †1939-11-07 São Paulo (mos., ab 1902 r.k.)

Sohn von Moritz Fanta (1838-02-22 Horky nad Jizerou, CZ; †1880-03-14 Wien), öff. Gesellschafter der Hemdenfirma Kohn & Fanta, und dessen Ehefrau Pauline (*1847-10-02 Zlatníky-Hodkovice bei Prag; †1899-03-02 Wien), geb Rosenbaum;

Bruder von (1) Hermine geb Fanta (*1872-07-24 Prag; †1928-05-30 České Budějovice [∞ Dr jur Alfred Taussik, Rechtsanwalt; Sohn Felix T.]), (2) Hofrat Dr jur Leopold Fanta (*1873-07-21 Wien; †1946-06-14b Wien), Senatsvors. Gerichtshof I. Instanz, 1. Landesgericht Wien [enthoben 1938-03] und (3) Robert Fanta (1876-02-15 Wien; †1930-03-15 Wien), Bankbeamter, später Bankdirektor, [∞ Margarete (*1882-06-07 Wien), geb Fog(e)l/Vog(e)l; Kinder: (3a) Eva Pauline (*1906-09-08 Wien) geb Fanta ∞ ⟩ Vajda; (3b) Dr med Eugen Moritz F. (*1910-06-10 Wien; †2003-06-22 Westwood, Mass., USA), ev. AB, 1975 US-Bürger];

Neffe mütt. von Adolf Abraham Rosenbaum (†1909-03-11); Vater Moritz Fanta hatte 10 Geschwister: Heinrich Fanta; Carolina Fanta; Rosalia Fanta; Eduard Fanta; Wilhelm Fanta; Francisca Fanta; Katharina Klinger, geb. Fanta; Josef Fanta; Johanna Rosenbaum, geb. Fanta, und Albert Fanta.

Enkel vät. von Leopold Fanta (*1799; †ca 1873 Brandýs, Cz) und Elisabeth (*1802; †ca 1883 Brandýs) Fanta.

Ernst Fanta ∞ Anna, geb Weismayer (*1879-08-27; †?); Sohn: Werner Fanta (*1905-07-25 Wien; †?), Mathematiker (promovierte 1931 bei v. ⟩ Mises in Berlin)

NS-Zeit. Nach dem „Anschluss" verlor Fanta als Jude seine Lehrbefugnis, wanderte 1939-03-06 nach Brasilien aus,[71] starb dort aber kurz darauf mit 61 Jahren. Über das weitere Schicksal seines Sohns Werner, der sein Studium 1931 in Deutschland beendet hatte, ist nichts bekannt, sein Name konnte bisher weder in den NS-Verfolgtenlisten noch in den US-Einwohnerlisten aufgefunden werden.[72]

Ernst Fanta wuchs in wohlhabenden Verhältnissen auf, verlor aber mit zwei Jahren seinen Vater, als einundzwanzigjähriger Student auch seine Mutter.[73] Er besuchte in Wien nach der Volksschule 1888–96 das k.k. Franz-Joseph-Gymnasium in Wien[74] und legte dort die Reifeprüfung ab. Danach studierte er Mathematik, Physik und Versicherungswesen an der Universität Wien. 1900-06-13 promovierte er bei Franz Carl Josef Mertens mit einer Arbeit über die Darstellung von Primzahlen durch lineare Funktionen über kubischen Kreisteilungskörpern. 1901-07-06 legte er die Staatsprüfung für Versicherungswesen in Wien ab; 1901/02 folgte ein durch ein Reisestipendium der Stiftung Auspitz finanziertes Studienjahr in Göttingen, wo er Georg ⟩Hamel und Alfred Haar kennenlernte.

1902 trat er aus der israelitischen Kultusgemeinde (IKG) aus und konvertierte zur römisch-katholischen Kirche.

In den Jahren 1902–06 sammelte Fanta erste praktische Erfahrungen im Versicherungswesen als Angestellter der Wiener städtischen Versicherungsanstalt,[75] Ab 1906 las er einmal wöchentlich als Honorardozent über Versicherungsmathematik an der DTH Brünn, dort habilitierte er sich 1910 für Mathematik und ihre Anwendung im Versicherungswesen,[76] 1918-04 wurde ihm an der DTH der Titel eines ao Professors verliehen. 1919 erhielt er die Venia legendi für Mathematik im Versicherungswesen an der TH Wien und hielt dort Vorlesungen als (unbesoldeter) tit ao Professor.

---

[71] WAIS Meldezettel v. 1929-08-30

[72] Renate Tobies gibt in [362] dankenswerter Weise die folgenden Informationen zu Werner Fanta, auf die wir hier verweisen können: *1905-07-25 Wien; Sohn von Prof. TH Wien Dr Ernst Fanta; Matura Bundes-Gymn. Wien 24-07-02; studierte danach drei Semester (WS 1924/25 bis WS 1926/27) an der Univ. Wien, acht an der Univ. Berlin; promov. 1931-05-19 mit der Dissertation *Über die angenäherte Auflösung von gewöhnlichen Differentialgleichungen und Anwendung auf Probleme der Mechanik*, betreut von v. Mises (2. Gutachter: Bieberbach); als Quellen gibt Tobies an: Univ.Archiv Berlin, Phil. Fak. 713. ZbL/JFM nennen nur die Diss. von 1931 und eine weitere Publikation von 1932 (Versicherung-Archiv **3** (1932), 561-564.) Im Heft 1929 von *Der Naturfreund* werden Anna, Ernst und Werner Fanta in der Spendenliste für den Baufonds der Naturfreunde kurz erwähnt.

[73] Die OHG Kohn & Fanta wurde 1875-05-01 ins Wiener Handelsregister aufgenommen, mit Ignaz Kohn und Moritz Fanta als Gesellschafter. Nach dem Tod ihres Mannes war Pauline Fanta noch an seiner statt bis zur Auflösung der Firma 1885 Gesellschafterin. (Wr. Ztg. 1875-05-19 p19, 1885-01-21 p16)

[74] Heute GRG Wien 1, Stubenbastei 6–8. (Real-)Gymnasium= FJ-Gymnasium

[75] Diese wurde unter dem offiziellen Namen *Städtische Kaiser-Franz-Joseph-Jubiläums-Lebens- und Renten-Versicherungsanstalt* 1898 aus Anlass des 50-jährigen Regierungsjubiläums Kaiser Franz Josefs gegründet.

[76] Diese Lehrbefugnis wurde 1916 an die TH Wien übertragen.

Hauptberuflich war Fanta als Chefmathematiker und Direktor bei Versicherungen in Wien und Prag tätig, im Gegensatz zu ˃ Tauber durchaus mit Interesse an diesem Geschäftsfeld (und zur Zufriedenheit der Aufsichtsräte):

• Städtische Versicherungsanstalt.[77] 1902–04 (prov) Praktikant, 1905–1916 Mitglied des Direktoriums als Referent. 1917 wurde Chefmathematiker Fanta, „der seit Kriegsbeginn die Geschäfte der Anstalt leitet[e], zum Direktorstellvertreter ernannt."[78]

• 1922, bei der Gründung der Bundesländerversicherung, zu einem der Direktoren bestellt;[79]

• 1926-04-19 zu einem der Direktoren der *Phönix* Versicherung.[80] Die *Phönix* brach 1936 spektakulär zusammen, Fanta war aber offenbar damit nicht schuldhaft verwickelt.

• 1929-08-30 als Direktor und Prokurist der *Fortuna* Versicherung. Diese fusionierte 1930-07-06 mit der *Universale* Versicherung, Fanta wurde leitender Direktor der erweiterten Firma, die allerdings 1932-07-26 aufgegeben wurde und in Liquidation trat.

• 1932 wurde Fanta in den Verwaltungsrat der *Allgemeinen Rentenanstalt* aufgenommen.

Ernst Fanta war auch in der Volksbildung tätig; er hielt etwa 90 Vorträge im Volksheim Ottakring. Er wurde 1931 in den Ausschuss dieser Volkshochschule gewählt,[81] sein Name findet sich auf der Liste der Ausschussmitglieder sowohl nach dem Stand von 1934-02-01 als auch nach der Ausschuss-Sitzung von 1934-03-02 (nach den Februarkämpfen).[82] Fanta war auch Mitglied der „Naturfreunde", einer sozialdemokratischen Touristikvereinigung, die 1895 gegründet, 1934 während der Ständestaatdiktatur aufgelöst, 1945 nach dem Krieg neu gegründet wurde.

Nach dem „Anschluss" verlor Fanta seine Lehrbefugnis und die privatwirtschaftliche Entlassung war vorherzusehen. Fanta wanderte daher nach Brasilien aus, starb aber dort ein Jahr später.

Eine Nichte Ernst Fantas, die Tochter Eva Pauline seines Bruders Robert Fanta, heiratete 1929 Stefan ˃ Vajda, der in der Versicherungsanstalt „Phönix" Fantas Kollege war.

Ehrungen: 1917 Kriegskreuz für Zivilverdienste II. Klasse

Ausgewählte Publikationen. *Diss.*: (1900) *Beweis, daß jede lineare Funktion, deren Koeffizienten dem kubischen Kreisteilungskörper entnommene ganze teilerfremde Zahlen sind, unendlich viele Primzahlen dieses Körpers darstellt (Mertens).*   Veröff. in den Monatsh. Math.Phys. **12** (1901), 1–44.

1. Über die Verteilung der Primzahlen. Monatsh. Math.Phys. **12** (1901), 299–313
2. Eine Rekursionsformel für durchschnittliche Prämienreserven, Habilitationsschrift 1910
3. Die Betriebsgrundlagen der Lebensversicherung. Eine gemeinverständliche Darstellung ihrer Technik, Berlin 1932.

---

[77] Wiener Kommunalkalender und städtisches Jahrbuch 1902–1919

[78] Deutsches Volksblatt 1917-09-30 p7

[79] Wiener Zeitung 1922-09-04 p15

[80] Eigene Angabe auf seinem Meldezettel (im Internet aufrufbar auf WAIS).

[81] Neues Wr. Tagbl. 1931-03-04 p8.

[82] Ausstellungskatalog [7].

ZbL/JFM nennen nur drei Publikationen, eine davon der Nachruf auf Emil Waelsch. Einhorn [67] nennt 11 weitere Publikationen, darunter Fantas Habilitationsschrift.

Quellen. Neue Freie Presse 1899-03-04 p 16; UA PH RA 1288; Einhorn [67, p 663ff]; [246, p 191]; Staudacher [335, p 136] ; [322, p 6f].

Maria Rosalia Feßler
Цах Мария Густавовна Tsakh Mariya Gustavovna

auch: („Mizzi") Fessler, Marie Zach-Feßler,

*1902-06-10 Wien; †1942-06-13 (Stalinopfer) Čeljabinsk im Ural, UdSSR

Tochter des Oberlandesgerichtsrats (OLGR) Hofrat Dr.jur Gustav Feßler (*1853-01-02 Nikolsburg, Mähren (heute Mikulov, CZ); †1943-07-23 Ghetto Theresienstadt; röm. kath.) und dessen 1. Frau (∞ 1898-10-24 Stadttempel Wien) Anna Josefine, geb Hürsch (*1871-05-05 Wien) (mos., 1907 IKG-Austritt, getauft);

Gustav Feßler ∞ in 2. Ehe seine Kusine Margarete o|o Spitzer, geb Bass (*1870-09-20 Humpolec, CZ; †1950-04-26 Wien; mos.);

Stiefschwester von Katharina Annemarie, geb Spitzer (*1892-05-31 Wien, †1944 (Shoah) KZ Auschwitz), ∞ Anton Rudolf (Rudolph) (*1890-05-28; †1971-08-04b Wien), Schauspieler.

Jüngere Schwester von Paul Leopold Fessler (*1899-09-07 Wien; †1940-06-11 (Shoah) KZ Buchenwald) [Marie hatte sonst keine Geschwister.]

Enkelin vät. von Moses (Moritz) Fessler (*1816-05 Nikolsburg, Mähren; †1898-05-02 Wien-Neubau) und dessen Ehefrau (und entfernte Kusine) Rosalia, geb Fessler (*1819r Nikolsburg; †1889-11-24 Wien) [die beiden hatten 9 Söhne u. 3 Töchter; nicht alle überlebten d. Kindesalter.]

Geschwister von Marias Stiefmutter Margarete: (Carl, Karl) Eugen Bass (*1872-02-13 Pardubitz (Pardubice, CZ); †1937-05-05 Wien), Dr med. Alfred Bass (*1867-02-13 Linz, OÖ; †1941-10-28 (Shoah) Chelmno b Łódź (Kulmhof bei Litzmannstadt), PL), Roderich Bass (*1874-11-16 Pardubitz; †1933-05-24 Wien), Pianist, Komponist und Prof. am Neuen Wiener Konservatorium.

Maria Feßler ∞ 1932 (Karl) Josef Zach (*1897 Wien; †1938-04-18 (Stalinopfer) Čeljabinsk im Ural, UdSSR), Werkzeugschlosser; 1 Kind: Vera (*1935 oder 36)

NS-Zeit. Maria Feßlers Vater und Stiefmutter wurden in das Ghetto Theresienstadt deportiert; ihr Vater starb dort 1943 als Neunzigjähriger, Stiefmutter Margarete überlebte und wohnte ab 1945-08-21 wieder in Wien. Marias älterer Bruder Paul Leopold wurde 1940-06-11 im KZ Buchenwald,[83] die Stiefschwester Annemarie (Tochter aus 1. Ehe der Stiefmutter) 1942-01-11 in Auschwitz ermordet.[84]

---

[83] 1938-05-24 nach Dachau, 1938-09-23 weiter nach Buchenwald deportiert

[84] Die Gestapo verhaftete 1941-10-17 Annemarie und ihren Ehemann unter der Beschuldigung, sie hätten „ihre Wohnung im ersten Halbjahr des Jahres 1940 wiederholt für kommunistische Zusammenkünfte und Besprechungen zur Verfügung" gestellt. Annemarie war von 1943-07-13 bis 1944-01-10 als Häftling des Polizeigefangenenhauses im Spital der IKG Wien inhaftiert und landete als „Nicht-Arierin" danach umgehend im Vernichtungs-KZ; ihr Ehemann Anton dagegen, wegen „Vorbereitung zum Hochverrat" zu Gefängnis und 4 Jahren Ehrverlust verurteilt, kam bei Kriegsende aus der Gestapohaft frei. (Nach den Akten des DÖW zu den Gestapo-Opfern der Arbeiterbewegung) Der gelernte Schauspieler Anton Rudolph setzte danach seine Bühnenlaufbahn (beinahe) nahtlos fort und trat wieder laufend in Nebenrollen auf (so bereits 1945-12 im Theater „Die Insel", in *Das Leben ist schön* von Marcel Achard). Später verkörperte er auch Chargenrollen in Fernsehfilmen (zB unter der Regie von Walter Davy in *Dem Himmel näher* (1965) und in *Der Fall Bohr* (1966).)

Maria Feßler folgte 1934, knapp vor Beginn der Februarkämpfe in Österreich, ihrem bereits 1932, kurz nach der Hochzeit, in die UdSSR emigrierten Ehemann. Beide hatten im Traktorenwerk Čeljabinsk eine Anstellung, gerieten aber in den stalinistischen Terror, den sie nicht überlebten. Noch bis vor kurzem galt die Familie als verschollen, ihr Schicksal wird hier erstmals wenigstens teilweise aufgeklärt.

Marie Feßler wuchs in einer von Jurisprudenz geprägten Familie auf. Ihr Vater hatte Karriere als Richter gemacht, es zum Oberlandesgerichtsrat in Wien gebracht und war anläßlich seiner auf eigenen Wunsch etwas vorverlegten Pensionierung zum Hofrat ernannt worden. Zwei seiner Brüder, Sigismund F (*1845-08-26 Wien; †1907-05-25 Wien) und Salomon Carl F (*1859-06-03) führten Anwaltskanzleien.[85].

Nach der Grundschule absolvierte sie das sechsklassige Cottage-Lyzeum,[86] besuchte danach einen zweijährigen Fortbildungskurs der reform-realgymnasialen Fortbildungsschule in Wien-Döbling und legte dort 1920 als Externe die Gymnasialmatura ab. Anschließend studierte sie bis 1924 an der Universität Wien, unterbrach dann zugunsten der Politik ihr Studium, kehrte aber 1928 an die Universität zurück, um ein Dissertationsthema zu bearbeiten. Sie reichte 1929 ihre Dissertation ein und promovierte im gleichen Jahr.[87]

Maria Feßler schlug zunächst einen Bildungsweg in der Mathematik ein, sie wechselte aber 1924 in die sozialdemokratische Politik, wo sie sich intensiv engagierte. Von Edith Prost wird sie dem Kreis um Helene Bauer zugerechnet.[88] Als Funktionärin der SDAPÖ lag ihr Tätigkeitsschwerpunkt auf Frauenpolitik und Bildungswesen. Sie vertrat dabei durchaus eigenständige Ideen und kultivierte einen unabhängigen Standpunkt. An der Frauen-Reichskonferenz von 1926 nahm sie als Delegierte der SDAPÖ für den 19. Wiener

---

[85] Die Kanzleien wurden nach Aberkennung des Doktorats von Salomon Fessler wegen Verstoßes gegen § 128 d. Strafgesetzes zusammengelegt

[86] Lyzeum war die Bezeichnung für Mädchenmittelschulen. Das Cottage-Lyzeum wurde 1903 von Dr Salome Goldmann als „Lyzeale Privatschule" gegründet; 1905 wurde das Schulhaus auf Gymnasiumstraße 79 errichtet, ein für den Schulbetrieb adaptiertes Privathaus. Öffentlichkeitsrecht 1905/06, 1907 erste Reifeprüfung. 1935 übersiedelte das Lyzeum in die Billrothstraße. In der NS-Zeit verstaatlicht, heute GRG 19 Billrothgymnasium (auch für Knaben geöffnet). Die erfolgreiche Ablegung der Reifeprüfung an einer sechsklassigen Mittelschule berechtigte nur zur Inskription als ao Hörer/in.

[87] In [175] wird angegeben, Feßler habe nach ihrer Promotion kurzzeitig in der Versicherungsbranche gearbeitet. Dafür konnten wir keine Bestätigung finden.

[88] Helene Bauer (*1871-03-13 Krakau; †1942-11-20 Berkeley, Kalifornien), geb. Gumplowicz, ∞ 1895 [○|○ 1918] Max Landau, Rechtsanwalt [3 Kinder], Sozialwissenschaftlerin und promovierte Juristin (Staatswissenschaften, Zürich 1906), Journalistin und Mitglied der SDAP, war nach dem 1. Weltkrieg Mitarbeiterin und ab 1920 Ehefrau [∞ im Wr. Stadttempel, aus jurid. Gründen] des Politikers Otto Bauer. Prost zählt in ihrem Beitrag zu [329] Mitzi Feßler zu den „bedeutenden emigrierten Naturwissenschaftlerinnen, deren Existenz" auf dem den Band zugrundeliegenden Symposium (und sonst) „totgeschwiegen wurde". Diesem Urteil können wir uns nicht anschließen. Marie Feßler war engagierte und auch in ihrem Privatleben bewundernswert konsequente Sozialdemokratin, ihr Ende war tragisch. Um aber in der Mathematik oder überhaupt in der Wissenschaft hervorzutreten, hätte sie wenigstens *eine* mathematische Publikation verfassen müssen. Daran war sie aber nach Abschluss ihres Studiums nicht interessiert. Sie war zweifellos als Politikerin mit nebenbei mathematischen Interessen, nicht als Mathematikerin mit politischer Gesinnung, einzuschätzen.

Gemeindebezirk Wien-Döbling teil.[89] Ihre laufende Parteiarbeit bestand neben Vorträgen zu Frauenfragen und Themen der Volksbildung auch in der Betreuung einer Arbeiterbibliothek, wobei sie nebenbei versuchte, aus den Entlehnstatistiken der Bibliothek gesicherte Informationen über die Lesegewohnheiten in Arbeiterfamilien zu gewinnen.[90] Ein weiterer statistischer Beitrag war ihr 1930 erschienener Aufsatz über akademische Frauenberufe (s.u.), der bis heute gern zur Illustration der damaligen Situation zitiert wird.[91]

Als stramme Sozialdemokratin ohne Standesdünkel verliebte sich Marie Feßler in den damals arbeitslosen Werkzeugschlosser Karl Josef Zach und heiratete ihn 1932. Um für ihren Mann eine Stelle zu finden, wandte sie sich an eine zwei Jahre jüngere Freundin aus ihrer Schulzeit namens Hilde, Tochter des Astronomieprofessors Samuel Oppenheim an der Universität Wien. Hilde hatte ebenfalls das Cottage-Lyzeum absolviert und inzwischen ein Doktorat in Staatswissenschaften erworben; sie hatte 1929 ebenfalls einen Vertreter der Arbeiterklasse geheiratet, den früheren Schuhmacher Johann Koplenig. Beide Koplenigs waren überzeugte Kommunisten, Johann überdies zwanzig Jahre lang Generalsekretär der KPÖ. Hilde Koplenig hatte einen Posten in der Wiener Handelsvertretung der UdSSR, in einem seit 1931 eingerichteten „Spezialistenbüro" für die Vermittlung von Arbeitsplätzen in der Sowjetunion für qualifizierte Arbeiter, Techniker und Ingenieure. Über Vermittlung von Hilde Koplenig erhielten die Eheleute Zach-Feßler Anstellungen in der Traktorfabrik Čeljabinsk im Ural, Ehemann Josef als Fräsmaschinenführer, Marie als Deutschlehrerin in der Schule Nr 52 von Čeljabinsk. Karl reiste noch 1932 an seine neue Arbeitsstätte, Marie folgte ihm nach und kam dort 1934-02-11 an, etwa zwei Jahre später eine gemeinsame Tochter Vera.

Die anfangs katastrophale Versorgungslage der Sowjetunion besserte sich 1934 langsam etwas, aber nach der Ermordung von Kirov wurde die politische Atmosphäre zunehmend bedrohlicher, gegenseitiges Misstrauen und erzwungenes Denunziantentum überschwemmten das Land, paranoid zu nennende Spionenfurcht und blindwütige Verfolgungen setzten ein. Dem Terror besonders ausgesetzt waren die ausländischen Zuwanderer, unter diesen vor allem die Nicht-KP-Mitglieder. Einige wurden einfach des Landes verwiesen, andere dem NS-Regime ausgeliefert und noch mehr unter absurden Spionagevorwürfen hingerichtet.

Nach Informationen aus KPÖ-Kreisen sollte die Familie Zach-Fessler schon 1936 aus der UdSSR ausgewiesen werden; Ernst Fischer, damals KPÖ-Vertreter in der Komintern, habe das verhindert.

---

[89] In ihrer Wortmeldung zur Konferenz stellte sie der Forderung nach „Lohngerechtigkeit für Frauen" die Forderung nach „Schutz der Frauen" in ihren besonderen körperlichen Bedürfnissen zur Seite, diese müsse allgemein im staatlichen Gesundheitssystem finanziert sein (ein bis heute vieldiskutiertes Thema). (Wortlaut in *Frauenarbeit und Bevölkerungspolitik*, s.u.)

[90] Darüber berichtete sie in *Bildungsarbeit. Blätter für sozialistisches Bildungswesen* 1927 p165, 1928 p16–18 und 71–73, 1929 p13–15, 1932 p24–25, 1933 p172–174 und in *Die Frau* 1933-01-01 p12.

[91] cf. zB: Bischof B, Naturwissenschafterinnen an der Universität Wien. Biografische Skizzen und allgemeine Trends. (online unter https://www.iwk.ac.at/wp-content/uploads/2014/06/Mitteilungen_2008_1-2_ zehn_jahre_biographia.pdf, Zugriff 2023-03-02)

Das erste Stalinopfer der Familie war (Karl) Josef Zach, der 1938-01-31 verhaftet, 1938-03-28 wegen Artikel 58-6-9-11 (Spionage) verurteilt, 1938-04-15 hingerichtet wurde. Die Rehabilitation erfolgte 1989-08-10 durch die Staatsanwaltschaft Čeljabinsk.[92]

Maria Zach-Fessler hatte noch eine zweifelhafte Schonfrist von drei Jahren. Sie wurde 1941-06-25 verhaftet, 1942-05-13 von einer Sonderkommission des NKWD nach den Artikeln 58-6-10 H. 1, 58-11 (konterrevolutionäre Aktivitäten und Spionage) zum Tode verurteilt und 1942-06-13 hingerichtet. 1989-04-19 hob die Staatsanwaltschaft des Oblast Čeljabinsk das Urteil auf und Marie Zach-Fessler wurde vollständig rehabilitiert.

Über das Schicksal der kleinen Vera ist nichts Konkretes bekannt; wenn sie überlebte, landete sie mit einiger Sicherheit in einem staatlichen Waisenhaus.[93]

Ihr leidenschaftliches politisches Engagement für die Sozialdemokratie ließ Marie Feßler keinen Raum für mathematische Interessen im Themenbereich ihrer Dissertation. Dagegen zeigte sie Interesse für Sozialstatistik (und wohl auch Begabung dafür). Das Potential für eine Weiterentwicklung auf diesem Gebiet wäre vorhanden gewesen.

Ausgewählte Publikationen. *Diss.*: (1929) *Zur Reduktion der Raumgitter (Furtwängler, Hahn).* [ungedruckt] Politische Schriften:

1. Zur Frage des geistigen Lebens in unserer Partei. Der Kampf **17** (1924), 369-375;
2. Grundsätzliches zur Frauenschulung. Blätter f. sozial. Bildungswesen 1928, 71–73;
3. Zum Ausbau der Bildungsstatistik. Bildungsarbeit. Blätter f. sozial. Bildungswesen 1929, 13–15;
4. Gedanken nach einer Republikfeier. Bildungsarbeit. Blätter f. sozial. Bildungswesen 1932, 24f.

Quellen. Arbeiter Ztg 1929-04-07 p 16, 1930-03-16 p 14, 1930-05-08 p 11, 1930-10-16 p 4, 1930-10-17 p 4, 1930-10-19 p 4, 1931-01-23 p 10, 1931-03-08 p 18, 1931-11-29 p 13, 1931-12-13 p 14; Kärntner Tagbl. 1932-06-15 p 8; biografiA [174], (https://fraueninbewegung.onb.ac.at/node/2008, Zugriff 2023-02-20); Handbuch der Frauenarbeit in Österreich / Hg. von der Kammer für Arbeiter und Angestellte in Wien. Red.: Käthe Leichter" (1930) [Kapitel „Die übrigen akademischen Berufe."]; Frauenarbeit und Bevölkerungspolitik, hrsg v. Frauenzentralkomitee der SDAPÖ, Linz 1926-10-29/30 p 34f [Wortmeldung zu: gleicher Lohn für Frauen]. Die Angaben in [201] sind inzwischen überholt.

Lit.: Koplenig H, Emigration in die Sowjetunion. In: Stadler, [329], 976–979.

---

[92] Erinnerungsbuch des Oblast Čeljabinsk, Archiv Fonds R-467, Inventar 5, Akte 6766, 6767. Informationen zum Ende der Familie Zach-Fessler (online auf https://archive74.ru/dbases/victim/, Zugriff 2023-03-02)

[93] Hilde Koplenig konnte sich in den 1980er Jahren noch vage an das weitere Schicksal der Familie ihrer Freundin erinnern. Sie schreibt in [329], p 978: „Zugrundgegangen ist auch die ganze Familie Zach-Fessler — Mann, Frau und Kind. Für mich eine besonders schmerzliche Erinnerung, da Mizzi Fessler mit mir in die Schule [wenn auch in eine andere Klasse] ging und ich, die Kommunistin, sie, die Sozialdemokratin, damals in endlosen Diskussionen von der Richtigkeit des Kommunismus zu überzeugen versucht habe."

Irene Fischer

(Nekhama, al. Irene K.)
geb. **Kaminka** (mos)
*1907-07-27 Gaifarn/Bad Vöslau NÖ;   †2009-10-22 Boston, MA, USA

Tochter des Rabbiners Dr Armand Ahron Noah Kaminka (*1866-05-05 Berdy-chiv Ukraine; †1950-03-12 Tel Aviv) und dessen Ehefrau Klara, geb Löwi (*1875 Saaz/Zatec Cz; †1966 Haifa);

Foto: From The Trustees of Phillips Academy.

Schwester von Ephraim Felix David Kaminka (*1901-01-01 Wien; †Israel), Absolvent der Hochschule für Bodenkultur und Experte für landwirtschaftliche Buchhaltung, und Dr Gideon Guido Kaminka (*1904-07-30 Wien; †1985 Haifa, ∞ Dr Josefine, geb Fischer (*1901), Frauenärztin), Architekt und Stadtplaner. Irene Fischer ∞ 1931 Eric(h) Fischer (*1898-01-13 Wien; †1985-05 Takoma Park, Maryland), Historiker und Geograph; Tochter Gay A. Fischer (*1936), Computer Systemanalytikerin; Sohn Michael M. J. Fischer, Anthropologe in Harvard, (*1946-01-11) ∞ Susann L., geb Wilkinson.

NS-Zeit. Irene Fischer konnte 1939 zusammen mit Ehemann und Tochter nach Israel ausreisen und so dem Holocaust entkommen. Nach einem Zwischenstop in Haifa landete die Familie schließlich 1939 in Boston. Gestützt auf ihre mathematische Ausbildung in Wien begann sie 1952 eine Karriere im Kartierungsamt der U.S. Army und erreichte dort eine landesweite Führungsposition als Geodätin und zentrale Expertin für die mathematischer Modellierung der Erdgestalt sowie die Berechnung der Bahnkurven von Raumfahrzeugen und Satelliten — nicht zuletzt unter dem Stichwort Mondlandung.

Irene Fischer wuchs in einer religiös, zionistisch und philanthropisch sehr engagierten Familie auf, in der die Kinder eine sorgfältige und weltoffene Erziehung erhielten. Sowohl sie als auch ihre beiden Brüder absolvierten ein Studium.
Irenes Vater Armand (ab 1938 Ahron) Kaminka, war ein Mann mit vielen Talenten, Inter-essen und politischen Engagements: angesehener Rabbiner, Talmudist und Bibelgelehrter, Übersetzer von Aischylos, Sophokles, Euripides, außerdem Aristoteles und Marc Aurel ins Hebräische, neuhebräischer Dichter, Maimonideskenner ersten Ranges und Leiter des Maimonides Instituts für jüdische Erwachsenenbildung in Wien, Zionist der ersten Stunde, aber einer der Gegenspieler von Theodor Herzl,[94] Geschäftsführer der Alliance Israélite Universelle (AIU), Organisator von Hilfsaktionen für Pogromopfer und jüdische Flüchtlin-ge aus Russland und Rumänien (bis 1918), Religionslehrer am Mädchengymnasium Wien und israelitischer Seelsorger an den k.k. Strafanstalten, allwöchentlicher Vortragender und Prediger über Bibelthemen und Geschichte des Judentums, Festredner an hohen Feierta-

---

[94] Kaminka wendete sich wie viele andere Rabbiner gegen die von Herzl vertretene rein diplomatisch-politische strategische Ausrichtung der zionistischen Bewegung. Herzl konnte kein Verständnis für Kamin-kas Vorstellungen aufbringen und betrachtete ihn als Gegner.

gen im Musikverein, und auch von katholischer Seite (vor allem der Leo-Gesellschaft) oft eingeladener Bibelexperte. Armand Kaminka wurde in der Ukraine geboren, studierte in Berlin und Paris, war dann Rabbiner in Frankfurt a.d. Oder (1893–1894), Prag (1894–97) und Esseg, Kroatien (1897–1900), Teilnehmer am 1. Zionistischen Weltkongress in Basel 1897, wo er über jüdische Siedlungen in Palästina, das er kurz zuvor bereist hatte, berichtete. Im Frühjahr 1938 wurde Kaminka einige Wochen in Haft genommen, konnte aber gemeinsam mit seiner Frau im Sommer 1938 mit einem britischen Einwandererzertifikat nach Haifa ausreisen.

◁ **Stein des Gedenkens** aus Messing,

Obere Weißgerberstraße 24. Das Maimonides Institut wurde 1924-10 von einem aus Hörern der Vorträge von Dr Kaminka gebildeten Kommitee gegründet und 1924-11-02 eröffnet.

Leiter und Hauptdozent des Instituts war bis zu seiner Auflösung Dr Kaminka. Armand (ab 1938 Aaron (Ahron), nicht: Abel!) Noah Kaminka (*1866-1950) gelang mit seiner Familie 1938 die Flucht nach Haifa. Das Maimonides Institut hatte keine eigenen Vortragsräume.

Foto: WR

Irene, damals noch Kaminka, studierte von 1926 bis 1930 an der Universität Wien Mathematik, parallel dazu zwischen 1927 bis 1929 an der TH Wien Darstellende Geometrie. 1931 legte sie die Lehramtsprüfung in diesen Fächern ab, heiratete den promovierten Historiker und Geographen Dr Erich Fischer,[95] ging in den Schuldienst und unterrichtete bis zum „Anschluss" am Mädchen-Realgymnasium der Schwarzwaldschen Schulanstalten.[96] Irenes Ehemann war der Sohn des 1924 verstorbenen langjährigen Direktors des Wiener israelitischen Kindergartens Max Fischer. Max Fischers Witwe lebte damals mit Tochter und Schwiegersohn, dem Arzt Otto Ehrentheil, und zwei Enkelkindern in Boston. Es war daher verhältnismäßig leicht, ein Visum für die USA zu bekommen, dieses traf aber nicht rechtzeitig ein und so wandten sich Irene, Erich und die 1936 geborene Tochter Gay nach Palästina zu Irenes Eltern und ihren Brüdern in Haifa.[97]

Angestrebtes Ziel von Irenes Familie blieb aber weiterhin Boston und US-Amerika, dort trafen sie schließlich 1941 nach einer längeren Odyssee ein. In der ersten Zeit wohnten sie bei der Familie von Erichs Schwester und bestritten ihren Lebensunterhalt mit Gelegenheitsarbeiten. Nicht ohne Stolz berichtete Irene später von ihren Anfängen als Näherin, gefolgt von akademischen Hilfsarbeiten wie der Korrektur von Examensarbeiten für die

---

[95] Dissertation: *Graf Johann Philipp Stadion als Finanzminister* (bei Alfred Francis Přibram (*1859-09-01 London; †1942-05-07 London-Richmond; emigrierte 1938 nach GB), Promotion 1920-12-22.

[96] Form A, mit Latein und Französisch; Adresse: Wien I, Wallnerstraße 9. Nach Lehmanns Adressbuch 1933ff

[97] Bruder Ephraim war bereits 1920 nach Argentinien und von dort 1930 nach Palästina ausgewandert, Bruder Gideon war 1933 ohne Umwege nach Palästina gegangen.

berühmten Mathematiker Wassily Leontief in Harvard oder Norbert Wiener am MIT und die Auswertung von 3D Bildern und Filmen für die Rekonstruktion von Bahnkurven mit Methoden der Projektiven Geometrie. Außerdem unterrichtete sie Mathematik an zwei alteingesessenen Tagesschulen[98] in Cambridge, MA. (Browne & Nichols School, gegr. 1883) und Washington, D.C. (Sidwell Friends School, gegr. 1883). Damit konnte sie schließlich an ihre akademische Ausbildung in Wien anschließen. Auch ihr Ehemann Erich fand schließlich eine seiner Ausbildung adäquate Stellung im kartographischen Amt der Armee (*Army Map Service* (AMS)) des Verteidigungsministeriums.[99] Die Geburt ihres zweiten Kindes 1946 bewirkte eine Unterbrechung von sechs Jahren in ihrem Berufsleben. 1952 nahm sie ihren Beruf als Mathematikerin wieder auf und bewarb sich unter Vermittlung ihres Mannes erfolgreich für eine Anstellung an der geodätischen Abteilung des Army Map Service; dort blieb sie 25 Jahre und war schließlich 1962–1977 Leiterin der geodätischen Abteilung, bis sie 1977 in Pension ging.

Auf sie gehen viele Fortschritte in der Geodäsie zurück, unter anderem eine genaue Bestimmung der Parallaxe der Mondes. Sie untersuchte die Landhebung nach den pleistozänen Eiszeiten und fand Korrelationen zwischen den Vereisungsgrenzen und der Form des Geoids in Nordamerika und Skandinavien. Sie zweifelte an den seit 1924 unveränderten Messungen der polaren Abflachung der Erde. Sie durfte aber ihre Ergebnisse anfangs nicht in ihren eigenen Berechungen verwenden, weil sie der etablierten Literatur widersprachen. Die Flugbahnen der ersten Satelliten zeigten, dass sie recht hatte. Auf die Zweifel an ihren Ergebnissen angesprochen, erwiderte sie ungerührt, dass auch die Satelliten die etablierte Literatur nicht akzeptierten. Ihre besondere Expertise war die Ableitung des Geoid-Profils aus astrogeodätischen und gravimetrischen Daten. Dies führte zur Berechnung des Referenz-Ellipsoids der Erde, das die NASA zur Bestimmung von Satellitenbahnen auswählte und das nach ihr das *Fischer (1960) spheroid* genannt wurde.

Ehrungen: Aufgenommen in die *Hall of Fame*, US Army Map Service; Zweimal ausgezeichnet mit dem Distinguished Civilian Service Award, US Dept of Defense und der U.S. Army Meritorious Civilian Service Medal; Ehrendoktorat der Universität Karlsruhe; Mitglied der U.S. National Academy of Engineering; Fellow of the American Geophysical Union.

Ausgewählte Publikationen.

1. Geometry 1965.
2. Basic Geodesy: The Geoid — What's That? 1973.
3. Zur Geschichte der Geodäsie: *Another look at Eratosthenes' and Posidonius' Determinations of the Earth's Circumference* Quarterly Journal of the Royal Astronomical Society, **16** (1975), 152–167.

120 Publikationen während ihrer Zeit beim *US Army Map Service.*

Quellen. Irene K. Fischer, Autobiography. 2005; Chovitz, B., and M. J. Fischer, Irene K. Fischer 1907–2009. Memorial Tributes: National Academy of Engineering, **14** (2011), 79–84. (auch online auf der NAE-Webseite erreichbar); Wendy J.W. Straight, ; zu Aaron Kaminka ÖBL Bd 3, 207f; Jewish Encyclopedia 1906 p430f; *Festschrift Amand Kaminka 70. Geburtstag.* Wien 1937.

Obituary in Eos, Transactions American Geophysical Union, Volume 91, Issue 19.

---

[98] Eine private Alternative zu den staatlichen Schulen der Primär- und Sekundarstufe, mit angeschlossenem Kindergarten.

[99] Dieses bestand von 1941–68 und wurde 1968-09-01 in das U.S. Army Topographic Command (USATC), 1972-01-01 in das DMA Topographic Center (DMATC) der neu gebildeten Defense Mapping Agency (DMA) umgewandelt.

Lit.: Fischer, M., et al, Eos Transactions American Geophysical Union, **19** 2010-05-11, 172ff.
https://doi.org/10.1029/2010EO190005
Freeden,W., und R. Rummel, Erdmessung und Satellitengeodäsie: Handbuch der Geodäsie. Berlin 2017

Wilhelm Frank

*1916-05-19 Budapest;   †1999-05-14 Salzburg

Sohn von Heinrich Frank, Chemieingenieur, und dessen Frau Rosa (*Orșova, Ro), geb. Berkovits

Frank ∞ Ida, geb Krenmayer; 1 Sohn (*1942)

Foto: ETH Zürich, Archiv für Zeitgeschichte

NS-Zeit. Im Ständestaat wegen kommunistischer Agitation mehrere Monate lang inhaftiert, konnte er 1938-08 in die Schweiz flüchten und so gerade noch der NS-Verfolgung entkommen. Nach Kriegsende kehrte er ohne Groll zurück und entwickelte sich zu einem anerkannten Dirigenten des österreichischen Wiederaufbaus im Energiewesen. Einer der wenigen Remigranten.

Nach Absolvierung der fünfklassigen Volksschule in der Managettagasse und der achtjährigen Beethovenrealschule in der Krottenbachstraße (beide in Wien Döbling) maturierte Wilhelm Frank 1935 und inskribierte an der Fakultät für Maschinenwesen der TH Wien. Politisch gehörte er seit 1931 dem Bund sozialistischer Mittelschüler an, wechselte aber, enttäuscht von den Februarkämpfen 1934, zum Kommunistischen Jugendverband (KJV), für den er ab 1936 in Döbling agitierte und infolgedessen 1937-07-11, zusammen mit 14 anderen KJV-Mitgliedern, verhaftet wurde. Er wurde wegen Verbrechens gegen das Staatsschutzgesetz 1938-02-03 zu 4 Monaten schwerer Haft verurteilt, die aber bereits durch die Untersuchungshaft als abgebüßt anerkannt wurden. Nach der Gerichtsverhandlung wurde er in Polizeihaft überführt,[100] bald danach, vermutlich im Zuge der Amnestie 1938-02 freigelassen.[101] Er schaffte noch 1938-07 die 1. Staatsprüfung an der TH Wien, konnte aber als Jude sein Studium nicht fortsetzen. Weitere Repressionen wollte er nicht abwarten, so entfloh er 1938-08-01 umgehend in die Schweiz.

---

[100] Kl. Volksztg 1938-2-04 p11, Ill. Kronenztg 1938-02-04 p14

[101] Diese Amnestie erfolgte als Konsequenz des Berchtesgadener Abkommens, nach dem die von der Ständestaatregierung verhafteten NSDAP Mitglieder zu enthaften waren. Um nicht allzu offensichtlich ihre Verhandlungsniederlage öffentlich zu machen, wurde die Amnestie auf alle politischen Gefangenen, auch Sozialdemokraten und Kommunisten ausgeweitet. Vgl hierzu Tidl [358], p. 243ff, die ihrerseits zitiert: Hans Teubner, Exilland Schweiz 1933–1945. Berlin 1975, p. 111. Tidl zählt Frank zu den Roten Studenten.

◁

Detail v. Wilhelm Franks Reisepass, groß und deutlich mit dem auf Schweizer Verlangen 1938-10-05 eingeführten J-Stempel versehen. Jüdische Männer mussten ihrem Namen den Vornamen „Israel" beifügen, Frauen den Vornamen „Sara". Reisende mit einem J-Stempel im Pass konnten ab 1938-10-05 nur dann in die Schweiz einreisen, wenn sie ein von einer Schweizer Vertretung ausgestelltes Visum vorweisen konnten. Frank gelang die Einreise noch vor diesem Datum. (Stempel vom Deutschen Generalkonsulat Zürich, ausgestellt 1939-02-24.)

Foto: Archiv für Zeitgeschichte, ETH Zurich

In der Schweiz setzte er 1938–40 sein technisches Studium an der ETH Zürich fort und erwarb 1940-12-30 das ETH-Diplom als Maschineningenieur. 1939 ging er, vor der Fremdenpolzei geheimgehalten, eine Verbindung mit Ida Krenmayer ein, der 1942 im Schweizer Exil ein Sohn entsprang.

Nach Abschluss seines Studiums wurde Frank 1941-01 ins Arbeitslager Thalheim eingewiesen und dort von 1941-02-05 bis 1941-011-01 interniert. Da er sich auch in der Schweiz trotz Verbots politisch, und zwar kommunistisch agitierend,[102] betätigte, wurde er 1942 festgenommen und inhaftiert, nach einigen Prozessen aber 1942-11 in letzter Instanz freigesprochen. Bis 1944 war er anschließend zum Schweizer Arbeitsdienst in Gordola (Tessin) und Bassecourt (Berner Jura) eingezogen, dabei aufgrund seiner Vorbildung im Aargau, im Tessin und im Berner Jura mit kulturtechnischen Ingenieuraufgaben (Straßenbauten, Bodenmeliorationen und Rodungen) beschäftigt. Es folgte ein Aufenthalt im Umschulungslager Zürichhorn und die Privatinternierung in Zürich bis Spätherbst 1945.

1944-11 gewann Frank ein Preisausschreiben des Weltstudentenwerkes zur Frage „Was erwartet der Student von 1944 von der Universität nach dem Kriege" mit der Schrift *Studenten und Universitäten nach dem Kriege* und erhielt ein Stipendium (und die Erlaubnis) zur Fortführung seiner Ausbildung („Nachdiplom") an der ETH Zürich. Frank war im Schweizer Exil Mitglied der „Frei-Österreichischen Bewegung in der Schweiz", er gründete Anfang 1945 den etwa 30 Personen umfassenden „Österreichischen Technikerverband in der Schweiz".

Karriere in der Energiepolitik nach Kriegsende. 1945-10 kehrte Frank nach Österreich zurück, heiratete Ida Krenmayer und ging als Betriebsingenieur nach Zistersdorf. In seinem Übersiedlungsgepäck hatte er eine Reihe technischer Unterlagen, die für die Unterstützung des Wiederaufbaus in Österreich bestimmt waren. Von Zistersdorf engagierte ihn *Karl*

---

[102] Die Schweizer KP war 1940 verboten worden.

Altmann,[103] einziger zur KPÖ gehörender Bundesminister im Kabinett Leopold Figl I, 1946-02 als Leiter der Abteilung für Planung und Studien in seinem Ministerium für Energiewirtschaft und Elektrifizierung. Altmann verließ 1947-11 die Regierung im Protest, nachdem ihm in der Nationalratsdebatte zur Regierungsvorlage zum Währungsschutzgesetz das Wort entzogen worden war.[104]

Frank fungierte während seiner Zeit im Energieministerium als Geschäftsführer der Projektkommission für das Kraftwerk Ybbs-Persenbeug und als stellvertretender Geschäftsführer im Baukomitee für das Speicherkraftwerk Kaprun; er hatte damit Leitungsfunktionen in der Vorbereitung der beiden größten und als Symbol für den Wiederaufbau immer wieder genannten Energieprojekte der unmittelbaren Nachkriegszeit.

Franks energietechnische Expertise und sein Organisationstalent waren offenbar auch nach dem Ausscheiden der KPÖ aus der Regierung weiterhin gefragt und auch jenseits von Parteigrenzen anerkannt. Nach Auflösung des Energieministeriums 1949-12 wurde Frank in die energiewirtschaftliche Abteilung des ÖVP-geführten Bundesministeriums für Handel und Wiederaufbau, ab 1966 umorganisiert für Bauten und Technik, als Referent übernommen.

Von 1966-05 bis 1970-09 blieb er als Experte für Fragen des technischen Versuchswesens und der internationalen Kooperation im Bundesministerium für Bauten und Technik. Zwischendurch marschierten 1969 die KP-geführten „Bruderstaaten" in die Tschechoslowakei ein und Frank (trat) aus der KPÖ aus.

Nach der ÖVP-Alleinregierung unter dem Kabinett Klaus II kam es 1970 erstmals zu einer SPÖ-Alleinregierung. Frank übersiedelte zum dritten Mal in ein anderes Ministerium, nämlich in Hertha Firnbergs (SPÖ) neu eingerichtetes „Bundesministerium für Wissenschaft und Forschung". Seine Beamtenkarriere ging weiter:

- 1970–73 Leiter der Abteilung 6, „Wissenschaftsbezogene Forschung" (zuständig für Forschungsmanagement und Zukunftsforschung), der Sektion Forschung, unter Sektionschef Wilhelm Grimburg;
- 1973-05 bis 1973-12 Leiter der Abteilung für Koordinierung der Energiewirtschaft im Bundesministerium für Handel, Gewerbe und Industrie, schließlich
- 1974-01 bis 1980-04 Chef der Sektion Energie des Wissenschaftsministeriums. Als Sektionschef trat Frank aus innerer Überzeugung konsequent *für* das Atomkraftwerk Zwentendorf ein.
- 1980-05 ging er als Beamter in den Ruhestand.

---

[103] Altmann, Dr Karl (*1904-01-08 Wien, †1960-12-29 Wien), ab 1927 Beamter im Magistrat der Stadt Wien, 1934 verhaftet und 1938-10 in den Ruhestand versetzt, ab 1942 Tätigkeit in einer Nahrungsmittelfabrik, zuletzt als Betriebsleiter, 1945 reaktiviert als Stellvertreter des Leiters der Magistratsdirektion Wien, 27.4.–20.12.1945 Unterstaatssekretär für Justiz, KPÖ, 13.12.1945–10.12.1954 Mitglied des Wiener Gemeinderates, KPÖ bzw. LBl, 20.12.1945–20.11.1947 Bundesminister für Energiewirtschaft und Elektrifizierung, 22.4.1946 bis 1960 Mitglied des Politbüros und des Zentralkomitees der KPÖ. Zur Rolle von Karl Altmann aus KP-Sicht s. Winfried R. Garscha: Die KPÖ in der Konzentrationsregierung 1945–1947: Energieminister Karl Altmann (online http://www.klahrgesellschaft.at/Mitteilungen/Garscha_3_05.html, Zugriff 2023-03-02)

[104] Protokolle der Ministerratssitzungen Nr. 88/10 (1947-11-18 und Nr. 89 (1947-11-25).

In der 1974-03-04 gegründeten Österreichischen Computergesellschaft (OCG) war Wilhelm Frank ein rühriges Mitglied. Nach der Übersiedlung von Heinz Zemanek nach Deutschland wurde er 1976-10-29 dessen Nachfolger als Präsident der Gesellschaft. Frank blieb in dieser Funktion bis zu seiner Pensionierung 1981.[105]

Karriere in der Wissenschaft. Neben seinen Dienstpflichten als Beamter führte Frank zügig sein Studium an der TH Wien zum Abschluss und promovierte 1952 an der TH Wien mit der Dissertation *Zur Berechnung der Druckverteilung bei der Umströmung von Zylindern mit stetig gekrümmter Profilkontur durch ideale inkompressible Flüssigkeiten.* Gutachter und Prüfer für die mathematischen Aspekte dieser Arbeit war Paul ˃Funk, ein erster Experte für Variationsrechnung, NS-Opfer und Emigrant aus der Nachkriegs-Tschechoslowakei. Später war Frank ein unermüdlicher und sachkundiger Helfer ˃Funks bei der Fertigstellung von dessen Lehrbuch der Variationsrechnung.

Als Mathematiker war Wilhelm Frank eher ein Quereinsteiger aus der Praxis; seine einschlägigen Erfahrungen verhalfen ihm aber in den 1970er Jahren zu Lehraufträgen über mathematische Optimierung und mathematische Probleme der Energieversorgung an den Universitäten Wien, Innsbruck, an der Universität Salzburg und an der TH Wien. In den mathematischen Arbeiten, die er neben seiner Tätigkeit als Beamter und Lehrbeauftragter verfasste, beschäftigte sich Frank mit Hydrodynamik und mit mathematischer Optimierung.

Nach seiner Pensionierung als Beamter war Frank weiterhin in Lehre und Forschung wissenschaftlich tätig und ehrenamtlich Leiter des „Vereins zur Förderung von Kleinkraftwerken"; 1980-05-07 wurde er zum Honorarprofessor für angewandte Mathematik an der Universität Salzburg ernannt.

Auf Einladung von Engelbert Broda war er Vorstandsmitglied der österreichischen Pugwash-Gruppe.

Frank war mit vielen Wissenschaftlern und insbesondere mit Persönlichkeiten der mathematischen Szene befreundet, darunter ˃Funk, ˃Hlawka, ˃Schmetterer und dem Physiker Hans Thirring.

1999 starb er in Salzburg ganz plötzlich auf dem Weg zu seiner Vorlesung.

Nach MGP betreute Wilhelm Frank keine Dissertationen.

Ehrungen: 1981 Großes Silbernes Ehrenzeichen mit dem Stern für Verdienste um die Republik Österreich

Ausgewählte Publikationen.

1. Zur Berechnung von Potentialströmungsfeldern. Österr. Ing.-Arch. **8**(1954), 97-107 [Eine bereits 1938 von J. Pretsch im Jahrb d Deutschen Luftfahrtforschung publizierte Rechnung, die F nicht gekannt hatte.]
2. Das Maximumprinzip von Pontrjagin und dessen Anwendung auf die Optimierung von Regelungen. Mathematik-Technik-Wirtschaft (MTW), Z. moderne Rechentechn. Automat. **10** (1963), 55-59 .
3. Mathematische Grundlagen der Optimierung. Variationsrechnung — dynamische Programmierung — Maximumprinzip München-Wien 1969
4. Direkte Herleitung von notwendigen Bedingungen der Variationsrechnung bei Mehrfachintegralen im Sinne von Carathéodory Monatsh f Math **114** (1992) 89–96

---

[105] Nachfolger war 1981 - 1985 der Mathematiker und Sektionschef im Wissenschaftsministerium Dr Norbert Rozsenich.

Zbl/JFM verzeichnen 7 mathematische Publikationen.

Sonstige Schriften:

5. Ist die marxistische Geschichtsauffassung materialistisch? Der Kampf **24** (1931), 163-166
6. Studenten und Universitäten nach dem Kriege. Memorandum zur Umfrage des Weltstudentenwerks und der Europäischen Studentenhilfe. Verlag Ringbuchhandlung A. Sexl, Wien I (1946)
7. Probleme der Energieversorgung. Politische Bildung, Heft 41. Verlag für Geschichte u. Politik, Wien 1983
8. Emigration österreichischer Technikerinnen und Techniker, [96] (1988), 416–443.
9. Über historische und aktuelle Wissenschaftspolitik in Österreich. Aus dem Nachlass herausgegeben von G Oberkofler. Mitt. d. Alfred Klahr Gesellschaft, 2002/4 und 2003/1. (online http://www.klahrgesellschaft.at/Mitteilungen/Frank_4_02_1_03.html, Zugriff 2023-02-20)

Quellen. Hoerschelmann C (1997), *Exilland Schweiz*, 378–385; Oberkofler G, *Wilhelm F. zum Gedenken* Mitt. d. Alfred Klahr Gesellschaft 2000-Heft 1 u 2; Mitt. d. Alfred Klahr Gesellschaft, Nr. 4/2002 und Nr. 1/2003; Teubner H (1975), Exilland Schweiz 1933–1945, Berlin, p111.

Lit.: Peter Weibel, *Beyond Art: A Third Culture: A Comparative Study in Cultures, Art and Science in 20th Century Austria and Hungary*, p256

Felix Frankl

Франкль Феликс Исидорович
(Feliks Isidorovich Frankl)
*1905-03-12 Wien; †1961-04-07 Nal'chik

Sohn des Kaufmanns Isidor (Dori) Frankl (*1870-02-11 Vöslau, NÖ; † ermordet (Holocaust) Wien) und seiner Frau Bertha (*1879-11-04 Bílé Podolí, CZ) ; † ermordet ca 1942 (Holocaust), PL), geb. Friedländer

Bruder von Ernst Frankl (*1910-10-19 Wien; †1986-10 New York) ∞ Regina (*1913-05-29), 1 Sohn, 1 Tochter [∞ Brunskin]

Zeichnung: W.R. nach einem Foto von 1935 (Math. Intell, **41** (2019)).

Enkel vät. Adolf und Franziska (Fanny) Frankl (geb. Weiss)

Neffe vät. von: Charlotte, geb F (*1868 Baden b Wien,NÖ; †1953 Wien) [∞ Josef Deutsch, 10 Kinder]; Eugenie (Jenni), geb F (*1866-01-03; †1942-10-14 Theresienstadt) ∞ Max Gratzinger (*1852; †1906); Heinrich Frankl (*1868-04-04 Gainfarn, NÖ; †1944-05-26 Theresienstadt), Fanny, geb F, ∞ Ignaz Kohn, Helene, geb F, ∞ Ralf ?, Hermann Frankl, Emma Frankl

Enkel mütt: Jakob (*1842-12-16 Zbyslav,Vrdy, CZ; †1895-04-17 Wien) und Katharina, geb Breth, (*1850-09-28 Golčův Jeníkov, CZ; †1924-07-07 Wien) Friedländer

Neffe mütt. von: Hermine Friedländer (*1876; †1900 Wien), Oswald Friedländer (*1881-02-05 Bílé Podolí, CZ; †1944-10-18 (Holocaust) Auschwitz) [∞ Natalie (*1883-09-28 Wien; †1944-10-18 (Holocaust) Auschwitz), geb Friedmann, 2 Töchter], Max Friedländer (*1874-06-10 Weiss-Podol (heute Bílé Podolí, Kutná Hora, CZ); †1943-08-03 (Holocaust) Thresienstadt)[∞ 1900 Moskau, Helene, geb Silberstein (†wie Ehemann?), 2 Kinder: Sohn Leonid + 1 weiteres], Dir i.R; und Ing. chem. Gustav Friedländer [∞ Lina, geb ?].

Felix Frankl war verheiratet, seine Frau überlebte ihn, ist aber inzwischen ebenfalls verstorben und in Naltschik bestattet.

NS-Zeit. Felix Frankl gehörte wie Wilhelm Brainin zu den wenigen Mathematikern, die schon lange vor dem „Anschluss" in die Sowjetunion emigrierten, im Gegensatz zu Brainin war er aber überzeugter Kommunist und wurde 1932 in die KPdSU(b) aufgenommen. Wegen einer unbedachten ironischen Bemerkung über Stalin 1950 aus der KPdSU ausgeschlossen und nach Kirgisien verbannt, wurde er — wohl wegen seines wissenschaftlichen Ansehens — so wie Sacharov[106] nicht in Lagerhaft genommen. Wie so viele andere Stalinopfer wurde er nach dem berühmten XX. Parteitag der KPdSU vollständig rehabilitiert. Von Mutters Seite wurden Onkel Oswald und dessen Ehefrau Natalie in Auschwitz ermordet, in Theresienstadt verstarben von Vaters Seite Tante Eugenie und Onkel Heinrich, mütterlicherseits Onkel Max.

Felix Frankl und sein Bruder Ernst wurden in eine wohlhabende jüdische Familie hineingeboren, Vater Isidor Frankl war Gesellschafter einer Textilfirma. Nach den in den späteren Laudatien und Obituaries überlieferten Erzählungen hatten die Eltern „linke" Sympathien und gaben diese jedenfalls an ihren Sohn Felix weiter. Zeitungsberichten zufolge war er noch im letzten Jahr seines Studiums in eine Schlägerei zwischen „sozialistischen" und NS-Studenten verwickelt.[107] 1927-12-22 promovierte Felix an der Universität Wien bei Hans Hahn mit einer topologischen Arbeit über Primenden zum Dr phil. Im folgenden Jahr 1928 trat er der Kommunistischen Partei Österreichs bei und nahm am ICM in Bologna teil. Auf diesem Kongress lernte er den bekannten russischen Topologen P.S. Aleksandrov[108] kennen, der seine Arbeiten schon vorher im Zentralblatt wohlwollend referiert hatte. In gleicher Weise politisch wie wissenschaftlich interessiert, bat Frankl Aleksandrov, als dieser später zu einem Besuch in Wien weilte, ihm einen Forschungsaufenthalt in Moskau zu vermitteln. Aleksandrov kam dieser Bitte nach und Frankl konnte 1929 eine Karriere in der Sowjetunion beginnen.[109]

1929, fünf Jahre vor der Aufrichtung der Ständestaat-Diktatur, emigrierte Frankl in die UdSSR, voll Hoffnung auf ein „Paradies der Werktätigen". Von 1929 bis 1931 arbeitete er, auf Vermittlung von Otto Šmidt, in Moskau an der „Kommunistischen Akademie der Wissenschaften unter dem Zentralexekutivkomitee der UdSSR".[110] Als überzeugter Kommunist wurde Frankl 1932 in die KPdSU(b) aufgenommen. In der Moskauer Mathematischen Gesellschaft schlug er sich wie ⁻Burstin auf die Seite der „Sozialistischen

---

[106] Andréj Dmítrievic˘ Sácharov (*1921-5-21 Moskau; †1989-12-14 Moskau), der bekannte sowjetische Physiker, „Vater der sowjetischen Wasserstoffbombe", Dissident und Friedensnobelpreisträger, wurde 1980 verhaftet und nach Gorki verbannt, 1986 aus der Verbannung entlassen.

[107] Der Tag 1927-06-11 p3, unter der Überschrift „Eine blutige Schlacht an der Universität". (Ein sozialistischer Student namens Felix Frankl musste mit schweren Verletzungen auf die Unfallstation gebracht werden.)

[108] (*1896-05-07 ; †1982-11-16)

[109] Nach einer immer wieder zitierten Anekdote wandte sich Aleksandrov mit einer Befürwortung dieses Anliegens an den Polarforscher und Regierungspolitiker Otto Jul'evič Šmidt (*1891-09-30 Mogiljow, Russisches Kaiserreich (heute Belarus); †1956-09-07 Moskau) im Volkskommissariat für Bildung. Dessen erste Reaktion soll gewesen sein: „Wir haben hier genug eigene Kommunisten – er soll in Wien bleiben und in Österreich Revolution machen!" Er ließ sich aber dann doch dazu herbei, Frankls Antrag zu unterstützen.

[110] Gegründet 1918-05-25 als Alternative zur zaristischen AW, unter dem Namen „Sozialistische Akademie der Sozialwissenschaften". 1922 wie oben umbenannt, 1936 von Stalin aufgelöst. Diese Akademie war vornehmlich mit Marxismus-Leninismus befasst, hatte aber auch naturwissenschaftliche Abteilungen.

Mathematik", der Fraktion, die hartknäckig auf den „Klassencharakter der Mathematik" bestand und für die absolute Priorität der KP-Ziele eintrat. Wie ⊳ Burstin landete er damit im Präsidium dieser Gesellschaft. Den Säuberungen Stalins entging Frankl bis zu einem kapitalen Fehltritt im Jahr 1950 (s.u.). Seine damalige ideologische Ausrichtung kann man vielleicht schon von dem Titel „Dialektische Logik und Mathematik" ablesen, unter dem er 1930 auf dem Ersten Mathematischen Symposium der UdSSR einen Vortrag hielt. Frankl gehörte jedenfalls zur Fraktion der „Sozialistischen Mathematik"; aus den Machtkämpfen der zwei Fraktionen ging er 1931 wie ⊳ Burstin als Mitglied der Leitungsgruppe (Präsidium) der Moskauer Mathematischen Gesellschaft hervor.[111] Die Auseinandersetzung nahm den Charakter eines Putsches in der Leitung der Moskauer Gesellschaft an, der bisherige Präsident Dmitrii Egorov wurde aus seinem Amt gejagt, verhaftet, wegen seines unerschütterlichen Festhaltens an seinen religiösen Überzeugungen angegriffen und in die Verbannung geschickt. Egorov trat schließlich in einen Hungerstreik, an dessen Folgen er 1931-09-10 verstarb.[112]

Seine aus Wien mitgebrachten Interessen manifestierten sich 1929–31 in vier weiteren Arbeiten zur Topologie, eine davon gemeinsam mit Lev Pontryagin (ungeachtet des bekanntlich von letzterem demonstrierten Antisemitismus). Danach verließ er dieses Forschungsgebiet und seinen Wirkungsort. Er wechselte an die Abteilung für Physik und Mathematik des Zentralen Aerohydrodynamischen Instituts (ZAGI) der UdSSR, wo ihm bald danach auch höhere Leitungsaufgaben übertragen wurden.

Er arbeitete sich in seiner neuen Anstellung in die Physik der Fluid-Dynamik ein, insbesondere in die Prandtlsche Grenzschichttheorie und die Aerodynamik.

Als überzeugter Kommunist wurde er 1932 Mitglied der KPdSU(b).

1933 hielt er eine wissenschaftlich einflussreiche Vorlesungsreihe zur Gasdynamik, die, damals im westlichen Ausland noch weitgehend unbeachtet, wesentlich zur späteren Vormachtstellung der sowjetischen Raketentechnik (und in den USA zum „Sputnikschock") beitrug. Seine Artikel von 1934–35 initiierten in der UdSSR die Forschungen zur Ultraschall-Aerodynamik und zur Theorie komprimierbarer Grenzschichten. Zusammen mit Loitsyanskii[113] war Felix Frankl in der Sowjetunion führender Organisator der Forschungen im Spezialbereich Physik und Aerodynamik des ZAGI. Besonderer Schwerpunkt war dabei die Gasdynamik bei hohen Geschwindigkeiten, speziell die Erscheinungen beim Übergang zwischen Unterschall- und Überschallgeschwindigkeiten.[114]

Ganz verließ Frankl aber die Topologie nicht: 1935-09-04–10 arbeitete er bei der Organisation der „Ersten Internationalen Konferenz für Topologie", die in Moskau stattfand, mit.[115] An dieser internationalen Tagung nahm auch mit einem Vortrag über kombinatorische

---

[111] Cf. die kurzen Ausführungen im Eintrag ⊳ Burstin, p 520; ferner den Übersichtsartikel Zusmanovich [386], besonders mit den Passagen, die ⊳ Burstin und ⊳ Frankl betreffen.

[112] Diese Auseinandersetzung ist beschrieben in [Loren Graham and Jean-Michel Kantor: *Naming Infinity. A True Story of Religious Mysticism and Mathematical Creativity.* Harvard Univ Press 2009.]

[113] Lev Gerasimovich Loitsyanskii (*1900-12-26 St Petersburg, Zarenreich Russland; †1991-11-05

[114] Mathematisch gesehen handelt es sich hier um spezielle Differentialgleichungen vom gemischt elliptisch-hyperbolischen Typ.

[115] Für diese Konferenz vgl. Apushkinskaya et al. in Math. Intell. **41** (2019), 37-42, (https://arxiv.org/pdf/1903.02065.pdf, Zugriff 2023-02-20).

Topologie Georg ˃ Nöbeling teil, der um diese Zeit seine Dissertation bei ˃ Menger fertiggestellt hatte.[116] Noch 1946, bereits in der Verbannung, verfasste Frankl eine Fortsetzung
zu seiner Arbeit von 1931 über dreidimensionale Komplexe (s. u. ausgewählte Arbeiten).
In den Monaten 1941-10 und 1941-11 wurden etwa 500 Wissenschaftler des ZAGI vor den
anrückenden NS-Truppen in die sibirischen Städte Kasan und Novisibirsk evakuiert. Frankl
befand sich als leitender Wissenschaftler in der in Novosibirsk zusammengefassten Gruppe
unter der Führung des gefeierten Akademiemitglieds Sergei Alekseevich Chaplygin.[117] Die
Gruppe bildete das *Žukovskij Zentrum für theoretische und experimentelle Forschungen
zur Aerodynamik und Festigkeit von Flugzeugen*. Frankl blieb an diesem Zentrum bis 1944.
In der nächsten Phase seiner wissenschaftlichen (und politischen) Karriere fungierte Frankl
1944–50 als Abteilungsleiter an der 1918 gegründeten Militär-Akademie für Artillerie, die
in den 1930er Jahren noch nach dem Chef der Geheimpolizei Tscheka (1917–1922) und
deren Nachfolgeorganisation GPU, Feliks Dzierżyński, benannt war. Die meisten der dort
entstandenen Arbeiten unterstanden strikter Geheimhaltung, dürften aber große Anerkennung in der Sowjetführung gefunden haben. Diese Anerkennung rettete ihn: 1950 ließ er
sich in einem Seminar zu einer ironischen Bemerkung über den „großen Wissenschaftler
Stalin" hinreißen, was umgehend zu seinem Ausschluss aus der KPdSU(b) und zur Verbannung nach Frunse,[118] aber wegen seines Status als anerkannter Wissenschaftler nicht zu
Lagerhaft führte. Tatsächlich war das noch eine verhältnismäßig glimpfliche Strafe; in der
Verbannung hatte er sich zwar täglich bei einer Sonderkommandatur der Polizei zu melden, konnte aber seine wissenschaftliche Arbeit weiterführen und hatte sogar die Leitung
der Abteilung für Theoretische Physik am Kirgisischen Staatlichen Pädagogischen Institut
inne, die 1951-05-24 in *Kirgisische Staatliche Universität* (KSU) umgewandelt wurde. An
der KSU soll Frankl in den Jahren seiner Verbannung mehr als 20 Doktorarbeiten betreut
haben.

An der Staatlichen Universität Kabardino-Balkariens, in Nal'chik. Nach seiner Rehabilitierung übersiedelte Frankl von Kirgisien in die Kabardino-Balkarische ASSR (KBS) im
Nordkaukasus. In deren Hauptstadt Nal'chik wurde 1957 eine Universität gegründet, an die
Felix Frankl für den Aufbau von Forschung und Lehre in Mathematik und Theoretischer
Physik berufen wurde. Dieser Aufgabe widmete er die letzten vier Jahre seines Lebens, bis
1961. Gleichzeitig engagierte er sich beratend für das Schulwesen in Kabardino-Balkarien,
er konnte den dafür Verantwortlichen Timbora Kubatievich Malbakhov von der Wichtigkeit
der mathematisch-naturwissenschaftlichen Fächer und des fremdsprachlichen Unterrichts
an Mittelschulen überzeugen. Das führte zur Gründung der ersten Schule mit schwerpunkt-

---

[116] Nöbeling begann sein Studium an der Wiener Universität im gleichen Jahr, in dem Frankl in die UdSSR
übersiedelte.

[117] Sergei Alekseevich Chaplygin (*1869-04-05 Ranenburg (seit 1948 Chaplygin), Zarenreich Russland;
†1942-10-08 Novosibirsk), Schüler von Nikolaj Egorovič Žukovskij (*1847-01-17^{greg} Gouv. Vladimir,
Zarenreich; †1921-03-17 Moskau), dem Begründer der russ. Luftfahrt. Chaplygin war vor und nach der
Oktoberrevolution Träger hoher wissenschaftlicher und staatlicher Auszeichnungen. (Biographien von V.
V. Golubev (1951), A. A. Kosmodemyansky (1961) und A. T. Grigorian (1965).)

[118] Die kirgisische Hauptstadt trug von 1926–1991 den Namen Frunse, nach dem sowjetischen General
Michail Wassiljewitsch Frunse; heute heißt sie Bischkek (russisch Pishpek), nach einer früheren Festung
auf diesem Standort.

mäßig englischsprachigem Unterricht in Kabardino-Balkarien, die Schule Nr. 3 in Nal'chik. 1966 kam dazu die Schule Nr. 2 mit Schwerpunktfächern Physik und Mathematik.

Hier ist eine kleine Liste von Problemen und mathematischen Begriffen, die mit Frankls Namen verbunden sind:

- Frankl-Probleme für Gleichungen gemischten Typs. Dazu gehören das Tricomi-Frankl-Problem und speziell Frankls Problem für die Chaplygin-Gleichung.
- Frankls Argument: von Frankl 1947 eingeführte Annahmen, unter denen die Eindeutigkeit der Lösung des verallgemeinerten Tricomi-Problems für Glei chungen vom Typ der Chaplygin-Gleichung bewiesen werden kann.
- Die Busemann-Guderley-Frankl-Hypothese besagt, dass eine glatte transsonische Strömung um ein beliebiges Profil unmöglich ist.
- Frankl-Laval-Düse: von Frankl 1945 beschriebene Laval-Düse, die eine Strömung ohne Sprung implementiert.
- Das Keldysh-Frankl-Theorem (Nr 7 der ausgew. Arbeiten).
- Frankls Stoßprobleme sind inverse Probleme der Strömung um Tragflächen in Gegenwart einer lokalen Überschallzone, die durch eine direkte (1956) oder indirekte (1957) Stoßwelle abgeschlossen wird.

Frankl erlernte im Zuge seiner beruflichen Aufgaben neben Russisch auch Kabardisch und Kirgisisch; Latein, Deutsch und Französisch (möglicherweise Englisch im Selbststudium) brachte er wohl schon von seiner Mittelschulzeit in Wien mit. Besonderen Eindruck machte unter seinen russischen Kollegen Frankls Übersetzung von Eulers Abhandlungen zur Integration vom Lateinischen ins Russische. Felix Frankl und seine Frau liebten klassische Musik; nach Aussagen von Freunden und Bekannten ließen sie an ihrem Wohnort kein Philharmonisches Konzert aus.

Die Bibliothek der Kabardino-Balkarischen Staatsuniversität bewahrt einen Teilnachlass von Frankl auf.

MGP nennt nach dem letzten Update (2022) 13 Doktoranden von Frankl, 117 russische Biographen (s.o.) sprechen von über 20 von Frankl betreuten Doktorarbeiten. Russische Biographen (s.o.) sprechen von über 20 von Frankl betreuten Doktorarbeiten. Von der MGP-Liste sind 6 Absolventen von der Kirgiz Staats-Uni., die anderen von der Kabard.-Balk. Staats-Uni.

Ehrungen: 1946 Korresp. Mitglied (seit ihrer Gründung) der Akademie der Artilleriewissenschaften (heute: Russische Akademie der Raketen- und Artilleriewissenschaften (RARAN)); 1957 Leonhard Euler Goldmedaille der Russ. AW f. herausragende Leistungen in Mathematik u. Physik (gemeinsam mit dem Leiter des sowjetischen Atombombenprojekts Igor Wassiljewitsch Kurčatov)[119] 2018-12-28 Gedenktafel an seiner letzten Wohnadresse in Nalchik, Golovko-Straße 5.

Ausgewählte Publikationen. *Diss.:* (1927) *Zur Primendentheorie (Hans Hahn).*   *Diss.:* (1931) *(P. S. Alexandrov [russ.]).* [nach MGP an der Lomonosov Moscow State University 1936.]

Frankl verfasste noch zwei weitere Dissertationen in Physik und in den technischen Wissenschaften.

---

[119] Diese wurde erst wieder ab 1991, und seit 1997 nur alle fünf Jahre vergeben. Die anderen Preisträger ergeben die folgende eindrucksvolle Liste: 1991 A.D. Aleksandrov (Geometer), 1997 J.S. Osipov (Dynamische Systeme), 2002 L.D. Faddeev (math. Physik), 2007 W.W. Kozlov (theor. Mechanik), 2012 S.P. Novikov (alg. Topologie, erhielt 1970 die Fields Medaille), 2017 I. R. Šafarevič (Zahlentheorie, Algebra, alg. Geometrie), 2022 S. K. Godunov (Differentialgleichungen).

1. Topologische Beziehungen in sich kompakter Teilmengen euklidischer Räume zu ihren Komplementen sowie Anwendung auf die Primendentheorie. Wiener Berichte **136** (1927), 689–699. [Im wesentlichen Frankls Dissertation.]
2. Über die zusammenhängenden Mengen von höchstens zweiter Ordnung. Fund. Math. **11** (1928), 96–104.
3. (mit L. Pontryagin) Ein Knotensatz mit Anwendung auf die Dimensionstheorie Math. Ann. **102** (1930), 785–789. [Diese Arbeit, wiewohl in Moskau geschrieben, wurde im Menger-Kolloquium weiter diskutiert, (Menger Kolloquium, p. 118). Aus dem Knotensatz folgt die Äquivalenz der Dimensiondefinitionen nach Brouwer-Menger-Uryson und nach Alexandrov.]
4. Charakterisierung der $n - 1$-dimensionalen abgeschlossenen Mengen des R_n Math. Ann. **103** (1930), 784–787.
5. Zur Primendentheorie. **38** (1931), 3–4, 66–69.
6. Zur Topologie des dreidimensionalen Raumes Monatsh. f. Math. u. Physik. **38** (1931), 357–364.
7. (mit M. V. Keldysh), Die äußere Neumannsche Aufgabe für nichtlineare elliptische Differentialgleichungen mit Anwendung auf die Theorie des Flügels im kompressiblen Gas. (Russ., dt. Zusammenfassung) Bull. Acad. Sci. URSS, VII. Ser. **1934** (1934), 561-601 .
8. On the theory of the Laval nozzle. (Russ., English summary) Izv. Akad. Nauk SSSR, Ser. Mat. **9** (1945), 387-422.
9. To the topology of the three-dimensional space. (Russ., Engl. summary) Mat. Sb., N. Ser. **18**(60) (1946), 299-304.
10. Über Arbeiten russischer Mathematiker des 19. Jahrhunderts zur Theorie der Charakteristiken partieller Differentialgleichungen. (Russ.) Usp. Mat. Nauk 6, No. 2(42), 154-156 (1951).
11. Unterschallströmungen um Profile mit Überschallzonen, die mit geradem Verdichtungsstoß enden. (Russ.) Prikl. Mat. Mekh. **20** (1956), 196-202.
12. Euler, L., Integralrechnung Band III (aus dem Lateinischen übersetzt und kommentiert von F. I. Frankl), Moskau 1958.
13. (mit L. N. Gutman), A stationary problem concerning the motion of a cold layer of air over a cross-country. (russ., eng Übersetzung in der amerikan. Version v. Doklady) Dokl. Akad. Nauk SSSR, **141**:1 (1961), 77–79

Insgesamt veröffentlichte Frankl mehr als 90 wissenschaftliche Arbeiten.

Quellen. Eintrag Felix Frankl, milit. Enzyklopädie der UdSSR, (https://encyclopedia.mil.ru/encyclopedia/dictionary/details_rvsn.htm?id=14020@morfDictionary, Zugriff 2023-02-20); Odyniec, W P (2018), On a mathematician born in Vienna who immigrated to the USSR for the development of a "new society." Vestn. Syktykar. Univ., Ser. l, Mat. Mekh. Inform. **27** (2018), 71–85.

Lit.: Der wahrscheinlich erste russische Nekrolog auf Felix Frankl erschien 1961-04-11 in der Universitätszeitschrift *Universitet'skaya zhizn* „Universitätsleben" Nr. 14 (98).

Betyaev, S K, On the history of fluid dynamics: Russian scientific schools in the 20th century (russ. und engl.) Physics – Uspekhi **46**.4 (2003), 405–432

Herta Therese Freitag

*1908-12-06 Wien;   †2000-01-25 Roanoke, Virginia

Tochter des Journalisten und Chefredakteurs der *Hausfrauenzeitung*, Josef Heinrich Taussig (*1876-07-26 Wien; †1943 London, UK)

∞ [1905-02-12 Stadttempel Wien] Paula Caroline (*1880-05-01 Wien; †1967-11 New York), geb Roth;

Schwester von Walter A. Taussig (*1908-02-09 Wien; †2003-07-31 NY), Oboist und Dirigent;

Zeichnung: WR

Enkelin mütt. von Dr med. Ignaz Roth (*1838; †1892-07-04 Wien Blutzersetzung) prakt. Arzt u. Inhaber Verdienst- u Kriegsmedaille 1866, und seiner Frau Flora Hermine Roth, geb Blau (*1847; †1930 Wien), [Schwester der bekannten Malerin Tina Blau (Regine Leopoldine Blau, *1845-11-15 in Wien; †1916-10-31 Wien)];

Nichte väterlicherseits von:

(1) Ella, geb Taussig (*1873-01-28 Wien; †1970-10 Saranac Lake, New York, USA), ∞ [1896 Stadttempel Wien] Dr. Heinrich Hersch Kümmerling (*1857-09-26 Kolomyya, Ukraine; †1927-11-24 Wien), Kurarzt in Baden b Wien, Sohn Friedrich („Fritz") Emil Kümmerling (*1897-11-10 Wien; †1941-07-05 KZ Groß Rosen, nahe Breslau, altkath., led.), Kaufmann, + 1 weiteres Kind;

(2) Gina Regina, geb Taussig (*1874-08-25), ∞ Benjamin Schier, Beamter im Außenministerium;

(3) Leonie Regina Taussig (*1878-09-17 Wien; †1944-05-15 (Shoah) Auschwitz) und

(4) Helene Taussig (*1887);

Nichte mütt. von Helene Fanny Roth (*1875; †1941-10-28 (Shoah) Łódź), Schwester ihrer Mutter.

Herta Therese ∞ 1950 Arthur Henry Freitag (*1898-01-21 Brooklyn, NY; †1978-09-24 Richmond, Va USA)

NS-Zeit.   Nach dem „Anschluss" 1938 konnten Herta und ihre Eltern nach London entkommen. Ihr Bruder Walter befand sich gerade auf der Rückreise von einer Tournee in den USA und kehrte nach diesem Ereignis nicht mehr nach Wien zurück. Hertas Vater verstarb 1943 in London, 1944 konnten Herta und ihre Mutter in die USA und zu Walter Taussig weiterreisen. Dort durchlief Herta eine bemerkenswerte akademischen Karriere zur international anerkannten Expertin für Fibonacci-Folgen und mathematische Didaktik. Ihr Cousin Fritz Kümmerling und ihre Tanten Leonie Taussig und Helene Roth starben in der Shoah.[120]

---

[120] Tante Leonie wohnte in Wien-Alsergrund, Seegasse 16, ihre Deportation erfolgte 1942-06-28 von dort mit Transport 29 nach Theresienstadt und 1944-05 weiter nach Auschwitz. Helene Roth, Schwester der Mutter, wurde 1941-10-28 mit Transport 9 direkt ins Ghetto Łódź deportiert und nach der Ankunft ermordet. Friedrich Kümmerling wohnte auf der Adresse seiner Mutter (Wien-Innere Stadt, Marc Aurelstr. 6), wurde 1938-07-09 (Haftnr. 2053) verhaftet, danach bis 1938-09-25 „Jude in vorbereitender Polizeihaft", anschließend nach Buchenwald (Transp. ID 696732, Häftlings-Nr 5546); zwischendurch 1940-04-10 bis 1940-07-09 ins Polizeigefangenenhaus Rossauer Lände überstellt (danach zurück nach Buchenwald), 1940-10-24 nach Dachau überführt. Letzte Station: Groß Rosen, †1941-07-17. Arolsen Archive, (https://collections.arolsen-archives.org/en/search/person/6406861, Zugriff 2023-02-20), Yad Vashem ID 77815

Herta Freitag wurde als Herta Taussig in eine liberale assimilierte jüdische Familie geboren. Vater Josef Heinrich und Großvater Adolf Taussig[121] waren Journalisten. Großvater Adolf Taussig war von 1872 bis 1901 Redakteur der *Neuen Freien Presse* und in dieser Zeit ein führender Fachmann für Wirtschaftsfragen, speziell für die augenblickliche Marktlage. 1875 gründete er gemeinsam mit den Vorkämpferinnen der Frauenbewegung Johanna Meynert[122] und Ottilie Bondy[123] den *Wiener Hausfrauenverein*,[124] von deren Publikationsorgan, der *Wiener Hausfrauenzeitung*[125] er Gründer, Eigentümer und Herausgeber war. Nach dem Tod seines Vaters fungierte Josef Heinrich Taussig bis 1914 als Herausgeber und verantwortlicher Redakteur. Nach den Erinnerungen von Herta Freitag war er im Hauptberuf einer der geschäftsführenden Redakteure der *Neuen Freien Presse* und verfasste dort NS-kritische Artikel.[126]

Bruder Walter Taussig studierte bis 1928 Musiktheorie, Komposition, Klavier, Oboe und Dirigieren an der Wiener Musikakademie, außerdem Musikwissenschaft an der Philosophischen Fakultät der Universität Wien.

Von sich selbst erzählte Herta Taussig später, sie habe sich bereits mit 12 Jahren intensiv für Mathematik interessiert — und wegen schlechter eigener schulischer Erfahrungen auch für mathematische Didaktik. Nach der Matura studierte sie daher Mathematik und Physik an der Universität und legte 1934 die Lehramtsprüfung ab. Danach absolvierte sie ihr Probejahr und ging in den Mittelschuldienst.

Nach dem Einmarsch der deutschen Truppen 1938-03-12 war klar, dass die Familie nicht in Wien bleiben konnte. Bruder Walter blieb während einer Tournee in den USA. Herta emigrierte noch 1938 mit einem Visum für Hausgehilfinnen (*domestic permit*) nach England, um dort das Eintreffen eines US-Einreisevisums abzuwarten und später eine Überfahrt in die USA zu ihrem Bruder zu bekommen, der dort als Dirigent und korrepetitierender Musiker arbeitete. 1944 bekam sie endlich dieses Einreisevisum.

1944-48 lehrte Herta Therese an der Greer School (eine private *High school*) im Norden des Staates New York, wo sie Arthur H. Freitag kennlernte und 1950 heiratete.

1948 übersiedelte sie in den Süden der USA, an das Hollins College (heute Hollins University) in Virginia, wo sie ihre weitere Karriere vom *instructor* bis zum *full professor* durchlief und 1971 emeritierte. Den Mastergrad erwarb sie 1948, den Ph.D. 1953 an der Columbia University, Virginia, USA.

Herta Freitag engagierte sich mit Eifer und Erfolg in der mathematischen Lehre; für den Mathematikunterricht an Mittelschulen propagierte sie die Einbeziehung der Geschichte

---

[121] Andere Schreibweisen: *Tauszig* und *Taußig*.

[122] geb Fleischer (*1837-03-31 Klosterneuburg; †1879-01-20 Wien); vgl [175] p. 2246.

[123] geb. Jeitteles (*1832-07-26 Brünn; †1921-12-05 München) vgl ÖBL 1815-1950, Bd. 1 (Lfg. 2, 1954), S. 101

[124] Dieser Verein versuchte Frauen hauswirtschaftlich zu beraten und ihnen verbilligte Einkaufsmöglichkeiten zu verschaffen, außerdem betrieb er eine unentgeltliche Stellenvermittlung und eine Prämienkasse für Dienstmädchen. Zu seinen Mitgliedern gehörte zB Marie von Ebner-Eschenbach. Der Verein existierte jedenfalls bis 1917 und löste sich allmählich in den 1920er Jahren auf. Das Adressbuch Lehmann führt ihn bis 1938.

[125] Wochenschrift, (1875–1914).

[126] Solche NS-kritischen Artikel konnten allerdings nicht gefunden werden.

der Mathematik in den Unterricht als didaktisches Prinzip. Ihre wissenschaftliche Arbeit widmete sie fast ausschließlich der Fibonacci-Theorie. Sie wurde 91 Jahre alt.

Ehrungen: 1971 Hollins' Algernon Sydney Sullivan Award, 1979 Hollins Medal; 1980 Virginia College Mathematics Teacher of the Year award; 1996 Award Fibonacci Quarterly; 1997 Humanitarian Award of the National Conference of Christians and Jews.

Es sind keine Dissertationsbetreuungen bekannt.

Ausgewählte Publikationen. *Diss.*: (1953) *The Use of the History of Mathematics in its Teaching and Learning on the Secondary Level (Columbia University).*   (nicht in MGP).

1. (mit Arthur H. Freitag), Neo-pythagorean triangles. Scripta Math. **22** (1956), 122-131.
2. (mit Arthur H. Freitag), The number story. 1960, reprint 1966 [nicht in Zbl]
3. On the Representation of F_{kn}/F_n, F_{kn}/L_n, L_{kn}/L_n and L_{kn}/F_n as Zeckendorf Sums. Applications of Fibonacci Numbers **3** (1988), 107-114.
4. On the f-Representation of Integral Sequences. Fibonacci Quarterly **27**(3)(1989).
5. Conversion of Fibonacci Identities into Hyperbolic Identities Valid from an Arbitrary Argument. Applications of Fibonacci Numbers **4** (1990), 91-98.
6. (mit Phillips G M) On Correlated Sequences Involving Generalized Fibonacci Numbers . Applications of Fibonacci Numbers **4** (1990), 121-125.
7. Co-Related Sequences Satisfying the General Second Order Recurrence Relation. Applications of Fibonacci Numbers **5** (1992), 257–262.
8. (mit Filipponi P) The Zeckendorf Representation of F_{kn}/F_n. Applications of Fibonacci Numbers **5** (1992), 217–219.
9. (mit Filipponi P) Fibonacci Autocorrelation Sequences. Fibonacci Quarterly **32**(4) (1994), 356–368.

Zbl verzeichnet (unter Herta Taussig Freitag) 29 math. Publikationen

Quellen. [33] Eintrag 3:10530; zu Walter Taussig: Regine Thumser in [178] p. 339;

Nachrufe: Fibonacci Q. 38, No. 5, 394 (2000); Missouri J. Math. Sci. 8, No. 2, 54 (1996): Fibonacci Q. 34, No. 5, 467 (1996).

Lit.: [228]; Personal Reflection by Caren Diefenderfer, Hollins University (https://www.agnesscott.edu/lriddle/women/freitag.htm, Zugriff 2023-02-20).
Missouri J. Math. Sci. 8, No. 2, 54 (1996).
Literarische Bearbeitung: Johnson, M A (1988), One Way Ticket : The True Story of Herta Taussig Freitag. Privatdruck Mary Ann Johnson Rocky Mount, VA.

Hilda Geiringer

(publizierte 1923–34 als Hilda Pollaczek-Geiringer, danach wieder als Hilda Geiringer)
*1893-09-28 Wien;   †1973-03-22 Santa Barbara, Kalifornien (mos., ab etwa 1945 Unitarierin)

Tochter des Textilindustriellen Ludwig Geiringer (*1858-01-18 Stampfen (Stupava bei Bratislava, Slovakia); †1932-06-06 Wien) und dessen Ehefrau [⚭ 1891-06-14] Martha (*1869-01-15 Wien; †1934-04-30 Wien), geb. Wertheimer;

Zeichnung: W.R. nach einem Foto aus den 1930er Jahren in [320]

Schwester von (1) Dr jur. Ernst Geiringer (*1892-05-08 Wien, †1978-06 Pasadena, Calif.; ∞ Lucy), zeitw. Bankdirektor (Kreditanstalt, 1923 Unionbank) u. Industrieller,
(2) Ing. Paul Ludwig Geiringer (*1894-08-10 Nové Město nad Metují (Neustadt a.d. Mettau), Cz; †1973-01-10 Tuckahoe, Westchester NY/USA; ∞ Nana) und
(3) Dr Karl Johannes Geiringer (*1899-04-26 Wien; †1989-01-10 Santa Barbara Calif; ∞ Dr Irene), renommierter Musikwissenschaftler u. Kustos der Gesellschaft d. Musikfreunde;
Nichte von Irene Gold, geb Wertheimer, und Alice Gerstel (*1851), geb Wertheimer [∞ ca 1904 Leo Gerstel (*1869 Prag];
Nichte von Leopold, Sofie, Bernhard, Ing. Isidor, Katarina, Alexander Sandor, Samuel und Ferdinand Geiringer.
Hilda Geiringer ∞ 1922-02-11 in Berlin Ing Félix ˃ Pollaczek, o|o zwischen 1932 und 1933, Tochter Magda Marie Rosa (*1922-07 Berlin; †2020-10-12 Chestnut Hill, MA, USA);
in 2. Ehe ∞ 1944 Richard v. ˃ Mises (kinderlos).

NS-Zeit. Geiringer übersiedelte 1921 nach Berlin. Als Jüdin 1933 von der Universität Berlin entlassen, emigrierte sie schließlich für ein Jahr nach Belgien, dann nach Istanbul und schließlich in die USA.

Hilda Geiringers Vater Ludwig stammte in dritter Generation aus einer sehr wohlhabenden, in der heutigen Slowakei (damals ein Teil Ungarns) ansässigen Familie, ihre Mutter Martha war Wienerin.[127] Hilda war das zweite Kind und die einzige Tochter der Familie, alle vier Kinder genossen eine sorgfältige Erziehung nach modernen Grundsätzen und schlossen eine akademische Ausbildung ab.[128]

Hilda Geiringer gehörte in jungen Jahren der Jugendbewegung an und stand in engem Kontakt mit dem Reformpädagogen und Psychoanalytiker Siegfried Bernfeld (*1892-05-07 Lemberg, Galizien; †1953-04-02 San Francisco), an dessen pädagogischem Experiment „Kindergarten Baumgarten" sie teilnahm. Hilda besuchte das vom Verein für erweiterte

---

[127] Ihrerseits die Tochter von Samuel (*ca 1838; †1891-06-15 Wien) und Rosa (*ca 1846; †1916-08-16 Wien; geb. Steiner) Wertheimer. Samuel Wertheimer war Chef der Lederfirma Gebr. Wertheimer; er starb beim Hochzeitsbankett seiner Tochter Martha, Hilda Geiringers Mutter. Die Familie der Wertheimers war vom 17. bis ins 19. Jahrhundert im Geldhandel führend.

[128] Neben Hilda ist vor allem ihr jüngster Buder Karl Geiringer zu nennen. Der promovierte 1923-03-05 (bei Guido Adler über Flankenwirbelinstrumente (UA PH RA 5532)) an der Universität Wien und machte rasch Karriere als führender Musikwissenschaftler. Bis 1930 wirkte er beim Wiener Philharmonischen Verlag, dann wurde er Kustos der Instrumentensammlung der Gesellschaft der Musikfreunde. 1938 gelangte der Musikverein unter NS-staatliche Verwaltung und verlor seinen Status als privater Verein, Karl Geiringer wurde „aus rassischen Gründen" entlassen. Er emigrierte zusammen mit seiner Frau Irene, ebenfalls promovierte Musikwissenschaftlerin, nach London, wo er bei der BBC sowie beim Grove Musiklexikon mitarbeitete und Gastprofessor am *Royal College of Music* war. Um der Internierung als *enemy alien* zu entgehen übersiedelte er schließlich 1940 in die USA, wo er u.a. an der Boston University und der University of California Professuren innehatte. Weitere Informationen und Literaturhinweise bei: Claudia Maurer-Zenck, Artikel „Exil", in: *Oesterreichisches Musiklexikon* (https://www.musiklexikon.ac.at/ml/musik_E/Exil.xml, Zugriff: 2023-02-20). Paul Geiringer studierte an der TH Wien Maschinenbau.

Frauenbildung geführte Gymnasium[129] und maturierte dort 1913 mit Auszeichnung.[130] Nach der Mittelschule stürzte sich Hilda Geiringer in das Studium der Mathematik an der Universität Wien, wo sie 1917 bei Wilhelm >Wirtinger über Fourierreihen in zwei Variablen promovierte. Ihr intensives Interesse für Mathematik hinderte sie aber nicht daran, sich als Frau und Studentin, später als promovierte Akademikerin, politisch zu engagieren und mit Vorträgen *für* das Frauenwahlrecht[131] und *gegen* die Frauendienstpflicht[132] sowie für den Frieden[133] in der Öffentlichkeit einzutreten.[134] Danach arbeitete sie über Vermittlung >Wirtingers 1918/19 in der Redaktion des *Jahrbuchs über die Fortschritte der Mathematik* unter Leon Lichtenstein[135] in Berlin, kehrte 1919 kurz nach Wien zurück, um als Lehrerin und Volkshochschuldozentin zu arbeiten und ging 1921 als Assistentin am Institut für angewandte Mathematik zu Richard v. >Mises nach Berlin.[136] 1922 heiratete sie den Elektro-Ingenieur und Statistiker Felix Leo >Pollaczek (*1892-12-01 Wien; †1981-04-29 Boulogne-Billancourt)[137] der in Berlin bei Issai Schur promoviert hatte. Ungefähr um 1923

---

[129] Adresse ab 1905: Wien 1, Hegelg 19; ab 1910: Wien 6, Rahlgasse 4. Das Gymnasium hatte ab 1903 Öffentlichkeitsrecht und hielt ab 1906 Reifeprüfungen im eigenen Haus ab (die erste Schule in Wien, an der Mädchen maturieren konnten). Es wurde nach dem „Anschluss" verstaatlicht und „rassisch gesäubert", das Gebäude 1943 in eine provisorische Soldatenunterkunft umgewidmet. Nach Kriegsende wiederaufgebaut, wird es parallel als Gymnasium und Realgymnasium, seit 1978/79 koedukativ, weitergeführt.

[130] Jahresber. Verein f. erw. Frauenbildung 1912/13.

[131] Eine seit der Jahrhundertwende in den USA und in europäischen Staaten von Frauenrechtlerinnen vehement vorgetragene Forderung. In Österreich gilt bekanntlich das allgemeine Frauenwahlrecht seit Gründung der ersten Republik.

[132] „Die Frauendienstpflicht" 1918-04-18, *Der Morgen* 1918-04-15 p4, *Neues Wiener Abendblatt* 1918-04-15 p4, *Neues Wiener Tagblatt* 1918-04-15 p13, *Arbeiter Zeitung* 1918-04-18 p. 7; *Neue Freie Presse* 1918-04-18 p25. Die Idee der Frauendienstpflicht wurde seit 1911 immer wieder in Frauenzeitschriften und innerhalb bürgerlicher Frauenbewegungen diskutiert, als Äquivalent der Militärdienstpflicht für Männer, um die Gleichwertigkeit der Frau zu demonstrieren und damit das Frauenwahlrecht zu unterstützen. In Österreich gegen Ende des Krieges von der Militärverwaltung befürwortet.

[133] zB Friedenskundgebung 1917-12-07 (*Der Morgen* 1917-12-03 p3), Rednerin neben Julius Tandler, Max Adler u.a.

[134] Andere Vorträge: „Familienerziehung in Kindheit und Jugend" Neues Wr. Tagbl. 1915-02-24 p15; „Die Probleme der Frau" Arbeiter-Zeitung 1916-06-07 p7; „An die Abiturientinnen" Neues Wr. Tagbl. 1916-11-08 p36; Teilnahme an einer Kundgebung 1917-05-03 des Allgemeinen österreichischen Frauenvereins als Vertreterin der Studentinnen (Der Morgen 1917-04-30 p6, Neue Freie Presse 1917-05-01 p10;

[135] Leon Lichtenstein (*1878-05-16 Warschau; †1933-08-21 Zakopane) wirkte nach dem 1. Weltkrieg bis 1919 an der TH Berlin-Charlottenburg; 1920 wurde er Ordinarius in Münster, ab 1922 an der Universität Leipzig, wo er 1933 vom NS-Regime entlassen wurde und bald danach starb.

[136] Diese Stelle wurde ihr von ihrer Schulkollegin und Freundin Gerda Laski (*1893-06-04 Wien; †1928-11-24 Berlin) empfohlen, die 1917 in Wien bei Felix Ehrenhaft promoviert hatte und seit 1920 am physikalischen Institut der Universität Berlin arbeitete (cf. Siegmund-Schulze [308]).

[137] Neues Wiener Tagblatt 1922-02-22 p.7

trennten sich die Eheleute[138] und Hilda Geiringer zog die gemeinsame Tochter Magda[139] allein auf. Als Assistentin von v.>Mises arbeitete sie auf dem Gebiet der Statistik und in der Plastizitätstheorie. 1927 habilitierte sie sich nach zwei Anläufen[140] in Berlin und wurde Privatdozentin, wahrscheinlich als erste Frau in Deutschland, auf dem Gebiet der angewandten Mathematik. Bis 1933 arbeitete sie an v. >Mises' Institut für angewandte Mathematik, leitete ein viersemestriges mathematisches Praktikum und hielt Spezialvorlesungen. Mit der Machtübergabe an die Nationalsozialisten endeten 1933 ihre Aussichten auf eine ao Professur. Als Jüdin wurde sie aus dem Universitätsdienst entlassen und ihr 1933-09-04 die Lehrbefugnis entzogen.[141] Nach einem einjährigen Zwischenaufenthalt am Institut für Mechanik in Brüssel folgte sie schließlich Richard v. >Mises 1934 nach Istanbul, wo dieser ein neues Mathematik-Institut aufbaute. Geiringer wurde dort seine Assistentin, später Professorin. Anfangs unterrichtete sie auf Französisch, später auch auf Türkisch. 1939 zogen Geiringer und v. Mises weiter in die USA, da ihnen nach dem Tod Atatürks die politische Situation in der Türkei eine weitere Vertragsverlängerung unmöglich machte.[142] Hilda Geiringer unterrichtete zunächst am Bryn Mawr College, was ihr eine Aufenthaltsbewilligung außerhalb der Quoten verschaffte. Gleichzeitig lehrte sie am Swartmore und am Haverford College, Pennsylvania.[143] 1942, während sie geheime Arbeiten für die US-Regierung durchführte, hielt sie an der Brown University Vorlesungen über Geometrie der Mechanik, deren Mitschriften weite Verbreitung fanden. 1943 heiratete sie von >Mises und wurde Professorin am Wheaton College in Norton (Massachusetts), um näher bei v. Mises und der Harvard University zu sein. 1945 nahm sie die US-amerikanische Staatsbürgerschaft an. Sie trat später der religiösen Gemeinschaft der Unitarier bei.

Auf dem 8. Internationalen Kongress für Theoretische und Angewandte Mechanik in Istanbul 1952 hielt Geiringer einen Sektionsvortrag über ideal-plastische Körper.

---

[138] Der genaue Zeitpunkt der Trennung ist nicht bekannt, die Angaben reichen von 1923 (in ihren unveröffentlichten Erinnerungen, s. [308]) bis 1925. Die formalrechtliche Scheidung (falls es eine solche gab) ist wohl erst für den Zeitraum 1932–33 anzusetzen. Bis 1922 publizierte Geiringer unter ihrem Mädchennamen, danach bis Februar 1934 unter dem Autornamen Hilda Geiringer-Pollaczek. Im Folgenden (auch nach ihrer Heirat mit v. Mises) erschienen ihre Arbeiten zu Lebzeiten nur mehr unter „Hilda Geiringer". Auf der Todesanzeige ihres Vaters von 1932 (Neue Freie Presse, 1932-06-07 p14) scheint sie als „Dr. Hilda Pollaczek" auf.

[139] Magda (*1922-07-06 Berlin; †2020-10-12 Chestnut Hill, MA, USA) ∞ Robert Buka Jr., Arzt am Beth Israel Hospital, Boston MA, (*1919-07-01 Pittsburgh; †1958-06-26 Newton, Mass., USA); 3 Söhne: Steven B (*1956, nach anderen 1957-01-17) und Richard Donald Buka (*1954, nach anderen 1953-11-30; †1958-06-26), David Buka (?). Robert Buka starb gemeinsam mit seinem Sohn Richard, als er ihn aus den Flammen seines in Brand geratenen Hauses zu retten versuchte. Nach Roberts Tod: Magda ∞ Laszlo Tisza (al. Tisca, *1907-07-07 Budapest; 2009-04-15), Physiker am MIT.

[140] Bieberbach äußerte sich sehr negativ über die erste Version von Geiringers Habilitationsschrift, verhinderte damit aber letztlich die Habilitation nicht. Allerdings dürfte diese erste Version tatsächlich fehlerhaft gewesen sein.

[141] Der Nachfolger von v. Mises war Theodor >Vahlen, der Nachfolger von Geiringer Alfred Klose (*1895-09-19 Görlitz; †1953-02-21 Potsdam), beide sehr aktive Nationalsozialisten.

[142] Ihr Verhältnis zu v. Mises, mit dem sie damals noch nicht verheiratet war, wurde von türkischer Seite gegen sie und v. Mises vorgebracht. S. die Fußnote 5 zum Eintrag v. Mises auf p 602.

[143] Mittlerweile sprach das Amtsgericht Wien-Döbling die Enteignung der Familie Geiringer von ihrer Döblinger Immobilie aus (Völkischer Beobachter 1941-11-16 p10).

◁ Hilda Geiringer beim Unterricht am Wheaton College (ein 1834 gegründetes Frauencollege). Sie betreute ab 1944-02 als Professorin für Mathematik eine beachtliche Reihe von Studentinnen; vorher hatte sie eine unbezahlte Stelle am Bryn Mawr College in Pennsylvania. In Wheaton gab sie neben Vorlesungen für Fortgeschrittene mit besonderem Eifer auch solche für Elementarmathematik.

Foto: 1953 Wheaton College

1953 gab sie nach dem Tod von v. ˃ Mises dessen *Gesammelte Werke* heraus (als Research Fellow in Harvard) und sorgte für die posthume Veröffentlichung seiner Bücher *Mathematical theory of probability and statistics* (1964) und *Mathematical theory of compressible fluid flow* (1958). 1959 zog sie sich aus dem Lehrbetrieb am Wheaton College zurück, nachdem sie 1956 an der Freien Universität Berlin zum außerordentlichen Professor emeritus bei vollem Ruhestandsgehalt ernannt worden war.

Geiringer starb 1973 während eines Aufenthalts in Kalifornien an Lungenentzündung.

Geiringers wissenschaftliche Interessen lagen vor allem in der Stochastik und deren Anwendungen in der Genetik sowie in Plastizitätstheorie und Flüssigkeitsmechanik. 1930 entwickelte sie die „Geiringer-Gleichungen" für ebene plastische Deformationen. 1958 erschien im „Handbuch der Physik" (Hrsg. Siegfried Flügge) ihr Überblicksartikel zur Plastizitätstheorie mit Alfred M. Freudenthal ("The mathematical theory of the inelastic continuum").

Ehrungen: 1955 Mitglied der American Academy of Arts and Sciences; 1960 Ehrendoktorat des Wheaton College; 1967 Goldene Promotion an der Universität Wien; 2016 Benennung Hilda-Geiringer-Gasse in Wien Favoriten (10. Bezirk).

MGP nennt eine Dissertantin: Josephine Mitchell (Bryn Mawr College 1942)

Ausgewählte Publikationen. *Diss.*: (1917) *Trigonometrische Doppelreihen (˃ Wirtinger).* (enthalten in Monatsh. f. Math. **29** (1918), 65-144.

1. (unter Pollaczek-Geiringer), Rückschluß auf die Wahrscheinlichkeit seltener Ereignisse. Z. f. angew. Math. **5** (1925), 493-501.
2. (unter Pollaczek-Geiringer), Die Charliersche Entwicklung willkürlicher Verteilungen. Skand. Aktuarietidskrift **11** (1928), 98–111. (Habilschrift Berlin)
3. (unter dem Autornamen Pollaczek-Geiringer 1934-02 von Brüssel aus eingereicht), Korrelationsmodelle. Z. Angew. Math. Mech. **14** (1934), 19–35.
4. La répartition des groupes sanguins de deux races en cas de croissements. Rev. Fac. Sci. Univ. Istanbul (2) **4** (1939), 1-12. [Ein ironischer Beitrag zur Rassenstatistik]
5. Calculs sur la transformation de la hétérogamétie mâle en hétérogamétie femelle. Rev. Fac. Sci. Univ. Istanbul A **6** (1941), 44-55.
6. Einige Probleme Mendelscher Genetik. Z. Angew. Math. Mech. **33** (1953), 130-138.

Schriften für ein allgemeines Publikum:

7. Die nichteuklidischen Geometrien und das Raumproblem. Die Naturwissenschaften **6** (1918), 635-641, 653-658. [Geiringer vertritt darin den philosophischen Standpunkt: „Es gibt keine Raumgeometrie losgelöst von der Physik"]
8. (unter dem Autornamen Geiringer 1922), Die Gedankenwelt der Mathematik. (Die Bücher der Arbeitsgemeinschaft. 2. Bd.). Berlin: Verlag der Arbeitsgemeinschaft.
9. (Übersetzung aus dem Französischen, nach P Boutroux), (1927), Das Wissenschaftsideal der Mathematiker. Leipzig, B. G. Teubner (Wissenschaft und Hypothese Bd. 28).
10. Statistik seltener Ereignisse. I, II. Die Naturwissenschaften **16** (1928), 800-807, 815-820.

Zbl/JFM nennen (bereinigt) 64 math. Publikationen. Das Schriftenverzeichnis von Christa Binder verzeichnet 90 (auch nichtmathematische) Publikationen.

Der Nachlass von Hilda Geiringer und Richard v. Mises wird im Archiv der Harvard University aufbewahrt.

Quellen. Jüdisches Biograph. Archiv II 174, 405–411; Stadler [329] p 429; C. Binder [29, 30]; Frank [96], 753–757; Neue Freie Presse 1891-06-16 p 15; Neues Wr. Journal 1933-03-30 p6; Röder et al. [277]; Blumesberger et al. [33]; Siegmund-Schultze [308]

Lit.: Siegmund-Schultze [308].

Kurt Friedrich Gödel

*1906-04-28 Brünn/Brno;   †1978-01-14 Princeton (ev AB)

Sohn von Rudolf August Gödel (*1874-02-28 Wien; †1929-02-23 Brünn, altkatholisch – *nicht* r.k.), Textilfabrikant in Brünn, und dessen Ehefrau [ɷ 1901-04-22] Marianne (*1879-08-31 Brünn; †1966-07-23 Wien; ev. AB), geb. Handschuh; [Marianne hatte 2 Brüder und 2 Schwestern];

Bruder von Dr.med. Rudolf Gödel jun (*1902-02-07 Brünn; †1992-01-26, ev. AB), Röntgenarzt;

Foto: Detail von einem Foto aus dem Buch von Werner dePauli-Schimanovich† [54], mit freundlicher Genehmigung der beiden Töchter des Autors.

Enkel väterlicherseits von Josef Gödel (†1900, nach Aussage v. Rudolf Gödel jun: †1912) und dessen Frau Aloisia, geb. Keimel; Großneffe von Anna Gödel (Tante u. Ziehmutter von Rudolf G sen); Neffe des akad. Malers Carl Gödel (*1870–09-06 Brünn; †1948-10-20 Wien) [im Wr. Museum Belvedere vertreten durch ein Bild von 1922 (Inv. 10729)] u. dessen Ehefrau Paula (†1955 Wien); Neffe von Marianne Gödels Schwester Pauline Handschuh

Enkel mütterlicherseits von Rosina (*1842-02-23 Iglau; †1911), geb Bartl, und deren Ehemann Gustav Adolf Handschuh (*1835-02-23 Brünn), Prokurist;

Kurt Gödel ɷ 1938-09-20 Adele Thusnelda (*1899-11-04 Rheinland-Pfalz; †1981-02-04 Doylestown, Bucks County, Pennsylvania) [○|○ 1933 Alfred Nimbursky], Tochter von Josef Heinrich Porkert (*1865-11-23 Wien; †1945-09-10b Wien), Photograph und Maler (ab 1941 im Ruhestand), und dessen Frau Hildegard(e) (*1867-10-26; †1950-03-22 Princeton); Adele hatte eine Schwester namens Elisabeth (Li(e)sl) Porkert (*1889-10-24; †1954-04-02b Wien)

NS-Zeit. 1933–39 pendelte Gödel zwischen Wien und dem IAS in Princeton. Schließlich emigrierte er mit seiner 1938 angetrauten Frau über die transsibirische Eisenbahnlinie und Japan in die USA. Gödel ist nicht als Vertriebener zu betrachten, wenngleich die politische Situation und die damit verbundenen Erlebnisse zu seinem Entschluss zur

endgültigen Übersiedlung nach Princeton wesentlich beitrugen. In den Vorlesungsverzeichnissen der Universität Wien wird er im WS 1941/42 mit „Lehrbefugnis ruht", von
da an bis 1944/45 als Privatdozent (neuen Typs) mit dem Vermerk „wird nicht lesen"
oder „hat nicht angekündigt" verzeichnet. Die Bestellung zum „Dozenten neuen Typs"
verzögerte sich aber bis 1940.

Kurt Gödels Vater Rudolf hatte nach abgebrochenem Gymnasium mit sehr gutem Erfolg
eine Textilschule absolviert und war dann in die Tuchfabrik Friedrich Redlich, Brünn,
eingetreten, in der er es bis zum Direktor und Firmenteilhaber gebracht hatte. Die Familie
war daher bis zum Ersten Weltkrieg sehr wohlhabend; 1913 erwarb Rudolf Gödel sen
einen Garten am Südabhang des Brünner Spielbergs und ließ dort eine Villa errichten, die
1913, noch vor Kriegsbeginn, fertig wurde. Durch den Krieg (und den unbesonnenen Kauf
von Kriegsanleihen) wurde das Familienvermögen stark verringert, dennoch konnten beide
Söhne problemlos in Wien ein Studium absolvieren, die Familie lebte auch nach dem Tod
des Vaters noch lange in finanziell gesicherten Verhältnissen.

Gödels Mutter Marianne stammte aus einer ebenfalls in der Textilbranche tätigen Familie.
Ihr Vater Gustav Adolf Handschuh war Prokurist in der Tuchfirma Schöller und aus dem
Rheinland gemeinsam mit seiner Firma in Brünn eingewandert, ihr Großvater Johann Traugott Handschuh (†1859-04-17 Brünn) war selbständiger Zeugmacher in Brünn gewesen,
bis er mit der Konkurrenz der Fabriken nicht mehr mithalten konnte.[144]

Beide Eltern der Gebrüder Gödel waren nicht besonders religiös gebunden.

Kurt Gödel besuchte in Brünn die Evangelische Privatvolksschule[145] und anschließend das
deutschsprachige k.k. Staatsrealgymnasium. Er maturierte 1924-06-19 und übersiedelte
dann nach Wien, wo er bei seinem bereits mitten im Medizinstudium stehenden Bruder
Rudolf wohnte und sein Studium mit Physik anfing.[146]

Beeindruckt von den Mathematikern ⸱ Hahn, ⸱ Furtwängler, ⸱ Menger und den Philosophen
Moritz Schlick und Heinrich Gomperz wandte er sich aber bald der Mathematik und der
Philosophie zu. In den Jahren 1926 bis 1929 besuchte er regelmäßig als stiller Zuhörer

---

[144] Bericht von Rudolf Gödel jun. in [170], pp 53ff.

[145] An diese Schule war auch eine Bürgerschule angeschlossen, die aber die Brüder Rudolf und Kurt Gödel
nicht besuchten.

[146] Anhand der erhaltenen Meldezettel seien hier die weiteren Wohnsitze Gödels in Wien vermerkt: von
1924-10-08 – 1927-04-07 in Wien-Josefstadt, Florianig. 42, dann bis 1927-07-20 in Wien-Alsergrund,
Frankg. 10, nach einem kurzen Zwischenaufenthalt in Brünn als nächstes 1927-10-06 – 1928-06-30
Währingerstr. 33 (Ecke Sensengasse), direkt im Stockwerk über dem 1970 geschlossenen Café Josephinum
und gegenüber dem Gebäudekomplex, in dem die chemischen und physikalischen Institute sowie das
mathematische Institut (Strudlhofgasse 4) untergebracht waren; 1928-07-03 – 1929-11-04, Lange Gasse
72, schräg gegenüber dem damaligen Wohnsitz seiner späteren Frau Adele auf Lange Gasse 67, danach
1929-11-05 – 1937-11-15 [zu viert, mit Mutter, Bruder und Großtante Anna] auf Josefstädterstr. 43 (unweit
der Wohnung der Familie ⸱ Schmetterer), 1937-11-08 – 1939-11-07 Wien-Döbling Himmelstr. 43 [1938-
09-24 als verehelicht umgemeldet], 1939-11-08 – 1940-01, Wien-Innere Stadt Hegelgasse 5 [Abmeldung
unterlassen]. Marianne Gödel kehrte 1937 allein in ihre Villa nach Brünn zurück, vor Kriegsende 1944, auf
Veranlassung ihres Sohnes Rudolf, wieder nach Wien. Sie entkam so den deutschfeindlichen Umtrieben in
der Tschechoslowakei beim Kriegsende 1945. Die Brünner Villa wurde später mit minimaler Entschädigung
enteignet.

die Sitzungen des Wiener Kreises, dessen philosophische Auffassungen (insbesondere die Verehrung Wittgensteins) er aber nicht teilte (s.u.). In bezug auf die Mathematik schloss er sich sehr aktiv mit eigenen Beiträgen dem Mengerschen Kolloquium an.

1929 erhielt Gödel die österreichische Staatsbürgerschaft;[147] im gleichen Jahr, 1929-07-13, stellte er seine Dissertation fertig, mit der er 1930-02-06 zum Dr.phil. promovierte.[148] Gödel trug über die Ergebnisse seiner Dissertation 1930-05-14 im ⋗Menger Kolloquium[149] vor, 1930-11-28 in der *Wiener Mathematischen Gesellschaft*. Im trug Gödel insgesamt 13 mal vor, beteiligte sich an zwei Diskussionen und wirkte bei der Herausgabe der zugehörigen Mitteilungen *Ergebnisse eines Kolloquiums* mit. 1933 habilitierte er sich mit der berühmten Arbeit über den *Ersten Gödelschen Unvollständigkeitssatz*.[150] Nach den Erinnerungen ⋗Hlawkas (cf. p 251) soll Gödel Vorlesungen in der Privatwohnung des mit ihm befreundeten Edgar Zilsel[151] gehalten haben, der für mathematische Logik und für analytische Philosophie ein besonderes Interesse hatte. Oswald Veblen[152] hörte einen Vortrag Gödels im Menger Kolloquium und erwirkte mit John v. Neumann eine Einladung für Gödel nach Princeton an das 1930 gegründete (aber erst 1932 formal eröffnete) Institute for Advanced Study (IAS). Gödel nahm die Einladung an und verbrachte am IAS die Zeit von 1933-10 bis 1934-06. Nach seiner Rückkehr nach Wien erlitt Gödel einen Nervenzusammenbruch und wurde im Herbst 1934 für einige Wochen von seiner Familie zur Therapie im Sanatorium Westend in Purkersdorf untergebracht.[153] Nach seiner Rekonvaleszenz kündigte Gödel im SS 1935 an der Universität Wien eine zweistündige Vorlesung über *Ausgewählte Kapitel aus Mathematischer Logik* an. Für das WS 1935/36 plante er eine zweistündige Vorlesung über Axiomatik der Mengenlehre (im Vorlesungsverzeichnis

---

[147] Mit Heimatrecht in Wien. In der tschechoslowakischen Republik hatte er sich nie zu Hause gefühlt.

[148] De facto trat Gödel mit der bereits fertigen Dissertation vor Hans Hahn, der diese sofort akzeptierte. (Interview mit Hao Wang in [39]

[149] *Über die Vollständigkeit der Axiome des logischen Funktionenkalküls.* im Nachdruck [55] *Ergebnisse eines Kolloquiums* 2 (1930), p 135

[150] Gödel hat nach seiner Habilitation nur wenige Vorlesungen angekündigt und noch weniger auch tatsächlich abgehalten. Gründe waren seine Aufenthalte in den USA (auch als nicht beamteter Privatdozent musste er dafür formal Urlaub nehmen), sein Nervenzusammenbruch von 1934 (s.u.) und die dadurch notwendigen Kuraufenthalte.

[151] Das Transkript von Hlawkas mündlichem Bericht gibt seinen Namen als „Ziesel" wieder.

[152] Oswald Veblen (*1880-06-24 Decorah, Iowa, USA; †1960-08-10 Brooklin, Maine, USA) war ab 1932 Professor am IAS und bis zu seinem Tod Mitglied von dessen Kuratorium. Veblen hatte sich bereits 1903 in seiner Dissertation mit der Axiomatik der Geometrie beschäftigt und erkannte daher sofort die Bedeutung der Gödelschen Arbeit. Zusammen mit Einstein und Morgenstern gehörte Veblen zu den wichtigsten Förderern Gödels in den USA.

[153] Bei seiner Errichtung 1904/05 nach Plänen von Josef Hoffman (*1870-12-15 Pirnitz, Mähren; †1956-05-07 Wien) ein vorbildliches Beispiel für die Architektur der Wiener Sezession und bald nach Fertigstellung beliebter Treffpunkt der literarischen und künstlerischen Welt Wiens. Zu den berühmten Gästen in der Geschichte dieses Sanatoriums zählten neben Gödel auch Arthur Schnitzler, Egon Friedell, Gustav Mahler, Arnold Schönberg, Hugo von Hofmannsthal und Kolo Moser. Ab dem Jahre 1930 geriet das ursprünglich auf Wasserkuren, Physikotherapie und Nervenheilkuren spezialisierte Sanatorium zunehmend in Verfall, wurde 1938 arisiert, diente danach zeitweilig als Lazarett, nach dem Krieg als Krankenhaus. Nach mehreren Besitzwechseln und umfassenden Renovierungen beherbergt es heute eine „Seniorenpflegeresidenz".

ohne Zeit und Ort angegeben), die aber wegen eines weiteren Aufenthalts in Princeton und einer erneuten Erkrankung nicht stattfinden konnte.

Sein zweiter Aufenthalt in Princeton 1935-09 wurde nach zwei Monaten durch eine weitere psychische Krise unterbrochen – sein Bruder Rudolf musste ihn in Paris abholen. Gödel kam, diesmal für mehrere Monate, zur neurologischen Behandlung in das Sanatorium in Rekawinkel, ebenfalls westlich von Wien. Zwischendurch und danach (von 1936-08-17 – 29 und von 1936-10-02 – 24) hielt er sich im nahen Aflenz in der Steiermark in einem Kurhotel auf, das auch früher schon der Familie Gödel zur Erholung gedient hatte.[154] Danach war Gödel soweit wiederhergestellt, dass er weitere Lehrveranstaltungen planen konnte.[155] Für das SS 1937 stand er mit einer Vorlesung über Axiomatische Mengenlehre im Vorlesungsverzeichnis, musste diese aber knapp davor, 1937-02-22, wieder absagen.[156] Im darauf folgenden Jahr 1938 kam es zum „Anschluss" und — im engsten Familienkreis — zu Gödels Hochzeit mit der Tänzerin Adele Nimbursky.[157]

Zwei Wochen nach seiner Heirat mit Adele fuhr Gödel allein wieder nach Princeton und blieb acht Monate in den USA. Das Frühjahr 1939 verbrachte er bei Karl ⊃ Menger an der katholischen University of Notre Dame in Indiana. Von dort reiste er entgegen Mengers Ratschlag 1939-06 nach Wien, in der Absicht, im Herbst mit seiner Frau nach Princeton zurückzukehren. Das stieß aber auf Schwierigkeiten: Sein Besuchervisum für die USA galt nur für seinen nunmehr ungültig gewordenen österreichischen Pass. Sein Antrag auf ein neues US Visum (nun in Berlin zu stellen) verzögerte sich.

Gödel hatte sich noch nicht ganz für einen dauernden Aufenthalt in den USA entschlossen, die vage Möglichkeit für eine ao Professur in Wien wollte er sich noch offenhalten und versuchte daher, seine Venia legendi an der Universität Wien zu behalten.[158] Es galten aber nach dem „Anschluss" neue gesetzliche Regelungen für die Habilitation und die nach den bisherigen Regeln Habilitierten hatten ein Ansuchen auf Zuerkennung des Status eines *Dozenten neuen Typs* zu stellen. Gödel stellte 1939-09-25 einen solchen Antrag, auf den aber während der nächsten neun Monate keine Reaktion folgte. Wesentlicher Grund für die Verzögerung war eine sehr negative Beurteilung durch den damaligen Dekan Viktor Christian der philosophischen Fakultät, der Gödel die Nichteinhaltung seiner Lehrverpflichtung als Privatdozent (wegen seiner Abwesenheit während seines Aufenthalts in Princeton, angeblich ohne Beurlaubung) vorwarf und die Unvollständigkeit des eingereichten Arier-

---

[154] In Aflenz hatte sich Karl ⊃ Menger 1922/23 (erfolgreich) zur Ausheilung seiner Tuberkulose aufgehalten.

[155] Im SS 1936 kündigte er keine Lehrveranstaltung an.

[156] [317], p. 49.

[157] Adele arbeitete an ihrer Privatadresse Lange Gasse 67 als Masseuse und trat wahrscheinlich gelegentlich als Tänzerin im Nachtklub „Nachtfalter" auf. ([317] p. 59; keine Ankündigungen ihrer Tanzauftritte in den damaligen Zeitungen). Der „Nachtfalter" (Wien I, Petersplatz 1) existierte von 1906–1937, hieß dann Casino Oriental und wurde in der NS-Zeit von dem ägyptischen Schauspieler Achmed Beh geführt. Nach einer Renovierung 1958–63 wurde daraus das legendäre Jazzlokal „Fatty's Saloon", in dem Fatty George, Hans Koller, Joe Zawinul u.v.a. auftraten.

[158] Das hatte aber keine finanziellen Gründe, wie manchmal behauptet wird, da er ohnedies keine Stelle an der Universität hatte. Vielmehr war das großzügige Angebot Veblens für das IAS — vorgesehen war ein Stipendium von $ 4.000.- pro Jahr und Reisekostenzuschüsse — auch aus finanziellen Gründen nicht gut ablehnbar. Sein Vater war bereits 1929 gestorben und die auf Kurt Gödel entfallenden Erträge aus dessen Anteilen an der Textilfabrik Redlich hätten vielleicht nicht für das Ehepaar Gödel ausgereicht.

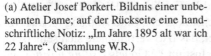

(a) Atelier Josef Porkert. Bildnis einer unbekannten Dame; auf der Rückseite eine handschriftliche Notiz: „Im Jahre 1895 alt war ich
22 Jahre". (Sammlung W.R.)

(b) August Stauda, Foto des Hauses Kanalgasse 5,
um 1899. Wien Museum Inv. Nr. HMW_024158. Mit
freundl. Genehmigung (Das Haus besteht noch heute;
rechts v. Haustor ein Schaukasten mit Fotografien)

nachweises bemängelte. Beim Dozentenbundführer Arthur Marchet (einem Petrographen)
löste Gödel dagegen Verunsicherung und geradezu eine vorsichtig positive Beurteilung
aus. Marchet schrieb in seinem Gutachten:[159]

> *Der bisherige Dozent Dr. Kurt Gödel ist wissenschaftlich gut beschrieben. Seine
> Habilitierung wurde von dem jüdischen Professor Hahn durchgeführt. Es wird
> ihm vorgeworfen, immer in liberal-jüdischen Kreisen verkehrt zu haben. Es muß
> hier allerdings erwähnt werden, daß in der Systemzeit die Mathematik stark
> verjudet war. Direkte Äußerungen oder eine Betätigung gegen den Nationalso-
> zialismus sind mir nicht bekannt geworden. Seine Fachkollegen haben ihn nicht
> näher kennengelernt, sodaß nähere Auskünfte über ihn nicht zu erhalten sind. Es
> ist mir daher auch nicht möglich, seine Ernennung zum Dozenten neuer Ordnung
> ausdrücklich zu befürworten, ebensowenig habe ich aber die Grundlagen, mich
> dagegen auszusprechen.*

---

[159] UAW Personalakt Kurt Gödel, 30. 9.1939. Marchets Stellungnahme wird in fast allen Biographien
Gödels zitiert. Auch bei uns.

Das REM ignorierte die Anwürfe des Dekans und bewilligte schließlich Gödels Antrag per Bescheid von 1940-06-28, als Gödel allerdings bereits wieder in Princeton war.[160]

Noch im Jahr 1939 wurde Gödel zur Musterung bestellt und musste vor der Polizei erklären, wie er zu US-Dollars gekommen war. Die Stellungskommission befand ihn als „ungedient und tauglich für die Ersatzreserve I", was als „wehrpflichtig ohne abgeleisteten Präsenzdienst" zu interpretieren ist.[161] Trotz des nicht abgeleisteten Präsenzdiensts wurde ihm jedoch die Ausreise in die USA nicht verwehrt.[162]

Wegen der durch den Krieg unterbrochenen direkten Seeverbindung zu den USA blieb Ende 1939 als legaler und ungefährdeter Reiseweg nur noch die langwierige, wenn auch (noch) ungefährliche transsibirisch-japanische Route über Vladivostok und Yokohama. 1940-01 trafen rechtzeitig das Einreisevisum für die USA und das sowjetische Transitvisum ein. Nach einer Bahnfahrt von über 10.000 km gelangte das Ehepaar Gödel nach Vladivostok; von dort ging es über weitere 1.000 km mit der Fähre nach Yokohama. In Yokohama mussten sie drei Wochen auf ihr Schiff in die USA, die *President Cleveland*, warten.[163] Nach insgesamt 42-tägiger Reise kamen sie endlich 1940-03 in Princeton an.

Dort wurde Gödels Aufenthalt am IAS zunächst für das Studienjahr 1940/41 vom *Emergency Committee in Aid of Displaced Foreign Scholars* finanziert. Wegen seiner etwas angespannten Finanzlage sah sich das IAS aber außerstande, den weiteren Aufenthalt Gödels selber zu finanzieren, so wandte sich Einstein mit dem Problem an den damaligen Präsidenten der Rockefeller Stiftung, Raymond B. Fosdick.[164] Die Stiftung gewährte daraufhin Gödel für die nächsten zwei Jahre die höchstmögliche Unterstützung für aus NS-Deutschland in die USA emigrierte Wissenschaftler, das IAS verpflichtete sich seinerseits zur weiteren Finanzierung von Gödels Verbleib am Institut.[165] Gödels *visiting position* am IAS in Princeton wurde von nun an jedes Jahr verlängert, bis sie 1946 in eine *permanent position*, 1953 in eine Professur (mit deutlich höheren Bezügen) umgewandelt wurde.

Da die Gödels mit deutschen Pässen in die USA eingereist waren, galten sie nach Hitlers Kriegserklärung 1941-12-11 in den USA zunächst als *enemy aliens*.[166] Nachdem man sich von der Ungefährlichkeit des Ausländers Gödel überzeugt hatte, folgte eine Vorladung zur

---

[160] UWA unter den Nummern 151.122–125. Gödel nimmt 1940-10-06 in einem Brief an seinen Bruder Rudolf auf seine „Ernennung in absentia" bezug, die ihn „sehr überrascht" habe. Er erkundigte sich auch darüber, ob eine solche Ernennung, wie Gerüchte sagen, mit einer Remuneration für Lehrtätigkeiten verbunden sei (Archiv der Wien-Bibliothek 1463-2183 H.I.N.230515). Tatsächlich hatten Dozenten neuen Typs ein Anrecht darauf, angestellt zu werden – wenn sie ihren Wohnsitz vor Ort hatten.

[161] Ersatzreserve I, Wehrnummer II/06/XIII/44/2 (lt Meldezettel v. 1939-11-09).

[162] Noch 1941-03 stellte Gödel über das Deutsche Konsulat in New York einen Antrag auf Verlängerung seines Urlaubs von der Universität Wien (Für den Wortlaut der Verständigung des Konsulats vgl. [317] p. 84).

[163] Die Entfernung zwischen Yokohama und Princeton beträgt immerhin noch einmal mehr als 10.000 km in Luftlinie.

[164] Der Rechtsanwalt Raymond B. Fosdick (*1883-06-09 Buffalo, NY, USA; †1972-07-19 Newtown, Connecticut, USA) war 1936–48 Präsident der Rockefeller Foundation.

[165] Personalfaszikel „Kurt Gödel", Rockefeller Archiv Center, Rock. Found. Rec. Grp 1.1. 200/142/1764, PEC Box 1 lb; hier zitiert nach Feichtinger J (2001), Wissenschaft zwischen den Kulturen: österreichische Hochschullehrer in der Emigration 1933-1945. Campus Verlag, Frankfurt-New York; p 219.

[166] Vgl. den Eintrag *Enemy alien* im Glossar.

Stellungskommission, diesmal der US-amerikanischen. An diese schrieb der Direktor des IAS, dass Gödel zwar psychische Probleme gehabt habe, aber unbestreitbar ein Genie sei. Nach dem Krieg, nämlich 1948, wurden die Gödels zu US-Bürgern.[167] Abgesehen von Badeaufenthalten und seinem Vortrag vor dem ICM 1950-08-30 verließ Kurt Gödel Princeton nur sehr selten, das letzte Mal wahrscheinlich 1951-12-26 für die Gibbs Lecture an der Brown University in Providence, Rhode Island, bei der er über die Konsequenzen seiner Unvollständigkeitssätze referierte.[168]

Gödels Freunde am IAS und internationale Kontakte. Gödel hatte noch in Wien Freundschaft mit Carnap, ›Hahn, Herbert Feigl,[169] Taussky (später ›Taussky-Todd) und v. Neumann geschlossen, der Nationalökonom Oskar Morgenstern blieb mit Gödels Familie auch nach der Übersiedlung in die USA eng verbunden. Gödel nahm großen Anteil an Morgensterns Familie, besonders an dessen Kindern Karl und Karin. Nach dem Krieg reiste Morgenstern viel, auch öfters nach Wien, er konnte dabei zwanglos wechselseitige Berichte übermitteln und damit die brieflichen Kontakte zwischen den Gödels in Wien und in Princeton ergänzen. In Begleitung ihres Sohnes Rudolf besuchte Marianne Gödel in den Jahren 1958, 1960, 1962 und 1964 vier Mal Kurt und Adele in Princeton. 1966 plante sie wieder einen Besuch zum Geburtstag ihres Sohnes, musste diesen jedoch wegen ihres schlechten Gesundheitszustands absagen. (Sie starb 1966-07.) Die Familienkontakte wurden auch durch Adele aufrecht erhalten, die erstmals nach dem Krieg 1947 für sieben Monate nach Wien kam, danach wieder 1953[170] sowie 1956-02.

Zur Legende geworden ist Gödels Freundschaft mit Einstein, der den Umgang mit Gödel als sein wichtigstes Privileg in Princeton bezeichnete. Nach seiner Übersiedlung an das IAS sah Gödel Einstein bis zu dessen Tod 1955 fast täglich. Als weiterer wichtiger Freund und

---

[167] Morgenstern, der zusammen mit Einstein als Zeuge und Bürge für Gödel bei dem Einbürgerungsverfahren fungierte, erzählte später, Gödel habe für das Hearing die US-Verfassung genau studiert und sei dabei zu dem Schluss gekommen, dass die US-Verfassung durchaus auch einen legalen Weg in die Diktatur erlaube. Beim Hearing habe Gödel versucht, diese seine Überzeugung vorzubringen, die weitere Diskussion des Arguments sei aber vom Leiter der Vernehmung, dem Richter Dr Phillip Forman (der bereits 1940 Einstein die US-Staatsbürgerschaft zuerkannt hatte), mit "Never Mind, never mind" abgebogen worden. Ein logisch unabweisbares Argument. Die Anekdote findet sich im biografischen Vorwort von Solomon Feferman zu Gödels gesammelten Werken (s.u.), in "Morgenstern's Memories" und in einem Interview von DePauli-Schimanovich mit Dorothy Morgenstern (s. [54], p 135); siehe auch (,,Gödel's Loophole" in https://en.wikipedia.org/, Zutritt 2023-02-21).

[168] *Some basic theorems on the foundations of mathematics and their philosophical implications.* Abgedruckt mit leicht verkürztem Titel in Gödels Collected Works, Bd III, Oxford University Press, pp. 304 – 323 (1995).

[169] Herbert Feigl (*1902-12-14 Reichenberg, Cz; †1988-06-01 Minneapolis, Minnesota, USA) war Schüler und Assistent von Moritz Schlick. Dem Rat Schlicks folgend, ging Feigl 1930 mit einem Rockefeller Stipendium an die Harvard University, von dort wechselte er an die University of Iowa, wo er 1933 Assistent, 1937 Associate Professor wurde. In dieser Position konnte er dem 1938 in die USA emigrierten Gustav ›Bergmann zu einer akademischen Anstellung in Iowa verhelfen. (Siehe den Eintrag ›Bergmann auf p 511.) 1940 besuchte er, wieder mit einem Rockefeller Stipendium, die Universitäten Harvard und Columbia. 1953–71 baute er das Minnesota Center for Philosophy of Science auf.

[170] Brief von 1953-03-25

Gesprächspartner in Princeton ist Hao Wang[171] hervorzuheben, der Gödel 1949 erstmals anschrieb und ab 1971 für etwa ein Jahr mit ihm in Princeton vor allem philosophische Implikationen von Gödels Ergebnissen zur mathematischen Logik diskutierte.[172] Hao Wang besuchte Gödel noch im Dezember 1977, kurz vor Gödels Tod. Zweifellos blieb Gödel bis kurz vor seinem Tod mit Logik und Philosophie seiner Zeit verbunden; dass die weitere Entwicklung der Mengenlehre seit Einsteins Tod an ihm vorbeigegangen wäre, kann wohl nicht behauptet werden.

Auf Einladung Gödels verbrachte Georg ˃ Kreisel 1955–57 und 1962/63 längere Zeit am IAS zu gegenseitigem Gedankenaustausch; er war auch sonst öfter auf Besuch bei den Gödels.

Adele Gödel war mit Alice („Lily") v. Kahler[173] befreundet, der zweiten Ehefrau des Prager Schriftstellers und Soziologen Erich v. Kahler.[174] Zu den Freunden und regelmäßigen Besuchern des Ehepaars Gödel gehörte auch der Dichter Hermann Broch, der nach seiner Emigration in die USA 1942–48 bei Alice und Erich Kahler wohnte.[175] Weniger bekannt ist die Verbindung der Gödels zu Richard Hülsenbeck (*1892-04-23 Frankenau, D; †1974-04-20 Muralto, CH), einem führenden Mitglied von DADA, sowohl Literat als auch Psychoanalytiker. Als Psychoanalytiker führte er unter dem Namen Charles R. Hulbeck in seinem Exil in New York eine Praxis, die auch die Gödels konsultierten.[176]

Gödels schwache Gesundheit. Gödel war schon als Kind kränklich gewesen und hielt seit einer rheumatischen Fiebererkrankung mit sechs oder sieben Jahren zäh an der fixen Idee fest, er sei herzkrank oder zumindest einschlägig gefährdet. Tatsächlich litt er mehrfach an Krankheiten, die eigentlich eine chirurgische Behandlung erfordert hätten, die er aber strikt verweigerte. Scharf gewürzte Speisen, Kaffee und Tee mied er (oder glaubte, sie meiden zu müssen). In den 1940er Jahren litt er an Zwölffingerdarmgeschwüren, musste in ein Krankenhaus eingeliefert werden, erhielt Bluttransfusionen und wurde künstlich ernährt. Dazu kamen hypochondrische Anfälle und eine immer wieder in psychotischen Schüben auftretende depressive Störung und eine Paranoia-ähnliche Angst vor Vergiftungen, die ihn dazu bewog, während eines solchen Schubs nur von ihm selber oder seiner Frau zubereitete

---

[171] Chinesisch eigentlich 王浩 Wáng Hào (*1925-05-21 Jǐnán, Shāndōng; †1995-05-13 New York). Logiker und Philosoph, bekannt für viele Beiträge zur mathematischen Logik und Erfinder der „Wang-Parkettierungen", die zu den Turing-Maschinen äquivalente Modelle liefern.

[172] vgl Hao Wang, *Reflections on Kurt Gödel*. Bradford Books 1990; sowie *A Logical Journey: From Gödel to Philosophy (Representation and Mind)*. MIT Press, 1997.

[173] Alice Kahler, geb Pick (*1900; †1991), ∞ in 1. Ehe Paul Loewy, ist in die Wissenschaftsgeschichte durch einen blauen Sweater der US-Navy eingegangen, den sie Einstein, dem Vernehmen nach sehr zu dessen Freude, geschenkt hatte. Dieser kann zB auf einem Foto von Trude Fleischmann bewundert werden. (https://digipres.cjh.org/delivery/DeliveryManagerServlet?dps_pid=IE9397874, Zugriff 2023-03-02)

[174] Dr Erich Kahler, geb Kohn, (*1885-10-14 Prag; †1970-06-28 Princeton) ∞ 1911 (oder 1912) in 1. Ehe Josefine, geb Sóbotka (1889-07-02 Wien; †1959), o|o 1941. Erich und Josefine emigrierten aus Deutschland und landeten 1938 auf Veranlassung ihres Freundes Thomas Mann in Princeton. Bald darauf trennte sich jedoch das Ehepaar und Erich ∞ in 2. Ehe Alice Loewy.

[175] In den Jahren 1938–42 pendelte Broch häufig zwischen Princeton und New York; erst Mitte 1942 zog er endgültig nach Princeton um und blieb dort bis 1949.

[176] Interview von Lily Kahler mit Werner DePauli-Schimanowitsch, Ende der 1970er Jahre, [54], ausführlich auf p 138.

(und von dieser vorgekostete) Speisen zu sich zu nehmen. Als seine Frau im Juni 1977 wegen eines Schlaganfalls ein Spital aufsuchen musste, sich nicht ohne Rollstuhl fortbewegen und ihren Mann daher bis zum folgenden Dezember nicht selber versorgen konnte, wog er nach ihrer Rückkehr nur noch etwa 30 kg, wurde sofort in ein Spital eingeliefert, starb aber im folgenden Jänner an Unterernährung, Austrocknung und Erschöpfung. Die in Journalistenkreisen kursierende Behauptung, Gödel hätte schon seit den 30er Jahren laufend nur von Adele zubereitete/vorgekostete Speisen zu sich genommen, entspricht nicht den Fakten. Immerhin konnte Adele 1947-05 für sieben Monate nach Europa reisen, ohne damit das Leben ihres Mannes zu gefährden. Man wird annehmen können, dass Kurt Gödel gerade während Adeles Hospitalisierung 1977/78 einen psychotischen Schub erlitt und sich nicht selber helfen konnte.

Gödel in der Wissenschaft. Bevor wir kurz auf Gödels wissenschaftliche Leistungen eingehen, erscheint es uns wichtig, einige Missverständnisse aufzuklären:

(1) Gödel war *nicht* Anhänger der Schlickschen Erkenntnistheorie[177] oder einer Philosophie im Umkreis des Wiener Kreises sondern Platonist in dem Sinne, „dass die menschliche Erkenntnis Objektivität besitzt" (Hao Wang, [39] p241ff), insbesondere die Sätze der Mathematik unabhängig von den Mathematikern existieren.[178] Gödel war *nicht* Mitglied des Wiener Kreises, sondern nur eine Zeit lang (bis etwa 1928) regelmäßiger Besucher von dessen Sitzungen. Gödel stimmte weder den Auffassungen Schlicks noch denen von Carnap zu, war aber mit beiden befreundet.

(2) Gödel und Wittgenstein hatten so gut wie keine näheren Beziehungen zueinander. Wittgenstein sah in Gödels Ergebnissen lediglich „logische Kunststücke"; Gödel seinerseits leugnete in Gesprächen mit Hao Wang und anderen jeglichen Einfluss Wittgensteins auf sein eigenes wissenschaftliches Vorgehen. Mit größter Wahrscheinlichkeit haben einander Gödel und Wittgenstein nie getroffen.[179]

(3) Gödel hat mit seinen Sätzen keineswegs das Hilbertsche Programm „zerstört", sondern diesem vielmehr einen neuen Weg gewiesen, auf dem weitere bedeutende Logiker wie Cohen, ᐳKreisel, Hao Wang und Gentzen weitergehen konnten und der zur modernen Beweistheorie, Rekursionstheorie, dem nicht auf der Mengenlehre basierenden λ-Kalkül und Anderem geführt hat. Der Gödelsche Vollständigkeitssatz zeigt vielmehr, dass der

---

[177] Er schätzte aber jedenfalls Schlick als Persönlichkeit und war von dessen Ermordung sehr betroffen; dieses Ereignis dürfte zu seiner damaligen Nervenkrise wesentlich beigetragen haben.

[178] Das steht in einem gewissen Widerspruch zur allgemeinen Praxis, die Leistungen der Mathematiker nicht nur im Finden von Sätzen und Beweisen zu sehen, sondern auch im Finden einer geeigneten Symbolik und handlicher mathematischer Begriffe, darüber hinaus in der Entwicklung allgemeiner neuer Forschungsziele und Problemstellungen. V.d. Waerden hält Mathematik für eine Tätigkeit, nicht für die Betrachtung ideell vorhandenen Lehrgebäudes: „Ich bin halt doch kein Platoniker. Für mich ist Mathematik keine Betrachtung von Seiendem, sondern Konstruieren im Geiste." (Brief an Hellmuth Kneser, datiert Zürich 1966-07-10. Hier zitiert nach Norbert Schappacher, [284] p 1.) Es scheint, dass Gödel nur den Begriff „Plato" aus dem Alltagsgebrauch verwendet, ohne sich mit Platons Philosophie ernsthaft beschäftigt zu haben.

[179] Wittgenstein hat auch nie eines der Treffen des Wiener Kreises besucht. Nach Aussage eines mit W.R. befreundeten Zeitzeugen war Waismann neben Schlick selbst das einzige Mitglied des Wiener Kreises mit dem Wittgenstein längere Diskussionen aushielt. Verbürgt sind Treffen von Wittgenstein mit Schlick und Waisman, während die Kontakte mit Carnap und Herbert Feigl bald abgebrochen wurden. Waismann hat sich allerdings später von Wittgenstein wieder entfernt.

informelle Begriff des Beweises in adäquater Form formalisiert werden kann und damit die Untersuchung von Beweisen innerhalb des Systems der Mathematik möglich ist.

(4) Die mathematische Logik Gödels wie auch der „Hilbertsche Formalismus" wurde vom NS-Regime nicht generell angegriffen, sondern nur von einer Minderheit von NS-Anhängern unter den Mathematikern, so zB von Max Steck. Auch in der *Deutschen Mathematik* erschienen durchaus positive Kommentare zu Gödels Ergebnissen.[180] Das Ehepaar Gödel ist nicht vom NS-Regime vertrieben worden und auch nicht „geflohen", sondern legal ausgereist. Gödels Mutter und Bruder blieben im NS-Regime unbehelligt zurück, desgleichen auch die Verwandten von Gödels Ehefrau.

Kurt Gödel begann seine eindrucksvolle Karriere in mathematischer Logik 1929 mit dem Beweis der Vollständigkeit der auf Frege und Peirce zurückgehenden Prädikatenlogik 1. Stufe.[181]

Gödels nächstes Resultat, der *Erste Gödelsche Unvollständigkeitssatz* von 1931, war eine veritable Sensation: Jedes logische System, das komplex genug ist, um die Arithmetik zu enthalten, lässt die Formulierung einer Aussage zu, die man *innerhalb des Systems mit den vorgegebenen Ableitungsregeln* weder beweisen noch widerlegen kann. Daraus folgt insbesondere der *Zweite Gödelsche Unvollständigkeitssatz*, dass die Widerspruchsfreiheit der Arithmetik nicht innerhalb der Arithmetik selbst bewiesen werden kann. Das wurde vielfach als Absage an Hilberts Hoffnung auf eine widerspruchsfreie rein formallogische axiomatische Grundlegung der Mathematik interpretiert, jedoch schließt der Unvollständigkeitssatz nicht „relative Entscheidbarkeit" aus, in dem Sinne, dass etwa gezeigt werden kann, dass *unter der Voraussetzung* der Konsistenz von ZFC die Richtigkeit einer Aussage entschieden werden kann. Gödels Unvollständigkeitssatz gilt für im Hilbertschen Sinn „finitäre" Axiomensysteme, aber nicht, wenn man zB transfinite Induktion zulässt.[182] Gerhart Gentzen bewies 1936 mit Hilfe einer transfiniten Induktion die Widerspruchsfreiheit der Arithmetik. (Math. Ann. **112** (1936), 493–565.)

Ein weiteres grundlegendes Ergebnis Gödels ist die Konsistenz der Axiome von Zermelo und Fraenkel (ZF) mit dem Auswahlaxiom und der Continuum-Hypothese (CH), 1938. Gödel bewies dieses Ergebnis, indem er innerhalb eines jeden ZF-Systems ein Modell der Mengenlehre, das „Gödelsche konstruktible Universum", konstruierte, in dem die Axiome ZFC+CH gelten. Die Unabhängigkeit der Kontinuumshypothese von den Axiomen der Mengenlehre nach Zermelo-Fraenkel bewies dagegen 25 Jahre später, 1963, Paul J. Cohen

---

[180] Vgl. zB Scholz, H (1943) *Was will die formalisierte Grundlagenforschung?* Deutsche Math. **7**, 206–248.

[181] Charles Sanders Peirce (*1839-09-10 Cambridge, MA; †1914-04-19 Milford, PA) und Gottlob Frege (*1848-11-08 Wismar; †1925-07-26 Bad Kleinen) entwickelten diese Theorie unabhängig voneinander. Hilbert führte die „Prädikatenlogik 1. Stufe" in seinen Vorlesungen der Jahre 1917–1918 ein; in den 1928 erschienen Grundzügen der theoretischen Logik (Hilbert D, Ackermann, W, Berlin, Springer Verlag) wird der Vollständigkeitsbeweis als Desideratum vorgestellt.

[182] In der gedruckten Version seines Unvollständigkeitssatzes schrieb Gödel: „Es sei ausdrücklich bemerkt, daß Satz XI (und die entsprechenden Resultate über M, A) in keinem Widerspruch zum Hilbertschen formalistischen Standpunkt stehen. Denn dieser setzt nur die Existenz eines mit finiten Mitteln geführten Widerspruchsfreiheitsbeweises voraus und es wäre denkbar, daß es finite Beweise gibt, die sich in P (bzw. M, A) nicht darstellen lassen." (Collected works. Volume I, p 194)

(*1934) mit Hilfe der „forcing"-Methode.[183] Gödel war von Cohens Ergebnis sehr angetan und bestätigte bereitwillig die Gültigkeit der Cohenschen Beweisführung. Cohen wandte sich darauf als nächstes der Riemannschen Hypothese zu, starb aber schon 1970 und die Hypothese blieb bis heute (2022) unbewiesen.

Zum Intuitionismus-Streit steuerte Gödel 1933 sein Ergebnis bei, dass die klassische Logik und die intuitionistische Logik einander (im Sinne der Existenz von passenden Untermodellen) enthalten und damit vom formalen Standpunkt äquivalent sind.

1949 veröffentlichte Gödel eine Lösung der Einstein-Gleichungen, das „Gödelsche rotierende Universum" (ein Raum-Zeit-Continuum, das zeitliche Periodizitäten aufweist), in dem es geschlossene Zeitlinien (zeitartige Geodäten) gibt, mit anderen Worten Zeitreisen in die Vergangenheit möglich sind. Gödel fasste dieses Ergebnis als einen Hinweis darauf auf, dass die Grundannahmen der Relativitätstheorie über die Zeit ergänzungsbedürftig sind.[184] Dass die Einsteinschen Feldgleichungen der Allgemeinen Relativitätstheorie exakte Lösungen besitzen, die zu einem rotierenden Universum gehören, war allerdings zum damaligen Zeitpunkt nicht völlig neu: Eine andere solche Lösung hatte bereits 1924 Cornelius Lanczos gefunden,[185] der später, nämlich im Jahre 1927, einige Monate lang Einsteins Assistent war.

Weniger bekannt ist Gödels Ausflug in die Modallogik, mit der er einen Gottesbeweis führte. Diese Arbeit wurde erst nach Gödels Tod veröffentlicht. Oskar Morgenstern erinnerte sich, Gödel habe ihm das Manuskript zur posthumen Veröffentlichung übergeben und dazugesagt, er möchte nicht, dass man ihn [zu Lebzeiten] für einen gläubigen Christen hält.[186] Vielleicht hielt er die Existenz Gottes in der gleichen Art für bewiesen, wie man in der Mathematik die Existenz der Lösung einer Differentialgleichung (auch ohne explizite Angabe einer Lösung) beweist. In vier aufeinanderfolgenden Briefen[187] an seine Mutter diskutierte Gödel 1961 seine Haltung in Glaubensfragen und in Bezug auf ein Leben nach dem Tod, ohne sich aber festzulegen. Kurz nach seinem Tod erzählte Adele Gödel der Ehefrau von Oskar Morgenstern, Gödel habe zwar nie eine Kirche besucht, aber jedes Wochenende in der Bibel gelesen.[188]

Der Gottesbeweis steht in engem Zusammenhang mit Gödels Interesse an der Philosophie, vor allem (in chronologischer Reihenfolge) mit seiner Beschäftigung mit Kant (schon seit seiner Mittelschulzeit), Leibniz (Gödel übernimmt in seinem Gottesbeweis Konzepte, die

---

[183] *The independence of the continuum hypothesis.* Proc. Nat. Acad. Sciences USA **50** (1963) 1143–1148, Part II **51** (1964) 105–110.

[184] Physiker haben schon lange gelernt, gelegentlich mathematische Lösungen kommentarlos als „unphysikalisch" zu eliminieren.

[185] Z. für Phys. **21** (1924), 73–110; ins Englische übersetzt und kommentiert von Andrzej Krasiński in Gen. Relativ. Gravitation **29** (1997), 359–399. Lanczos diskutiert „zeitlich periodische Welten" in Z. f. Physik **32** (1925), 56–80. Vgl. auch W. J. van Stockum, Proc. R. Soc. Edinb. **57** (1937), 135–. und J. P. Wright, J. Math. Phys. **6** (1965), 103-105. Weitere Angaben gibt in gedrängter Form T. Singh (Benares) im Referat Zbl 0873.53063. Zu Lanczos vgl. die biographischen Notizen im Eintrag über Walther ⊁ Mayer, p 584.

[186] Gödel ließ auch Dana Scott eine handschriftliche Kopie seines Gottesbeweises anfertigen.

[187] 1961-07-23, 1961-08-14, 1961-09-12, 1961-10-06

[188] All das lässt aber nicht wirklich den Schluss auf einen gläubigen Christen Kurt Gödel zu. Jedenfalls in den zu seinen Lebzeiten erschienen Publikationen finden sich keine Hinweise auf dezidierte Stellungnahmen Gödels zu religiösen Fragen.

auch Leibniz verwendete, zB das der „positiven Eigenschaft"), und Edmund Husserl.[189] Für nähere Auseinandersetzungen mit diesem Teil des Werks von Gödel verweisen wir auf die Ausführungen von Hao Wang [374], [375], Mark van Atten [10] und Dagfinn Føllesdal [91].

Gödel veröffentlichte nach 1950 nur wenig neue Ergebnisse, verfasste aber in seinen in Gabelsberger Kurzschrift geschriebenen Notizbüchern eine große Menge an philosophischen Reflexionen und wissenschaftlichen Untersuchungen. Die Arbeit daran ist bis heute im Gange.

Der gebürtige Brünner Kurt Gödel wurde in Österreich, ungeachtet seines Ruhms als mathematischer Logiker, lange Zeit nicht als Österreicher wahrgenommen, außerhalb naturwissenschaftlicher Kreise war er weitgehend unbekannt. Ernsthafte Versuche zu einer Vorstellung seines Werks in der Öffentlichkeit wurden erst Ende der 1980er Jahre unternommen. Der erste solche Versuch war 1986 der experimentelle Fernsehfilm *Kurt Gödel. Ein mathematischer Mythos*[190] von Peter Weibel und Werner dePauli-Schimanowich. 1987 wurde die Kurt Gödel Gesellschaft (KGS) in Wien gegründet. 70 Jahre nach Gödels Veröffentlichung von 1949 über geschlossene Zeitreisen eröffnete die Universität Wien eine Ausstellung und veranstaltete eine Konferenz über dieses „physikalische Ergebnis Kurt Gödels".[191] In Gödels Geburtsstadt Brünn folgte 2020-07-21 eine Kurt-Gödel Spurensuche *Walking in the footsteps of Kurt Gödel*, in Zusammenarbeit von KGS und Sternwarte-Planetarium Brünn.

Anlässlich seines 60. Geburtstags erhielt Kurt Gödel ehrenhalber erneut die Lehrbefugnis für Mathematik als Honorarprofessor an der Universität Wien, gleichzeitig mit Hans ⸲ Hornich.[192] Diese Verleihung war wohl als Vorbereitung einer möglichen Gastprofessur für Gödel gedacht; Gödel verließ aber seit seiner Etablierung am IAS sein Domizil außer für Spitalsaufenthalte und Erholungsurlaube nur für Vorträge oder Ehrungen an US-amerikanischen Universitäten. Europa hat er nach Kriegsende nie wiedergesehen.

Ehrungen: 1950 Eingeladener Vortrag ICM Cambridge, MA; 1951 (auf Vorschlag von Einstein) Einstein-Preis; 1951 Ehrendoktorat der Yale University; 1952 Ehrendoktorat der Harvard University; 1953 Wahl zum Mitglied der US Nat. Acad. of Sciences; 1957 Mitglied der National Academy of Arts and Sciences of the United States; 1961 Mitglied American Philosophical Society; 1966-03 Erneute Verleihung der Venia legendi an der Universität Wien, ehrenhalber, aber *in absentia*; 1966-04 Symposium an der Ohio State University anlässlich seines 60. Geburtstags, Gödel lehnt seine Teilnahme ab; 1966-08 Gödel lehnt die Ehrenmitgliedschaft der ÖAW ab,[193] 1967 Ehrenmitglied der London Math. Soc.; 1967 Ehrendoktorat Amherst College; 1968 Foreign Member of the Royal Soc., UK; 1968 Gödel lehnt mit ähnlichen Gründen

---

[189] Umgekehrt wusste Husserl von Gödels Unvollständigkeitssätzen, wie Randnotizen in einem in seinem Nachlass aufgefundenen Exemplar von Waismanns Einführung in das mathematische Denken belegen. (Siehe Hartimo, M (2017), Husserl and Gödel's incompleteness theorems. Rev. Symb. Log. **10**.4 (2017), 638–650.

[190] AUS, 1986; R: Peter Weibel/Werner Schimanovich; 80 min. deutsch.

[191] 2019-07-23–27, unter dem Titel *Kurt Gödel's Legacy: Does Future lie in the Past?*

[192] Archiv der Univ. Wien, UA, PA, fol. 63, PHIL Dekanat an Gödel, 4. 3. 1966; vgl. auch IMN **83**.2 (1966), 21.

[193] Gödel begründet seine Ablehnung damit, als US-amerikanischer Staatsbürger nicht Mitglied einer ausländischen Akademie sein zu „können und wollen". Vgl. Taschwer [353] p 333ff.

wie 1966-08 auch die Verleihung des Öst. Ehrenzeichens für Wissenschaft u Kunst ab;[194] 1971 Unter Hans Magnus Enzensbergers Gedichten 1955–1970 wird auch eine Hommage an Kurt Gödel veröffentlicht; 1972 Korresp. Mitglied Institut de France; 1972 Ehrendoktor Rockefeller University; 1975-09-18 National Medal of Science of the USA, entgegengenommen von Saunders Mac Lane [Beschluss bereits 1974]; 1978-09-20 posthume Verleihung des Ehrendoktorats der Universität Wien; 1978 Gedenkveranstaltung am IAS mit Reden von André Weil, Hao Wang, Simon Kochen und Hassler Whitney; 1985 Benennung des Asteroiden *3366 Gödel* nach Kurt Gödel; 2000 Gödels Bild erscheint zusammen mit den Bildern von Poincaré und Kolmogorov auf einer portugiesischen Briefmarke; 2006 Gödels Bild erscheint auf dem Entwurf zu einer (nie erschienen) Briefmarke der österreichischen Post; 2007–08 Gedenktafeln an allen seinerzeitigen Wohnadressen Gödels in Wien;[195] 2009-06-02 Gödelgasse in Wien, nach deren Auflassung 2016 wird die Benennung auf eine Seitengasse der Triesterstraße am Wienerberg übertragen, in der sich heute die 2020 eröffnete Mittelschule Gödelgasse befindet; [etwa gleichzeitig: „ulička Kurta Gödela" in Brünn]; 21.Jh. Ein Seminarraum der TU und ein Raum der Physikalischen Fakultät der Universität Wien (vorher Kleiner Hörsaal am Mathematischen Institut der Uni Wien, Vortragsraum Gödels als Wiener Privatdozent) werden nach Kurt Gödel benannt.

Ausgewählte Publikationen. *Diss.*: (1929) *Über die Vollständigkeit des Logikkalküls (Hans ˃ Hahn).*

1. Die Vollständigkeit der Axiome des logischen Funktionenkalküls. Monatsh. Math. Phys. 37, 349-360 (1930).
2. Über formal unentscheidbare Sätze der Principia Mathematica [von Russell und Whitehead] und verwandter Systeme. I. Monatsh. Math. Phys. 38, 173-198 (1931).
3. Zum Entscheidungsproblem des logischen Funktionenkalküls. Monatsh. Math. Phys. 40, 433-443 (1933).
4. Zur intuitionistischen Arithmetik und Zahlentheorie. Ergebnisse math. Kolloqu. Wien 4 (1933), 34-38.
5. The consistency of the axiom of choice and of the generalized continuumhypothesis. Proc. Natl. Acad. Sci. USA, 24 (1938), 556–557.
6. Consistency-proof for the generalized continuum-hypothesis. Proc. Natl. Acad. Sci. USA 25 (1939), 220-224.
7. The consistency of the continuum hypothesis. Annals of Mathematics Studies. 3 (1940). Princeton University Press, Princeton, NJ.
8. An example of a new type of cosmological solutions of Einstein's field equations of gravitation. Rev. Mod. Phys. 21, 447-450 (1949), doi:10.1103/RevModPhys.21.447.
9. Bemerkung über die Beziehungen zwischen der Relativitätstheorie und der idealistischen Philosophie. in: Albert Einstein als Philosoph und Naturforscher, hrsg. von Paul Arthur Schilpp, Stuttgart, Kohlhammer, 406-412
10. Collected works. Volume I: Publications 1929–1936; Volume II: Publications 1938-1974; Volume III: Unpublished essays and lectures; Volume IV: Correspondence A-G; Volume V: Correspondence H-Z. Ed. by Solomon Feferman et al. Oxford University Press (1986, 1990, 1995, 2003).

Quellen. UAW PH RA 10390, PH PA 1757; UAW Autographensammlung 151.122 (Habil), 151.123 (Personalbogen), 151.124, 151.125; Gödels Briefe an Marianne und Rudolf Gödel, wien bibliothek, (online https://www.digital.wienbibliothek.at/nav/classification/2559756, Zutritt 2023-02-21); Köhler et al. (2002) [170], Buldt [39], Dawson [50], Dawson et al. [317]; Tieszen R (2017), Husserl and Gödel. in: Centrone S (Hrsg) (2017), Essays on Husserl's Logic and Philosophy of Mathematics. Springer, Heidelberg, 431-460.

Lit.: Dora Müller (2007) J. Phys.: Conf. Ser. 82 012001; Gentzen G (1943) Beweisbarkeit und Unbeweisbarkeit von Anfangsfällen der transfiniten Induktion in der reinen Zahlentheorie. Math. Ann. 119, 140–161 (1943). https://doi.org/10.1007/BF01564760; Wang Hao, Kurt Gödel's Intellectual Development. The Math. Intelligencer 1 (1978)182–185; -ders. (1996), A logical journey: from Gödel to philosophy, MIT Press, Cambridge, Massachusetts; Kreisel [177]; Sigmund [316], [318]; Notices of the AMS 53.4 (2006); Tapp [349]; dePauli-Schimanovich W (2005) Kurt Gödel und die mathematische Logik, Wien; Kunen K (1980) Set Theory. An Introduction to Independence Proofs. North Holland, Amsterdam-New York etc.; Casti [44]; DePauli-Schimanovich W, Weibel P (1997) Kurt Gödel: ein mathematischer Mythos, Hölder-Pichler-Tempsky, Wien; Husserl E (1900, 1901) Logische Untersuchungen I, II.

---

[194] Der schon vom Bundespräsidenten akzeptierte Vorschlag des Unterrichtsministeriums wurde zurückgenommen, sehr zur Befriedigung des Kurienvorsitzenden und Vizepräsidenten der ÖAW Albin Lesky, ausdrücklich im Namen der beleidigten ÖAW. Vgl. Taschwer [353] p 334f.

[195] (s. Fußnote 146 auf Seite 552)

Eduard Helly

*1884-06-01 Wien;   †1943-11-28 Chicago, Illinois

Sohn von Sigmund Salomon Helly (Hescheles) (*1846-10-18 Lemberg; †1916-01-09 Wien), kaufmänn. Geschäftsführer, und dessen Frau Sarah Feige, geb Necker (Necheles, *1864-01-23 Lemberg; †1933-05-10 Wien);

Bruder von Dr Anna Helly (*1887-11-06 Wien, †1961), studierte Romanistin (prom. 1918-02-15 mit Diss. über Victor Hugo);

Zeichnung: W.R. nach Fotos in [67] und im Nachruf von Hochstadt (Math. Intell., s.u.)

Neffe mütterlicherseits von

(1) Dr Moritz (Moses) Necker (*1857-10-14 Galizien; †1915-02-16 Wien-Alsergrund), bedeut. Germanist und Literaturkritiker in Wien [Konv. 1893-02-08 zu ev. AB];

(2) Gisela Esther Gitel, geb Necheles (*1859-03-30 Lemberg; †1917-10-11 (Klinik Am Steinhof) Wien-Hietzing) ∞ [1877, Stadttempel Wien] Leopold Schmitz (*1844-11-16 Kopczan b. Holics, Cz; †1923-11-23 Wien), Kaufmann;

(3) Auguste Golda, geb Necker (*1867; †1899-06-10 Wien) ∞ Albert Bernhard Reinfeld (*1860-08-24 Szombathely, HU; †1934-12 (Sofienspital), Wien, Neubau), Kurzwarenhandel Reinfeld & Taub;

(4) Regine(a), geb. Necheles (*1872-12-26 Wien, †1942 KZ Treblinka, PL (Shoah)) ∞ [1895 Stadttempel Wien] Joachim Leiser Katz (*1865; †1925 Wien), 3 Kinder: (4a) Helene Rebeka (*1896-11-14 Przemyśl (PL); †1943-08-12 Theresienstadt (Pneumonie, Shoah)) [∞ 1924 (Wien-Alsergrund) Hans Haas (*1898-03-28 Olmütz; †1945-04 Auschwitz (Shoah)), Tochter Gertrud (*1927-09-15 Wien; †2011], (4b) Ignac Wilhelm Katz (*1898 Przemyśl; †?) [∞ 1924 (Stadttempel Wien) Alice E Grossmann (*1901-09-03 Wien; †1946 São Paulo, Bras.)] und (4c) Marsel (Marcel) Gustav Katz (*1899 Przemyśl; †Palästina?)

Eduard Helly ∞ 1921-07-02 Dr Elise (Lisl, Lisa), geb. ˃ Bloch (*1892-10-13 Wien; †1992-04-11), ebenfalls Mathematikerin, 2 Söhne: Eduard Helly jun. (*1926 Wien) und ˃ Walter Sigmund H. (*1930; †2020-06-06) [p 677 ff]; nach Hellys Tod: Witwe Elise Helly ∞ Berthold Maximilian Weiss.

NS-Zeit.   Helly emigrierte 1938 in die USA und entkam so der Shoah, er starb aber noch vor Kriegsende in Chicago. Seine Schwester Anna entkam ebenfalls der Shoah, verlor aber ihr Vermögen;[196] sie emigrierte 1938 in die USA, mit einem *affidavit* ihres dort lebenden (entfernten) Onkels Camillo Weiss. Tante Regine Katz sowie ihre Tochter Helene Haas und deren Ehemann Hans Haas kamen in der Shoah um.[197] Cousin Marsel

---

[196] Dieser Akt der Beraubung wird in [337] erwähnt. Annas Geburtsdatum haben wir oben nach der Liste in [337] angegeben, Butzer et al. [43] geben dagegen 1888 an.

[197] Yad Vashem ID 4922648. Regina Katz wurde von der Sammelwohnung Seegasse 9, Wien-Alsergrund, 1942-08-27 mit dem Transport 38, Zug Da 507 (Gefangenen-Nr 320), nach Theresienstadt und bald danach weiter nach Treblinka deportiert, dort ermordet. Helene starb in Theresienstadt noch vor ihrer Deportation an Lungenentzündung.

Gustav Katz konnte Haifa/Palästina 1939-06 an Bord des Dampfers SS Liesel als illegaler Immigrant erreichen.[198]

Helly maturierte 1902-06-10 am k.k. Maximiliangymnasium[199] und war dort Schulkollege des bekannten Physikers Philipp Frank. Anschließend studierte er an der Universität Wien Mathematik und Physik, bis 1905 parallel dazu an der TH Wien Mathematik, Mechanik und Darstellende Geometrie. 1907-03-15 promovierte er mit Auszeichnung bei ⟩ Wirtinger und Mertens über Fredholmsche Integralgleichungen. Beeindruckt von dieser Dissertation vermittelte Wirtinger Helly einen Stipendienaufenthalt 1907/1908 an der Universität Göttingen, wo er Vorlesungen bei Hilbert, Klein und Minkowski hörte. In den folgenden Jahren unterrichtete Helly im Mittelschulbereich und an Volksbildungseinrichtungen.

Im Ersten Weltkrieg wurde Helly durch einen Lungenschuss schwer verwundet und geriet 1915 in russische Kriegsgefangenschaft. Im Kriegsgefangenenlager bei Nikolsk-Ussurijsk (heute Ussurijsk), Sibirien, schrieb er fundamentale Beiträge zur Funktionalanalysis. Nach Kriegsende erreichte er erst 1920 auf dem japanischen Dampfer Nankei Maru Europa und traf 1920-11-06 um 10h vormittag in Wien Hütteldorf ein.[200]

1921 heiratete er die Mathematikerin Elise ⟩ Bloch[201] und habilitierte sich an der Universität Wien, erhielt aber dort nie eine Anstellung. Trotzdem hielt er gegen (geringes) Kollegiengeld Vorlesungen, die als besonders klar und gut vorbereitet galten; siehe [42]. Noch im Jahr 1938 trat er als erster Begutachter der Dissertationen von Julius Bürger (über Bairesche Räume, nicht bei MGP) und Erich ⟩ Huppert (über Anwendungen der Laplacetransformation) auf, als zweiter fungierte Karl ⟩ Mayrhofer.[202]

Helly war Funktionär des Volksheims Ottakring und hielt an dieser Volkshochschule 38 Vorträge.[203]

Seinen Lebensunterhalt bestritt er als Angestellter der Bodencreditanstalt, solange, bis diese nach einer Serie von Fehlspekulationen und unbesicherten Kreditvergaben im Jahre 1929, total verschuldet, spektakulär zusammenbrach und von Bundeskanzler Schober durch eine Zwangsfusion mit der (mehrheitlich im Besitz von Rothschild befindlichen) Creditanstalt saniert werden musste. Zwei Jahre später, 1931-05-08, meldete die Creditanstalt Insolvenz an. Helly ging daraufhin zur „Phönix" Versicherungsgesellschaft, damals die

---

[198] Holocaust Survivors and Victims Database, Document Nr D/1564/39/CHU. Der Dampfer Liesel (oder Liesl) (Yad Vashem Nr. ID19514) wurde von der britischen Marine vor der palästinensischen Küste aufgebracht, die etwa 900 Passagiere verhaftet und das Schiff versteigert.

[199] Dieses Gymnasium hieß bis 1895 offiziell k.k. Staatsgymnasium im IX. Bezirk, danach Maximiliangymnasium. In seinem Jahresbericht nannte es sich bis zum Schuljahr 1917/18 „K.K. Maximiliangymnasium". Heute führt es den schlichten Namen „G9". Das Gymnasium in der Wasagasse war besonders unter Juden bürgerlicher Herkunft sehr beliebt, es nahm aber auch Juden osteuropäischer, oft minderbemittelter Herkunft auf. Um das Jahr 1900 waren an dieser Schule rund 70 Prozent der Schüler jüdischer Herkunft.

[200] Neues Wr Tagbl. 1920-11-05 p5. Die Nankei Maru fuhr 1920-10-03 von Sabang (Indonesien) ab, die Heimreise dauerte insgesamt also etwa eineinhalb Monate.

[201] Dr phil 1915

[202] Bericht des Rektors im Studienjahr 1937/38.

[203] Ausstellung Volkshochschule [7]

zweitgrößte Versicherungsanstalt Europas. Der für Helly besonders relevante Sektor „Lebensversicherung" der „Phönix" brach 1936 zusammen; Ursache waren Fehlspekulationen in großem Umfang und Lockangebote mit nicht kostendeckenden Versicherungsverträgen, die nach dem Schneeballsystem Bedeckungslücken kaschieren sollten; auch Korruption bis in höchste Regierungskreise und Schmiergelder für alle Parteien waren im Spiel. In seinem Brotberuf gehörte Helly damit zu den Leidtragenden der beiden größten Finanzskandale der ersten Republik.

Nach der Annexion Österreichs durch Hitlerdeutschland verlor er als Jude automatisch seine Lehrbefugnis — aber keine Zeit — und emigrierte noch im selben Jahr mit Ehefrau und Sohn in die USA. Mit Unterstützung Einsteins erhielt er 1939 eine kleine Stelle am Paterson Junior College in New Jersey, 1942 am Monmouth Junior College im selben Bundesstaat. Zusammen mit seiner Frau Elise arbeitete er in den Kriegsjahren auch für die US-Fernmeldetruppe "US Army Signal Corps" in Chicago.

1943 wurde er auf eine volle Professur am Illinois Institute of Technology berufen, verstarb aber nur fünf Wochen später nach zwei kurz aufeinanderfolgenden Herzinfarkten.[204]

Helly hat nur wenige mathematische Arbeiten veröffentlicht, diese bilden aber sehr bedeutende Beiträge zur Funktionalanalysis. Harry Hochstadt (s.u.) bezeichnet ihn als "father of the Hahn-Banach Theorem." Nach den von Hochstadt vorgelegten Fakten wäre es wohl angebracht, Helly ganz allgemein "father of Functional Analysis" zu nennen. In einer Arbeit von 1912 gab er die Grundidee für einen Beweis der Hahnschen Version des Satzes von Hahn-Banach an, 15 Jahre vor Hahn. Auch die Idee des Banachraums hat er bereits vorweggenommen. Am bekanntesten sind wahrscheinlich der Hellysche Auswahlsatz, nach dem jede gleichmäßig beschränkte Folge von Verteilungsfunktionen eine vage konvergente Teilfolge besitzt, und der Satz über vage Konvergenz von Maßen und Verteilungsfunktionen.

Während seiner Wiener Zeit verkehrte er regelmäßig im Café Central in der Herrengasse und diskutierte dort unter anderen mit Hermann Broch, dem Physiker Philipp Frank[205] und mit „mathematischen Stammgästen des Central" wie Adalbert ⟩ Duschek, Hilda ⟩ Geiringer,

---

[204] Wahrscheinlich eine Spätfolge seiner Verletzung im Ersten Weltkrieg.

[205] Philipp G. Frank (*1884-03-20 Wien; †1966-07-21 Cambridge, MA) besuchte das k.k. Maximiliangymnasium in der Wasagasse in Wien-Alsergrund und maturierte dort im Schuljahr 1901/02; wie oben erwähnt ging er mit Eduard Helly in die gleiche Klasse; er studierte ebenfalls an der Universität Wien, aber Theoretische Physik. 1906 promovierte er bei Boltzmann mit einer Arbeit *Über die Kriterien für die Stabilität der Bewegung eines materiellen Punktes und ihren Zusammenhang mit dem Prinzip der kleinsten Wirkung*. 1910 folgte die Habilitation in Wien; er blieb bis 1912 in Wien und stand in dieser Zeit auch in Verbindung mit dem Wiener Kreis. Von 1908 an hielt er insgesamt 17 Vorträge in der Wiener Mathematischen Gesellschaft. Nach Einsteins Abschied von Prag erhielt Philipp Frank 1912 auf Empfehlung Einsteins dessen Lehrstuhl an der Deutschen Universität. Nach dem Münchner Abkommen 1938 verließ Frank Prag und emigrierte in die USA, wo er Lecturer an der Harvard University in Physik und Mathematik wurde. 1947 gründete er das *Institute for the Unity of Science* als Teil der *American Academy of Arts and Sciences*, dessen Aktivitäten von Willard Van Orman Quine als *Vienna Circe in Exile* bezeichnet wurden. Frank war mit Einstein, über den er eine wichtige Biographie [94] (deutsch mit Zusätzen: [95]) verfasste, sowie mit Richard von ⟩ Mises befreundet. Mit v. Mises schrieb er 1925 das Buch *Differentialgleichungen und Integralgleichungen der Mechanik und Physik*. MGP nennt zwei Dissertanten, Zbl/JFM (bereinigt) 73 Arbeiten, darunter 13 Bücher.

Kurt >Gödel, Hans >Hahn, Eugen >Lukacs, Walther >Mayer, Maximilian >Pinl, Elise >Stein, und Olga >Taussky-Todd.

Helly war begeisterter Schachspieler und mit dem tschechoslowakischen Schachgroßmeister Richard Réti[206] befreundet; 1914-02-24 gehörte Helly zu den Gründungsmitgliedern des Wiener akademischen Schachvereins.

Helly soll in seiner Wohnung öfter musikalische Konzerte veranstaltet haben.[207]

Nach [42] und [43] betreute Helly die Dissertationen von Elise Grünfeld [∞ >Stein (1927)], Martha Schramek [∞ Beer (1937)], Erich L. >Huppert (1938), nach dem Bericht des Rektors d. Univ. Wien die von Julius Bürger (1938). Im Archiv der Universität Wien und im MGP ist Schramek nicht in der Liste der Dissertationen aufgeführt.

Ausgewählte Publikationen. *Diss.*: (1907) *Beiträge zur Theorie der Fredholmschen Integralgleichung* (>*Wirtinger, Mertens*).

1. Über lineare Funktionaloperationen, Sitzungsber. AW Wien **121** (1912), 265–297 [Diese Arbeit enthält als erste den Begriff des Banachraumes, deutlich vor Banachs Dissertation von 1920, sowie den Satz über vage Konvergenz von Maßen und eine etwas engere Version des *Uniform Boundedness Principles*.]
2. Über Reihenentwicklungen nach Funktionen eines Orthogonalsystems, Sitzungsber. AW Wien **121** (1912), 1539–1549
3. Über Systeme linearer Gleichungen mit unendlich vielen Unbekannten. Monatsh. Math. Phys. **31** (1921), 60–91. [Habilitationsschrift]
4. Über Mengen konvexer Körper mit gemeinschaftlichen Punkten, Jahresb. DMV **32** (1923), 175–176. [russ. Uspehi Mat.Nauk **2** (1936), 80-81][208]
5. (mit Otto Toeplitz), Integralgleichungen und Gleichungen mit unendlich vielen Unbekannten. In: Encyklopädie der mathematischen Wissenschaften, Bd. II. 3.2 : Analysis. Leipzig 1923 – 1927, pp. 1335 - 1597.
6. Über Systeme von abgeschlossenen Mengen mit gemeinschaftlichen Punkten, Monatsh. Math. Phys. **37** (1930), 281–302
7. Die neue englische Sterblichkeitsmessung an Versicherten, Assekuranz-Jahrbuch **53** (1934), 115–122 [nicht in Zbl/JFM]

Zbl verzeichnet 9 Publikationen seit 1911, darunter drei Lösungshefte zu Mittelschulbüchern von >Suppantschitsch.

Quellen. JBer des k.k. Maximiliangymnasiums Wien 1902 p58; Grazer Tagblatt 1920-04-12 p2; Univie Archiv PH RA 2243; Hlawka, [143]; Butzer et al. [42], [43]; Josef >Lense [222] Band 8, p490; Wr Schachzeitung 1914-06-11p176f; Hochstadt, Math. Intell. **2** (1980), 123–125; Monna (Leserbrief), ebenda p 158;

Lit.: Butzer et al [42] und [43], Sigmund, [315]

---

[206] Richard Réti (*1889-05-28 Pezinok b. Pressburg (heute Slowakei); †1929-06-06 Prag), Sohn eines Arztes; erfand die Réti-Eröffnung (1. S f3) und andere Neuerungen der „hypermodernen" Schachtheorie (er erreichte 1920-12 die Elo-Zahl 2710). 1920 besiegte er Max Euwe, 1924 (in New York) J. R. Capablanca.

[207] Einhorn [67] p 226.

[208] Den hier vorgestellten Satz hatte Helly mündlich Johann >Radon mitgeteilt, konnte ihn aber vor dem Krieg nicht mehr veröffentlichen. Radon fand einen völlig anderen (deutlich kürzeren) Beweis, der in Math. Ann. **83** (1921) 113–115 (korrekt Helly zitierend) veröffentlicht wurde. Helly verwendete für seinen Beweis ein Ergebnis von Walther Mayer in Monatsh. Math. Phys. **36** (1929), 1–42, 219–258 (p40). Nach Einhorn [67], p 224ff.

Erich Ludwig Huppert

*1911-02-20 Wien; – ? (mos.)

Sohn von Rudolf Huppert, Schriftsteller und Redakteur, und Marie (*1882), geb Schablin
Neffe vät. von: (1) Emil Roger Huppert (*1907), Garagenbesitzer und Autohändler, ∞ Maria (Mizzi)
Leopoldine; (2) Friedrich (Fritz) Huppert (*1892-06-01; †1942-06-05 (Shoah) Transport 25 von Wien
nach Izbica, Krasnystaw, Lublin, PL), ∞ Berta Huppert, sowie von (3) Josefine ∞ Leo Schnarch, geb
Huppert.
von Mutters Seite: s. Tabelle.
Enkel von Max (†1919-09) Huppert, Inhaber einer Bureaumaschinenfirma, und dessen Frau Johanna, geb
?, sowie von Ludwig (*ca 1833; †1910-11-14 Wien) Schablin und dessen Frau Anna (*1850;1923-10
Prag), geb ?

NS-Zeit. Erich Huppert konnte sein Studium an der Universität Wien gerade noch
beenden und dann flüchten. Nach 1945 arbeitete er in einer Versicherungsgesellschaft
in England. Sein Onkel Emil konnte 1938 (?) in die USA entkommen und erwarb
dort die US-Staatsbürgerschaft; er betrieb nach 1945 in Wien wieder ein Autohandels-
geschäft, war Inhaber der *R.E. Huppert KG* und Generalvertreter von *Studebaker*.[209]
Mindestens fünf der sechs Geschwister seiner Mutter und einige ihrer Ehepartner, Kin-
der/Schwiegerkinder kamen in der Shoah um ihr Leben (Tabelle unten).[210] Eine Kusine,
Gertrude Ilse („Gerty") Schablin, starb 1945-11-02 im Exil in Shanghai (vgl. die Ausführungen zu Shanghai auf Seite 2 der Einführung).

Erich Huppert maturierte 1928 am k.k. Maximiliangymnasium in Wien und studierte
danach Mathematik; 1937-06-21 meldete er sich für das erste Rigorosum an, bestand es
1937-07-06 und reichte 1938-03-02 seine Dissertation in Mathematik ein.

---

[209] Emil H wurde 1950 Opfer eines Schwindels mit Importbewilligungen. (Neues Wr Tagbl. 1936-12-23
p35; Die Weltpresse 1950-06-30 p16, 1950-07-01 p18, 1950-07-03 p10; Wr. Zeitg 1950-10-03 p7.)

[210] Die in der Tabelle eingetragene Frieda Schablin, geb Löwit, war die Tochter des in der Zwischenkriegszeit
gut bekannten Schauspieler-Ehepaars (∞ 1898) Friederike, geb Raithel, Bühnenname Frieda Richard,
(*1873-11-01 Wien; †1946-09-12 Salzburg), und Josef Löwit (*1870-01-06 Chotěbo, CZ ; †1933-02-09
Berlin), Bühnenname Fritz Richard. (Friederike war keine Jüdin, Frieda daher in NS-Terminologie ein
„Mischling ersten Grades".) Die beiden wirkten beim „Jedermann" der Salzburger Festspiele von 1920 mit
(armer Nachbar und dünner Vetter, Jedermanns Mutter), Fritz Richard auch in späteren Aufführungen, das
letzte Mal 1932. Frieda spielte Chargenrollen in über 150 Filmen. Im Ständestaat wurde sie 1936-08-16
mit dem Ritterkreuz des Verdienstordens ausgezeichnet, 1944 stand sie auf Hitlers „Gottbegnadetenliste".
(Vgl. Kellenter T (2020), Die Gottbegnadeten: Hitlers Liste unersetzbarer Künstler. Arndt Verlag, Kiel;
p 401f.)

Name	Vorname	geb	†/ Letzt. Aufenth.
Schablin	Robert	1873 Prag	Treblinka
∞ mit	Annie, geb Duras	?	?
Schablin	Emil	1875 Prag	Theresienstadt/Auschwitz
∞ mit	Maria, geb Schnürdreher	1887 Prag	Auschwitz
Tochter	Gertrud („Gerty") Ilse	1910-03-03 Wien	1945-11-02 (Exil) Shanghai
Schablin	Max	1877 Prag	1944 Theresienstadt/Auschwitz
Schablin	Kamil	1879	? Theresienstadt/?
Schablin	Paul	1884 Prag	Auschwitz
∞ mit	Klara, geb Vogl (Vogel)	1884 Schlackenwerth	1942 Auschwitz
1. Sohn	Ernst Percy	1912	1980 UK
∞ mit	Frieda, geb Löwit	1900 Augsburg, D	1942 Drancy/Auschwitz
2. Sohn	Peter (Pierre) Hans	1913 Prag	1942 Drancy/Auschwitz
Schablin	Oswald (Osvald)	1881 Prag	1941-02-16 ?
∞ mit	Malvine, geb Bächer	1889 Prag	1959
Sohn	Vilem (Vilik)	1913 Prag	1944 Theresienstadt
Tochter	Eva ∞ Vilda Heller	1916 Prag	1943 Theresienstadt

Geschwister von Hupperts Mutter und deren engere Angehörige.

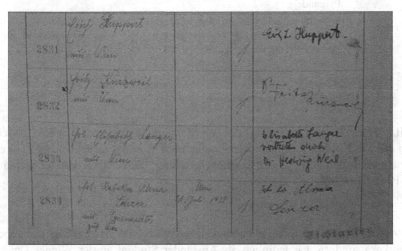

Eintrag 2831 Huppert im Rigorosenbuch der Universität Wien

Erster Gutachter der Dissertation war Eduard ⟩ Helly, der selber Jude war und genau wusste, dass die Zeit drängte, zweiter war ⟩ Mayrhofer, der, obwohl NS-Mitglied, in ⟩ Schmetterers Worten „nie jemand etwas getan hatte" und das Verfahren beschleunigt ablaufen ließ. Fünf Tage später war die Dissertation akzeptiert, also noch vor dem „Anschluss". Aufgrund der Übergangsbestimmungen konnte Huppert daher auch noch zum zweiten Rigorosum antreten, er bestand es 1938-07-04 und promovierte 1938-07-21 („Nichtarierpromotion" Nr 2831).[211]

Er hatte somit sein Studium abgeschlossen, konnte aber damit in NS-Deutschland nirgends etwas anfangen, und weitere Verfolgungsschritte waren abzusehen. Er entging der Shoah durch Emigration nach England, wo er nach 1945 bei einer Versicherung unterkam. Über seinen weiteren Lebensweg ist nichts bekannt.

Ausgewählte Publikationen. *Diss.*: (1938) *Die Anwendung der Laplace-Transformation auf die Differenzenrechnung (> Helly, > Mayrhofer).*

Quellen. Jüdische Matriken Wien und NÖ Nr 71921 Buch 1911 VIII Zl 416; Gedenkbuch der Uni Wien; Rigorosenakt Huppert, UAW Wien; Butzer [43] p 25; Einträge zu den Mitgliedern der Familie Schablin von Randy Schoenberg in geni.com; Yad Vashem ID 4921287 (ebenso: DÖW).

Witold Hurewicz

*1904-06-29 Łódź, Polen;   †1956-09-06 Uxmal, Mexiko (Sturz von einer Maya-Pyramide)

Sohn des jüdischen Industriellen Mieczysław Hurewicz (*1872-04 Wilno) und dessen Frau Katarzyna, geb. Finkelsztain geb (*1877-04-26 Biala Cerkiew, Russland); jüngerer Bruder von Dr Stefan Hurewicz (*1901-10-03)

Zeichnung: W.R. nach P.S. Halmos (McTutor)

NS-Zeit. Hurewicz war einer der jüdischen Mathematiker, die zur Zeit des „Anschlusses" im Ausland waren und dann nicht mehr nach Europa zurückkehrten. Hurewicz beteiligte sich in den USA an der Rüstungsforschung. Sein älterer Bruder Stefan emigrierte 1941-01 ebenfalls in die USA.

Hurewicz gehörte nicht im eigentlichen Sinn zu den in Österreich lehrenden oder geborenen Mathematikern sondern war lediglich als Ausländer Student an der Wiener Universität. Dennoch hatte er mit seinen Arbeiten bereits in jungen Jahren großen Einfluss, nicht zuletzt auf seine Lehrer > Hahn und > Menger.

Hurewicz verbrachte seine Kindheit in Łódź, seine Mittelschulzeit aber von 1914 bis 1919 in Moskau. Nach Absolvierung der Mittelschule studierte Hurewicz zunächst am mathematischen Institut der Universität Warschau. Diese war nach dem Abzug der zaristischen Besetzung 1915 als polnischsprachige Universität neu gegründet worden. Das dortige mathematische Institut blühte rasch zur „polnischen Schule der Mathematik" auf, insbesondere entwickelte es sich einem ersten Zentrum der Topologie.

---

[211] Bei später angenommenen Dissertationen war das nicht mehr möglich; weniger als die Hälfte der 1938 laufenden Promotionsverfahren wurden noch abgeschlossen.

Hurewicz verließ Warschau trotz diesen vielversprechenden Anfängen nach seinem ersten Studienjahr und reiste 1921-07-16 nach Wien zu Hans ⁻Hahn und Karl ⁻Menger, bei denen er 1926 promovierte. Die folgenden zwei Jahre verbrachte er mit einem Rockefeller Stipendium bei Luitzen Egbert Jan Brouwer in Amsterdam, nach diesem Studienaufenthalt verblieb er dort noch 1928–36 als *privaat docent*. Nach zehn Jahren Amsterdam war es Zeit für einen Ortswechsel: Von 1936–39 war er Gast am IAS in Princeton, 1939–45 Professor an der *University of North Carolina at Chapel Hill* und schließlich ab 1945 am Massachusetts Institute of Technology (MIT). Er starb während eines internationalen Symposiums über Algebraische Topologie in Uxmal, Mexiko, nach einem tödlichem Sturz von einer Maya-Stufenpyramide.

Hurewicz wurde 1937, und ein zweites Mal 1945, von der Peking-Universität zu Vorträgen eingeladen, für die in China besonderes Interesse bestand. Beide Einladungen scheiterten an Kriegsereignissen, die erste am Ausbruch des zweiten sino-japanischen Kriegs, die zweite an der durch die galoppierende Inflation in China vereitelten Finanzierung (und dem abzusehenden Bürgerkrieg).

Die frühen Arbeiten von Hurewicz betrafen mengentheoretische Topologie unter dem Einfluss von ⁻Hahn und ⁻Menger, insbesondere die Dimensionstheorie, die er auf allgemeinere Räume anwandte. Später kam dazu die intensive Auseinandersetzung mit algebraischer Topologie. Die wahrscheinlich bemerkenswertesten seiner Beiträge zur Mathematik betreffen Homotopie und Homologie. Dazu zählen (1) die Definition der höheren Homotopiegruppen 1934/35, die allerdings schon vorher von Eduard Čech auf dem ICM 1932 in Zürich vorgestellt worden waren; (2) die langen exakten Sequenzen für Homotopiegruppen von Faserungen und (3) der Satz von Hurewicz: Für die niedrigste nichtverschwindende Homotopiegruppe eines Raumes ist deren Quotient nach der Kommutatorgruppe die entsprechende Homologiegruppe (die n-ten Homotopiegruppen sind bekanntlich für $n > 1$ kommutativ). Während des Zweiten Weltkrieges wandte sich Hurewicz im Zuge der US-Rüstungsforschung der angewandten Mathematik zu. Seine mathematischen Untersuchungen zum Verhalten von Servomotoren blieben wegen ihres ihnen zugeschriebenen militärischen Werts geheim und unveröffentlicht.

MGP verzeichnet 8 von Hurewicz betreute Dissertationen, darunter 1 weibliche (Miriam Lipschütz-Yevick 1948).

Ehrungen: 1932 Eingeladener Vortrag ICM Zürich; 1949 Member of the American Academy of Arts and Sciences; 1950 Plenarvortrag über *Homology and Homotopy* auf dem ICM in Cambridge, Mass.

Ausgewählte Publikationen. *Diss.*: (1926) *Über eine Verallgemeinerung des Borelschen Theorems* (⁻*Hahn,* ⁻*Menger*).

1. (gem. mit H Wallman (*1915; †1992)): *Dimension Theory* (1941).
2. (posthum) Lectures on ordinary differential equations (1958). [nach einer Mitschrift von John P. Brown, 1943; abgedruckt mit Erlaubnis von Stefan Hurewicz, einem Vorwort von Norman Levinson und einem Nachruf von Solomon Lefschetz; Reprints 1964 und 1990.]
3. Collected Works of Witold Hurewicz (ed. Krystyna Kuperberg), AMS 1995.

Die obigen *Gesammelten Werke* zählen 65 math. Publikationen auf, Zbl nennt 37, JFM 39 Publikationen.

Quellen. Collected Works wie oben; Solomon Lefschetz, Bull. Amer. Math. Soc. **63** (1957): 77–82. doi:10.1090/s0002-9904-1957-10101-3 (abgedruckt auch in den oben genannten posthum gedruckten Lectures).

Lit.: [228] Eintrag Hurewicz.

Laura Klanfer

*1906-01-21 Wien; ?

Tochter von Schlomo und Cirel Klanfer, geb Horn, aus Galizien; Schwester von:
(1) Karl Klanfer (*1904-10-10 Wien; †1992-07-18 Marblehead, Mass,, USA), Biochemiker, ∞ Dr Agnes Helene, geb Thomson (*1909-03-05 Winnipeg, Greater Winnipeg, Manitoba, Canada; †1956-01-17 Toronto, Canada) [1 adopt. Sohn: John Klanfer]; und
(2) Julius (Jules) Klanfer (*1909-05-25 Wien; †1967-07-16 Avignon, F), sozialdem. Journalist und Sozialwissenschaftler, Verfasser philosophischer Schriften, von etwa 40 Gedichten und einem unveröff. Roman. Julius Klanfer war verheiratet.

NS-Zeit. Laura Klanfer emigrierte bereits 1934 nach England; sie arbeitete während des Kriegs für die britische Luftwaffe als Arithmetikerin in der Radartechnik. Ihr Bruder Julius kehrte 1966 aus der Emigration nach Wien zurück und übernahm auf Einladung von Bruno Kreisky die Direktion des Wiener Instituts für Entwicklungsfragen.

Laura Klanfers Eltern wanderten aus Galizien in Wien ein, Vater Schlomo arbeitete als Zeitungsverkäufer (Kolporteur). Lauras älterer Bruder Karl erwarb den Titel eines Ingenieurs in Chemie und arbeitete danach in der Lederindustrie;[212] sein Spezialfach war der chemische Nachweis von Gerbechemikalien in Leder. Daneben hielt er volksbildnerische Vorträge über Themen aus der Chemie.

Ihr jüngerer Bruder Julius[213] war Funktionär der SDAP.

Laura Klanfer studierte Mathematik und Physik an der Universität Wien und beteiligte sich dort am ˃ Menger-Kolloquium, wo sie im Studienjahr 1931/32 die Ergebnisse ihrer Dissertation über die metrische Charakterisierung der Kugel vortrug (Koll. Nr. 37 von 1931-12-02, publ. 1933 im 4. Heft der Ergebn.), sie promovierte 1932-12-22. Das Thema entstand

---

[212] ZB. Rannersdorf, Lab. d. Wiener Lederindustrie-A.-G.

[213] Julius Klanfer hatte sich schon als Mittelschüler der SDAP angeschlossen und war nach 1934 Mitglied der Revolutionären Sozialisten. Er promovierte 1934 zum Dr phil mit einer Dissertation zur Theorie der Heraldischen Zeichen, setzte mit dem Studium der Soziologie und Psychologie fort und trat 1935 als wiss. Mitarbeiter der dem Psychologie-Institut der Uni Wien angeschlossenen und seit 1934 von Maria Jahoda geleiteten *Wirtschaftspsychologischen Forschungsstelle* bei, seine dortige Adresse wurde (anstelle der von Jahoda) zur Deckadresse der Revolutionären Sozialisten benützt (vgl. Bacher J, Kannonier-Finster W, Ziegler M (2021), Akteneinsicht: Marie Jahoda in Haft. StudienVerlag Wien). Von 1936-07 bis 1937-09 lebte er in Frankreich, nach dem „Anschluss" flüchtete er dorthin zurück, unterstützt von Flüchtlingsorganisationen. Vom Kriegsausbruch 1939-09 bis zum Frühjahr 1940 war er von den französischen Behörden interniert. Der Name Julius Klanfer befand sich auch auf der Liste der „zurückzuholenden Psychologen" von 1946. (S. Benetka, Entnazifizierung ÖZG **9** (1988), 188–217, insbes. 215ff). Nach dem Krieg arbeitete er in Paris als Journalist und Korrespondent zunächst der Wochenschrift *Wiener Montag* (1945-11-12 bis 1946-02-25), ab 1948 der *Arbeiter-Zeitung*. 1956–66 war er Mitarbeiter des Presse- und Informationsdienstes der EWG, danach übersiedelte er wieder nach Wien und wurde Direktor des 1962 von Bruno Kreisky u.a. gegründeten „Wiener Instituts für Entwicklungsfragen" (VIDC, 1987 umorganisiert und umorientiert). Kurzbiographie auf der Webseite der Theodor Kramer Gesellschaft (https://theodorkramer.at/projekte/exenberger/mitglieder/julius-klanfer, letzter Aufruf 2022-02-10).

aus einer Frage, die sie in einer der Diskussionen im Menger-Kolloquium vorgebracht hatte, und zu der auch Kurt ⟩ Gödel einen wichtigen Beitrag leistete, indem er die metrische Einbettbarkeit eines Quadrupels von Punkten des $\mathbb{R}^3$ charakterisierte.[214]

Im Bürgerkriegsjahr (und Todesjahr von Hans Hahn) 1934 emigrierte Laura Klanfer nach England, wo sie von der Admiralität angestellt und in Oxford dem Team von Sir Richard Southwell für mit Tischrechnern durchzuführende Arbeiten zur numerischen Lösung von partiellen Differentialgleichungen in Zusammenhang mit Radartechnik zugeteilt wurde. Unmittelbarer wissenschaftlicher Vorarbeiter war der Wiener Emigrant Hans Motz,[215] der damals am Beginn seiner akademischen Karriere stand. Eine andere Bezugsperson war der Ingenieurwissenschaftler Alexander Thom[216]

Nach Kriegsende verblieb Laura Klanfer in England, erwarb in Oxford den Grad eines Bachelor of Sciences, und beteiligte sich an numerischen Berechnungen zur Ermittlung von Lösungen für Differentialgleichungen und Integro-Differentialgleichungen, speziell im Zusammenhang mit der Aerodynamik von Düsenflugzeugen.[217] 1967-06-18 bestätigte sie brieflich von Farnborough, Hants, England, aus, dass ihr in diesem Jahr verstorbener Bruder Julius in den Jahren 1933–38 in Wien als Privatlehrer tätig war.

Über Laura Klanfers weiteres Leben ist den Autoren nichts bekannt geworden.

Ausgewählte Publikationen. *Diss.*: (1932) *Metrische Charakterisierung der Kugel (Menger).* [Gedruckt zusammengefasst in 2.]

1. Über *d*-zyklische Quadrupel. Erg. Math. Kolloqu. **4** (1933), 10.
2. Metrische Charakterisierung der Kugel. Erg. Math. Kolloqu. **4** (1933), 43-45.
3. (mit Motz H), Complete Computation of Electron Optical Systems Proc. Phys. Soc. **58** (1946), 30–41,
4. (mit Thom A), Tunnel-wall effect on an aerofoil at subsonic speeds. 1951
5. Effect of Elastic Distortion on the Pressure Distribution Over a Delta Wing at Supersonic Speeds. Technical note. Royal Aircraft Establishment Verlag RAE, 1951
6. (mit Thom A), Designing a slot for a given wall velocity. (1952)
7. The Calculation of Pressure Distribution in Steady Supersonic Flow, with Arbitrary Downwash Distribution. Band 703 von Current papers, Aeronautical Research Council Verlag H.M. Stationery Office, 1965

Quellen. UAW PH RA 11355; Menger [210]; zu Karl Klanfer s. zB Kleine Volks-Zeitung 1932-04-13 p8; Das Kleine Blatt 1932-05-07 p11; Der Abend 1933-02-18 p 11; Arbeiter Ztg 1933-02-18 p 12; Illustrierte Kronen Zeitung 1933-10-25 p 10; Kleine Volks-Zeitung 1933-10-11 p 5; zu Julius Klanfer: Arbeiter Ztg 1967-07-19 p 4f; (https://theodorkramer.at/projekte/exenberger/mitglieder/julius-klanfer, Zugriff 2023-03-02).

---

[214] Vorgetragen im 42. Kolloquium, 1932-02-18.

[215] Hans Motz (*1909-10-01 Wien; †1987-08-06 Oxford, UK), Sohn des jüdischen Geschäftsmanns und Kunstmalers Karl Motz (*1870-05-20 Smichov Prag) und dessen Ehefrau Paula (*1879-04-11 Wien; †1960-10-26 England), geb. Mannheim; studierte an der TH Wien Angewandte Mathematik und Physik.

[216] Alexander Thom (*1894-03-26 Carradale Mains, Argyll, Schottland; †1985-11-07 Fort William, Schottland) war auch Amateurarchäologe und verfasste herzlich umstrittene Arbeiten zur Metrologie von Stonehenge u.a. prähistorischen Steinkreisen mit einem vermuteten astronomischen Bezug. Zu Thom vgl. Ruggles C (ed.), Records in Stone: Papers in Memory of Alexander Thom. Cambridge University Press, 13.02.2003, insbes. die Reminiszenzen von Hans Motz.

[217] Ihre Mitarbeit wird etwa erwähnt in Spence D A (1965) The Flow Past A Thin Wing with an Oscillating Jet Flap. Philos. Trans. R. Soc. Lond., Ser. A **257** (1965), 445–477.

Lit.: Schoenberg, I J (1935), Ann. Math. **36**, 724–732; Garibaldi J, Iosevich A, Senger, S. (2011), The Erdős Distance Problem. Student Mathematical Library, vol. 56. AMS, Providence R.I.; Liberti L, Lavor C (2018), Open research areas in distance geometry; Springer Optim. Appl. **141** (2018), 183-223; Klanfer, Jules (1969), Die soziale Ausschließung: Armut in reichen Ländern. Europa-Verlag, Wien.

Gustav Kürti

*1903-04-07 Wien;   †1978-07-11 Cleveland, Ohio

Sohn des Gewerbetreibenden Armin Kürti, geb. Kohn (*1865-10-17 Trnava Slowakei; †1916 Kaltenleutgeben, NÖ) und seiner Frau Rosa, geb Schindler (*1874-06-01 Mährisch Trübau, CZ; †1942-08-07 Ghetto Theresienstadt offiz. Todesursache Herzstillstand, chron. Darmentzündung)

[Über Kürtis 1. Ehe konnte vorerst nichts ermittelt werden.]

Kürti ⚭ 1933 in 2. Ehe Dr Rosa (*1905-07-08 Wien; †2004-07-27 Toronto, Kanada) [Tochter von Karl und Elisabeth Jahoda], Biologin und Schwester der bekannten Soziologin Marie Jahoda, des ebenso bekannten Dirigenten Fritz Jahoda (*1909-05-23 Wien; †2008-12-20 Concord, Mass. USA) und des Physikers/ Erfinders Eduard Jahoda (*1903-12-03 Wien 2; †1980-05-18 Manhasset, NY, USA).

Zeichnung: W.R. nach einem Fotofragment von 1921.

Sohn mit Rosa, geb. Jahoda: Anton (Emil) Kürti (*1938-07-21 Wien), Pianist, Komponist und Musikpädagoge mit starkem politischem Engagement für Frieden und Menschenrechte, insbes. gegen den Vietnamkrieg, was 1965 zur Übersiedlung nach Kanada führte.

NS-Zeit. Kürti emigrierte 1938 rechtzeitig nach Großbritannien, 1939 weiter in die USA, dort wurde er 1944 eingebürgert, Frau und Sohn folgten aus England nach. Seine Mutter blieb allerdings in Wien zurück und wurde mit dem Transport IV/5, Nr. 503 nach Theresienstadt verschleppt, wo sie 1942-08-07, nach dem Totenschein an Herzstillstand, verstarb.

Gustav Kürti[218] studierte von 1921 bis 1926 erst Philosophie, dann Mathematik und Physik an der Universität Wien; er promovierte 1926 in Mathematik. Von 1927 bis 1938 war er Gymnasiallehrer und gelegentlich Vortragender an Wiener Volkshochschulen, gleichzeitig aber von 1931–38 freier Mitarbeiter bei Karl Przibram[219] am Institut für Radiumforschung[220] in Wien. Seine Arbeit bei Przibram behandelte Verfärbungen und Luminiszenzerscheinungen bei Alkalihalogeniden unter dem Einfluss radioaktiver Strahlung. Nach

[218] Das Todesjahr Kürtis wird im mittlerweile vom Internet genommenen Gedenkbuch der ÖAW und in [329] p723 irrtümlich als 1969 angegeben. Das US Sterbeverzeichnis der Sozialversicherung und die Mathematical Association of America (MAA), der Kürti 7 Jahre lang angehörte, geben aber das oben angegebene Sterbedatum 1978-07-11 an. Im ÖAW-Gedenkbuch war auch das Geburtsdatum von Anton Kürti mit 1935 unrichtig angegeben.

[219] *1878-12-21 Wien; †1973-8-10 Wien; seit 1927 ao Prof für Physik der Universität Wien.

[220] Das Institut für Radiumforschung der kaiserlichen AW in Wien wurde 1908 mit einer Spende Karl Kupelwiesers von 500.000 Kronen gegründet und 1910 als erstes Akademie-Institut eröffnet. 1911 gelang hier dem Adjunkten der Prager DU Otto Hönigschmid (*1878-03-13 Horowitz, Böhmen;, †1945-10-14 München (Selbstmord)) die erste Verbesserung des Werts für das Atomgewicht von Radium seit

dem „Anschluss" floh er 1938-08 mit seiner Frau und seinem im Juli geborenen Sohn Anton nach England zu seiner Schwägerin Marie Jahoda, fand keine Anstellung und ging daher 1938-10 (ohne Sohn und Ehefrau) in die USA.

Kürtis Ehefrau Rosi ging vorläufig nicht mit in die USA sondern nahm ein Angebot der Universität Istanbul für eine einjährige Honorardozentur an.[221] Sie blieb bis 1939 mit ihrem Sohn Anton in Istanbul. Knapp vor Beginn des zweiten Weltkriegs übersiedelten Mutter und Sohn zu Vater Gustav Kürti in die USA.[222]

Gustav Kürti durchlief in den USA eine bemerkenswerte akademische Karriere, nicht vergleichbar mit allem, was ihm in Österreich erreichbar gewesen wäre:

• ab 1939 Research Fellow an der University of Rochester, ab 1941 am Massachusetts Institute of Technology (MIT);

• 1942 Assistent bei Richard v. > Mises an der Harvard University, 1946 Assistant Professor für Aerodynamik;

• 1951 stellvertretender Abteilungsleiter und Konsulent für angewandte Mathematik am US Naval Ordnance Laboratory (NOL, 18km nördlich von Washington D.C.; 1997 geschlossen);

• 1952 Associate, 1955 Full Professor für Aerodynamik am Case Institute of Technology in Cleveland, Ohio;[223]

1968 wurde er emeritiert.

In den Jahren 1965, 1968 und 1969 war Kürti Gastprofessor in Halle und Rostock, tatsächlich plante er, in die damalige DDR zu emigrieren. Diesen Plan gab er aber wegen seines schlechten Gesundheitszustands nach einem 1960 erlittenen Schlaganfall auf (Information von Sohn Anton).

In seiner wissenschaftlichen Arbeit begann er als Mathematiker mit Zahlentheorie, wandte sich dann der Experimentalphysik, und vor allem nach seiner Ankunft in den USA, der

---

den Messungen Madame Curies von 1902. Das Institut hatte einen für damalige Verhältnisse hohen Frauenanteil unter den wissenschaftlichen Mitarbeitern. Seit 1986 wird das Radiuminstitut von zwei Nachfolgeinstituten weitergeführt: das Stefan-Meyer-Institut für Subatomare Physik der ÖAW, am alten Standort Boltzmanngasse 3, und das Institut für Isotopenforschung und Kernphysik der Universität Wien.

[221] Die Universität Istanbul wurde 1933-05-30 von der Regierung Kemal Atatürks als streng laizistische und auf Modernisierung ausgerichtete Nachfolgerin der Vorgänger-Universität Dâr-ül Fünun gegründet. Letztere wurde formal erst einen Tag später geschlossen, nur etwa ein Drittel des Lehrkörpers wurde von der Neugründung übernommen. Die Universität Istanbul rekrutierte 30 vom NS-Regime verfolgte und arbeitslose Wissenschaftler, darunter v. > Mises, dessen spätere Ehefrau Hilda > Geiringer, und Hans Reichenbach (*1891-09-26 Hamburg; †1953-04-09 Los Angeles, Kalifornien). Die in die Türkei eingeladenen Wissenschaftler brachten ihre Familien, vielfach auch Assistenten und Mitarbeiter mit. Nach Atatürks Tod näherte sich die türkische Politik den Wünschen NS-Deutschlands an und fast alle Flüchtlinge aus Deutschland verließen ihr türkisches Exil. Nach 1945 fanden „zum Ausgleich" einige „NS-belastete" Wissenschaftler in der Türkei eine neue Wirkungsstätte, darunter > Horninger und > Koschmieder.

[222] Über Rosi Kürti vgl. Keintzel und Korotin [161] p. 416f. Rosi übersiedelte mit 96 Jahren zu ihrem Sohn nach Kanada.

[223] Gestiftet 1880 von Leonard Case als Case School of Applied Science, eine der ersten Technischen Hochschulen der USA. Sie wurde 1948 in Case Institute of Technology umbenannt, seit 1967 (nach der Fusion mit Western Reserve University) heißt sie Case Western Reserve University.

Angewandten Mathematik im Bereich der theoretischen Mechanik und der Fluid-Dynamik zu. Er besorgte die englische Ausgabe von Klaus Oswatitschs Buch (*Gas Dynamics*, 1956) und den zweiten Band (*Mechanics of Deformable Bodies*) von Arnold Sommerfelds Vorlesungen über Theoretische Physik. Wie William Prager arbeitete er auch an dem Buch *Theory of Flight* von Richard von ⁻Mises mit (1945).

Ehrungen: Gustav Kuerti Award für Studierende

Ausgewählte Publikationen. *Diss.*: (1936) *Über die Reduktion von ebenen Parallelgittern und die zugehörigen Dirichletschen Nachbarschaftsfiguren in der Maßbestimmung* $OP = (|x|^e + |y|^e)^{1/e}$ *(Furtwängler).* Zbl nennt 11 mathematische Publikationen seit 1951, davon 4 Bücher. Physikalische Publ. sind darin nicht enthalten. Kürtis Nachlass befindet sich an der Case Western Reserve University (Kuerti Collection).

Beispiele für Kürtis physikalische Publikationen:

1. Magnetorotation in verfärbtem Glas und Steinsalz, Anz. AW in Wien; Math.-Nat. Klasse (= Mitteilungen des Institutes für Radiumforschung 299a), Bd. **69** (1932), 273.
2. Zur Verfärbung von Biotit durch Alpha-Strahlen, Mitteilungen des Instituts für Radiumforschung 423, Wien 1938.
3. (Mitautor von v. Mises R), Theory of Flight, 1945, und Gas Dynamics, 1956.

Quellen. Archiv ÖAW, Bestand Institut für Radiumforschung; AUW PH RA 9064; Matriken der Israelitischen Kultusgemeinde Wien; Akademie der Wissenschaften in Wien, Almanach f. d. J. 1931–1939; Pinl [246] p195; [277] p 670f; Gedenkbuch, [232] Eintrag Kürti (Sterbedatum u.a. inkorrekt); Reiter W L (2004), in: Stadler [329] II, 722–723.

Lit.: Kuerti, A., (Hg.), Gustav Kuerti. April 7, 1903–July 11, 1978, Toronto 1979.

Karel Loewner

al. Karel Löwner, Karl Löwner, Charles Loewner
*1893-03-29 Lana (Lány), Böhmen;   †1968-01-08 Los Altos, California (mos.)

Sohn von Sigmund (Zygmund, Zigmud) Lówner (*1854; †1906-02-03 Lany, Einzelhandelskaufmann für Lebensmittel, und dessen Ehefrau J(oh)ana (*1864 Loděnice CZ; 1929-08 Prag) geb Kraus; Bruder von acht Geschwistern:
(1) Olga (*1886; †1887);
(2) Ing. Max (*1887-07-09 Nové Strašecí CZ; †1938 [⚭ 1938, Gisela Justina geb Schlenzig]), Architekt in Karlsbad;

Zeichnung: W.R.

(3) Elsa (*1888 Nové Strašecí; †1924-02-24 [⚭ 1912 Ing. Gustav Gráf (*1881-06-13 Königgrätz; †1944/45 KZ Sachsenhausen (Shoah); 1 Tochter Maria Veronika (*1914; †1971) ⚭ 1939 Otakar Kraus (*1909-12-10 Prag; †1980-07-28 London), Opernsänger und Gesangspädagoge, 1 Sohn]);
(4) Viktor Lánský geb Loewner (*1890-04-21 Lany; †1953 [⚭ 1921-07-30 Miroslava Drzková (*1895; †1983), Namensänderung 1946 auf Lánský; 1 Sohn Miloš (*1926; †2005)]);
(5) Kamila (*1891-10-04; †1944/45 KZ Ravensbrück, Brandenburg [⚭ Schwager Gustav, 3 Kinder: Jiří G (*1926; 1942 KZ), Pavel G (*1928), Jana (*1930) ⚭ Geoffrey Tanner (*1916)]),
(6) Terezie Freund geb Löwner (*1894-10-09; †1944 Ghetto Łódź [⚭ Leo F (*1881; †194? Łódź]),
(7) Milada (*1896 Ladny; †1942? KZ Minsk) und
(8) Otto (*1898 Lany; †1942? KZ Minsk).

Loewner ⚭ (Sophie) Elisabeth, geb. Alexander (*1898 Breslau; †1956 Stanford), Sängerin; 1 Tochter: Marianna (*1936-08-09)⚭ George Abner Tracy; 1 Neffe und späterer Adoptivsohn: Paul Gráf Loewner, Software-Mathematiker bei IBM, ⚭ Ruth (*1929) geb Zegla, keine Kinder

NS-Zeit. Loewner musste nach der Zerschlagung der Tschechoslowakei flüchten, er emigrierte 1939 in die USA. Drei seiner acht Geschwister starben schon vor der Zerschlagung der Tschechoslowakei, vier (samt Ehepartnern) danach in der Shoah. Nur sein Bruder Viktor überlebte als einziger von seinen Geschwistern das Ende des Zweiten Weltkriegs.

Loewner besuchte das k.k. Staatsgymnasium in Smichow[224] und das k.k. Staats-Realgymnasium in Prag Altstadt, wo er 1912 die Matura ablegte.[225] Ab 1912 studierte er Mathematik und Physik an der DU Prag[226] und promovierte dort 1917-07-02 bei Georg ⟩Pick; 1919-05 folgte die Lehramtsprüfung (Mathematik und Physik). Von 1917-10-01 bis 1922-04-01 war er als Nachfolger von Paul ⟩Funk, der zum Professor ernannt wurde, Assistent der mathematischen Lehrkanzeln an der DTH Prag, danach an der Universität Berlin,[227] wo er sich habilitierte. 1928 wurde er ao Professor in Köln, 1930 kehrte er als o Professor an der DU Prag nach Prag zurück. Im Zuge der Besetzung der Tschechoslowakei 1939 wurde er von den Deutschen verhaftet, konnte aber nach Entrichtung der „Reichsfluchtsteuer" mit Frau und Tochter in die USA emigrieren, wo die Familie ohne Geld aber wenigstens mit dem nötigsten Hausrat eintraf. Über Vermittlung von John v. Neumann erhielt er einen Lehrauftrag an der University of Louisville, Kentucky. 1944 ging er an die Brown University, Providence Rhode Island, Rhode Island, 1946 an die Syracuse University, New York, und 1951 als Professor an die Stanford University.

Loewner ist vor allem durch seine Beiträge zum Beweis der Bieberbach-Vermutung in der Funktionentheorie bekannt geworden: Die Koeffizienten a_n in der Potenzreihenentwicklung einer auf dem Einheitskreis schlichten Funktion $f(z) = \sum a_n z^n$ mit $f(0) = 0$ erfüllen die Ungleichungen $|a_n| \leq n$. Den Fall n=2 bewies noch ⟩Bieberbach selber; Loewner bewies 1923 den Fall $n = 3$, sein Beitrag ging aber noch weit über dieses Einzelergebnis hinaus: Von besonderer Bedeutung waren die von ihm entwickelten Methoden, insbesondere der von Loewner betrachteten zeitlichen Evolution einer (sich selbst nicht schneidender) Kurve $\gamma(t)$, die von einem Randpunkt eines einfach zusammenhängenden Gebiets D der komplexen Ebene startet und durch eine reelle stetige Funktion $\zeta(t)$, die „treibende Funktion", vorgegeben ist, für die Loewner die nach ihm benannte „Loewnersche Differentialgleichung" ableitete. Unter Benutzung dieser Differentialgleichung gelang schließlich 1984 Louis De Branges unter tatkräftiger Mithilfe russischer Mathematiker der Beweis des allgemeinen Falls. Die Methode wurde dann von Oded Schramm[228] auf die Randkurve eines Clusters

---

[224] Damals noch eine Vorstadt von Prag.

[225] Dort war Franz Kafka ab 1893 Schüler und maturierte 1901.

[226] Loewner war wegen eines Herzleidens vom Militärdienst befreit. Er hatte nur von 1915-06-21 bis 1915-10-15 Dienst im Zivil zu leisten.

[227] Laut eigenh. Lebenslauf.

[228] Oded Schramm (*1961-12-10 Jerusalem; †2008-09-01 Guye Peak, Washington) promovierte bei William Thurston in Princeton, war 1990–1992 an der University of California, San Diego, 1992–99 am Weizmann Institut in Israel, und dann als Senior Researcher bei Microsoft Research in Redmond. Er starb bei einem Bergunfall.

in der Perkolationstheorie übertragen und zur *Schramm-Loewner-Evolutions*-Methode der stochastischen Geometrie weiterentwickelt.

Ein ebenfalls heute hochaktueller Beitrag Loewners zur Geometrie ist der Begriff der *Systole*: Die kleinste Länge einer nicht kontrahierbaren Schleife in einem metrischen Raum. Loewner gibt für die Systole eines auf einem (2-dimensionalen) Torus definierten metrischen Raums eine bemerkenswerte Abschätzung.[229]

Loewner war kein Freund von raschem Publizieren (oder vom Publizieren überhaupt), viele Ergebnisse teilte er seinen Schülern mündlich mit, publizierte sie aber nirgends sonst; Ivan Netukas Erinnerungen an seine Beschäftigung mit dem Loewnerschen Ellipsoid (s. unten) können dafür als Beispiel dienen. In den ersten 25 Jahren seiner Karriere als mathematischer Forscher erschienen nur sechs seiner Arbeiten, zwischen 1940 und 1947 keine einzige.

Unter Studierenden war Loewner für seine Hifsbereitschaft bekannt und beliebt; seine Vorlesungen galten als klar und elegant.

MGP nennt 26 PhD-Studenten, darunter Lipman Bers (Karls-Univ Prag 1938), Adriano Garsia (Stanford 1957) und Enst Lammel (Karls-Univ Prag 1932)

Ausgewählte Publikationen. *Diss.*: (1917) *Untersuchungen über die Verzerrung bei konformen Abbildungen des Einheitskreises* $|z| < 1$, *die durch Funktionen mit nicht verschwindender Ableitung geliefert werden* (> *Pick, Kowalewski DTH Prag*).   Gedruckt als Sitzungsber 1917-02-26 der Wiener AW.

1. Untersuchungen über die Verzerrung bei konformen Abbildungen des Einheitskreises $|z| < 1$, die durch Funktionen mit nicht verschwindender Ableitung geliefert werden. Leipz. Ber. **69** (1917), 89-106.
2. Untersuchungen über schlichte konforme Abbildungen des Einheitskreises. I. Math. Ann. **89** (1923), 103-121.
3. Über monotone Matrixfunktionen , Math. Zeitschrift **38** (1934), 177–216.
4. On totally positive matrices. Math. Z. **63** (1955), 338-340.
5. Semigroups of conformal mappings. Sem. analytic functions **1** (1958), 278-288.
6. On generation of monotonic transformations of higher order by infinitesimal transformations. J. Anal. Math. **11** (1963), 189-206.
7. Theory of continuous groups. Notes by Harley Flanders and Murray H. Protter. Mathematicians of Our Time. 1. Cambridge, Mass.-London: The M.I.T. Press. IX 1971.
8. Charles Loewner: Collected Papers. Ed. by Lipman Bers. Contemporary Mathematicians. Boston, MA etc.: Birkhäuser Verlag 1988

Zbl/JFM nennen bereinigt 35 Arbeiten, darunter 2 Bücher.

Quellen. Bečvářová M; Netuka I (2015) Karl Löwner and his student Lipman Bers. Pre-war Prague mathematicians. European Mathematical Society (EMS), Zürich; Lebenslauf, Universität Berlin;

Lit.: Netuka I, Karel Löwner and the Löwnerian ellipsoid. Pokroky Mat. Fyz. Astron. **38** (1993), 212-218 (https://dml.cz/bitstream/handle/10338.dmlcz/138770/PokrokyMFA_38-1993-4_5.pdf, Zugriff 2023-02-21)

---

[229] Eine gute Übersicht zu diesem Thema gibt Katz MG (2007), *Systolic Geometry and Topology.* AMS Mathematical Surveys and Monographs Vol. 137

Eugen Lukacs

(ung. Lukács Jenő; auch Yani L.)
*1906-08-14 Steinamanger (Szombathely);   †1987-12-21 Washington, D.C.

Sohn von Emil Lukács (Lővy, Lőwy) (*1877-11-30 Pápa, Ungarn; †? nach 1935),
Bankbeamter in Wien, und dessen Ehefrau Margit Lukács
L∞ 1935 Elizabeth (Lisl) Charlotte, (ung. Erzsébet Sarolta) geb. Weisz (1909-12-16
Wien; † Washington D.C.)

Foto: Bowling Green State University department history collection. (Public domain)

NS-Zeit. Das Ehepaar Lukacs emigrierte getrennt in die USA, Elizabeth bereits im
Jahr des „Anschlusses" 1938, Eugen 1939.

Lukacs wurde im Hause seiner Großeltern in Steinamanger geboren, zog aber mit seinen
Eltern bald darauf nach Wien. Hier durchlief er Volks- und Mittelschule und begann das
Studium der Mathematik. 1930-07-04 promovierte er bei Walther ⟩ Mayer und heiratete
Elisabeth „Lisl" C. Weisz, die er schon 1927 kennengelernt hatte. 1931 erwarb er die Authentifizierung als Versicherungstechniker und nützte diese für den Eintritt in die Phoenix
Versicherungsgesellschaft, wo er von seinem älteren Kollegen Eduard ⟩ Helly eingewiesen
wurde. Nach dem „Anschluss" entschloss er sich zur Emigration in die USA, wo er 1939-02
einlangte. In den USA traf er Abraham ⟩ Wald wieder, den er noch aus seiner Studienzeit
kannte. Unter ⟩ Walds Einfluss wandte er sich der Wahrscheinlichkeitstheorie und der Statistik zu. 1945 ging er an die Notre Dame Fakultät des Cincinnati College; 1950 wurde er für
drei Jahre Mitglied des National Bureau of Standards in Washington, D.C., anschließend
wirkte er bis 1955 als Leiter des Statistics Branch of the Office of Naval Research. 1955
wechselte er an die Catholic University of America in Washington, D.C., wo er ab 1959
das Statistischen Laboratoriums organisierte und leitete. Nach seiner Emeritierung 1972
übersiedelte er an die Bowling Green Universität, wo er bis 1976 blieb. Danach nahm er
verschieden Gastprofessuren wahr, darunter eine an der TH Wien. 1978 kehrte er nach
Washington zurück.

Die wichtigsten Arbeitsgebiete von Eugen Lukacs betrafen Versicherungsmathematik und
Stochastik, insbesondere Stochastische Prozesse sowie die Theorie der charakteristischen
Funktionen (in seiner Frühzeit schrieb Lukacs auch einige Arbeiten über Nomographie und
etwa 20 über Versicherungswesen; seine Dissertation behandelt Riemannsche Räume).

MGP nennt Roman Mureika als einzigen Dissertanten.

Ehrungen: 1957 Mitglied des „Institute of Mathematical Statistics", 1958 der American Association for
the Advancement of Science, 1969 der American Statistical Association und 1973 der Österreichischen
Akademie der Wissenschaften. 1991 wurde Lukacs zu Ehren an der Bowling Green State University eine

"Eugene Lukacs Distinguished visiting" Professur eingerichtet (bisher Ausgezeichnete u.a. Gabor Szekely 1991, Anatoly Skorokhod 1994, C.R. Rao 1998, Hung T. Nguyen 2002), sowie durch mehrere Jahre ein Eugene-Lukacs-Symposium veranstaltet;

Ausgewählte Publikationen. 1930 Über Ebenen in Riemannschen Räumen (Walther ˃ Mayer).

1. (mit Bergmann, G.), Ebenen und Bewegungsgruppen in Riemannschen Räumen. Monatsh. f. Math. **37** (1930), 303-324.
2. Characteristic functions. London 1960. 2. Aufl. 1970
3. (mit Radha G. Laha) Applications of characteristic functions. London 1964.
4. Probability and mathematical statistics. An introduction. New York 1972.
5. Stochastic convergence. 2. Aufl. New York 1975
6. Developments in characteristic function theory. New York 1983, London 1983

Zbl/JFM nennen bereinigt 115 mathematische Publikationen.

Quellen. UAW PH RA 10525; V.K. Rohatgi and G.J. Szekely, aequationes mathematicae **38** (1989), 1–8. L. Schmetterer, Alm. OEAW **138** (1987), 368–376.

Henry Berthold Mann

(Heinrich, Heinz)

*1905-10-27 Wien;   †2000-02-01 Tucson, Arizona (röm. kath.)

Sohn des Ministerialrats Dr iur Oskar (Oscar, *1868-03-15 Nachod, Königgrätz (Hradec Králové, CZ); †1932-09-18 (-20?) Wien, 1892 aus IKG ausgetreten, r.k.) Mann und dessen Frau Friederike, geb Schön(n)hof (*1876-02-16 Melk, NÖ ; †1944-01-31 Theresienstadt, [nicht in Yad Vashem]).

Zeichnung: W.R., nach Fotos im Archiv der Ohio State University, Department of Math.

Jüngerer Bruder von Dr iur Friederike (*1901-05-11 Wien; †2001-06-22), Hof- und Gerichtsadvokat ⚭ 1927-07-22 Dr Georg Fleischer(*1904-01-11 Wien; †1953-07-10 Washington D.C., USA), Verfassungsjurist [1 Tochter: Lieselotte (*1938-08-20)], und von Oskar Mann jun. (*1903-12-31 Wien). Ing u Dr der Bodenkultur, Agrarchemiker.

Neffe vät. von Richard Mann (*1875-01-12 Náchod, CZ; †1898-02-23 (23j) Wien),

Ida, geb Mann, (*1861-07-07 Náchod, CZ; †ca 1941) ⚭ [1884 Stadttempel Wien] Josef Schulhof [6 Söhne],

Rudolf Mann (*1862-10-11 Nachod; †1935-09-22 Wien) ⚭ Charlotte, geb Benedict [4 Söhne],

Hugo Mann (*1864-06-04 Nachod, CZ; †1942-03-11 Theresienstadt (in Prag begraben) ⚭ Malvine, geb Winternitz [2 Töchter],

Olga (*1872-08-02 Nachod, CZ; ?), geb Mann ⚭ [1895-05-12 Tempelgasse Wien 2, o|o 1912-03-22] Julius Grünspan(*1862-05-19 Wien; †1940-08-16 Wien) [2 Söhne]

Enkel vät. von Josef Mann (*1827-09-23 Neusattl (Nové Sedlo, CZ); †1896-05-07 Nachod), Leinenwarenfabrikant, und seiner Frau Emilie (*1837r Panenský Týnec, CZ; †1913-02-03 Wien), geb Schermer,

Neffe mütt. von Paul Schönhof (*1877r; †1897-05-16 (20j.) Wien) und Dr Egon Schönhof (*1880-04-09 Wien; †1942-11-05 (Shoah) Auschwitz), Rechtsanwalt im Dienste und Mtgl der KPÖ

Enkel mütt. von Dr Friedrich Schönhof (*1844r; 1922-12-27 Wien), Rechtsanwalt in Wien, und Pauline (*1847; †1921-04-01 Wien), geb Deutsch

Mann ⚭ 1935-07-19 Dr.med. Anna (*1905 Wien, Lutheran), geb Löffler, Augenärztin; 1 Sohn: Michael (*1940), Sekretär.

NS-Zeit. Heinrich und Anna Mann emigrierten 1938-06 in die USA um Verfolgungen als Juden zu entgehen, und erwarben 1945 die US-amerikanische Staatsbürgerschaft. Mutter Friederike und Onkel Hugo Mann starben im Ghetto-KZ Theresienstadt, Onkel Friedrich Schönhof wurde in Auschwitz ermordet.

Heinrich Mann wurde als jüngstes von drei Kindern in eine angesehene Beamtenfamilie hineingeboren. Sein Vater Oskar Mann sen hatte vor dem 1. Weltkrieg Jus studiert und war Oberfinanzrat in der Finanzlandesdirektion Wien geworden. 1914 meldete er sich freiwillig zum Kriegsdienst und wurde dem Militär-General-Gouvernment Lublin als Chef der Finanzverwaltung zugeteilt. Nach Kriegsende wurde er in die Kreditsektion des Finanzministeriums einberufen und übernahm 1919 die Leitung des Departementes 148 „Staatsschuld", ab 1919-08-27 ausgestattet mit „Titel und Charakter eines Ministerialrats".[230] In dieser Funktion nahm er an den Verhandlungen mit den Nachfolgestaaten (Schuldenregelung, Liquidierung der Postsparkasse u.ä.) und am Abschluss der Völkerbundanleihe teil. Anlässlich seiner Pensionierung 1924-01-01 wurde ihm der Titel „Sektionschef" verliehen. Im Ruhestand gehörte er der Kleinrentnerkommission an und war 1923–27 Direktionsmitglied und Präsident der Österreichischen Hypothekenbank.[231]

Heinrich Manns ältere Schwester Friederike studierte als eine der ersten Frauen in Österreich Jus und wurde Rechtsanwältin; sie heiratete den Verfassungjuristen Dr Georg Fleischer, Mitglied des Kelsen-Kreises und Gründer des Fleischer-Kreises.[232]

Die beiden Söhne Oskar Mann jun und Heinz Mann gingen andere Wege: in die Landwirtschaft. Der ältere Sohn Oskar studierte 1922–26 an der Wiener Hochschule für Bodenkultur Landwirtschaft, legte dort 1926-07-13 die Staatsprüfung zum Ingenieur ab, reichte kurz darauf eine Dissertation[233] ein und promovierte 1926-07-15 zum Dr der Bodenkultur; danach emigrierte er nach Uruguay.[234]

Der junge Heinrich besuchte 1920–24 die Ackerbauschule Francisco-Josephinum in Mödling,[235] und arbeitete nach Abschluss dieser Schule 1924–31 als Molkereitechniker. 1931–

---

[230] Auf Antrag von Finanzminister Schumpeter. Wr. Ztg 1919-09-10 p 1; Öst. Z. f. Verwaltung 1919-10-02 p4.

[231] Innsbr. Nachr, 1923-09-21 p8, Reichspost 1923-09-21 p 5, Der Tag 1923-09-27 p 9; Neues Wr. Journal 1932-09-21 p9.

[232] Mehr über diese (und andere) Kreise findet sich zB in: Ehs T (2010) *Vertreibung in drei Schritten. Hans Kelsens Netzwerk und die Anfänge österreichischer Politikwissenschaft.* OeZG **21.3** (2010), 146–173. Zu Friederike Mann vgl. Korotin [175], Eintrag Mann, p 844f; Sauer B, Reiter-Zatloukal I (hrsg, 2021, erscheint 2022) Ärztinnen und Ärzte in Österreich 1938-1945. Verlag Ärztekammer, Wien.

[233] „Studien über Zersetzungs- und Konservierungszustände von Fleisch." Eine gemeinsame Arbeit mit Robert Herzner, eingegangen 1926-05-06, mit dem ähnlichen Titel „Studien über den Nachweis beginnender Fleischfäulnis" erschien in Z. f. Untersuchung der Lebensmittel **52** (1926), 215–242. (Laboratorium für analytische Chemie und Nahrungsmittelgewerbe der Hochschule für Bodenkultur in Wien)

[234] Archiv Univ BOKU, AT UBWA, Studienakten, Klassenbuch 36/121; AT UBWA, Rigorosenakten, Zl. 283; Neues Wr Journal 1932-09-21 p9, Reichspost 1932-09-21 p 5. Während Herzner sich 1927 habilitierte und ab 1939 eine Professur in Chemie hatte, verließ Oskar Mann jun nach Studienabschluss das akademische Umfeld; über sein weiteres Schicksal in Uruguay ist nichts bekannt.

[235] 1934 nach Wieselburg NÖ verlegt, heute HBLFA Francisco Josephinum.

36 studierte er Mathematik an der Universität Wien und promovierte 1935 bei ⊳ Furtwängler über Primidealpotenzmoduln, 1936 legte er die Lehramtsprüfung ab und absolvierte 1937 sein Probejahr als Mittelschullehrer, danach arbeitete er mangels Anstellung als freier Nachhilfelehrer und Forscher. 1935–38 war er Mitglied der Wiener Mathematischen Gesellschaft. 1938 emigrierte er mit finanzieller Hilfe von Freunden und Unterstützung durch die Heilsarmee in die USA, wo er zunächst bis 1939 bei der New Yorker Bahnverwaltung angestellt war. 1939–41 unterrichtete er an einer *tutoring school*, gleichzeitig arbeitete er als Statistiker für ein Marktforschungsunternehmen in New York.

1941 bewies Mann die Vermutung von Schnirelmann und Landau („die Schnirelmann-Dichte der Summenmenge zweier Teilmengen von $\mathbb{N}$ ist nicht kleiner als die Summe der Schnirelmanndichten der beiden Mengen"), über die er in einer Vorlesung von Alfred Brauer gehört hatte. Dafür erhielt er 1946 den Colepreis in Zahlentheorie.

1942 erhielt er ein Stipendium der Carnegie-Stiftung für einen Aufenthalt an der Columbia University, wo er mit Abraham ⊳ Wald zusammenarbeitete und mit ihm 1943 die Mann-Wald-Theorie der asymptotischen Statistik und Ökonometrie entwickelt.

1943/44 arbeitete er als Instructor am Bard College in Annendale, New York. Danach folgten Forschungsstellen an der Ohio State University (1944/45) und an der Brown University (1945). Ab 1946 wirkte er bis zu seiner Emeritierung 1964 an der Ohio State University, erst als associate und ab 1948 als full Professor, mit einer Unterbrechung durch eine Gastprofessur 1949/50 an der University of California in Berkeley.

Nach seiner Emeritierung in Ohio nahm Mann eine Professur an der University of Wisconsin an, wo er schon zuvor Gastprofessor gewesen war und für das Army Mathematical Research Center geforscht hatte. 1971 ging er an die University of Arizona in Tucson, 1975 setzte er sich endgültig zur Ruhe, betreute aber noch bis 1980 eine letzte Dissertation.

Mann war ein sehr vielseitiger Autor, neben den bereits genannten Gebieten umfassten seine Interessen Kombinatorik, Gruppentheorie und Galoistheorie, algebraische Zahlentheorie, dazu weitere Themen aus Statistik und Wahrscheinlichkeitstheorie, zum Beispiel lineare stochastische Differentialgleichungen. Statistiker kennen seinen Namen von dem *Mann-Whitney U Test*, den er gemeinsam mit D.R. Whitney entwickelte.

Ehrungen: 1946 AMS Cole Prize in Number Theory.

MGP nennt 11 Dissertanten.

Ausgewählte Publikationen. *Diss.*: (1935) *Darstellung der relativ primen Restklassen nach Primidealpotenzmoduln durch eine unabhängige Basis (Furtwängler)*.

1. A proof of the fundamental theorem on the density of sums of sets of positive integers. Ann. Math. (2) **43** (1942), 523-527.
2. (mit Wald, A.) On the statistical treatment of linear stochastic difference equations. Econometrica **11** (1943), 173-220.
3. (mit Whitney, D. R.) On a test of whether one of two random variables is stochastically larger than the other. Ann. Math. Stat. **18** (1947), 50-60.
4. (gem. mit Wald): On Analysis and Design of Experiments. Dover, New York 1949.
5. Introduction to algebraic number theory. Ohio State University Press 1955.
6. Addition Theorems: the addition theorem of group theory and number theory. Wiley 1965.

Zbl/JFM nennen (bereinigt) 88 Publikationen, darunter 7 Bücher.

Quellen. Olson J (1977) Number Theory and Algebra. Collect. Pap. dedic. H. B. Mann, A. E. Ross, O. Taussky-Todd, xxi–xxv (in erweiterter Form online an der WEB-Site der Ohio State University https: //math.osu.edu/about-us/history/henry-berthold-mann, Zugriff 2023-03-02); Röder et al. [277] Bd 2 p.565. Zu Oskar Mann: Reichspost 1932-09-21 p5; [233] **6** (1973), 55; zu Georg Fleischer: Neues Wr. Journal 1927-07-27 p 10; ÖZG **21** (2010.3), 146–173. Zu Friederike Fleischer: Korotin etal. [175] 845f.

Anton Emil Mayer

*1903-10-05 Wien; †1942-11-03 Lancaster, UK

Sohn des Redakteurs der *Neuen Freien Presse* Max Mayer in Wien und dessen Frau Rosa, geb. Sachsel, aus Neubidschow (heute Nový Bydžov, CZ)

M∞ im Exil in England, es sind aber keine näheren Umstände bekannt

NS-Zeit. A.E. Mayer stand 1938-02 knapp vor der Habilitation, diese wurde ihm als Juden nach dem „Anschluss" von den NS-Machthabern verweigert. Ein bereits vorbereiteter Wechsel an eine dänische Hochschule war an die Habilitation gebunden, so blieb nur die Emigration nach England, wo er vorerst interniert wurde. Nach den spärlich vorliegenden Berichten fand er schließlich eine seiner Qualifikation angemessene Stelle und lebte in London, verstarb aber 1942 in Lancaster.[236]

Mayer besuchte die Theresianische Akademie in Wien und maturierte dort im Jahre 1921. Danach studierte er 1921–1927 zunächst Maschinenbau (Diplom 1928), später gleichzeitig Mathematik an der TH Wien. 1930 promovierte er an der TH Wien zum Dr techn, 1936 an der Universität Wien zum Dr phil. Von 1930 bis 1938 war er Assistent bei Ludwig ›Eckhart am Lehrstuhl für Darstellende Geometrie der TH Wien.[237] 1937 reichte er sein Habilitationsansuchen, mit der Habilitationsschrift *Koppelkurven mit drei Spitzen und spezielle Koppelkurvenbüschel*, ein und hielt seinen Probevortrag. Beide wurden von der Habilitationskommission gebilligt; 1938-02-23 wurde das Verfahren abgeschlossen und vom Professorenkollegium abgesegnet.

Der „Anschluss" bedeutete das abrupte Ende seiner Karriere, er wurde als Jude sofort von seinem Assistentenposten beurlaubt, später mit Zahl 14997/1938 aus dem Hochschuldienst entlassen. Das Professorenkollegium wurde vom Ministerium angewiesen, seinen Beschluss zur Erteilung der Venia zurückzunehmen. Für eine in Aussicht genommene Anstellung in Dänemark hätte er einen Nachweis für seine Habilitation gebraucht, dieser Nachweis wurde ihm vom Ministerium verweigert. Mayer emigrierte daher nicht nach

---

[236] Ein Max Mayer, geb 1872, wurde 1942-01-11 mit Transport 14 von Wien nach Riga deportiert und in der Shoah ermordet. (nach einer Liste ermordeter öst. Juden; leider ist nicht mehr zweifelsfrei feststellbar ob es sich bei diesem um A.E. Mayers Vater handelt. A.E. Mayers Vater ist im Adressverzeichnis Lehmann für die Jahre 1898–1939 als Redakteur der Neuen Freien Presse verzeichnet; A.E. Mayer als Assistent und Dr Ing an der gleichen Adresse

[237] Diese Assistentenstelle wurde 1934 in eine ao Assistentenstelle zurückgestuft. (AT TUWA PA Mayer, 2018 Personalakt, Z. 1480 ex 1933/34, Schreiben BMfU 10.10.1934, hier zitiert nach [103], p. 107)

Dänemark sondern nach England. Dort war er zeitweise als *feindlicher Ausländer* interniert und fand erst nach längerer Zeit eine seiner Qualifikation entsprechende Arbeit. Er starb 1942 mit 39 Jahren[238] in Lancaster, UK. Die Anstellung des Juden Mayer als Assistenten von > Eckhart führte neben etwas weniger gewichtigen Vorwürfen zur sofortigen Beurlaubung Eckharts und in weiterer Folge zu dessen Freitod 1938-10-05.

A.E. Mayer befasste sich vor allem mit kinematischer Geometrie und deren Anwendungen, sowie mit konvexen Figuren und Körpern. Er trug auch im > Menger Kolloquium vor. Seine letzten beiden, im englischen Exil verfassten Arbeiten behandeln k-te Nachbarn in Farey-Reihen.

Ausgewählte Publikationen. *Diss.*: (1930) *Die kinematische Abbildung (TH Wien).*   *Diss.*: (1936) *Eine Überkonvexität (Universität Wien).*   Unter gleichem Titel gedruckt veröffentlicht in Math. Z. **39** (1935), 511-531.

1. Eine Anwendung der Parallelkurve der logarithmischen Spirale. JFM 51.0429.04 Z. f. angew. Math. **5** (1925), 174-175.
2. Der Inhalt der Gleichdicke. Abschätzungen für ebene Gleichdicke. Math. Ann. **110** (1934), 97-127.
3. Über Gleichdicke kleinsten Flächeninhalts. Anzeiger Wien **71** (1934), 70-73.
4. Längste konvexe Kurven, die einem gegebenen konvexen Polygon umschrieben sind. JFM 62.0835.02 Zbl 0013.07501 J. reine angew. Math. **174** (1936), 125-128.
5. A mean value theorem concerning Farey series. (English) Zbl 0061.06702 Q. J. Math., Oxf. Ser. **13** (1942), 48-57.
6. On neighbours of higher degree in Farey series. Q. J. Math., Oxf. Ser. **13** (1942), 185-192.

Zbl/JFM nennen bereinigt 21 mathematische Publikationen (1925–1942); in seinem Nachruf nennt > Hornich 30.

Quellen. Hornich [233] Vol 5, p 418; Pinl und Dick [246]; IMN **3** (1948), 7f Einhorn [67] p 657ff; Neues Wiener Tagbl. 1912-06-27 p 3; Mikoletzky und Ebner [217] Teil 2, p179.

Walther Mayer

Zeichnung: W.R.

auch: Walter Mayer

*1887-03-11 Graz;   †1948-09-10 Princeton (mos.)

Sohn des Weinhändlers Ignaz Isak Mayer (*1858-06-06 Kobersdorf/Oberpullendorf, Bgld; †1940-03-24 Wien) und dessen Frau [∞ 1884, Stadttempel Wien] Gisela (*1864-10-10 Pozsony, Bratislava (heute Slowakei); †1911-08-01 Baden b Wien (Herzlähmung)), geb Freistadt;

jüngerer Bruder von (1) Elsa (Else) Mayer (*1885-02-10 Leoben, Stmk; †1910-09-03 Wien) und (2) Arthur Mayer (1886-01-05 Leoben, Stmk; †1976-05 Miami Beach, FL USA), Kaffeesieder, ∞ [1932, Stadttempel Wien] Grete, geb Knöpfmacher (*1906-02-01 Auspitz (heute Hustopeče, CZ); †1976-04-26 Miami Beach, FL, USA).

Neffe von Ignaz Mayers Bruder Maximilian (*1860-06-13 Kobersdorf), Weinhändler, und dessen Ehefrau Antoinette († Wien) Mayer [Sohn: Oscar Mayer (*1884-12-31 Leoben), Annoncenvermittler];

Enkel mütt. von Adolf Freistadt (*1837 Baden b Wien, NÖ; †1894-04-14 Wien) und dessen Ehefrau Cäcilie, geb Tauber, (*1824-05-20 Pozsony, Slowakei; †1890-03-19 (Suizid) Wien) [*nicht* mit Alfred > Tauber näher verwandt];

---

[238] Nach einer Mitteilung von > Hohenberg an Einhorn war Anton Mayer schwer herzkrank.

Enkel vät. von Moriz und Marie Mayer.

Walther Mayer ∞ [1933-01-21 Magistratsamt Wien] Helene („Helli") Maria, geb Werschetzky, (*1901-01-04; †1972-02-26 New Jersey, konfessionslos) [keine Kinder], die zweite von vier Töchtern des Kaufmanns Anton Werschetzky und seiner Frau; Helene Mayer ∞ 1968 in 2. Ehe Theodore R. Revoir (*1904 Littleton, N.J.; †1978-09-15 N.J.).

NS-Zeit. Mayer[239] ging bereits Anfang 1930 auf dessen Einladung (und in den Folge-jahren mit dessen energischer Hilfe) zu Albert Einstein nach Berlin und begleitete ihn 1933-07 als sein Assistent in die Emigration (seine gerade angetraute Frau Helene ließ er nachkommen); die NS-Zeit erlebte er in sicherer Entfernung in Princeton. Arthur und Grete Mayer entkamen 1938 mit einem *Affidavit* Walthers ebenfalls in die USA; Gretes Schwester Herta (*1907-10-16 Auspitz, CZ; †1985-01-15 Miami, Fla, USA), von Beruf Köchin, konnte mit einem *domestic permit* 1939-07-12 in London ankommen, 1946-06-21 in die USA weiterreisen; Gretes Mutter, Klara Knöpfmacher, geb März, (*1883-02-28 Uhersky (Ungarisch) Brod, Zlin Region, CZ), war schon 1933 in Wien gestorben; ihr Vater, Julius Knöpfmacher (*1877-10-31 Auspitz, CZ; †ca. 1941-11 Riga), wurde nach Riga deportiert und dort Opfer der Shoah, 1947 amtlich für tot erklärt.[240] Walther Mayers Vater Ignaz starb 1940 in Wien und wurde auf dem Wiener Zentralfriedhof in der jüdischen Abteilung begraben.[241]

Walther Mayer wuchs in einer ziemlich wohlhabenden kaufmännischen Unternehmerfa-milie auf. Er besuchte das angesehene Gymnasium in der Waltergasse, Wien-Wieden, und maturierte dort 1906.[242] Ein Jahr später, wahrscheinlich nach Absolvierung des Einjährig-Freiwilligen-Jahres, 1907, begann er das Studium der Mathematik an der renommierten ETH Zürich, dieses setzte er in den Jahren 1909–12 an den Universitäten Wien, Göttingen und Paris fort. 1912-06-05 promovierte er an der Universität Wien mit einer eher unauffäl-ligen Dissertation über Randwertaufgaben des logarithmischen Potenzials zum Dr phil.[243] Nach Beendigung seines Studiums arbeitete er in der Mathematik als privater Gelehrter weiter, bis ihn der Erste Weltkrieg dabei unterbrach. Von 1914-09 bis 1919-01 stand er im Militärdienst als Offizier der Reserve im Feldjägerbataillon Nr 21, „wurde 1915 in Russland schwer verwundet und 1918 in den Ruhestand versetzt".[244]

---

[239] Die Autoren danken dem Albert-Einstein-Archiv in Jerusalem, das uns Kopien aus Einsteins Brief-wechsel mit Arthur und Walther Mayer, sowie des Ehescheins von Walther und Helene Mayer, zur Einsicht übersandte.

[240] Wr Zeitg 1947-05-01 p6.

[241] Das Grab ist bis heute (2022) erhalten; auch die Ehefrau Gisela und die Tochter Elsa von Ignaz Mayer sind dort bestattet.

[242] Nach den Akten des GRg 4; ebenso in Einhorn [67], auf p229. In einem Brief an Albert Einstein, der im Einstein-Archiv der Universität Jerusalem aufbewahrt wird (018-0243_001 und 018-0243_002) gibt Walthers Bruder Arthur allerdings eine völlig andere Darstellung von Walther Mayers „frühen Jahren".

[243] Rigorosenakt PH RA 3387 der Universität Wien (mit der Schreibung „Walter" statt „Walther").

[244] Eigenhändiger Lebenslauf, Facsimile in [67] auf p229. Auf der amtlichen Verlustliste Nr 330 von 1915-12 (zB Reichspost 1915-12-11 p16; Neue Freie Presse 1915-12-08 p12) ist er als verwundeter Kadett vermerkt. Walthers Bruder Arthur rückte ebenfalls im FJB Nr 21 ein, er wurde 1915-05 als erkrankter Kadett der 2. Kompanie Leoben gemeldet (Nachrichten über Verwundete und Verletzte 1915-05-26 p4).

Nach Kriegsende nahm er die mathematische Forschung wieder auf, ohne eine Stelle annehmen zu müssen — nach dem eigenhändigen, seinem Habilitationsansuchen von 1926 beigelegten Lebenslauf lebte er „vom Ertrage eines kleinen Vermögens" und übte „keine bezahlte Tätigkeit aus".[245] Aus Solidarität für das Mathematische Institut (und vielleicht um ein wenig für sich zu werben) arbeitete Mayer als unbezahlter Assistent von Hans > Hahn.[246]

Mayers Café. Spätestens ab 1921 verfügte Walther Mayer über für seine Lebensführung ausreichende Einkünfte, aus Zuwendungen seines Bruders Arthur und aus eigenem, durch die Inflation sehr geschrumpften Vermögen. Er und sein Bruder Arthur waren in den Jahren 1921–28 mit Vermögensbeteiligungen in der Modebranche engagiert: 1921 finden sich ihre Namen im neu ausgehandelten Gesellschaftervertrag der Firma *„Victrosa", Herren- und Damen-Modegesellschaft m.b.H.* als Teilhaber und Geschäftsführer.[247] Firmenstandort war das berühmte, 1903–05 errichtete „Zacherlhaus" in der Inneren Stadt, an der Ecke Wildpretmarkt 2/ Brandstätte 6 (Architekten: Jože Plečnik und Josef Tölk).[249] Walther Mayer war sichtlich kein begeisterter Kaufmann, die Verwaltung seines Vermögens überließ er in den folgenden Jahren weitgehend seinem Bruder; 1922 trat er aus dem *„Victrosa"*-Vertrag aus. 1923 löste sich die Gesellschaft nach einem einstimmigen Beschluss der Gesellschafterversammlung auf, Arthur Mayer fungierte als Liquidator und führte die Firma bis 1928 unter dem Namen *„Victrosa", Herren- und Damen-Modegesellschaft, Arthur Mayer & Co* weiter.[250] Mit den aus den Einlagen erlösten Geldern und unter Beteiligung der Familie von Arthurs Ehefrau konnte an die nächste Investition gegangen werden: ein Kaffeehaus.

Nach *Hlawkas Erinnerungen* „besaß Walther Mayer ein Kaffeehaus".[251] Tatsächlich war Walthers Bruder Arthur Mayer einer der beiden Gesellschafter einer unter A 67, 100a protokollierten *Firma Mayer & Co* offenen Gesellschaft, die das „Café Jägerhof" in Wien

---

[245] Zitiert nach Einhorn [67], p230. Ähnlich äußerte sich v. > Mises in seinem Brief an Albert Einstein von 1929-12.

[246] Vgl. hierzu Olga > Taussky-Todds Erinnerungen in [3], auf pp 321–350, besonders p. 328f. Nach diesen Erinnerungen war Mayer eigentlich weder an > Hahn noch an > Menger oder am Wiener Kreis interessiert und äußerte sich entsprechend respektlos im Kreise seiner Studienkollegen.

[247] Wr. Zeitg 1921-04-10 p18, 1921-07-23 p 20, zunächst mit Arthur Mayer und Fritz Deutsch[248] als Geschäftsführer, im Juli wird Fritz Deutsch gelöscht und durch „Dr Walter Mayer, Privater in Wien" und „Franz Schwaller, Schneidermeister" ersetzt. Seine Bestellung zum Geschäftsführer dieser Firma nahm ihn offenbar nicht oder nur wenig in Anspruch; in seiner mathematischen Arbeit ließ er sich nicht stören.

[249] Die 1917, ebenfalls unter *„Victrosa"* ins Firmenregister eingetragene Vorgängerfirma, ein *„Geschäft für Sportausrüstung und den Handel mit Mode-, Konfektions- u. ähnlichen Waren"*, hatte die Adresse Weihburggasse 16 und ein Stammkapital von 25.000 öK. (Wr. Zeitg 1917-06-13)

[250] Wr. Zeitg 1917-06-13 p25, 1921-04-10 p18, 1921-07-23 p20, 1922-04-01 p16, 1923-08-27 p12. Die Firma wurde ab 1928 unter dem Namen *„Victrosa", Herren- und Damen-Modegesellschaft, Hans Cassel & Co.* von dem früheren Geschäftsführer Cassel fortgesetzt (Wr. Zeitg 1928-01-26 p16). Alle hier genannten Adressen sind bis heute Wiener Geschäftsstandorte in erster Lage.

[251] Diese Information geht wahrscheinlich auf Überlieferungen am Mathematischen Institut zurück, nicht auf persönlichen Augenschein. > Hlawka begann erst 1934 sein Studium, als Mayer längst nicht mehr in Wien war. Er wusste auch weder Namen noch Adresse des Kaffeehauses. In ihren Erinnerungen [3] bestätigt > Taussky-Todd diese Information und fügt noch ein wenig dazu: „He had private means; among other sources of income he owned a café near the mathematical institute".

IX, Porzellangasse 22 führte.[252] Das Café war sehr geräumig und befand sich im Erdgeschoß des von Adolf Jäger und Ferdinand Fellner-Feldegg 1893/94 errichteten Doppelhauses Porzellangasse 22/22a.[253]

Die Firma *Mayer & Co* wurde 1929-02-04 als OHG im Kaffeesiedergewerbe, an der Adresse Porzellangasse 22, ins Firmenregister eingetragen. Öffentliche Gesellschafter waren zunächst „1. Arthur Mayer, Kaffeehausbesitzer, und 2. Hedwig Schwadt, Private".[254] Im August des gleichen Jahres trat dann Arthur Mayers Schwiegervater Julius Knöpfmacher als vertretungsbefugter Gesellschafter in die OHG ein, A. Mayer und J. Knöpfmacher waren von da an als einzige und nur gemeinsam vertretungsbefugt.[255] Vorbesitzer war die Firma *Fränkel & Rakauer*, über die ab 1924 das Ausgleichsverfahren, 1928 der Konkurs eröffnet worden war.

Drei Jahre vor dem Erwerb des Kaffeehauses, 1926, habilitierte sich Walther Mayer mit einer Arbeit über Differentialgeometrie. Aus Vorlesungen, die Mayer in den Jahren 1926 bis 1928 gehalten hatte, entstand ein Buch über Riemannsche Geometrie, das 1930 als zweiter Band cincs Lchrbuchs der Differentialgeometrie (den ersten schrieb Adalbert ⟩ Duschek) im Druck erschien und bald allgemein Furore unter Differentialgeometern machte. Nicht zuletzt war es für die Weiterentwicklung der Relativitätstheorie von Interesse.

Mayer und Albert Einstein. Auf briefliche Vermittlung von Richard v. ⟩ Mises[256] kam Mayer in Kontakt mit Albert Einstein[257] in Berlin, aus der sich sofort cinc intensive Zusammenarbeit entwickelte, während der sich Mayer für Einstein unentbehrlich machte. Aufgrund seiner Expertise im Tensorkalkül konnte Mayer wesentliche Ideen zu Einsteins Rechnungen beisteuern, was ihm, auch in Einsteins eigener Diktion, den Beinamen „Einsteins Rechenassistent", englisch „Einstein's Calculator," cinbrachte.

---

[252] Gasse und Hausnummer stimmen mit Walther Mayers eigener Adresse (offenbar nur für den Briefverkehr beibehalten) von 1933–1938 in Lehmanns Adressbuch [183] überein. 1929–1931 war seine Adresse noch mit Lichtensteinstr. 23 angegeben, ab 1931 weilte Mayer schon in Berlin bei Einstein — falls dieser nicht auf einer seiner vielen Reisen war.

[253] Es war, wie von Taussky-Todd beschrieben, vom Mathematikinstitut aus in wenigen Minuten zu Fuß zu erreichen. Das Grundstück gehörte ursprünglich dem Fürsten Wenzel Kaunitz, der dort einen Reitstall unterhalten hatte. Eine in den Gehsteig vor dem Haus eingelassene Bodenplatte erinnert heute daran, dass in diesem Haus vor ihrer Deportation und Ermordung 45 jüdische Erwachsene und zwei Kinder beengt in Sammelwohnungen leben mussten. Ein Café gleichen Namens befand sich auf dem Gaußplatz in Wien-Brigittenau.

[254] Wr Zeitg 1929-03-31 p12.

[255] Wr Zeitg 1929-03-31 p12 und 1929-08-31 p12; Lehmann 1930–38)

[256] Brief von 1929-12-17 an Albert Einstein.

[257] Albert Einstein (*1879-03-14 Ulm; † 1955-04-18 Princeton), allgemein als der bedeutendste theoretische Physiker der neueren Wissenschaftsgeschichte anerkannt, braucht hier nicht mehr eigens vorgestellt zu werden. Wie verweisen auf die heute noch aktuelle Biographie von Philipp Frank [94] und auf die 2018 von Judith Goodstein herausgebrachte Studie zu Einsteins italienischen Informanten zur Differentialgeometrie, Ricci und Levi-Civita, [118]. Sein gesammelter schriftlicher Nachlass ist Gegenstand des *Einstein Papers Projects*, das bisher 16 Bände herausgegeben hat. (Näheres online unter https://www.einstein.caltech.edu/?q=Mayer, Zugriff 2023-02-21). Wir danken Frau Barbara Wolff vom Einstein-Archiv in Jerusalem für viele zusätzliche Informationen zu Albert Einsteins Briefwechsel (und einen vergnüglichen Gedankenaustausch) zu Mayers Beziehungen zu Albert Einstein.

Café „Jägerhof", J. Weiss IX. Porzellangasse 22.

Das „Café Jägerhof". Innenansicht von ca 1919.
Das Café gehörte zwischen 1906 und 1920 einem
Herrn Ignaz Weiß, dann der Firma *Fränkel & Rakauer*
(bis zu deren Konkurs 1928), wurde dann von Mayer
& Co übernommen, die es bis ca 1939 weiterführten;
ab 1940 scheint es in Lehmanns Adressbüchern nicht
mehr auf. Heute (2020) beherbergt das Geschäftslo-
kal eine Bettenfirma. Mehreren Besitzwechseln zum
Trotz ist die architektonische Innenraumstruktur noch
immer gut erkennbar.

Foto: Reklamekarte des früheren Inhabers Weiß

Arthur Mayer und Frau im „Café Jägerhof", etwa
10 Jahre später. Der nunmehrige Inhaber steht hinter der Theke; neben ihm auf dem Platz der Sitzkas-
siererin sitzend Ehefrau Greta, rechts vor der Theke
(vermutlich) der Oberkellner und Geschäftsleiter.

Foto: Foto aus der Sammlung Deutsch im Archiv des *US Holocaust Memorial Museum* in Washington, D.C.; Photograph Number: 28501; mit freundlicher Genehmigung.

Einstein hatte 1928 gerade einen völlig neuen Ansatz für die Beschreibung des Raum-
Zeit-Kontinuums gemacht, den er „Fernparallelismus" nannte. In diesem Ansatz ist die
Gravitation nicht wie vorher mit der *Krümmung* des Raum-Zeit-Kontinuums (diese ver-
schwindet in der neuen differentialgeometrischen Beschreibung) verbunden, sondern mit
der *Torsion*.

Mayer übersiedelte Anfang 1930 nach Berlin zu Einstein und bis 1934 erschienen insgesamt
acht gemeinsame Arbeiten der beiden.[258]

---

[258] „Ich selbst arbeite mit einem Mathematiker (S. [sic!] Mayer aus Wien), einem prächtigen Kerl, der längst
eine Professur hätte, wenn er nicht Jude wäre." Albert Einstein, Letters to Solovine (New York 1993), hier
zitiert nach W. Reiter, IMN **187** (2001), 1–20. (Allerdings hatte auch der Nicht-Jude > Gödel keine Professur
in Wien. Am IAS Princeton hatte Mayer auch „nur" die Position eines *associate (professors)*.) Ähnlich
äußerte sich Einstein in einem Brief aus Berlin, datiert 1930-03-02, an seine Schwester Maja: „Zum
Rechnen habe ich die Hilfe eines prächtigen Mathematikers Walter Mayer aus Wien, eines prächtigen
Menschen, der Dir sehr gefallen würde." Im September darauf schreibt er ihr „In einem Monat soll es
nach Princeton gehen. Bei mir ist es eigentlich gleich, wo ich bin, weil das, was mich beschäftigt, zwar
schwer, aber kein schweres Reisegepäck ist. Mein Mayerchen geht auch mit. Segelschiff und Freundinnen
aber bleiben da; H. hat aber nur ersteres genommen, was für letztere beleidigend ist." (*Einstein and Family:
Letters and Portraits, 2-9 May 2018*, Christies online auction; aufgerufen 2022-04-05 1:52.)

Um Mayer für seine Arbeit immer bei sich haben zu können, schrieb Albert Einstein einen 1931-03-13 datierten Brief an Wilhelm ⟩ Wirtinger:[259]

> *Ich habe nun ein Jahr lang mit Herrn Dr Mayer, der an ihrer Universität Privatdozent ist, zusammengearbeitet und von seinen Fähigkeiten, seiner Ausdauer und seinem Charakter einen sehr günstigen Eindruck erhalten. Deshalb erachte ich es für meine Pflicht, ihm eine seinen Fähigkeiten entsprechende Stellung zu verschaffen, am liebsten in meiner unmittelbaren Nähe, um auch fernerhin mit ihm zusammenarbeiten zu können.*
>
> *Diese Bemühungen würden mir sehr erleichtert, wenn Herr Mayer an seiner Universität den Professoren-Titel erhielte. Nach dem, was ich von seinen Arbeiten näher kennen gelernt habe, wäre eine derartige Auszeichnung voll gerechtfertigt.*
>
> *Deshalb wage ich es, hiemit die Bitte an Sie zu richten, Sie möchten Ihren Einfluß in diesem Sinne geltend machen. Ich bin fest überzeugt, daß er auch in Zukunft seiner Universität, von der er mit großer Anhänglichkeit zu sprechen pflegt, Ehre machen wird.*

Eine daraufhin einberufene Kommission kam dieser Bitte nach und Mayer erhielt 1931 vom Bundespräsidenten den Titel eines tit ao Professors. Um mit Einstein arbeiten zu können, nahm Mayer bis 1938 mehrmals Urlaub von seinem (unbesoldeten) Ehrenamt als tit ao Professor.

Bereits 1932 erwirkte Einstein für Mayer eine Position als *Associate* am Institute for Advanced Study (IAS), die zunächst mit 100$/Monat, solange er sich in Deutschland aufhielt, dotiert war. Die Ernennung begann auf Mayers eigenen Wunsch mit 1932-10-01, im Budget des folgenden Rechnungsjahres 1933/1934 des IAS wurde Mayer mit einem Jahresgehalt von 4.000$ geführt.[260] 1933-10-07 reiste Mayer inmitten von Einsteins „erweiterter Familie", die neben ihm und Einstein selber aus Einsteins zweiter Frau Elsa und seiner Sekretärin Helen Dukas bestand, mit dem Dampfer *Westernland* der *Red Star Line* von Southampton in die USA ab.

Mayer arbeitete mit Einstein am Versuch der Begründung einer allgemeinen Feldtheorie, gemeinsam für Gravitation und Elektromagnetismus, und einer Verallgemeinerung der Kaluza-Klein Theorie. Wesentliches Werkzeug waren die von Einstein und Mayer eingeführten *Semivektoren*, eine Verallgemeinerung der Dirac-Spinoren.

Nach 1934 verließ Mayer für immer das Gebiet der vereinheitlichten Feldtheorie und arbeitete nebeneinander in der Variationsrechnung, in Differentialgeometrie (inklusive Liegruppen) und in Algebraischer Topologie.

Die Mayer-Vietoris-Sequenz in der algebraischen Topologie ist nach ihm und Leopold ⟩ Vietoris benannt. Mayer hat die Fragestellung in einer Vorlesung von Vietoris 1926/27

---

[259] Archivdokument Univ. Wien, UWA 151.2 (alte Sign. PH PA 2586, Sch. 157); Facsimile des Briefs in [67] auf p 231f; Einstein verfasste den Brief an Bord der „*Deutschland*" auf der Heimreise von New York, die er 1931-03-05 angetreten hatte.

[260] Zum Vergleich: Für Einstein und Veblen wurden je 15.000$, für Alexander und v. Neumann je 10.000$, für David Mitrany 6.000$, und für die beiden Assistenten Veblens, Vanderslice und Torrance, je 1.500$ budgetiert. Der Direktor des IAS musste sich mit 20.000$ begnügen.

kennengelernt und für abstrakte Kettenkomplexe gelöst. Dies ist heute Teil der homologischen Algebra.

Mayer starb 1948 in Princeton an Krebs.

Mayer war der Dissertationsvater von Gustav ⃗ Bergmann (1928) und Eugen ⃗ Lukacs (1930).

Ausgewählte Publikationen. *Diss.*: (1912) *Anwendung der Fredholmschen Funktionalgleichung auf einige spezielle Randwertaufgaben des logarithmischen Potentials.*

1. (gem. mit Blumenfeld J), Über Poincarésche Fundamentalfunktionen. Sber. k.k.AW **123** (1914), 2011-2047.
2. Über das vollständige Formensystem der [e-dimensionalen Flächen] F_e im R_n. Monatsh. Math. Phys **35** (1928), 87-110 (Habilitationsschrift)
3. (mit Burstin C.) Die F_n im affinen R_{n+1}. Tôhoku Math. Journ. **31** (1929), 312-320.
4. Über abstrakte Topologie. I, II., Monatsh. Math. **36** (1929), 1–42, 219–258. — [*Mayer-Vietoris Sequenz für endliche Kettenkomplexe*]
5. ⃗ Duschek, A.; Mayer, W., Lehrbuch der Differentialgeometrie. Bd. I, II. I: A. Duschek. Kurven und Flächen im euklidischen Raum. II: W. Mayer. Riemannsche Geometrie. Leipzig, B. G. Teubner (1930).
6. (mit Einstein, A), Zwei strenge statische Lösungen der Feldgleichungen der einheitlichen Feldtheorie. Sitzungsberichte Akad. Berlin **1930**, 110-120.
7. (mit Einstein, A), Systematische Untersuchung über kompatible Feldgleichungen, welche in einem Riemannschen Raum mit Fernparallelismus gesetzt werden können. Sitzungsberichte Akad. Berlin **1931**, 257-265 .
8. (mit Einstein, A), Einheitliche Theorie von Gravitation und Elektrizität. Sitzungsberichte Akad. Berlin **1931**, 541-557.
9. (mit Einstein, A), Einheitliche Theorie von Gravitation und Elektrizität. II. Sitzungsberichte Akad. Berlin **1932**, 130-137.
10. (mit Einstein, A), Semivektoren und Spinoren. Sitzungsberichte Akad. Berlin **1932**, 522-550.
11. (mit Einstein, A), Spaltung der natürlichsten Feldgleichungen für Semivektoren in Spinorgleichungen vom Diracschen Typus. Proceedings Amsterdam **36** (1933), 615-619.
12. (mit Einstein, A), Die Diracgleichungen für Semivektoren. Proceedings Amsterdam **36** (1933), 497-516.
13. (mit Einstein, A), Darstellung der Semi-Vektoren als gewöhnliche Vektoren von besonderem Differentiationscharakter. Annals of Math. (2) **35** (1934), 104-110.
14. Mayer, W.; Thomas, T. Y., Foundations of the theory of Lie groups. Ann. Math. (2) **36**, 770-822 (1935).
15. The linear mappings of the E_n into itself. Monatsh. Math. **53** (1949), 42–52. [posthum erschienen]

Einhorn führt in seinem Schriftenverzeichnis 39 Arbeiten Mayers an. Zbl/JFM nennen (bereinigt) 43 Publikationen. Mayer schrieb 8 Arbeiten gemeinsam mit Einstein (alle in der obigen Liste aufgeführt).

Quellen. Verlustliste Nr 330, 1915-12; UWA PH RA 3387; Pais [235] p 492f; Princeton, NJ, Town Topics: Newspaper, **26** (1972-03-02);zu Julius Knöpfmacher: Wr. Zeitg 1947-05-01 p6.

Lit.: van Dongen, Jeroen: Einstein's methodology, semivectors and the unification of electrons and protons. Arch. Hist. Exact Sci. 58, No. 3, 219-254 (2004).

Karl Menger

(Anton Emil)
*1902-01-13 Wien;   †1985-10-05 Chicago, Illinois

Sohn des Nationalökonomen Carl (etwa gleich oft auch „Karl" geschrieben) Eberhart Anton Menger (*1840-02-23 Neu-Sandez; †1921-02-26 Wien) und der Hermi(o)ne Anderman(n) (*1868-Winter Stanislau, Galizien (heute Ivano-Frankivsk, Ukraine); †1924 Wien); Neffe der Geschwister Anton Menger, Max Menger, Bertha Kosel, Marie Menger, Karoline Diem

Foto: Louis Golland (in: IMN **210** p12), ©Eva Menger; mit freundlicher Genehmigung von Eva Menger

Menger ∞ 1935 Hilda, geb Axamit; 4 Kinder: (1) Karl Menger jun (*1936), die Zwillinge (*1937) (2) Rosemary [∞ Gilmore, Chicago] und (3) Frederic (Fred) M., Charles Howard Candler Professor of organic Chemistry Emory University (Atlanta), und (4) Eva L. (*1942), PhD phys. Chemie Harvard) [∞ in 1. Ehe Roger W Anderson; 2 Töchter], [∞ 1975 in 2. Ehe George S Hammond (*1921-05-22 Auburn (Maine); †2005-10-05 Portland (Oregon)), einen bekannten Chemiker; keine gemeinsamen Kinder].

NS-Zeit. Nach der Ermordung Schlicks 1936 und angesichts der sich schon seit 1933 immer mehr zuspitzenden politischen Lage emigrierte Menger in die USA. Nach dem „Anschluss" hätte er als „Mischling ersten Grades" gegolten und auch wegen seiner politischen Ansichten massive Verfolgung zu erwarten gehabt.

Karl Mengers Vater war der berühmte Nationalökonom Carl Menger, der zusammen mit dem in Lausanne lehrenden Franzosen Léon Walras (*1834-12-16 Évreux, Normandie; †1910-01-05 Clarens, heute Montreux, CH) und dem britischen Nationalökonomen William Stanley Jevons (*1835-09-01 Liverpool; †1882-08-13 Bexhill-on-Sea GB) die Grenznutzentheorie begründet hat. Der Vater Carl Menger war römisch katholisch,[261] die Mutter Hermine Anderman wurde als Jüdin geboren, war aber seit 1893-05-16 in Wien IX katholisch getauft.[262]

---

[261] Carl Menger war selbst nicht Jude, wurde aber von der NS-Propaganda manchmal fälschlich als Jude bezeichnet.

[262] Laut Taufbuch der Pfarre Rossau in Wien IX; Taufpatin war die Hebamme Theresia Stern, die im gleichen Haus wie Hermine Andermann, Wien IX, Türkenstraße 21, wohnte. Zwei Tage nach Hermine Andermanns Taufe wurde deren 1893-04-07 geborene ledige Tochter auf den Namen Hermine Antonia getauft. Taufpatin war Antonie Bazzanella, Wien XVI Gansterergasse 14. Wir verdanken den Hinweis auf die Taufbucheintragungen Frau Barbara Kintaert von 2018-06-15. Hermine Anderman entstammte einer nach jüdischem Ritus geschlossenen (und daher damals nicht staatlich anerkannten) Ehe ihrer Mutter Sara Andermann, die aber nach wenigen Monaten wieder auseinanderging. Sara Anderman, inzwischen zum Christentum übergetreten, heiratete 1881 einen Herrn Stephan Gergacsevics und nannte sich fortan Emilie Gergacsevic. Sie wurde 1882 in einem spektakulären Prozess, bei dem auch die damals vierzehnjährige Hermine als Zeugin vorgeladen war, wegen Fälschung von Postanweisungen zu 10 Monaten schweren Kerkers verurteilt.

Oben: **Eintragung** ins Taufregister; darunter: **Meldezettel**.

Menger junior wurde mit neun Jahren und aufgrund einer kaiserlichen Entschließung zum ehelichen Kind erklärt, obwohl die Eltern nie miteinander verheiratet waren.[263] Über Hermine Andermans Beruf (Schriftstellerin? Journalistin? Sekretärin?) und ihre Verbindung zu Carl Menger kursieren in der Literatur eine Reihe von Spekulationen und wohl hauptsächlich auf mündliche Mitteilungen von Prof Streissler[264] zurückführbare Darstellungen.[265] Dass die Geburt von Menger junior die Ursache von Mengers Rücktritt als Universitätsprofessor gewesen sein soll, ist unwahrscheinlich und nirgends belegt, der von ihm als Rücktrittsgrund geltend gemachte schlechte Gesundheitszustand war wahrscheinlich keineswegs einfach vorgeschoben. Fest steht, dass Hermine mit dem gemeinsamen Sohn Karl jun. in den letzten Lebensjahren Carl Mengers bei diesem wohnte, dass sie einen Groß-

---

[263] Hermine Andermann nahm 1921, nach dem Tod von Carl Menger mit behördlicher Bewilligung ebenfalls den Namen Menger an (aktenkundig im Meldezettel und in der Taufmatrik). Im Melderegister war Carl Menger bis zu seinem Tode stets als ledig verzeichnet.

[264] Erich Wolfgang Streissler (* 1933-04-08 Wien) studierte Jus und anderes und habilitierte sich an der Universität Wien, war Professor für Satistik und Ökonometrie in Freiburg (1961-1968) und seit 1968 für Volkswirtschaftslehre, Ökonometrie und Wirtschaftsgeschichte an der Universität Wien. Er is t bekannt für manche überspitzt formulierte öffentliche Aussagen.

[265] Nach der von Karl Menger jun hinterlassenen, aber unvollstädig gebliebenen Biographie seines Vaters soll dieser Hermine Andermann im Jahre 1887 kennengelernt haben. Da war Hermine ca 19 Jahre alt. Über die Beziehung Menger-Andermann vgl vor allem [Scheall S, Schumacher R. (2018). *Karl Menger as the Son of Carl Menger*. History of Political Economy, **50(4)**, 649-678].

teil der ca 25.000 Bände umfassenden Bibliothek erbte, davon rund 20.000 Bände 1922 nach Japan verkaufte, als die Familie wegen Karl Mengers TBC-Erkrankung, die einen Kuraufenthalt in Aflenz notwendig machte, in finanziellen Schwierigkeiten war.[266]

Carl Menger gehörte zu den liberalen Lehrern, die den Kronprinzen Rudolf auf Betreiben der Kaiserin ab 1865 unterrichtet hatten[267] — nachdem die vom Kaiser verfügte streng militärische Erziehung unter der Leitung von Generalmajor Leopold Graf Gondrecourt bereits nach einem Jahr als Gefahr für Leib und Seele des künftigen Kaisers abgebrochen werden musste.

Der junge Karl Menger besuchte das Döblinger Gymnasium (1913-1920). Menger und Heinrich Schnitzler (1902-1982), Sohn des Dramatikers Arthur Schnitzler (1862-05-15 – 1931-10-21), gingen in die gleiche Klasse, zwei Klassen höher waren die späteren Nobelpreisträger Wolfgang Pauli (1900-04-25 – 1958-12-15, Nobelpreis für Physik 1945) und Richard Kuhn (1900-1967, Nobelpreis für Chemie 1938) Schüler dieser renommierten Anstalt. Und eine Klasse tiefer saß der spätere Champion der Gruppentheorie Otto ˃ Schreier.

Dem Beispiel Hofmannsthals folgend plante Menger als Gymnasiast ein Drama, von dem er Entwürfe dem berühmten Vater seines Schulfreundes Schnitzler vorlegte und szenenweise vortrug. Arthur Schnitzler blieb skeptisch, erkannte aber die naturwissenschaftliche Begabung des jungen Menger.[268]

Menger studierte an der Universität Wien: erst Physik bei Hans Thirring, ab dem zweiten Semester Mathematik bei Hans ˃ Hahn, Philosophie bei dem 1922 in der Nachfolge von Ernst Mach nach Wien berufenen Moritz Schlick. Hahns Vorlesung über Kurven faszinierte Menger aber so, dass er sich hauptsächlich der Mathematik zuwandte, insbesondere der Kurven- und Dimensionstheorie, die er bereits 1921 entwickelte und bei der Wiener Akademie der Wissenschaften hinterlegte. Etwa zur gleichen Zeit hatte auch der russische Topologe Urysohn eine Theorie nach den selben Prinzipien aufgestellt, heute spricht man daher von der *Menger-Urysohnschen* Theorie.

Auch während seines drei Semester dauernden Sanatoriumaufenthalts 1922–23 zur Ausheilung einer Tuberkuloseerkrankung in Aflenz/Stmk, trieb er seine Untersuchungen zu

---

[266] Cf. Katalog d. Carl Menger Bibliothek (Menger Bunko) an der Hitotsubashi-Universität, Tokio (2 Bände). Der Großteil der verbleibenden Bände, vor allem philosophischer Natur, gingen an Karl Menger, der sie 1959 an die Universität Montreal verkaufte. Weitere Bestände aus dem Menger-Nachlass gingen über Eva Menger 1987 an die Duke University.

[267] Hamann B (2005), Kronprinz Rudolf. Ein Leben. Amalthea Verlag, Wien. Carl Menger unterrichtete den Kronprinzen im Jahre 1876 und begleitete ihn auf Studienreisen, 1877 nach England und 1878 in die Schweiz. Die Mitschriften Rudolfs zu Mengers Lektionen nebst einigen Anmerkungen finden sich in Streissler, E.W., und M. Streissler, *Carl Menger's Lectures to Crown Prince Rudolf of Austria*. London 1994. Carl Menger war auch Redaktionsmitglied des „Kronprinzenwerks" *Die österreichisch-ungarische Monarchie in Wort und Bild* (24 Bände).

[268] Das Drama sollte den Titel „Die gottlose Komödie" und das Schicksal der legendären Päpstin Johanna zum Inhalt haben. Arthur Schnitzler äußerte sich in seinem Tagebucheintrag von 1920-11-13 so: „Er hat gar keine dichterischen Ambitionen, will nur gerade dieses Stück in tendenziöser Absicht gegen Religion, Katholizismus, Aberglaube schreiben. Sein eigentlicher Beruf: Physik." Noch 1921-11-02 trug Menger dem Vater seines Schulkollegen Szenen aus seinem Stück vor. Später war Menger die Mathematik jedenfalls dramatisch genug. ([319] p. 190ff.)

diesem Thema unermüdlich weiter voran, sodass er gleich nach seiner Rückkehr 1924-11-13 bei Hans ˃ Hahn promovieren und im Folgejahr 1925 auf Vorschlag von L.E.J. Brouwer mit einem Rockefeller-Stipendium nach Amsterdam gehen und sich dort 1926-05 habilitieren konnte. Etwa zur gleichen Zeit waren auch Leopold ˃ Vietoris und ab 1930 der ebenso bekannte Hans Freudenthal[269] bei Brouwer in Amsterdam.

1925-09-15 an der Universität Amsterdam zum Assistenten ernannt, blieb er dort bis 1927. Das ursprünglich gute Verhältnis zu Brouwer wurde leider sehr schnell schlechter, als Brouwer die Begründung der Dimensionstheorie für sich beanspruchen wollte: Er habe sie schon 1911 publiziert. Es scheint, dass Brouwer mit dieser Behauptung allein blieb.

Menger kehrte nach Wien zurück, ließ seine Amsterdamer Habilitation auf die Wiener Universität umschreiben und war dann zwischen 1928 und 1936 in der Nachfolge von Gustav Kohn und Kurt ˃ Reidemeister Inhaber der Lehrkanzel für Geometrie, 1928-02-25 noch als tit ao, ab 1929-06-01 als wirklicher ao.[270] Hier wirkte er aktiv im Wiener Kreis mit, mit dem er allerdings zunehmend immer weniger übereinstimmte. Besonders die in der Debatte auftauchenden „Protokollsätze" lehnte er ab. Als ao Professor gründete er im folgenden WS 1928/29 ein eigenes informelles Diskussionsforum, das *Menger Kolloquium*,[271] in dem begabte junge Mathematiker, nicht nur seine eigenen Dissertanten, gelegentlich auch eingeladene Gastvortragende, wie etwa die polnischen Logiker und Mathematiker Alfred Tarski[272] und Karol Borsuk,[273] der Tscheche Eduard Čech[274] oder der amerikanische Topologe Gordon Whyburn[275] vortrugen und diskutierten. Der Diskussionsgegenstand war weit gesteckt: Er umfasste mengentheoretische Geometrie, Logik, erkenntnistheoretische Phi-

---

[269] Der jüdische Mathematiker Hans Freudenthal (*1905-09-17 Luckenwalde; †1990-10-13 Utrecht) ist vor allem bekannt für die Freudenthalschen Enden, die Freudenthal-Einhängung und seine Beiträge zur Mathematik-Didaktik. Nach der Besetzung 1940 der Niederlande durch NS-deutsche Truppen verlor er sofort seine Stelle an der Universität; er wurde 1943 in Amsterdam verhaftet und zur Zwangsarbeit für den Bau eines Flugfelds in das Arbeiterlager Havelte deportiert. 1944 konnte er mit Hilfe seiner Frau und mit Unterstützung von Freunden aus der Haft entfliehen und sich in Amsterdam verstecken. (Zu Brouwer und Freudenthal vgl. Van Dalen ([367] pp 647–658).)

[270] Die Venia wurde vom Professorenkollegium 1927-12-14 erteilt und vom Ministerium 1928-01-05 bestätigt. (S. Einhorn [67] p183)

[271] Nach der Mode der Zeit manchmal auch Menger-Zirkel genannt. Neben dem nach Schlick benannten Zirkel gab es auch solche mit anderen Initiatoren, wie Hans Kelsen, Ludwig v. Mises, Othmar Spann, Heinrich Gomperz, Friedrich Hayek und Herbert Fürth. Alle diese Foren waren einfach Seminare, die einem erweiterten Teilnehmerkreis von Studierenden, Lehrenden und Forschenden offenstanden.

[272] Alfred Tarski (*1901-01-14 Warschau; †1983-10-26 Berkeley, USA) eig. Alfred Tajtelbaum, entwickelte eine eigene Theorie des Wahrheitsbegriffs und der Definierbarkeit; der Allgemeinheit ist er vom Banach-Tarski-Paradoxon bekannt.

[273] Borsuk (*1905-05-08 Warschau; †1982-01-24 Warschau) ist für seine Ergebnisse in der Homotopie-, Kohomotopie- und Shape- Theorie bekannt.

[274] Čech (*1893-06-29 Stračov, Böhmen; †1960-03-15 Prag) entwickelte Konzepte für höhere Homotopiegruppen und für die nach ihm (mit)benannte Stone-Čech Kompaktifizierung. Vgl die Bemerkungen auf p. 108.

[275] Whyburn (*1904-01-07 Lewisville, Texas; †1969-08-09 Charlottesville, Virginia) befasste sich mit allgemeiner *Point set topology*; er war 1929/30 als Guggenheim Fellow bei Hans Hahn in Wien und besuchte in dieser Zeit das Menger Kolloquium. Auf ihn geht die Whyburn Construction zurück (Trans. AMS **74** (1953), 344–350).

losophie und Ethik — nicht zuletzt auch Ökonomie und die Auseinandersetzung mit dem wissenschaftlichen Werk Carl Mengers[276] — und Soziologie. Durchgehendes Anliegen der Diskussionen war der Versuch, allen diesen Gebieten eine mathematische Fundierung zu geben. Eine solche Fundierung vermisste Menger im Schlick-Kreis, die dort etablierte Wittgenstein-Verehrung machte er nicht mit. Als sich, vielleicht nicht für jeden erkennbar, ein Gegensatz zwischen ˃ Gödel und Schlick auftat, stand er (ebenso wie ˃ Hahn und die meisten der teilnehmenden Mathematiker) definitiv auf Seiten von Gödel.

In jedem Fall ist das Menger-Kolloquium *nicht* als Abspaltung des Wiener Kreises anzusehen, dafür überwog zu stark die mathematische Ausrichtung, sie hatten insbesondere wenig oder keinen Bezug zu Wittgenstein.[277]

Die im Kolloquium auftretenden jungen Talente unterstützte Menger nach Kräften, vermittelte Hauslehrerjobs, Anstellungen am Institut für Konjunkturforschung oder in der Versicherungswirtschaft. Edmund ˃ Hlawka sagte in seinem Nachruf auf Karl Menger über dessen Stil als akademischer Lehrer:[278]

Im Vergleich zu den Ordinarien Furtwängler, Hahn und Wirtinger, die als Olympier würdevoll über dem Studentenvolk thronten, war Menger der Typus des modernen Professors. Nervös und immer im Streß, pflegte er engen Kontakt mit den Studenten und kümmerte sich um ihr Wohlergehen. Er lud die Studenten in sein Heim ein, immer zu Diskussionen bereit.

Unter den Persönlichkeiten, die an Mengers Kolloquium teilnahmen, waren zwei Frauen: Laura ˃ Klanfer, die bereits 1934 wegen ihrer engen Verbindung mit der Sozialdemokratie nach England emigrieren musste, und Olga Taussky, verehelichte ˃ Taussky-Todd, die zuerst nach Deutschland und von dort nach England emigrierte.

1930/31 lehrte er im Rahmen von Gastprofessuren an der Harvard University (Cambridge MA) und an der Rice University (Illinois).

In einem Brief an Oswalt Veblen schrieb Menger 1934-10-27 über die damalige Situation in Wien:[279]

What I could not write you from Vienna is a description of the situation there You know how fond I am of Vienna ... But the moment has come when I am forced to say: I hardly can stand it longer. First of all the situation at the university is as unpleasant as possible. Whereas I still don't believe that Austria has more than 45% Nazis, the percentage at the universities is certainly 75% and among the mathematicians I have to do with, except, of course, some pupils of mine, not far from 100%.

---

[276] Während sein Vater, wie die meisten damaligen Nationalökonomen, mathematische Methoden nicht als wesentlich für die ökonomische Analyse erachteten, vertrat Menger jun den konzeptuell gegenteiligen Standpunkt, nach dem etwa ˃ Walds Beweis von 1934 für die Existenz eines Gleichgewichts in der Walras-Ökonomie einen bedeutenden Fortschritt darstellte.

[277] Vgl. hierzu auch das DMV-Interview von ˃ Hlawka.

[278] IMN **149** (1988), 11–13.

[279] zitiert nach [297] p 853.

Wie er später (1978-08) in einem Interview erzählte, hätten ihn Schlicks Ermordung 1936-06 durch den Psychopathen Nelböck und die dazu publizierten gehässigen Kommentare so stark schockiert, dass er sofort eine Übersiedlung nach Amerika anstrebte. Auf dem ICM in Oslo, weniger als einen Monat später, äußerte er diesen Wunsch unter befreundeten Kollegen aus den USA und erhielt auch tatsächlich noch 1936-10 eine Einladung an die katholische Universität Notre-Dame in Indiana. Im Dezember darauf verließ Menger Europa und war zum Zeitpunkt des Einmarsches 1938 in den USA. Nach dem „Anschluss" benachrichtigte er noch im März die Universität telegraphisch und schriftlich, dass er seine Wiener Professur aufgeben wolle. 1938-06-28 dekretierte dementsprechend das (gerade noch bestehende) Unterrichtsministerium seine Entlassung. Menger wurde daher nach 1945 nicht als Vertriebener anerkannt.

Menger hielt auch nach seiner Emigration Kontakt zu den Kolloquiumsteilnehmern und suchte diese auch von den USA aus zu unterstützen, zu einer dauerhaften Neugründung des Kolloquiums im Exil kam es aber nicht.[280]

Nach dem Krieg wurde an der Universität Wien erwogen, das unbesetzte Extraordinariat für Geometrie an Menger zu vergeben, eine solche Rückberufung scheiterte aber am Widerstand von Vertretern anderer Fächer im Fakultätskollegium, die gegen ihn geltend machten, „es sei von ihm nicht zu erwarten, dass er die Geometrie möglichst anschauungsnahe lehren werde".[281]

Die Frage, ob eine ao Professur in Wien für einen Wissenschaftler vom Range Mengers überhaupt in Frage kommen hätte können, wurde gar nicht erst gestellt.

Menger wirkte von 1937 bis 1946 an der katholischen University of Notre Dame, 1946 wechselte er an das Illinois Institute of Technology in Chicago, wo er 1971 emeritiert wurde. Seine Tätigkeit an den genannten Universitäten wurde nur durch Gastprofessuren unterbrochen: 1951 Sorbonne/Paris, 1961 Arizona, 1961-06-09 und 06-13 zwei Gastvorträge in der ÖMG, 1963-06 und 1964-06 Institut für Höhere Studien (IHS) Wien, 1968 Ankara.

Der Name Menger ist heute vor allem im Zusammenhang mit der schon erwähnten Menger-Dimension geläufig, sowie mit der *Menger-Kurve*, auch *Menger-Schwamm* genannt (eine derzeit sehr populäre 3D Verallgemeinerung der Cantor-Menge, gleichzeitig eine fraktale Kurve), dem Satz von Menger in der Graphentheorie[282] und mit dem Satz von Menger über die Einbettbarkeit der eindimensionalen metrischen Kompakta in den Mengerschwamm. 1928 führte Menger axiomatisch eine *Abstandsgeometrie* ein, eine „koordinatenfreie" Geo-

---

[280] Gründe dafür sind neben Mengers persönlichen Problemen die räumliche Zerstreuung und das anderweitige Engagement seiner Schüler, wohl auch die Weiterentwicklung des *mathematischen Mainstreams* und Mengers intensive Zuwendung zu ethischen Fragen und zum Werk seines Vaters. Die „Wiener nationalökonomische Schule" geriet für die nächsten Jahrzehnte bis zum Aufstieg der neoliberalen Schule (und der Verleihung des Nobelpreises an Friedrich von Hayek) ziemlich ins Abseits.

[281] Einhorn [67], pp 185f.

[282] Let G be a graph with A and B two disjoint n-tuples of vertices. Then either G contains n pairwise disjoint AB-paths (each connecting a point of A and a point of B) or there exists a set of less than n vertices that separates A and B.

metrie,[283] die lediglich auf Abstandseigenschaften von Punkten beruht und die Definition mehrdimensionaler Volumina mittels Cayley-Menger Determinanten (in Verallgemeinerung der Heronschen Flächenformel für Dreiecke) gestattet. Gleichzeitig erlaubt diese Theorie eine Charakterisierung der lokaleuklidischen metrischen Räume. Dies führt direkt weiter zur heutigen Theorie der *metrischen Räume vom inneren Typ* (wie A.D. Aleksandrov sie nannte) oder der *geodätischen metrischen Räume* (nach Gromov).

Menger beschäftigte sich auch mit Logik und mathematischer Grundlagenforschung, mit verbandstheoretischen Charakterisierungen projektiver Geometrien, mit Gruppentheorie sowie mit soziologischen und ökonomischen Fragen (er gilt als einer der Wegbereiter für die Verwendung mathematischer Modelle in der Soziologie). Sein Buch über Ethik und Moral aus logischer, wertfreier Sicht hat heftige Kontroversen ausgelöst.[284] Es sei hier auch daran erinnert, dass Menger bereits 15 Jahre vor Lotfi Asker Zadeh unter dem Namen *ensembles flous* („unscharfe Mengen") ein Konzept von *fuzzy sets* entwickelt hatte. In seinen letzten Lebensjahren verfasste er eine Biographie seines Vaters Carl Menger, die aber unvollendet blieb,[285] außerdem gab er das Hauptwerk seines Vaters, die *Grundsätze der Volkswirtschaftslehre*, nach den in seines Vaters Nachlass vorgefundenen Entwürfen für eine Neuauflage, neu heraus.[286]

Menger interessierte sich auch sehr für die zeitgenössische Malerei und bewunderte u.a. die niederländischen Künstler Piet Mondrian, Peter Alma and Frans Masereel.[287]

Menger betreute 18 Dissertationen, davon an der Universität Wien: Witold ⟩Hurewicz (1926), Hans ⟩Hornich (1929), Helene ⟩Reschovsky (1930), Georg ⟩Nöbeling (1931), Abraham ⟩Wald (1931) und Franz ⟩Alt (1932).

Ehrungen: 1928–32 Vorträge auf den ICMs Bologna (2 Sektions-Vorträge über allg Kurventheorie), Zürich (Plenarvortrag), Oslo (2 Vorträge: in den Sektionen Analysis sowie Geometry and Topology); 1932 Vizepräsident ICM Oslo; 1972 korr. Mitgl. d. ÖAW; 1983 Verleihung des Dr of Humane Letters and Sciences degree am Illinois Institute of Technology; 1989 Karl Menger Award, Duke University, gestiftet von Eva Menger-Hammond und George Hammond; 1998/99 Mengertor am Campus Wien (zur Erinnerung an Carl und Karl Menger); ab 2007 Annual Karl Menger Remembering Lectures and awards; 2009-10-07 Eintrag auf der Ehrentafel am Mathematischen Institut (heute Mathematische Fakultät) der Universität Wien; 2009 Ehrentafel am Döblinger Gymnasium. Die Mengergasse in Wien-Floridsdorf ist nach seinem Onkel, dem Juristen Anton Menger, benannt.

Ausgewählte Publikationen. *Diss.*: (1924) *Über die Dimensionalität von Punktmengen* (⟩Hahn).

1. Dimensionstheorie, 1928.
2. (gemeinsam mit G. ⟩Nöbeling), Kurventheorie, 1932 [Nachdruck 1967].

---

[283] Damit stand er in einen gewissen Gegensatz zu den Bemühungen ⟩Duscheks, der die Geometrie mittels Koordinaten und aus der Sicht von Technikern verstanden wissen wollte.

[284] Neuere Diskussionen finden sich in Siegetsleitner, A. (Hrsg.), Logischer Empirismus, Werte und Moral. Eine Neubewertung. Wien 2010.

[285] Die erhaltenen Fragmente sind in dem Aufsatz *Karl Menger's Unfinished Biography of His Father: New Insights into Carl Menger's Life through 1889* von Reinhard Schumacher und Scott Scheall eingehend besprochen (in: Research in the History of Economic Thought and Methodology, Vol. 38, 2020, 155–189).

[286] Ein Versuch, die ursprünglichen Texte von Carl Menger (Vater) zusammenzustellen findet sich in: Campagnolo G (Hrsg., 2008) *Carl Menger*. Verlag Peter Lang, Wien.

[287] Zum Unterschied von Brouwer; cf. Leonard R, Commentary on Menger's Work on Sociology Selecta Math. 2, 493–500, sowie den Aufsatz *Karl Menger's modernist journey: art, mathematics and mysticism, 1920–1955*. The Review of Austrian Economics; online https://doi.org/10.1007/s11138-019-00495-4

3. Moral, Wille und Weltgestaltung. Grundlegung zur Logik der Sitten. Springer Wien 1934. [Von Springer Nature als *eBook* 2020 wieder aufgelegt.]
4. Das Unsicherheitsmoment in der Wertlehre, Z. f. Nationalökon. **5** (1934), 459–485 [Das St. Petersburger Problem].
5. Einige neuere Fortschritte in der exakten Behandlung sozialwissenschaftlicher Probleme. Neuere Fortschritte in den exakten Wissenschaften (Fünf Wiener Vorträge III), 103-132. Leipzig, F. Deuticke (1936).
6. Selected papers in logic and foundations, didactics, economics. Vienna Circle Collection, Vol. 10. D. Reidel, Dordrecht-Boston-London 1979.
7. On social groups and relations. Math. Soc. Sci. **6** (1983), 13-25.
8. Ergebnisse eines Mathematischen Kolloquiums. Mit Beiträgen von J. W. Dawson jun., R. Engelking, W. Hildenbrand, Geleitwort von G. Debreu, Nachwort von F. Alt. Hrsg. von E. Dierker und K. Sigmund. Springer Wien 1998.
9. Selecta Mathematica. Vol. 1. Springer Wien 2002.
10. Selecta Mathematica. Vol. 2. Springer Wien 2003.

Zbl+JFM nennen (inklusive Doubletten) 268 mathematische Publicationen, darunter 18 Bücher und 28 Publikationsvoranzeigen im Anzeiger der österreichischen Akademie der Wissenschaften. Bei Einhorn [67] sind es 234. Eine vom Springer Verlag herausgegebene komplette Publikationsliste kann unter (https://link. springer.com/content/pdf/bbm:978-3-7091-6110-4/1.pdf, Zugriff 2023-03-02) heruntergeladen werden.

Quellen. ÖBL 1815-1950, Bd. 9 (Lfg. 44, 1987), S. 315f; [67] p 178–204; Zadeh, L. A., Klir, G.J., und Bo Yuan World Scientific, Singapur etc. 1996 - 826. Arthur Schnitzler, Tagebuch, Verlag der Österreichischen Akademie der Wissenschaften 1985, 1919: X, 27.
Zur Dimensionstheorie: Archiv Univ. Wien AT-UAW/131.135 Karl Menger, Nachlassfragment, 1921-1985; Zeitungsberichte zur Fälschungsaffaire von Mengers Großmutter Sara Anderman-Gergacsevic: Das Vaterland 1882-04-16 p6f, 1882-08-12 p5f, 1882-08-13 p6f; Wr Allg. Zeitung 1882-04-17 p2, 1882-08-11p1f, 1882-08-12 p2ff; Die Presse 1882-08-12 p3 Neuigkeitsweltblatt 1882-08-15 p9; Grazer Volksbl 1882-08-15p6. Der gemeinsame Aufenthalt von „Hofrat Menger, Frl Mila Andermann und Frau Emilie Gergacsevic aus Wien" auf Schloß Wasserberg (Stmk) wurde im Grazer Tagblatt 1898-08-09 p6 kolportiert.

Lit.: Schumacher R und Scheall S (2018) Karl Menger as Son of Carl Menger, chapter 9 in: Research in the History of economic Thought and Methodology Vol 38B; Menger K, My memories of L.E. Brouwer, Menger, Selected Papers; Beham B, "Mathematik als Therapie" – Mengers dimensionstheoretische Studien im Sanatorium Aflenz 1922–1923.; in: Fischer Hans et al. (eds. 2012), Tagung zur Geschichte der Mathematik, Freising 2011. Algorismus **77** (2012), 19-26. Leonard R J (1998), Ethics and the Excluded Middle: Karl Menger and Social Science in Interwar Vienna. Isis **89.1**, (1998), 1-26.

Richard Martin von Mises

*1883-04-19 Lemberg (Lvov, Ukraine);   †1953-07-14 (Krebs) Boston, Massachusetts (konvert. zwischen 1909 u 1914 r.k., später konfessionslos)

Sohn von Arthur, Edler v. Mises (*1854-09-06 Lvov; †1903-10-01 Halberstadt, Sachsen-Anhalt), Oberingenieur und Beamter der öst-ung Eisenbahnverwaltung (außerdem Vertreter der IKG Wien), und dessen Frau Adele (*1858-06-04 Brody; †1937-04-18 Wien), geb. von Landau [Tochter von Ephraim Fishel Landau und Klara Chaja Landau]. Jüngerer Bruder des Nationalökonomen Ludwig von Mises (*1881-09-29 Lviv; 1973-10-10); älterer Bruder von Karl v. Mises (*1887-07-18; †1899-03-10, früh, aber *nicht* im Babyalter verstorben).

Zeichnung: W. R.

Neffe von Max v. Mises (*ca 1843; †1895-11-13 Lemberg), Dr med Felix v. Mises (†1903-06-29) [⚭ Erna, geb ?], und Ing. Emil Rachmiel von Mises (*1850; †1915-07-17) [⚭ Mathilde, geb Schorr, 1 Tochter: Helene Lurie, 1 Sohn: Herbert Julius Arthur v. Mises];

Cousin von Felix' Sohn, Rechtsanwalt Dr Heinrich v. Mises (*1867-01-25 Lemberg).

Dr Joachim Landau (*1821-05-09 Brody; †1878-07-26 Wien), ein Onkel seiner Mutter Adele, war 1873–78 Abgeordneter im Reichsrat.

Mises ⚭ [1943] Hilda ˃ Geiringer [keine gemeinsamen Kinder]

NS-Zeit. V. Mises war zur Zeit der Ernennung Hitlers zum Reichskanzler Professor an der Universität Berlin. Als Teilnehmer des ersten Weltkriegs zunächst durch das Berufsbeamtengesetz von 1933-04-07 nicht gefährdet, ahnte er aber Schlimmeres und wandte sich nach Istanbul. Nach dem Tod Kemal Atatürks brachte er sich und seine spätere Ehefrau Hilda ˃ Geiringer in die USA in Sicherheit, da ihm und Geiringer von türkischer Seite das Verlassen des Landes nahegelegt wurde und ohnehin die Türkei nach dem Tode Atatürks kein vor den Nazis sicherer Aufenthaltsort war.

Richard von Mises wuchs in einer sehr wohlhabenden und angesehenen jüdischen Familie auf, die sich auch religiös und karitativ in der Kultusgemeinde engagierte. Der Adelstitel „Edler von" geht auf seinen Urgroßvater, den Bankier und Handelsmann Mayer Rachmiel Mises (*1800-06-23 Lemberg; †1891-02-28 Lemberg) zurück, der sich mit Getreidelieferungen an das öst.-ung. Militär verdient gemacht hatte (1881), er war Vorstand der IKG Lemberg. Vater Arthur v. Mises war Beamter im Eisenbahnministerium und Vertreter der Wiener IKG.[288] Auch Onkel Emil war Eisenbahningenieur. Richards Großmutter Marie (*1822, †1899-10-16 Lemberg) war eine der drei Töchter des berühmten Rabbi Zechariah Menachem Mendel Nirenstein von Brody (*1799; †1875-12-16 Lemberg).[289]

Nach dem Besuch der Volksschule (1889–93) und des akademischen Gymnasiums in Wien (1893 bis 1901, 1901-07 Matura mit Auszeichnung, zur gleichen Zeit bestand dort Lise

---

[288] Das ist noch heute auf seinem Grabstein zu lesen.
[289] S. zB *Neue Freie Presse* 1899-10-17

Meitner als Externe die Matura) studierte v. Mises Mathematik, Physik und Maschinenbau an der TH Wien. Neben seinem Studium sammelte er praktische Erfahrungen in der Maschinenindustrie, so in der Firma *Vilkan* (im Sommer 1903) und als Volontär in der *Prager Maschinenbau AG* (1905-08-21 bis 1905-09-30). Ebenfalls 1905, bewarb er sich um eine neu ausgeschriebene Assistentenstelle an der 1905-10 mit Georg ⊳Hamel besetzten Lehrkanzel für Mechanik an der DTH Brünn. 1906, nach der zweiten Staatsprüfung, war er bereits ⊳Hamels Assistent in Brünn und schrieb dort seine Dissertation für die TH Wien, mit der er dann 1907 promovierte.[290]

Seine wissenschaftliche Laufbahn führte ihn von da an über Brünn und Straßburg nach Dresden und schließlich an die Universität Berlin, von dort in die Türkei und danach in die USA, in Wien hatte v. Mises nie eine akademische Position und war auch nie an einer Wiener Hochschule in der Lehre tätig.

1908-11, habilitierte er sich in Brünn für Mechanik[291] (1909-05 erweitert auf Theoretische Maschinenlehre) und wechselte bereits ein Jahr später, 1909-07, als ao Professor für angewandte Mechanik an die (damals noch deutsche) Universität Straßburg. Dort wirkte er, abgesehen von Unterbrechungen durch seine Einberufung zum Kriegsdienst, bis 1918.

Mises gehörte zu den Flugpionieren der ersten Stunde. Im SS 1913, noch in Straßburg, gab er seine ersten Universitätsvorlesungen über die Mechanik des Motorflugs,[292] die er seitdem regelmäßig wiederholte. 1913-09-02 erwarb er sein Brevet (so hieß damals der Flugpilotenschein) mit der Nr 500 auf dem Flugfeld Berlin-Johannistal. Während des ersten Weltkriegs war er folgerichtig zur Ausbildung von Militärfliegern in der k.u.k. Luftfahrttruppe abkommandiert. Daraus entstand seine *Fluglehre*, die der Springer Verlag 1918, noch vor Kriegsende, in Berlin herausbrachte. Außerdem entwarf v. Mises im zweiten Kriegsjahr 1915/16 für die Armee ein 2×300 PS starkes Großflugzeug, das für den Abwurf von Bomben gedacht war. Ein Prototyp wurde gebaut, stürzte aber beim ersten Probeflug ab (der Pilot und v. Mises blieben unverletzt); die vorgesehenen Motoren erwiesen sich als zu schwach. Das Projekt wurde abgebrochen. Während seiner Dienstzeit unter den k.u.k. Aviatikern lernte v. Mises den ungarischen Aerodynamiker Theodor von Kármán kennen, der ihm später bei seiner Emigration in die USA behilflich war.[293]

Nach dem Krieg musste v. Mises Straßburg verlassen, 1919 übernahm er den neugeschaffenen Lehrstuhl für Hydrodynamik und Aerodynamik an der TH Dresden, wechselte aber schon 1920 an die Universität Berlin als Direktor und Professor des ebenfalls neugeschaffenen Instituts für Angewandte Mathematik.[294] Dort blieb er bis zum Beginn der NS-Herrschaft und war sehr erfolgreich, sein kleines Berliner Institut war in der Angewandten Mathematik neben dem von Carl Runge in Göttingen führend. Ab 1921 stand ihm in Berlin Hilda ⊳Geiringer als Assistentin zur Seite, die 1922-02 den Statistiker Felix

---

[290] Nach der Liste aller Dissertationen im österr. Bibliothekverbund. Die Angaben bei Reinhard Siegmund-Schultze [309] weichen davon ab.

[291] Mährisches Tagblatt 19. November 1908-11-19 p3

[292] Erwähnt im Vorwort zu seiner *Theory of Flight*, McGraw-Hill New York-London 1945.

[293] Theodor v. Kármán (ung. Kármán Tódor, *1881-05-11 Budapest; †1963-05-07 Aachen) war einer der wichtigsten Aerodynamiker der Generation nach Ludwig Prandtl; auf konstruktivem Gebiet beschäftigte er sich unter anderem mit Fesselhubschaubern und Vorläufern von Düsentriebwerken.

[294] Zum damaligen Mathematischen Institut der Universität Berlin s. [126].

˃ Pollaczek heiratete, sich aber von diesem bald danach trennte, ca 1932 geschieden und somit für v. Mises frei wurde.[295]

V. Mises war maßgeblich an der Gründung der *Gesellschaft für Angewandte Mathematik und Mechanik* (GAMM) beteiligt, deren Geschäftsführer er 1922–1933 war; Ludwig Prandtl war der Vorsitzende, ab 1923 Hans Reißner dessen Stellvertreter. Eine andere auf v. Mises zurückgehende Gründung ist die der *Zeitschrift für Angewandte Mathematik und Mechanik* (ZAMM), 1921.[296]

Weniger bekannt ist die Rolle, die v. Mises für die Zusammenarbeit von Albert Einstein mit Walther ˃ Mayer spielte.[297] Die Zusammenarbeit entwickelte sich aus einer Empfehlung, die v. Mises auf Anfrage seines damaligen Berliner Kollegen Einstein gab,[298] der einen mathematisch versierten Assistenten zur Entwicklung seiner *Einheitlichen Feldtheorie* suchte.

1933-04-07 trat das NS-Gesetz zur Wiederherstellung des Berufsbeamtentums in Kraft, von dem v. Mises als Frontkämpfer zunächst nicht betroffen war. Mises befürchtete aber zu Recht, dass ihn seine Ausnahmestellung als Weltkriegsteilnehmer nicht lange schützen werde, emigrierte in die Türkei und übernahm einen Lehrstuhl in Istanbul. Als seinen Nachfolger in Berlin empfahl er Theodor ˃ Vahlen, der versprochen hatte, ihm im Gegenzug für diese Empfehlung seine (deutsche) Pension zu retten. Vahlen wurde 1933-12 Direktor, Mises 1934-01 aller Pensionsansprüche verlustig.[299] Immerhin gelang es Richard v. Mises, noch vor dem „Anschluss" sein Privatvermögen nach Wien und von dort ins Ausland in Sicherheit zu bringen.

Gemeinsam mit dem türkischen Physiker und Mathematiker Erim Kerim (*1894; †1952) wurde v. Mises zum Leiter des Instituts für Mathematik der Istanbul Üniversitesi (Universität Istanbul)[300] ernannt. Kerim hatte in Berlin bei Einstein promoviert, als Mathematiker beschäftigte er sich hauptsächlich mit dem Stieltjes-Integral und seiner Definition in mehreren Dimensionen. Mises und Kerim arbeiteten gut miteinander zusammen, die beiden mussten ein komplett neues Institut aufbauen. Mises war vertraglich verpflichtet, in den ersten drei Jahren[301] seines Wirkens in Istanbul soweit Türkisch zu lernen, dass er seine Lehrveranstaltungen in der Landessprache abhalten konnte; für die Studierenden waren

---

[295] 1939 führte der von türkischen Recherchen ermittelte Personalstand „verheiratet" Geiringers dazu, dass v. Mises und Geiringer die Türkei verließen (s.u.).

[296] Diese trägt heute den Namen *Journal of Applied Mathematics and Mechanics*.

[297] Vgl. Mayers Eintrag auf pp 584ff.

[298] Brief v. Mises an Einstein, datiert 1929-12-17 AE-Archiv EA 18-225. Die Empfehlung ist zitiert in van Dongen [368] p 101. V. Mises gab diese Empfehlung *nicht* als "mathematical physicist [...]" in Vienna," wie dort unrichtig angegeben, sondern als "mathematical physicist [...] in Berlin." Mayers Tensorbuch war damals noch nicht erschienen.

[299] Mises versuchte 1953, kurz vor seinem Tod, seine Pensionsansprüche doch noch geltend zu machen. Das gelang aber erst nach seinem Tod seiner Frau Hilda, mit Hilfe von ˃ Bieberbach. Hilda bedankte sich in einem Brief von 1957 bei Bieberbach. Vgl. Siegmund-Schultze [306], besonders p 79ff, 329f

[300] Gegründet 1933-08-01 als erste türkische Universität im modernen Sinn: Sie nahm ihre Tätigkeit offiziell 1933-11-18 auf. Die Vorgängerinstitution „Darülfünun" war eine „Medres", eine religiös dominierte Hochschule mit Schwerpunkt auf islamischer Theologie und islamischer Rechtslehre, sie wurde 1933-07-31, einen Tag vor der Gründung der Istanbul Üniversitesi, aufgelöst.

[301] In Wirklichkeit waren es dann vier Jahre.

Lehrmaterialien auf Türkisch zusammenzustellen. Die Regierung Atatürk und ihre Nachfolger sahen die Türkei nicht als Asylland für aus Deutschland vertriebene Flüchtlinge
an, sie unterhielten weiterhin gute Beziehungen zum Deutschen Reich. Diplomaten und
in der Türkei lebende Auslandsdeutsche aus NS-Deutschland konnten gegen die von der
Regierung ins Land geholten „nicht-arischen" Wissenschaftler intrigieren, hatten damit zu
Lebzeiten Atatürks aber keinen Erfolg.[302]

Seine Mitarbeiterin Hilde > Geiringer (die er 1943 heiratete) folgte Mises 1934 nach Istanbul
und später in die USA, nachdem sie ihre Stelle in Berlin schon 1933 verloren hatte.[303]

1938 starb Kemal Atatürk und die Situation der deutschen Emigranten in der Türkei wurde
prekär; Hilda Geiringers Vertrag wurde nicht verlängert und v. Mises nahegelegt, das Land
zu verlassen.[304] Mises emigrierte daher 1939 mit Hilfe von Theodor von Kármán aus der
Türkei in die USA, an die Harvard-Universität, wo er 1944 *Gordon-McKay Professor of
Aerodynamics and Applied Mathematics* wurde.

Mises bearbeitete ein breites Spektrum von Forschungsinteressen, nach seinen eigenen
Worten können diese in acht Gruppen eingeteilt werden: Praktische Analysis, Integral-
und Differentialgleichungen, Mechanik, Hydro- und Aerodynamik, konstruktive Geometrie, Wahrscheinlichkeitstheorie, Statistik, Philosophie. Den größten Bekanntheitsgrad in
der mathematischen Welt erreichte er einerseits in Wahrscheinlichkeitstheorie und Statistik, andererseits in der Mechanik plastisch deformierbarer Körper und kompressibler
Flüssigkeiten.

Das erste ist die von ihm ab etwa 1919 entwickelte frequentistische Wahrscheinlichkeitstheorie, bei der die Wahrscheinlichkeit als Grenzwert von Häufigkeiten innerhalb eines
Kollektivs definiert wird. Historisch gesehen war das einer der ersten (und wichtigsten)
Versuche, die Wahrscheinlichkeitstheorie auf ein solides mathematisches Konzept zu stellen, das anders als die Wahrscheinlichkeitstheorie seines Lehrers Emmanuel Czuber,[305]
nicht auf vage Vorstellungen von Wahrscheinlichkeit als „Grad von Wissen oder Nichtwis-
sen" zurückgreift.[306] Die Definition von v. Mises hat sich gegenüber der axiomatischen
Definition Kolmogorovs der frühen 30er Jahre nicht auf Dauer behaupten können; seit den
60er Jahren ist aber, vor allem im algorithmischen Kontext, eine Renaissance der Vorstel-

---

[302] Die türkische Regierung setzte sich unter Atatürk sogar für von ihr gewünschte, aber in Deutschland
bereits inhaftierte Wissenschaftler ein und erwirkte deren Freilassung. (Dalaman [49] p 105ff.)

[303] Eine mathematisch fundierte Darstellung des Wirkens emigrierter Mathematiker in der Türkei geben
Alp Eden und Gürol Irzik in [66]. Eine allgemeine Darstellung zur Situation emigrierter Wissenschaftler
in der Türkei gibt Cem Dalaman in [49].

[304] Der türkische Altvater-Schüler Cem Dalaman schreibt darüber in seiner Dissertation von 1998: „Mises
verließ 1939 die Türkei; er hatte in der Universität eine Beziehung mit einer verheirateten Angestellten,
diese Beziehung wurde durch türkische Mitarbeiter aufgedeckt und Mises wurde nahegelegt, die Universität
selbst zu verlassen, da sonst wegen diesem Vorkommnis sein Vertrag sowieso nicht verlängert würde."
Diese Angestellte war wohl Hilda Geiringer.

[305] Czuber, E (1903), Die Wahrscheinlichkeitsrechnung und ihre Anwendung auf Fehlerausgleichung,
Statistik und Lebensversicherung.

[306] > Vietoris charakterisiert in seiner Axiomatik der Wahrscheinlichkeitstheorie Wahrscheinlichkeiten nicht
durch Zahlen, sondern bezieht sich auf eine Ordnungsrelation vom Typ „Das Ereignis *A* ist wahrscheinlicher
als das Ereignis *B*".

lungen von v. Mises zu verzeichnen.[307] Die nach ihm benannte *Von-Mises-Verteilung* ist die Entsprechung der Normalverteilung für periodische Funktionen.

In der Angewandten Mathematik sind in der Plastizitätstheorie die nach ihm benannte *Anstrengungshypothese* und die *Mises-Vergleichsspannung* für zähe Werkstoffe zu nennen, mit deren Hilfe für kombinierte Belastungen (mit zwei oder mehr Achsen) die Belastungsgrenze im Werkstoff (Fließen, Bruch) bestimmt werden kann.[308] In der numerischen Mathematik ist die *Von-Mises-Iteration* (auch Potenzmethode genannt) zur Berechnung des betragsgrößten Eigenwertes einer Matrix nach ihm benannt.

Wie viele andere Wissenschaftler der 1920er Jahre war auch v. Mises ein Anhänger der Eugenik.[309]

V. Mises war ein großer Verehrer des Prager Dichters Rainer Maria Rilke und ein anerkannter Experte für sein Werk. Bei seinem Ableben soll er die weltweit größte private Rilke-Sammlung besessen haben.[310] Mises kannte Robert Musil spätestens seit seiner Berliner Zeit persönlich und war mit ihm befreundet.[311]

Im persönlichen Umgang hinterließ v. Mises bei vielen den Eindruck von aristokratischer Reserviertheit, bis hin zur Arroganz. Diese Eigenschaft wurde auch seinem Bruder Ludwig nachgesagt, im übrigen sollen sich die beiden nicht besonders gut miteinander vertragen haben.[312]

---

[307] Vgl. zB C. P. Schnorr, Zufälligkeit und Wahrscheinlichkeit. Eine algorithmische Begründung der Wahrscheinlichkeitstheorie. Lecture Notes in Mathematics. **218**. Berlin-etc, Springer 1971. Nach Studien von 1999 dürfte das Kolmogorovsche Axiomensystem bereits in einer unveröffentlichten Arbeit von Hausdorff enthalten sein. (Hochkirchen T (1999) Die Axiomatisierung der Wahrscheinlichkeitsrechnung und ihre Kontexte.) Von Hilberts sechstem Problem zu Kolmogoroffs Grundbegriffen. Göttingen: Vandenhoeck & Ruprecht.)

[308] Vgl. dazu zB Kapitel 9 im Lehrbuch von Herbert Mang und Günter Hofstetter, *Festigkeitslehre*. Springer Wien 2004. Die Theorie ist auch für anisotrope Werkstoffe verwendbar (vgl. v. Mises, R, Mechanik der plastischen Formänderung von Kristallen. ZAMM **8**(1928), 161–185. Eine ausführliche historische Würdigung schrieb Klaus Böttcher im DGKK-Mitteilungsblatt Nr. 95/2012, 35-39.

[309] Diese war damals bekanntlich auch in den USA, in Großbritannien und in Frankreich durchaus verbreitet (zB Ronald Aylmer Fisher, Margaret Sanger, Julian Huxley, D.H. Lawrence, George Bernard Shaw, H.G. Wells, Robert Millikan), jedoch *ohne* von den Nazis daraus abgeleiteten mörderischen Implikationen. Dem berühmten Anatomen und sozialdemokratischen Politiker Julius Tandler wird ebenfalls eine Nähe zu eugenischen Positionen (auch dieser ohne Befürwortung von Euthanasiemorden) vorgeworfen. Ein wirklich düsteres Kapitel ist die finanzielle Unterstützung, die die Rockefeller Foundation an deutsche eugenische Forscher, das US *Eugenics Record Office* und für US Untersuchungen gab, bei denen nicht informierte Menschen in Guatemala unter anderem mit Syphilis infiziert wurden, um die Wirksamkeit von Penizillin nachzuweisen.

[310] Obermüller P, Steiner H, Zinn E (Hrsg) (1966), Katalog der Rilke-Sammlung Richard von Mises. Insel-Verlag, Frankfurt am Main. (Die Rilke-Sammlung von v. Mises befindet sich an der Harvard Universität.)

[311] Zu den Kontakten zwischen v. Mises und Musil vgl. die Musil-Biographie von Karl Corino bei Rowohlt, Reinbeck bei Hamburg 2003 (p 1062 ff). Mises muss jedenfalls Robert Musils Vater Alfred bereits seit seiner Zeit in Brünn gekannt haben (Alfred M. war ab 1890 Dozent, später bis zu seiner Emeritierung 1917 o Professor für Theoretische Maschinenlehre und Maschinenbau an der DTH Brünn, Dekan und Rektor.)

[312] "The Mises brothers Ludwig and Richard . . . hardly talked to one another and pursued very different intellectual goals." (Dekker [52], p 33; vgl auch Sigmund, [319] auf den Seiten 45 und 248.

MGP verzeichnet 24 von v. Mises betreute Dissertationen, davon 1 in Cambridge (aber während seines Aufenthalts in Harvard), je 3 an der Universität Istanbul und an der Universität Straßburg, alle anderen in Berlin. Lothar Collatz war 1933 in Berlin Dissertant von v. Mises, promovierte aber dann bei Alfred Klose und Erhard Schmidt, da v. Mises seine Lehrbefugnis verlor. Mises betreute (gemeinsam mit Willy (nach 1940: William) Prager, *1903-05-23 Karlsruhe; †1980-03-17 Savognin, CH) die erste von einer Frau verfasste Dissertation in der Türkei, von der Armenierin Hermine Kalustyan (al. Kalutsyan (*1914 İstanbul; †1989-09-03 Eylül, Türkei), 1941. Kalustyan war 1960–61 Abgeordnete zum türkischen Parlament.

Ehrungen: 1923 Mitglied der Leopoldina; 1932 Eingeladener Vortrag ICM Zürich; 1944 Mitglied der American Academy of Arts and Sciences; 1950 Ehrenmitgliedschaft der Akademie der Wissenschaften der DDR (abgelehnt um Auseinandersetzungen mit McCarthy zu vermeiden); 1951 Ehrendoktor der TH Wien; 1952 der Universität Istanbul; 1953 Festbände zu seinen Ehren: Zeitschrift für Angewandte Mathematik und Mechanik **33.4**, Österreichisches Ingenieur-Archiv **7.2**; 1989 „Richard-von-Mises-Preis" der Gesellschaft für angewandte Mathematik und Mechanik (GAMM) nach ihm benannt; 2015 „von-Mises-Bau" an der TU Dresden.

Ausgewählte Publikationen. *Diss.*: (1906) *Die Ermittlung der Schwungmassen im Schubkurbelgetriebe (Georg > Hamel, [313] TH Wien).*   Erschienen in: Zs. d. Österr. Ingenieur- u. Architekten-Ver. 58, 1906, S. 577-82, 589-94, 606-10.

Mises veröffentlichte 145 wissenschaftliche Publikationen, darunter 14 Bücher über Themen aus Maschinentechnik, Aviatik, Wahrscheinlichkeitstheorie und Statistik, und nicht zuletzt Philosophie. Seine erste mathematische Publikation erschien 1905. Eine Publikationsliste sowie eine Liste von Sekundärpublikationen findet sich in [329].

1. Zur konstruktiven Infinitesimalgeometrie der ebenen Kurven. Zs. f. Math. u. Phys. **52** (1905), 44–85.
2. Theorie d. Wasserräder. Zs. f. Math. u. Physik **57** (1909), 1–120 (Habilitationsschrift, bei B.G. Teubner 1908 auch als Buch erschienen);
3. Dynamische Probleme der Maschinenlehre. in: Enzyklop. der math. Wissensch. IV, 2. Teilbd., 1911, Art. 10, S. 153-355;
4. Mechanik der festen Körper im plastisch-deformablen Zustand, Gött. Nachr. **4** (1913), 582-592
5. Zur Theorie des Tragflächenauftriebes, 1. Mitt., in: Zs. f. Flugtechnik u. Motorluftschiffahrt 8, 1917, S. 157-63; 2. Mitt., ebd. 11, 1920, S. 68-73, 87-89;
6. Über die „Ganzzahligkeit" der Atomgewichte und verwandte Fragen. Physikalische Zeitung **19** (1918), 490–500.
7. Fluglehre. Vorträge über Theorie und Berechnung der Flugzeuge in elementarer Darstellung. Springer, Berlin 1918. (poln. 1929, russ. 1926, engl. (erweitert, gemeinsam mit William Prager u. Gustav > Kuerti) 1945, 1959);
8. Grundlagen der Wahrscheinlichkeitsrechnung. Math. Zs. **5** (1919), 52–99, Berichtigung dazu, ebd. **7** (1920), 323;
9. Über Aufgaben und Ziele der angewandten Mathematik. Zs. f. angew. Math. u. Mechanik **1** (1921), S. 1-15;
10. Hochschultagung Dresden 1928. Z. f. angew. Math. **10** (1930), 103-104.
11. Problème de deux races. Rec. Math. Moscou **41** (1934), 359-374.
12. Über Aufteilungs- und Besetzungswahrscheinlichkeiten, Acta Univ. Asiae Mediae, Taschkent, Va, **27** (1939), 21 pp . [Unverändert abgedruckt in Revue de la faculté des sciences de l'Université d'Istanbul **4** (1939), 145–163; Selected Papers II auf pp 313-334. v.Mises merkt zu dieser Publikation an: „Das Manuskript dieser Arbeit wurde im Januar 1937 nach Tomsk gesandt, wo es in der damals geplanten Festschrift für Professor Romanowski erscheinen sollte."]
13. On the asymptotic distribution of differential statistical functions. Ann. Math. Stat. **18** (1947), 309-348.
14. Über einige Grundfragen der Hydrodynamik. Österr. Ing.-Arch. **6** (1952), 77-85.
15. Mathematical theory of compressible fluid flow. Applied Mathematics and Mechanics. 3. New York and London: Academic Press 1958. (posthum erschienen, zwei Kapitel wurden an Hand seiner Notizen von Hilda Geiringer und G.S.S. Ludford ergänzt.

---

[313] Georg Hamel war damals Professor an der TH Brünn.

16. Selected papers of Richard von Mises. Selected and edited by Ph. Frank, S. Goldstein, M. Kac, W. Prager, G. Szegő and G. Birkhoff. Vol. I: Geometry, mechanics, analysis; Vol. II: Probability and Statistics, General. Providence, R.I.: American Mathematical Society (AMS) 1963.

Beiträge zur Erkenntnistheorie und zur Philosophie der Mathematik:

17. Naturwissenschaft und Technik der Gegenwart. (Abhandlungen und Vorträge aus dem Gebiete der Mathem., Naturwiss. u. Technik, Heft 8.). Leipzig: B. G. Teubner 1922.
18. Über das naturwissenschaftliche Weltbild der Gegenwart. Naturwissenschaften **18** (1930), 885-893.
19. Entgiftete Mathematik. Über das Institut für angewandte Mathematik. Die Koralle **7** (1931/32), 9, 378–382. [nicht in Zbl/JFM]
20. Wahrscheinlichkeit, Statistik und Wahrheit. 4. Aufl., durchgesehen von Hilda Geiringer. Library of Exact Philosophy 7. Wien-New York: Springer-Verlag (1972).
21. Ernst Mach und die empiristische Wissenschaftsauffassung. W.P. van Stockum & Zoon, Den Haag 1938.
22. Kleines Lehrbuch des Positivismus. Einführung in die empiristische Wissenschaftsauffassung. van Stockum & Zoon, Den Haag 1939

Einige Publikationen von v. Mises zu Rainer Maria Rilke:

23. Rainer Maria Rilke — Bücher, Theater, Kunst (hsg von v. Mises, Verlag Jahoda & Siegel, Wien 1934;
24. Bericht von einer Rilke Sammlung mit einem bibliographischen Anhang. Philobiblon **8** (1935), 450–480;
25. Rainer Maria Rilke im Jahre 1896 I–III (hrsg. von v. Mises), Verlag der Johannespresse New York 1944, 1945, 1946;
26. Rilke Secrétaire de Rodin, avec deux lettres reproduites en fac-similé dont les originaux se trouvent dans la collection rilkéenne de l'auteur. Les Lettres, 4ième année (1952), 60–67.

Quellen. Jahresb. akad. Gymn. Wien 1901/02 p 80f; [329] p 472-481; [239] p 634; Neue Freie Presse 1899-10-17 p16, 1903-10-04 p28, 1908-12-07p7, 1937-04-21p17; Wr. Zeitung 1908-12-06 p8, 1909-05-20 p7; Mährisches Tagbl. 1908-11-19 p3; Prager Tagbl., 1909-08-01 p 13; zu v. Mises' Aufenthalt in der Türkei: Eden, A, Irzik G, Hist. Math. **39** (2012), 432—459; zur Mathematik in Berlin: Grötschel [126]; Siegmund-Schultze [306] p329f

Lit.: Basch A (1953), Österr. Ing.-Arch. **7**:73–76; Siegmund-Schultze R (2004), Science in Context, **17**:333–370, IMN **187** (2001), 21–31, GAMM Rundbrief, (1):6–12, 2008; Z Angew Math Mech. 2020; 1OO:e202002017.

Otto Eduard Neugebauer

(Hermann Rudolf)
*1899-05-26 Innsbruck;   †1990-02-19 Lawrenceville, New Jersey (evang.)

Sohn des Südbahn-Ingenieurs Rudolf Neugebauer (*ca1863; †1907-10-30) und dessen Ehefrau (⚭ 1895-09-16) Julie (*1873; †1900-05-27 Innsbruck), Tochter des Geographen Eduard Richter (*1847-10-03 Mannersdorf NÖ; †1905-02-06 Graz) und dessen erster Frau Julie, geb v. Frey (*1851-08-03; †1873 Wien, im Kindbett)

Foto: Mit freundlicher Genehmigung des Stadtarchivs Göttingen

Neffe von Mutters Seite: Die akad. Malerin Bertha Santifaller, geb. Richter und Ehefrau von Leo Santifaller, war eine Halbschwester (Tochter von Eduard Richter aus 2. Ehe mit Louise, geb. Seefeldner) seiner Mutter; Otto Neugebauer ⚭ 1927-08-22 [Osnabrück] Grete (*1904-01-21 Osnabrück; †1970-04-13 Osnabrück), [Tochter des Ingenieurs und Senators der Stadt Osnabrück Anton Theobald Hermann Fritz Brück (*1865-01-08; †1919-05-23)]; 1 Tochter Margot (*1929-11-14 Göttingen), 1 Sohn Gerhard Otto (Gerald, Gerry) Neugebauer (*1932-09-03 Göttingen; †2014-09-26 Tucson, Arizona), ein bekannter Astronom, Pionier der Röntgenastronomie [⚭ Marcia].

NS-Zeit. Neugebauer war von Beginn an entschiedener NS-Gegner, selbst aber nicht jüdischer Abstammung. Nach den ersten gegen Juden ergriffenen Maßnahmen emigrierte er 1934-01 nach Kopenhagen, von dort 1939-06-30 weiter in die USA, wo er 1940-01-11 eingebürgert wurde.

Otto Eduard Neugebauer entstammte mütterlicherseits einer angesehenen Grazer Familie. Der Vater seiner Mutter, Eduard Richter, war ein bedeutender Geograf, Alpinist, Gletscherforscher und Historiker, wirkte ab 1886-02-06 an der Universität Graz als o Professor und im Studienjahr 1898/99 als Rektor. Er war 1898–1900 Präsident der internationalen Gletscherkommission und ab 1902 wirkliches Mitglied der k.k. Akademie der Wissenschaften. Im Deutschen und Österreichischen Alpenverein (DuOAV) spielte er eine führende Rolle, geriet aber wegen seiner Gesinnung als prononcierter Gegner slowenischer Ansprüche auf die Namensgebung in der Topographie der Untersteiermark (heute bei Slowenien) und angrenzender Gebiete in eine erbitterte und von beiden Seiten ziemlich unschön geführte Fehde mit dem Mathematiker Johannes Frischauf der Grazer Universität.[314]

Otto Neugebauers Vater Rudolf Neugebauer war zuletzt Oberingenieur und Werkstätten-chef bei der Südbahn und, nach den Erinnerungen Ottos, ein eifriger Sammler orientalischer Teppiche und Designer-Objekte. Im Jahr 1900 trat Rudolf Neugebauer in die OHG „Thonwerk Fritzens Kraft, Nigler, Stenzl" als weiterer Gesellschafter ein.[315] Ottos Mutter Julie Neugebauer starb bereits 1900 mit 27 Jahren in Innsbruck.[316] Vater und Sohn Neugebauer übersiedelten bald nach dem Tod der Mutter wieder nach Graz, wo der Vater aber 1907-10-30 an Herzlähmung starb. Der achtjährige Otto wuchs als Vollwaise im Hause

---

[314] Johannes Frischauf (*1837-09-17 Wien; †1924-01-07 Graz) war Vater sowohl des KZ-Opfers und Kommunisten Hermann Frischauf (*1879; †1942-11-12b KZ Buchenwald), Ehemann von Marie Frischauf, geb Pappenheim, Librettistin von Arnold Schönbergs „Erwartung". Cf. Seite 414 als auch des NS-Pgen [nach Martin Fürnkranz, s.u.] Dr jur Walter Frischauf (*1882-09-02 Graz; †1957-11-26 Graz), Bibliotheksass. DU Prag, und von Dipl Ing Erich Frischauf (*1881 Graz; †1943-04-25 Reichenstein b. Admont, Bergunfall), Betriebsleiter in Donawitz. Johannes Frischauf wurde von deutsch-nationalen Kreisen vorgeworfen ein Philo-Slowene zu sein. Zur Kontroverse Frischauf–Richter vgl. die biografischen Abschnitte in Aigner [2] und Tichy, R., Wallner, J., imn **210** (2009), 21–32, J. Frischauf, Der Alpinist und Geograph E. Richter, 1905; FS des Akad. Ver. dt. Historiker an der Univ. Graz, 1907, S. 11 ff. Zu Frischauf s. weiters Fürnkranz M, *Von den Slawen geächtet, vom Alpenverein geächtet, Johannes Frischauf (1837-1924)*. „Bergauf" (Oesterreichischer Alpenverein, Innsbruck), 3/2014, 66-68 (online unter http:www.alpenverein.at/portal_wAssets/docs/service/bergauf/pdf_downloads/bergauf_2014/Bergauf_3_14_ebook.pdf, Zugriff 2023-02-21)

[315] Wr. Zeitung 1900-01-21 p21. In Innsbruck wurde er für 1 Jahr als Mandatar der vereinigten deutsch-fortschrittlichen und deutschnationalen Parteien gewählt. (Innsbrucker Nachrichten 1900-05-17 p 1.)

[316] Innsbrucker Nachrichten 1900-05-29, p. 8

seiner Eltern[317] unter der Obhut seiner unverheirateten Tante Hermine Richter (*1845; †1918-07-01 Graz) „als Pflegesohn" auf.[318]

Der junge Otto Neugebauer besuchte das Erste k.u.k. Staatsgymnasium (heute akademisches Gymnasium) in Graz, verließ dieses aber, seine spätere Beschäftigung mit antiker Mathematik nicht ahnend, 1917 als Kriegsfreiwilliger vorzeitig, um den Prüfungen in Latein/Griechisch bei der Matura zu entgehen. Er nahm als Artilleriebeobachter am Ersten Weltkrieg teil und erreichte den Rang eines Leutnants. Bei Kriegsende 1918 wurde er in italienische Kriegsgefangenschaft genommen; einer seiner Mitgefangenen war Ludwig Wittgenstein. Nach seiner Rückkehr aus dem Krieg 1919 studierte er in Graz Elektrotechnik und Physik (Mathematik unter anderem bei ˃Weitzenböck), ab 1921 in München (bei A. Sommerfeld und A. Rosenthal) Mathematik und Physik und schließlich ab 1922 in Göttingen Mathematik bei Richard Courant, Emmy Noether, Edmund Landau, außerdem aber Ägyptologie bei Kurt Sethe und Hermann Kees. Sein Erbe aus dem Gesellschafteranteil seines Vaters war nach Krieg und Inflation zu einer unbedeutenden Summe zusammengeschmolzen und so war er auf die Einkünfte einer Assistentenstelle angewiesen, eines solche verschaffte ihm Courant 1923.

1924 ging er nach Kopenhagen zu Harald Bohr,[319] mit dem zusammen er seine einzige rein mathematische Arbeit (über fastperiodische Lösungen von linearen Differentialgleichungen mit konstanten Koeffizienten) verfasste. In Kopenhagen hatte er so etwas wie ein Erweckungserlebnis: Er wurde um eine Besprechung von Peets[320] Ausgabe des *Papyrus Rhind* gebeten, da er Altägyptisch lesen konnte. Die Beschäftigung mit diesem Text führte zu einem intensiven Interesse für die vorgriechische Mathematik und bildete den Startpunkt für seine künftige Karriere in der frühen Geschichte der Mathematik.

Als gründlicher Historiker ergänzte er erst einmal in Rom (bei P. A. Deimel SJ (*1865 Olpe Westf.; †1954)) und Leningrad seine Kenntnisse in alten Sprachen durch das Studium der Keilschriftsprachen Sumerisch, Akkadisch und Assyrisch. 1926 promovierte er bei Courant und Hilbert, ab 1928 hielt er in Göttingen Vorlesungen zur Geschichte der Mathematik.[321] In Göttingen hatte Neugebauer eine Anstellung als einer der acht Assistenten Courants. Zu seinen Hörern gehörte van der Waerden, der bekanntlich später auch Arbeiten zur Mathematikgeschichte Griechenlands, Chinas und Babylons schrieb. 1932 wurde Neugebauer in Göttingen tit ao Professor[322] für Geschichte der Mathematik.

---

[317] Innsbruck, Glacisstraße 59

[318] Grazer Tagblatt 1918-07-02 p4. Otto Neugebauer stand zum Zeitpunkt des Todes seiner Tante gerade im Felde.

[319] Harald August Bohr (*1887-04-22 Kopenhagen; †1951-01-22), Bruder des Physikers Niels Bohr.

[320] Thomas Eric Peet (*1882-08-12 Liverpool; †1934-02-22 Oxford), britischer Ägyptologe, wurde 1933 zum *Reader in Egyptology* am Queen's College der Universität Oxford ernannt. Die dortige ägyptische Sammlung trägt seinen Namen.

[321] Von 1919–1928 hatte der Privatdozent für Geschichte der Naturwissenschaften Edmund Hoppe (*1854-02-25 Burgdorf; †1928-08-12 Göttingen) Vorlesungen zur Geschichte der Mathematik gehalten.

[322] Wie überall ein rein formaler Titel, seine Stelle blieb die eines Oberassistenten von Courant.

Nach Etablierung der NS-Diktatur drängte ihn Courant, Deutschland möglichst bald zu verlassen.[323] Neugebauer verließ 1934-01 Deutschland und ging erneut an die Universität Kopenhagen zu Harald Bohr, 1939 emigrierte er weiter in die USA an die Brown University in Providence, wo er 1947 eine Professur für Geschichte der Mathematik an einem eigens für ihn eingerichteten Department unter diesem Namen erhielt. Dort emeritierte er 1969, war aber weiter wissenschaftlich aktiv. Ab 1945 verbrachte er seine Zeit abwechselnd an der Brown University und am Institute for Advanced Study, wo er von 1980 an als permanentes Mitglied geführt wurde.

Neugebauer, Zentralblatt und Mathematical Reviews. 1931 wurde auf Initiative von Neugebauer, Courant, Harald Bohr und dem Verleger Ferdinand Springer das *Zentralblatt für Mathematik und ihre Grenzgebiete* gegründet. Das Herausgeberkommitee der Neugründung war international besetzt, zum geschäftsführenden Herausgeber wurde Neugebauer bestellt. In den folgenden Jahren zeigte Neugebauer großes organisatorisches und diplomatisches Geschick in der Führung des Zentralblatts.

Ab 1933 gerieten das Zentralblatt und mit ihm Neugebauer unter Druck.[324] Die Deutsche Mathematische Vereinigung wollte das Zentralblatt zugunsten des Jahrbuchs für die Fortschritte der Mathematik einstellen. 1938 änderte sich das Herausgebergremium des Zentralblatts sehr: Im Mai verließ unter dem Druck des Stalin-Regimes P.S. Alexandroff das Redaktionskomitee, im Oktober wurde unter dem Druck der NS-Herrschaft T. Levi-Civita entlassen, worauf 1938-12-01 Neugebauer und auf dessen Veranlassung oder nach seinem Vorbild, die Mitherausgeber H. Bohr, Courant, Hardy, Tamarkin und Veblen ihren Austritt erklärten und einige auswärtige Referenten (zB Davenport) ihre Mitarbeit einstellten. Dagegen nahm Gaston Julia von der Académie française, Mitglied des Herausgeberkomitees seit Gründung des Zentralblatts, nicht an diesem Boykott teil. Neugebauer trat auch als Herausgeber der von ihm mitbegründeten Buchreihe *Ergebnisse der Mathematik und ihrer Grenzgebiete* und der mathematisch-historischen Reihe *Quellen und Studien* zurück; letztere wurde damit eingestellt.

1939/40 gründete Neugebauer in den USA das Referateorgan *Mathematical Reviews*,[325] das bis heute von der "American Mathematical Society" herausgegeben wird und von Neugebauer bis 1945 geleitet wurde.[326]

---

[323] Wie Schappacher [285, p. 364] ermittelt hat, ist die Angabe von Constance Reid [266, p.146] und Noel M. Swerdlow (s.u.) p.6, Neugebauer habe den Diensteid auf den „Führer" verweigert, wahrscheinlich nicht haltbar. Neugebauer konnte mit den NS-Behörden immerhin einen Urlaub mit Karenz der Bezüge aushandeln, siehe [313, p. 77]. Allerdings stand er gemeinsam mit Landau und Bernays stark unter Angriffen der NS-verblendeten Studentenschaft.

[324] Wir folgen hier [313, p. 78ff] und [269].

[325] Nach der offiziellen Geschichte der MR; andere Quellen reklamieren Jakob Davidowitsch Tamarkin (*1888-07-10 Tschernigow; †1945-11-18 Bethesda /Maryland) und/oder William Feller (*1906-07-07 Zagreb, Kroatien; †1970-01-14 New York City) als Mitbegründer. Das erste Heft der MR erschien 1940-01, seit 1996 steht MR im Internet unter dem Namen *MathSciNet* als Datenbank.

[326] P. Boas berichtet (in *Award for distinguished service to Otto Neugebauer*, Amer. Math. Monthly 86 (2) (1979), 77-78.) zu Neugebauers Emigration in die USA die Anekdote: ... *the index to the Zentralblatt came with Neugebauer, although the U.S. customs almost confiscated it as potentially subversive, and it survives to this day.* Zu diesem Zeitpunkt war allerdings Neugebauer schon nicht mehr Herausgeber des Zentralblatts.

Neugebauers Bedeutung für die Wissenschaftsgeschichte der Mathematik. Otto Neugebauer setzte sich intensiv und philologisch sachkundig mit der Mathematik, der Astronomie und der Kalenderrechnung der alten Welt außerhalb Europas, besonders der Babyloniens, Äyptens und Indiens, auseinander, die zuvor vernachlässigt und unterschätzt worden waren. Er besorgte grundlegende kritische Textausgaben antiker mathematischer Werke und entdeckte einen kontinuierlichen Einfluss der babylonischen Mathematik und Astronomie auf die griechische Welt, auch lange nach Ptolemäus. Unter anderem rekonstruierte er auch den alexandrinisch-jüdischen und den alexandrinisch-christlichen Kalender als eine Kombination des Metonischen 19-jährigen Zyklus mit der 7-Tage-Woche.[327] Großen mathematik-historischen Synthesen war er eher abgeneigt, er bevorzugte entschieden Detailarbeit. Seine Monographie zur antiken Mathematik und Astronomie gilt heute noch als Standardwerk.[328]

MGP nennt 5 Dissertanten.

Ehrungen: 1928 eingeladener Vortrag ICM Bologna; 1936 Plenarvortrag ICM Oslo; Ehrendoktor 1938 St Andrews, 1957 Princeton, 1971 Brown; 1989 Asteroid (3484) Neugebauer. Mitglied der Akademien in Wien, Paris, Kopenhagen, Brüssel, der British Academy, der Irish Academy, der American Academy of Arts and Sciences (1946), der National Academy of Sciences (1977), der American Philosophical Society; 1986 Balzan Preis for History of Science. 2010 Gedenktafel am Math. Institut Uni Göttingen. Der *Otto Neugebauer Prize* der European Math. Soc. ist nach ihm benannt und wird vom Springer Verlag finanziert.

Ausgewählte Publikationen. *Diss.*: (1926) *Die Grundlagen der ägyptischen Bruchrechnung (Courant, Hilbert).* Als Buch erschienen Berlin 1926.

1. (mit Bohr, H.), Über lineare Differentialgleichungen mit konstanten Koeffizienten und fastperiodischer rechter Seite. Nachrichten Göttingen **1926** (1926), 8–22.
2. Zur Entstehung des Sexagesimalsystems. Abh. Göttingen. Math.-Phys. Klasse, Neue Folge, 1927 13(1).
3. (mit Stenzel, J., u. Toeplitz, O.) Geleitwort. Quellen und Studien zur Geschichte der Mathematik, Astronomie und Physik. Abteilung B: Studien, **1** (1929–31), 12.
4. (mit Struve, W.), Über die Geometrie des Kreises in Babylonien. Quellen und Studien zur Geschichte der Mathematik, Astronomie und Physik. Abteilung B: Studien, 1 (1929–31), 81–92.
5. Zur Geschichte der babylonischen Mathematik. Quellen und Studien zur Geschichte der Mathematik, Astronomie und Physik. Abteilung B: Studien, 1(1929–31), 67–80.
6. Studien zur Geschichte der antiken Algebra I. Quellen und Studien zur Geschichte der Mathematik, Astronomie und Physik. Abteilung B: Studien, 2(1932–33), 1–27.
7. Vorlesungen über Geschichte der antiken mathematischen Wissenschaften. I: Vorgriechische Mathematik. Berlin 1934
8. Mathematische Keilschrift-Texte. Teil I, II. III. Quellen und Studien zur Geschichte der Mathematik, Astronomie und Physik. Abt. A: Quellen. Julius Springer 1935, 1937.
9. (mit Sachs, A.), Mathematical cuneiform texts. American Oriental Society, New Haven, Connecticut 1945.
10. The exact sciences in antiquity. København 1951.
11. A history of ancient mathematical astronomy. In 3 parts. Studies in the History of Mathematics and Physical Sciences 1. Berlin etc. 1975, 2004.
12. Astronomy and history. Selected essays. 1983.
13. (mit Swerdlow, Noel M.), Mathematical astronomy in Copernicus's De Revolutionibus. Parts 1, 2. Studies in the History of Mathematics and Physical Sciences, Vol. 10. 1984.

Zbl/JFM nennen (bereinigt) 130 Publikationen, darunter 23 Bücher.

---

[327] Vgl. Neugebauer, O (1975), A History of Ancient Mathematical Astronomy, Vol 2. Springer-New York. p 622ff.

[328] Zur Geschichte der Geschichte der mathematischen Keilschrifttexte s. Jens Høyrup, *Mesopotamian Mathematics, Seen "from the Inside" (by Assyriologists) and "from the Outside" (by Historians of Mathematics).* in: Remmert, V., et al., Historiography of Mathematics in the 19th and 20th Centuries. Birkhäuser, Schweiz 2016., p. 53–78.

Quellen. Salzburger Chronik für Stadt und Land 1895-09-28 p4, 1896-07-28p4; Innsbrucker Nachrichten 1900-05-17p3, 1900-05-29 p 8; Jones etal., [157], Pinl [244, p 180]; Swerdlow, N M (1998), Otto E. Neugebauer, 1899—1990. National academy of sciences, Washington DC.

Lit.: Weil A (1980). History of mathematics: Why and how. In: O. Letho (Ed.), Proceedings of the International Congress of Mathematicians, Helsinki 1978 (Vol. 1, pp. 227–236). Helsinki: Academia Scientiarum Fennica.Boas, R.P.;
Otto Neugebauer 1899-1990, Notices Amer. Math. Soc. **37** (1990), 541; Boas, R.P., Award for distinguished service to Otto Neugebauer, Amer. Math. Monthly 86 (2) (1979), 77-78.
Jones, A, Proust, C, and J.M. Steele [157].
Rowe D E, Otto Neugebauer's Vision for Rewriting the History of Ancient Mathematics Anabases. Traditions et réceptions de l'antiquité **18** (2013), 175–196.

Josip Plemelj

*1873-12-11 Veldes (= Bled), Slov);   †1967-05-22 Ljubljana, Slov

Sohn von Urban (I) Plemelj (*1831-05-21; †1875-01-14 Bled, Slov), Zimmermann und Kleinbauer, und dessen Ehefrau Marija (*1845-03-22; †1919-11-16) , geb Mrak; Bruder von Ivana Majer (*1872-01-01; †1956), geb Plemelj, und Urban (II) Plemelj (*1875-08-15; †1947-08-27); Enkel von Elizabeta Plemelj (*1803-10-25; †1877-12-8) (Urban (I) P war vorher mit Marjeta, geb. Sušnik, und Rozalija, geb. Vovk, verheiratet);

Zeichnung: W.R. Nach Fotos im Archiv der Slovenischen AW

Plemelj ⚭ Julijana (*1882-02-07; †1950-02-09 Ljubljana), Tochter von Uršula Pevec ⚭ Hočevar; 1 Tochter: Nada (*1907; †1964) P, ⚭ 1930 Kajetan Kavčič (*1903-08-07 Žiri, Škofja Loka, Slov.; †1972 Ljubljana), Direktor d. Techn. Zentralbibliothek, Univ. Ljubljana

NS-Zeit. Plemelj schloss sich nach dem Ende des Ersten Weltkriegs dem SHS-Staat (*Kraljevina Srba, Hrvata i Slovenaca*) an und übersiedelte 1919 nach Ljubljana um am Aufbau der dort neu gegründeten Universität teilzunehmen. Die italienisch-deutsche Besetzung Ljubljanas im zweiten Weltkrieg überstand er ohne sich besonders zu exponieren aber auch ohne mit der Besatzung zu kollaborieren (anders als ᐳ Suppantschitsch). 1945 konnte er daher an der Universität Ljubljana verbleiben und genoss auch in der Öffentlichkeit von Tito-Jugoslawien hohes Ansehen in Wissenschaft und Politik.

Josip Plemelj verlor bereits in seinem zweiten Lebensjahr seinen Vater; die Mutter hatte große Schwierigkeiten, mit dem hinterlassenen kleinen Bauernhof die Familie auch nur mit dem Notwendigsten zu versorgen. Mit der Unterstützung von Verwandten und Freunden gelang es ihr aber, Josip ab 1886 den Besuch des k.k. Laibacher Oberstaatsgymnasiums zu ermöglichen. Er maturierte dort 1894,[329] übersiedelte dann nach Wien zum Studium von Mathematik, Physik und Astronomie an der Universität und promovierte 1898 bei

---

[329] Zur gleichen Mittelschule ging 1889 bis 1897 Richard ᐳ Suppantschitsch.

Escherich. Im folgenden Jahr arbeitete er im Büro für die Mitteleuropäische Gradmessung an geodätischen Berechnungen,[330] um einen darauf folgenden Studienaufenthalt in Deutschland zu finanzieren.

Im Studienjahr 1899/1900 ging er zu Frobenius und Immanuel Lazarus Fuchs nach Berlin, 1900/1901 zu Klein und Hilbert nach Göttingen.

1902 habilitierte er sich an der Universität Wien; 1903–07 war er Mitarbeiter im österreichischen Regionalbureau für die internationale naturwissenschaftliche Bibliographie und gleichzeitig Assistent am Mathematischen Institut der TH Wien.

1907-10-01 kam seine Ernennung zum ao Professor an der Universität Czernowitz,[331] 1908-12-06 zum o Professor.[332] Seine Vorgänger auf dieser Lehrkanzel waren Leopold Gegenbauer (1875–1879-02, ao), sein Doktorvater Escherich (1879-02–1882-08 o), Anton Wassmuth (ao, math. Physiker, suppl. bis 1883-03), Adolf Migotti (ao, 1883-03–1886),[333] Anton Puchta (1887–1903, o)[334] und Robert Daublebsky von Sterneck (1904 ao, 1906–1907 o). Für das Studienjahr 1913/14 wurde Plemelj in Czernowitz zum Dekan der Philosophischen Fakultät gewählt.[335]

Plemelj wurde 1917 zum österr.-ung. Militär eingezogen und nach Lemberg an die Front abkommandiert. ꞌ Suppantschitsch gelang es, ihn nach Wien in seine Artillerieeinheit überstellen zu lassen, wo er mit der Mathematik der Artillerie-Ballistik beschäftigt wurde.

Nach dem Ersten Weltkrieg kehrte Plemelj nach Slowenien (zunächst nach Bled, dann in die Hauptstadt) zurück und half beim Aufbau der Universität Ljubljana. Er wurde 1918 der erste Rektor der Universität und warb für diese erfolgreich bedeutende Wissenschaftler an. Im selben Jahr wurde ihm auch die Professur an der Philosophischen Fakultät verliehen.

Plemelj emeritierte 1957 im hohen Alter von 84 Jahren, 1958 erlitt er aber eine schwere Verletzung, von der er sich nicht mehr erholte. Er starb 1967 in Ljubljana.

Die Plemelj-Villa – eine slowenische Version von Oberwolfach, aber ohne NS-Verstrickung. Josip Plemlj besaß in seinem Heimatort Bled die Villa „Stella", die er in den Jahren 1911–1914 für Ferienappartments annoncierte.[336] Vermutlich wandte Plemelj den größten Teil der Preisgelder von 1911 und 1912 (s.u.) für diese Villa auf. Im Jahre 1924 entstand, wahrscheinlich am Ort dieser ersten Villa und von Plemelj selbst in Auftrag gegeben, ein größerer Bau. Plemelj vermachte seine Villa der Slowenischen Gesellschaft für Mathematik, Physik und Astronomie (DMFA) als wissenschaftliches Zentrum für Tagungen und kleinere Konferenzen. Nach seinem Tode wurde in der Plemlj Villa ein

---

[330] Diese Arbeiten wurden innerhalb der Monarchie durch die „Gradmessungskommission" (ab 1887 „Österreichische Kommission für die Internationale Erdmessung" (ÖKIE)) koordiniert.

[331] Czernowitz, ukrainisch Chernivtsi, rumänisch Cernăuţi.

[332] Neues Wr. Tagbl. 1908-12-22, Bukowinaer Post 1907-10-03 p5, 1908-12-25 p4.

[333] Migotti (*1850-10-10 Wien), vorher (seit 1880) Privatdozent der TH Wien; †1886-08-15 bei einer Bergtour im Val di Genova abgestürzt (Morgen-Post 1886-08-17 p3).

[334] Anton Puchta (*1851-03-04 Altsattel, Böhmen; †1903 Czernowitz) war vorher ao Prof an der DTH (ab 1880) und an der DU Prag (ab 1882) gewesen. ([233] Bd 8, p 323.)

[335] Bukowinaer Nachrichten 1913-06-25 p3.

[336] *Illustrierter Wegweiser durch die österreichischen Kurorte, Sommerfrischen und Winterstationen*, Ausgabe für Krain, Küstenland und Dalmatien, in den Jahren 1911–1914.

Gedenkraum mit persönlichen Memorabilien Plemeljs eingerichtet, der nach Anmeldung besichtigt werden kann.[337] Das Zentrum ist inzwischen neu renoviert worden und verfügt über einen gut ausgestatteten Konferenzsaal.[338]

Plemelj ist bekannt für seine Lösung einer Version des Riemann-Hilbert Problems (das 21. Hilbert Problem),[339] mit Hilfe des „Sokhotski–Plemelj Theorems". Darauf aufbauend arbeitete er an der Theorie der singulären Integralgleichungen. Riemann-Hilbert Probleme (für Matrix-wertige Funktionen, auch auf Riemannschen Flächen) sind heute noch hochaktuell, z. B. für vollständig integrable (auch partielle) Differentialgleichungen und inverse Streumethoden.[340]

MGP verzeichnet 2 Dissertanten, beide an der Universität Ljubljana: Anton Vakselj (1923) und Ivan Vidav (1941).[341]

Ehrungen: 1911-05 Preis d. Jablonowskischen Ges. d. Wiss., Leipzig, (für die Arbeit *Potentialtheorische Untersuchungen*);[342] 1912-05 Erster Träger des Richard-Lieben-Preises der k.k. AW,[343] ebenfalls für die *Potentialtheorischen Untersuchungen*; Akademiemitgliedschaften: 1923 (korr.) Jugoslawische AW Zagreb, 1930 (korr.) Serbische AW Belgrad, 1938-05-07 (wirkl.) Slowenische AW in Ljubljana, 1954 (korr.) Bayer. AW, München; 1949 Erstes Ehrenmitglied der Jugoslawischen Union der Mathematiker, Physiker und Astronomen; 1954 Prešeren-Preis[344] 1963-12-11 Ehrendoktor der Univ Ljubljana, gleichz. Orden der Jugosl. Republik mit einem goldenen Kranz; 1973 Denkmal in Bled, vor der Juridischen Fakultät der Universität Ljubljana;[345] Die Grundschule *Osnovna šola prof. dr. Josipa Plemlja* in Bled ist nach ihm benannt.

Ausgewählte Publikationen. *Diss.*: (1898) *Über lineare homogene Differentialgleichungen mit eindeutigen periodischen Koeffizienten (Escherich)*.

1. Potentialtheoretische Untersuchungen. Leipzig: B.G. Teubner, 1911;
2. Riemannsche Funktionenscharen mit gegebener Monodromiegruppe, Mh. Math. Physik **19** (1908), 211–246. [Diese Arbeit gibt eine positive Antwort auf das 21. Hilbertschen Problem für den Fall, dass die Fuchsschen Funktionen durch eine größere Funktionenklasse (die regulären) ersetzt werden.]
3. Die Unlösbarkeit von $x^5 + y^5 + z^5 = 0$ im Körper $k(\sqrt{5})$. Monatsh. Math. Phys. **23** (1912), 305-308. [Dieser Beweis benutzt nur Fakten aus der Theorie quadratischer Körper.]
4. Die Siebenteilung des Kreises, Monatsh. Math. Physik **23** (1912), 309–311.
5. Zur Theorie der linearen Differentialgleichung der zweiten Ordnung mit vier Fuchsschen singulären Punkten. Mh. Math. Physik **43** (1936), 321-339

---

[337] Adresse: Plemljeva Villa, Prešernova cesta 39, Bled. Außerhalb der Konferenzen können einzelne Räume des Hauses auch für private Ferienaufenthalte gemietet werden.

[338] 2021-02 musste die für Feber 2021 hier angesetzte Konferenz über Biomathematik und Bio-Informatik wegen der grassierenden COVID-19 Pandemie online abgehalten werden.

[339] Aus Riemanns Dissertation, in Hilberts Verallgemeinerung: Für eine einfache geschlossene Kurve σ in $\mathbb{C}$ finde holomorphe Funktionen M_+ im Inneren von σ und M_- im Äußeren, sodaß $\alpha(z)M_+(z) + \beta(z)M_-(z) = c(z)$ für alle $z \in \sigma$ gilt, wobei α, β und c beliebig vorgegebene komplexe Funktionen auf σ sind.

[340] Siehe z.B. das Standardwerk P. Deift and X. Zhou: *A Steepest Descent Method for Oscillatory Riemann–Hilbert Problems. Asymptotics for the MKdV Equation*. Ann. Math. **137** (1993), pp. 295-368.

[342] Der Jablonowski-Preis war mit 1500 Mark Deutscher Währung (nach heutiger Kaufkraft ca 12.000 Euro) dotiert.

[343] Dieser 1908 gestiftete Preis war mit 18.000 Kronen (nach heutiger Kaufkraft ca 90.000–100.000 Euro) dotiert und wurde bis 1928 für bedeutende Forschungen in reiner und angewandter Mathematik verliehen. Die Preisträger waren: 1912 > Plemelj, 1915 Gustav > Herglotz, 1918 Wilhelm Gross (†1918-10-22), 1921 Hans > Hahn und Johann > Radon, 1928 Karl > Menger.

[344] Sloweniens höchster Preis für kulturelle Verdienste, benannt nach Sloweniens Nationaldichter France Prešeren (Prescheren) (*1800 Vrba, Krain; †1849-02-08 Krainburg).

[345] Mit einer Büste von Plemelj; je eine weitere befindet sich in Bled und auf seinem Grab (s.u.).

6. Aus meinem Leben und Werk (Iz mojega življenja in dela), Obzornik mat. fiz. 39 (1992), 6, 188–192.
7. Theorie der analytischen Funktionen. (slow.) Acad. Sci. Art. Slovenica. Classis XVI, Opera 2. Ljubljana (1953).
8. Differential- and Integralgleichungen. Theorie und Anwendungen. (slow.) Acad. Sci. Art. Slovenica. Classis III. Opera 3. Ljubljana (1960).
9. Problems in the sense of Riemann and Klein. (Ed. and trl. by J. R. M. Radok) University of Adelaide, John Wiley 1964

Zbl/JFM nennen bereinigt 26 math. Publikationen.

Quellen. Grab am Friedhof Žale/Ljubljana, Gräberfeld 68A, Reihe 4 Grab 5.[346] Nachlass im Archiv der Republik Slowenien, Signatur SI AS 2012 Plemelj Josip, 1873-1992 [19 Kartons, 2.10 Laufmeter, von der Univ. Ljubljana, Fak. Mathematik u. Physik, 2007-03-27];[347] Presek 1 (1973/1974), Nr. 2, 65–68; Bukowinaer Post 1908-12-25 p4; Peterlin A, Enciklopedija Slovenije 8 (1994), 402–403; Festschrift der Univ Czernowitz 1900, p 109f; Hermann Schmidt Nachruf, Jahrbuch 1968 der Bayerischen AW; Bukowinaer Post 1908-12-25 p4

Lit.: Vidav I (1987), Josip Plemelj – Ob dvajsetletnici smrti. Ljubljana, Society of Mathematicians, Physicists and Astronomers of Slovenia (DMFA) 1987; Marko Razpet,

---

(Leo) Félix Pollaczek

(auch: Pollacsek)
*1892-12-01 Wien; †1981-04-29 Boulogne-Billancourt, Paris

Sohn von Hofrat Dr Alfred Pollaczek (Pollacsek), Eisenbahninspektor (*1862-12-06; †1923-10-11 Spital d. Wr. Kaufmannschaft, Wien-Döbling) und dessen Frau Marie (*1867-07-02 Wien-Alsergrund, Seegasse; †1923-04-26 Psychiatrisches Landeskrankenhaus Mauer-Öhling, NÖ), geb Gomperz;

Bruder von Dr jur (Siegmund) Gustav Pollaczek (*1895-08-07 Wien; †1966-06-06 Washington), Rechtssachverständiger für Transportwesen;

Zeichnung: W.R. nach einem Foto Paris 1947; Nachruf 1981; AEÜ, **47** (1993), 275

Enkel mütt. von Antonie Gomperz (*1844-10-25 Wien; †1911-08-09 Wien) und Bernhard Moritz Gomperz (*1828-12-15 Neustadt(I) a.d. Waag (Nové Mesto nad Váhom), Slowakei; †1899-08-18 Bad Aussee, Stmk); Enkel vät. von Samuel Pollaczek (*1834; †1909-07-13 Wien), Inspektor der Staatseisenbahngesellschaft, ∞ [1894-01-28, Stadttempel Wien] Louise Michaels (*1855-06-07 Hamburg; †1914-03-18 Wien), Erzieherin.

Neffe vät. von Mori(t)z Pollaczek, Eisenbahningenieur u. Inspektor d. Staatsbahndirektion, (*1865 Wien; †1939) [∞ Paula, geb Herzig (*1876; †1945)], sowie von Irma, geb Pollaczek (*1869 Baziás, HU; †1940 Budapest) ∞ Julius Palágyi-Steinschneider (*1861-07-07 Budapest; †1939 Budapest).

Pollaczek ∞ 1922-02-11 Hilda, geb ⊁ Geiringer; Tochter Magda (*1922-07-06; †Chestnut Hill, MA, USA), vereh. Buka, vereh. Tisca (Tisza); die Ehe Pollaczek-Geiringer galt bald nach Magdas Geburt als zerrüttet und wurde (ca) 1932 geschieden; [vgl den Eintrag zu ⊁ Geiringer, p 546]
Pollaczek ∞ 1934 in zweiter Ehe Vera Jacobovitz.

NS-Zeit. Félix Pollaczek übersiedelte nach Abschluss seiner Ausbildung zum Diplomingenieur in Elektrotechnik zum weiteren Studium der Mathematik nach Berlin. 1933 als Jude vom NS-Regime aus seiner Stellung im Telegrafenamt entlassen und an jeder sonstigen beruflichen Tätigkeit gehindert, wandte er sich nach Paris; die NS-Besatzung überstand er an ständig wechselnden Wohnorten.[348] Félix Pollaczeks Bruder Gustav[349] war wirtschaftsgeographischer und juridischer Experte für das Transportwesen und internationaler Berater in Genf, Paris und New York; damit konnte er der NS-Verfolgung entgehen.[350]

Félix Pollaczek entstammte väterlicherseits einer Familie von Eisenbahningenieuren: Vater, Großvater, Onkel Moriz und Bruder Gustav Pollaczek, alle hatten sie leitende Positionen in der österreichischen Eisenbahnverwaltung. Mütterlicherseits gehörte er zur X. Generation der Familie des angesehenen Rabbi Loeb Gomperz in Wien.

Pollaczek besuchte in Wien-Alsergrund während der Schuljahre 1902/03 bis 1905/06 das Maximiliangymnasium in der Wasagasse, danach das akademische Gymnasium, wo er 1910-07 die Reifeprüfung ablegte. Anschließend studierte er an der TH Wien und der DTH Brünn.[351] Der 1. Weltkrieg unterbrach sein Studium, er wurde zum Militärdienst eingezogen, brachte es im Eisenbahnregiment[352] bis zum Leutnant[353] und hatte nebenbei noch genug Zeit zur Abfassung seiner ersten mathematischen Publikation (zum Fermat-Problem). Nach dem Krieg schloss er 1920 sein Studium der Elektrotechnik mit dem Diplom ab, verfolgte aber weiterhin mathematische Interessen und übersiedelte nach Berlin; im Brotberuf arbeitete er 1921–23 in der Fernmeldetechnikabteilung der AEG. 1923 starben beide Eltern.

In Berlin heiratete Félix Pollaczek 1922-02-11 Hilda ⸢ Geiringer.[354] Das Paar hatte noch im gleichen Jahr eine Tochter, Magda, die Ehe aber keinen langen Bestand und wurde später (wahrscheinlich 1932) geschieden. Ebenfalls im Jahre 1922 promovierte Pollaczek bei Issai Schur an der Universität Berlin. In den nächsten zehn Jahren, von 1923 bis 1933 hatte er eine Stellung bei der Reichspost in Berlin Tempelhof, die er aber mangels „arischer" Abkunft 1933, aufgrund des Gesetzes zur Wiederherstellung des Berufsbeamtentums, verlor. Er fand eine neue Stellung als beratender Ingenieur in Paris, bei der *Societé d'Etudes pour Liaisons Telegraphiques et Telephoniques*. 1934 heiratete er Vera Jacobovitz, 1936 musste

---

[348] Ein Depot im Wiener Dorotheum (Silbergerätschaft im Werte von öS 10.000.- der neuen Währung von 1948) ging allerdings verloren.

[349] Sein Name und Geburtsdatum findet sich auf der Liste [337] der Enteignungen jüdischer Vermögen durch die NS-Vermögensverkehrsstelle unter der Kontonr. 96, Depotnr. u3/15.

[350] Gustav P hatte an der Exportakademie (Vorgängerin der Hochschule für Welthandel) und an der Jur. Fakultät der Univ. Wien studiert und danach einen leitenden Posten in der Frachtabteilung der Staatsbahndirektion angenommen. Während des Krieges arbeitete er als Konsulent für die 1943-09-25 eingerichtete *Foreign Economic Administration* (FEA) der US-Regierung, nach deren Auflösung bei Kriegsende wurde er vom State Department übernommen; 1965 ging er in Pension. Im State Department verfasste er über 150 Berichte und kritische Beurteilungsgrundlagen zu internationalen Frachtverkehrsabkommen, an denen die USA beteiligt waren. Seine Ratschläge bezogen auch mathematische Methoden des *Operations Research* mit ein.

[351] In Brünn wohnten Verwandte seiner Mutter Antonia.

[352] Sowohl sein Vater als auch dessen Vater waren Inspektoren bei der k.k. Staatsbahn gewesen.

[353] Neujahrsavancement 1916; cf. Neue Freie Presse 1915-12-31 p26 und Reichpost 1916-01-04 p9.

[354] Trauungsanzeige in der Neuen Freien Presse 1922-02-12 p9. Das vielfach in Biographien angegebene Hochzeitsjahr 1921 ist unrichtig.

er jedoch Frankreich wegen des Ablaufs seines Visums (das man ihm nicht verlängern wollte) verlassen, er wandte sich wieder zu seinen Verwandten nach Brünn. 1937 besuchte er zwischendurch, auf Einladung von Aleksandr Yakovlevich Khinchin für etwa drei Monate die Sowjetunion; Khinchin hatte sich wie Pollacsek mit der Warteschlangentheorie beschäftigt. Wieder zurück in Brünn, kam die nächste 1938 Bedrohung durch Besatzungstruppen Hitler-Deutschlands, Vera und Félix schafften mit knapper Not die Flucht zurück nach Paris. Mit ein wenig Glück erhielt Pollacsek aufgrund seines guten wissenschaftlichen Rufs eine Stelle als *Maître de Recherches* am 1939-10-19 gegründeten *Centre national de la recherche scientifique* (CNRS).[355] Dort arbeitete er 1939–40 und wiederum nach der Befreiung Frankreichs von 1944 an — während der kritischen Jahre 1940–44 der Besetzung entging das Ehepaar behördlicher Verfolgung durch fortgesetzten Ortswechsel von Versteck zu Versteck[356] Nach Kriegsende gab es keinen Grund mehr für einen Ortswechsel; Pollacsek nahm 1947 die französische Staatsbürgerschaft an und war in seiner neuen Heimat bis an sein Lebensende wissenschaftlich erfolgreich tätig.

Er starb 1981 im 88. Lebensjahr.

In seiner wissenschaftlichen Arbeit befasste sich Pollaczek mit Zahlentheorie, Analysis, Wahrscheinlichkeitstheorie und theoretischer Physik; viele seiner Arbeiten stehen in Zusammenhang mit seiner Tätigkeit als Fernmeldetechniker. Seit den 1930er Jahren gilt Pollaczek als einer der Begründer der Warteschlangentheorie. Nach ihm ist die *Pollaczek-Khinchin*-Formel für die mittlere Länge einer Warteschlange (1930) benannt, außerdem, nach einem Vorschlag von Arthur Erdélyi,[357] die *Pollaczek Polynome* (spezielle orthogonale Polynome). Die *Pollaczek-Spitzer* Gleichung ist eine weitere solche Namensgebung, sie verbindet ihn mit dem Emigranten der zweiten Generation Frank Ludvik ˃ Spitzer. Spitzer hat die Gleichung 7.16 von Pollaczeks Arbeit (6) auf kürzerem Wege und für einen etwas größeren Anwendungsbereich bewiesen.

Pollaczek war bereits mit 17 Jahren ein sehr guter Schachspieler.[358]

Ehrungen: 1977 John-von-Neumann-Theorie-Preis der Operations Research Society of America (für seine Arbeiten zur Pollaczek-Khintchine-Formel); 2002 (posthum) in die *Class of Fellows of the Institute for Operations Research and the Management Sciences* aufgenommen.

Ausgewählte Publikationen. *Diss.*: (1922) *Über die Kreiskörper der ℓ-ten und ℓ^2-ten Einheitswurzeln (Issai Schur).*

1. Über den großen Fermatschen Satz. Wien. Ber. **126** (1917), 45-59.[359]
2. Über die irregulären Kreiskörper der ℓ-ten und ℓ^2-ten Einheitswurzeln. Math. Zs. **21** (1924), 1-38. [Zur Dissertation]

---

[355] Das CNRS entstand aus der Fusion zweier älterer Forschungsorganisation, es sollte, auch im Hinblick auf den 1939-09 ausgebrochenen Krieg, die französischen Forschungsanstrengungen auf breiter Basis fördern und jungen Wissenschaftlern eine Heimstätte (und die Möglichkeit für einen Aufschub des Frontdiensts) bieten. Es ist heute die größte und angesehenste Forschungsorganisation in Frankreich und die zweitgrößte in Europa.

[356] 1942 versuchten die beiden nach Lima in Peru auszuwandern und hatten dafür bereits ein Visum. Der Versuch scheiterte an der Blockade durch die Vichy-Regierung. (Rider [275], p 122.)

[357] *1908-10-02 Budapest; †1977-12-12 Edinburgh

[358] S. zB Neues Wiener Journal 1909-01-22, p13

[359] Die Fermatsche Vermutung wurde bekanntlich 1993 von Andrew Wiles endgültig bewiesen. Ps Arbeit, seine erste mathematische Publikation, behandelt das Problem unter sehr einschränkenden Bedingungen.

3. Gegenseitige Induktion zwischen Wechselstromfreileitungen von endlicher Länge. Annalen d. Physik **87** (1928), 965-999.
4. Über die Einheiten relativ-abelscher Zahlkörper. Math. Z. **30** (1929), 520–551
5. Über eine Aufgabe der Wahrscheinlichkeitstheorie. Math. Z. **32** (1930), 64–100
6. Theorie des Wartens vor Schaltern. Telegr.-u. Fernsprechtechnik **18** (1930), 71-78.
7. Sur une généralisation des polynômes de Jacobi. Mém. Sci. Math. **131** (1955), 56 pp.
8. Problèmes stochastiques posés par le phénomène de formation d'une queue d'attente à un guichet et par des phénomènes apparentés. Mém. Soc. Math. France 136
9. Théorie analytique des problèmes stochastiques rélatifs à un groupe de lignes telephoniques avec dispositif d'attente. Mem. Sci. math. **150** (1961), 114 pp.
10. Order statistics of partial sums of mutually independent random variables. Journal of Applied Probability, 12 (1975), 390–395.

Zbl/JFM verzeichnen (bereinigt) 49 Publikationen, davon 2 Bücher; die Liste von J.W. Cohen gibt 67 Publikationen an.

Quellen. Schreiber F, le Gall P, Arch. f. Elektr. u. Übertragungstechnik (AEÜ) **47** (1993), 275–281;
Cohen J W, Journal of Applied Probability, **18** (1981), 958–963;
Cohen J W, Félix Pollaczek, in: Statisticians of the Centuries (ed. C.C. Heyde and E. Seneta), Springer, 2001, 429–433
zu Gustav Pollaczek: Juridische Blätter **1936**, p 308; The United Nations and Specialized Agencies, American Journal of International Law , **40**.3, (1946-07), 592–619; Dept of State News Letter **53** (1965-09), p 45, sowie **57** (1966-01), p 54.

Helene Reschovsky

(Josefine), auch Reshovsky

*1907-04-02 Wien; †1994-01-24 Mansfield, Tolland County, Connecticut, USA

Tochter von Maximilian Reschovsky (*1874-03-24 Wien; †1935-05-15 Wien), Schuhfabrikant, und seiner Frau Irene (*1885-10-28 Wien; †1966-02 Gardenville, Bucks City, Pennsylvania), geb Grünfeld; Schwester von Rudolph Reschovsky (*1905-02-02 Wien; †1973-02 Gardenville, Pennsylvania USA.), Hühnerfarmer; Enkelin von Ignaz Reschovsky (†1910-02-14 Wien (68j)) und Josefine Reschovsky (†1905-04-19 Wien), geb Schön

NS-Zeit. Reschovsky konnte 1938 zu ihren Bruder in die USA flüchten und entging so dem Holocaust.

Die Familie Reschovsky war wohlhabend, Vater Max und dessen Vater Ignaz besaßen eine seit 1877 eingetragene angesehene Schuherzeugungsfirma in Wien-Neubau, Bernhardgasse 26.[360]

Helene Reschovsky besuchte das Mädchenrealgymnasium in Wien-Josefstadt,[361] machte 1925 Matura, studierte anschließend bis zum SS 1929 an der Universität Wien Mathematik, legte die Lehramtsprüfung ab, war 1929 Probelehrerin am Mädchenrealgymnasium Albertgasse, und promovierte 1930 bei Karl ˃ Menger zum Dr phil. Während ihrer Studienzeit war sie Mitglied des Menger-Kolloquiums, in dem sie auch die Ergebnisse ihrer Dissertation vortrug. In den folgenden Jahren unterrichtete sie an einer Mittelschule.

---

[360] Seit 1904-03-14 OHG (Gesellschafter Ignaz und Max Reschovsky)
[361] Wien 8, Albertgasse 38 (heute RG/WRG 8 Feldgasse)

1938 emigrierte Reschovsky zu ihrem Bruder Rudolph in die USA und entging so der weiteren NS-Verfolgung, das Vermögen der Familie wurde allerdings eingezogen.[362] In den USA arbeitete sie anfangs in der Hühnerfarm ihres Bruders, später als Mathematiklehrerin an den Colleges für Frauen Bryn Mawr und Wellesley.

1950 erhielt sie an der Universität Connecticut eine Stellung als *assistant professor*, später stieg sie zum *associate professor* auf.

Ausgewählte Publikationen. *Diss.*: (1930) *Über rationale Kurven (Menger).*   angeründ. im Anz Wien **66** (1929), 209-211, publiziert unter *Über rationale Kurven.* Fundamenta **15** (1930), 18-37. [Vortrag im Menger-Kolloquium unter dem Titel „Über das Geschlecht von Kurven"]

Zbl verzeichnet (bereinigt) nur eine mathematische Publikation, mit einer Ankündigung und einem Kolloquiumsbericht.

  1. Bericht: Über rationale Kurven. Ergebnisse math. Kolloquium Wien **1** (1931), 13-14.

Quellen. Lehmann Adressbuch 1935; Siegmund-Schulze: NU, NSS, IBDMicrofilm, AMWS 14(1979); A. Dick Papers, Austrian Academy Sciences; Sigmund (2001), 76; Archiv UWien; DÖW; Dresden, A (1942), Amer Math Monthly 49 , 415–429, p 422. Korotin et al., [175] p 711

Fritz Rothberger

(Friedrich)
*1902-10-14 Wien;   †2000-05-30 Wolfville, Nova Scotia, Canada.
Sohn von Heinrich Rothberger (*1868-09-13 Wien; †1953-01-20 Montreal, Canada) ⚭ 1897-04-11 Ella (*1878-09-11 Wien; †1964 Montréal, Quebec, Canada) geb Burchardt (Tochter von Johann Friedrich Burchardt u Karoline Burchardt-Brünn); Bruder von Jakob Johann Rothberger (*1899-05-09 Wien; †?; wurde aus dem KZ Buchenwald entlassen); Neffe des tauben Pathologen Prof. Carl Julius Rothberger und von Wilhelm Burchardt (*1879-08-17 Wien; †1944-07-31 Wien 2, Malzg. 16), Alice Burchardt (*1880 Wien).

Foto: Fritz Rothberger Fonds, Accession 2011.007-RTH

NS-Zeit. Rothberger befand sich zur Zeit des „Anschlusses" gerade an der Universität Warschau; er kehrte nicht mehr nach Wien zurück und entkam so dem NS-Terror.[363]

Rothberger entstammte einer sehr wohlhabenden, assimilierten jüdischen Unternehmerfamilie (mit dem Titel „k.k. Hoflieferant"), die eine erfolgreiche Großschneiderei mit mehreren Verkaufsniederlassungen betrieb, die bekannteste befand sich am Stefansplatz, gleich

---

[362] Völkischer Beobachter 1944-02-21 p 5.

[363] Über seinen Onkel Carl Rothberger hatte Fritz Rothberger eine Verbindung zu Josef > Silberstein: Wegen seiner Taubheit wurde Carl Rothberger nach seiner Ernennung zum ao Prof 1923 bei mündlichen Prüfungen durch Friedrich Silberstein, den Vater des Mathematikers Josef > Silberstein vertreten. Carl Rothberger entging als Ehemann in einer „privilegierten Mischehe" der Shoah, starb aber 1945-03-13 in seiner Wohnung im Philipphof bei einem Bombenangriff. (Für weitere Informationen zu Carl Rothberger s. Hubenstorf in [329] p. 372.)

gegenüber dem Riesentor des Stefansdoms. Rothbergers Vater und Onkel besaßen darüber hinaus umfangreiche Sammlungen von Kunstwerken und wertvollen ethnographischen Objekten.

Rothberger besuchte von 1913/14 bis 1921/22 das Akademische Gymnasium in Wien[364] und begann dann das Studium der Mathematik an der Universität Wien, wo er 1925 die Lehramtsprüfung ablegte und 1927 bei ›Menger promovierte. 1937/38 hatte er einen Forschungsaufenthalt an der Universität Warschau.

Teile von Rothbergers Briefwechsel mit Erdös und Sierpinski befinden sich im Archiv der Acadia University.

Rothberger war schon 1937 für einen Forschungsaufenthalt nach Polen ausgereist, nach dem „Anschluss" kehrte er nicht mehr nach Österreich zurück. 1939 emigrierte er weiter nach Großbritannien. Als Inhaber eines Passes einer feindlichen Macht wurde er im Mai 1940 auf Grund einer Anweisung Churchills, "Collar the whole lot," interniert, bald danach weiter in einem Konvoi per Schiff nach Quebec in Canada gebracht, von dort per Zug in ein Lager in Trois Rivieres. In diesem Lager wurden sowohl deutsche Zivilisten als auch Flüchtlinge aus Deutschland festgehalten.[365] Unter den Internierten befand sich auch der spätere Nobelpreisträger Walter Kohn, der bei Rothberger mit noch einem weiteren Interessierten an einer improvisierten Lehrveranstaltung über Mengenlehre teilnahm. Kohn hat sich noch lange an Rothberger erinnert.[366] 1943 wurde Rothberger aus der Internierung entlassen und konnte eine akademische Karriere in Kanada beginnen. Auch seine Eltern konnten sich nach Kanada in Sicherheit bringen. [Rothbergers älterer Bruder Johann Jacob („Hans") wurde 1938-05-31 verhaftet und als „Schutzhäftling" Nr. 14793 nach Dachau, 1938-09-24 als Nr 9627 nach Buchenwald deportiert, 1939-02-14 aber wieder an seine Wiener Adresse entlassen. Nach dem vorliegenden Meldezettel meldete sich Hans Rothberger 1939-05-17 in Wien ab. Über sein weiteres Schicksal ist nichts bekannt.]

1943 Professor an der Acadia University,

1949 Professor an der University of New Brunswick in Fredericton, arbeitete auch an der Universität Laval, Quebec, und an der University of Windsor.

1970 Pensionierung, danach Rückkehr an die Acadia University.

Rothberger ist nicht in MGP aufgeführt.

Ehrungen: 1977 Symposium zu Rothbergers Ehren an der Universität von Toronto

Ausgewählte Publikationen. *Diss.*: (1927) *Über die topologische Charakterisierung des dreidimensionalen Raumes.*

1. Eine Homöomorphiebedingung für orientierbare Mannigfaltigkeiten von drei Dimensionen. Monatshefte f. Math. **41** (1934), 353-357.

---

[364] Zum Akademischen Gymnasium siehe Winter [383].

[365] Vgl. den Eintrag *Enemy alien* im Glossar .

[366] Ingmar Grenthe, Chemistry 1966-2000, p200ff; C.N. Rao A Life in Science. Kohn berichtete in einem autobiographischen Vortrag: „Again various internee-taught courses were offered. The one which interested me most was a course on set-theory given by the mathematician Dr. Fritz Rothberger and attended by two students. Dr. Rothberger, from Vienna, a most kind and unassuming man, had been an advanced private scholar in Cambridge, England, when the internment order was issued. His love for the intrinsic depth and beauty of mathematics was gradually absorbed by his students." (online unter https://www.nobelprize.org/prizes/chemistry/1998/kohn/biographical/, Zugriff 2023-03-02).

2. Eine Äquivalenz zwischen der Kontinuumhypothese und der Existenz der Lusinschen und Sierpińskischen Mengen. Fundam. Math., Warszawa, **30** (1938), 215-217.
3. Eine Verschärfung der Eigenschaft C. Fundam. Math. **30** (1938), 50-55.
4. Une remarque concernant l'hypothèse du continu. Fundam. Math. **31** (1938), 224-226.
5. Sur un ensemble toujours de première catégorie qui est dépourvu de la propriété λ. Fundam. math., Warszawa, **32** (1939), 294-300.
6. Sur les familles indénombrables de suites de nombres naturels et les problèmes concernant la propriété C.
7. Proc. Cambridge philos. Soc. 37, 109-126 (1941).
8. On families of real functions with a denumerable base. Ann. Math. (2) 45, 397-406 (1944).
9. On some problems of Hausdorff and of Sierpinski. Fundam. Math. **35** (1948), 29-46.
10. A remark on the existence of a denumerable base for a family of functions. Can. J. Math. **4** (1952), 117-119.
11. On the property C and a problem of Hausdorff. Can. J. Math. **4** (1952), 111-116.
12. Exemple effectif d'un ensemble transfiniment non-projectif. Can. J. Math. 10, 554-560 (1958).
13. On conformal mapping problem of Stoilow and of Wolibner. Colloq. Math. 17, 61-69 (1967).

Zbl/JFM verzeichnen (bereinigt) 12 math Publikationen.

Quellen. Archiv Universität Wien Akt Signatur: PH RA 9343;
Teile von Rothbergers Briefwechsel mit Erdös und Sierpinski befinden sich im Archiv der Acadia University.
[https://... Online Version] Acadia University, Fritz Rothberger Fonds Accession 2011.007.RTH (1945–1967)
Siegmund-Schulze: NSS, SPSL, Sigmund (2001), 76; deported from GB to Canada; inf. by Tom Archibald (Vancouver)

Lit.: Gschiel et al. [129]

Elise Stein

(Lisl) geb. **Grünfeld**
*1903-03-26 Most (Brüx, CZ);   †1991-03-19 London
Tochter von Dr jur Emil Alfred Grünfeld (*1865-05-24 Humpolez (CZ); †1931-09-12 Most) und dessen Ehefrau Ida (*1877-09-09 Most; † nach 1942-07-28, 1942-07-09 von Prag → Theresienstadt, 1942-07-28 Ghetto Baranovici (Belarus), im Holocaust zwischen 1943 u 1944 ermordet), geb Langer; Schwester von Käthe geb Grünfeld (*1899-06-05 Most; 1994-05-02 München) ∞ Rudolf Hanak (*1895-12-10 Most; †1971-07-24 Santiago Chile)

Foto: 1977 Album von Stephan Fitz

Elise ∞ 1927-12-08 Ernst Stein (*1892-04-04 Most; †1942-09-05 Łódź, im Holocaust verhungert), Rechtsanwalt in der Kanzlei von Elises Vater in Most, geschieden; 1 Tochter Ilse Stein ∞ 1958 Leslie Ryder (*1925-08-04)

NS-Zeit. Rettete sich 1939 nach England und unterrichtete danach an der London University.

Elise Stein war die erste Dissertantin von Eduard ⁼ Helly (vgl. [43] p14f), sie promovierte 1927.[367] 1939 emigrierte sie nach England und unterrichtete dort zunächst bis 1948 an Pri-

---

[367] 1927 nach dem Rigorosenakt der Uni Wien, 1948 nach dem *Who's Who of British Scientists* von 1971/72.

vatschulen, ab 1948 als *senior lecturer* am Chelsea College of Science and Technology der Universität London; sie emeritierte 1970. Stein war auch am Projekt der 1969 gegründeten *Open University* (OU) beteiligt — eine Fernuniversität mit intensiver Betreuung durch ein Buddy-system.

MGP notiert Louis Rey Casse als einzigen Dissertanten (am King's College London).

Ausgewählte Publikationen. *Diss.*: (1927) *Zur Untersuchung von Ebenenkomplexen in mehrdimensionalen Räumen (Helly, Hahn).*

Zbl/JFM registrieren keine math. Veröffentlichungen.

Quellen. Staatl. Gebietsarchiv Litomerice;[43]; [337]; Überlebenden- und Opferlisten Theresienstadt; UAW Rigorosenakt PH RA 9758 Elisa Grünfeld; zur Genealogie ist neben geni.com auch die Seite (http://freepages.rootsweb.com/~prohel/genealogy/names/grunfeld/grunfeld1.html, Zugriff 2023-02-21) zu nennen.

Richard Suppantschitsch

(slovenisch Rihard Zupančič)

*1878-12-22 Laibach (heute Ljubljana, Slov.);   †1949-03-21 Judendorf-Straßengel, Stmk (r.k., dann gr. orth., ab 1941 konfessionslos) begraben in Graz

Sohn des Fabrikdirektors Ri(c)hard Janez Nepomuk Robert Suppantschitsch (*1840-03-09 Laibach; †1901-04-11 Wien) und dessen Ehefrau Ludmilla (*1843-05-06 Novo Mesto (dt. Neustadt, Rudolfswerth), Slov.; † Wien), geb Pollak;

Foto: Archiv der Slovenischen Universität Zagreb, Wikimedia Commons, gemeinfrei

Bruder von (1) Wolfgang S. (*1865 Laibach, †1866 ebenda), (2) Cornelia S. (*1866-09-16 Laibach, ∞ Matevž Riebl), (3) Ludmilla S. (*1867-12-14 Sternberg; †1958 Graz, ∞ Rihard Kornelius Kukula (*1862-03-25 Laibach; †1919-04-06 Graz, o Professor für Altphilologie und Ludmillas Cousin), (4) Berta S. (*1869 Wien); (5) Viktor S. (*1871 Lubositz, Cz; †1889) und (6) Leonie S. (*1876 Laibach; †1877 Laibach).

Neffe der Geschwister seines Vaters, Dr jur Viktor S. (*1838-10-08 Ljubljana; †1919-03-02 Graz) und Cornelia S. (*1841). [Victor S. brachte es bis zum Senatspräsidenten am Obersten Gerichtshof.]

Suppantschitsch ∞ 1901-10-31 in 1. Ehe Marijana (*1867-01-19 Pettau (Ptuj); †1926-02-14 Graz), geb. Suppantschitsch (eine Kusine, Tochter von Onkel Viktor S.) [von R.S. in Fragebögen der NS-Zeit nie erwähnt],

∞ in 2. Ehe Maria Romana (*1881-09-10 Laakirchen, OÖ; †1967-11-26 Gratkorn, Stmk), geb Urbanek

NS-Zeit.

Suppantschitsch emigrierte zwei Mal: 1918, als „verführter Slowene" von allen Wiener Funktionen enthoben,[368] von Wien nach Laibach, und 1945 als „Kollaborateur", vor den Tito-Partisanen flüchtend aus Laibach nach Graz, wo er bis zu seinem

---

[368] Dieser Ausdruck geht auf den Kärntner Landesverweser (und späteren Landeshauptmann) Arthur Lemisch zurück, der damit die Kärntner Slowenen bezeichnete, die bei der Kärntner Volksabstimmung 1919 nicht für den Verbleib bei Kärnten stimmten.

Tod in der Position eines Honorardozenten lehrte. Von der Universität Ljubljana und von der Slowenischen AW wurde er verwiesen.

Suppantschitsch besuchte von 1889 bis 1897 das k.k. Staats-Obergymnasium zu Laibach, maturierte mit Auszeichnung und studierte danach 1897–1899 Maschinenbau an der TH Wien, ab 1899 Mathematik und Physik an der Universität Wien. 1903 legte er die Lehramtsprüfung ab, zehn Jahre später, 1913-11-21,[369] promovierte er an der Universität Wien bei ᐳ Wirtinger zum Dr phil.

In den Jahren 1901 bis 1903 hatte er eine Assistentenstelle an der TH Wien, danach unterrichtete er an der Staatsrealschule in Wien-Wieden, Waltergasse, im Schuljahr 1903/04 am 3. deutschen Realgymnasium in Prag, zwischen 1904 und 1908 am Realgymnasium in Wien. 1906 wurde ihm der Titel k.k. Professor verliehen. In den Jahren 1908–1911 wurde er beurlaubt, um ein mehrbändiges Lehrbuch mit dem Titel *Mathematisches Unterrichtswerk* zu verfassen. Während dieses Urlaubs hielt er sich zeitweise als Stipendiat zum Studium der deutschen und der französischen mathematischen Mittelschulausbildung an den Universitäten Göttingen (1910) und Paris (1911) auf. Mit der französischen Kultur fühlte er sich stets eng verbunden, schrieb auch einige mathematische Publikationen auf Französisch.[370] Hintergrund von Urlaub und didaktischer Weiterbildung war seine Entsendung als einer der vier Vertreter Österreichs in die Internationale Mathematische Unterrichtskommission (IMUK), die auf dem ICM 1908 in Rom gegründet worden war; erster Präsident der IMUK war Felix Klein. Aufgabe der Kommission war die Erstellung detaillierter Berichte über den mathematischen Unterricht in jedem der teilnehmenden Länder.[371]

Suppantschitsch hielt Vorträge auf den ICMs von Rom (1908) und Cambridge (1912). 1912 erhielt Suppantschitsch mit Billigung des *k.k. Ministeriums für Kultus und Unterricht* eine Lehrbefugnis für vier Wochenstunden[372] als Teilzeitassistent an der TH Wien. Im Hauptberuf war er Mathematikprofessor an der Realschule in Wien-Währing, 1913 wurde er dort zum Beamten der VIII. Rangklasse befördert.[373]

Im Ersten Weltkrieg diente Suppantschitsch im k.u.k. Landsturm bei der Artillerie und war 1915–18 an deren Versuchsanstalt abkommandiert, was ihn offenbar vor Verletzungen (und Kriegsgefangenschaft) bewahrte. Er erreichte den Rang eines Oberleutnant Ingenieurs

---

[369] gleichzeitig mit Josef ᐳ Lense

[370] Das führte zu einer milden Rüge durch den deutschen JFM-Referenten Lampe in einer 1914 gegebenen Besprechung des ICM-Vortrags von Suppantschitsch ein Jahr zuvor: „Schon die gewählte Sprache für den Vortrag läßt die Vorliebe des Österreichers für französisches Wesen und Nichtachtung des deutschen erkennen; in allgemeinen Phrasen werden den Franzosen alle möglichen Verdienste zuerkannt und wird zur Nachahmung aufgefordert. Ob der Verf. auch heute noch so denkt?" Die Kriegspropaganda war offenbar schon in vollem Gang und auch bei Mathematikern wirksam.

[371] Die vier Vertreter waren Emmanuel Czuber (*1851-01-19 Prag; †1925-0822 Gnigl b Salzbg, o Professor TH Wien), Erwin ᐳ Dintzl, Suppantschitsch, und Wilhelm ᐳ Wirtinger. Der österreichische Bericht erschien 1912, einzelne Teile waren schon vorher fertig. Vgl. auch den Eintrag zu Philipp ᐳ Freud.

[372] Ein Lehrauftrag ohne spezifische Bezeichnung der Lehrveranstaltung

[373] Es gab damals insgesamt 11 Rangklassen. Beamte der VIII. Rangklasse hatten Anspruch auf vier Wochen Erholungsurlaub und bezogen ein etwas höheres Gehalt als die der folgenden Ränge IX, X und XI.

und konnte in dieser Position seinen Kollegen und Freund Josip > Plemelj, der 1917 nach Lemberg (Lviv) einberufen worden war, von der Front freibekommen und seine Versetzung nach Wien durchsetzen.[374]

Während seines Studiums hatte sich Suppantschitsch dem freigeistig ausgerichteten (nicht-katholischen) slowenischen Studentenverein *Slovenija*[375] angeschlossen, zu dessen Anliegen die Lösung der „geistigen Umklammerung" durch die stark dominierende deutschsprachige Kultur der Kaiserstadt gehörte.[376]

Nach Kriegsende, und nach Gründung des Staats der Slowenen, Kroaten und Serben[377] entschied sich der national-slowenisch gesinnte Suppantschitsch zur Rückkehr in seine Heimatstadt Ljubljana/Laibach und zur Aufgabe aller seiner Positionen im österreichischen Unterrichtswesen. Von da an schrieb er (auch zur Zeit der deutschen Besetzung) seinen Namen nur mehr in der slowenischen Form Rihard Zupančič.[378]

1919 wurde in Laibach die erste slowenische und slowenischsprachige Universität gegründet, Suppantschitsch war von Anfang an Mitglied des Gründungskomitees. Josip > Plemelj und er galten als die prominentesten Mathematiker im damaligen SHS-Staat, sie wurden daher mit entsprechenden Führungsaufgaben betraut. Plemelj war 1919/20 Rektor, Suppantschitsch Vizerektor der neugegründeten Universität, 1920/21 war es umgekehrt. Gleich bei der Gründung wurde Suppantschitsch zum o Professor für Mathematik der Technischen Fakultät und zum Direktor des Instituts für Angewandte Mathematik bestellt, 1922/23 und 1929/30 wählte ihn die Technische Fakultät zu ihrem Dekan. Suppantschitsch zeigte in der Folge erhebliches organisatorisches und bildungspolitisches Geschick und erwarb sich bleibende Verdienste um den Neuaufbau des slowenischen Bildungswesens.

Suppantschitsch war von 1938-10-07 bis 1945-07-25 Ordentliches Mitglied der Slowenischen Akademie der Wissenschaften und Künste, von 1939-01-28 bis 25. Juli 1945 stellvertretender Leiter ihrer math.-nat. Klasse.

Nach der italienischen Besetzung 1941 wurde die Region um Laibach in eine italienische Provinz umgewandelt, mit einer zweisprachigen Verwaltung und unter Weiterführung der Laibacher Universität. Die Kapitulation Italiens 1943-09 führte zur de-facto Machtübernahme durch die deutsche Wehrmacht;[379] diese deutsche Kontrolle blieb bis zur Machtübernahme der Tito-Partisanen 1945-05-09 bestehen. Während der Besetzung näherten sich Suppantschitsch und einige seiner Kollegen unleugbar der Ideologie der Besatzer an

---

[374] Suppantschitsch kannte Plemelj mindestens seit 1910, wie durch die Korrespondenz in seinem Nachlass belegt ist.

[375] gegründet 1869

[376] In diesem Sinne wurden den Studierenden Aufenthalte an nicht-deutschsprachigen Hochschulen (zB Prag, Krakau, Paris) empfohlen. Das war natürlich nicht allen Studierenden möglich.

[377] Später der Serben, Kroaten und Slowenen (SHS), ab 1918-12-01 das SHS-Königreich, das schließlich durch den Staatsstreich König Alexanders I. 1929-01-06 in das Königreich Jugoslawien überging.

[378] 1918-11-23, wenige Tage nach Ausrufung der Republik Deutsch-Österreich, bestimmte der als provisorische Regierung amtierende Kabinettsrat die Enthebung aller Staatsangestellten nichtdeutscher Nationalität von ihren Posten. Wegen seines Bekenntnisses zur slowenischen Nationalität gehörte auch Suppantschitsch zu diesem Personenkreis. Vgl. [217], p77.

[379] Formal wurde die Laibacher Provinz von dem ehemaligen slowenischen General Leon Rupnik verwaltet. Rupnik wollte den Sieg der kommunistischen Volksbefreiungsarmee verhindern.

und unterstützten diese.[380] Dabei soll Suppantschitsch allerdings versucht haben, nach Möglichkeit für seine Landsleute einzutreten, insbesondere in seiner Eigenschaft als Präsident der slowenischen HJ deren Mitglieder vor Repressalien und Ausbeutung zu schützen. 1945-08-07 flüchtete er vor den Tito-Partisanen nach Österreich und entkam nach Neumarkt (Stmk), wo er bis Dezember 1945 in einem Flüchtlingslager blieb. Nach dem Abzug der Sowjettruppen übersiedelte er 1946 nach Graz und übernahm während der letzten vier Jahre seines Lebens Mathematikvorlesungen für Architekten an der TH Graz. Nach Kriegsende versuchte er, doch noch wieder nach Laibach zurückzukehren, das wurde aber entschieden abgelehnt, er blieb von da an von der Universität Laibach und der slowenischen AW ausgeschlossen. Während seine ebenfalls NS-belasteten Kollegen nach dem Ende der KP-Herrschaft und der Unabhängigkeitserklärung von 1991-06-25 amnestiert oder rehabilitiert wurden, gab es für ihn kein Pardon.

Suppantschitsch gehörte zum slowenischen Dreigestirn der österreichischen Mathematikdidaktik: Močnik, Hočevar und Suppantschitsch. Als Autoren und Mitautoren eines alle Klassen der Mittelschule umfassenden Unterrichtswerks für Mathematik und Darstellender Geometrie dominierten sie lange den Mittelschulunterricht in der cisleithanischen Reichshälfte und wurden immer wieder in slawische Sprachen übersetzt und in Neubearbeitungen herausgegeben. Suppantschitsch vertrat das Konzept einer Unterrichtsplanung, die für die Unterstufe streng anschaulich, für die Oberstufe dagegen möglichst logisch und folgerichtig begründet vorging. In seinem Nachruf auf Suppantschitsch schrieb Johann ⸱ Radon:

> *Suppantschitsch war in erster Linie Lehrer und brachte für diesen Beruf alle erforderlichen Anlagen in reichem Maße mit, vor allem die Gabe klarer Darstellung und die Kraft einer starken Persönlichkeit, für die Disziplinhalten nie ein Problem war. In seinen — wenig zahlreichen — rein wissenschaftlichen Arbeiten tritt vor allem sein scharfer kritischer Geist zu Tage.*

Zweifellos hat sich Suppantschitsch erhebliche Verdienste um die Mathematik in Slowenien, den Aufbau der Universität Laibach und ganz allgemein um mathematische Fachdidaktik erworben. Das hat ihn nicht vor der Verfemung bis zum heutigen Tag bewahrt. Es mehren sich allerdings die Stimmen, die ein Umdenken in dieser Frage befürworten (vgl. dazu die Ausführungen in der von Suhadolc verfassten Biographie, 2011).

Richard Suppantschitsch ist zusammen mit seiner zweiten Frau, seiner Schwester Ludmilla und deren Ehemann, dem angesehenen Grazer Ordinarius für Altphilologie Johann Kukula, in Graz begraben. Nach Angaben der Friedhofsverwaltung sind im selben Grab auch Suppantschitschs erste Frau und deren Schwester Leonie beerdigt.

MGP und Suhadolc (s.u.) nennen Alojzij (Alois) Vadnal als einzigen Dissertanten (1939).

Ehrungen: 1908, 1912 und 1928 eingeladene Vorträge über Didaktik der Mathematik auf den ICMs in Rom, Cambridge und Bologna; 1922 korr Mitglied der Acad. des Sciences, Inscriptions et Belles-Lettres de Toulouse; 1922 St.-Sava-Orden II. Kl.; 1938 ord. Mitglied der Slowenischen Akademie der Wissenschaften (1945 wegen seiner NS-Vergangenheit aberkannt).

---

[380] Art und Umfang dieser Kollaboration sind weitgehend unbekannt. Konservativ-katholische Kreise in Slowenien sahen vielfach die NS-Besatzung als kleineres Übel im Vergleich zu einer kommunistisch dominierten Regierung an. Sicher scheint zu sein, dass Suppantschitsch nicht in britische Kriegsgefangenschaft geriet.

Ausgewählte Publikationen. *Diss.*: (1913) *Zur Axiomatik der Methode der kleinsten Quadrate (Wirtinger, Escherich).* (= Sitzber. Wien, Bd. CXXII, Abtlg. II, 1913.)

1. Die Interpolationsprobleme von *Lagrange* und *Tschebyscheff* und die Approximation von Funktionen durch Polynome. (I. Mittlg.). Wien. Ber. **123** (1914), 1553-1618. (von ˃ Radon in seinem Nachruf irrtümlich als Dissertation von Suppantschitsch bezeichnet)
2. Vortrag: Freitag, den 23. November 1906: Richard Suppantschitsch, Über einige Fragen des mathematischen Unterrichts und eine neue Organisation in Frankreich. – neu herausgegeben in IMN **193** (2003) p11.
3. L'application des idées modernes des mathématiques à l'enseignement secondaire en Autriche. Rom. 4. Math. Kongr. **3** (1909), 478-481.
4. Leitfaden der darstellenden Geometrie für die V. bis VII. Klasse der Realschulen. Wien 1911.
5. Lehrbuch der Arithmetik und Algebra für die V. bis VII. Klasse der Realschulen. Wien 1911.
6. Le raisonnement logique dans l'enseignement mathématique secondaire et universitaire. Proc. 5. intern. Math. Congr. **2** (1913), 455-458.
7. Sur une décomposition des homographies. Atti Congresso Bologna **4** (1931), 217-220.
8. Une propriété du deplacement parallèle d'apres M. Levi-Civita. Publ. Math. Univ. Belgrade **2** (1933), 60-65.

JFM nennt 33 unter dem Namen Suppantschitsch veröffentlichte mathematische Aufsätze und mathematische Schulbücher, die alle zwischen 1904 und 1915 erschienen sind; hinzu kommen noch zwei weitere unter dem Autornamen Zupančič. Zbl enthält unter Zupančič die Arbeit von 1933 über Parallelentransport. In slowenisch-sprachigen Biographien werden 31, darunter auch mehrere nicht von Zbl/JFM erwähnte, Publikationen angegeben. Eine Arbeit ist in JFM unter E. Suppantschitsch statt R. Suppantschitsch verzeichnet.

Quellen. Für die Familiendaten danken die Autoren Frau Ivanka Oblak; Jahresbericht des k.k. Staats-Obergymnasiums zu Laibach am Schluss des Schuljahres 1896/97; Archiv der Uni Wien, Schachtelnummer 56, Rigorosenakt PH RA 3782; Archiv der Republik Slowenien, Nachlass Zupančič, unter d. Sign. SI AS 2014 Zupančič Rihard, 1901-200,1 Kontakt: (http://arsq.gov.si/Query/detail.aspx?ID=27699, Zugriff 2020-09-21); Ostdeutsche Rundschau 1903-07-02, p.19, 1904-09-01, p.19; Das Vaterland 1904-09-01 p11; Wiener Zeitung, 1914-05-28, p.7, 1919-09-05 p15; Radon, IMN **10** (1950-02) p7f; Verordnungsblatt für den Dienstbereich des niederösterreichischen Landesschulrates, 1906-11-01, 1913-12-15; E. Hüttl-Hubert, ÖBL 1815-1950, Bd. 14 (Lfg. 63, 2012), S. 55; vgl. auch Lidija Rezoničnik und Milan Hladnik [274], 314–316.

Lit.: Suhadolc A (2011) Leben und Werk von Rihard Zupančič. (Življenje in delo matematika Riharda Zupančiča.) Gesellschaft der Mathematiker, Physiker und Astronomen Sloweniens - Verlag, Ljubljana 2011.

Gábor Szegő

*1895-01-20 Kunhegyes, Ungarn; 1985-08-07 Palo Alto, USA (mos.)

Sohn von Adolf Szegő (*1859) ∞ [1891-09-22 Eger] Hermina (Hanni) Neuman (*1866); Bruder von Sari (Sara) Szegő (*1892-06-10, f).

∞ 1919 Anna Elisabeth (Nusi) Neményi (*Budapest), Chemikerin, 2 Kinder: Peter Andreas (*1925 Berlin; †2014-09-28 San Jose Cal), Veronica (*1929-04-11)∞ Tincher (Kinder: Steven, Russell, Emily).

Zeichnung: W.R. nach The Mathematical Intelligencer 18-3 (1996) p19. Springer-Verlag New York

NS-Zeit. Szegő war gebürtiger Ungar, studierte an mehreren Universitäten, zuletzt für etwa zwei Semester in Wien, ging dann nach Deutschland und emigrierte von dort 1934 in die USA.

Szegő absolvierte die Grundschule in Kunhegyes und ging dann an das königlich-ungarische Staatsgymnasium in Szeged (heute Verseghy-Ferenc-Gymnasium), wo er 1912-06-28 mit Auszeichnung maturierte.

Gábor Szegő studierte ab 1912 an der Universität Budapest und verbrachte die Sommer 1913 und 1914 in Berlin bei Frobenius, H.A. Schwarz, Schottky, und in Göttingen bei Hilbert, Landau und Alfred Haar.

Um nicht zur Infanterie eingezogen zu werden, kaufte er sich 1915 ein Pferd und meldete sich zur Kavallcric. Als mäßiger Reiter landete er aber dann doch bei der Infanterie, als mäßig begeisterter Infanterist als nächstes bei der Artillerie und schließlich bei der mathematisch interessanten Luftwaffc. Dort lernte er v. ⃗Mises und Theodor v. Kármán kennen, mit denen ihn von da an eine herzliche Freundschaft verband. Ab 1918 war er in Wien stationiert und promovierte an der Universität mit einer (bereits 1915 erschienen) Arbeit über Toeplitz-Matrizen. Ebenfalls ab 1918 war er mathematischer Tutor für den jungen John v. Neumann.

1921 ging er nach Berlin, habilitierte sich und arbeitete in der Folge viel mit den dort wirkenden Mathematikern Issai Schur und Richard v. ⃗Mises zusammen. Gemeinsam mit György Pólya verfasste er 1925 das berühmte zweibändige Lehrbuch *Aufgaben und Lehrsätze aus der Analysis*, in dem originellerweise die Lehrsätze aus Übungsaufgaben entwickelt werden — statt umgekehrt die Übungsaufgaben mit Hilfe von Lehrsätzen zu lösen. Das Buch hat bis heute nichts von seinem Charme verloren.

1926 wurde Szegő Nachfolger von Konrad Knopp (*1882-07-22 Berlin, †1957-04-30 Annecy, Haute-Savoie, F) als Professor in Königsberg (Ostpreußen).

Nach Hitlers Einzug in die Reichskanzlei sah er sich rechtzeitig nach einem neuen Wirkungskreis um und emigrierte 1934 in die USA, an die Washington University in St. Louis,

Missouri. Ab 1938 wirkte er als Professor an der Stanford University und blieb dort bis zu seiner Emeritierung 1966.

Szegő arbeitete u. a. über Toeplitz-Matrizen, Extremalprobleme, orthogonale Polynome. Nach ihm sind der Szegő-Kern, die Szegő-Polynome und die Szegő-Grenzwertformel benannt.

MGP nennt 16 Dissertanten.

Ehrungen: Mitglied der Königsberger Gelehrtengesellschaft; 1924 Gyulia-König-Preis; 1960 korrespondierendes Mitglied der ÖAW; Ehrenmitglied der ungarischen Akademie; 1976 Mitglied der American Academy of Arts and Sciences; 1995-08-23 wird von Lajos Győrfi eine Bronzebüste nach seinem Bild angefertigt; 2010 Stiftung des Gábor-Szegő-Preises.

Ausgewählte Publikationen. *Diss.*: (1918) *Ein Grenzwertsatz über die Toeplitz-Determinanten einer reellen Funktion (> Wirtinger, > Furtwängler).*   Erschienen in Math. Ann. **76** (1915), 490-503.

1. (mit Walfisz, A) Über das Piltzsche Teilerproblem in algebraischen Zahlkörpern, I., II. Math. Z. **26** (1927), 138–156; 467–486
2. (mit George Pólya): Aufgaben und Lehrsätze der Analysis. 2 Bände, 1925 (viele spätere Auflagen).
3. (mit George Pólya): Isoperimetric Problems in mathematical physics. Princeton, Annals of Mathematical Studies.
4. Orthogonal Polynomials. AMS, 1939, 1955.
5. (mit Ulf Grenander): Toeplitz forms and their applications. Chelsea 1958
6. Collected Papers of Gábor Szegő. 3 Bände, herausgeg. R. Askey, Boston-Basel-Stuttgart 1982.

Zbl/JFM nennen (bereinigt) 183 Publikationen, darunter 29 Bücher.

Quellen. Askey, R., and P. Nevai, Gabor Szegő, Math. Intell., **18** (1996), 10–22.

Lit.: *G. Szegő*, Collected papers, Vol. I (1982), 12-13;

Olga Taussky-Todd

*1906-08-30 Olmütz;   †1995-10-07 Pasadena, USA

Tochter von Julius David Taussky [auch Taußky oder Tausky geschrieben] (*1869-04-24 Holic, Slowakei; †1925-02-10 Linz), Industriechemiker und technischer Konsulent, und dessen Ehefrau Ida, geb. Pollak;

Schwester von Dr jur Ilona (Helene) Taussky (*1903-07-22 Olmütz; †1989-07-30 New York), Industriechemikerin, und Dr Hertha Taussky (*1909-08-18 Wien;), Pharmazeutin;

Zeichnung: W.R. nach Fotos aus den 1930er Jahren

Nichte von Eduard Yehuda („Elias") Taussky (*1867-02-01 Holíč, Slowakei; †1947-02-01 Zürich) [∞ Rosa (*1872-05-20 Freiburg, Baden Württemberg; †1926-02-02 Zürich), geb Wertheimer] sowie von Siegfried („Vitezslav") Tausky (*1870-05-30 Holíč; †ca 1941 in der Shoah, letzte Adresse Wien-Leopoldstadt, Große Schiffgasse 7), Kaufmann

Taussky ∞ 1938 John ("Jack") Todd (*1911-05-16 Carnacally (heute Nordirland); †2007-06-22 Pasadena, Cal.), Mathematiker

NS-Zeit. Olga Taussky wurde nicht aus Österreich vertrieben sondern begleitete 1934 Emmy Noether bei ihrer Emigration nach Pennsylvanien, ähnlich wie Walther ˃ Mayer Albert Einstein. Nach Noethers Tod realisierte sie ihr schon früher eingeworbenes Stipendium für das Girton Frauen-College in England. Während des Krieges leistete sie militärisch wichtige Beiträge zur Theorie der Vibrationen an Flugzeugen. Bei Kriegsende gehörte ihr Ehemann John Todd und G.E.H. Reuter zu den „Rettern des Forschungsinstituts Oberwolfach".

Olga Tausskys Vater Julius[381] wurde 1881-04-29 beim Handelsgericht Olmütz neben seinem Vater Salomon Taussky als Teilhaber der *Hodoleiner Essigessenzfabrik S[alomon] Taußky und Sohn* eingetragen; diese Produktion wurde 1890-07-04 aufgegeben und Julius Taussky gab von da an seine Erfahrungen mit der Essigdestillation als Konsulent, bei Bedarf als Fabrikleiter, an andere Essigfabriken weiter.[382]

Im Jahre 1909 übersiedelte die Familie von Olmütz nach Wien und Olga besuchte dort die Volksschule. 1916 erhielt Vater Julius eine Stellung als Fabrikleiter in einer Linzer Essigfirma und die Familie übersiedelte weiter nach Linz. Ab 1920, ihrem 14. Lebensjahr, war Olga Mittelschülerin in Linz, beginnend 1921 am Linzer Mädchen-Reformrealgymnasium,[383] sie maturierte 1925.[384] Noch vor Olgas Matura starb im Februar 1925 ihr Vater.

Nach der Matura studierte Olga an der Universität Wien Mathematik und promovierte 1930-03-07 bei Philipp Furtwängler.[385] Während ihres Studiums nahm sie gelegentlich an den Sitzungen des Wiener Kreises und regelmäßig an ˃ Mengers Mathematischem Kolloquium teil. Dabei lernte sie als Studienkollegen Kurt ˃ Gödel kennen, mit dem sie in der Folge eine herzliche Freundschaft verband.[386] Eine für die Zukunft wichtige Bekanntschaft war 1927 Arnold Scholz, der in diesem Jahr ein Forschungssemester bei Philipp Furtwängler verbrachte. Mit Scholz veröffentlichte sie 1934 eine weithin mit großem Interesse aufgenommene gemeinsame Arbeit über Klassenkörpertürme. Nach fertiggestellter Dissertation nutzte sie das letzte Semester vor ihrer Promotion noch zu einem Besuch bei Onkel Eduard

---

[381] In der *Neuen Deutschen Biographie* ist sein Sterbedatum, wahrscheinlich unrichtig, mit 1918 angegeben. Das Todesdatum 1925-02-10 folgt aus Traueranzeigen in den Zeitungen, zB in der (Linzer) Tagespost 1925-02-13 p8.

[382] Wr. Zeitung 1881-05-06 p30, Mährisches Tagbl. 1890-07-14 p 5. Eine harsch antisemitisch motivierte Kritik gab dazu die Ostdeutsche Rundschau 1896-01-29, p5, ab.

[383] Nachfolgeinstitut des 1889 gegründeten Lyzeums für Mädchen in der Linzer Körnerstraße

[384] (Linzer) Tagespost 1930-03-06 p3; 1922 hatte dort ihre ältere Schwester Ilona maturiert, die anschließend ein juridische Studium absolvierte (Rechtsanwalts-Anwärterin 1929 [Linzer Tagbl 1929-01-24]), später aber in den USA Beraterin in der chemischen Industrie wurde und Patente für Verfahren zur Verwertung von Fetten erwarb [zB die Patente Nr US2654766A, Nr US2350082A, US3649656A]. Die jüngere Schwester Hertha studierte Pharmazie und landete schließlich in der medizinischen Forschung an der Cornell Universität in New York.

[385] Furtwängler war es um diese Zeit erstmals gelungen, den Hauptidealsatz zu beweisen. Für eine Übersicht über die Entwicklungen zum Hauptidealsatz und zur Theorie der Klassenkörper-Türme vgl. die Nr. 10 der untenstehenden Liste ausgewählter Publikationen.

[386] Vgl. ihre Erinnerungen: *Remembrances of Kurt Gödel* in *Gödel Remembered* (Salzburg, 1983), pp. 29-41. Naples: Bibliopolis. 1987.

und Tante Rosa in Zürich. Das verschaffte ihr Kontakte mit den dort wirkenden Mathematikern Fueter[387], Speiser[388] Plancherel[389] und Polýa.[390] Nach ihrer Promotion gelang es ihr nicht, eine bezahlte Assistentenstelle am Mathematischen Institut zu bekommen, so arbeitete sie für einige Monate unbezahlt als Assistentin für Hans ˃ Hahn und bestritt ihren Lebensunterhalt mit Nachhilfestunden.

Danach zog es sie, wie sie später schrieb, „weil es ihr in Wien zu langweilig wurde" ins Ausland zum weiteren Studium, zunächst nach Göttingen. Diese Formulierung war wohl eine etwas humorvolle Verkürzung. Tatsächlich sah sie sich nach einer akademischen Anstellung um und besuchte zu diesem Zweck die DMV-Tagungen in Königsberg und Bad Elster, wo sie mit Vorträgen über ihre mathematischen Ergebnisse sehr erfolgreich war. Hans ˃ Hahn empfahl sie Richard Courant, der damals Göttingens maßgeblicher Manager war. So erhielt sie 1931 eine Assistentenstelle an der Universität Göttingen mit der ehrenvollen, aber sehr fordernden Aufgabe, zusammen mit Wilhelm Magnus und Helmut Ulm den ersten Band von Hilberts *Gesammelten Werken* herauszugeben und allfällige Korrekturen vorzunehmen. Es handelte sich vor allem um Hilberts *Zahlbericht* in den sie von ihrer Dissertation bei Furtwängler her sehr gut eingearbeitet war. Dabei lernte sie Emmy Noether kennen, mit der sie bald Freundschaft schloss und eine erfolgreiche Zusammenarbeit in algebraischer Zahlentheorie begann.

Vom Herbst 1932 bis zum Bürgerkriegsjahr 1934 war sie wieder in Wien, hatte diesmal eine bezahlte Assistentenstelle an der Universität und einen Lehrauftrag. Hitlers Einzug in die Reichskanzlei bewirkte Emmy Noether Auszug aus Berlin; sie nahm eine Stelle am Bryn Mawr Frauen-College in Pennsylvania (USA) an und Olga Taussky schloss sich ihr an. 1935, nach Noethers Tod, wandte sich Olga Taussky nach England und wurde als Fellow am Girton College[391] innerhalb des großen Komplexes der Cambridge University aufgenommen. 1937 übersiedelte sie an die Universität London und machte dort die Bekanntschaft mit dem fünf Jahre jüngeren nordirischen Mathematiker John Todd,[392] den sie bei einem in seiner Arbeit aufgetauchten Problem der Gruppentheorie beriet und 1938 kurzer Hand heiratete.

Im Krieg arbeitete sie mit ihrem Mann im National Physical Laboratory (NPL, Teddington/Middlesex) an der Analyse der Flügelvibrationen ("fluttering") von Flugzeugen, wofür neue Methoden der numerischen Matrizenrechnung entwickelt werden mussten. 1947 quit-

---

[387] Rudolf Fueter (*1880-06-30 Basel, CH; †1950-08-09 Brunnen SZ, CH), Zahlentheoretiker, Hilbert-Schüler und Organisator des ICM 1932, Rektor 1920–22 der Universität Zürich. Sein Nachfolger in Zürich war 1951 van der Waerden.

[388] Andreas Speiser (*1885-06-10 Basel; †1970-10-12 ebenda), Schweizer Zahlentheoretiker und Philosoph. Er ist auch bekannt für seine gruppentheoretische Klassifikation von Ornamenten, überdies war er ein ausgezeichneter Pianist.

[389] Michel Plancherel (*1885-01-16 Bussy (CH); †1967-03-04 Zürich), bekannt aus der Harmonischen Analysis; er war 1931–1935 Rektor der ETH Zürich.

[390] Polýa György (*1887-12-13 Budapest; †1985-09-07 Palo Alto Cal.), wohlbekannt von dem mit Gabor ˃ Szegő verfassten Klassiker *Aufgaben und Lehrsätze aus der Analysis*.

[391] Das war wie das Bryn Mawr ein Frauen-College. Olga hatte ursprünglich für dieses College eine *fellowship*, diese aber zugunsten von Bryn Mawr um ein Jahr hinausgeschoben.

[392] John "Jack" Todd (*1911-05-16 Carnacally (heute Nordirland); †2007-06-22 Pasadena, Cal.) war Spezialist in Numerischer Mathematik und *scientific computing*.

tierte das Ehepaar Taussky-Todd den Dienst im britischen *civil service*, übersiedelte in die USA und verfolgte das Thema auf breiter Basis weiter.

1945-07-09 erwarb sich Olgas Ehemann John Todd, damals gerade Oberst der britischen Armee, bleibende Verdienste um das spätere Mathematische Forschungsinstitut Oberwolfach (MFO), indem er durch entschlossenes Eingreifen und die Aufnahme von Verhandlungen die Beschlagnahme des Lorenzenhofs durch ein französisches Truppenkontingent (und im Zuge dessen befürchtete Plünderungen) abwendete.[393]

Nach einem Besuch am IAS in Princeton ging das Ehepaar 1948 nach Los Angeles und 1949 an das neu gegründete Labor für Angewandte Mathematik des "National Bureau of Standards" in Washington, D.C.; John Todd war dort Leiter der Abteilung *Numerical Analysis*.

1957 folgte das Ehepaar Todd einem Ruf an das California Institute of Technology (CAL-TECH) in Pasadena, wo die beiden bis zu Olgas Tod lebten. Zunächst war dort nur ihr Mann Professor, sie selbst Forschungsassistentin, aber mit den Pflichten einer vollen Professorenstelle. Grund dafür war ein bis 1971 an amerikanischen Universitäten beachtetes Anti-Nepotismus-Prinzip, das die gleichzeitige Erteilung von Professuren an beide Partner eines Ehepaars untersagte.[394] Erst als eine andere, viel jüngere Frau um 1970 als erste Professorin am Caltech gefeiert wurde, reagierte Olga Taussky energisch und setzte 1971 die Anhebung ihres Status zu einer vollen Professur durch.

Olgas Beiträge zur Numerischen Linearen Algebra machten sie zur ersten Expertin (und Pionierin) auf diesem Gebiet (und noch mehr bekannt als in ihrem eigentlichen Haupt- und Lieblingsgebiet Zahlentheorie). Bindeglied zu ihren Forschungen in der Zahlentheorie bildeten die ganzzahligen Matrizen, die bei der numerischen Behandlung von Differentialgleichungen auftreten. Zum Beispiel untersuchte sie die Eigenwerte ganzzahliger symmetrischer Matrizen, deren Determinante die Diskriminante eines algebraischen Zahlkörpers ist, und simultane Hauptachsentransformationen zweier ganzzahliger symmetrischer Matrizen. Mit ihren Ergebnissen widerlegte sie effektvoll das Vorurteil von der geringeren Bedeutung der Zahlentheorie für „praktische" Anwendungen der Mathematik. Daneben arbeitete sie weiter auf dem Gebiet der algebraischen Zahlentheorie und entwickelte dort unter anderem algorithmische Methoden, teilweise in Zusammenarbeit mit Hans Zassenhaus[395] und anderen. In ihrer Wiener Zeit befasste sie sich mit im Menger-Kolloquium vorgetragenen Themen, unter anderem mit Gruppentheorie.

---

[393] Vgl auch die Anmerkungen auf p 36. Für die Schilderung der Vorgänge aus der Sicht eines Zeitzeugen verweisen wir hier nur auf Heinrich Behnke in Jber DMV **75** (1973), 51–61, Bauer H [17]. Behnke zählt auch den Sohn G.E.H. Reuter des ersten Berliner Regierenden Bürgermeisters Ernst Reuter zu den „Rettern von Oberwolfach". Der "John Todd Award" des Forschungsinstituts Oberwolfach ist nach Olgas Ehemann benannt.

[394] Andere von einer solchen Regelung Betroffene waren die Ehepaare Mary Ellen & Walter Rudin und Emma & Derrick Lehmer. Um das Jahr 1971 verschwand diese Art von Nepotismus-Verhinderung kommentarlos, aber generell in den USA.

[395] Hans Julius Zassenhaus (*1912-05-28 Koblenz-Moselweiss, D; †1991-11-21 Columbus, Ohio, USA) ist der mathematischen Allgemeinheit vor allem durch sein *Lehrbuch der Gruppentheorie* und sein Buch über Liegruppen, Lie Algebren und Darstellungstheorie bekannt.

Olga Taussky-Todd engagierte sich mit viel persönlichem Einsatz und individueller Zuwendung für ihre Lehraufgaben. Sie setzte sich nicht weniger für die Karriere junger Mathematiker wie für die junger Mathematikerinnen ein.

Olga Taussky-Todd wurde 1977 emeritiert; sie starb 1995-10-07, nachdem sie sich eine Fraktur an der linken Hüfte zugezogen hatte, mit 89 Jahren.

MGP verzeichnet 14 betreute Dissertationen, darunter, 1944 in Oxford UK, die der bekannten Gruppentheoretikerin Hanna Neumann, geb. v. Caemmerer (*1914-02-12 Berlin-Lankwitz; †1971-11-14 Ottawa, Canada). Drei dieser Dissertationen wurden von Frauen verfasst.

Ehrungen: 1936 Vortrag ICM Oslo; 1963 Eine von neun *Frauen des Jahres* der *Los Angeles Times*; 1965 (gemeins. mit ihrem Ehemann) Fulbright-Semester an der Universität Wien; Ratsmitglied der London Math. Soc. und der Amer. Math. Soc.; 1970 Ford-Preis der AMS; 1975 korresp. Mitglied der ÖAW, 1978 österr. Ehrenkreuz für Wissenschaft und Kunst; 1980 ehrenvolle Erneuerung ihres Dr.-Diploms an der Universität Wien; 1981 Noether Lecture; 1985 korresp. Mitglied der Bayerischen AW; als erste Frau ex officio M.A. Award of Cambridge (ein Titel, der nach 6-7 jähriger Fellowship vergeben wird, kein akademischer Grad, für die Zuerkennung dieses Titels war eine Statutenänderung notwendig); 1988 Ehrendoktorat der University of Southern California; 1990 Olga Taussky–John Todd Instructorships in Mathematics an der CALTECH Uni eingerichtet; 1993 Lecture series to honor the contributions to the field of linear algebra made by Taussky-Todd and her husband; 2010-04-28 Olga Taussky-Todd-Seminarraum an der math. Fakultät der Universität Wien; 2011 Tausskyweg in Linz-Pichling nach ihr benannt; 2015/16 Denkmal im Arkadenhof der Universität Wien (von Karin Frank); 2018 Olga Taussky-Todd Prize for outstanding students (CALTECH).

Ausgewählte Publikationen. *Diss.*: (1930) *Über eine Verschärfung des Hauptidealsatzes (Furtwängler)*. Die Dissertation erschien unter gleichem Titel in Journal f. d. reine u. angewandte Math. **168** (1932), 193-210.

1. (mit Furtwängler) Über Schiefringe. Sber. Akad. Wiss. Wien, Math.-nat. Kl. II a **145** (1936), 525.
2. A remark on the class field tower. J. Lond. Math. Soc. **12** (1937), 82–85
3. (mit Scholz A), Die Hauptideale d. kubischen Klassenkörper imaginär-quadrat. Zahlkörper, ihre rechnerische Bestimmung u. ihr Einfluß auf d. Klassenkörperturm, Journal f. d. reine u. angewandte Math. **171** (1943), 19–41;
4. Classes of matrices and quadratic fields. Pac. J. Math. **1** (1951), 127–132
5. Matrices of rational integers, Bull. of the AMS **66** (1960), 327–345;
6. (mit Dade E C, Zassenhaus H On the theory of orders, in particular on the semigroup of ideal classes and genera of an order in an algebraic number field. Math. Ann. **148** (1962), 31-64.
7. Sums of Squares, American Mathematical Monthly **77** (1970), 805–830 [ausgezeichnet mit dem Ford-Prize der Mathematical Association of America (MAA)];
8. Composition of binary integral quadratic forms via integral 2×2 matrices and composition of matrix classes, Linear and Multilinear Algebra **10** (1981), 309–318;
9. An autobiographical essay, in: Mathematical People, 1985, p. 309–336.
10. Some noncommutativity methods in algebraic number theory. A century of mathematics in America, Pt. II, Hist. Math. **2** (1989), 493-511.

Zbl/JFM geben ca 180 Arbeiten an (allerdings mit Doubletten und Wiederholungen) Im Nachruf von Hlawka (s.u.) werden 201 Publikationen, einige davon erst posthum im Druck erschienen, aufgezählt.

Quellen. Roeder et al. [278] **2** (1983) p 565; Binder Ch (1999) Int. Math. Nachr. **182** (1999), 11–16; dieselbe, in: Heindl G (Hrsg. 2000), Wissenschaft und Forschung in Österreich. Peter Lang Verlag Wien, 161-174; Almanach ÖAW **146**; Linzer Tagespost 1925-02-13 p8, 1930-03-06 p3; UWA PH RA 10486; Taussky-Todd (1979), *Autobiographie* (online unter https://oralhistories.library.caltech.edu/43/1/OH_Todd.pdf, Zugriff 2023-03-02); dieselbe, Amer. Math Monthly 95 (1988) 801–812; Sterbe-Verzeichnis der US Sozialversicherung; Math. Intell. **19**(1997), 18–20; Hlawka E (1997) Mh. Math. **123** (1997), 189-201 [mit Publikationsverzeichnis]; Stadler F, [333], p784.

Lit.: Lemmermeyer et al. [185]; Taussky O (1988), From Pythagoras' theorem via sums of squares to celestial mechanics. Sigma Xi lecture 1975. Math. Intelligencer **10-1** (1988), 52-55.

Gerhard Tintner

Emil Leopold
*1907-09-29 Nürnberg;   †1983-11-13 Wien

Sohn von Leopold Tintner (* Wien; †1911-04-09 Nürnberg) und dessen Frau Karoline (*1881-05-16 Wien; †1943-06-25 Ghetto-KZ Theresienstadt), geb Goldschmidt. Bruder der Zwillinge Liselotte und Anna T (*1910-06-27 Wien; †1944-10-19 Auschwitz).

Tintner ∞ 1941 Leontine Roosevelt (*1916-01-06 New York; †1994-03-17 Hennepin County, MN, USA) , geb Camprubi, bekannte Malerin [Ausstellungen auch in Wien]; Sohn Phillip.

Foto: LN Operations Research & Math. Economics 15, Springer Verlag Berlin etc. 1969

NS-Zeit. Tintner befand sich 1938 gerade auf einem Forschungsaufenthalt in den USA und konnte so der NS-Herrschaft entkommen. Mutter Karoline starb laut Totenschein 1943-06-25 in Theresienstadt an Herzschwäche und Unterernährung; Tintners jüngere Schwestern, die Zwillinge Anna und Lieselotte wurden mit dem Transport IV/12, no. 1131 nach Theresienstadt deportiert, von dort mit Transport Es, no. 80 (1944-10-19) nach Auschwitz und dort ermordet. Tintner hatte wesentlichen Anteil an der Rettung seines Kollegen Abraham ⃗ Wald 1938.

Tintner promovierte 1929 zum Dr jur an der Universität Wien in Ökonomie;[396] anschließend folgte ein Studium an der London School of Economics, 1934 bis 1936 eine Fellowship der Rockefeller Foundation, mit der er in Harvard, Columbia, Chicago, Stanford und an der University of California in Berkeley studierte. Seine Studienzeit verbrachte er zum Teil auch am Institut Henri Poincaré in Frankreich und in Cambridge/Großbritannien. Tintner absolvierte nie ein eigentliches Studium der Mathematik, er kam zur mathematischen Statistik im Rahmen seiner Auslandsaufenthalte.

1936 war Tintner Mitarbeiter des Instituts für Wirtschafts- und Konjunkturforschung in Wien und Forschungsstipendiat an der Cowles Commission for Research in Economics. 1937, noch vor dem „Anschluss" erfasste Tintner seine Lage, verließ Österreich und machte in den USA, am Iowa State College [Ames, Iowa, USA], Karriere: 1937 Assistant Professor, 1939 associate und ab 1946 Full Professor für Ökonomie und Mathematik, bis 1962.

Inzwischen wurde ihm in Wien 1942-07-17 sein Doktorat an der Universität Wien aberkannt, da nach der NS-Rassenlehre „Juden eines akademischen Grades an einer deutschen Hochschule unwürdig sind".

Neben seiner akademischen Tätigkeit in Iowa wirkte Tintner 1942 als Berater des *Office of Strategic Services* in Washington, D.C., 1943 als Mitarbeiter des *Office of European*

---

[396] Interview mit Eugene Dynkin [The Eugene Dynkin Collection, Division of Rare and Manuscript Collections, Cornell University].

Economic Research in New York City und 1944 als Statistiker im US Landwirtschaftsministerium. 1962 wechselte er von der Iowa State University an die University of Pittsburgh und wurde ein Jahr später Distinguished Professor of Economics and Mathematics an der University of Southern California in Los Angeles.

1955-05-15, dreizehn Jahre nach der Aberkennung seines Dr–Titels, wurde diese offiziell von der Universität Wien für „von Anfang an nichtig" erklärt— nicht aus juristischer Notwendigkeit sondern als sichtbare Geste der Entschuldigung gegenüber Tintner und als dezidierte Distanzierung vom Ungeist der NS-Zeit. Nach dem symbolischen Akt von 1955 war die Zeit für eine zuerst zeitweise, dann ständige Rückkehr nach Wien gekommen. 1956/57 kam er mit einem Stipendium der Ford Foundation erstmals als Gastprofessor wieder an die Universität Wien; 1973 bis zu seiner Pensionierung 1978 war er Honorarprofessor und Leiter des Institut für Ökonometrie an der TU Wien, daneben wirkte er von 1973 bis 76 als Honorarprofessor an der Universität Wien.[397]

Tintner trat in der mathematischen Statistik durch Arbeiten zur Regressionstheorie, multivariaten Analysis und Zeitreihenanalyse hervor, sein Hauptarbeitsgebiet aber war die Ökonometrie, eine Verbindung ökonomischer Theorien mit Statistik und Mathematik, zu deren Grundlegung er wesentlich beitrug.

Ehrungen: 1969 John R. Commons Award von Omicron Delta Epsilon; Award der International Honor Society in Economics; Ehrendoktorat der Universität Bonn; 1977 korr Mitglied ÖAW

Ausgewählte Publikationen. *Diss.*: ((1929)) *Jurid.* Doktorat (Ludwig Heinrich von Mises).

1. Eine neue Methode für die Schätzung der logistischen Funktion. Metrika **1** (1958), 154–157.
2. A note on economic aspects of the theory of errors in time series , Quarterly Journal of Economics , **53** (1938), 141–149.
3. (The Variate Difference Method , Cowles Commission Monograph No 5, Bloomington 1940.
4. The analysis of economic time series , Journal of American Statistical Association , **35** (1940), 93–100.
5. Econometrics. Wiley, New York 1952
6. A Note on the Economic Aspects of the Theory of Errors in Time Series 1938, QJE
7. The Theoretical Derivation of Dynamic Demand Curves, 1938, Econometrica
8. The Theory of Choice under Subjective Risk and Uncertainty, 1941, Econometrica
9. The Pure Theory of Production under Technological Risk and Uncertainty, 1941, Econometrica
10. An Application of the Variate Difference Method to Multiple Regression, 1944, Econometrica
11. Multiple Regression for Systems of Equations, 1946, Econometrica A Note on Welfare Economics,1946, Econometrica
12. Static Economic Models and their Empirical Verification, 1950
13. Metroeconomica Econometrics, 1952.

Teilnachlässe an der TU Wien und an der Iowa State University.

Quellen. Personalakte J PA 679 Tintner, Gerhard, 1973-1976 (Akt); Kadekodi, G. K. et al. ; Kumar, T. K.; Sengupta, J. K. Econometrics of planning and efficiency, Vol. dedic. Mem. G. Tintner, Adv. Stud. Theor. Appl. Econ. **11** (1988), 3–22;[329] I, pp 238, 248, 251, 267; [329] II, , pp 399f, 402, 406, 411f; Johannes Feichtinger, Wissenschaft zwischen den Kulturen: österreichische Hochschullehrer in der Emigration 1933-1945, Wien 2001, pp 159, 200, 243-245, 250; Gerhard Tintner Papers, Special Collections Department, Iowa State University Library.

---

[397] UWA Personalakte J PA 679 Tintner, Gerhard, 1973-1976 (Akt)

Stefan Vajda

(al. Steven, Steve, István)
*1901-08-20 Budapest;   †1995-12-10 Brighton

Sohn von Josef Vajda, Handelsreisender in Taschentüchern, und dessen Ehefrau Aurelia (*1875-11-02; †1942-09-23 Treblinka ermordet), geb. Wollak; Bruder einer älteren Schwester, die im Kindesalter starb und einer jüngeren, Ilonka (Helene), die einen Tschechen heiratete und vor dem 2. Weltkrieg nach Prag übersiedelte (nach dem Krieg galt sie als vermisst).

Zeichnung: W.R. nach einem Foto in Assad A A, Gass S I, Profiles in Operations Research, International Series in Operations Research & Management Science 147 Springer Verlag, p32.

Stefan Vajda ∞ 1929 Eva Paulina (*1906-09-08 Wien; †1983 Brighton, Sussex, UK), Tochter von Robert Fanta (*1876-02-15; †1930-03-15, Direktor des Bankhauses Gebrüder Gutmann, und dessen Ehefrau Margarethe, geb Fog(e)l/Vog(e)l (*1882-06-07 Wien; †?); Nichte des Mathematikers Ernst ˃ Fanta), ausgebildet als Lehrerin; 1 Tochter Hedy (*1930)∞ Firth, und 1 Sohn Robert (*1933)

NS-Zeit. Vajda emigrierte 1939 nach Großbritannien, wurde dort 1940 als *enemy alien* interniert, ein halbes Jahr später aus der Internierung entlassen und in die Kriegsmarine aufgenommen.

Vajdas spätere Nachforschungen ergaben, dass seine beiden Eltern in der Shoah umgekommen waren.[398] Stefan Vajdas jüngere Schwester Ilonka hatte einen Tschechen geheiratet und war vor dem 2. Weltkrieg nach Prag übersiedelt; über sie und ihren Mann gibt es keine Hinweise in den Opferlisten.

Stefan Vajda blieb nach seiner Geburt nicht lange in seiner Geburtsstadt, sondern übersiedelte schon 1903-01 mit seiner Familie von Budapest nach Wien. Dort besuchte er Volks- und Mittelschule.[399] Nach der Matura studierte er zunächst ein technisches Fach an der TH Wien, entschloss sich dann aber zu einem zweijährigen Kurs in Versicherungstechnik, den er 1922 abschloss. Zu seinen Lehrern in diesem Kurs gehörte Ernst ˃ Fanta. Anschließend studierte er Mathematik an der Universität, promovierte dort 1925-07-02 und verbrachte darauf ein Semester an der Universität Göttingen.

---

[398] In der zentralen Datenbank der Shoah Opfer ist Aurelia Vajda (*1875-11-02; †1942-09-23 Treblinka ermordet) verzeichnet, die laut Theresienstädter Gedenkbuch vol iii, Prag 1995 vom Ghetto Theresienstadt deportiert wurde. In der Tschechischen Opferdatenbank ist ihre letzte Adresse mit Wien 2, Große Mohrengasse 30 angegeben, sie wurde mit Transport IV/3, nr. 314 nach Theresienstadt verschleppt und von dort mit Transport Bq, nr 5 (1942-09-23) ins Vernichtungslager Treblinka, wo sie sofort nach der Ankunft ihren Tod fand. Von diesem Transport überlebten von 1015 Verschleppten 39. (Eine weniger ausführliche, aber sonst gleichlautende Information findet sich in der zentralen Datenbank der Shoah Opfer.) Der Name von Vajdas Vater Josef steht auf einer Liste des KZs Majdanek (Hauptlager Lublin), offizielle Todesursache: Lungenentzündung.

[399] In Vajdas Biographie von Assad und Gass wird das Akademische Gymnasium als seine Mittelschule genannt. In den Jahrbüchern des Akademischen Gymnasiums in Wien scheint Stefan Vajda aber nicht auf.

Danach arbeitete er als Versicherungsmathematiker bei der *Phönix* Versicherungsgesell-schaft. Während seiner Wiener Studienzeit hatte Vajda Kontakt zum Wiener Kreis,[400] und war insbesondere mit seinem Studienkollegen, dem ein Jahr jüngeren Karl Popper (der allerdings sein Studium zwei Jahre später begonnen hatte) befreundet. 1938 verhalf ihm Popper, der seit 1937 in Neuseeland sesshaft war, zu einem Visum für Neuseeland, im Besitz dieses Visums konnte Vajda Wien rechtzeitig verlassen.[401] Seine beiden Kinder, Hedy (damals 8) und Robert (damals 5) wurden etwa gleichzeitig nach Schweden in Sicherheit gebracht, Ehefrau Eva ging als Dienstmädchen nach England, weil man unter diesem Titel mit Hilfe eines "domestic servant permits" leichter eine Einreiseerlaubnis bekommen konnte.[402] Nach ihrer Ankunft in England konnte sie ihre Kinder nachholen. Um wieder zu seiner Familie zu stoßen, reiste Vajda erst einmal 1939 nach London.

Wie die meisten Emigranten wurde Vajda 1940 nach der für die Alliierten verlorenen Schlacht von Dünkirchen als *enemy alien* interniert; sein Aufenthaltsort wurde für ein halbes Jahr die Isle of Man.[403] Nach Aufhebung seiner Internierung wieder mit Frau und Kindern vereint, blieb er in London und arbeitete in der Folge als Versicherungsmathematiker in der britischen *Gresham Insurance Company* in Epsom. 1943 trat er in die Navy ein, von 1944-1965 hatte er eine Stelle in der wissenschaftlichen Abteilung der Admiralität. 1946 stieg er dort (als Nachfolger von Olga › Tausskys Ehemann John Todd) zum Leiter der Mathematikabteilung der Navy auf.

Neben seiner Tätigkeit bei der Navy hielt er engen Kontakt zur Universität Birmingham, für die er auf deren Campus einwöchige Kurse in Linearer Programmierung abhielt. 1965 ging er bei der Navy in den Ruhestand und als Professor für Operations Research an die Universität Birmingham, wo er 1968 emeritierte; er blieb aber dort bis 1973 Senior Research Fellow. Danach wirkte er in der gleichen Funktion an der Universität Sussex.

Vajdas wissenschaftliche Veröffentlichungen konzentrierten sich bis zur Mitte der 1950er Jahre auf Probleme der Versicherungsmathematik und ihre praktische Behandlung. Danach befasste er sich, wie wir oben gesehen haben, sehr erfolgreich mit *Operations Research* (OR) und deren praktischen Anwendungen. 1956 schrieb er sein erstes Lehrbuch über Lineares Programmieren, das großen Anklang fand und dem bald weitere folgten. Sein Freund und Co-Autor, der Däne J. Krarup, schrieb: „It is indeed Steven Vajda who can rightly claim to have introduced the subject to both Europe and Asia." Daneben bearbeitete er auch viele damit in Verbindung stehende Themenkreise, vor allem Spieltheorie, statistische Aspekte, kombinatorische und ganzzahlige Optimierung.

Vajda starb mit 94 Jahren in Brighton.

---

[400] Ein von ihm verfasstes 6-seitiges Typoskript über die logischen Grundlagen des Versicherungswesens und 5 Briefe werden im Nachlass von Otto Neurath in den Sammlungen der Wiener-Kreis-Bewegung (1924–1938) unter den Nummern 395/R.60, 317 (5 Briefe 1940-45) und 326 (2 Briefe von 1946) aufbewahrt.

[401] Während seiner Zeit in Wien engagierte sich Vajda auch in der Volksbildung; er hielt 34 Vorträge im Volksheim Ottakring ([7]).

[402] Vgl. hierzu die ausführliche und präzise Darstellung von Traude Bollauf [34].

[403] Vajda hat sich aber im Gegensatz zu anderen Internierten später nie negativ über seine Hafterlebnisse geäußert.

Ehrungen: Ehrenmitglied Institute of Actuaries; Fellow of the Royal Statistical Society; 1970 Ehrendoktor an der Brunel University London; 1995 Companionship of the Operational Research Society (UK), knapp vor Vajdas Ableben.

Ausgewählte Publikationen. *Diss.*: (1925) *Sätze aus der Gruppentheorie und aus der Algebra (Uni Wien).*

1. (gem. mit W. Fröhlich), Die Neuordnung des österreichischen Versicherungswesens und die Liquidation der Lebensversicherungs-Gesellschaft Phönix betreffenden Maßnahmen des Auslandes. Das Versicherungsarchiv, Sonderheft Nr. 2, Wien 1937 (2. Auflage).
2. Theory of Games and Linear Programming London 1956; [Dt Übersetzung v. Riedler, W, Theorie der Spiele und Linearprogrammierung. W. de Gruyter; es gibt auch Übersetzungen in Französisch, Japanisch und Russisch]
3. Readings in Linear Programming, New York 1956;
4. An Introduction to Programming, London 1960;
5. Mathematical Programming, Reading, Mass, 1961;
6. Ein paradoxes Resultat der Ökonometrie. MTW, Z. moderne Rechentechn. Automat. **10** (1963), 59-61.
7. Patterns and Configurations in Finite Spaces, New York, 1967;
8. The Mathematics of Experimental Design: Incomplete Block Designs and Latin Squares, New York 1967;
9. Planning by Mathematics, New York 1969;
10. Probabilistic Programming, New York 1972;
11. Problems in Linear and Non-Linear Programming, High Wycombe, U.K., 1975;
12. Mathematics of Manpower Planning, Chichester, U.K, 1978.
13. (mit Conolly, B, A Mathematical Kaleidoscope. Applications in Industry, Business and Science. Chichester: Albion Publishing 1995.
14. (mit Krarup J) On Torricelli's geometrical solution to a problem of Fermat. IMA J. Math. Appl. Bus. Ind. **8** (1997), 215-224.

Zbl/JFM geben bereinigt 65 mathematische Publikationen an, darunter 18 Bücher.

Quellen. UWA PH RA 8032; Assad, A.A., and S.I. Gass (eds), Profiles in Operations Research: Pioneers and Innovators. 2011 p. 31–43; Haley K.B., and H.P. Williams, The work of Professor Steven Vajda 1901–1995 J. Operational Research Society **49** (1998), 298–301

Ottó Varga

*1909-11-22 Szepetnek (Komitat Zala);   †1969-06-14 Budapest (ev.)

Sohn des ung.-evangelischen Pfarrers Imre Varga und dessen Ehefrau Margit, geb Henning (aus einer deutschsprachigen Familie). Ottó hatte einen älteren Bruder, der mit ihm die gleichen Schulen besuchte, aber bald nach bestandener Matura starb.

Ottó Varga ⚭ 1947 Jolán (Violante), geb. Pukánszky, Schwester des Mathematikers Lajos Pukánszky (*1928-11-24 Budapest; †1996-02-15 Philadelphia); 1 Tochter namens Borbála.

Zeichnung: W.R. nach einem Foto der Ungarischen Akademie der Wissenschaften

NS-Zeit. Ottó Varga war Schüler, Dissertant und später Assistent des Juden Ludwig ᐳBerwald, hatte möglicherweise deswegen, sicher aber wegen Differenzen mit ᐳBlaschke Schwierigkeiten, zu einer Professur in Deutschland zu kommen, und nahm daher gerne Berufungen an die Universitäten in Klausenburg (Koloszvar , Siebenbürgen) und Debrecen an.

Bedingt durch den Beruf des Vaters wechselte Ottó Vargas Familie mehrmals ihren Wohnsitz. Seine Jugend verbrachte der junge Varga in Deutschendorf (ung. Poprad)[404] am Fuße der Hohen Tatra, innerhalb der Zipser deutschen Sprachinsel. Im nahegelegenen Késmárk (heute Kežmarok) besuchte er die Volksschule und danach 1919–1927 das Deutsche evangelische Lyzeum, eine ehrwürdige, 1533 gegründete evangelische Lehranstalt,[405] die damals unter der Leitung von Karl Bruckner (*1863-12-24 Oberschützen/Burgenland; †1945-07-26 ebenda) stand. Karl Bruckner war selber Mathematiker; er erkannte und förderte die mathematische Begabung des jungen Ottó Varga, der sich dafür lebenslang dankbar zeigte.

Nach seiner mit Auszeichnung bestandenen Matura begann Varga ein Architekturstudium an der TH Wien, wechselte aber nach zwei Semestern zu Mathematik, Physik und Prag, wo er an der DU und an der DTH weiterstudierte und nebenbei Tschechisch lernte. 1933 legte Varga in Prag die Lehramtsprüfung für Mathematik und Physik ab; 1934-10 promovierte er bei Ludwig ˃ Berwald mit einer Dissertation über Finsler-Räume zum Dr phil.[406] Dieses Thema blieb während seines gesamten mathematischen Werdegangs (und dem seiner Schüler) beherrschend.

Im Studienjahr 1934/35 setzte Varga auf Anraten ˃ Berwalds seine Studien in Hamburg bei Wilhelm ˃ Blaschke fort und schrieb dort zum Thema Integralgeometrie insgesamt vier Arbeiten, eine davon gemeinsam mit ˃ Blaschke;[407] 1936 kehrte er nach Prag zurück und habilitierte sich dort 1937. Segal berichtet in [298] auf p 413f über „˃ Blaschkes skandalöse Behandlung" des jungen Varga. Gerd Kowalewski, Vargas Kollege an der Prager Deutschen Universität, habe in einem Brief von 1940-12 an ˃ Bieberbach[408] ˃ Blaschke eines offensichtlichen Plagiats an Varga bezichtigt. Als Kowalewski Varga für eine in Braunschweig freigewordene Professur empfohlen hatte, habe Blaschke den dortigen Verantwortlichen mitgeteilt, „er wisse nicht, ob Varga hundertprozentig mit dem neuen deutschen Staat einverstanden sei". Diese „Unkenntnis" Blaschkes reichte jedenfalls aus, um Vargas Bewerbung zu vereiteln. ˃ Blaschke soll später auf Varga Druck ausgeübt haben, eine Stelle in Pressburg (Bratislava) anzunehmen. Der größte Gewinn seines Hamburger Aufenthalts

---

[404] Heute eine Stadt in der Slowakei mit etwa 50.000 Einwohnern. Imre Varga wurde hier später evangelischer Erzbischof der Zipser Region. In dieser Position auch nach Gründung der ČSSR aktiv, erhielt er 1965 „für sein Engagement in der Friedensbewegung" den ungarischen Orden der Arbeit [s. Bohren R, Der Protestantismus in der Slowakei in der Ära des Kommunismus. in: Schwarz K, Švorc P (Hrsg. 1966), Die Reformation und ihre Wirkungsgeschichte in der Slowakei. Wien 1996; p 216]. 1944/45 flohen die meisten Zipser mit Hilfe des bischöflichen Amts der evangelischen Kirche nach Deutschland und Österreich; die noch verbliebenen wurden 1946 aus Poprad vertrieben.

[405] Sie bestand bis zur Gründung der Ersten Slowakischen Republik 1939-07-21 (unter NS-Diktat).

[406] Der Gegenstand seines Hauptrigorosums war Mathematik, der des Nebenrigorosums nicht Physik, sondern Geophysik. Das Rigorosenzeugnis, wie auch das Maturazeugnis, Fotos und weitere persönliche Dokumente sind in der Varga-Biographie von Frau Kántor-Varga (s. Quellen) abgedruckt.

[407] 1.–4. der unten ausgewählten Publikationen.

[408] Kowalewski war durch Krankheit verhindert, diese Angelegenheit schon vorher zur Sprache zu bringen.

war wahrscheinlich die Bekanntschaft mit dem herausragenden chinesischen Differential-geometer Chern Shiing-shen (vgl. p 175).

Vargas Karriere ließ sich aber nicht aufhalten. 1941 erhielt er in Prag zwei Angebote von (damals) ungarischen Universitäten für eine Professur: eine von Koloszvar (Klausenburg, rumänisch Cluj),[409] die andere von der Universität Debrecen. Varga folgte beiden Rufen: 1941 ging er nach Klausenburg, wo er sich erneut habilitierte und auf eine Professur bestellt wurde, im Jahr darauf nach Debrecen, wo er die Debrecener Schule der Differentialgeometrie begründete, die bis heute ein Forschungszentrum für die Finsler-Geometrie geblieben ist. Nach dem Krieg wurde Varga in Debrecen 1947 zum ao, 1948 zum o Professor ernannt.

1949 wurde an der Universität Debrecen eine naturwissenschaftliche Fakultät eingerichtet und Varga zum Leiter ihres Mathematischen Departments bestellt. Nach der Biographie von Kántor-Varga organisierte er dort den Unterricht in Mathematik und Darstellender Geometrie nach dem Vorbild der Universität Wien. Zusammen mit Alfréd Rényi (*1921-03-20 Budapest; †1970-02-01 Budapest) und Tibor Szele begründete er 1949/50 die *Publicationes Mathematicae Debrecen*. Daneben fand er in Debrecen noch Zeit, 1945 seine Frau Jolán kennenzulernen und bald darauf zu ehelichen.

Varga blieb aber auch nicht in Debrecen. Von 1958 bis 1967 war er Professor an der Technischen Universität Budapest, danach widmete er sich an der Ungarischen Akademie der Wissenschaften bis zu seinem Tode allein der mathematischen Forschung.

Ottó Varga befasste sich fast ausschließlich mit Differentialgeometrie, besonders mit Integralgeometrie im Sinne von ˃ Blaschke sowie mit Finsler-Geometrie (bereits in seiner Dissertation gab er eine Grundlegung der Finslergeometrien, die zu der Cartanschen äquivalent ist) und Minkowski-Räumen. Seine Arbeiten über die Analogien zwischen Riemannscher und Finslerscher Geometrie gelten bis heute als Pionierleistungen.

Varga beherrschte mehrere Sprachen und sprach insbesondere neben Ungarisch perfekt Deutsch und Tschechisch. Von seinen über 50 wissenschaftlichen Publikationen sind nur sechs nicht in deutscher Sprache verfasst.

Er starb 1969 mit 60 Jahren an einem Herzleiden.

Varga hatte die Dissertanten Gyula Soós (1955), Farkas Miklós (1957), Arthur Moór (1964) und János Szenthe (1967), alle an der Ungarischen AW. Er ist auch der „Entdecker" des bekannten mathematischen Wissenschaftstheoretikers Imre Lakatós.[410]

Ehrungen: 1944 Gyula-Kőnig-Medaille der Math.-Phys. Gesellschaft; 1950 korresp., 1965 ordentl. Mitglied Ungarische AW; 1952-01-01 Kossuth Preis.

Ausgewählte Publikationen. *Diss.*: (1933) *On Finsler spaces (Berwald)*.

1. Integralgeometrie. III: Croftons Formeln für den Raum. Math. Z. **40** (1935), 387-405.
2. Integralgeometrie. VIII: Über Maße von Paaren linearer Mannigfaltigkeiten im projektiven Raum P_n. Rev. mat. hisp.-amer. (2) 10, 241-264 (1935).
3. Integralgeometrie IX. Über Mittelwerte an Eikörpern. Mathematica Cluj **12** (1936), 65–80 (mit W. Blaschke).
4. Integralgeometrie. XIX: Mittelwerte an dem Durchschnitt bewegter Flächen. Math. Z. 41, 768-784 (1936).
5. Beiträge zur Theorie der Finslerschen Räume und der affin-zusammenhängenden Räume von Linienelementen. Lotos, Prag **84** (1936), 1–4.

---

[409] Nach dem zweiten Wiener Schiedsspruch von 1940 kam Klausenburg zusammen mit Nord-Siebenbürgen bis Kriegsende wieder zu Ungarn. Das wurde 1945 rückgängig gemacht.

6. Zur Differentialgeometrie der Hyperflächen in Finslerschen Räumen. Deutsche Math. **6** (1941), 192-212.
7. Zur Herleitung des invarianten Differentials in Finslerschen Räumen. Monatsh Math und Phys **50** (1941), 165–175.
8. Normalkoordinaten in allgemeinen Räumen und ihre Verwendung zur Bestimmung sämtlicher Differentialinvarianten. C.R. I.Congr. Math. Hongr. 1950. (1952), 131–162.
9. Az integrálgeometria alkalmazásai a geometriai optikában (ung., Applications of integral geometry in geometrical optics). MTA III. Oszt. Közleményei **1** (1951), 192–201.
10. Eine geometrische Charakterisierung der Finslerschen Räume skalarer und konstanter Krümmung. Acta Math Acad Sci Hung **2** (1951), 281–283.
11. Zur Begründung der Hilbertschen Verallgemeinerung der nichteuklidischen Geometrie. Monatsh Math **66** (1962), 265–275.
12. Über Hyperflächen konstanter Normalkrümmung in Minkowskischen Räumen. Tensor New Series **13** (1963), 246–250.
13. Beziehung der ebenen verallgemeinerten nichteuklidischen Geometrie zu gewissen Flächen im pseudominkowskischen Raum. Aequationes Math. **3** (1969), 112–117.

JFM/Zbl nennen (bereinigt) 51 mathematische Publikationen, darunter fünf Bücher; eine vollständige und übersichtlich kommentierte Liste von 57 Publikationen gibt Tammássy (s.u.). Varga veröffentlichte eine Arbeit (nämlich die Nummer 6. der obigen Liste) in *Deutsche Mathematik*.

Quellen. Horvath J (2006), A Panorama of Hungarian Mathematics in the Twentieth Century I, Springer, Berlin etc. Eintrag Varga; Kántor T, Ottó Varga (1909–1969) Teaching Mathematics and Computer Science **8-1** (2010), 109–120. Segal [298] p 413f. Zu Vargas wissenschaftlichem Werk: Tamássy L, Ottó Varga. In memoriam 1909-1969. Publ. Math., Debrecen **17** (1970), 19–26, und Commemoration on Ottó Varga on the centenary of his birth. Acta Math. Acad. Paedag. Nyiregyhaziensis **26** (2010), 129–138. www.emis.de/journals

Abraham Wald

(ung. Wald Ábrahám)
*1902-10-31 Klausenburg (Cluj-Napoca, ROM);   †1950-12-13 Travancore, Indien (Flugzeugabsturz) (mos.)

Sohn von Menachem Menyhert (Manhart) Wald (*1872 Berehove, Zakarpattia Oblast, Ukraine; †1944 (Holocaust)), einem orthodox-jüdischen Bäcker, und dessen Ehefrau Dinah, geb Glasner, Tochter des berühmten Rabbiners Moshe Glasner. Das Ehepaar hatte außer Abraham noch fünf weitere Kinder, von denen wir nur die hebräischen Vornamen kennen: Hershey Wald [∞ Erna]; Mordechai Wald; Sara Toiba Wald; Beila Wald und Raizel Wald.

Foto: MacTutor [228]

Wald ∞ 1938 Lucille, geb Lang (*1911 New York; †1950-12-13 Travancore); 1 Tochter: Elisabeth (*1944 New York), 1 Sohn: Robert Manuel (*1947-06-29 NY City), Physiker und Kosmologe

NS-Zeit. Wald gelang es nach einigen vergeblichen Versuchen, knapp nach dem „Anschluss" für sich und seine Frau Visa in die USA zu bekommen und konnte daher rechtzeitig ausreisen. Mit Ausnahme seines Bruders Hermann fiel aber seine gesamte nähere Verwandtschaft dem Naziterror zum Opfer.

Wald gehörte zum jüdisch-ungarischen Teil der Bevölkerung von Siebenbürgen (Transsylvanien, damals bei Ungarn), in der US-amerikanischen Literatur wird er daher oft als rumänisch-amerikanischer Wissenschaftler geführt. Wald sprach aber zeit seines Lebens nur einige wenige Worte Rumänisch. Nach dem ersten Weltkrieg kam Siebenbürgen, und mit ihm Klausenburg, gemäß der Proklamation von Alba Julia und der Anschlusserklärung von Mediasch 1919-02 an Rumänien.

Walds Großväter Josef Wald und Moshe Glasner sowie sein Onkel Jacob Meir Wald (*1866 Klausenburg; †1928 Klausenburg) waren Rabbiner, und in dem orthodox-jüdischem Umfeld seiner Familie konnte Abraham Wald als Kind an Samstagen die Schule nicht besuchen, erhielt daher Privatunterricht und maturierte am Piaristengymnasium als Externist. Danach versuchte er ein Studium an der Universität in Klausenburg, stieß aber auf Schwierigkeiten — er sprach nur wenig Rumänisch, die Universität aber wurde ab 1919-10-01, nach dem Anschluss von Siebenbürgen an Rumänien, als rumänische Universität (Universitatea Daciei Superioare)[411] geführt. Wald übersiedelte daher 1927 an die Universität Wien zu ˃Hahn und ˃Menger und promovierte 1931-06-18 bei letzterem mit einer Dissertation über Hilberts Axiomensystem für die Geometrie.[412]

Zwischen 1931 und 1937, in der ersten Periode seines wissenschaftlichen Schaffens, verfasste Wald im Anschluss an seine Dissertation 21 weitere Arbeiten zur Geometrie, die er sehr erfolgreich im ˃Menger-Kolloquium vortrug. Das Menger-Kolloquium bildete aber nicht nur ein Forum für die Präsentation der neuesten Forschungsergebnisse sondern vermittelte auch Kontakte. Wald lernte durch Vermittlung von Menger den Ökonomen und späteren Spieltheoretiker Oskar Morgenstern, damals Direktor des Instituts für Konjunkturforschung, und den Bankier und Nationalökonomen Karl Schlesinger[413] kennen. Schlesinger engagierte Wald als mathematischen Tutor und Konsulenten für seine auf mathematischer Basis entwickelten ökonomischen Theorien. Auch Morgenstern war von Walds Ergebnissen begeistert und versah ihn mit Aufträgen zu statistischen Untersuchungen für sein Institut für Konjunkturforschung — eine frühe Heimstatt der *Ökonometrie*.[414] Wald war durch diese beiden Arbeitsstätten finanziell unabhängig, an eine akademische Position war angesichts der allgemeinen finanziellen Situation an den Universitäten und der personellen Engpässe nicht zu denken, selbst wenn man annehmen kann, dass in den frühen 1930er Jahren am mathematischen Institut der Universität noch kein spezifisch antisemitischer Druck spürbar war. Dafür gab es noch einen anderen Grund: Die damalige österreichische Schule der „Reinen Theorie" der Nationalökonomie unter Ludwig v. Mises war strikt gegen empirische Nationalökonomie und damit auch gegen die statistische Marktbeobachtung, sodass unter den jüngeren Mitarbeitern des Instituts für Konjunkturforschung der Ära Morgenstern (außer Wald waren das die drei regulären Mitglieder Ernst John (*1909), Reinhard Kamitz (*1907) [ab 1940 Pg, 1952–60 parteiloser Finanzminister] und Gerhard ˃Tintner (*1907) [emigriert 1937] sowie die [1938 geflüchteten] nicht regulären Mitglie-

---

[411] Heute Universitatea Babeş-Bolyai din Cluj-Napoca. Der Zusatz Napoca geht auf die Ceauşescu-Ära zurück. sie ist Partneruniversität der österreichischen Universitäten Wien und Innsbruck.

[412] Wald gab ua. einen Beweis für den Satz: Unter irgend drei Punkten A, B, C auf einer Geraden gibt es stets einen, der zwischen den beiden anderen liegt. Walds Beweis wurde ab der 8. Auflage in Hilberts *Grundlagen der Geometrie* (1. Aufl. 1899) aufgenommen.

[413] *1889-01-19 Budapest; †1938-03-12 Wien. Schlesinger erschoss sich am Tag des Einmarsches der NS-Truppen. Kurzbiographie in [233] ÖBL 1815-1950, Bd. 10 (Lfg. 48, 1992), p193f.

[414] Walds Tätigkeit am Institut für Konjunkturforschung wurde ducrh die Rockefeller Foundation finanziert.

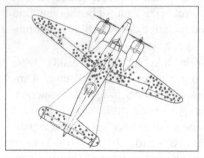

Skizze adaptiert nach einer Zeichnung des U.S. Navy Naval Historical Center (in the public domain): (https://commons.wikimedia.org/wiki/File: PV-1_BuAer_3_side_view.jpg, Zugriff 2023-03-02)

◁ **Panzerung** im Luftkrieg. Nach jedem Kampfeinsatz der US Airforce wurden an den zurückgekehrten Maschinen die erhaltenen Treffer registriert und in einer Zeichnung festgehalten; an den Stellen mit den meisten Treffern wurde die Panzerung verstärkt — aber ohne die erwarteten Erfolge.

Wald schlug dagegen vor, die Stellen mit *weniger* Treffern stärker zu panzern. In die Statistik seien *alle* losgeschickten Einsatzflugzeuge aufzunehmen, nicht nur die zurückgekehrten. Zum Beispiel würden Treffer, die unmittelbar zum Absturz führen (etwa im Cockpit), bei den zurückgekehrten Maschinen gar nicht registriert.

Die Argumentation ist als "Survivorship Bias" in die Liste der „kognitiven Irrtümer" eingegangen.

der Adolf Kozlik (*1912), Josef Steindl (*1912), Kurt Rothschild (*1914) u.a.) „keiner ein besonderes Naheverhältnis zum Austroliberalismus aufzuweisen hatte".[415]

1938 endete Walds Wirken in Wien. Er hatte sich schon vorher erfolglos um ein Rockefeller-Stipendium bemüht, nach dem „Anschluss" erhielt er aber wenigstens ein Visum für die USA. Oskar Morgenstern und andere Freunde und Bundesgenossen vermittelten ihm eine Anstellung in der "Cowles Commission for Research in Economics" (damals in Colorado Springs, 1939 an der Chicago University) die sehr gut zu seiner bisherigen Tätigkeit am Institut für Konjunkturforschung passte.

Die von Wald in den USA begründete *Sequential Analysis*[416] entwickelte sich in der Folge zu einem wichtigen mathematischen Hilfsmittel für strategische Planung (nicht nur in der militärischen Forschung). In etwas allgemeinerem Kontext gilt Wald als Begründer der auf der Spieltheorie (v. Neumann u.a.) basierenden *statistischen Entscheidungstheorie*.[417]

Wald und seine Frau starben 1950 gemeinsam beim Absturz einer Maschine der Air India in Südindien, bei dem alle 16 Insassen ums Leben kamen.

4 Dissertanten, alle in den USA.

---

[415] Zeitgeschichte **32** (2005), Heft 5, p327.

[416] Eine statistische Analyse mit nicht im Voraus festgelegter Stichprobengröße: Es werden nur so lange Stichproben erhoben, bis ein vorgegebenes Stoppkriterium erfüllt ist, nach dessen Eintreten eine Entscheidung gefällt werden kann — eine Strategie, mit der die Anzahl der benötigten Stichproben drastisch reduziert werden kann. Die mathematische Aufgabe ist dabei, ein optimales Stoppkriterium zu finden. Ein klassisches Beispiel ist das bekannte „Sekretärinnenproblem" (in ˃ Schmetterers Vorlesungen als „Misswahlproblem" formuliert). Heute findet es vor allem Anwendungen in der Medizin, bei Reihenversuchen an Patienten. Zu Walds Wirken während des 2. Weltkrieges vgl. auch Mina Rees in *The American Mathematical Monthly*, **87.8**, (1980), 607–62.

[417] Ein anderer Zugang, der sich auf Analogien zur Physik und auf *dynamische Programmierung* stützt, geht auf Richard Bellman zurück. Da sich diese Methode gut durch Algorithmen modellieren lässt, hat sie in neuerer Zeit die allgemeinere Sicht Walds etwas in den Hintergrund treten lassen. (s.u. Weigl)

Ehrungen: 1950 Eingeladener Vortrag ICM Cambridge, MA.

Ausgewählte Publikationen. *Diss.*: (1931) *Über das Hilbertsche Axiomensystem (Menger)*. Eine vollständige Liste, veröffentlicht in Ann. Math. Statist. **23** (1952), 29–33, nennt 103 Publikationen für den Zeitraum 1931–1952 (zu Lebzeiten); Zbl/JFM nennen (bereinigt) 133 math Publikationen, davon 8 Bücher [einige davon posthum erschienene Neuaflagen und Übersetzungen]; darunter die folgenden:

1. Berechnung und Ausschaltung von Saisonschwankungen, Beiträge zur Konjunkturforschung, Vol. 9, 1936 Wien. [eng. Übersetzung in Econometrica **19** (1951-10), 368–403.]
2. On the Principles of Statistical Inference, Notre Dame Mathematical Lectures, No. 1, 1942
3. Foundations of a General Theory of Sequential Decision Functions, Econometrica **15** (1947), 279–313.
4. Sequential Analysis. Wiley, New York 1947 (russ. Übersetzung Moskau 1960) [Dieses Buch war Teil des US-War-effort an der Columbia Univ. und wurde zuerst 1943 als *restricted report* vom *Applied Mathematics Panel* veröffentlicht.]
5. Statistical Decision Functions. New York 1. Aufl. 1950, 2. Aufl. 1971

Wir weisen hier noch auf die gemeinsame Arbeit mit Gödel und > Menger hin:
6. (gem. mit > Gödel K, > Menger K, Wald A), Diskussion über koordinatenlose Differentialgeometrie. Ergebnisse math. Kolloquium Wien **5** (1933), 25-26.

Quellen. Archiv Uni Wien PH RA 10694 Schachtel 115; Morgenstern, Econometrica **19** (1951), 361–367; Wolfowitz J (1952), Ann. Math. Statist. **23** (1952), 1–13, 29–33, Hunter P W, The Mathematical Intelligencer **26** (2004), 25; Bull. Amer. Math. Soc., **57**.5 (1951), 383-384. Sequential Analysis **23** (2004), 1–9. Columbia Daily Spectator **95** 1950-12-15, p. 1.

Lit.: Anderson, T. W., Cramér, H., Freeman, H. A., Hodges jun.,J. L., Lehmann, E. L., Mood, A. M., and C. M. Stein. Selected papers in statistics and probability by Abraham Wald. Ed. for the Institute of Mathematical Statistics New York 1955.

Walds Biographie und seine Beiträge zur Ökonometrie bilden den Inhalt der Dissertation von H.G. Weigl [377]. Für Walds Rolle im Menger Kolloquium verweisen wir auf den Reprint [55].

Ein ausführlicher Bericht über die Geschichte der Sequential Analysis findet sich in J. Am. Stat. Assoc. **75** (1980), 320–335.

Die Existenz von Walds Existenzbeweis für ein ökonomisches Gleichgewicht erfährt man in:

Düppe T, Weintraub E R (2015) Losing Equilibrium. *On the Existence of Abraham Wald's Fixed-Point Proof of 1935*. CHOPE Working Paper No. 2015-04, Center for the History of Political Economy, Duke University.

Kapitel 6
Emigranten der zweiten Generation

Zur zweiten Emigration zählen wir hier alle Mathematikerinnen und Mathematiker, die ihr Studium erst nach ihrer Flucht, in der Emigration beginnen oder nach der abrupten Unterbrechung durch den „Anschluss" weiter fortsetzen konnten. Grob gesprochen umfasst diese Gruppe alle Jahrgänge ab 1920. Über die meisten Mitglieder dieser Gruppe war bisher nur wenig bekannt. Die Autoren haben nach Möglichkeit Ergänzungen zu den in [343] und [33] (ebenso zitiert in [268] und [320]) vorliegenden Informationen vorgenommen, so manches bleibt weiterhin offen. Die Emigranten der Liste in [33], Alfred Marcel Schneider (Chemiker), Walter Kochen (Biologe), Hans Kronberger (Atomphysiker, auch ein Passagier des Schiffes HMT Dunera), Trebitsch (Informatiker) wurden aus fachlichen Gründen (keine eigentlich mathematische Arbeiten, insbesondere keine im Zbl) in unsere Zusammenstellung nicht aufgenommen, umgekehrt sind einige der hier gesammelten Personen nicht in [33] enthalten.

Annie Therese Altschul

*1919-02-18 Wien;   †2001-12-24 Edinburgh (mos.)

Tochter von Ludwig Altschul (*1876-07-24 Prag; †1921-02-05 Felixdorf), Chef der Reifenfirma Kiefer & Co, und dessen Ehefrau Marie, geb Lasch (*1885-03-26 Karlín, Hodonín, Südmähren), Geschäftsfrau in Wien;
Schwester von: (1) Gertrude („Gerti") Elisabeth (*1906-04-18 Wien; †AUS), ∞ in 1. Ehe [1923-06-17 Wien, Tempel V, Siebenbrunnengasse] Walter Türk [1 Kind] o|o 1927, ∞ in 2. Ehe [1938 London, UK] Karl Dukász (*1895-02-10 Ungarn; †AUS), in Wien Journalist, in GB Geschäftsführer eines Restaurants, [noch 1 Kind], Gerti+Karl wanderten 1958 nach Australien aus.

Zeichnung: W.R. nach Fotos von ca 1949 auf der Webseite Gedenkbuch der Universität Wien

Schwester von (2) Hans Wolfgang Altschul (*1908-03-15 Wien; †1933-02-02 Wien) [maturierte nach dort
aufliegenden Listen 1926 am heutigen GRG1 (Gym+Realgym Stubenbastei)];
Enkelin väterl. vonJosefHermann[auch Josef R] Altschul (*1842-08-24 Böhmisch Leipa (Česká Lípa, CZ);
†1914-07-10 Prag), Handschuhfabrikant, u. dessen Frau Therese (*1852-02-10; †1916-04-21 Prag), geb
Rubin; [9 gemeinsame Kinder: 3 Töchter, 6 Söhne]
Enkelin mütterl. von Gottlieb Lasch (*1848 Prag; †1913-06-19 Prag), Gesellschafter der Chokolaten- und
Canditenfabrik Lasch & Mosauer, u. dessen Frau Pauline (*1857; †1903-12-13b Wien), geb Hočk [Tochter
v. Sara (*1823; †1892-10-09 Prag) und Daniel (*1822; †1866 Prag) Hočk].

NS-Zeit. Annie Altschul musste nach dem „Anschluss" ihr gerade erst begonnenes
Studium der Mathematik und Physik aufgeben und emigrierte nach London zu ihrer
Mutter und ihrer 13 Jahre älteren Schwester, die dorthin schon vorher ausgereist waren.

Unter den Geschwistern ihrer Eltern und deren Angehörigen wütete die NS-Vernichtungs-
maschinerie: Beide Geschwister der Mutter starben samt Ehepartnern[1] im Holocaust,
weiters zwei Schwestern des Vaters und deren Ehegatten[2] sowie zwei Brüder ihres Vaters, einer unverheiratet, der andere seit 1934 verwitwet.[3] Ein Bruder des Vaters entkam
1938 mit seiner Familie von Prag nach Wales, UK, wo er erneut eine Handschuhfabri-
kation aufbaute.[4] Lange vor dem „Anschluss" waren bereits Vater Ludwig und seine
jüngste Schwester Else,[5] sein einziger Sohn Hans Wolfgang (†1933) und seine Brüder
Rudolf[6] und Oskar[7] verstorben. Rudolf Altschuls Tochter Nelly[8] und ihr jüngerer Sohn

---

[1] Robert Lasch (*1881-01-12 Prag; †1942 Riga, Lettland (Shoah)), Kaufmann, ∞ Marky(é)ta („Greta"),
geb Löwy (*1891-08-15; †1942 Riga (Shoah)), und Malvina, geb. Lasch (*1883-02-25; †1942 (Shoah)
dep. Warsaw), ∞ Hugo Altschul (*1880-04-10 Wien; †1942-03-26 Lodz (Shoah))

[2] Helene (*1872-08-02 Prag; †ca 1941 Minsk, Belarus (Shoah))∞ Max Veith (*1851-04-16; †1928-07-25
Wien), Apotheker; Hilde (*1890-09-07 Prag; †ca 1944 Auschwitz (Shoah)) ∞ 1924-09-04 Prof. Max Alt,
geb Altschul [Prof für Cello, ihr Cousin, Sohn v (Salomon) Gustav Altschul, Bruder von Josef Hermann
A] (*1873-10-23 Prag; †1942-06-16 ermordet in Theresienstadt)

[3] Robert Altschul (*1884-01-12 Prag; †1942-04-03 Łódź Ghetto, PL (Shoah)); Friedrich („Fritz", „Be-
drich") Altschul (*1888-07-15 Prag; †1941-06-02 (Shoah)), Apotheker in Wien-Döbling ∞ [1919-07-08
Wien-Brigittenau] Ella (*1893-09-28 Preßburg; †1934-04-23 Wien), geb Popper [2 Töchter: Hanna Else
Locker (*1920-06-11 Wien; †2005-10-24 Redhill, UK) und Susanne Therese ∞ Skrein].

[4] Erwin Altschul (*1877-12-11 Prag; †1949-05-12 Cyncoed/Cardiff, Wales UK), Handschuhfabrikant,
∞ 1909 Margarete (*1888-03-29 Prag; †1976-11-03 Wales, UK), geb Stiedry [2 Söhne: Herbert (Ernst) &
Wilhelm A.]; das steht heute noch auf seinem Grabstein. Zu Erwin und Margarete: *Holocaust Survivors
and Victims Database* und die *Liste enteigneter Personen im Reichsanzeiger 1941-10-01.* Margarete war
die Tochter von Wilhelm Stiedry (*1852; †1910 Wien), Vertreter d. Prager Fa. Lederer & Wolf in Wien,
und Jeanne, geb Schubert (Prager Tagbl. 1910-10-10 p4).

[5] Else Altschul (*1887; †1904-03-08 Prag), mit 17 Jahren

[6] Rudolf Altschul (*1873-11-24 Prag; †ca 1936 Prag) ∞ Margarethe (Gretel), geb Beck, (*1879; †1936-06-
11 Prag); die beiden hatten die Tochter Nelly Maria (Weinbergs Mutter) und den Sohn Walter (*1902-10-10;
†1984-06 Queens, NY, USA) ∞ Trude [1 Tochter: Eva Altschul].

[7] Dr med Oskar Altschul (*1875; †1937 Wien) ∞ 1910 Gertrud, geb Buxbaum. [Söhne: Eric (Erich) Georg
Altschul (*1911-08-30 Wien; †1989-12-27 Woodside, NY, USA) studierte ab WS 1932/33 Medizin; und
Kurt Altschul (*1917-08-21 Wien; †1970-04-25 NY, USA), studierte Jus und ∞ Paula (*1920-08-29
St Pölten; †2006-09-09 Queens, NY, USA), geb Süssmann; beide 1938 von der Uni Wien vertrieben.]

[8] Nelly ∞ Viktor Weinberg (*1898 Aussig, CZ; †1988 London, UK), Industriechemiker. Viktor entwich
nach Manchester, UK, auch Nellys Bruder Walter (*1902-10-10; †1984-06 Queens, NY, USA) ∞ Trude
[Tochter: Eva Altschul] entkam der Shoah.

Hans kamen noch 1945 unter die Räder der Shoah. Ihr älterer Sohn Felix,[9] 1939 von Mutter und Bruder getrennt, überlebte fünf Konzentrationslager und machte nach dem Krieg noch eine beachtliche Karriere als Verbrennungsphysiker. Die beiden Söhne Onkel Oskars wurden wie Annie vom NS-Regime 1938 von der Universität Wien gewiesen.

Annie Altschul ist in der Gruppe der im Erwachsenenalter Emigrierten besonders bemerkenswert, da sie durch die Umstände ihrer Emigration von einer Karriere als Mittelschullehrerin in die ihrer eigentlichen Begabung, den Pflegewissenschaften, gelenkt und für ihre Pionierleistungen in der psychotherapeutischen Krankenpflege berühmt wurde. Der letztlich dauerhafte Wechsel von Mathematik und Physik zu den Pflegewissenschaften ist auf ihr frühes soziales Engagement und nicht zuletzt auf den Einfluss von Vertretern der Individualpsychologie Alfred Adlers zurückzuführen.

Annie Altschul entstammte einer großen jüdischen Familie der oberen Mittelklasse. Ihr Großvater Josef Altschul war Chef und Gesellschafter einer bekannten und erfolgreichen Handschuhfabrik in Prag. Diese Firma wurde nach dessen Tod 1914 von Annies Onkel Erwin weitergeführt. Erwin blieb bis zur NS-deutschen Besetzung in Prag und flüchtete dann unter Aufgabe der Firma mit seiner Familie nach Wales,[10] wo er sich in Cardiff festsetzte und in Treforest, später auch in Caerphilly, die *Western Glove* Handschuhfabriken gründete.

Annie Altschuls Vater Ludwig und ihre Onkel Robert und Oskar Altschul zogen schon vor dem Ersten Weltkrieg nach Wien. Robert eröffnete das Handschuhgeschäft „Zur schönen Hand" auf der vornehmen Adresse Kohlmarkt 6, Oskar eine Praxis als Kinderarzt.

Ludwig Altschul gründete 1909 zusammen mit Hermann Kiefer die Reifenfirma Kiefer & Co (*Verschleiß von Pneumatiks u anderen Gummiartikeln, sowie deren Reparatur auf kaltem Wege*), wobei seine Frau als Gesellschafterin eingetragen wurde.[11] Der den Firmennamen beisteuernde Gesellschafter Hermann Kiefer trat 1910-08 aus der Firma aus und Annies Mutter Marie Altschul wurde Alleininhaberin. Sie war von Anfang an an der Geschäftsführung beteiligt, obwohl ihr Ehemann Ludwig in der Öffentlichkeit als alleiniger Firmenchef auftrat. Die Firma importierte ihre Reifen zunächst aus England, als Generalvertreter von *Midland Rubber Co*, ab 1912 aus Frankreich, als Inhaber des Wiener Hauptdepots für den Detailhandel von *Dunlop*.

Zwei Wochen vor Annies zweitem Geburtstag18 verunglückte ihr Vater Ludwig im Schnellzug Triest–Wien 1921-02-05 tödlich bei einem spektakulären Zusammenstoß mit einem von Wien kommenden, von drei Lokomotiven gezogenen Gütereilzug.[12] Nach dem Tode

---

[9] Felix Georg („Jir˜í") Weinberg (*1928-04-02 Prag; †2012-12-05 London) landete schließlich im KZ Buchenwald, aus dem er 1945 von US-Truppen befreit wurde. (Autobiographie: Weinberg F, Boy 30529. A Memoir. Verso Publisher, London 2012).

[10] Tschechische Staatsbürger konnten bis 1939-04-01 ohne Visum nach GB einreisen.

[11] Wr Zeitung 1909.

[12] Zum Unfallhergang vgl. etwa die Berichterstattung in Ill. Kronen-Ztg. 1921-02-06 p 3 u. 1921-03-13, p 5; Dt. Volksbl. 1921-02-06 p5; Wr. Morgenztg. 1921-02-06 p 5; Neue Freie Presse 1921-02-06 p 22; Linzer Tagespost 1921-02-07 p 3; Reichspost 1921-02-09 p5; Volksbl f Stadt u. Land 1921-02-13 p 6; Die Neue Ztg. 1921-02-23 p 4; Wr. Ztg, 1921-04-22 p 17; Österreichischer/Europa Motor 1921.5/6 p 14f. Zur

Ludwig Altschuls führte seine Witwe die Firma weiter, bis diese 1934 in Liquiditätsschwierigkeiten geriet und in Konkurs ging.

Nach ihren späteren Erinnerungen erlebte Annie trotz der geschilderten Wechselfälle eine glückliche und intellektuell aktive Jugend; sie besuchte das Mädchenlyzeum (Realgymnasium Form C[13]) des Wiener-Frauen-Erwerb-Vereins am Wiedner Gürtel 68, Wien IV, und maturierte dort 1937-06-17.[14] Trotz ihrer bürgerlichen Herkunft fühlten sich Annie und ihr Bruder Hans zur Sozialdemokratie und zu „linken" Weltanschauungen hingezogen.[15] Bereits während ihrer Mittelschulzeit war Annie in der sozialdemokratischen Jugendarbeit tätig, mit 16 Jahren[16] im Sommer 1935 als Gruppenleiterin in einem Ferienlager für Kinder.[17] Dabei lernte sie zwei prominente Propagandisten der Individualpsychologie kennen, deren Maximen sie in ihrem späteren Beruf in den Pflegewissenschaften übernahm: Danica Deutsch[18] und Dr. Rudolf Dreikurs.[19]

Nach der Mittelschule begann Annie Altschul ein Lehramtsstudium in Mathematik und Physik an der Universität Wien, das aber der „Anschluss" schon nach einem Semester abrupt beendete. Sie blieb noch lange genug in Wien, um die Pogromnacht von 1938-11 mitzuerleben — wie sie später sagte. "As a socialist with Jewish background, it was

---

Gerichtsverhandlung: Neues Wr. Journ. 1921-06-28 p 9; Aufgebot der Verlassenschaft: Wiener Zeitung 1921-04-28, p 16.

[13] Diese Schulform unterschied sich vom Realgymnasium dadurch, dass im Lehrplan der Oberstufe das Fach Darstellende Geometrie durch eine weitere Fremdsprache ersetzt wurde.

[14] Interview mit Gary Winship, mündlich 1997 und in einem Brief von 1998-10-17; Smoyak S (2002), In Memoriam: Professor Annie Altschul. Journal of psychosocial nursing and mental health services, 40. 6-7. 10.3928/0279-3695-20020301-03; Winship et al. (2009), Journal of Research in Nursing 14(6):505–517.

[15] Nach einem 1933-02-12 p 8 in der „Roten Fahne" erschienenen kurzen Nachruf war Hans um diese Zeit Mitglied der kommunistischen Zelle Breitensee gewesen und hatte Pressearbeit für gewerkschaftliche Belange geleistet. Er starb „an einer heimtückischen Krankheit", wahrscheinlich Krebs.

[16] Nach der oben erwähnten brieflichen Mitteilung Altschuls an G Winship von 1998.

[17] Solche Sommerlager wurden für Arbeiterkinder im Rahmen der ab 1908 auf Initiative von Alfred Afritsch entstandenen Ortsgruppen des Arbeitervereins „Die Kinderfreunde" durchgeführt, unter der Leitung von Helfern aus der eigens zu diesem Zweck gegründeten sozialdemokratischen Jugendbewegung der „Roten Falken". Kinderfreunde und Rote Falken wurden 1934 vom Ständestaat-Regime verboten; Annies Tätigkeit war also eigentlich illegal.

[18] Danica Deutsch, geb Bruckner (*1890-08-16 Sarajevo, Bosnien-Herzegowina; †1976-12-24 New York, USA), Psychologin und Pädagogin, ∞ [1912 Wien] Leonhard Deutsch, Musiklehrer und Individualpsychologe. Danica trat nach dem 1. Weltkrieg in Vorträgen und Lebenshilfekursen als Propagandistin der Adlerschen Individualpsychologie und von deren Anwendung in der Therapie von Eltern und Kindern auf. 1938 emigrierte sie in die USA, wo sie öffentlich zugängliche individualpsychologische Beratungsstellen und das Alfred-Adler-Therapiezentrum in New York gründete und leitete.

[19] Dr med Rudolf Dreikurs (*1897-02-08 Wien; †1972-05-25 Chicago, USA) Psychiater, Pädagoge und Propagandist der Adlerschen Individualpsychologie, sozialdemokratischer Politiker vom linken Flügel, Mitglied des Wiener Arbeiterrats (1918–1924) im Bezirk Innere Stadt, dem Alfred Adler, Begründer der Individualpsychologie, als stellv. Vorsitzender angehörte. Dreikurs emigrierte 1937 über Vortragsreisen nach Brasilien und von dort in die USA, wo er in Chicago ab 1942 als Professor für Psychiatrie wirkte. Gründete Kinder- und Elternberatungsstellen.

really rather urgent that I leave."[20] Sie emigrierte zu Mutter und Schwester nach London,[21] wo sie während der nächsten zwei Jahre erst einmal gründlich Englisch lernte, angestellt zunächst als Haushaltshilfe, dann als Kindermädchen.[22] Nach Kriegsausbruch hatte sie den Status eines enemy alien und an eine Fortsetzung ihres Studiums in England war nicht zu denken. Sie schrieb sich daher 1939 für eine Anstellung als freiwillige Hilfskraft in einem Kriegslazarett ein, wofür wegen des großen Personalmangels auch enemy aliens eine Chance hatten. Sie hoffte, wenn auch nicht zu einem Lehramtsstudium, so doch zumindest zu einer sie interessierenden Ausbildung zu kommen. Ihre Bewerbung war erfolgreich.

Nach einer kurzen Einschulung machte sie Dienst in den Lazaretten von Ealing und Epsom County, durchlief erfolgreich die weiterführende Ausbildung in Krankenpflege und erwarb 1943 das britische Diplom einer Registered General Nurse (RGN).[23] In ihrer Tätigkeit traf sie kriegsbedingt vermehrt auf Fälle psychischer Erkrankungen von Frontrückkehrern,[24] die ihre besondere menschliche Anteilnahme und ihr fachliches Interesse weckten.

Nach dieser Einführung in allgemeine Krankenpflege und Geburtshilfe spezialisierte sie sich auf die psychiatrische Krankenpflege, trat in das Psychiatriezentrum des Maudsley Spitals ein (das während des Kriegs behelfsweise im Mill Hill Internat, in der Nähe von London, untergebracht war und nach Kriegsende in ihre alten Räumlichleiten zurückkehrte), übernahm ab 1946 Aufgaben als Tutorin für Krankenpflege und stieg zur Leiterin der Ausbildung in psychiatrischer Krankenpflege auf. Um ihren praktischen Erfahrungen die notwendige theoretische Basis zu geben, besuchte Annie neben ihrer Arbeit als Krankenschwester (und für die mit ihr befreundete Familie Parfit) die Abendschule des Birkbeck College der Universität London und erwarb einen First Class Honours Degree Bachelor in Psychologie, die britische Version eines Bachelor-Diploms mit Auszeichnung. Sie schrieb über psychiatrische Kranken- und Gesundheitspflege zwei bis heute immer wieder neu aufgelegte und bearbeitete Lehrbücher, die dazu führten, dass die WHO 1964 für sie ein einjähriges Lektorat für Pflegewissenschaften an der Universität Edinburgh finanzierte. Damit trat Altschul in die „schottische Phase" ihrer Karriere ein: Die Fakultät war so von ihrer Tätigkeit begeistert, dass sie die Stelle von sich aus und mit universitätseigenen Mitteln weiterfinanzierte; Altschul blieb von da an bis zur Emeritierung Mitglied der

[20] Nolan, J Psychiatr Ment Health Nurs. 6.4 (1999) 267-72. https://doi.og/10.1046/j.1365-2850.1999.00209.x.

[21] Marie Altschul wurde allerdings 1939-09-29 im Register von England und Wales mit Wohnsitz in Newnham Court, Tenbury, Worcestershire, UK (Mittelengland) registriert, Schwester Gertrud, seit 1938 Gertrud Dukács, mit dem selben Datum in Fairfield , Uxbridge Road, Hayes and Harlington, Middlesex, England (gehört zu Greater London). Die Familie hatte offenbar keinen gemeinsamen Wohnsitz in London.

[22] Die Mutter Jessie Parfit der von ihr betreuten zwei Kinder im Vorschulalter blieb ihr auch später freundschaftlich verbunden.

[23] Dieses Diplom berechtigt im UK dazu, in Krankenpflege, Geburtshilfe oder Krankenfürsorge zu praktizieren, mit etwas weiter reichenden Anforderungen und Kompetenzen als in Österreich oder Deutschland. Diese Registrierung wurde im Jahr von Annies Geburt durch den parlamentarischen Nurses Registration Act in den vier Ländern des UK eingeführt (Letzte Neuformulierung 2021). Für die Registrierung wird eine mehrjährige Praxis und die Ablegung einer Prüfung verlangt, sie wird vom Nursing and Midwifery Council (NMC) überwacht und laufend kontrolliert.

[24] Meist Patienten mit sog. „post-traumatischen Belastungsstörungen" (shell-shock, im 1. Weltkrieg als „Kriegszitterer" bekannt).

Fakultät. Einige Jahre später erhielt sie den Rang eines senior lecturers, und schließlich 1976 eine Professur für Pflegewissenschaften, verbunden mit der Leitung der Abteilung für Psychiatrie.

1983 trat Annie Altschul von ihrer Professur zurück und emeritierte, „um diesen Posten für eine jüngere Kraft freizumachen", wie sie sagte. Zweifellos spielte aber auch eine vorangegangene depressive Erkrankung eine Rolle. Im Jahr darauf, 1984, kam Altschul nach Wien und hielt auf Einladung der Workgroup of European Nurse Researchers (WENR), einen Vortrag über *Nursing Research for a better care*. Im Krankenhaus Rudolfinum war sie ebenfalls zu Gast und half beim Aufbau der Pflegewissenschaft in Österreich mit.[25] Trotz der traumatischen eigenen Erfahrungen in der NS-Zeit hatte sie sich eine vorbehaltlose Einstellung gegenüber Wien und Österreich bewahrt (oder diese im Nachhinein für sich aufgebaut).

Annie Altschul über die Psychiatrie. Nach dem Zeugnis von Freunden und Kollegen zeichnete sich Annie Altschul schon am Beginn ihrer Laufbahn durch ihr energisches Eintreten für die Patienten und für einander auf Augenhöhe begegnendes ärztliches und pflegendes Personal aus. Sie sprach sich immer wieder dafür aus, dass besonders in der Psychiatrie die pflegenden Personen ein intensiveres Naheverhältnis zu Patientinnen und Patienten haben als das ärztliche Personal und daher in Behandlungsfragen gleichberechtigt als Anwalt der Patientenbedürfnisse angehört werden sollten. Sie hatte auch schon früh erkannt, wie wichtig es ist, alle Interagierenden im Dreieck Patientenschaft–Pflegepersonal–ärztliches Personal laufend zu beobachten und, wo erforderlich, psychologisch zu betreuen. Für die Behandelnden ist dabei besonders die Selbstbeobachtung für mögliche theoretische Einsichten wertvoll. Sie selber musste sich in den frühen 1980er Jahren wegen einer massiven Depression in psychiatrische Pflege begeben, worüber sie 1984 in vorbildlicher Freimütigkeit berichtete (in Wounded Healers, s.u.). Betreffend die Äußerungen psychisch Erkrankter sah sie die Aufgabe der Psychiatrie darin, diese zu verstehen, nicht zu erklären — ein Nachklang von Hans Prinzhorn und seiner Dokumentation der Bildwerke Geisteskranker von 1922.[26]

> *At some point I came to the conclusion that what a schizophrenic person is saying makes sense to them, and my business is to try to understand it. They code messages differently from the way other people code them, rather like some forms of painting or music. And if I don't understand the meaning, that's my fault.*

Als „materiellen" Beitrag Altschuls für die Pflegewissenschaften erwähnen wir noch den seit 1999 vergebenen, nach ihr benannten und von ihr gestifteten *Altschul award for scholarly writing*.[27] Sterbehilfe und freiwillige Euthanasie sah sie bis zuletzt durchaus positiv. Als sie merkte, dass nunmehr wegen Nierenversagens eine laufend fortgesetzte Dialyse zur Aufrechterhaltung ihrer Lebensfunktionen bevorstand, verweigerte sie stoisch die weitere Behandlung und starb in Zurückgezogenheit. Auch in ihrer Karriere als theoretische und praktische Pflegewissenschaftlerin vergaß sie nicht auf ihre politische Herkunft und ihre

---

[25] Vgl. zB Gogl A, Pflege 16.1 (2003), 2–5; Wolff H–P, Who was who in nursing history Vol. 3, Urban & Fischer-Elsevier 2004, München. p 11f und die unten zusammengestellte Literatur.

[26] Von den Nazi bekanntlich zur Verunglimpfung der modernen Malerei missbraucht.

[27] Mental Health Practice 4.7 (2001-04-01), 6; https://doi.org/10.7748/mhp.4.7.6.s13

persönlichen Vorlieben. Seit Mitte der 1940er Jahre war Annie Altschul aktives Mitglied der Labour Party und der Socialist Medical Association (SMA), sie war Mitglied des Royal College of Nursing (nach einer wechselvollen Geschichte seit 1977 die britische Gewerkschaft für Pflegeberufe), außerdem gehörte sie dem *Harry Platt Committee* an, dessen Aufgabe die Kontrolle der Pflege-Ausbildung durch Erstellung regelmäßig publizierter Berichte ist. Das Vorhaben ihrer Jugend, später einmal Mathematik zu unterrichten, verwirklichte sie schließlich doch: Bis zum Jahr 2000 unterrichtete sie ehrenamtlich als Mathematiklehrerin an einer Grundschule in Edinburgh. Annie Altschul war allgemein für ihre laute Stimme und als Liebhaberin von Kochen, Opernmusik und Bridge bekannt.

Ehrungen: 1978 Fellow of the Royal College of Nursing (FRCN); 1983 Commander of the Order of the British Empire (CBE), anläßlich ihrer Emeritierung; 2021 Gründung der Annie Altschul Collection, einer Datenbank von Dissertationen über *Mental Health Nursing*.

Altschul betreute an der Edinburgh Universität vor ihrer Emeritierung die PhD-Dissertation von Ruth Schröck (*1931-07-07 Berlin), die nach einer vor und nach ihrem Doktorat von Edinburgh eine sehr erfolreiche Karriere in den Pflegewissenschaften durchlief.

Ausgewählte Publikationen. *Diss.*: (1967) *(MSc in Nursing) Measurement of patient-nurse interaction in relation to in-patient psychiatric treatment (E Stephenson).*

1. Psychiatric Nursing. Ballierem Tindall & Cassell. London 1957. [Ihr erster großer Bucherfolg, dt. Übersetz. Dilling &Dilling, Übersetz. Urban & Schwarzenberg, München]
2. Aids to Psychology for Nurses. Balliere, Tindall & Cassell. London 1962. [1975 als Paperback erschienen, 1977 dt. w.o.]
3. Group Dynamics and Nursing Care. Int J Nursing Stud 1: 151–158 (1964).
4. Patient-nurse Interaction: A Study of Interaction Patterns in Acute Psychiatric Wards. Har- court Brace / Churchill Livingstone, 1972.
5. Wounded Healers: Mental Health Workers' Experiences of Depression.
6. Branching Out: Project 2000 and the Future of Mental Handicap and Psychiatric Nurses. Nursing Times, 82, (1986-07-30), 47f.

Quellen. Zu Ludwig Altschul: Öst. Motor–Der Flug 1921-01-05 p 14; Allg Automobil-Ztg 1921-02-20 p23; Ill. KronenZtg 1921-02-06 p 3; Deutsches Volksblatt 1921-02-06 p 5; Neue Freie Presse 1921-02-06 p 22, 1921-02-07 p 1; Neues Wr. Journal 1921-02-06, p 9, 1921-03-13, p 12, 1921-06-28 p9; Neues Wr. Tagbl. 1921-02-08, p 24, 1921-02-09, p 18; Salzbg. Volksbl. 1921-02-08 p 3, 1921-03-31, p 7, 1921-06-28 p 7; Salzkammergut-Ztg 1921-02-13 p 6; Amtsblatt zur Wr. Ztg. 1921-04-27 p 17; Laurence Dopson, The Independent, 2 January 2002; https://www.theguardian.com/society/2002/jan/08/mentalhealth (von 2022-01-26); Prager Tagbl. 1923-06-16 p 3; Nolan P (1993), *A History of Mental Health Nursing*. London, Chapman & Hall

Lit.: Barker P, Tilley S, Bryn K, J. Psychiatric & Mental Health Nursing **9** (2002), 127–130; Nolan P (1993) A History of Mental Health NursingA History of Mental Health Nursing. London: Chapman & Hall; Nolan P (1999), Annie Altschul's legacy to 20th century British mental health nursing. Journal of psychiatric and mental health nursing. 6, 267-72; Rippiere V, and Williams R (1973), Wounded Healers: Mental Health Workers' Experience of Depression, Chichester 1973; Winship G, Bray J, Repper J, Hinshelwood R D (2009), Collective biography and the legacy of Hildegard Peplau, Annie Altschul and Eileen Skellern; the origins of mental health nursing and its relevance to the current crisis in psychiatry. Journal of Research in Nursing 14(6) 505–517, besonders pp 507–509.

Michael Artin

("**Mike**") *1934-06-28 Hamburg-Langenhorn;

Sohn von Emil ˃ Artin (p. 502) und dessen damaliger Ehefrau Natalia Naumovna, geb. Jasny; Bruder von Karin und Tom Artin.

Michael Artin ⚭ Jean (*ca 1934); 2 Töchter: Wendy S Artin (*1963 Boston), Malerin [lebt und arbeitet in Rom], ⚭ Bruno Boschin; Carolyne Artin (*ca 1963+), Herausgeberin, Math Abteilung eines Verlags, Photografin

Zeichnung: W.R. nach Fotos von 2005.

NS-Zeit.   Michael Artin übersiedelte 1937 als Dreijähriger gemeinsam mit seinen Eltern und seiner eineinhalb Jahre älteren Schwester Karin in die USA.[28] Sein jüngerer Bruder Tom wurde erst 1938-11, nach der Übersiedlung in die USA, geboren.

Michael Artins mathematische Karriere verlief sehr geradlinig: 1955 BA der Princeton University, 1956 MA und 1960 PhD der Harvard University; Mitglied des mathematischen Instituts am MIT seit 1963, full professor 1966. Er emeritierte zu Beginn des neuen Jahrtausends.

Anfang der 1960 Jahre arbeitete Michael Artin am Institut des Hautes Études Scientifiques (IHES) in Bures-sur-Yvette mit Alexander Grothendieck[29] an Topos Theorie und etaler Kohomologie und trug zum SGA4 Band (s.u.) des *Séminaire de géométrie algébrique* bei. Mit Barry Mazur entwickelte er die etale Homotopie Theorie. Er charakterisierte alle darstellbaren Funktoren in der Kategorie der Schemen, welche mit zu den Begriffen des algebraischen Stack führte. Mit Peter Swinnerton-Dyer löste er die Shafarevich-Tate Vermutung für elliptische $K3$-Flächen. Dann wandte sein Interesse sich der nicht-kommutativen Algebra zu und heute gilt er als einer der führenden Experten der nicht-kommutativen algebraischen Geometrie.

---

[28] Interview in [299].

[29] Alexander Grothendieck (*1928-03-28 Berlin, †2014-11-13 Lasserre in den Pyreneen) war Sohn des Anarchistenpaares Alexander Schapiro und Hanka Grothendieck. Nach Berlin (bis 1933) und Hamburg (bis 1939) kam er als Staatenloser (1945-1971) nach Frankreich, wo er und seine Mutter in verschiedenen Lagern unterbracht waren. Er studierte Mathematik in Montpellier, Paris und schließlich Nancy, wo er bei Jean Dieudonné und Laurent Schwartz (Fields Medaille 1950) mit spektakulären Resultaten in der Theorie der lokalkonvexen Vektorräume 1953 promovierte. 1953-1955 war er in São Paulo. 1957 verließ er die Funktionalanalysis und wandte sich der algebraischen Geometrie und der homologischen Algebra zu, die er beide in kurze Zeit revolutionierte. 1958 wurde er an das für ihn (und Dieudonné) neu geschaffene IHES berufen, an dem er eine unglaublich intensive Aktivität entfaltete, bis er es 1970 verließ, da IHES zum Teil durch militärische Gelder finanziert wurde. Grothendieck erhielt die Fields Medaille 1966, die Émile Picard Medaille 1977, und lehnte den Crafoord Preis 1988 ab. Siehe auch [Scharlau, Winfried: *Wer ist Alexander Grothendieck? Anarchie, Mathematik, Spiritualität, Einsamkeit. Eine Biographie. Teil 1: Anarchie. Teil 3: Spiritualität*. Norderstedt: Books on Demand (ISBN 978-3-8391-4939-3/pbk). 180 (216) p. und 263 p. (2007 verb. Aufl. 2011 und 2010).]

MGP meldet 33 betreute Dissertationen, alle am MIT.

Ehrungen: 1966 invited speaker am ICM in Moskau, 1970 am ICM in Nizza; Mitglied der US National Academy of Science; 1969 fellow Amer. Academy of Arts and Sciences, American Association for the Advancement of Science, the Society for Industrial and Applied Mathematics, and the American Mathematical Society (AMS); 1988 Norbert Wiener Professor am MIT; 1991–92 der 51. Präsident der AMS; 1992 Ehrendoktorat der Universität Antwerpen; 1999 Shiing-Shen Chern Visiting Professor an der University of California, Berkeley; 2002 Leroy P. Steele Preis der AMS für sein Lebenswerk (gemeinsam mit Elias Stein) [... for helping to weave the fabric of modern algebraic geometry]; 2005-06-08 Harvard GSAS Centennial Medal; 2013-05 Wolf-Preis der israelischen Wolf Foundation; 2016 US National Medal of Science; MIT University: *Undergraduate Teaching Prize* und *Educational and Graduate Advising Award*; Honorary Member of the Moscow Mathematical Society

Ausgewählte Publikationen. *Diss.*: (1960) *On Enriques' Surfaces (Zariski)*.

1. Grothendieck Topologies, 1962
2. Artin, M.; Bertin, J. E.; Demazure, M.; Grothendieck, A.; Gabriel, P.; Raynaud, M.; Serre, J.-P.: Schémas en groupes. Fasc. 1, 2a, 3, 4, 5b, 2b, 6, 7, 5a: Exposés 1 à 16. Séminaire de Géométrie Algébrique de l'Institut des Hautes Études Scientifiques, 1963/64, dirigé par Michel Demazure et Alexander Grothendieck Institut des Hautes Études Scientifiques, Paris 1963 –1966, zusammen 1888 pp.
3. (mit B Mazur) Etale homotopy. Berlin etc., Springer 1969.
4. Algebraic spaces. New Haven: Yale University Press 1971.
5. Théorie des topos et cohomologie étale des schémas. Berlin etc.: Springer 1972.
6. (mit A Lascu und J-F Boutot) Théorèmes de représentabilité pour les espaces algébriques. Montréal: Presses de l'Université de Montréal. 1973.
7. (mit Anmerkungen von C S Sephardi und A Tannenbaum), Lectures on deformations of singularities. Bombay: Tata Institute of Fundamental Research 1976.
8. (mit J Tate), Arithmetic. 1983
9. (mit G Cornell, J H Silverman), Arithmetic Geometry. 1986
10. Algebra. Englewood Cliffs, N.J., Prentice Hall 1991. [2. Aufl. Boston: Pearson Education 2011.]
11. (mit HP Kraft, R Remmert), Duration and Change: Fifty Years at Oberwolfach. 1994.

Zbl nennt 86 mathematische Publikationen (darunter 13 Bücher) seit 1962, Mathscinet 76 seit 1960.

Quellen. Segels 2006-09-28 Interview mit Michael Artin [299], p 351–374; 2002 Steele Prizes. Notices of the AMS, **49** (2002), 469ff; Interview at Centre International de Rencontres Mathématiques (CIRM)

Hans Markus Blatt

am. John M Blatt

*1921-11-23 Wien; †1990-03-16 Haifa (mos.)

Sohn des Univ Doz Dr med Paul Blatt (*1889-03-13 Wien; †1981 Sidney), Urologe, und dessen Frau Dr Grete Blatt, geb Tschiassny, (Tochter von Joachim Tschiassny (*1847; †1922-11-06 Wien) und Schwester des HNO-Arztes Dr Kurt Tschiassny (*1885 Böhmen; †1962-11-12 Cincinnati, Ohio));

Bruder von Frank J. Blatt (*1924), Professor für Physik an der Michigan University

Blatt ∞ 1945 in 1. Ehe Sylvia, geb Epstein (*1923 Passaic, New Jersey, USA), BSc in Chemie, o|o 1967; 4 Kinder: (1) Ruth Ellen (*1947 USA), Bachelor in Music (Oboistin), ∞ Gustavsson [übersiedelte 1974 nach Norwegen]; (2) David William Eli (*1949 USA) PhD in Physik, Lektor in Comp Science; (3) Daniel Josef Blatt (*1957 Australien), Musiker; (4) Miriam Greta Blatt (*1961 Australien) 1990-06 PhD Computer Sci, Stanford Univ., Miriam ∞ Malcolm Wing, entwickelte durch Software nachträglich konfigurierbare Computer Chips;

Blatt ∞ 1971 in 2. Ehe Ruth Ne'eman, geb. Fallenbaum (*1923 Chemnitz, Sachsen; †Tel Aviv; mos.).[Sie übersiedelte 1926 nach Bulgarien, 1935 nach Palästina]

NS-Zeit. Blatt emigrierte mit seinen Eltern nach dem „Anschluss" nach Paris und von dort in die USA. 1953 wurde er von der Politik McCarthy's weiter nach Australien vertrieben. Er landete nach mehreren Zwischenstationen in den 1980er Jahren in Haifa, Israel.

Hans Blatt entstammte einer wohlhabenden jüdischen Ärztefamilie. Vater Paul Blatt war Urologe und auch die Mutter war Ärztin. Die Ordination befand sich in der Berggasse 22, gegenüber dem Domizil von Sigmund Freud, den der junge Hans Blatt als Familiengast kennenlernte. Im ersten Weltkrieg leistete Paul Blatt direkt an der Front Kriegsdienst als Arzt; für besondere Tapferkeit vor dem Feind wurde er mit dem *goldenen Verdienstkreuz mit Krone am Bande der Verdienstmedaille* ausgezeichnet. Die Familie war dezidiert zionistisch ausgerichtet, Vater Paul war aktives Mitglied des zionistischen Nationalfonds Keren Kayemeth und der jüdischen Freimaurervereinigung B'nai Brith. Außerdem war er Mitglied des Alpen-Skivereins und der italienischen urologischen Gesellschaft.[30]

Von 1931/32 bis 1938 (zum Beginn der Sommerhälfte der 7. Klasse) besuchte Hans Blatt das „Wasagymnasium".[31] Sein Lehrer in Mathematik war dort Dr Sabath, der auch in den Schwarzwaldschen Reformanstalten in Wien-Innere Stadt und nach dem „Anschluss" im Chajes-Gymnasium unterrichtete.

Unmittelbar nach dem „Anschluss" wurde Vater Paul Blatt verhaftet, es gelang aber der Familie mit Hilfe von Dr Jack Stark, einem in den USA lebenden entfernten Verwandten, den Vater freizubekommen. Hans Blatt und sein Vater flohen noch im Juni nach Paris und von dort 1939 in die USA, seine Mutter folgte mit dem jüngeren Bruder im August. In den USA studierte Hans Blatt Kernphysik, sein Bruder Frank Medizin.

Hans erwarb 1942 sein Bachelor Diplom *summa cum laude* an der University of Cincinnati sowie zweimal den Doktorgrad (PhD): einmal 1945 an der Cornell University bei Josef Maria Jauch und einmal 1946 an der Princeton University bei Jauch und Wolfgang Pauli. In Princeton hatte er 1945–46 eine Forschungsstelle der Laboratorien der Radio Corporation of America (RCA).

Die nächste Station von Hans Blatts Karriere bildeten 1946–49 das MIT und Victor Weisskopf (*1908-09-19 Wien; 2002-04-22 Newton, Massachusetts), mit dem er ein bekanntes Lehrbuch über Theoretische Kernphysik verfasste. 1949–53 (1949 assist. prof, 1951 assoc. prof) gehörte er dem Department für Physik an der University of Illinois an, die für ihn wegen der dort vom *Aberdeen Proving ground* (s. den Eintrag zu Franz Leopold ˃ Alt, p 498) in Auftrag gegebenen Computeranlagen interessant war. Blatt erkannte die Möglichkeiten, die eine solche Computeranlage für die Kernphysik bot und engagierte sich intensiv in der 1951 begonnenen Entwicklung der Version ILLIAC I der Rechnerserie ILLIAC (Illinois Automatic Computer). Die ILLIAC I ging 1952-09 in Betrieb.

---

[30] Zu Paul Blatt vgl die biographische Skizze von Hans Blatts Bruder Frank im *Gedenkbuch der Universität Wien*, 2012 (https://gedenkbuch.univie.ac.at/index.php?id=index.php?id=435&no_cache=1&person_single_id=32805, Zugriff 2023-02-21).

[31] Wasagasse 10, vormals Maximiliangymnasium.

Die von Senator Joseph McCarthy und anderen während der 1950er Jahre in Gang gesetzte „Hexenjagd" gegen „Unamerikanische Umtriebe" verleideten Blatt den Aufenthalt in den USA und so nahm er 1953 bereitwillig eine ihm angebotene Stelle als full professor an der *School of Physics* der *University of Sydney* an. Treibende Kraft hinter diesem Angebot war der Schrödinger-Dissertant Harry Messel,[32] den man mit dem Neuaufbau der *School of Physics* beauftragt hatte und der darum auf der Suche nach kreativen, in Physik geschulten Köpfen war. Hauptprojekt Messels war ein groß angelegtes Experiment zur Erforschung der Struktur und der Herkunft der kosmischen Strahlung, für das unbedingt die Unterstützung einer leistungsfähigen Großrechenanlage notwendig war. Damals gab es nur einen einzigen Großrechner in Australien, der aber erstens nicht verfügbar war und zweitens bei weitem nicht genügend Kapazität hatte. Blatt schlug als einfachste Lösung einen Nachbau des ILLIAC vor, bei dessen Konzeption und Entstehung er selber von Anfang an mitgewirkt hatte und dessen Blaupausen durch die Großzügigkeit seiner früheren Kollegen zur Verfügung standen. Der Vorschlag wurde angenommen und unter dem Projektnamen SILLIAC (Sydney ILLIAC) unverzüglich in Gang gesetzt. SILLIAC war eines der ersten in Australien gebauten Computersysteme, es stand bis 1968-05-17 in Verwendung.

Nach Differenzen mit Kollegen zog der streitbare Blatt 1959 weiter und nahm eine Professur für Angewandte Mathematik an der gerade in Sidney gegründeten *University of New South Wales* (UNSW) an. In dieser Position baute er eines der führenden Mathematikinstitute Australiens auf, mit besonderem Augenmerk auf Anwendungen der Mathematik in der Kernphysik, in der statistischen Physik und in der dynamischen Optimierung.

Sein Verdienst war aber auch die Berufung weiterer, nicht notwendig im gleichen Fachgebiet wirkender, hervorragender Mathematiker, darunter 1963 den vor allem aus der Kombinatorik, aber auch aus Algebra, Differentialgeometrie und Relativitätsthorie u.a.m. bekannten György Szekeres.[33]

Ab etwa 1970 beschäftigte sich Blatt mit mathematischer Wirtschaftstheorie.

Nach seiner Emeritierung 1984 übersiedelte Blatt nach Israel, wo er in Haifa seinen Lebensabend verbrachte und bis zu seinem Tod in Lehre und Forschung aktiv blieb.

Blatt war als großer Liebhaber von Klammermusik und ausgezeichneter Amateurpianist bekannt. Dementsprechend machten zwei seiner Kinder eine Karriere in Musik, die anderen beiden in *Computer Science*.

MGP nennt 6 betreute Dissertationen, alle an der Universität von New South Wales.

---

[32] Harry Messel (*1922-03-03 Levine Siding, Manitoba, Canada; †2015-07-08 Sidney, Australia) dissertierte bei Erwin Schrödinger am IAS Dublin.

[33] György (George) Szekeres (*1911-05-29 Budapest; †2008-08-28 Adelaide) kam wie ⟩ Hofreiter aus einer in der Lederbranche tätigen Familie, er hatte deshalb 1933 einen Abschluss in Chemie gemacht (aber keinen in Mathematik). 1939 floh er mit seiner Frau vor der NS-Bedrohung nach Shanghai und arbeitete dort bis 1948 als Lederchemiker. Danach ging er als Mathematiker an die Univ. of Adelaide, von wo ihn Blatt als „Gründungsprofessor in Reiner Mathematik" an die UNSW holte. Szekeres emeritierte 1975 und starb 2008 am gleichen Tag und in der gleichen Stunde wie seine Frau Esther (*1910-02-20 Budapest), geb. Klein [∞ 1935; Sohn Peter, Tochter Judith]. Nachruf auf George und Esther Szekeres im Sydney Morning Herald 2005-11-07, (https://www.smh.com.au/national/a-world-of-teaching-and-numbers-times-two-20051107-gdme4e.html, Zugriff 2023-02-21)

Ausgewählte Publikationen. *Diss.*: (1945) *The Meson Charge Cloud Around a Proton (J. M. Jauch, Cornell Uni).*
Diss.: (1946) *On the Heavy Electron Pair Theory in the Strong Coupling Limit (Jauch, Pauli [Princeton Univ.]).*
1. (gem. mit Weißkopf, V.F.) Theoretical nuclear physics. New York 1952; Dt Übersetzung Leipzig 1959.
2. Theory of superconductivity. New York-London 1964.
3. (gem. mit Gutfreund, H.), Minimum nastiness curve fitting. Isr. J. Math. **6** (1968), 80–98.
4. Optimal control theory with general constraints. J. Aust. Math. Soc., Ser. B **23** (1981), 115-126.
5. Dynamic Economic Systems: A Post Keynesian Approach. Routledge, London-New York 1983.
6. (gem. mit Ian Boyd), Investment Confidence and Business Cycles, Springer Berlin etc. 1988.

Zbl nennt 42 Publikationen seit 1947, darunter 3 Bücher. Die Mehrheit von Blatts wissenschaftlichen Arbeiten sind der Physik oder der Informatik zuzuordnen und werden daher im Zbl nicht berücksichtigt.

Quellen. Wr. Zeitung 1917-12-02 p1; Der Morgen 1921-01-10 p3; Neue Freie Presse 1921-01-06 p7, 1922-11-08 p15; Kleine Volkszeitung 1933-05-29 p2; Der Schnee 1934-04-13 p31; Die Stimme. Jüdische Zeitung 1937-05-27 p8, 1937-07-27 p4; [343] p 115; Szekeres, G., Aust. Math. Soc. Gaz. **17** (1990), 73-74; Sigmund, K. [320] p 122; [268] p335; James Franklin, Parabola 37 (2) (2001): 15-17, (https://web.maths.unsw.edu.au/~jim/blatt.html, Zugriff 2023-02-21); UAW Personalstand 1937/38, 47, Rektorat GZ 680 ex 1937/38; Deane J (2006), SILLIAC: Vacuum Tube Supercomputer, Science Foundation for Physics, p. 23 ff; Mühlberger [221], p 18; Figdor [81], p 42f.; Merinsky [213], p 22f.; UB MedUni Wien/van Swieten Blog; Hinweise von Dr David und Frank J. Blatt, 2012 (https://gedenkbuch.univie.ac.at/index.php?id=index.php?id=435&no_cache=1&person_single_id=32805, Zugriff 2023-02-21); zu Kurt Tschiassny siehe The Ohio State Medical Journal 1963 unter (https://archive.org/stream/ohiostatemedical5911ohio/ohiostatemedical5911ohio_djvu.txt, Zugriff 2023-02-21).

Josef Bomze

Zeichnung: W. R.

*1917-06-22 Wien;   †1993-04-14 Wien (mos.)

NS-Zeit. Bomze wurde 1938 von der TH Wien vertrieben, kehrte aber nach dem Krieg zum Weiterstudium an die TH zurück.

Abgang gemeldet 1938-04-28; anschließend bis 1947 in Frankreich, dort Weiterstudium an der Sorbonne (Institut Henri Poincaré) 1946 Rückkehr nach Österreich, Wiederinskriptjon WS 1947/48 bis zum SS 1950, an der TH Wien. 1953-06-27 II. Staatsprüfung, 1957 Promotion an der TH Wien. 1955-1965 Hochschulassistent an der Lehrkanzel für Mathematik I bzw. am mathematischen Labor der TH in Wien; 1967-1971 Beigeordneter Direktor am Institut für Höhere Studien (IHS), danach Lehraufträge am IHS und an der TU Wien

(SS 1975); 1976/77 an der ÖAW beschäftigt, anschließend bis zur Pensionierung bei der Ludwig Boltzmann Gesellschaft.[34]

Ausgewählte Publikationen. *Diss.*: (Ein) *Beitrag zur Theorie der Strahlung im Rahmen der klassischen Elektrodynamik (Ludwig Flamm).*

1. Elektrische Elementarwellen. I: Ein Beitrag zur Kinematik der elektrischen Elementarladungen. ÖAW, Math.-Naturw. Kl., S.-Ber., Abt. II **166 (1957)**, 77-109.
2. Über die Möglichkeit der Existenz von konservativen elektrischen Ladungsbewegungen mit nicht-stationären Feldern im Rahmen der klassischen Elektrodynamik. ÖAW, Math.-Naturw. Kl., S.-Ber., Abt. II **165** (1957), 313-325.

Zbl nennt nur die zwei obigen Arbeiten von 1957.

Hermann Naftali Bondi

*1919-11-01 Wien; †2005-09-10 Cambridge (mos., später hum. Atheist)

Sohn von Dr Samuel Bondi (*1878-06-29 Mainz; †1959-01-21 New York), Arzt, und dessen Ehefrau Helene Bertha, geb Hirsch (*1892-03-15 Halberstadt, Sachsen-Anhalt; †1960-08-03 New York); Bruder von Dr Gabriele (*1915-03-28 Wien; †1992-02-25 New York, USA) B, ∞ 1951 Adolf Lobel (*1899-05-05 Wien; †1974-07-07 New York, USA) [Sohn: Bernhard Michael Lobel], Ärztin;

Väterlicherseits Enkel v. Marcus Meir Bondi, Seniorchef d. Fa Jacob Neurath, und dessen Ehefrau Bertha Beila B (*1842-03-22 Halberstadt, Sachsen; †1912-03-05 Wien), geb Hirsch; das Paar hatte insgesamt 17 Kinder.

Zeichnung: W.R. nach Fotos auf (https://mathshistory.st-andrews.ac.uk/Biographies/Bondi/pictdisplay/, Zugriff 2023-03-02)

Auf der mütterlichen Seite Enkel v. Gabriel Wolf Hirsch und Bertha Bilha Hirsch (*1867-01-26 Halberstadt; †1892-03-17 Halberstadt). Dieses Paar hatte vor der jüngsten Tochter Helene Bertha Bondi-Hirsch zwei weitere Kinder miteinander, Hilde Hirsch (†1887) und Siegmund Hirsch (*1889-04-02 Halberstadt, Sachsen-Anhalt; †1931-01-31); aus der zweiten Ehe von Gabriel Hirsch mit Therese Röschen Hirsch, einer Schwester von Bertha Bilha Hirsch, kamen die drei Kinder noch zu einen Halbbruder namens Joseph Hirsch (*1898-03-11; †1961-12-04).

Bondi ∞ 1947 Christine Stockman (*1923-06-15 London, England; †2015-03-93 Cambridge, England), Astrophysikerin; 5 Kinder

NS-Zeit. Bondi emigrierte noch während der Ständestaatregierung nach England — er empfand schon damals die politische Situation als unerträglich, auch ohne NS-Beteiligung. Er entkam so der Shoah und überredete auch seine Eltern zur Emigration. Von den Geschwistern seines Vaters Samuel[35] kamen fünf in der Shoah um ihr Leben: Samuels Zwillingsschwester Rosa Gradenwitz, die ältere Schwester Helene Hausdorff,

---

[34] nach Ebner et al. [63] p69

[35] Die Geschwister waren: 1. Rabbi Dr Jonas Bondi, A.B.D. (*1862-06-30 Mainz; †1929); 2. Aron Bondi (*1863-09-23 †1903-06-15 Wien); 3. Paula Pauline Hausdorff (B) (1864-12-23 Darmstadt, Deutschland; †1933-02-01 Rotterdam, NL), 4. Helene Hindele Hausdorff (B) (*1866-02-22 Mainz, †1944-03-06 Auschwitz (Shoah), 5. Esther Jeiteles (B) (*1867-07-08 Darmstadt; †1941 Prag) 6. Gabriel Wilhelm Bondi (*1868-12-22 Darmstadt; †1869-01-09) 7. Julie Lulu Levisson (B) (*1870-01-23 Darmstadt; †1938-04-28 Den Haag), 8. Sophie Klein (B) (*1871-06-19 Darmstadt; †1904-08-11 Baden b. Wien), 9. Joseph Bondi (*1872-08-08 Mainz; †1942-04-28 New York, USA), 10. Hugo Naftali Bondi (*1874-01-11 Darmstadt;

die jüngeren Zwillingsschwestern Hilde und Hinda Bondi, zuletzt sein Bruder Siegmund Bondi.

Hermann Bondi wuchs in einer assimilierten und eher religionsfernen jüdischen Familie auf. Sein Vater war wissenschaftlich engagierter Arzt, der Arbeiten über Physiologie und Chemie des menschlichen Körpers, Herzgeräusche und EKG schrieb.

Bondi sah bereits nach seiner Matura 1937 ein, dass er in dem antisemitischen Klima des damaligen Wien keine akademischen Karrierechancen hatte, reiste nach England und begann sein Studium in Cambridge. Da sich die Situation immer mehr verschärfte, konnte er schließlich seine Eltern davon überzeugen, es sei für sie das Beste, ebenfalls Österreich zu verlassen. Bei Kriegsausbruch wurde er zunächst interniert und (wie ⟩ Rothberger) nach Kanada verschickt, insgesamt stand er etwa ein Jahr unter Gewahrsam, bis die britischen Behörden keine Zweifel mehr an seiner Loyalität zum Vereinigten Königreich hegten. Ab 1942 arbeitete Bondi im Auftrag der britischen Admiralität bei der Weiterentwicklung und Verbesserung der streng geheim gehaltenen Radarsysteme für die Marine mit. An der Entwicklung der Radartechnik arbeiteten seit Beginn der 1930er Jahre militärische und zivile Forschungsinstitute der Alliierten mit großem Eifer, die britischen hatten den besten Erfolg.

Von 1945 bis 1948 als Assistant Lecturer, dann bis 1954 als University Lecturer unterrichtete er in Cambridge Mathematik, von 1954 bis zu seiner Emeritierung war er schließlich Professor am renommierten King's College in London.

Hermann Bondi begann seine wissenschaftliche Laufbahn als Mathematiker, seine wichtigsten Arbeiten befassen sich aber mit Kosmologie, Astrophysik und der Relativitätstheorie. 1948 stellte er mit seinen Kollegen Thomas Gold und Fred Hoyle eine Alternative zum Urknall, das astrophysikalische *steady-state* Modell auf. Nach diesem Modell hat das Weltall zeitlich weder Anfang noch Ende und dehnt sich in alle Richtungen gleichmäßig und bei gleichbleibender Massendichte aus. Bei einem solchen Prozess müsste ständig homogen über den Raum verteilt neue Materie gebildet werden um ein Ausdünnen der Dichte zu verhindern. Diese Theorie war in den 50er Jahren von Bedeutung, wurde dann aber ab 1960 wegen der experimentellen Ergebnisse über die Hintergrundstrahlung vom Urknall-Modell abgelöst.

Eine Pionierarbeit Bondis im Umfeld der Relativitätstheorie betraf die accretion (das Einsammeln) von diffuser Materie in der Umgebung gewisser Sterne, die scheibenförmige Bondi accretion (in erweiterter Form auch Bondi–Hoyle–Lyttleton accretion genannt). Bondi schrieb diesen Effekt der Wirkung der Gravitation zu.[36]

---

†1948-01-19 Rehovot, Israel), 11. Benjamin Benni Bondi (*1875-12-27 Darmstadt; †1930-11-18 Hamburg,D), 12. Siegmund Bondi (*1877-06-13 Darmstadt; †1945-04-17 Bergen-Belsen) 13+14. die Zwillinge Dr Samuel Bondi und Rosa Gradenwitz (B) (*1878-06-29 Mainz; †1943-11-19 KZ Auschwitz), 15. Leah Lishi"Jaray (B) (*1880-12-12 Darmstadt; †1968-03 London, England), 16+17. die Zwillinge Hilde Fanny und Hinda (B) (*1877-07-11 Wien; †1942-06-05 Izbica, PL)

[36] Bondi, H (1952) On spherically symmetrical accretion. Monthly Notices of the Royal Astronomical Society, Vol. 112, p.195

Herman Bondi beschäftigte sich nicht nur mit der Wissenschaft sondern auch mit der Organisation der Wissenschaft und der Einflussnahme der Wissenschaft auf die Politik (statt umgekehrt). Er war

- von 1967 bis 1971 Generaldirektor der *European Space Research Organisation*,
- von 1971 bis 1977 einer der Chefberater des *Ministry of Defence*,
- von 1977 bis 1980 Chefwissenschaftler am Department of Energy,
- von 1980 bis 1984 Vorsitzender des Natural Environment Research Council (NERC).

Hermann Bondi war bekennender humanistischer Atheist. Trotz seiner jüdischen Abstammung empfand er nach seinen eigenen Worten nie das Bedürfnis nach Religion. (Er war Präsident der *British Humanist Association* 1982–1999.)

MGM nennt vier von Bondi betreute Dissertationen

Ehrungen: 1973 geadelt; Ehrendoktor der Universitäten von Sussex, Bath, Surrey, York, Southampton, Salford, Birmingham, St Andrews, Portsmouth und Wien; 1983 Einstein-Goldmedaille; 1997 österr. Ehrenzeichen für Wissenschaft und Kunst; 2001 Goldmedaille der Royal Astronomical Society; der Asteroid 8818 HermannBondi ist nach ihm benannt

Ausgewählte Publikationen. *Diss.*: (1944) *Relativity and gravitational theory (Jeffreys, Eddington).*

1. Spherically symmetrical models in general relativity. Monthly Not. Roy. Astr. Soc. **107** (1947), 410.
2. Cosmology. Cambridge, At the University Press, (1st ed. 1952) (2nd ed. 1961) [Reprints 2010];
3. Massive spheres in general relativity. Proc. Roy. Soc. Lond. **282** (1964), 303–317;
4. The contraction of graviting spheres. Proc. Roy. Soc. Lond. **281** (1964), 39–48;
5. Gravitational bounce in general relativity. Monthly Not. Roy. Astr. Soc. **142** (1969), 333–353.
6. Gravitational redshift from static spherical bodies. Monthly Not. Roy. Astr. Soc. **302** (1999), 337–360.

ZbL nennt 43 Publikationen, darunter 6 Bücher

Quellen. Sigmund [320], Reiter [268] [Reiter führt Bondi als Physiker.]

Lit.: *Science, Churchill and me.* The Autobiography of Hermann Bondi, Oxford 1990

Peter Georg Braunfeld

*1930-12-12 Wien; (mos.)

Sohn und einziges Kind des Rechtsanwalts Friedrich („Fritz") Leopold Braunfeld (*1892-03-02 Brünn; †1971-03-18 Urbana/Illinois, USA) und dessen Ehefrau Johanna (*1895-06-05 Wien; †1978-01-03 Urbana, Illinois), geb Back, ausgebildete Mittelschullehrerin für Französisch; Neffe von Egon Braunfeld (*1895; †1956 Großbrit.), Kaufmann in Prag, und von Oskar Back, Rechtsanwalt [seit 1926], und seiner Ehefrau Therese;

Zeichnung: W.R. nach einem Foto in *The News Gazette*, 2016-09-18

Väterlicherseits Enkel des Kaufmanns Rudolf Braunfeld (*1856-04-23 Brünn; †1935-05-09 Brünn) [Sohn von Leopold (*1805 Rousínov, Vyškov) und Sophia (*1813 Rousínov, Vyškov) Braunfeld; 4 Schwestern, 3 Brüder] und dessen Ehefrau Anna, geb. Novak, mütterlicherseits des Medizinalrats Dr Richard Back (*1863-05-18 Brünn; †1942 Treblinka/Shoah) und dessen Ehefrau Mat(h)ilde B, geb Rudolf (*1869; †1942 Treblinka, Shoah); Neffe von Tereza, Ehefrau des Bruders Oskar Back von Johanna Braunfeld.

Peter Braunfeld hat aus erster Ehe zwei Söhne: (1) Kenneth Richard B (*1962-10-31), PhD, Stadtplaner in St. Louis, später in St. Peters, Missouri [∞ Mary Elizabeth ("Mary-Beth"), geb Howard; 2 Töchter: Margaret Helen, Claire; 1 Sohn: Michael Jacob], und (2) David Ralph B (*1966), lebt in Springfield, Ill;

Peter Braunfeld in 2. Ehe ∞ ±1972 Judith ("Ditta") Morse (*1937-07-13), BA für Transportwesen, die 3 weitere Kinder aus ihrer 1. Ehe (∞ Jessop) in die Familie einbrachte, die Töchter Alison und Christiane sowie den Filmschauspieler und Sprecher für Videospiel-Charaktere Peter Jessop (*1964-06-29, Natick, MA); inzwischen (2020) hat Judith 7 Enkelkinder.

NS-Zeit. Braunfelds Eltern flohen mit ihm unter ständig neuen Bedrohungen 1938-07 über Brünn-Prag-London/Bristol-Glasgow-New York in die USA, wo sie 1940-09 ankamen und sich in Chicago niederließen. Peter machte nach einer Dissertation in Algebra schließlich Karriere in der Didaktik der Schulmathematik und hatte wesentlichen Anteil am Aufbau des elektronischen Lernsystems PLATO. Die Großeltern von Mutters Seite wurden zunächst 1941 aus ihrer Wohnung in Wien-Favoriten (Landgutgasse 17) delogiert und in eine Sammelwohnung in Wien-Leopoldstadt (Herminengasse 10/11) einquartiert; 1942-07-28 wurden sie von dort mit Transport 34 vom Wiener Aspangbahnhof nach Theresienstadt deportiert (Gefangenen Nr 529 und 530; ID 4927576 und ID 300243), von dort weiter in das Vernichtungslager Treblinka, wo sie wahrscheinlich gleich nach der Ankunft ermordet wurden. Onkel Oskar und Tante Therese (Back) schafften dagegen die Ausreise in das heutige Israel.[37] Über den Verbleib von Großmutter Anna Braunfeld ist nichts bekannt.

Peter Braunfeld wuchs als einziger Sohn einer sehr wohlhabenden Familie in Wien auf. Vater Fritz Braunfeld führte eine erfolgreiche Anwaltskanzlei,[38] die sich hauptsächlich mit der Vertretung und Rechtsberatung großer ausländischer Gesellschaften befasste, daneben veröffentlichte er in verschiedenen Tageszeitungen Kommentare zu aktuellen Wirtschaftsfragen. Johanna Braunfeld kümmerte sich um die Buchhaltung der Kanzlei und hatte eine wichtige Rolle als Gastgeberin bei Arbeitsessen mit ausländischen Klienten; ihr Bruder Oskar, ebenfalls Rechtsanwalt,[39] war ebenfalls in Fritz Braunfelds Kanzlei tätig.[40] Die Kanzlei Braunfelds und die auf dem gleichen Stockwerk (aber davon getrennte) Wohnung befand sich in der Ebendorferstraße (auf Nummer 4), die vom Nordeingang des Rathauses geradeswegs zum heutigen Neuen Institutsgebäude der Universität führt. Von der Schmalseite des Balkons dieser Wohnung hatte man direkten Blick auf die Nordfront des Rathauses und Peter Braunfeld erinnert sich bis heute (2021) an die Rede Hitlers, die dieser 1938-04-09, am Mittelbalkon des Rathausturms stehend, hielt, und die die Familie mit hautnahem Entsetzen miterlebte. Die Familie verfügte über zwei Hausangestellte (beide katholisch), einen Koch und ein Kindermädchen.[41] Nach seinen eigenen Angaben wurde Peter Braunfeld

---

[37] Interview 1997-06-23 auf 46:00.

[38] Eingetragen in der Liste der NÖ Rechtsanwaltskammer mit Wohnsitz in Wien seit 1923-10-01

[39] Mitglied der NÖ Rechtsanwaltskammer mit Wohnsitz Wien seit 1926-01-05

[40] Nach einer unbestätigten Erinnerung von Peter Braunfeld war Oskar Braunfeld 1934 turnusmäßig Pflichtverteidiger von einem der Dollfußattentäter. Es sei ihm gelungen, seinen Mandanten vor der Todesstrafe zu bewahren.

[41] Eine sehr ausführliche Beschreibung seiner Kindheit gab Braunfeld in seinem zweistündigen Interview von 1997 (s.u.).

von seinen Eltern definitiv als Jude, aber nicht sehr strenggläubig, erzogen. Strenggläubig lebten dagegen die Großeltern mütterlicherseits, die in Wien-Favoriten in der Nähe der Humboldt-Synagoge wohnten.[42] Großvater Richard Back war Gründungsmitglied des 1895 gegründeten Wiener Zweigs der jüdischen Loge B'nai B'rith.

Peter Braunfeld besuchte bis zum „Anschluss" zwei Klassen der städtischen Volksschule in Wien-Innere Stadt, auf Freyung 6.[43] Nach dem „Anschluss" musste die Familie flüchten. Die Flucht begann 1938-07 mit der Ausreise nach Brünn zu Onkel Egon Braunfeld. Nach dem Münchner Abkommen von 1938-09-29/30 war klar, dass die Familie in Brünn nicht bleiben konnte — in der Tat wurde Brünn 1939-03-15 von deutschen Truppen besetzt. Die Braunfelds flohen weiter nach Prag und 1939-08-23 von dort nach Großbritannien. 1940-09 ging unter dem Eindruck der deutschen Luftangriffe auf britische Städte die Flucht per Schiff weiter, an Bord des zur *Anchor Line* gehörenden Zwei-Schrauben-Dampfers *TSS Cameronia* von Glasgow nach New York[44]. Als ständigen Aufenthaltsort wählten die Eltern Braunfeld Chicago, wo Braunfeld junior seine Schulbildung mit dem "4th grade" (viertes Jahr der Elementarschule) fortsetzen und nach Absolvierung des "12th grade" das Studium der Mathematik beginnen konnte.

1949 graduierte er zum B.A, 1951 zum BS an der Universität Chicago; von 1952 bis 1960 war er Lecturer am Coordinated Science Lab (CSL) der Universität Illinois; 1953 folgte der MS und 1959 der PhD in Mathematik an der Illinois Universität in Urbana-Champaign, unter dem Einfluss von Reinhold Baer mit einem Dissertationsthema aus der Gruppentheorie.[45] In den Jahren 1953–59 war er am Labor für Regelungstechnik mit der automatischen Verarbeitung von Radarsignalen beschäftigt, danach 1959–66 als Forschungsassistent an der "Coordinated Science Library" mit der Entwicklung der Lernsoftware PLATO für Studierende mit besonderen Bedürfnissen. Seine akademische Karriere ging in Illinois den üblichen Weg: 1963 Assistant, 1967 ao Professor, schließlich 1970 bis zu seiner Emeritierung 1995-07 Full Professor für Mathematik und mathematische Unterrichtstechnik.

---

[42] Humboldtgasse 27; im Novemberpogrom 1938 zerstört.

[43] Im gleichen Gebäudekomplex wie das Schottenstift und das Schottengymnasium untergebracht, wurde sie kurz „Schottenschule" genannt; nach dem „Anschluss" aber geschlossen, für NS-Zwecke missbraucht und auch nach dem Krieg nicht wieder eröffnet. Die Behauptung in [320], Braunfeld habe das Schottengymnasium besucht, ist offensichtlich unrichtig. Er war 1938 erst 8 Jahre alt – kein Alter für eine Mittelschule.

[44] In seinem Vortrag in Fort Wayne zeigte Braunfeld ein Foto der *Cameronia*, das mittlerweile online unter (https://www.dalmadan.com/?p=167, Zugriff 2023-03-02) bewundert werden kann. Er erzählte in seinen Erinnerungen, diese Fahrt hätte wegen der deutschen Unterseeboote im Geleitzug stattgefunden. Die veröffentlichten Listen der alliierten Geleitzüge verzeichnen aber keinen Geleitzug von Glasgow nach New York. Ab 1941-01 war die *Cameronia* für den Dienst als Truppentransporter requiriert. (Vgl. zB Hague A (2000), The allied convoy system 1939-1945: its organization, defence and operation. St.Catharines, Ontario.)

[45] Reinhold Baer (*1902-07-22 Berlin; †1979-10-22 Zürich) emigrierte als Jude 1933 in die USA, wo er 1935–37 auf Einladung von Hermann Weyl Gast am IAS Princeton war. 1938 übersiedelte er als Professor an die Illinois University in Urbana-Champaign. Braunfeld plante ursprünglich, bei ihm zu dissertieren; da Baer aber 1956 einen Ruf nach Frankfurt annahm, dissertierte Braunfeld schließlich bei Henry Roy Brahana.

In den Jahren 1992–1994 leitete er die Abteilung für Pädagogik der National Science Foundation NSF.

Braunfeld widmete sich besonders der Verbesserung des Mathematikunterrichts in den USA. Dazu wurde 1951 ein Forschungsprogramm für Schulmathematik und Lehrerausbildung, das University of Illinois Committee on School Mathematics (UICSM) gegründet. In diesem entwickelte Braunfeld neue didaktische Konzepte für den Unterricht im Bruchrechnen, vor allem für Schüler mit Behinderungen aller Art (zB das Angelmann ("Happy Puppet") Syndrom), sowie aus Minderheiten und bildungsfernen Schichten. 1968 hatte er für einige Jahre großen Erfolg mit einem vierteiligen Mathematiklehrbuch für einen programmierten einsemestrigen Kurs im Bruchrechnen, "Stretchers and Shrinkers",[46] das teilweise mit kurzen Comic-strips bebildert war. Die grundlegenden Elemente in diesem Lehrbuch sind zwei fiktive, von positiven ganzen Zahlen n gesteuerte, metallbearbeitende Maschinen, die *stretcher* und die *shrinker*, die ein gegebenes Werkstück auf die n-fache Länge strecken oder auf ein n-tel der Länge zusammenquetschen. Jedes so bearbeitete Werkstück (gewöhnlich ein Stab) versinnbildlicht dabei eine Zahl. Damit kann man Multiplikationen und Divisionen modellieren; nicht alle Operationen mit einem vorgegebenen Ergebnis sind durchführbar. Endziel ist die Beherrschung des Bruchrechnens. Das Programm sollte eine Antwort auf die in den 1960er Jahren moderne *new-math* Bewegung sein.[47] Nach dem Ausbruch des Computerzeitalters wurde bekanntlich wieder auf die Idee der didaktischen Visualisierung von Funktionen als Maschinen (function machines) zurückgegriffen.

Braunfeld entwickelte eine interaktive Lernsoftware mit dem Namen PLATO (Programmed Logic for Automatic Teaching Operation), die auf einen Großrechner mit bis zu 950 Terminals lief. Die Eingabe an den Terminals konnte über die Tastatur oder durch Berührung des Bildschirms erfolgen. Für die Erstellung der Kurseinheiten diente die Programmiersprache TUTOR. Das System kam bei den Anwendern gut an, die Evaluierung ergab aber in etwa nur gleich gute Lernerfolge wie beim herkömmlichen Unterricht.

Ehrungen: 1949 Goethe Prize for Excellence in German Language and Literature at the University of Chicago; 1959 Fulbright Travel Grant to teach and study in West Germany; 1973 Senior U.S. Scientist Award for Research and Teaching by the Alexander von Humboldt Foundation; 1980 Max Beberman Prize for outstanding contributions to math. education by the Ill. Council of Teachers of Mathematics; 1989 Award for Excellence in Teaching, Univ Ill.; 1992 Excellence in Extramural Teaching Award; 2015 The Mathematics Educators in Illinois (ICTM) Distinguished Life Achievement in Mathematics Award.

MGP verzeichnet 1 betreute Dissertation in mathematischer Didaktik: Marta Civil (1990)

Ausgewählte Publikationen. *Diss.*: (1959) *Two Characterizations of a Class of Metabelian p-Groups (Henry Roy Brahana, University of Illinois at Urbana-Champaign).*

---

[46] In der Blechverarbeitung dienen Stretchers und Shrinkers für die Herstellung von gebogenen Formteilen aus gewalzten Blechen.

[47] Eine eher kritische Bewertung des Lehrbuchs und der damit propagierten Didaktik geben Trent J, Fenton Ray F und Donald Zimmerman D (1972): Effectiveness of University of Illinois Committee on School Mathematics (UICSM) Stretchers and Shrinkers and Motion Geometry Materials in Improving Arithmetic Ability (https://doi.org/10.1111/j.1949-8594.1972.tb08941.x, Zugriff 2023-02-21) Der dafür notwendige finanzielle Aufwand sei sehr hoch, ohne substanzielle Verbesserungen gegenüber herkömmlichen didaktischen Methoden zu bieten. Vgl. dazu auch Braunfelds launigen Kommentar "A Curmudgeon Reflects on 50 Years of Math Education," der in einem Video festgehalten ist (s.u.).

1. (gem. mit Bitzer, D. L., und W. W. Lichtenberger), PLATO: An automatic teaching device. IRE Transactions on Education, **4** (1962), 157–161. https://doi.org/10.1109/TE.1961.4322215
2. (gem. mit Bitzer, D. L., und W. W. Lichtenberger), "PLATO II: A Multiple-Student, Computer-Controlled, Automatic Teaching Device," Programmed Learning and Computer-Based Instruction, p. 205–216.
3. (gem. mit Wolfe M) (1966), Fractions for Low Achievers, The Arithmetic Teacher, 13:647-55, 1966.
4. (1968f) Stretchers and shrinkers; textbook on fractions for culturally disadvantaged seventh graders.
5. Einige Gedanken über die Rolle der Technologie im Mathematikunterricht. (Vortrag 2004-10-07 im Math. Koll. d. ÖMG)

Quellen. Jur. Blätter 1923, 1924, 1926; Neue Freie Presse 1935-05-14 p16; [33] Nr 1230, Nr 1231, p160; [320] p 122; [268] p 335; Zweistündiges Interview mit Robert Silverman 1997-06-23 [Hauptquelle] (https://www.youtube.com/watch?v=DMXLdeNDYkc, Zugriff 2023-02-21); Videos von Vorträgen: 2015-04-20 (Fort Wayne) (https://www.youtube.com/watch?v=F5xleEJTx-k, Zugriff 2023-02-21), 2005 (USC Shoah Foundation) (http://sfi.usc.edu/content/peter-braunfeld-poh, Zugriff 2023-02-21); ein „griesgrämiger" Kommentar zum Mathematikunterricht in 50 Jahren, online unter (https://youtu.be/j7Ps6yGqrrA, Zugriff 2023-02-21).

Lit.: Braunfeld [36, 37]; Picard [241]; Dear B (2017), The Friendly Orange Glow: The Untold Story of the Rise of Cyberculture. Knopf Doubleday Publishing Group.

Gertrude Ehrlich

*1923-01-07 Wien; — (o.B.)

Tochter des Rechtsanwalts Dr Josef Ehrlich (*1877 Lemberg, Galizien; †1955 Washington D.C.) und dessen Frau Charlotte (*1881 Offenbach/M, Hessen; †1965 Washington DC), geb Kobak; Schwester von Margarete („Gretl") Ehrlich (*1915-09-28 Wien; †2007-08-01 Chevy Chase, Maryland, USA), Strahlenphysikerin im medizinischen Bereich; Nichte von Mathilde Ehrlich und Benedict („Benno") Kobak.

Gertrude Ehrlich blieb unverheiratet.

Zeichnung: W.R. nach einem Foto von Gertrude Ehrlich

NS-Zeit. Gertrude Ehrlich emigrierte 1939 gemeinsam mit Mutter, Schwester und Vaters Schwester Mathilde in die USA, ihr Vater kam ein Jahr später nach. Ihre ältere Schwester Margarete hatte vor ihrer Emigration an der Uni Wien acht Semester Physik studiert, die Lehramtsprüfung und 1937-10-16 das Nebenrigorosum in Philosophie bestanden; ihre bei Felix Ehrenhaft begonnene Dissertation und das weitere Prüfungsverfahren (Hauptrigorosen) wurden nach dem Anschluss abgebrochen.[48]

Gertrude Ehrlichs Vater Josef wurde 1910-09-06 in die Liste der Advokaten Niederösterreichs mit Wohnsitz in Wien aufgenommen und amtierte bis zum „Anschluss".[49]

---

[48] Nach dem Beitrag von Posch im Gedenkbuch der Univ. Wien [106].

[49] Wr Zeitung 1910-09-13 p21, Ehrlichs Kanzlei in Wien-Leopoldstadt, Hollandstraße 7 (diese hieß vorher Große Ankergasse, 1883-1919 Stephaniestraße), war noch 1939 in Lehmanns Adressbuch eingetragen.

Wie ihre Schwester besuchte Gertrude Ehrlich zunächst das Realgymnasium für Mädchen in Wien-Leopoldstadt, Novaragasse 30, musste dieses aber 1938 wie alle ihrer jüdischen Leidensgenossinnen verlassen und konnte nur noch die sechste Klasse am speziell für jüdische Jugendliche reservierten Chajes-Gymnasium absolvieren. Dort gehörten Walter Kohn, Karl ⟩ Greger und Rudolf ⟩ Permutti, der damals noch den Namen Ehrlich führte,[50] zu ihren Mitschülern.

Charlotte, Margarete, Gertrude und Mathilde Ehrlich machten sich 1939-06 an Bord der *SS Statendam*, eines Dampfers der Holland-Amerika Linie, auf den Weg in die USA. Das für die Immigration notwendige *affidavit* hatte ihnen Charlottes Bruder, Onkel „Benno", übersandt, der bereits in den 1890er Jahren nach Atlanta, USA, ausgewandert war und bei dem die Flüchtlinge in der ersten Zeit Unterkunft fanden.[51] Da Vater Josef in Polen auf die Welt gekommen war, gehörte er zur polnischen Immigrationsquote, die erst später aufgerufen wurde, er konnte daher erst neun Monate später die Reise in die USA antreten.

In Atlanta angekommen,[52] erhielt Gertrude Unterstützung von Seiten der Quaker, von der jüdischen Hilfsorganisation *Hebrew Immigrant Aid Society* (HIAS) und vom *International Student Service*, die sie der *YWCA refugee school* empfahlen. 1939–40 absolvierte sie an der *Atlanta Opportunity School* eine Ausbildung zu Bürotätigkeiten, danach arbeitete sie eine Zeit lang als Sekretärin in einer Firma namens *Bon Art Studio*, gleichzeitig besuchte sie eine Abendschule. 1941 erhielt sie ein Stipendium für Flüchtlinge am (staatlichen) Georgia Frauen-College (heute Georgia College). Dort erwarb sie 1943 den Grad eines Bachelors, arbeitete danach 1943–44 als High-School-Lehrerin in Georgia und North Carolina, erhielt 1945 an der University of North Carolina ein Masterdiplom bei Alfred Brauer (und nebenbei die amerikanische Staatsbürgerschaft). 1953 promovierte sie an der University of Tennessee zum PhD.

Ihre akademische Karriere verlief in den üblichen Bahnen: 1946–1950 Instructor an der Oglethorpe University, Atlanta; 1950–1953 graduate assistant, University of Tennessee, Knoxville; an der University of Maryland, College Park: 1953–1956 instructor; 1956–1962 assistant professor; 1962–1969 associate professor; 1969–1993 full professor of mathematics; seit 1993 professor emerita am Dept of Math, University of Maryland.

---

[50] Er war aber offenbar nicht näher mit Gertrude Ehrlich verwandt.

[51] Nach Gertrude Ehrlichs Erzählung auf ihrem autobiographischen Video wanderte Onkel Benedict deswegen aus, weil seine Mutter, Gertrudes Großmutter, mit seiner Brautwahl nicht einverstanden war; das Brautpaar feierte Hochzeit auf hoher See, noch während der Überfahrt. So trug die Ablehnung einer Schwiegertochter in letzter Konsequenz zur Rettung von fünf Flüchtlingen vor dem NS-Terror bei.

[52] Ihre Schwester Margarete nahm zunächst für ihren Unterhalt kleine Jobs wie Näharbeiten und als Verkäuferin an, qualifizierte sich aber sehr bald in Kursen als Strahlentechnikerin und arbeitete in medizinischen Röntgenlaboratorien. 1948 übersiedelte sie nach Washington D.C. an das *National Bureau of Standards*, Zentrum für Strahlenschutz; sie absolvierte daneben 1949–55 ein Studium an der *Catholic University of America*, das sie mit dem PhD abschloss (die Dissertation erschien im J. of Research of the National Bureau of Standards **54** (February 1955), 197–118). Margarete Ehrlich entwickelte sich von da an zu einer international anerkannten Expertin für Strahlendosimetrie. Unter anderem war sie 1960/61 für etwa ein halbes Jahr Konsulentin der Wiener UNO-Organisation IAEA *(International Atomic Energy Agency)*, in Verbindung mit deren in den folgenden Jahren in Seibersdorf, NÖ, eingerichteten Laboratorien für Nukleare Anwendungen in Medizin und Technik.

◁ **Gertrude Ehrlich** als *fresh(wo)man* an der Georgia Universität; Illustration zu einem Interview für die Universitätszeitung *The collonade*, 1941-04-05 p3. Das Interview fand gerade bei ihrem Eintritt in das College statt. Sie fühlte sich am Georgia College sehr wohl und war ihr Leben lang dankbar für die gute Aufnahme. Nicht überall wurden jüdische Flüchtlinge an amerikanischen Universitäten so gut aufgenommen. Nach ihrer Emeritierung stiftete Ehrlich 10^6 US\$ für Stipendien.

1979-82 und 1988-90 war sie Vorsitzende der Mathematik-Olympiaden an der Universität Maryland. Einige Jahre lang gehörte sie auch zu den Herausgebern des American Mathematical Monthly.

Gertrude Ehrlich arbeitet auf dem Gebiet der abstrakten Algebra und hat auf diesem Gebiet drei Lehrbücher verfasst/mitverfasst. In ihrer Forschung interessierte sie sich speziell für von-Neumann-reguläre Ringe, das sind Ringe, in denen jedes Element a ein schwaches Inverses b besitzt (d.h. $aba = a$) und die in den 1930er Jahren von v. Neumann eingeführten kontinuierlichen Geometrien (continuous geometries, i.e. complemented, modular, meet and join continuous lattices) eine Rolle spielen. Auf Ehrlich geht der Begriff des filialen Rings zurück.

Ehrungen: 1970 Distinguished Alumna award, Georgia College

Ausgewählte Publikationen. *Diss.*: (The) *Structure of Continuous Rings (James Wallace Givens, Jr)*.

1. (mit A. Brauer), On the irreducibility of certain polynomials. Bull. Am. Math. Soc. **52** (1946), 844-856.
2. (mit J. K. Goldhaber), Algebra. 1970, 1971, 1980 (3 Auflagen, versch. Verlage)
3. (mit L. W. Cohen) The Structure Of The Real Number System. 1963
4. Units and one-sided units in regular rings, Trans. Amer. Math. Soc. **216**(1976), 81–90
5. Filial rings. Port. Math. **42** (1984), 185-194.
6. Fundamental concepts of abstract algebra. International student edition. Dover Boston 1991 (Lehrbuch).

Zbl nennt 12 Publikationen, darunter 5 Bücher

Quellen. Mündlicher Bericht über ihr Leben, ein Video der Georgia University (Georgia College Leadership Programs); Roeder [278] p 242; Keintzel/Korotin [161] p 159f; Scheffler [291] p 60–62.

Herbert Federer

(geb. Herbert Essenfeld)
*1920-07-23 in Wien;   †2010-04-21 North Scitutate, Rhode Island USA
Sohn von Bernhard Essenfeld (*1837, †1929-05-30, Kaufmann, und dessen Ehefrau Louise, geb. Schlesinger; ab 1930-03-14 Adoptivsohn von Josef Federer, 2. Ehemann von Louise Schlesinger;
Herbert Federer ∞ 1949 Leila Raines (*1925-11-02 New York; †2018-10-03 New Richmond), geb. Rubashkin; 2 Söhne: Andrew F. und Wayne Douglas F. (*1955-05-27 ∞ Virginia); 1 Tochter Leslie Jane (*1958 Providence, Rhode Island, Mathematikerin, Master und PhD der Princeton University), ∞ Jeffrey David Vaaler, 2 Kinder: Abigail L und Douglas Q Vaaler.

Foto: Brown University

NS-Zeit. Federer entging dem Holocaust indem er 1938 in die USA emigrierte. Über die Erfahrungen vor seiner Emigration sprach er offenbar nie mit Freunden und Kollegen. Biographen heben stets hervor, dass Federer nach dem 2. Weltkrieg nie mehr Europa besuchte (allerdings ohnehin nicht sehr reiselustig war.)

Herbert Federer wuchs zunächst als Herbert Essenfeld, Sohn von Bernhard Essenfeld, einem wohlhabenden Kaufmann für Schuh- und Wirkwaren auf. Bernhard Essenfeld war nach seiner Heirat mit der Fabrikantentochter Louise Essenfeld 1921 als 50%-Gesellschafter in die Möbelerzeugung seines Schwiegervaters Wilhelm Schlesinger eingetreten; die Firma erwies sich aber bald als nicht erfolgreich und musste verkauft werden. Die Schuhhandelsfirma bestand aber bis 1928, dann starb Bernhard Essenfeld. Herberts Mutter Louise heiratete in zweiter Ehe den Textilkaufmann Josef Federer, Gesellschafter von Fellner & Federer OHG, der Herbert 1930-03-14 adoptierte.

Federer besuchte von 1930 bis zum „Anschluss" das *Bundesrealgymnasium Wien 1*, Stubenbastei 6–8 in Wien (heute GRG 1); 1938-04-28 mussten 274 von 634 Schülern aus „rassischen Gründen" die Schule verlassen, unter ihnen auch der damalige Maturant Federer.[53]

Über die näheren Umstände von Herbert Federers Flucht in die USA ist den Autoren nichts bekannt geworden.

Federer absolvierte sein Studium an der Universität von Kalifornien, erst am Santa Barbara College, dann in Berkeley, wo er 1942 einen Bachelorgrad in Mathematik und Physik erwarb und 1944 bei Anthony P. Morse mit einer Arbeit über Oberflächenmaße zum PhD promovierte. Im gleichen Jahr 1944 erhielt er die US-amerikanische Staatsbürgerschaft.

Nach seiner Promotion 1944 diente Federer in der US-Army; genauer: Am *Aberdeen Proving Ground* (APG) in Maryland, bis 1992 das wichtigste Forschungszentrum und

---

[53] Zu den Schülern dieser Schule gehörten neben Franz Leopold ⟩ Alt, auch Ernst ⟩ Fanta, Friedrich Gulda, Mario Terzic, Helmut Qualtinger, der Filmregisseur ("High Noon") Fred Zinnemann (*1907 Rzeszów, Pl; †1997 London, UK) und v.a., eine Liste befindet sich auf der Webseite des GRG 1.

Versuchsfeld für Ballistik der US-Army. Nach Kriegsende war dort Franz Leopold ˃ Alt an der Entwicklung des ENIAC-Computers beteiligt, Federer dagegen wandte sich nach seiner Entlassung aus der Armee an das Mathematikinstitut der Brown University (Rhode Island), wo er von 1945 bis zu seiner Emeritierung 1985 blieb: 1945 Instructor, 1946 assist. Professor, 1948 assoc. Professor, 1951 full Professor, ab 1966 Florence Pirce Grant University Professor. Federer war 1957–1960 Alfred Sloan Research Fellow, 1964–1965 National Science Foundation (NSF) Senior Postdoctoral Fellow und 1975–1976 John Guggenheim Memorial Fellow.

Federer trat 1943 der AMS bei, war 1967/68 Mitarbeiter in deren Sekretariat und 1966–1868 AMS-Vertreter im Nationalen Forschungsrat.

Seine eindrucksvolle wissenschaftliche Laufbahn begann Herbert Federer gleich im Anschluss an seine Dissertation von 1944 mit zwei Arbeiten über Inhaltsmessung auf allgemeinen k-dimensionalen Hyperflächen im $\mathbb{R}^n$, mit beliebigen $k \leq n$. Diese Theorie stützt sich auf das k-dimensionale Hausdorffmaß und erweitert die Maßtheorie von Carathéodory. 1947 charakterisierte er Untermengen des n-dimensionalen euklidischen Raumes, die kein Maß besitzen (nicht „rektifizierbar" sind), dadurch, dass sie bei fast allen Projektionen „unsichtbar" bleiben (Beispiele sind fraktale Mengen). A.S. Besicovitch hatte das zuvor schon für eindimensionale Mengen in der Ebene bewiesen. Federer untersuchte allgemein, inwieweit bei geometrischen Aussagen Stetigkeits- oder Differenzierbarkeitsvoraussetzungen durch maßtheoretische Annahmen ersetzt werden können. In einer Arbeit mit Wendell Fleming[54] gab Federer 1960 eine präzisere und allgemeinere Formulierung des Plateau-Problems in der Theorie der Minimalflächen mit Hilfe der von Georges de Rham eingeführten *currents*, das sind verallgemeinerte Funktionen (Distributionen) mit Differentialformen als Testfunktionen.[55] Beispiele von k-currents sind k-dimensionale Teilmannigfaltigkeiten des Euklidischen Raumes.

Federers Opus Magnum ist unstreitig die 1969 erschienene Monographie *Geometric Measure Theory*. Sein früherer PhD-Dissertant Robert Hardt schrieb darüber:[56]

Forty years after the book's publication, the richness of its ideas continue to make it both a profound and indispensable work. Federer once told me that, despite more than a decade of his work, the book was destined to become obsolete in the next 20 years. He was wrong. The book was just like his car, a Plymouth Fury wagon purchased in the early 1970s that he somehow managed to keep going for almost the rest of his life. Today [May 2012] "Geometric Measure Theory" is still

---

[54] Wendell (*1928-03-07) war wie Federer Professor an der Brown University; er emeritierte 2009. Später befasste er sich mit stochastischen Differentialgleichungen.

[55] Nachzulesen in Georges de Rham (1955), *Variétés différentiables. Formes, courants, formes harmoniques*, Actualités Sci. Indust., No. 1222, Hermann, Paris; letzte englische Auflage Springer 1984. Weitere Darstellungen/Erweiterungen der Theorie findet man in H. Whitney (1957), *Geometric integration theory*, Princeton, und im letzten Band 9 von Jean Dieudonné (1982), *Éléments d'analyse*. Tome IX. Chapitre XXIV. Gauthier-Villars, Paris. Die Bände von Dieudonné wurden in der DDR ins Deutsche übertragen; dort wird *courants* mit *Ströme* übersetzt.

[56] Hier zitiert nach Parks, H., Notices AMS **59** (2012), 622–631; speziell p 626. Das Zitat wird seither in biographischen Texten zu Herbert Federer immer wieder mit großem Behagen zitiert.

running fine and continues to provide thrilling rides for the youngest generation of geometric measure theorists.

1977 hielt Federer bei der AMS-Jahrestagung die Colloquium Lectures, deren gedruckte Versionen einen anspruchsvollen, aber dennoch sehr gut lesbaren Überblick über die Theorie und ihre historische Entwicklung geben.[57]

Federer war als akademischer Lehrer stets präzise in seinen Formulierungen und freundlich zu Studierenden, wenngleich sich manche unter ihnen von seiner Mathematik ziemlich eingeschüchtert fühlten.

Federers Ehefrau Leila hatte einen Master of Sciences in Mathematik der Cornell University; Tochter Leslie Vaaler ist für ihr gemeinsam mit James W. Danie verfasstes Lehrbuch *Mathematical Interest Theory* (2009) bekannt.[58]

10 Dissertanten, darunter 1962 Frederick Almgren (*1933; †1997) und 1971 Robert Miller Hardt.

Ehrungen: 1942 Dorothea Klumpke Roberts Prize in Mathematics, Univ Calif.; 1962 Mitglied der *American Academy of Arts and Sciences*; 1975 Mitglied der National Academy of Sciences; 1978 AMS Colloquium Lectures; 1987 (gemeinsam mit Fleming) L.P. Steele Prize der AMS [... for their pioneering paper Normal and integral currents"]; Ehrenmitglied der AMS.

Ausgewählte Publikationen. *Diss.*: (1944) *Surface Area.* (A. P. Morse). [publ. in Trans. AMS **55** s.u.]

1. (mit A.P. Morse), Some properties of measurable functions. Bull. AMS **49** (1943), 270–277.
2. Surface area. I, II. Trans. AMS **55** (1944), 420—437 und 438–456.
3. The Gauss-Green theorem. Trans. AMS **58** (1945), 44–76.
4. (mit Jonsson B), Some properties of free groups. Trans. AMS **68** (1950), 1-27.
5. Curvature measures. Trans. AMS **93** (1959), 418–491.
6. (mit W. H. Fleming), Normal and integral currents. Ann. Math. (2) 72, 458-520 (1960). (Steele Price)
7. Geometric measure theory, Springer-Verlag, 1969. Letzte Auflage 1996.

Zbl nennt 37 Arbeiten, darunter 3 Bücher.

Quellen. Archiv der Stadt Wien, 2.3.3.A51.51/1930 (Adoptionsvertrag Essenfeld–Federer); Wr Zeitung 1920-11-05 p18, 1921-10-16 p14, 1929-02-28; Die Stunde 1925-07-03 p7, 1925-09-25 p6; [278, Eintrag Federer]; Notices AMS **59** (2012), 622-631; Univ. Calif. Register 1941–1942;

---

[57] Herbert Federer: *Colloquium lectures on geometric measure theory.* Bull. Amer. Math. Soc. 84 (1978), 291-338 (https://www.ams.org/journals/bull/1978-84-03/S0002-9904-1978-14462-0/S0002-9904-1978-14462-0.pdf, Zugriff 2021-02-21).

[58] Ihr Hauptinteresse liegt allerdings auf Algebra und Zahlentheorie. *Diss.*: (1992) *Regulators and Iwasawa Modules (Benedict Hyman Gross, Princeton Univers).*

Walter Feit

*1930-10-26 Wien;   †2004-07-29 Branford, Connecticut
Sohn von Paul (Peise Pesach) Feit (*1900 Galizien; †1939/40 (Shoah) Buchenwald),
Drogist, und dessen Frau Esther, geb Blum (*1900-09 Rudnik nad Sanem, Nisko,
Lwow; †1939 (Shoah) oder später, Polen); Paul Feit hatte eine Schwester namens
Pauline (geb. Feit †1987) in Miami, USA; Mutter Esther hatte eine Schwester Frieda
Blum in London.

Foto: Archives of American Mathematics, Dolph Briscoe Center for American History

Walter Feit ⚭ 1954-10-26 Sidnie, geb Dresher; Sohn Paul Feit (*Ithaca, NY), Professor für Mathematik,
University of Texas Permian Basin [PhD Princeton 1985, Eisenstein-Reihen], Tochter Alexandra M Feit
(*1961-05-15 Chicago; †2021-02-04 Pt Townsend, Washington, USA), Künstlerin [bekannt für Installationen und Wachsbilder], ⚭ 1. Ehe Valmor Neto o|o , ⚭ 2. Ehe 2008-02-29 (Alaska) Orren Dawn („Bud")
Barber (*1949-04-25), Bootsführer und Sägewerksbesitzer

NS-Zeit.   Der achtjährige Feit gehörte zu den letzten Kindern, die mit einem „Kindertransport" nach Großbritannien gerettet werden konnten. Beide Eltern Feits kamen im
KZ um ihr Leben.

Walter Feits Eltern kamen aus Teilen der Monarchie, die heute zu Polen gehören, nach
Wien: Walters Mutter Esther als Kind im Alter von 1-2 Jahren, Walters Vater Paul erst als
Bräutigam. Paul Feit war ein gebildeter Mann und sprach mehrere Sprachen. Die Familie
wohnte in der Molkereistraße in Wien-Leopoldstadt, in der Nähe des Praters, und führte
dort eine Drogerie.[59] Mit dem Novemberpogrom „Kristallnacht" von 1938-11-09/10 war
die bevorstehende gewalttätige und schließlich mörderische Verfolgung der Juden klar
absehbar. Vater Pauls Schwester Pauline, hatte die Familie schon vorher dazu gedrängt, zu
ihr nach Florida zu übersiedeln. Für eine gemeinsame Flucht der Familie war es aber zu
spät.

Als letztes, verzweifeltes Mittel verblieb den Eltern, den Sohn Walter mit einem „Kindertransport" nach London zu schicken, um wenigstens ihn zu retten. Dort lebte eine Schwester
der Mutter, Frieda Blum, die schon vorher mit einem *domestic permit* nach London gekommen war und den Knaben in ihre Obhut nehmen konnte. Feit gelangte 1939-08 mit dem
letzten Kindertransport nach London, war kurzzeitig bei seiner Tante Frieda untergebracht,
wo er aber wegen der bald danach einsetzenden Bombenangriffe nicht lange bleiben konnte.
Er wurde mehrmals verlegt, zuletzt in eine Flüchtlingsherberge in Oxford. 1943 gewann er
ein Stipendium an der technischen Mittelschule in Oxford. So kam es, dass er schließlich
den größten Teil seiner Kindheit in Oxford verbrachte. Walter Feits Eltern wurden kurz
nach seiner Abreise verhaftet und deportiert; Vater Paul Feit starb 1939/40 im deutschen

---

[59] In seinen Erinnerungen erwähnte Walter Feit später nicht ohne ironischen Stolz das Riesenrad im Prater,
Drehort für den bekannten Film *The Third Man* in der Regie von Carol Reed.

KZ Buchenwald, seine Frau Esther Feit wahrscheinlich um die gleiche Zeit in einem KZ in Polen.

1946 fuhr Walter Feit mit dem Schiff nach New York, nachdem es Feits in Miami lebender Tante Pauline und deren Ehemann Max gelungen war, mit Hilfe des Senators Claude Denson Pepper[60] ein US-Visum und eine Aufenthaltserlaubnis für ihn zu bekommen. Walter reiste weiter nach Miami, zu Onkel, Tante und ihren vier Kindern Miriam, Dorothy, Harriet und Jack. Über Ergänzungsprüfungen verschaffte er sich innerhalb eines Jahres ein High-School Diplom um ein Studium beginnen zu können. 1947-09 begann er damit an der University of Chicago, erreichte den Bachelorgrad 1951-06-20 und den Masterabschluss fünf Tage später; anschließend begann er an der University of Michigan seine Doktorarbeit. 1953, mit gerade 22 Jahren, begann er seine Karriere in der akademischen Lehre als Instruktor an der Cornell Universität im Staate New York, 1955 promovierte er in Michigan zum PhD. Ebenfalls 1955 wurde er zum Miltärdienst einberufen; nach seiner Entlassung heiratete er 1957-10-26.

In einer gemeinsamen, 250 Seiten langen Arbeit bewiesen Walter Feit und John Thompson[61] 1963 die lange unbestätigt gebliebene Vermutung von Burnside, dass alle endlichen Gruppen ungerader Ordnung auflösbar sind. Die beiden Autoren wurden dafür mit der Cole-Medaille ausgezeichnet. In Anerkennung dieses Erfolges wurde Walter Feit 1964 als full professor an die Yale Universität in New Haven, Connecticut berufen. Er lehrte dort bis zu seiner Emeritierung 2003-10 und übernahm in dieser Zeit mehrfach wichtige Leitungsaufgaben.

In späteren Jahren wandte sich Feit wieder der Galois Theorie zu, mit der er sich vorher beschäftigt hatte; andere Arbeiten befassten sich mit Kombinatorik und Schur-Indizes in der Darstellungstheorie.

1985–2000 war Walter Feit Hauptherausgeber des *Journal of Algebra*.

Walter Feit war weithin bekannt für humorvolle Seitenbemerkungen, seine Liebe zur (dementsprechend seine Kenntnisse in) Geschichte und seine taktvolle Abneigung gegen Sport und Athletik. Mit vielen seiner Kollegen, darunter die Fieldsmedaillen-Gewinner Thompson (1970, sein Koautor) und Zelmanov (1994) verband ihn eine herzliche Freundschaft.

13 PhD Studenten, darunter Josephine Smith) und Ronald Solomon (ebenfalls führend beteiligt an der Klassifikation einfacher endlicher Gruppen).

Ehrungen: 1965 AMS Cole Prize in Algebra; 1970 invited speaker am ICM in Nizza; 1977 Mitglied der National Academy of Sciences; 1978 der American Academy of Arts and Sciences; 1987–1990 Vizepräsident der IMU.

Ausgewählte Publikationen. *Diss.*: (1955) *Topics in the Theory of Group Characters.*   (Robert McDowell Thrall [aber betreut von Richard Brauer]).

1. (mit J. G. Thompson), *A solvability criterion for finite groups and some consequences*, Proc. Natl. Acad. Sci. U.S.A., **48** (1952), 968–970.
2. (mit J. G. Thompson), *Solvability of groups of odd order* Pac. J. Math. **13** (1963) 775–1029
3. Characters of finite groups. W.A.Benjamin, New York-Amsterdam (1967).
4. The representation theory of finite groups. North-Holland, Amsterdam - New York - Oxford 1982.

---

[60] Pepper repräsentierte Florida von 1936–1951 im US-Senat.

[61] John Griggs Thompson (*1932-10-13) ist Träger der Fields Medaille (1970), des Wolf Preises (1992) und des Abel Preises (2008, gemeinsam mit Jaques Tits).

5. Some properties of the Green correspondence. Theory of finite Groups, Sympos. Harvard Univ. 1968, 139-148 (1969).

Zbl nennt 87 Arbeiten, darunter 7 Bücher.

Quellen. Yad Vashem Dokuments, Testimonies 547126 und 1629910, von Frieda Blum; Walter Feits autobiogr. Notizen für seine Tochter Alexandra (ca 1995), als Transkript im Archiv d. Yale Univ.; Feit Papers, Archives of American Mathematics, Dolph Briscoe Center for American History; Notices AMS **52**, (2005) 728-735. Zu Feits Tochter Alexandra siehe (https://www.chilkatvalleynews.com/story/2021/03/04/obituaries/feit-was-innovative-artist-never-quit/14653.html, Zugriff 2023-03-02) und (https://www.ptleader.com/stories/alexandra-feit,76574, Zugriff 2023-03-02).

Lit.: Solomon, R., A brief history of the classification of the finite simple groups, Bull. Amer. Math. Soc.(N.S.)38(2001), 315–352; [228], Eintrag Walter Feit

Walter Friedrich Freiberger

(Frederick)
*1924-02-20 Wien;   †2019-01-25 Providence, Rhode Island USA

Sohn von Felix Freiberger (*ca 1882;) und dessen Frau Irene, geb Tagany; Walter Freiberger ∞ 1956-10-6 Christine Mildred, geb Holmberg, Biologin; 3 Söhne: Nils, Andrew James, Christopher Allan

Zeichnung: W.R. nach 1962 Guggenheim Foundation, mit freundlicher Genehmigung.

NS-Zeit. Jude, entkam mit einem Kindertransport nach England, wurde dort interniert und auf der HMT Dunera nach Australien verschifft.

Mit 14 Jahren entkam Freiberger mit einem Kindertransport nach England. Dort wurde er 1940 interniert und 1940-07, im Zuge der allgemeinen Panik nach der Niederlage Frankreichs und der Schlacht bei Dünkirchen, als potentiell feindlicher Ausländer ("enemy alien") an Bord der HMT (Hired Military Transport) Dunera unter militärischer Bewachung zur Internierung nach Australien transportiert. Die HMT Dunera war für eine Belegung mit 1600 Soldaten ausgelegt, musste aber für die 57 Tage dauernde Fahrt nach Australien fast die doppelte Belegung aufnehmen. Von dem auf dem Schiff untergebrachten Personen gehörten etwa 320 zum Wachpersonal und zur Schiffsbesatzung, 2542, darunter 200 italienische und 251 deutsche Kriegsgefangene, waren für die Internierung in Australien vorgesehen. Die HMT Dunera verursachte auf dieser Fahrt einen Skandal: Die Internierten wurden unterwegs beschimpft und misshandelt, ihr Gepäck durchwühlt und geplündert, Kleidung und persönliche Utensilien über Bord geworfen. Die Vorfälle wurden nach London gemeldet und lösten Untersuchungen und im öffentlichen Bewusstsein Zerknirschung aus. Die britische Regierung zahlte den Internierten der HMT Dunera, von da an "Dunera boys" genannt, eine Entschädigung von insgesamt £35.000 aus.[62]

Unter den Internierten auf der HMT Dunera befanden sich außer Freiberger auch Friedrich Ignaz ˃ Mautner (p. 690ff) und der Dr phil der Universitäten Berlin (1933) und Prag (1938), Felix Adalbert Behrend.[63] Letzterer hielt an Bord der HMT Dunera Mathematikvorlesungen für seine Mitgefangenen und setzte diese Vorlesungen später in den Internierungslagern "Hay Camp 7" und "Camp Tatura" fort, mit Freiberger, ˃ Mautner und einem weiteren Jungmathematiker, namens Rainer Radok[64] als eifrigen Hörern. Freiberger folgte Behrend an die University of Melbourne, wo er während seiner Dienstzeit in der Australischen Armee, 1943–45, nebenbei studieren konnte und nach dem Krieg ein Bachelor- (1947) und ein Master-Diplom (1949) erwarb. 1946-07-03 nahm er die australische Staatsbürgerschaft an (als Jude hatte er aufgrund der Nürnberger Gesetze seine deutsche Staatsbürgerschaft verloren und bis 1946 nicht wiedererlangt).

1945 aus der Armee entlassen und dem Aeronautical Research Laboratory zugeteilt, arbeitete er als Assistent von Josef ˃ Silberstein, von 1947 bis 1949 als *Research officer*, von 1953 bis 1955 als *senior science research officer*. Das Studium und die akademische Karriere lief nebenher ungehindert weiter: 1947–1949 Tutor an der Universität Melbourne, 1953 folgte von Australien aus die PhD (tripos) am Claire College der Universität Cambridge. Zurück am Aeronautical Research Laboratory beschäftigte er sich mit konstruktiven Problemen des *Mosquito Bombers*.

Als Fulbright fellow für 1955/1956 ging er anschließend auf Einladung von William Prager an die *Division of Applied Mathematics* der Brown University — wie sich herausstellte, für immer: Assistant Professor 1956-1958, associate Professor 1958-1964, Professor 1964—2002, Emeritus seit damals und bis zu seinem Tod 2019. 1962 wurde er in die USA

---

[62] Die Fahrt der Dunera von 1940 wurde 1985 als TV-Serie unter dem Titel "The Dunera Boys" verfilmt. Der Österreicher Heinz Altschul (*1920-12-11 Wien; †2011-04 Wien), 1969 bis 1988 Chefredakteur der APA, befand sich ebenfalls unter den "Dunera Boys" und hat darüber in seinen Erinnerungen berichtet. („Erinnerungen – Lebensgeschichten von Opfern des Nationalsozialismus" Bd 5, Teil 2, pp 270-299, Wien 2018).

[63] Felix Adalbert Behrend (*1911-04-23 Berlin-Charlottenburg; †1962-05-27 Richmond, AUS) promovierte in Berlin bei Erhard Schmidt und floh dann über Cambridge, Zürich, Prag (wo er neben seinen mathematischen Studien bei der „Merkur"-Versicherungsgesellschaft arbeitete), dann wieder Zürich nach England. Die während der Internierung aktive „Lagerschule" bestand aus 101 Kursen, 181 Klassen und 560 Studenten. Auf Intervention prominenter britischer Mathematiker wurde seine Entlassung aus der Internierung bewilligt, er blieb aber in Australien und wirkte darauf als Tutor, Lecturer, Senior Lecturer, und Ass. Professor an der Universität Melbourne. Siehe: T. Cherry, B. Neumann: Felix Adalbert Behrend. Journal of the Australian Mathematical Society, **4** (1964), 264-270. Die mittlerweile verstorbene, für den Begriff "effort bargaining" bekannte Ökonomin Hilde Behrend (*1917-08-13 Berlin; †2000-01-11 Buckinghamshire, UK) war seine Schwester.

[64] Rainer Radok (*1920-02-18 Königsberg; †2004-08-23 Bangkok) hatte 1938 an der TH München sein Studium begonnen, konnte vor Kriegsausbruch 1939 nach Schottland entfliehen, wo seine Brüder Uwe und Jobst lebten und arbeiteten. Alle drei wurden interniert und an Bord der „Arandora Star" in Richtung Australien verschifft. Sie überlebten die Versenkung der „Arandora Star" durch das deutsche U-Boot U47, wurden auf die „Dunera" umgeladen und landeten wie Freiberger und Mautner 1940-09 in Melbourne. Radok arbeitete nach dem Krieg kurze Zeit als Herausgeber für Interscience Publishers (bis zu dessen Übernahme 1961 durch Wiley).

eingebürgert, im gleichen Jahr ging er mit einer Guggenheim Fellowship an die Universität Stockholm um dort statistische Meteorologie zu betreiben. 1976–82 war er Chairman seiner Division an der Brown University, 1994 bis 2002 gleichzeitig ehrenhalber Professor an der Medical School für Community Health, und 1963–1976 Direktor des *Center for Computer and Information Sciences*. Zwischendurch fand er noch Zeit für Gastaufenthalte an anderen Universitäten. 50 Jahre lang, von 1965–2014, war er *Managing Editor* des *Quarterly of Applied Mathematics*.

Freibergers Forschungsinteressen umfassen neben den oben erwähnten allgemein das wissenschaftliche Rechnen ("Scientific Computation") und Probleme der mathematischen Statistik und Datenanalyse, inklusive deren Anwendung in der Molekularbiologie und im Gesundheitswesen. Zusammen mit dem Schweden Ulf Grenander arbeitete er an einer statistischen Theorie der Muster ("Pattern Theory"); Grenander war Koautor seiner letzten 8 Publikationen.

Im MGP: 4 PhD Studenten, alle von der Brown University. Außerdem betreute er 5 Master-Arbeiten.

Ehrungen: 1955 Fulbright Fellowship; 1962-63 John Simon Guggenheim Memorial Fellowship

Ausgewählte Publikationen. Master Arbeit 1949 The General Theory of Elasticity in Three Dimensions (T. Cherry). *Diss.*: (1953) *Problems in Continuum Mechanics*.   (Geoffrey Ingram Taylor, Cambridge).

1. (mit U. Grenander) On the formulation of statistical meteorology. Rev. Inst. Int. Stat. **33** (1965), 59-86.
2. (mit U. Grenander) A short course in computational probability and statistics. 1971, 1977, Springer-Verlag.

Zbl nennt 28 Arbeiten in mathematischen Zeitschriften.

Quellen. Cherry T, Neumann B (1964), Felix Adalbert Behrend. J Austral. Math. Soc., **4,2**:264-270.

Lit.: Oral History Video auf (https://www.youtube.com/watch?v=gKY4CHpY61w, Zugriff 2022-07-13)

Lisl Novak Gaal

(Elisabeth, Ilse)
*1924-01-17 Wien;   —

Tochter eines Gynäkologen; Schwester der Ärztin Dr Gertrude M Novak (*1928; †2013 Chicago), Instructor am Rush Medical College der Rush University, und einer weiteren Schwester.

Novak ∞ Steven Alexander Gaal, geb István Sándor Gál, (*1924-02-22 Budapest; †2016-03-17); die Ehe wurde geschieden

Zeichnung: W. R.

NS-Zeit. Lisl, geb Novak und ihre beiden Schwestern entkamen dem NS-Regime und gelangten mit ihrer Familie nach New York.

Lisl Novak Gaal, geboren 1924 in Wien, graduierte zum Bachelor 1944 am Hunter College, NY, und promovierte 1948 am Radcliff College in Harvard bei Lynn Loomis und

W.V. Quine über die Axiomensysteme der Mengenlehre von ˃ Gödel und von Neumann. Sie entwickelte in ihrer Dissertation ein Axiomensystem, das sowohl Mengen als auch Klassen enthält. Danach unterrichtete sie Mathematik am Wellesley College, hatte eine Post-doc Forschungsstelle in Berkeley und war von 1951-09 bis 1952-06 fellow des IAS Princeton.[65] Während ihrer Zeit in Berkeley befreundete sie sich mit Julia Robinson,[66] diese Freundschaft verband die beiden bis zu Julias Tod. 1953 nahmen Lisl Gaal und ihr damaliger Ehemann Steven Gaal Instructor-Stellen an der Cornell Universität an, die 1954 zu ao Professuren aufgewertet wurden. 1957 gingen die beiden an die University of Minnesota; später ließen sie sich scheiden. Lisl Novak-Gaal hat heute an der Minnesota University den Status einer "Associate Professor Emerita."

Lisl Novak-Gaals Forschungsinteressen umfassen Logik, Mengenlehre und deren Grundlagen, Galois Theorie (über diese verfasste sie ein Buch). Sie engagiert sich sehr in Fragen der mathematischen Ausbildung und ist Mitglied der North-Central Section der Mathematical Association of America (MAA).

Lisl Gaal ist ausgebildete Lithographin (sie erlernte die Lithographie bei Georgianna Kettler, Minneapolis College of Art, und Gerald Krepps an der University of Minnesota) und hat ein, ursprünglich für Ihre Enkel gedachtes, lehrreich und humorvoll illustriertes Buch über mathematische Themen und mathematisches Denken verfasst.

Ehrungen: 1948 C. I. Wilby Prize; N. Central Section of the Mathematics Association of America 1985 President.

Cornell University vermerkt 1 betreute Dissertation (Angelo Margaris, 1956); nicht in MGP

Ausgewählte Publikationen. *Diss.*: (1948) *On the Consistency of Goedel's Axioms for Class and Set Theory Relative to a Weaker Set of Axioms (Loomis, Quine).*

 1. Classical Galois Theory with Examples. 1970, 2. Aufl. 1973, 3. Aufl. 1979, Nachdruck d. 3. Aufl 1998.
 2. A Mathematical Gallery. AMS Providence, Rhode Island, 2017 (mit Illustrationen der Autorin)

Zbl vermerkt unter zwei verschiedenen Autoreinträgen die vier Auflagen ihres Buchs über Galois Theorie, einen als Mitautorin verfassten Nachruf auf Julia Bowman Robinson und ihre *Mathematical Gallery*.

Quellen. [33]; MGP

Lit.: A Mathematical Gallery (s.o.).

---

[65] Etwa zur gleichen Zeit wie Jean Leray

[66] Julia Hall Bowman Robinson, geb. Bowman, (*1919-12-08 St. Louis, Missouri; †1985-07-30 Oakland, Kalifornien) war ebenfalls in Mathematischer Logik tätig; sie war als erste Frau Präsident der AMS. Ihre ältere Schwester Constance Reid (*1918-01-03 St. Louis, Missouri; †2010-10-14 San Francisco, Kalifornien) ist für ihre Biographien von Hilbert und Courant bekannt.

Karl Greger

*1923; †1994

NS-Zeit. Karl Greger flüchtete 1938 nach Schweden, entkam so der Shoah und begann dann eine Karriere in mathematischer Didaktik.

Karl Greger war gerade 15 Jahre alt, als ihn der „Anschluss" aus seinem Mittelschuldasein riss. Wie fast alle jüdischen Schüler musste er wenige Tage nach dem Einmarsch seine Schule verlassen.

Er verließ Wien und floh vor der NS-Verfolgung nach Schweden.[67] Dort vervollständigte er nach seiner Ankunft erst einmal seine Mittelschulbildung und erwarb die Hochschulreife. Danach studierte er an der renommierten und altehrwürdigen (gegr. 1666) Universität Lund, Südschweden, wo er schließlich zum PhD promovierte. Von 1948 bis 1952 arbeitete er als Assistent am Mathematischen Institut der Universität Lund, wo er im Anschluss an seine Dissertation noch zwei mathematische Arbeiten über zahlentheoretische Themen verfasste bevor er in den Mittelschuldienst ging. 1959–63 arbeitete er als Fachschullehrer für Mathematik und Chemie an der allgemeinbildenden Höheren Schule für Mädchen in Göteborg.[68] In der praktischen, und später auch theoretischen, Mathematikdidaktik bewährte er sich dann so, dass er 1964 zum Direktor der Abteilung für Mathematik an der Pädagogischen Hochschule in Göteborg bestellt wurde. Nach zwanzig Jahren Unterbrechung seiner mathematischen Publikationstätigkeit erschienen ab 1973 von ihm wieder einige Arbeiten, nur eine davon ist allerdings der eigentlichen Forschung zuzurechnen, die anderen behandeln mathematische Didaktik und Experimente mit Taschenrechner oder Computer um wohlbekannte, aber nicht elementare Sachverhalte (z.B. den Primzahlsatz) plausibel zu machen und zu illustrieren. Greger hat sich ebenso für den Einsatz des Computers bereits im elementaren Schulunterricht eingesetzt.

Ausgewählte Publikationen.

1. Über einen Satz von Gauß. Fysiogr. Sällsk. Lund Förh. **23** (1953), 129-130.
2. Multilinear forms and elementary divisors in a principal ideal ring. Fysiogr. Sällsk. Lund Förh. **23** (1953), 131-137.
3. (mit Selmer, E. S.,) Random parking. Nordisk Mat. Tidskr. **24** (1976), 123-131.

Mittelschul- und Collegedidaktik (die meisten Arbeiten sind erhellende Beispiele mit Rechenexperimenten für den Mathematikunterricht):

4. Gymnasiets matematik N-T 2a . Göteborg: Akademiförlaget 1967. [Mittelschullehrbuch der Integralrechnung auf Schwedisch; eines der wenigen, die schon damals die Sprechweise der Mengenlehre benutzten]
5. Random sieves and the prime number theorem. Nordisk Mat. Tidskr. **21** (1973), 57-66, 127. [Schwedisch; engl. Version in The Two-Year College Mathematics Journal **5** (1974), 41–46]

---

[67] Über die näheren Umstände dieser Flucht ist nichts bekannt. In [320] wird Greger unter den Schülern der Chajes-Schule geführt.

[68] Årsböcker i svensk Undervisningshistoria [Jahrbuch der Geschichte der Pädagogik in Schweden] **138**, Stockholm 1977, p 94

6. The number of left-to-right maxima in a random sequence of observations and the dowry problem. [Schwedisch] Nordisk Mat. Tidskr. **22** (1974), 109-117. [Das *dowry problem* ist eine Variante des bekannten Sekretärinnenproblems.]
7. The visibility of the plane integral lattice and a theorem of Cesaro. Nordisk Mat. Tidskr. **22** (1974), 57-62.
8. Products of random numbers. Int. J. Math. Educ. Sci. Technol. **5** (1974), 103-105.
9. (mit Roland Engdahl) Random Charity. A Stochastic Sieving Problem and its Connection with the Euclidean Algorithm. [Schwedisch] The Two-Year College Mathematics Journal **6**, (1975), 4–9
10. Square divisors and square-free numbers. Math. Mag. **51** (1978), 211-219.
11. Approximation by products of integers. Int. J. Math. Educ. Sci. Technol. **11** (1980), 55-59.
12. (mit Ekenstam, A), Non-Algorithmic Basic Skills. J. f. Mathematik-Didaktik **3** (1982), 21–46
13. (mit A Afekenstam), Some aspects of children's ability to solve mathematical problems. Educational Studies in Mathematics **14** (1983), 369–384. https://doi.org/10.1007/BF00368235
14. (mit A Afekenstam), Programming and Understanding of Variables J. f. Mathematik-Didaktik **10** (1989), 99–121

Zbl nennt nur 9 mathematische Arbeiten.

Quellen. Herbert Neuhaus, Erinnerungen in [291], p174; Sigmund [320], p132; Årsböcker i svensk Undervisningshistoria (ASU) [Jahrbuch der Geschichte der Pädagogik in Schweden] **138**, Stockholm 1977, p 94.

Lit.: Zur Mathematik-Didaktik in Schweden vgl. ASU **167** (1991).

Karl Walter Gruenberg

*1928-06-03 Wien;   †2007-10-10 London.

Gruenberg ∞ Katherine; Sohn Mark, Tochter Anne; später geschieden; in 2. Ehe ∞ 1977 Margaret.

Zeichnung: W.R. nach einem Ausschnitt aus einem Foto von Paul Halmos; Mac Tutor [228]

NS-Zeit.   Überlebte durch Kindertransport.

1939-05 ging Gruenberg mit einem „Kindertransport" nach England, seine Eltern hatten sich vorher getrennt. Gruenberg hatte als eines der wenigen mit den „Kindertransporten" geretteten Kinder das Glück, nicht nur seine Mutter wiederzusehen, sondern noch im gleichen Jahr und vor Beginn des Krieges in England mit ihr zusammenzukommen. Wegen der Bombenangriffe besuchte Gruenberg zunächst die Shaftesbury Grammar School in Dorset, außerhalb von London. 1943 kehrten Gruenberg und seine Mutter nach London zurück, Gruenberg besuchte dort die Kilburn Grammar School. Nach seinem Schulabschluss erhielt Gruenberg 1948 die britische Staatsbürgerschaft und ein Stipendium am Magdalene College, Cambridge. 1950 erwarb er dort sein Bachelor-Diplom, 1954 sein Doktorat. Doktorvater war Philip Hall. Mit einer Commonwealth Fund Fellowship verbrachte er 1955/56 in Harvard und 1956/57 am IAS in Princeton zwei Studienaufenthalte. Nach diesem Auslandsaufenthalt kehrte Gruenberg nach England zurück und wurde Lektor am Queen Mary College, 1961 Reader, 1967 Professor. Bis zu seiner Emeritierung 1993 blieb Gruenberg am Queen Mary College, von 1973 bis 1978 war er Head von dessen Department für reine Mathematik.

Gruenberg lieferte wichtige Beiträge zur Gruppentheorie, besonders zur Kohomologie der Gruppen. Durch sein Wirken trug er wesentlich zur Entwicklung des Queen Mary College (heute Queen Mary University) zu einem führenden Zentrum der Algebra in Großbritannien bei. Gruenberg war mit Bertram Huppert und Wolfgang Gaschütz jahrelang einer der Organisatoren der regelmäßig stattfindenden Konferenzen über Gruppentheorie in Oberwolfach.

Ehrungen: British Mathematical Colloquium morning speaker 1958, 1974, 1994

Ausgewählte Publikationen. *Diss.*: (1954) *A Contribution to the Theory of Commutators in Groups and Associative Rings.*

1. Cohomological topics in group theory. Lecture Notes in Mathematics. **143** (1970). Springer-Verlag, Berlin etc.
2. Relation modules of finite groups. Expository lectures from the CBMS regional conference held at the University of Wisconsin-Parkside, July 22-26, 1974. Conference Board of the Mathematical Sciences Regional Conference Series in Mathematics. No. 25. Providence, R.I.: American Mathematical Society (AMS). (1976).
3. Linear geometry. D. van Nostrand Co., Princeton etc. (1967).
4. (gem mit J. E. Rosenblade Hsg) Collected Works of Philip Hall. Oxford, Clarendon Press 1988

Zbl nennt 64 mathematische Publikationen, darunter 5 Bücher

Quellen. Liebeck M, Shalev A, Webb, P (2011) Special issue in memory of Karl Walter Gruenberg (3 June 1928 – 10 October 2007). J. Algebra **326** (2011), 1-3; Jim Rosenblade, The Guardian 2007-12-12, [https://...Online Version]

Lit.: Camina A, Hurley T, Kropholler P H, On the occasion of the 65th birthday of Professor K.W. Gruenberg, J. Pure Applied Algebra, **88** (1993), 1-3; [228, Gruenberg].

Felix ("Phil") Haas

*1921 Wien; †2013-07-16 New York

Sohn des Kaufmanns Adolf Haas (*1881-07-30 Troppau; †1941(?) KZ Łódź, PL) und seiner Frau Marianne (*1895-04-10; †1941(?) Łódź, PL), geb. Schick

Haas ∞ 1948 Violet, geb Bushwick, (*1926-11-23 New York; †1986-01, West Lafayette IN) Mathematikerin; 3 Kinder:

(1) Richard Allen (*1951 Shrewsbury, Ma, ∞ Ann Mitchell), (2) Elizabeth Ann Haas (*1954 Scarsdale, NY; ∞ 1987 Steven Edersheim) und (3) David Robert (*1956 Westfield, NJ; ∞ Dana Stevens); insgesamt 7 Enkelkinder;

Zeichnung: W.R. nach einem Ausschnitt aus einem Foto von Elizabeth Haas Edersheim

Haas ∞ 1987-06 in 2. Ehe Margaret Theresa (*1929-01-05 Cambridge MA; †2013-08-31 Westfield, NJ), geb Coleman, Ernährungswissenschaftlerin.

NS-Zeit. Haas wurde von seinen Eltern 1938 zu Verwandten nach London geschickt; er übersiedelte 1939 in die USA, wurde 1943 eingebürgert und leistete 1943–1946 Militärdienst unter General Patton. Seine Eltern, ursprünglich wohnhaft in Wien 1, Salzgries 21/20, wurden 1941-10-23 im Transport 8, Zug Da 9, unter den Nummern 805 und 806 von Wien nach Łódź, Polen, deportiert und ermordet.

1938 schickten seine Eltern den siebzehnjährigen Felix Haas vor dem drohenden Unheil nach London, wo ihn Verwandte, Tante und Onkel, bei sich aufnahmen. Ein Jahr später übersiedelte Haas nach New Jersey, USA. Dort verdiente der junge Haas für vier Jahre seinen Unterhalt durch Fabriksarbeit in einer Schneiderei und in einer Gießerei. 1943 wurde er in die USA eingebürgert. Haas erfüllte seine Militärpflicht von 1943 bis 1946 unter General Patton im Artillerie-Korps, wo er bald zum Stabswachtmeister (*staff sergeant*) aufstieg. Seine Aufgaben umfassten hauptsächlich die Bereitstellung logistischer Informationen über Feindbewegungen während des Vormarschs der amerikanischen Truppen.

Nach seiner Entlassung aus dem Wehrdienst nützte er Roosevelts *GI-Bill*, die den aus der Armee entlassenen Soldaten die Übernahme der Studiengebühren zusicherte, wenn sie ein Universitätsstudium absolvieren wollten (eine sehr erhebliche Unterstützung).

Haas studierte ab 1946 Mathematik am MIT.[69]

Sechs Jahre später, 1952, hatte er Bachelor-Abschlüsse in Physik, Chemie und Mathematik, und einen PhD in Mathematik bei Witold ˃ Hurewicz. Es folgte eine Periode des akademischen Job-hopping: Instructor an der Lehigh University in Bethlehem, Pennsylvania, Fine Instructor an der Universität Princeton, Assistant Professor an der Universität Connecticut, schließlich Department Head an der Wayne State University.

1962 wurde er an eine Lehrkanzel der Purdue Universität in West-Lafayette berufen, mit dem ausdrücklichen Auftrag, dort eine naturwissenschaftliche Fakultät (School of Science) neu aufzubauen. Er wirkte viele Jahre als Dean der School of Science und war 1962-10 sehr erfolgreich an der Gründung des Computer Science Departments beteiligt. Dieses war in den USA das erste Department, das ausschließlich der Computer Science gewidmet ist; zuvor hatte es ab 1961 an der Stanford University eine Abteilung für Computer Science am Math Department gegeben, unter der Leitung von Donald Knuth.

Unter der Leitung von Haas nahm das Math Department der Purdue Universität durch die Verpflichtung vieler bedeutender Mathematiker und die Heranbildung ebenso vieler (oder noch mehr) talentierter Studenten einen großen Aufschwung. An seinem Department ist unter anderem seit 1963 Louis de Branges tätig, der bekanntlich 1985 die ˃ Bieberbach-Vermutung in einen Satz verwandelte. De Branges war mit Haas befreundet.

In den 14 Jahren von 1972 bis 1986 war er, ebenfalls sehr erfolgreich, Kanzler (provost) der Purdue Universität. Er kommentierte seine Arbeit mit den Worten

> *I was fortunate enough to work with presidents who allowed me to look to the future, hire the best people and effect changes.*

---

[69] Seine erste Frau Violet promovierte 1951 am MIT mit der Dissertation *Singular Perturbations of an ordinary Differential Equation* (Norman Levinson). Violet Haas betreute ihrerseits die Dissertation von A. Stephen Morse an der Purdue University (1967).

1986 hatte er sich wegen Erreichung des für dieses Amt zwingend vorgeschriebenen Pensionierungsalters von 65 Jahren, aus dem Amt des Kanzlers zurückzuziehen. Haas lehrte für 15 weitere Jahre an Purdue, 1987–2002, als *Arthur G. Hansen Emeritus*. Von 1991 an lehrte er ohne Entgelt, zugunsten von nicht fixangestellten (non-tenured) weiblichen Fakultätsmitgliedern mit kleinen Kindern, deren Lehrbelastung verringert werden sollte.

Haas war als Lehrer bei den Studierenden sehr beliebt und wurde mehrmals für seine hohen *students ratings* ausgezeichnet.

Obwohl fast ausschließlich mit Lehre, Aufbau und Organisation beschäftigt, schrieb Haas auch einige interessante Forschungsarbeiten. Sein Interesse galt dabei den nichtlinearen Differentialgleichungen auf zweidimensionalen Mannigfaltigkeiten und dem Studium der Grenzzyklen von Trajektorien solcher Differentialgleichungen. Diese Themen hatte er schon in seiner Dissertation behandelt.

Haas betreute an der Wayne University 1 Dissertation.

Ehrungen: 2006 wurde eines der beiden Gebäude des Computer Science Departments nach ihm Haas Hall benannt.

Ausgewählte Publikationen. *Diss.*: (1952) *Theorem about Characteristics of Differential Equations on Closed Manifolds.* (Hurewicz). Zbl nennt insgesamt 5 Publikationen in Mathematik.

Quellen. Yad Vashem Datenbank der Shoah-Opfer Datensätze 4954819 und Obituaries Purdue University; Webseite von Elizabeth Haas Edersheim; Obituary (https://www.legacy.com/obituaries/name/felix-haas-obituary?pid=165902634, Zugriff 2023-02-21); [278] p444

Walter (Sigmund) Helly

*1930-08-22 Wien; †2020-06-06 New York

Sohn von Eduard ᐳ Helly und seiner Frau Elizabeth, geb Bloch; Bruder von Eduard Helly jun (*1926 Wien); Neffe von Dr Anna Helly (*1887-11-06, †1961)

Walter Helly ∞ 1956-03-04 (New York) Dorothy, geb Oxman, prof. emer. Geschichte und Frauenstudien; 1 Tochter: Miranda, MSW (Master of Social Work)

Zeichnung: W.R. nach einem Foto in der New York Times von 2020-07-26.

NS-Zeit. Helly kam mit seinen Eltern 1938 als Flüchtling in den USA an; er erhielt 1944 die US-Staatsbürgerschaft.

1950 Bachelor of Arts, Cornell University; 1954 Master of Sciences, University Illinois; 1959 PhD, MIT.

1954-1956 Ingenieur bei der Sylvania Electric Company, Waltham, Massachusetts.

1956-1959 Oberingenieur bei der Melpar Company, Boston.

1959-1962 Technischer Mitarbeiter Bell Telephone Laboratories, New York City.

1962-1965 Oberingenieur Hafenverwaltung New York.
1966—1996 Professor für Operations Research (OR) Polytechnic Institute New York.
Konsulent für Verkehrsflussprobleme.

In seinen letzten Jahren litt Walter Sigmund Helly unter Alzheimer.

Ausgewählte Publikationen.

1. (1975) Urban Systems Models (Operations research and industrial engineering), Acadmic Press, New York-San Francisco-London [wurde ins Japanische übersetzt]
2. Two doctrines for the handling of two-priority traffic by a group of n servers. Oper. Res. **10** (1962), 268-269.
3. Two stochastic traffic systems whose service times increase with occupancy. Oper. Res. **12** (1964), 951-963.

Zbl gibt nur die hier angegebenen Papers in Operation Research an.

Quellen. [33]

Harry Hochstädt

(amerikanisch.: Hochstadt)

*1925-09-07 Wien;   †2009-05-04 Honesdale, Pennsylvania, USA (mos)

Sohn und einziges Kind von Samuel Hochstädt (*1892-10-06 Iacobeny (heute RO); †1975-02 Brooklyn, New York, USA), Buchhalter, und dessen Ehefrau (⚭ 1922-09-10) Amalie (*1895-09-09 Czernowitz; †1980(?) Brooklyn NY), geb Dorn [Tochter v. Israel Dorn (†1888 Czernowitz), Kaufmann, und dessen Ehefrau Chaja, geb Niedermayer; Amalie war das letzte von 7 Kindern, sie hatte in Wien zwei Schwestern, Pepa und Rosa, sowie einen Bruder], Bankangestellte;

Zeichnung: W.R., nach einem Foto in *The Alumni Magazine of Nyu-Poly* Summer 2009, p 22

Enkel väterlicherseits von Hersch Hochstädt, Besitzer einer Greißlerei[70] in Iacobeny, und dessen Ehefrau (⚭ 1893) Chane Rilka, geb Reisberg in Iacobeny [Tochter von Samuel und Breine Reisberg, Halna, Bez. Suczawa, RO] (Daten nach Samuel Hochstädts Geburtschein);

Hochstädt ⚭ 1953 Dr Pearl, geb Schwartzberg (*1930 Brooklyn/NY), Anglistin Cornell U, bekannt als Übersetzerin von La Fontaines Fabeln (2015), 2 Kinder:
(1) Julia Phyllis (*1956; –), Trauma-Therapeutin, ⚭ Charles Sweet (Kinder: Nathaniel, Amalia),
(2) Dr Jesse Frederick (*1958: –), Neurocognitive Scientist, Brown University, Rhode Island

NS-Zeit. Hochstädt floh mit seiner Mutter 1938 nach Paris und emigrierte von dort in die USA, wo er 1944 die US-amerikanische Staatsbürgerschaft erhielt. 1943 zur Armee eingezogen, leistete er Kriegsdienst in Europa. Seine Großmutter väterlicherseits wurde mit zwei Kindern und zwei Enkelkindern in ein KZ in Transnistrien (Bukowina) verschleppt und verstarb dort ca 1943, Kinder und Enkel überlebten und übersiedelten 1946–48 nach Palästina.[71]

---

[71] Nach Hochstädts Interview von 2004. Die anderen drei Großeltern waren schon vor seiner Geburt verstorben.

Beide Eltern Harry Hochstädts stammten aus dem damaligen Herzogtum Bukowina.[72] Vater Samuel zog 1914,[73] noch vor dem Ersten Weltkrieg, von Iacobeni,[74] nach Wien, in der Hoffnung hier studieren zu können. Diese Hoffnung wurde vom Kriegsausbruch zerstört. Samuel besuchte stattdessen Handelskurse und arbeitete dann als Buchhalter in einer Bank.

Die Mutter Amalie floh bei Beginn des Ersten Weltkriegs zusammen mit ihren Eltern aus Czernowitz[75] vor den Kampfhandlungen an der Ostfront und kam 1916 nach Wien. Dort fand sie eine Anstellung als Bankangestellte. Samuel Hochstädt und Amalie Dorn heirateten 1922.[76]

Die Familie gehörte zum eher liberal-religiösen jüdischen Mittelstand und entsprach trotz zeitweise *sehr* beengter wirtschaftlicher Verhältnisse nicht dem Klischee der mittellosen und ungebildeten Ostjuden.[77]

1923, ein Jahr nach seiner Hochzeit, fand Samuel Hochstädt einen Posten als Buchhalter bei der gerade neu gegründeten Russisch-Österreichischen Handelsaktiengesellschaft (Russko-avstrijskoe torgovo-promyšlennoe akcionernoe obščestvo, RATAO), einer Import-Export-Firma für den Handel mit der Sowjetunion.[78] Die Firma war zunächst sehr erfolgreich, wurde dann aber von sowjetischer Seite immer mehr zurückgefahren, da die Sowjetunion zunehmend weniger von Importen zur Deckung ihres Bedarfs abhängig wurde. Das Ständestaat-Regime war ohnehin gegen Wirtschaftsbeziehungen zur Sowjetunion. 1934 wurde die RATAO liquidiert und Samuel Hochstädt arbeitslos. Während der nächsten zwei Jahre lebte die Familie hauptsächlich von der Unterstützung durch Freunde und Verwandte.

1936 erhielt Samuel durch Vermittlung seines Freundes Leo Katz eine Stelle in Paris, wiederum bei einer Import-Export-Firma,[79] die er mangels Alternativen sofort antrat. Im Jahr darauf wurde er von seiner Firma als deren Vertreter nach Shanghai entsandt. Nach dem Zwischenfall an der Marco-Polo-Brücke 1937-07-07 und dem darauffolgenden Beginn des zweiten chinesisch-japanischen Kriegs schloss die Firma ihre Außenstelle in Shanghai und Samuel Hochstädt kehrte nach Paris zurück, wo er sich dann zum Zeitpunkt des „Anschlusses" gerade aufhielt.

Harry Hochstädt besuchte die ersten vier Klassen einer achtklassigen Pflichtschule; nach der vierten Klasse und einer bestandenen Aufnahmsprüfung konnte er 1935 an das Robert-

---

[72] Das Gebiet östlich des Karpatenbogens, heute in einen nördlichen ukrainischen Teil, mit der Hauptstadt Czernowitz, und einen (auf mehrere Gerichtsbezirke aufgeteilten) südlichen Teil in Rumänien geteilt.

[73] Nach Hochstädts AHC-Interview von 2004; nach Geheimdienst-Quellen 1914-11; in [277] ist unrichtig 1911 angegeben, auch die Ankunft von Mutter Amalie mit 1914 widerspricht Hochstädts eigenen Angaben.

[74] Kreis Suczawa, Bukowina, RO

[75] Die Stadt Czernowitz wechselte im ersten Weltkrieg insgesamt sechs Mal die Besetzung durch russische und österreichisch-ungarische Truppen.

[76] Wohnadresse: Wien VIII, Zeltgasse 8, ab 1938 Wien VII, Zieglergasse 84. Heimatrecht: Wien VIII.

[77] Dieses Klischee hat Brigitte Hamann in [131], Kapitel 10, ausführlich wiedergegeben.

[78] In Lehmanns Adressverzeichnis unter „Gemischte österreichisch-sowjetrussische Handelsgesellschaft" eingetragen. An der RATAO waren von österreichischer Seite der SAP-nahe Konsumverein GÖC mit 26% und die Credit-Anstalt (CA) mit 24% beteiligt; Kreditgeber waren die CA und die Arbeiterbank.

[79] The Oriental Trading and Engineering Company.

Hamerling-Gymnasium in Wien VIII, Albertgasse 18–22 überwechseln.[80] Trotz der eher geringen religiösen Bindung seiner Eltern besuchte er ab 1935/36 gleichzeitig zum Gymnasium die Hebräische Bibel- und Sprachschule der IKG Wien. Nach drei Jahren Gymnasium kam der „Anschluss". Harry musste die Schule aufgeben und floh mit seiner Mutter 1938-09-26 vor der NS-Verfolgung nach Paris zu seinem Vater. Von dort ging es sofort mit einem Besuchervisum ("visitor visa") weiter in die USA, die Familie kam 1938-12-01 in New York an. Nach seiner Ankunft schloss Harry Hochstädt als erstes seine abgebrochene Mittelschulbildung ab. Danach wurde er 1943 in die US-Army einberufen, erhielt eine militärische Grundausbildung und wurde anschließend als Soldat auf den Europäischen Kriegsschauplatz geschickt.

Nach dem Krieg aus der Armee entlassen, studierte Harry Hochstädt zunächst Chemie an der *Cooper Union for the Advancement of Science and Art* (Chemie-Ingenieur, Bachelor-Grad 1949), dann Mathematik am Courant Institut (Master-Abschluss 1950, Promotion 1956). Sein Doktorvater war Wilhelm Magnus.

In den Jahren 1951–57 arbeitete er nebenbei als Forschungs-Ingenieur bei W.L. Maxson, New York, einem Unternehmen, das unter anderem Rüstungsaufträge übernahm. Von 1957 an unterrichtete er Mathematik als Professor am Polytechnic Institute der Universität New York (1957 assistant, 1959 associate, 1961 full professor) und leitete von 1963 bis 1990 dessen Department für Mathematik; 1974 war er Dekan der Fakultät für "Arts and Sciences." Von 1959–61 wirkte er als Research Associate am Courant Institut für Mathematik in New York.

Hochstädts Forschungsinteressen umfassten vor allem Anwendungen, insbesondere die Differential- und Integralgleichungen der mathematischen Physik und die speziellen Funktionen der Physik, die mathematische Behandlung der Fortpflanzung von Wellen.

MGP nennt 16 von Hochstädt (Hochstadt) betreute Dissertationen.

Ehrungen: 1944 Combat Infantrymen's Badge in Bronze (wird für direkten Fronteinsatz vergeben), Bronze Star.

Ausgewählte Publikationen. *Diss.*: (1956) *Addition Theorem for and Applications of Functions of the Paraboloid of Revolution (Wilhelm Magnus, NY University).*

1. Special functions of mathematical physics, New York 1961
2. Differential equations, A modern approach, New York 1964
3. On inverse problems associated with second-order differential operators. Acta Math. **119** (1967), 173–192
4. The functions of mathematical physics, Wiley, 1971 [später ins Französische und ins Japanische übersetzt]
5. Integral equations, Wiley, 1973

Zbl meldet 81 math. Publikationen zwischen 1957 und 1994.

Quellen. Center for Jewish History, AHC Interview with Harry Hochstädt 2004; Wayne Independent 2009-05-07; Leo Baeck Institute NY: Harry Hochstadt Collection AR 11706 (2003), Diary of a dull man (Autobiographie Harry Hochstädt), ME 1436; [278] p 522f. (Alles online unter http://digital.cjh.org, Suche Harry Hochstadt, Zugriff 2023-03-02)

Lit.: The New York Times 2009-05-15; Autobiographie

---

[80] 1937 maturierte dort Leopold ⊳ Schmetterer.

Georg Kreisel

*1923-09-15 Graz;   †2015-03-01 Salzburg

Älterer Sohn von Heinrich Kreisel (*1886, †ca1950), Kaufmann in Graz

Zeichnung: W.R. nach Paul Halmos, freigegeben

NS-Zeit. Georg Kreisel und, etwas später, sein zwei Jahre jüngerer Bruder wurden 1938 von ihren Eltern mit Kindertransporten nach London geschickt und so vor den Nazis gerettet; die Eltern folgen danach. Später diente Georg Kreisel in der britischen Militärforschung

Nach einer Notiz in einem Brief von Kurt ⁻ Gödel an seine Mutter „stammte Kreisel aus einer vor dem [ersten Welt-] Krieg anscheinend sehr vermögenden Grazer Kaufmannsfamilie".[81] Georg Kreisel kam als Fünfzehnjähriger mit einem Kindertransport in England an, bald danach folgte sein zwei Jahre jüngerer Bruder. Georg vervollständigte erst einmal seine Schulbildung am Dulwich College in London. 1942 begann er mit dem Studium der Mathematik am Trinity College der Universität Cambridge, unter A.S. Besicovitch als Studienberater (director of studies, wie in Cambride üblich), und schloss es dort 1944 mit dem Bachelorgrad unter dem Ehrentitel Senior Wrangler ab. Während dieser Zeit und später 1946/47, nach seiner Rückkehr nach Cambridge, war er Schüler von Ludwig Wittgenstein und diskutierte mit ihm über philosophische Fragen und Fragen der Logik — Wittgenstein soll 1944 über Kreisel gesagt haben, er sei *"the most able philosopher he had ever met who was also a mathematician."*

Nach Abschluss seines Bachelorstudiums diente Kreisel ab 1942 im Kriegseinsatz als "Experimental Officer" in der britischen Admiralität, unter der Leitung des Mathematikers Edward Collingwood.[82] Unter anderem untersuchte er die Hydrodynamik von Wellen und deren mögliche Auswirkungen auf speziell für die Landung in der Normandie anzulegende Hafenanlagen. In der Admiralität lernte er den Molekularbiologen und Neuronenforscher

---

[81] Brief von 1957-01-18 (Wienbibliothek im Rathaus). Kreisels Vater handelte mit Waren aller Art, seine Firma ging 1915 in Konkurs. (Deutsches Volksblatt 1915-04-08 p 11.) Nach dem ersten Weltkrieg war Heinrich Kreisel als Aufkäufer von Rohmaterialien wie Häuten und Fellen oder gebrauchten Korkstopfen tätig.

[82] Edward Foyle Collingwood (*1900-01-17 Alnwick, Northumberland; †1970-10-25, ebenda) studierte in Cambridge bei Hardy und Littlewood und arbeitete später in der Nevanlinna-Theorie der Wertverteilung. In der Royal Navy leitete er während des Zweiten Weltkriegs mathematische Forschungen zur Waffentechnik der Marine, besonders an der Entwicklung von Seeminen. Standort seiner Forschungsgruppe war West Leigh, Havant (unweit des Hafens von Portsmouth).

Francis Crick kennen (später zusammen mit James Watson Aufdecker der Schraubenstruktur der DNA), mit dem ihn von da an eine lebenslange Freundschaft verband.[83]

Im Vorwort zu seinem autobiographischen Buch (3) zählt Crick die drei für seine wissenschaftliche Entwicklung wichtigsten Freunde im Leben auf und schreibt über Kreisel:

> *My third debt is to Georg Kreisel, the mathematical logician, whom I always address by his last name in spite of our having known each other for about forty-five years. When I met Kreisel I was a very sloppy thinker. His powerful, rigorous mind gently but steadily made my thinking more incisive and occasionally more precise. Quite a number of my mental mannerisms spring from him.*

Einige Seiten später fügt er noch hinzu (p.16):

> *I also asked my close friend Georg Kreisel, now a distinguished mathematical logician. I had run across him when he came, at the age of nineteen, to work in the Admiralty under Collingwood. Kreisel's first paper — an essay on an approach to the problem of mining the Baltic, using the methods of Wittgenstein — Collingwood had wisely locked away in his safe. By this time I knew Kreisel well, so I felt his advice would be solidly based. He thought for a moment and delivered his judgment: "I've known a lot of people more stupid than you who've made a success of it."*

Kreisel blieb bis 1946 in der Admiralität und kehrte dann an die Universität Cambridge zurück. Er bewarb sich mit einer Dissertation um eine *Research Fellowship*, kam aber nicht in die Auswahl. Er studierte noch einige Zeit in Cambridge bei Wittgenstein und hatte danach noch einige Jahre zu warten (und Arbeiten zu verfassen) um dann 1962 die Promotion zum PhD zu überspringen und gleich direkt zum Doktorat höheren Typs, den DSc von Cambridge, aufzusteigen, das gewöhnlich lang nach dem PhD und nach *vielen* weiteren wissenschaftlichen Veröffentlichungen verliehen wird.

Wie der Dichter Oscar Wilde verbrachte auch Georg Kreisel längere Zeit in Reading, Grafschaft Berkshire (wenn auch unter komfortableren Umständen). Er unterrichtete 1949–1960 an der dortigen Universität, unterbrochen von zwei längeren Auslandsaufenthalten, die er nach 1960 wieder aufnahm: 1955–1957 und 1962/63 am IAS in Princeton, auf Einladung von Kurt ⸢ Gödel, und 1958/59 und 1962/63 an der Stanford University. Zwischendurch war er zu kürzeren Gastaufenthalten und 1960–1962 an der Universität Paris. 1962, nach Verleihung des DSc, nahm er eine Professur für Logik und Grundlagen der Mathematik an der Stanford Universität an, seinem letzter Hafen bis zu seiner (etwas vorzeitigen) Pensionierung 1985. Von seinen sonstigen Gastaufenthalten in diesen Jahren erwähnen wir hier nur Oxford All Souls College (1967) und Kalifornien UCLA (1968). Seine Zeit als Pensionist verbrachte er ohne feste Adresse, meist hin und her wechselnd zwischen Oxford, Cambridge und Salzburg, dazwischen auch Zürich, München und Wien. Seinen letzten Vortrag hielt er auf der *Kurt Gödel Centenary Conference* in Wien 2006. In den letzten zwei Jahren seines Lebens konnte er aus gesundheitlichen Gründen sein Wanderleben nicht mehr wie früher weiterführen und lebte bis zu seinem Tod in Salzburg.

---

[83] Teile von Kreisels Briefwechsel mit Crick sind in den *Francis Crick Papers* im Archiv der University of California, San Diego aufbewahrt.

Kreisel bearbeitete ein breites Spektrum der Philosophie der Mathematik, der mathematischen Logik und Beweistheorie, unter anderem den heute für die theoretische Informatik so wichtigen λ-Kalkül in der Ausarbeitung von Dana Scott (1969).[84] Er setzte sich eingehend mit den Theorien von Kurt ⟩ Gödel auseinander, war mit ihm befreundet und bei ihm, wie oben erwähnt, mehrmals am IAS Princeton zu Gast; über fünfzehn Jahre hindurch führte er mit ihm immer wieder Gespräche und wechselte mit ihm Briefe.

Kreisel machte sich in der Mathematischen Logik vor allem durch sein *unwinding program* bekannt und verdient, dessen Ziel es war, aus auf den ersten Blick nicht-konstruktiven Beweisen einen konstruktiven Kern herauszuschälen. Heute ist für dieses Programm eher der Name „proof mining" gebräuchlich. Der Grundgedanke ist die Rehabilitierung des Hilbertschen Programms als mathematisch fruchtbar, auch nach Gödels zweitem Unvollständigkeitssatz.

Seinen größten Einfluss in der Welt der mathematischen Logik hatte Kreisel wahrscheinlich während seiner Zeit in Stanford als er zusammen mit Solomon Feferman und Dana Scott in der „Stanford Logic group" das Geschehen in der mathematischen Logik dominierte und eine Schar brillanter PhD-Studenten und Post-Docs heranzog.

Zu Kreisels engen Freunden zählte die englisch-irische Philosophin, Logikerin und Schriftstellerin Iris Murdoch (*1919-07-15 Phibsborough, Dublin; †1999-02-08 Oxford), die er 1947 während beider Aufenthalt bei Wittgenstein in Cambridge kennenlerne. Murdoch schätzte Kreisel sehr,[85] sie widmete ihm ihren Roman *An Accidental Man* von 1971. Murdochs literarische Figuren Marcus Vallar[86] und Guy Openshaw[87] tragen Züge von Kreisels persönlichen Eigenheiten – und Schrullen. Ähnlich wie Kurt ⟩ Gödel war er besonders heikel in Fragen seiner Ernährung, er hatte Angst vor einem von den Ärzten unentdeckten Magenleiden. Zum Schlafen brauchte er absolute Stille und eine absolute Verdunklung. Freunde und persönliche Bekannte bezeugen in ihren Erinnerungen Kreisels magnetische Anziehungskraft auf Schüler (und Frauen), seinen unkonventionellen Lebensstil und seine zuweilen, milde ausgedrückt, verblüffend offenherzigen und unbekümmerten Formulierungen.[88]

Der Logiker Luiz Carlos Pereira schreibt über ihn:[89]

> *Kreisel is difficult. His papers are difficult, most of his ideas, insights, appraisals, criticisms and suggestions are anything but simple. . . . the man himself is difficult.*

7 Dissertanten, darunter Hendrik Barendregt (1971)

---

[84] Dana Stewart Scott (*1932-10-11 Berkeley) ist mit der Pianistin Irene Schreier (*1928) verheiratet, der einzigen Tochter des früh verstorbenen Otto ⟩ Schreier. Dana Scott war u.a. 1992/93 Gastprofessor an der Universität Linz. In der Theorie der stetigen Verbände ist er bekannt für die *Scott-Topology*.

[85] Sie soll zum Beispiel 50 Jahre hindurch alle Briefe Kreisels in ihr Tagebuch übertragen haben.

[86] *The Message to the Planet* (1989)

[87] *Nuns and Soldiers* (1980)

[88] Vgl zB Burdman und Feferman [40], pp 220–272; Schewe, P F, Maverick Genius: The Pioneering Odyssey of Freeman Dyson. MacMillan 2013; weiters (https://www.researchgate.net/publication/2508936_Kreisel_Lambda_Calculus_a_Windmill_and_a_Castle, Zugriff 2023-02-21)

[89] Modern Logic **8** (2000/2001), 127–13.

Ehrungen: 1958 Invited Speaker ICM in Edinburgh; 1966-03-17 zum Mitglied der Royal Society (FRS) gewählt; 1984 Ehrengast bei Oulipo

Ausgewählte Publikationen.

1. On the interpretation of nonfinitist proofs — Part I. Journal of Symbolic Logic 16 (1951), 241–267.
2. On the concepts of completeness and interpretation of formal systems. Fundamenta Mathematicae **39** (1952), 103-127.
3. Hilbert's Programme. Dialectica **12** (1958), 346–372. (revidierte Version in Benacerraf, P, Putnam H (ed.), Philosophy of Mathematics. Selected Readings, Prentice Hall 1964; 2nd ed. 1983; 207–238)
4. Mathematical significance of consistency proofs, J. Symbolic Logic, **23** (1958), 155–182
5. Ordinal logics and the characterization of informal concepts of proof. Proceedings of the International Congress of Mathematicians, 14–21, August 1958, (1960), 289–99. Cambridge: Cambridge University Press.
6. (mit Krivine, J-L), Eléments de logique mathématique (théorie des modèles). Dunod 1966 (eng: Elements of mathematical logic (model theory), North Holland 1967; dt: Modelltheorie: eine Einführung in die mathematische Logik und Grundlagentheorie, Springer 1972.)
7. Review of M.E. Szabo: The Collected Papers of Gerhard Gentzen, Journal of philosophy **68** (1971), 238–265.
8. Der unheilvolle Einbruch der Logik in die Mathematik. Acta philosophica fennica **28** (1976), 166–187.
9. Wie die Beweistheorie zu ihren Ordinalzahlen kam und kommt. Jber. DMV **78** (1976), 177–223.
10. Gödel's Excursions into intuitionistic logic, in: Weingartner, P, und Schmetterer, L (eds.): Gödel Remembered. Napoli: Bibliopolos 1987, 65-186.
11. Second thoughts around some of Gödel's writings: A non-academic option. Synthese **114** (1998), 99–160.
12. Logical hygiene, foundations, and abstractions: diversity among aspects and options. Baaz, M et al., Kurt Gödel and the foundations of mathematics. Horizons of truth. Cambridge: Cambridge University Press. 27-53 (2011). (Proceedings of the Kurt Goedel Conference, Vienna 2006)

Zbl nennt 97 math Publikationen, inklusive Übersetzungen; davon 6 Bücher.

Biographische Beiträge:

13. *Kurt Gödel. 28 April 1906-14 January 1978.* Biogr. Memoirs of Fellows of the Royal Society. **26** (1980), 148–224. [Russ. Übersetzung in Usp. Mat. Nauk **43**, No. 2(260), 175-216 (1988); No. 3(261), 203-238 (1988).
14. *Bertrand Arthur William Russell, Earl Russell. 1872-1970.* Biogr. Memoirs of Fellows of the Royal Society. **19** (1973), 583–620.
15. (mit Newman, M. H. A.), *Luitzen Egbertus Jan Brouwer 1881–1966.* Biogr. Memoirs of Fellows of the Royal Society. **15** (1969), 39.

Quellen. The Bulletin of Symbolic Logic 22 (2016), 298–304; [278] Eintrag Kreisel; Oscar Wilde, De Profundis (1905, S. Fischer)

Lit.: (1) Odifeddi P (ed.), Kreiseliana: about and around Georg Kreisel. Wellesley, Massachusetts, A. K. Peters 1996; (2) Barendregt HP, Kreisel, Lambda Calculus, a Windmill and a Castle. (3) Crick F, *What mad pursuit: A Personal View of Scientific Discovery* (Harper Collins 1988) (4) Isaacson D, Georg Kreisel: Some biographical facts, in Philosophia Mathematica 28 (2020),nkaa024 pp. 87–119.

Kurt Kreith

*1932-05-03;   (mos.)

Jüngstes Kind des Rechtsanwalts Dr jur Fritz Kreith (*1892 Wien; †1963 USA) und dessen Ehefrau (Dr.med.?) Elsa, geb Klug (*1896 Wien; †1966 USA); Bruder von Franz (Frank) Kreith (*1922-12-15 Wien; †2018-01-08 Boulder, Colorado) [∞ 1951 Marion N. Finkels (*1927-08-06 Hamburg), Sohn: Michael Jonathan (*Bethlehem, PA; †2018-09-09 Boulder, Colorado), Töchter: Marcia und Judith], Raketen-, Energie- und Solar-Techniker; Bruder von Susanne E (*1930-04-14 Wien; †1997-11-24 Santa Barbara, Cal.), MA und assoc Prof., ∞ Glen J Culler

Zeichnung: W. R.

Kurt Kreith ∞ 1957 Marcia Tilles (*1937-05-26 Calif.); 2 Kinder: Laura (*1968) [∞ Benjamin M Morss] und Benjamin (*1970), Geiger beim *Del Sol String Quartet*

NS-Zeit. Emigrierte 1939 als Kind zusammen mit seinen Eltern in die USA; 1953 erhielt er die US-Staatsbürgerschaft.

Kreiths Familie war streng mosaisch-religiös eingestellt und unterstützte die Zionistische Bewegung. Vater Fritz Kreith war ein erfolgreicher Rechtsanwalt,[90] Mutter Eva Kreith besuchte 1905–13 das Realgymnasium des Vereins für Erweiterte Frauenbildung in der Rahlgasse 4.

Kurt Kreith gelangte 1939-12 in Begleitung seiner Eltern und mit Unterstützung von Verwandten als Kind von 7 Jahren in die USA. Sein Bruder Franz Kreith[91] und seine Schwester Susanne[92] waren schon 1938 mit einem Kindertransport nach London geflüchtet. Franz folgte seinen Eltern 1939 nach.

1949-51 besuchte Kurt Kreith das Los Angeles City College. Dann ging er 1951–60 nach Berkeley, erwarb dort 1953 seinen Bachelor, unterbrach 1954–56 sein Studium zu Gunsten des Militärdiensts, erwarb 1957 den Grad eines Masters und promovierte 1960 zum PhD. Anschließend wandte er sich nach der UC Davis, war dort 1960–63 Assistent, ab 1963

---

[90] Er wurde 1922 in die Rechtswaltsliste für NÖ mit Wohnsitz in Wien eingetragen und vertrat Klienten bis 1938-01 (Juristische Blätter 1922-p160, Der Tag 1938-01-01 p15). Um nach Übersiedlung in die USA seinen Beruf ausüben zu können, studierte er erneut und erwarb den Grad eines L.L.D., das amerikanische Äquivalent zum Dr jur in Österreich. Fritz Kreith hatte im Ersten Weltkrieg in der Infanterie als Leutnant d.R. gedient.

[91] Franz Kreith (in den USA Frank Kreith) besuchte bis 1938-04 das Döblinger Gymnasium (heute G 19), emigrierte mit einem Kindertransport nach Großbritannien und blieb dort 1939-40, danach folgte er seinen Eltern und seinen jüngeren Geschwistern in die USA nach. In den USA angekommen studierte er Wärmeübertragung und Thermodynamik und war in den folgenden Jahren an der Entwicklung von Raketenmotoren für die Raumfahrt beteiligt; Professor an der University of California und an der University of Colorado (Boulder). Er beschäftigte sich später am Solar Energy Research Institute in Golden mit Solarenergie. 2017 erhielt er die John-Fritz-Medaille.

[92] Susanne lehrte am Santa Barbara Community College.

associate, ab 1969 full Professor. Offenbar parallel zu seiner Universitätstätigkeit (oder in zeitweiliger Unterbrechung dieser) war er 1963–65 Physical Science Officer an der US Arms Control and Disarmament Agency (ACDA).[93]

1997 emeritierte er an der UC Davis, war aber danach weiter in der „Lehre für Lehrer" tätig und engagierte sich in Veranstaltungen zur Lehrerfortbildung (z.B. workshops for teachers Columbia University, Masaryk Universität; Acting Codirector am California Mathematics Project; Colloquium Talk an der Abteilung für Bildungswissenschaften der Universität Complutense in Madrid) und zur Didaktik der Elementarmathematik. 1999 und 2011 rief er zur Nutzung des Computers in der Schuldidaktik auf. Bis in die 2010er Jahre hielt er Anfängerseminare über *Cryptology and Doing Mathematics — With a Computer At Your Side.*

Kurt Kreith besuchte Österreich gelegentlich nach 1945 wieder,[94] 2005-09 nahm er an der ÖMG-Tagung in Klagenfurt teil.[95]

In seinen mathematischen Arbeiten behandelte Kurt Kreith hauptsächlich gewöhnliche und partielle Differentialgleichungen, insbesondere mit Picone-Theorie. In letzter Zeit beschäftigte er sich auch mit der Mathematik globaler Veränderungen.

MGP nennt 2 Dissertanten

Ausgewählte Publikationen. *Diss.*: (1960) *The Spectrum of Singular Elliptic Operators (Frantisek Wolf, University of California, Berkeley).*

1. Thinking about technology in the classroom. Am. Math. Soc. **58** (2011), 302-304.
2. (gem mit Chakerian, D.) *Iterative algebra and dynamic modeling. A curriculum for the third millennium.* New York, 1999.
3. (gem. mit Travis, C C) Oscillation criteria for selfadjoint elliptic equations. Pac. J. Math. 41 (1972), 743-753.
4. Oscillation Theory. Springer LNM 324, 1973
5. Picone's identity and generalizations. Rend. Mat., VI. Ser. **8** (1975), 251-262.
6. Mathematics, social decisions and the Law. Intern. J. Mathematical Education in Science and Technology **7** (1976), 315–330
7. (mit Chakerian D) (1999), Iterative algebra and dynamic modeling. A curriculum for the third millennium. New York, Springer.
8. Fractions, Decimals, and the Common Core. J. Mathematics Education Teachers College 2014, 19–26.

Zbl nennt 112 Publikationen

Quellen. [343] Eintrag Kreith p 663f; Universitätsnachrichten und Archiveintragungen von UCA Davis; Wr Zeitung 1929-01-18 p14, 1930-01-16 p16, 1931-01-14 p16, 1932-01-12 p16, The Arts, Sciences, and Literature

---

[93] Die ACDA wurde 1961-09-26 unter Präsident Kennedy gegründet, 1999-04-01 unter Präsident Clinton abgeschafft. Sie sollte für die Koordinierung der nationalen Sicherheitspolitik der USA mit deren Politik der Rüstungskontrolle und der Abrüstung sorgen. Zu ihren Aufgaben gehörte insbesondere die wissenschaftliche Bewertung der Rüstungsanstrengungen der Sowjetunion und der Volksrepublik China.

[94] Sein Bruder Frank hatte brieflichen Kontakt mit seiner alten Schule, dem Döblinger Gymnasium (https://www.g19.at/index.php/ns-zeit-ausgeschlossene-schueler, Zugriff 2023-02-21).

[95] (http://oemg2005.aau.at/participants.php, Zugriff 2023-02-21)

Walter Littman

*1929-10-17; †2020-04-17 Minneapolis (an COVID-19)

Sohn des Wiener Textilhändlers Leon Littman;

Littman ⚭ 1960 Florence; 1 Tochter: Miriam ⚭ Cisternas; 2 Söhne: Philip und Benjamin Littman.

Zeichnung: W. R.

NS-Zeit. Nach der Familientradition wurde sein Vater im Verlauf der „Kristallnacht", dem Pogrom 1938-11-09/10, von den Nazis verhaftet — er sei entlassen worden (und entkam so dem KZ), weil er bei der Vernehmung so stark hustete, dass sein Tod in wenigen Tagen vorhersehbar schien.[96]

Littman flüchtete 1939-05 nach dem „Anschluss" mit seinen Eltern nach Stockholm und konnte von dort aus im Jänner 1941 über Finnland, die Sowjetunion und Japan die USA erreichen.

Walter Littmans Vater eröffnete nach seiner Ankunft in New York in der Lower East-Side in Manhattan wieder ein Textilgeschaft, während Walter die renommierte Stuyvesant High School besuchte.[97] Er promovierte 1956 am Courant Institute der New York University. Nach einem dreijährigen Aufenthalt in Berkeley als Instructor und Lecturer und einem Jahr als Assistant Professor an der University of Wisconsin wirkte er ab 1960 an der University of Minnesota in Minneapolis (Hauptcampus in Minneapolis/St.Paul), zunächst weiterhin als Assistant Professor, ab 1963 als Associate und schließlich ab 1966 als Full Professor.[98] Er emeritierte 2010 nach einem Schlaganfall.

Gastprofessuren 1974/75 am Mittag-Leffler Institut und der Chalmers TU in Schweden, 1981-82 an der Hebräischen Universität in Jerusalem.

Littmans mathematisches Hauptinteresse galt den partiellen Differentialgleichungen und deren Kontrolle, besonders in Zusammenhang mit „Anwendungen in der realen Welt" (zB Industrie, „Business", Umwelt).

---

[96] Die Journalistin Janet Moore berichtet (StarTribune, 2020-06-25, https://www.startribune.com/walter-littman-mathematician-and-classical-music-lover-dies-of-covid-19-at-90/571493642/, Zugriff 2023-02-21): *His father escaped almost-certain execution because he coughed while being interrogated by the Nazis, according to the family. Believing Littman was days away from death, S.S. Capt. Adolf Eichmann, one of the architects of the Holocaust, reportedly told him he "wasn't worth the bullet," the family said.*

[97] Aus der Stuyvesant High School gingen 4 Nobelpreisträger hervor.

[98] Vgl den Nachruf auf (https://cse.umn.edu/math/walter-littman, Zugriff 2023-02-21).

Walter Littman wird von Kollegen und Koautoren als humorvoll optimistisch, freundlich, nie zornig, aber zuweilen etwas zerstreut und mit wenig Sinn für pedantische Ordnung in Arbeitsräumen geschildert. Studenten hatten zuweilen Schwierigkeiten, seinem Vortrag zu folgen. Er war ein großer Musikliebhaber und verehrte besonders Franz Schubert.

Laut MGP betreute Littman 9 Dissertationen, 8 davon in Minnesota.

Ausgewählte Publikationen. *Diss.*: (1956) *On the Existence of Periodic Waves Near Critical Speed (Louis Nirenberg, New York Uni)*.

1. (mit Stampacchia, G, ⌐Weinberger, H F) Regular points for elliptic equations with discontinuous coefficients. Ann. Sc. Norm. Super. Pisa, Sci. Fis. Mat., III. Ser. **17** (1963), 43-77.
2. (mit Markus, L) Exact boundary controllability of a hybrid system of elasticity. Archive for Rational Mechanics and Analysis **103** (1988), 193–236
3. (mit Friedman, A) Industrial mathematics. A course in solving real-world problems. Philadelphia, PA: SIAM, Society for Industrial and Applied Mathematics. xiii, 136 p. (1994).

Zbl nennt 67 Publikationen, darunter 4 Bücher. 40 Publikationen veröffentlichte er während seiner Zeit in Minnesota.

Paul Mandl

Zeichnung: W. R.

*1917-02-09 Wien;   †2010-08-12 Ottawa, Ontario (bis 1938 mos, dann r.k.)

Sohn von Hugo Mandl (*1869-11-08 Austerlitz, Mähren; †1941 deportiert mit Transport 4 (Nr 550), 1941-03-05 KZ Modliborzyce, Lublin, Polen) , Medizinalrat, und dessen Frau Else (Ilse) (*1884-01-18 Wien, †1941, deportiert 1941-03-05 KZ Modliborzyce, Lublin, Polen), Tochter des Anwalts Dr Hugo Friedmann (*1851-12-28 Prossnitz cz; †1922-03-18 Wien-Wieden) und dessen Frau Leontine Sara (*1861-10-14 Wien, †1941-03-20 Wien I), geb Geiringer; Halbbruder von Lothar Maximilian Mandl (*1902-03-09 Wien 2; †1937-02-16 Wien) [Sohn von Hugo Mandl aus dessen erster Ehe (1901-03-26) mit Sophie (*1878-02-10 Iași (Jassy), Romania), geb Aschkenasy]

Paul Mandl ∞ 1950 Elsje (*1913 Nijmegen NL, †2016-09-08 Ottawa, röm. kath.), geb Esselaan, damals Angestellte der NL-Botschaft; keine Kinder.

NS-Zeit. Mandl emigrierte 1939 vor dem NS-Regime nach England, wurde dort als *enemy alien* interniert und 1940 per Schiff nach Kanada weitertransportiert, wo er Mathematik studierte, heiratete und sesshaft wurde. Beide Eltern kamen in der Shoah um ihr Leben.

Paul Mandl stammte aus einer wohlhabenden assimilierten jüdischen Familie. Sein Vater Hugo Mandl war praktischer Arzt und und Militärarzt im Ersten Weltkrieg.

Nach Absolvierung der Mittelschule begann Mandl 1935 ein Studium an der TH Wien, das aber 1938 nach den Einmarsch der Truppen Hitler-Deutschlands zu Ende war. Er emigrierte 1939-08 nach Großbritannien, wo er mit finanzieller Unterstützung von Verwandten und dem *International Student Service* an der Waliser Aberystwyth University ein Jahr weiterstudieren konnte. Dann wurde er aber 1940-06 als *enemy alien* interniert und bald darauf nach Kanada verschifft. 1942 wieder in Freiheit gesetzt, gelang es ihm mit Hilfe des *Canadian Aid Committee on Research* ein Studium an der Universität Toronto, diesmal ohne Unterbrechung, durchzuziehen. Er erwarb 1945 den BA, 1947 den MA und schließlich 1951 den PhD in Mathematik, am Institute for Aerophysics. Um seinen Unterhalt bestreiten zu können, arbeitete er 1942-43 als Lehrer an einer High School; von 1945 bis 1966 gehörte er der Abteilung für Aerodynamik des Nationalen Forschungsrats (National Research Council) in Ottawa an und durchlief die Stufen junior (1945), assistant (1948), associate (1951) und schließlich senior research Officer (1960). In den Jahren 1958 bis 1961 war er Lektor an der Erweiterungsabteilung der McGill University in Montreal, Quebec. Bereits ab 1960 lehrte er zeitweise an der Carleton University in Ottawa, 1960–1961 als Lektor, 1964–1965 als Gastprofessor, 1965 als Teilzeitlektor für Tragflügeltheorie, schließlich ab 1966 als Professor für Mathematik. Er emeritierte 1982 an der Carleton University, blieb dieser aber auch danach als sessional lecturer und adjunct research professor verbunden.

Mandl war Mitglied des Canadian Research Council 1945–1967 und Berater des kanadischen Luftfahrtinstituts; 1967 referierte er in dieser Eigenschaft bei der Göttinger *Conference for Aerospace and Development.*

Mandl verbrachte ein *Sabbatical* am Institut für Strömungslehre und Wärmeübertragung der TH Wien, ein weiteres an der Universität Manchester.

1997 stiftete er gemeinsam mit Kollegen an der Carleton Universität einen Fonds zur Unterstützung hervorragender Studierender der Mathematik (Dr Paul Mandl Bursary).

Das Ehepaar Mandl war bekannt für seine große Liebe zum Bergsteigen (es verbrachte bis ins hohe Alter jedes Jahr einige Zeit in den Alpen) und zur Bildenden Kunst. Trotzdem Mandl beide Eltern im Holocaust verloren hatte, kam er immer wieder auf Besuch nach Österreich und hielt Vorträge.

Nicht in MGP

Ehrungen: Fellow, Can. Math. Cong., Can. Aeoronautical and Space Institue, 1956 F.W. Baldwin Award for best paper

Ausgewählte Publikationen. *Diss.*: (1951) *The Transition Through a Weak Shock Front (Patterson, Inst of Aerophysics, Toronto University).*

1. (mit Pounder, J R (1951) Wind tunnel interference on rolling moment of a rotating wing. Proc. II. Canadian Math. Congr. Vancouver 1949, 164-169.
2. A theoretical study of the inviscid hypersonic flow about a conical flat-top wing-body combination. Am. Inst. of Aeronautics J. **2** (1964), 1956-1964.
3. Effect of Small Surface Curvature on Unsteady Hypersonic Flow over an Oscillating Thin Wedge. Transact. Can. Aeronautics and Space Inst. **4** (1971), 47–57. [nicht in Zbl]
4. (mit Barron, R M), Oscillating airfoils: Part II. Newtonian flow theory and application to power-law bodies in hypersonic flow. Am. Inst. of Aeronautics J. **16** (1978), 1132-1138.

Zbl nennt nur drei mathematische Arbeiten. Die Mehrheit seiner wissenschaftlichen Beiträge sind rein technischen Anwendungen zuzuordnen (oder unterliegen der Geheimhaltung) und sind daher im Zbl nicht aufgeführt.

Quellen. DÖW Opferliste Nr 4934363; Engelmann, F.C., Prokop, M., and F.A.J. Szabo, A History of the Austrian Migration to Canada. 1966. p 177; Goldmann, A., Holocaust Survivors in Canada: Exclusion, Inclusion, Transformation, 1947-1955. Manitoba 2015; Kallmann, H., Ex-Internees Newsletter #2 p5. (1997); Annual Bulletin 1963, Institute of Aerophysics, University of Toronto, p41f.; pers. Mitt. von Wolfgang Herfort, TU Wien; Ottawa Citizen 2010-08-12 bis 14. Roeder etal. [277], Eintrag Mandl. p 767

Lit.: Puckhaber [259]

Friedrich Ignaz Mautner

*1921-05-14 Wien;   †1996.

Einziges Kind von Ernst Mautner (*1880-12-04 Aichau, Melk, NÖ; †1948-06 Leeds, West Yorkshire, UK) und seiner Frau Gisela (*1885-02-01 Holešov, Kroměříž, Zlínský kraj, CZ; †1948-09-20 Leeds UK) geb. Nussbaum;

Enkel mütt. von Moses (Moritz) und Minna Nussbaum [geb Zwillinger]

Neffe mütt. v. Dr med Olga Nussbaum (*1887-06-18 Wien; †1982-03-05 Wien, bestattet Feuerhalle Simmering), Ärztin, + 1 weit. Tante/Onkel

∞ 1948 ○|○ ?; 1 Kind Jean Ottilie M

Zeichnung: W. R.

NS-Zeit. Mautner war jüdischer Abstammung und emigrierte daher mit Eltern und Tante Olga 1938 nach Großbritannien. Als "enemy alien" wurde er 1940 interniert und nach Australien deportiert. Nach seiner 1943 gestatteten Rückkehr studierte er an englischen Universitäten, hielt sich zwischendurch in Dublin, Irland, auf und übersiedelte dann in die USA. Seine Tante Olga Nussbaum, emigrierte ebenfalls in die USA, verblieb dort einige Jahrzehnte und kehrte gegen Ende ihres Lebens nach Wien zurück.

Mautner emigrierte nach dem „Anschluss" nach Großbritannien, wo er 1940 in der Paniksituation nach der Niederlage Frankreichs als "enemy alien" interniert und auf der HMT Dunera unter skandalösen Haftbedingungen nach Australien verschifft wurde[99] (die Dunera Affäre). Schon am Schiff und später im "Hay Camp 7", hielt der dort ebenfalls internierte, aber bereits promovierte Mathematiker Felix Adalbert Behrend Vorlesungen über reine und angewandte Mathematik, an denen Mautner und ˃Freiberger teilnahmen. Behrend wurde später Professor an der Universität Melbourne; ein Abschlusszeugnis für Mautner ist in Behrends Nachlass erhalten. Nach seiner Rückkehr nach GB erwarb Mautner an der Durham Universität den BSc Grad und wurde Assistent an der Queen's University in Belfast (QUB). Danach zog es ihn nach Dublin zu Erwin Schrödinger, der an der School of Theoretical Physics (STP) des Dublin Institute for Advanced Studies (DIAS) wirkte.[100] Mautner verbrachte hier in den Jahren 1944–46 als "visiting scholar" ein höchst

---

[99] Vgl hierzu die entsprechenden Passagen in der Kurzbiographie von ˃Freiberger (p. 669 ff.) und die dort gegebenen Informationen über Behrend.

[100] Das STP bestand bei seiner Gründung 1940 nur aus Erwin Schrödinger selbst. 1941 gelang es Schrödinger auch den damals auf der Isle of Man internierten Physiker Walter Heitler an das Institut zu holen,

anregendes Post-doc Studium; 1944 publizierte er mit Erwin Schrödinger eine gemeinsame Arbeit (s.u.). 1946 ging Mautner sodann als Student und *faculty member* an die Princeton University, dort promovierte er 1948[101] bei John von Neumann.[102]

Es folgte eine Karriere quer (manchmal auch parallel) über mehrere Universitäten der USA: 1946–47 gleichzeitig Mitglied des IAS Princeton, 1947–48 Instructor für Mathematik an der Universität Princeton, anschließend 1948–50 resident instructor am Massachusetts Institute of Technology (MIT), 1950–51 assistant professor an der Pennsylvania State University, 1951–53 an der Johns Hopkins University. Von 1954-10 bis 1956-4 und von 1965-09 bis 1966-06 verbrachte er Forschungsaufenthalte am Institute for Advanced Study (IAS) in Princeton. Mautners weitere Karrierestationen waren Professuren an der Johns Hopkins University, an der Pariser Universität (heute Paris 6) und in Italien (?). Über die letzten Jahre seines Lebens ist nicht viel bekannt.

Mautner begann seine wissenschaftliche Karriere mit unitären Darstellungen und hat dazu immer wieder bedeutende Beiträge geleistet. Er ist bekannt für das *Mautner Lemma* (von Calvin Moore *Mautner Phänomen* genannt) in der Darstellungstheorie, nach dem für jede unitäre Darstellung π einer topologischen Gruppe G ein Vektor v des Darstellungsraums unter der Wirkung eines Elements $\pi(x)$ invariant bleibt wenn für ein Netz $\langle y_\nu \rangle$ in G mit $\pi(y_\nu)v = v$ die Konjugierten $y_\nu^{-1} x y_\nu$ gegen das Einselement von G konvergieren.

Die nach ihm benannte Mautner-Gruppe ist ein halbdirektes Produkt $\mathbb{C}^2 \rtimes \mathbb{R}$, wo $t \in \mathbb{R}$ auf $(u, v) \in \mathbb{C}^2$ durch Multiplikation mittels $(\exp(t), \exp(t/2\pi i))$ wirkt, sie ist die kleinste zusammenhängende Liegruppe, die nicht vom Typ I ist.

Mautner schrieb auch grundlegende Arbeiten zur Darstellungstheorie $\mathfrak{P}$-adischer Gruppen.

Ehrungen: 1954 Guggenheim Memorial Foundation Fellowship

MGP nennt einen Dissertanten, Joseph Shalika (*1941-07-25 Baltimore, USA; †2010-09-18), Johns Hopkins University 1966.

Ausgewählte Publikationen. *Diss.*: (1948) *Unitary Representations of Infinite Groups (John von Neumann).*

1. (mit Schrödinger, E.) *Infinitesimal Affine Connections with Twofold Einstein-Bargmann Symmetry*, Proceedings of the Royal Irish Academy, 50 A, (1945), 223–231
2. The Completeness of the irreducible unitary representations of a locally compact group, **34** (1948), 52–54;

---

der vor allem durch seine Beiträge zur Theorie der kovalenten Bindung von Atomen in Molekülen bekannt geworden ist. Heitler blieb bis 1949 am DIAS.

[101] Nach [277]: 1947

[102] Eigentlich Johann Ludwig Neumann von Margitta (*1903-12-28 Budapest, †1957-02-08 Washington D.C.) ab 1927 Privatdozent in Berlin, emigrierte 1933 nach Princeton (USA). (Die ungarische Version „Janos" seines Vornamens ist eine nachträgliche Zuschreibung.) Von ihm stammen grundlegende Beiträge zur axiomatischen Mengenlehre („von Neumann-Bernays-Gödel" Mengenlehre), zur Quantenmechanik („von-Neumann-Algebren" der Operatortheorie), zur Ergodentheorie, zur Spieltheorie (mit Oskar Morgenstern verfasste er das grundlegende Werk "Theory of Games and Economic Behavior"). Die „von-Neumann-Architektur" der Computer geht wesentlich auf ihn zurück und hat ihn auch bei Nicht-Mathematikern bekannt gemacht. Bis zum Krieg kam von Neumann zweimal im Jahr nach Wien, traf sich mit Kurt ⊁ Gödel und nahm mehrmals am Menger-Kolloquium teil, nicht jedoch am Schlick-Zirkel (Stadler [333]). Nach Kriegsbeginn hatte er regelmäßig Kontakt mit in den USA lebenden Wiener-Kreis-Mitgliedern, besonders mit Carnap.

3. Infinite-dimensional irreducible representations of certain groups, Proc. Amer. Math. Soc., **1** (1950), 582–584.
4. *Unitary representation of locally compact groups.* I, II. Proc. Nat. Acad. Sci. USA, **51** (1950), 1–24; **52** (1950), 528–556
5. (mit L. Ehrenpreis) *Some properties of the Fourier transform on semi-simple Lie groups.* I, II, III. Ann. Math. (2) **61** (1955), 406-439; Trans. Am. Math. Soc. **84** (1957), 1-55, **90** (1959), 431-484. (Zusammenfassung in Sémin. Bourbaki **11** (1958/59), Exp. No. 179.)
6. *Geodesic flows on symmetric Riemannian spaces.* Ann. Math. **65** (1957), 416–430;
7. *Spherical functions over $\mathfrak{P}$-adic fields* I, II. Am. J. Math. **80** (1958), 441-457; **86** (1964), 171-200.

Zbl/JFM nennt 35 Publikationen, 3 in den Monatsheften f. Mathematik.

Quellen. Röder et al [277], p 789; Bartrop P R, Eisen G (eds. 1990), The Dunera affair: a documentary resource book. The Jewish Museum of Australia and Schwartz & Wilkinson, Melbourne 1990; Sigmund, K [320]; Holfter G, und Dickel H, *An Irish Sanctuary: German-speaking Refugees in Ireland 1933–1945*, De Gruyter, 2016.
Lausch, H., *Mathematics in Detention*. In: Gazette of the Australian Mathematical Society, **33**,2 (2006), 95-103, p97.
Mitgliederlisten vom DUB, Irland, und IAS, Princeton.

Leo Moser

*1921-04-21 Wien;   †1970-02-09 Edmonton, Alberta, CAN (mos.)

Sohn von Laura Feuerstein [=Fenson] (*1891-10-01 Korolowka, Galicia; †1982-01-04 Winnipeg, Manitoba, CAN) und ihrem Ehemann Robert Moser (*1889-03-01 Jagielnica, Galicia; †1968-07-05 Rochester N.Y.); Bruder der Zwillinge Frank Moser (*1927-09-05 Winnipeg; †2008-11-04 Jerusalem) und William Oscar Jules > Moser (*1927-09-05 Winnipeg; †2009-01-28 Montreal, Quebec, CAN) [∞ Beryl Rita, geb Freedman, 3 Kinder]

Zeichnung: P.M. nach einem Photo von 1961

Leo M ∞ 1946 Eva (*1924-10-12 Winnipeg, †2013-08±), geb Levit; Töchter: Barbara Newborn, geb Moser [2 Kinder], Melanie Jane Moser (*1952-09-17 Edmonton; †2000-12-28 Las Vegas), Cheryl Macintosh, geb Moser, und David Moser.

NS-Zeit.   Leo Mosers Eltern übersiedelten bereits 1924 mit ihrem damals dreijährigen Sohn Leo nach Winnipeg, Kanada, und kamen so mit der NS-Barabarei gar nicht erst in Berührung. Die anderen beiden Kinder, die Zwillinge Frank und William wurden in Kanada geboren.

1944 B.Sc. in Mathematik, Universität Manitoba, M.Sc. an der Universität Toronto, PhD Universität North Carolina in Chapel Hill. Danach verbrachte er kurze Zeit am Texas Technical College, um schließlich 1951 an der Universität von Alberta in Edmonton zu landen. Leo Moser war zeit seines Lebens schwer herzkrank, musste sich 1967 einer Herzoperation unterziehen und starb zwei Jahre später mit nur 48 Jahren.

Leo Moser arbeitete vor allem in Zahlentheorie, Kombinatorik und diskreter Geometrie in sehr erfolgreicher Weise.

MGP verzeichnet 6 von Leo Moser betreute Dissertationen, 1962–67.

Ausgewählte Publikationen. *Diss.*: (On) *Sets of Integers which Contain No Three in Arithmetical Progression and on Sets of Distances Determined by Finite Point Sets (Alfred Brauer).*

1. (mit J H Butchart), No calculus, please. Scripta Math. **18** (1953), 221-236.
2. (mit W Moser), Solution to problem 10. Can. Math. Bull. **4** (1961), 187–189. [Enthält die berühmte „Gebrüder Moser – Spindel".]
3. (mit P Erdös), An extremal problem in graph theory. J. Aust. Math. Soc. **11** (1970), 42-47.
4. (mit P Erdös), On the representation of directed graphs as unions of orderings. Publ. Math. Inst. Hung. Acad. Sci., Ser. A **9** (1964), 125-132.
5. (mit P Erdös), A problem on tournaments. Can. Math. Bull. **7** (1964), 351-356.
6. Collected papers of Leo Moser. Edited by William ⊳ Moser and Paulo Ribenboim (2005). Queen's Papers in Pure and Applied Mathematics 125. Kingston: Queen's University

Die im Canad. Math. Bull. **15**(1) (1972), 1–8 veröffentlichte Liste von Mosers Publikationen verzeichnet 88 Einträge, ist aber nicht ganz vollständig; in den Collected Papers wird über 95 Publikationen berichtet. Zbl gibt 70 Einträge an.

Quellen. [33]; Nachruf Wyman, M (1971) Biographical sketch. Leo Moser. Rocky Mt. J. Math. **1** (1971), 255-256; derselbe (1972): Leo Moser's Publications, Can. Math. Bull. **15** (1972), 1–8.

William Oscar Jules Moser

*1927-09-05 Winnipeg, Canada;   †2009-01-28 Montreal, Canada

Sohn von Laura Feuerstein und Robert Moser, Besitzer einer Firma, die Sitzbezüge für Automobile herstellte; Zwillingsbruder von Frank Moser (*1927-09-05 Winnipeg; †2008-11-04 Jerusalem), Physiker in den Eastman Kodak Laboratories 1952-1983, jüngerer Bruder von ⊳ Leo Moser (s.o.);

⚭ 1953-09-02 Beryl Rita Pearlman, 3 Kinder: Maria ⚭ Nayer, Lionel and Paula

Zeichnung: P.M. nach Foto auf McTutor

NS-Zeit. William Moser war gebürtiger Kanadier, kein Emigrant, sondern Sohn und Bruder von Emigranten, die überdies ihre Geburtsstadt Wien bereits 17 Jahre vor dem „Anschluss" verlassen hatten.

1949 Bachelor in Mathematik an der University of Manitoba, 1951 Master an der University of Minnesota, 1957 PhD bei H. S. M. Coxeter, an der University of Toronto. 1955 wurde er Instructor, 1957 Assistant Professor an der University of Saskatchewan, 1959 Associate Professor an der University of Manitoba, 1964 an der McGill University in Montreal, wo er 1966 Professor und 1997 emeritiert wurde.

Aus Teilen seiner Dissertation entstand ein gemeinsames Buch mit seinem Doktorvater Coxeter über kombinatorische Gruppentheorie. Mehrere der Bücher Mosers behandeln Probleme der diskreten Geometrie, unter anderem befasste er sich mit dem Themenkreis des Satzes von Sylvester und Gallai. Mit Leroy Milton Kelly bewies er 1958, dass in einer ebenen Anordnung von n Punkten $(n \geq 3)$, die nicht alle kollinear sind, mindestens $3\lfloor n/7 \rfloor$

Verbindungsgeraden gibt, die genau 2 Punkte der Anordnung enthalten (und dass dies für $n = 7$ auch die obere Schranke ist).

1961 bis 1970 war er Herausgeber des Canadian Mathematical Bulletin und 1981 bis 1984 Associate Editor des Canadian Journal of Mathematics.

Ehrungen: 1973–75 Präsident der Canadian Mathematical Society (CMS); 2003 Distinguished Service Award der Canadian Mathematical Society.

Ausgewählte Publikationen. *Diss.*: (1957) *Abstract Groups And Geometrical Configurations (Harold Scott MacDonald (Donald) Coxeter).*

1. (gem. mit Coxeter) Generators and relations for discrete groups, Springer Verlag 1957, 4. Auflage 1980.
2. (mit Brass P, Moser L, Janos Pach J) Research problems in discrete geometry, Springer 2005.
3. Problems on extremal properties of a finite set of points, Ann. New York Academy of Sciences, **440** (1985), 52–64.
4. (mit Peter Borwein) A survey of Sylvester's problem and its generalizations, Aequ. Mathemat., **40** (1990), 111–135.
5. On the relative widths of coverings by convex bodies, Canadian Math. Bull., **1** (1958), 154.
6. Abstract definitions for the Mathieu groups M_{11} and M_{12}, Canadian Math. Bull., **2** (1959), 9–13.
7. (Hrsg. gemeinsam mit P Ribbenboim) (2005), Collected papers of Leo Moser. Edited by William Moser and Paulo Ribenboim. Queen's Papers in Pure and Applied Mathematics 125. Kingston: Queen's University.

Hans (John) Offenberger

*1920-06-09 Wien;   †1999-03-13 Neuseeland (mos.)

Einziges Kind von Richard Offenberger (*1889-07-30 Mannersdorf, NÖ; †1958 Wellington, Neuseeland, [mos.]), Restaurantbesitzer, Stoffdrucker und Beamter, und dessen Ehefrau Camilla (*1892-04-27 Wien; †1978-07-07 Karori, Wellington, [mos.]), geb Vogel, Köchin.

Offenberger in 1. Ehe ∞ 1945 Elizabeth („Betty") Mary Skinner (*1924 Christchurch NZ; †1961 Wellington NZ, [prot.]), BA, 1 Sohn: Peter Offenberger (*1946), B Sc, EDV-Berater, 1 Tochter: Annette Thompson (*1948), BA;

Zeichnung: W.R. nach einem Foto im New Zealand Science Review **71** (2014) p 85

in 2. Ehe ∞ 1964 Dorothy Margaret (*1924 Wanganui, NZ; †2007-02-22 Wellington, prot.) Bruce, Bach. Health Science, Pädagogin, Schuldirektorin am Hutt Valley Memorial Technical College.

NS-Zeit. Als Jude und „Linker" verhaftet, „Schutzhäftling" Nr 24033 in Dachau, von 1938-11-12 bis 1938-11-17; im Zugangsbuch eingetragen als Schüler. Einer der wenigen Juden, die aus Dachau freigelassen wurden. Emigrierte nach Neuseeland.

Offenberger stammte aus einer wohlsituierten jüdischen Familie mit gastronomischem Hintergrund, sein Vater war eine Zeit lang Restaurantbesitzer, aber auch Staatsbeamter. Seine Eltern verließen Österreich nach ihm, sie emigrierten 1939 nach Bolivien, von dort 1947 zu ihrem Sohn nach Neuseeland.

Unter den emigrierten späteren Mathematikern ist Offenberger wahrscheinlich der einzige, der noch aktiv im Untergrund gegen die Vorgängerdiktatur des österreichischen Ständestaats tätig war; er gehörte 1935–38 dem antifaschistischen Mittelschülerbund (AMB) an.[103] Von Anfang an war er sich darüber im Klaren, dass er Österreich nach der Matura, die er 1938 bestand, so schnell wie möglich verlassen musste. Vorausblickend hatte er sich schon vorher eine Aufenthaltsgenehmigung für Großbritannien besorgt und, zur Vorbereitung seiner Emigration, eine Ausbildung als Konditorlehrling begonnen.[104] Im Zuge des Novemberpogroms von 1938 wurde er aber als Jude und „Links"-Aktivist von der Gestapo verhaftet und 1938-11-12 nach Dachau deportiert.[105] Damals war dem NS-Regime die Ausreise von Juden noch erwünscht, besonders wenn man ihnen mittels Reichsfluchtsteuer und anderer Maßnahmen Geld herausziehen konnte. Offenberger verfügte über eine Aufenthaltsgenehmigung für Großbritannien und kam damit und mit Hilfe des *International Student Service* (ISS) bereits fünf Tage nach seiner Deportation frei.[106]

Bald nach seiner Freilassung erhielt er über Vermittlung der ISS ein internationales Stipendium der Canterbury University in New Zealand, wohin er 1940 über die USA gelangte.

In Neuseeland studierte er zunächst Mathematik am Auckland University College bei Henry Forder[107] Später setzte er seine Studien am Canterbury University College, Christchurch NZ, fort. Einer seiner Lehrer war dort der Philosoph Karl Popper, der bis 1945 in Neuseeland im Exil lebte und mit dem Offenberger bald eine lebenslängliche Freundschaft verband. Popper verließ 1946 Neuseeland, blieb aber danach bis zu seinem Tode mit Offenberger brieflich in Verbindung.

An den acht Universitäten Neuseelands wurde bis in die 1980er Jahre die wissenschaftliche Forschung in Grundlagenfächern nur wenig gefördert. Es war sehr verbreitet, Forschungsaktivitäten eines Mitglieds des Lehrkörpers als Diebstahl an der Lehre anzusehen, für die es ja schließlich bezahlt wurde. So musste Karl Popper seine Werke über das *Elend des Historizismus* und die *Offene Gesellschaft und ihre Feinde* im Geheimen abfassen.

Nach einigen Zwischenstationen landete Offenberger schließlich am Polytechnikum in Wellington, das später in die Massey University aufgenommen wurde. Von 1962 bis zu seiner Emeritierung 1983 leitete er dort die Fakultät für Mathematik und Naturwissenschaften.

---

[103] Vgl. den Eintrag > Schmetterer.

[104] Für einen *domestic permit*, etwa in Verbindung mit einer Anstellung als Butler, Koch o.ä., konnten sich in GB durchaus auch Männer bewerben, sofern zumindest rudimentäre Sachkenntnisse glaubhaft gemacht werden konnten.

[105] Bekanntlich kamen nach Dachau vor allem „politische" Häftlinge.

[106] NARA Zugangsbuch Nr.105 /24026; Internationaler Suchdienst (ITS) 101/065. Für die Informationen über die Haft Offenbergers danken die Autoren herzlich Alex Pearman von der KZ-Gedenkstätte Dachau, Stiftung Bayrische Gedenkstätten. In "Brief Von Hans Offenberger an Kurt Rothschild." N.p., 1994-01-24, führte Offenberger später aus: „I, too, was helped by the ISS, to a scholarship at Canterbury College, Christchurch, New Zealand. It was Hertha Zipper, whom you might remember, who got me in touch with them. She was one of the group of secondary school students, arrested in 1936, when she was at the Easter Camp of the AMB on the Feistritzer Schwaig, in her last year at the RG5. [Realgymn. Wien-Margareten] After spending some time in goal, she was expelled from all schools. Eventually she was able to sit her „Matura" as an external student, and soon afterwards to study physics at the University. On the night of 13th March 1938 she took the train to Italy, and ended up in London. That is how I came to be here!".

[107] Henry George Forder (*1889-09-27 Norwich, England; †1981-09-21 Auckland NZ).

1963 führte er an dieser Fakultät als Vorreiter der neuseeländischen Universitäten den ersten Universitätskurs über EDV und Informationstechnik ein.

In den Geschäftsjahren 1974/75 und 1975/76 der New Zealand Association of Scientists war Offenberger ihr Präsident, 1976/77 und 1977/78 einer der beiden Vizepräsidenten.

Offenberger hat keine mathematischen Arbeiten verfasst (scheint daher im Zbl nicht auf) sondern widmete sich ganz der Lehre, dem Aufbau einer universitären EDV und der Förderung der polytechnischen Anwendungen der Statistik. Die Neuseeländische Statistische Gesellschaft (NZSA) würdigte Offenbergers Wirken für die Entwicklung der Statistik in Neuseeland:[108]

> *John Offenberger was a member of the NZSA until now, and we value his long-standing support for our Association. He was also a major player in statistical education throughout his career. He was there in the background, instigating initiatives and improvements whenever he saw that he could be effective. Statistics was very new to New Zealand in the 1960's, 70's and even in the 1980's. John was always keen to seize on new methods and ideas, assess their value, and promote them. He did this for statistics at teachers' courses, curriculum committees, and of course within Wellington Polytechnic. John probably thought of statistics as a key part of the honest science which could improve the world for humanity.*

Ehrungen: 2011 Namensgeber des Offenberger Building der Massey Universität.

Ausgewählte Publikationen.

1. The Making of a Technician: A Study of New Zealand Certificate Holders Educational Research Series No 61, New Zealand Council for Educational Research, Wellington 1979 [Bis heute eine der wichtigsten und immer wieder zitierten Studien zur tertiären Technikerausbildung in New Zealand];
2. Training for a New Technology: A Survey of Electronic Data Processing Full-Time Students. New Zealand: N.Z. Vocational Training Council. Wellington, 1984.

Quellen. Geburtsdaten und Daten zur Haft in Dachau nach dem NARA Zugangsbuch Nr. 105/24026; Foto mit Popper 1991-09-30 in Kenley; Karl Popper Sammlung UB Klagenfurt. Register of the Karl R. Popper papers Online Archive of California (OAC): Korrespondenz Popper-Offenberger I: 1977–1984; II: 1986–1990; The New Zealand Statistical Association Newsletter Nr 49 (1999-05) p. 6; Massey University Webseite; [33], p 873f. Die Angaben zu Offenbergers Lebensdaten in [320] sind nicht korrekt.

---

[108] John Offenberger (1920–13/3/99), The New Zealand Statistical Association Newsletter Number 49, May 1999 p 6 [Fred Potter].

Rodolfo Permutti

(= **Rudolf Ehrlich**)
*1923 Wien; †2003-01-21 Triest
Geboren als Rudolf Ehrlich, nach einer eidesstattlichen Vaterschaftserklärung Name auf Rodolpho Permutti geändert.

Rodolfo Permutti ∞ Elisabetta?

Zeichnung: Nach einem Ausschnitt aus einem Klassenfoto der 6. Klasse des Chajes-Gymnasiums

NS-Zeit. Rudolf Ehrlich wurde durch eine Vaterschaftserklärung zum Italiener und so vor den Nazis gerettet. Fortan hieß er Rodolfo (Rodolpho) Permutti.

Rudolf Ehrlich besuchte zunächst das Realgymnasium in Wien XVIII, bis am Ende des Schuljahres 1937/38 aus allen Mittelschulen Wiens die jüdischen Schülerinnen und Schüler entlassen wurden; nur das Chajes-Gymnasium[109] blieb für sie noch für etwa ein Jahr offen. Rudolf schaffte es, dort aufgenommen zu werden und war in dieser Zeit Schulkamerad von Gertrude > Ehrlich,[110] Walter Kohn und Herbert Neuhaus.[111] 1939-10-17 wurde das Chajes-Gymnasium als Gymnasium geschlossen und wie der Standort Castellezgasse in eine jüdische Volksschule umgewandelt, später wurde aus diesen Räumlichkeiten ein Sammellager für zur Ausreise oder Deportation bestimmte Juden.

Es blieb nicht bei dieser einen Repressionsmaßnahme. Jüdische Jugendliche durften ab 1939 keine Schulen besuchen und auch keine Lehre machen. Wenn sie nicht in Büros der IKG (später Ältestenrat) beschäftigt waren, wurden sie zu Zwangsarbeit verpflichtet. Rudolf wurde 1942-06-12 zum ersten Mal verhaftet, aber auf Grund der Intervention seines Vaters (wahrscheinlich ein in Triest gebürtiger Italiener), der seine Vaterschaft gerichtlich festhalten lassen hatte, nach einigen Wochen wieder freigelassen. 1942-10-07 wurde er erneut inhaftiert und in ein Sammellager für den späteren Weitertransport gebracht.[112]

---

[109] Das Chajes-Gymnasium befand sich 1919–1923 in Wien 1, Drahtgasse 4, 1923–1935 in Wien 2, Castellezgasse 35, 1935 bis zu seiner Schließung in Wien 20, Staudingergasse; in der Castellezgasse war eine Volksschule der IKG untergebracht.

[110] [291] p 60ff

[111] [135] p 109. Herbert Neuhaus (*1923) und seine Eltern Wanda (*1892) und Dr Heinrich (*1891) Neuhaus führten ab 1942 eine U-Boot-Existenz in Wien und verhalfen vielen anderen Juden zur Flucht. Sie flogen auf, wurden 1943-11-11 nach Theresienstadt deportiert, überlebten aber die NS-Zeit. 1945 kehrten sie nach Wien zurück und unterstützten das DÖW durch Überlassung von Dokumenten und zusätzlichen Informationen. Herbert Neuhaus ging in die USA und war bis zu seiner Pensionierung Arzt in Chicago.

[112] Es gab insgesamt fünf solche großen Sammellager in Wien, diese sind heute durch Gedenktafeln gekennzeichnet. Ab 1941-02 Castellezgasse 35 und Kleine Sperlgasse 2a; 1942-06 bis 1943-05 Malzgasse 7 und 1942-06 bis 1942-10 Malzgasse 16 in Wien-Leopoldstadt, alle ursprünglich Schulen, sowie das frühere Obdachlosenheim Gänsbachergasse 3, heute Wien-Erdberg.

1942-10-09 konnte ihn der italienische Konsul gerade noch aus dem Deportationszug nach Theresienstadt herausholen und nach Triest bringen.

Der nunmehr den Namen Rodolfo Permutti führende junge Mann konnte als Italiener unbehelligt in Triest bleiben. Nach der Kapitulation Italiens 1943-09 wurde jedoch Triest von der Wehrmacht besetzt und Teil der Operationszone Adriatisches Küstenland; Permutti musste von Triest fliehen. Er bestieg noch rechtzeitig einen Zug nach Rom, der aber unterwegs verunglücke. Permutti verlor bei diesem Unglück seinen linken Arm. Im NS-besetzten Rom holte Permutti unter falschem Namen die Matura nach. Nach der Befreiung Roms 1944-06-04 konnte er dort ein Mathematikstudium beginnen und 1949 bei Francesco Severi[113] mit der Promotion abschließen. Später erhielt er Assistentenstellen in Neapel und Bari; 1966 wurde er ordentlicher Professor für Algebra in Triest und Leiter des Mathematikdepartments.

Permuttis Arbeiten befassen sich insbesondere mit Galois-Theorie, projektiver Geometrie und Möbius-Ebenen. Die Permutti-Hyperflächen und das Permutti-Polynom sind nach ihm benannt.

Permuttis Lebensdaten werden manchmal, von den oben angegebenen abweichend, mit *1922; †2001 oder *1922; †2002 angegeben.

Ausgewählte Publikationen. *Diss.*: (1949.) *[Titel unbekannt] (Severi).*   (Nicht in MGP verzeichnet.)

1. Geometria affine su di un anello Roma : Accademia Nazionale dei Lincei, 1967.
2. Lezioni di algebra. (it.). o.O. 1970
3. (gem. mit Guido Zappa), Gruppi – corpi – equazioni. Verlag Feltrinelli, Mailand 1972.

Zbl nennt 28 Arbeiten, darunter 1 Buch, alle in italienischer Sprache und nicht später als 1973 erschienen.

Quellen. Hecht [135] p 109; Scheffler [291] p 60–62 (auch verarbeitet in [320]); Nachlass Margarete Mezei, DÖW, 22.176/22; Todesanzeige in Il Piccolo, Triest 2003.

Edgar Reich

*1927-06-07 Wien;   †2009-07-06 Minneapolis, Minnesota, USA

Sohn von Jonas Reich (*1896-04-11 Stanislau, Galizien; †1982-08-26 St Augustine, FL), HNO-Arzt (prom. 1922-08 Universität Wien), und dessen Frau Luna Sara (*1901; †1967), geb Lunenfeld;

Bruder von Josef und Leo Reich sowie Regina Kuritzkes, geb Reich

⚭ 1949-06-10 Phyllis (*ca 1923; †1994), geb. Masten, Sohn Eugene Reich (Enkel Leah, Gabriel, Abigail), Tochter Frances Rabe (Enkel Mathew, Andrew) in 2. Ehe

⚭ 1998-12-14 Julia (*1947 Bregenz; †2006), geb. Henop.

Zeichnung: W.R. nach einem Foto vom College of Science & Engineering, School of Mathematics, Minnesota University

NS-Zeit. Im Alter von elf Jahren flüchtete Reich mit seinen Eltern in die USA und landete schließlich an der Universität von Minnesota, wo er bis zu seiner Emeritierung verblieb.

---

[113] Severi war Mitglied der faschistischen Partei.

Reichs Vater Jonas war HNO-Facharzt in Wien.[114] Die Familie emigrierte rechtzeitig 1938 in die USA und liess sich zunächst in Brooklyn nieder. Hier ergänzte der junge Edgar seine Schulbildung soweit, sodass er danach Elektrotechnik am Brooklyn Polytechnical Institute in New York studieren konnte. 1944 erhielt er die US-Staatsbügerschaft; 1947 graduierte er und ging dann als Forschungsassistent an das Servomechanisms Lab des MIT. Dort hatte er numerische Verfahren zur Lösung linearer Gleichungssysteme für seine Arbeit zu adaptieren; dafür erfand er eine Verbesserung der bekannten Iteration nach Gauß-Seidel (veröffentlicht 1949). 1949 erwarb er den Master am MIT und nahm anschließend eine Stelle als Mathematiker in der Electronic Division der Rand Corporation in Santa Monica, Kalifornien an, wo er sich mit der mathematischen Theorie der Warteschlangen nützlich machte. Nebenher absolvierte Reich im nahen Los Angeles ein Doktoratsstudium der Mathematik, das 1954 mit der Promotion endete. 1954–1955 hatte er eine Senior Postdoc Position bei der National Science Foundation (NSF) und war Mitglied des IAS Princeton. 1956 holte ihn Steve Warshawski an die Universität von Minnesota in Minneapolis, wo er bis Anfang 2001 eine Professur innehatte. Das Studienjahr 1960/61 verbrachte er mit einem Fulbright und einem Guggenheim Postdoc Stipendium in Dänemark; Gastprofessuren und Gastvorlesungen folgten, so an der ETH Zürich (Mitglied 1971–72, 1978–79 und 1986–1987; Gastprofessur 1982–83), in Israel (Bar-Ilan University 1989 und Nahariya University 2006). Nicht ganz zu seinem Vergnügen diente er 1969–71 als head of department.

Trotz seiner Anfänge in der Numerik und in der Warteschlangentheorie lag Reichs Hauptinteresse in der Funktionentheorie und da vor allem in der Theorie der quasikonformen Abbildungen in der komplexen Zahlenebene. Diese wurde von Teichmüller in den 1930er Jahren begründet, von Ahlfors und Lipman Bers in den 1950ern auf eine feste Basis gestellt und ist heute hochaktuell. Reich erreichte besondere Reputation mit seinen Arbeiten über extremale quasikonforme Abbildungen und deren Werte in Randpunkten. Im Mittelpunkt seiner Untersuchungen stehen die Verzerrungen, die von quasikonformen Abbildungen bewirkt werden, diese werden durch die beiden fundamentalen Reich-Strebel-Ungleichungen beschrieben.

Edgar Reich nahm 1994 wieder die österreichische Staatsbürgerschaft an, heiratete 1998 die Bregenzerin Julia Henop und lebte bis zu seinem Tod abwechselnd in Bregenz und Minnesota. Reich war ein begeisterter Bergwanderer und liebte besonders die Schweizer Bergwelt. Seine Asche und die seiner beiden vor ihm verstorbenen Ehefrauen wurden wunschgemäß im Seewaldsee, CH, beigesetzt.

MGP verzeichnet 5 betreute Dissertationen.

Ehrungen: Member IAS Princeton 1954-09 bis 1955-06; 1954/55 NSF Senior postdoc fellow; Guggenheim Fellow 1960-1, 1960 Fulbrigt fellow; 1973 Bronzemedaille der Universität Jyväskylä, Finnland; 1980 Externes Mitglied der Finnischen AW

Ausgewählte Publikationen. diss1954 Some Distortion Theorems for Functions Analytic in the Unit Circle (Edwin Ford Beckenbach, Univ California (UCLA)).

1. On the convergence of the classical iterative method of solving linear simultaneous equations. Ann. Math. Stat. **20** (1949), 448–451.
2. (mit Kurt Strebel) On Quasiconformal Mappings which Keep the Boundary Points Fixed Trans. Am. Math. Soc. **138** (1969), 211–222

---

[114] Jonas Reich promovierte 1922

3. (mit Kurt Strebel) Extremal plane quasiconformal mappings with given boundary values Bull. Am. Math. Soc. 79, 488-490 (1973).
4. (mit Kurt Strebel), Extremal Quasiconformal Mappings with Given Boundary Values Contribut. to Analysis, Collect. of Papers dedicated to Lipman Bers (1974) 375–391.
5. Einige Klassen Teichmüllerscher Abbildungen, die die Randpunkte festhalten. Ann. Acad. Sci. Fenn., Ser. A I 457 (1970), 19 p.
6. On the variational principle of Gerstenhaber and Rauch. Ann. Acad. Sci. Fenn., Ser. A I, Math. 10, 469-475 (1985).
7. (mit Kurt Strebel) On the extremality of certain Teichmüller mappings
8. On approximation of mappings by Teichmüller mappings.
9. Complex Variables, Theory Appl. **7** (1986), 181-196.

Unter den 80 im Zbl eingetragenen mathematischen Publikationen befasst sich eine mit der numerischen Lösung von linearen Gleichungssystemen, 62 gehören zur Funktionentheorie und quasikonformen Abbildungen, 9 betreffen die Warteschlangentheorie.

Quellen. U.S. Sterbe-Verzeichnis der Sozialversicherung (SSDI);

Hans Jakob Reiter

*1921-11-26 Wien;   †1992-08-13 Wien
Sohn des Rechtsanwalts Dr jur Heinrich Reiter (*1883±) und seiner Ehefrau Clara, geb. Kramer; Bruder von Helene Wood, geb. Reiter.)
Hans Reiter ∞ 1969-01 Dr Ingeborg Braun, geb. Widhofner; Sohn Heinrich.

Zeichnung: W. R.

NS-Zeit.   Vater und Sohn Reiter verließen 1939 Wien und entgingen so der Shoah.

Hans Reiter war der Sohn des angesehenen Rechtsanwalts Dr Heinrich Reiter, der es im Ersten Weltkrieg bis zum Oberleutnant d. R. (und zum Militärverdienstkreuz III. Kl. mit Schwertern) brachte. Heinrich Reiter war zwischen 1919 und 1935 in der Liste der Wiener Rechtsanwälte verzeichnet, danach war er von dieser Liste gestrichen.[115]

Nach dem Besuch von Volksschule 1927–1931 und Gymnasium 1931–1939 konnte Reiter 1939 die Reifeprüfung wegen der nach dem „Anschluss" geltenden Rassebestimmungen nicht mehr ablegen. Er wanderte mit seinem Vater über Italien nach Brasilien aus. Ab 1943 studierte er als Gasthörer Mathematik an der Universität von São Paulo, wobei er vor allem von Vorlesungen und Seminaren von André Weil[116] profitierte, der dort von 1945-1947

---

[115] Nach Zeitungsmeldungen war er in eine Unterschlagungsaffäre verwickelt, die zu seiner Verurteilung führte. (S. Quell., Pressespiegel.) In Lehmanns Adressbuch ist er noch bis 1941 mit seinen Adressen (Kanzlei+Wohnung) aufgeführt.

[116] Siehe dieses Buch p 231

eine o Professur hatte, bevor er nach Chicago ging. André Weil nahm in der Folge großen Anteil an Reiters wissenschaftlichem Werdegang und blieb mit ihm über die Jahre hinweg in Kontakt.

1946–1948 konnte er schließlich ein reguläres Studium an der Johns Hopkins Universität in Baltimore beginnen (Vorlesungen unter anderem von B. L. van der Waerden), die er 1948–1952 an der Rice University in Houston fortsetzte. Dort graduierte er bei Szolem Mandelbrojt 1950 zum Master und 1952-05 zum PhD (*Investigations in Harmonic Analysis*). 1952–1953 war er Instructor an der Universität von Oregon. Danach kehrte Reiter nach Wien zurück und war von 1953–1955 Assistent an der Technischen Hochschule bei Adalbert ˃ Duschek. [117] 1955 ging er an die Universität von Reading, England, als temporary Lecturer und 1956 als Lecturer an die Universität von Newcastle upon Tyne und wurde dort 1962 Reader. Das akademische Jahr 1961/62 verbrachte er am Institute for Advanced Study in Princeton. 1964 wurde er o Professor der Mathematik an der Universität Utrecht, 1971 Nachfolger von N. ˃ Hofreiter am Mathematischen Institut der Universität Wien, 1990 emeritiert. Reiter war während seiner Amtszeit Herausgeber und leitender Redakteur der Monatshefte für Mathematik.

Reiter ist ein wohlbekannter Forscher auf dem Gebiet der harmonischen Analysis auf lokalkompakten Gruppen, ein Thema, dem er sich fast ausschließlich widmete. Er führte die Segal-Algebren und die Beurling-Algebren ein. Sein Name ist mit den Reiter-Glicksberg-Bedingungen verbunden, die die Existenz approximierender Einheiten mit der Eigenschaft der Mittelbarkeit (Amenability) verknüpfen.

In seiner Herausgebertätigkeit und in Beurteilungen mathematischer Qualifikationen orientierte sich Reiter stets an strengen Maßstäben, förderte aber auch mathematisches Talent und mathematische Begeisterung, wo immer er sie antraf (oder glaubte, sie anzutreffen). Wenn er von einer Sache überzeugt war, besonders bei personalpolitischen Entscheidungen und in hochschulpolitischen Fragen, blieb er kompromisslos und scheute keine Konflikte. [118] Gegenüber Ehrungen verhielt er sich konsequent ablehnend.

Reiter verehrte André Weil sein Leben lang als seinen wichtigsten Mentor; in Wien war er u.a. mit dem Historiker Gerald Stourzh [119] befreundet.

Dissertanten: Reinhold Bürger, Hans-Georg Feichtinger, Ernst Kotzmann, Werner Georg Nowak, Jan Stegeman.

Ausgewählte Publikationen. *Diss.*: (Investigations) *in Harmonic Analysis (Szolem Mandelbrojt).*

1. Classical harmonic analysis and locally compact groups. Oxford 1968, 2000.
2. Investigations in harmonic analysis. Trans. Am. Math. Soc. **73** (1952), 401-427.
3. On a certain class of ideals in the L^1-algebra of a locally compact Abelian group. Trans. Am. Math. Soc. **75** (1953), 505-509.
4. Über L^1-Räume auf Gruppen. I, II. Monatsh. Math. **58**, (1954) 74-76, 172–180.
5. Beiträge zur harmonischen Analyse. II. Math. Ann. **133** (1957), 298-302.

---

[117] Nicht an der Universität Wien, wie manchmal irrtümlich behauptet.

[118] Erinnerungen und eigene Erlebnisse der Autoren.

[119] Gerald Stourzh (*1929 Wien) ist anerkannter Experte für die Geschichte der Menschenrechte und der Demokratie seit dem 18. Jahrhundert. 1967/68 war er Gast des IAS Princeton. Er ist seit 1969 o Professor für Zeitgeschichte an der Universität Wien, 1997 emeritiert (hält aber weiterhin Vorträge und Lehrveranstaltungen). Während der NS-Zeit geriet sein Vater Herbert Stourzh in Konflikt mit dem Regime, verstarb aber bereits 1941.

6. Contributions to harmonic analysis. III. J. Lond. Math. Soc. **32** (1957), 477-483.

7. Über den Satz von Weil-Cartier. Monatsh. Math. **86** (1978), 13–62

8. L^1-algebras and Segal algebras. Springer Lecture Notes in Mathematics 231. Berlin-Heidelberg-New York 1971.

9. Metaplectic groups and Segal algebras. Springer Lecture Notes in Mathematics 1382. Berlin etc. 1989.

Zbl registriert 35 Publikationen, darunter vier Bücher. In seinem Nachruf nennt Deringhetti 32 Arbeiten (+ 3 aus dem Nachlass).

Quellen. Pressespiegel zu den beruflichen Anfeindungen gegen Heinrich Reiter: Wr. Zeitg 1919-06-12 p 21; Juristische Blätter 1935 pp 200, 332; Der Tag 1935-03-12 p 6, 1935-04-20 p 10, 1935-05-16 p 9; Die Stunde 1935-05-16 p 3; Ill. Kronen Ztg 1935-03-12 p 5, 1935-05-16 p 11; Innsbrucker Nachrichten 1935-05-16 p 2; Tiroler Anzeiger 1935-03-12 p3; Salzburger Chronik f. Stadt u. Land 1935-03-12 p 7, 1935-05-16 p 7; Salzbg Volksbl. 1935-03-12 p 3, 1935-04-04 p 7, 1935-04-20 p 22f, 1935-05-16 p 3; Freie Stimmen 1935-03-13 p 5; Kärntn. Zeitg 1935-03-13, p 6; Kleine Volks-Zeitg 1935-03-12 p 5, 1935-04-20 p 11; Neues Wr. Tagbl. (Wochen-Ausg.) 1935-03-16 p16;

Nachrufe zu Hans Reiter: Monatsh. Math. **114** (1992), 171-173 (E. Hlawka), 175-182 (A. Deringhetti).

Wolfgang Rindler

*1924-05-18 Wien;   †2019-02-08 Dallas, Texas, USA

Sohn des Rechtsanwalts Dr jur Ernst Rindler (*1884-02-20 Neu-Bistritz (heute Nová Bystřice, Cz); †1934-01-22 Wien, Suizid) und seiner Frau Margarete (Margaretha) Julia Maria, geb Kopecky [∞ 1923 Stadttempel Wien];

Enkel vät. von Regine (*ca 1854 Lispitz (Blížkovice), Mähren; †1942-03-29 Wien) und Adolf (*1845-07-05 Neubistritz; †1913-01-24 Wien) Rindler, Kaufmann;

Zeichnung: W. R.

Neffe vät. von Paula, geb Rindler, (*1879-07-21 Neubistritz (Nová Bystřice, Cz); †ca 1942 (Holocaust) Maly trostinets, bei Minsk, Belarus) ∞ Hermann (1864-04-06; †1914-10-27 Wien) Freund [Chef der Firma H & S Freund, Getreidehandel], sowie von Camilla, geb Rindler (*1877; †1901-05-17 Znaim) und Gustav Witz (*1872-08-02; †1942-10 (Shoah) Treblinka) [Sohn Hugo Witz (*1900-12-26 Lesná, Böhmen;), Ingenieur, ∞ Anna (*1904 Břeclav, Mähren), geb Hessky, 1 Tochter: Eliska (*1932) entkamen 1939 nach Kanada].

Wolfgang Rindler ∞ 1977-05-01 [Dallas, Texas] Linda, geb Veret (*1939-06-27 Nebraska); Kinder: (1) Eric ∞ Missy; (2) Cynthia; (3) Mitchell ∞ Julie; Enkel: Andrew, Alyssa, Ben, Jacob.

NS-Zeit. Rindler wurde von seiner Mutter als 14-Jähriger mit einem Kindertransport nach England geschickt und so vor der Shoah gerettet. Tante Paula Rindler[120] und Onkel Gustav Witz[121] starben in der Shoah. Von der väterlichen Seite überlebten Cousin Hugo

---

[120] Mit Transport 24, Zug Da 205, Nr 808 von Wien nach Blagovshchina (im Gebiet Maly Trostenets), Weißrussland (UdSSR) deportiert und 1942-06-02 in einem Waldmassaker ermordet. Datensatz Nr 4914545 des DÖW

[121] Gustav Rindler wurde 1942-05-18 (Transport Av, Nr 407) von Trebic, Mähren, nach Theresienstadt, von dort 1942-10-19 (Transport Bw, Nr 748) ins Vernichtungslager Treblinka deportiert und ermordet. (siehe Yad Vashem https://yvng.yadvashem.org/nameDetails.html?language=de&itemId=4885120&ind= 1, Zugriff 2023-02-21).

Witz und seine Frau; sie landeten schließlich in Kanada. Über das weitere Schicksal von Rindlers Mutter Margarete und deren Mutter ist nichts bekannt.

Wolfgang Rindler wuchs als einziges Kind in der Familie des angesehenen Wiener Rechtsanwalts Ernst Rindler auf. Ernst Rindler stand seit 1914 auf der Liste der NÖ Rechtsanwälte, mit der Kanzleiadresse Wien-Innere Stadt, Dominikanerbastei 17. 1934-01-23 erlitt er einen schweren Nervenzusammenbruch mit Depressionen, die ohne erkennbares äußeres Motiv in Selbstmord endeten. Der junge Wolfgang Rindler war damals gerade etwa zehn Jahre alt. Vier Jahre später kamen die Nazis. Wegen seiner jüdischen Vorfahren schickte ihn seine Mutter gleich 1938 mit einem Kindertransport nach England. Dort wurde er von Pflegeeltern aufgenommen, die ihn zunächst in der Landwirtschaft arbeiten ließen. Sein mathematisches Talent setzte sich aber trotzdem durch und so studierte er Mathematische Physik an der Universität Liverpool (BSc with Honors 1945, MSc 1947 in Differentialgeometrie) und promovierte 1956 am Imperial College in London über relativistische Kosmologie. Nach Abschluss seines Studiums lehrte er 1956–1963 an der Cornell University; 1963 holte ihn von dort Ivor Robinson an das von ihm neu gegründete „Graduate Research Center of the Southwest", aus welchem 1969 die „University of Texas at Dallas" hervorging. Dort blieb Rindler bis zu seiner Emeritierung.[122] Er war unter anderem Gastprofessor am King's College London (1961/62), an der Universität La Sapienza in Rom (1968/69), an der Universität Wien (1975, 1987) und an der Cambridge University (Churchill College, 1990).

Wolfgang Rindler ist in der mathematischen Physik für seine Beiträge zur Mathematik der Relativitätstheorie allgemein bekannt. Auf ihn geht der Begriff des Ereignishorizonts eines schwarzen Lochs zurück; die Rindler-Koordinaten und die damit verbundene Rindler-Metrik, eingeführt zur Beschreibung der Raumzeit für einen Beobachter in einem beschleunigten System, sind nach ihm benannt. Seine zwei Bände "Spinors and Spacetime" mit Roger Penrose verwenden konsequent eine graphisch-symbolische Interpretation der Tensor- und Spinorrechnung.

Wolfgang Rindler bewahrte sich über die Jahre eine positive und zur Versöhnung bereite Einstellung zu seiner früheren Heimatstadt und besuchte Wien ohne Groll und Vorbehalte nach den schlechten Erfahrungen seiner Jugend immer wieder. Gegenüber dem britischen Kosmologen John Peacock drückte er es 2008 so aus: „Yes, I was glad to go back: The Nazis took so many things from me, but I had such a happy childhood in Vienna and I wasn't going to let them take that too."[123]

MGP nennt Mauro Carfora als einzigen Dissertanten (Univ. Dallas).

Ehrungen: 1972-73 Physics Teaching Award (Dallas U); 1990-91 Chancellor's Council Outstanding Teaching Award (Dallas U); 1998 Ehrenmitglied der ÖAW; 2000-05-17 Ausländisches Mitglied der Accademia delle Scienze di Torino.

---

[122] Die US-Staatsbürgerschaft wurde ihm aber erst 2009 unter Präsident Barack Obama verliehen.

[123] 2019-05-05 Response to "R. I. P. Wolfgang Rindler (1924-2019)", auf (https://telescoper.wordpress. com/2019/03/05/r-i-p-wolfgang-rindler-1924-2019/, Zugriff 2022-04-30)

Ausgewählte Publikationen. *Diss.*: (1956) *Problems in Relativistic Cosmology.*

1. Visual horizons in world models, Monthly Notices Royal Astron. Soc., **116** (1956), 662–677.
2. Kruskal Space and the Uniformly Accelerated Frame, American Journal of Physics **34** (1966), 1174-1178
3. Special relativity. (University Mathematical Texts). Oliver & Boyd, Edinburgh and London: Interscience Publishers 1960, 2nd ed. 1966.
4. Essential Relativity. Special, General and Cosmological. 1969 (Van Nostrand Reinhold Company, New York etc.), 1977 (Springer Berlin), 2001, 2007 (Oxford Uni Press)[124]
5. Introduction to special relativity. Oxford, Clarendon Press 1982, 2003.
6. (mit R Penrose) Spinors and Spacetime. 2 Bände, Cambridge 1984, 1986, [russ. Übers. Moskau 1987] [Eines der wichtigsten Standardwerke zur Kosmologie].

ZBl nennt 36 Publikationen, darunter 13 Bücher (inkl. Neuauflagen); im MathSciNet sind es 46.

Quellen. Salzburger Wacht, 1934-01-23, p 2; Illustrierte Kronen Zeitung 1934-01-23 p 10; Freie Stimmen, 1934-01-24, p 5; Neue Freie Presse 1934-01-25 p 13; Kleine Volks-Zeitung 1934-01-27 p 6; P.C. Aichelburg, Wiener Zeitung 2019-02-22; Obituary UT Dallas, (https://news.utdallas.edu/faculty-staff/ut-dallas-remembers-founding-faculty-member-wolfgang-rindler/, Zugriff 2023-02-21); 2009-08-13 Interview mit B.V. Webb auf (https://youtu.be/UmUkR_S9_-o, Zugriff 2023-02-21).

Walter Rudin

*1921-05-02 Wien;   †2010-05-20 (Parkinson) Madison, Wisconsin (mos.)

Sohn von (Adolf) Robert Pollak-Rudin (*1891-01-07 Wien; †1957-11-10 Parkinson, New York), Erfinder elektronischer Geräte und eines Schallplattensystems, und dessen Ehefrau Natasza (Natalie), geb. Adersberg (*1892-06-22 Stanislaus; †1983-05-27 New York);

Bruder von Vera Rudin (*1925-05-31) [PhD Biochemie] ∞ 1949 Earl Usdin (*1924 New York; †1984-05-26 Santa Ana, Calif) [PhD Org. Chemie], 4 Kinder: Sylvia († mit 16 J), Theodore, Steven, Barbara;

Zeichnung: W. R.

Neffe vät. von Arthur Max P. v. R. (*1876-12-09 Wien), Edgar P. v. R., (*1877-11-21 Wien; †1888-09-07 Wien), Richard P. v. R. (*1880-04-28 Wien; †1880-06-02 Wien) und Betty, geb P. v. R (*1882-04-22 Wien; †1963-05-16 Shanghai, China) ∞ [1903-03-25 Stadttempel Wien] Dr.med Hugo Fasal (*1873-11-10 Freiheitsau, Mähren; †1941 (Herzattacke) auf einer Schiffsreise nach Kuala Lumpur), später o|o , 1 Sohn Paul (†1991), ein bekannter Dermatologe;

Enkel vät. von Alfred (*1845r; 1931-03-14 Wien) und Louise Sara (Lise) Pollak von Rudin (*), Urenkel von Aaron Pollak v. Rudin (*1817-05-15 Všeradice, Cz; †1884-06-01 Wien) und seiner Frau Betty (†1872-02-09 Wien).

Walter Rudin ∞ 1953-08-19 Mary Ellen (*1924-12-07 Hillsboro, Texas; †2013-03-18 Madison, (presbyter.)), geb Estill, eine sehr bekannte Topologin; 4 Kinder:

(1) Catherine (*1954-07-17 Rochester NY), Slawistin, ∞ 1979-12-27 Ali Eminov (*1941 Avromov, Bulgaria); Anthropologe, beide inzwischen emeritiert, Söhne: Adem und Deniz;
(2) Eleanor (*1955-12-29 Rochester), Ingenieur bei 3M, ∞ Scott Gaff, Tochter: Sofie;
(3) Robert Jefferson ('Bobby', *1961-05-06 Madison; †2014-10-13 Wisconsin [Down's syndrome]), und
(4) Charles ("Charlie") Michael (*1964-02-24 Madison), MD, PhD, Biochemiker und Onkologe, ∞ 1991-09-14 Elizabeth, geb Rodini, Kunsthistorikerin, 1 Tochter.

---

[124] Chin. Übers. der Auflage 1977 von 江山 (Pinyin: Jiāng shān), Univ. Sci. Tech. 1986; Dt. Übers. v. Sebastian Linden 2016 (Wiley-VCH, Weinheim).

NS-Zeit. Rudin wurde als Jude sofort nach dem „Anschluss" vom weiteren Besuch seiner Schule in Wien-Wieden ausgeschlossen und in eine Sammelschule für Juden transferiert. Mit seiner Familie flüchtete er aber rechtzeitig in die USA, bevor noch die Deportations- und Mordmaschine losging. Walter Rudin wurde 1955-11-29 US-Staatsbürger.

Rudin stammte aus einer alten jüdischen Unternehmerfamilie der Donaumonarchie, die besonders durch großzügige Wohltätigkeit auftrat.[125] Sein Urgroßvater Aaron (Moses, auch Adolf) Pollak (*1817-05-15 Všeradice CZ; †1884-06-01 Baden bei Wien) war der erste Pionier der Zündholzfabrikation in der Donaumonarchie,[126] er wurde 1869 nobilitiert und führte von da an auf eigenen Wunsch den Namen Pollak von Rudin und die Adelsdevise *Labori honor suus*.[127] Walter Rudins Großvater Alfred (*1844, †1931-03-14 Wien) folgte Aron als Firmeninhaber nach, musste aber 1889 das Zündwarenunternehmen wegen der übermächtigen Konkurrenz der (im Gebrauch verlässlicheren und zu niedrigeren Preisen angebotenen) schwedischen Sicherheits-Zündhölzer aufgeben und verlegte sich auf die Erzeugung von Druckfarben.

Walter Rudins Vater Ing. Dr. (Adolf) Robert Pollak-Rudin, Unternehmer und Ingenieur, entwickelte das Tilophan-Verfahren zur Aufnahme von Schallplatten[128] sowie eine *Frenotron* genannte Radioröhre[129] und, gemeinsam mit Ernst Werndl,[130] ein elektronisches Saiteninstrument, das „Variacord".

Robert Pollak-Rudin war auch in der Volksbildung aktiv, er hielt zehn Vorträge im Volksheim Ottakring ([7]).[131]

---

[125] Sowohl Urgroßvater Aron als auch Großvater Alfred waren großherzige Spender für wohltätige Zwecke; Aron stiftete unter anderem aus Anlass der Geburt von Kronprinz Rudolf ein Studentenheim in Verbindung mit einer Stipendienstiftung für 70 Technikstudenten (das Stiftungshaus „Rudolphinum", 1938 vom NS-Reichsstudentenwerk geschluckt, nach 1945 wurde daraus die Stiftung „Rudolfinum"), Alfred 1887 einen Kindergarten für 100 bedürftige Kinder. Der Kindergarten hatte seinen Standort in Wien II, Castellezgasse 35, später beherbergte diese Adresse bis 1935 das Chajes-Gymnasium, noch später eine Volksschule der IKG (und schließlich eine Sammelwohnung für zu deportierende Juden). Ein Onkel Walter Rudins gründete die „Maximilian Pollak von Rudin-Stiftung" am akademischen Gymnasium.

[126] Der wirtschaftliche Erfolg der Zündholzproduktion sollte nicht vergessen lassen, dass sie jedenfalls während der ersten Jahrzehnte den in der Produktion Beschäftigten, darunter auch Frauen und Kinder, wegen der Verwendung von weißem Phosphor schwere gesundheitliche Schädigungen und jahrelanges Siechtum brachte. In Österreich wurde weißer Phosphor für die Streichholzerzeugung aus Exportrücksichten erst 1912 verboten.

[127] Die Arbeit trägt ihren Lohn in sich. Der Name „Rudin" ist wahrscheinlich wie „Rudolphinum" eng mit Kronprinz Rudolf verbunden.

[128] Tilophan-Platten; vgl. Tiroler Anzeiger 1935-07-09 p5. Tilophan war ursprünglich ein Lötmittel; vgl. Oesterreichisch-ungarische Maschinenwelt 1931-03-13, 1931-03-24 p6.

[129] Elektrotechnik und Maschinenbau: Die Radiotechnik 1927 p124

[130] Ernst Werndl (*1886-11-02 Steyr OÖ; †1962-12-07 Wartberg ob der Aist OÖ) war ein Neffe des Steyrer Waffenfabrikanten Josef Werndl (*1831-02-26 Steyr; †1889-04-29 Steyr).

[131] Robert Pollak-Rudin traf nach dem Krieg in New York die bekannte Physikerin Marietta Blau wieder, die er offenbar bereits in Wien kennengelernt hatte, und unterstützte sie bei der Entwicklung semiautoma-

◁ Das elektronische Saiteninstrument „Varia-cord" im Ehrbar Saal. Sitzend: Ing. Ernst Werndl, hinten stehend: Robert Rudin.
Die Klangerzeugung erfolgte durch Entladung eines an einen Elektromagneten angeschlossenen Kondensators, der so durch Stoßmagnetisierung eine Klaviersaite in Schwingungen versetzte. Diese wurden verstärkt und an einen Lautsprecher (links oben) übertragen. Durch Abstandsveränderungen konnte die Klangfarbe verändert werden. (Sehr positive Musikkritiken zur 1. Vorführung im Ehrbarsaal zB in *Der Tag* 1937-10-27 p7 und *Neues Wiener Tagblatt* (Tages-Ausgabe) 1937-10-28 p 10.)
Abb. aus: Der Wiener Tag 1937-10-28 p12

◁ Eine Tilophan-Platte mit einer Aufnahme des Lieds *Fußreise* (Nr. 10 der Mörike Lieder) von Hugo Wolf, datiert 1933-11-19. Sie wurde offenbar zu Geschenkzwecken gepresst. Ein Tilophan-Studio befand sich jedenfalls bis Ende 1937 in Wien I, Plankengasse 4.
Foto: W.R.

Walter Rudin besuchte bis 1938-03 die Ressel-Realschule in Wien-Wieden, Waltergasse 7,[132] musste aber nach dem „Anschluss" in eine jüdische „Sammelschule"[133] wechseln, wo er gerade noch die siebente Klasse beenden konnte, aber danach vom weiteren Schulbesuch (und erst recht von der Matura) ausgeschlossen war.

Die Eltern brachten Walter und seine Schwester Vera per Flugzeug in die Schweiz, wo Vera in einer Privatschule in Lausanne, Walter in einem Internat in St Gallen untergebracht wurde. Nach dem Pogrom vom November 1938 (der „Kristallnacht") folgten die Eltern ihren Kindern in die Schweiz und kamen 1939-01 in Zürich an. Es gelang ihnen, für alle Familienmitglieder ein Visum für Frankreich zu bekommen, mit dem die Familie die Schweiz in Richtung Paris verließ. Dort wurde die ganze Familie Rudin unter der Klassifikation „étrangers indésirables" interniert.[134]

---

tischer Teilchen-Detektoren unter Verwendung fotographischer Emulsionen (im Zusammenhang mit der Forschung am Zyklotron der Columbia University). Blau berichtete darüber in einem 1948 datierten Brief an Hans Thirring . (Cf. [280] p54.)

[132] Heute BRG4

[133] Das heutige BRG1

[134] Der Begriff deckt sich nicht zur Gänze mit dem englischen „enemy alien" ist ihm aber sehr ähnlich.

Nach der Niederlage Frankreichs 1940 flüchtete Walter auf einem Frachtschiff ins englische Plymouth, Eltern und Schwester wurden von der *Society of Friends* („Quäker") in die USA in Sicherheit gebracht. Walter wurde in England nicht interniert, er diente zuerst in der britischen Armee,[135] ab 1944 in der Royal Navy, als Dolmetscher. Nach Kriegsende übersiedelte er in die USA und promovierte 1949 (BA 1947-01, MA 1947-08) an der Duke University bei John Gergen zum PhD. Danach war er zwei Jahre lang Moore-Instructor am MIT, anschließend Instructor an der University of Rochester, NY, und zu guter letzt von 1959 bis zu seiner Emeritierung 1991 Full Professor an der University of Wisconsin–Madison. Ebenfalls 1959, aber als Assistent Professor, trat der sechs Jahre jüngere Österreich-Emigrant Hans ⟩ Schneider (vgl p 712ff) in die Dienste von Madison.

Walter Rudin beschäftigte sich in seiner mathematischen Forschung hauptsächlich mit zwei Gebieten: der Theorie der komplexen Funktionen mehrerer Veränderlicher und der harmonischen Analysis.

In den USA ist er vor allem wegen seiner bei Studierenden und Lehrenden der ersten und der *post-graduate* Semester gleichermaßen beliebten Analysis-Lehrbücher bekannt:

• *Principles of Mathematical Analysis*, Spitzname „Baby Rudin", für Anfänger, aber anspruchsvoll und konsequent der Philosophie von Bourbaki folgend.

• *Real and Complex Analysis*, Spitzname „Big Rudin", ein Graduate Text;

• *Functional Analysis*.

Rudins Ehefrau Mary Ellen Rudin,[136] promovierte 1949 zum PhD an der Universitv of Texas, ging dann als Instructor an die Duke University und war schließlich ab 1959 ebenfalls an der University of Wisconsin-Madison tätig. Da sie nach den damaligen Usancen nicht gleichzeitig mit ihrem Ehemann eine volle Professur innehaben konnte, gab man ihr eine Teilzeitanstellung als Lektorin. 1971 wurden diese Usancen stillschweigend abgeschafft und sie von da an als *full professor* geführt. In der Forschung spezialisierte sie sich auf die mengentheoretische Topologie, vor allem auf Metrisierbarkeit und parakompakte Räume, Box-Produkte[137] und Dowker Räume.[138] Sie wurde 1991 im gleichen Jahr wie Walter Rudin emeritiert und erhielt einen Titel als Vilas Professor Emeritus.

Das Ehepaar wohnte in Madison, Wisconsin, in einem 1957 von Frank Lloyd Wright über einem annähernd quadratischem Grundriss (ca 9×10 Fuß $= 8 \times 9$ m) errichteten Haus, das trotz der bescheidenen Ausmaße des Grundrisses einen sehr geräumigen und hellen Eindruck macht.[139]

Walter Rudin starb mit 89 Jahren an Parkinson, seine Ehefrau Mary Ellen 2013 mit 88.

---

[135] Zu seinem Flüchtlingskollegen John ⟩ Wermer kommentierte er dieses Erlebnis so: „During the war, I served in the British Army. After that, nothing ever bothered me...." (Notices of the AMS **60.3** (2016), 301).

[136] Gesammelte Erinnerungen in *Notices of the AMS 2015 June/July, 617–629.*

[137] Gemeinsam mit Paul Erdös konstruierte sie einen nicht-normalen Box-Produktraum (Colloq. Math. Soc. Janos Bolyai **10** (1975), 629-631).

[138] Erstes Beispiel eines Dowker Raums (Ein Dowker Räume ist normal, nicht so aber sein Produkt mit dem Intervall $[0,1]$.)

[139] Der zentrale Teil des Wohnzimmers hat etwa die Raumhöhe eines Wiener Gründerzeithauses (14 US ft, ca 4.26 m), das ist für amerikanische Verhältnisse sehr hoch. Das flache Dach wirkt durch Zwischenschaltung von rundum darunter angeordneten Oberlicht-Fenstern wie über dem Haus schwebend.

Noch lange Zeit nach seiner Emigration wollte Walter Rudin von seinem Herkunftsland Österreich nichts mehr wissen (Mary Ellen: „Walter now totally rejects his Austrian background").[140] Das änderte sich 2005, als Schüler seiner früheren Schule in Wien-Wieden Kontakt mit ihm aufnahmen, ihre Anteilnahme an seinem Schicksal ausdrückten und nach seinen Angaben seine Lebensgeschichte in einem "Letter to the Sky" auf die WEB-Seite der Schule postierten; sein Name ist auf einer Ehrentafel der Schule verzeichnet. Die Universität Wien verlieh ihm mit Datum 2006-09-04 in Anerkennung seiner wissenschaftlichen Verdienste — und, unausgesprochen, aus Solidarität angesichts seiner NS-Erlebnisse — die Würde eines Ehrendoktors.

△ Als Abgesandter der Universität Wien überbrachte Friedrich Haslinger das Ehrendiplom persönlich nach Wisconsin.
Von links nach rechts: Mary Ellen und Walter Rudin, Friedrich Haslinger.

Foto: li: W.R.;   re: Yvonne Nagel (Emerita at Madison) 2006-09-27, mit freundlicher Genehmigung

MGP verzeichnet 24 Dissertanten; bis auf 2 alle in Madison (darunter keine Frauen).

Ehrungen: 1962 Eingeladener Vortrag ICM Stockholm, 1970 ICM Nizza; 1993 Leroy P. Steele Price for Mathematical Exposition [Untere Liste 9., 12., 13.]; 2006 Ehrendoktor der Uni Wien, Gedenktafel am BRG4, Waltergasse.

Ausgewählte Publikationen. *Diss.*: (1949) *Uniqueness Theory for Laplace Series (John Jay Gergen).* (Teilweise publiziert unter gleichem Titel in Trans. Amer. Math. Soc. **68** (1950), 287–303.

1. Analyticity, and the maximum modulus principle Duke Math. J., **20** (1953), 449–457
2. Subalgebras of spaces of continuous functions, Proc. Amer. Math. Soc. 7 (1956), 825–830.
3. Homogeneity problems in the theory of Čech compactifications. Duke Math. J. **23** (1956), 409–419, correction 633.
4. The closed ideals in an algebra of analytic functions, Canad. J. Math. 9 (1957), 426–434.

[140] Allerdings berichtete der bekannte ungarische Mathematiker und Freund der Rudins, István Juhász über Mary Ellen: „. . . the next year [1996] she and her husband, Walter, after visiting Prague and Vienna, Walter's hometown, managed to come to Budapest . . ." Offenbar wurde über diesen Besuch in Wien nicht viel weitererzählt. (Notices of the American Mathematical Society, **62.6** (2015), 617–629.)

5. Idempotent measures on abelian groups. Pac. J. Math. 9, 195-209 (1959).
6. (mit Helson H, Kahane J-P, Katznelson, Y), The functions which operate on Fourier transforms. Acta Math. 102 (1959), 135-157.
7. Fourier Analysis on groups, Interscience Tracts (1962); letzte Aufl. Dover Publications, Mineola, NY. (2017)
8. Function Theory in Polydiscs, W. A. Benjamin (1969)
9. Principles of Mathematical Analysis. Third Edition, McGraw Hill (1976) [Der "Baby Rudin"]
10. Function Theory in the Unit Ball of $\mathbb{C}^n$, Springer Grundlehren (1980)
11. (mit P Ahern), Totally real embeddings of S^3 in $\mathbb{C}^3$, Proc. Amer. Math. Soc. **94** (1985), 460–462.
12. Real and Complex Analysis. (3 Aufl., Übersetzungen in Deutsch (U Krieg 1999) Rumänisch (N Popa 1999)); 3. Aufl. McGraw Hill (1987) [Der "Big Rudin"]
13. Functional Analysis. Second Edition, McGraw Hill (1991) [Der "Grandpa Rudin"]
14. (mit Ken Kunen), Lacunarity and the Bohr topology, Math. Proc. Camb. Philos. Soc. **126** (1999) 117–137.

Zbl vermerkt 189 mathematische Publikationen, darunter 32 Bücher (inklusive Übersetzungen u Neuauflagen).

Quellen. Wr Zeitung 1886-05-21 p4, 2014-09-05; Der Kyffhäuser 1889-02-17 p6; W. Rudin (1998), So hab ich's erlebt. Von Wien nach Wisconsin – Erinnerungen eines Mathematikers, München 1998 (eng The Way I Remember It. 1991); davon (ein wenig) abweichend die Erinnerungen von Rudins Schwester Vera: Usdin V, I remember it differently. Unveröffentlichte Memoiren, Kopie hinterlegt bei Peter Donhauser; zu Mary Ellen Rudin: Morrow, C., and Perl, T., (eds), Notable Women in Mathematics: A Biographical Dictionary. (1998), 195–200; Ziff, D., Wisconsin State Journal 2010-05-21; Albers D C, Reid C, College Math. J. **19**.2 (1988), 114–137;Benkart G, Notices of the American Mathematical Society, **62**.6, (2015), 617–629.

Lit.: Nagel A, Stout E Lee, Kahane J-P, Rosay J-P, Wermer J (2013), Remembering Walter Rudin (1921–2010). Notices Am. Math. Soc.**60** (2013), 295–301; Rudin W (1996) *The Way I Remember It*, History of Mathematics, Band 12. AMS. Providence, Rhode Island [dt. Übers. München 1998]; Haslinger F (2010), In memoriam: Walter Rudin. Int. Math. Nachr., Wien **214**, 59-60.

Juan Jorge Schäffer

geb als Hans Georg Schaeffer
*1930-03-10 Wien; †2017-02-12 Pittsburgh, Pennsylvania, USA (mos.)

Sohn von Daniel Schaeffer (*1890-06-13 Temeszvar, heute Timișoara, RO; †1974-09-11 Montevideo, Uruguay), Filmverleiher, und Margarita (Gretel), geb Lang (*1900-07-19 Wien; †1991-06-22 Montevideo, Uruguay);

Bruder von Eva Marie Ruth Schäffer (*1928; †1937 TBC);

Neffe mütt. von Paul Lang, Ingenieur, und Fritz Lang [geisteskrank u. im Sanatorium Steinhof betreut, starb vermutlich im Holocaust]

Neffe vät. von Serin (Sarina, Sara) S, Ilonka (Helene) S., Géza Schäffer

Enkel vät. von Bela Schäffer und Ester (Etelka), geb. deMaio

Zeichnung: W. R.

Schäffer ⚭ 1959 Inés (Inge Doris, *1935-12-11 Mannheim, D; 2008-09-15 Pittsburgh), geb Kälbermann; 1 Sohn: Alejandro Alberto Schäffer, ⚭ Beth (Elisabeth); [Sohn Daniel Edwin Schäffer]

NS-Zeit. Schäffer entkam dem NS-Regime indem er 1938-03 von einem Skiurlaub mit seinen Eltern in der Schweiz bei Freunden der Eltern blieb während die Eltern nach Wien zurückkehrten, um zu versuchen, ihre Besitztümer oder Teile davon zu retten. Damit waren sie nur sehr eingeschränkt erfolgreich, Vater Daniel war sogar kurzzeitig in Haft. Dennoch gelang es den beiden, wieder zu ihrem Sohn in die Schweiz zurückzukehren, von dort nach Uruguay auszuwandern und fast die gesamte weitere Familie nachzuholen.

Juan Jorge (geb Hans Georg)[141] Schäffer wurde als zweites Kind einer sehr wohlhabenden Familie geboren. Sein Vater war Gesellschafter und Geschäftsführer der „Primax", einer seit 1929 eingetragenen Firma in Wien-Neubau, Neubaugasse 31, die Filme und Filmvorführapparate importierte, verlieh und verkaufte.[142] Das Hauptgeschäft der Firma bestand im Filmverleih, später bot sie auch Vorführapparate und die Herstellung kurzer Reklamefilme auf Bestellung an.[143]

Hans Schäffer besuchte zwei Jahre lang eine öffentliche Volksschule in Wien, wobei er auch ein wenig Französisch und Hebräisch lernte. Anfang März 1938 befand sich die Familie auf Winterurlaub in der Schweiz; den Eltern war offenbar der Ernst der politischen Lage nicht bewusst. Nach dem „Anschluss" reisten die Eltern Hals über Kopf nach Hause, um ihre dort verbliebenen Besitztümer zu retten und zumindest zu versuchen, Kapitalien aus der Firma abzuziehen. Der achtjährige Sohn blieb einstweilen bei einer befreundeten Familie (namens Weissmann) in der Schweiz. Schäffers Vater wurde verhaftet, er entwischte aber mit dem Pass seines Bruders, der die Jugoslawische Staatsbürgerschaft besaß und ihm trotz des Altersunterschieds sehr ähnlich sah, mit dem Zug quer durch Deutschland in die Schweiz. Nach Wiedervereinigung der Familie war bald klar, dass sie in der Schweiz nicht bleiben konnte. So ging die Reise nach kurzen Zwischenaufenthalten in der Schweiz und in Frankreich Anfang 1939 nach Uruguay,[144] in die Hauptstadt Montevideo . Dort schloss Schäffer seine Grund- und Mittelschulbildung ab, ging an die Universität und erwarb einen *bachelor* Abschluss. Danach wandte er sich nach Zürich, erwarb 1956 ein Doktorat in Elektrotechnik an der ETH Zürich und 1957 bei Rolf Nevanlinna ein Doktorat in Mathematik an der Universität Zürich.

1957 kehrte er nach Uruguay zurück und lehrte mit Ausnahme von zwei in den USA verbrachten Sabbaticals bis 1968 Mathematik und Elektrotechnik an der *Universidad de la República* in Montevideo. 1968 erhielt er wegen der damaligen schlechten politischen Lage in Uruguay von einem Freund den *dringenden* Rat, das Land zu verlassen, so übersiedelte er als Professor für Mathematik an die Carnegie Mellon University in Pittsburgh. Dort verblieb er bis zu seinem Tod.

---

[141] Der Vorname wurde bei seiner Einbürgerung in Uruguay ins Spanische übersetzt.

[142] Wiener Zeitung 1929-03-17 p1, 1929-12-29, p16. In Lehmanns Adressbuch taucht der Firmenname erstmals 1923 auf, als *„Primax" Kino-Maschinenfabrik- und Filmgesellschaft m.b.H* und mit Erwin Popper und Daniel Schäffer als kollektive Prokuristen. 1929 erfolgte zunächst die Umwandlung in die *Primax-Filmvertrieb Popper & Schäffer* OHG mit Popper und Schäffer als Gesellschafter, noch im gleichen Jahr wieder in eine Ges.m.b.H. unter den gleichen Namen wie vorher. Das Stammkapital betrug 1923 400.000K, 1929-03 600.000 K, nach Einführung der Schillingwährung und Umwandlung in eine Ges.m.b.H 1929-12 10.000 S.

[143] Vgl die Eintragungen unter den Rubriken „Kinematographen", „Film-Leihanstalten und Händler", „Werbefilme" usf. in Lehmanns Adressbuch 1919–36.

[144] Eine Einwanderungskarte von 1952 nach Rio de Janeiro (jenseits des Rio de la Plata, im benachbarten Brasilien) ist erhalten.

Schäffers Forschungsgebiete waren Funktionalanalysis (besonders die Geometrie der Einheitssphäre in Banachräumen), Differentialgleichungen und unendlichdimensionale Geometrie. Eine spezielle Klasse von Banachräumen reeller Funktionen auf $\mathbb{R}_+$, die bei Untersuchungen des Stabilitätsverhaltens gewisser Differentialgleichungen auftreten, trägt seinen Namen.

Schäffer hatte historische Interessen, er hielt Kurse zur Geschichte der Mathematik und gab ein langes „Oral History"–Interview für das US Holocaust Memory Museum, das auch für die hier vorliegende Biographie verwendet wurde.

Ab 1986 engagierte sich Schäffer als Tutor in der *Pennsylvania Governor's School for the Sciences*, einer Volkshochschule für Jugendliche, die im Rahmen eines nicht-kompetitiven Kurses auf freiwilliger Basis eine Einführung in die Naturwissenschaften für Mittelschüler bot und dabei Teamarbeit für die Lösung mathematischer Probleme propagierte und lehrte.

Nach seinen eigenen Aussagen fühlte sich Schäffer dem Land Uruguay heimatlich verbunden, auch nachdem er es wegen der damaligen politischen Lage verlassen hatte. Als Erwachsener hegte er auch vorbehaltlos keinen Groll gegenüber seinem Herkunftsland, nichtsdestotrotz besuchte er nach dem Krieg weder Österreich noch Deutschland. Es ergab sich einfach nicht.

Schäffer betreute 3 Dissertanten (nicht verzeichnet in MGP).

Ehrungen: 1959 Fellow of the John Simon Guggenheim Foundation

Ausgewählte Publikationen. *Diss.*: (1956) *Contributions to the Theory of Electrical Circuits with Non-Linear Elements (M.   J.O. Strutt, M. Plancherel; Dr.sc.techn ETH Zürich).*

Diss.: (1957) *Analytische Parameterabhängigkeit der fastperiodischen Lösungen von nichtlinearen Differentialgleichungen (Nevanlinna, Dr.   phil. Uni Zürich).*

1. Linear differential equations and functional analysis. I. Ann. Math. (2) **67** (1958), 517-573.
2. (gem mit José Luis Massera) Linear differential equations and function spaces. Pure and Applied Mathematics, 21. New York-London: Academic Press (1966; russ. Übersetz. 1970).
3. (gem. mit Coffman C V) Dichotomies for linear difference equations. Math. Ann. **172** (1967), 139-166.
4. Inner diameter, perimeter, and girth of spheres, Math. Ann. **173** (1967) 59–79.
5. Geometry of spheres in normed spaces. Lecture Notes in Pure and Applied Mathematics. Vol. 20. New York -Basel: Marcel Dekker (1976).

Schäffer verfasste auch zwei elementare Lehrbücher:

6. Basic Language of Mathematics (2014), World Scientific
7. Linear Algebra. Hackensack NJ. World Scientific (2015)

zbMath verzeichnet 88 math. Publikationen, darunter zwei Monographien und zwei Lehrbücher.

Quellen. Neues Wiener Tagblatt 1938-05-19 p17; [320]; [33] 3:9065; Interview von 2016-11-22 in 4 Teilen, US Holocaust Memory Museum, (https://collections.ushmm.org/search/catalog/irn551496, Zugriff 2023-02-21); Emily Payne, Obituary Schäffer, auf (https://www.cmu.edu/mcs/news-events/2017/0411-Juan-Schaffer-Obituary.html, Zugriff 2023-02-21).

Hans Schneider

*1927-01-27 Wien;   †2014-10-28 (Krebs) Madison, Wisconsin (mos)

Einziges Kind des Zahnarzt-Ehepaars Hugo (*1897 Karviná; Teschen CZ; †1967 Edinburgh) und Isabella (*1897 Wien; †1967 Edinburgh), geb. Saphir, Schneider; Schneider ∞ 1948-01-06 Miriam (*1925-08-17 Königsberg; †2018-06-09 Madison), geb Wieck, Geigerin; 3 Kinder: (1) Barbara Ann (*1948 Edinburgh), Geigerin, ∞ Daryl Caswell, (2) Peter John Schneider (*1950 Edinburgh), ∞ Hope; (3) Michael Hugo Schneider (*1952 Edinburgh), ∞ Laurie;
6 Enkelkinder

Foto: Madison University, Wisconsin, mit freundlicher Genehmigung.

NS-Zeit.   Schneider erlebte den „Anschluss" als Elfjähriger. Er flüchtete 1938-05 mit seinen Eltern, zunächst in die Tschechoslowakei in Vater Hugos Geburtsort, der aber nach dem Münchner Abkommen 1938-10 Polen zugeschlagen wurde. Nach Kriegsausbruch schickten ihn seine Eltern (allein) nach Holland an ein von Quäkern geführtes Internat, von dort flüchtete er nach der deutschen Invasion weiter nach Edinburgh, Schottland.

Schneiders Vater hatte eine gut gehende Zahnarztpraxis in Wien-Alsergrund, Porzellangasse 52, Mutter Bella arbeitete bei der städtischen zahnmedizinischen Vorsorge für Schulkinder. Die Familie war durchaus wohlhabend. Die Bedrohung nach dem „Anschluss" wurde den Eltern schlagartig klar, als eines Tages ein SA-Mann vor der Tür der Ordination stand, erklärte, er sei auch Zahnarzt und einer der beiden Ordinationsräume gehörten nun ihm. Hans Schneider erinnerte sich später an seine Zeit in Wien:[145]

> *Ich erinnere mich, wie ich einmal mit den anderen Buben jüdischer Abstammung in den Schulhof gerufen wurde, wo uns der Direktor mitteilte, dass es für echte Deutsche unmöglich sei, mit uns zu verkehren, und wahrscheinlich fügte er noch einige wenig schmeichelhafte Worte hinzu über die Schülergruppe, die vor ihm stand. Meine Eltern bemerkten dazu: Erst war dieser Mensch rot, dann schwarz, jetzt ist er braun. Weise Worte, und ich nahm nichts mehr ernst von dem, was er sagen mochte.*

Hans Schneider flüchtete 1938-05 mit seinen Eltern mit dem Zug, aber ohne Einreisegenehmigung über die „grüne Grenze" in die Tschechoslowakei. Später schrieb er darüber: *„Unser Überleben war eine Mischung aus geschicktem und entschlossenem Handeln und außergewöhnlichem Glück."* Die Familie fand Zuflucht bei einem Onkel in Vater Hugos Geburtsort Karviná, dieser Ort kam aber 1938-10 als Folge des Münchner Abkommens zu Polen. Die Eltern schickten Hans darauf in die Quäker-Schule Schloss Eerde bei Om-

---

[145] Schneider, March 1938 – August 1940: A short personal history of my family during 30 turbulent months.

men, Holland,[146] die von den deutschen Quäkern 1934 mit finanzieller Unterstützung aus englischen und amerikanischen Quäkerkreisen als Alternative zu NS-dominierter Erziehung und Zufluchtsort für in Deutschland gefährdete Kinder eingerichtet worden war.[147] Von Holland floh er nach der deutschen Invasion von 1940-05-10 weiter nach Edinburgh, Schottland. 1939 gelangten seine Eltern mit einem britischem Visum[148] von Polen per Schiff nach England und dann nach Edinburgh zu ihrem Sohn. 1940-07 wurden die Eltern aber als "enemy aliens", potentielle Spione und „Gefährder", von ihrem Sohn getrennt,[149] Hans durfte in Edinburgh bleiben. In Edinburgh ging er am *George Watson's Boys' College* zur Schule, studierte danach an der Universität Mathematik, erwarb 1948 den MA with honors und promovierte schließlich 1952 bei A.C. Aitken über nicht-negative Matrizen, ein Thema, das ihn noch viele weitere Jahre beschäftigen sollte.

Danach verbrachte er die Jahre 1952–59 an der Queens University in Belfast; 1952–54 als Assistant Lecturer unter Samuel Verblunsky, dann 1954–59 als Lecturer.

Im Jahre 1959 fand er schließlich seinen endgültigen wissenschaftlichen Ankerplatz an der University of Wisconsin-Madison: 1959–61 Assistant, 1961–65 Associate, ab 1965 Full Professor, ab 1988 bis zu seiner Emeritierung 1993 „James Joseph Sylvester" Professor, danach führte er den Titel „James Joseph Sylvester" Emeritus. 1966–68 diente er als department chair. Madison beherbergte damals eine Reihe exzellenter Mathematiker: Schon vorher war dort Ken Kunen (1968–2008 in Madison; †2020-08-14) gelandet, ebenfalls 1959 stießen noch Mary Ellen und Walter ˃ Rudin hinzu. Der einige Jahre ältere Walter Rudin war ebenfalls ein österreichischer Emigrant der NS-Zeit und mit dem Ehepaar Schneider befreundet.

Längere Gastaufenthalte: 1956/57 an der Washington State University; 1964/65 University of California, Santa Barbara (UCSB); 1969/70 Toronto; Sommer 1970 Universität Tübingen; Sommer 1972 und 1974-01–12 an der TU München; 1977-01–08 am Centre de Recherches Mathématiques an der Université de Montréal, 1980/81 an der Universität Würzburg, von 1985-09 bis 1986-01 am Technion in Haifa.

Hans Schneider, war einer der wichtigsten Experten auf dem Gebiet der Linearen Algebra, speziell für die Frobenius-Perron Theorie der positiven/nicht-negativen Matrizen. Letztere Theorie spielte eine große Rolle bei der Entwicklung der heute gängigen Suchmaschinen (Google, Yahoo!, MSN u.a.m.). Andere Arbeitsgebiete waren M-Matrizen, Matrizen-

---

[146] Vorher musste er aber noch nach Warschau, um sein Visum für die Niederlande abzuholen. Von Warschau ging es dann mit einigen Verzögerungen per Flugzeug nach Prag und von dort direkt nach Amsterdam.

[147] 1940 befanden sich in Eerde noch an die 20 jüdische Kinder und drei jüdische Angehörige des Lehrpersonals, von denen ein Teil in Amsterdam untertauchte, mindestens 14 aber in NS-Vernichtungslagern ermordet wurden. Vgl. Schmitt H A (1997) *Quakers and Nazis: Inner Light in Outer Darkness.* University of Missouri Press, Missoury. Zu Missbrauchsvorwürfen im Zusammenhang mit den geflüchteten Kindern s. Ligtvoet F(1993), Wolfgang Frommel und Holland., Castrum Peregrini 206:51-60, und die an diese Arbeit anschließende Debatte.

[148] Auf persönliche Initiative des damaligen britischen Innenministers Lord Templewood wegen des grassierenden Ärztemangels und des „guten Rufs der Wiener Medizin".

[149] Vater Hugo war auf der Isle of Man interniert, Mutter Isabella teilte sich in Glasgow mit vier anderen geflüchteten Frauen ein Zimmer.

normen, kombinatorische und graphentheoretische Matrizentheorie, Spektraltheorie für Matrizen, Stabilitätstheorie, Kegel erhaltende Abbildungen uva.

Schneider war von 1987–1996 der erste Präsident der *International Linear Algebra Society* und langjähriger geschäftsführender Herausgeber der Zeitschrift *Linear Algebra and its Applications*.

Hans Schneider stiftete einen Preis für herausragende Beiträge zur Linearen Algebra, dieser wird seit 1993 für jedes dritte Jahr (Entscheidungen in unregelmäßigen Abständen) von der *International Linear Algebra Society* (ILAS) vergeben.

MGP und die Nachrufe führen 17 betreute Dissertationen auf.

Ehrungen: James Joseph Sylvester professor emeritus of mathematics.

Ausgewählte Publikationen. *Diss.*: (1952) *Matrices with Non Negative Elements (Aitken, University Edinburgh)*.

1. (mit G. P. Barker), Matrices and Linear Algebra. New York etc. 1968.
2. (mit Björck, Å, Plemmons, R. J., Large scale matrix problems. New York etc. 1981.
3. (mit Kapp, K. M.), Completely 0-simple semigroups. An abstract treatment of the lattice of congruences. Mathematics Lecture Note Series. New York-Amsterdam(1969).

Zbl nennt 175 math Publikationen, davon 8 Bücher. Auf Hans Schneiders Webseite sind 167 math. Publikationen (und links zu diesen) verzeichnet.

Quellen. Brualdi, Notices AMS 62 (2014), 1380; Röder [277], Eintrag Schneider; Schneider, March 1938 – August 1940: A short personal history of my family during 30 turbulent months. (o.J.) (http://www.math.wisc.edu/hans/Hans.history3.docx, Zugriff 2023-02-21), sowie (2014-05-31) Last words of Hans Schneider, (http://www.math.wisc.edu/hans/lastwords.docx, Zugriff 2023-02-21) Wieck M (1988): Zeugnis vom Untergang Königsbergs. Ein „Geltungsjude" berichtet. Lambert Schneider, Heidelberg.

Binyamin Schwarz

(ursprüngl. Hans Theodor Schwarz)
*1919-12-07 Wien;   †2001-08-09 Jerusalem (mos)

Sohn des Rabbiners Dr Arthur Zacharias Schwarz (*1880 Karlsruhe; †1939-02-16 Palästina) und dessen Ehefrau [∞ 1907-05-28 Wien] Alice, geb. Pappenheim (*1882-05-29 Wien; †1960 Jerusalem), Tochter von Wilhelm Pappenheim (*1849-10-15 Preßburg; †1919-10-03 Wien), Verfassungsjurist (bekannt vom Pappenheim-Kelsenschen Wahlmodell), und dessen Ehefrau Esther Emma, geb Ruben (*1857 Hamburg);

Zeichnung: W. R.

Bruder von:

(1) Tamar(a) Anna Helena (*1917-07-17 Wien, †2013-07-25 Jerusalem) ∞ Teddy Kollek (*1911-05-27 Nagyvázsony, HU; †2007-01-02), Bürgermeister von Jerusalem, Kinder: Amos Kollek (*1947-09-15 Jerusalem), Regisseur, Osnat Kollek-Sachs (*1960 Jerusalem), Malerin,

(2) Schoschana (Susi „Zuzi" Margarete *1822-01-17 Wien †1993 Ashkelon, Israel) ∞ Gideon Grünberger [Sohn Uri Gadot (*1950-10-08 Israel; †1994 Israel)], sowie

(3) Elisabeth (Lisl) (*1908-03-07 Wien; †1998 Abingdon, Oxfordshire), Psychoanalyt., ∞ Geoffry Harding, kein Jude, aber Atomphysiker in Harwell, UK, bevor er Juwelier wurde.

Neffe von:
(4) Fanny Pappenheim (*1876-12-25 Wien), (5) Dr jur Oskar S(c)himon Pappenheim (*1877-12-11
Wien; †1943-02-04 Theresienstadt), Anwalt, (6) Richard Pappenheim (*1879-08-24; †1954-10-27 Wien),
Bankier u. Gesellschafter d. Fa Ludwig Kantor, ∞ 1920 a) Margot geb Bohm (*1900-01-18 Graudenz,
Kujawien-Pommern (Grudziądz PL); †1940-08-21 Hartheim OÖ (Shoah)) [○|○], ∞ 1930 b) Ruth, geb
Nadel, (7) Bettina („Ina") Lewiso(h)n geb Pappenheim.
Binyamin Schwarz ∞ 1962 Ruchama Beit Agai (†1996-06-10 Jerusalem)

NS-Zeit. Schwarz hatte 1938 bereits die Reifeprüfung abgelegt und ein Jahr in Wien
studiert; er ging mit einem Studentenvisum an die Hebräische Universität in Jerusalem.
Sein Vater wurde vor der Ausreise so brutal misshandelt, dass er kurz nach der Ankunft
in Palästina verstarb. Tante Margot Pappenheim war Patientin der psychiatrischen Klinik
Steinhof, wurde nach Hartheim, OÖ, deportiert und dort ermordet. Onkel Oskar wurde
1942 nach Theresienstadt deportiert und verstarb dort.

Binyamin Schwarz entstammte einer jüdischen Familie, die im Wiener zionistischen Umfeld sehr aktiv war. Sein Vater war Rabbiner für die jüdischen Gemeinden im 9. und 18.
Bezirk, ein angesehener Talmudgelehrter und guter Kenner alter hebräischer Schriften.[150]
Binyamins Schwester Tamar heiratete 1937 Teddy Kollek,[151] Bürgermeister Jerusalems
1965–93.

Binyamin hatte vor der Ausreise noch 1937 am Gymnasium Wien IX, Wasagasse 10, (mit
Auszeichnung) maturieren können und nach der Matura noch ein Semester an der Wiener
Universität studiert; er ging nach Jerusalem und setzte seine Studien an der dortigen *Hebrew University* fort. Er studierte Mathematik und Physik, und schloss 1942 mit einem
Masterdiplom in Angewandter Mathematik ab. Von 1942 bis 1946 diente er in der *Jewish Brigade* der britischen Armee und ab 1949 als angewandter Mathematiker bei den
israelischen Streitkräften. 1952 begann er an der Washington University in St. Louis, ein
amerikanisches PhD-Studium der Mathematik. 1954 promovierte er dort bei Ze'ev Nahari.
1955 ging er an das Technion in Haifa, durchlief die akademische Stufenleiter und wirkte
schließlich von 1965 bis zu seiner Emeritierung 1988 als Professor, die Jahre ab 1967 als
Full Professor. Von 1971 bis 1972 war er Dekan der Fakultät für Mathematik. Nach seiner
Emeritierung zog er sich von der Universität zurück und übersiedelte nach Jerusalem.

Schwarz verbrachte insgesamt drei Sabbaticals an Universitäten in den USA und in Canada:
1961/62 am Mathematics Research Center at Madison, Wisconsin, 1968/69 an der Carnegie
Mellon University und 1975/76 an der Dalhousie University in Halifax, Kanada.

Schwarz arbeitete vor allem über gewöhnliche Differentialgleichungen und, dem Buch von
Gantmacher folgend, über Anwendungen der Matrix-Theorie und der allgemeinen linearen
Algebra. 12 Arbeiten befassen sich mit geometrischer Funktionentheorie.

Schwarz betreute 7 DSc (das Israelische Äquivalent zu PhD) Dissertationen am Technion in Haifa (nach
MGP 6; dort fehlt noch Moshe Katz (DSc 1969)).

---

[150] Seine Mutter Alice war eine entfernte Verwandte der Bertha Pappenheim (= Anna O aus Breuers und
Freuds Studie über Hysterie; *1859-02-27 Wien; †1936 Neu-Isenburg Hessen).
[151] Teddy Kollek (*1911-05-27 Wien; †2007-01-02 Jerusalem)

Ehrungen: 1979 Mahler-Preis; 1982 Ruth and Samuel Jaffe Professur

Ausgewählte Publikationen. *Diss.*: (1954) *Complex Non-Oscillation Theorems and Criteria of Univalence (Ze'ev Nahari)*.

1. (mit Z. Nehari), On the coefficients of univalent Laurent series, Proc. Amer. Math. Soc. **5**:212-217 (1954)
2. Complex nonoscillation theorems and criteria of univalence, Trans. Amer. Math. Soc. **80**:159-186 (1955)
3. (mit Beesack PR) On the zeros of solutions of second-order linear differential equations, Canad. J. Math. **8**:504-515 (1956),
4. Bounds for the principal frequency of the northomogeneous membrane and for the generalized Dirichlet integral, Pacific J. Math. **7**:1653-1676 (1957)
5. On the extrema of the frequencies of nonhomogeneous strings with equimeasurable density, J. Math. & Mech. **10**:401-422 (1961)
6. (mit Zaks A), Geometries of the projective matrix space, 1. Algebra **95**:263-307 (1985)
7. The Schwarz-Pick theorem for the unit disk of the projective matrix space. J. Math. Anal. Appl. 174, No. 1, 88-94 (1993).
8. A conjecture concerning strongly connected graphs. Linear Algebra Appl. **286** (1999), 197-208.

Zbl nennt 46 math Arbeiten seit 1954.

Quellen. Jahresbericht des k.k. Maximiliangymnasiums für das Schuljahr 1936/37; Friedland, S., and D. London, Linear Algebra and its Applications **120** (1989), 3–8; [33] 3, p1241, nr 9510; Yad Vashem Einträge Oskar (Nr 5618734) und Margot (Nr 4966425) Pappenheim

Lit.: Kollek A (2014) Parallele Welten. Fischer Verlag

Josef („Phil") Silberstein

(Philipp Otto)
*1920-07-05 Wien; †2016-02-28 Perth, W-Aus (mos)

Sohn von Friedrich Silberstein (*1888-11-20 Teschen (heute Cieszyn, PL); †1974 Perth, W-Aus), ao Professor für Medizin (Uni Wien), und dessen Frau Marianne Matilda Caroline Amelie (*Ostpreussen; †1933-10-18 Wien), geb Lux; Bruder von Maria Margarete (Grete) Silberstein (⚭ Fisher) und Zwillingsbruder von Ernst Peter Jakob Silberstein (*1920-07-05; †2017-08-01 Subiaco, Churchlands, AUS), Kinderneurologe
Silberstein ⚭ Judith; Kinder: Richard, Judith, Katherine und Rodney Silberstein.

Foto: Obituary in Gazette of the Australian Math. Soc. (s.u.)

NS-Zeit. Silberstein konnte 1938 nicht mehr in Wien maturieren und emigrierte mit seinem Vater nach Großbritannien; er gelangte schließlich 1939-02 nach Australien.

Josef Silbersteins Vater Friedrich war ao Professor für allgemeine und pathologische Medizin an der Universität Wien; seine Mutter Marianne starb, als er dreizehn Jahre war. Zur Zeit des „Anschlusses" besuchte Josef gemeinsam mit seinem Zwillingsbruder Ernst die 8. Klasse des Döblinger Gymnasiums (heute G19), zu seinen Klassenkameraden gehörte Ernst Korngold, Sohn des Komponisten Erich Wolfgang Korngold. Gemäß den Nürnberger Rassegesetzen waren die Mitglieder der Familie Silberstein vom Besuch eines Gymnasiums ausgeschlossen. Der verwitwete Vater Friedrich Silberstein emigrierte 1938 mit seinen drei Kindern nach London; Josef beendete dort seine Mittelschulausbildung. Nach neun Monaten Aufenthalt in England übersiedelten die drei Geschwister Silberstein 1939 nach Australien.[152] Vater Friedrich Silberstein blieb in England und arbeitete als Pathologe an einer Londoner Klinik.[153] (Ernst) Peter Silberstein schlug in Australien eine medizinische Karriere ein und wurde einer der angesehensten Kinderneurologen Australiens.

Josef Silberstein begann dagegen eine Karriere als Techniker. Er besuchte als Werkstudent das *Royal Melbourne Technical College* (vorher *Working Men's College*) an der Universität Melbourne und erwarb dort 1944 den Grad eines BA with *mathematics honors*[154] Gleichzeitig arbeitete er als Laborassistent in den nördlich von Melbourne eingerichteten Laboratorien für Luftfahrtforschung in Fishermen's Bend, des bei Kriegsanfang gegründeten *Council for Scientific and Industrial Research* (CSIR). 1944 wurde diesen Laboratorien zur Lösung mathematischer Probleme der Flugtechnik ein Universitätslektor namens Eric Russell Love vom Mathematischen Department der Melbourne University zugeteilt; Silberstein arbeitete in dessen Arbeitsgruppe an einem Auftrag zur Klärung von Problemen mit der Vibration von Motor und Propeller. Für diese Art von Problemen war die Erweiterung der damaligen Tabellen der Legendre Funktionen notwendig — eine bemerkenswerte Parallele zur Tätigkeit der Arbeitsgruppe um ⃗ Gröbner, ⃗ Hofreiter, Peschl, ⃗ Laub u.a. am Braunschweiger Luftfahrtforschungsinstitut.

1945 kreuzten sich am Aeronautical Research Laboratory die Lebenslinien von Silberstein und Walter ⃗ Freiberger.

1947 ging er mit einem Drei-Jahres-Stipendium des CSRI zum Studium der Mathematik nach Cambridge, UK, und kehrte 1950-08 an das Luftfahrtlaboratorium (ARL) in Melbourne zurück.[155]

1953 promovierte er in Cambridge zum PhD (tripos).[156] In den Jahren 1954 – 1960 war er *Principal Research Officer* (in etwa: Forschungsgruppenleiter) am ARL. 1960 startete er seine akademische Kariere in Reiner Mathematik an der University of Western Australia in Perth, bis 1965 als Lektor, von 1966 bis 1985 als Professor und schließlich ab 1985 als Emeritus.

Trotz des Namens Reine Mathematik für seine Professur ist Silberstein nur mit fünf Publikationen im Zbl vertreten, was neben persönlichen Gründen auf die damals grassierende, der Grundlagenforschung eher feindliche Hochschulpolitik in Australien zurückzuführen ist.

MGP nennt keine betreuten Dissertationen.

---

[152] Ernst und Josef fuhren mit der *Largs Bay* von Southampton nach Melbourne und kamen dort 1939-02-10 an; Schwester Maria Margarete kam in Melbourne als Miss Maria Silberstein 1939-09-02 mit der *Dominion Monach*, ebenfalls von Southampton kommend, an. Friedrich Silberstein besuchte erst 1952-06, und als britischer Staatsbürger seine Kinder in Australien. (Ein weiterer Besuch folgte 1958.)

[153] Er war bis 1945 Obmann der Gesellschaft österreichischer Ärzte in Großbritannien.

[154] Ein im Vergleich zum gewöhnlichen Bachelor erweiterter Abschluss, mit breiterem Lehrstoff.

[155] Nach den Passagierlisten landete er, von London kommend, 1950-08-15 mit dem Schiff *Strathnaver* in Melbourne.

[156] Die tripos genannten Promotionen stützen sich auf als „herausragend" beurteilte Publikationen, eine persönliche Anwesenheit in Cambridge ist dazu nicht erforderlich.

Ausgewählte Publikationen. *Diss.*: (1953) *On Certain Linear Operators in Hilbert Space (Frank Smithies, Cambridge UK).*

1. On eigenvalues and inverse singular values of compact linear operators in Hilbert space. Proc. Camb. Philos. Soc. **49** (1953), 201-212.
2. Symmetrisable operators. J. Aust. Math. Soc. **2** (1961/62), 381–402.
3. Symmetrisable operators. II Operators in a Hlbert space *H*, III: Hilbert space operators symmetrisable by bounded operators. J. Aust. Math. Soc. **4** (1964), 15–30, 31-48.

Hier noch zwei technische Reports von Silberstein:

4. (mit E.R. Love) Elastic vibration of a fan. Australian Council for Aeronautics. Report., ACA 15 (1945), 32 pp
5. (mit F.S. Shaw) Stress analysis of an engine mount. Australian Council for Aeronautics. Report., ACA 17 (1945), 20 pp

Zbl nennt 4 math. Publikationen (1-3 oben). Die meisten Publikationen Silbersteins zählen zur technischen Literatur und sind daher nicht ins Zbl aufgenommen worden.

Quellen. Neue Freie Presse 1933-10-21 p. 14; [33] Nr. 9720; Cohen [47] p. 146f; National Archives of Australia. University of W Australia, recordings of Philip Silberstein interview, 24 August 2011 and 20 September 2011; Cohen, Graeme L. (2006). Counting Australia In. The People, Organisations and Institutions of Australian Mathematics. Chap 5: "Australia's mathematicians in World War II".

Lit.: Cheryl Praeger, Obituary Phil Silberstein; Gazette of the Australian Math. Soc. **43-2** (2016), 112–113 cheryl.praeger@uwa.edu.au

---

Frank Ludvig Spitzer

(auch Frank Ludvik oder Ludwig)
*1926-07-24 Wien;   †1992-02-01 Ithaca, NY

Sohn des Advokaten Dr Gustav Spitzer (*1889-06-26 Wien; †1967-08 NY) und dessen Ehefrau Margit (*1897-08-04 Wien; †1982-11), geb Herzog, [in erster Ehe ∞ Ernst Brunner (*1887-05-25 München; †ca 1944/45 Auschwitz)]; Gustav und Margit hatten als weiteres Kind eine Tochter;

Zeichnung: W. R.

Enkel von Ludwig (†1912-08-16 Wien) [∞ Marie] Spitzer; Neffe von Käthe Herzog, Dr Samuel Spitzer (*1886 Eisenstadt; †1948 Toulouse, Suiz.; Rechtsanw. in Baden), Emma, geb Spitzer (*1884 Wien) ∞ Soma Sauer, und Alfred Spitzer (*1892 Wien; †1927-12-12 Wien), Beamter des Wr. Bankvereins, Mitgl. der Vereinigung sozialdemokratischer Bankangestellten;

Spitzer ∞ in erster Ehe Jean (*1927-05-17 New York; †2001-09-03 Ithaka, NY), geb Wallach, Mathematikerin, in Ann Arbor, 2 Kinder: Karen und Timothy [∞ Elizabeth Mae Hoffman, 2 Kinder]; o|o in den 70er Jahren.   Spitzer ∞ in zweiter Ehe Ingeborg, geb Wald (kinderlos).

NS-Zeit.   Spitzer entkam 1938 dem NS-Terror in einem schwedischen Ferienlager für jüdische Kinder. Seine Eltern konnten ebenfalls flüchten. Onkel Samuel, Rechtsanwalt in Baden bei Wien, flüchtete nach Frankreich, verlor sein ganzes Vermögen und beging 1948 Selbstmord.

Als Zwölfjähriger konnte Spitzer 1938 zeitgerecht nach Schweden ausreisen, wo er in einem Ferienlager für jüdische Kinder Unterkunft fand und im Zweiten Weltkrieg nacheinander von zwei schwedischen Familien gastfreundlich aufgenommen wurde. Er lernte Schwedisch, besuchte eine schwedische Mittelschule und danach für etwa ein Jahr die TH Stockholm (Tekniska Hogskolan). Seinen Eltern war es inzwischen gelungen, zusammen mit ihrer Tochter über Vichy-Frankreich und Nordafrika die USA zu erreichen. Nach Kriegsende reiste Frank Spitzer ihnen nach, erhielt die US-Staatsbürgerschaft und trat bald darauf in die US-Armee ein. Nach Beendigung seiner Militärdienstzeit begann er 1947 das Studium der Mathematik an der Universität Michigan in Ann Arbor. Da ihm seine Ausbildung in Schweden auf seine Studien angerechnet wurden, konnte er dort bereits 1953 zum PhD promovieren. Zwischendurch hatte er Gelegenheit zu einem längeren Besuch bei William Feller.[157]

Nach seiner Promotion durchlief Spitzer die ersten Stationen seiner akademischen Karriere am California Institute of Technology (CALTECH): 1953 *instructor*, 1955 *assistant professor*. 1958 wechselte er als associate Prof an die Universität von Minnesota und 1961 als full professor an die Cornell University, wo er bis zu seinem Tode blieb und lehrte. Zwischendurch verbrachte er Gastaufenthalte am IAS in Princeton und am Mittag-Leffler Institut in Schweden.

Frank Spitzers Forschungsinteressen gehörten der Wahrscheinlichkeitstheorie. Insbesondere beschäftigte er sich mit der Brownschen Bewegung, der Theorie der Percolation und mit wechselwirkenden Teilchensystemen. Sein Buch über Irrfahrten (random walks) ist ein Klassiker zu diesem Thema geworden. In der Arbeit (1) der untenstehenden Liste gibt er einen kurzen und etwas weiter führenden Beweis für ein Ergebnis von Félix > Pollaczek zur Warteschlangentheorie.

Frank Spitzer war begeisterter Bergsteiger und Ski-Langläufer. In seinen letzten Jahren litt er unter Parkinson; er starb an Blasenkrebs.

15 Dissertanten.

Ehrungen: 1965/66 Guggenheim fellow; 1974 Invited Lecture ICM Vancouver; 1979 Invited Wald Lecture Inst. Mathematical Statistics; 1981 Mitgl d National Acad. Sciences of the US.

Ausgewählte Publikationen. *Diss.*: (1953) *On the Theory of the Stochastic Processes Which Appear in the Description of Two Dimensional Brownian Motion By Polar Coordinates (D.* A. Darling, Univ Michigan).

1. A combinatorial lemma and its application to probability theory. Trans. Am. Math. Soc. **82** (1956), 323–339.
2. Principles of Random Walk, Graduate Texts in Mathematics, 34, Springer New York-Heidelberg 1964 (2. Aufl. 1976; Übersetzungen in Russisch (1969) und Französisch (1970).
3. Interaction of Markov processes. Adv. Math. **5** (1970), 246–290.

Zbl nennt 50 Publikationen, darunter 7 Bücher (in mehreren Auflagen).

---

[157] William (kroat. *Vilibald („Vilim") Srećko*) Feller (*1906-07-07 Zagreb; †1970-01-14 New York City) war der achte und jüngste Sohn in der zehnköpfigen Kinderschar von Isak Eysik (*1871-01-26 Lemberg (=Lv'iv, Ukraine; †1936-11-15 Zagreb, Kroatien) und Ida (*1870-05-27 Koprivnica, Kroatien; †1938-10-30 Agram (=Zagreb, Kroatien), geb Oemichen) Feller [Isak Feller war Unternehmer in der Pharma-Branche). Er promovierte 1926 bei Courant in Göttingen, hatte dann eine Assistentenstelle in Kiel, verweigerte den Nazi-Eid, und ging über Kopenhagen, Stockholm und Lund in die USA (1939), war Professor an der Brown University, an der Cornell University und schließlich 1950 in Princeton (Fakultätskollege von Emil > Artin).

Quellen. Biographical Memoirs, National Academy of Sciences, **70** (1996), p 389–406; online erreichbar als "Frank Ludvig Spitzer." National Academy of Sciences. 1996. Biographical Memoirs: V.70. Washington, DC: The National Academies Press. https://doi.org/10.17226/5406; Arbeiter Zeitung 1927-12-14 p6

Lit.: T. M. Liggett, Interacting Particle Systems (Berlin: Springer-Verlag, 1985); R. Durrett, Lecture Notes on Particle Systems and Percolation (Pacific Grove: Wadsworth, 1988)

Theodor David Sterling

*1923-07-03 Wien;   †2005-01-26 Vancouver. (mos.)

Sohn des aus Galizien (Bezirk Tarnopol) stammenden Kaufmanns Wollke („Wolf") Ze'ev Schmetterling (amerikanisiert unter Weglassung von „chmet" zu: William Sterling) (*1897) und dessen Ehefrau Sarah („Salka") Jutte, geb Schwartzman (*1893-11-15; †1988-10-20 Miami, USA); Bruder von Elfriede Schmetterling (†Philadelphia, USA);
Enkel von Ahron Schmet(t)erling (*1868 Kopychntsi, Tarnopol, Ostgalizien, heute Ukraine; †ca 1938 Shoah) und dessen Frau Liba (*1874 Kopychntsi; †1938-03-18 Wien Shoah);

Zeichnung: W.R. – nach einem Foto von der Webseite der Simon Fraser University

Neffe von (1) Golda (Jenny) geb Schmetterling (*1896-05-10 Kopychntsi; ?) ∞ Isidor Leister [Söhne: Kurt Leister + 1 weiterer],
(2) Frieda (*1900-01-07 ; †1984-07-05 Miami-Dade, Florida, USA) ∞ Samuel Futterweit (*1900-06-19; †1981-08 Miami Beach) [1 Sohn: Adolph Futterweit],
(3) Mina (Miza Rachel, „Mysie Ruchel")(*1894 Kopychntsi; †1938 Wien, Shoah), geb Schmetterling, Hebräischlehrerin, ∞ Dr Leon Leizer Falik (*1886; †1942 Shoah), Zahnarzt, [Vater v Leon Falik: Avraham (†Shoah); Sohn v. Leon: Mordechai Falik], und
(4) Martin (Moses) Sanders, geb Schmetterling, ∞ Frances Sanders [1 Tochter: Linda Warner, 1 Sohn: Allen Sanders]

Theodor Sterling ∞ 1948 Nora Moskalik (*1929-09-19; †2013-03-28), Psychologin (MSc Philadelphia University) und Rehab-Betreuerin; 2 Söhne: Elia Moskalik und David Akiba Sterling; 4 Enkelinnen

NS-Zeit.   Sterling emigrierte nach dem „Anschluss" mit seinen Eltern und seiner Schwester in die USA und machte dort schließlich Karriere als Computer Scientist und Statistiker; nach der Ankunft in den USA änderte die Familie ihren Namen durch Weglassung der mittleren Buchstaben „chmet" zu „Sterling". Die Großeltern Ahron und Liba Schmetterling wurden im März 1938 inhaftiert und starben während des Transports in ein KZ. Auch Tante Mina und ihr Ehemann starben im Holocaust.

Die Großeltern wohnten seit etwa 1920 in Wien-Leopoldstadt, Stadtgutgasse 7 und starben kurz nach dem „Anschluss" im Laufe ihrer Deportation.[158] Theodors Vater Wollke Schmetterling war in Wien Gesellschafter der Handelsgesellschaft Schmetterling & Co,

---

[158] Yad Vashem Nr 5613463 und 5613463, Angaben von Enkel Mordechai Falik

die in Wien-Margareten (Schönbrunnerstraße 106) ein Geschäft für Damenmoden führ-te.[159] Theodor Sterling schlug sich nach seiner Ankunft in den USA im Jahre 1940 zunächst mit Gelegenheitsarbeiten durch, bis er 1942–46 in die US-Armee eingezogen wurde; nach seiner Rückkehr ins Zivilleben studierte er an der Universität von Chicago (Bachelor 1949 summa cum laude, Master 1953), ging dann mit einem Carnegie-Stipendium an die *Tulane University* in New Orleans und promovierte dort 1955 zum PhD. Teilweise parallel dazu gehörte er 1954–57 dem Lehrkörper des Mathematischen Departments der Alabama Universität an: 1954 als Instruktor, ab 1955 als Assistant Professor für Statistik. In der gleichen Position wirkte er anschließend von 1957–58 an der Michigan State University in East Lansing, danach von 1958–66 am Department für vorbeugende Medizin der Universität Cincinnati, Ohio, dort ab 1961 associate professor für Biostatistik, ab 1963 Professor und Direktor am medizinischen Zentrum. Ebenfalls ab 1963 war er Gründungsdirektor des *Medical Computing Centers* an der Universität von Cincinnati. Es folgte 1966–1972 eine Professur für Angewandte Mathematik und Computer Science an der Washington University of St. Louis; ab 1968 wirkte er gleichzeitig als Professor für jüdische Studien am Hebrew Union College-Jewish Institute of Religion.[160]

Ebenfalls um das Jahr 1968 gründete Sterling eine eigene Consulting-Firma, die *Theodor D. Sterling & Associates*, zur Verwertung seiner wissenschaftlichen Ergebnisse bei Aufträgen aus der Tabakindustrie. Die Firma wurde von seinem Sohn Elia Sterling auch nach Theodors Tod weitergeführt und war finanziell sehr erfolgreich.

1972 ging Theodor Sterling nach Kanada, wo er an der Simon Fraser University in Vancouver ein weiteres Computerzentrum gründete, die *Simon Fraser School of Computing Science*. Eine wichtige Voraussetzung für seinen wissenschaftlichen und kommerziellen Erfolg als Statistiker und Computer Scientist war der universitäre Zugang zu den großen Mainframe Computern, in einer Zeit, als noch keine Mini-Computer (die heutigen PCs) zur Verfügung standen.

In seinen wissenschaftlichen Arbeiten befasste sich Sterling mit statistischen Anwendungen auf medizinische Studien — vor allem bei Untersuchungen mit Methoden der multivariaten statistischen Analysis. Er propagierte auch die Verwendung von Computern als Hilfe für Seh- und Lernbehinderte, war Vorsitzender eines Komitees für Computerarbeit als besonders für Blinde geeignete professionelle Tätigkeit, lange vor der Zeit der PCs. Ein anderer Strang seiner Forschungs- und Beratertätigkeit befasst sich mit den sozialen Auswirkungen von elektronischer Datenverarbeitung und Automatisierung, Auswirkungen auf und Chancen für die Umwelt.

In einer Serie von statistischen Evaluierungen trat er für die Belange der Tabakindustrie ein, indem er behauptete, nachweisen zu können, dass die damals gängigen statistischen Studien keinen schlüssigen Nachweis einer signifikanten Erhöhung des Krebsrisikos durch Tabak-Konsum erbracht hätten. Andere Faktoren, wie etwa infektiöse Ansteckung oder sozio-ökologische Einflüsse würden in solchen Studien nicht ausreichend berücksichtigt.

---

[159] Im Firmenregister war die Gesellschaft unter Wolf Schmetterling und Gisela Goldstein protokolliert (1926 im Ausgleich, übersiedelt nach Mariahilferstr 111). Wr. Zeitung 1926-04-10 p10; Völkischer Beobachter 1941-02-07 p9, 1942-07-23 p5 [obsolete Exekution unter dem Namen Nuchim Wolf Schmetterling].

[160] Das älteste bis heute bestehende Jüdische Seminar in den USA; es hat Standorte in Cincinnati, Ohio, New York City, Los Angeles, Kalifornien und in Jerusalem.

Die von Sterling und seinen Mitarbeitern angestellten Untersuchungen wurden von der Tabakindustrie finanziell unterstützt. Als statistischer Anwalt der Tabakindustrie trat er mit diesen Gutachten gegen das seit 1964 vom Surgeon General der USA verkündete Ziel der Verringerung des Tabakkonsums auf. In vielen Prozessen leugneten die Vertreter der Tabakindustrie den kausalen Zusammenhang zwischen Tabakkonsum und Krebs, bis schließlich 2004 mit Hilfe der *statistischen Theorie der kausalen Inferenz*[161] der ursächliche Zusammenhang zwischen Tabakkonsum und Krebserkrankungen nachgewiesen wurde.

1993 stifteten Nora und Theodor Sterling den „Controversy Price", dotiert mit 5.000 Can$, und jährlich an der Simon Fraser University für standhaftes Eintreten für kontroversielle Überzeugungen zu vergeben: „The Sterling Prize honours work across disciplines that provokes and/or contributes to the understanding of controversy, while presenting new ways of looking at the world and challenging complacency." Der Preis wurde seither bis 2020-10-29 an insgesamt 26 Preisträger/innen vergeben.[162]

Theodor Sterling starb 2005 an einer Lungenentzündung, seine Frau Nora überlebte ihn um acht Jahre.

Ehrungen: 1978–80 President Computer Sci. Assoc.; Hon. Mention, A. Morrison Cressy Award in natural sci., New York Acad. of Sci.; 2001 Ehrendoktorat (Dr sci) der Simon Fraser Universität.

Nicht in MGP angeführt.

Ausgewählte Publikationen.

1. (gem mit John Phair, et. al., New Developments in Chronic Disease Epidemiology: Competing Risks and Eligibility. American Industrial Hygiene Association Journal 23.6 (1962): 433-446.
2. (mit MEDCOMP) Handbook of Computer Application in Biology and Medicine, Cincinnatti 1963
3. (gem mit Lichstein, M.; Scarpino, F.; Stuebing, D.) (1 April 1964). "Professional Computer Work for the Blind". Communications of the ACM. 7 (4): 228–230.
4. (gem mit Pollack S.V.). MEDCOMP, Part I: Statistical systems. Medical Computing Ctr., College of Medicine. U. of Cincinnati, Ohio 1964.
5. (gem mit S. V. Pollak), Computers and the Life Sciences. New York 1966
6. (gem mit S. V. Pollak), Introduction to Statistical Data Processing (Automatic Computation). New Jersey 1968
7. (gem mit S. V. Pollak), Computing and Computer Science: First Course with PL/1. New Jersey 1970
8. (gem mit S. V. Pollak), Computing and Computer Science: First Course with Fortran IV. New Jersey 1970
9. (gem mit Pollack, S.V.) Teaching simulators or ideal teaching machines. 1974

Theodor Sterling hat acht Bücher und 125 Arbeiten publiziert, die überwältigende Mehrheit davon über die Interpretation und Auswertung von Daten aus medizinischen Erhebungen und epidemiologischen Aufzeichnungen.

Im Zbl sind nur 5 mathematische Arbeiten dokumentiert.

Quellen. [277] Eintrag Sterling; Nachruf der Simon Fraser University; Informationsbroschüren der *Centers for Disease Control and Prevention* (CDC), seit 2004

---

[161] Pearl J., *Causality: Models, Reasoning, and Inference.* Cambridge University Press, 2000. Zitiert und auszugsweise wiedergegeben in: 2004 Surgeon General's Report—The Health Consequences of Smoking (PDF). Washington DC: Department of Health and Human Services, Centers for Disease Control and Prevention, National Center for Chronic Disease Prevention and Health Promotion, Office on Smoking and Health. 2004.

[162] Preisträgerin von 2020 war die Juristin Tamara Starblanket vom Stamme der Creek.

Hermann Waldinger

(Valentin)
*1923-06-17 Wien;   †2003-07-23 New York City, USA (mos.)

Sohn von Dr Ernst Waldinger (*1896-10-16 Wien-Neulerchenfeld; †1970-02-01 New York), bedeutender Lyriker und Essayist, und dessen Ehefrau Beatrice „Rosa" (*1896 New York; †1969 New York), geb Winternitz und Tochter von Sigmund Freuds Schwester Pauline Regine (*1864-05-03; †1942 Treblinka); Bruder von Ruth Waldinger (*1926-04-04 Wien; †1948-02-07 New York);

Foto: 1966, mit freundlicher Genehmigung von Roger Waldinger

Neffe (1) des Gartenarchitekten Alfred Waldinger (*1905 Wien; †1991 San Francisco; ebenfalls ein Verfasser von Gedichten) sowie von
(2) Dinah (*1898-07-27 Wien; †1984 Tivon, Israel) ∞ Alexander Frank [Tochter Gertrud] und
(3) Theo Waldinger (*1903 Wien-Ottakring; †1992-03-14 Chicago; Schriftsteller)

Hermann Waldinger ∞ 1948-08-30 Dr Renée (*1927-08-26 Wien; †2003 New York, Tochter von Maximilian und Leah Maria (geb. Nattel) Kessler), Romanistin und Übersetzerin von französischer Weltliteratur; 2 Kinder: Roger David (*1974, ∞ Hilary) und Ellen Sally; fünf Enkelkinder: Max, Miriam, Matteo, Joseph und Jeremy.

NS-Zeit. Waldinger floh 1938 zusammen mit seinen Eltern und seiner Schwester Ruth nach New York, USA; ebenso sein Onkel Theodor. Waldingers Großmutter Pauline Regine Winternitz, Schwester von Sigmund Freud, wurde 1942 in Treblinka ermordet. Seine spätere Frau Renée floh mit ihren Eltern 1941 nach New York.

Sowohl Waldingers Vater Ernst als auch sein Onkel Theodor waren bedeutende Schriftsteller und Literaten. Die beiden entstammten einer jüdischen Familie von Einwanderern aus Galizien, die auf der Neulerchenfelder Straße in Wien-Ottakring ein Schuhgeschäft führten. Ernst Waldinger promovierte 1921-07-25 mit einer germanistischen Dissertation über Heinrich Leuthold und den Formalismus.[163]. Er hatte bereits ab 1929 zahlreiche Gedichte veröffentlicht, so 1934 den Lyrikband „Die Kuppel". 1934 gehörte er zu den Gründern der *Vereinigung sozialistischer Schriftsteller*. Er war eng mit Viktor Matejka, Stefan Pollatschek und Elias Canetti befreundet. Onkel Theodor wurde vor allem durch seine autobiographischen Texte bekannt.

Hermanns Mutter Beatrice besaß die US-amerikanische Staatsbürgerschaft,[164] so konnte die Familie 1938 ohne Visa-Schwierigkeiten in die USA emigrieren.

---

[163] Universität Wien (UAW PH RA 5025)

[164] Alle auf US-Territorium geborenen Kinder erhalten de lege automatisch die US-Staatsbürgerschaft; Beatrice wurde in NY geboren. Ihre Mutter Regina Pauline Winternitz, geb Freud, war nach ihrer Heirat in die USA ausgewandert, kehrte aber nach dem Tode ihres Mannes 1900 wieder nach Wien zurück. Sie wurde 1942-06-28 mit Transport 29 von Wien nach Theresienstadt, dann mit Transport Bq weiter nach Treblinka deportiert und dort schließlich 1942-09-23 ermordet (Ermordetenliste der IKG, einzusehen im DÖW; Yad

Ganz einfach war die Flucht nicht, Vater Ernst Waldinger lag zum Zeitpunkt des „An-
schlusses" mit einem Rückenmarktumor im Spital, noch vor der dringend notwendigen
Operation wurde er von den Nazis aus dem Spital gewiesen. Immerhin konnte er, vor den
Verfolgern versteckt, wenigstens notdürftig von befreundeten Ärzten behandelt werden.
Hermann selbst wurde vom Besuch seiner Schule, dem Döblinger Gymnasium (heute G
19), ausgeschlossen, noch bevor er seine Matura ablegen konnte.

Mit seiner Familie reiste Hermann erst nach Paris, überquerte dann (nach einen Zwischenaufenthalt in London bei Beatrices Onkel Sigmund Freud) zu Schiff den Atlantik und kam
schließlich 1938-09 in New York an.

Hermanns Vater Ernst schlug sich in New York mit Gelegenheitstexten sowie als Schriftsteller und Verlagsangestellter durch. 1939 wurde er Mitglied des österreichischen PEN-Clubs;
er schrieb Beiträge für den „Aufbau" (New York) und beteiligte sich an der Emigranten-
zeitschrift „Austro American Tribune." 1944 gehörte er zu den Unterstützern von Wieland
Herzfelde bei der Gründung des Aurora-Verlags, Nachfolger des Malikverlags. 1947 fand
Waldinger senior schließlich eine Stelle als Professor für deutsche Literatur am Skidmore
College in Saratoga Springs im Staate New York, an der er bis zu seiner Pensionierung
1965 deutsche Sprache und Literatur lehrte.[165] Nach seiner Pensionierung kehrte er in die
Stadt New York zurück. 1969 erlitt er während eines Besuchs in Österreich einen Schlag-
anfall und wurde gelähmt nach New York zurückgebracht, wo er bis zu seinem Tod in
Intensivpflege verblieb.

Hermann Waldinger stieg nach seiner Ankunft in New York nicht in die Literatur ein.
Er schloss zunächst seine Mittelschulbildung ab, erwarb danach einen Bachelor-Grad in
Mathematik an dem privaten Pomona (liberal arts) College in Claremont, 1944 den Grad
eines Master of Science an der Brown University sowie die US-amerikanische Staatsbür-
gerschaft und beschloss seine Studien 1951 mit der Promotion zum PhD an der Columbia
University. Anschließend arbeitete er eine Zeit lang in Forschungsabteilungen der Indu-
strie. 1961 wurde er Professor an der New Yorker Polytechnic University in Brooklyn,
Tandon School of Engineering. Er starb 2003 an Komplikationen in Verbindung mit einer
Parkinson-Erkrankung.

Das Döblinger Gymnasium, das er nur bis zur fünften Klasse besuchen konnte, recherchierte
seinen Lebensweg in den USA und widmete ihm ein ehrenvolles Gedenken.

Ungeachtet der Inanspruchnahme durch Aufgaben in der Industrie widmete sich Hermann
Waldinger auch der Forschung in reiner Mathematik, hauptsächlich auf dem Gebiet der
Gruppentheorie, und da vor allem über Kommutatorgruppen und Konstruktionen mit freien
Gruppen.

Hermann Waldingers Sohn Roger Waldinger,[166] Nachkomme von zwei Generationen von
Flüchtlingen, ist Soziologe und hat sich mit Forschungen zur Migration einen Namen

---

Vashem Nr. 4795395 und 1003127; für weitere Einzelheiten vgl. z.B. die Anna-Freud-Biographie von
Elizabeth Young-Bruehl.)

[165] Ernst Waldinger besuchte nach dem Krieg drei Mal Österreich, 1960 wurde ihm der Literaturpreis der
Stadt Wien verliehen. Die Rückkehr nach Wien lehnte er wegen der NS-Erlebnisse seiner Familie ab.

[166] 1974 BA in Geschichte der Brown University, 1983 PhD in Soziologie von Harvard; seit 1990 Professor am Department für Soziologie der Universität von California, Los Angeles und Direktor des dort
beheimateten Zentrums für das Studium internationaler Migrationen.

gemacht; nach seinen eigenen Worten wurden diese Untersuchungen vom Schicksal seiner Eltern und Großeltern inspiriert. Politisch tritt er laufend als Gegner des Baus von Mauern zur Abwehr von Immigranten auf (zB 2019 auf der online-Informationsplattform Common Dreams).

(Keine Angaben in MGP)

Ehrungen: Eintrag auf der Gedenktafel des Döblinger Gymnasiums G 19.

Ausgewählte Publikationen.

1. A natural linear ordering of basic commutators. Proc. AMS **12** (1961), 140-147.
2. On the subgroups of the Picard group. Proc. AMS **16** (1965), 1373-1378.
3. On Extending Witt's Formula. J. Algebra **5** (1967), 41–58.
4. The lower central series of groups of a special class. J. Algebra **14** (1970, 229-244).
5. (mit Gaglione,A M), Generalizations of commutator identities of Struik obtained through the Magnus algebra. Houston J. Math. **20** (1994), 201–236.

Das Polytechnic Institute der New York Uni nennt 12 mathematische Publikationen Hermann Waldingers, die letzte von 1994. Zbl nennt 13.

Quellen. ÖNB Kurzbiographie Ernst Waldinger; Bolbecher, S und Kaiser, K, Lexikon der österreichischen Exilliteratur. Wien 2000, Eintrag Ernst Waldinger; Archiv des Döblinger Gymnasiums G19, Akt Hermann Waldinger; zur Familie Waldinger in Wien: Stein P, Abschlussarbeit an der Pädagogischen Hochschule Linz zum Lehrgang „Pädagogik an Gedächtnisorten", WS 2008/09 und SS 2009; vgl. auch die unten angegebene weiterführende Literatur.

Lit.: Theodor Waldinger, Mein Bruder E.W. Skizze seines Lebens, in: Ernst Waldinger, Noch vor dem jüngsten Tag, Salzburg 1990, 7–38; ders., Zwischen Ottakring und Chicago, Salzburg 1993. Österreichische Gelehrte im Ausland. Österreichische Hochschulzeitung, 15.10.1964; Waldinger R, Lee J, (2001). New Immigrants in Urban America. In: Waldinger, R. (Ed.), Strangers at the Gates: New Immigrants in Urban America, Berkeley, CA: University of California Press, pp 30–79.

Hans Felix Weinberger

*1928-09-27 Wien;   †2017-09-15 Durham, North Carolina, USA (mos bis 1946, danach Unitarier)

Sohn des Zahnärzte-Ehepaars Dr Walter (Moses) Weinberger (*1899-09-16 Karlsbad (heute Cz); †1974-05-08 Altoona, Pennsylvania) und Dr Rosalinde („Linda", *1905-05-11 Leipnik, Prerau (heute Cz); †2002-04-07 Minneapolis, Minnesota) Weinberger, geb. Haas; [∞ 1926 Pazmanitengasse Wien]

Neffe der Halbschwester seines Vaters Suzanne („Suse") (*1892-10-20 Paris; †1988-03-29 Philadelphia, PA), geb. Altschul, ∞ 1913 Max Altschuler (*1872-09-01 Speyer; †1948-01-11 Philadelphia USA), 2 Söhne, Herbert u. Otto Altschuler.

Foto: Archives of the Institute for Mathematics and its Applications (IMA), University of Minnesota (Detail); mit freundlicher Genehmigung.

Großeltern von Vaters Seite: Guglielmo (Wilhelm) Weinberger (*? Triest; †1941 Wien?) ∞ Eugenie Schanette (Jenny) Weinberger (*1868-08-14 Udritsch/Bochov, Bez. Karlsbad, (heute CZ); †1942-11-08 KZ-Ghetto Theresienstadt, an akuter Enteritis), geb Hirs(c)h, verwitw. [Kamil Koppelmann] Altschul.

Weinberger ∞ Laura Larrick; 2 Töchter: Catherine (*1959) ∞ Mark Sherwin und Sylvia (1961) ∞ Steve Hewitt; 1 Sohn: Ralph (*1962) Weinberger ∞ Katie; 8 Enkelkinder, 1 Urenkel

NS-Zeit. Weinbergers Familie floh 1938 per Schiff in die USA; Weinbergers Vater baute sich dort unter Schwierigkeiten eine Existenz als Zahnarzt auf. Die Großmutter väterlicherseits, Eugenie Schanette, wurde 1942-07-14 mit Transport 31 von Wien ins KZ-Ghetto Theresienstadt deportiert, wo sie 1942-11-08 starb.[167] Ihr Ehemann, Großvater Guglielmo, starb schon vorher, im Winter 1941, in Wien. Tante Suzanne und Onkel Max (Altschuler) entkamen 1939 mit ihren beiden Söhnen in die USA.

Auf dringendes Anraten eines Onkels von Mutters Seite flüchtete Hans Weinbergers Familie 1938 per Schiff in die USA, wo sie sich nach einer kleinen Odyssee, verursacht durch Probleme mit der Arzt-Lizenz für Weinbergers Vater (er musste nochmals ein Medizinstudium absolvieren), schließlich in Altoona, Pennsylvania, niederließ.

Bereits mit 17 Jahren zeigte Hans Weinberger in einem von Westinghouse 1945 veranstalteten Wettbewerb großes technisches Talent mit dem Entwurf eines sich selbst aufblasenden Rettungsgürtels. Folgerichtig studierte er Mathematik und Physik am Carnegie Institute of Technology in Pittsburgh (heute Carnegie Mellon University), erwarb 1948 seinen Mastergrad und promovierte dort 1950 bei Richard Duffin. Von 1950 bis 1960 hatte er eine Anstellung am Institute for Fluid Dynamics der University of Maryland; 1960 als visting associate Professor und 1961 als full Professor an der University of Minnesota.

---

[167] Yad Vashem Datenbank Nr 4950025, auch im DÖW und in der Datenbank von Theresienstadt.

Er verblieb dort, unterbrochen von Gastaufenthalten, bis zu seiner Emeritierung 1998;[168] 2016 übersiedelte er mit seiner Frau Laura nach North Carolina um näher bei seinen Kindern zu sein. In den Jahren 1967–69 war er an der Minnesota Universität Leiter des Mathematik-Departments.

Im Jahre 1979 rief die National Science Foundation (NSF) zur Unterbreitung von Vorschlägen für ein neu zu gründendes mathematisches Forschungsinstitut auf. Weinberger reichte, unterstützt von George Sell und Willard Miller einen solchen Vorschlag ein, der 1981 die Gründung des *Institute for Mathematics and its Applications* (IMA) an der Universität von Minnesota in die Wege leitete. Es wurde 1982 eröffnet und stand bis 1987 unter seiner tatkräftigen Leitung.

Neben seiner Tätigkeit an der Universität Minnesota hatte er nicht wenige temporäre Gastaufenthalte an renommierten Universitäten: 1960/67 am Courant Institute; 1970/71 an der University of Arizona; 1972/73 Stanford; 1983 bei der Japan Society for the Promotion of Science; 1987 University of Maryland; 1988 University of California, Los Angeles, 1988-04 Mathematical Sciences Research Institute, Berkeley; 1988-05 Mathematisches Forschungsinstitut, ETH Zürich; 1988-06 Mathematical Institute, University of Oxford.

Weinbergers Forschungen begannen mit partiellen Differentialgleichungen und verwandten Themen, sie weiteten sich über die Jahre in alle Gebiete der Angewandten Mathematik aus, mit einem deutlich erkennbaren Schwerpunkt auf Biomathematik, daneben aber auch auf die Mechanik deformierbarer Körper und Hydrodynamik. Eine Arbeit von 1990 ist der mathematischen Ökonomie gewidmet.

Weinberger betreute 9 Dissertationen, darunter die von Bert Hubbard, Roger Lui, John Osborne, and Su Jianzhong.

Ehrungen: 1981 Fellow of the American Association of Art and Science, 1986 of the American Academy of Arts and Sciences, 2012 American Mathematical Society.

Ausgewählte Publikationen. *Diss.*: (1950) *Fourier Transforms of Moebius Series (Richard Duffin)*.

1. A first course in partial differential equations with complex variables and transform methods. New York-Toronto-London 1965.
2. (mit Protter, M H) Maximum-principles in differential equations. (Corr. reprint. 1984) Prentice-Hall Partial Differential Equations Series. Englewood Cliffs, N.J 1967
3. (mit Aronson, D. G.), Multidimensional nonlinear diffusion arising in population genetics. Adv. Math. 30, 33-76 (1978).
4. Nonlinear diffusion in population genetics, combustion, and nerve pulse propagation. Zbl 0325.35050
5. (mit Aronson, D. G.) Partial differ. Equat. relat. Top., Tulane Univ. 1974, Lect. Notes Math. **446** (1975), 5-49.
6. Long-time behavior of a class of biological models. SIAM J. Math. Anal. **13** (1982), 353-396
7. Variational Methods for Eigenvalue Approximation. CBMS Regional Conference Series in Applied Mathematics **15** (1974), SIAM, Philadelphia.
8. (mit dem Nobelpreisträger von 2007 in Ökonomie, Leonid Hurwicz), A necessary condition for decentralization and an application to intertemporal allocation. J. Econ. Theory 51, No. 2, 313-345 (1990).

Zbl vermerkt mehr als 110 mathematische Publikationen, darunter 5 Bücher/Buchbeiträge (nach Weglassung von Fehlzuschreibungen wegen Namensgleichheit) Die letzte mathematische Publikation Weinbergers erschien 2015.

Quellen. Aronson et al., Notices Am. Math. Soc. 65, No. 7, 850-855 (2018) [ebenso: SIAM News 2018-07-02]; Math. Intell. **5** (1983), 64-66.

---

[168] Auch danach war er mathematisch sehr aktiv.

John (Hans) Wermer

*1927-04-04;   (mos)

Sohn des Internisten Dr Paul Wermer (*1898-02-03 Wien; †1975-11 New York) und dessen Frau Dr Eva (*1899-07-31 Wien; †1966-08-15 New York), geb Raudnitz, ebenfalls Ärztin; Neffe von Dr Heinz (Henry) Wermer (*1913-08-15 Wien; †1968-11-05) ∞ Dr Olga Speranza, geb Plachte (*1913-09-03, †? 2 Töchter); Enkel von Sonja Sofia Wermer, geb Goldstern (*1974-02-17 Odessa, Ukraine; †1927-04-28 Wien) [Übersetzerin für Russisch] und Dr Leopold Wermer (*1865-09-26 Tyrnau, Slowakei; †1941-05-06 Wien).

Zeichnung: W. R., nach einer Aufnahme von 2015-07-31; mit freundlicher Genehmigung von John Wermer und dem Yiddish Book Center Wexler Oral History Project; online unter (https://www.yiddishbookcenter.org/collections/oral-histories/excerpts/woh-ex-0004489/l, Zugriff 2023-03-02)

NS-Zeit.   Nach dem „Anschluss" hatten Wermers Eltern als Ärzte Berufsverbot und Schlimmeres zeichnete sich ab. So emigrierten sie 1939 mit ihm über England in die USA. Onkel Heinz und seine Familie schafften es ebenfalls in die USA; Großvater Leopold blieb in Wien und starb dort 1941.[169]

Hans Wermer entstammte einer Familie von Ärzten, sein Großvater Leopold Wermer war Zahnarzt, auch beide Eltern sowie Onkel und Tante waren Ärzte (letztere in der Psychiatrie tätig). Nach dem Zeugnis von Hans Wermer wurden seine Eltern und er selbst vom „Anschluss" überrascht, unternahmen aber dann sofort alles, um ihre Auswanderung zu bewerkstelligen. Es gelang ihnen, Visa für die USA zu bekommen, leider mit einer Nummer, die noch lange nicht aufgerufen wurde. Vater Paul konnte aber über einen in England ansässigen Arzt ein *affidavit* und damit eine Aufenthaltsgenehmigung für England bekommen; er reiste als erster nach London und erwirkte dort eine solche Genehmigung auch für Frau und Kind. Mutter Eva und Hans folgten Anfang 1939 per Zug und Fähre nach; sie konnten auf ihrer Reise keinerlei Wertsachen und nur (den Gegenwert von) öS 25.- an Bargeld mitnehmen.[170]

Wermer besuchte vor der Auswanderung gerade noch die erste Klasse des Gymnasiums in der Wiener Wasagasse, die fehlende Mittelschulausbildung holte er an High Schools in den USA nach. Die weiteren Karrierestufen waren:

---

[169] Sein Name befindet sich auf der DÖW-Liste Nr 4960216 und in der Datenbank des Jüdischen Museums Hohenems. Aus seiner Todfallsaufnahme von 1941-05-10 sind keine näheren Umstände seines Todes zu entnehmen.

[170] Die Schillingwährung blieb bis 1938-04-25 gesetzliches Zahlungsmittel; Schillinge konnten noch bis 1938-05-15 gegen Reichsmark eingetauscht werden. Der Wechselkurs betrug 1.50 öS für eine Reichsmark.

(1) Harvard Universität: 1947 BA, 1951 PhD, bei George Mackey;

(2) Yale Universität: 1951–52 Instructor, 1952–53 Postdoctoral Fellow, NSF, 1953–54 Instructor;

(3) Brown Universität: 1954–57 Assistant Professor, 1957–61 Associate, 1961–94 Full Professor, davon 1961–64 Alfred P. Sloan Fellow (1963–64 an der ETH Zürich), 1969–71 Chairman, Dept. of Mathematics, ab 1994 Professor Emeritus.

Nach seiner Emeritierung blieb er weiter wissenschaftlich aktiv, seine letzte Arbeit erschien 2000.

Wermers Forschungsinteressen umfassen Funktionentheorie, Potentialtheorie, Theorie der Operatoralgebren, Funktionenalgebren und Harmonische Analysis. Der Wermersche Maximalitätssatz trägt seinen Namen. Er besagt, dass die Unteralgebra A der auf dem Einheitskreis $\{z \in \mathbb{C} \mid |z| = 1\}$ stetigen Funktionen, die sich holomorph ins Innere des Einheitskreises fortsetzen lassen, abgeschlossen und maximal ist (s. die Arbeit 1. u.). Das Thema wurde auch von Walter ˃ Rudin und Günter Lumer behandelt.

MGP notiert 14 betreute Dissertationen

Ehrungen: 1956–57 und 1967–68 Mitglied IAS Princeton; 1961–64 Alfred P. Sloan Fellow; 1962 eingeladener Vortrag auf dem ICM in Stockholm; 1962 Mitglied der American Academy of Arts and Sciences und der American Association for the Advancement of Science; 1973 Foreign Member, Kungliga Vetenskaps-Societeten, Uppsala, Sweden; 1960-64 Sloan Fellow; L. Herbert Ballou University Professor (Brown University), 1992-

Ausgewählte Publikationen. *Diss.*: (1951) *On the Harmonic Analysis of Certain Groups and Semi-Groups of Operators (George Whitelaw Mackey, Harvard).*

1. On algebras of continuous functions. Proc. AMS. **4** (1953), 866–869
2. Polynomial approximation on an arc in $\mathbb{C}^3$ Annals of Math. **62** (1955), 269-270
3. Seminar über Funktionen-Algebren. Eidg. Technische Hochschule, Zürich. Winter-Semester 1963/64. Springer Lecture Notes in Mathematics 1. Berlin-Göttingen-Heidelberg (1964).
4. Banach algebras and several complex variables. Markham Mathematics Series. : Markham Publishing Company, Chicago, Ill., 1971; 2. Aufl. Springer GTM 35, 1976.
5. Potential theory. Springer Lecture Notes in Mathematics. 408. Berlin-Heidelberg-New York, 1974.
6. (mit Banchoff, T.) Linear algebra through geometry. Undergraduate Texts in Mathematics. Springer-Verlag, New York - Heidelberg - Berlin 1983.

Zbl meldet 103 mathematische Publikationen, darunter 9 Bücher.

Quellen. John Wermer's Oral History, John Wermer in conversation with Isaac Moore; Yiddish Book center, Wexler Oral History Project; Hohenems Genealogie unter (http://www.hohenemsgenealogie.at/gen/showmedia.php?mediaID=750&medialinkID=872, Zugriff 2023-02-21).

Lit.: Sigmund [320]; Reiter [268, p 278, 336].

Glossar

Alliierte Kommission für Österreich. Die 1945-07-04 gebildete alliierte Kommission für Österreich bestand aus dem Alliierten Rat, dem Exekutiv-Komitee und jeweils einem Stab der vier Besatzungsmächte. Sie war das österreichische Pendant zum Alliierten Kontrollrat für Deutschland und erfüllte sinngemäß die gleichen Aufgaben.

Amt Rosenberg (ARo). Bezeichnung einer 1934 eingerichteten Dienststelle für Kulturpolitik und Überwachungspolitik des NS-Chefideologen Alfred Rosenberg (und damit in Verbindung stehenden Einrichtungen).

Arisch – NS-Definition. Nach der Ersten Verordnung von 1935-11-14 zum Reichsbürgergesetz 1935-09-15 galten Personen als:

- Arisch oder deutschblütig, wenn unter den Großeltern keine Person der jüdischen Religion angehörte;
- Mischlinge 1. Grades, wenn genau ein Partner des Elternpaares deutschblütig war oder wenn jedes der zwei Großelternpaare genau einen jüdischen Partner aufwies, die Person selbst aber nicht der jüdischen Religion angehörte und auch keinen jüdischen Ehepartner hatte;
- Mischling 2. Grades, wenn genau ein Großelternpaar genau einen jüdischen Partner aufwies.

Mischlinge und Ehepartner von „Deutschblütigen" (Angehörige „privilegierter Mischehen", s.u.) waren in der Regel gerade noch „geduldet", unterlagen aber starken Einschränkungen.[171] Gemäß dem Beamtengesetz von 1937 wurden jüdische Mischlinge (beider Grade) aus dem Beamtenverhältnis entlassen, zwischen 1940 und 1943 auch Mischlinge 1. Grades aus der Wehrmacht, aus der HJ sowie vom Besuch der Haupt-, Berufs- und weiterführenden Schulen ausgeschlossen. Ab 1944 wurden Mischlinge 1. Grades auch zu Zwangsarbeit in der Organisation Todt verpflichtet. Als „Volljuden" galten alle Personen mit zwei jüdischen Elternteilen, unabhängig von der Konfession. Mischlinge, die sich zur

---

[171] Ausführliche Darstellung in Kniefacz und Posch [167].

jüdischen Religion bekannten, wurden „Geltungsjuden" genannt und grundsätzlich wie „Volljuden" behandelt, mussten einen gelben Judenstern an ihrer Kleidung tragen, einen weißen an ihrer Wohnungstür anbringen.

Bekenntnis der Professoren vom 11. November 1933. Auch: Bekenntnis der Professoren an den deutschen Universitäten und Hochschulen zu Adolf Hitler und dem nationalsozialistischen Staat. Öffentliche Ergebenheitsadresse und Gelöbnis von (meist in einem Dienstverhältnis stehenden) Hochschullehrern zur Feier der „nationalsozialistischen Revolution" in der Alberthalle in Leipzig. Die Auswirkungen für die Unterzeichner dieses Manifests für die weitere wissenschaftliche Karriere während und nach der NS-Zeit waren sehr unterschiedlich. Als Hinweis auf NS-Gefolgschaft nur sehr bedingt brauchbar.

Berufsbeamtengesetz (BBG). Abkürzung für „Gesetz zur Wiederherstellung des Berufsbeamtentums" von 1933-04-07. In der „Ostmark" 1938-05-31 durch die „Verordnung zur Neuordnung des österreichischen Berufsbeamtentums" in Kraft gesetzt.

Deutsche Studentenschaft (DSt). Gegründet 1919-07 als Dachverband aller deutschen Studentenvertretungen, er beanspruchte die Vertretung der Studierenden nicht nur im Deutschen Reich sondern auch in Österreich, außerdem der Studierenden an den Deutschen Hochschulen und Universitäten in der Tschechoslowakei und in Danzig.

Deutschnationale Volkspartei (DNVP). [172] Eine nationalkonservative Partei in der Weimarer Republik, deren Programm rechtsradikalen Nationalismus, Nationalliberalismus, Antisemitismus, kaiserlich-monarchistische sowie völkische Elemente vereinte. Nachdem sie anfänglich eindeutig republikfeindlich gesinnt gewesen war und beispielsweise den Kapp-Putsch von 1920 unterstützt hatte, beteiligte sie sich ab Mitte der 1920er Jahre zunehmend an Reichs- und Landesregierungen. Nach der Wahlniederlage von 1928 und der Wahl des Verlegers Alfred Hugenberg zum Parteivorsitzenden vertrat die Partei jedoch wieder extrem nationalistische Ansichten und Forderungen. Infolge der Kooperation mit der NSDAP verlor die DNVP ab 1930 zunehmend an Bedeutung. Nach der Selbstauflösung im Juni 1933 schlossen sich ihre Reichstagsabgeordneten der NSDAP-Fraktion an.

Dozent neuer Ordnung. Nach der Eingliederung Österreichs in NS-Deutschland wurden allen Privatdozenten und Privatdozentinnen die Lehrbefugnis (Venia legendi) entzogen, sie hatten bis 1938-09 einen Antrag auf eine „Dozentur neuer Ordnung" zu stellen. Diese Anträge waren vom jeweils zuständigen Dozentenbundführer und von der örtlichen Gauleitung zu begutachten. Hauptpunkte des Gutachtens waren arische Abstammung, politische Zuverlässigkeit, nationale Gesinnung. Juden hatten keine Chance, ihre Venia zu behalten. Nach der reichsdeutschen Habilitationsordnung wurde im wissenschaftlichen Teil des Habilitationsverfahrens zunächst der (in Österreich neugeschaffene akademische Grad des Dr.habil. erworben, der dann nach Überprüfung der „charakterlichen und weltanschaulichen" Eignung und bis zu drei Probevorträgen zur Verleihung der Venia Legendi (als Privatdozent) führte. Vor 1938 musste in Österreich jede Entscheidung des Fakultätskollegiums auf Erteilung der Lehrbefugnis vom Unterrichtsminister bestätigt werden; die Entscheidung der Fakultät wurde aber in der Regel akzeptiert.

---

[172] Nicht zu verwechseln mit der österreichischen Großdeutschen Volkspartei GDNVP.

Dozentenschaft. Die 1933 unter NS-Auspizien gebildeten Dozentenschaften vertraten die Nicht-Ordinarien (auch Nicht-Habilitierte) im Lehrkörper von Universitäten und Hochschulen. Zu ihren folgenschwersten Stellungnahmen gehörten politische Beurteilungen von Kandidaten bei Berufungen und von Anträgen auf Dienstreisen. Der Nationalsozialistische Deutsche Dozentenbund (NSD-Dozentenbund oder NSDDB) hatte gegenüber der Dozentenschaft eine Kontrollfunktion, der NSDDB-Führer war auch gleichzeitig Leiter der Dozentenschaft. Die Kompetenzen der Dozentenschaften und des NSDDB wurden ungeachtet der davon zu erwartenden bürokratischen Reibungsverluste bald nach ihrer Gründung zusammengelegt.

Enemy alien. Englische Bezeichnung für im Lande lebende Angehörige von Feindstaaten oder allgemein von Staaten im Konflikt mit dem Lande. In Großbritannien wurden diese, sofern männlich und über 14 Jahre alt, nach der Eskalation des Krieges und der Schlacht von Dünkirchen auf Anordnung Churchills 1940-05-12 interniert und meist auf dem Seeweg nach Übersee (Kanada, Australien, Indien) oder auf die Isle of Man deportiert, auch wenn es sich um Emigranten und Verfolgte des NS-Regimes handelte. Diese Weisung zur Internierung auch der NS-feindlichen Flüchtlinge geht auf Warnungen der holländischen Regierung vor möglicherweise unter Flüchtlingen versteckten deutschen Spionen zurück. Ausnahmen gab es auch bei in Mangelberufen tätigen Flüchtlingen. Wegen der deutschen U-Boote waren diese Transporte sehr riskant und kosteten einigen Hundert Flüchtlingen das Leben. Die britischen Übersee–Transporte per Schiff wurden 1942 wegen der im U-Bootkrieg aufgetretenen Verluste aufgegeben. "Enemy aliens" hatten ständig eine "Alien Registration Card" bei sich zu tragen und sich regelmäßig bei der Polizei zu melden. Für einige speziell ausgezeichnete Gebiete bestand für sie ein Betretungsverbot. In den USA wurden Flüchtlinge aus den NS-dominierten Gebieten zwar nicht automatisch interniert, hatten sich aber registrieren zu lassen und unterlagen wie in GB Einschränkungen in der Bewegungsfreiheit.

Entnazifizierung. In Österreich begann die Entnazifizierung nicht mit dem Potsdamer Abkommen sondern mit dem von der provisorischen Regierung Renner verabschiedeten „Verbotsgesetz" StGBl. Nr. 13/1945 von 1945-05-08 und dem folgenden „Kriegsverbrechergesetz" StGBl Nr. 32/1945 von 1945-06-28.[173] Aufgrund dieser Gesetze mussten sich alle Personen, die zwischen 1933-07-01 und 1945-04-27 Mitglied der NSDAP oder einer ihrer Organisationen gewesen waren, registrieren lassen und entsprechende Fragebögen ausfüllen. Sie waren bei der Nationalratswahl 1945 allgemein nicht wahlberechtigt. Betroffene Universitätslehrer konnten anfangs in schweren Fällen von der zuständigen alliierten Militärverwaltung interniert,[174] in anderen jedenfalls entlassen werden und ihre Venia legendi verlieren. Professoren, die aus dem „Altreich" gekommen waren und ihre Bestellung erst während der NS-Zeit erhalten hatten, wurden gewöhnlich ohne Verhandlung als „Nicht-

---

[173] Die wichtigste historische Darstellung zu diesem Thema ist noch immer: Dieter Stiefel, *Entnazifizierung in Österreich*, Wien 1981. Regionale Darstellungen finden sich in (Schuster W, Weber W, Hg) *Entnazifizierung im regionalen Vergleich*, Archiv der Stadt Linz, Linz 2004.

[174] Die Parteimitglieder wurden von den Besatzungsmächten vor allem in zwei Lagern, dem US-Camp im Internierungslager Glasenbach bei Salzburg und dem britischen Lager Wolfsberg in Kärnten, festgehalten. Die Sowjets überließen Internierungen, soweit die Sowjetunion nicht betroffen war, meist der österreichischen Gerichtsbarkeit.

Österreicher" aus dem Hochschuldienst entlassen. Professoren, die vor 1938 österreichische Staatsbürger gewesen waren, wurden auf ihre Position von vor 1938 zurückgestuft. 1947-02-17 folgte das Nationalsozialistengesetz (BGBl Nr. 25/1947), das umfassende Neuregelungen und vor allem die detaillierte Einstufung ehemaliger Parteigenossen in Minderbelastete („Mitläufer"), Belastete und Schwerbelastete („Kriegsverbrecher" und Verbrecher gegen die Menschlichkeit, zB NSDAP-Mitglieder vom Kreisleiter aufwärts) vorsah. Die Prüfung des Belastungsgrades geschah an Universitäten durch „Sonderkommissionen", sonst durch sogenannte „Volksgerichte" (1955 im Zuge des Staatsvertrags abgeschafft). Im Gegensatz zur Situation in Deutschland wurden nur ganz schwere Kriegsverbrecher an die alliierten Gerichte oder Gerichte von Opferstaaten übergeben. Für Minderbelastete und einfach Belastete waren „Sühnefolgen" vorgesehen, zB Wahlrechtsverlust (hauptsächlich für die Wahlen 1945), Geldstrafen, Abzüge bei Gehältern und Pensionen, Rückstufungen bei Vorrückungen, Arbeitseinsätze bei Aufräumarbeiten.

In der Novelle von 1948-04-28 wurde minderbelasteten Nationalsozialisten eine Amnestie gewährt, die die Sühnefolgen wesentlich abmilderte; trotzdem kamen auch 1948 noch nachträgliche Korrekturen von zu milden früheren Beurteilungen, manchmal auch nachträgliche Entlassungen vor (zB ˃ Wendelin). 1957 wurde das Kapitel „Entnazifizierung" durch eine „Generalamnestie" abgeschlossen, die die Wiedereinsetzung in frühere Funktionen möglich machte, aber nicht zwingend vorschrieb (Anton ˃ Huber).

Die Entnazifizierungsbemühungen verfolgten genau genommen drei Ziele: (1) NS-Propagandisten aus der öffentlichen Meinungsbildung und aus wichtigen öffentlichen Funktionen zu entfernen („Nazis aus dem Verkehr ziehen"),[175] (2) Unterstützer des NS-Regimes zur Verantwortung zu ziehen, (3) die Umerziehung von ehemaligen NS-Anhängern und „Anschluss"-Befürwortern zu patriotischen Österreichern.[176] Bis heute ist umstritten, inwieweit diese Ziele erreicht wurden oder überhaupt in absehbarer Zeit erreichbar waren.

Flaggenerlass. Das Hissen der Reichs- und Nationalflagge war nach den Nürnberger Gesetzen grundsätzlich allen „Juden und jüdisch Versippten" verboten. Da andererseits ein Beamter, der nicht die deutsche Flagge zeigen durfte, als „untragbar" galt, führte das zur Entlassung aller „Jüdischen oder jüdisch versippten" Beamten. (Runderlass von 1937-04-19 des REM) Das *Flaggengesetz* regelte dagegen nur das Aussehen der Reichs- und Nationalflagge.

Hitlerjugend (HJ). 1926 gegründet, wurde sie nach 1933 durch Gleichschaltung aller Jugendorganisationen zum einzigen staatlich anerkannten Jugendverband mit bis zu 8,7 Millionen Mitgliedern (98 Prozent aller deutschen Jugendlichen). 1939-03 wurde die „Jugenddienstpflicht" eingeführt: Alle Jugendlichen zwischen 10 und 18 Jahren mussten diese an zwei Tagen pro Woche ableisten. Der weibliche Zweig der Hitlerjugend hieß Bund deutscher Mädel (BDM) für die 14–18 jährigen Mädchen und Jungmädelbund für die 10-14 jährigen.

---

[175] Nicht zuletzt sollte die Bildung von im Untergrund tätigen „Werwolf"-Gruppen verhindert werden.

[176] Die Erziehung zu demokratischen Überzeugungen stand aber zunächst noch nicht im Vordergrund.

Hochschullager für Mathematiker in NS-Deutschland. Diese wurden 1934 von Ernst August Weiß (*1900-05-05 Strasbourg; †1942-02-09 Ostfront) propagiert, eingerichtet und durchgeführt, nach Kriegsbeginn 1939 wegen der Einberufung von Weiß zum Frontdienst eingestellt.[177] Über eine österreichische Beteiligung ist nichts bekannt. Grundsätzlich waren im NS-Staat angehende Dozenten zur Teilnahme an einem Dozentenlager, Studenten zur Teilnahme an einem Studentenlager verpflichtet, das für politische Indoktrination und körperliche Wehrtüchtigkeit zu sorgen hatte. Die pädagogische Besonderheit der von Weiß geleiteten Lager war der Einsatz der Mathematik als Mittel zur „Charakterbildung", durch Schulung des Denkens in streng geordneten, militärisch im NS-Sinn diszipliniert eingehaltenen Bahnen, wobei großer Wert auf Arbeit in kleinen Gruppen gelegt wurde. Mathematik sollte nicht „um ihrer selbst willen" oder vordergründig für Anwendungen betrieben werden, sondern als Erziehungsmaßnahme. Wegen des unleugbaren didaktischen Talents von Weiss waren diese „mathematischen Arbeitslager" trotzdem recht beliebt, sie fanden aber nur fünf Mal statt. (S. Segal in [53], pp 693–704.)

Hochschullager im Ständestaat. Diese wurden 1935-05, im Rahmen des „Hochschulerziehungsgesetzes", eingerichtet. Die ersten beiden Hochschullager fanden während der Sommerferien 1936 in zwei Turnussen zu je vier Wochen in Ossiach (Kärnten) und in Rotholz bei Jenbach (Tirol) statt (380 Teilnehmer); 1937 gab es zwei solche Lager in Ossiach, außerdem je eines auf dem Kreuzberg am Weißensee (Kärnten) und in Rotholz[178] (zusammen etwa 400 Teilnehmer). Die Teilnahme an einem dieser Lager war für jeden männlichen österreichischen neu eingeschriebenen Studierenden Pflicht, mit Ausnahme der über 30jährigen, der körperlich Ungeeigneten, sowie der Theologen und Studenten geistlichen Standes. Das Programm umfasste neben wehrsportlichen Übungen ein militärisches Training inklusive Übungen im Schießen und Veranstaltungen zur „Pflege des vaterländischen und des Wehr-Gedankens". Die Teilnehmer waren in Kameradschaften zusammengefasst und trugen während der Lagerdauer Einheitskleidung. Ähnliche Lager gab es auch für die letzten beiden Klassen der Obermittelschulen (mit Schwerpunkt Schießunterricht).[179] Das Vorbild der NS-Einrichtungen ähnlicher (oder gleicher) Zielsetzung ist unverkennbar. Nach dem Krieg fanden die Hochschullager unter neuer programmatischer Zielsetzung und mit internationaler Beteiligung eine Fortsetzung in Form der Alpbacher Hochschulwochen (ab 1949: Europäisches Forum Alpbach), die von dem bekannten Europa- und Kulturpolitiker Otto Molden und dem weniger bekannten Dozenten für Philosophie Simon Moser begründet und organisiert wurden. Moser war 1936 und 1937 einer der beiden „Bildungsleiter"

---

[177] Deutsche Mathematik **6** (1941), vor Seite 1. Karl ⟩ Strubecker verfasste im nächsten Band, **7** (1943), 254-298, auf E. A. Weiß einen Nachruf, in dem sowohl dessen NS-Karriere als SA-Mann, als auch seine mathematischen Ergebnisse und seine Lehrtätigkeit *sehr* ausführlich geschildert (und bewundert) werden.

[178] Rotholz war der Sitz einer landwirtschaftlichen Landeslehranstalt.

[179] Bundesgesetz, betreffend die Erziehungsaufgaben der Hochschulen. (Hochschulerziehungsgesetz). (Enthalten in dem am 1. Juli 1936 ausgegebenen 71. Stück des Bundesgesetzblattes unter Nr. 267.); vgl (https://geschichte.univie.ac.at/de/artikel/hochschullager-im-austrofaschismus, Zugriff 2023-03-02) und die damaligen Zeitungsberichte, zB *Innsbrucker Nachrichten* 1936-11-18, p1, *Das interessante Blatt* 1936-07-30, p2., und *Radio Wien* 1937-09-17 p6. Nähere Einzelheiten zu den Veranstaltungsprogrammen in der Diplomarbeit von Marianne Schlosser (Uni Wien 2012).

der ständestaatlichen Hochschullager gewesen; das Dorf Alpbach liegt nur etwa 17km von Jenbach/Rotholz entfernt.[180]

Kindertransporte. Die von jüdischen Hilfsorganisationen wie dem „Refugee Children's Movement" und von den Quakern organisierten Kindertransporte brachten während der letzten neun Monate vor dem Ausbruch des 2. Weltkriegs fast 10.000, hauptsächlich jüdische Kinder und Jugendliche im Alter von fünf bis siebzehn Jahren aus Deutschland, Österreich, der Tschechoslowakei, Polen, und der Freistadt Danzig nach Großbritannien. Die Kinder wurden nach ihrer Ankunft auf Pflegefamilien aufgeteilt oder in Kinderheimen, Schulen und Bauernhöfen untergebracht. Sehr oft waren diese Kinder die einzigen Holocaust-Überlebenden ihrer Familien. Das Programm wurde von der Britischen Regierung unterstützt, welche dafür einige Immigrationsbedingungen aufhob. Unterlagen über viele der mit den Kindertransporten nach Grossbritannien geretteten Kinder sind beim 1933 gegründeten "Central British Fund for German Jewry" (kurz "World Jewish Relief") archiviert. Die Kindertransporte begannen knapp sechs Wochen nach der Pogromnacht von 1938-11-09/10 und endeten zwei Tage vor dem Beginn des Zweiten Weltkriegs. Ein analoges, aber weniger bekanntes Projekt zur Rettung von Kindern gab es in Schweden, mit einigen Hundert geretteten Kindern.[181]

Lehramtsprüfung. Die österreichische Entsprechung des Staatsexamens für den Eintritt in den Höheren Schuldienst. Nach bestandener Lehramtsprüfung war ein Probejahr (analog der Referendarausbildung in Deutschland) zu absolvieren um in den Staatsdienst als Mittelschullehrer eintreten zu können.

Lehrkanzel. Entspricht in etwa dem deutschen „Lehrstuhl", mit dem Unterschied, dass in Deutschland der Inhaber eines Lehrstuhls notwendig Ordinarius war. In Österreich waren einige Lehrkanzeln von vornherein für ao Professoren eingerichtet, andere wurden zeitweise von Privatdozenten verwaltet. Heute gelten beide Begriffe als obsolet und werden nur im historischen Kontext verwendet.

Leopoldina. Die *Deutsche Akademie der Naturforscher Leopoldina* hat ihren Namen von Kaiser Leopold I. Sie wurde 1652 gegründet und ist damit die älteste naturwissenschaftlich-medizinische Gelehrtengesellschaft im deutschsprachigen Raum. Seit 2008-07-14 nationale Akademie der Wissenschaften Deutschlands.

Luftfahrtforschungsanstalt Hermann Göring (LFA, auch: LHG). Die Luftfahrtforschungsanstalt (LFA) wurde 1936 in Braunschweig errichtet, diente bis Kriegsende der militärischen Luftfahrtforschung[182] und war dem Reichsminister für Luftfahrt, Hermann Göring, unterstellt. Die LFA wurde 1938 in Luftfahrtforschungsanstalt Hermann Göring umbenannt (siehe Gustav ˃ Doetsch, Wolfgang ˃ Gröbner, Nikolaus ˃ Hofreiter, Ludwig ˃ Laub, Alexander ˃ Lippisch).

---

[180] Zu Simon Moser (*1901-03-15 Jenbach; †1988-07-22 Hall/Tirol) vgl. zB (https://gedenkbuch.univie.ac.at/person/simon-moser, Zugriff 2023-02-21) und (http://www.dietiwag.org/index.php?id=4630 Zugriff 2021-04-17). Moser war Mitglied sowohl des CV als auch der NSDAP. Er stieg bald nach Kriegsende zum tit ao in Innsbruck auf und wechselte 1952 nach Karlsruhe, wo er 1962 zum o Professor ernannt wurde.

[181] Hierzu: Glöckner O et al. (Hrsg, 2017), Deutschsprachige jüdische Migration nach Schweden. 1774 bis 1945. Walter de Gruyter GmbH, Berlin/Boston. (Besonders: Maier-Wolthausen C, auf pp 323–336.)

[182] Nach dem Krieg wieder von 1953–1969

Nationalsozialistische Volkswohlfahrt (NSV). Parteiorganisation der NSDAP, gegr. 1933-05-03 als eingetragener Verein. Die NSV war Staatsorganisation und Verein, nach dem Verbot der Arbeiterwohlfahrt die dominierende neben sieben verbliebenen Wohlfahrtsorganisationen. Die NSV war ähnlich wie die NSDAP organisiert, gegliedert in 40 Gau-, 813 Kreis-, 26138 Ortsverwaltungen, 97161 Zellen und 511689 Blocks. Monatsschrift *Nationalsozialistischer Volksdienst*; Buchreihe *Ewiges Deutschland*.

Nationalsozialistischer Deutscher Studentenbund (NSDStB). Siehe den Eintrag „Studentenvertretungen".

Nationalsozialistischer Deutscher Dozentenbund (NSDDB). Parteigliederung der NS-DAP, die 1935 auf Anordnung von Rudolf Heß durch Ausgliederung der Hochschullehrer vom NSLB entstand. Seine wichtigste Aufgabe war die politische Kontrolle über die Hochschullehrer. Der NSDDB war wie die anderen Parteigliederungen streng nach dem Führerprinzip organisiert und verwaltet, die Führer der lokalen NSDDB-Einheiten wurden vom Reichserziehungsminister Rust ernannt. Die führenden Mitglieder agitierten für die Enthebung von jüdischen oder anderweitig missliebigen Hochschullehrern, für deren Vertreibung und Enteignung, sie hatten ein Mitspracherecht bei den Neubesetzungen von akademischen Posten und gaben (gewöhnlich geheime) Gutachten zu Berufungslisten. 1938 gehörten rund ein Viertel der Hochschullehrer (und der wenigen Hochschullehrerinnen) dem NSDDB an. „Reichsdozentenführer" war 1935–1944 der Mediziner Walter Schultze, danach bis Kriegsende Gustav Adolf Scheel, ebenfalls ein Mediziner. 1945-10-10 vom Alliierten Kontrollrat aufgelöst.

Nationalsozialistischer Lehrerbund (NSLB). Eine der Nebenorganistationen der NSD-AP, die im Zuge der Gleichschaltung aus nationalen und lokalen beruflichen Vereinigungen entstanden. Zielgruppe des NSLB war die deutsche Lehrerschaft; alle anderen Vereine/Vereinigungen von Lehrern wurden in der NS-Zeit verboten. Der NSLB wurde 1929-04 von Hans Schemm (*1891-10-06 Bayreuth; †1935-03-05 Bayreuth) gegründet und von da an geleitet; Hitler gab wenige Monate später seine Zustimmung zur Anerkennung des NSLB als Unterorganisation der NSDAP. 1933 gliederte Schemm alle Pädagogenverbände Deutschlands in den NSLB ein. Nach dem Tod Schemms 1935 (bei einem Flugzeugabsturz) wurde Fritz Wächtler 'Reichswalter' des NSLB. Der NSLB bestand bis 1943-02-18 (kriegsbedingte Auflösung). Die Mathematik war im NSLB innerhalb der Fachgruppe „Reichssachgebiet Mathematik und Naturwissenschaften" vertreten. (Leiter: Kuno Fladt (*1889-06-09 Öhringen; †1977-08-27 Tübingen))
Verbandsorgan: 1929-08—1933-06 *Nationalsozialistische Lehrerzeitung. Kampfblatt des nationalsozialistischen Lehrerbundes* (NSLZ); von 1933-07—1938-03 *Reichszeitung der deutschen Erzieher. Nationalsozialistische Lehrerzeitung* (RZDE); 1938-04—1945-02 *Der Deutsche Erzieher. Reichszeitung des Nationalsozialistischen Lehrerbundes* (DDE).

Nationalsozialistisches Fliegerkorps (NSFK). Eine 1937-04-17 durch „Führererlass" geschaffene paramilitärische NS-Organisation, die aber, anders als SA, SS und NSKK, bis zu ihrer Auflösung 1945 keine Gliederung der NSDAP oder ihr angeschlossen war, sondern eine selbstständige Körperschaft öffentlichen Rechts bildete. Hervorgegangen aus Luftsportvereinen war ihre Aufgabe vor allem die vormilitärische Flugausbildung an Segelflugzeugen, Gleitfliegern und kleinen Motorflugzeugen als Vorschule zum späteren

Dienst in der Luftwaffe. Das NSFK unterstand unmittelbar dem Reichsluftfahrtminister Hermann Göring und wurde von dessen Ministerium finanziert. Leiter des NSFK war der Luftwaffengeneral Friedrich Christiansen, ab 1943 Generaloberst Alfred Keller.

Nationalsozialistisches Kraftfahrkorps (NSKK). Eine paramilitärische Unterorganisation der NSDAP mit Sitz in München; dieses Korps sollte vor allem die damals herrschende Begeisterung für Kraftfahrzeuge und Motorsport in den Dienst der NS-Propaganda stellen. Korpsführer war bis 1942 Adolf Hühnlein, danach Erwin Kraus; der Korpsführer war direkt Adolf Hitler unterstellt.

Nationalsozialistischer Bund Deutscher Technik (NSBDT). Nach der Einverleibung Österreichs in NS-Deutschland wurden auch alle berufsständischen Ingenieur-Vereine aufgelöst. Als offizielle Vertretungsorganisation diente von da an der durch Zwangsvereinigung aller technisch-wissenschaftlichen Verbände und Vereine gebildete und dem Hauptamt für Technik unterstellte „NS-Bund Deutscher Technik". Vor 1936-01-01 hieß er „NS-Bund Deutscher Techniker". 1945 vom Alliierten Kontrollrat verboten, sein Eigentum beschlagnahmt.

Nationalsozialistischer Deutscher Frontkämpferbund (NSDFB). Eine Neugründung von 1934-03-28 des früheren rechtsextremen Frontkämpferbundes „Stahlhelm".

Operation Paperclip. Unter diesem Decknamen[183] wurden ab Sommer 1945 etwa 450 führende Techniker und Wissenschaftler aus NS-Deutschland, in erster Linie Raketen- und Strahltriebwerk-Spezialisten, in die USA verbracht. Diese sollten dem Zugriff der Sowjets entzogen werden und die US-amerikanische Rüstungsindustrie unterstützen. Nach Direktiven von Präsident Truman hätten in diesen Personenkreis keine Kriegsverbrecher und NS-Schwerbelastete aufgenommen werden dürfen, was aber, wie später bekannt wurde, vielfach durch Manipulation der Personalunterlagen umgangen wurde. Das Projekt wurde unter ähnlichem Namen auf bis zu 1000 Betroffene ausgedehnt und zusammen mit Großbritannien fortgeführt (›Lippisch, ›Hofreiter).[184] Ein sowjetisches Gegenstück zur Operation Paperclip lief unter dem Decknamen Operazija Ossoawiachim, unter dieser Operation wurden 1946 etwa 2500 deutsche Experten, später noch weitere ca 20.000, aus der sowjetischen Besatzungszone in die UdSSR (die meisten unfreiwillig) transferiert, aber in den Jahren 1951–58 in die damalige DDR zurückgeführt. Anders als Wernher von Braun und sein Team spielten die in die UdSSR verbrachten Experten keine führende Rolle im sowjetischen Raketenprogramm, die in der UdSSR arbeitenden Raketenfachleute wurden schon ab 1950 mit anderen Aufgaben betraut.

Osenbergaktion. Am Amt für Planung des Reichsforschungsrats, das unter der Leitung des Materialwissenschaftlers Werner Osenberg (*1900-04-26 Zeitz; †1974-12-14 Renningen) stand, wurde seit 1942 eine Liste von einigen Tausend (kolportiert werden bis zu 15.000) Wissenschaftlern und Technikern zusammengestellt, die im Rahmen der später „Osenbergaktion" genannten systematischen Intervention bei Wehrmachtsdienststellen vom Frontdienst befreit oder ihm von vornherein zugunsten von Forschungstätigkeiten

---

[183] „Paperclip" bezieht sich auf die Büroklammern, mit denen die Akten der betreffenden Personen zusammengehalten und markiert wurden.

[184] Eine umfangreiche journalistische Aufarbeitung gibt Annie Jacobson in [155].

entzogen wurden.[185] Die Osenbergsche Liste war eine wesentliche Grundlage für die oben angeführte *Operation paperclip* und deren kurzfristigen Vorgänger *overcast* nach Kriegsende.[186] Zu den Nutznießern der Osenbergaktion zählte u.a. Rudolf ⟩ Bereis.[187] Man kann annehmen, dass auch bei anderen im Krieg vom Frontdienst befreiten Mathematikern die Osenbergaktion beteiligt war.[188]

Privilegierte Mischehen. Ehen, die noch vor der NS-Zeit geschlossen wurden, wobei genau einer der beiden Partner im NS-Jargon als „nichtarisch" eingestuft war. Die Verheimlichung des Status als „Nicht-Arier" vor der Verheiratung galt in der NS-Zeit als Scheidungsgrund.[189]

Reichsarbeitsdienst (RAD). Nach dem Gesetz für den Reichsarbeitsdienst von 1935-06-26 waren „alle jungen Deutschen beiderlei Geschlechts verpflichtet, ihrem Volk im Reichsarbeitsdienst zu dienen". Jung hieß: im Alter von 18 und 25 Jahren. Der RAD dauerte etwa sechs Monate und musste für Männer vor dem Frontdienst und für beide Geschlechter vor einem angestrebten Studium abgeleistet werden. Der RAD hatte in Österreich einen Vorläufer in Form des *Freiwilligen Arbeitsdiensts* (FAD), der nach einem Gesetz von 1932-08-18 zur Bekämpfung der Arbeitslosigkeit eingerichtet worden war und nach dem „Anschluss" im RAD aufging.

Reichserziehungsminister/-ministerium (REM). Vor 1934 wurden in Deutschland (wie auch nach dem Krieg wieder) die Bildungsagenda von den Kultusministerien der Länder verwaltet. 1934 wurden diese Agenden zentral dem Reichsministerium für Wissenschaft, Erziehung und Volksbildung, später auch kurz Reichserziehungsministerium genannt, un-

---

[185] In der Festschrift „125 Jahre Technische Hochschule Hannover 1831-1956" heißt es dazu im Abschnitt über die Geschichte der Fakultät für Maschinenwesen:

> *Forschungsarbeiten waren nach dem ‚Sieg' in Frankreich 1940 verboten worden; später zeigten sich die vernichtenden Auswirkungen dieses törichten Befehls. Viel zu spät gelang es schließlich W. Osenberg im Dezember 1943 [. . .] 5.000 Diplomingenieure aus der Front herauszulösen, die sogleich für Forschungsarbeiten eingesetzt wurden, und weitere 12.000 in den Forschungsinstituten.*

Diese Formulierung zeigt sehr deutlich das später in der Studentenrevolte so massiv gegeißelte, auch nach 1945 verbreitete „technokratische Selbstverständnis" von Lehrern an technischen Hochschulen, das sich ausschließlich an technischer Effizienz orientiert. — Und eine unterschwellige, nicht eingestandene, unreflektierte Sympathie für die NS-Kriegführung.

[186] Zumindest Teile der Osenberg-Kartei befinden sich im Bundesarchiv Koblenz.

[187] AT TUWA, Personalakt Rudolf Bereis, RZl 1689, fol. 79.

[188] In einer ähnlichen Aktion versuchten ab 1943 das REM, die Partei-Kanzlei der NSDAP und das Amt Rosenberg etwa 100 zum Wehrdienst eingezogene Geisteswissenschaftler uk stellen zu lassen. (vgl. Thiels, J (2004) *Nutzen und Grenzen des Generationenbegriffs für die Wissenschaftsgeschichte. Das Beispiel der „unabkömmlichen" Geisteswissenschaftler am Ende des Dritten Reiches*, in: Matthias Middell/Ulrike Thoms/Frank Uekoetter (Hg.), Veräumlichung, Vergleich, Generationalität. Dimensionen der Wissenschaftsgeschichte, Leipzig 2004, S.111-132.

[189] Eine ausführliche Untersuchung zur NS-Rechtsprechung zu Mischehen gibt Dieter Niksch in seiner Dissertation *Die sittliche Rechtfertigung des Widerspruchs gegen die Scheidung der zerrütteten Ehe in den Jahren 1938-1944. (Köln 1990)*. Zum Thema Mischehen in Wien vgl. die Arbeiten von Michaela Raggam-Blesch, Bibliographie online unter (https://www.oeaw.ac.at/ikt/publikationen/publikationen-mitarbeiterinnen/publikationen-michaela-raggam-blesch, Zugriff 2023-02-21).

terstellt. Reichserziehungsminister (REM) wurde Bernhard Rust (*1883-09-30 Hannover; †1945-05-08 Selbstmord).

Presseorgan: „Weltanschauung und Schule"

Reichsforschungsrat (RFR). 1937 von Erich Schumann[190] angeregtes Gremium, das zentral für die Planung der Forschung und insbesondere für die Vergabe von Mitteln für Forschungsvorhaben zuständig war. Ausgenommen war lediglich die Aeronautik, die dem Luftfahrtministerium (Hermann Göring) unterstand. Der RFR wurde 1942 reorganisiert, mit dem Ziel, die Forschung an den Universitäten und Hochschulen, sowie an staatlichen Forschungsinstituten wie denen des Kaiser-Wilhelm-Instituts (KWI) stärker den Erfordernissen der Kriegführung anzupassen. Es wurden 17 Fachsparten und ein Amt für Planung eingerichtet. Vertreter für die Mathematik im Reichsforschungsrat war ab 1943 Wilhelm Süss.[191]

Reichshabilitationsordnung (RHO). Nach dem Einmarsch 1938-03-11/12 wurde die bisherige österreichische Habilitationsordnung abgeschafft und statt dessen die reichsdeutsche (von 1934, novelliert 1939-02-17) in Kraft gesetzt. Das Habil-Verfahren bestand nun aus dem akademischen (fachlichen und didaktischen) Beurteilungsverfahren im zuständigen Dekanat, das zum Dr.habil. führte, und der eigentlichen Verleihung der Venia legendi (Lehrerlaubnis, Dozentur) nach einer Überprüfung durch das REM unter Verwendung von Gutachten der örtlichen Gauleitung und der örtlichen Dienststelle des NS-Dozentenbunds (charakterliche und weltanschauliche Bewertung). Nach Abschluss des akademischen Verfahrens konnte das Verfahren zur Verleihung der Venia noch ein Jahr und länger dauern. Für die Habilitation war grundsätzlich die Teilnahme an einem Dozentenlager vorgeschrieben. Nach dem Einmarsch mussten alle Privatdozenten (wenn sie nicht bereits eine beamtete Professur hatten) in der nunmehrigen Ostmark bis 1939-09-30 beim Rektorat einen Antrag auf Ernennung zum „Dozenten neuer Ordnung" stellen um ihre Venia aufrecht zu erhalten. Solchen Anträgen wurde keineswegs in allen Fällen stattgegeben. Als Dozenten neuer Ordnung wurden bestätigt: Kurt ˃ Gödel, Nikolaus ˃ Hofreiter, jedoch keiner der „Mischlinge" und „Jüdisch Versippten".

Reichsluftschutzbund RLB. 1933-04-29 von Göring gegründet, unterstand dem Reichsluftfahrtministerium. Zur Teilnahme an den Schulungen des RLB konnte nach dem Luftschutzgesetz von 1935-05-26 jeder verpflichtet werden. Aus der Mitgliedschaft zum RLB kann wohl nicht auf besondere NS-Nähe geschlossen werden.

Presseorgan *Die Sirene*.

Reichssicherheitshauptamt RSHA. Dieses wurde 1939-09-27 nach Kriegsbeginn von Reichsführer SS Heinrich Himmler durch Zusammenlegung von Sicherheitspolizei (Sipo) und Sicherheitsdienst (SD) gegründet. Das Amt verfügte über rund 3000 Mitarbeiter und

---

[190] Erich Schuhmann (*1898-01-05 Potsdam; †1985-04-25 Homberg-Hülsa) gab in seiner Habilitationsschrift 1929 erstmals eine technische Beschreibung der Rolle der Formanten für den Klangeindruck von Stimmen und Musikinstrumenten und erhielt dafür eine Professur ad personam. Schumann war bereits 1932 Pg und Leiter des Wehrpolitischen Amts der NSDAP; 1934–1944 leitete er die Forschungsabteilung des Heereswaffenamts, gleichzeitig war er Leiter der Institute Physik II und Theoretische Physik II der Universität Berlin (für Physik der Sprengstroffe).

[191] Vgl. die Fußnote auf Seite 36.

agierte in der NS-Zeit als zentrale Behörde für die Ausübung von Terror und Repression. Zu ihm gehörte als Amt IV das Geheime Staatspolizeiamt (Gestapo), das Regimegegner aufspüren und vernichten sollte.

Selbstmobilisierung. Ein seit einiger Zeit in der Literatur über die NS-Zeit besonders im Kontext der Ressourcenmobilisierung häufig verwendeter Begriff, der den freiwilligen persönlichen Einsatz einer Einzelperson oder einer Gruppe von Personen für Ziele der NSDAP bezeichnet. Es ist allerdings nicht in allen Fällen klar, inwieweit eine solche „Selbstmobilisierung" wirklich eine Unterstützung für die NS-Ziele bedeutete, oder ob es sich um vorgeschoben „kriegswichtige" Projekte handelte, die Wissenschaftler vor dem Fronteinsatz (oder auch nur vor dem Arbeitsdienst) retten oder mathematisch Begabten eine bezahlte Position bieten sollten. Musterbeispiele sind das „nicht dringliche, aber kriegswichtige" Projekt der Tafeln hypergeometrischer Funktionen von Frau ˃ Petschacher(vgl. pp. 65, 460), die Integraltafeln von ˃ Gröbner und ˃ Hofreiter, oder die von ˃ Bereis entwickelte Zeichenmaschine für Tragflügelprofile nach Zhukowskij (s. 158).

Society for the Protection of Science and Learning (SPSL). Sie hieß ursprünglich Academic Assistance Council und wurde 1933 von William Henry Beveridge, Leo Szilard, Lord Rutherford u.a. mit dem Ziel der Unterstützung von aus NS-Deutschland geflüchteten Wissenschaftlern/Hochschullehrern in London gegründet.[192]

Sonderkommissionen. Im Zuge der Entnazifizierungsmaßnahmen wurden (wie allgemein für Dienststellen der staatlichen Verwaltung) auch an den Universitäten und Hochschulen Sonderkommissionen eingerichtet, die über den Grad der NS-Verwicklung der Angehörigen zu entscheiden hatten (siehe den Eintrag Abschnitt 3.1 „Entnazifizierung").

Studentenvertretungen. Im Juli 1919 schlossen sich die Studentenausschüsse der deutschen, österreichischen und deutschsprachig-tschechischen Hochschulen auf dem „Ersten Allgemeinen Studententag" in Würzburg zur supranationalen Dachorganisation „Deutsche Studentenschaft" (DSt) zusammen. Die die DSt bildenden Studentenausschüsse unterstanden mehr oder weniger strikt den Behörden im jeweiligen Heimatland. Sehr bald nach der Gründung traten innerhalb der DSt und der Einzelausschüsse Konflikte über die Frage der Mitgliedschaft auf: Korporierte vs Nicht-Korporierte, konfessionelle vs nicht-konfessionelle, schließlich jüdische vs nicht-jüdische. Im Deutschen Reich glitt die DSt sehr bald ins nationale, später ins Lager der NSDAP-Anhänger ab, seit 1931 war die DSt vom Nationalsozialistischen Deutschen Studentenbund (NSDStB) beherrscht. In den Jahren 1933 bis 1938 gab es in Österreich als ständestaatliche Gegenorganisation die amtliche Hochschülerschaft Österreichs, geführt von einem vom Unterrichtsministerium eingesetzten „Sachwalter", der seinerseits „Sachwalter" an Einzel-Universitäten einsetzte.[193] Diese war bis zu ihrer Auflösung 1938 nie von besonderer Bedeutung.

In der Zweiten Republik wurde 1945-09 eine gesetzliche Studentenvertretung unter dem Namen „Österreichische Hochschülerschaft" (2005 gegendert zu „Österreichische

---

[192] Vgl. zB Zimmermann, D (2006), *The Society for the Protection of Science and Learning and the Politicization of British Science in the 1930s.* Minerva **44.1** (2006), 25–45.

[193] 1933 setzte der gesamtösterreichische Sachwalter Karl Stein an der Universität Wien Josef Klaus [Bundeskanzler der 2. Republik] als Sachwalter ein, dem bald darauf Heinrich Drimmel [Unterrichtsminister der 2. Republik] folgte.

Hochschüler- und Hochschülerinnenschaft"), kurz ÖH gegründet, der de lege alle in Österreich Studierenden angehören und dafür Mitgliedsbeiträge zu entrichten haben.[194] Die ÖH ist eine Körperschaft öffentlichen Rechts und vertritt die Studierenden allgemein in der Öffentlichkeit, in verschiedenen Universitätsgremien und gegenüber staatlichen Institutionen sowie auf EU-Ebene. Ihre Gremien werden nach einem Listenwahlrecht gewählt.

uk Unabkömmlichkeits-Stellung. Neben der Frontuntauglichkeit die wichtigste Möglichkeit der Rettung vor dem Fronteinsatz.

Wehrverbände der NSDAP. Zu diesen gehörten SA, SS, NSKK und NSFK.

---

[194] StGBl. Nr. 170/1945: Verordnung des Staatsamtes für Volksaufklärung, Unterricht und Erziehung vom 3. September 1945; BGBl. Nr. 174/1950: Hochschülerschaftsgesetz vom 12. Juli 1950.

Literaturverzeichnis

1. Abele A E, Neunzert H, Tobies R (Hrsg, 2003) Traumjob Mathematik! Berufswege von Frauen und Männern in der Mathematik. Spinger Basel AG, Basel
2. Aigner A (1985) Das Fach Mathematik an der Universität Graz. Publikationen aus dem Archiv der Universität Graz Bd 15 Akademische Druck- u Verlagsanstalt Graz
3. Albers D J, Alexanderson G L (2008), Mathematical People — Profiles and Interviews (Second Edition) A K Peters Ltd, Wellesley, Massachusetts, USA
4. Allmer F (1994) Erinnerungen an Prof Dr Bernhard Baule. Manuskript Graz 1994-04-29 (Diese wurden den Verfassern freundlicherweise von Detlef Gronau zugänglich gemacht)
5. Angetter D, Martischnig M (2005) Biografien österreichischer [Physiker]innen. Eine Auswahl. [Biografisches Handbuch österreichischer Physiker und Physikerinnen anlässlich einer Ausstellung des Österreichischen Staatsarchivs. Hrsg.: Österreichisches Staatsarchiv, A-1030 Wien, Nottendorfergasse 2, (https//www.zobodat.at/biografien/PHYSIKER_Biografien_Broschuere.pdf, Zugriff 2023-02-21)
6. Angetter D, Angetter E (2008) Gunther Burstyn (1879–1945). Sein „Panzer" – eine bahnbrechende Erfindung zur falschen Zeit am falschen Ort (= Österreichisches biographisches Lexikon Schriftenreihe Band 11) Verlag der österreichischen Akademie der Wissenschaften, Wien
7. anon. (2021) Katalog zur Ausstellung Nationalsozialismus & Volkshochschulen. Die Opfer unter den Vortragenden und Funktionärinnen: Selbstmord, Deportation, Exil und Überlebende. Wien 2021
8. Ash G H, Ehmer J (Hsg) (2015) Universität — Politik — Gesellschaft. V&R unipress Vienna University Press, Wien
9. Atten M van, Boldini P, Bourdeau M, Heinzmann G (Eds 2008) One Hundred Years of Intuitionism (1907-2007). The Cerisy Conference. Birkhäuser, Basel etc.
10. Atten M van (2015) Essays on Gödel's Reception of Leibniz, Husserl, and Brouwer. Springer, Berlin etc.
11. Baaz M, Papadimitriou C H, Putnam H W, Scott D S, Harper C L Jr. (Eds) (2011) Kurt Gödel and the Foundations of Mathematics. Horizons of Truth. Cambridge University Press
12. Barbin E, Menghini M, Volkert K (2019) Descriptive Geometry, The Spread of a Polytechnic Art: The Legacy of Gaspard Monge. Springer, Berlin etc.
13. de la Barra S C (2018), Das Verbrechen ohne Rechtfertigung. Mandelbaum Verlag, Wien-Berlin
14. Barrow J, Siegmund-Schultze R (2015) "The History of Applied Mathematics" in: The Princeton Companion to Applied Mathematics. Princeton Press, Princeton New Jersey
15. Bauer F L (1993) Kryptologie. Methoden und Maximen. Springer, Berlin etc
16. Bauer F L (2009) Historische Notizen zur Informatik. Springer, Berlin etc
17. Bauer H (1995), 50 Jahre Mathematisches Forschungsinstitut Oberwolfach: Verantwortung und Herausforderung. DMV-Mitt. 2/95: 10–14.
18. Bauer K (2017), Die dunklen Jahre: Politik und Alltag im nationalsozialistischen Österreich. 1938 bis 1945. Verlag S Fischer, Wien

© Der/die Herausgeber bzw. der/die Autor(en), exklusiv lizenziert an
Springer-Verlag GmbH, DE, ein Teil von Springer Nature 2023
W. A. F. Ruppert und P. W. Michor, *Mathematik in Österreich
und die NS-Zeit*, Mathematik im Kontext,
https://doi.org/10.1007/978-3-662-67100-9

19. Beckert H, Schumann H (1981), 100 Jahre Mathematisches Seminar der Karl-Marx-Universität Leipzig. VEB Deutscher Verlag der Wissenschaften, Berlin

20. Bečvář, J, Fuchs, E (Hrsg.)(2004), Mathematics throughout the ages. III. History of Mathematics 24 (Matematika v proměnách věků. III. Dějiny Matematiky.) [open access] Výzkumné Centrum pro Dějiny Vědy, Prague

21. Bečvářová M, Netuka I (2015) Karl Löwner and His Student Lipman Bers — Pre-war Prague Mathematicians. Heritage of European Mathematics European Mathematical Society Publishing House, Zürich

22. Bečvářova M (2016) Matematika na Německé univerzitě v Praze v letech 1882-1945. (Mathematik an der Deutschen Universität in Prag 1882–1945) Vydala Univerzita Karlova v Praze, Prag

23. Bečvářova M (2016) Women and mathematics at the Universities in Prague in the first half of the 20th century. Antiquitates Mathematicae 10(1) (2016), 133–167. (https://doi.org/10.14708/am.v10i0.1546)

24. Bečvářova M (2018) Gerhard Hermann Waldemar Kowalewski and his two Prague periods. Antiquitates Mathematicae 12(1) (2018), 111–159. (https://doi.org/10.14708/am.v12i0.6386)

25. Bečvářová M (2019) Doktorky matematiky na univerzitách v Praze 1900–1945. (Doktoren an Prager Universitäten 1900–1945) Charles University in Prague, Karolinum Press, Prag

26. Benz W, Distel B (2005, 2006) Der Ort des Terrors. Geschichte der nationalsozialistischen Konzentrationslager. (9 Bände) Besonders: Band 2 Frühe Lager, Dachau, Emslandlager, und Band 4 Flossenbürg, Mauthausen, Ravensbrück. Ch Beck, München

27. Beyerchen Alan D (1977) Scientists Under Hitler: Politics and the Physics Community in the Third Reich. Yale University Press, Yale

28. Biermann K R (1988) Die Mathematik und ihre Dozenten an der Berliner Universität 1810-1920: Stationen auf dem Wege eines mathematischen Zentrums von Weltgeltung. Akademie-Verlag, Berlin

29. Binder C (1992) Hilda Geiringer — ihre ersten Jahre in Amerika in: Sergei S Demidov u a (Hg) Amphora Festschrift für Hans Wussing zu seinem 65 Geburtstag. Birkhäuser Verlag Basel-Boston-Berlin . p 25–53

30. Binder C (1995) Beiträge zu einer Biographie von Hilda Geiringer.-Jugend und Studium in Wien. GAMM-Mitteilungen 1995, Heft 1., 61-72

31. Binder T, Fabian R, Höfer U (2001) Bausteine zu einer Geschichte der Philosophie an der Universität Graz. Verlag Rodopi, Amsterdam-New York

32. Blenk H (1941) Die Luftfahrtforschungsanstalt Hermann Göring, Ein Beitrag zur Geschichte, in: Boje W, Stuchtey K (Eds.) (1941), Beiträge zur Geschichte der Deutschen Luftfahrtwissenschaft und Technik, Springer Berlin, 461–561.

33. Blumesberger S, Doppelhofer M, Mauthe G (Hrsg) (2002) Handbuch österreichischer Autorinnen und Autoren jüdischer Herkunft 18. bis 20. Jahrhundert. Herausgegeben von der Österreichischen Nationalbibliothek/Bd 1–3. Verlag der ÖNB, Wien

34. Bollauf T (2010) Dienstmädchen-Emigration: die Flucht jüdischer Frauen aus Österreich und Deutschland nach England 1938/39. LIT Verlag Münster

35. Braun H (1989) Eine Frau und die Mathematik. 1933–1940. Der Beginn einer wissenschaftlichen Laufbahn, Herausgegeben von Max Koecher Springer Verlag, Berlin-etc.

36. Braunfeld PG, Dilley C, Rucker W (1967) A New UICSM Approach to Fractions for the Junior High School. The Mathematics Teacher March 1967:215–221.

37. Braunfeld P (1969) Stretchers and Shrinkers: the theory of fractions. Harper & Row, Illinois-New York

38. Broy M (Hrsg) (1991) Informatik und Mathematik. Springer-Verlag, Berlin etc.

39. Buldt B, Köhler E, Stöltzner M, Weibel P, DePauli-Schimanovich-Göttig W (Hrsg) (2002) Kurt Gödel: Wahrheit und Beweisbarkeit Band 2: Kompendium zum Werk. Verlag hpt, Wien

40. Burdman Feferman A, Feferman S (2004), Alfred Tarski: Life and Logic. Cambridge University Press, Cambridge UK

41. Butterweck H (2016) Nationalsozialisten vor dem Volksgericht Wien: Österreichs Ringen um Gerechtigkeit 1945-1955 in der zeitgenössischen öffentlichen Wahrnehmung. StudienVerlag, Innsbruck-Wien-Bozen

42. Butzer P L, Gieseler S, Kaufmann F, Nessel R J, Stark E L (1980) Eduard Helly (1884–1943). Eine nachträgliche Würdigung. Jahresber. Deutsch. Math.-Verein. 82 (3): 128–151.
43. Butzer P L, Nessel R J, Stark E L (1984) Eduard Helly (1884-1943) in memoriam Result Math 7:145-153
44. Casti J, DePauli W (2000) Godel: a life of logic, Perseus Publishing, Cambridge, Mass
45. Cermak E (1980) Beiträge zur Geschichte des Lehrkörpers der Philosophischen Fakultät der Universität Wien zwischen 1938 und 1945, phil. Diss. Wien [ungedruckt]
46. Christ A (1919) Deutschland, wir kommen! (Selbstverlag), Wien
47. Cohen G L (2006)Counting Australia. In: The People Organisations and Institutions of Australian Mathematics. Halstead Press, Canberra
48. Cormack AM (1994) My Connection with the Radon Transform. In: [110], p 32–35.
49. Dalaman C (1998) Die Türkei in ihrer Modernisierungsphase als Fluchtland für deutsche Exilanten. Dissertation bei Altvater am Otto-Suhr-Institut der FU Berlin, (https://vdocuments.site/ dalaman-cem-die-tuerkei-in-ihrer-modernisierungsphase-als-fluchtland-fuer-deutsche-exilanten. html, Zugriff 2023-02-21).
50. Dawson J W jr (1997) Logical Dilemmas. The Life and Work of Kurt Gödel. A K Peters Wellesley, Massachusetts
51. Deichmann U (2001) Flüchten, Mitmachen, Vergessen. Chemiker und Biochemiker im Nationalsozialismus. Wiley-VCH, Weinheim etc. Habilitationsschrift 2000
52. Dekker E (2016) The Viennese Students of Civilization: The Meaning and Context of Austrian Economics Reconsidered (Historical Perspectives on Modern Economics)
53. Demidov S S et al., (Hrsg, 1992) Amphora: Festschrift für Hans Wussing zu seinem 65. Geburtstag. Birkhäuser, Basel-Boston-Berlin
54. DePauli-Schimanovich W (2005) Kurt Gödel und die mathematische Logik (Band 5 von Europolis) im Eigenverlag, Wien
55. Dierker E, Sigmund K (Hrsg) (1998) Karl Menger. Ergebnisse eines Mathematischen Kolloquiums. Mit Beiträgen von J W Dawson jr, R Engelking, W Hildenbrand ,einem Geleitwort von G Debreu und einem Nachwort von F Alt. Springer, Wien
56. Dörflinger G (Hrsg) (2014) Mathematik in der Heidelberger Akademie der Wissenschaften. UB Heidelberg
57. Dreidemy L et al. (2015) Bananen, Cola, Zeitgeschichte: Oliver Rathkolb und das lange 20. Jahrhundert. Böhlau, Wien
58. Drüll D (2009) Heidelberger Gelehrtenlexikon 1933-1986. Springer, Berlin-Heidelberg
59. Dumbaugh, D, und Schwermer J (2013) Creating a Life: Emil Artin in America. Bulletin AMS **50** (2013), 321–330
60. Eberle H (2015) „Ein wertvolles Instrument": Die Universität Greifswald im Nationalsozialismus. Böhlau, Köln-Weimar
61. Ebner P (2002) Politik und Hochschule Die Hochschule für Bodenkultur 1914–1955 Franz Deuticke Verlag, Wien (= Forschungen und Beiträge zur Wiener Stadtgeschichte Band 37).
62. Ebner P (2017) Drei Säuberungswellen: Die Hochschule für Bodenkultur 1934, 1938, 1945. In: Koll J (Hsg) „Säuberungen" an österreichischen Hochschulen 1934–1945: Voraussetzungen, Prozesse, Folgen Böhlau Verlag Wien, pp 267–282
63. Ebner P, Mikoletzky J, Wiese A (2016) „Abgelehnt" . „Nicht tragbar" Verfolgte Studierende und Angehörige der TH in Wien nach dem „Anschluss" 1938. Veröffentlichungen des Universitätsarchivs der Technischen Universität Wien, Heft 11:2016-12
64. Eckart W U, Sellin V, Wolgast E (Hrsg) (2006) Die Universität Heidelberg im Nationalsozialismus. Springer, Heidelberg
65. Eckes C (2018) Organiser le recrutement de recenseurs français pour le Zentralblatt à l'automne 1940 : les premiers liens entre Harald Geppert, Helmut Hasse et Gaston Julia sous l'occupation. Rev. Hist. Math. **24** (2018), 259-329.
66. Eden, A, Irzik, G (2012) German mathematicians in exile in Turkey: Richard von Mises, William Prager, Hilda Geiringer, and their impact on Turkish mathematics. Hist. Math. **39**:432-459.
67. Einhorn R (1985) Vertreter der Mathematik und Geometrie an den Wiener Hochschulen 1900–1940 I,II (Dissertationen an der Technischen Universität Wien 43) Verband der wissenschaftlichen Gesellschaften Österreichs, Wien

68. Enderle-Burcel G, Reiter-Zatloukal I (Hrsg) (2018) Antisemitismus in Österreich 1933-1938. Vandenhoeck & Ruprecht, Wien
69. Epple M (1999) Die Entstehung der Knotentheorie: Kontexte und Konstruktionen einer modernen mathematischen Theorie (1 Aufl. Braunschweig.) Springer, Berlin etc
70. Erker L, Huber A, Taschwer K (2017, 2020) Von der „Pflegestätte nationalsozialistischer Opposition" zur „äußerst bedrohlichen Nebenregierung". Der Deutsche Klub vor und nach dem „Anschluss" 1938. Zeitgeschichte **44**.2 (2017), 78–97; in Buchform (und erweitert): Der Deutsche Klub. Austro-Nazis in der Hofburg. Czernin Verlag, Wien
71. Erker L (2017) Die Rückkehr der „Ehemaligen". Berufliche Reintegration von früheren Nationalsozialisten im akademischen Milieu in Wien nach 1945 und 1955. Zeitgeschichte **44**.3 (2017), 175–192
72. Erker L (2021) Die Universität Wien im Austrofaschismus: Österreichische Hochschulpolitik 1933 bis 1938, ihre Vorbedingungen und langfristigen Nachwirkungen. Vandenhoeck & Ruprecht, Wien
73. Exner G (2007) Bevölkerungsstatistik und Bevölkerungswissenschaft in Österreich 1938–1955. Böhlau Verlag, Wien
74. Fahlbusch M, Haar I, Pinwinkler A (2017) Handbuch der völkischen Wissenschaften: Akteure Netzwerke Forschungsprogramme. Walter de Gruyter GmbH & Co KG, Berlin
75. Feichtinger J (2001) Wissenschaft zwischen den Kulturen: österreichische Hochschullehrer in der Emigration 1933-1945. Campus Verlag, Frankfurt
76. Feichtinger J, Matis H, Sienell St, Uhl H (Hg) (2013) Die Akademie der Wissenschaften in Wien. 1938-1945. Katalog zur Ausstellung. Campus Verlag, Wien
77. Feichtinger J, Mazohl B (Hg.) (2022) Die Österreichische Akademie der Wissenschaften 1847–2022. Eine neue Akademiegeschichte. 3 Bde. Denkschriften der Gesamtakademie, 88 Verlag der ÖAW, Wien
78. Feichtinger J, Klemun M, Surman J, Svatek P (Hg) (2018) Wandlungen und Brüche: Wissenschaftsgeschichte als politische Geschichte. Vandenhoeck & Ruprecht, Göttingen
79. Fengler S, Luxbacher G (2011) „Aufrechterhaltung der gemeinsamen Kultur". Die Deutsche Forschungsgemeinschaft und die österreichisch-Deutsche Wissenschaftshilfe in der Zwischenkriegszeit. Ber z Wissenschaftsgeschichte 34:303–328
80. Fest J (1973) Adolf Hitler. Eine Biographie. Ullstein Verlag, Berlin
81. Figdor P P (2007), Biographien österreichischer Urologen, Wien 2007.
82. Fischer G, Hirzebruch F, Scharlau W, Törnig W (1990) Ein Jahrhundert Mathematik 1890-1990. Festschrift zum Jubiläum der DMV. Springer, Berlin + Vieweg, Wiesbaden
83. Fischer S (2011) „[. . .] grüßt die Tierärztliche Hochschule Wien ihre Brüder in deutscher Treue [. . .]" Die Tierärztliche Hochschule Wien im Schatten des Nationalsozialismus unter besonderer Berücksichtigung des klinischen Lehrkörpers. Dissertation Veterinärmedizinischen Universität Wien, Wien
84. Flachowsky S, Hachtmann R, Schmaltz F (2017) Ressourcenmobilisierung: Wissenschaftspolitik und Forschungspraxis im NS-Herrschaftssystem Wallstein Verlag, Göttingen
85. Flatscher H (hrsg) (1947) 75 Jahre Hochschule für Bodenkultur. 2 Bde. Festschrift, Wien
86. Fleck C (1987) Rückkehr unerwünscht. Der Weg der österreichischen Sozialforschung ins Exil. In: Stadler [329] Bd I, 182-213
87. Fleck C (1996) Autochthone Provinzialisierung: Universität und Wissenschaftspolitik nach dem Ende der nationalsozialistischen Herrschaft in Österreich. Österreichische Zeitschrift für Geschichtswissenschaften 7:67–92
88. Fleck (2000) Wie Neues nicht entsteht. Österreichische Zeitschrift für Geschichte 2000 Heft 11:129–177
89. Fleck C (2012) Steirische Hochschulen und Nationalsozialismus in: Halbrainer H Lamprecht G Mindler U (Hg) (2012) NS-Herrschaft in der Steiermark. Positionen und Diskurse. pp 491–501 De Gruyter, Wien
90. Fleck C (2015) Akademische Wanderlust. In: Grandner M, König T (Hsg. 2015) Reichweiten und Außensichten. Die Universität Wien als Schnittstelle wissenschaftlicher Entwicklungen und gesellschaftlicher Umbrüche V&R unipress, Wien
91. Føllesdal, DK (1999) Gödel and Husserl, In: Petitot J et al (eds.), Naturalizing Phenomenology: Issues in Cantemporary Phenomenology and Cognitive Science. Stanford University Press, Stanford. 385 - 400 Cambridge University Press, New York

92. Føllesdal D (2013) Husserl und Gödel. Ernst-Robert-Curtius-Vorlesung 2010. V&R Unipress, Bonn
93. Föllmer H, Küchler U (1998), "Richard von Mises." In Mathematics in Berlin, ed. Begehr H et al., 111–116. Berlin, Birkhäuser, Basel.
94. Frank P (1947) Einstein, his life and times. (Transl. from the German manuscript by George Rosen, ed. by Shuichi Kusaka.); Alfred Knopf XI, New York
95. Frank P (1949) Einstein. Sein Leben und seine Zeit. (Erste deutsche Ausgabe im Druck) List Verlag, München – Leipzig – Freiburg (spätere deutsche Ausgaben bei Vieweg, Braunschweig–Wiesbaden, und Springer international)
96. Frank W (1988) Emigration österreichischer Technikerinnen und Techniker. In Stadler [329].
97. Frei G, Roquette P (Hrsg), Lemmermeyer P (Mitw) (2008), Emil Artin und Helmut Hasse. Die Korrespondenz 1923– 1934, Univ.-Verlag Göttingen
98. Freiberger T (2014) Chemische Forschung und Industrie in Österreich zur Zeit des Nationalsozialismus. Diplomarbeit Universität Wien
99. Fritsch R (2001) Georg Pick und Ludwig Berwald – zwei Mathematiker an der Deutschen Universität in Prag. Schriften Sudetendeutsch. Akad Wissenschaft Künste Forschbeiträge Natwiss Kl. 22:9–16
100. Fritz R, Grzegorz, Rossolinski-Liebe G, Starek J (Hrsg) (2016) Alma mater Antisemitica: Akademisches Milieu, Juden und Antisemitismus an den Universitäten Europas zwischen 1918 und 1939. Beiträge zur Holocaustforschung des Wiener Wiesenthal Instituts für Holocaust-Studien (VWI) Bd 3. New Academic Press, Wien 16
101. Fritz H, Fritz H (Hrsg) (1988) Farben tragen, Farbe bekennen. 1938–45: katholische Korporierte in Widerstand und Verfolgung. 2. Aufl. Österreichischer Verein für Studentengeschichte, Wien
102. Fröschl K A, Müller G B, Olechowski T, Schmidt-Lauber B J (2015) Reflexive Innensichten aus der Universität: Disziplinengeschichten zwischen Wissenschaft, Gesellschaft und Politik. Vandenhoeck & Ruprecht, Wien
103. Frühstückl R (2018) »Mitten in den Problemen der Wirklichkeit Der Diskurs über die Angewandte Mathematik 1900–1945 und Transformationen der Disziplin am Beispiel Wien 1930–1945. Dissertation Universität Wien
104. Frühstückl R (2019) Historical Traces of Austrian Mathematicians in the First Half of the 20th Century. EMS Newsletter December 2019 (2019), 28–33
105. Garscha W R (2000) Entnazifizierung und gerichtliche Ahndung von NS—Verbrechen. in: Talos et al. [347]
106. Gedenkbuch der Universität Wien. (https://gedenkbuch.univie.ac.at/, Zugriff 2023-02-21)
107. Gehler M (1990) Studenten und Politik: Der Kampf um die Vorherrschaft an der Universität Innsbruck 1918–1938 (Innsbrucker Forschungen zur Zeitgeschichte, number 6.) Haymon Verlag, Innsbruck
108. Georgiadou M (2004) Constantin Carathéodory. Mathematics and Politics in Turbulent Times. Springer, Heidelberg
109. Gericke H (1972) 50 Jahre GAMM. Im Auftrag und unter Mitwirkung des Fachausschusses für die Geschichte der GAMM. J. Dörr, H. Görtler, G. Hämmerlin, E. Mettler Springer, Berlin–Heidelberg
110. Gindikin S, Michor P (Hrsg 1004), 75 Years of Radon Transform Wien 1994. International Press, Wien
111. Girlich H-J (2005) Johann Radon in Breslau (von 1928 bis 1945). in: Hykšová, Magdalena (ed.) et al., Wanderings through mathematics. Meeting on the history of mathematics, Rummelsberg near Nürnberg, Germany, May 4–8, 2005, Proceedings. ERV, Augsburg
112. Girlich H-J (2006) Johann Radon in Breslau. Zur Institutionalisierung der Mathematik. Śląska Republika Uczonych, Schlesische Gelehrtenrepublik, Slezská Vědezská Obec, ed. Marek Hałub/ Anna Mańko-Matysiak, vol.2, Wrocław 2006, 393-418.
113. GKP (Hrsg) (1985) Grenzfeste Deutsche Wissenschaft: Über Faschismus und Vergangenheitsbewältigung an der Universität Graz. Verlag Gesellschaftspolitik, Graz
114. Goebbels J (1943) Der geistige Arbeiter im Schicksalskampf des Reiches. Rede vor der Heidelberger Universität am Freitag dem 9 Juli 1943. F. Eher Nachf., München
115. Goller P, Oberkofler G (1993) „... daß auf der Universität für die Lehre die dort vertreten wird wirkliche Gründe gegeben werden!" Wolfgang Gröbner (1899—1980) Mathematiker und Freidenker in: Zentralbibliothek für Physik in Wien (Hrsg): Österreichische Mathematik und Physik: Wolfgang Gröbner - Richard von Mises - Wolfgang Pauli. Universitätsverlag Wagner, Wien

116. Goller P, Oberkofler G (2003) Universität Innsbruck. Entnazifizierung und Rehabilitierung von Nazikadern (1945–1950). Bader, Innsbruck
117. Goller P, Tidl G (2012) Jubel ohne Ende. Die Universität Innsbruck im März 1938, Löcker Verlag, Wien.
118. Goodstein J (2018) Einstein's Italian mathematicians. Ricci, Levi-civita, and the birth of general relativity. AMS, Providence, Rhode Island
119. Graf-Stuhlhofer F (1995) Die Akademie der Wissenschaften in Wien im Dritten Reich in: Christoph J Scriba (Hrsg): Die Elite der Nation im Dritten Reich. Das Verhältnis von Akademien und ihrem wissenschaftlichen Umfeld zum Nationalsozialismus. Acta historica Leopoldina Halle/Saale 22:133–159
120. Graf-Stuhlhofer F (1998) Opportunisten, Sympathisanten und Beamte. Unterstützung des NS-Systems in der Wiener Akademie der Wissenschaften, dargestellt am Wirken Nadlers, Srbiks und Meisters. In: Themenheft „Zum 60Jahrestag der Vertreibung der jüdischen Kollegen aus der Wiener medizinischen Fakultät", Wiener Klinische Wochenschrift 110:152–157.
121. Graham L, Kantor J-M (2009), Naming infinity: A true story of religious mysticism and mathematical creativity, Belknap Press of Harvard University Press. [Nach Neretin u.a. in Details häufig unverlässlich, trotzdem interessant zu lesen.]
122. Grandner M, Heiss H, Rathkolb O (Hg) (2005) Zukunft mit Altlasten. Die Universität Wien 1945 bis 1955. StudienVerlag, Innsbruck-Wien-München 2005.
123. Gronau D (2010) Wiederbesetzung der Lehrkanzel für Mathematik in Graz 1946. Beiträge zur Geschichte der Mathematik. Grazer Math Ber 355:67-92 (https://imsc.uni-graz.at/gronau/Graz46.pdf, Zugriff 2023-02-21)
124. Gronau D (2012) Eine Professur für Mathematik in Graz 1946. In: Fischer H, Deschauer S (Hrsg) Zeitläufe der Mathematik Tagung zur Geschichte der Mathematik Freising 2011 ALGORISMUS Heft 77:91 – 98. Dr Erwin Rauner Verlag, Augsburg
125. Großmann W, Wertz W (Hrsg., 1989) Festschrift zum 70. Geburtstag von Prof. Dr. Leopold Schmetterer Österr. Zeitschrift f. Statistik und Informatik 19 (1989.2), 167–263. ORAC Verlag, Wien
126. Grötschel I (2008) Das mathematische Berlin – Historische Spuren und aktuelle Szene. Berlin, Story Verlag
127. Grüttner M (1995) Studenten im Dritten Reich. Paderborn – München, Schöningh Verlag
128. Grüttner M (Hrsg.) (2004) Biographisches Lexikon zur nationalsozialistischen Wissenschaftspolitik (= Studien zur Wissenschafts- und Universitätsgeschichte Bd. 6). Synchron Wissenschaftsverlag der Autoren, Heidelberg
129. Gschiel Ch, Nimeth U, Weidinger L (2010) Schneidern und sammeln: die Wiener Familie Rothberger Böhlau Verlag, Wien
130. Halmos P R (1985) I want to be a mathematician. An automathography. Springer-Berlin-Heidelberg-New York, 1985.
131. Hamann B (1996) Hitlers Wien. Lehrjahre eines Diktators. Piper, Wien (Taschenausgabe 1998, engl. translat.: Hitler's Vienna. A Dictator's Apprenticeship. (übers. Thomas Thornton) Oxford Paperbacks, Oxford 1999.) [Hamanns These, Hitler sei in Wien noch kein Antisemit gewesen, gilt heute als nicht mehr haltbar.]
132. Hartmann G (2011) Der CV in Österreich. Seine Entstehung, seine Geschichte, seine Bedeutung. Lahn Verlag Kevelaer
133. Hartmann, U (2009) Heinrich Behnke (1898 1979). Zwischen Mathematik und deren Didaktik. Peter Lang, Frankfurt etc.
134. Haupt O (1988) Erinnerungen des Mathematikers Otto Haupt. Als Manuskript online. Archiv der Univerität Erlangen, Erlangen 1988, (online https://docplayer.org/163017818-Erinnerungen-des-mathematikers-otto-haupt.html, Zugriff 2023-02-21)
135. Hecht DJ, Jüdische Jugendliche während der Shoah in Wien. Der Freundeskreis von Ilse und Kurt Mezei. In [195], pp 99–116
136. Heiber H (1994) Universität unterm Hakenkreuz, Teil II. Die Kapitulation der Hohen Schulen. Das Jahr 1933 und seine Themen. Band 2. K.W. Saur, München etc.
137. Heidelberger Transkriptionen (2007) Die Korrespondenz Helmut Hasse – Wilhelm Süss. Heidelberg e-manuscripts, (https://www.mathi.uni-heidelberg.de/~roquette/Transkriptionen/HASSUE_070201.pdf, Zugriff 2023-02-21)

138. Heiß G, Mattl S, Meissl S, Saurer E, Stuhlpfarrer K (1989) Willfährige Wissenschaft Die Universität Wien 1938–1945. Österreichische Texte zur Gesellschaftskritik 43. Verlag für Gesellschaftskritik, Wien

139. Hentschel K, Hentschel A M (1996) Physics and National Socialism: An Anthology of Primary Sources. Birkhäuser, Wien

140. Herz M F (1984) Understanding Austria. The Political Reports and Analyses of Martin F. Herz, Political Officer of the US Legation in Vienna 1945–1948. (hg Wagnleitner R) Verlag Wolfgang Neugebauer, Salzburg.

141. Hildebrand K (2003) Das Dritte Reich. Oldenbourg Verlag, München 03

142. Hlawka E (1996) Olga Taussky-Todd in: Almanach der österreichischen Akademie der Wissenschaften 146:21–433.

143. Hlawka E (2001) Edmund Hlawka. Classics of World Science (ed by S Moskaliuk), Kiev

144. Hochkirchen, T (1998) Wahrscheinlichkeitsrechnung im Spannungsfeld von Maß- und Häufigkeitstheorie – Leben und Werk des „Deutschen" Mathematikers Erhard Tornier. NTM **6**: 22-41 [Leserzuschrift: ebenda, p 257]

145. Hofer H K (1987) Deutsche Mathematik. Versuch einer Begriffserklärung. Dissertation am Institut für Zeitgeschichte, Universität Wien

146. Huber A (2011) Universität und Disziplin: Angehörige der Universität Wien und der Nationalsozialismus LIT Verlag, Münster

147. Huber A (2012) Eliten/dis/kontinuitäten. Kollektivporträt der im Nationalsozialismus aus »politischen« Gründen vertriebenen Hochschullehrer der Universität Wien. Diplomarbeit Universität Wien.

148. Huber A (2016) Rückkehr unerwünscht. Im Nationalsozialismus aus »politischen« Gründen vertriebene Lehrende der Universität Wien. LIT Verlag, Wien

149. Huber A (2016) Rückkehr erwünscht. Im Nationalsozialismus aus „politischen" Gründen vertriebene Lehrende der Uni Wien. Reihe: Emigration - Exil - Kontinuität. Schriften zur zeitgeschichtlichen Kultur- und Wissenschaftsforschung Bd. 14. LIT Verlag, Münster

150. Huber A (2020) Mitgliederverzeichnis des Deutschen Klubs vom 30. September 1939. Online erreichbar unter (https://www.academia.edu/42097329/Mitgliederverzeichnis_des_Deutschen_Klubs_vom_30._September_1939, Zugriff 2023-02-21)

151. Huber A (2020) Kornblume und Hakenkreuz. Die Mitglieder des Deutschen Klubs 1908 bis 1939. (https://www.academia.edu/42038355/Kornblume_und_Hakenkreuz._Die_Mitglieder_des_Deutschen_Klubs_1908_bis_1939, Zugriff 2023-02-21)

152. Huckle T (o.J.) Jüdische Mathematiker im Dritten Reich. (https://www5.in.tum.de/~huckle/evenari.pdf, Zugriff 2023-02-21)

153. Hunger Parshall K, Rice A C (eds) (2002) Mathematics Unbound: The Evolution of an International Mathematical Research Community, 1800-1945 AMS, Providence, Rhode Island

154. Inachin K T (2001) „Märtyrer mit einem kleinen Häuflein Getreuer" Der erste Gauleiter der NSDAP in Pommern — Karl Theodor Vahlen. Vierteljahreshefte für Zeitgeschichte **49**:31–51.

155. Jacobson A (2014) Operation Paperclip: The Secret Intelligence Program that Brought Nazi Scientists to America. Little Brown and Company, New York

156. Jarausch K, Middell M, Vogt A (2014) Geschichte der Universität Unter den Linden 1810-2010: Sozialistisches Experiment und Erneuerung in der Demokratie - die Humboldt-Universität zu Berlin 1945-2010. Walter de Gruyter, Berlin

157. Jones A, Proust C, Steele JM (2016) A Mathematician's Journeys. Otto Neugebauer and Modern Transformations of Ancient Science. Springer, Heidelberg etc.

158. Josefovičová M (2017) Německá vysoká škola technická v Praze (1938–1945) Struktura, správa, lidé [Deutsche Technische Universität Prag (1938–1945): Struktur, Verwaltung, Personen] Karolinum, Prag

159. Kammer f. Arbeiter u. Angestellte in Wien (Hrsg) (1930), Handbuch der Frauenarbeit in Österreich. Verlag Ueberreuter, Wien

160. Karner S (1980) Österreichs Rüstungsindustrie 1944. Ansätze zu einer Strukturanalyse. Z. f. Unternehmensgeschichte **25**:179–206

161. Keintzel B, Korotin I (2002) Wissenschafterinnen in und aus Österreich: Leben - Werk - Wirken. Böhlau, Wien

162. Kernbauer A (2017) Frauen an der Reichsuniversität Graz 1938–1945 in: GeschlechterGeschichten **47**:201-22
163. Kernbauer A (2019) Der Nationalsozialismus im Mikrokosmos. Die Universität Graz 1938. Analyse – Dokumentation – Gedenkbuch, Band 48 Akademische Druck- und Verlagsgesellschaft, Graz
164. Kerschbaum F, Posch TH, Lackner K (2006) Die Wiener Universitätssternwarte und Bruno Thüring Acta Historica Astronomiae 28:185-202.
165. Kesseler M, Lützeler M P (2015) Broch Handbuch. de Gruyter, Berlin
166. Kleisli H (2010) Zur Geschichte des Mathematischen Instituts der Universität Freiburg (Schweiz). in: Colbois B, Riedtmann C, Schroeder V (Hrsg) Schweizerische Mathematische Gesellschaft 1910-2010. European Mathematical Society, Madrid
167. Kniefacz K, Posch H (2016) „. . . unter Vorbehalt des Widerrufes" — Jüdische Mischlinge an der Universität Wien 1938—1945. Zeitgeschichte **43**.5 (2016), 275–307.
168. Knobloch E (1998) Mathematik an der Technischen Hochschule und der Technischen Universität Berlin 1770-1988. Verlag Bibspider, Berlin
169. Knobloch Ch (2012) In Deutschland angekommen: Erinnerungen. DVA, München
170. Köhler E, Weibel P, Stöltzner M, Buldt B, DePauli-Schimanovich-Göttig W (Hrsg) (2002) Kurt Gödel: Wahrheit & Beweisbarkeit Band 1: Dokumente und historische Analysen hpt, Wien
171. Koll J (2015) Arthur Seyß-Inquart und die deutsche Besatzungspolitik in den Niederlanden (1940-1945). Böhlau Verlag, Wien
172. Koll J (2017) „Säuberungen" an österreichischen Hochschulen 1934–1945: Voraussetzungen Prozesse Folgen. Böhlau Verlag, Wien
173. Koll J, Pinwinkler A (2019) Zuviel der Ehre?: Interdisziplinäre Perspektiven auf akademische Ehrungen in Deutschland und Österreich. Vandenhoeck & Ruprecht, Wien 2019
174. Korotin I (Hrsg) (2016) biografiA. Lexikon österreichischer Frauen. Bd 1: A–H, Bd 2: I–O, Bd 3: P–Z, Bd 4: Register. Böhlau Verlag, Wien
175. Korotin I, Stupnick N (Hrsg) (2018) Biografien bedeutender österreichischer Wissenschafterinnen »Die Neugier treibt mich, Fragen zu stellen« Böhlau Verlag, Wien-Köln-Weimar (Vorgängerpublikation: Wissenschafterinnen in und aus Österreich 2000) online im Austria-Forum
176. Kosmann-Schwarzbach Y (2010), The Noether Theorems, Invariance and Conservation Laws in the Twentieth Century (translated by Bertram E. Schwarzbach) Springer Science+Business Media
177. Kreisel Georg (1980) Kurt Gödel, 28 April 1906-14 January 1978. Biographical memoirs of Fellows of the Royal Society 26, 148-224; corrections, ibid. 27, 697, and 28, 718.
178. Kriechbaumer R (2002) Der Geschmack der Vergänglichkeit: Jüdische Sommerfrische in Salzburg. Böhlau, Wien
179. Krönig W, Müller K-D, Schöffler H (1990) Nachkriegs-Semester: Studium in Kriegs- und Nachkriegszeit. Franz Steiner Verlag, Stuttgart
180. Kürschners Deutscher Gelehrtenkalender. Personen, Publikationen, Kontakte. Datenbank / De Gruyter / 2193-2786 / 16.11.2010 (https://www.degruyter.com/view/db/kdgo, Zugriff 2023-02-21)
181. Kusternig A (2002) Die „Große Flucht" und die „Lageruniversität" Das Lager für kriegsgefangene französische Offiziere OFLAG XVII A Edelbach In: Bezemek E (Hsg) Heimat Allentsteig 1848-2002. Mit Beiträgen zur Geschichte der Katastralgemeinden Bernschlag, Reinsbach, Thaya, Zwinzen, Allentsteig. pp 271–317 Verlag Allentsteig, Allentsteig
182. Kusternig A (2005) Zwischen „Lageruniversität" und Widerstand. Französische Kriegsgefangene Offiziere im Oflag XVII A Edelbach. In: Bischof G et al. (Hrsg.) Kriegsgefangene des Zweiten Weltkrieges. Gefangennahme – Lagerleben – Rückkehr, Wien-München 2005, pp 352-397.
183. Adolph Lehmann's allgemeiner Wohnungs-Anzeiger. Als Datenbank online erreichbar unter (https://www.digital.wienbibliothek.at/periodical/titleinfo/5311, Zugriff 2023-03-02).
184. Lehto O (1998) Mathematics Without Borders. A History of the International Mathematical Union 1998. Springer, Berlin etc
185. Lemmermeyer F, Roquette P (Hrsg) (2016) Der Briefwechsel Hasse - Scholz - Taussky Uni-Verlag Göttingen. (https://library.oapen.org/bitstream/id/99c2a357-df85-435f-a1bf-015f0384d153/hasse-scholz-taussky.pdf, Zugriff 2023-02-21)
186. Leonard, R J (1998) The History of Science Society, Ethics and the Excluded Middle: Karl Menger and Social Science in Interwar Vienna. Isis **89** (1): 1-26.

187. Leonard, R J (2010) Von Neumann, Morgenstern, and the Creation of Game Theory: From Chess to Social Science, 1900-1960. Cambridge University Press, Cambridge Mass..

188. Leonard, R J (2011) The Collapse of Interwar Vienna: Oskar Morgenstern's Community, 1925–50. History of Political Economy **43** (1) (February 28): 83-130.

189. Lichtenberger-Fenz B (1988) Österreichs Hochschulen und Universitäten und das NS-Regime. In: Emmerich Tálos/Ernst Hanisch/Wolfgang Neugebauer [Hrsg.]: NS-Herrschaft in Österreich 1938-1945. Österreichische Texte zur Gesellschaftskritik; Band 36. Verlag für Gesellschaftskritik, Wien, p 269-282

190. Lichtenegger G (1985) Vorgeschichte und Nachgeschichte des Nationalsozialismus an der Universität Graz. In: Grenzfeste Deutsche Wissenschaft. Über Faschismus und Vergangenheitsbewältigung an der Universität Graz. Verlag Gesellschaftspolitik, Graz

191. Liedl R, Reitberger H (1981) Wolfgang Gröbner zum Gedenken. Jahrb Überblicke Mathematik 1981:255–256

192. Lindner H »Deutsche« und »gegentypische« Mathematik. Zur Begründung einer »arteigenen« Mathematik im Dritten Reich durch Ludwig Bieberbach. in: Mehrtens H, Richter S (Hg) (1987) Naturwissenschaft, Technik und NS-Ideologie. Studies in the History of Mathematics 26, pp 195-241 Mathematical Association of America (MAA), Washington

193. Litten F (1994) Die Carathéodory-Nachfolge in München 1938-1944. Centaurus. International Magazine of the History of Mathematics, Science, and Technology, **37** (1994), 154-172, (http://litten.de/fulltext/cara.htm, Zugriff 2023-02-21).

194. Litten F (1995) Oskar Perron - Ein Beispiel für Zivilcourage im Dritten Reich. in: Frankenthal einst und jetzt, Nr. 1/2, 1995, 26-28, (http://litten.de/fulltext/perron.htm, Zugriff 2023-02-21)

195. Löw A, Doris L. Bergen D L, Hájková A (Hrsg., 2014), Alltag im Holocaust; Schriftenreihe der Vierteljahrshefte für Zeitgeschichte Band 106; Oldenbourg Verlag, München, (https://doi.org/10.1524/9783486735673, Zugriff 2023-02-21)

196. Lübbers W (2018) Die Zwangssterilisation bei erblicher Taubheit als „Therapievorschlag" in den deutschsprachigen HNO-Lehrbüchern des „III. Reichs" (Preprint 2018-02-22) (https://www.researchgate.net/profile/Wolf_Luebbers, Zugriff 2023-02-21)

197. Ludescher M (1995) Das wissenschaftliche Personal an der TU Graz. Teil 1: Von den Anfängen bis zum Ersten Weltkrieg; Teil 2: 1914 bis 1945. Hochschülerschaft der TU Graz, Graz

198. Lützeler PM (2011) Hermann Broch: Das essayistische Werk und Briefe. Kommentierte Werkausgabe. Suhrkamp, Berlin

199. Maas C (1991) Das Mathematische Seminar der Hamburger Universität in der Zeit des Nationalsozialismus in: Krause E, Huber L, Fischer H (Hg) (1991) Hochschulalltag im ‚Dritten Reich'. Die Hamburger Universität 1933-1945 (Hamburger Beiträge zur Wissenschaftsgeschichte Bd 3 Teil III, pp 1075-1095 Wallstein Verlag, Berlin-Hamburg

200. Mackensen R (2002) Bevölkerungslehre und Bevölkerungspolitik vor 1933: Arbeitstagung der Deutschen Gesellschaft für Bevölkerungswissenschaft und der Johann Peter Süßmilch-Gesellschaft für Demographie mit Unterstützung des Max Planck-Instituts für demographische Forschung, Rostock

201. McLoughlin B, Vogl J (2013) ... Ein Paragraf wird sich finden. Gedenkbuch der österreichischen Stalin-Opfer (bis 1945) Dokumentationsarchiv des österreichischen Widerstandes, Wien

202. Macrakis K (1993) Surviving the Swastika: Scientific Research in Nazi Germany. Oxford Univ. Press, Oxford

203. Mazliak L, Šišma P (2010) The Moravian crossroads. Mathematics and mathematicians in Brno between German traditions and Czech hopes. (https://arxiv.org/abs/1005.0825v1, Zugriff 2023-02-21)

204. Mehrtens H (1985) Die „Gleichschaltung" der mathematischen Gesellschaften im nationalsozialistischen Deutschland. Jahrbuch Überblicke Mathematik **18**:83–103 (Englische Übersetzung von V. M. Kingsbury in Math. Intell. **11** (1989):48-60)

205. Mehrtens H (1986) Angewandte Mathematik und Anwendungen der Mathematik im nationalsozialistischen Deutschland. Geschichte und Gesellschaft **12** (3): Wissenschaften im Nationalsozialismus, 317-347.

206. Mehrtens H (1987) Ludwig Bieberbach and "Deutsche Mathematik" Studies in the history of mathematics MAA Stud Math 26:195-241

207. Mehrtens H (1989) The Gleichschaltung of mathematical societies in Nazi Germany Math. Intell. 11, No. 3: 48-60. (translated by Victoria M. Kingsbury from „Die 'Gleichschaltung' der mathematischen Gesellschaften im nationalsozialistischen Deutschland", Jahrbuch Überblicke Mathematik 18 (1985), 83-103.).

208. Mehrtens H (1996) Mathematics and War: Germany 1900–1945. in: Forman P, Sánchez-Ron JM (eds) National Military Establishments and the Advancement of Science and Technology. pp 87–134Kluwer Academic Publishers, Dordrecht

209. Meissl S, Mulley K-D, Rathkolb O (1986) Verdrängte Schuld, verfehlte Sühne. Entnazifizierung in Österreich 1945–1955. Verlag für Geschichte und Politik, Wien

210. Menger K (1994) Reminiscences of the Vienna Circle and the Mathematical Colloquium. (Eds. Golland L, McGuinness B, Sklar A). Springer-Science+Business Media, B.V., Dordrecht

211. Menzler-Trott E (mit v. Plato J) (2013) Gentzens Problem: Mathematische Logik im nationalsozialistischen Deutschland. Springer-Verlag, Berlin etc.

212. Menzler-Trott E (2007) Logic's Lost Genius: The Life of Gerhard Gentzen. History of Mathematics 33. American Mathematical Society, Providence/RI [etwas erweiterte englische Version von [211] oben]

213. Merinsky J (1980), Die Auswirkungen der Annexion Österreichs durch das Deutsche Reich auf die Medizinische Fakultät im Jahre 1938 – Biographien entlassener Professoren und Dozenten. Diss. Univ. Wien, Wien.

214. Mertens L (2015) „Nur politisch Würdige". Die DFG-Forschungsförderung im Dritten Reich 1933–1937. (Neuauflage) Verlag Walter de Gruyter GmbH & Co KG, Berlin

215. Mikoletzky J (2002) 30 Jahre Institut für Statistik - 150 Jahre „Statistik". Zur Geschichte der Disziplin an der TU Wien. in: Viertel R (Hg) 30 Jahre Institut für Statistik und Wahrscheinlichkeitstheorie 1967- 1997. (p 19) Technische Universität Wien, Wien

216. Mikoletzky J (2003) 'Von jeher ein Hort starker nationaler Gesinnung'. Die Technische Hochschule in Wien und der Nationalsozialismus. Universitätsarchiv der TU Wien, Wien

217. Mikoletzky J, Ebner P (2016)Die Geschichte der Technischen Hochschule in Wien 1914–1955. Teil 1 – Verdeckter Aufschwung zwischen Krieg und Krise (1914–1918). Böhlau Verlag Köln

218. Mikoletzky J, Ebner P (2016) Die Technische Hochschule in Wien 1914-1955: Teil 2: Nationalsozialismus - Krieg - Rekonstruktion (1938-1955). Böhlau, Wien

219. Mises R (1951) Positivism. Harvard University Press, Cambridge MA

220. Moebius S, Ploder A (Hrsg) (2019) Handbuch Geschichte der deutschsprachigen Soziologie. Band 1: Geschichte der Soziologie im deutschsprachigen Raum. Springer VS, Wiesbaden

221. Mühlberger K (1993), Vertriebene Intelligenz 1938. Der Verlust geistiger und menschlicher Potenz an der Universität Wien 1938–1945, 2. Auflage, Wien 1993.

222. Neue Deutsche Biographie 26 Bände (2 weitere in Planung) Berlin 1953–2016 (Bd 1–25 unter http://www.ndb.badw-muenchen.de/ndb_baende.htm, Zugriff 2023-02-21)

223. Neugebauer W, Schwarz W (2005) Der Wille zum aufrechten Gang. Offenlegung der Rolle des BSA bei der gesellschaftlichen Reintegration ehemaliger Nationalsozialisten. Czernin Verlag, Wien

224. Neugebauer W (2008) Der Österreichische Widerstand 1938–1945. Böhlau, Wien

225. Oberkofler G, Goller P (1996) Geschichte der Universität Innsbruck 1669-1945. (=Rechts- und Sozialwissenschaftliche Reihe 14 hrg von Wilhelm Brauneder) Peter Lang GmbH, Internationaler Verlag der Wissenschaften, Frankfurt

226. Oberkofler G, (2010) Thomas Schönfeld. Österreichischer Naturwissenschaftler und Friedenskämpfer. Biographische Konturen mit ausgewählten gesellschaftspolitischen Texten. BoD, Wien

227. Oberkofler G (2005) Der Mathematiker Paul Funk wird mit der „Vergangenheitsbewältigung" der österreichischen Akademie der Wissenschaften konfrontiert. In: Jahrbuch 2005 des Dokumentationsarchivs des österreichischen Widerstands. pp 200–217 DÖW, Wien, (www.doew.at-Jahrbuch2005, 200--218, Zugriff 2023-02-21)

228. O'Connor J J, Robertson, E F (eds) MacTutor Story of Mathematics. online archive (http://mathshistory.st-andrews.ac.uk/, Zugriff 2023-02-21)

229. Odefey A (2022) Emil Artin. Ein musischer Mathematiker. (= Wissenschaftler in Hamburg, hrsg. von Ekkehard Nümann, Bd. 4). Wallstein Verlag, Göttingen

230. Offenberger I F (2017) The Jews of Nazi Vienna, 1938-1945: Rescue and Destruction Springer, Wien etc.
231. Olechowski T, Ehs T, Staudigl-Ciechowicz K (2014) Die Wiener Rechts- und Staatswissenschaftliche Fakultät, 1918-1938 V&R unipress GmbH, Wien
232. ÖAW (oJ) Gedenkbuch für die Opfer des Nationalsozialismus an der österreichischen Akademie der Wissenschaften. online
233. ÖAW (1972) Österreichisches Biographisches Lexikon 1815–1950 (ÖBL). Verlag der österreichischen Akademie der Wissenschaften, Wien
234. Odyniec W P (2018) The immigration to the USSR: Profiles of mathematicians. II. (Russ. Engl. Zusf.) Zbl 1437.01014 Vestn. Syktyvkar. Univ., Ser. 1, Mat. Mekh. Inform. **28** (2018), 76–90.
235. Pais A (1982) Subtle is the Lord . . . The Science and the Life of Albert Einstein. Oxford Univ Press, Oxford
236. Parikh C (1986) The Unreal Life of Oscar Zariski. Springer, New York, etc. [Reprint 2009 by Springer Science+Business Media]
237. Peckhaus, Volker (2009) Der nationalsozialistische „neue Begriff" von Wissenschaft am Beispiel der „Deutschen Mathematik": Programm, Konzeption und politische Realisierung. Magisterarbeit, TH Aachen 1984, (https://publications.rwth-aachen.de/record/229987/files/2696.pdf, Zugriff 2023-02-21)
238. Peppenauer H (1953) Geschichte des Studienfaches Mathematik an der Universität Wien 1848 - 1900. (Unveröffentlichte Dissertation, begutachtet von R. Meister und E. Hlawka; nicht im Archiv der univie aber in der Fachbibliothek Mathematik.)
239. Petschel, D (2003) Die Professoren der TU Dresden, 1828-2003. In: 175 Jahre TU Dresden. Band 3, Böhlau, Köln
240. Pfefferle R, Pfefferle H (2014) Glimpflich entnazifiziert: die Professorenschaft der Universität Wien von 1944 in den Nachkriegsjahren; mit Professorenportraits, (= Universität Wien Archiv: Schriften des Archivs der Universität Wien Band 18) V & R Unipress, Göttingen
241. Picard A J (1970) The danger / value of leaping to conclusions. The Arithmetic Teacher 17:151–153
242. Pinl M (1967) „Památce Ludwiga Berwalda" Časopis pro pěstování matematiky 0922:229–238 (http://eudml.org/doc/18975, Zugriff 2023-02-21)
243. Pinl M (1969) Kollegen in einer dunklen Zeit Jahresbericht DMV 71:167–228
244. Pinl M (1970/71) Kollegen in einer dunklen Zeit II Jahresbericht DMV 71:165–189
245. Pinl M (1971/72) Kollegen in einer dunklen Zeit III Jahresbericht DMV 73:153–208
246. Pinl M, Dick A (1973/74) Kollegen in einer dunklen Zeit Schluss Jahresbericht DMV 75:166–208, 197–198
247. Pinl M, Dick A (1975/76) Kollegen in einer dunklen Zeit (Nachtrag und Berichtigung Jahresbericht DMV 77:161–164
248. Pinwinkler A (2002) Das „Institut für Statistik der Minderheitsvölker" an der Universität Wien — Deutschnationale Volkstumsforschung in Österreich in der Zeit zwischen den Weltkriegen. Zeitgeschichte **29**.1 (2002), 36–48
249. Pinwinkler A (2002) Wilhelm Winkler und der Nationalsozialismus 1933–45. Aspekte zum Verhältnis Werk und Biographie. in: [200] p 165–178
250. Pinwinkler A (2002) Der österreichiche Demograph Wilhelm Winkler und die Minderheitenstatistik. in: Mackensen R (Hsg) Bevölkerungslehre und Bevölkerungspolitik vor 1933. Springer Berlin etc., 2002
251. Pinwinkler A (2003) Wilhelm Winkler (1884-1984) - eine Biographie. Zur Geschichte der Statistik und Demographie in Österreich und Deutschland. Duncker & Humblot, Berlin
252. Pinwinkler A (2013) Wilhelm Winkler und der Nationalsozialismus. in: Mackensen R (Hsg) Bevölkerungslehre und Bevölkerungspolitik im „Dritten Reich" Springer Berlin etc., 2013
253. Planer F (Hrsg) (1929) Das Jahrbuch der Wiener Gesellschaft. Biographische Beiträge zur Wiener Zeitgeschichte. F Planer, Wien
254. Popper K R (2012) Gesammelte Werke Band 15; Ausgangspunkte. Meine intellektuelle Entwicklung. Mohr-Siebeck Verlag GmbH & Co, Tübingen
255. Porsch O, Jentsch A, Kölbl L, et al. (1933) 60 Jahre Hochschule für Bodenkultur in Wien. Verwaltung d. Jubiläumswerkes „60 Jahre Hochschule für Bodenkultur", Wien

256. Posch Th, Kerschbaum F, Lackner K (2006) Bruno Thürings 'philosophische' Kritik an Albert Einsteins Relativitätstheorie. Wiener Jahrbuch für Philosophie Bd 38:269-290

257. Posch H, Ingrisch D, Dressel G (2008) „Anschluß" und Ausschluss 1938. Vertriebene und verbliebene Studierende der Universität Wien. Lit-Verlag, Wien-Berlin-Münster

258. Professorenkollegium der Hochschule für Bodenkultur (1972) 100 Jahre Hochschule für Bodenkultur Wien. BOKU, Wien

259. Puckhaber A (2002) Ein Privileg für wenige: die deutschsprachige Migration nach Kanada im Schatten des Nationalsozialismus. LIT Verlag, Münster

260. Radon J (1987) Johann Radon. Collected works Volumes 1,2 Ed by Peter Manfred Gruber, Edmund Hlawka, Wilfried Nöbauer, Leopold Schmetterer. Verlag der ÖAW, Wien; Birkhäuser Verlag, Basel-Boston

261. Rathkolb O (1984) U.S.-Entnazifizierung in Österreich zwischen kontrollierter Revolution und Elitenrestauration (1945–1949). Zeitgeschichte 12.11 (1983), 302–325.

262. Rathkolb O (1991) Exodus von Wissenschaft und Kultur aus Österreich in den Jahren des Faschismus. Actes du colloque de Rome (3-5 mars 1988.) 443–461

263. Rathkolb O (2013) Der lange Schatten des Antisemitismus: Kritische Auseinandersetzungen mit der Geschichte der Universität Wien im 19. und 20. Jahrhundert. V & R Vienna University Press, Wien

264. Rauscher W (2017) Die verzweifelte Republik. Österreich 1918–1922. Kremair & Scheriau, Wien

265. Reich K (2018) Der Briefwechsel Emil Artin — Helmut Hasse (1937/38 und 1953 bis 1958): Die Freundschaft der beiden Gelehrten im historischen Kontext. Verlag Books on Demand, Internet

266. Reid C (1976) Courant in Göttingen and New York: The story of an improbable mathematician. Springer, New York

267. Reiter W L (2001) Die Vertreibung der jüdischen Intelligenz: Verdopplung eines Verlustes — 1938/1945 IMN 187:1–20

268. Reiter W L (2017) Aufbruch und Zerstörung: Zur Geschichte der Naturwissenschaften in Österreich 1850 bis 1950. LiT Verlag, Münster

269. Remmert V R (2000) Mathematical publishing in the Third Reich: Springer-Verlag and the Deutsche Mathematiker-Vereinigung, Math. Intell., 22(3):22–30.

270. Remmert V R (2004) Die Deutsche Mathematiker-Vereinigung im Dritten Reich DMV Nachrichten 2004, 12-3 und 12- 4

271. Remmert V R (2004) What's Nazi about Nazi Science? Recent Trends in the History of Science in Nazi Germany Perspectives on Science (2004) 12 (4): 454–475

272. Remmert V R (2017) Kooperation zwischen deutschen und italienischen Mathematikern in den 1930er und 1940er Jahren in (pp 305–322): Albrecht A, Danneberg L, Angelis S De (Hrsg), Die akademische ›Achse Berlin-Rom‹? Der wissenschaftlich-kulturelle Austausch zwischen Italien und Deutschland 1920 bis 1945. De Gruyter, Berlin-Boston

273. Remmert V R, Schneider U (2014) Eine Disziplin und ihre Verleger: Disziplinenkultur und Publikationswesen der Mathematik in Deutschland, 1871-1949. transcript Verlag, Bielefeld

274. Rezoničnik L, Hladnik M (2019) Slovenski doktorski študenti matematike na dunajski univerzi. In: Smolej T (2019) Zgodovina doktorskih disertacij slovenskih kandidatov na dunajski Filozofski fakulteti (1872–1918) [Geschichte der Dissertationen slowenischer Kandidaten an der Philosophischen Fakultät in Wien (1872–1918)]. Znanstvena založba Filozofske fakultete Univerze v Ljubljani, Ljubljana. Deutsche Übersetzung: Smolej T, Vodopivec P (2014) Etwas Größeres zu versuchen und zu werden. Slowenische Schriftsteller als Wiener Studenten (1850–1926). Schriften des Archivs der Universität Wien. Band 17. V&R Press Göttingen.

275. Rider R R (1984) Alarm and Opportunity: Emigration of Mathematicians and Physicists to Britain and the United States, 1933-1945. Historical Studies in the Physical Sciences, 15.1: 107–176

276. Robson E, Stedall J (eds) (2008) The Oxford Handbook Of The History Of Mathematics. Oxford University Press, Oxford

277. Röder W, Strauss H A (Hrsg) (1983) International Biographical Dictionary of Central European Emigrés 1933-1945. Band 21 Saur, München

278. Röder W, Strauss H A (Hrsg) (1980/83) Biographisches Handbuch der deutschsprachigen Emigration nach 1933 – 1945. Band 1: Politik-Wirtschaft-öffentliches Leben München 1980; Band 2 1983. Herausgegeben vom Institut für Zeitgeschichte München und von der Research Foundation for Jewish Immigration Inc New York. Walter de Gruyter GmbH & Co KG, Berlin

279. Rosar W (1971) Deutsche Gemeinschaft, Seyß-Inquart und der Anschluß. Europa Verlag, Wien-etc.
280. Rosner R, Strohmaier B (Hg) (2003) Marietta Blau – Sterne der Zertrümmerung. Böhlau Verlag, Wien-Köln-Weimar
281. Rosner R, Soukup R W (2015) Die chemischen Institute der Universität Wien. in: Froeschl et al [102] 211–224
282. Rudio F (1894) Direktoren und ehemalige Professoren der eidgenössischen polytechnischen Schule, Eigenverlag Zürich. Hier zitiert nach dem Vorwort zu Dedekinds Vorlesungen über Analysis.
283. Schabel R (2009) Die Illusion der Wunderwaffen: Die Rolle der Düsenflugzeuge und Flugabwehrraketen in der Rüstungsindustrie des Dritten Reiches. de Gruyter, Berlin
284. Schappacher N (2007) A Historical Sketch of B.L. Van der Waerden's Work on Algebraic Geometry 1926 – 1946. In J.J. Gray & K.H. Parshall (eds.) : Episodes in the History of Modern Algebra (1800-1950). History of mathematics series, vol. 32, AMS / LMS; pp. 245-283. (https://irma.math.unistra.fr/~schappa/NSch/Publications_files/vdWMSRI4.pdf, Zugriff 2023-02-21).
285. Schappacher N (1987) Das Mathematische Institut der Universität Göttingen 1929–1950 In: Becker H. et al (Hsg) Die Universität Göttingen unter dem Nationalsozialismus: das verdrängte Kapitel ihrer 250jährigen Geschichte. pp 345–373 K. G. Sauer, München
286. Schappacher N (1998) The Nazi era: the Berlin way of politicizing mathematics In: Begehr HGW et al (Hrsg) Mathematics in Berlin, pp 127–136. Birkhäuser, Berlin–Basel
287. Schappacher N, Scholz E, (1992) Oswald Teichmüller — Leben und Werk Jahresber DMV 94:1–39
288. Schappacher N, Kneser M (1990) Fachverband - Institut - Staat. in: [82] pp 1–77
289. Scharlau W (1989) Mathematische Institute in Deutschland 1800–1945. Dokumente zur Geschichte der Mathematik Band 5. Braunschweig; Vieweg Verlag, Wiesbaden
290. Schausberger N (1978) Der Griff nach Österreich — Der Anschluß. Jugend und Volk, Wien–München
291. Scheffler M, Weinberger P (Hrsg) (2011) Walter Kohn: Personal Stories and Anecdotes Told by Friends and Collaborators. Springer, Berlin
292. Schirrmacher A (Hrsg., 2009) Philipp Lenard: Erinnerungen eines Naturforschers: Kritische annotierte Ausgabe des Originaltyposkriptes von 1931/1943. Springer-Verlag, Berlin-Heidelberg
293. Schneider M (2011) Zwischen zwei Disziplinen: B L van der Waerden und die Entwicklung der Quantenmechanik. Springer, Berlin etc
294. Scholtysek J, Studt C (2008) Universitäten und Studenten im Dritten Reich: Bejahung, Anpassung, Widerstand. XIX. Königswinterer Tagung vom 17-19. Februar 2006. LiT Verlag, Münster
295. Schubring G (2010) 120 Jahre Deutsche Mathematiker-Vereinigung: Neue Ergebnisse zu ihrer Geschichte Mitt. DMV 18:103–108
296. Schuder W (2019) Minerva / Europa. Walter de Gruyter GmbH & Co KG
297. Segal S L (1999) Topologists in Hitler's Germany. in: James I M (1999) History of Topology. Elsevier Science B.V., Amsterdam etc.
298. Segal S L (2003) Mathematicians under the Nazis. Princeton University Press, Princeton
299. Segel J (ed., 2009) Recountings. Conversations with MIT Mathematicians. A K Peters Ltd, Natick, Massachusetts
300. Seneta, E (2004) Mathematics, religion, and Marxism in the Soviet Union in the 1930s. Historia Mathematica 31 (2004) 337–367.
301. Sequenz H (Hsg) (1965) 150 Jahre Technische Hochschule in Wien. 1815 - 1965. Verlag Technische Hochschule, Wien
302. Siegetsleitner A (2014) Moral und Ethik im Wiener Kreis Böhlau, Wien
303. Siegmund-Schultze R, [a] Ein Mathematiker als Präsident der Berliner Akademie der Wissenschaften in ihrer dunkelsten Zeit. Mitt. Math. Ges. DDR 1983, 2, 49-54 (1983).
304. Siegmund-Schultze R (1984) Theodor Vahlen — zum Schuldanteil eines deutschen Mathematikers am faschistischen Missbrauch der Wissenschaft. NTM Schriftenr Gesch Naturwiss Tech Med 21:17–32
305. Einige Probleme der Geschichtsschreibung der Mathematik im faschistischen Deutschland — unter besonderer Berücksichtigung des Lebenslaufes des Greifswalder Mathematikers Theodor Vahlen. Wiss. Z. Ernst-Moritz-Arndt-Univ. Greifsw., Math.-Naturwiss. Reihe 33, 51-56 (1984).
306. Siegmund-Schultze R (1998) Mathematicians fleeing from Hitler. Sources and studies of the emigration of a science. (Mathematiker auf der Flucht vor Hitler Quellen und Studien zur Emigration einer Wissenschaft) Dokumente zur Geschichte der Mathematik 10. Vieweg, Braunschweig

307. Siegmund-Schultze R (1993) Mathematische Berichterstattung in Hitlerdeutschland. Der Niedergang des „Jahrbuchs über die Fortschritte der Mathematik". Studien zur Wissenschafts- Sozial- und Bildungsgeschichte der Mathematik 9. Vandenhoeck & Ruprecht, Göttingen

308. Siegmund-Schultze R (1993) Hilda Geiringer-von Mises, Charlier Series, Ideology, and the Human Side of the Emancipaton of Applied Mathematics at the University of Berlin during the 1920s, Historia Mathematica **20** (1993), 364–381.

309. Siegmund-Schultze R (2003) „Deutsches Denken" in „kulturfeindlicher Wiener Luft". Ein Brief Georg Hamels aus dem Jahre 1908 an seinen Assistenten Richard von Mises. DMV-Mitteilungen 3: 8–17

310. Siegmund-Schultze R (2004) Mathematicians Forced to Philosophize: An Introduction to Khinchin's Paper on von Mises' Theory of Probability. Science in Context **17**(03):373–390

311. Siegmund-Schultze R (2009) Mathematicians Fleeing from Nazi Germany Individual Fates and Global Impact. (erweiterte Fassung von [306] Princeton University Press, Princeton

312. Siegmund-Schultze R (2011) Landau und Schur. Dokumente einer Freundschaft bis in den Tod in unmenschlicher Zeit. Mitt. DMV 19:164 – 173 (http://page.math.tu-berlin.de/~mdmv/archive/19/mdmv-19-3-164.pdf, Zugriff 2023-02-21)

313. Siegmund-Schultze R (2016) "Not in possession of any Weltanschauung": Otto Neugebauer's flight from Nazi Germany and his search for objectivity in mathematics, in reviewing and in history. A mathematician's journeys Archimedes 45:61–106

314. Sigmund K (1995) "A philosopher's mathematician; Hans Hahn and the Vienna Circle" Math Intell 17:16–19

315. Sigmund K (2004) Failing Phoenix: Tauber, Helly and Viennese Life Insurance. Math Intell 26:21–33

316. Sigmund K (2006) Pictures at an exhibition (Bilder einer Ausstellung) IMN 201:1-11

317. Sigmund K, Dawson J, Mühlberger K (2006) Kurt Gödel. Das Album Mit einem Vorwort von Hans Magnus Enzensberger. Vieweg, Wiesbaden

318. Sigmund K (2011) "Dozent Gödel will not lecture" In: Baaz M et al (ed) Kurt Gödel and the foundations of mathematics Horizons of truth. pp 75–93 Cambridge University Press, Cambridge

319. Sigmund K (2015) Sie nannten sich Der Wiener Kreis: Exaktes Denken am Rand des Untergangs. Springer Spektrum, Wiesbaden

320. Sigmund K (Hrsg) „Kühler Abschied von Europa" — Wien 1938 und der Exodus der Mathematik. Ausstellung im Arkadenhof der Universität Wien. 17 September – 20 Oktober 2001. Ausstellungskatalog. ÖMG, Wien

321. Simon G et al (2010) Chronologie Häftlingsforschung (Report) Univ Tübingen, (https://www.yumpu.com/de/document/view/20675011/chronologie-haftlingsforschung-homepageuni-tuebingende/45, Zugriff 2023-02-21)

322. Šišma P (2002) Matematika na německé technice v Brně [Mathematik an der Deutschen Technischen Hochschule in Brünn] Prometheus, Praha (http://dml.cz/handle/10338.dmlcz/401840, Zugriff 2023-02-21)

323. Šišma P (2002) Georg Hamel and Richard von Mises in Brno Historia Mathematica 29:176–192, (https://doi.org/101006/hmat20022346 , Zugriff 2023-02-21)

324. Šišma P (2004) Učitelé na německé technice v brně 1849–1945. Práce z dějin techniky a přírodních věd svacek 2 [Die Lehrtätigkeit an der Deutschen Technischen Hochschule in Brünn 1849–1945. Abhandlungen zur Geschichte der Technik und der Naturwissenschaften Band 2] Masaryk Uni, Brno

325. Šišma P (2009) Zur Geschichte der Deutschen Technischen Hochschule Brünn: Professoren, Dozenten und Assistenten 1849-1945. (Dt. Übersetzung von [324] Trauner Verlag, Linz

326. Soifer A (2009) The Mathematical Coloring Book. Mathematics of Coloring and the Colorful Life of its Creators Springer New York, USA

327. Soifer A (2015) The Scholar and the State: In Search of Van der Waerden. Springer Basel, Schweiz

328. Stachel H (1989) Das wissenschaftliche Werk Fritz Hohenbergs (1907–1987). Festvortrag gehalten am 2 Mai 1989 in Seggauberg/Stmk, im Rahmen des Fritz Hohenberg Gedächtniskolloquiums. (http:www.geometrie.tuwien.ac.at/stachel/065_Hohenberg.pdf, Zugriff 2023-02-21)

329. Stadler F (Hrsg) (1987–88) Vertriebene Vernunft: Emigration und Exil österreichischer Wissenschaft 1930-1940 (2 Bde) Verlag Jugend und Volk, Wien [Nachdruck mit kleinen Änderungen 2004, LIT Verlag, Münster-Hamburg-Berlin-Wien-London]

330. Stadler F (Hrsg) (1993) Scientific Philosophy: Origins and Developments (= Vienna Circle Institute Yearbook 11 1993)Kluwer, Dordrecht

331. Stadler F (Hrsg) (2004) Kontinuität und Bruch 1938 - 1945 - 1955. Beiträge zur österreichischen Kultur- und Wissenschaftsgeschichte. (Fortsetzung von [329], dritter Band der *Stadler-Trilogie* Emigration, Exil, Kontinuität) LIT Verlag, Münster

332. Stadler F (2012) Wissenschaftstheorie in Österreich seit den 1990er Jahren im internationalen Vergleich: Eine Bestandsaufnahme. J Gen Philos Sci (2012) 43:137–185 DOI 10.1007/s10838-012-9191-3 Springer Science+Business Media B.V., weltweit

333. Stadler F (2015) Studien zum Wiener Kreis. Ursprung, Entwicklung und Wirkung des Logischen Empirismus im Kontext. Springer International Publishing, Switzerland [Überarb. Aufl. von Stadlers Studien zum Wiener Kreis, Suhrkamp Verlag, Frankfurt/Main, 1997/2001.]

334. Stark, F (ed.) (1906) Die K. K. Deutsche Technische Hochschule in Prag 1806-1906. Festschrift zur Hundertjahrfeier. Selbstverlag, Prag

335. Staudacher A L (2009) „. meldet den Austritt aus dem mosaischen Glauben": 18000 Austritte aus dem Judentum in Wien 1868 - 1914: Namen - Quellen - Daten Peter Lang, Frankfurt etc

336. Staudigl-Ciechowicz K M (2017) Das Dienst-, Habilitations- und Disziplinarrecht der Universität Wien 1848–1938. Eine rechtshistorische Untersuchung zur Stellung des wissenschaftlichen Universitätspersonals. Vandenhoeck & Ruprecht, Wien

337. Steiner H, Kucsera C (1993) „Recht als Unrecht: Quellen zur wirtschaftlichen Entrechtung der Wiener Juden durch die NS-Vermögensverkehrsstelle Teil 1: Privatvermögen Personenverzeichnis" Österreichisches Staatsarchiv, Wien [USHMM Library call number DS135A92 V523 1993]

338. Stiefel D (1981) Entnazifizierung in Österreich. Europa Verlag, Wien

339. Stifter C H (2014) Zwischen geistiger Erneuerung und Restauration. US-amerikanische Planungen zur Entnazifizierung und demokratischen Neuorientierung österreichischer Wissenschaft 1941–1955. Böhlau, Wien-Köln-Weimar

340. Stifter C H, Streibel R (2019) Nationalsozialismus und Volkshochschulen in Wien Einblick in ein laufendes Recherche- und Forschungsprojekt zu den Opfern. Spurensuche 28 (2019), 52–64

341. Stimmer G (1997) Eliten in Österreich: 1848–1970 Böhlau, Wien-Köln-Graz

342. Stone D (2004) The Historiography of the Holocaust. Springer, Berlin etc

343. Strauss H A, Röder W, Caplan H, Radvany E, Möller H, Schneider D M (2014) international Biographical Dictionary of Central European Emigrés 1933–1945. Vol II The Arts Sciences and Literature. Walter de Gruyter GmbH & Co KG, München

344. Strutz, A (2023) Forced to flee and deemed suspect in: Anderl G, Erker L, Reinprecht C (eds.) Internment Refugee Camps. Historical and Contemporary Perspectives. transcript Verlag, Bielefeld. pp 229–249.

345. Szabó, A (2000) Vertreibung, Rückkehr, Wiedergutmachung: Göttinger Hochschullehrer. Göttinger Hochschullehrer im Schatten des Nationalsozialismus. Mit einer biographischen Dokumentation der entlassenen und verfolgten Hochschullehrer: Universität Göttingen - TH Braunschweig - TH Hannover - Tierärztliche Hochschule Hannover. (Dissertation Göttingen) Wallstein Verlag, Göttingen

346. Tálos E, Neugebauer W (Hg) (2012) Austrofaschismus: Politik – Ökonomie – Kultur 1933 – 1938. (6. Aufl.) LiT, Wien

347. Talos E, Hanisch E, Neugebauer W, Sieder R (Hg.) (2000) NS-Herrschaft in Österreich. Ein Handbuch. öbv & hpt, Wien

348. Tálos E (2013) Das austrofaschistische Herrschaftssystem. Österreich 1933–1938. Reihe Politik und Zeitgeschichte 8 LiT Verlag, Berlin

349. Tapp C (2013) An den Grenzen des Endlichen. Das Hilbertprogramm im Kontext von Formalismus und Finitismus Springer, Berlin Heidelberg

350. Taschwer K (2015) Hochburg des Antisemitismus. Der Niedergang der Universität Wien im 20. Jahrhundert. Czernin Verlag, Wien

351. Taschwer K (2012) Geheimsache Bärenhöhle. Wie ein antisemitisches Professorenkartell der Universität Wien nach 1918 jüdische und linke Forscherinnen und Forscher vertrieb. In: Alma mater antisemitica Wien; Akademie der bildenden Künste Wien, Juni 2012. (https://www.ac.ademia.edu/4258095, Zugriff 2023-02-21)

352. Taschwer K (2015) Othenio Abel. Paläontologe, antisemitischer Fakultäts- und Universitätspolitiker. In: Universität - Politik - Gesellschaft, 2015, Vol.2, Ed. Ash M, Ehmer J, Vandenhoeck & Ruprecht.
353. Taschwer K (2019) Ehre, wem Ehre nicht unbedingt gebührt. in: Koll J, Pinwinkler A (Hrsg. 2019) Zuviel der Ehre?: Interdisziplinäre Perspektiven auf akademische Ehrungen in Deutschland und Österreich. Vandenhoeck & Ruprecht, Wien.
354. Tenorth H-E, Grüttner M [Hrsg] (2012) Geschichte der Universität Unter den Linden. Band 2: Die Berliner Universität zwischen den Weltkriegen 1918-1945. Akademie Verlag, Berlin
355. Thomas F (o.J.) A Century of Research on Kinematics (1870-1970): a Bibliographic Compilation. (http://www.iri.upc.edu/people/thomas/repository.html, Zugriff 2023-02-21)
356. Thüring B (1941) Physik und Astronomie in jüdischen Händen. Zeitschrift für die gesamte Naturwissenschaft 4:134–162
357. Tidl G (2018) Frieden Freiheit Frauenrechte! Leben und Werk der österreichischen Schriftstellerin Marie Tidl 1916–1995. Theodor Kramer Gesellschaft, Wien
358. Tidl M (1976) Die Roten Studenten: Dokumente und Erinnerungen 1938-1945. Europaverlag, Wien
359. Tietz H (1996) Student vor 50 Jahren. DMV-Mitteilungen 3 (1996), 39–42.
360. Tietz, H (1999) Menschen – Mein Studium, meine Lehrer. DMV-Mitteilungen 4 (1999), 43–53.
361. Tilitzky C (2013) Die Albertus-Universität Königsberg: Ihre Geschichte von der Reichsgründung bis zum Untergang der Provinz Ostpreußen (1871-1945). (2 Bde) Walter de Gruyter, München.
362. Tobies R (2006) Biographisches Lexikon in Mathematik promovierter Personen an deutschen Universitäten und Technischen Hochschulen WS 1907/08 bis WS 1944/45.) Algorismus 58. Augsburg: ERV Dr. Erwin Rauner Verlag
363. Tobies R (Hrsg) (1997) »Aller Männerkultur zum Trotz« Frauen in Mathematik und Naturwissenschaften. Mit einem Geleitwort von Knut Radbruch. Campus Verlag, Frankfurt-New York
364. Toepell M (1991) Mitgliederverzeichnis der DMV 1890-1990. München
365. van Dalen D (1999) Mystic, Geometer, and Intuitionist. The life of L.E.J. Brouwer, Volume 1: The dawning revolution Oxford University Press, Oxford
366. van Dalen D (2005) Mystic, Geometer, and Intuitionist. The Life of L.E.J. Brouwer 1881–1966. Volume 2. Hope and Disillusion Oxford University Press, Oxford
367. van Dalen D (2013) LEJ Brouwer – Topologist, Intuitionist, Philosopher Springer, Berlin
368. van Dongen J (2018) Einstein's Unification Cambridge University Press, Cambridge etc.
369. Veselý J (2020) Russian Mathematics and Its Relation to German Mathematics (1914- 1940). in: Bečvářová M (Hrsg, 2021) World Scientific Publishing Europe Ltd. pp 53–104
370. Vihan P (2012) The Last Month of Gerhard Gentzen in Prague. in: Collegium Logicum Band 1. Kurt-Gödel-Gesellschaft, Wien [Menzler-Trott (s.o.) bezeichnet die Quellenlage dieses Aufsatzes als überholt, trotzdem enthält er wichtige (und nachvollziehbare) Informationen.]
371. Vogt A (2009) Wer war wer in der DDR? Ch. Links Verlag, Berlin
372. Voss W (1996) Dresdner Mathematik von 1920-1938: Die Ära Kowalewski. Wissenschaftliche Zeitschrift der Technischen Universität Dresden 45:1–7
373. Voss W (2021) Mathematiker als Rektoren der Technischen Hochschule Dresden. Höhere Lehrerbildung und Mathematische Gesellschaft im Wandel. transcript Verlag, Bielefeld
374. Wang Hao (1987) Reflections on Kurt Gödel. MIT Press, Boston, Mass.
375. Wang Hao (1996) A Logical Journey: from Gödel to Philosophy. MIT Press, Boston, Mass.
376. Weidinger B (2015) „Im nationalen Abwehrkampf der Grenzlanddeutschen". Akademische Burschenschaften und Politik in Österreich nach 1945. Böhlau Verlag, Wien Köln Weimar
377. Weigl H G (2013) Abraham Wald - A statistician as a key figure for modern econometrics. Dissertation zur Erlangung des Doktorgrades der Fakultät für Mathematik, Informatik und Naturwissenschaften der Universität Hamburg; vorgelegt im Fachbereich Mathematik. Hamburg
378. Weindling P (2017) „Unser eigener, österreichischer Weg" Die Meerwasser-Trinkversuche in Dachau 1944. in: DÖW Jahrbuch 2017, 133–177
379. Weinert W (1986) Die Entnazifizierung an den österreichischen Hochschulen; in: Meissl S, Mulley K-D, Rathkolb O (Hg) Verdrängte Schuld, verfehlte Sühne. Entnazifizierung in Österreich 1945-1955. Verlag für Geschichte und Politik, Wien

380. Weingand H-P (1995) Die Technische Hochschule Graz im Dritten Reich. Vorgeschichte, Geschichte und Nachgeschichte des Nationalsozialismus an einer Institution. Hochschülerschaft an d. TU Graz, Graz. (https://diglib.tugraz.at/die-technische-hochschule-graz-im-dritten-reich-1995, Zugriff 2023-02-21)
381. Weingartner P, Schmetterer L (eds 1987) Gödel remembered. Conference Salzburg 10-12 July 1983 Bibliopolis, Napoli
382. Welan M (Hsg.) (1997) Die Universität für Bodenkultur Wien. Von der Gründung in die Zukunft 1872–1997 Böhlau, Wien
383. Winter R (1996), Das Akademische Gymnasium in Wien. Vergangenheit und Gegenwart. Böhlau, Wien-Köln-Weimar
384. Wolgast E (1986) Die Universität Heidelberg 1386–1986. Springer, Berlin-Heidelberg
385. Yandell B H The Honors Class: Hilbert's Problems and Their Solvers AK Peters, Nattick/MA
386. Zusmanovich P (2018) Mathematicians Going East. Publiziert unter arXiv:1805.00242. (online)

Personenverzeichnis

Im Personenverzeichnis sind die Seitennummern von Seiten mit dem Beginn einer Kurzbiographie oder mit wesentlichen Lebensdaten im Text/in einer Fußnote fett gedruckt.

Sachverzeichnis: Orte

© Der/die Herausgeber bzw. der/die Autor(en), exklusiv lizenziert an
Springer-Verlag GmbH, DE, ein Teil von Springer Nature 2023
W. A. F. Ruppert und P. W. Michor, *Mathematik in Österreich
und die NS-Zeit*, Mathematik im Kontext,
https://doi.org/10.1007/978-3-662-67100-9

Sachverzeichnis: Hochschulen und Institutionen

© Der/die Herausgeber bzw. der/die Autor(en), exklusiv lizenziert an Springer-Verlag GmbH, DE, ein Teil von Springer Nature 2023
W. A. F. Ruppert und P. W. Michor, *Mathematik in Österreich und die NS-Zeit*, Mathematik im Kontext, https://doi.org/10.1007/978-3-662-67100-9

Printed in the United States
by Baker & Taylor Publisher Services